建设“双一流”高水平大学系列教材

Physical Chemistry

物理化学

（第二版·立体化数字教材）

苏州大学材料与化学化工学部组织编写

主　编　白同春

编　委（按姓氏笔画排序）

王　勇　孙　如　孙东豪　杜玉扣

李淑瑾　张丽芬　杨　平　姚建林

徐敏敏　樊建芬

特配电子资源

微信扫码

· 视频学习

· 延伸阅读

· 互动交流

南京大学出版社

图书在版编目(CIP)数据

物理化学 / 白同春主编. — 2版. — 南京：南京大学出版社，2019.12

ISBN 978-7-305-22741-7

Ⅰ. ①物… Ⅱ. ①白… Ⅲ. ①物理化学—高等学校—教材 Ⅳ. ①O64

中国版本图书馆 CIP 数据核字(2019)第 268232 号

出版发行 南京大学出版社
社　　址 南京市汉口路 22 号　　邮　编 210093
出 版 人 金鑫荣

书　　名 物理化学
主　　编 白同春
责任编辑 刘　飞　　编辑热线 025-83592146

照　　排 南京开卷文化传媒有限公司
印　　刷 南京人民印刷厂有限责任公司
开　　本 787×1092 1/16 印张 30 字数 732 千
版　　次 2019 年 12 月第 2 版 2019 年 12 月第 1 次印刷
ISBN 978-7-305-22741-7
定　　价 75.00 元

网　　址：http://www.njupco.com
官方微博：http://weibo.com/njupco
官方微信号：njupress
销售咨询热线：(025)83594756

第二版前言

自2015年《物理化学》第一版教材出版，我们就开始考虑修改工作了。2016年获批苏州大学教材培育项目立项。5年间，国家经历了一系列重大的事件，教育对国家未来的发展更显得责任重大。在修编过程中我们时常思考：立足本职工作，如何能够秉持教育工作者的初心，更好地履行教书育人的使命。这也导致我们多次调整了修改方案，探索教学内容的重组和教学方式方法的改变。

新版教材主要在以下几个方面开展了修订工作：

(1) 纠错：针对第一版存在的错误进行了较为系统的纠正。同时，对一些定义、基本概念、物理量的表达方式、关键数据等，做了文献考证，尽可能使用逻辑关系比较严谨的表述。

(2) 知识点：根据近几年国内化学教学会议所反映的教学动态，对基本知识点做少量的增加和变动。

(3) 例题：根据目前学生的状况和教学难点，调整补充了一部分例题。以便学生课后阅读。

(4) 习题：强化习题在课程教学环节中的重要性。新版教材增加了大量的扩展习题。习题分布尽可能覆盖主要教学基本知识点。为满足不同专业的学生对物理化学课程的要求，习题难易程度有较宽的操作和选择区间，尽量满足不同层次和专业的学生的需求。扩展习题分两类：①基础性习题：主要面向非化学专业的学生，以及对学习物理化学感到困难的学生。习题的目标落点于理解基本概念，学习基本计算。②综合型习题以及科研数据处理型习题：将教学内容与科研和文献查阅相关联，选择了一些来自科研文献数据的习题，其目标落点于按照科研论文要求处理数据，希望这些内容对培养学生的科研能力和实际工作能力能有帮助。这部分习题主要面向优秀学生，面向具有考研需求的学生。增补的扩展习题量较大，以微信扫码形式提供。

(5) 知识点扩展内容：新版教材增加了许多扩充知识面的内容，增加了一些对专项问题的深层次思考和讨论，增加了一些著名科学家的简介。这些材料有些充入教材正文，更多的内容以讨论的形式通过微信扫码列出。这样使新版教材内容更加丰富，支持优秀学生阅读，丰富教师课堂教学的素材。便于教师和学生根据自己的需求和兴趣进行选择。

(6) 教材模式：随着信息技术的发展，教材的模式和内容正在发生巨大的改变。因此，教材编排方式也做了相应的调整，在每章后预留扫码位置，为后续补充电子化教学资源预留空间。扩展习题、参数和数据、教学课件、教学录像视频、微课、讨论、互动交流、勘误与纠错等内容将逐步上线。新版教材尝试做成一个动态的教材，教学资源信息不断更新，努力跟上信息时代的变化。

《物理化学》第二版在修订过程中得到了苏州大学教材培育项目的经费支持，得到了苏州大学材料与化学化工学部化学一流专业建设经费的支持，得到了南京大学出版社的帮助和支持，得到了各位参编教师的有益讨论和支持，还得到了苏州大学材料与化学化工学部领导的鼓励和支持，在此作者表示诚挚感谢！教材编写过程中参阅了许多参考书，从中受益匪浅，在此向参考书的作者表示诚挚感谢！还要感谢使用第一版教材的学生们，他们对教材内容逐字逐句的阅读、讨论和提出的疑问，是修改教材的最直接的动力。

编　者

第一版前言

随着国家经济、科技、教育的快速发展，我国当前高等教育的特点也发生了变化，由传统的精英教育、专业教育向基础教育、素质教育转变，以提高全民文化基础、科学素质，培养创新性人才为教育目标。于是，高校学生的来源、知识基础、对高等教育的要求、毕业生的个人发展等也都发生了很大的变化。为了适应新时期的这些转变，更好地完成国家中长期发展的战略要求，一些传统专业基础课程的教学目标、内容及要求也需要做出相应的调整。注重基础、加强素质教育、鼓励创新、突出院校特色已成为教师对教改的广泛共识。《物理化学》就是一门处于这种状态的基础课程。

《物理化学》是化学、化工、应用化学、材料学、医学、药学、生物学、环境等以分子研究为基础的学科的专业基础课程。怎样使课程符合现阶段形势的发展和要求，是我们需要解决的问题，也是我们编写这本教材的目的。

为确保教学质量，推进教学改革，国家教学指导委员会曾对本科化学教学提出了一个教学基本内容。这个内容构成了本教材的基础知识范畴。在此基础上，本教材还力求在提高学生素质、更新教材内容、提倡使用现代计算机和网络技术、恰当处理好抽象的数学理论等方面有所增强，以适应更广泛的学习对象，有利于学生的发展。为此，本教材加强了物理化学中科学研究方法的特点和作用的介绍；增加和修改了一些新的教学内容：如非平衡态热力学简介、电化学进展、纳米系统热力学、多相催化作用及分子模拟等；对于抽象的物理化学理论及概念，也更新了传统的教学内容和方法。教师可根据具体的学生对象，选择介绍教材的内容。

本教材由苏州大学材料与化学化工学部组织编写。教材编写分工为：孙如（第1章），白同春（第2、5、7章），李淑瑾（第3、4章），杨平（第6、14章），姚建林、徐敏敏（第8、9、10章），王勇（第11、12章），杜玉扣（第13、15章），樊建芬（第16章）。白同春、姚建林组织协调书稿的设计、编写、试讲、审阅、修改和出版等工作；张丽芬、孙东豪、孙如、姚建林、白同春对书稿进行审阅和修改；白同春统稿。感谢“十二五”江苏省高等学校重点专业建设项目、苏州大学教改项目的支持。

我们深知，教材从编写、使用、修改到完善，需要经历一个很长的过程。国家在发展、科技在发展，教学改革就没有终止，我们面临的将是一个又一个新起点。我们希望在今后的教学实践中，不断听取意见，纠正错误和不足，认真修改并不断完善教材，努力使这本教材能紧跟时代前进的步伐。

编　者

第一版前言

目录

绪 论

一、化学与物理化学

化学是在原子、分子以及分子以上层次研究物质及其变化过程的学科，是一门以实验为基础的、富有创造性的中心学科。通过化肥、化纤、医药、材料的研制和生产，能源及资源的合理开发与高效利用等，为人类解决生存和发展问题做出巨大贡献。在取得诸多具有里程碑意义成就的同时，化学已经发展成为人们认识世界、改造世界、保护世界的主要方法、手段，以及现代化社会和科学进步的重要支撑。

自然界的所有物质都是由大量原子和分子构成的，化学变化表面上千变万化，但本质上都是原子、分子或原子团之间的分离和重新组合。在物质的运动和变化过程中，伴随着热、功、电、光和磁场等物理现象，引起相应物理量的变化。而温度、压强、电能、光能、磁场和催化剂等因素也有可能引发化学变化或影响化学变化的进行。所以，化学变化与物理性质是密切相关的。物理化学就是从化学现象与物理现象之间的联系着手，用物理学的理论和实验方法来研究化学体系中物质的结构和基本规律的学科。

化学是一门实验学科，而实验的结果是离散的，是多因素综合影响的结果。物理化学的一项重要任务就是将离散的实验结果进行定量关联，从而建立有关化学过程的理论和物理量之间的定量联系。物理化学为其他化学分支学科的发展提供了系统的理论和方法论基础，使化学不再是一门纯粹的实验学科。物理化学具有很强的理论性，也被称之为“理论化学”。实验、数学和计算方法是物理化学研究的重要工具。

二、物理化学的研究内容和教学内容

最早使用“物理化学”这一术语的是俄国科学家罗蒙诺索夫。1887 年，德国科学家 W. Ostwald 和荷兰科学家 J. H. van't Hoff 创办的《物理化学杂志》创刊，标志着物理化学的诞生。纵观此后一个多世纪，这门学科经历了从宏观到微观，从平衡态到非平衡态，从体相到表相，从理论到应用的巨大变化，迄今已形成了内容丰富、包含多个分支的学科。物理化学在化学热力学、化学反应动力学、结构化学与量子化学、电化学、胶体与界面化学、催化化学和统计热力学等领域取得了重要的进展。物理化学课程是展现这些领域的基本知识和基础内容的一门课程。

物理化学课程是从丰富的物理化学研究内容中抽出几个基本问题构成的，可以将之概括为三个基本关系：

(1) 化学反应的方向与限度的关系：一个化学变化在指定的条件下能否朝着预定的方向进行？如果能够进行，它将达到什么限度？外界条件如温度、压强和浓度等对反应有什么影响？在变化过程中伴随的能量变化如何？等等，这些无疑是化学工作者十分关心的问题。

这类问题属于化学热力学包括统计热力学的研究范畴。

(2) 反应速率与反应机理的关系：一个化学反应的速率究竟有多大？反应条件如何影响反应速率？反应经历的具体途径和反应速率的规律性是什么？怎样才能抑制副反应，使反应按照人们需要的方向进行？……这一类问题属于化学反应动力学的研究范畴。

(3) 物质结构与性质的关系：物质的性质本质上是由其微观结构和分子间的相互作用决定的。对化学键、分子结构、晶体结构的研究是物理化学另一方面的基本内容，是属于量子化学和结构化学的研究范畴。

化学热力学，化学反应动力学和物质结构的理论是物理化学基础理论体系的三大支柱。

分子结构和化学键等物质结构的理论，研究的是物质的微观性质，它符合量子力学描述的规律。而化学热力学和经典的化学反应动力学研究的是由大量微观粒子(例如 10^{23}个)组成的宏观体系的性质，其行为符合经典力学描述的规律。而联系微观和宏观体系的桥梁是统计力学。这是一门从分子的微观结构出发，通过解析分子的运动和相互作用，利用求微观量的统计平均值的方法计算系统宏观性质的科学，是物理化学的一个重要组成部分。

物理化学还包括界面与胶体化学、电化学、催化化学等，它们是物理化学基础理论的外延和扩展。平衡、速率、结构和分子间作用的概念贯穿于它们的研究之中。

传统的物理化学讨论的体系都是经过抽象化和理想化处理的，使之能够用解析方法处理，其中最著名的实例就是理想气体。理想化能够提供体系基本特点的图像，使得思路清晰，精度得以不断提高，了解得以不断深入。但是，实际体系并不是理想化的，并不是都能够用解析法处理的。所以，物理化学知识体系有许多的研究方法和近似方法，如：状态函数法、变量变换法、参考状态法、校正系数法、稳态近似法、平衡近似法、速率决定步骤法、统计平均法、极值法等等。掌握这些方法不仅对于物理化学的学习和研究有很大的帮助，还对于我们形成正确的自然观和解决实际问题的思维方式有很大帮助。

物理化学研究的体系是由大量分子组成的，这是一个包含复杂的分子间相互作用的体系。要解析其中的分子运动规律，用统计力学方法求其宏观性质，不仅需要完整地认识分子间相互作用，还需要进行大量的、甚至多到无法完成的数学演算和数值计算。于是，当数值解析和模拟法更能够接近真实体系时，计算机便成为解决物理化学问题的有效工具和方法。所以，利用计算机进行计算、作图、模拟已经和物理化学的学习、研究密不可分，成为物理化学的一个重要部分。事实上，当今物理化学的研究论文，相当一部分是关于计算机分子模拟工作的报道。今天，在每位学生的书桌上都可以看到计算机，网络和信息技术也覆盖了人们的基本生活，它们将物理化学的研究和教学引入一个新的境界，物理化学课程应该以积极的态度反映这些变化，欢迎新的认知途径对物理化学教学引入的变革。

我们生活在一个复杂的世界，可以在其中找到决定性的、可逆性的现象；也可以发现随机性的、不可逆性的现象。我们所处的自然界是各种对抗过程间的复杂平衡造就的。我们应当认识到，传统课程中讲授的化学热力学涉及的几乎都是平衡态体系，而平衡态热力学有很大的局限性。化学中遇到的实际体系并不是真正的平衡态，生物细胞这类靠输出输入流来维持稳态的体系也都是远离平衡的，自然界也不是一个严格的平衡态体系。所以，我们更应该注意我们所学的各种理论及方法的适用范围和局限性，注意观察和了解推动科学发展的方向。

非平衡态体系的过程方向和限度问题属于非平衡态热力学的研究范畴。对于这方面基本知识和概念的了解，有助于我们更正确地认识自然和客观存在的世界，认识化学反应的真谛，解决人类生存和发展所遇到的问题。

我们的时代是以多种概念和方法的相互冲击与汇合为特征的时代，这些概念和方法在经历了过去完全隔离的道路以后突然间彼此遭遇在一起，产生了蔚为壮观的进展。我们期望在给予学生传授基础知识的同时，尽可能多地介绍这些进展。

本教材的内容包含：热力学基本原理，热力学在多组分、相平衡、化学平衡系统中的应用，统计热力学基础，非平衡态热力学简介，电化学，化学反应动力学，界面物理化学，催化作用基础，胶体分散体系物理化学，与分子模拟简介。

结构化学是物理化学的重要组成部分，其内容另设结构化学课程讲授。

物理化学也是一门实验学科。化学变化过程总是伴随许多物理量的变化。测定这些物理量对于物理化学研究是至关重要的。新技术的诞生和新的物理量的测定技术密不可分。理论联系实际是通过物理化学实验实施和完成的。这方面的内容也是一个庞大的知识体系，我们将之纳入物理化学实验课程中。

三、如何学习物理化学

物理化学是研究物质性质及其变化规律的基础理论课程，通过课程的学习，要培养一种能用物理化学的观点和方法来看待和分析化学反应和日常生活中与化学有关问题的能力。

物理化学的特点是理论性强，概念抽象，数学关系多而且复杂，逻辑推理性较强。学习时要注意各类函数及公式的逻辑关系，物理含义，适用条件。注重基础理论、基本概念，掌握和运用基本的数学关系是学好物理化学的首要学习方法。

物理化学的许多研究内容来源于化学过程中所遇到的实际问题。在学习过程中注重了解和掌握物理化学研究问题、分析问题、解决问题的方法和过程，有助于培养学生的科学素养、逻辑推理能力和创新能力。

习题是培养独立思考问题和解决问题能力的重要环节之一。习题可以帮助弄清和加深概念，巩固知识并加以运用。习题不要只局限于做，还要多思考，一道习题用了哪些概念和公式，解决了什么问题。通过一道习题，掌握一类习题的处理方法，起到举一反三的作用。

每个人要逐步建立一套适合于自己的学习方法，学会总结，学会看参考书，学会从网络获取知识和数据。一本教材的内容是有限的，课堂讲授的内容也是有限的。在这个知识不断快速更新的时代，网络信息弥散于我们生活的方方面面，只有学会自己获取知识，获取数据，提高自学能力，拓宽和延伸在学校所学的知识，才能跟上时代发展的步伐。需要提醒的是：对于网络信息要有辨别真假的能力，从杂乱的信息中找到真实的科学信息和数据。建议从正规科学期刊和具有明确署名的科学著作中采集信息。

计算机已经是每个学生的学习工具了，利用计算软件进行数值计算、作图、做理论验证和分析、处理实验数据、做模拟，利用互联网查找文献、数据、获取新的知识和进展、对科学问题展开讨论并寻求解决方案，也是物理化学课程的学习要求。从对基础知识的计算处理做起点，逐步扩大计算的范围，扩大计算机的应用模式，必将提高我们解决问题的速度和能力，也将改变我们解决问题的方式。

第 1 章　气体的 $p-V-T$ 性质与热力学第一定律

1.1　气体的 $p-V-T$ 性质

世界是物质的，各种物质以一定的聚集状态存在着。在通常的压强和温度条件下，物质主要呈现气态、液态或固态三种物理聚集状态。气体是物质存在的一种最简单的无结构形式，它均匀地分布于所盛载容器的整个空间。对纯组分气体，物质的量(n)、压强(p)、温度(T)和体积(V)是几个最基本的性质，这些性质用于表征它的状态，相同的状态具有相同的性质。对于混合气体，基本性质还包括组成。这些基本性质是可以直接测定的，常作为控制化学化工过程的主要指标和研究其他性质的基础。

压强(pressure)：单位面积器壁上所受的力叫作压强，用符号 p 表示，它来源于分子的热运动对容器壁的碰撞。其国际单位(SI)是帕斯卡(Pa)，$1\ \text{Pa}=1\ \text{N}\cdot\text{m}^{-2}$。标准大气压(Standard atmospheric pressure)是在标准大气条件下海平面的气压，1644 年由物理学家托里拆利提出，其值为 101.325 kPa。1982 年起 IUPAC 将“标准压强”重新定义为 100 kPa。日常习惯和工程中还残留一些非 SI 的压强单位，如大气压(atm)，1 atm＝101 325 Pa。一些压强单位的换算关系列于表 1.1。

表 1.1　压强的单位和换算

名称	符号	换算关系
帕斯卡	1 Pa	$1\ \text{N}\cdot\text{m}^{-2}$，$1\ \text{kg}\cdot\text{m}^{-1}\cdot\text{s}^{-2}$
巴	1 bar	10^5 Pa
大气压	1 atm	101.325 kPa
托	1 Torr	(101 325/760) Pa＝133.322 Pa
毫米汞柱	1 mmHg	133.322 Pa
磅每平方英寸	1 psi	6.895 kPa

体积(volume)：气体的体积即它所占空间的大小，用符号 V 表示。由于气体能充满整个容器，所以容纳气体容器的容积就是气体的体积，国际单位是立方米(m^3)。

温度(temperature)：气体的温度是定量反映气体冷热程度的物理量，是通过热平衡实验测量的。如果两个系统分别和处于确定状态的第三个系统达到热平衡，则这两个系统彼此也将处于热平衡。这个规律就称为热平衡定律或热力学第零定律(zeroth law of thermodynamics)。处于热平衡的两个系统必有一个相等的物理量，这个量就被定义为温度。测量温度的仪器称为温度计。温度计设计的理论基础就是热平衡定律。在比较两个物体的温度时不需要令两个物体直接热接触，只需要取一个标准物体分别与这两个物体进行热接触即可，这个作为标准的物体就是温度计。

温度的定量表示必须选定温标。物理化学中，常用两种温标表示温度的大小(或单位)：热力学温标和摄氏温标。热力学温度用符号 T 表示，单位是 K，为 SI 规定单位。摄氏温度用符号 θ 表示，单位为℃。两者的关系是：

$$T/\mathrm{K}=\theta/℃+273.15 \tag{1.1.1}$$

这一关系式意味着：一个单位的摄氏温度温差 1℃ 等于一个单位的热力学温度温差 1 K。热力学温标定义水的三相点温度为 273.16 K，1 K 等于 1/273.16。热力学温标的特点是选定一个固定点的温度数值及单位就可以确定温度了。热力学温标是 1848 年 Kelvin 根据热机的 Carnot 定理首创的，是一种理论上的温标。这种温标不依赖任何具体的物质的特性，故又称为绝对温标，(Kelvin 热力学温标的定义见第2章)。摄氏温标的定义是选水的冰点温度为零点，水的沸点温度为 100 ℃，1 ℃等于沸点到冰点温度差的 1/100。温度的测量可以利用液体(比如 Hg)的膨胀程度(液柱)来进行。但是，液体在不同的温度区间内的膨胀并不是均匀一致的。这就导致了利用理想气体的性质(状态方程)来定义温标，称为理想气体温标。理想气体温标和 Kelvin 定义的热力学温标是一致的，所以现在通称为热力学温标。对于确定数量的气体，$p-V-T$ 间存在着某种定量关系，描述这种关系的数学方程称为气体的状态方程(equation of state)。通过状态方程，可以由已知的测定量计算得到未知的物理量。

1.1.1　理想气体

1. 理想气体的状态方程

一种物质应当由其自身的状态方程来描述其 $p-V-T$ 的关系。通过大量实验观察到：对于大多数低压状态下的气体，它们有一个共同的特征，即可以用一个状态方程表示其 $p-V-T$关系：

$$pV=nRT \tag{1.1.2}$$

式中：n 为气体的物质的量，其单位是摩尔(mol)，每摩尔气体中含有 6.02×10^{23} 个分子；R 称为摩尔气体常数，其值等于 8.314 $\mathrm{J\cdot K^{-1}\cdot mol^{-1}}$，且与气体的种类无关。

实验表明：气体的压强越低，各物质的 $p-V-T$ 关系就越符合这个关系式。我们把在任何温度及压强下都能严格服从式(1.1.2)的气体定义为理想气体(perfect gas，ideal gas)，所以式(1.1.2)称为理想气体状态方程。

定义 1 mol 气体分子的体积为摩尔体积，$V_\mathrm{m}=V/n$，单位是 $\mathrm{m^3\cdot mol^{-1}}$，理想气体状态方程还可以写成：

$$pV_\mathrm{m}=RT \tag{1.1.3}$$

2. 理想气体的微观模型

理想气体状态方程是大多数气体在 $p\rightarrow0$ 时所具有的共同特征，因而，理想气体只是一种科学的抽象。气体的压强趋于零，意味着其体积无穷大。由此得出两个推论：① 分子间距离 $r \to \infty$，即分子间没有相互作用；② 分子本身所占的体积与其运动的空间体积相比，可以忽略不计，即分子是没有体积的质点。这是理想气体的微观特征。

理想气体是一个抽象的概念，实际上并不存在。但在预测精度要求不高时，把较高温度或较低压强下的气体作为理想气体处理，可以简化计算，不至于引起大的误差。究竟在多高温度或多低压强下才能把实际气体作为理想气体处理，这取决于物质本身的性质。一般易液化的气体适用的压强范围要窄一些，而难液化的气体则要宽一些。对于实际气体，在理想气体模型的基础上做适当的修正，便可以简单方便地处理许多实际气体的物理化学问题。理想气体模型的建立，为人们研究实际气体奠定了一个很好的模型基础。

3. 道尔顿(Dalton)分压定律

对于多组分混合气体，无论是理想气体还是实际气体，都可以用分压强的概念来描述其中某一组分的压强。组分 B 的分压强 p_B(partial pressure)定义为：

$$p_B \xlongequal{\text{def}} y_B p \tag{1.1.4}$$

式中：y_B 为组分 B 的摩尔分数(mole fraction)；p 为混合气体的总压。在同一容器相同温度条件下，气体的总压等于各组分分压的加和。

$$\sum_B p_B = p \tag{1.1.5}$$

式(1.1.4)和式(1.1.5)对所有混合气体都适用，即使是高压下远离理想状态的实际气体混合物。

对于理想气体混合物 $y_B = n_B / \sum_B n_B$，有

$$p_B = \frac{n_B RT}{V} \tag{1.1.6}$$

式(1.1.6)的物理意义为：在理想气体混合物中，某一组分 B 的分压等于该组分在同温条件下单独占有总体积 V 时所具有的压强。此时，混合气体的总压等于各组分单独存在于混合气体的温度和体积条件下所产生压强的总和。这就是道尔顿分压定律。

科学家介绍

约翰·道尔顿 (John Dalton)

道尔顿分压定律严格讲只适用于理想气体混合物。这意味着理想气体分子之间没有相互作用力，其中的每一种气体都不会由于其他气体的存在而受到影响。也就是说，每一种气体组分都是独立的，它对总压强的贡献和它单独存在时的压强相同。而对于实际气体，分子之间是有相互作用的，道尔顿分压定律和式(1.1.6)都不再适用。但是，实验表明：在低压下的实际气体混合物近似服从道尔顿分压定律。

组分 B 的性质 n_B、y_B、p_B 也可以用 $n(B)$、$y(B)$、$p(B)$来表示，即用括号代替下标。在物理化学体系中，当用分子式表示物质时，用括号的形式具有直观清晰的特点。

【例 1.1】 1 mol N_2 和 3 mol H_2 混合，在 298.15 K 时体积为 4.00 m^3，求混合气体的总压强和各组分的分压强（设混合气体为理想气体混合物）。

解：

$$n=n(N_2)+n(H_2)=(1+3)\text{mol}=4\text{ mol}$$

$$p=\frac{nRT}{V}=\left(\frac{4\times 8.314\times 298.15}{4.00}\right)\text{kPa}=2.48\text{ kPa}$$

$$p(N_2)=y(N_2)\cdot p=\frac{1}{4}\times 2.48\text{ kPa}=0.62\text{ kPa}$$

$$p(H_2)=y(H_2)\cdot p=\frac{3}{4}\times 2.48\text{ kPa}=1.86\text{ kPa}$$

4. 阿马格(Amagat)分体积定律

在温度为 T、压强为 p 的容器中，理想气体混合物中组分 B 的分体积为

$$V_B=n_BRT/p \tag{1.1.7}$$

其物理意义是：在理想气体混合物中，某组分气体的体积等于在相同温度 T 和相同压强 p 时该气体单独存在时所占有的体积。而气体混合物的总体积等于各组分的分体积之和。

$$\sum_B V_B = V \tag{1.1.8}$$

或

$$V_B = y_BV \tag{1.1.9}$$

即：分体积 V_B 可视为组分 B 对总体积 V 的贡献。这就是阿马格(Amagat)分体积定律。

式(1.1.7)～(1.1.9)只适用于理想气体混合物。对于实际气体，分子间的相互作用和分子本身所占的体积已不能忽略，混合前后气体的总体积要发生变化，各组分的体积不等于它单独存在时的体积，要用偏摩尔体积的概念（第 3 章将有介绍）。不过，低压下的实际气体混合物近似服从阿马格分体积定律。

1.1.2　实际气体

1. 范德华(van der Waals)方程

为定量描述实际气体(real gas)的 p-V-T 行为，荷兰科学家范德华(van der Waals)于 1873 年在对理想气体做了两个方面的修正后，提出了一个气体的状态方程。两项修正分别是：

(1) 实际气体分子间存在着吸引力。气体分子碰撞器壁时，因为受到气体内部分子间的引力作用，所产生的压强 p 要小于理想气体的压强 p_{id}，其差值被称为实际气体的内压强 p_i(internal pressure)，即

$$p_i=p_{id}-p \tag{1.1.10}$$

除了气体本身的特性外，p_i 与气体摩尔体积的平方成反比。

$$p_i=\frac{a}{V_m^2} \tag{1.1.11}$$

式中 a 为比例常数，与气体的种类和分子间的作用力的大小有关。

(2) 理想气体的体积是其可以自由运动的空间的体积，分子本身不占有体积。但实际

气体分子自身占有体积，1 mol 气体分子的运动空间是容器的容积 V_m 减去分子本身所占据的体积 b，即 $(V_m - b)$。

将这两项修正应用于理想气体状态方程，可以得到：

$$\left(p+\frac{n^2 a}{V^2}\right)(V-nb)=nRT \tag{1.1.12a}$$

或写为

$$\left(p+\frac{a}{V_m^2}\right)(V_m-b)=RT \tag{1.1.12b}$$

其中 a 和 b 为范德华常数，它们分别与气体的种类、分子之间力的大小以及气体分子本身的体积大小有关。其值可以通过气体的 $p-V-T$ 实验数据推算出。范德华认为，a 和 b 的值不随温度而变。表 1.2 列出了由实验测得的部分气体的范德华常数。由表中数据可以看出，对于较易液化的气体，如 SO_2、H_2O 等，a 值较大，表示这些气体分子间的吸引力较强。对于不易液化的气体，如 H_2、He 等，a 值很小，表明它们分子间的引力很弱。这就是 H_2、He 等轻气体能在较宽压强范围内服从理想气体状态方程的原因。

表 1.2 一些气体的范德华常数

气体	$a/\mathrm{Pa\cdot m^6\cdot mol^{-2}}$	$b/10^{-5}\mathrm{m^3\cdot mol^{-1}}$	气体	$a/\mathrm{Pa\cdot m^6\cdot mol^{-2}}$	$b/10^{-5}\mathrm{m^3\cdot mol^{-1}}$
He	0.003 457	2.370	CO	0.151 0	3.990
Ne	0.021 35	1.709	CO_2	0.364 0	4.267
Ar	0.136 3	3.219	H_2O	0.553 6	3.049
Kr	0.234 9	3.978	NH_3	0.422 5	3.707
Xe	0.425 0	5.105	SO_2	0.680 0	5.640
H_2	0.024 76	2.661	CH_4	0.228 3	4.278
O_2	0.137 8	3.183	C_2H_4	0.453 0	5.714
N_2	0.140 8	3.913	C_2H_6	0.556 2	6.380

计算结果表明，在低压和中压范围内（约几个 MPa 以下），范德华方程的计算结果优于理想气体状态方程。对于高压气体，范德华方程也会带来较大偏差。这是因为范德华气体模型仍过于简单。实验表明，范德华常数 a、b 的值并不能在很宽的温度、压强范围内保持不变。尽管如此，范德华方程由于其物理意义明确，形式简单，可以解释气体的许多典型特征，至今仍有着重要的理论与实际意义。

讨论 压强与分子作用

科学家介绍

约翰尼斯·迪德里克·范·德·瓦耳斯
(Johannes Diderik van der Waals)

2. 压缩因子

为了定量描述实际气体与理想气体的 $p-V-T$ 行为的偏离程度，定义压缩因子 Z(compression factor)为

$$Z \overset{\text{def}}{=\!=} \frac{pV_m}{RT} \tag{1.1.13}$$

对于理想气体，$Z=1$。对于实际气体，若 $Z>1$，则表示同温同压条件下实际气体的摩尔体积大于理想气体的摩尔体积，也就是说，实际气体比理想气体难于压缩。若 $Z<1$，则情况正好相反。

图 1.1 描述了在 273.15 K 时，几种气体的 Z 值随压强 p 的变化情况。其中水平虚线为理想气体，$Z=1$，其值不随压强变化。其他四条曲线分别是 N_2、H_2、CH_4 和 CO_2 的实验结果，Z 随 p 的变化各有差异。图 1.2 给出了 N_2 在不同温度下的 Z 值随压强 p 的变化情况。不难看出，同一气体在不同温度下，其与理想气体的偏离也有差别。

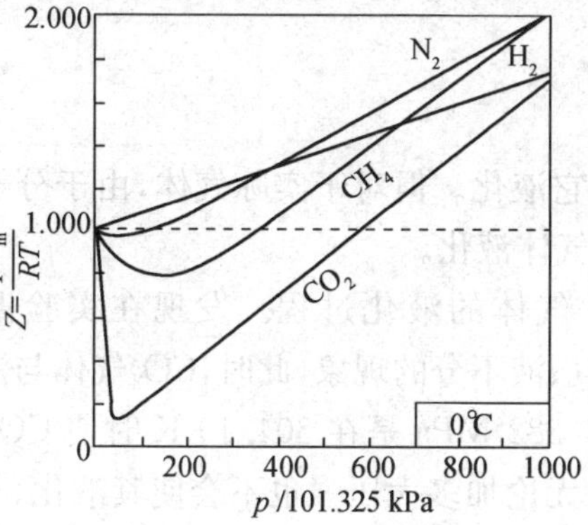

图 1.1　273.15 K 时几种气体的 $Z-p$ 曲线

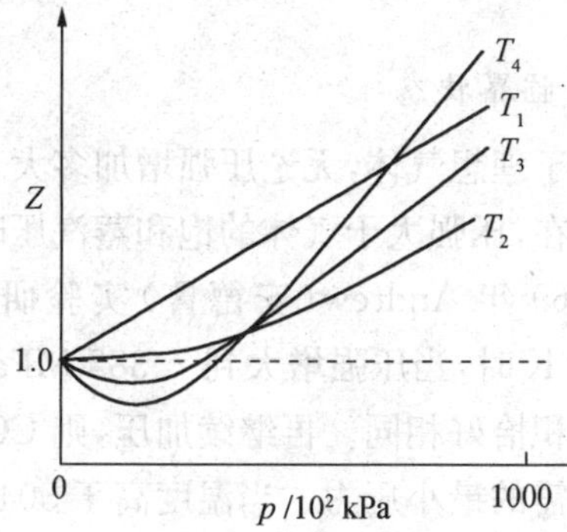

图 1.2　N_2 在不同温度下的 $Z-p$ 曲线，$T_4<T_3<T_2=T_B<T_1$

对照图 1.1，压缩因子 Z 随压强 p 的变化情况有两类：大多数气体(如 N_2、CH_4、CO_2)在低压下，$Z<1$，且 Z 值随压强 p 增加而减小；当压强进一步升高时，Z 值将会经过一个最低点后开始增大，直至 $Z>1$，并继续随压强升高而增大。少数气体(如 H_2、He 等)在常温下，Z 值始终大于 1，并随压强 p 升高而增大。进一步的实验表明，任何一种气体实际上都可以出现上述两种情况。图 1.2 是 N_2 在不同温度下 Z 随 p 变化的曲线。当 $T<327$ K 时(如 T_3、T_4)，Z 值随压强 p 的增加先降后升，就像 CH_4、CO_2 等多数气体在常温下表现出来的行为那样。当 $T=327$ K 时(如 T_2)，在足够低的压强区间，$Z=1$，而后 Z 值随压强 p 升高而增大。当 $T>327$ K 时(如 T_1)，Z 值将始终大于 1，并随压强 p 升高而增大。对于 N_2 来说，327 K 是一个特定的温度，称为玻义耳(Boyle)温度，用 T_B 表示。每种气体都有各自的玻义耳温度。在玻义耳温度时，每一种实际气体都能在几百千帕的压强范围内较好地符合理想气体状态方程。当气体的温度高于 T_B 时，气体可压缩性小，难以液化。大多数气体的 T_B 在室温之上，而 H_2 和 He 的 T_B 较低，分别为103 K和 15 K。

3. 维里(Virial)方程

实际气体对于理想气体的偏差，表现在其压缩因子 Z 值在等温条件下随压强而变化。

若将 Z 表示成相对于理想气体的对于$(1/V_m)$ 或 p 的级数展开形式，则有：

$$Z=pV_m/RT=1+B_2(1/V_m)+B_3(1/V_m)^2+\cdots \qquad (1.1.14a)$$

或

$$Z=pV_m/RT=1+B_2'p+B_3'p^2+\cdots \qquad (1.1.14b)$$

该式称为维里方程，其中 B_2、B_3分别称作第二、第三维里系数，它们与气体的种类和温度有关。$V_m\to\infty$，或 $p\to 0$，则气体的行为趋于理想气体。

原则上讲，维里方程中的项数可根据计算精度的要求选择，要求越高，取的项数就越多。对于低压气体，一般取两三项就可以满足要求。

维里方程在早期提出时仅是一个经验公式，各维里系数完全由实验测定。随着统计力学的发展，第二维里系数 B_2 和第三维里系数 B_3可以从理论上由双分子及三分子间的作用势能导出。在气体性质的研究中，第二维里系数可作为评价分子间相互作用大小的参数。

【练习 1.1】 将 van der Waals 方程写成 Virial 方程的形式，并证明：$B_2=b-a/(RT)$。

4. 临界状态

对于理想气体，无论压强增加多大，都不能使它液化。但对于实际气体，由于分子间作用的存在，压强大于气体的饱和蒸汽压时，可以使气体液化。

1869 年 Andrew（安德鲁）实验研究了 CO_2 气体的液化过程。发现在实验温度为 304.19 K 时，当压强增大到 7.382 MPa 时，出现气、液不分的现象，此时，CO_2气体与液体的摩尔体积恰好相同。再继续加压，则 CO_2液化。7.382 MPa 是在 304.19 K 时使 CO_2 气体液化所需的最小压力。当温度高于 304.19 K 时，无论加多大压强也不会使其液化。于是，304.19 K 和 7.382 MPa 是 CO_2 两相平衡共存的最高温度和压强，分别称为该气体的临界温度 T_c(critical temperature)和临界压强 p_c(critical pressure)，对应的气体状态称为临界状态(critical state)或临界点(critical point)。

任何纯物质都存在一个临界状态，每种气体都有各自的临界温度和临界压强。临界温度是气体能够液化的最高温度，在临界温度以上无论用多大压强进行等温压缩都不能使气体液化。临界温度时气体液化所需的最小压强叫作临界压强。临界状态所对应的摩尔体积叫作临界摩尔体积($V_{m,c}$)。临界温度、临界压强、临界摩尔体积被称为临界参数(critical constants)。在临界状态，气体与液体的性质完全相同。临界状态是气体的另一种极限状态。表 1.3 列出了一些气体的临界参数。各种物质在临界点所表现出的奇特行为对科学的发展和实际应用都有重要意义，临界现象和超临界技术是近些年来十分活跃的研究领域。

表 1.3 一些气体的临界参数

气体	T_c/K	p_c/MPa	$V_{m,c}/10^{-5}\ m^3\cdot mol^{-1}$	Z_c
He	5.2	0.229	5.78	0.305
Ne	44.4	2.72	4.17	0.307
Ar	150.7	4.86	7.53	0.292
H_2	33.2	1.30	6.50	0.305

续表

气体	T_c/K	p_c/MPa	$V_{m,c}/10^{-5}\ m^3 \cdot mol^{-1}$	Z_c
N_2	126.3	3.40	9.01	0.292
O_2	154.8	5.08	7.80	0.308
CO_2	304.2	7.38	9.40	0.274
H_2O	647.4	22.12	5.53	0.227
HCl	324.7	8.26	8.10	0.248
NH_3	405.5	11.28	7.25	0.243
CH_4	190.5	4.62	9.87	0.288
C_2H_6	305.4	4.88	14.8	0.285

【练习1.2】 利用 van der Waals 方程计算并做出 CO_2 的等温 $p-V_m$ 曲线。如图1.3所示。并分析当温度分别高于、等于、小于临界温度31.04℃时，$p-V_m$ 曲线的特征。

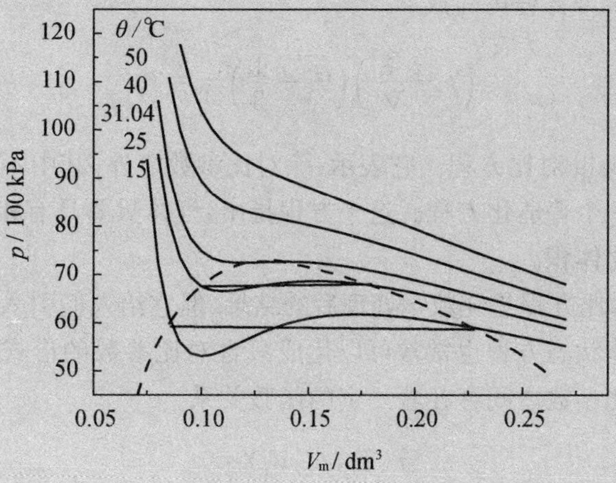

图1.3　CO_2 的等温 $p-V_m$ 曲线

1881年 van der Waals 将其状态方程与 Andrew 的 CO_2 实验结果进行对比。在临界温度304.19 K时，临界点是 van der Waals 方程绘制的 $p-V$ 等温线上的一个拐点。可以证明，在临界状态

$$(\partial p/\partial V)_{T_c}=0,\quad (\partial^2 p/\partial V^2)_{T_c}=0 \tag{1.1.15}$$

将 van der Waals 方程代入上式得

$$\left(\frac{\partial p}{\partial V_m}\right)_{T_c}=\frac{-RT_c}{(V_m-b)^2}+\frac{2a}{V_m^3}=0$$

$$\left(\frac{\partial^2 p}{\partial V_m^2}\right)_{T_c}=\frac{2RT_c}{(V_m-b)^3}-\frac{6a}{V_m^4}=0$$

联立上述方程组，解得

$$V_{m,c}=3b,\ T_c=\frac{8a}{27Rb},\ p_c=\frac{a}{27b^2},\ Z_c=\frac{p_cV_{m,c}}{RT_c}=\frac{3}{8} \tag{1.1.16}$$

于是，van der Waals 方程中的常数 a、b 用 T_c，$V_{m,c}$ 和 p_c 来表示，则有

$$a=\frac{27R^2T_c^2}{64p_c},b=\frac{RT_c}{8p_c} \tag{1.1.17}$$

5. 对比状态原理

将式(1.1.16)结果代入 van der Waals 方程，整理后得

$$\left(\frac{p}{p_c}+\frac{3}{(V_m/V_{m,c})^2}\right)\left(\frac{V_m}{V_{m,c}}-\frac{1}{3}\right)=\frac{8T}{3T_c}$$

定义气体的压强、温度和体积与相应临界参数的比值分别为对比压强 p_r(reduced pressure)、对比温度 T_r(reduced temperature)和对比体积 V_r(reduced volume)。

$$p_r=p\ /\ p_c,T_r=T\ /T_c,V_r=V\ /V_c \tag{1.1.18}$$

于是 van der Waals 方程可写成

$$\left(p_r+\frac{3}{V_r^2}\right)\left(V_r-\frac{1}{3}\right)=\frac{8}{3}T_r \tag{1.1.19}$$

此式称为 van der Waals 对比方程。它表示：除对比参数之外，其中不再含有任何与物性有关的常数，因而它是一个普适化方程。这个方程指出：气体只要具有相同的对比温度和对比压强，就有相同的对比体积。

van der Waals 对比方程是纯数学处理后的结果，但它给人们引入了新的启示。后来发现，其他一些实际气体状态方程也常常可以化成只含对比参数的形式。这些对比方程告诉人们，实际气体的对比参数之间存在着一定的函数关系

$$f(T_r,p_r,V_r)=0 \tag{1.1.20}$$

此式表明，各种不同的气体(后来发现，有些液体也是如此)只要处在相同的对比温度和对比压强，就有相同的对比体积，称这些物质处在相同的对比状态(corresponding states)。若某气体的对比参数等于 1，说明该气体处在临界点；对比参数与 1 偏离可以表示气体所处的状态与临界点的偏离程度。处在相同对比状态的气体，它们与各自临界点的偏离程度相同。进一步的实验表明，许多物质，当它们处于相同的对比状态时便具有相近的物性，如热容、黏度、折射率、膨胀系数等，这个定律就叫作对比状态原理(principle of corresponding states)。

前面我们曾经定义压缩因子来描述实际气体与理想气体的偏差程度。对于 van der Waals 气体有 $Z_c=3/8$，即处在相同对比状态的各种气体，具有相同的压缩因子，(表 1.3 指出，各物质的 Z_c 很相近)，也就是说，各种气体如果处在与各自临界点具有相同偏离程度的状态，则它们对于理想气体的偏差程度也是相同的。各种气体的压缩因子也可以用一个普适性函数来表达。

$$Z=f(T_r,p_r) \tag{1.1.21}$$

荷根(Honken O A)和华德生(Watson K M)在 20 世纪 40 年代根据不同气体的实验平均值描绘出等 T_r的 $Z-p_r$曲线。这些曲线表达了式(1.1.21)的普适化关系，称为双参数普

适化压缩因子图，见图 1.4。

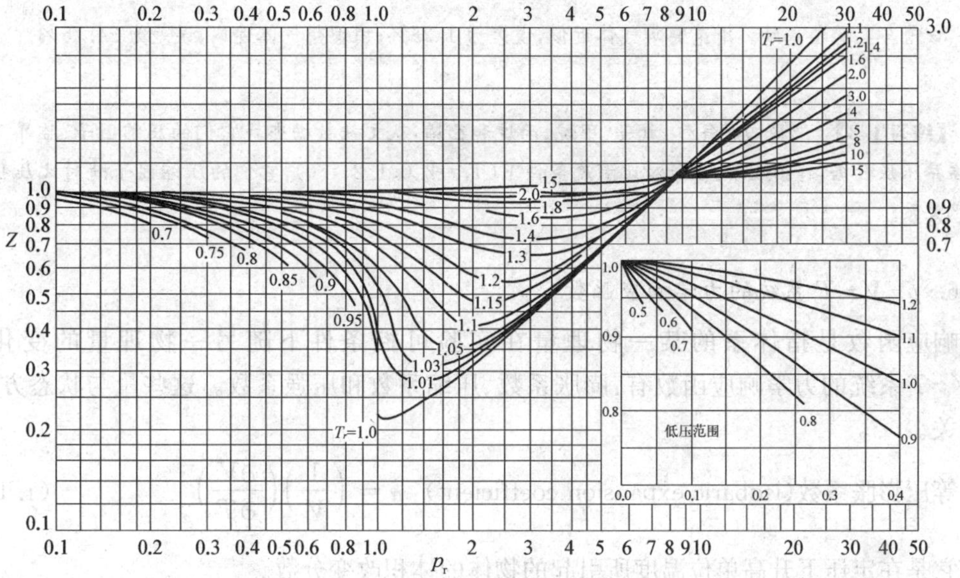

图 1.4　双参数普适化压缩因子图

图 1.4 中的每一条曲线都是一条等对比温度线，它代表了在同一对比温度下 Z 随对比压强的变化关系。对于横坐标上同一个对比压强所对应的不同曲线上的各点，则代表了在同一对比压强下 Z 随对比温度的变化关系。当 $p_r \to 0$（即 $p \to 0$）时，各对比温度下的 Z 都趋近于 1，即服从理想气体状态方程。

对比状态原理只是一个近似的规律。组成、结构、分子大小相近的物质，能较好地服从对比状态原理。将许多物性表示成对比状态的函数，为工程计算带来了很大的方便。

【例 1.2】 分别按下列三种物态方程求算 1 mol $NH_3(g)$ 在 473 K、0.311 dm^3 时的压强。(1) 理想气体状态方程；(2) van der Waals 方程；(3) 压缩因子图。NH_3 的 $T_c = 405.5$ K，$p_c = 11.28$ MPa，$a = 0.425\ 3\ m^6 \cdot Pa \cdot mol^{-2}$，$b = 0.037\ 37\ dm^3 \cdot mol^{-1}$。

解：(1) 根据理想气体状态方程

$$p = \frac{RT}{V_m} = \frac{8.314 \times 473}{0.311 \times 10^{-3}}\ \text{MPa} = 12.6\ \text{MPa}$$

(2) 按照范德华方程得

$$p = \frac{RT}{V_m - b} - \frac{a}{V_m^2} = \left[\frac{8.314 \times 473}{(0.311 - 0.037\ 37) \times 10^{-3}} - \frac{0.425\ 3}{(0.311 \times 10^{-3})^2}\right]\ \text{MPa} = 9.97\ \text{MPa}$$

(3) 由 $p = p_c p_r$ 知，只要得出 p_r 值，就可求出 p。在压缩因子图上，p_r 必须在 $T_r = 473/405.5 = 1.166$ 的 Z-p_r 线上。为了得到 p_r 值，还需获得 Z 的信息。根据压缩因子的定义可得

$$Z = \frac{pV_m}{RT} = \frac{p_c p_r V_m}{RT} = \frac{11.28 \times 10^6 \times 0.311 \times 10^{-3} p_r}{8.314 \times 473} = 0.892 p_r$$

在压缩因子图上作出 $Z = 0.892 p_r$ 的直线，它与 $T_r = 1.166$ 的 Z-p_r 曲线的交点即为 NH_3 的状态点。由图得出 $p_r = 0.90$，故压强为

$$p = p_c p_r = (11.28 \times 10^6 \times 0.90)\ \text{MPa} = 10.1\ \text{MPa}$$

该值与实验值一致。用范德华气体近似，误差为1.28%；用理想气体近似，误差为24.75%。

【练习1.3】 选择四种气体：氮气、甲烷、丙烷和乙烯，从文献数据查找它们的压缩因子、临界温度和临界压强数据，作图表示：在等对比温度条件下（T_r=2.0、1.2、1.0），它们的压缩因子随对比压强的变化关系。

6. p-V-T 系统的力学响应函数

响应函数是指体系的某一物理量在实验可控条件下随另一物理量的变化率。p-V-T系统的力学响应函数有：膨胀系数、压缩系数和压强系数。这些量与状态方程密切相关。

等压膨胀系数(isobaric expansion coefficient)：$\alpha = \left(\frac{1}{V}\right)\left(\frac{\partial V}{\partial T}\right)_p$ (1.1.22)

它是在定压下升高单位温度所引起的物体的体积改变分数。

等温压缩系数(isothermal compressibility)：$\kappa = -\left(\frac{1}{V}\right)\left(\frac{\partial V}{\partial p}\right)_T$ (1.1.23)

它是在定温下升高单位压强所引起的物体的体积改变分数的负值。式中负号是为了使κ为正值，因为任何均相系的$(\partial V/\partial p)_T < 0$。

等容压强系数(isochoric pressure coefficient)：$\beta = \left(\frac{1}{p}\right)\left(\frac{\partial p}{\partial T}\right)_V$ (1.1.24)

它是在定容下升高单位温度所引起的物体的压强改变分数。

显然α、β、κ一般是T、p的函数，它们的数值因物质不同而异。这三个量不是彼此独立的，三者存在下列关系

$$\alpha = \kappa\beta p \tag{1.1.25}$$

它们与状态方程有密切联系，由状态方程可求得α、β、κ。反之，若知道了α、β、κ与p、V、T的关系，也可以获得状态方程的信息。往往，α、β、κ是实验易测物理量，状态方程是通过这些量的测定而得到的。

1.2 热力学基本概念

热力学(thermodynamics)研究的是物理、化学过程中，当处于平衡态或准平衡态的物质系统发生变化时，系统与外界的相互作用所伴随的热现象和其他形式能量之间的传递和转换关系，以及系统热力学性质的变化。19世纪中叶，焦耳(Joule)历经20年时间，用各种不同的方法研究了热和功的转换关系，即热功当量，在此基础上建立了热力学第一定律。1850年左右，开尔文(Kelvin)和克劳修斯(Clausius)分别在卡诺(Carnot)工作的基

础上从不同的角度研究了热机效率、热功转换的方向性等问题，建立了热力学第二定律。这两个定律的建立标志着热力学体系的形成，成为热力学的基础。1912 年，普朗克（Plank）、能斯特（Nernst）等基于低温现象的研究建立了热力学第三定律，从而完善了经典热力学的理论。

热力学第一定律即能量守恒与转化定律在热力学体系的应用，解决了热力学体系变化过程中的能量衡算问题；热力学第二定律用于解决过程变化的方向和限度问题；而热力学第三定律用于解决熵的规定值问题。热力学基本定律是在对大量实验观察的基础上抽象出来的，它不能从逻辑上或用其他理论方法加以证明，它的正确性是以热力学关系和结论与自然规律和实践相符所确定的。

化学热力学是热力学在化学系统和过程中的应用。它的研究对象为大量粒子（10^{23} 个原子或分子）所组成的宏观系统。当研究的系统与环境的关系处于平衡状态时，称为平衡态化学热力学，或经典热力学；当研究的系统与环境的关系处于非平衡状态时，称为非平衡态化学热力学。热力学不能描述单个微观粒子的行为。从微观粒子的量子力学基础出发，通过对大量粒子的行为做统计平均，从而预测宏观热力学性质的方法，称为统计热力学。

本书（第 1 至 6 章）介绍的主要内容属于平衡态热力学。利用热力学原理，根据系统状态的变化（始态和终态）所伴随的热力学性质的改变，来解决诸如能量衡算、过程进行的方向和限度的判断等热力学问题。但它并不能给出过程变化的细节，比如：过程是如何发生与进行的、变化的途径以及快慢等问题。还有，经典热力学中视物质为一"连续体"，不考虑物质的微观结构及粒子内部的变化。本节介绍一些热力学的基本概念。

1.2.1　系统与环境

热力学研究的对象称为系统（system），而在系统之外与系统密切相关的部分称为环境（surroundings）。系统与环境的划分是相对的，因对象、方法不同而异。划分可以是实际的，也可以是虚拟的。一般讲，环境空间为无穷大，热容无穷大。系统向环境的物质传递和能量传递并不改变环境的物质的量和温度。

根据系统与环境之间是否有物质和能量的交换可以将系统分为三类：

（1）敞开系统（open system）：与环境之间既有物质交换又有能量交换的系统，亦称开放系统。

（2）封闭系统（closed system）：与环境之间没有物质交换只有能量交换的系统。

（3）隔离系统（isolated system）：与环境之间既没有物质交换也没有能量交换的系统，亦称孤立系统。

在热力学研究中，明确所研究的系统的属性是非常重要的。系统的属性不同，描述系统的变量，以及所适用的公式的形式也不同。

1.2.2　状态、状态性质与状态函数

1. 状态、状态性质与状态函数

描述系统所处状态的物理量，如温度、压力、体积、质量、表面张力等，称为性质（property）。所有性质均确定的系统就处于确定的状态（state）。无论经历多么复杂的变

化，只要系统恢复原状，则这些性质也恢复原状，即只与状态有关而与途径无关，具有这种状态与性质对应关系的热力学性质称为状态函数或状态性质。如宏观可测量温度 T、压强 p、体积 V，以及将要学到的热力学能 U、焓 H、熵 S、亥姆霍兹自由能 A、吉布斯自由能 G 等，都是热力学里非常重要且经常用到的状态函数。

状态函数有如下两个重要特征：① 性质与状态的单值性。状态函数的改变量只与系统的始态和终态有关，而与变化的具体途径无关。状态函数的这一特征是热力学研究方法“状态函数法”的基础。② 状态函数在数学上具有全微分函数的性质，即可以按全微分的函数关系来处理状态性质间的关系。如温度的微小变化用 $\mathrm{d}T$ 表示，始终态温度的变化用 ΔT 表示。从状态微小变化发展到从始态至终态的变化用积分表示。

讨论 热力学状态函数的全微分性质

【练习 1.4】 如果以体积和温度为独立变量，写出下述状态方程以压强 p 为函数的全微分方程式。

$$p=RT/V_{\mathrm{m}} \quad \text{理想气体状态方程}$$

$$p=RT/(V_{\mathrm{m}}-b)-(a/V_{\mathrm{m}}^2) \quad \text{van der Waals 方程}$$

$$p=RT/(V_{\mathrm{m}}-b)-a/[V_{\mathrm{m}}(V_m+b)] \quad \text{Redlich - Kwong 方程}$$

2. 广度性质和强度性质

根据状态函数的数值是否与物质的数量有关，将其分为广度量（或称广度性质、容量性质）和强度量（或称强度性质）。

广度量（extensive property）是指与系统的数量成正比的性质，如体积、质量、热力学能等。此种性质具有加和性，即整个系统的某种广度性质是系统中各部分该种性质的总和。

强度量（intensive property）是指与系统的数量无关的性质，如温度、压强等。强度量不具有加和性。

需要指出的是，系统的某种广度性质除以总质量或物质的量（或者把系统的两个广度性质相除）后就成为强度性质。若系统中所含物质的量是单位量，例如 1 mol，则广度性质就成为强度性质。又如，体积是广度性质，而摩尔体积（体积除以物质的量）、密度（质量除以体积）就成为强度性质。

应当注意，这种划分是基于体系是由原子和分子尺度的大量粒子组成的。对于纳米系统，粒子数并不是 10^{23} 数量级，在一定条件下，广度性质已不再与物质的数量成正比，而强度性质也有可能随物质的量而发生变化。具有这一特点的纳米系统的性质被称之为非容量（non-extensive）性质。

1.2.3 状态方程

系统状态函数之间的定量关系式称为状态方程。对于物质的量为定值的单组分均相系统，在诸多描述热力学系统的状态性质中，只有两个是独立变量。如理想气体状态方程和 van der Waals 方程所示的那样。

对于多组分均相系统，系统的状态还与组成有关，如：

$$V=f(T,p,n_1,n_2,\cdots)$$

对于复相系统，每一相均有自己的状态方程，即只有在同一相中的状态性质才有一定的联系。如 α、β 分别为两相，则有

$$V^{\alpha}=f_1(T^{\alpha},p^{\alpha},n_1{}^{\alpha},n_2{}^{\alpha},\cdots)$$
$$V^{\beta}=f_2(T^{\beta},p^{\beta},n_1{}^{\beta},n_2{}^{\beta},\cdots)$$

热力学状态方程是由实验确定的，热力学定律并不能决定状态方程的具体函数形式。

1.2.4 热力学平衡态

热力学系统常见的状态可以分为平衡态、定态和非平衡态。

若系统的性质不随时间变化，则系统是处于定态（也称稳态）。

平衡态是指系统的各种性质不随时间改变，而且系统与环境间以及系统内部没有任何宏观流和化学反应发生的状态。如连续操作的管式反应器，其某一局部的性质都不随时间变化，但反应器内有能量流、物质流和化学反应的发生。其状态只能是定态，而不是平衡态。

平衡态应同时满足以下几个平衡条件：

(1) 热平衡(thermal equilibrium)：系统内各个部分的温度 T_1、T_2 等相等。若是非绝热系统，则系统与环境温度 T 也相等，即 $T_1=T_2=\cdots=T$。

(2) 力学平衡(mechanical equilibrium)：系统各部分没有不平衡力的存在，压强相等，即 $p_1=p_2=\cdots$。这种力是指广义的力，包括压强、表面张力和电势等。如果系统与环境间不是刚性壁相隔，则系统与环境压强相等，即 $p_1=p_2=\cdots=p$。如果两个均匀部分被一固定的器壁隔开，即使双方压强不等，也能保持力学平衡。

(3) 相平衡(phase equilibrium)：一个多相系统达平衡后，物质在各个相之间的分布达到平衡，各相的组成和数量不再随时间变化，相间没有物质的净转移。如 101.325 kPa、273.15 K，水和冰达液固两相平衡。

(4) 化学平衡(chemical equilibrium)：化学反应达到平衡，宏观上反应物和生成物的量及组成不再随时间变化。

相平衡和化学平衡统称物质平衡。不满足平衡态条件的状态称之为非平衡态。

1.2.5 过程与途径

在一定环境条件下，热力学系统由始态变化到终态称之为过程(process)，所经历的具体步骤称为途径(path)。状态函数的变化值取决于始态和终态，而与具体途径无关。像功和热那样的物理量，对于确定的始态和终态，途径不同，其值就不同。它们被称为过程量，不是状态函数。

常见的热力学过程有如下几种：

(1) 等温过程(isothermal process)：变化过程中，系统的温度由始态到终态保持不变，且与环境温度相同。

(2) 等压过程(isobaric process)：变化过程中，系统的始、终态压强不变，且等于环境的压强。

(3) 等容过程(isochoric process)：变化过程中，系统的始、终态体积不变。

(4) 绝热过程(adiabatic process)：系统在变化过程中，与环境没有热的交换。

(5) 循环过程(cyclic process):系统从始态出发,经历一系列变化后,又回到始态。循环过程状态函数的变化量等于零,即状态函数的环程积分为零。

以上过程主要指 p、V、T 为实验变量时系统的变化过程。此外,还有相变过程、化学变化过程等。

过程量(如功和热)不具有全微分的性质。这一点可以通过理想气体的体积功来说明(请读者自己证明之)。

1.3 热力学第一定律

1.3.1 热

系统与环境间因温差而引起的能量传递形式称为热(heat)。

$$\delta Q = C\mathrm{d}T \tag{1.3.1}$$

式中:Q 为热,单位是 J;C 为热容(heat capacity),单位为 $\mathrm{J \cdot K^{-1}}$。热力学规定:系统从环境吸热,即系统得到能量,$Q>0$;系统向环境放热,即系统失去能量,$Q<0$。热是"传递"的能量,是系统在其状态发生变化的过程中与环境交换的一种能量形式。因而,热总是与系统所进行的具体过程相联系的,不指明过程,就无法计算热。热不是系统的状态性质。为与状态函数相区别,微量的热以 δQ 表示,而不用 $\mathrm{d}Q$ 表示,因为它不具有全微分的性质。一定量的热交换用 Q 表示,而不用 ΔQ 表示。从微观的角度看,热是大量质点以无序方式运动而传递的能量。

热是系统与环境之间交换的能量,所以系统内部的能量交换不能称为热。根据系统具体的变化过程,将与环境间交换的热量称为等压热、等容热、相变热(包括熔化热、蒸发热、升华热等)、溶解热、稀释热以及反应热等等。

1.3.2 功

除热以外,系统与环境之间任何其他形式的能量传递统称为功(work)。功以符号 W 表示,单位为 J。热力学规定:环境对系统做功,即系统从环境得到能量,$W>0$;系统对环境做功,即系统给出能量,$W<0$。与热一样,功也是与过程有关的量,它不是系统的状态性质,功的计算一定要与具体的途径相联系。微量的功以 δW 表示,而不用 $\mathrm{d}W$ 表示。从微观的角度看,功是大量质点以有序运动方式而传递的能量。

功的概念来源于力学,定义为

$$\delta W = \boldsymbol{f} \cdot \mathrm{d}\boldsymbol{l} \tag{1.3.2}$$

式中:$\boldsymbol{f}$ 为作用于物体上的力;$\mathrm{d}\boldsymbol{l}$ 为在力的方向上所发生的位移。对于热力学体系,利用力学定义的功并非总是可行的。在有些场合下,体系与环境的作用未必能明确地辨认出力与位移。因此,宜采用功的普遍化定义:功等于强度因素 X、Y(广义力)与广度因素变化量 $\mathrm{d}x$、$\mathrm{d}y$(广义位移)的乘积。

$$\delta W = X\mathrm{d}x + Y\mathrm{d}y + \cdots = \delta W_\mathrm{e} + \delta W_\mathrm{f} \tag{1.3.3}$$

物理化学中常把功分成两大类：体积功 δW_e 和非体积功 δW_f。

(1) 体积功：系统在外压 p_e 的作用下，体积发生改变时与环境交换的功(也称膨胀功)，定义为

$$\delta W_e \overset{\text{def}}{=\!=\!=} -p_e \mathrm{d}V \tag{1.3.4}$$

如果 $\mathrm{d}V>0$，则系统对抗外压做膨胀功，$\delta W_e<0$。如果 $\mathrm{d}V<0$，则 $\delta W_e>0$，即环境对系统做功(压缩功)。应用于具体的热力学过程，可得一些具体的体积功的计算公式，如

① 等容过程：$\mathrm{d}V=0, W_e=-\int_{V_1}^{V_2} p_e \mathrm{d}V=0$

② 自由膨胀(向真空膨胀)过程：$p_e=0, W_e=-\int_{V_1}^{V_2} p_e \mathrm{d}V=0$

③ 恒外压过程：$p_e=$ 常数，$W_e=-\int_{V_1}^{V_2} p_e \mathrm{d}V=-p_e \Delta V$

④ 等压过程：$p_1=p_2=p_e, W_e=-\int_{V_1}^{V_2} p_e \mathrm{d}V=-p_e \Delta V=-p \Delta V$

(2) 非体积功：除体积功之外的所有其他功(如电功、表面功等)，用符号 W_f 表示。

系统与环境间总的功的交换等于两者的加和，$W=W_e+W_f$。

【练习 1.5】 用理想气体状态方程证明压强是状态函数，功不是状态函数。

【例 1.3】 1 mol 水蒸气在 100 ℃，101.325 kPa 下全部凝结成液态水。求过程的功。

解：此相变过程是一个等温等压过程，因此，

$$\begin{aligned}W&=-p(V_l-V_g)\approx pV_g=p(nRT/p)=RT\\&=(8.314\times373.15)\text{J}=3.102\text{ kJ}\end{aligned}$$

1.3.3 可逆过程

在热力学中，可逆过程是一种极其重要的过程。若某系统从状态(1)变化到状态(2)，变化速率极其缓慢，每一步都基本接近于平衡态。若把该变化过程中传递的能量——热和功都收集起来，可以使系统再由状态(2)变回到状态(1)，即系统和环境都恢复原状，没有留下任何永久性的影响，这种变化过程就称为可逆过程(reversible process)。否则，就是不可逆过程(irreversible process)。

可逆过程的直观定义来源于无摩擦的准静态过程(quasistatic process)，即一个没有摩擦或类似摩擦(如电流通过电阻产生热效应)的能量损耗的缓慢变化过程。欲使体系的平衡态发生变化，必须破坏平衡态，但平衡态被破坏的程度是有区别的。准静态过程中，每个环节和步骤上摩擦或类似摩擦的能量损耗很小，以致可以忽略。它是一个对平衡态破坏程度很小的过程，以致可以认为体系与环境间仍未脱离平衡态。如果过程中每个环节都不存在摩擦引起的能量损耗，这种过程就可以认为是可逆过程。

可逆过程是一种理想的过程，完成它需要无限长的时间。因此，实际过程只能无限地趋

近于它,并不存在真正的可逆过程。但是可逆过程的概念非常重要,因为它是在系统无限接近于平衡状态下进行的,它和平衡态密切相关。某些状态函数(如熵函数)的改变量只有通过可逆过程才能求算,因此设计可逆过程对于热力学研究是非常重要的。

实际变化中接近于可逆过程的例子也很多。例如:液体在其饱和蒸气压下的蒸发;固体在其熔点时的熔化;可逆电池在其电动势与外加电压几乎相等的情况下的充电和放电;系统的压强与外压相差无限小时的压缩或膨胀等等。实验证明,在等温可逆膨胀过程中,系统对环境做最大体积功;而在等温可逆压缩过程中,环境对系统做最小体积功。

【例 1.4】 在 273 K 时,有 10 mol 理想气体,从始态:$p_1=100$ kPa,$V_1=0.227\ \text{m}^3$,经下列不同过程,膨胀到终态:$p_2=10$ kPa,$V_2=2.27\ \text{m}^3$。求下列过程系统所做的膨胀功。

(1) 在设定的容器中,真空膨胀至终态;(2) 在外压为 10 kPa 的条件下,一次膨胀至终态;(3) 分两步膨胀,第一步在外压为 50 kPa 时膨胀到 V',然后在 10 kPa 时膨胀至终态;(4) 让外压始终比内压差一个无穷小 $\mathrm{d}p$,使系统在近似可逆的情况下膨胀至终态。

解:(1) 向真空膨胀,外压 $p_e=0$,这种膨胀也称为自由膨胀。自由膨胀系统对环境不做功。

$$\delta W_1=-\ p_e\mathrm{d}V=0$$

(2) 一次等外压膨胀,因为外压为定值,所以功的计算式为

$$W_2=-\ p_e\Delta V=-\ 10\ \text{kPa}\times(2.27-0.227)\ \text{m}^3=-20.43\ \text{kJ}$$

(3) 两次等外压膨胀,首先计算中间状态时的体积 V'。因为是等温过程,则

$$V'=\ p_1V_1/\ 50\ \text{kPa}=100\ \text{kPa}\times\ 0.227\ \text{m}^3/\ 50\ \text{kPa}=0.454\ \text{m}^3$$

$$\begin{aligned}W_3&=-\ p'(V'-V_1)-p_2(V_2-V')\\&=-50\ \text{kPa}\times(0.454-0.227)\ \text{m}^3-10\ \text{kPa}\times(2.27-0.454)\ \text{m}^3\\&=-29.51\ \text{kJ}\end{aligned}$$

(4) 外压始终比内压小一个无穷小压强 $\mathrm{d}p$,则

$$p_e=p-\mathrm{d}p$$

$$\begin{aligned}\delta W_4&=-p_e\ \mathrm{d}V=-(p-\mathrm{d}p)\mathrm{d}V\\&\approx-p\mathrm{d}V(\text{略去二级无限小值 }\mathrm{d}p\mathrm{d}V)\\W_4&=-\Sigma p\mathrm{d}V\end{aligned}$$

这个变化过程几乎是连续的,可以用积分代替加和,根据理想气体状态方程式,得

$$\begin{aligned}W_4&=-\int_{V_1}^{V_2}p\mathrm{d}V=-\int_{V_1}^{V_2}\frac{nRT}{V}\mathrm{d}V=-nRT\ln\frac{V_2}{V_1}\\&=-\left(10\times8.314\times273\times\ln\frac{2.27}{0.227}\right)\text{J}\\&=-52.26\ \text{kJ}\end{aligned}$$

从计算可以看出,虽然始态和终态相同,但途径不同做的功也不同。一次膨胀系统对环境做功较少,多次膨胀做的功增多。过程(4)是一个由准静态过程变成可逆过程的例子,即假设 $\mathrm{d}p\rightarrow0$。可见,可逆膨胀做的功最大。试想:如果通过途径 2、3、4 再把系统从相同终态压缩回到相同始态,那么需要对系统做的压缩功的大小关系又是怎样呢?请读者自行计算。若将一次等外压膨胀和压缩,两次等外压膨胀和压缩,可逆膨胀和压缩过程的状态变化及功用 p-V 图表示,结果又如何?

1.3.4　热功当量

能量守恒与转化定律及对热本质的认识是在焦耳热功当量实验的基础上突破的。

从 1840 年起，焦耳(Joule)先后用了 20 年的时间，做了如下四类实验，测定了可以转化为一定数量的热的各种形式能量，图 1.5 所示为其中之一装置示意图。

(1) 将水放在一绝热容器中，通过重物下落带动铜浆叶轮，叶轮搅动水，使水温升高。

(2) 以机械压缩气缸中的气体，气缸浸入水中，水温升高。

(3) 以机械功转动电机，电机产生电流通过水中的线圈，水温升高。

(4) 以机械功使两块在水中的铁片互相摩擦，水温升高。

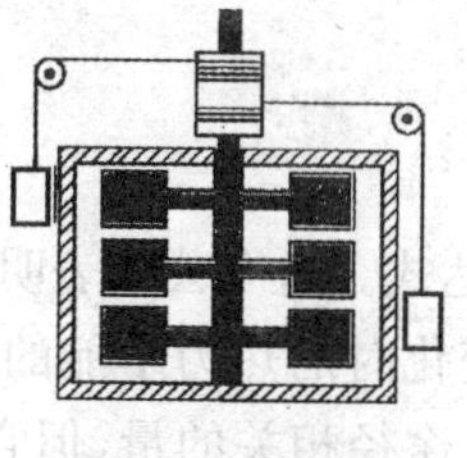

图 1.5　焦耳热功当量实验示意图

科学家介绍

詹姆斯·普雷斯科特·焦耳
(James Prescott Joule)

实验结果就是著名的焦耳热功当量：1 cal＝ 4. 157 J。之后更精确的测量结果是：1 cal＝4. 184 J。

热功当量的意义在于：为能量守恒与转化定律奠定了可靠的实验基础，肯定了热是能量的一种形式，可以与机械能、电能等相互转化，转化是等当量的。从此，人类对于热的认识才有了突破性的进展。

1.3.5　热力学能

到 1850 年，科学界已公认能量守恒是自然界的一个普遍规律。这条定律指出：自然界的一切物质都具有能量，能量有各种不同的形式，能够从一种形式转化为另一种形式，在转化过程中，能量的总量不变。换而言之：在隔离体系中，能量的形式可以转化，但能量总值不变。

一个宏观系统是具有能量的，通常能量由三个部分组成：动能、势能和内能。一般的化学热力学体系是宏观静止、无整体运动的，而且没有特殊的外场作用(如电磁场、离心力场)。系统内部所包含的一切能量称为热力学能(thermodynamic energy)，也称内能(internal energy)，用符号 U 表示，单位为 J。热力学能主要是指系统内部所有微观粒子运动的动能和相互作用势能。具体包括分子的平动能、转动能、振动能、分子之间的作用势能、电子运动的能量以及原子核运动的能量等等。热力学能的绝对值无法测定，只能测定其变化值。

一个系统若处于确定的状态则必有确定的能量，因此内能是状态函数，它的变化值只取决于系统的始态和终态，而与变化的具体途径无关。内能与其物质的量成正比，是广度量。对于单组分封闭系统平衡态，内能可以被描述为状态变量的函数：$U=U(T,V)$ 或 $U=U(T,p)$。其全微分表达式为

$$dU=\left(\frac{\partial U}{\partial T}\right)_V dT+\left(\frac{\partial U}{\partial V}\right)_T dV$$

或
$$dU=\left(\frac{\partial U}{\partial T}\right)_p dT+\left(\frac{\partial U}{\partial p}\right)_T dp$$

1.3.6 热力学第一定律

热力学第一定律(the first law of thermodynamics)是能量守恒与转化定律在热力学体系的应用。热力学第一定律的表述为:对于一个不做整体运动的封闭体系,在平衡态都存在一个单值的状态函数称为内能U,它是广度量。当体系从平衡态A经任一过程变化到平衡态B,体系内能的增量$\Delta U=U_B-U_A$就等于该过程中体系从环境吸收的热Q与环境对体系所做的功W的和。

$$\Delta U=U_B-U_A=Q+W \tag{1.3.5}$$

式(1.3.5)可作为封闭系统热力学第一定律的数学表达式。这个公式表明:对于封闭系统,虽然某个状态下热力学能的绝对值不能确定,但系统变化时的热力学能的变化值,可由过程中的热和功之和$Q+W$来衡量。尽管Q和W都是与途径相关的量,但它们的和却与状态函数的增量ΔU相等,而与具体途径无关。

如果系统发生一个微小的变化,则式(1.3.5)可写为

$$dU=\delta Q+\delta W \tag{1.3.6}$$

式中功是总功,$W=W_e+W_f$。

式(1.3.5)只能适用于非敞开系统。对于敞开系统,系统与环境可以交换物质,物质的进出必然伴随着能量的增减。

热力学第一定律的正确性来自实践和自然事实的证明。历史上曾有人想制造一种机器,它既不靠外界供给能量,本身的能量也不减少,却可以不断地对外做功,人们把这种机器称为第一类永动机。由于该机器违背了能量守恒定律,以失败告终。所以,热力学第一定律也可以表述为:"第一类永动机是不可能制成的"。

1.4 焓和热容

1.4.1 等容热效应、等压热效应和焓

热是过程量,不是状态函数。但在某些特定过程中,热与系统的某些状态函数的变化量之间有数值相等的关系。根据热力学第一定律,可以得出封闭体系经历下述若干过程内能的变化:

(1) 无功和热的任何过程:$\Delta U=0$,$dU=0$

(2) 无非体积功的任何过程:$\Delta U=Q+W_e$,$dU=\delta Q+\delta W_e$

(3) 无非体积功的绝热过程:$\Delta U=W_e$,$dU=\delta W_e$

(4) 无非体积功的等容过程：$\Delta U=Q_V$，$dU=\delta Q_V$

(5) 无非体积功的等压过程：$\Delta U=Q_p-p\Delta V$，$d(U+pV)=\delta Q_p$

其中在等容过程中，$dV=0$，$\delta W_e=0$，则

$$dU=\delta Q_V \quad 或 \quad \Delta U=Q_V \tag{1.4.1}$$

Q_V为等容热，等于系统热力学能的变化值。氧弹量热计测定的热效应即为Q_V。

在无非体积功的等压过程中，始态压强 p_1 与终态压强 p_2 相等，并与环境压强相同，即 $p_1=p_2=p_e$=常数，等压过程的热效应用 Q_p 表示，$\delta Q_p=d(U+pV)$，由于 U、p、V 都是系统的状态性质，它们的组合 $(U+pV)$ 仍然是系统的状态函数，定义为焓(enthalpy)，即

$$H=U+pV \tag{1.4.2}$$

而且

$$\delta Q_p=dH, Q_p=\Delta H \tag{1.4.3}$$

它表示在不做非体积功的等压过程中，封闭系统与环境交换的热量等于系统焓的增量。焓是状态函数，满足全微分关系。

焓是根据需要定义出来的。因为热力学能的绝对值目前无法测定，所以焓的绝对值也不知道。组成焓的 U 和 pV 都具有能量的单位，H 的单位也是 J，H 是系统的广度性质。在系统发生微小变化时，有

$$dH=dU+pdV+Vdp$$

在系统从状态 1 变化到状态 2 时，有

$$\Delta H=\Delta U+\Delta(pV),\ \Delta(pV)=p_2V_2-p_1V_1$$

如果系统是理想气体，则有

$$\Delta H=\Delta U+\Delta(nRT)$$

如果系统是固相或液相等凝聚态，$\Delta(pV)$值较小，近似有 $\Delta H\approx\Delta U$。

由于一般化学反应是在等压不做非体积功的条件下进行的，因而焓在研究化学反应的热效应中比内能更具有实用价值。

【例 1.5】 已知水在 100 ℃的饱和蒸气压 $p=101.325$ kPa，在此温度、压强下水的摩尔蒸发焓 $\Delta_{vap}H_m=40.668\ kJ\cdot mol^{-1}$。求在该温度、压强下使 1 kg 水蒸气全部凝结成液体水时的 Q，W，ΔU 及 ΔH。设水蒸气适用理想气体状态方程。

解：过程为：100℃，$p=101.325$ kPa，1 kg $H_2O(g)\longrightarrow$ 1 kg$H_2O(l)$

$n=1\,000/18.01=55.524$ mol

$$Q=Q_p=n\times(-\Delta_{vap}H_m)=55.524\times(-40.668)\text{kJ}=-2\,258\text{ kJ}$$

$$W=-p(V_l-V_g)\approx pV_g=nRT$$

$$=55.524\times8.314\times373.15=172.35\text{ kJ}$$

$$\Delta U=Q+W=(-2\,258+172.35)\text{kJ}=-2\,085.65\text{ kJ}$$

1.4.2 热容

一个组成不变的均相封闭系统，在不做非体积功的条件下，系统吸收一微量热 δQ 使得热力学温度升高 $\mathrm{d}T$ 时，比值 $\delta Q/\mathrm{d}T$ 就称为系统的热容(heat capacity)，用符号 C 来表示。

$$C=\delta Q/\mathrm{d}T \tag{1.4.4}$$

热容的单位是 $\mathrm{J \cdot K^{-1}}$。热容与系统中所含的物质的量及升温的条件有关，于是就有了比热容、摩尔热容、等压热容和等容热容等物理量。

(1) 比热容(specific heat capacity)　是指将单位质量的物质升高单位热力学温度时所需的热量，单位为 $\mathrm{J \cdot K^{-1} \cdot kg^{-1}}$ 或 $\mathrm{J \cdot K^{-1} \cdot g^{-1}}$。

(2) 摩尔热容(molar heat capacity)　是指将单位物质的量的物质升高单位热力学温度时所需的热量，$\mathrm{J \cdot K^{-1} \cdot mol^{-1}}$。

(3) 等容热容(the heat capacity at constant volume)　是指对于组成不变的均相封闭系统，在 $W_{\mathrm{f}}=0$ 的条件下，经历等容过程，升高单位热力学温度时所吸收的热量，用 C_V 表示，摩尔等容热容用 $C_{V,m}$ 表示，即

$$C_V=\delta Q_V/\mathrm{d}T,\quad C_{V,\mathrm{m}}=C_V/n \tag{1.4.5}$$

由于 $\mathrm{d}U=\delta Q_V$，因此 C_V 还可写成：

$$C_V=\delta Q_V/\mathrm{d}T=(\partial U/\partial T)_V \tag{1.4.6}$$

等容热容等于等容过程中系统内能随温度的变化率。系统内能变化可由 C_V 求出。

$$\mathrm{d}U=C_V\mathrm{d}T,\quad \Delta U=Q_V=\int_{T_1}^{T_2}C_V\mathrm{d}T$$

(4) 等压热容(the heat capacity at constant pressure)　是指对于组成不变的均相封闭系统，在 $W_{\mathrm{f}}=0$ 的条件下，经历等压过程，升高单位热力学温度时所吸收的热量。等压热容 C_p 及摩尔等压热容 $C_{p,\mathrm{m}}$ 分别为：

$$C_p=\delta Q_p/\mathrm{d}T, C_{p,\mathrm{m}}=C_p/n \tag{1.4.7}$$

或者

$$C_p=\delta Q_p/\mathrm{d}T=(\partial H/\partial T)_p \tag{1.4.8}$$

上式表明：等压热容等于等压条件下系统的焓随温度的变化率。系统的焓变可由 C_p 求出。

$$\mathrm{d}H=C_p\mathrm{d}T, \Delta H=Q_p=\int_{T_1}^{T_2}C_p\mathrm{d}T \tag{1.4.9}$$

1.4.3 热容与温度的关系

热容还与温度有关，同一个系统在 300 K 时升高 1 K 与在 1 000 K 时升高 1 K 所需的热量一般是不一样的。在一般计算中，如果温度变化的区间不大，可以近似假定热容与温度无关。

根据量热实验数据，常把物质的摩尔等压热容与温度的关系用多种形式的经验方程表示，例如：

$$C_{p,\mathrm{m}}=a+bT+cT^2+\cdots \tag{1.4.10}$$

$$C_{p,\mathrm{m}}=a'+b'T+c'T^{-2}+\cdots \tag{1.4.11}$$

式中 a，b，c 及 a'，b'，c' 均为经验常数，由各物质自身性质决定，它们的数值和单位随公式的形式、来源、适用范围及 $C_{p,\mathrm{m}}$ 单位的选择等因素而不同。常用物质的 $C_{p,\mathrm{m}}$ 数据可从热力学手册中查得。一些物质的 $C_{p,\mathrm{m}}$ 列于表 1.4 中。又如，对于比热测定实验中常用的标准对照物蓝宝石（主要成分为 Al_2O_3，蓝色是由于其中混有少量 Ti 和 Fe 杂质所致），在 0～350 ℃区间，根据实验数据按式(1.4.10)拟合得到其等压比热容与温度(θ/℃)的函数关系为：

$$C_p/(\mathrm{J\cdot g^{-1}\cdot ℃^{-1}})=0.7190+2.356\times10^{-3}(\theta/℃)-5.349\times10^{-6}(\theta/℃)^2+5.366\times10^{-9}(\theta/℃)^3$$

（数据来源：J. Res. Nat. Bur. Stand.（U. S.），Vol. 75A，(phys. and chem.) No. 5，401－420，1971；Vol. 87，No. 21，159－163，1982）

讨论　DSC 与 C_p 测定

表 1.4　一些物质的 $C_{p,\mathrm{m}}$ 的温度参数($C_{p,\mathrm{m}}/\mathrm{J\cdot K^{-1}\cdot mol^{-1}}=a+bT+cT^{-2}$)

	a	$b/(10^{-3}\ \mathrm{K^{-1}})$	$c/(10^5\ \mathrm{K^2})$
单原子气体	20.78	0	0
其他气体			
Br_2	37.32	0.5	−1.26
Cl_2	37.03	0.67	−2.85
CO_2	44.22	8.79	−8.62
F_2	34.56	2.51	−3.51
H_2	27.28	3.26	0.5
I_2	37.4	0.59	−0.71
N_2	28.58	3.77	−0.5
NH_3	29.75	25.1	−1.55
O_2	29.96	4.18	−1.67
液体(从融化到沸腾)			
$C_{10}H_8$，萘	79.5	0.4075	0
I_2	80.33	0	0
H_2O	75.29	0	0
固体			
Al	20.67	12.38	0
C(石墨)	16.86	4.77	−8.54
$C_{10}H_8$，萘	−115.9	3.920×10^3	0
Cu	22.64	6.28	0
I_2	40.12	49.79	0
NaCl	45.94	16.32	0
Pb	22.13	11.72	0.96

Atkins. 物理化学，高等教育出版社，2006.

【例 1.6】　已知 CO_2(g)的 $C_{p,\mathrm{m}}=\{26.75+42.258\times10^{-3}(T/\mathrm{K})-14.25\times10^{-6}(T/\mathrm{K})^2\}\ \mathrm{J\cdot mol^{-1}\cdot K^{-1}}$，求：(1) 300 K～800 K 区间 CO_2(g)的 $C_{p,\mathrm{m}}$ 均值；(2) 1 kg 常压下的 CO_2(g)从 300 K 恒压加热至 800 K 的热。

解:(1) $\Delta H_m = \int_{T_1}^{T_2} C_{p,m} dT$

$= \int_{300}^{800} \{26.75 + 42.258 \times 10^{-3}(T/K) - 14.25 \times 10^{-6}(T/K)^2\} d(T/K)$

$= 22.7\ kJ \cdot mol^{-1}$

$\bar{C}_{p,m} = \Delta H_m / \Delta T = (22.7 \times 10^3)/500\ J \cdot mol^{-1} \cdot K^{-1} = 45.4\ J \cdot mol^{-1} \cdot K^{-1}$

(2) $\Delta H = n\Delta H_m = [(1 \times 10^3) \times 22.7/44.0]kJ = 516\ kJ$

【练习 1.6】 内能和焓是状态函数,实验并不能测定它们的绝对值。而 p、V、T 及 C_p、C_V 是实验可测量的。如果将 U 和 H 随 p、V、T 的变化率表示为以 p、V、T、C_p、C_V 为变量的函数,再利用状态方程等关系式,则可以获得 U、H 在一定实验条件下的变化量。试证明下述关系式。

$$\left(\frac{\partial U}{\partial T}\right)_V = C_V \qquad \left(\frac{\partial H}{\partial T}\right)_p = C_p$$

$$\left(\frac{\partial U}{\partial p}\right)_V = C_V\left(\frac{\partial T}{\partial p}\right)_V \qquad \left(\frac{\partial H}{\partial V}\right)_p = C_p\left(\frac{\partial T}{\partial V}\right)_p$$

$$\left(\frac{\partial U}{\partial T}\right)_p = C_p - p\left(\frac{\partial V}{\partial T}\right)_p \qquad \left(\frac{\partial H}{\partial T}\right)_V = C_V + V\left(\frac{\partial p}{\partial T}\right)_V$$

$$\left(\frac{\partial U}{\partial V}\right)_p = C_p\left(\frac{\partial T}{\partial V}\right)_p - p \qquad \left(\frac{\partial H}{\partial p}\right)_V = C_V\left(\frac{\partial T}{\partial p}\right)_V + V$$

$$\left(\frac{\partial U}{\partial V}\right)_T = (C_p - C_V)\left(\frac{\partial T}{\partial V}\right)_p - p \qquad \left(\frac{\partial H}{\partial p}\right)_T = V - (C_p - C_V)\left(\frac{\partial T}{\partial p}\right)_V$$

$$\left(\frac{\partial U}{\partial p}\right)_T = -(C_p - C_V)\left(\frac{\partial T}{\partial p}\right)_V - p\left(\frac{\partial V}{\partial p}\right)_T \qquad \left(\frac{\partial H}{\partial V}\right)_T = (C_p - C_V)\left(\frac{\partial T}{\partial V}\right)_p + V\left(\frac{\partial p}{\partial V}\right)_T$$

1.5 热力学第一定律的应用

1.5.1 热力学第一定律对理想气体的应用

1. 理想气体的热力学能和焓

(1) Gay-Lussac-Joule 实验

Gay-Lussac 和 Joule 分别于 1807 年和 1843 年做了气体向真空膨胀的实验。将两个容器 A 和 B 放置在一个器壁绝热的水浴中,两者用旋塞连通(如图 1.6 所示),容器壁是导热的,用一温度计测水温变化。A 装满低压气体,B 抽成真空。旋塞打开后,气体向真空自由膨胀,达到平衡时,水温并没有变化,同时气体对外也没有做功,$W=0$,$Q=0$。根据热力学第一定律,$\Delta U = 0$。也就是说,低压气体自由膨胀时,压力、体积均有变化,但内能不变。后来精确实验证明:Gay-Lussac-Joule 实验的结果只有对理想气体才

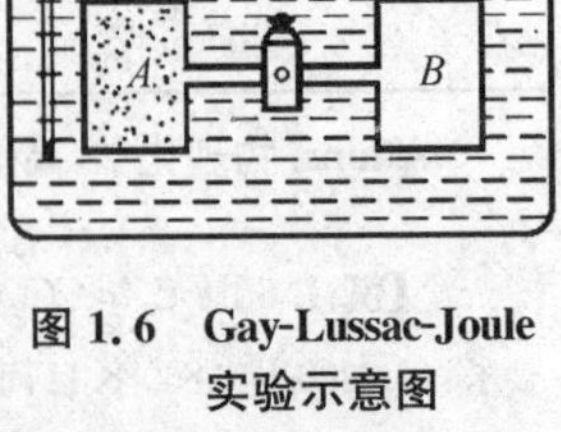

图 1.6 Gay-Lussac-Joule 实验示意图

是完全正确的。由此得出结论:封闭系统中理想气体热力学能仅是温度的函数,而与压强和体积无关。

将这一实验现象用数学方法表示。理想气体的热力学能可以写成温度与体积的函数,即 $U=U(T,V)$,状态变化时,有

$$\mathrm{d}U=\left(\frac{\partial U}{\partial T}\right)_V \mathrm{d}T+\left(\frac{\partial U}{\partial V}\right)_T \mathrm{d}V$$

由于 $\mathrm{d}T=0, \mathrm{d}U=0, \mathrm{d}V \neq 0$,则

$$\left(\frac{\partial U}{\partial V}\right)_T=0 \tag{1.5.1a}$$

同理得

$$\left(\frac{\partial U}{\partial p}\right)_T=0 \tag{1.5.1b}$$

即理想气体的热力学能只是温度的函数,当温度一定时,不随体积和压强而变化。这个结论被称为 Joule 定律。

(2) 理想气体的焓

因为 $H=U+pV$,等温条件下 $\mathrm{d}H=\mathrm{d}U+\mathrm{d}(pV)=\mathrm{d}U+\mathrm{d}(nRT)=0$,所以

$$\left(\frac{\partial H}{\partial V}\right)_T=0 \quad \left(\frac{\partial H}{\partial p}\right)_T=0 \tag{1.5.2}$$

也就是说,封闭系统理想气体的焓也仅是温度的函数。

以上结论为处理理想气体带来了很大方便,只要是等温物理过程,理想气体的 ΔU 和 ΔH 都等于零。

根据理想气体的微观模型,气体分子之间没有作用力,分子本身也不占有体积,所以体积和压强的改变不会影响它的热力学能数值。只有改变温度时才能改变分子的动能。Joule 定律是理想气体分子间无相互作用的必然结果。

(3) 理想气体的 C_p 和 C_V

由焓、热容的定义,还可以导出理想气体的 C_p 和 C_V 之间的关系。因为理想气体的内能、焓仅是温度的函数,所以

$$C_p-C_V=\left(\frac{\partial H}{\partial T}\right)_p-\left(\frac{\partial U}{\partial T}\right)_V=\left[\frac{\partial(U+pV)}{\partial T}\right]_p-\left(\frac{\partial U}{\partial T}\right)_V$$

对于理想气体封闭系统,$(\partial U/\partial T)_p$ 和 $(\partial U/\partial T)_V$ 并没有差异,而且没有 n 的变化,则

$$C_p-C_V=\left[\frac{\partial(pV)}{\partial T}\right]_p=\left[\frac{\partial(nRT)}{\partial T}\right]_p=nR$$

即

$$C_p-C_V=nR \quad 或\ C_{p,\mathrm{m}}=C_{V,\mathrm{m}}+R \tag{1.5.3}$$

根据气体分子运动论和能量均分原理得知:

单原子理想气体:$C_{V,\mathrm{m}}=(3/2)R$, $C_{p,\mathrm{m}}=(5/2)R$;

双原子理想气体：$C_{V,\mathrm{m}}=(5/2)R$，$C_{p,\mathrm{m}}=(7/2)R$。

对于不做非膨胀功、无化学变化和相变的理想气体，可以计算出状态变化的 ΔU 和 ΔH。

$$\Delta U=\int_{T_1}^{T_2}C_V\mathrm{d}T=\int_{T_1}^{T_2}nC_{V,\mathrm{m}}\mathrm{d}T=nC_{V,\mathrm{m}}(T_2-T_1) \tag{1.5.4}$$

$$\Delta H=\int_{T_1}^{T_2}C_p\mathrm{d}T=\int_{T_1}^{T_2}nC_{p,\mathrm{m}}\mathrm{d}T=nC_{p,\mathrm{m}}(T_2-T_1) \tag{1.5.5}$$

【练习 1.7】 证明：理想气体封闭系统，$(\partial U/\partial T)_p=(\partial U/\partial T)_V$。

【例 1.7】 2 mol 某理想气体，$C_{p,\mathrm{m}}=7R/2$。由始态 100 kPa，50 dm^3，先恒容加热使压强升高至 200 kPa，再恒压冷却使体积缩小至 25 dm^3。求整个过程的 W，Q，ΔH 和 ΔU。

解：整个过程示意如下：

$$2\ \mathrm{mol},T_1,100\ \mathrm{kPa},50\ \mathrm{dm}^3\rightarrow 2\ \mathrm{mol},T_2,200\ \mathrm{kPa},50\ \mathrm{dm}^3\rightarrow 2\ \mathrm{mol},T_3,200\ \mathrm{kPa},25\ \mathrm{dm}^3$$

$$T_1=\frac{p_1V_1}{nR}=\frac{100\times10^3\times50\times10^{-3}}{2\times8.314}\ \mathrm{K}=300.7\ \mathrm{K}$$

$$T_2=\frac{p_2V_2}{nR}=\frac{200\times10^3\times50\times10^{-3}}{2\times8.314}\ \mathrm{K}=601.4\ \mathrm{K}$$

$$T_3=\frac{p_3V_3}{nR}=\frac{200\times10^3\times25\times10^{-3}}{2\times8.314}\ \mathrm{K}=300.7\ \mathrm{K}$$

$$W_1=0;\ W_2=-p_2\times(V_3-V_1)=5.00\ \mathrm{kJ};\ W=W_1+W_2=5.00\ \mathrm{kJ}$$

由于 $T_1=T_3=300.7$ K，则 $\Delta U=0\quad \Delta H=0$

故 $Q=-W=-5.00$ kJ

【例 1.8】 4 mol 某理想气体，$C_{p,\mathrm{m}}=5R/2$。由始态 100 kPa，100 dm^3，先恒压加热使体积增大到 150 dm^3，再恒容加热使压强增大到 150 kPa。求过程的 W，Q，ΔH 和 ΔU。

解：过程为：

$$4\ \mathrm{mol},T_1,100\ \mathrm{kPa},100\ \mathrm{dm}^3\rightarrow 4\ \mathrm{mol},T_2,100\ \mathrm{kPa},150\ \mathrm{dm}^3\rightarrow 4\ \mathrm{mol},T_3,150\ \mathrm{kPa},150\ \mathrm{dm}^3$$

$$T_1=\frac{p_1V_1}{nR}=\frac{100\times10^3\times100\times10^{-3}}{4\times8.314}\ \mathrm{K}=300.7\ \mathrm{K}$$

$$T_2=\frac{p_2V_2}{nR}=\frac{100\times10^3\times150\times10^{-3}}{4\times8.314}\ \mathrm{K}=451.0\ \mathrm{K}$$

$$T_3=\frac{p_3V_3}{nR}=\frac{150\times10^3\times150\times10^{-3}}{4\times8.314}\ \mathrm{K}=676.5\ \mathrm{K}$$

$$W_1=-p_1\times(V_2-V_1)=-100\times10^3\times(150-100)\times10^{-3}\ \mathrm{J}=-5.00\ \mathrm{kJ}$$

$$W_2=0;$$

$$W=W_1+W_2=-5.00\ \mathrm{kJ}$$

$$\Delta U=\int_{T_1}^{T_3}nC_{V,\mathrm{m}}\mathrm{d}T=\int_{T_1}^{T_3}n(C_{p,\mathrm{m}}-R)\mathrm{d}T=n\times\frac{3}{2}R\times(T_3-T_1)$$

$$=4\times\frac{3}{2}\times8.314\times(676.5-300.7)\mathrm{J}=18.75\ \mathrm{kJ}$$

$$\Delta H=\int_{T_1}^{T_3} nC_{p,m}dT=n\times\frac{5}{2}R\times(T_3-T_1)$$

$$=4\times\frac{5}{2}\times8.314\times(676.5-300.7)\text{J}=31.25\text{ kJ}$$

$$Q=\Delta U-W=[18.75-(-5.00)]\text{kJ}=23.75\text{ kJ}$$

2. 理想气体的绝热可逆过程(adiabatic reversible process)

如果系统与环境用绝热壁隔开，则系统内发生的过程即为绝热过程。绝热过程中系统与环境之间只能以功的方式交换能量，系统所做的功等于系统内能的变化。

$$dU=\delta W=-p_e dV \tag{1.5.6}$$

如果系统做绝热膨胀，$dV>0$，则系统的热力学能下降，即温度下降。反之，对系统做绝热压缩，系统的温度升高。

如果系统做绝热可逆过程，则环境压强 p_e 可近似用系统压强 p 表示。由式(1.5.6)得

$$C_V dT+p dV=0$$

对于理想气体：

$$C_V dT+\frac{nRT}{V}dV=0$$

$$\frac{dT}{T}+\frac{nR}{C_V}\frac{dV}{V}=0$$

因为理想气体的 $C_p-C_V=nR$，令 $\gamma=C_p/C_V$，称为热容比或绝热指数，则

$$\frac{dT}{T}+(\gamma-1)\frac{dV}{V}=0$$

不定积分后有：

$$\ln T+(\gamma-1)\ln V=K$$

即：

$$TV^{\gamma-1}=K_1 \tag{1.5.7a}$$

结合理想气体的状态方程，还可以得到

$$pV^{\gamma}=K_2 \tag{1.5.7b}$$

$$p^{1-\gamma}T^{\gamma}=K_3 \tag{1.5.7c}$$

式(1.5.7)是理想气体绝热可逆过程中气体的 p、V、T 之间所应满足的关系，它与状态方程不同，叫作绝热可逆过程方程。

利用绝热过程方程式，可以计算绝热可逆过程理想气体所做的功：

$$W=-\int_{V_1}^{V_2}p dV=-\int_{V_1}^{V_2}\frac{K_2}{V^{\gamma}}dV=\frac{p_2V_2-p_1V_1}{\gamma-1}=\frac{nR(T_2-T_1)}{\gamma-1} \tag{1.5.8}$$

绝热过程功还可由内能变化求得：

$$W=\int_{V_1}^{V_2}-p dV=\int_{T_1}^{T_2}C_V dT=nC_{V,m}(T_2-T_1) \tag{1.5.9}$$

【例 1.9】 273.15 K，1013.25 kPa 的 0.01 m^3 的理想气体 He 经下列过程膨胀到压强为 101.325 kPa，求：各过程的 $Q,W,\Delta U$ 和 ΔH。

(1) 等温可逆过程；(2) 等温恒外压过程 $p_e=101.325$ kPa；(3) 绝热可逆过程；(4) 绝热恒外压过程 $p_e=101.325$ kPa。

解：(1)和(2)两过程的终态相同，为清楚起见，将系统的变化表示如下：

始态	过程	终态
273.15 K 1 013.25 kPa 0.01 m^3	(1) 等温，可逆 (2) 等温，$p_e=101.325$ kPa	273.15 K 101.325 kPa 0.1 m^3

(1) 系统中 He 的物质的量为

$$n=\frac{p_1V_1}{RT_1}=\frac{1\,013\,250\times0.01}{8.314\times273.15}\text{mol}=4.461\text{ mol}$$

由于理想气体的 U 和 H 只是 T 的函数，所以等温过程中 U 和 H 均不发生变化，则

$$\Delta U=0,\Delta H=0$$

$$Q=-W=\int_{V_1}^{V_2}p\mathrm{d}V=nRT\ln\frac{V_2}{V_1}=23.3\text{ kJ}$$

(2) 此过程的始终态与(1)相同，状态函数的变化必然相同，则

$$\Delta U=0,\ \Delta H=0$$

$$Q=-W=p_e(V_2-V_1)=9.12\text{ kJ}$$

过程(2)是等温不可逆过程，功和热与可逆过程的不同，计算结果又一次证明等温可逆过程功值最大。

(3) 因为理想气体的 U 和 H 只是 T 的函数，而终态的温度未知，因此首先用理想气体绝热可逆过程方程来求出终态的温度，由方程

$$p_1^{1-\gamma}T_1^{\gamma}=p_2^{1-\gamma}T_2^{\gamma},\gamma=\frac{C_{p,\mathrm{m}}}{C_{V,\mathrm{m}}}=\frac{5}{3}$$

得到 $T_2=108.70$ K。

由于绝热过程，$Q=0$，则

$$\Delta U=nC_{V,\mathrm{m}}\Delta T=\frac{3}{2}nR(T_2-T_1)=-9.15\text{ kJ}$$

$$\Delta H=nC_{p,\mathrm{m}}\Delta T=\frac{5}{2}nR(T_2-T_1)=-15.3\text{ kJ}$$

$$W=\Delta U=-9.15\text{ kJ}$$

(4) 此过程为绝热不可逆过程，不可以用理想气体绝热可逆过程方程来求终态温度，须利用关系 $W=\Delta U$ 来求得，由

$$-p_e(V_2-V_1)=nC_{V,\mathrm{m}}(T_2-T_1)$$

$$-p_2\left(\frac{nRT_2}{p_2}-V_1\right)=nC_{V,\mathrm{m}}(T_2-T_1)$$

得到 $T_2=174.80$ K。

$$\Delta U = nC_{V,\mathrm{m}}\Delta T = \frac{3}{2}nR(T_2 - T_1) = -5.47\ \mathrm{kJ}$$

$$\Delta H = nC_{p,\mathrm{m}}\Delta T = \frac{5}{2}nR(T_2 - T_1) = -9.12\ \mathrm{kJ}$$

$$W = \Delta U = -5.47\ \mathrm{kJ}$$

$$Q = 0$$

由例 1.9 的计算结果，可以得出下面两个重要结论：

(1) 从同一始态出发，若终态压强相同，绝热可逆过程与绝热不可逆过程具有不同的终态。如果两个过程的终态体积相同，则绝热可逆过程做的功较大。

(2) 在等温可逆膨胀过程中，系统做功的同时，从环境吸收等值的热量以维持温度不变。而在绝热可逆膨胀过程中，系统只做功不吸热，使得温度不断降低，因此，膨胀相同的体积，绝热可逆过程的压强随体积的变化率要比等温可逆过程的变化率显著得多，即

绝热：$\dfrac{\mathrm{d}p}{\mathrm{d}V} = -\gamma \dfrac{K}{V^{\gamma+1}} = -\gamma \dfrac{p}{V}$

等温：$\dfrac{\mathrm{d}p}{\mathrm{d}V} = -\dfrac{K}{V^2} = -\dfrac{p}{V}$

因为理想气体的 $\gamma > 1$，在 p-V 图上，绝热可逆线比等温可逆线要陡，如图 1.7 所示。图 1.7 定积分的几何意义表示，等温线 AB 和绝热线 AC 下面的面积分别代表等温可逆膨胀过程和绝热可逆膨胀过程的功。显然，等温可逆过程的功比绝热可逆过程的功大。这一点已被例题的计算结果证实。

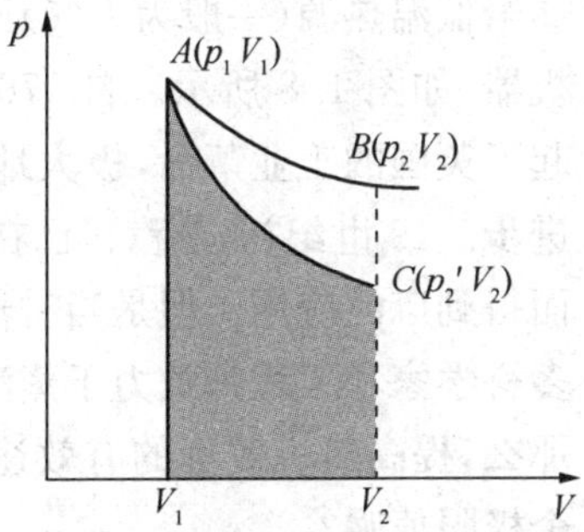

图 1.7 绝热可逆过程与等温可逆过程功的图解示意图

【例 1.10】 5 mol 双原子理想气体从始态 300 K、200 kPa，先恒温可逆膨胀到压力为 50 kPa，再绝热可逆压缩至终态压力 200 kPa。求终态温度 T 及整个过程的 $Q, W, \Delta U$ 及 ΔH。

解：整个过程如下：

$$5\ \mathrm{mol}, T_1 = 300\ \mathrm{K}, p_0 = 200\ \mathrm{kPa} \xrightarrow{(1)} 5\ \mathrm{mol}, 300\ \mathrm{K}, p_1 = 50\ \mathrm{kPa} \xrightarrow{(2)} 5\ \mathrm{mol}, T, p_2 = 200\ \mathrm{kPa}$$

$$T = \left(\frac{p_1}{p_2}\right)^{(1-r)/r} \times T_1 = \left(\frac{p_2}{p_1}\right)^{(C_{p,\mathrm{m}} - C_{V,\mathrm{m}})/C_{p,\mathrm{m}}} \times T_1 = \left(\frac{p_2}{p_1}\right)^{R/C_{p,\mathrm{m}}} \times T_1 = \left(\frac{p_2}{p_1}\right)^{R/C_{p,\mathrm{m}}} \times T_1$$

$$= \left(\frac{200\times10^3}{50\times10^3}\right)^{R/(7R/2)} \times 300\ \mathrm{K} = 445.8\ \mathrm{K}$$

恒温可逆膨胀过程(1)：

$$W(1) = nRT_1\ln(p_2/p_1) = \left[5\times8.314\times300\times\ln\left(\frac{50\times10^3}{200\times10^3}\right)\right]\mathrm{J} = -17.29\ \mathrm{kJ}$$

$$Q(1) = -W(1) = 17.29\ \mathrm{kJ}$$

因为是理想气体恒温过程，$\Delta U(1) = \Delta H(1) = 0$

绝热可逆压缩过程(2)：$Q(2) = 0$，则

$$W(2) = \Delta U(2) = nC_{V,m}(T - T_1) = 5\times(5/2)R(T - T_1)$$

$$= 5\times(5/2)\times8.314\times(445.8 - 300)\mathrm{J} = 15.15\ \mathrm{kJ}$$

$$\Delta H(2)=nC_{p,m}(T-T_1)=5\times(7/2)R(T-T_1)$$
$$=5\times(7/2)\times8.314\times(445.8-300)\text{J}=21.21\text{ kJ}$$

故整个过程：

$$W=W(1)+W(2)=(-17.29+15.15)\text{kJ}=-2.14\text{ kJ}$$
$$Q=Q(1)+Q(2)=(17.29+0)\text{kJ}=17.29\text{ kJ}$$
$$\Delta U=\Delta U(1)+\Delta U(2)=(0+15.15)\text{kJ}=15.15\text{ kJ}$$
$$\Delta H=\Delta H(1)+\Delta H(2)=(0+21.21)\text{kJ}=21.21\text{ kJ}$$

3. 卡诺(Carnot)循环

把热能(热)转化为机械能(功)的装置称为热机(heat engine)，例如蒸汽机、内燃机等。它是通过工作介质(如气缸中的气体)从高温热源吸收热量而膨胀做功，做功的同时工作介质又将一部分热量传递给低温热源(一般为大气)而复原，如此循环，不断将热转化为功的机器，如图 1.8 所示。自 1769 年瓦特(Watt)改良了蒸汽机以后，引起了英国的工业革命，极大地推动了世界上工业生产和科学技术的进步。19 世纪初，蒸汽机已在纺织工业、轮船和火车上作为动力设备而得到广泛应用。但是当时蒸汽机的效率很低，还不到 5%，于是许多科学家和工程师致力于蒸汽机的改进工作，以期获得更高的效率。那么，提高热机效率的有效途径是什么？热机效率的提高是否有一个极限值呢？

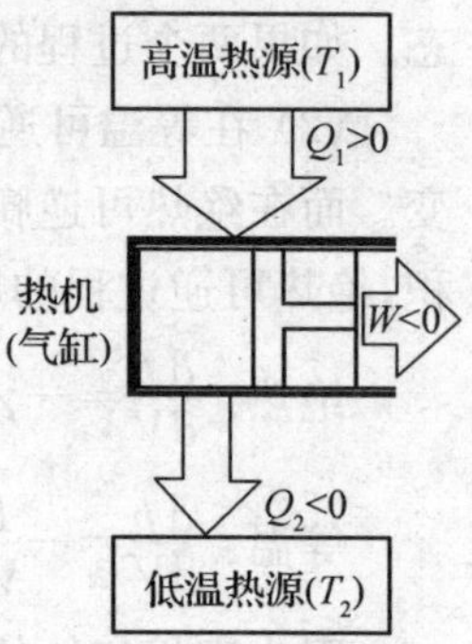

图 1.8 热机工作原理示意图

所谓热机效率 η(efficience of the heat engine)，指热机对环境所做的功($-W$)与从高温热源所吸的热量(Q_1)之比值。

$$\eta=\frac{-W}{Q_1}=\frac{Q_1+Q_2}{Q_1}=1+\frac{Q_2}{Q_1} \tag{1.5.10}$$

式中 Q_2 为热机向低温热源放出的热，$Q_2<0$。

1824 年，年轻的法国军事工程师 Carnot 设计了一个循环，设想以 n mol 理想气体为工作介质，放在一个气缸(活塞无重量，与气缸壁无摩擦)中，以两个等温可逆过程和两个绝热可逆过程构成一个循环，称为 Carnot 循环，如图 1.9 所示。该循环的热功转换情况可以从理论上得出可逆热机的效率和极限。四个步骤的热功转换情况如下：

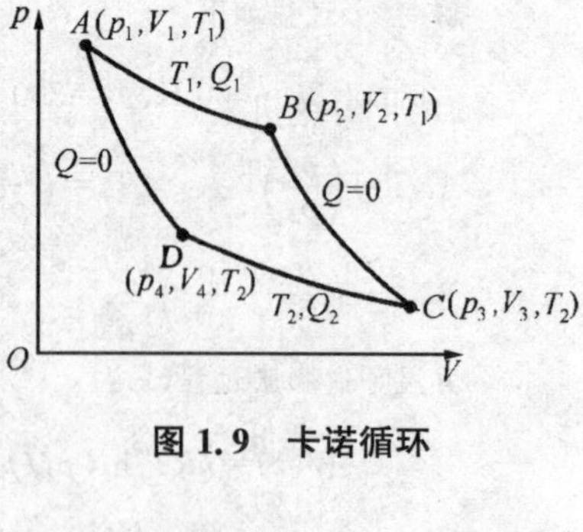

图 1.9 卡诺循环

(1) 等温可逆膨胀：热机内气体与高温热源 T_1 接触，吸收热量 Q_1，同时对环境做功 $-W_1$，由始态 $A(p_1,V_1,T_1)$ 等温可逆膨胀到状态 $B(p_2,V_2,T_1)$，则

$$\Delta U_1=0,Q_1=-W_1=nRT_1\ln\frac{V_2}{V_1}$$

(2) 绝热可逆膨胀：系统由状态 $B(p_2,V_2,T_1)$ 绝热可逆膨胀到状态 $C(p_3,V_3,T_2)$，进一

步对环境做功。

$$Q=0, \Delta U_2=W_2=nC_{V,\mathrm{m}}(T_2-T_1)$$

(3) 等温可逆压缩：移去绝热壁，使气体与低温热源 T_2 接触，系统由状态 $C(p_3, V_3, T_2)$ 等温可逆压缩到状态 $D(p_4, V_4, T_2)$。

$$\Delta U_3=0, \quad Q_2=-W_3=nRT_2\ln\frac{V_4}{V_3}$$

(4) 绝热可逆压缩：系统由状态 $D(p_4, V_4, T_2)$ 绝热可逆压缩回到始态 $A(p_1, V_1, T_1)$，完成一个循环。

$$Q=0, \Delta U_4=W_4=n\,C_{V,\mathrm{m}}(T_1-T_2)$$

经历一个循环后 $Q, W, \Delta U$ 的总变化为：

$$\Delta U=0, \quad Q=Q_1+Q_2$$

$$W=W_1+W_2+W_3+W_4=nRT_1\ln\frac{V_1}{V_2}+nRT_2\ln\frac{V_3}{V_4} \tag{1.5.11}$$

由于过程(2)和(4)均为理想气体绝热可逆过程，根据绝热过程方程式可得：

$$T_1V_2^{\gamma-1}=T_2V_3^{\gamma-1}, T_1V_1^{\gamma-1}=T_2V_4^{\gamma-1}$$

两式相除可得 $V_2/V_1=V_3/V_4$，将之代入(1.5.11)得：

$$W=nR(T_1-T_2)\ln\frac{V_1}{V_2} \tag{1.5.12}$$

根据热机效率的定义，卡诺热机效率为：

$$\eta=\frac{-W}{Q_1}=\frac{nR(T_1-T_2)\ln\dfrac{V_2}{V_1}}{nRT_1\ln\dfrac{V_2}{V_1}}=1-\frac{T_2}{T_1} \tag{1.5.13}$$

由于 $T_1>T_2$，热机效率小于 1。卡诺循环及其热机效率的研究有很重要的意义，表现在以下几个方面：

(1) 卡诺热机效率仅与两个热源的温度有关，而与工作介质无关。选理想气体为介质，并不影响卡诺热机结论的推广。温差越大，热机效率越高，热量的利用也就越完全。若两个热源温度相同，热机效率为 0，即热不能转变为功。由于可逆过程系统对环境做功最大，环境对系统做功最小，所以卡诺热机是一个理想的效率最高的热机。对于 $T_1=800$ K，$T_2=300$ K 的蒸汽机，卡诺热机的效率只有 0.625，这说明卡诺热机的效率还是很低的。实际使用的热机效率远低于卡诺热机的效率。

(2) 由热机效率的定义结合卡诺热机效率的结果可得

$$\eta=\frac{Q_1+Q_2}{Q_1}=1-\frac{T_2}{T_1}$$

将之整理后，得

$$\frac{Q_1}{T_1}+\frac{Q_2}{T_2}=0 \tag{1.5.14}$$

Q/T 称为热温商，该式表明，在可逆卡诺循环中，其热温商之和等于零，这意味着它具有状态函数的性质，这个结论包含了热力学第二定律的基本思想，为以后熵函数的引出奠定了基础。

(3) 若卡诺热机逆向运转，即成为制冷机。此时，环境对体系做功，系统自低温热源吸热，向高温热源放热。

卡诺英年早逝，他的工作很快被人遗忘。1834 年法国工程师 Clapeyron（1799—1864）重新研究了卡诺的工作，卡诺的理论才为人们所注意。Clapeyron 将卡诺循环在 $p-V$ 图上表示出来，如图 1.9 所示，并证明卡诺热机在一次循环中所做的功，其数值恰好等于循环曲线所围的面积。Clapeyron 的工作为卡诺理论的进一步发展创造了条件。

科学家介绍

尼古拉斯·伦纳德·萨迪·卡诺
(Nicolas Léonard Sadi Carnot)

1.5.2 热力学第一定律对实际气体的应用

1. *焦-汤实验*(Joule-Thomson *效应*)

1852 年，Joule 和 Thomson（汤姆逊）设计了一项实验，精确地观察了气体由于膨胀而发生的温度变化。实验装置如图 1.10 所示，在一个圆形绝热筒的中部，用棉花、软木塞等制成的多孔塞将之分开，其作用是使气体不能很快通过，且维持两边有一定的压差。由左推动活塞使气体保持压强恒定于 p_i，并逐渐透过多孔塞进入右侧，同时，气体缓缓推进右边活塞保持压强稳定在 p_f，当气体经过一定时间达到稳态后，可以观察到两侧气体的温度分别稳定在 T_i 和 T_f。这个过程称为节流过程(throttling process)。

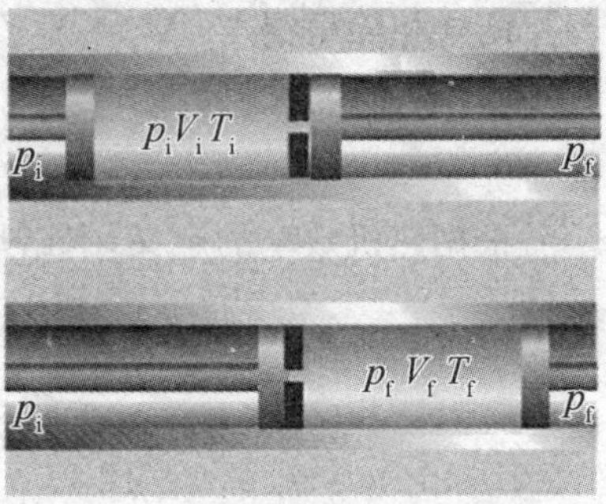

图 1.10 Joule-Thomson 节流实验示意图

气体节流前状态处于 p_i、T_i、V_i，节流后在多孔塞右侧为 p_f、T_f、V_f。节流过程中气体在左侧压缩吸收了环境的功，而在右侧膨胀时对环境做功。节流过程的净功为

$$W=-p_i(0-V_i)-p_f(V_f-0)=p_iV_i-p_fV_f$$

又因节流过程是在绝热体系中进行的，$Q=0$，根据热力学第一定律，则

$$\Delta U=U_f-U_i=W=p_iV_i-p_fV_f$$

整理后得：$U_f+p_fV_f=U_i+p_iV_i$，即

$$H_f=H_i \tag{1.5.15}$$

节流前后，气体的焓没有变化，因此节流过程是等焓过程(isenthalpic process)。这就是节流过程的热力学特征。

2. 焦-汤系数(Joule - Thomson coefficient)

实验表明，在标准压强、273 K 时，大多数气体经节流过程后温度都会降低，$\Delta T<0$。但不同的气体温度降低的程度却各不相同。在相同的节流条件下，也有少数气体(例如 H_2)温度升高，$\Delta T>0$。所以，节流过程中温度的变化与气体的本性和状态有关。这种现象称为 Joule - Thomson 效应，并定义

$$\mu_{\text{J-T}}=(\partial T/\partial p)_H \tag{1.5.16}$$

为焦耳-汤姆逊系数，简称焦-汤系数，其单位为 $K\cdot Pa^{-1}$。$\mu_{\text{J-T}}$是系统有强度性质的状态函数，其值与气体种类及其温度和压强有关。若 $\mu_{\text{J-T}}>0$，则节流后温度随压强降低而下降，称为正焦-汤效应；若 $\mu_{\text{J-T}}<0$，节流后温度随压强降低而升高，称为负焦-汤效应。若 $\mu_{\text{J-T}}=0$，表示气体温度不随压强变化，即理想气体。$\mu_{\text{J-T}}$的绝对值越大，表示焦-汤效应的效果越显著。

为了求得一种气体的 $\mu_{\text{J-T}}$，需要进行多次恒焓过程的焦-汤实验。将每次实验的状态点标在 T-p 图上，用曲线关联每一组等焓点得到等焓曲线，见图 1.11。曲线上任一点处的斜率$(\partial T/\partial p)_H$即是在该状态下气体的$\mu_{\text{J-T}}$值。每一条等焓线上都有一个极值点，其左边各点具有正焦-汤效应，节流后气体变冷，其右边各点具有负焦-汤效应，节流后气体变热。极值点所对应的温度称为转化温度(inversion temperature)。在转化温度，气体节流后不改变温度。每一种气体都有自己的转化温度，其数值与实验的焓值和压强有关。将等焓曲线上的极值点用一条平滑曲线依次连接起来，便得到图 1.11 中的转化温度曲线。转化温度曲线将等焓曲线划分为两个区域，$\mu_{\text{J-T}}>0$ 的区域称为制冷区(cooling)，$\mu_{\text{J-T}}<0$ 的区域称为制热区(heating)。图 1.12 表示了氮、氢、氦的转化温度曲线和它们的制冷区和制热区。

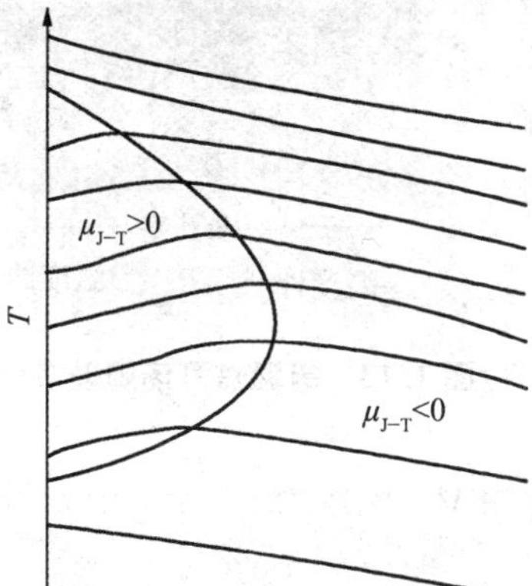

图 1.11　气体的等焓曲线和转化温度曲线

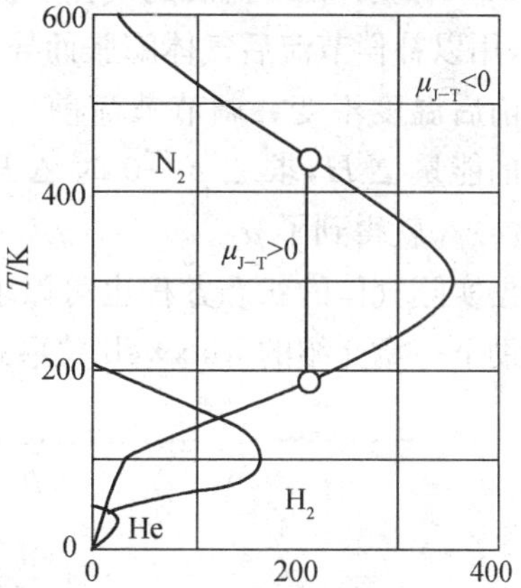

图 1.12　氮、氢、氦的转化温度曲线

焦-汤效应在科研及生产中有广泛的应用。通过气体或液体的节流过程来获得低温，使气体液化。只有在制冷区的操作方能达到降温的目的。

3. 实际气体的 ΔU 和 ΔH

对于封闭系统的气体，设焓是温度和压强的函数 $H=H(T,p)$，按全微分展开

$$dH=\left(\frac{\partial H}{\partial T}\right)_p dT+\left(\frac{\partial H}{\partial p}\right)_T dp$$

在节流过程(恒焓过程)，$dH=0$，上式变为

$$0=C_p dT+\left(\frac{\partial H}{\partial p}\right)_T dp$$

整理后可得

$$\mu_{J\text{-}T}=\left(\frac{\partial T}{\partial p}\right)_H=-\frac{1}{C_p}\left(\frac{\partial H}{\partial p}\right)_T \tag{1.5.17}$$

对于理想气体，焓只是温度的函数，$\mu_{J\text{-}T}=0$，没有焦－汤效应，气体节流后温度不变。

对于实际气体，除在转化温度外，$\mu_{J\text{-}T}\neq 0$，$C_p\neq 0$，$(\partial H/\partial p)_T=-C_p\mu_{J\text{-}T}\neq 0$。表明：实际气体的焓不只是温度的函数，还与系统的压强有关，会随系统的压强改变而变化，由 $\mu_{J\text{-}T}$ 和 C_p，可以获得实际气体的焓与温度和压强的关系：

$$dH=C_p dT-C_p\mu_{J\text{-}T}dp \tag{1.5.18}$$

焦-汤系数往往是通过测定"等温焦耳-汤姆逊系数 μ_T"(isothermal Joule-Thomson coefficient)间接求得的。μ_T的定义为：

$$\mu_T=\left(\frac{\partial H}{\partial p}\right)_T=-C_p\mu_{J\text{-}T} \tag{1.5.19}$$

即等温条件下焓随压强的变化率。测定 μ_T 的实验装置如图 1.13 所示。

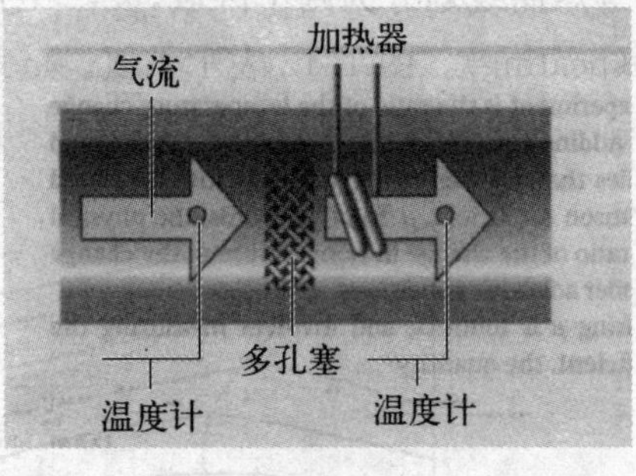

图 1.13　等温焦耳汤姆逊系数测定原理

图 1.13 表示，在节流后的气体一侧增加一个电加热装置，用以补偿节流后气体膨胀而导致的温度降低，使节流前后温度不变。调节节流前后的压差 Δp，测定补偿的能量 ΔH，求 $\Delta p\to 0$ 时 $\Delta H/\Delta p$ 的值，即 $(\partial H/\partial p)_T$，就得到了 μ_T。

根据实际气体的状态方程也可以求得 $(\partial H/\partial p)_T$ 值。借助下一章介绍的 Maxwell 关系式，可以导出：

$$\left(\frac{\partial H}{\partial p}\right)_T=-T\left(\frac{\partial V}{\partial T}\right)_p+V \tag{1.5.20}$$

$$\left(\frac{\partial U}{\partial V}\right)_T=T\left(\frac{\partial p}{\partial T}\right)_V-p \tag{1.5.21}$$

根据这两个方程，可以由气体的状态方程计算实际气体的 H 和 U 随 p 和 V 的变化。ΔH的计算方程为：

$$dH=C_p dT+\left(\frac{\partial H}{\partial p}\right)_T dp=C_p dT+\left[-T\left(\frac{\partial V}{\partial T}\right)_p+V\right]_T dp \tag{1.5.22}$$

$$\Delta H=\int_{T_1}^{T_2}C_p\mathrm{d}T+\int_{p_1}^{p_2}\left(-T\left(\frac{\partial V}{\partial T}\right)_p+V\right)_T\mathrm{d}p \tag{1.5.23}$$

同理，内能是 T 和 V 的函数，$U=U(T、V)$，内能的变化为：

$$\mathrm{d}U=\left(\frac{\partial U}{\partial T}\right)_V\mathrm{d}T+\left(\frac{\partial U}{\partial V}\right)_T\mathrm{d}V=C_V\mathrm{d}T+\left(T\left(\frac{\partial p}{\partial T}\right)_V-p\right)_T\mathrm{d}V \tag{1.5.24}$$

$$\Delta U=\int_{T_1}^{T_2}C_V\mathrm{d}T+\int_{V_1}^{V_2}\left(T\left(\frac{\partial p}{\partial T}\right)_V-p\right)_T\mathrm{d}V \tag{1.5.25}$$

讨论　热力学性质偏微分的实际应用

$(\partial U/\partial V)_T$ 称为内压强 p_i，是分子间相互作用大小的标志。对于范德华气体，$(\partial U/\partial V)_T=p_i=a/V_m^2$。所以，由实际气体的状态方程就可以计算 ΔU。

1.5.3　热力学第一定律在相变化过程中的应用

1. 相变热

相变(phase transition)过程是指系统中发生聚集态的变化过程。如液体的汽化(vaporization)、气体的液化(liquefaction)、液体的凝固(freezing)、固体的熔化(fusion)、固体的升华(sublimation)、气体的凝华(desublimation)以及固体不同晶型间的转化(crystal form transition)等。一般情况下，相变过程是在等温等压条件下进行的，相变热属于没有非体积功的等压热，也称相变焓。例如 373 K，101 325 Pa 下水的气化过程和水蒸气的液化过程是两个方向相反的过程，所以，蒸发焓和凝聚焓大小相等，符号相反。

纯物质在正常沸点 T_b 时的摩尔汽化焓 $\Delta_{vap}H_m^{\ominus}$ 以及在正常冰点 T_b 时的摩尔熔化焓 $\Delta_{fus}H_m^{\ominus}$ 是通过实验测定的，相关数据可以从化学及化工手册中查到，符号 $\ominus$ 表示标准大气压条件，表 1.5 列出了几种物质的相变焓数据。相变焓与相变的温度和压强有关，由于压强对于固体和液体的影响较小，在压强变化区间不是很大的情况下可以忽略这种影响，所以相变焓也可以视为主要受温度的影响。从手册上查到的相变焓分别是正常沸点和熔点时的数据。如果需要其他温度下的相变焓，则可以利用状态函数的性质，通过设计适当的途径求得。

表 1.5　几种物质在正常熔点和沸点时的相变焓

	T_f/ K	$\Delta_{fus}H_m^{\ominus}$ / kJ·mol^{-1}	T_b/ K	$\Delta_{vap}H_m^{\ominus}$ /kJ·mol^{-1}
Ar	83.81	1.188	87.29	6.506
C_6H_6	278.61	10.59	353.2	30.8
H_2O	273.15	6.008	373.15	40.656
He	3.5	0.021	4.22	0.084

【例 1.11】 在大气压强下，2 mol 323 K 的 $H_2O(l)$ 变为 383 K 的过热蒸汽，求该过程的焓变。已知 $H_2O(l)$ 和 $H_2O(g)$ 的 $C_{p,m}$ 分别为 75.3 J·K^{-1}·mol^{-1} 和 33. 6 J·K^{-1}·mol^{-1}，$H_2O(l)$ 的摩尔汽化热为 40.67 kJ·mol^{-1}。

解:将过程设计为图示的分三步变化过程。

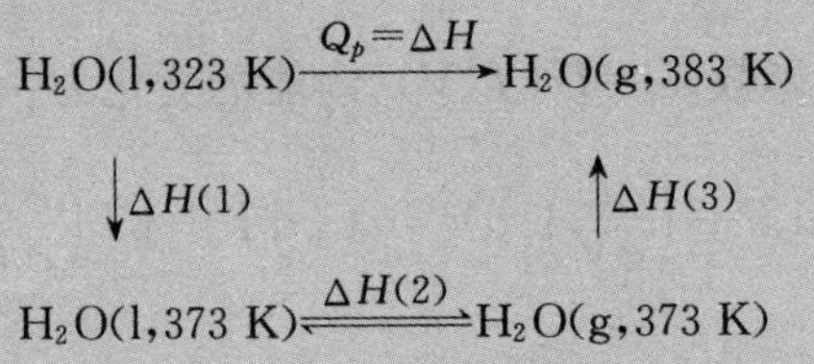

按照状态函数的性质,过程的相变焓等于设计的三步过程的总焓变。

过程(1), $\Delta H(1) = \int_{T_1}^{T_2} nC_{p,m}(l)\mathrm{d}T = nC_{p,m}(l)(T_2 - T_1)$

$= 2 \times 75.3 \times (373 - 323)\text{J} = 7.53\ \text{kJ}$

过程(2), $\Delta H(2) = 40.67 \times 2\ \text{J} = 81.34\ \text{kJ}$

过程(3), $\Delta H(3) = \int_{T_2}^{T_3} nC_{p,m}(g)\mathrm{d}T = nC_{p,m}(g)(T_3 - T_2)$

$= 2 \times 33.6 \times (383 - 373)\text{J} = 0.67\ \text{kJ}$

$\Delta H = \Delta H(1) + \Delta H(2) + \Delta H(3) = (7.53 + 81.34 + 0.67)\text{kJ} = 89.54\ \text{kJ}$

2. 相变过程的体积功

若系统在等温、等压下由 α 相变到 β 相,过程的体积功为

$$W = -p(V_\beta - V_\alpha)$$

若 β 为气相,α 为凝聚相(液相或固相),因为 $V_\beta \gg V_\alpha$,所以 $W \approx -pV_\beta$。对于理想气体,$W = -pV_\beta = -nRT$。

3. 相变过程的 ΔU

在等温等压相变过程,当 $W_f = 0$ 时,$\Delta U = Q_p + W_e$,即,$\Delta U = \Delta H - p(V_\beta - V_\alpha)$。若 β 为气相,α 为凝聚相,$V_\beta \gg V_\alpha$,则 $\Delta U = \Delta H - pV_\beta$。若蒸气视为理想气体,则有 $\Delta U = \Delta H - nRT$。

1.6 热化学

物质具有内能,反应物的内能与产物的内能不同。若化学反应系统的能量变化主要以热量的形式传递给环境,这个热量就称为反应的热效应。反应过程中系统放出热量,称为放热反应(exothermic reaction);反应过程中系统吸收热量,则称为吸热反应(endothermic reaction)。热化学(thermochemistry)就是研究伴随化学反应过程的热量变化的一门学科,它是热力学第一定律在化学反应中的应用。测定化学反应的热效应对了解化学反应的规律以及制定化工工艺操作条件有着十分重要的意义。热化学的数据在计算平衡常数和其他热力学量等方面也很有用处。了解热化学的基本概念和热化学数据的测定方法是本节要讨论的主要内容。

1.6.1　反应进度

为了描述化学反应进行的程度，需要引入反应进度这个重要的物理量。假设可将任意化学反应写成化学计量方程

$$\nu_D D+\nu_E E+\cdots = \nu_F F+\nu_G G+\cdots$$

一个配平的反应方程式应遵守物质的质量守恒

$$0=\sum_B \nu_B B$$

式中：B 为反应式中的任一组分；ν_B 代表物质 B 的化学计量系数，单位为 1，对反应物取负值，产物取正值。反应初始时物质 B 的物质的量用 n_B^0 表示，反应至任意时刻 t，物质 B 的物质的量记为 n_B，则化学反应进度 ξ(extent of reaction)定义为：

$$\Delta\xi \overset{\text{def}}{=\!=} \frac{n_B-n_B^0}{\nu_B} \text{ 或 } d\xi \overset{\text{def}}{=\!=} \frac{dn_B}{\nu_B} \tag{1.6.1}$$

化学反应进度为状态函数，单位是mol。引入 ξ 的优点是，可在任一时刻用任一反应物或任一产物来表示反应进行的程度，且所得值总是相等，即

$$\Delta\xi=\frac{\Delta n_D}{\nu_D}=\frac{\Delta n_E}{\nu_E}=\frac{\Delta n_F}{\nu_F}=\frac{\Delta n_G}{\nu_G}$$

写成微分形式为

$$d\xi=\frac{dn_D}{\nu_D}=\frac{dn_E}{\nu_E}=\frac{dn_F}{\nu_F}=\frac{dn_G}{\nu_G}$$

使用反应进度概念时，必须与指定的化学计量方程对应。也就是说，只有先写出化学计量方程，才能应用反应进度，化学反应进度的数值与方程式的写法有关。当反应按所给的化学方程进行一个单元的化学反应时，反应进度的变化等于1 mol。如：

$$N_2+3H_2 \longrightarrow 2NH_3 \qquad \Delta\xi=1\ \text{mol}$$

$$\frac{1}{2}N_2+\frac{3}{2}H_2 \longrightarrow NH_3 \qquad \Delta\xi=1\ \text{mol}$$

虽然反应进度的变化均为 1 mol，显然发生反应的物质的量是不等的。

1.6.2　化学反应的热效应

当系统发生了化学变化之后，系统的温度回到反应前始态的温度，系统放出或吸收的热量，称为该反应的热效应。反应热效应有等容热效应 Q_V 或等压热效应 Q_p 之分。大多数化学反应是在等温等压条件下发生的，因此，常用反应的焓变 ΔH 表示。当反应进度等于 1 mol 时，系统的焓变称为反应的摩尔焓变，用符号 $\Delta_r H_m$ 表示。其中下标“r”代表化学反应过程，“m”代表反应进度为 1 mol。

根据焓的定义式

$$H=U+pV$$

得

$$\Delta H=\Delta U+\Delta(pV)$$

如果忽略压强对凝聚态体积的影响，同时将参加反应的气体物质作为理想气体处理，则有

$$\Delta H=\Delta U+\Delta nRT$$

即得等容热效应与等压热效应之间的关系为：

$$Q_p=Q_V+\Delta nRT \tag{1.6.2}$$

其中(Δn)指反应前后气体的物质的量之差值。当化学反应进度 $\Delta\xi=1$ mol 时，则

$$\Delta_r H_m=\Delta_r U_m+\sum_B \nu_B RT \tag{1.6.3}$$

上式中，$\sum_B \nu_B$ 为参加反应的气相物质的化学计量系数之和。

量热技术是物理化学的一项重要实验技术。测定热效应的设备称为量热计。量热计有许多种，弹式量热计是测定燃烧热的装置，如图 1.14 和图 1.15 所示。将反应物装入一种叫作氧弹的刚性容器，使燃烧反应在其中发生，用温度计准确测定反应前后水浴的温度变化。如果知道了整个量热计的热容，就可计算出该反应在等温条件下发生的热效应。显然，用弹式量热计测得的是等容热。在工作中用得最多的是等压热数据，因此，需要用式(1.6.2)作换算。

差示扫描量热仪(DSC)是一项测定等压热效应随温度变化的实验技术，利用 DSC 可以测定系统(主要应用于凝聚态系统)的相变焓、反应热焓和 C_p 等。

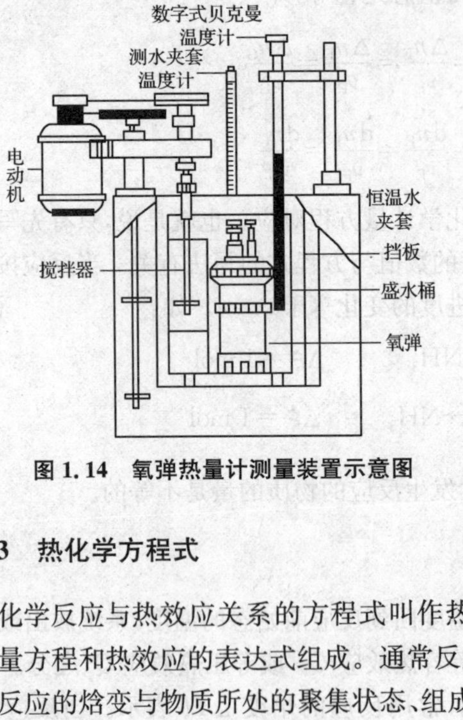

图 1.14 氧弹热量计测量装置示意图

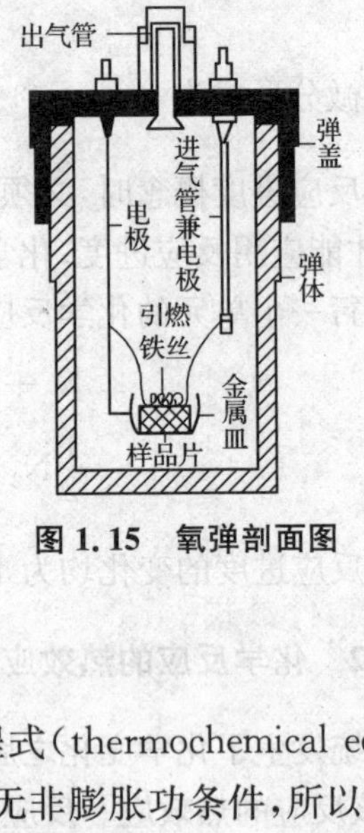

图 1.15 氧弹剖面图

1.6.3 热化学方程式

表示化学反应与热效应关系的方程式叫作热化学方程式(thermochemical equation)，由反应计量方程和热效应的表达式组成。通常反应为等压无非膨胀功条件，所以用焓变表示。化学反应的焓变与物质所处的聚集状态、组成、温度、压强和反应的进度等因素有关，因此，这些因素要在热化学方程式中有所反映。如：

298 K，100 kPa　C(s，石墨)$+O_2(g)$═══$CO_2(g)$　$Q_p=\Delta H_m=-393.51\ \text{kJ}\cdot\text{mol}^{-1}$

由于内能的绝对值不能测得，焓的绝对值也不知道，所以需要选定一个相对标准，即一个参考态，计算反应的焓变。热化学中将指定温度 T 时处于标准压强 $p^\ominus$(100 kPa)的纯物质作为标准态(standard state of a substance)。物态不同，标准态的定义也有差异。

(1) 气体标准态:标准压强下仍具有理想气体性质的纯气态物质。

(2) 固体标准态:标准压强下稳定的纯固体物质。

(3) 液体标准态:标准压强下稳定的纯液体物质。

(4) 电解质溶液标准态:标准压强下,水溶液中离子浓度为 1 $mol\cdot kg^{-1}$,且离子趋于无限稀释的状态。

在书写热化学方程式时通常要注明温度,若不写明温度和压强,通常指 298.15 K 和 $p^{\ominus}$。在反应温度和标准压强下,如果参加反应的各物质都处于标准态,当化学反应按计量方程进行反应进度为 1 mol 时的焓变称为标准摩尔焓变(standard molar enthalpy change),用符号 $\Delta_r H_m^{\ominus}(T)$表示,单位为$kJ\cdot mol^{-1}$。如:

$$H_2(g)+I_2(g)=\!=\!=2HI(g)\quad \Delta_r H_m^{\ominus}(573\ K)=-12.84\ kJ\cdot mol^{-1}$$

$$HCl(aq,\infty)+NaOH(aq,\infty)=\!=\!=NaCl(aq,\infty)+H_2O(l)\quad \Delta_r H_m^{\ominus}=-57.32\ kJ\cdot mol^{-1}$$

其中(aq,∞)表示水溶液中离子浓度趋于无限稀释的状态。无限稀释是一个特定的假设状态,其含义为离子独立运动、离子间相互作用可以忽略的状态。

需要注意的是,上述热效应均指完全反应且产物和反应物没有发生混合热效应的情况,即 1 mol 氢气和 1 mol 碘蒸气在 573 K 和 $p^{\ominus}$ 时完全反应生成 2 mol 碘化氢气体时的热效应是$-12.84\ kJ\cdot mol^{-1}$。再者,由于焓是广度性质,反应热的数值与方程式的写法有关,随化学计量系数的表示方式而变化。

1.6.4　Hess 定律

在对各种反应热效应之间的关系进行了大量研究的基础上,Hess 于 1840 年总结出一条实验规律:在相同的反应条件下,一个化学反应无论是一步完成,还是分几步完成,反应的热效应总是相同的。这条规律被称为 Hess 定律。热力学能和焓是状态函数,其变化值只取决于反应的始态和终态,而与反应的具体步骤无关。因此,Hess 定律是热力学第一定律的必然结果。

科学家介绍

盖斯
(Germain Henri Hess)

Hess 定律奠定了热化学的基础,使热化学方程式可以像普通代数式一样进行运算,方便地从已知反应的热效应间接地求出难于测量或不能直接测量的反应热效应。

例如:$C(s,石墨)+O_2(g)=\!=\!=CO_2(g)\qquad \Delta_r H_m^{\ominus}(1)=-393.3\ kJ\cdot mol^{-1}\qquad (1)$

$CO(g)+(1/2)O_2(g)=\!=\!=CO_2(g)\qquad \Delta_r H_m^{\ominus}(2)=-282.8\ kJ\cdot mol^{-1}\qquad (2)$

$C(s,石墨)+(1/2)O_2(g)=\!=\!=CO(g)\qquad \Delta_r H_m^{\ominus}(3)=?\qquad (3)$

运用代数运算法,反应(3)=反应(1)-反应(2)

热效应:$\Delta_r H_m^{\ominus}(3)=\Delta_r H_m^{\ominus}(1)-\Delta_r H_m^{\ominus}(2)=-110.5\ kJ\cdot mol^{-1}$

1.6.5　标准摩尔生成焓

在指定温度、标准压强下,由最稳定单质生成 1 mol 化合物时的反应热称为该化合物的标准摩尔生成焓(standard molar enthalpy of formation),以 $\Delta_f H_m^\ominus$表示,单位是$J \cdot mol^{-1}$或$kJ \cdot mol^{-1}$,下标“f”代表生成反应。

根据标准摩尔生成焓的定义,所有稳定单质自身在任意温度时的标准摩尔生成焓都等于零,因此,标准摩尔生成焓是一种相对焓。一种化合物的生成反应的标准摩尔焓变就是该化合物的标准摩尔生成焓。

各种物质在 298 K 时的标准摩尔生成焓数据可从物理化学数据手册查到。对于化学反应 $0 = \sum_B \nu_B B$,反应的标准摩尔焓变等于反应物(R)、产物(P)的标准摩尔生成焓之代数和,即

$$\Delta_r H_m^\ominus = \sum \nu_B \Delta_f H_{m,B}^\ominus(P) + \sum \nu_B \Delta_f H_{m,B}^\ominus(R) = \sum_B \nu_B \Delta_f H_m^\ominus(B) \quad (1.6.4)$$

【例 1.12】 利用标准摩尔生成焓数据计算下列反应的标准摩尔焓变 $\Delta_r H_m^\ominus(298\ K)$。

$$CH_4(g) + 2O_2(g) = CO_2(g) + 2H_2O(l)$$

解:查表可知:$\Delta_f H_m^\ominus(CH_4, g, 298\ K) = -74.81\ kJ \cdot mol^{-1}$

$\Delta_f H_m^\ominus(CO_2, g, 298\ K) = -393.51\ kJ \cdot mol^{-1}$

$\Delta_f H_m^\ominus(H_2O, l, 298\ K) = -285.84\ kJ \cdot mol^{-1}$

$$\Delta_r H_m^\ominus = \Delta_f H_m^\ominus(CO_2, g, 298\ K) + 2\Delta_f H_m^\ominus(H_2O, l, 298\ K) - \Delta_f H_m^\ominus(CH_4, g, 298\ K)$$
$$= -890.38\ kJ \cdot mol^{-1}$$

对于水溶液中离子参加的反应,如果知道每种离子的摩尔生成焓数据,可方便地计算出反应的标准摩尔焓变。由于溶液是电中性的,正负离子共存,不能得到单一离子的溶液,也不可能用实验的方法测量单种离子的摩尔生成焓。为此需再规定一个相对标准:指定温度 T 及标准状态下,无限稀释溶液中,氢离子的标准摩尔生成焓 $\Delta_f H_m^\ominus(H^+, aq, \infty) = 0$,括号中 aq 代表水溶液,∞代表无限稀释的溶液。根据这一规定,可求出其他离子标准摩尔生成焓。298.15 K 时水溶液中某些离子的标准摩尔生成焓数据请参考物理化学手册。

1.6.6 标准摩尔燃烧焓

很多物质,特别是有机化合物容易燃烧,通过实验可以获得燃烧焓的数据。物质 B 的标准摩尔燃烧焓(standard enthalpy of combustion)定义为:在指定温度和标准压强下,化学计量系数为(−1)的可燃物质 B 完全氧化、燃烧生成规定的燃烧产物时的标准摩尔焓变,表示为 $\Delta_c H_m^\ominus(T)$,单位 $kJ \cdot mol^{-1}$。

所谓完全燃烧是指被燃烧的物质变成了最稳定的产物。例如,在 298.15 K,$p^\ominus$ 下,碳变成 $CO_2(g)$,氢被氧化成 $H_2O(l)$,S、N、Cl 等元素分别变成 $SO_2(g)$、$N_2(g)$ 和$HCl(aq)$,如果有金属元素则变成游离态的金属原子等。物质在 298.15 K 时标准摩尔燃烧焓数据可由热力学手册查出。

燃烧焓也是相对焓值。利用燃烧焓数据也可以求各种反应的摩尔焓变。对于化学反应 $0 = \sum_B \nu_B B$,其标准摩尔焓变等于反应物(R)、产物(P)的标准摩尔燃烧焓之代数和的负

值，即

$$\Delta_r H_m^\ominus = -\sum \nu_B \Delta_c H_{m,B}^\ominus(R) - \sum \nu_B \Delta_c H_{m,B}^\ominus(P) = -\sum_B \nu_B \Delta_c H_m^\ominus(B) \qquad (1.6.5)$$

1.6.7 反应热与温度的关系——基尔霍夫定律

热力学数据表提供的数据通常是 298.15 K 的数值。如果反应温度与 298.15 K 差异较大，则必须考虑温度对反应焓变的影响。为了求得其他温度下的热效应，就必须进一步了解反应热效应与温度的关系。德国化学家基尔霍夫(Kirchhoff)导出一个从温度 T_1 的反应焓变计算另一温度 T_2 下反应焓变的计算式，称为 Kirchhoff 定律。

设两个温度下的反应分别为 $\Delta_r H_m(T_1)$ 和 $\Delta_r H_m(T_2)$，它们之间的关系如下：

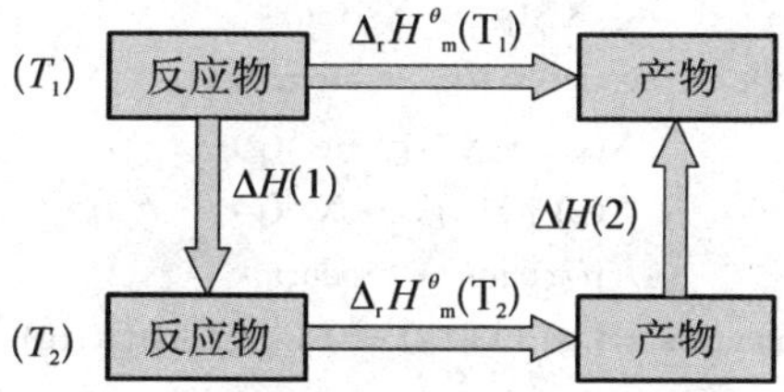

根据状态函数的性质：

$$\Delta_r H_m(T_1) = \Delta_r H_m(T_2) + \Delta H(1) + \Delta H(2)$$

$$\Delta H(1) = \int_{T_1}^{T_2} \sum_B \nu_B C_{p,m}(B,R)\,dT$$

$$\Delta H(2) = \int_{T_2}^{T_1} \sum_B \nu_B C_{p,m}(B,P)\,dT$$

$$\Delta H(1) + \Delta H(2) = -\int_{T_1}^{T_2} \sum_B \nu_B C_{p,m}(B)\,dT$$

$$\Delta_r H_m(T_2) = \Delta_r H_m(T_1) - [\Delta H(1) + \Delta H(2)]$$

$$= \Delta_r H_m(T_1) + \int_{T_1}^{T_2} \sum_B \nu_B C_{p,m}(B)\,dT \qquad (1.6.6)$$

即考虑到反应物和产物在 T_1 和 T_2 温度区间的温度变化对反应热的影响。

若 $C_{p,m} = a + bT + cT^2$

$$\sum_B \nu_B C_{p,m}(B) = \Delta_r C_p = \Delta a + \Delta bT + \Delta cT^2$$

其中 $\Delta a = \sum_B \nu_B a(B)$，$\Delta b = \sum_B \nu_B b(B)$，$\Delta c = \sum_B \nu_B c(B)$

讨论 需加热才能进行的反应是否一定为吸热反应？

则 $\Delta_r H_m(T_2) = \Delta_r H_m(T_1) + \Delta a(T_2 - T_1) + \frac{\Delta b}{2}(T_2^2 - T_1^2) + \frac{\Delta c}{3}(T_2^3 - T_1^3)$

若有相变需分段计算。

1.6.8 物理化学常见过程的焓变

物理化学还会遇到很多其他的变化过程,其符号表示的含义列于表 1.6。

表 1.6 物理化学常用到的变化过程的下标缩写方式(以焓变为例)

变化 Transition	过程 Process	符号 Symbol
Transition	phase $\alpha \to$ phase β	$\Delta_{trs}H$
Fusion	$s \to l$	$\Delta_{fus}H$
Vaporization	$l \to g$	$\Delta_{vap}H$
Sublimation	$s \to g$	$\Delta_{sub}H$
Mixing of fluids	pure → mixture	$\Delta_{mix}H$
Solution	solute → solution	$\Delta_{sol}H$
Hydration	$X^{\pm}(g) \to X^{\pm}(aq)$	$\Delta_{hyd}H$
Atomization	species(s,l,g) → atoms(g)	$\Delta_{at}H$
Ionization	$X(g) \to X^{+}(g)+e^{-}(g)$	$\Delta_{ion}H$
Electron gain	$X(g)+e^{-}(g) \to X^{-}(g)$	$\Delta_{eg}H$
Reaction	reactants → products	$\Delta_{r}H$
Combustion	compounds(s,l,g)+O_2(g) → CO_2(g),H_2O(l,g)	$\Delta_{c}H$
Formation	elements →compound	$\Delta_{f}H$
Activation	reactants → activated complex	$\Delta^{\neq}H$

通常的表示 ΔH_{trs}也属 IUPAC 推荐

内容提要

一、基本知识点

1. 气体的 p、V、T 性质,理想气体的定义和微观模型,理想气体状态方程和道尔顿分压定律的应用。

2. 范德华气体方程、压缩因子、维里方程、对比状态原理、压缩因子图的含义及其在实际气体中的应用。

3. 热力学第零定律,压强的单位换算,临界状态和临界参数。

4. 热力学基本概念:热力学系统,状态函数,平衡态、稳态和非平衡态,广度性质与强度性质,可逆与不可逆过程,状态函数的全微分性质。

5. 能量守恒原理,热力学第一定律,热力学能,热,体积功和非体积功,焦耳热功当量,焓,等压热容,等容热容。

6. 热力学第一定律在理想气体体系的应用,焦耳定律,理想气体的绝热可逆过程方程,卡诺循环,可逆热机的效率。

7. 热力学第一定律在实际气体体系的应用,Joule-Thomson 效应,焦-汤系数。

8. 相变热和相变体积功。

9. 热化学,反应进度,热化学方程式,Hess 定律,等压热效应与等容热效应的关系,标准反应焓变,标准摩尔生成焓,标准摩尔燃烧焓,基尔霍夫定律。

二、基本公式

理想气体状态方程 $pV_m=RT$,$pV=(\sum_i n_i)RT$

范德华气体方程 $(p+a/V_m^2)(V_m-b)=RT$

维里方程 $Z=pV_m/(RT)=1+B/V_m+C/V_m^2+\cdots$

理想气体绝热可逆过程方程 $pV^\gamma=$常数，$TV^{\gamma-1}=$常数，$Tp^{(1-\gamma)/\gamma}=$常数

热力学第一定律 $\Delta U=Q+W$ 或 $\mathrm{d}U=\delta Q+\delta W$

基尔霍夫公式 $\Delta_r H_m(T_2)=\Delta_r H_m(T_1)+\int_{T_1}^{T_2}\sum_B \nu_B C_{p,m}(B)\mathrm{d}T$

化学反应的恒压反应热 Q_p 与恒容反应热 Q_V 之间的关系

$$Q_p=Q_V+\Delta nRT,\quad \Delta_r H_m=\Delta_r U_m+\sum_B \nu_B RT$$

习题

1. 用管道输送天然气，当输送压强为 200 kPa，温度为 25 ℃时，管道内天然气的密度为多少？假设天然气可看作是纯的甲烷。

2. 今有 300 K、104.365 kPa 的湿烃类混合气体（含水蒸气的烃类混合气体），其中水蒸气的分压为 3.167 kPa，现欲得到除去水蒸气的 1 kmol 干烃类混合气体，试求：

(1) 应从湿混合气体中除去水蒸气的物质的量；

(2) 所需湿烃类混合气体的初始体积。

3. 若甲烷在 203 K，2533.1 kPa 条件下服从范德华方程，试求其摩尔体积。

4. 把 298 K 的氧气充入 40 dm^3 的氧气钢瓶中，压强达 2.027×10^4 kPa，试用普遍化压缩因子图求解钢瓶中氧气的质量。

5. 在 291 K 和 $p^\ominus$ 下，1 mol Zn(s)溶于足量稀盐酸中，置换出 1 mol H_2 并放热 152 kJ。若以 Zn 和盐酸为体系，求该反应所做的功及体系内能的变化。

6. 理想气体等温可逆膨胀，体积从 V_1 胀大到 $10V_1$，对外做了 41.85 kJ 的功，体系的起始压强为 202.65 kPa。

(1) 求 V_1；

(2) 若气体的量为 2 mol，试求体系的温度。

7. 在 $p^\ominus$ 及 423 K 时，将 1 mol NH_3 等温压缩到体积等于 10 dm^3，求最少需做多少功？已知范氏常数 $a=0.417\ \mathrm{Pa\cdot m^6\cdot mol^{-2}}$，$b=3.71\times10^{-5}\ \mathrm{m^3\cdot mol^{-1}}$。

(1) 假定是理想气体；

(2) 假定服从范德华方程式。

8. 已知在 373 K 和 $p^\ominus$ 时，1 kg H_2O(l)的体积为 1.043 dm^3，1 kg 水蒸气的体积为 1 677 dm^3，水的 $\Delta_{vap}H_m^\ominus(298\ \mathrm{K})=40.69\ \mathrm{kJ\cdot mol^{-1}}$。当 1 mol H_2O(l)，在 373 K 和外压为 $p^\ominus$ 时完全蒸发成水蒸气时，求：

(1) 蒸发过程中体系对环境所做的功；

(2) 假定液态水的体积忽略不计，试求蒸发过程中的功，并计算所得结果的百分误差；

(3) 假定把蒸气看作理想气体，且略去液态水的体积，求体系所做的功；

(4) 求(1)中变化的 Q 和 $\Delta_{vap}U_m^\ominus$；

(5) 解释何故蒸发热大于体系所做的功？

9. 在 273.15 K 和 $p^\ominus$ 时，1 mol 的冰融化为水，计算过程中的功。已知在该情况下冰和水的密度分别为 917 kg·m^{-3} 和 1 000 kg·m^{-3}。

10. 10 mol 的气体（设为理想气体），压强为 1 013.25 kPa，温度为 300 K，分别求出等温时下列过程

的功：

(1) 在空气中(压强为 $p^{\ominus}$)体积胀大 1 dm^3；

(2) 在空气中膨胀到气体压强也是 $p^{\ominus}$；

(3) 等温可逆膨胀至气体的压强为 $p^{\ominus}$。

11. 1 mol 理想气体($C_{p,m}=5R/2$)从 0.2 MPa，5 dm^3 等温(T_1)可逆压缩到 1 dm^3；再等压膨胀到原来的体积(即 5 dm^3)，同时温度从 T_1 变为 T_2，最后在等容下冷却，使系统回到始态的温度 T_1 和压强。

(1) 在 $p-V$ 图上绘出上述过程的示意图；

(2) 计算 T_1 和 T_2；

(3) 计算每一步的 $Q,W,\Delta U$ 和 ΔH。

12. 0.02 kg 乙醇在其沸点时蒸发为气体。已知蒸发热为 858 $kJ\cdot kg^{-1}$，蒸气的比容为 0.607 $m^3\cdot kg^{-1}$。试求过程的 $\Delta U,\Delta H,Q,W$(计算时略去液体的体积)。

13. 1×10^{-3} kg 水在 373 K、$p^{\ominus}$ 压强时，经下列不同的过程变为 373 K、$p^{\ominus}$ 压强的汽，请分别求出各个过程的 $W,\Delta U,\Delta H$ 和 Q 值。已知水的汽化热为 2 259 $kJ\cdot kg^{-1}$。

(1) 在 373 K，$p^{\ominus}$ 压强下变成同温，同压的汽；

(2) 先在 373 K，外压为 $0.5\times p^{\ominus}$ 下变为汽，然后可逆加压成 373 K，$p^{\ominus}$ 压强的汽；

(3) 把这个水突然放进恒温 373 K 的真空箱中，控制容积使终态为 $p^{\ominus}$ 压强的汽。

14. 1 mol 单原子理想气体，始态为 2×101.325 kPa，11.2 dm^3，经 $pT=$常数的可逆过程压缩到终态为 4×101.325 kPa，已知 $C_{V,m}=(3/2)R$。求：

(1) 终态的体积和温度；

(2) ΔU 和 ΔH；

(3) 所做的功。

15. 设有压强为 $p^{\ominus}$，温度为 293 K 的理想气体 3 dm^3，在等压下加热，直到最后的温度为 353 K 为止。计算过程中 $W,\Delta U,\Delta H$ 和 Q。已知该气体的等压热容为 $C_{p,m}=(27.28+3.26\cdot10^{-3}T)$ J/(K·mol)。

16. 在标准压强下，把一个极小的冰块投入 0.1 kg，268 K(即−5 ℃)的水中，结果使体系的温度变为 273 K，并有一定数量的水凝结成冰。由于过程进行得很快，可以看作是绝热的。已知冰的溶解热为 333.5 $kJ\cdot kg^{-1}$，在 268～273 K 之间水的比热容为 4.21 $kJ\cdot K^{-1}\cdot kg^{-1}$。

(1) 写出体系物态的变化，并求出 ΔH；

(2) 求析出冰若干克？

17. 1 mol 氢气在 298.2 K 和压强 $p^{\ominus}$ 下经可逆绝热过程压缩到 5 dm^3，计算：

(1) 氢气的最后温度；

(2) 氢气的最后压强；

(3) 需做多少功？

18. 某一热机的低温热源为 313 K，若高温热源分别为：

(1) 373 K(在 $p^{\ominus}$ 下水的沸点)；

(2) 538 K(压强为 5×101.325 kPa 下水的沸点)。

试分别计算热机的效率。

19. 某电冰箱内的温度为 273 K，室温为 298 K，今欲使 1 kg 273 K 的水变成冰，问最少需做多少功？已知 273 K 时冰的融化热为 335 $kJ\cdot kg^{-1}$。

20. 0.126 5 g 蔗糖 $C_{12}H_{22}O_{11}$(s)在弹式量热计中燃烧，开始时温度为 25 ℃，燃烧后温度升高了。而升高同样的温度要消耗电能 2 082.3 J。(已知 $\Delta_f H_m^{\ominus}(CO_2,g)=-393.51\ kJ\cdot mol^{-1}$，$\Delta_f H_m^{\ominus}(H_2O,l)=-285.85\ kJ\cdot mol^{-1}$，$C_{12}H_{22}O_{11}$ 的摩尔质量为 342.3 $g\cdot mol^{-1}$)。

(1) 计算蔗糖的标准摩尔燃烧焓；

(2) 计算它的标准摩尔生成焓；

(3) 若实验中温度升高为 1.743 K，问量热计和内含物质的热容是多少？

21. 在 298.15 K 及 $p^{\ominus}$ 压强时设环丙烷、石墨及氢气的燃烧热（$\Delta_c H_m^{\ominus}$）分别为 −2 092 kJ·mol^{-1}、−393.8 kJ·mol^{-1} 及 −285.84 kJ·mol^{-1}。若已知丙烯(g)的 $\Delta_f H_m^{\ominus}$ = 20.5 kJ·mol^{-1}，试求：

(1) 环丙烷的 $\Delta_f H_m^{\ominus}$；

(2) 环丙烷异构化变为丙烯的 $\Delta_r H_m^{\ominus}$。

22. 如果一个体重为 70 kg 的人能将 40 g 巧克力的燃烧热(628 kJ) 完全转变为垂直位移所要做的功，那么这点热量可支持他爬多少高度？

23. 已知在 101.3 kPa 下，水的沸点为 100℃，其比蒸发焓为 $\Delta_{vap} H$ = 2257.4 kJ·kg^{-1}，又知液态水和水蒸气在 100～120℃ 范围内的平均比定压热容分别为 C_p(l) = 4.224 kJ·K^{-1}·kg^{-1}，C_p(g) = 2.033 kJ·K^{-1}·kg^{-1}。今有 101.3 kPa 下 120℃ 的 1 kg 过热水变成同样温度、压强下的水蒸气。设计可逆途径，并按可逆途径求出过程的 ΔH。

拓展习题及资源

微信扫码

- 拓展习题
- 视频动画
- 互动交流

第2章 热力学第二定律

2.1 热力学第二定律的表述

热力学第一定律是能量守恒原理在热力学体系的应用，解决了热力学体系发生状态变化时体系与环境的热功交换与体系内能变化的关系。对于化学反应，它解决了反应始态和终态的能量变化问题。但是，我们还注意到：在焦耳的热功当量实验中，功完全转变成了热，而且是等当量的转换；卡诺热机是对外做功最大的热机，但它的热机效率却小于1，这也意味着它不能将热完全转换为功。我们还看到：氢气和氧气反应生成水的焓变与水分解的焓变是数值相等的。但我们都知道，用氢的燃烧焓的等值能量来分解水实际上是不够用的。这些例子表示了一个实际问题的存在，尽管热力学状态变化符合能量守恒原理，但实际过程发生时所伴随的能量变化并不唯一取决于两个状态，而与过程的方向有关。单凭反应的焓变，并不能预测反应自发进行的方向和程度，这是化学家更关注的问题。

不单单是热功转换和化学反应涉及方向性问题，自然界发生的一切变化都存在着方向性问题。有些过程可以自发发生，而另一些过程则不能自发发生。在一定条件下，体系不需要外力推动就可以自动发生的过程称为自发过程。自发过程具有单向性，是不可逆的。但自发过程是有限度的，是有平衡状态限制的，达到平衡则过程终止。是什么因素导致热机的效率小于1？导致热功转换的不对等？如何用一个物理量的变化表征过程的方向和限度？如何判断过程的方向和限度？自发变化的方向和限度是自然界的一个基本问题，这正是热力学第二定律所要解决的问题，是化学热力学的核心内容之一。

2.1.1 热力学第二定律的经典表述

热力学第二定律是19世纪人们在对蒸汽机的应用进行深入研究过程中发现的。1824年，Carnot分析了热机工作的基本过程，设计了一部理想热机（Carnot可逆热机），提出了著名的Carnot定理。指出“所有工作于两个不同温度的热源之间的热机，以可逆热机的效率为最大”。Carnot定理的结论是正确的，但要证明这一定理需要建立一个新的理论，或者说Carnot定理本身包含了一个新的理论，这就是热力学第二定律。热力学第二定律有许多种不同的说法，尽管这些说法字面上各不相同，但实质完全等价。其中有两种经典的说法。

1850年Clausius和1851年Kelvin分别重审了Carnot定理，依据当时刚刚建立的能量守恒原理，分别提出了关于热力学第二定律的经典表述。

Clausius的表述：“不可能以热的形式将低温物体的能量传递到高温物体，而不引起其他变化。”Clausius的表述指出了热传导具有方向性，即不可逆性。

Kelvin 的表述:“不可能以热的形式将单一热源的能量转变为功,而不发生其他变化。” Kelvin 的说法断定了热与功的转换不是完全等价的,功可以无条件地 100%转化为热,但热不能无条件地 100%转化为功。即功转变为热的不可逆性。

Kelvin 的说法后来被奥斯特瓦德(Ostward)表述为:“第二类永动机是不可能造成的。”所谓第二类永动机是一种从单一热源吸热,并将所吸的热完全变为功,而不产生其他变化的机器。第二类永动机是满足能量守恒定律的。不消耗能量而能永远对外做功的机器,违反了能量守恒定律,被称为“第一类永动机”。

值得注意的是,Clausius 和 Kelvin 的两个表述都有“不发生其他变化”的限制,这里主要指环境的变化,这是不能忽略的。

两种说法不同,但本质一样,都是指某自发过程的逆过程不能自动进行,一旦进行,必然导致其他的变化。热功转换问题的讨论最初仅局限于热机效率。但客观世界是彼此联系,相互渗透的,自发变化的方向性本身并不是孤立的。问题在于:自发变化的共性是什么?其中是否隐含一条更基本的自然规律?

科学家介绍

鲁道夫・朱利叶斯・伊曼纽尔・克劳修斯
(Rudolf Julius Emanuel Clausius)

威廉・汤姆森(开尔文勋爵)
(William Thomson)(L.Kelvin)

2.1.2 过程的方向性

自然界的自发变化是有方向性的。过程的方向性是指:过程进行终了后,体系和环境所产生的后果不能自动消除,而使他们回至原状。所谓后果是指:体系与环境的状态所发生的一切变化。自然界有许多事例表明自发变化过程具有方向性和限度。

事例 1,有限温差热传导:两个温度不同的物体进行热接触时,在无其他影响条件下(孤立体系),能量总是自高温物体经传热流向低温物体,最后趋于温度相等,即达到热平衡,从未见过其逆过程自发进行。

事例 2,摩擦生热:重物下降,位能降低,带动涡轮转动,使水与涡轮温度升高。从未见过其逆过程自发进行。

事例 3,膨胀过程:气体自发向真空膨胀,而气体的压缩过程不会自发进行。

事例 4,混合过程:局部浓度不同的溶液,自发扩散,形成浓度均匀的溶液是自发进行的。而分离过程不会自发进行。

事例 5,化学反应:H_2 和 O_2 反应生成水自发进行,逆过程不能自发进行。

自然界中任何一局部(孤立体系)的自然过程,总是自动地趋向平衡态,而其逆过程不会自动发生。要使逆过程发生，必然要引起其他变化作为代价才能实现。这就是过程方向性与限度问题，或者说过程的不可逆性。因此，不可逆性是自发变化的热力学特征。

2.1.3 后果不可消除原理

自然界宏观过程具有方向性的事例还有很多。它们的共同特征是过程终了后，体系与环境（二者之和构成孤立体系）所产生的后果不能自动消除，即孤立体系的终态不能自动回到始态。在大量经验基础上总结概括出一个一般性原理（普遍原理），就有了后果不可消除原理的经典表述。

后果不可消除原理："挑选一个自然界能自动进行的过程，指明它所产生的后果不论用什么方法也不能自动消除，即不能使得参与过程的体系和环境恢复原状，同时不再引起其他变化（后果）。"这也是热力学第二定律的一种表述。

后果不可消除原理是自然界自发过程的共同特征。自然界自发进行的过程种类繁多，对应的后果也是各式各样。于是可供挑选作为原理的说法也会有多种。因此，热力学第二定律的表述也有多种不同的表达方式。Clausius 的说法、Kelvin 的说法、后果不可消除原理就是其中几个例子。

热力学第二定律是有关过程方向性和变化极限的一个基本原理。既然如此，是否可以用一个物理量表示这一特征？在孤立体系中进行不可逆过程后，这个量单向改变，它的改变即是衡量后果的物理量。

1865 年，Clausius 在 Carnot 等人工作的基础上发现体系还存在另一状态函数——熵。于是有了热力学第二定律的熵表述，使自发变化的方向性和限度的研究提高到了定量描述的阶段。

2.2 熵

2.2.1 卡诺定理

热机的效率最高可以达到多少？卡诺定理回答了这一问题。

卡诺定理："所有工作于同温热源（T_1）与同温冷源（T_2）之间的热机，其效率 η 都不能超过可逆热机。"（换言之：可逆机效率最大）。用公式表示：

$$\eta_i \leqslant \eta_{rev} \begin{cases} =, i=\mathrm{rev} \\ <, i=\mathrm{ir} \end{cases} \tag{2.2.1}$$

或

$$\frac{Q_1+Q_2}{Q_1} \leqslant \frac{T_1-T_2}{T_1} \begin{cases} =, i=\mathrm{rev} \\ <, i=\mathrm{ir} \end{cases} \tag{2.2.2}$$

式中：i 表示任意过程，rev 表示可逆过程，ir 表示不可逆过程；可逆过程取"＝"号，不可逆过程取"＜"号。Q_1 为热机在高温热源吸收的热，Q_2 为热机在低温热源放出的热。根据卡诺定理可得推论：所有工作于同温热源与同温冷源间的可逆热机，其热机效率都相等。

$$\eta_{rev_1} = \eta_{rev_2} \tag{2.2.3}$$

卡诺定理强调的是热机是否可逆，并没有指出热机要使用什么工作介质。其另一层含义是：可逆热机效率和工作介质无关。正因如此，可以引用理想气体卡诺循环的结果进行讨论。

卡诺定理虽然讨论的是热机效率问题，但其意义非常重大。其意义在于它的公式中引入了一个不等号，不等号和不可逆过程 ir 相关，等号和可逆过程 rev 相关。不等号的使用，对所有不可逆过程可以找到一个共同的判别准则，也为人们提供了一种利用数学表征不可逆过程的方法。既然指所有不可逆过程，当然包括物质的相变和化学变化等不可逆过程。它原则上解决了化学过程的方向和限度的判别准则问题。

讨论　Kelvin 热力学温标

2.2.2　热温商

1. 卡诺循环的热温商

由卡诺定理知，工作于两个热源（T_1，T_2）之间的任一可逆热机与卡诺热机的效率相等 $\eta_{rev} = \eta_{car}$。即

$$\frac{Q_1 + Q_2}{Q_1} = \frac{T_1 - T_2}{T_1}$$

整理后得：

$$\frac{Q_1}{T_1} + \frac{Q_2}{T_2} = 0 \tag{2.2.4}$$

其中（Q_i / T_i）为过程 i 的热温商（quotient of heat and temperature）。

结论：卡诺循环的热温商之和为零。

2. 任意可逆循环的热温商

图 2.1 所示循环为任意可逆循环。现在将其分隔成多个小的 Carnot 循环，其中 P 和 Q 为过程中的两个状态。过 P、Q 两点作两条可逆绝热线 RS 和 TU，它们分别与可逆循环相交于 M 和 N 点。在 PQ 间过 O 点做一可逆等温线 VW，使得两个三角形的面积相等 $\Delta PVO = \Delta OQW$，折线（$PVOWQ$）所经历的过程与 PQ 过程具有相同的始态和终态。所以 ΔU 的变化也相同。同理还可以在 MN 间作一可逆等温线 XZY。这就构成了一个小的卡诺循环 $VWYX$。同理，在整个封闭曲线上划分多个小的卡诺循环。对于各个小的卡诺循环，有

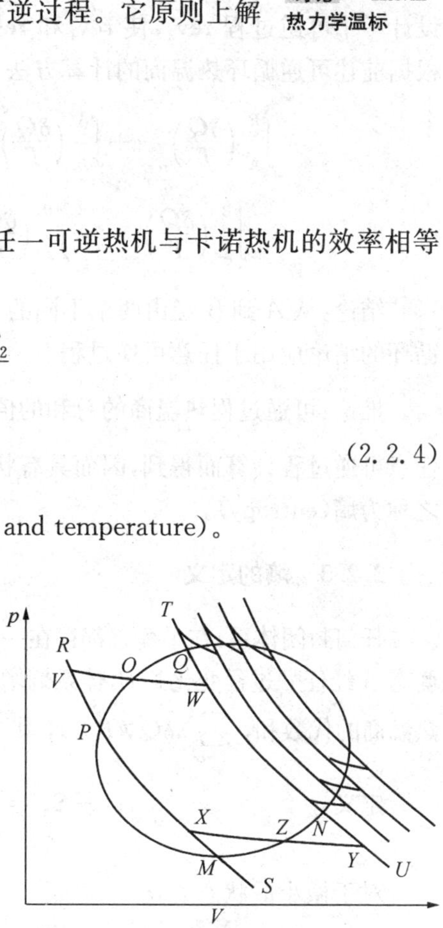

图 2.1　任意可逆循环与被分割的小 Carnot 循环

$$\frac{\delta Q_1}{T_1} + \frac{\delta Q_2}{T_2} = 0 \quad \frac{\delta Q_3}{T_3} + \frac{\delta Q_4}{T_4} = 0 \quad \cdots$$

整个循环为各个小循环的加和。即

$$\frac{\delta Q_1}{T_1} + \frac{\delta Q_2}{T_2} + \frac{\delta Q_3}{T_3} + \frac{\delta Q_4}{T_4} + \cdots = \sum_i \left(\frac{\delta Q_i}{T_i}\right)_{rev} = 0$$

众多小卡诺循环的效果与封闭曲线的效果相当。当分割趋于无限小时，可以表示为

$$\sum_i \left(\frac{\delta Q_i}{T_i}\right)_{\text{rev}} = 0 \text{ 或 } \oint \left(\frac{\delta Q}{T}\right)_{\text{rev}} = 0 \qquad (2.2.5)$$

结论：任意可逆循环其热温商的总和为零。这样将卡诺循环的结论应用于任意可逆循环。

3. 任意可逆过程的热温商

如图 2.2 所示，设体系发生从 A 到 B 的可逆变化 rev_1。设计一个可逆过程 rev_2，使 rev_1 和 rev_2 构成一个可逆循环。根据前述可逆循环热温商的计算方法，得

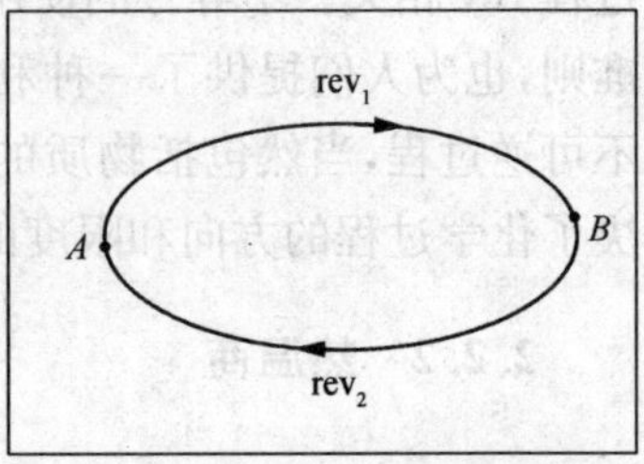

图 2.2 任意可逆过程 rev_1 与 rev_2 组成的可逆循环

$$\int_A^B \left(\frac{\delta Q}{T}\right)_{\text{rev}_1} + \int_B^A \left(\frac{\delta Q}{T}\right)_{\text{rev}_2} = 0$$

即
$$\int_A^B \left(\frac{\delta Q}{T}\right)_{\text{rev}_1} = \int_A^B \left(\frac{\delta Q}{T}\right)_{\text{rev}_2} \qquad (2.2.6)$$

结论：从 A 到 B 经由两个不同的可逆过程，其各自的热温商的总和相等。这样将卡诺循环的结论应用于任意可逆过程。

推论：可逆过程热温商的总和的值 $\int_A^B (\delta Q/T)_{\text{rev}}$ 与始态和终态有关，与过程无关，可由任意可逆过程计算而得到，因而具有状态函数的性质。由此，可以抽象出一个状态函数，将之称为熵(entropy)。

2.2.3 熵的定义

任何封闭体系，在平衡态都存在一个单值的状态函数熵(S)，它是一个广度量，当体系从平衡态 A 经任一过程变化到 B，体系熵增量为 $\Delta S = S_B - S_A$，就等于从 A 到 B 的任一可逆过程中热温商的代数和，$\sum_{A\to B} (\delta Q_i/T_i)_{\text{rev}}$，其中 δQ_i 为可逆过程中体系在 T_i 时吸收的热量。

定义：
$$S_B - S_A = \int_A^B \left(\frac{\delta Q}{T}\right)_{\text{rev}} = \sum_{A\to B} \left(\frac{\delta Q_i}{T_i}\right)_{\text{rev}} \qquad (2.2.7)$$

对于微小的状态变化
$$\mathrm{d}S = \left(\frac{\delta Q}{T}\right)_{\text{rev}} \qquad (2.2.8)$$

S 称之为熵。

这一定义表示：A 和 B 为封闭体系平衡态；S 为状态函数，广度性质；AB 为任意可逆过程，用 rev 表示；熵变的计算方法：$\Delta S = \sum_{A\to B} (\delta Q_i/T_i)_{\text{rev}}$ 等于任意可逆过程热温商之和。

【例 2.1】 计算 1.00 mol 理想气体 298 K 等温体积膨胀一倍的熵变。

解：根据熵的定义，熵变是通过计算可逆过程热温商的和得到的。因此，无论实际过程如何，首先要在始态和终态之间建立一个可逆过程，求得该过程的热温商之和。对于理想气体等温过程，$\mathrm{d}U=0$，所以 $\delta Q = -\delta W$。对于可逆过程，$\delta Q_{\text{rev}} = -\delta W_{\text{rev}}$。故有

$$\Delta S=\int_{V_i}^{V_f}\frac{\delta Q_{rev}}{T}=\int_{V_i}^{V_f}\frac{-\delta W_{rev}}{T}=\int_{V_i}^{V_f}\frac{p\mathrm{d}V}{T}=\int_{V_i}^{V_f}\frac{nR\mathrm{d}V}{V}=nR\ln\frac{V_f}{V_i}$$

当体积膨胀增加一倍时有：$\Delta S=(1.00\times 8.314\times\ln 2)\mathrm{J\cdot K^{-1}}=5.76\ \mathrm{J\cdot K^{-1}}$

【练习 2.1】 利用 Carnot 循环证明熵是状态函数。

2.2.4 不可逆过程

由卡诺定理知，热机的效率以可逆热机为最大。对于不可逆热机有 $\eta_{ir}<\eta_{rev}$，即

$$1+\frac{Q_2}{Q_1}<1-\frac{T_2}{T_1},\ \frac{Q_1}{T_1}+\frac{Q_2}{T_2}<0$$

其中高温热源温度为 T_1，低温热源温度为 T_2。按照类似任意可逆循环热温商的处理方法，对于不可逆循环有：

$$\sum_i\left(\frac{\delta Q_i}{T_i}\right)_{ir}<0 \tag{2.2.9}$$

对于 $A\to B$ 发生的任意不可逆过程 ir，将其与逆向 $B\to A$ 的可逆过程 rev 耦合，构成不可逆循环 $A\to B\to A$，如图 2.3 所示，其热温商代数和为：

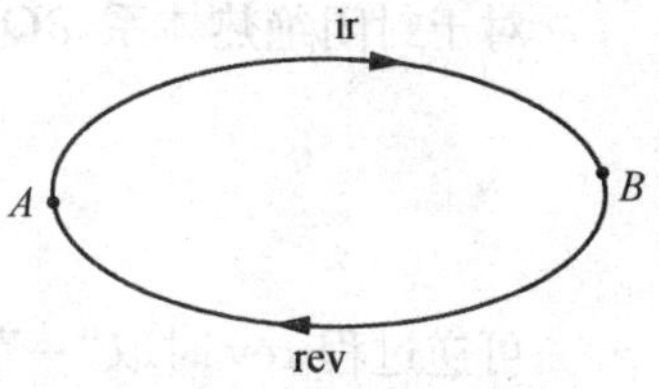

图 2.3 任意不可逆过程 ir 与可逆过程 rev 组成的不可逆循环

$$\sum_{A\to B}\left(\frac{\delta Q_i}{T_i}\right)_{ir}+\sum_{B\to A}\left(\frac{\delta Q_i}{T_i}\right)_{rev}<0$$

由于 $\sum_{B\to A}\left(\frac{\delta Q_i}{T_i}\right)_{rev}=S_A-S_B$，所以

$$\sum_{A\to B}\left(\frac{\delta Q_i}{T_i}\right)_{ir}<S_B-S_A \tag{2.2.10}$$

结论：体系从状态 A 经不可逆过程到 B，过程热温商的代数和小于体系的熵变。由此得出：

$$\Delta S_{A\to B}-\sum_{A\to B}\left(\frac{\delta Q_i}{T_i}\right)_{ir}\geqslant 0\quad\begin{pmatrix}=,i=\text{rev}\\>,i=\text{ir}\end{pmatrix} \tag{2.2.11}$$

$$\mathrm{d}S\geqslant\left(\frac{\delta Q}{T}\right)_i\quad\begin{pmatrix}=,i=\text{rev}\\>,i=\text{ir}\end{pmatrix} \tag{2.2.12}$$

式(2.2.11)和式(2.2.12)称为 Clausius 不等式。当过程 i 为可逆过程 rev 时，二关系式取"="号；当过程 i 为不可逆过程 ir 时，二关系式取">"号。式中 δQ 为实际过程热效应，T 为环境温度。对于可逆过程，$T_{sys}=T_{sur}$，下标 sys 表示体系，sur 表示环境。

【例 2.2】 Ar 气从初始态 25℃、1.0 atm、500 cm^3 膨胀至终态 1 000 cm^3 并被加热至 100℃，计算过程的熵变。$C_{p,m}=20.786\ \mathrm{J\cdot K^{-1}\cdot mol^{-1}}$。

解:在始态与终态之间设计可逆过程,计算可逆过程的热温商的代数和。

n mol Ar(g),25℃、1.0 atm、500 cm^3 $\xrightarrow{\text{恒温可逆膨胀}}$ 25 ℃、1 000 cm^3 $\xrightarrow{\text{恒容可逆加热}}$ 100℃、1 000 cm^3

$$n = pV/RT = [101\,325 \times 0.5 \times 10^{-3}/(8.314 \times 298)]\text{mol} = 0.020\,4\text{ mol}$$

过程 1:$dU=0$,$\delta Q=-\delta W$,热温商:$dS_1 = p dV/T$

$$\Delta S_1 = \int_{500\text{ cm}^3}^{1\,000\text{ cm}^3} (p/T)dV = \int_{500\text{ cm}^3}^{1\,000\text{ cm}^3} (nR/V)dV = nR\ln 2 = 0.118\text{ J}\cdot\text{K}^{-1}$$

过程 2:$dV=0$,$W=0$,$\delta Q=dU=C_v dT$,热温商:$dS_2 = C_v dT/T$,$C_{V,m}=C_{p,m}-R=(20.786-8.314)\text{J}\cdot\text{K}^{-1}\cdot\text{mol}^{-1}=12.472\text{ J}\cdot\text{K}^{-1}\cdot\text{mol}^{-1}$。

$$\Delta S_2 = \int_{298\text{ K}}^{373\text{ K}} (nC_{V,m}/T)dT = nC_{V,m}\ln(373/298) = 0.057\text{ J}\cdot\text{K}^{-1}$$

整个过程的熵变:$\Delta S = \Delta S_1 + \Delta S_2 = 0.175\text{ J}\cdot\text{K}^{-1}$

2.2.5 熵增加原理

对于封闭绝热体系,$\delta Q=0$,Clausius 不等式变为

$$dS \geqslant 0 \quad \begin{pmatrix} =,\text{rev} \\ >,\text{ir} \end{pmatrix} \tag{2.2.13}$$

可逆过程 rev 时取"="号,不可逆过程 ir 时取">"号。其含义为:封闭绝热体系只可能发生 $\Delta S \geqslant 0$ 的变化。在可逆绝热过程中,体系的熵不变,在不可逆绝热过程中,体系的熵增加。

封闭绝热体系不可能自发发生 $\Delta S < 0$ 的变化。

由此得到推论:封闭体系绝热过程,体系的熵永不减少,这就是熵增加原理。

孤立体系必然是绝热封闭,所以熵增加原理也可以表述为:孤立体系的熵永不自动减少。若把系统与环境之和构成一个孤立体系,则有

$$\Delta S_{iso} = \Delta S_{sys} + \Delta S_{sur} \geqslant 0 \quad \begin{pmatrix} =,\text{rev} \\ >,\text{ir} \end{pmatrix} \tag{2.2.14}$$

式中:ΔS_{iso} 为孤立体系的熵变;ΔS_{sys} 为体系的熵变;ΔS_{sur} 为环境的熵变。此式也称 Clausius 不等式。

Clausius 不等式用于判别过程的可逆性和自发性,被称之为熵判据。

在孤立体系中,一切能自发进行的过程都是 $\Delta S>0$,是不可逆的。不可逆过程中,S 向增大的方向移动,直至 S 达最大值,即平衡态。

在应用 Clausius 不等式(2.2.14)时,要计算环境(热源)的熵变 ΔS_{sur}。环境是个物质数量及热容为无限大的系统,吸收有限的热对它来讲仍是无限小的过程。因此,对环境来讲,任何一个实际过程系统的热效应 Q 都可以视为一个无限小量,因而,等同于可逆过程吸收

的热量。于是，伴随系统变化时环境熵变的计算公式为：

$$\Delta S_{sur} = -Q/T_{sur} \tag{2.2.15}$$

【例 2.3】 计算 298 K 标准大气压下由纯元素状态生成 1.00 mol $H_2O(l)$ 引起的环境的熵变。

解：从文献数据得到 $H_2O(l)$ 的 $\Delta_f H_m^{\ominus} = -286\ kJ \cdot mol^{-1}$。这个数据就是反应释放到环境的等压热。对环境来讲它仍然是一个无限小量，可视为可逆过程的热效应。根据熵的定义，熵变等于可逆过程热温商的和。因此，

$$\Delta S_{sur} = \frac{-n \cdot \Delta_f H_m^{\ominus}}{T_{sur}} = \frac{1.00 \times 2.86 \times 10^5}{298}\ J \cdot K^{-1} = 960\ J \cdot K^{-1}$$

2.2.6　温-熵(T-S)图

以 T 为纵坐标、S 为横坐标表示热力学过程的图称为温-熵($T-S$)图，如图 2.4(a)所示。

根据熵的定义式，$dS = (\delta Q/T)_{rev}$，系统在可逆过程中吸收的热量为：

$$Q_{rev} = \int T dS \tag{2.2.16}$$

系统从状态 A 到状态 C，在 $T-S$ 图曲线 AC 下的面积就等于系统在该过程中的热效应。

系统所吸收的热量还可根据热容来计算，即

$$Q_{rev} = \int C dT \tag{2.2.17}$$

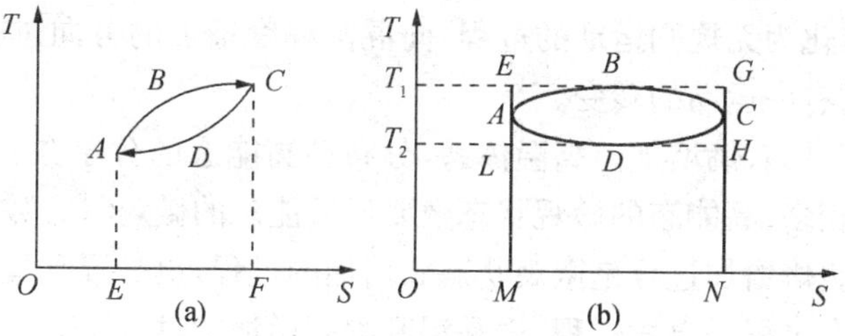

图 2.4　温-熵(T-S)图

比较式(2.2.16)和式(2.2.17)，可以看出式(2.2.16)是一个更普遍计算 Q 的公式，对任意可逆过程都适用，而式(2.2.17)则有一定的限制，对等温过程(如相变)就不能用。对于等温过程：

$$Q_{rev} = \int_{S_1}^{S_2} T dS = T\int_{S_1}^{S_2} dS = T(S_2 - S_1)$$

在热工计算中，广泛使用温-熵图来表示任意可逆循环过程吸热和放热情况，同时可以计算热机效率。在图 2.4(a)中，$ABCDA$ 表示任一可逆循环，ABC 是吸热过程，所吸之热等

于 ABC 曲线下的面积;CDA 是放热过程,所放之热等于 CDA 曲线下的面积,热机所做的功 W 为闭合曲线 $ABCDA$ 所围的面积。

图 2.4(b)中,椭圆 $ABCDA$ 表示一个任意循环,闭合曲线 $ABCDA$ 的面积表示完成这个循环热机所做的功,EG 线是高温(T_1)等温线,LH 是低温(T_2)等温线,闭合曲线的 S 值最高点和最低点分别为 C 点和 A 点。GN 和 EM 是过 C 点和 A 点的等熵线,闭合曲线 $EGHLE$ 代表在 T_1 和 T_2 间进行的 Carnot 循环,从图中可以看出,代表任意循环的椭圆形曲线与代表 Carnot 循环的矩形形成内切。内切圆形面积不可能大于矩形的面积,即任意循环的热机效率不可能大于 $EGHLE$ 所代表的 Carnot 热机的效率。

$T-S$ 图的优点:

(1) 既显示系统所做的功,又显示系统所吸收或释放的热量。而 $p-V$ 图只能显示所做的功。

(2) 既可用于等温过程,也可用于变温过程来计算系统可逆过程的热效应。若由热容计算热效应则不适用于有潜热的等温过程。

2.3 熵的统计意义和热力学第三定律

2.3.1 不可逆过程与分子运动的有序程度

从热力学第二定律的各种表述,可以得到这样的结论:凡是自发过程都是不可逆的,而一切不可逆过程都可以与热功交换的不可逆性相联系。

热力学体系是由大量分子组成的宏观体系,与分子所处微观状态的集合有关。热与分子热运动和系统的混乱程度相联系;功则与分子有方向的有序运动相联系。功转变为热的过程,是规则运动转化为无规则运动的过程,向混乱程度增加的方向进行。反之,热转变为功,是从无序运动向有序运动的转变。

系统吸热,温度升高,熵增加。高温体系,分布在高能态的分子数较多;低温体系,分布在低能态的分子数较多;高能态的微观状态数要比低能态的微观状态数多,高温体系微观状态数多于低温体系。熵增加过程是微观状态数增加的过程,也是混乱程度增加的过程。

还有气体的混合过程是自发过程,也是混乱程度增加的过程。

综合以上分析得到的结论是:有序运动向无序运动转变的过程(混乱程度增加)是自发的,而无序运动向有序运动转变的过程(混乱程度减小)不会自发进行。不可逆过程是熵增加过程,是无序程度增大,混乱程度增加的过程。因此,熵函数可以作为体系混乱程度的一种量度。混乱度增加的过程是自发过程,这是热力学第二定律的本质。

2.3.2 熵和热力学概率——Boltzmann 公式

熵是宏观热力学量,而分子运动状态和混乱程度则属于对微观状态的描述。定量关联宏观量和微观状态,需要运用统计力学方法架设一座联系宏观与微观的桥梁。

热力学概率(thermodynamic probability)这一统计学量可以表示系统的混乱度。热力学概率为实现某种宏观状态(指定 N,V,U 条件下)的微观状态数 Ω。Ω 增大,表明无序性增大,混乱程度增大。自发变化过程中,热力学概率 Ω 和熵 S 有着相同的变化方向,都趋于增大。Boltzmann 提出:热力学第二定律的本质是,一切不可逆过程皆是系统由概率小的状态变到概率大的状态,熵 S 与微观状态数 Ω (热力学概率)的联系为:

$$S=k\ln\Omega \tag{2.3.1}$$

其中 k 为波兹曼常数,$k=R/L=1.380\ 658\times10^{-23}\ \mathrm{J\cdot K^{-1}}$。Boltzmann 公式建立了宏观与微观联系的一个重要桥梁,奠定了统计热力学的基础。由 Boltzmann 公式计算得到的熵称为统计熵。

一个平衡体系,总体微观状态数 Ω 与局部微观状态数 Ω_A、Ω_B 的关系为:

$$\Omega=\Omega_A\times\Omega_B \tag{2.3.2}$$

讨论　微观状态数

所以有　$$S=S_A+S_B$$

2.3.3　热力学第三定律和规定熵

热力学第二定律给出了如何计算熵变的方法,但没有给出熵的绝对值。Boltzmann 公式计算的熵是统计熵,也不是其绝对值。那么熵的零点在哪里?

1906 年,Nernst 系统研究了低温凝聚体系电池反应的热力学函数与温度的关系,提出 Nernst 定理:在温度趋于热力学 0 K 时的等温过程中,体系的熵值不变。

在 1911 年,Plank 假定:在 0 K 时,一切纯物质的 S 值为零。

$$\lim_{T\to0}S=0 \tag{2.3.3}$$

在 1920 年,Lewis 和 Gibbs 加上完美晶体的条件。0 K 时,任何完美晶体的熵等于零。所谓完美晶体即晶体中原子或分子只有一种排列方式。人们将这种说法和 Nernst 定理称为热力学第三定律。

实际上,熵的绝对值仍是不知的。定义熵的绝对值所采用的方法是:人为规定一些参考点作为零点,求其相对值。这些相对值就称为规定熵。按照熵的定义,其计算公式为:

$$S(T)=S(0\ \mathrm{K})+\int_0^T\frac{C_p\mathrm{d}T}{T} \tag{2.3.4}$$

式中,$S(0\ \mathrm{K})$为 0 K 时的熵值,规定 $S(0\ \mathrm{K})=0$。但是,在极低温度 $0\sim T'$ 范围,C_p数据是很难测定的。一种理论方法是规定用 Debye 公式计算 C_V 来代替 C_p,即

$$C_p=C_V=1943\,(T/\Theta_\mathrm{D})^3 \tag{2.3.5}$$

其中 Θ_D被称为 Debye 温度,为物质的特性温度,$\Theta_\mathrm{D}=h\nu/k$,ν 为晶体简正振动频率。在很低温度下,C_p近似与 T^3呈正比,$C_\mathrm{p}=aT^3$,a 系数还可以通过实验数据拟合外推至 $T\to0$ K 求出。于是,$0\sim T'$区间的熵变 $\Delta S(T'-0)$为:

$$\Delta S(T'-0)=S(T')=S(0\ \mathrm{K})+\int_0^{T'}\frac{aT^3}{T}\mathrm{d}T=a\int_0^{T'}T^2\mathrm{d}T=\frac{1}{3}aT^3=\frac{1}{3}C_\mathrm{p}$$

若考虑到物质的相变，那么物质 B 在沸点温度以上 T 的熵 $S(T)$ 便为下述过程的熵变：

$$\underset{T=0}{B(s)} \xrightarrow{\Delta S_1} \underset{T_f^*}{B(s)} \xrightarrow{\Delta S_2} \underset{T_f^*}{B(l)} \xrightarrow{\Delta S_3} \underset{T_b^*}{B(l)} \xrightarrow{\Delta S_4} \underset{T_b^*}{B(g)} \xrightarrow{\Delta S_5} \underset{T}{B(g)}$$

$$S(T) = \Delta S(T'-0) + \int_{T'}^{T_f^*} \frac{C_p(B,s)\mathrm{d}T}{T} + \frac{\Delta_{fus}H(B)}{T_f^*} + \int_{T_f^*}^{T_b^*} \frac{C_p(B,l)\mathrm{d}T}{T} +$$

$$\frac{\Delta_{vap}H(B)}{T_b^*} + \int_{T_b^*}^{T} \frac{C_p(B,g)\mathrm{d}T}{T}$$

这样计算得到的熵为规定熵。物质在 $p^{\ominus}$、T 时的摩尔熵值称为标准摩尔熵 $S_m^{\ominus}$。C_p 来自量热方法，由 C_p 计算得到的熵也称为量热熵。

【例 2.4】 某固体物质在 10 K 的 $C_{p,m}=0.43\ J \cdot K^{-1} \cdot mol^{-1}$，该温度下其摩尔熵值是多少？

解：由于温度在极低区间，假定热容随温度的关系为 aT^3，

$$S(T) = S(0\ K) + \int_0^T \frac{aT^3}{T}\mathrm{d}T = \frac{1}{3}aT^3 = \frac{1}{3}C_p$$

$$S_m(10\ K) = \frac{1}{3}C_{p,m} = 0.14\ J \cdot K^{-1} \cdot mol^{-1}$$

【练习 2.2】 查阅相关数据，计算 25 ℃时 N_2 的摩尔规定熵。

【例 2.5】 求在 0 K 时，1mol CO 和 CH_3D 分子的熵。

解：若晶体完全有序，则微观状态数为 1，统计熵为零。根据热力学第三定律，完美晶体在 0 K 的熵值为零。统计熵与量热熵是一致的。但是，0 K 晶体可能并没有达到完美平衡，因此会有不同的构型。如：每个 CO 分子有 CO 和 OC 两种构型，即有两种不同的状态。1 mol CO 拥有的微观状态数为：

$\Omega=2^L$，统计熵 $S=k\ln\Omega=k\ln 2^L=Lk\ln 2=R\ln 2=5.76\ J \cdot K^{-1}$。即统计熵与量热熵的差值$=5.76\ J \cdot K^{-1}$。

再如：每个 CH_3D 分子有 4 种构型，则 1 mol 分子的微观状态数为

$\Omega=4^L$，统计熵 $S=k\ln\Omega=kL\ln 4=R\ln 4=11.53\ J \cdot K^{-1}$。统计熵与量热熵的差值$=11.53\ J \cdot K^{-1}$。

量热熵与统计熵的差值称为残余熵(residual entropy)，是由分子的构型的无序性引起的，也称为构型熵(configuration entropy)。

讨论 关于热力学第三定律的各种表述和绝对零度的概念

科学家介绍

马克斯·卡尔·恩斯特·路德维希·普朗克
(Max Karl Ernst Ludwig Planck)

2.3.4　熵和能量退降

热力学第一定律表明：一个实际过程发生后，能量总值保持不变。热力学第二定律表明：在一个不可逆过程中，隔离系统的熵值增加。能量总值不变，但由于系统的熵值增加，说明系统中一部分能量丧失了做功的能力，这就是能量“退降”。能量“退降”的程度，与熵的增加成正比。

2.4　热力学函数间的关系

2.4.1　Helmholtz 自由能和 Gibbs 自由能

判断过程的方向性使用 ΔS_{iso} 判据的不便之处在于计算过程需要考虑环境的熵变 ΔS_{sur}。通常实验使用的是恒温、恒压或恒容等控制条件，若能利用这些条件下体系的热力学性质变化判断过程的方向和限度，将使问题得到简化。于是，定义了新的热力学函数 Helmholtz 自由能(A)和 Gibbs 自由能(G)。

1. Helmholtz 自由能

对于封闭系统平衡态，由热力学第一定律知：$dU=\delta Q+\delta W$

由热力学第二定律知：$dS-\delta Q/T_{sur}\geqslant 0$

联合上述两式得：$-\delta W\leqslant -(dU-T_{sur}dS)$

若体系的最初温度 T_1 和最后温度 T_2 与环境的温度 T_{sur} 都相等，$T_1=T_2=T_{sur}=T$，则

$$-\delta W\leqslant -d(U-TS)$$

定义 Helmholtz 自由能 A：

$$A=U-TS \tag{2.4.1}$$

则

$$-\delta W_T\leqslant -dA_T,\ -W_T\leqslant -\Delta A_T\quad \begin{pmatrix} =,\text{rev} \\ <,\text{ir} \end{pmatrix} \tag{2.4.2}$$

下标 T 表示等温条件，式(2.4.2)表示：

(1) 在等温可逆过程中，一个封闭体系所能做的最大功($-W_T$)等于其 A 的减少。ΔA 可以理解为：等温可逆条件下体系做功的本领。而对于等温不可逆过程，体系所能做的功要小于其 A 的减少。所以等温可逆过程，体系对环境做功最大 $-\Delta A=-W_{max}$。

(2) U、T、S 均为状态函数，A 也是状态函数。条件 $T_1=T_2=T_{sur}$ 并不要求 T 在整个过程中都等于 T_{sur}，仅始态、终态的 T_1 和 T_2 与 T_{sur} 相等即可。

(3) 若体系处于等温等容且无其他功条件，则 A 的变化为：

$$\Delta A_{T,V,W_f=0}\leqslant 0\quad \begin{pmatrix} =,\text{rev} \\ <,\text{ir} \end{pmatrix} \tag{2.4.3}$$

其中可逆过程 rev 取“=”号，不可逆过程 ir 取“<”号，表示自发变化过程总是朝着 A 减小的方向进行。A 可用于封闭体系 T、V 恒定且无其他功条件下的过程进行方向的判据。

2. Gibbs 自由能

若将功分为膨胀功 W_e 和非膨胀功 W_f，在等温条件下，由热力学第一和第二定律得：

$$-\delta W_e-\delta W_f\leqslant -d(U-TS) \quad (T_1=T_2=T_{sur})$$

其中：$-\delta W_e=p_e dV$（p_e 外压）。若假定 $p_1=p_2=p_e=p$，得：

$$-\delta W_f\leqslant -d(U-TS+pV)=-d(H-TS)$$

定义 Gibbs 自由能：

$$G=H-TS=U-TS+pV \tag{2.4.4}$$

得：

$$-\delta W_f\leqslant -dG_{T,p},-W_f\leqslant -\Delta G_{T,p} \quad \begin{pmatrix} =,\text{rev} \\ <,\text{ir} \end{pmatrix} \tag{2.4.5}$$

下标(T,p)表示等温等压条件，上述定义和关系式表明：等温等压条件下，一个封闭体系所能做的最大非体积功$(-W_f)$等于体系 Gibbs 自由能的减少。可逆过程，$(-W_f)$等于 G 的减少，不可逆过程，$(-W_f)$小于 G 的减少。G 是状态函数。利用 ΔG 可以判断封闭体系等温、等压、无非膨胀功条件下过程的可逆性。

$$\Delta G_{T,p,W_f=0}\leqslant 0 \quad \begin{pmatrix} =,\text{rev} \\ <,\text{ir} \end{pmatrix} \tag{2.4.6}$$

科学家介绍

赫尔曼·路德维希·费迪南德·冯·赫姆霍尔兹
(Hermann Ludwig Ferdinand von Helmholtz)

乔赛亚·威拉德·吉布斯
(Josiah Willard Gibbs)

2.4.2 热力学函数间的关系

1. 热力学基本方程

热力学体系有 8 个状态性质，p、V、T、U、H、S、A 和 G，要表征一个单组分封闭体系均相平衡态，我们需要测定其中 2 个独立变量（对应于热和膨胀功两种能量交换方式），通过热力学关系就可以求出其他热力学量。热力学函数中 U、S 是基本函数，H、A、G 是衍生的函数。根据热力学函数的定义，其基本关系为：

$$H=U+pV \quad A=U-TS \quad G=H-TS \quad G=A+pV$$

它们的微分函数关系可以根据热力学第一和第二定律得到。对可逆过程有：

$$dU=\delta Q+\delta W \quad dS=\delta Q/T$$

对于封闭体系可逆过程只有体积功的条件下，可得四个热力学基本微分方程：

$$\mathrm{d}U = T\mathrm{d}S - p\mathrm{d}V \tag{2.4.7a}$$

$$\mathrm{d}H = T\mathrm{d}S + V\mathrm{d}p \tag{2.4.7b}$$

$$\mathrm{d}A = -S\mathrm{d}T - p\mathrm{d}V \tag{2.4.7c}$$

$$\mathrm{d}G = -S\mathrm{d}T + V\mathrm{d}p \tag{2.4.7d}$$

这四个方程是等价的，利用其中一个，可以得到其他三个，其中(2.4.7d)应用最多。

热力学函数为状态函数，当选取适当的独立变量后，由其全微分性质可得：

$$U(S,V) \quad \mathrm{d}U = \left(\frac{\partial U}{\partial S}\right)_V \mathrm{d}S + \left(\frac{\partial U}{\partial V}\right)_S \mathrm{d}V$$

$$H(S,p) \quad \mathrm{d}H = \left(\frac{\partial H}{\partial S}\right)_p \mathrm{d}S + \left(\frac{\partial H}{\partial p}\right)_S \mathrm{d}p$$

$$A(T,V) \quad \mathrm{d}A = \left(\frac{\partial A}{\partial T}\right)_V \mathrm{d}T + \left(\frac{\partial A}{\partial V}\right)_T \mathrm{d}V$$

$$G(T,P) \quad \mathrm{d}G = \left(\frac{\partial G}{\partial T}\right)_p \mathrm{d}T + \left(\frac{\partial G}{\partial p}\right)_T \mathrm{d}p \tag{2.4.8}$$

与式(2.4.7)相比较得知，其中偏微分所表示的物理量分别为：

$$T = \left(\frac{\partial U}{\partial S}\right)_V = \left(\frac{\partial H}{\partial S}\right)_p \quad p = -\left(\frac{\partial U}{\partial V}\right)_S = -\left(\frac{\partial A}{\partial V}\right)_T$$

$$V = \left(\frac{\partial H}{\partial p}\right)_S = \left(\frac{\partial G}{\partial p}\right)_T \quad S = -\left(\frac{\partial A}{\partial T}\right)_V = -\left(\frac{\partial G}{\partial T}\right)_p \tag{2.4.9}$$

式(2.4.9)称为对应系数关系式。这种偏微分关系指出，有些物理量可以通过测定指定条件下函数随变量的变化率得到。如 S 可以从恒压条件下 G 随 T 的偏微商得到。

2. 特性函数

在选择适当的状态变量的情况下，只需一个热力学函数关系就可以将均相体系的全部平衡性质唯一确定下来。具有这种特性的热力学函数称为体系的特性函数。相应的函数关系称为特性方程。所选的独立变量就称为该特性函数的特征变量。

【例 2.6】 求证 $U(S,V)$ 为特性函数。

证：已知 $U(S,V)$，$\mathrm{d}U = T\mathrm{d}S - p\mathrm{d}V$，则

$$T = \left(\frac{\partial U}{\partial S}\right)_V, \quad p = -\left(\frac{\partial U}{\partial V}\right)_S$$

根据热力学函数的定义可得： $H = U + pV = U - V\left(\frac{\partial U}{\partial V}\right)_S$

$$A = U - TS = U - S\left(\frac{\partial U}{\partial S}\right)_V$$

$$G = H - TS = U - V\left(\frac{\partial U}{\partial V}\right)_S - S\left(\frac{\partial U}{\partial S}\right)_V$$

所以，T、p、U、H、A、G 都可以表示成以 S、V 为变量的函数。$U(S,V)$ 具有特性函数的特征。

一些特性函数的独立变量和特性方程如表 2 - 1 所示。由于等温等压条件是化学过程的最常见条件，$G(T, p)$是方便的选择。

表 2 - 1　一些特性函数的特征变量和特性方程

特征变量	特性函数	特性方程	特征变量	特性函数	特性方程
S, V	U	$dU = TdS - pdV$	T, p	G	$dG = -SdT + Vdp$
S, p	H	$dH = TdS + Vdp$	U, V	S	$dS = (1/T)dU + (p/T)dV$
T, V	A	$dA = -SdT - pdV$	U, S	V	$dV = -(1/p)dU + (T/p)dS$

3. 热力学判据

根据特性函数的特点，在选取适当的独立变量后，热力学函数都可以化成热力学基本方程的形式。于是，原则上讲，在相应的特征变量固定不变时，特性函数的变化值都可以作为热力学判据，判断过程的自发变化的方向。

(1) U 判据：封闭体系，S、V 不变，$W_f = 0$，$dU_{S,V,W_f=0} \leqslant 0$

(2) H 判据：封闭体系，S、p 不变，$W_f = 0$，$dH_{S,p,W_f=0} \leqslant 0$

(3) S 判据：隔离体系，U、V 不变(或 H、p 不变)，$W_f = 0$，$dS_{U,V,W_f=0} \geqslant 0$ 或 $dS_{H,p,W_f=0} \geqslant 0$

(4) A 判据：封闭体系，T、V 不变，$W_f = 0$，$dA_{T,V,W_f=0} \leqslant 0$

(5) G 判据：封闭体系，T、p 不变，$W_f = 0$，$dG_{T,p,W_f=0} \leqslant 0$

其中，S、A 和 G 判据使用的较多。

4. Maxwell 关系式

设函数 $z = f(x, y)$，则

全微分展开：　$dz = \left(\frac{\partial z}{\partial x}\right)_y dx + \left(\frac{\partial z}{\partial y}\right)_x dy = Mdx + Ndy$

对易性质：　$\left(\frac{\partial M}{\partial y}\right)_x = \frac{\partial^2 z}{\partial y \partial x} = \left(\frac{\partial N}{\partial x}\right)_y = \frac{\partial^2 z}{\partial x \partial y}$

将之用于四个基本方程，求得全微分对易关系：

$$\left(\frac{\partial T}{\partial V}\right)_S = -\left(\frac{\partial p}{\partial S}\right)_V \quad \left(\frac{\partial T}{\partial p}\right)_S = \left(\frac{\partial V}{\partial S}\right)_p$$

$$\left(\frac{\partial S}{\partial V}\right)_T = \left(\frac{\partial p}{\partial T}\right)_V \quad \left(\frac{\partial S}{\partial p}\right)_T = -\left(\frac{\partial V}{\partial T}\right)_p \tag{2.4.10}$$

式(2.4.10)所示关系称为 Maxwell 关系式。式(2.4.7)中(T, S)或(p, V)成对出现在某一项中，称之为共轭量。(T, S)为共轭热学量，(p, V)为共轭力学量。Maxwell 偏微分关系实际上表示的是：热学量随力学量的变化率与力学量随热学量的变化率的关系。Maxwell 关系的主要用途是：用那些容易实验测定的物理量偏微分，代替一些不易直接测定的偏微分，或用 p-V-T 状态方程表示一个不易实验测定的偏微分。

例如，U 随 V 的变化。根据热力学基本方程 $dU = TdS - pdV$，得：$(\partial U/\partial V)_T = T(\partial S/\partial V)_T - p$。但是 $(\partial S/\partial V)_T$ 不易直接测定，如果已知 p-V-T 状态方程，通过 Maxwell 关系，可将之转换为以 p、V、T 表示的偏微分。即$(\partial U/\partial V)_T = T(\partial p/\partial T)_V - p$。

第1章式(1.5.20)和式(1.5.21)就是这种方法得到的。

5. 温度和压强对 Gibbs 自由能的影响

已知一个温度(如 T_a 时)发生 $\Delta G(T_a)=G_2-G_1$ 的变化,如何求另一温度(如 T_b)发生的 $\Delta G(T_b)$?

根据热力学基本关系式:$\mathrm{d}G=-S\mathrm{d}T+V\mathrm{d}p$,偏微分关系:$\left(\frac{\partial G}{\partial T}\right)_p=-S$,得

$$\left(\frac{\partial G_2}{\partial T}\right)_p-\left(\frac{\partial G_1}{\partial T}\right)_p=-(S_2-S_1)$$

即
$$\left(\frac{\partial \Delta G}{\partial T}\right)_p=-\Delta S$$

由于熵是一个随温度变化的量,通过熵变求 ΔG 随温度的变化率,实验上并不容易测定。因此需要引入一种容易实验测定的方法。

在指定温度 T 时:　$G=H-TS,-S=\frac{G-H}{T}$

等温条件下函数的增量为:$-\Delta S=\frac{\Delta(G-H)}{T}=\frac{\Delta G-\Delta H}{T}$

恒压条件下 ΔG 对 T 的偏微分为:$\left(\frac{\partial \Delta G}{\partial T}\right)_p=\frac{\Delta G-\Delta H}{T}$

上式等号两边均$\times(1/T)$得:$\frac{1}{T}\left(\frac{\partial \Delta G}{\partial T}\right)_p-\frac{\Delta G}{T^2}=-\frac{\Delta H}{T^2}$

即:
$$\left[\frac{\partial(\Delta G/T)}{\partial T}\right]_p=\frac{-\Delta H}{T^2}\tag{2.4.11}$$

表明 ΔG 随 T 的变化关系可由 ΔH 随 T 变化的数据求得。这是一个量热实验可测量。同理可得

$$\left(\frac{\partial(\Delta A/T)}{\partial T}\right)_V=-\frac{\Delta U}{T^2}\tag{2.4.12}$$

此式与(2.4.11)式合称为 Gibbs-Helmholtz 方程。

一般有
$$C_p=a+bT+cT^2+\cdots$$

对于化学反应,产物与反应物热容之差为:

$$\Delta C_p=\Delta a+\Delta bT+\Delta cT^2+\cdots$$

其中 Δa、Δb、Δc 表示产物和反应物对应于热容温度函数式中的温度项系数之差。ΔH 随 T 变化的函数关系可用不定积分形式表达:

$$\Delta H=\int\Delta C_p\mathrm{d}T+\Delta H_0=\Delta H_0+\int(\Delta a+\Delta bT+\Delta cT^2+\cdots)\mathrm{d}T$$

对式(2.4.11)做定积分得

$$\int_{T_a}^{T_b} \mathrm{d}\left(\frac{\Delta G}{T}\right) = \left(\frac{\Delta G}{T}\right)_{T_b} - \left(\frac{\Delta G}{T}\right)_{T_a}$$

$$= -\int_{T_a}^{T_b} \frac{\Delta H}{T^2} \mathrm{d}T = -\int_{T_a}^{T_b} \left(\frac{\Delta H_0}{T^2} + \frac{1}{T^2}\int \Delta C_p \mathrm{d}T\right) \mathrm{d}T \tag{2.4.13}$$

压强对 Gibbs 自由能的影响可由偏微分关系得到：

$$(\partial G/\partial p)_T = V \quad (\partial \Delta G/\partial p)_T = \Delta V \tag{2.4.14}$$

2.5 热力学函数的计算

热力学计算可以分为状态性质的计算和状态变化所引起的热力学函数变化值的计算。

关于状态性质的计算：热力学函数有 8 个，其中 U、H 为热力学第一定律引入的性质，S、A、G 为热力学第二定律引入的性质，而 p、V、T 是状态方程所关联的性质。在这 8 个量中，对于单组分封闭系统的平衡态，只有两个是独立变量。所以，理论上，选取适当的独立变量后，可以利用热力学特性函数的性质，求出所有的热力学状态性质。参考【例 2.6】。

关于状态变化引起的热力学函数变化值的计算：热力学函数是状态函数，指定始态和终态，热力学函数的变化就有定值，而与所经历的途径无关。依据这个观点进行热力学函数计算的方法，称为状态函数法。这也就意味着，对于指定的始态和终态，可以通过设计多个途径计算热力学函数的变化值。

一般实验测定热力学性质的变化时，常以 p、V、T 为实验控制变量，因此，选择它们为变量，更符合物理化学实验的真实情况。ΔU 和 ΔH 是关于能量变化的计算，ΔS、ΔA 和 ΔG 是关于变化方向性、可逆性的计算。所以，在这两类函数中，各算出一个量的变化值，就能将未知的热力学函数的变化值都求出来。ΔU 和 ΔH 的计算在第 1 章已有介绍，本节重点介绍 ΔS 和 ΔG 的计算。

热力学函数的计算，主要是针对常见的物理化学过程进行的。这些过程可以分为几类：物理变化过程、相变过程、组分浓度变化过程、化学变化过程。常见的物理变化过程又可分为：等温过程、非等温过程、多组分混合过程等。相变过程包括：可逆相变和不可逆相变过程。本节重点讨论物理变化和相变的热力学函数变化。组分浓度变化过程和化学反应过程是物理化学更加关注的类型，待后续章节进行专门讨论。

2.5.1 等温物理变化过程

两个状态温度相等时，$\Delta G = \Delta H - T\Delta S$。对于化学热力学关注的过程，使用这个方法时需要先计算三个增量中的两个增量，然后可以获得其他未知的热力学函数的变化。在热力学函数计算中，往往这三个函数的变化起关键作用。

也可以由热力学基本方程 $\mathrm{d}G = -S\mathrm{d}T + V\mathrm{d}p$ 做积分计算，求得 ΔG 和其他热力学函数的变化。对于等温物理变化过程，$\mathrm{d}G = V\mathrm{d}p$，求 p_1 到 p_2 的积分得：$\Delta G = \int_{p_1}^{p_2} V\mathrm{d}p$。由于积分需要知道 V 与 p 的函数关系，所以要做具体的物相分析和途径分析。下面举几个具体实例。

【例 2.7】 300 K 理想气体，等温由 $p^{\ominus}$ 增至 $10p^{\ominus}$，求 1 mol 气体的热力学函数变化。

解：理想气体等温过程，$\Delta U_m=0$，$\Delta H_m=0$。

$$\Delta S_m=\left(\frac{Q}{T}\right)_{rev}=\frac{-W_{rev}}{T}=\frac{1}{T}\int_{V_{m,1}}^{V_{m,2}}p\mathrm{d}V_m=\int_{V_{m,1}}^{V_{m,2}}\frac{R}{V_m}\mathrm{d}V_m=R\ln\frac{V_{m,2}}{V_{m,1}}=R\ln\frac{p_1}{p_2}$$

$$=\left(8.314\times\ln\frac{1}{10}\right)\mathrm{J\cdot K^{-1}\cdot mol^{-1}}=-19.14\ \mathrm{J\cdot K^{-1}\cdot mol^{-1}}$$

$$\Delta G_m=\Delta A_m=-T\Delta S_m=RT\ln(p_2/p_1)=(300\times8.314\times\ln 10)\mathrm{J\cdot mol^{-1}}=5\ 743\ \mathrm{J\cdot mol^{-1}}$$

ΔG_m 也可以由基本方程直接积分得到：

$$\Delta G_m=\int_{p_1}^{p_2}V_m\mathrm{d}p=\int_{p_1}^{p_2}\frac{RT}{p}\mathrm{d}p=RT\ln\frac{p_2}{p_1}=(8.314\times300\times\ln 10)\mathrm{J\cdot mol^{-1}}=5\ 743\ \mathrm{J\cdot mol^{-1}}$$

【例 2.8】 300 K 液态水等温由 $p^{\ominus}$ 增至 $10p^{\ominus}$，求水的 ΔG_m。已知 300 K 时液态水 $V_m=0.018\ 09\ \mathrm{dm^3\cdot mol^{-1}}$。

解：对于凝聚体系，当压强变化范围不是很大时，近似认为 $C_{p,m}$，$C_{V,m}$，V_m 与 p 无关。

于是等温过程：$\Delta U_m=\Delta H_m=0$

ΔG_m 由基本方程 $\mathrm{d}G_m=V_m\mathrm{d}p$ 直接积分得：

$$\Delta G_m=V_m(p_2-p_1)=(1.809\times10^{-5}\times9\times p^{\ominus})\mathrm{J\cdot mol^{-1}}=16.3\ \mathrm{J\cdot mol^{-1}}$$

由热力学关系得：

$$\Delta S_m=(\Delta H_m-\Delta G_m)/T=(-16.3/300)\mathrm{J\cdot mol^{-1}\cdot K^{-1}}=-0.054\ \mathrm{J\cdot mol^{-1}\cdot K^{-1}}$$

$$\Delta A_m=\Delta G_m=16.3\ \mathrm{J\cdot mol^{-1}}$$

上述两例是两种不同物相的等温变压过程。对比结果可知：压强对凝聚相的影响远比对气体小得多。

【例 2.9】 2 mol 理想气体，在 300 K 时分别通过下列三种方式作等温膨胀，使压强由 $6p^{\ominus}$ 降到 $p^{\ominus}$，(1) 可逆膨胀，(2) 向真空自由膨胀，(3) 对抗恒外压 $p^{\ominus}$ 膨胀，分别计算三个过程后体系的热力学函数变化，并判断过程的方向性。

解：(1) 理想气体等温可逆膨胀：$\Delta T=0$，$\Delta U=0$，$\Delta G=\Delta A$

$$\Delta G=\int_{p_1}^{p_2}V\mathrm{d}p=\int_{p_1}^{p_2}\frac{nRT}{p}\mathrm{d}p=nRT\ln\frac{p_2}{p_1}=\left(2\times8.314\times300\times\ln\frac{p^{\ominus}}{6p^{\ominus}}\right)\mathrm{J}=-8\ 938\ \mathrm{J}$$

欲求ΔS，需求可逆过程热温商

$$\delta Q=-\delta W=\frac{nRT}{V}\mathrm{d}V$$

$$\Delta S_{sys}=\int_{p_1}^{p_2}\frac{\delta Q}{T}=\int_{V_1}^{V_2}\frac{nR\mathrm{d}V}{V}=-\int_{p_1}^{p_2}\frac{nR\mathrm{d}p}{p}=nR\ln(p_1/p_2)=(2\times8.314\times\ln6)\mathrm{J\cdot K^{-1}}=29.79\ \mathrm{J\cdot K^{-1}}$$

判断过程的方向性，还需要求解环境熵变和孤立体系的熵变

$$\Delta S_{sur}=-Q/T_{sur}=-nR\ln(p_1/p_2)=-29.79\ \mathrm{J\cdot K^{-1}}$$

$$\Delta S_{iso}=\Delta S_{sys}+\Delta S_{sur}=0$$

根据熵增加原理，结果显示该过程为可逆过程。

(2) 真空膨胀，$W=0$；等温过程，$\Delta U=0$；故 $Q=0$

环境的熵变，$$\Delta S_{sur}=-Q/T=0$$

过程(2)与过程(1)有相同的始态和终态，因而具有相同的状态函数变化值。

$$\Delta G=-8\ 938\ \text{J}$$

$$\Delta S_{sys}=29.79\ \text{J}\cdot\text{K}^{-1}$$

$$\Delta S_{iso}=\Delta S_{sys}+\Delta S_{sur}=29.79\ \text{J}\cdot\text{K}^{-1}>0$$

根据S判据，该过程为不可逆过程。尽管有$\Delta G<0$，但过程为非等压过程，不宜用ΔG作判据。

(3) 对抗恒外压 $p^{\ominus}$ 膨胀：

过程(3)与过程(1)有相同的始态和终态，因而具有相同的状态函数变化值。

$\Delta U=0$，$\Delta H=0$，$\Delta S_{sys}=29.79\ \text{J}\cdot\text{K}^{-1}$，$\Delta G=-8\ 938\ \text{J}$。

但是，膨胀功不同，Q也不同。

$$W=-p^{\ominus}(V_2-V_1)=-nRT(p^{\ominus}/p_2-p^{\ominus}/p_1)=[-2\times 8.314\times 300\times(1-1/6)]\text{J}=4\ 157\ \text{J}$$

$$Q=-W=4\ 157\ \text{J}$$

$$\Delta S_{sur}=-Q/T=(-4\ 157/300)\text{J}\cdot\text{K}^{-1}=-13.86\ \text{J}\cdot\text{K}^{-1}$$

$$\Delta S_{iso}=\Delta S_{sys}+\Delta S_{sur}=(29.79-13.86)\text{J}\cdot\text{K}^{-1}=15.93\ \text{J}\cdot\text{K}^{-1}>0$$

根据S判据，过程为不可逆过程。

这个例子告诉我们，对于指定的始态和终态，热力学函数的变化值是定值。可以通过不同的途径来完成。有些过程是可逆的，有些过程是不可逆的。判断过程是否可逆，需要利用热力学函数做判据。但是，一定要注意热力学判据使用的条件。

2.5.2 非等温物理变化过程

以 $p-V-T$ 为变量时，可将非等温过程分为等容变温和等压变温两种情况，它们使用的热力学关系式有所区别。由于 T 和 S 属于热学共轭量，所以变温过程影响最大的是熵变。系统的熵变要通过设计可逆过程来计算热温商的代数和。

等容变温过程，$\text{d}S=\delta Q_{rev}/T=(nC_{V,m}/T)\text{d}T \quad \Delta S=\int(nC_{V,m}/T)\text{d}T$

等压变温过程，$\text{d}S=\delta Q_{rev}/T=(nC_{p,m}/T)\text{d}T \quad \Delta S=\int(nC_{p,m}/T)\text{d}T$

【例 2.10】 1 mol Ag 分别经下列两个等容过程从 273 K 加热到 303 K，(1) 用一连串温差为无限小的从 273 K 到 303 K 的热源无摩擦的准静态加热；(2) 用一个 303 K 的热源直接加热，已知 Ag 的 $C_{V,m}=24.48\ \text{J}\cdot\text{K}^{-1}\cdot\text{mol}^{-1}$，求体系及环境的熵变，并判断过程的可逆性。

解： (1) 实验温度区间 Ag 为固体，温度对体积的影响可以忽略，故可认为是等容过程。由于系统被一串温差无限小的热源加热，$\delta Q_V=nC_{V,m}\text{d}T$，系统的升温过程可视为可逆过程，则

$$\Delta H_m\approx\Delta U_m=\int_{T_1}^{T_2}C_{V,m}\text{d}T=C_{V,m}(T_2-T_1)=24.48\times(303-273)\text{J}\cdot\text{mol}^{-1}=734.4\ \text{J}\cdot\text{mol}^{-1}$$

$$\Delta S_{m,sys}=\int_{T_1}^{T_2}\frac{C_{V,m}}{T}\text{d}T=C_{V,m}\ln(T_2/T_1)=[24.48\times\ln(303/273)]\text{J}\cdot\text{K}^{-1}\cdot\text{mol}^{-1}=2.552\ \text{J}\cdot\text{K}^{-1}\cdot\text{mol}^{-1}$$

$$\Delta S_{sur}=-\int_{T_1}^{T_2}\frac{\delta Q}{T}=-nC_{V,m}\ln(T_2/T_1)=-2.552\ \mathrm{J\cdot K^{-1}}$$

$$\Delta S_{iso}=n\Delta S_{m,sys}+\Delta S_{sur}=0$$

根据熵判据,该过程为可逆过程。

(2) 用一恒温热源加热系统,系统与环境的热交换为:$Q_V=nC_{V,m}(T_2-T_1)$,

$$\Delta S_{sur}=-\frac{Q_V}{T_{sur}}=-\frac{1\times24.48\times(303-273)}{303}\mathrm{J\cdot K^{-1}}=-2.424\ \mathrm{J\cdot K^{-1}}$$

过程(2)和(1)有相同的始态和终态,系统熵变相等,$\Delta S_{sys}=2.552\ \mathrm{J\cdot K^{-1}}$。

$$\Delta S_{iso}=\Delta S_{sys}+\Delta S_{sur}=(2.552-2.424)\mathrm{J\cdot K^{-1}}=0.128\ \mathrm{J\cdot K^{-1}}>0$$

过程为不可逆过程。

更复杂的情况下,体系不仅有温度变化还有压强和体积变化,则可设计若干个中间状态,将过程分解为若干个可逆过程,通过计算这些可逆过程的热温商的代数和计算系统的熵变。如理想气体变化过程:

$$n,T_1,p_1,V_1\rightarrow n,T_2,p_2,V_2$$

其变化途径可分别设计为:

(1) 恒温变容过程+恒容变温过程:

$$n,T_1,p_1,V_1\xrightarrow{dT=0,V_1\rightarrow V_2}n,T_1,p,V_2\xrightarrow{dV=0,T_1\rightarrow T_2}n,T_2,p_2,V_2$$

(2) 恒温变压过程+恒压变温过程:

$$n,T_1,p_1,V_1\xrightarrow{dT=0,p_1\rightarrow p_2}n,T_1,p_2,V\xrightarrow{dp=0,T_1\rightarrow T_2}n,T_2,p_2,V_2$$

(3) 恒压变温过程+恒容变温过程:

$$n,T_1,p_1,V_1\xrightarrow{dp=0,T_1\rightarrow T}n,T,p_1,V_2\xrightarrow{dV=0,T\rightarrow T_2}n,T_2,p_2,V_2$$

三个途径的热温商代数和的计算分别为:

途径(1): $$\Delta S=nR\ln\frac{V_2}{V_1}+\int_{T_1}^{T_2}\frac{nC_{V,m}}{T}dT$$

途径(2): $$\Delta S=nR\ln\frac{p_1}{p_2}+\int_{T_1}^{T_2}\frac{nC_{p,m}}{T}dT$$

途径(3): $$\Delta S=\int_{T_1}^{T}\frac{nC_{p,m}}{T}dT+\int_{T}^{T_2}\frac{nC_{V,m}}{T}dT$$

按照状态函数的特点,无论采用哪种途径,所得结果是相同的。

2.5.3 相变过程

相变是物质在两相间的迁移过程。等温、等压、$W_f=0$ 的条件下,判断相变是否可逆的

判据为 $\Delta G(T,p)\leqslant 0$。改变温度和压强，将改变 ΔG 的数值甚至符号，所以相变问题关键是计算 ΔG 以及温度和压强对相变 ΔG 的影响。相变实验数据的来源主要有平衡法和量热法，相应的数据处理方法也不同。判断非等温、等压条件下的相变的可逆性时，往往需要借助于熵判据，所以 ΔS 的计算同样重要，尤其是在使用量热数据时。

【例 2.11】 在 373 K，$p^{\ominus}$ 下，水的汽化焓 $\Delta_{vap}H_m=40\ 627\ J\cdot mol^{-1}$，液体密度为 $\rho_l=0.958\ 38\ g\cdot cm^{-3}$，将 1 mol 的水由 373 K，$p^{\ominus}$ 经下列两个过程变为同温同压的水蒸气：(1) 可逆过程；(2) 等温向真空自由蒸发。计算 ΔG 并判别过程是否可逆。

解：(1) $p^{\ominus}$、373 K 为水的正常沸点，对于封闭体系，等温等压蒸发是一个可逆过程，即

$$\boxed{\begin{matrix}1\ mol\ H_2O(l)\\ 373\ K,p^{\ominus},V(l)\end{matrix}}\xrightarrow{\text{等温等压可逆汽化}}\boxed{\begin{matrix}1\ mol\ H_2O(g)\\ 373\ K,p^{\ominus},V(g)\end{matrix}}$$

等压过程的热效应为： $Q_p=1\times\Delta_{vap}H_m^{\ominus}=Q_V+p^{\ominus}\Delta V=40\ 627\ J$

由于 $\Delta V=V(g)-V(l)$

得
$$\begin{aligned}\Delta U_m&=Q_V=Q_p-p^{\ominus}\Delta V=Q_p-RT+p^{\ominus}V(l)\\&=[40\ 627-8.314\times373+100\times10^3\times(18/0.958\ 38)\times10^{-6}]J\cdot mol^{-1}\\&=37\ 528\ J\cdot mol^{-1}\end{aligned}$$

若取近似忽略液相体积且气体为理想气体：

$$\Delta V\approx V(g),Q_p=Q_V+nRT$$

$$\Delta U=Q_p-RT=[40\ 627-8.314\times373)J\cdot mol^{-1}=37\ 526\ J\cdot mol^{-1}$$

$$\Delta S_{sys}=\frac{Q_p}{T}=\frac{\Delta_{vap}H_m}{T}=\left(\frac{40\ 627}{373}\right)J\cdot K^{-1}\cdot mol^{-1}=108.9\ J\cdot K^{-1}\cdot mol^{-1}$$

$$\Delta S_{sur}=-\frac{Q_p}{T}=\frac{-\Delta_{vap}H_m}{T}=\left(-\frac{4\ 0627}{373}\right)J\cdot K^{-1}\cdot mol^{-1}=-108.9\ J\cdot K^{-1}\cdot mol^{-1}$$

$$\Delta S_{iso}=\Delta S_{sys}+\Delta S_{sur}=0$$

$$\Delta G=\Delta H-T\Delta S_{sys}=0$$

结果表明：ΔS 和 ΔG 做判据都表示该过程为可逆过程。

(2) 等温向真空膨胀：$W=0$，$\Delta U=Q$

过程(2)与过程(1)具有相同的始态和终态，因而它们具有相同的热力学函数变化值，即

$$\Delta U=37\ 526\ J\cdot mol^{-1},\Delta S_{sys}=108.9\ J\cdot K^{-1}\cdot mol^{-1},\Delta G=0$$

但是，过程并不是等压过程，不能使用 G 判据来判断过程是否可逆。但可使用熵判据，主要反映在环境熵变不同。

$$\Delta S_{sur}=-\frac{Q}{T}=-\frac{\Delta U}{T}=\left(-\frac{37\ 526}{373}\right)J\cdot K^{-1}\cdot mol^{-1}=-100.6\ J\cdot K^{-1}\cdot mol^{-1}$$

$$\Delta S_{iso}=\Delta S_{sys}+\Delta S_{sur}=(108.9-100.6)J\cdot K^{-1}\cdot mol^{-1}=8.3\ J\cdot K^{-1}\cdot mol^{-1}>0$$

根据 S 判据，该过程为自发过程。

【例 2.12】 求标准大气压下水在 298 K 气化过程的 ΔG_m。

已知，298 K 水的饱和蒸汽压 $p^*=3.167\ kPa$，摩尔体积 $V_m^*=0.018\ 09\ dm^3\cdot mol^{-1}$。

解法一：298 K 标准大气压并不是水的平衡蒸汽压，需要通过设计热力学循环借助水的气液平衡数据进行计算。

$$\begin{array}{ccc} H_2O(l,298K,p^{\ominus}) & \xrightarrow{\Delta G_m} & H_2O(g,298K,p^{\ominus}) \\ \downarrow \Delta G_{m,1} & & \uparrow \Delta G_{m,3} \\ H_2O(l,298K,p^*) & \xrightarrow{\Delta G_{m,2}} & H_2O(g,298K,p^*) \end{array}$$

298 K p^* 条件下，气液相平衡，$\Delta G_{m,2}=0$。

$$\Delta G_{m,1}=\int_{p^{\ominus}}^{p^*}V_m^*(l)\mathrm{d}p=V_m^*(l)(p^*-p^{\ominus})=1.809\times10^{-5}\times(3\,167-100\,000)\mathrm{J\cdot mol^{-1}}=-1.75\ \mathrm{J\cdot mol^{-1}}$$

$$\Delta G_{m,3}=\int_{p^*}^{p^{\ominus}}V_m(g)\mathrm{d}p=RT\ln\frac{p^{\ominus}}{p^*}=8.314\times298\times\ln\left(\frac{100}{3.167}\right)\mathrm{J\cdot mol^{-1}}=8\,554\ \mathrm{J\cdot mol^{-1}}$$

$$\Delta G_m=\Delta G_{m,1}+\Delta G_{m,2}+\Delta G_{m,3}=(-1.75+8\,554)\mathrm{J\cdot mol^{-1}}=8\,552\ \mathrm{J\cdot mol^{-1}}$$

结论：依据等温、等压自发过程 Gibbs 自由能减少判据，$\Delta G_m>0$ 表示：对于一个封闭体系，298 K、$p^{\ominus}$ 的水不能经等温、等压过程自动转变为同温同压的水蒸气，但其逆过程可以自发进行。因此，液态水相是稳定的。但在生活中，一杯水放在室温下将不断蒸发变少，这是因为系统是敞开系统。

解法二：考虑等温条件下压强变化对 ΔG 的影响，即

$$(\partial\Delta G_m/\partial p)_T=\Delta V_m$$

$$\Delta G_m(T,p^{\ominus})-\Delta G_m(T,p^*)=\int_{p^*}^{p^{\ominus}}\Delta V_m\mathrm{d}p$$

298 K、p^* 条件下相变为可逆相变

$$\Delta G_m(T,p^*)=\Delta G_m(298\ \mathrm{K},3\,167\ \mathrm{Pa})=0$$

298 K 标准大气压下相变 ΔG 为

$$\Delta G_m(T,p^{\ominus})=\Delta G_m^{\ominus}(298\ \mathrm{K})=\int_{p^*}^{p^{\ominus}}[V_m(g)-V_m^*(l)]\mathrm{d}p$$

$V_m^*(l)$不随压强变化，$V_m(g)$为理想气体体积，结果与解法一相同。

【练习 2.3】 若水蒸气状态方程为：$(p+a/TV_m^2)(V_m-b)=RT$，如何求 $p^{\ominus}$、298 K水气化过程的 Gibbs 自由能变化？

2.5.4　应用 Gibbs - Helmholtz 方程求算不同温度下的 ΔG

Gibbs - Helmholtz 方程：$\left[\dfrac{\partial(\Delta G/T)}{\partial T}\right]_p=-\dfrac{\Delta H}{T^2}$

在恒压下从 T_1 到 T_2 积分：$\dfrac{\Delta G_m(T_2,p)}{T_2}-\dfrac{\Delta G_m(T_1,p)}{T_1}=-\displaystyle\int_{T_1}^{T_2}\dfrac{\Delta H_m(T,p)}{T^2}\mathrm{d}T$

若已知 T_1 温度下的 $\Delta G_m(T_1,p)$和 $\Delta H_m(T,p)$与 T 的函数关系，便可求出 T_2 温度下的 $\Delta G_m(T_2,p)$。

【例 2.13】 求 298 K、$p^\ominus$ 时 1 mol 水气液平衡的 $\Delta_{vap}G_m^\ominus(298\ K)$。

已知：$\Delta_{vap}H_m^\ominus(298\ K) = 44\ 011\ J\cdot mol^{-1}$

$C_{p,m}^\ominus(l)/(J\cdot K^{-1}\cdot mol^{-1}) = 75.295$

$C_{p,m}^\ominus(g)/(J\cdot K^{-1}\cdot mol^{-1}) = 30.359 + 9.615\times10^{-3}(T/K) + 11.84\times10^{-7}(T/K)^2$

解：$\Delta C_{p,m}^\ominus(T)/(J\cdot K^{-1}\cdot mol^{-1}) = C_{p,m}^\ominus(g) - C_{p,m}^\ominus(l) = -44.936 + 9.615\times10^{-3}(T/K) + 11.84\times10^{-7}(T/K)^2$

$$\int_{298\ K}^{T}\Delta C_{p,m}^\ominus(T)dT = -44.936(T/K) + 4.808\times10^{-3}\times(T/K)^2 + 3.95\times10^{-7}\times(T/K)^3 + 12\ 954$$

$$\Delta_{vap}H_m^\ominus(T)/(J\cdot mol^{-1}) = \Delta_{vap}H_m^\ominus(298\ K) + \int_{298\ K}^{T}\Delta C_{p,m}^\ominus(T)dT$$

$$= 56\ 965 - 44.936(T/K) + 4.808\times10^{-3}\times(T/K)^2 + 3.95\times10^{-7}\times(T/K)^3$$

$$\frac{\Delta_{vap}G_m^\ominus(298\ K)}{298} - \frac{\Delta_{vap}G_m^\ominus(373\ K)}{373} = -\int_{373}^{298}\frac{\Delta_{vap}H_m^\ominus(T)}{T^2}dT$$

$$= -\int_{373}^{298}\left[\frac{56\ 965}{T^2} - \frac{44.936}{T} + 4.808\times10^{-3} + 3.95\times10^{-7}\times(T/K)\right]dT$$

$$= -\left[-\frac{56\ 965}{T} - 44.936\ln T + 4.808\times10^{-3}T + \frac{1}{2}3.95\times10^{-7}\times(T/K)^2\right]_{373}^{298}$$

$$= 28.72\ J\cdot mol^{-1}\cdot K^{-1}$$

$$\Delta_{vap}G_m^\ominus(373\ K) = 0,\ \Delta_{vap}G_m^\ominus(298\ K) = (28.72\times298)J\cdot mol^{-1} = 8\ 558\ J\cdot mol^{-1}$$

注意：本例是通过量热数据 $\Delta_{vap}H_m^\ominus$ 和 $C_{p,m}^\ominus$ 求算 $\Delta_{vap}G_m^\ominus(T)$。例 2.12 是通过蒸气压数据(气液平衡数据)求算 $\Delta_{vap}G_m^\ominus(T)$。气液平衡数据与量热数据都可以用于计算相平衡的 ΔG。

【例 2.14】 268.2 K 和 $p^\ominus$ 时，1 mol 液态苯凝固放热 9 874 J。求苯凝固过程中的 ΔS。已知苯的熔点为 278.7 K，$\Delta_{fus}H_m^\ominus = 9\ 916\ J\cdot mol^{-1}$，$C_{p,m}(l) = 126.80\ J\cdot K^{-1}\cdot mol^{-1}$，$C_{p,m}(s) = 122.6\ J\cdot K^{-1}\cdot mol^{-1}$。

解：本题所求问题为温度对相变熵的影响，可通过设计热力学循环建立实验温度与熔点温度间热力学函数的关系。

$$\begin{array}{ccc} C_6H_6,l,268.2\ K & \xrightarrow{\Delta S} & C_6H_6,s,268.2\ K \\ \downarrow \Delta S_1 & & \uparrow \Delta S_3 \\ C_6H_6,l,278.7\ K & \xrightarrow{\Delta S_2} & C_6H_6,s,278.7\ K \end{array}$$

$$\Delta S_1 = \int_{268.2}^{278.7}\frac{C_p(l)}{T}dT = 1\times126.8\times\ln\left(\frac{278.7}{268.2}\right)J\cdot K^{-1} = 4.87\ J\cdot K^{-1}$$

$$\Delta S_3 = \int_{278.7}^{268.2}\frac{C_p(s)}{T}dT = 1\times122.6\times\ln\frac{268.2}{278.7}\ J\cdot K^{-1} = -4.71\ J\cdot K^{-1}$$

$$\Delta S_2 = -\frac{\Delta_{fus}H^\ominus{}_m}{T_f} = \left(-\frac{9\ 916}{278.7}\right)J\cdot K^{-1} = -35.58\ J\cdot K^{-1}$$

$$\Delta S_{sys}=\Delta S=\Delta S_1+\Delta S_2+\Delta S_3=-35.42\ \mathrm{J\cdot K^{-1}}$$

$$\Delta S_{sur}=\frac{\Delta H(268.2)}{268.2}=\frac{9\,874}{268.2}\ \mathrm{J\cdot K^{-1}}=36.82\ \mathrm{J\cdot K^{-1}}$$

$$\Delta S_{iso}=\Delta S_{sys}+\Delta S_{sur}=1.4\ \mathrm{J\cdot K^{-1}}>0$$

结论：过冷液体苯的凝固为自发过程。

另根据本题已知数据，还可以利用 Gibbs-Helmholtz 方程计算相变的 ΔG。

$$\Delta H_m(T)/(\mathrm{J\cdot mol^{-1}})=\int_{278.7}^{T}\Delta C_{p,m}\mathrm{d}T=(122.6-126.8)\times(T-278.7)=1\,170.54-4.2(T/\mathrm{K})$$

$$-\int_{278.7}^{268.2}\frac{\Delta H_m(T)}{T^2}\mathrm{d}T=-\int_{278.7}^{268.2}\frac{1\,170.54-4.2(T/K)}{T^2}\mathrm{d}T$$

$$=-\left[1\,170.54/T-4.2\ln T\right]_{278.7}^{268.2}=-0.326\ \mathrm{J\cdot mol^{-1}\cdot K^{-1}}$$

$T=278.7$ K，$\Delta G_m=0$

$$\frac{\Delta G_m(268.2\ \mathrm{K})}{268.2\ \mathrm{K}}-\frac{\Delta G_m(278.7\ \mathrm{K})}{278.7\ \mathrm{K}}=-\int_{278.7}^{268.2}\frac{\Delta H_m}{T^2}\mathrm{d}T=-0.326\ \mathrm{J\cdot mol\cdot K^{-1}}$$

$$\Delta G_m(268.2\ \mathrm{K})=-0.326\times 268.2\ \mathrm{J\cdot mol^{-1}}=-87.43\ \mathrm{J\cdot mol^{-1}}$$

从上述例题的计算可以看出：当考虑压强对相变的影响时，可以参考【例 2.12】直接使用 $[\partial\Delta G_m/\partial p]_T=\Delta V_m$，在做积分处理后获取 ΔG，这是简便的方法。当考虑温度对相变的影响时，求取 ΔG 和 ΔS 的方法不同。若要计算熵变，宜采用【例 2.14】的方法；若要计算 ΔG，宜采用 Gibbs-Helmholtz 方程，如【例 2.13】所示。这些例题，提示了研究温度和压强对相变影响的实验方法，提示了我们应当测定哪些数据，采用怎样的实验方案及数据处理方案。

2.5.5　理想气体等温等压混合过程的熵变和 Gibbs 自由能变化

【例 2.15】　T、p 相同的 0.8 mol N_2 和 0.2 mol O_2 用板隔开，撤板使之等温等压混合。求混合过程的熵变和 Gibbs 自由能变化。假设气体为理想气体。

解：设过程变化为：

$\{0.8$ mol 纯 $N_2, T, p_A=p, V_A\}+\{0.2$ mol 纯 $O_2, T, p_B=p, V_B\}\rightarrow\{1$ mol 混合气体，$T, p=p_A+p_B, V=V_A+V_B\}$

对 N_2 来说，混合过程相当于从 V_A 等温膨胀至 V_A+V_B。熵变为：

$$\Delta S_A=n_AR\ln\frac{V_A+V_B}{V_A}=-Rn_A\ln x_A$$

对 O_2 来说，相当于从 V_B 等温膨胀至 V_A+V_B。熵变为：

$$\Delta S_B=n_BR\ln\frac{V_A+V_B}{V_B}=-Rn_B\ln x_B$$

系统熵变等于 A、B 两组分的熵变之和：

$$\Delta S_{sys}=\Delta S_A+\Delta S_B=-R(n_A\ln x_A+n_B\ln x_B)=-8.314\times(0.8\ln 0.8+0.2\ln 0.2)\mathrm{J\cdot K^{-1}}=4.16\ \mathrm{J\cdot K^{-1}}$$

对于 k 种物质构成的理想气体的等温等压混合过程，则：

$$\Delta_{\mathrm{mix}}S = -R\sum_{i=1}^{k} n_{\mathrm{i}}\ln x_{\mathrm{i}}$$

因为 $Q = 0, \Delta S_{\mathrm{sur}} = \dfrac{-Q}{T} = 0$

所以 $\Delta S_{\mathrm{iso}} = -R\sum_{i=1}^{r} n_i \ln x_i > 0$

即，混合过程是不可逆过程。

由于 $\Delta T = 0, \Delta H = \Delta U = 0$，混合过程的 Gibbs 自由能变化为：

$$\Delta_{\mathrm{mix}}G = RT\sum_{i=1}^{k} n_i \ln x_i$$

2.5.6 化学反应的熵变

热力学第三定律建立后，可以求得各物质的规定熵。热力学函数数据表中，通常列出的是 $p^{\ominus}$，298.15 K 的摩尔熵(称为标准摩尔熵)$S_{\mathrm{m}}^{\ominus}$。由反应物和产物的 $S_{\mathrm{m}}^{\ominus}$可以求得一个化学反应的标准摩尔熵变。

【例 2.16】 求下列反应的标准摩尔熵变。

$C_2H_5OH(g,298\ K,p^{\ominus}) \longrightarrow C_2H_4(g,298\ K,p^{\ominus}) + H_2O(g,298\ K,p^{\ominus})$

解：由热力学函数表查得：

$$S_{\mathrm{m}}^{\ominus}(C_2H_5OH,g,298\ K) = 282.59\ \mathrm{J\cdot K^{-1}\cdot mol^{-1}}$$

$$S_{\mathrm{m}}^{\ominus}(C_2H_4,g,298\ K) = 219.45\ \mathrm{J\cdot K^{-1}\cdot mol^{-1}}$$

$$S_{\mathrm{m}}^{\ominus}(H_2O,g,298\ K) = 188.74\ \mathrm{J\cdot K^{-1}\cdot mol^{-1}}$$

反应的摩尔熵变：

$$\Delta S_{\mathrm{m}}^{\ominus}(298\ K) = S_{\mathrm{m}}^{\ominus}(C_2H_4,g,298\ K) + S_{\mathrm{m}}^{\ominus}(H_2O,g,298\ K) - S_{\mathrm{m}}^{\ominus}(C_2H_5OH,g,298\ K)$$
$$= 125.60\ \mathrm{J\cdot K^{-1}\cdot mol^{-1}}$$

利用 $C_{p,\mathrm{m}}$与温度的关系数据可求得 $p^{\ominus}$ 下其他温度的化学反应熵变。

有关化学反应的热力学函数变化，在化学平衡一章有更详细的介绍。这里仅仅是介绍了规定熵的一个应用。

内容提要

一、基本知识点

1. 热力学第二定律的经典表述：开尔文表述和克劳修斯表述，后果不可消除原理。

2. 卡诺定理，熵函数和热温商，熵增加原理，温－熵图，过程熵变的计算。

3. 统计熵和规定熵，熵和热力学概率的关系，热力学第三定律，物质的标准摩尔熵，残余熵。

4. 亥姆霍兹自由能，吉布斯自由能，体系自发过程方向和限度的热力学判据，热力学基本方程，热力学函数的全微分性质，特性函数和特性方程，Maxwell 关系式，温度、压强等因素对热力学函数的影响，热力学函数关系的推导。

5. 热力学函数的计算：等温和变温条件下的物理变化过程，等温等压气体的混合过程，相变过程，化学反应过程。

二、基本公式

1. 熵定义　　$S_B-S_A=\int_A^B\left(\frac{\delta Q}{T}\right)_{\text{rev}}=\sum_{A\to B}\left(\frac{\delta Q_i}{T_i}\right)_{\text{rev}}$，$\mathrm{d}S=\left(\frac{\delta Q}{T}\right)_{\text{rev}}$

2. 热力学第二定律的数学表达式——Clausius 不等式

$$\Delta S_{A\to B}-\sum_{A\to B}\left(\frac{\delta Q_i}{T_i}\right)\geqslant 0\quad\begin{pmatrix}=\text{，可逆过程}\\>\text{，不可逆过程}\end{pmatrix}$$

$$\mathrm{d}S\geqslant\frac{\delta Q}{T}\quad\begin{pmatrix}=\text{，可逆过程}\\>\text{，不可逆过程}\end{pmatrix}$$

3. Boltzmann 公式　　$S=k\ln\Omega$

4. 热力学基本方程

$$\mathrm{d}U=T\mathrm{d}S-p\mathrm{d}V\qquad \mathrm{d}H=T\mathrm{d}S+V\mathrm{d}p$$
$$\mathrm{d}A=-S\mathrm{d}T-p\mathrm{d}V\qquad \mathrm{d}G=-S\mathrm{d}T+V\mathrm{d}p$$

5. Maxwell 关系式

$$\left(\frac{\partial T}{\partial V}\right)_S=-\left(\frac{\partial p}{\partial S}\right)_V\qquad\left(\frac{\partial T}{\partial p}\right)_S=\left(\frac{\partial V}{\partial S}\right)_p$$
$$\left(\frac{\partial S}{\partial V}\right)_T=\left(\frac{\partial p}{\partial T}\right)_V\qquad\left(\frac{\partial S}{\partial p}\right)_T=-\left(\frac{\partial V}{\partial T}\right)_p$$

6. Gibbs - Helmholtz 方程

$$\left(\frac{\partial(\Delta G/T)}{\partial T}\right)_p=-\frac{\Delta H}{T^2}\qquad\left(\frac{\partial(\Delta A/T)}{\partial T}\right)_V=-\frac{\Delta U}{T^2}$$

习题

1. 在 298 K 的等温情况下，在一个中间有导热隔板分开的盒子中，一边放 0.2 mol O_2(g)，压强为 20 kPa，另一边放 0.8 mol N_2(g)，压强为 80 kPa。抽去隔板使两种气体混合，设气体为理想气体。试求：

(1) 混合后，盒子中的压强；

(2) 混合过程中的 $Q,W,\Delta U,\Delta S$ 和 ΔG；

(3) 如果在等温情况下，使混合后的气体再可逆地回到始态，计算该过程的 Q 和 W 的值。

2. 有 2 mol 理想气体，从始态 300 K，20 $\mathrm{dm^3}$，经下列过程等温膨胀到 50 $\mathrm{dm^3}$，计算所给过程的 $Q,W,\Delta U,\Delta H$ 和 ΔS。

(1) 可逆膨胀；

(2) 真空膨胀；

(3) 对抗恒外压 100 kPa 膨胀。

3. 在一个绝热容器中，装有 298 K 的 H_2O(l) 1.0 kg，现投入 0.15 kg 273 K 的 H_2O(s)，计算该过程的熵变。已知 H_2O(s)的熔化焓为 333.4 $\mathrm{J\cdot g^{-1}}$，H_2O(l)的平均比热容为 4.184 $\mathrm{J\cdot K^{-1}\cdot g^{-1}}$。

4. 将 1 mol 苯 C_6H_6(l)在正常沸点 353 K 和 101.3 kPa 压强下，向真空蒸发为同温、同压的蒸气。已知在该条件下，苯的摩尔气化焓 $\Delta_{\text{vap}}H_{\text{m}}=30.77\ \mathrm{kJ\cdot mol^{-1}}$，设气体为理想气体。试求：

(1) 该过程的 Q 和 W；

(2) 苯的摩尔气化熵 $\Delta_{vap}S_m$ 和摩尔气化 Gibbs 自由能 $\Delta_{vap}G_m$；

(3) 环境的熵变 ΔS_{sur}；

(4) 根据计算的结果，判断上述过程的可逆性。

5. 某一化学反应在 298 K 和大气压强下进行，当反应进度为 1 mol 时，放热 40.0 kJ。若使反应通过可逆电池来完成，反应程度相同，则吸热 4.0 kJ。

(1) 计算反应进度为 1 mol 时的熵变 $\Delta_r S_m$；

(2) 当反应不通过可逆电池完成时，求环境的熵变和隔离系统的总熵变，从隔离系统的总熵变值说明了什么问题；

(3) 计算系统可能做的最大非体积功值。

6. 1 mol 单原子理想气体，从始态 273 K，100 kPa，分别经下列可逆变化到达各自的终态，试计算各过程的 $Q, W, \Delta U, \Delta H, \Delta S, \Delta A$ 和 ΔG。已知该气体在 273 K，100 kPa 的摩尔熵 $S_m = 100\ J \cdot K^{-1} \cdot mol^{-1}$。

(1) 恒温下压强加倍；

(2) 恒压下体积加倍；

(3) 恒容下压强加倍；

(4) 绝热可逆膨胀至压力减少一半；

(5) 绝热不可逆反抗 50 kPa 恒外压膨胀至平衡。

7. 将 1 mol $H_2O(g)$ 从 373 K，100 kPa 下，小心等温压缩，在没有灰尘等凝聚中心存在时，得到 373 K，200 kPa 的介稳水蒸气，但不久介稳水蒸气全变成液态水，即 $H_2O(g, 373\ K, 200\ kPa) \rightarrow H_2O(l, 373\ K, 200\ kPa)$，求该过程的 $\Delta H, \Delta G$ 和 ΔS。已知在该条件下，水的摩尔汽化焓为 46.02 $kJ \cdot mol^{-1}$，水的密度为 1 000 $kg \cdot m^{-3}$；设气体为理想气体，液体体积受压强的影响可忽略不计。

8. 在 298 K 和 100 kPa 压强下，已知 C(金刚石)和 C(石墨)的摩尔熵、摩尔燃烧焓和密度分别为：

物质	$S_m/(J \cdot K^{-1} \cdot mol^{-1})$	$\Delta_c H_m/(kJ \cdot mol^{-1})$	$\rho/(kg \cdot m^{-3})$
C(金刚石)	2.45	−395.40	3 513
C(石墨)	5.71	−393.51	2 260

试求：

(1) 在 298 K 及 100 kPa 下，C(石墨)→C(金刚石)的 $\Delta_{trs}G_m^{\ominus}$；

(2) 在 298 K 及 100 kPa 时，哪个晶体更为稳定？

(3) 增加压强能使稳定晶体向不稳定晶体转化？如有可能，至少要加多大压强，才能实现这种转化？

9. 某实际气体的状态方程为 $pV_m = RT + ap$，式中 a 为常数。设有 1 mol 该气体，在温度为 T 的等温条件下，由 p_1 可逆变到 p_2。试写出：$Q, W, \Delta U, \Delta H, \Delta S, \Delta A$ 及 ΔG 的计算表示式。

10. 对 van der Waals 实际气体，试证明：$\left(\frac{\partial U}{\partial V}\right)_T = \frac{a}{V_m^2}$

11. 保持压强为标准压强，计算丙酮蒸气在 1 000 K 时的标准摩尔熵值。已知在 298 K 时丙酮蒸气的标准摩尔熵值 $S_m^{\ominus}(298\ K) = 294.9\ J \cdot K^{-1} \cdot mol^{-1}$，在 273～1 500 K 的温度区间内，丙酮蒸气的定压摩尔热容 $C_{p,m}^{\ominus}$ 与温度的关系式为：

$$C_{p,m}^{\ominus} = [22.47 + 201.8 \times 10^{-3}(T/K) - 63.5 \times 10^{-6}(T/K)^2]\ J \cdot K^{-1} \cdot mol^{-1}$$

12. 已知在 298 K，100 kPa 下，反应 $CO(g) + H_2O(g) \longrightarrow CO_2(g) + H_2(g)$ 的数据如下：

$\Delta_f H_m^{\ominus}(CO, g) = -110.52\ kJ \cdot mol^{-1}$　　$\Delta_f H_m^{\ominus}(H_2O, g) = -241.83\ kJ \cdot mol^{-1}$

$\Delta_f H_m^{\ominus}(CO_2, g) = -393.51\ kJ \cdot mol^{-1}$　　$S_m^{\ominus}(CO, g) = 197.90\ J \cdot K^{-1} \cdot mol^{-1}$

$S_m^{\ominus}(H_2O, g) = 188.70\ J \cdot K^{-1} \cdot mol^{-1}$　　$S_m^{\ominus}(CO_2, g) = 213.60\ J \cdot K^{-1} \cdot mol^{-1}$

$S_m^\ominus(H_2, g) = 130.60\ J\cdot K^{-1}\cdot mol^{-1}$　　$C_{p,m}(CO, g) = 29.10\ J\cdot K^{-1}\cdot mol^{-1}$

$C_{p,m}(H_2O, g) = 33.60\ J\cdot K^{-1}\cdot mol^{-1}$　　$C_{p,m}(CO_2, g) = 37.10\ J\cdot K^{-1}\cdot mol^{-1}$

$C_{p,m}(H_2, g) = 28.80\ J\cdot K^{-1}\cdot mol^{-1}$

将各气体视为理想气体，试计算：

(1) 298 K 反应的 $\Delta_r G_m^\ominus$；

(2) 596 K，505.625 kPa 反应的 $\Delta_r H_m$，$\Delta_r S_m$；

(3) 596 K 反应的 $\Delta_r G_m^\ominus$。

拓展习题及资源

微信扫码

- 拓展习题
- 视频动画
- 互动交流

第3章　多组分系统热力学

第1、2章所讨论的热力学并没有考虑到组分数及其相对含量的变化对热力学性质的影响，是单组分系统热力学。即便有组分的变化，也是按照类似理想气体的处理方法，将多组分系统的热力学性质看成是多个单组分系统热力学性质的简单加和。但实际情况并不是这样。对于化学工作者来说，更多关注的则是体系的组分数目和各组分的相对含量的变化所产生的影响。在这一章中，我们将讨论多组分系统热力学。主要内容：多组分系统热力学函数的表达方式，组分含量变化对热力学性质的影响，以及气体混合物，液态混合物、简单相平衡体系的热力学性质。为简便起见，本章主要针对无化学反应发生的多组分系统。

3.1　偏摩尔量

3.1.1　多组分系统

两种或两种以上物质形成的系统称为多组分系统。多组分系统可以是单相的，也可以是多相的。对多相系统，可以把它分成几个多组分单相系统。多组分单相系统是物质以分子或者离子的尺度混合而成的均匀系统，对于封闭系统，组成可在一定浓度范围内变化。多组分单相系统也称之为均相混合物(mixture)或溶液(solution)。混合物和溶液没有严格的区分。通俗的溶液的概念常指液态均相混合物，有溶质和溶剂之分，常将关注的组分定为溶质(solute)，分散溶质的介质为溶剂(solvent)。而混合物无法区分溶质和溶剂，它可以是气相、液相或固相。热力学对混合物和溶液的处理方式是不同的。对于混合物，对各个组分选用相同的参考状态进行处理；而对溶液，则将组分区分为溶剂和溶质，对两者选用不同的参考状态进行处理。如苯＋甲苯混合物，N_2+H_2 混合物，无法区分谁是溶质或溶剂，在热力学处理上等同对待。又如 NaCl 水溶液，NaCl 为溶质，水为溶剂；高分子乙醇溶液，高分子为溶质，乙醇为溶剂；热力学处理方式上有溶质和溶剂之分。

封闭系统单组分热力学讨论的是热、功转换对热力学性质的影响，独立变量有两个，分别对应于能量转换的两种形式，常用的有如(T,p)或(T,V)。对于多组分均相系统，除了(T,p)或(T,V)外，系统的相对组成也是变量。若封闭系统有 k 个组分，其独立变量数将为$(k-1)+2$，因为封闭系统 $\sum n_B = n$ 是不变的。

描述多组分系统，首先要对各组分的相对含量(即浓度)有所描述。浓度是系统的强度性质，若多组分系统中的任一组分用 B 来表示，其含量(浓度)有几种常见的表达方式。

1. 物质的量分数(mole fraction) x_B

$$x_B = n_B/(\sum_B n_B) \tag{3.1.1}$$

即：B 物质的量 n_B 与系统各组分的物质的量的和之比，通常称摩尔分数，量纲为一。这种表达方式并没有区分组分 B 为溶质或溶剂。

2. 质量摩尔浓度(molality)b_B

$$b_B=\frac{n_B}{m(A)}=\frac{n_B}{1\ kg(A)} \tag{3.1.2}$$

b_B 的单位为 $b^\ominus=1\ mol\cdot kg^{-1}$，$m(A)$指组分 A 的质量，A 为溶剂。$b_B$ 的含义：1 kg 溶剂 A 中所含溶质 B 的物质的量，这种方式更多用于电解质与液相溶剂组成的溶液。b_B 不随温度变化，而且溶质 B 有固定的相对分子质量 M_B。质量摩尔浓度也常用 m_B 表示，但要注意它和质量 m 的区分。

3. 物质的量浓度(amount of substance concentration)c_B

$$c_B=n_B/V \tag{3.1.3}$$

表示单位体积(m^3)中所含溶质 B 的物质的量，单位为 $c^\ominus=1\ mol\cdot m^{-3}$。在化学应用中，通常将 c_B称为浓度或体积摩尔浓度，其单位为 $c^\ominus=1\ mol\cdot dm^{-3}=1\ mol\cdot L^{-1}=1\ M$。英文表示为：molar concentration 或 molarity。在一般的实验室浓度配制和分析工作中，对于液相溶剂，测定体积是方便的。所以在化学分析和化学反应动力学研究中更多的使用 c_B这种浓度表达方式。但在热力学研究中，用 c_B表示浓度并不方便。当考察热力学性质随温度变化时，由于体积随温度变化，c_B也在随温度发生变化。这种浓度表示方式仅仅在恒温条件下才是方便的。为此，热力学更倾向于使用不随温度变化的浓度 x_B或 b_B。在化学反应动力学中也常用[B]来代表 c_B，两种方法是等效的。

4. 质量分数(mass fraction)w_B

$$w_B=\frac{m(B)}{\sum_i m(i)} \tag{3.1.4}$$

即：B 物质的质量 $m(B)$与系统中各物质的质量和 $\sum_i m(i)$ 之比，量纲为一。对于有些不具有准确分子量的体系，或溶剂与溶质的分子量差别巨大的体系，如高分子溶液，用此表示方法较方便。

在上述表达方式中如 x_B、c_B，将代表物质的符号 B 表示成右下标。但对于复杂的系统和状态，按照国家标准推荐，一般宜将具体物质的符号及其状态置于与主符号齐线的括号中，如 $c(H_2SO_4)$，$C_{p,m}^\ominus(H_2O,g,298.15\ K)$。即在表达方式上以物理含义明确且简化为推荐依据。处理多组分热力学问题选用哪种浓度表达方式并没有严格的规定，一般以实验配制与操控精确方便、理论处理方便为选择的依据。

3.1.2 偏摩尔量

单组分系统热力学容量性质随组分物质的量的变化用摩尔量表示，如摩尔体积$V_m(B)$、摩尔内能 $U_m(B)$等，有时候引入上标 * 号以醒示单组分系统，如 $V_m^*(B)$、$U_m^*(B)$。对于多组分系统，系统的热力学性质随组成(组分浓度)发生变化。图 3.1 为 298 K 时 100 g(乙醇+

水)溶液的体积随乙醇组分浓度(质量分数,w)的变化。若将体系看成是由两个未混合的单组分系统构成,则总体积随浓度的变化由$(1-w)V^*(H_2O)+wV^*(EtOH)$直线表示,但溶液的实际体积随浓度的变化是$V(w)$那条线。在整个浓度区间,溶液的体积并不等于两个纯组分液体体积的加和,而且它随浓度发生变化。即

$$V(w) \neq (1-w)V^*(H_2O)+wV^*(EtOH)$$

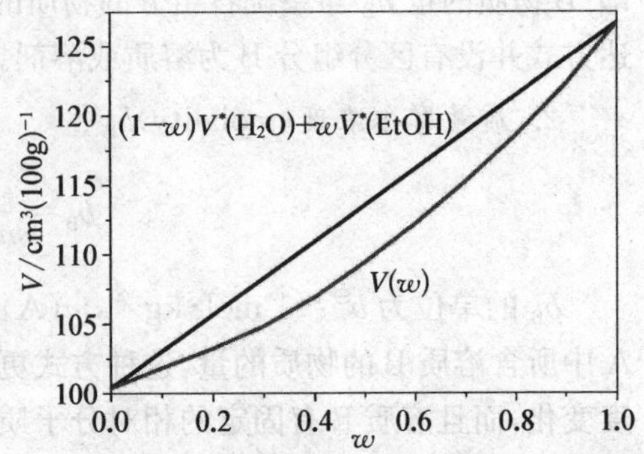

图 3.1　298 K 时 100 g(乙醇+水)溶液的体积随乙醇质量分数 w 的变化

为表示多组分系统中各组分的热力学性质,需要引入偏摩尔量的概念。

对于含有 k 个组分的多组分均相系统,它的某个热力学容量性质 Z 表示为温度、压强和组成的函数,即

$$Z=Z(T,p,n_1,n_2,\cdots,n_k) \tag{3.1.5}$$

其全微分为:

$$dZ=\left(\frac{\partial Z}{\partial T}\right)_{p,n_C}dT+\left(\frac{\partial Z}{\partial p}\right)_{T,n_C}dp+\left(\frac{\partial Z}{\partial n_1}\right)_{T,p,n_C(C\neq 1)}dn_1+\cdots+\left(\frac{\partial Z}{\partial n_k}\right)_{T,p,n_C(C\neq k)}dn_k \tag{3.1.6}$$

其中下标 n_C 表示各物质的量都不变,而 $n_C(C\neq B)$ 表示除组分 B 外其他各组分的物质的量不发生变化。等温、等压条件下,有

$$dZ=\sum_{B=1}^{k}\left(\frac{\partial Z}{\partial n_B}\right)_{T,p,n_C(C\neq B)}dn_B=\sum_B Z_B dn_B \tag{3.1.7}$$

定义组分 B 的 Z 偏摩尔量 Z_B 为:

$$Z_B=\left(\frac{\partial Z}{\partial n_B}\right)_{T,p,n_C(C\neq B)} \tag{3.1.8}$$

偏摩尔量的物理意义:在等温、等压、除 B 组分外其他组分的物质的量不变条件下,B 组分的物质的量发生微小变化所引起系统容量性质 Z 随之产生的微小变化率;也相当于在等温、等压下,在一个足够大的具有一定组成的体系中加入 1 mol B 物质所引起容量性质 Z 的变化值。由于 Z_B 用偏微分形式表示,故称偏摩尔量(partial molar quantity)。

只有容量性质才有偏摩尔量,偏摩尔量是多组分系统的强度性质。任何偏摩尔量都是 T,p 和组成的函数,偏摩尔量可以小于零,而物质的摩尔量总是大于零。纯物质的偏摩尔量就是它的摩尔量,表示为 $Z^*_{m,B}$或 $Z^*_m(B)$。在多组分系统中,偏摩尔量不等于摩尔量。还应注意:

$$\left(\frac{\partial Z}{\partial n_B}\right)_{T,V,n_C(C\neq B)}\neq\left(\frac{\partial Z}{\partial n_B}\right)_{T,p,n_C(C\neq B)}$$

3.1.3　偏摩尔量的性质

1. 以偏摩尔量表示的热力学关系

根据热力学函数的定义(如 $H=U+pV$)、状态函数的全微分性质和偏摩尔量的定义，对于多组分系统，组分 B 的偏摩尔焓可以表示为：

$$H_B=\left(\frac{\partial H}{\partial n_B}\right)_{T,p,n_C(C\neq B)}=\left[\frac{\partial(U+pV)}{\partial n_B}\right]_{T,p,n_C(C\neq B)}$$
$$=\left(\frac{\partial U}{\partial n_B}\right)_{T,p,n_C(C\neq B)}+p\left(\frac{\partial V}{\partial n_B}\right)_{T,p,n_C(C\neq B)}=U_B+pV_B$$

同理还可以推导得到：$G_B=H_B-TS_B$，$A_B=U_B-TS_B$。

对于偏微分关系如$(\partial G/\partial T)_p=-S$，$(\partial G/\partial p)_T=V$，可推得

$$\left(\frac{\partial G_B}{\partial T}\right)_{p,n_c}=-S_B，\left(\frac{\partial G_B}{\partial p}\right)_{T,n_c}=V_B$$

上述结果表示：多组分体系的所有热力学关系均可写成以偏摩尔量表示的对应关系。即将单组分系统的摩尔量换成多组分系统的偏摩尔量，热力学函数关系并不发生变化。引入偏摩尔量，为多组分体系热力学函数的研究带来了很大的方便。

2. 偏摩尔量的加和性

在等温、等压条件下，含 k 个组分的多组分均相系统的容量性质 Z 的全微分为：

$$dZ=\sum_{B=1}^{k}\left(\frac{\partial Z}{\partial n_B}\right)_{T,p,n_C(C\neq B)}dn_B=\sum_{B=1}^{k}Z_B dn_B$$

积分得：

$$Z=\int_0^{n_B}\sum_{B=1}^{k}Z_B dn_B=\sum_{B=1}^{k}Z_B\int_0^{n_B}dn_B=\sum_{B=1}^{k}Z_B n_B \tag{3.1.9}$$

该式称为偏摩尔量的加和公式，说明系统的容量性质等于各组分偏摩尔量与其物质的量的乘积之和。如(A+B)二元溶液的体积，$V=n_AV_A+n_BV_B$。加和性给出了体系的总量与各组分的偏摩尔量的关系。

3. 两个偏摩尔量之间的关系——Gibbs - Duhem 公式

根据偏摩尔量的加和公式，对 Z 进行全微分得：

$$dZ=\sum_{B=1}^{k}n_B dZ_B+\sum_{B=1}^{k}Z_B dn_B \tag{3.1.10}$$

在等温、等压条件下，将式(3.1.10)和式(3.1.7)相比较有：

$$\sum_{B=1}^{k}n_B dZ_B=0\quad 或\quad \sum_{B=1}^{k}x_B dZ_B=0 \tag{3.1.11}$$

式(3.1.11)称为 Gibbs - Duhem 公式，说明偏摩尔量之间具有一定联系。其意义在于：由某一组分的偏摩尔量可以求出另一组分的偏摩尔量。

【例 3.1】 对于(A+B)二元系，已知 $H_A = H^*_{m,A} + \alpha x_B^2$，$x_B$ 为摩尔分数，求组分 B 的偏摩尔焓 H_B 和体系的摩尔焓 H_m。

解：根据 Gibbs-Duhem 公式，$x_A dH_A + x_B dH_B = 0$

由已知条件得：$(\partial H_A/\partial x_B) = 2\alpha x_B$，即

$$dH_B = -(x_A/x_B)dH_A = -(x_A/x_B)(\partial H_A/\partial x_B)dx_B = -x_A 2\alpha dx_B = (x_B - 1)2\alpha dx_B$$

积分：
$$\int_{H^*_{m,B}}^{H_B} dH_B = \int_1^{x_B}(x_B - 1)2\alpha dx_B$$

得：
$$H_B - H^*_{m,B} = \alpha x_A^2$$

所以
$$H_B = H^*_{m,B} + \alpha x_A^2$$

体系的摩尔焓：
$$H_m = x_A H_A + x_B H_B = x_A H^*_{m,A} + x_B H^*_{m,B} + \alpha x_A x_B$$

3.1.4 偏摩尔量的计算——由总体量求偏摩尔量

虽然我们定义了偏摩尔量，并用之表示多组分系统中某组分对热力学性质的贡献。但是一般通过实验直接测定的是总体量和浓度，而不是偏摩尔量。当系统的热力学性质以不同的浓度形式表示时，偏摩尔量的偏微分计算方法有所不同。对此，以二元系偏摩尔体积的计算为例作讨论。

1. 组分浓度以摩尔分数表示定义

表观摩尔体积 $V_m(T,p,x_1)$ 是组分摩尔分数的函数，体系总体积 V 与表观摩尔体积 V_m 的关系为：

$$V = (\sum_{i=1}^{2} n_i)V_m(T,p,x_1) = n V_m(T,p,x_1) \tag{3.1.12}$$

按照定义求偏摩尔体积：

$$V_1 = \left(\frac{\partial V}{\partial n_1}\right)_{T,p,n_2} = \left(\frac{\partial(nV_m)}{\partial n_1}\right)_{T,p,n_2} = V_m + n\left(\frac{\partial V_m}{\partial n_1}\right)_{T,p,n_2} \tag{3.1.13}$$

其中，$\left(\frac{\partial n}{\partial n_i}\right)_{n_C(C\neq i)} = \left[\partial \sum_{i=1}^{k} n_i/\partial n_i\right]_{n_C(C\neq i)} = 1$。$V_m$ 是 x 的函数，偏微分计算 $(\partial V_m/\partial n_1)_{T,p,n_2}$ 要做变量变换：

$$\left(\frac{\partial V_m}{\partial n_1}\right)_{T,p,n_2} = \left(\frac{\partial V_m}{\partial x_1}\right)_{T,p,n_2}\left(\frac{\partial x_1}{\partial n_1}\right)_{T,p,n_2}$$

其中：$\left(\frac{\partial x_1}{\partial n_1}\right)_{T,p,n_2} = \frac{1-x_1}{n}$，所以有：

$$\left(\frac{\partial V_m}{\partial n_1}\right)_{T,p,n_2} = \frac{1-x_1}{n}\left(\frac{\partial V_m}{\partial x_1}\right)_{T,p}$$

将之代入式(3.1.13)，结果为：

$$V_1=V_m+(1-x_1)\left(\frac{\partial V_m}{\partial x_1}\right)_{T,p} \tag{3.1.14}$$

同理可得：

$$V_2=V_m+(1-x_2)\left(\frac{\partial V_m}{\partial x_2}\right)_{T,p} \tag{3.1.15}$$

2. 偏摩尔量的几何意义与图解求法

偏摩尔体积随摩尔分数的变化关系可以通过偏摩尔量的几何含义表示。图 3.2 为乙醇水溶液的表观摩尔体积 V_m 随乙醇的摩尔分数 x_2 变化的关系(APB 线)。图中 P 点为摩尔分数为 x_2 时的 V_m 值。RQ 为过 P 点的切线。$x_2=0$ 时，O 点为原点，$V_m=OC$ 长度，而 $QC=x_2(\partial V_m/\partial x_2)$，$OQ=OC-QC=V_m-x_2(\partial V_m/\partial x_2)=V_1$。

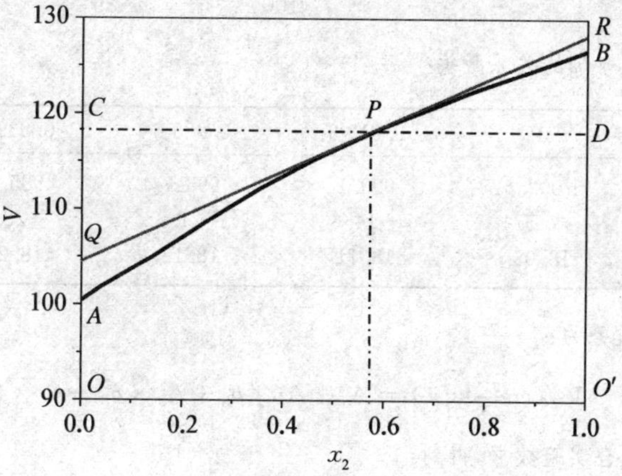

图 3.2 乙醇水溶液的表观摩尔体积随乙醇摩尔分数 x_2 的变化关系

在 $x_2=1$ 时 O' 为 V 的原点，$V_m=O'D$，$DR=(1-x_2)(\partial V_m/\partial x_2)=-x_1(\partial V_m/\partial x_1)$，所以 $O'R=O'D+DR=V_m-x_1(\partial V_m/\partial x_1)=V_2$。利用这种几何关系，可以用图解方法求得组分的偏摩尔体积。

讨论 多元系组分的偏摩尔量

3. 溶质浓度用质量摩尔浓度表示

电解质溶液常用溶质 B 的质量摩尔浓度 b_B 表示浓度，如 NaBr 水溶液，其体积与浓度的关系为：

$$V/\text{cm}^3=1\,002.93+23.189b_B+2.197b_B^{3/2}-0.178b_B^2$$

由于溶剂量是固定的且等于 1 kg，所以上式等价于

$$V/\text{cm}^3=1\,002.93+23.189n_B+2.197n_B^{3/2}-0.178n_B^2$$

表示 1 kg 水为溶剂时溶液的体积随 B 含量的变化。于是，NaBr 的偏摩尔体积为：

$$V_B/\text{cm}^3=(\partial V/\partial n_B)_{T,p,n_A}=23.189+(3/2)\times 2.197b_B-2\times 0.178b_B$$

当b_B=0.25 mol·kg^{-1}和0.5 mol·kg^{-1}时，分别有V_B=24.668 cm^3·mol^{-1}和25.350 cm^3·mol^{-1}。可见溶质在不同浓度溶液中的偏摩尔体积是不同的。

【例3.2】 实验测定了20 ℃时$CuSO_4$水溶液的密度ρ与其含量的数据：

$m(CuSO_4)/g$	5	10	15	20
$\rho/(g\cdot cm^{-3})$	1.051	1.107	1.167	1.230

其中$m(CuSO_4)$为100 g水中溶解的$CuSO_4$的质量。求在实验浓度区间溶液的体积，水和$CuSO_4$的偏摩尔体积与$CuSO_4$的质量摩尔浓度的函数关系。

解：$M(CuSO_4)=159.6$。以第1组数据为例，

1 kg溶液的体积：$V/cm^3=[m(CuSO_4)+m(H_2O)]/\rho=(50+1\,000)/1.051=999.05$

$CuSO_4$的浓度： $b_B/(mol\cdot kg^{-1})=\dfrac{m(CuSO_4)/M(CuSO_4)}{100}\times 1\,000=0.313\,3$

于是得到溶液体积与b_B的关系数据

$b_B/mol\cdot kg^{-1}$	0	0.313 3	0.626 6	0.939 9	1.253
$V/(cm^3\cdot kg^{-1})$	1 002.6	999.1	993.7	985.4	975.6
$V_B/(cm^3\cdot mol^{-1})$	−7.574	−14.6	−21.6	−28.7	−35.7
$V_A/(cm^3\cdot mol^{-1})$	18.05	18.11	18.18	18.24	18.30

设V与b_B的函数关系为：

$$V/(cm^3\cdot kg^{-1})=A_0+A_1\times b_B+A_2\times b_B^2+\cdots$$

利用最小二乘法拟合实验数据，得到：

$$V/(cm^3\cdot kg^{-1})=1\,002.6-7.574\times b_B-11.23\times b_B^2$$

拟合的相关系数为0.999 1，平均标准偏差为0.097。当$b_B=0$时，得纯水(A)的体积V_A^*=1 002.6 cm^3·kg^{-1}=18.05 cm^3·mol^{-1}，n_A=55.56 mol，在溶液中，n_A保持不变，而$CuSO_4$的偏摩尔体积与浓度的函数关系为：

$$V_B/(cm^3\cdot mol^{-1})=(\partial V/\partial n_B)_{T,p}=(\partial V/\partial b_B)_{T,p}=-7.574-2\times 11.23\times b_B$$

相关数据列于表中。各浓度下的$CuSO_4$的偏摩尔体积均为负值，且随浓度增大变得更负，可以理解为被水化的离子的体积在缩小，即电解质的贡献是在缩小溶液的体积。当$b_B\to 0$，$V_B^\infty=-7.574(cm^3\cdot mol^{-1})$，即离子浓度无限稀释时的偏摩尔体积。

根据偏摩尔体积加和性或Gibbs-Duhelm关系式，可以求得溶液中水的偏摩尔体积。

$$n_AV_A+n_BV_B=V$$

$$V_A/(cm^3\cdot mol^{-1})=V_{m,A}^*+11.23b_B^2/n_A=18.05+11.23b_B^2/55.56$$

将计算所得数据列入表中。

3.2　化学势

3.2.1　化学势的定义

在不做非体积功的情况下，多组分均相系统 Gibbs 自由能 $G(T,p,n_1,n_2,\cdots,n_k)$的全微分为：

$$dG=\left(\frac{\partial G}{\partial T}\right)_{p,n_C}dT+\left(\frac{\partial G}{\partial p}\right)_{T,n_C}dp+\left(\frac{\partial G}{\partial n_1}\right)_{T,p,n_C(C\neq 1)}dn_1+\cdots+\left(\frac{\partial G}{\partial n_k}\right)_{T,p,n_C(C\neq k)}dn_k$$

$$dG=\left(\frac{\partial G}{\partial T}\right)_{p,n_C}dT+\left(\frac{\partial G}{\partial p}\right)_{T,n_C}dp+\sum_{B=1}^{k}\left(\frac{\partial G}{\partial n_B}\right)_{T,p,n_C(C\neq B)}dn_B$$

即

$$dG=-SdT+Vdp+\sum_{B=1}^{k}\mu_B dn_B \tag{3.2.1}$$

其中：

$$\mu_B=\left(\frac{\partial G}{\partial n_B}\right)_{T,p,n_C(C\neq B)} \tag{3.2.2}$$

称为组分 B 的化学势(chemical potential)。

对于$U=U(S,V,n_1,n_2,\cdots,n_k)$，根据热力学关系得：

$$dU=TdS-pdV+\sum_{B=1}^{k}\left(\frac{\partial U}{\partial n_B}\right)_{S,V,n_C(C\neq B)}dn_B=TdS-pdV+\sum_{B=1}^{k}\mu_B dn_B \tag{3.2.3}$$

其中：

$$\mu_B=\left(\frac{\partial U}{\partial n_B}\right)_{S,V,n_C(C\neq B)} \tag{3.2.4}$$

由于式(3.2.1)和式(3.2.3)是同一方程在选用不同变量的两种形式，因此式(3.2.4)也称为组分 B 的化学势。

同理，对于$H=H(S,p,n_1,n_2,\cdots,n_k)$有：

$$dH=TdS+Vdp+\sum_{B=1}^{k}\left(\frac{\partial H}{\partial n_B}\right)_{S,p,n_c(C\neq B)}dn_B=TdS+Vdp+\sum_{B=1}^{k}\mu_B dn_B \tag{3.2.5}$$

其中：

$$\mu_B=\left(\frac{\partial H}{\partial n_B}\right)_{S,p,n_C(C\neq B)} \tag{3.2.6}$$

对于$A=A(T,V,n_1,n_2,\cdots,n_k)$

$$dA=-SdT-pdV+\sum_{B=1}^{k}\left(\frac{\partial A}{\partial n_B}\right)_{T,V,n_c(C\neq B)}dn_B=-SdT-pdV+\sum_{B=1}^{k}\mu_B dn_B \tag{3.2.7}$$

其中：

$$\mu_B=\left(\frac{\partial A}{\partial n_B}\right)_{T,V,n_C(C\neq B)} \tag{3.2.8}$$

所以，化学势又定义为：

$$\mu_B=\left(\frac{\partial U}{\partial n_B}\right)_{S,V,n_C(C\neq B)}=\left(\frac{\partial H}{\partial n_B}\right)_{S,p,n_C(C\neq B)}=\left(\frac{\partial A}{\partial n_B}\right)_{T,V,n_C(C\neq B)}=\left(\frac{\partial G}{\partial n_B}\right)_{T,p,n_C(C\neq B)} \tag{3.2.9}$$

式(3.2.9)称为化学势的广义定义。由于 $\mu_B=(\partial G/\partial n_B)_{T,p,n_C(C\neq B)}$ 既是化学势又是偏摩尔量，故实际使用时更多采用式(3.2.2)的定义。这样可以利用偏摩尔量的性质方便地进行热力学函数关系的推演。μ_B 是以$(T,p,n_1,\cdots,n_k)$为特征变量的特性函数，它可以把一个均相系的平衡性质完全确定下来。化学势是系统的强度性质，是温度、压强和组成的函数。化学势遵循偏摩尔量的集合公式和 Gibbs－Duhem 公式。式(3.2.1)、式(3.2.3)、式(3.2.5)、式(3.2.7)称为多组分系统的热力学基本公式。

3.2.2 化学势在相平衡和化学平衡中的应用

化学系统是多组分系统，有了化学势的概念，就可以利用热力学基本原理，判断过程自发变化的方向和限度。

1. 化学势在相平衡中的应用

设系统有 α 和 β 两相，在等温、等压、不做非体积功条件下，若有微量(dn_B)的物质 B 从 α 相转移到 β 相(即设 $dn_B^\alpha<0$)，系统中 Gibbs 自由能的变化为：

$$dG=dG^\alpha+dG^\beta=\mu_B^\alpha dn_B^\alpha+\mu_B^\beta dn_B^\beta$$

β 相所得等于 α 相所失，$dn_B^\beta=-dn_B^\alpha$。

根据 Gibbs 自由能判据，$dG\leqslant 0$，则

$$dG=(\mu_B^\alpha-\mu_B^\beta)dn_B^\alpha\leqslant 0$$

即

$$\mu_B^\alpha-\mu_B^\beta\geqslant 0 \quad \mu_B^\alpha\geqslant\mu_B^\beta \tag{3.2.10}$$

若 $\mu_B^\alpha>\mu_B^\beta$，物质 B 从 α 相自发转移到 β 相；若 $\mu_B^\alpha=\mu_B^\beta$，物质 B 从 α 相转移到 β 相是在平衡情况下进行的。由此可见，在等温、等压、不做非体积功的条件下，物质由化学势高的相流向化学势低的相，相平衡时物质在各相中的化学势相等。

2. 化学势在化学反应体系中的应用

在等温、等压不做非体积功的条件下，系统发生反应进度为 $d\xi$ 的微量反应，Gibbs 自由能的变化为：

$$dG=\sum_{B=1}^{k}\mu_B dn_B=\sum_{B=1}^{k}\mu_B\nu_B d\xi_B\leqslant 0$$

即

$$\sum_{B=1}^{k}\nu_B\mu_B\leqslant 0 \tag{3.2.11}$$

由此可见，在等温等压，不做非体积功的条件下，化学反应由化学势高的状态向化学势低的方向进行，化学平衡时反应物与产物的化学势相等。化学平衡热力学在第 4 章有详细

论述。

3.2.3 化学势与温度和压强的关系

化学势是偏摩尔量，有了化学势的概念，就可以直接引用单组分系统的热力学关系式，得到温度、压强对化学势的影响的关系式。

1. 化学势与温度的关系

$$\left(\frac{\partial\mu_B}{\partial T}\right)_{p,n_C}=\left[\frac{\partial}{\partial T}\left(\frac{\partial G}{\partial n_B}\right)_{T,p,n_C(C\neq B)}\right]_{p,n_C}=\left[\frac{\partial}{\partial n_B}\left(\frac{\partial G}{\partial T}\right)_{p,n_C}\right]_{T,p,n_C(C\neq B)}$$

$$=\left[\frac{\partial(-S)}{\partial n_B}\right]_{T,p,n_C(C\neq B)}=-S_B \qquad (3.2.12)$$

由于 S_B 为正值，对于多组分均相系统，温度升高，组分的化学势降低。对多组分系统，用偏摩尔量表示热力学关系；对于单组分系统，则用的是摩尔量。

化学势随温度的变化，还可以用另一套偏微分关系获得。如：

$$\left[\frac{\partial(\mu_B/T)}{\partial T}\right]_{p,n_C}=-\frac{H_B}{T^2} \qquad (3.2.13)$$

2. 化学势与压强的关系

$$\left(\frac{\partial\mu_B}{\partial p}\right)_{T,n_C}=\left[\frac{\partial}{\partial p}\left(\frac{\partial G}{\partial n_B}\right)_{T,p,n_C(C\neq B)}\right]_{T,n_C}=\left[\frac{\partial}{\partial n_B}\left(\frac{\partial G}{\partial p}\right)_{T,n_C}\right]_{T,p,n_C(C\neq B)}$$

$$=\left(\frac{\partial V}{\partial n_B}\right)_{T,p,n_C(C\neq B)}=V_B \qquad (3.2.14)$$

对于多组分均相系统，压强升高，一般情况下，组分的化学势也升高。但也有 V_B 为负值的情况。

3.3 气体混合物中各组分的化学势

气相是一个相对简单的均相系统，对于其 p、V、T 关系有较详细的了解。知道气体混合物中各组分的化学势，有助于了解其他凝聚相中各组分的化学势。本节讨论理想气体混合物和非理想气体混合物中各组分的化学势。

3.3.1 理想气体的化学势

1. 单组分理想气体的化学势

单组分系统，组分的化学势与摩尔 Gibbs 自由能相同。

化学势的绝对值是无法知道的。研究组分的化学势时，通常的方法是选择一个参考状态，计算体系相对于参考态的变化。对于气体，通常选取指定温度 T 时，标准压强 $p^{\ominus}$ 下，具有理想气体性质的纯气体状态为参考态。该状态下的化学势称为指定温度的标准态化学势，以 $\mu_B^{\ominus}$表示，它是温度的函数。

在温度为 T、压强为 p 时，单组分理想气体 B 的化学势用 μ_B^* 表示。等温条件下，当其压强从 $p^\ominus$ 变化到 p 时，对应的化学势的变化率为：

$$\left(\frac{\partial \mu}{\partial p}\right)_T=\left(\frac{\partial G_m^*}{\partial p}\right)_T=V_m^*$$

化学势的变化为：
$$\int_{\mu_B^\ominus}^{\mu_B^*}\mathrm{d}\mu=\int_{p^\ominus}^{p}V_m\mathrm{d}p=\int_{p^\ominus}^{p}\frac{RT}{p}\mathrm{d}p$$

$$\mu_B^*-\mu_B^\ominus=RT\ln\frac{p}{p^\ominus}$$

即
$$\mu_B^*=\mu_B^\ominus+RT\ln\frac{p}{p^\ominus} \tag{3.3.1}$$

$\mu_B^\ominus$为其标准态($T,p^\ominus$)的化学势。虽然其绝对值无法知道，但它并不影响比较化学势的相对高低。该式也为理想气体的热力学定义。

2. 多组分理想气体的化学势

对于一个理想气体的混合物，如果作为整体处理，则和纯物质理想气体的处理相同。如果考虑组分变化的影响，就要考虑混合物中任意组分的化学势的表达方式。

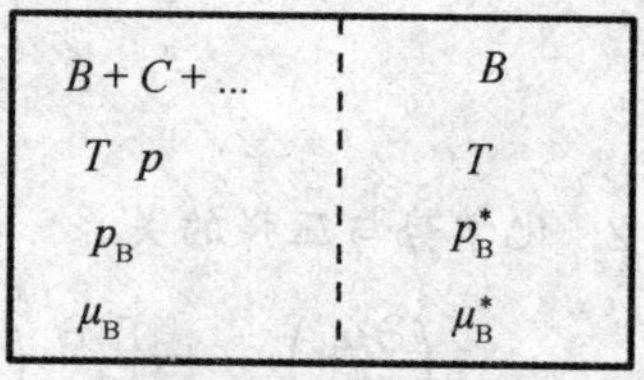

图 3.3 理想气体混合物中组分 B 在半透膜两侧的平衡示意图

在温度为 T、压强为 p 的混合理想气体中，组分 B 的化学势可以通过一种半透膜平衡模型求得。如图 3.3 所示，整个容器与一个大热源接触以保持恒温，半透膜只允许组分 B 通过。平衡时，左方混合气体 B 的分压强与右方纯气体 B 的压强相等，两者的化学势也相等。即

$$p_B=p_B^*,\ \mu_B=\mu_B^*$$

$$\mu_B=\mu_B^*=\mu_B^\ominus+RT\ln\frac{p_B^*}{p^\ominus}=\mu_B^\ominus+RT\ln\frac{p_B}{p^\ominus} \tag{3.3.2}$$

式(3.3.2)是理想气体混合物中组分 B 的化学势表达式，也是理想气体混合物的热力学定义。

根据分压的定义 $p_B=px_B$，结合式(3.3.1)，式(3.3.2)可以写成：

$$\mu_B=\mu_B^\ominus+RT\ln\frac{p}{p^\ominus}+RT\ln x_B=\mu_B^*+RT\ln x_B \tag{3.3.3}$$

其中 μ_B^* 为纯组分 B 的化学势。式(3.3.3)的含义为：以纯组分 B 理想气体为参考态时，混合气体中组分 B 的化学势的表达式。所以，选择不同的参考状态，组分的化学势是相同的，但化学势的表达方式不同。恰当地选取参考状态可以使某些复杂的问题得到简化。

3.3.2 非理想气体的化学势

1. 逸度和逸度系数

对于非理想气体，物质的状态方程与理想气体的状态方程不同，而且公式复杂。为了处理上的方便，Lewis 建议采用一种形式化的方法，引入逸度 f(fugacity)的概念，以逸度代替

式(3.3.1)中的压强来表示化学势。对于单组分B气体，

$$\mu_{\mathrm{B}}^{*}=\mu_{\mathrm{B}}^{\ominus}+RT\ln\frac{f_{\mathrm{B}}^{*}}{p^{\ominus}} \tag{3.3.4}$$

“*”表示单组分。这样公式形式上和理想气体同样简单，而将实际气体与理想气体的偏差全部包含于逸度之中。

仔细分析，式(3.3.4)这个定义还不够完整。因为，对于处于一定状态的物质，μ_{B}^{*} 是一定的，而式中却有两个未知数($\mu_{\mathrm{B}}^{\ominus}$ 和 f_{B}^{*})。显然，必须对 $\mu_{\mathrm{B}}^{\ominus}$有一些规定，式(3.3.4)才能单值地定义 f_{B}^{*}。按 Lewis 的定义，需要再补充一个条件，即

$$\lim_{p\to 0} f_{\mathrm{B}}^{*}=p_{\mathrm{B}}^{*} \tag{3.3.5}$$

这个条件的含义是：压强趋于零，任何纯物质或混合物都变为理想气体时，逸度和压强相等。这个条件等于规定了一个特定状态的 f_{B}^{*}，因而等于规定了 $\mu_{\mathrm{B}}^{\ominus}$。这样，可以清楚看到理想气体和实际气体的标准态化学势是相同的。

通常还使用逸度系数的概念，用 φ_{B}^{*} 表示，定义为：

$$\varphi_{\mathrm{B}}^{*}=f_{\mathrm{B}}^{*}/p_{\mathrm{B}}^{*}\qquad \lim_{p\to 0}\varphi_{\mathrm{B}}^{*}=1 \tag{3.3.6}$$

同样，式中上标“*”为醒示单组分系统。

在(T,p)条件下非理想气体B的化学势的表达式则为：

$$\mu_{\mathrm{B}}^{*}=\mu_{\mathrm{B}}^{\ominus}+RT\ln(p_{\mathrm{B}}^{*}/p^{\ominus})+RT\ln\varphi_{\mathrm{B}}^{*} \tag{3.3.7}$$

这种表示将非理想气体与理想气体的偏差全部包含于逸度系数之中，φ_{B}^{*} 偏离1的程度表示了偏差的大小。由此可见，各种非理想气体状态方程不统一，但非理想气体的化学势表达式统一，并且与理想气体的化学势形式相同。

2. 混合气体的化学势和逸度

Lewis 建议将多组分混合气体任意组分B的化学势写作：

$$\mu_{\mathrm{B}}=\mu_{\mathrm{B}}^{\ominus}+RT\ln(f_{\mathrm{B}}/p^{\ominus}) \tag{3.3.8}$$

$$\lim_{p\to 0} f_{\mathrm{B}}=p_{\mathrm{B}}=py_{\mathrm{B}} \tag{3.3.9}$$

定义表明，压强趋于零时，非理想气体变为理想气体时，组分B的逸度和分压相等。可以推断，此处的标准态 $\mu_{\mathrm{B}}^{\ominus}$与式(3.3.2)中的标准态化学势相同，即温度 T、压强 $p^{\ominus}$ 单组分理想气体B的标准态的化学势。

于是混合物中组分B的逸度系数则定义为：

$$\varphi_{\mathrm{B}}=f_{\mathrm{B}}/p_{\mathrm{B}}\qquad \lim_{p\to 0}\varphi_{\mathrm{B}}=1 \tag{3.3.10}$$

Lewis - Randoll 提出一个近似规则，混合气体的逸度系数 φ_{B} 与纯组分的逸度系数 φ_{B}^{*} 近似相同。

$$f_{\mathrm{B}}=f_{\mathrm{B}}^{*}y_{\mathrm{B}}\qquad \varphi_{\mathrm{B}}=\varphi_{\mathrm{B}}^{*} \tag{3.3.11}$$

科学家介绍

吉尔伯特·牛顿·刘易斯
(Gilbert Newton Lewis)

3.3.3 逸度和逸度系数的求取

逸度系数实际上是对非理想气体做相对于理想气体的校正，这两个状态可以通过一个中间态($p'\to 0$)相联系，即可以通过如下过程联系。

1 mol 理想气体(T,p,V_m)$\longrightarrow$($T,p'\to 0,V'_m\to\infty$)$\longrightarrow$1 mol 非理想气体(T,p,V_m)

从过程化学势的变化可以求得逸度系数。

$$\Delta\mu=\mu(\text{re})-\mu(\text{id})=RT\ln f-RT\ln p=RT\ln\varphi$$

$\Delta\mu$ 为非理想气体与理想气体等温变压条件下化学势之差，对于纯组分它等于摩尔 Gibbs 自由能之差。按照热力学基本方程，则有

$$\begin{aligned}\Delta\mu&=\int_{p}^{p'\to 0}V_m(\text{id})\,\mathrm{d}p+\int_{p'\to 0}^{p}V_m(\text{re})\,\mathrm{d}p\\&=\int_{p'\to 0}^{p}[V_m(\text{re})-(RT/p)]\,\mathrm{d}p=RT\ln\varphi\end{aligned}\tag{3.3.12}$$

式中：V_m(id)为理想气体的体积；V_m(re)为非理想气体的体积。完成该积分需要实际气体状态方程或实验数据。如果有气体的状态方程，将之代入式(3.3.12)求解积分则可得逸度系数 φ。

若用压缩因子 $Z=pV_m/RT$ 表示气体的状态，于是有

$$\ln\varphi=\int_{p'\to 0}^{p}\left[\frac{(Z-1)}{p}\right]\mathrm{d}p\tag{3.3.13}$$

根据对比状态原理，处于相同对比状态的各种气体，具有大致相同的逸度因子、压缩因子等。对于温度为 T、压强为 p 的实际气体，可以查手册得该气体的临界温度 T_c 和临界压强 p_c，通过其对比温度 $T_r=T/T_c$ 和对比压强 $p_r=p/p_c$ 求得逸度系数。

【例 3.3】 若气体的状态方程为 $p(V_m-b)=RT$，求其在温度 T 压强 p 时的逸度和逸度系数。

解 根据状态方程，$V_m(\text{re})=RT/p+b$。根据式(3.3.12)，则

$$RT\ln\varphi=\int_{p'\to 0}^{p}(RT/p+b)\,\mathrm{d}p-\int_{p'\to 0}^{p}(RT/p)\,\mathrm{d}p=\int_{p'\to 0}^{p}b\,\mathrm{d}p=bp$$

因为 $\varphi=f/p$，有 $\varphi=\exp(bp/RT)$，$f=p\exp(bp/RT)$。

3.4 Raoult 定律和理想液态混合物

3.4.1 Raoult 定律

上一节介绍了气体混合物中各组分的化学势表达式。在此基础上，本节我们关注液态混合物各组分的化学势。如何关联气态和液态混合物的性质，是解决问题的关键。

液体的蒸气压是关联气-液两相平衡的物理量。对于单组分液体,蒸气压主要与温度相关,对于多组分溶液,蒸气压还受溶液组成的影响。

1887 年,Raoult 发表了由于非挥发性溶质的加入而引起溶剂蒸气压下降的实验结果。在多次实验的基础上,得出了一个稀溶液中溶剂的蒸气压与组成的定量关系,即 Raoult 定律。

$$p_A = p_A^* x_A \tag{3.4.1}$$

式中:p_A 为溶液中溶剂组分的蒸气分压;p_A^* 为同温下纯溶剂的蒸气压;x_A 为溶液中溶剂组分的物质的量的分数。Raoult 定律是描述气液平衡关系的一个基本关系式。一些分子结构相近的体系如苯-甲苯、正己烷-正庚烷,在整个浓度区间近似符合 Raoult 定律。

科学家介绍

弗朗索瓦·玛丽·拉乌尔
(François Marie Raoult)

【**例 3.4**】 已知 A 与 B 形成的二元溶液符合 Raoult 定律,$p_A^* = 0.4p^\ominus$,$p_B^* = 1.2p^\ominus$。将 $y_A = 0.4$ 的气体放入汽缸压缩,求:(a) 液体开始凝聚的蒸气压;(b) 溶液在正常沸点的组成;(c) 作图表示总压在 p_A^* 与 p_B^* 间的 $p-x_A$ 和 $p-y_A$ 关系以及 x_A-y_A 关系。

解:在定温条件下,p_A^* 和 p_B^* 为常数。

(a) 液体开始凝聚,即气液两相达平衡且液量很少,气相组成不变。

由于
$$p = p_A^* x_A + p_B^*(1-x_A),\ p_A = p y_A = p_A^* x_A$$

可得:
$$y_A = p_A^* x_A / [p_A^* x_A + p_B^*(1-x_A)] = 0.4$$

则:
$$x_A = 0.666\,7,\ p = 6.755 \times 10^4\ \text{Pa}$$

(b) 在正常沸点,$p = p^\ominus$,气液平衡关系为:

$$p^\ominus = p_A^* x_A + p_B^*(1-x_A) = 0.4p^\ominus x_A + 1.2p^\ominus(1-x_A)$$

可得:$x_A = 0.25$,$x_B = 0.75$

(c) 建立 $p-x_A$,$p-y_A$ 函数关系

$$p = p_A^* x_A + p_B^*(1-x_A) = (p_A^* - p_B^*)x_A + p_B^*$$

$$p = \frac{p_A^* p_B^*}{p_A^* - (p_A^* - p_B^*)y_A}$$

将 $p_A^* = 0.4p^\ominus$,$p_B^* = 1.2p^\ominus$ 代入,分别在 $x_A = 0 \to 1$,$y_A = 0 \to 1$ 区间求得 p,并作 $p-x_A$ 和 $p-y_A$ 关系图,如图 3.4(a)所示。

$x_A - y_A$ 关系:

$$\frac{p_A}{p_B} = \frac{y_A}{1-y_A} = \frac{p_A^* x_A}{p_B^* x_B} = \alpha\frac{x_A}{1-x_A},\ \alpha = p_A^*/p_B^*,$$

得 $x_A - y_A$ 关系:$\dfrac{y_A}{1-y_A} = \alpha\dfrac{x_A}{1-x_A}$

在 $x_A=0\to1$ 区间计算出 y_A 并作 y_A-x_A 关系图，如图3.4(b)所示。图中对角线为辅助线，即 $y_A=x_A$。平衡数据在对角线下方，表示A的气相组成要低于平衡的液相组成。即相对于A来讲，B组分为易挥发组分。

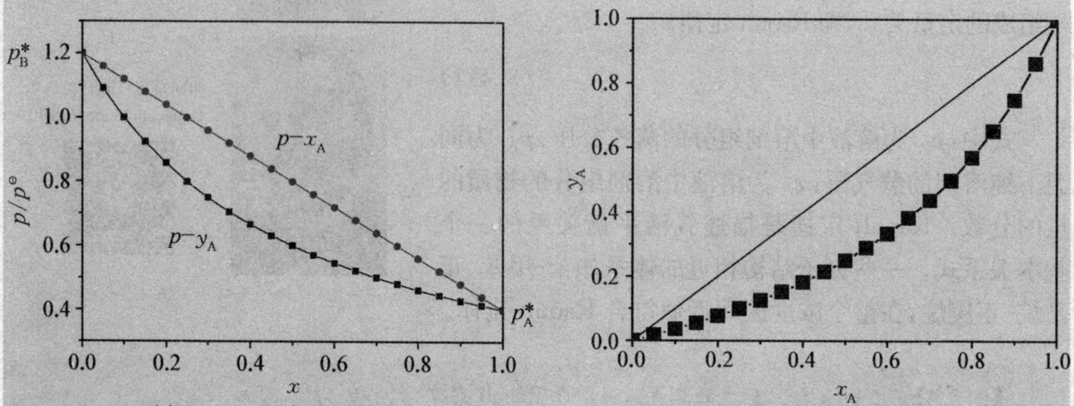

(a) $p-x_A$，$p-y_A$ 气液平衡关系　　(b) y_A-x_A 气液平衡关系

图3.4　$p-x_A$，$p-y_A$，y_A-x_A 气液平衡关系

3.4.2　理想液态混合物及其化学势

1. 理想液态混合物

定温、定压下，任一组分在全部浓度范围内都符合Raoult定律的多组分液态系统称为理想液态混合物，也称为理想溶液(ideal solution)。

理想液态混合物之所以具有这样的性质，是由于其中各组分的分子在尺寸大小和相互作用力方面非常相似。此时，溶液中任何一种物质分子不论被什么分子包围，其处境与它在纯物质时的情况相似。同系物的相邻化合物，如苯-甲苯、正己烷-正庚烷等；异构体组分如邻、间、对二甲苯等；以及同位素构成的混合物，其分子间的作用近似相等，分子大小相近，它们组成的体系更接近理想液态混合物。

2. 理想液态混合物中任一组分的化学势

在温度 T 时，当气液两相达到相平衡时，组分B在液相的化学势与其在气相的化学势相等，即

$$\mu_B(T,p,l)=\mu_B(T,p,g)$$

其中"l"代表液态，"g"代表气态。如果液面上的气体为理想气体，则

$$\mu_B(T,p,g)=\mu_B^\ominus+RT\ln(p_B/p^\ominus)$$

其中 $\mu_B^\ominus(T)$ 为纯B理想气体标准态的化学势。由于理想液态混合物各组分在整个浓度区间符合Raoult定律，$p_B=p_B^*x_B$，则有

$$\begin{aligned}\mu_B(T,p,l)&=\mu_B(T,p,g)=\mu_B^\ominus+RT\ln(p_B^*x_B/p^\ominus)\\&=[\mu_B^\ominus(T)+RT\ln(p_B^*/p^\ominus)]+RT\ln x_B\end{aligned}\qquad(3.4.2)$$

其中 x_B 为液态混合物中组分 B 的摩尔分数。方括号中的两项之和为温度 T、压强 p_B^* 的纯组分 B 的化学势($x_B=1$)，在压强变化不大的区间近似认为

$$\mu_B^*(T,p_B^*,l)=\mu_B^*(T,p,l)$$

则有

$$\mu_B(T,p,l)=\mu_B^*(T,p,l)+RT\ln x_B \tag{3.4.3}$$

这是一个以纯组分 B 液态为参考态的化学势表达式。根据 GB-3102.8—93 规定，液体 B 无论是纯态或在混合物中，都选择温度为 T 压强为 $p^\ominus$ 的纯态 B 作为标准态，用符号 $\mu_B^\ominus(T)$ 表示，所以 $\mu_B^*(T,p)$ 并不是标准态。根据热力学关系，$[\partial\mu_B^*(l)/\partial p]_T=V_m^*(B,l)$，可以将之转换为标准压强下的化学势。

$$\mu_B^*(T,p,l)=\mu_B^\ominus(T,l)+\int_{p^\ominus}^{p}V_m^*(B,l)\,dp\approx\mu_B^\ominus(T)$$

积分表示由于溶液压强 p 与标准压强 $p^\ominus$ 不同引起的化学势改变。根据液体的不可压缩性质，此积分值很小，可以忽略不计。$\mu^\ominus(T,l)$ 为纯组分液态 B 的标准态化学势，它等于与之平衡的理想气体标准态化学势 $\mu^\ominus(T)$。所以，理想液态混合物中任一组分的化学势可以表示为：

$$\mu_B(T,p,l)=\mu_B^\ominus(T)+RT\ln x_B \tag{3.4.4}$$

式(3.4.4)也称为理想液态混合物的热力学定义。

3.4.3 理想液态混合物的性质

当各组分混合形成理想液态混合物时，有如下特点：

(1) 混合过程没有热效应，即混合焓变为零，$\Delta_{mix}H=0$。

所谓混合性质是指由纯组分形成混合物的过程中热力学性质的变化，如混合焓是指：

$$\Delta_{mix}H=\sum_B n_B H_B-\sum_B n_B H_{m,B}^* \tag{3.4.5}$$

式中：H_B 为 B 的偏摩尔焓，$H_{m,B}^*$ 为纯组分 B 的摩尔焓。由式(3.4.3)，两边同除 T 并对 T 求偏微分得：

$$\left[\frac{\partial}{\partial T}\left(\frac{\mu_B}{T}\right)\right]_{p,x_B}=\left[\frac{\partial}{\partial T}\left(\frac{\mu_B^*}{T}\right)\right]_{p,x_B}+\left(\frac{\partial R\ln x_B}{\partial T}\right)_{p,x_B}$$

$$-\frac{H_B}{T^2}=-\frac{H_{m,B}^*}{T^2}+0$$

$$H_B=H_{m,B}^*$$

因此，$\Delta_{mix}H=0$。由于已经指明讨论的是液态混合物，在应用式(3.4.3)进行上述讨论时，直接使用 μ_B 和 μ_B^*，忽略了括号内的(l)标注。

(2) 混合前后总体积不变，即混合体积为零，$\Delta_{mix}V=0$。

化学势对压强的偏微分等于体积。由式(3.4.3)可得：

$$\left(\frac{\partial \mu_B}{\partial p}\right)_{T,x_B} = \left(\frac{\partial \mu_B^*}{\partial p}\right)_{T,x_B} + \left[\frac{\partial (RT\ln x_B)}{\partial p}\right]_{p,x_B}$$

$$V_B = V_{m,B}^*$$

因此，$\Delta_{mix}V = \sum_B n_B V_B - \sum_B n_B V_{B,m}^* = 0$。

(3) 混合 Gibbs 自由能小于零。

将式(3.4.3)表示的化学势按照热力学关系推导，可以得到：

$$\Delta_{mix}G = \sum_B n_B \mu_B - \sum_B n_B \mu_{B,m}^* = RT\sum_B n_B \ln x_B$$

(4) 混合熵大于零。

根据热力学关系：$\Delta_{mix}G = \Delta_{mix}H - T\Delta_{mix}S$，可得

$$\Delta_{mix}S = -R\sum_B n_B \ln x_B$$

由于 $x_B < 1, \Delta_{mix}S > 0$。

【例 3.5】 298.15 K 和 $p^{\ominus}$ 下，苯(1)和甲苯(2)混合形成理想溶液。求：(A) 1 mol 苯与甲苯混合形成 $x_1 = 0.8$ 溶液(状态Ⅰ)，再用甲苯将其稀释到 $x_1 = 0.6$(状态Ⅱ)，求稀释过程的 ΔG；(B) 将 1 mol 苯从状态(Ⅱ)的溶液中分离出来，分离过程所需要的最小功是多少？

解：(A) 状态Ⅰ：$x_1 = 0.8, x_2 = 0.2 = n_2/(n_1 + n_2), n_1 = 1\ \text{mol}, n_2 = 1/4\ \text{mol}$；

状态Ⅱ：$x_1 = 0.6, x_2 = 0.4, n_1 = 1\ \text{mol}, n_2 = 2/3\ \text{mol}$；

甲苯稀释用量：$\Delta n_2 = 2/3 - 1/4$；

稀释过程：{1 mol 苯+(1/4) mol 甲苯}+{(2/3−1/4) mol 甲苯} →{1 mol 苯+(2/3) mol 甲苯}

$$\begin{aligned} G(\text{I}) &= n_1\mu_1 + n_2\mu_2 \\ &= n_1(\mu_1^* + RT\ln x_1) + n_2(\mu_2^* + RT\ln x_2) + \Delta n_2\mu_2^* \\ &= 1\times(\mu_1^* + RT\ln 0.8) + (1/4)(\mu_2^* + RT\ln 0.2) + (2/3 - 1/4)\mu_2^* \end{aligned}$$

$$\begin{aligned} G(\text{II}) &= n_1\mu_1 + n_2\mu_2 \\ &= n_1(\mu_1^* + RT\ln x_1) + n_2(\mu_2^* + RT\ln x_2) \\ &= 1\times(\mu_1^* + RT\ln 0.6) + (2/3)(\mu_2^* + RT\ln 0.4) \end{aligned}$$

$$\Delta G = G(\text{II}) - G(\text{I}) = -1\ 230\ \text{J}$$

(B) 等温、等压不做非膨胀功时，环境对体系所做功最小，$W_f = \Delta G$

分离过程：{1 mol 苯+(2/3) mol 甲苯} →{1 mol 苯}+{(2/3) mol 甲苯}

分离即混合的逆过程

$$\begin{aligned} \Delta G &= -\Delta_{mix}G = \sum_B n_B\mu_B^* - \sum n_B\mu_B \\ &= -RT[n_1\ln x_1 + n_2\ln x_2] \\ &= -RT[\ln 0.6 + (2/3)\ln 0.4] = 2\ 781\ \text{J} \end{aligned}$$

$$W_f = \Delta G = 2\ 781\ \text{J}$$

环境对体系做功。

3.5 Henry 定律和理想稀溶液

3.5.1 Henry 定律

1803 年，Henry 从实验结果总结出一条有关气体溶解度的经验规律，在一定温度和平衡状态下，气体在液态溶剂中的溶解度与该气体的平衡分压成正比，这就是 Henry 定律。用公式表示为：

$$p_B = k_x x_B \tag{3.5.1}$$

式中：x_B 为挥发性溶质 B 在稀溶液中的物质的量分数；k_x 为比例系数，其值与温度、液面上的总压以及溶剂和溶质的性质有关，一般通过实验测定。实验表明，溶液越稀，Henry 定律越准确。Henry 定律是表述稀溶液溶质组分气液平衡的关系式。

应用 Henry 定律时还须注意以下三点：

(1) 溶质 B 在气相和液相中的分子形态必须相同。例如稀的氨水与氨气达到平衡时，Henry 定律中的 x_B 是指溶液中的 NH_3 分子的摩尔分数。

(2) 在压强不大时，Henry 定律能分别适用于每一种气体，近似认为 k_x 与其他气体的分压无关。

(3) 只有当溶质浓度很稀时才能很好地服从 Henry 定律。

当溶质浓度用质量摩尔浓度 b_B 和物质的量浓度 c_B 表示时，Henry 定律还可以写成：

$$p_B = k_b (b_B / b^\ominus) \tag{3.5.2}$$

$$p_B = k_c (c_B / c^\ominus) \tag{3.5.3}$$

其中 $b^\ominus$ 和 $c^\ominus$ 分别称为标准质量摩尔浓度和标准物质的量的浓度，$b^\ominus = 1\ \mathrm{mol \cdot kg^{-1}}$，$c^\ominus = 1\ \mathrm{mol \cdot dm^{-3}}$。这样 k_x，k_b 和 k_c 的单位均为 Pa。

Henry 定律的公式与 Raoult 定律相仿，但使用的浓度区间不同。Raoult 定律针对的是溶剂组分 A，适用范围在 $x_A \to 1$ 的区间；Henry 定律针对的是溶质组分 B，适用范围在 $x_B \to 0$ 的区间。两个定律参数的含义也不同，p_B^* 是一个可测的表征物质属性的物理量；但是，Henry 定律中的 $k_x \neq p_B^*$，如图 3.5 所示，k_x 为按 Henry 定律推导预测出的当 $x_B = 1$ 时的状态的蒸气压，是一个虚拟状态推算值。

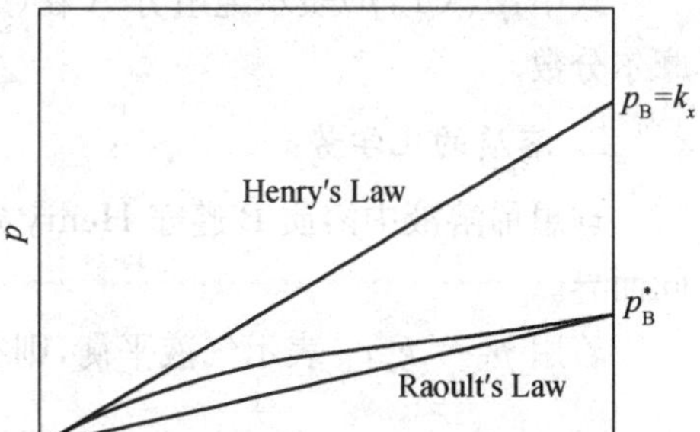

图 3.5　Raoult 定律与 Henry 定律的对比

【例 3.6】 在 298 K 标准压强下，一敞开的水容器中氮气和氧气的质量摩尔浓度各为多少？已知 298 K 氮气和氧气在水中的亨利系数 k_x 分别为 8.68×10^9 Pa 和 4.40×10^9 Pa。该温度和标准压强下，海平面上空气中氮气和氧气的摩尔分数分别为 0.782 和 0.209。

解:298 K、$p^{\ominus}$ 下 N_2 和 O_2 的分压分别为:$p(N_2)=0.782p^{\ominus}$,$p(O_2)=0.209p^{\ominus}$

在水中的溶解度分别为:$x(N_2)=p(N_2)/k_x(N_2)=0.782\ p^{\ominus}/(8.68\times10^9\ \text{Pa})=9.01\times10^{-6}$

$x(O_2)=p(O_2)/k_x(O_2)=0.209p^{\ominus}/(4.40\times10^9\ \text{Pa})=4.75\times10^{-6}$

$b(N_2)=x(N_2)\times1\ 000/[1\times M(H_2O)]=9.01\times10^{-6}\times10^3/18.02=5.00\times10^{-4}\ \text{mol}\cdot\text{kg}^{-1}$

$b(O_2)=x(O_2)\times1\ 000/[1\times M(H_2O)]=4.75\times10^{-6}\times10^3/18.02=2.64\times10^{-4}\ \text{mol}\cdot\text{kg}^{-1}$

科学家介绍

威廉·亨利
(William Henry)

讨论 部分互溶双液系的相平衡及其 Henry 常数

3.5.2 理想稀溶液及其化学势

理想稀溶液是指溶剂 A 和溶质 B 分别服从 Raoult 定律和 Henry 定律的溶液。由于遵循不同的平衡关系,热力学处理上溶剂和溶质组分是有区分的,化学势表达式具有不同的形式。

1. 溶剂的化学势

溶剂组分 A 服从 Raoult 定律,其化学势与理想溶液中组分的化学势相同,即

$$\mu_A(T,p,\text{l})=\mu_A^*(T,p)+RT\ln x_A \tag{3.5.4}$$

式中:$\mu_A^*(T,p)$表示纯组分 A 在(T,p)条件下气液平衡状态的化学势;x_A 为其液相的摩尔分数。

2. 溶质的化学势

理想稀溶液中溶质 B 遵守 Henry 定律,其化学势的表达式因溶质 B 浓度的表达形式不同而异。

若用 $p_B=k_x x_B$ 表示气液平衡,则有

$$\mu_B(T,p,\text{l})=\mu_B(T,p,\text{g})=\mu_B^{\ominus}(T)+RT\ln\frac{p_B}{p^{\ominus}}$$

$$=\mu_B^{\ominus}(T)+RT\ln\frac{k_{x,B}}{p^{\ominus}}+RT\ln x_B$$

$$\mu_B(T,p,\text{l})=\mu_B(T,k_{x,B})+RT\ln x_B$$

$\mu_B(T,k_{x,B})$代表理想气体在温度为 T、压强 $p=k_{x,B}$时的化学势。其状态为 $x_B=1$ 时仍服从 Henry 定律的气液平衡状态。这种状态是一个虚拟的状态,并不是 $x_B=1$ 的纯组分的真实

状态，如图 3.5 所示。由于 k_x 随温度和压强变化而变，$k_x=f(T,p)$，所以这种状态的化学势是 T 和 p 为变量的函数。如果忽略压强变化对液相组分化学势的影响，理想稀溶液中溶质 B 的化学势表示为：

$$\mu_B(T,p,\mathrm{l})=\mu_B^\circ(T,p)+RT\ln x_B \tag{3.5.5}$$

$\mu_B^\circ(T,p)$称为以 x 表示浓度，且 $x_B=1$ 时，稀溶液溶质 B 的标准态化学势，其中上标符号“o”表示溶质处于理想稀溶状态。这样，引入一个虚拟的气液平衡状态，作为溶质浓度用 x 表示时的标准状态，以此状态为参考计算溶液溶质组分的化学势变化。这样选择参考态并不影响 $\Delta\mu$ 或 ΔG 的计算。因为求差值时，有关标准态的项都消去了。

凡是溶剂组分符合式(3.5.4)而溶质组分符合式(3.5.5)的溶液是热力学意义上的稀溶液。

如果溶液中溶质的浓度用质量摩尔浓度 b_B 或者物质的量浓度 c_B 表示，按照上述类似的方法，可得到相应的溶质化学势的表达式。即

$$\mu_B(T,p,\mathrm{l})=\mu_B^\circ(T,p,b^\ominus)+RT\ln(b_B/b^\ominus) \tag{3.5.6}$$

$$\mu_B(T,p,\mathrm{l})=\mu_B^\circ(T,p,c^\ominus)+RT\ln(c_B/c^\ominus) \tag{3.5.7}$$

其中 $\mu_B^\circ(T,p,b^\ominus)$ 和 $\mu_B^\circ(T,p,c^\ominus)$ 分别表示：在温度为 T，压强为 p，溶质浓度分别为 $b^\ominus=1\ \mathrm{mol\cdot kg^{-1}}$ 和 $c^\ominus=1\ \mathrm{mol\cdot dm^{-3}}$时，溶质行为仍然符合 Henry 定律所描述的稀溶液状态时(用符号“o”表示)的化学势，即溶质浓度用 b_B和 c_B表示时，理想稀溶液标准态的化学势。标准态的含义如图 3.6 和图 3.7 所示。

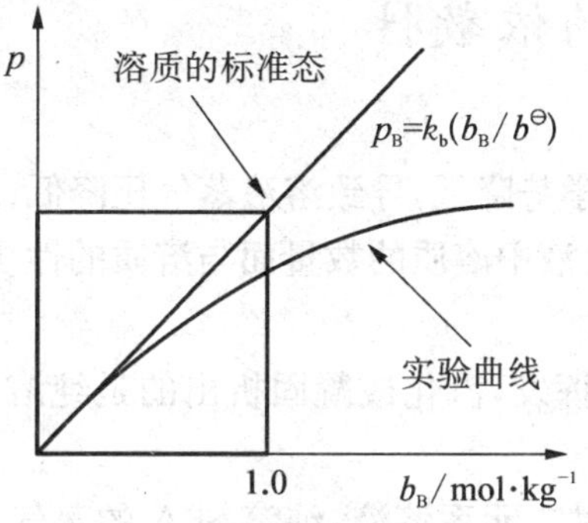

图 3.6　溶质浓度以 $b_B/\mathrm{mol\cdot kg^{-1}}$ 表示的标准态

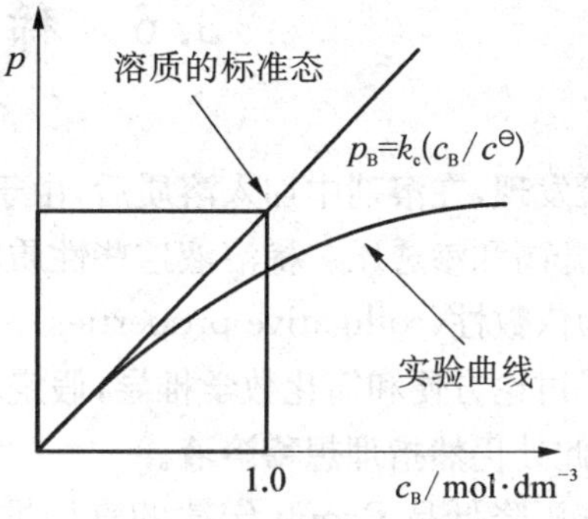

图 3.7　溶质浓度以 $c_B/\mathrm{mol\cdot dm^{-3}}$ 表示的标准态

显然，由于溶质浓度表示方法的不同，这三个标准态的化学势 $\mu_B^\circ(T,p)$、$\mu_B^\circ(T,p,b^\ominus)$、$\mu_B^\circ(T,p,c^\ominus)$ 的数值彼此不相等。但是，对于同一个溶质 B 所处的稀溶液状态，不管浓度用何种方法表示，其化学势 $\mu_B(T,p,l)$ 只可能是一个数值。

讨论 生物体系标准态

【例 3.7】 A 和 B 混合形成二元理想稀溶液，当溶质 B 的浓度分别选用摩尔分数 x_B和质量摩尔浓度 b_B表示时，求其 $\Delta_{\mathrm{mix}}G$。

解：对于理想稀溶液，组分的气液平衡关系分别为：溶剂组分 A，遵从 Raoult 定律；溶质组分 B 遵从 Henry 定律。

当A、B均以 x 表示浓度时,各组分的化学势为:

$$\mu_A = \mu_A^* + RT\ln x_A,\ \mu_A^* = \mu_A^\ominus + RT\ln(p_A^*/p^\ominus)$$

$$\mu_B = \mu_B^\circ + RT\ln x_B,\ \mu_B^\circ = \mu_B^\ominus + RT\ln(k_{x,B}/p^\ominus)$$

而纯B则为 $\mu_B^* = \mu_B^\ominus + RT\ln(p_B^*/p^\ominus)$,于是有

$$\begin{aligned}\Delta_{mix}G &= n_A(\mu_A - \mu_A^*) + n_B(\mu_B - \mu_B^*) \\ &= n_ART\ln x_A + n_B(\mu_B^\circ - \mu_B^*) + n_BRT\ln x_B \\ &= n_ART\ln x_A + n_BRT\ln x_B + n_BRT\ln(k_{x,B}/p_B^*)\end{aligned}$$

当溶质B以 b_B 表示浓度时,溶剂A仍然以 x_A 表示浓度,各组分的化学势为:

$$\mu_A = \mu_A^* + RT\ln x_A,\ \mu_A^* = \mu_A^\ominus + RT\ln(p_A^*/p^\ominus)$$

$$\mu_B = \mu_B^\circ(b^\ominus) + RT\ln(b_B/b^\ominus),\ \mu_B^\circ(b^\ominus) = \mu_B^\ominus + RT\ln(k_{b,B}/p^\ominus)$$

而纯B则为 $\mu_B^* = \mu_B^\ominus + RT\ln(p_B^*/p^\ominus)$,于是有

$$\begin{aligned}\Delta_{mix}G &= n_A(\mu_A - \mu_A^*) + n_B(\mu_B - \mu_B^*) \\ &= n_ART\ln x_A + n_B[\mu_B^\circ(b^\ominus) - \mu_B^*] + n_BRT\ln(b_B/b^\ominus) \\ &= n_ART\ln x_A + n_BRT\ln(b_B/b^\ominus) + n_BRT\ln(k_{b,B}/p_B^*)\end{aligned}$$

3.6 稀溶液的依数性

实验发现,在溶剂中加入溶质后,由于溶剂化学势降低,导致溶液蒸气压降低、凝固点降低、沸点升高和渗透压。稀溶液这些性质取决于溶液中溶质的数量而与溶质的性质无关,因此被称为依数性(colligative properties)。

为了讨论方便和简化数学推导,假定:溶质不挥发,汽化或凝固析出的是纯溶剂。所谓稀溶液,此处仍然指理想稀溶液。

蒸气压降低是Raoult定律的直接推论。如对二元系溶液,纯溶剂A的蒸气压与稀溶液中溶剂组分A的蒸气压之差 $\Delta p = p_A^* - p_A = p_A^*(1 - x_A) = p_A^* x_B$。由于 $x_A < 1$,总有 $p_A < p_A^*$。

3.6.1 凝固点降低

溶液的凝固点温度 T_f 低于纯溶剂的凝固点温度 T_f^* 称为凝固点降低(the depression of freezing point),其值为 $\Delta T_f = T_f^* - T_f$。

在凝固点,液态溶液与纯溶剂组分固态间呈相平衡。根据相平衡关系,溶液中溶剂A的化学势与纯固体A的化学势相等,即

$$\mu_A(l, T, p, x_A) = \mu_A^*(s, T, p)$$

在恒压条件下,加入少量溶质导致A浓度微小变化 dx_A,引起A的化学势和体系温度等性

质的微小变化 $d\mu_A$、dT，当达到新的平衡时有：

$$d\mu_A(l,T,p,x_A)=d\mu_A^*(s,T,p)$$

由于

$$\mu_A(l,T,p,x_A)=\mu_A^*(l,T,p)+RT\ln x_A$$

将 μ_A 以(T、x_A)为变量做全微分展开，则

$$\left(\frac{\partial\mu_A(l)}{\partial T}\right)_{p,x_A}dT+\left(\frac{\partial\mu_A(l)}{\partial x_A}\right)_{T,p}dx_A=\left(\frac{\partial\mu_A^*(s)}{\partial T}\right)_p dT$$

对于稀溶液，$(\partial\mu_A(l)/\partial x_A)_{T,p}=RT/x_A$，$(\partial\mu_A(l)/\partial T)_{p,x_A}=-S_A(l)$

对于纯固体，$(\partial\mu_A^*(s)/\partial T)_p=-S_{m,A}^*(s)$，则有

$$-S_A(l)dT+RTd(\ln x_A)=-S_{m,A}^*(s)dT$$

将 $\Delta_{fus}S_{m,A}=S_A(l)-S_{m,A}^*(s)=\Delta_{fus}H_{m,A}/T$ 关系代入，得：

$$d\ln x_A=\left(\frac{\Delta_{fus}H_{m,A}}{RT^2}\right)dT$$

微量溶质加入溶剂，引起浓度 x_A 的变化为 $1\to x_A$，温度的变化为 $T_f^*\to T_f$。在此区间积分有：

$$\int_{x_A=1}^{x_A}d\ln x_A=\int_{T_f^*}^{T_f}\frac{\Delta_{fus}H_{m,A}^*}{RT^2}dT$$

假设纯溶剂的摩尔熔融焓 $\Delta_{fus}H_{m,A}^*$ 不随 T 变化，则积分结果为：

$$\begin{aligned}\ln x_A&=\left(\frac{\Delta_{fus}H_{m,A}^*}{R}\right)\left(\frac{1}{T_f^*}-\frac{1}{T_f}\right)\\&=\left(\frac{\Delta_{fus}H_{m,A}^*}{R}\right)\left(\frac{T_f-T_f^*}{T_f^*T_f}\right)\approx-\frac{\Delta_{fus}H_{m,A}^*}{RT_f^{*2}}\Delta T_f\end{aligned}\qquad(3.6.1)$$

其中 $T_fT_f^*$ 近似为 T_f^{*2}。对于二元稀溶液，$x_A\to1$，$x_B\to0$，则

$$-\ln x_A=-\ln(1-x_B)\approx x_B\approx n_B/n_A$$

其中 n_A、n_B 分别为 A 和 B 的物质的量，于是式(3.6.1)可写成

$$\Delta T_f=\frac{RT_f^{*2}}{\Delta_{fus}H_{m,A}^*}\cdot\frac{n_B}{n_A}\qquad(3.6.2)$$

这就是稀溶液的凝固点降低公式。若用质量摩尔浓度 b_B 表示溶质 B 的浓度($mol\cdot kg^{-1}$)，$m(A)$表示 A 的质量(kg)，M_A 表示 A 的摩尔质量($kg\cdot mol^{-1}$)，式(3.6.2)又可写成

$$\begin{aligned}\Delta T_f&=\frac{RT_f^{*2}M_A}{\Delta_{fus}H_{m,A}^*}\frac{n_B}{m(A)}=K_f\frac{n_B}{m(A)}\\&=K_f\cdot b_B\end{aligned}\qquad(3.6.3)$$

式(3.6.3)为常用的稀溶液凝固点降低公式，其中 $K_f = RT_f^{*2}M_A/\Delta_{fus}H_{m,A}^*$ 是溶剂的凝固点降低常数(cryoscopic constant)，其数值只与溶剂的性质有关，是溶剂的特性参数。表 3.1 列出了几种溶剂的凝固点和 K_f 值。

表 3.1 几种溶剂的凝固点和 K_f 值

溶剂	水	醋酸	萘	环己烷	樟脑	苯	三溴甲烷
T_f^* /K	273.2	289.8	353.4	279.7	446.2	278.7	281.5
K_f/(K·kg·mol^{-1})	1.86	3.90	6.94	20.2	40.0	5.12	14.3

【例 3.8】 2.41 g 苯甲酸溶解在 250 g 苯中，其凝固点降低值为 0.204 8 K，求苯甲酸的相对分子质量(苯中)。已知，$K_f = 5.12\ \text{K·mol}^{-1}\text{·kg}$。

解 $\Delta T_f = K_f b_B = K_f \dfrac{m(B)/M_B}{m(A)}$，则

$$M_B = K_f \frac{m(B)}{m(A)\Delta T_f} = 5.12\ \text{K·mol}^{-1}\text{·kg}\ \frac{2.41\ \text{g}}{250\ \text{g} \times 0.204\ 8\ \text{K}}$$
$$= 0.241\ \text{kg·mol}^{-1}$$

已知苯甲酸的 $M_B = 122$ g，但在苯中发现 $M_B = 241$ g，表明溶液中苯甲酸呈双分子缔合状态。所以凝固点降低方法可用于实验测定溶质的分子量，研究溶液中的分子相互作用。

3.6.2 沸点升高

讨论 温度对固体物质在液体中溶解度的影响

液体的沸点是指其蒸气压等于外压(通常为 101 325 Pa)时的温度。对于含非挥发性溶质的溶液，由于蒸气压降低，导致溶液的沸点比纯溶剂高，(the elevation of boiling point)，$\Delta T_b = T_b - T_b^* > 0$。

当溶液与其蒸气平衡时，溶剂组分 A 在两相的化学势相等。若溶液浓度有 dx_A 微小变化，必然导致组分 A 的化学势和体系平衡温度的变化。这一变化关系，与凝固点降低的情况相似，不同之处在于沸点升高考虑的是气液平衡。按照类似于凝固点降低的推导，可得沸点升高关系式为：

$$\ln x_A = \frac{\Delta_{vap}H_{m,A}^*}{R}\left(\frac{1}{T_b} - \frac{1}{T_b^*}\right) \approx -\frac{\Delta_{vap}H_{m,A}^*\Delta T_b}{RT_b^{*2}} \tag{3.6.4}$$

对于稀溶液，做类似于凝固点降低常数的近似处理可得：

$$\Delta T_b = K_b b_B, \quad K_b = RT_b^{*2}M_A/\Delta_{vap}H_{m,A}^* \tag{3.6.5}$$

式中：$\Delta_{vap}H_{m,A}^*$ 是纯溶剂 A 的摩尔汽化热。K_b 称沸点升高常数(ebullioscopic constant)，它只决定于溶剂的性质。表 3.2 列出了几种溶剂的沸点和 K_b 值。

表 3.2 几种溶剂的沸点和 K_b 值

溶剂	水	甲醇	乙醇	丙酮	氯仿	苯	四氯化碳
T_b^* /K	373.2	337.7	351.5	329.3	334.4	353.3	349.9
K_b/(K·kg·mol^{-1})	0.52	0.83	1.19	1.73	3.85	2.60	5.02

3.6.3　渗透压

在一定温度下的一个U形容器内，在溶液和纯溶剂间放置半透膜，仅使溶剂分子可以透过。溶液中组分A的化学势为 $\mu_A=\mu_A^*+RT\ln x_A$，μ_A^* 为纯溶剂组分A的化学势。由于 $x_A<1$，则 $\mu_A<\mu_A^*$，即溶剂A具有从右侧(纯溶剂)流向左侧(溶液)的倾向，导致液面上升 h 高度，产生静压强 $\Pi=\rho gh$，使两边化学势差减小，直至平衡，如图3.8所示，这种现象称为渗透压现象(osmosis)。如果在溶液上方施加额外压强 Π，阻止溶剂分子A通过半透膜的渗入，这个额外增加的压强 Π 称为渗透压(osmotic pressure)。此时溶液中溶剂组分的化学势与纯溶剂一侧的化学势相等，渗透达到平衡。即两侧化学势相等：

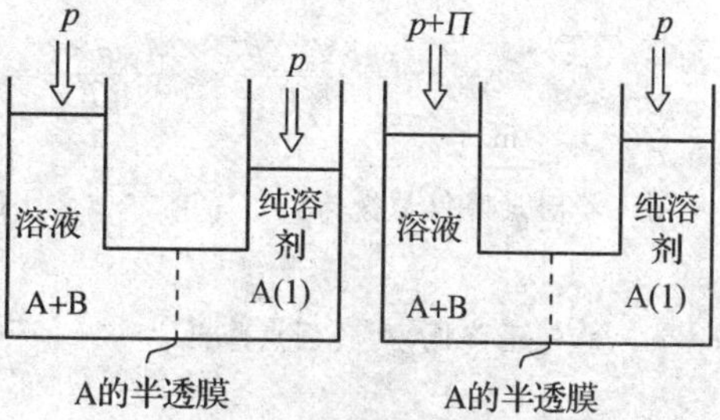

图3.8　渗透压示意图

$$\mu_A^*(T,p)+RT\ln x_A+\int_p^{p+\Pi}V_A\mathrm{d}p=\mu_A^*(T,p)$$

等式左侧包含压强变化对化学势的影响。假定溶剂A的偏摩尔体积 V_A 不随压强变化，积分上式得：

$$V_A\Pi=-RT\ln x_A \tag{3.6.6}$$

此式是理想稀溶液的渗透压公式。式中 V_A 常用纯溶剂的摩尔体积 $V_{m,A}^*$ 代替。

做进一步处理：对于稀溶液，$\ln x_A=\ln(1-x_B)\approx -x_B$，式(3.6.6)变为：

$$V_A\Pi=RTx_B \tag{3.6.7}$$

若取 $x_B\approx n_B/n_A$，则有

$$\Pi=c_BRT \tag{3.6.8}$$

式中 $c_B=n_B/V$，即物质的量浓度。该式表示：渗透压的大小与溶质的浓度成正比。Π 与溶质的量有关而与溶质的性质无关。该式的应用条件为理想稀溶液。稀溶液的依数性关系式，式(3.6.3)、式(3.6.5)和式(3.6.8)都被称为van't Hoff公式。

一般情况下，依数性中渗透压是一个灵敏的性质，相对于冰点降低和蒸汽压降低来讲，比较容易实验测定。通过测定渗透压可以方便地测定溶质的分子量，特别是大分子的分子量。对于小分子溶质，由于半透膜不容易制备，通常可以考虑用凝固点降低法测定分子量。

【例3.9】　某高聚物溶于苯中，298 K的 $\Pi=0.011\,5$ m苯柱，已知苯 $K_f=5.12\ \mathrm{K\cdot kg\cdot mol^{-1}}$，$p^*=12\,532$ Pa，$M_A=0.078\ \mathrm{kg\cdot mol^{-1}}$，求凝固点和蒸气压的变化？由计算结果可得什么结论？苯的密度 $0.873\,8\ \mathrm{g\cdot cm^{-3}}$。

解：几个依数性质的关联公式：

$$-\ln x_A=\frac{\Delta_{vap}H_{m,A}^*}{RT_b^{*2}}\Delta T_b=\frac{\Delta_{fus}H_{m,A}^*}{RT_f^{*2}}\Delta T_f=\frac{\Pi V_{m,A}^*}{RT}=\frac{p_A^*-p_A}{p_A^*}=x_B$$

由渗透压计算蒸气压降低，则

$$\Pi=\rho gh,\rho=M_A/V_{m,A}$$

$$\frac{\Delta p_A}{p_A^*}=\frac{\Pi V_{m,A}^*}{RT}=\frac{\rho ghV_{m,A}^*}{RT}\approx\frac{M_A gh}{RT}$$

$$\Delta p_A=\frac{\rho ghV_{m,A}^* p_A^*}{RT}\approx\frac{M_A ghp_A^*}{RT}=\frac{0.078\times 9.8\times 0.011\,5\times 12\,532}{8.314\times 298}\ \text{Pa}=0.044\,46\ \text{Pa}$$

凝固点降低常数为：
$$K_f=\frac{RT_f^{*2}}{\Delta_{fus}H_{m,A}}M_A$$

蒸气压降低，则凝固点降低
$$\frac{\Delta p_A}{p_A^*}=\frac{\Delta_{fus}H_{m,A}}{RT_f^{*2}}\Delta T_f$$

$$\Delta T_f=\frac{\Delta p_A}{p_A^*}\frac{RT_f^{*2}}{\Delta_{fus}H_{m,A}}=\frac{\Delta p_A}{p_A^*}\frac{K_f}{M_A}=\frac{0.044\,46}{12\,532}\times\frac{5.12}{0.078}\ \text{K}=2.33\times 10^{-4}\ \text{K}$$

结论：渗透压 Π=11.5 mm 苯柱=98.48 Pa，蒸气压降低 Δp_A= 0.044 5 Pa，凝固点降低 ΔT_f= 2.33×10^{-4} K。

在实验精度要求范围内，蒸气压降低和凝固点下降数值很小，难以实验精确测定，而渗透压数值较大，易测定。

讨论 渗透压在生物学的应用

科学家介绍

雅可比·亨利克·范霍夫
(Jacobus Henricus van't Hoff)

3.7 非理想液态混合物与活度

理想液态混合物和理想稀溶液是我们处理溶液问题的两个模型，而实际溶液往往与之有所差别，是非理想的。为解决实际溶液问题，可以考虑以这两个模型为基础，引入非理想液态混合物偏差修正项来处理。类似于引入逸度处理非理想气体的情况那样，引入活度的概念用于处理非理想液态混合物。

3.7.1 活度

为了处理非理想液态混合物，Lewis 引入了相对活度的概念，简称活度。所谓活度等于浓度 x_B 乘上活度因子 $\gamma_{x,B}$。

$$a_{x,B}=x_B\gamma_{x,B},\ \lim_{x_B\to 1}\gamma_{x,B}=1 \tag{3.7.1}$$

$a_{x,B}$称为组分B的活度(activity),可视为校正浓度;$\gamma_{x,B}$称为活度因子(activity factor),也称为活度系数(activity coefficient)。但是,单有第一个式子并不能唯一确定活度,还要对活度因子有指定。在用摩尔分数表示浓度时,当以 $x_B\to 1$,即混合物无限接近纯溶剂状态,此时B的行为符合 Raolut 定律,这样才有 $\gamma_{x,B}=1$。当 $\gamma_{x,B}$偏离1时,表示组分B偏离理想液态混合物。

用活度代替浓度,实际溶液中组分B的蒸气压可以表示为:

$$p_B=p_B^*a_{x,B}=p_B^*x_B\gamma_{x,B} \tag{3.7.2}$$

所以,活度因子反映了组分B对于 Raoult 定律的偏差情况。$\gamma_{x,B}>1$,即 $p_B>p_B^*x_B$,为正偏差;$\gamma_{x,B}<1$,即 $p_B<p_B^*x_B$,为负偏差;$\gamma_{x,B}=1$,即 $p_B=p_B^*x_B$,为理想液态混合物。

3.7.2 非理想液态混合物的化学势

对于非理想液态混合物,用活度 $a_{x,B}$代替 x_B,仍然采用理想液态混合物化学势的表达式,则

$$\begin{aligned}\mu_B&=\mu_B^{\ominus}(T)+RT\ln(p_B/p^{\ominus})\\&=[\mu_B^{\ominus}(T)+RT\ln(p_B^*/p^{\ominus})]+RT\ln x_B+RT\ln\gamma_{x,B}\\&=\mu_B^*(T,p)+RT\ln a_{x,B}\end{aligned}$$

$$a_{x,B}=x_B\gamma_{x,B}\qquad \lim_{x_B\to 1}\gamma_{x,B}=1 \tag{3.7.3}$$

其中 $\mu_B^*(T,p)$为纯组分B并符合 Raoult 定律的参考态的化学势,与理想液态混合物的参考态相同。在此状态,$x_B=1$,$\gamma_{x,B}=1$。活度的量纲为1。$\gamma_{x,B}$为组成用摩尔分数表示的活度因子,表示了实际溶液中,组分B的摩尔分数与理想溶液的偏差,其量纲也是1。

这个处理方法,实质上是在整个浓度区间,以 Raoult 定律为参考状态的处理方法,即考虑实际溶液与 Raoult 定律的偏差。

3.7.3 非理想稀溶液的化学势

对于稀溶液,活度的数值取决于参考态。除了以理想液态混合物为参考模型外,我们也可以用符合 Henry 定律的理想稀溶液为参考模型来处理。理想的稀溶液模型是指溶剂符合 Raoult 定律,溶质符合 Henry 定律的系统。所以处理稀溶液系统,要区分溶剂组分和溶质组分。

对于溶剂组分A,实际溶液与理想稀溶液的偏差可以看成是其与 Raoult 定律的偏差,其化学势的表达式与式(3.7.3)相同。

$$\mu_A=\mu_A^*(T,p)+RT\ln a_{x,A},\quad a_{x,A}=x_A\gamma_{x,A},\quad \lim_{x_A\to 1}\gamma_{x,A}=1$$

对于溶质组分B,实际稀溶液与理想稀溶液的偏差可以看成是其与 Henry 定律的偏差。

$$p_{\mathrm{B}}=k_x a_{x,\mathrm{B}}=k_x x_{\mathrm{B}}\gamma_{x,\mathrm{B}},\quad a_{x,\mathrm{B}}=x_{\mathrm{B}}\gamma_{x,\mathrm{B}},\quad \lim_{x_{\mathrm{B}}\to 0}\gamma_{x,\mathrm{B}}=1 \tag{3.7.4}$$

式中：$a_{x,\mathrm{B}}$称为B的活度；$\gamma_{x,\mathrm{B}}$为组成用摩尔分数表示的活度因子，表示实际溶液中，组分B的气液平衡与Henry定律的偏差，其量纲也是1。对活度因子的数值也要指定，当$x_{\mathrm{B}}\to 0$时，组分B符合Henry定律，活度因子为1。

溶质B的化学势可以采用理想稀溶液溶质B的化学势的形式，但用活度$a_{x,\mathrm{B}}$代替摩尔分数x_{B}。

$$\begin{aligned}\mu_{\mathrm{B}}&=\mu_{\mathrm{B}}^{\ominus}(T)+RT\ln(p_{\mathrm{B}}/p^{\ominus})\\&=[\mu_{\mathrm{B}}^{\ominus}(T)+RT\ln(k_x/p^{\ominus})]+RT\ln x_{\mathrm{B}}+RT\ln\gamma_{x,\mathrm{B}}\\&=\mu_{\mathrm{B}}^{\circ}(T,p)+RT\ln a_{x,\mathrm{B}}\end{aligned} \tag{3.7.5}$$

式中$\mu_{\mathrm{B}}^{\circ}(T,p)$为纯B($x_{\mathrm{B}}=1$)且服从Henry定律($p_{\mathrm{B}}=k_x,\gamma_{x,\mathrm{B}}=1$)的虚拟状态的化学势，它与式(3.5.5)定义的标准态相同。

溶质的浓度可选用多种表达形式，其活度也有相对应的不同表达形式。如果Henry定律以$p_{\mathrm{B}}=k_b(b_{\mathrm{B}}/b^{\ominus})\gamma_{b,\mathrm{B}}$表示，溶质B的化学势为：

$$\begin{aligned}\mu_{\mathrm{B}}&=\mu_{\mathrm{B}}^{\ominus}(T)+RT\ln(p_{\mathrm{B}}/p^{\ominus})\\&=[\mu_{\mathrm{B}}^{\ominus}(T)+RT\ln(k_b/p^{\ominus})]+RT\ln(b_{\mathrm{B}}/b^{\ominus})+RT\ln\gamma_{b,\mathrm{B}}\\&=\mu_{\mathrm{B}}^{\circ}(T,p,b^{\ominus})+RT\ln a_{b,\mathrm{B}}\end{aligned}$$

$$a_{b,\mathrm{B}}=(b_{\mathrm{B}}/b^{\ominus})\gamma_{b,\mathrm{B}},\ \lim_{b_{\mathrm{B}}\to 0}\gamma_{b,\mathrm{B}}=1 \tag{3.7.6}$$

式中$a_{b,\mathrm{B}}$也称为B的活度。$\gamma_{b,\mathrm{B}}$为溶质B用质量摩尔浓度表示的活度因子，量纲为1。当$b_{\mathrm{B}}\to 0$时，B服从Henry定律，$\gamma_{b,\mathrm{B}}=1$。式中$\mu_{\mathrm{B}}^{\circ}(T,p,b^{\ominus})$为当$b_{\mathrm{B}}=b^{\ominus}=1\ \mathrm{mol\cdot kg^{-1}}$且服从Henry定律($p_{\mathrm{B}}=k_b,\gamma_{b,\mathrm{B}}=1$)的虚拟状态的化学势，它与式(3.7.3)和式(3.7.5)定义的参考态不同。与式(3.5.6)所定义的标准态相同。

同理，若用摩尔浓度c_{B}表示B的浓度，Henry定律以$p_{\mathrm{B}}=k_c(c_{\mathrm{B}}/c^{\ominus})\gamma_{c,\mathrm{B}}$表示，溶质B的化学势为：

$$\begin{aligned}\mu_{\mathrm{B}}&=\mu_{\mathrm{B}}^{\ominus}(T)+RT\ln(p_{\mathrm{B}}/p^{\ominus})\\&=[\mu_{\mathrm{B}}^{\ominus}(T)+RT\ln(k_c/p^{\ominus})]+RT\ln(c_{\mathrm{B}}/c^{\ominus})+RT\ln\gamma_{c,\mathrm{B}}\\&=\mu_{\mathrm{B}}^{\circ}(T,p,c^{\ominus})+RT\ln a_{c,\mathrm{B}}\end{aligned}$$

$$a_{c,\mathrm{B}}=(c_{\mathrm{B}}/c^{\ominus})\gamma_{c,\mathrm{B}},\ \lim_{c_{\mathrm{B}}\to 0}\gamma_{c,\mathrm{B}}=1 \tag{3.7.7}$$

式中$a_{c,\mathrm{B}}$也称为B的活度。$\gamma_{c,\mathrm{B}}$为溶质B用摩尔浓度表示的活度因子，量纲为1。当$c_{\mathrm{B}}\to 0$时，B服从Henry定律，$\gamma_{c,\mathrm{B}}=1$。式中$\mu_{\mathrm{B}}^{\circ}(T,p,c^{\ominus})$为$c_{\mathrm{B}}=c^{\ominus}=1\ \mathrm{mol\cdot dm^{-3}}$，$p_{\mathrm{B}}=k_c$，$\gamma_{c,\mathrm{B}}=1$的虚拟状态的化学势。这个状态与式(3.5.7)所定义的标准态相同。

在上述化学势的表达式中，我们选用上标符号(*)表示纯组分状态，即$x_{\mathrm{B}}=1$；用上标符号"°"表示稀溶液溶质状态，即$x_{\mathrm{B}}\to 0$；分别用$x=1$、$b_{\mathrm{B}}=b^{\ominus}$和$c_{\mathrm{B}}=c^{\ominus}$表示不同浓度单位时活度因子和化学势的标准态。在一些参考书和文献中，也有选用其他符号表示稀溶液的标准态的，如(●，△，□，†，‡等)。在电解质溶液中，也常用 $\mu^{\ominus}$ 表示电解质的标准态化学势，即在 $b_B \to 0$ 的稀溶液中，$b_B = b^{\ominus} = 1\ \mathrm{mol \cdot kg^{-1}}$ 时电解质(或离子)的化学势。所以，在阅读参考书时，要注意作者对标准态的定义。

活度是相对的，其数值与参考态的选取密切相关。对于气液平衡体系，活度也可以视为实际状态与参考态的相对逸度。

对于一个液态混合物，设它有两个状态，分别标记为(1)和(2)，在气液平衡条件下，组分 B 的气相和液相化学势分别为：

$$\mu_B(1,l) = \mu_B(1,g) = \mu_B^{\ominus}(T) + RT\ln[f_B(1)/p^{\ominus}]$$
$$\mu_B(2,l) = \mu_B(2,g) = \mu_B^{\ominus}(T) + RT\ln[f_B(2)/p^{\ominus}]$$

其中 $f_B(1)$ 和 $f_B(2)$ 分别为状态(1)和(2)的平衡气相逸度，两个液相化学势之差为

$$\mu_B(1,l) - \mu_B(2,l) = RT\ln[f_B(1)/f_B(2)] = RT\ln a_B$$

于是，
$$\mu_B(1,l) = \mu_B(2,l) + RT\ln a_B$$

这就是我们常见的化学势的表达式，其中 $\mu_B(2,l)$ 是参考态(2)的化学势，即定义活度和化学势的标准态。而活度 a_B 定义为：

$$a_B = \frac{f_B(1)}{f_B(2)} = \exp\left\{\frac{\mu_B(1,l) - \mu_B(2,l)}{RT}\right\}$$

上式的含义为：a_B 是状态(1)以状态(2)为参考态而定义的活度，其值等于相对逸度 $f_B(1)/f_B(2)$，而其化学势之差等于 $RT\ln a_B$。前文所述溶液中溶质的活度和化学势的表达式，都可以看出有这样的关系。

【例 3.10】 已知水的饱和蒸汽压 $p^*(298\ \mathrm{K}) = 3\ 173\ \mathrm{Pa}$，某水溶液上方平衡蒸气压 $p = 2\ 733\ \mathrm{Pa}$，若选 298 K 与 133.1 Pa 水蒸气达平衡的假定纯水为参考态，求溶液中水的活度；若选同温纯水的真实状态为参考态，水的活度又为多少？

解：标记各状态，假设气体为理想气体。

状态(0)，假定纯水状态：

$$p_A^*(0) = 133.1\ \mathrm{Pa},\ \mu_A(0,l) = \mu_A(0,g) = \mu_A^{\ominus}(T) + RT\ln[p_A^*(0)/p^{\ominus}]$$

状态(1)，纯水：

$$p_A^*(1) = 3\ 173\ \mathrm{Pa},\ \mu_A(1,l) = \mu_A(1,g) = \mu_A^{\ominus}(T) + RT\ln[p_A^*(1)/p^{\ominus}]$$

状态(2)，水溶液：

$$p_A(2) = 2\ 733\ \mathrm{Pa},\ \mu_A(2,l) = \mu_A(2,g) = \mu_A^{\ominus}(T) + RT\ln[p_A(2)/p^{\ominus}]$$

若水溶液(2)以纯水(0)为参考态，化学势的变化为：

$$\mu_A(2,l) - \mu_A(0,l) = RT\ln[p_A(2)/p_A^*(0)],$$

即：
$$\mu_A(2,l) = \mu_A(0,l) + RT\ln[p_A(2)/p_A^*(0)],$$

用活度表达： $\mu_A(2,l)=\mu_A(0,l)+RT\ln a_A$

活度为： $a_A=p_A(2)/p_A^*(0)=2\ 733/133.4=20.5$

若水溶液(2)以纯水(1)为参考态，化学势的变化为：

$$\mu_A(2,l)-\mu_A(1,l)=RT\ln[p_A(2)/p_A^*(1)],$$

即： $\mu_A(2,l)=\mu_A(1,l)+RT\ln[p_A(2)/p_A^*(1)]$

用活度表达： $\mu_A(2,l)=\mu_A(1,l)+RT\ln a_A$

活度为： $a_A=p_A(2)/p_A^*(1)=2\ 733/3\ 173=0.861$

这一例题说明，活度是相对于参考态而言的，选用不同的参考态，活度的数值是不同的。

3.7.4 活度的测定

下面介绍几种活度系数测定方法。

1. 蒸气压法

在一定温度和压强下，当挥发性溶剂的蒸气压与其溶液成平衡，其蒸气压满足关系式

$$p_A=p_A^*a_A,\gamma_A=p_A/(x_Ap_A^*)$$

因此通过测定溶剂的蒸气压，很容易测得A组分的活度或者活度因子。

在一定温度和压强下，当挥发性溶质B的蒸气压与其溶液达成平衡，其蒸气压满足 $p_B=k_xa_B$，因此可以通过下式由溶质的蒸气压计算其活度和活度因子。

$$a_B=p_B/k_x,\gamma_B=p_B/(x_Bk_x)$$

式中 k_x 可以通过 p_B/x_B 对 x_B 作图，然后外推到零得到。当以 b_B 或者 c_B 表示溶质浓度时，也可以用类似的方法。

2. 稀溶液依数性

(1) 凝固点降低法

对于实际溶液或者实际稀溶液，则

$$\ln a_A=[\Delta_{fus}H_{m,A}^*/R](1/T_f^*-1/T_f)$$

其中凝固点 T_f^* 和 T_f 可由实验精确测定，用上式求得溶剂A的活度 a_A。若使用式(3.6.3)，以活度代替浓度，在稀溶液浓度区间通过测定 ΔT 而测溶质活度 a_B 也是实验可行的。

(2) 渗透压法

对于实际溶液或者实际稀溶液，则

$$\ln a_A=-V_{m,A}^*\Pi/RT$$

实验测定纯溶剂的摩尔体积和溶液的渗透压之后，即可求得溶剂A的活度。若使用式(3.6.8)，以活度代替浓度，在稀溶液浓度区间可测得溶质B的活度 a_B。

【例3.11】 $MgCl_2$-KCl 二元系溶液在 $x(MgCl_2)=0.826$ 时凝固点为923 K，凝固时析出纯 $MgCl_2$。

已知 $MgCl_2$ 的正常凝固点为 984 K，标准摩尔熔化焓为 43.120 $kJ\cdot mol^{-1}$，求溶液中 $MgCl_2$ 的活度与活度因子。

解：$\Delta_{fus}H_m^{\ominus}(MgCl_2) = 43\,120\ J\cdot mol^{-1}$，

$$\ln a(MgCl_2) = (\Delta_{fus}H_{m,A}^*/R)(1/T_f^* - 1/T_f) = (43\,120/8.314)(1/984 - 1/923)$$

活度，$a(MgCl_2) = 0.706$；活度因子，$\gamma = a/x = 0.706/0.826 = 0.855$。

3. Gibbs - Duhem 公式法

对于非挥发性溶质的活度，可以由溶剂的活度根据 Gibbs - Duhem 公式求算溶质的活度。在等温、等压条件下二元系(A+B)的 Gibbs - Duhem 公式为：

$$x_A d\mu_A + x_B d\mu_B = 0,\ x_A d\ln a_A + x_B d\ln a_B = 0$$

它对 A 和 B 的参考状态如何选取没有任何限制，因而是一个普适方程。若溶剂 A 和溶质 B 按照规定选取参考状态，$a_A = \gamma_A x_A$，$a_B = \gamma_B x_B$，$dx_A + dx_B = 0$，γ_A 和 γ_B 的关系为：

$$x_A d\ln\gamma_A + x_B d\ln\gamma_B = 0$$

使用该式时应首先解微分方程。Gibbs - Duhem 方程的特点是，从一已知的活度因子与组成的关系，求另一活度因子与组成的关系。

讨论　活度因子的参考态

3.7.5　过量函数

活度和活度因子是了解溶液非理想性的一种方法。许多其他方法也可用于解决实际溶液问题，差别在于选取的参考状态不同而已。

过量函数定义为实际混合函数与理想混合函数之差。

$$G^E = \Delta_{mix}G^{resol} - \Delta_{mix}G^{idsol} = RT\sum_i n_i \ln\gamma_i \tag{3.7.8}$$

其中理想混合 Gibbs 自由能为：$\Delta_{mix}G^{idsol} = RT\sum\limits_i n_i \ln x_i$　　(3.7.9)

实际混合 Gibbs 自由能为：$\Delta_{mix}G^{resol} = RT(\sum\limits_i n_i \ln x_i + \sum\limits_i n_i \ln\gamma_i)$　　(3.7.10)

这个方法的特点是取理想混合过程为参考态，考察实际混合过程对理想混合过程的偏差。G^E 反映了活度因子对溶液非理想性的影响，活度因子可以通过测定 G^E 的偏摩尔量来获得。

$$(\partial G^E/\partial n_B)_{T,p,n_C} = \mu_B^E = RT\ln\gamma_B \tag{3.7.11}$$

图 3.9 为理想溶液的混合函数随组分摩尔分数的变化，可见：$\Delta_{mix}H_m = 0$，$\Delta_{mix}S_m > 0$，$\Delta_{mix}G_m < 0$。图 3.10 为丙酮(1)＋甲醇(2)二元系的 $G^E/(RT)$ 和各组分的活度系数 $\ln\gamma$ 随组分摩尔分数的变化。可见在整个浓度区间，$G^E > 0$，即实际混合 Gibbs 自由能大于理想混合的值。过量函数可以求得活度系数，可以看到分子间相互作用对热力学性质的影响。

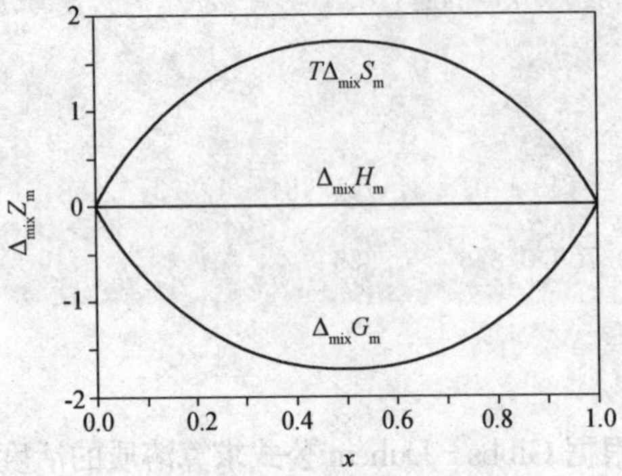

图 3.9 理想溶液的混合函数随组分摩尔分数的变化

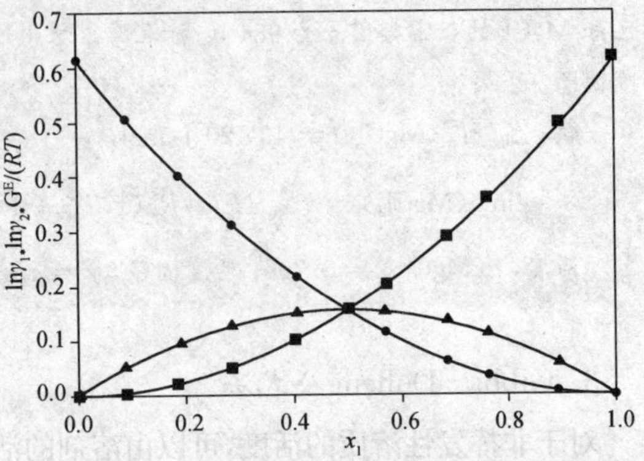

图 3.10 丙酮(1)+甲醇(2)二元系的$G^E/(RT)$(▲)和各组分的活度因子 $\ln\gamma_1$(●)和 $\ln\gamma_2$(■)随组分摩尔分数 x_1 的变化

讨论
- 正规溶液与无热溶液理论模型
- 过量函数与活度因子的经验方程关联
- 无限稀释活度因子及其测定

3.7.6 分配定律

在定温、定压稀溶液中，当溶质在两个互不相溶的溶剂间达成溶解平衡时，该溶质在两相中的浓度比为一常数，这就是分配定律。

设物质 B 在 α 和 β 两相中有相同的分子形式，在定温、定压下，其活度分别为 $a_B(\alpha)$ 与 $a_B(\beta)$，其化学势与参考态化学势分别为：$\mu_B(\alpha)$、$\mu_B(\beta)$ 及 $\mu_B^\circ(\alpha)$、$\mu_B^\circ(\beta)$。则

B 在 α 相的化学势为：$\mu_B(\alpha)=\mu_B^\circ(\alpha,T,p)+RT\ln a_B(\alpha)$

B 在 β 相的化学势为：$\mu_B(\beta)=\mu_B^\circ(\beta,T,p)+RT\ln a_B(\beta)$

溶解平衡时，溶质 B 在 α 和 β 两相中的化学势相等。则

$$\frac{a_B(\alpha)}{a_B(\beta)}=\exp\left\{-\frac{\mu_B^\circ(\alpha,T,p)-\mu_B^\circ(\beta,T,p)}{RT}\right\}=K(T,p) \tag{3.7.12}$$

式(3.7.12)就是分配定律的经验式，K 称为分配系数。影响 K 值的因素有温度、压力、溶质及两种溶剂的性质等。在溶液浓度不太大时能很好地与实验结果相符。

应当注意：分配定律只能适用于溶质在两溶剂中具有相同的分子形态的情况，若溶质在任一溶剂中有缔合或离解则不适用。

分配定律的应用：(1) 可以计算萃取的效率问题。例如，使某一定量溶液中溶质降到某一程度，需用一定体积的萃取剂萃取多少次才能达到。(2) 可以证明，当萃取剂数量有限时，分若干次萃取的效率要比一次萃取的高。

3.7.7 溶解热和稀释热

1. 溶解热

在指定温度下，将一定量的溶质溶于一定量的溶剂时，溶液的浓度从零(纯溶剂)变到某

一数值，这时测得的热效应称为积分溶解热。在溶解过程中，溶液的浓度不断改变，积分溶解热等于溶解过程中总的热量变化。

若溶质溶解过程是等温、等压过程，它的热效应就等于该过程的焓变，称为积分溶解焓，用符号 $\Delta_{sol}H$ 表示。

设A为溶剂，B为溶质，则

$$\Delta_{sol}H = (n_A H_A + n_B H_B) - (n_A H_{m,A}^* + n_B H_{m,B}^*) \tag{3.7.13}$$

式中 n_A 和 n_B 分别为溶剂与溶质的物质的量；H_A 和 H_B 分别为在所形成的溶液中组分A和组分B的偏摩尔焓；$H_{m,A}^*$ 和 $H_{m,B}^*$ 分别为纯组分A与纯组分B的摩尔焓。

摩尔积分溶解焓是对溶质而言的，用 $\Delta_{sol}H_m$ 表示，定义为

$$\begin{aligned}\Delta_{sol}H_m &= \frac{(n_A H_A + n_B H_B) - (n_A H_{m,A}^* + n_B H_{m,B}^*)}{n_B} \\ &= (H_B - H_{m,B}^*) + r(H_A - H_{m,A}^*)\end{aligned} \tag{3.7.14}$$

式中 $r = n_A/n_B$ 为溶剂物质的量与溶质物质的量之比。当 r 一定时，溶液组成一定，H_A 和 H_B 皆为定值。因此 $\Delta_{sol}H_m$ 是 r 的函数，相当于1摩尔溶质溶于 r 摩尔溶剂中的焓变。

物质的溶解过程有的为放热过程（如硫酸溶于水），有的为吸热过程（如硝酸铵溶于水）。积分溶解热除与溶剂和溶质的性质和数量有关外，还与系统所处的温度与压强有关。

积分溶解热可用量热计直接测定。

当固态或液态溶质溶于溶剂时，为了克服溶质分子或离子间的引力，常需要吸热，与此同时，由于溶质和溶剂间有很强的吸引力而发生溶剂化作用时则放热。因此积分溶解焓取决于这两种效应的相对大小。

摩尔微分溶解热是指在给定浓度的溶液中加入 dn_B 溶质时所产生的微量热效应。由于加入的溶质量很少，溶液浓度可视为不变，即 $(\partial\Delta_{sol}H/\partial n_B)_{T,p,n_A}$。摩尔微分溶解热是一个偏摩尔量，即

$$(\partial\Delta_{sol}H/\partial n_B)_{T,p,n_A} = H_B - H_{m,B}^* \tag{3.7.15}$$

2. 无限稀释热

在指定温度和压强下，当把1 mol硫酸加到水中，溶液的摩尔积分溶解热是随溶液浓度（水含量）改变而变化的，但当溶液浓度稀释到一定程度，其摩尔积分溶解热存在一个极限值，此时溶液的摩尔积分溶解热为一定值，称为无限稀释热（焓），即无限稀释摩尔溶解热（焓），用 $\Delta_{sol}H_m^\infty$ 表示。

无限稀释热（焓）表示的是：在指定温度和压强下，1 mol纯物质B溶解到大量溶剂A中，形成溶质B浓度趋于无限稀释的状态，这一过程的热效应。过程的焓变为：

$$\Delta_{sol}H_m^\infty = H_B^\infty - H_{m,B}^* \tag{3.7.16}$$

式中：$H_{m,B}^*$ 为纯物质B的摩尔焓；H_B^∞ 为在溶剂A中当溶质B浓度趋于零时B的偏摩尔焓，即 $H_B^\infty = (\partial H/\partial n_B)_{T,p,b_B\to 0}$；$b_B$ 为B的质量摩尔浓度，即每kg溶剂A中所含B的物质的量。

对于稀溶液系统，溶剂组分 A 的标准态指的是液态纯溶剂组分状态，溶质组分 B 的标准态指的是溶质浓度趋于无限稀释且活度因子为 1 的溶液状态。所以，无限稀释摩尔溶解焓指的是溶质与溶剂组分混合，由纯物质标准态形成稀溶液标准态的过程的焓变，即标准摩尔溶解焓(Standard molar enthalpy of solution)，用 $\Delta_{\text{sol}}H_{\text{m}}^{\circ}$ 表示。

$$\Delta_{\text{sol}}H_{\text{m}}^{\circ}=(H_{\text{B}}^{\circ}+rH_{\text{m,A}}^{*})-(H_{\text{m,B}}^{*}+rH_{\text{m,A}}^{*})=H_{\text{B}}^{\circ}-H_{\text{m,B}}^{*}=\Delta_{\text{sol}}H_{\text{m}}^{\infty} \quad (3.7.17)$$

式中 $r=n_{\text{A}}/n_{\text{B}}$ 为溶剂物质的量与溶质物质的量之比，H_{B}° 为溶质 B 在稀溶液标准态的偏摩尔焓，$H_{\text{m,A}}^{*}$ 和 $H_{\text{m,B}}^{*}$ 分别为纯组分 A 与纯组分 B 的摩尔焓，即纯物质标准态的摩尔焓。

液态或固态溶质在液态溶剂中的无限稀释溶解热的测定需要符合一定的实验条件，即满足 r 很大，溶质浓度很小，且溶解热的测定结果与溶液的浓度几乎无关。它也可以通过计算得到，即：通过实验测定若干个不同溶质浓度的积分溶解热，再将积分溶解热表示成随溶质浓度变化的函数，拟合实验数据，求出溶质浓度趋于零的参数即为无限稀释溶解热的数值。

如，对于电解质溶液系统，将摩尔积分溶解焓和无限稀释摩尔溶解焓的关系表示为：

$$\Delta_{\text{sol}}H_{\text{m}}=\Delta_{\text{sol}}H_{\text{m}}^{\infty}+{}^{\phi}L \quad (3.7.18)$$

其中：${}^{\phi}L$ 为溶液的表观相对摩尔焓，$\Delta_{\text{sol}}H_{\text{m}}^{\infty}$ 为电解质的无限稀释摩尔溶解焓。在给定温度下，利用 Pitzer 的电解质溶液理论给出 ${}^{\phi}L$ 与电解质浓度的具体函数式，$\Delta_{\text{sol}}H_{\text{m}}^{\infty}$ 的数值可以通过将之作为一个调节参数经拟合实验数据而得到(关于 Pitzer 的电解质溶液理论请参考电解质溶液理论专著)。

3. 稀释热

在指定的温度及压强下，将一定量纯溶剂加到一定组成的溶液中产生的热效应，又称稀释焓。稀释热与溶质、温度、压强、溶液的起始与终止浓度有关。稀释热通常可分为：

(1) 积分稀释热。定温定压下，将一定量纯溶剂加入含 1 mol 溶质的一定组成的溶液中，使之稀释成另一组成的溶液所产生的热效应。积分稀释热的数值与溶液的起始与终止浓度有关。积分稀释热可用量热计直接测量，也可用积分溶解热计算，计算公式为：

$$\Delta_{\text{dil}}H_{\text{m}}=\Delta_{\text{sol}}H_{\text{m}}(r_2)-\Delta_{\text{sol}}H_{\text{m}}(r_1) \quad (3.7.19)$$

式中：$\Delta_{\text{dil}}H_{\text{m}}$ 为积分稀释热，$\Delta_{\text{sol}}H(r_2)$ 和 $\Delta_{\text{sol}}H(r_1)$ 是 1 mol 溶质分别溶于 r_2 和 r_1 mol 溶剂中的焓变。

(2) 微分稀释热。定温定压下，将一定量的纯溶剂 $\text{d}n_{\text{A}}$ 加入大量的一定组成的溶液中(溶液的浓度不发生变化)所产生的热效应，即 $(\partial\Delta_{\text{sol}}H/\partial n_{\text{A}})_{T,p,n_{\text{B}}}$，称为摩尔微分稀释焓。摩尔微分稀释焓也是一个偏摩尔量，即

$$(\partial\Delta_{\text{sol}}H/\partial n_{\text{A}})_{T,p,n_{\text{B}}}=H_{\text{A}}-H_{\text{m,A}}^{*} \quad (3.7.20)$$

微分熔解热和微分稀释热的数值与溶液的浓度有关，难以直接测量，通常用作图法求出。如以积分溶解热作纵坐标，溶剂的摩尔分数作横坐标作图，曲线上任一点的斜率即为该

浓度下的微分稀释热。微分溶解热是对溶质 B 而言的偏微分，微分稀释热是对溶剂 A 而言的偏微分。工程上主要应用积分溶解热或稀释热。

【例 3.12】 298 K，常压下 H_2SO_4 溶于水的摩尔积分溶解焓与组成的关系为：$\Delta_{sol}H_m/kJ\cdot mol^{-1} = -74.73r/(r+1.789)$，$r$ 为水的物质的量与 H_2SO_4 的物质的量之比，求 10%H_2SO_4 溶液的摩尔微分稀释焓和 H_2SO_4 的摩尔微分溶解焓。

解：溶液的组成：以 100 g 溶液为基准，10%的溶液含水 90 g，H_2SO_4 10 g，则 $r=(90/18)/(10/98)=49$。

溶液的摩尔微分稀释焓是溶解焓对溶剂水 A 的偏微分，即

$$(\partial\Delta_{sol}H/\partial n_A)_{T,p,n_B} = (\partial\Delta_{sol}H/\partial r)_{T,p,n_B} = \frac{\partial}{\partial r}\left(\frac{-74.73r}{r+1.789}\right)$$

$$= \frac{-74.73\times1.789}{(r+1.789)^2} = -0.052\ kJ\cdot mol^{-1}$$

根据式(3.7.13)有：

$$\Delta_{sol}H = n_AH_A + n_BH_B - (n_AH^*_{m,A} + n_BH^*_{m,B}),$$

式(3.7.20)表示摩尔微分稀释焓是对 A 的偏摩尔量，$(\partial\Delta_{sol}H/\partial n_A)_{T,p,n_B} = H_A - H^*_{m,A}$

式(3.7.15)表示摩尔微分溶解焓是对 B 的偏摩尔量，$(\partial\Delta_{sol}H/\partial n_B)_{T,p,n_A} = H_B - H^*_{m,B}$

由偏摩尔量的加和性，则：

$$\Delta_{sol}H = n_A(\partial\Delta_{sol}H/\partial n_A)_{T,p,n_B} + n_B(\partial\Delta_{sol}H/\partial n_B)_{T,p,n_A}$$

摩尔积分溶解焓是对 1 mol 溶质 B 而言的，即：

$$\Delta_{sol}H_m = r(\partial\Delta_{sol}H/\partial n_A)_{T,p,n_B} + (\partial\Delta_{sol}H/\partial n_B)_{T,p,n_A}$$

所以：$(\partial\Delta_{sol}H/\partial n_B)_{T,p,n_A} = \Delta_{sol}H_m - r(\partial\Delta_{sol}H/\partial n_A)_{T,p,n_B}$

$$= \frac{-74.73r}{r+1.789} - r\frac{(-74.73\times1.789)}{(r+1.789)^2}$$

$$= \frac{-74.73\times49}{49+1.789} + 49\times0.052 = -69.55\ kJ\cdot mol^{-1}$$

内容提要

一、基本知识点

1. 偏摩尔量，偏摩尔量的热力学性质，偏摩尔量的加和性，Gibbs - Duhem 公式，偏摩尔量的计算。

2. 化学势，多组分系统的热力学基本公式，压力和温度对化学势的影响，相平衡和化学平衡的化学势。

3. 理想气体的化学势表达式，非理想气体的化学势表达式，标准态化学势，逸度和逸度系数，由状态方程和压缩因子求逸度系数。

4. 气液平衡，拉乌尔定律，亨利定律，理想液态混合物，理想稀溶液，溶液各组分的化学势表达式，化学势的标准态，理想液态混合物的混合性质。

5. 稀溶液的依数性，蒸气压降低，冰点降低，沸点升高，渗透压，分配定律。

6. 活度，活度因子，非理想液态混合物中各组分的化学势表达式，活度因子的测定方法，过量函数，气液平衡关系的计算。

二、基本公式

1. 偏摩尔量的定义 $Z_B=\left(\frac{\partial Z}{\partial n_B}\right)_{T,p,n_C(C\neq B)}$ 和偏摩尔量加和公式：$Z=\sum_{B=1}^{k}n_BZ_B$

2. Gibbs - Duhem 公式 $\sum_{B=1}^{k}n_B dZ_B=0$ 或 $\sum_{B=1}^{k}x_B dZ_B=0$

3. 多组分系统的热力学基本方程

$$dU=TdS-pdV+\sum_{B=1}^{k}\mu_B dn_B \qquad dH=TdS+Vdp+\sum_{B=1}^{k}\mu_B dn_B$$

$$dA=-SdT-pdV+\sum_{B=1}^{k}\mu_B dn_B \qquad dG=-SdT+Vdp+\sum_{B=1}^{k}\mu_B dn_B$$

4. 拉乌尔定律 $p_A=p_A^* x_A$

5. 亨利定律 $p_B=k_x x_B=k_b(b_B/b^\ominus)=k_C(c_B/c^\ominus)$

6. 组分 B 的化学势表达式

理想气体混合物 $\mu_B=\mu_B^\ominus+RT\ln\frac{p_B}{p^\ominus}$

非理想气体混合物 $\mu_B=\mu_B^\ominus+RT\ln\frac{f_B}{p^\ominus}$

理想液态混合物 $\mu_A(T,p,l)=\mu_A^*(T,p)+RT\ln x_A$

理想稀溶液

$$\mu_B(T,p,l)=\mu_B^o(T,p,l)+RT\ln x_B=\mu_B^o(T,p,b^\ominus)+RT\ln(b_B/b^\ominus)$$
$$=\mu_B^o(T,p,c^\ominus)+RT\ln(c_B/c^\ominus)$$

非理想液态混合物溶液

$$\mu_A=\mu_A^*(T,p)+RT\ln a_{x,A}$$
$$\mu_B=\mu_B^0(T,p)+RT\ln a_{x,B}=\mu_B^o(T,p,b^\ominus)+RT\ln a_{b,B}$$
$$=\mu_B^o(T,p,c^\ominus)+RT\ln a_{c,B}$$

7. 理想液态混合物的混合函数

$$\Delta_{mix}V=0 \qquad \Delta_{mix}U=0 \qquad \Delta_{mix}H=0$$
$$\Delta_{mix}S=-R\sum_B n_B\ln x_B \qquad \Delta_{mix}A=RT\sum_B n_B\ln x_B$$
$$\Delta_{mix}G=RT\sum_B n_B\ln x_B$$

8. 过量函数

$$G^E=RT\sum_B n_B\ln\gamma_B+\left(\frac{\partial G^E}{\partial n_B}\right)_{T,p,n_c}=RT\ln\gamma_B$$

9. 稀溶液的依数性

溶剂蒸气压下降 $\Delta p_A=p_A^*-p_A=p_A^* x_B$

凝固点降低 $\Delta T_f=T_f^*-T_f=K_f b_B$，

$$K_f=\frac{R(T_f^*)^2}{\Delta_{fus}H_{m,A}^*}\cdot M_A$$

沸点升高 $\Delta T_b=T_b-T_b^*=K_b b_B$，

$$K_b = \frac{R\,(T_b^*)^2}{\Delta_{vap}H_{m,A}^*}\cdot M_A$$

渗透压　　$\Pi = c_B RT$

分配定律　　$\dfrac{a_{x,B}^{\alpha}}{a_{x,B}^{\beta}} = \exp\left[\dfrac{\mu_B^{\circ,\beta} - \mu_B^{\circ,\alpha}}{RT}\right] = K(T,p)$

习题

1. 水和乙醇形成的溶液，$x(H_2O)=0.4$，乙醇的偏摩尔体积为 $57.5\times10^{-6}\ m^3\cdot mol^{-1}$，溶液的密度为 $849.4\ kg\cdot m^{-3}$，试求此溶液中水的偏摩尔体积。

2. 288 K 及标准压强下，10 m^3 含乙醇质量分数为 0.96 的乙醇水溶液，今欲加水使其变为含乙醇 0.56，试计算：

(1) 应加水多少 m^3？

(2) 能得到多少 m^3 的乙醇溶液？

已知 288 K 标准压强下水的密度为 $999.1\ kg\cdot m^{-3}$，水与乙醇的有关偏摩尔体积列表如下：

乙醇质量分数	$V(H_2O)/cm^3\cdot mol^{-1}$	$V(C_2H_5OH)/cm^3\cdot mol^{-1}$
0.96	14.61	58.01
0.56	17.11	56.58

3. 298 K 和大气压下，NaCl(B)溶于 1.0 kg 水(A)，体积 V 与溶入的 NaCl 的物质的量 n_B 的关系为：

$$V/cm^3 = 1\,001.38 + 16.625n_B + 1.774{n_B}^{3/2} + 0.119{n_B}^2$$

求：(1) 水和 NaCl 的偏摩尔体积与溶入的 NaCl 的物质的量 n_B 的关系；

(2) $n_B=0.5$ mol 时水和 NaCl 的偏摩尔体积；

(3) 无限稀释时水和 NaCl 的偏摩尔体积。

4. 已知在苯（C_6H_6）和甲苯（C_7H_8）的混合物中，苯和甲苯均近似服从 Raoult 定律。在 303 K 时纯苯及纯甲苯的饱和蒸气压分别为 15.800 kPa 和 4.893 kPa。若将物质的量相同的 C_6H_6 和 C_7H_8 混合，问平衡时气相中各组分的物质的量分数为多少？

5. 乙醇水溶液含乙醇的质量分数 $w_B=0.03$。在 97.11℃时溶液的总蒸气压为 101.325 kPa，在该温度下纯水的蒸气压为 91.326 kPa。试计算在该温度下乙醇的物质的量分数为 0.02 的溶液上方与其平衡的乙醇、水的蒸气分压(假定上述溶液中水和乙醇分别服从 Raoult 定律和 Henry 定律)。

6. 液体 A 和液体 B 形成理想混合物。由 1 mol A 和 2 mol B 混合而成的混合物在 323 K 时平衡蒸气压为 3.33×10^4 Pa。若在该混合物中再加入 1 mol A，混合物的平衡蒸气压上升到 3.70×10^4 Pa，试求纯液体 A 和 B 在 323 K 的饱和蒸气压。

7. 300 K 时纯 A 和纯 B 形成理想混合物，计算如下两种情况的 Gibbs 自由能的变化。

(1) 从大量的等物质的量的纯 A 和纯 B 形成的理想混合物中分出 1 mol 纯 A 的 ΔG；

(2) 从纯 A 和纯 B 各为 2 mol 所形成的理想混合物中分出 1 mol 纯 A 的 ΔG。

8. 测定 ΔT_f 和 ΔT_b 的重要用途之一是求溶质的摩尔质量。设某一新合成的有机化合物 X，含 C 为 $w_C=0.632$，H 为 $w_H=0.088$，其余是 O 为 w_O（w 均为质量分数）。今将 0.070 2 g 该化合物溶于 0.804 g 樟脑中，凝固点比纯樟脑低了 15.3 K，求 X 的摩尔质量及其化学式。已知樟脑的凝固点降低常数 $K_f=40.0\ K\cdot mol^{-1}\cdot kg$。

9. 某溶质B的水溶液 $b_B=0.001\ mol \cdot kg^{-1}$，求25℃时溶液的蒸气压下降 Δp 及渗透压 Π 的数值，以及凝固点降低 ΔT_f 和沸点升高 ΔT_b 的数值（已知25℃时水的蒸气压为3 168 Pa，水的熔化焓为333.4 J·g^{-1}，水的汽化热为40.8 kJ·mol^{-1}）。

10. 300 K时液体A与B的蒸气压分别为 $p_A^*=37.338\ kPa$，$p_B^*=22.656\ kPa$。当1 mol A与2 mol B组成液体混合物时，上方平衡的气相压力 $p=50.663\ kPa$，已知气相中A的物质的量分数 $y_A=0.6$。试求 a_A，γ_A，a_B，γ_B，并指出A，B的标准态。

11. 25℃时，一氯甲烷(B)的水(A)溶液上方一氯甲烷的蒸气压与其浓度的关系如下：

溶液	1	2
b_B/mol·kg^{-1}	0.029	0.131
$p_B/p^{\ominus}$	0.270 0	1.244 6

若 $b_B=0.029\ mol \cdot kg^{-1}$ 的溶液可视为理想稀溶液。试计算以上两溶液中溶质B的 $\gamma_{x,B}$，$a_{x,B}$，$\gamma_{b,B}$，$a_{b,B}$。

12. 288.15 K时，1 mol NaOH溶于4.559 mol H_2O 中所形成溶液的蒸气压为596.5 Pa。在该温度下，纯水的蒸气压为1750 Pa，求：

(1) 溶液中水的活度等于多少？

(2) 溶液中的水和纯水的化学势相差多少？

13. 在300 K时，液态A的蒸气压为36.12 kPa，液态B的蒸气压为21.26 kPa，当2 mol A与2 mol B混合后，液面上总蒸气压为50.03 kPa，蒸气中A的摩尔分数为0.58. 假定为理想气体，求：

(1) 溶液中A和B的活度；

(2) 溶液中A和B的活度系数；

(3) 实际混合过程的 $\Delta_{mix}G$；

(4) 过量Gibbs自由能 G^E。

14. 在1.0 dm^3 水中含有某物质100 g，在298 K时，用1.0 dm^3 乙醚萃取一次，可得该物质66.7 g。试求：

(1) 该物质在水和乙醚间的分配系数；

(2) 若用1.0 dm^3 乙醚分10次萃取，能萃取出的该物质的质量。

15. 两组分正规溶液的混合Gibbs函数为：$\Delta_{mix}G=RT(n_1\ln x_1+n_2\ln x_2)+(n_1+n_2)x_1x_2\omega$，其中 ω 为与组成无关的经验参数。

(1) 证明各组分的化学势为：$\mu_1=\mu_1^*+RT\ln x_1+\omega x_2^2$，$\mu_2=\mu_2^*+RT\ln x_2+\omega x_1^2$；活度系数为：$\ln\gamma_1=x_2^2\omega/RT$，$\ln\gamma_2=x_1^2\omega/RT$。

(2) 25℃苯和 CCl_4 形成以上正规溶液，此时 $\omega=324\ J \cdot mol^{-1}$，求50℃，$x_1=x_2=0.5$ 时，各组分的活度系数及 H_m^E 和 G_m^E。

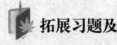

拓展习题及资源

微信扫码

- 拓展习题
- 视频动画
- 互动交流

第4章　化学平衡

一个化学反应在一定条件下能否进行？理论上反应能获得多大产率？温度、压强、原料配比及惰性物质等因素对反应的影响如何？如何选择操作条件使反应向着人们预期的方向进行？这些问题归结起来就是如何判断化学反应的方向和限度，这是化学和化工过程的基本问题。将热力学的基本原理应用于化学反应系统，这些问题可以得到解答。本章所涉及的化学反应系统是指不做非膨胀功的封闭系统。

4.1　化学反应的方向和限度

4.1.1　化学反应的方向和限度

对于等温、等压无非体积功的封闭体系发生化学反应：

$$dD + eE \longrightarrow fF + gG$$

按照物质守恒原理有：　$\sum_B \nu_B B = 0$

即，反应物物质的量的减少，等于产物的物质的量的增加。其中B表示组分B的浓度，ν_B 表示按化学反应方程表示的组分B的化学计量系数。化学反应进行的程度，用反应进度 ξ 表示，即

$$d\xi = \frac{-dn_D}{d} = \frac{-dn_E}{e} = \frac{dn_F}{f} = \frac{dn_G}{g}$$

对应这一变化发生的Gibbs自由能的变化为：

$$dG = \sum_B \mu_B dn_B = \sum_B \nu_B \mu_B d\xi$$

根据Gibbs自由能降低原理，化学反应应该朝着Gibbs自由能减少的方向进行，即朝着 $(\partial G/\partial \xi)_{T,p} < 0$ 的方向进行，直到系统的Gibbs自由能最小为止，即达到了化学反应平衡。

$$\left(\frac{\partial G}{\partial \xi}\right)_{T,p} = \sum_B \nu_B \mu_B = \Delta_r G_m = 0 \qquad (4.1.1)$$

这就是化学反应平衡的条件，反应的限度。式中 $\Delta_r G_m$ 表示按照化学反应方程发生反应进度为1 mol的反应所引起的Gibbs函数的变化，称为摩尔反应Gibbs自由能。

式(4.1.1)中的 $\Delta_r G_m$ 不仅随温度和压强变化，更重要的是随系统各组分的浓度发生变化。若 $\Delta_r G_m < 0$，反应朝反应方程指定的方向进行；若 $\Delta_r G_m > 0$，反应朝其反向进行，仅在

$\Delta_r G_m = 0$ 的条件下反应达到平衡。对应于这一平衡点，反应物与产物的浓度有确定的组成，也就是我们常说的反应平衡常数所规定的组成。我们所要解决的问题是：根据反应平衡条件，确定热力学函数与平衡组成或平衡常数的关系。

讨论 化学反应亲和势

4.1.2 气相化学反应等温方程式和平衡常数

1. 气体反应等温方程

根据恒温、恒压条件下气体组分的化学势表达式

$$\mu_B = \mu_B^\ominus(T) + RT\ln(f_B/p^\ominus)$$

对于反应

$$dD + eE \longrightarrow fF + gG$$

可以求得反应系统的 Gibbs 自由能的变化 $\Delta_r G_m$ 为：

$$\begin{aligned}\Delta_r G_m &= \sum_B \nu_B \mu_B \\ &= \sum_B \nu_B \mu_B^\ominus + RT\ln\frac{(f_F/p^\ominus)^f\ (f_G/p^\ominus)^g}{(f_D/p^\ominus)^d\ (f_E/p^\ominus)^e} \\ &= \Delta_r G_m^\ominus + RT\ln Q_f\end{aligned} \tag{4.1.2}$$

式中，Q_f 称为逸度商(reaction quotient)，即

$$Q_f = \prod_B \left(\frac{f_B}{p^\ominus}\right)^{\nu_B} = \frac{(f_F/p^\ominus)^f\ (f_G/p^\ominus)^g}{(f_D/p^\ominus)^d\ (f_E/p^\ominus)^e} \tag{4.1.3}$$

$\Delta_r G_m^\ominus = \sum_B \nu_B \mu_B^\ominus$ 表示标准状态下的摩尔反应 Gibbs 自由能(standard reaction Gibbs energy)变化值，对于给定的温度，它有确定的数值。

当反应达到平衡，$\Delta_r G_m = 0$，式(4.1.2)中的逸度均应以平衡时的逸度表示。即

$$\Delta_r G_m^\ominus = \sum_B \nu_B \mu_B^\ominus = -RT\ln\prod_B (f_B/p^\ominus)_e^{\nu_B} = -RT\ln K_f^\ominus \tag{4.1.4}$$

式中，$K_f^\ominus$ 称为系统的标准热力学平衡常数(standard thermodynamic equilibrium constant)，是量纲为 1 的量。这样，式(4.1.2)可以表示为：

$$\Delta_r G_m = -RT\ln K_f^\ominus + RT\ln Q_f \tag{4.1.5}$$

这就是气相化学反应等温方程式(reaction isotherm)的一种表达式。根据 $K_f^\ominus$ 和 Q_f 的相对大小，可以判定反应的方向。

若 $K_f^\ominus > Q_f$，$\Delta_r G_m < 0$，反应向右自发进行，称为释能反应(exergonic reaction)；

若 $K_f^\ominus = Q_f$，$\Delta_r G_m = 0$，反应系统达到平衡；

若 $K_f^\ominus < Q_f$，$\Delta_r G_m > 0$，反应不能向右自发进行，称为吸能反应(endergonic reaction)。

式(4.1.4)和式(4.1.5)是两个重要的方程，分别表达了 $\Delta_r G_m^\ominus$ 和平衡常数的联系，$\Delta_r G_m$ 和反应的方向的联系。

【例 4.1】 已知 25℃热力学数据如下：

	乙苯(g)	苯乙烯(g)	氢(g)	水蒸气(g)	氧(g)
$\Delta_f G_m^\ominus/J \cdot mol^{-1}$	130 574	213 802	0	−228 597	0

计算乙苯脱氢和乙苯氧化脱氢在 25℃时的标准平衡常数 $K_p^\ominus$。

解：乙苯脱氢反应：$C_6H_5C_2H_5(g) \rightarrow C_6H_5CHCH_2(g) + H_2(g)$

$\Delta_r G_m^\ominus = \Delta_f G_m^\ominus$(苯乙烯)$+\Delta_f G_m^\ominus$(氢)$-\Delta_f G_m^\ominus$(乙苯)$=213\,802-130\,574=83\,228\ J \cdot mol^{-1}$

$K_p^\ominus=\exp(-\Delta_r G_m^\ominus/RT)=\exp(-83\,228/8.314\times 298)=2.6\times 10^{-15}$

表明反应即使达到平衡，苯乙烯的产率也是很小的。（计算中各气体组分的逸度系数为 1 时，$K_f^\ominus=K_p^\ominus$）

乙苯氧化脱氢反应：$C_6H_5C_2H_5(g)+(1/2)O_2(g) \rightarrow C_6H_5CHCH_2(g)+H_2O(g)$

$\Delta_r G_m^\ominus = \Delta_f G_m^\ominus$(苯乙烯)$+\Delta_f G_m^\ominus(H_2O) - \Delta_f G_m^\ominus$(乙苯)$-0.5\Delta_f G_m^\ominus(O_2)$

$=213\,802-228\,597-130\,574=-145\,369\ J \cdot mol^{-1}$

$K_p^\ominus=\exp(-\Delta_r G_m^\ominus/RT)=\exp[+145\,369/(8.314\times 298)]=3.0\times 10^{25}$

表明反应达平衡时，反应几乎可以进行到底。

2. 气相反应平衡常数的若干形式

$K_f^\ominus$是以逸度商表示的平衡常数。当气相组成以分压、摩尔分数、体积摩尔浓度等物理量表示时，平衡常数的形式、单位、压强的影响也不同。

对于理想气体，$f_B=p_B$，故有：$K_f^\ominus=K_p^\ominus=\prod_B (p_B/p^\ominus)_e^{\nu_B}$，其量纲仍然为 1。

当组分的量用 p_B，x_B，c_B 表示时，通常还有一些其他形式的平衡常数表示方法，如：

$$K_p=\prod_B (p_B)_e^{\nu_B} \tag{4.1.6}$$

$$K_x=\prod_B (x_B)_e^{\nu_B} \tag{4.1.7}$$

$$K_c=\prod_B (c_B)_e^{\nu_B} \tag{4.1.8}$$

它们与标准平衡常数 $K_p^\ominus$的关系为：

$$K_p^\ominus=\prod_B (p_B)_e^{\nu_B}\cdot(p^\ominus)^{-\sum_B \nu_B}=K_p\cdot(p^\ominus)^{-\sum_B \nu_B} \tag{4.1.9}$$

$$K_p^\ominus=\prod_B (x_B)_e^{\nu_B}\cdot\prod_B (p/p^\ominus)^{\nu_B}=K_x(p/p^\ominus)^{\sum_B \nu_B} \tag{4.1.10}$$

$$K_p^\ominus=\prod_B (c_B)_e^{\nu_B}\cdot\prod_B (RT/p^\ominus)^{\nu_B}=K_c(RT/p^\ominus)^{\sum_B \nu_B} \tag{4.1.11}$$

对于非理想气体，$f_B=p_B\varphi_B$，则

$$\begin{aligned} K_f^\ominus &= \prod_B (p_B\varphi_B/p^\ominus)_e^{\nu_B} \\ &= \prod_B (p_B)_e^{\nu_B}\cdot\prod_B (\varphi_B)^{\nu_B}\cdot(p^\ominus)^{-\sum_B \nu_B} \\ &= K_pK_\varphi\cdot(p^\ominus)^{-\sum_B \nu_B} \end{aligned} \tag{4.1.12}$$

其中：K_φ 为逸度系数的商，它不仅是温度的函数，也是压强的函数。应当注意的是，只有$K_f^\ominus$是标准平衡常数，是由热力学公式(4.1.4)定义的。其他形式的平衡常数不能由$\Delta_r G_m^\ominus = \sum_B \nu_B \mu_B^\ominus$计算直接得到。但它们用于分析外界条件对反应平衡的影响时比较方便。

【例 4.2】 在一定温度下，(1) K_x，(2) $(\partial G/\partial \xi)_{T,p}$，(3) $\Delta_r G_m^\ominus$，(4) $K_f^\ominus$中，不随化学反应体系压强及组成而改变的量是：(　　)

(A) (1)(3)　　(B) (3)(4)　　(C) (2)(4)　　(D) (2)(3)

解： $\Delta_r G_m^\ominus = \sum \nu_B \mu_B^\ominus = -RT\ln K_f^\ominus$，其中 $\Delta_r G_m^\ominus$和 $K_f^\ominus$仅是温度的函数，不随体系压强及组成而变。$K_f^\ominus = K_x K_\varphi (p/p^\ominus)^{\sum \nu_B}$，由于 φ 随压强变化且$\sum \nu_B$不一定为 0，故 K_x 随压强改变。

$\left(\dfrac{\partial G}{\partial \xi}\right)_{T,p} = \sum \nu_B \mu_B = \Delta_r G_m$，它是一个随组成改变的量。故选答案为 B。

4.1.3 液相化学反应等温方程式和平衡常数

欲获得液相化学反应 Gibbs 自由能变化与平衡常数的关系，关键在于如何表达组分的化学势。如果反应物和产物能形成均相液体混合物，各组分可以同等对待，则不必有溶剂和溶质之分。液相组分 B 的化学势用活度表示则有

$$\mu_B(T,p) = \mu_B^*(T,p) + RT\ln a_B$$

其中 $a_B = x_B\gamma_B$，$\mu_B^*(T,p)$为液态纯组分 B 的化学势。液相反应的 Gibbs 自由能变化为：

$$\Delta_r G_m = \sum_B \nu_B \mu_B = \sum_B \nu_B \mu_B^*(T,p) + RT\ln \prod_B a_B^{\nu_B}$$

由于液相反应前后系统的体积变化很小且液体具有难以压缩的特征，近似用标准大气压 $p^\ominus$ 代替实际压强 p 不会产生大的误差。于是有：

$$\Delta_r G_m = \sum_B \nu_B \mu_B^\ominus(T) + RT\ln \prod_B a_B^{\nu_B} = -RT\ln K_a^\ominus + RT\ln \prod_B a_B^{\nu_B} \tag{4.1.13}$$

在化学平衡状态，$\Delta_r G_m = 0$，可得

$$\Delta_r G_m^\ominus(T) = \sum_B \nu_B \mu_B^\ominus(T) = -RT\ln \prod_B (a_B^{\nu_B})_e = -RT\ln K_a^\ominus = -RT\ln K_a \tag{4.1.14}$$

$K_a^\ominus$为以活度表示的在 $p^\ominus$ 时的液相平衡常数，由于压强对液相平衡常数的影响不大，常以(T,p)条件下的平衡常数 K_a 表示，它可由标准态化学势计算得到。

对于稀溶液系统，溶质浓度常用 x_B，c_B 和 b_B 表示，相应的平衡常数可表示为：

$$K_a = \prod_B a_B^{\nu_B} = \prod_B x_B^{\nu_B} \prod_B \gamma_{B,x}^{\nu_B} = K_x K_{\gamma,x} \tag{4.1.15}$$

$$K_a = \prod_B a_B^{\nu_B} = \prod_B (c_B/c^\ominus)^{\nu_B} \prod_B \gamma_{B,c}^{\nu_B} = K_c K_{\gamma,c} (c^\ominus)^{-\sum_B \nu_B} \tag{4.1.16}$$

$$K_a = \prod_B a_B^{\nu_B} = \prod_B (b_B/b^\ominus)^{\nu_B} \prod_B \gamma_{B,b}^{\nu_B} = K_b K_{\gamma,b} (b^\ominus)^{-\sum_B \nu_B} \tag{4.1.17}$$

浓度的表达式不同，平衡常数的表达式不同，标准态的化学势也不同，

$$\mu_B^{\circ}(T,x=1)\neq\mu_B^{\circ}(T,b^{\ominus})\neq\mu_B^{\circ}(T,c^{\ominus})$$

但无论用何种方法表示，化学势 μ_B 是唯一的。

4.1.4　非均相反应系统的化学平衡

有气相和凝聚相（液相、固体）共同参与的反应称为非均相反应（heterogeneous reaction）或复相反应。对于凝聚相（液相、固体）是纯态，气体是混合物的系统，纯态的化学势就是它的标准态化学势，气相化学势与组分的分压（或逸度）相关。于是，复相反应的热力学平衡常数仅显示出气态物质的分压。

设反应体系含有 N 种物质，其中 n 种为气体组分，其余为纯态凝聚相，反应的 Gibbs 自由能变化为：

$$\Delta_r G_m=\sum_1^n \nu_B\mu_B+\sum_{n+1}^N \nu_B\mu_B=\sum_1^n \nu_B\mu_B^{\ominus}+RT\ln\prod_{B=1}^n (f_B/p^{\ominus})^{\nu_B}+\sum_{n+1}^N \nu_B\mu_B^*$$

当反应达到平衡，$\Delta_r G_m=0,\sum_1^N \nu_B\mu_B^{\ominus}+RT\ln\prod_{B=1}^n (f_B/p^{\ominus})_e^{\nu_B}=0$，有

$$\sum_1^N \nu_B\mu_B^{\ominus}=-RT\ln K_f^{\ominus}=-RT\ln\prod_{B=1}^n (f_B/p^{\ominus})_e^{\nu_B}$$

$$K_f^{\ominus}=\prod_{B=1}^n (f_B/p^{\ominus})_e^{\nu_B}$$

可以看到：气相混合物与纯态凝聚相的平衡体系，反应平衡常数仅仅含有气体各组分的分压。但是，标准态化学势包含了体系的所有组分。

例如反应：　$CaCO_3(s) \longrightarrow CaO(s) + CO_2(g)$

$$K_p^{\ominus}=p(CO_2)/p^{\ominus}$$

$$\sum_1^3 \nu_B\mu_B^{\ominus}=\mu^{\ominus}(CaO,s)+\mu^{\ominus}(CO_2,g)-\mu^{\ominus}(CaCO_3,s)$$

又如反应：　$NH_4HS(s) \longrightarrow NH_3(g) + H_2S(g)$

$$K_p^{\ominus}=p(NH_3)p(H_2S)/(p^{\ominus})^2$$

$$\sum_1^3 \nu_B\mu_B^{\ominus}=\mu^{\ominus}(NH_3,g)+\mu^{\ominus}(H_2S,g)-\mu^{\ominus}(NH_4HS,s)$$

如果凝聚相不是纯组分（如溶液），平衡常数不仅包含气相各组分的分压，还要包含液相各组分的活度（或浓度）。对固相溶液也是这样。

应当指出，平衡常数的数值与化学方程式的写法有关。如：

(1) $\frac{1}{2}H_2(g)+\frac{1}{2}I_2(g)\rightleftharpoons HI(g)$，平衡常数为 $K_p^{\ominus}(1)$；

(2) $H_2(g)+I_2(g)\rightleftharpoons 2HI(g)$，平衡常数为 $K_p^{\ominus}(2)$。

显然，$K_p^\ominus(2)=[K_p^\ominus(1)]^2$。

4.2 影响化学平衡的因素

影响化学平衡的因素较多，如温度、压强、惰性气体等。它们对反应的影响反映在两个方面，一是引起平衡常数的改变，或是不改变平衡常数仅影响平衡的组成。

4.2.1 平衡常数与温度的关系

温度对平衡常数的影响来自温度对标准化学势或对标准平衡常数的影响。根据 Gibbs - Helmholtz 方程，温度对反应的标准摩尔 Gibbs 自由能 $\Delta_r G_m^\ominus$ 的影响关系式为：

$$\left[\frac{\partial(\Delta_r G_m^\ominus/T)}{\partial T}\right]_p=\frac{-\Delta_r H_m^\ominus}{T^2}$$

由于 $\Delta_r G_m^\ominus=-RT\ln K^\ominus$，代入上式后得

$$\left[\frac{\partial \ln K^\ominus}{\partial T}\right]_p=\frac{\Delta_r H_m^\ominus}{RT^2} \tag{4.2.1}$$

该式称为化学平衡的 van't Hoff 公式的微分式，表示了温度对热力学平衡常数的影响。$\Delta_r H_m^\ominus$ 为反应的标准摩尔焓变。对于吸热反应，$\Delta_r H_m^\ominus>0$，$K^\ominus$ 随温度升高而增大；对于放热反应，$\Delta_r H_m^\ominus<0$，$K^\ominus$ 随温度升高而减小。在具体的计算过程，须对式(4.2.1)积分，如果温度变化区间不大，$\Delta_r H_m^\ominus$ 可近似视为常数，其不定积分结果为：

$$\ln K^\ominus=-\frac{\Delta_r H_m^\ominus}{RT}+C \tag{4.2.2}$$

式中 C 为积分常数。若以 $\ln K^\ominus$ 对 $1/T$ 作图，应得一直线，其斜率为 $-\Delta_r H_m^\ominus/R$。

根据 $\Delta_r G_m^\ominus=\Delta_r H_m^\ominus-T\Delta_r S_m^\ominus$，得

$$\ln K^\ominus=-\frac{\Delta_r H_m^\ominus}{RT}+\frac{\Delta_r S_m^\ominus}{R} \tag{4.2.3}$$

可见 $\ln K^\ominus$ 对 $1/T$ 直线的截距与反应的标准熵变相关。由此法所得的 $\Delta_r H_m^\ominus$ 和 $\Delta_r S_m^\ominus$ 是某温度区间的平均值。如果 T 距离 298 K 不远，则常认为它们等于 298 K 的热力学数据。

若已知某一温度 T_1 的平衡常数 $K_1^\ominus$ 和反应标准摩尔焓变 $\Delta_r H_m^\ominus$，计算另一温度 T_2 的平衡常数 $K_2^\ominus$，需对式(4.2.1)作定积分，结果为：

$$\ln\frac{K_2^\ominus}{K_1^\ominus}=\frac{\Delta_r H_m^\ominus}{R}\left[\frac{1}{T_1}-\frac{1}{T_2}\right] \tag{4.2.4}$$

于是，若已知 298 K 的平衡常数 $K_1^\ominus$，在有 $\Delta_r H_m^\ominus$ 数据时，可以求得另一温度 T_2 的平衡常数 $K_2^\ominus$ 值。

如果温度变化范围较大时，为获精确结果，须知 $\Delta_r H_m^\ominus$ 与温度的关系，并将之代入式

(4.2.1)积分。反应焓变与温度的关系与产物和反应物的热容差有关,即

$$[\partial \Delta_r H_m^\ominus / \partial T]_p = \Delta_r C_{p,m}^\ominus$$

若物质的热容随温度变化关系写成经验方程:

$$C_{p,m}^\ominus = a + bT + cT^2 + \cdots,$$

式中 a、b 和 c 为温度的系数,则有

$$\Delta_r C_{p,m}^\ominus = \Delta a + \Delta bT + \Delta cT^2 + \cdots$$

其中 Δ 表示产物与反应物的系数之差。将之代入作 $\Delta_r H_m^\ominus(T)$ 和 $\ln K^\ominus$ 的积分,即可精确求出温度变化对平衡常数影响的关系。即

$$\Delta_r H_m^\ominus(T) = \Delta_r H_m^\ominus(T_o) + \int_{T_o}^{T} \Delta_r C_{p,m}^\ominus \mathrm{d}T$$

$$\ln \frac{K^\ominus(T_2)}{K^\ominus(T_1)} = \int_{T_1}^{T_2} \frac{\Delta_r H_m^\ominus(T)}{RT^2} \mathrm{d}T$$

【例 4.3】 反应 $NH_4Cl(s) \longrightarrow NH_3(g) + HCl(g)$ 的平衡常数在 T=250～400 K 的范围有关系式:$\ln K_p^\ominus = 37.32 - 21\,020\ \mathrm{K}/T$。计算 300 K 时反应的 $\Delta_r G_m^\ominus$,$\Delta_r H_m^\ominus$,$\Delta_r S_m^\ominus$。

解:300 K 时 $\ln K_p^\ominus = 37.32 - 21\,020\ \mathrm{K}/300\ \mathrm{K} = -32.75$

$$\Delta_r G_m^\ominus = -RT\ln K_p^\ominus = 81.68\ \mathrm{kJ \cdot mol^{-1}}$$

$$\left(\frac{\partial \ln K_p^\ominus}{\partial T}\right)_p = \Delta_r H_m^\ominus / RT^2 = 21\,020\ \mathrm{K}/T^2$$

$$\Delta_r H_m^\ominus = 174.8\ \mathrm{kJ \cdot mol^{-1}}$$

因为 $\Delta_r G_m^\ominus = \Delta_r H_m^\ominus - T\Delta_r S_m^\ominus$,所以

$$\Delta_r S_m^\ominus = (\Delta_r H_m^\ominus - \Delta_r G_m^\ominus)/T = 310.4\ \mathrm{J \cdot K^{-1} \cdot mol^{-1}}$$

4.2.2 平衡常数与压强的关系

标准平衡常数仅是温度的函数,改变压强对它的数值没有影响,即 $(\partial \ln K_p^\ominus / \partial p)_T = 0$,但会改变平衡的组成。由于凝聚相体积受压强的影响极小,通常忽略压强对固相或液相反应平衡组成的影响,仅考虑压强对气体反应的平衡组成产生的影响。对于理想气体,有

$$K_p^\ominus = \prod_B (x_B)_e^{\nu_B} \cdot \left(\frac{p}{p^\ominus}\right)^{\sum_B \nu_B} = K_x \cdot \left(\frac{p}{p^\ominus}\right)^{\sum_B \nu_B}$$

$$\left(\frac{\partial \ln K_p^\ominus}{\partial p}\right)_T = \left(\frac{\partial \ln K_x}{\partial p}\right)_T + \frac{\sum_B \nu_B}{p} = 0,$$

则

$$\left(\frac{\partial \ln K_x}{\partial p}\right)_T = -\frac{\sum_B \nu_B}{p}, \left(\frac{\partial \ln K_x}{\partial \ln p}\right)_T = -\sum_B \nu_B \qquad (4.2.5)$$

式(4.2.5)表明，对于气相分子数减少的反应，$\sum_B \nu_B < 0$，$\left(\frac{\partial \ln K_x}{\partial p}\right)_T > 0$，平衡常数 K_x 将随压强增加而增大，意味着平衡混合气体中产物的含量得到提高，平衡转化率增大。对于气相分子数增加的反应，$\sum_B \nu_B > 0$，$\left(\frac{\partial \ln K_x}{\partial p}\right)_T < 0$，平衡常数 K_x 将随压强增加而变小，对正向反应产生不利影响，平衡向反应物的方向移动。对于分子数不变的反应，$\sum_B \nu_B = 0$，压强对平衡常数 K_x 不发生影响。

【例 4.4】 合成氨厂用的氢气一般用天然气 CH_4 与 H_2O 反应制得。其反应为：

$$CH_4(g) + H_2O(g) \xlongequal{} CO(g) + 3H_2(g)$$

已知在 1 000 K 时，反应的标准平衡常数为 26.56。若反应原料中 CH_4 与 H_2O 的物质的量之比为 1∶2，欲使 CH_4 的转化率为 0.78，应使反应系统的总压为多少？

解：设 CH_4 的转化率为 α，总压为 p，$p^\ominus = 100$ kPa，则

	$CH_4(g)$ +	$H_2O(g)$ ===	$CO(g)$ +	$3H_2(g)$	
$t=0$	1	2	0	0	
$t=t$	$1-\alpha$	$2-\alpha$	α	3α	总量 $=3+2\alpha$

$$K_p^\ominus = \prod (x_B)_e^{\nu_B} \cdot \left(\frac{p}{p^\ominus}\right)^{\sum_B \nu_B} = \frac{\frac{\alpha}{3+2\alpha} \cdot \left(\frac{3\alpha}{3+2\alpha}\right)^3}{\frac{1-\alpha}{3+2\alpha} \cdot \frac{2-\alpha}{3+2\alpha}} \cdot \left(\frac{p}{p^\ominus}\right)^2 = 26.56$$

当 $\alpha = 0.78$ 时，总压 $p = 3.78 \times 10^5$ Pa。

4.2.3 同时平衡与反应耦合

1. 同时平衡

当系统有多个反应同时进行时，如果每个反应都达到平衡，称为同时平衡。此时体系中任一组分的活度(或逸度、分压、浓度)必须同时满足每一个反应的标准平衡常数的表示式。

解决同时平衡问题，首先要确定其中的独立反应。独立反应是指那些不能用线性组合的方法由其他反应导出的反应。例如，以下三个反应：

(1) $C + O_2 \xlongequal{} CO_2$；　(2) $C + (1/2)O_2 \xlongequal{} CO$；　(3) $CO + (1/2)O_2 \xlongequal{} CO_2$

只有两个反应是独立的。反应(3)可由(1)(2)线性组合得到：(3)＝(1)－(2)。

同时平衡存在几个独立反应，就有几个独立的平衡常数，其余的平衡常数可由之推算出来。

【例 4.5】 已知在 25℃，下列三个反应达到平衡时水的饱和蒸气压 p_{H_2O} 分别为

(1) $CuSO_4(s) + H_2O(g) \xlongequal{} CuSO_4 \cdot H_2O(s)$　　$p_1 = 106.7$ Pa

(2) $CuSO_4 \cdot H_2O(s) + 2H_2O(g) \xlongequal{} CuSO_4 \cdot 3H_2O(s)$　　$p_2 = 746.6$ Pa

(3) $CuSO_4 \cdot 3H_2O(s) + 2H_2O(g) \xlongequal{} CuSO_4 \cdot 5H_2O(s)$　　$p_3 = 1\,039.9$ Pa

在此温度水的蒸气压为 3 173.1 Pa，试求过程(4)的 $\Delta_r G_m$。

(4) $CuSO_4(s) + 5H_2O(g) \longrightarrow CuSO_4 \cdot 5H_2O(s)$

在什么 p_{H_2O} 下，此反应恰好达到平衡？若 p_{H_2O} 小于 1 039.9 Pa 而大于 746.6 Pa，有何结果？

解：4 个反应间的关系 (4)=(1)+(2)+(3)

$\Delta_r G_m^{\ominus}(4)=\Delta_r G_m^{\ominus}(1)+\Delta_r G_m^{\ominus}(2)+\Delta_r G_m^{\ominus}(3)$

$K_p(4)=K_p(1)K_p(2)K_p(3)$

$K_p(1)=p_1^{-1}, K_p(2)=p_2^{-2}$；$K_p(3)=p_3^{-2}$； $K_p(4)=p_4^{-5}$

$p_4^{-5}=p_1^{-1}p_2^{-2}p_3^{-2}$ $\quad p_4=(p_1p_2^{2}p_3^{2})^{0.2}=577.6\ \text{Pa}$

$\Delta_r G_m(4)=-RT\ln K_p^{\ominus}(4)+RT\ln Q_f=RT\ln(p_4/p_{H_2O})^5$

$=5\times 8.314\times 298\times \ln(577.6/3\,173.1)\ \text{J}\cdot\text{mol}^{-1}=-21.1\ \text{kJ}\cdot\text{mol}^{-1}$

$p_{H_2O}=577.6$ Pa 时，反应(4)达到平衡。

当 1 039.9 Pa$>p_{H_2O}>$746.6 Pa 时，满足反应(2)的平衡条件，体系以 $CuSO_4\cdot 3H_2O$ 和 $H_2O(g)$共存。

2. 反应耦合

反应体系中如果一个反应的产物恰为另一反应的反应物，则称这样的两个反应为耦合反应。一个反应经另一反应耦合后，平衡会发生移动，甚至使不能进行的化学反应得以进行。

例如，甲醇脱氢制备甲醛：

$$CH_3OH(g) \longrightarrow HCHO(g) + H_2(g)$$

反应参数为：$\Delta_r H_m^{\ominus}(298\ \text{K})=92.09\ \text{kJ}\cdot\text{mol}^{-1}$，$\Delta_r G_m^{\ominus}(298\ \text{K})=59.43\ \text{kJ}\cdot\text{mol}^{-1}$，$\lg K^{\ominus}=-10.41$。

其标准平衡常数很小，工业不直接采用。实际生产是在甲醇中添加氧气(空气)。此时还有一个独立的氧化反应存在：

$$H_2(g)+(1/2)O_2(g) \longrightarrow H_2O(g)$$

参数为：$\Delta_r H_m^{\ominus}(298\ \text{K})=-241.82\ \text{kJ}\cdot\text{mol}^{-1}$，$\Delta_r G_m^{\ominus}(298\ \text{K})=-228.57\ \text{kJ}\cdot\text{mol}^{-1}$，$\lg K^{\ominus}=40.04$。

两个反应耦合的结果为：

$$CH_3OH(g) + (1/2)\,O_2(g) \longrightarrow HCHO(g) + H_2O\,(g)$$

其参数为：$\Delta_r H_m^{\ominus}(298\ \text{K})=-149.73\ \text{kJ}\cdot\text{mol}^{-1}$，$\Delta_r G_m^{\ominus}(298\ \text{K})=-169.14\ \text{kJ}\cdot\text{mol}^{-1}$，$\lg K^{\ominus}=29.63$。

可见，耦合反应有力地促进了对甲醇的氧化。

4.3 平衡常数的计算和应用

4.3.1 热力学数据计算标准平衡常数

标准平衡常数 $K_f^{\ominus}$ 或 $K_a^{\ominus}$ 可由 $\Delta_r G_m^{\ominus}$ 计算获得。$\Delta_r G_m^{\ominus}$ 是研究化学反应的重要热力学数

据，其来源主要有以下几种途径：

(1) 将反应设计成可逆原电池，通过测定原电池标准电动势计算 $\Delta_r G_m^\ominus$。

(2) 通过测定平衡时的活度商得到 $K_a^\ominus$ 和 $\Delta_r G_m^\ominus$。

(3) 通过量热实验可测得物质的标准熵和标准生成焓。$\Delta_r H_m^\ominus$ 可由物质的标准生成焓数据计算得到，$\Delta_r S_m^\ominus$ 可由物质的标准熵数据计算得到，进而可计算得到 $\Delta_r G_m^\ominus$。

(4) 有些反应的 $\Delta_r G_m^\ominus$ 可以用统计热力学方法计算得到。

除上述途径外，如果某个化学反应方程可以由一些其他反应方程线性组合表示，该反应的 $\Delta_r G_m^\ominus$ 便可以由这些反应对应的 $\Delta_r G_m^\ominus$ 做同样的线性组合计算得到。利用这种关系可做化学反应间 $\Delta_r G_m^\ominus$ 的互算。

【例 4.6】 利用以下热力学数据计算反应：$Ag(s) + (1/2)Cl_2(g) = AgCl(s)$ 在 298.15 K 的 $\Delta_r G_m^\ominus$ 和平衡常数。

物质	$\Delta_f H_m^\ominus$(kJ·mol^{-1})	$S_m^\ominus$(J·K^{-1}·mol^{-1})
AgCl(s)	−127.07	96.2
Ag(s)	0	42.55
Cl_2(g)	0	223.07

解：$\Delta_r H_m^\ominus = -127.07\ \text{kJ}\cdot\text{mol}^{-1}$

$\Delta_r S_m^\ominus = (96.2-42.55-223.07/2)\ \text{J}\cdot\text{K}^{-1}\cdot\text{mol}^{-1} = -57.89\ \text{J}\cdot\text{K}^{-1}\cdot\text{mol}^{-1}$

$\Delta_r G_m^\ominus = \Delta_r H_m^\ominus - T\Delta_r S_m^\ominus = -109.8\ \text{kJ}\cdot\text{mol}^{-1}$

$\Delta_r G_m^\ominus = -RT\ln K_p^\ominus$

$K_p^\ominus = \exp(-\Delta_r G_m^\ominus/RT) = \exp[109.8\times10^3/(8.314\times298)] = 1.77\times10^{19}$

【例 4.7】 反应：$ZnS(s) + H_2(g) \longrightarrow Zn(s) + H_2S(g)$，在 298 K 的热力学数据如下：

	$\Delta_f H_m^\ominus$/(kJ·mol^{-1})	$S_m^\ominus$/J·K^{-1}·mol^{-1}	$C_{p,m}$/J·K^{-1}·mol^{-1}
H_2S(g)	−22.18	205.6	45.7
Zn(s)	0	41.6	29.3
ZnS(s)	−184.1	57.7	56.3
H_2(g)	0	130.5	29.0

(1) 计算反应在 1 000 K 的 $\Delta_r G_m^\ominus$；

(2) 当压强为 101.325 kPa 的 H_2 通过加热至 1 000 K 的 ZnS 时，H_2S 的分压为多少？

解：(1) 如下所示，关联两个温度的热力学函数

$$\begin{array}{ccc} ZnS(s)+H_2(g) \longrightarrow Zn(s)+H_2S(g) & & 298\ \text{K} \\ \downarrow \qquad\qquad\qquad\qquad \uparrow & & \\ ZnS(s)+H_2(g) \longrightarrow Zn(s)+H_2S(g) & & 1\,000\ \text{K} \end{array}$$

先计算 298 K 反应的热力学函数变化

$\Delta_r H_m^\ominus(298) = \Delta_f H_m^\ominus(H_2S) - \Delta_f H_m^\ominus(ZnS) = [-22.18-(-184.1)]\text{kJ}\cdot\text{mol}^{-1} = 161.92\ \text{kJ}\cdot\text{mol}^{-1}$

$$\Delta_r C_{p,m} = C_{p,m}(H_2S) + C_{p,m}(Zn) - C_{p,m}(ZnS) - C_{p,m}(H_2)$$
$$=(45.7+29.3-56.3-29.0)\,J\cdot mol^{-1}\cdot K^{-1} = -10.3\ J\cdot mol^{-1}\cdot K^{-1}$$

$$\Delta_r S_m^{\ominus}(298) = S_m^{\ominus}(H_2S) + S_m^{\ominus}(Zn) - S_m^{\ominus}(ZnS) - S_m^{\ominus}(H_2)$$
$$=(205.6+41.6-57.7-130.5)\,J\cdot mol^{-1}\cdot K^{-1} = 59.0\ J\cdot mol^{-1}\cdot K^{-1}$$

再计算 1 000 K 热力学函数的变化

$$\Delta_r H_m^{\ominus}(1\,000) = \Delta_r H_m^{\ominus}(298) + \int_{T_1=298}^{T_2=1\,000} \Delta_r C_{p,m}\,dT = \Delta_r H_m^{\ominus}(298) + \Delta_r C_{p,m}(T_2 - T_1)$$
$$= (161.92 - 10.3\times(1\,000-298)\times 10^{-3})\,kJ\cdot mol^{-1} = 154.69\ kJ\cdot mol^{-1}$$

$$\Delta_r S_m^{\ominus}(1\,000) = \Delta_r S_m^{\ominus}(298) + \int_{T_1=298}^{T_2=1\,000} (\Delta_r C_{p,m}/T)\,dT = \Delta_r S_m^{\ominus}(298) + \Delta_r C_{p,m}\ln(T_2/T_1)$$
$$= [59.0 - 10.3\ln(1\,000/298)]\,J\cdot mol^{-1}\cdot K^{-1} = 46.54\ J\cdot mol^{-1}\cdot K^{-1}$$

$$\Delta_r G_m^{\ominus}(1\,000) = \Delta_r H_m^{\ominus}(1\,000) - T\Delta_r S_m^{\ominus}(1\,000) = (154.6\times 10^3 - 1\,000\times 46.54)\,J\cdot mol^{-1}$$
$$=108.15\ kJ\cdot mol^{-1}$$

(2) 求 1 000 K 的 $K_p^{\ominus}$ 和 $p(H_2S)$

$$K_p^{\ominus}(1\,000) = \exp[-\Delta_r G_m^{\ominus}(1\,000)/RT] = \exp[-108.15\times 10^3/(8.314\times 1\,000)]$$
$$=2.242\times 10^{-6}$$

设 H_2 的转化率为 x，$K_p^{\ominus}(1\,000) = p_{H_2S}/p_{H_2} = x/(1-x)$，

$$x = K_p^{\ominus}/(1+K_p^{\ominus}) \approx K_p^{\ominus}$$
$$p_{H_2S} = px = pK_p^{\ominus} = (101.325\times 10^3 \times 2.242\times 10^{-6})\,Pa = 0.227\ Pa$$

结论：ZnS 很稳定，即使在 1 000 K 也难被 H_2 还原。

4.3.2　平衡常数的应用

1. 判断反应方向

【例 4.8】 合成甲醇有一个水煤气变换工段，把 $H_2(g)$ 变换成 $CO(g)$，反应为：$H_2(g)+CO_2(g)$══$CO(g)+H_2O(g)$。

已知 820℃时，该反应的 $K_p^{\ominus}=1$。现有混合气含 H_2、CO_2、CO、H_2O。它们的体积分数分别为 0.2，0.2，0.5，0.1。问：(1) 在 820 ℃反应能否进行？(2) 如果把 CO_2 的体积分数提高到 0.4，CO 的体积分数降到 0.3，其他条件不变，情况又如何？（假定气体为理想气体）

解： 该反应 $\Delta\nu = 0$，在条件(1) 时有：$Q_f = \prod (x_B)^{\nu_B} = 1.25 > K_p^{\ominus}$，变换反应不能进行。

在条件(2) 时有：$Q_f = \prod (x_B)^{\nu_B} = 0.375 < K_p^{\ominus}$，变换反应可以进行。

2. 计算平衡转化率

转化率是指原料中某种物质反应后转化为产品的分数，反应达到平衡时的转化率理论

上可以达到最大值，称为平衡转化率，以 α 表示。定义为：

平衡转化率＝平衡时经反应转化为产品的原料的量/反应前投入的原料总量

产率是指某产品的实际产量与按反应方程式得到的产量之比，反应达平衡时产率理论上可达最大值，称为平衡产率。定义为

平衡产率＝平衡时由原料生成的产品的量/按反应方程式原料全部转化为产品的量

【例 4.9】 已知 400 K，反应：$C_2H_4(g) + H_2O(g) \rightleftharpoons C_2H_5OH(g)$ 的 $\Delta_r G_m^{\ominus} = 7.657\ kJ\cdot mol^{-1}$，若反应物由 1 mol C_2H_4 和 1 mol H_2O 组成，计算在该温度及 $p = 1$ MPa 时 C_2H_4 的平衡转化率，并计算平衡时体系中各物质的摩尔分数(气体可视为理想气体)。

解：$K_p^{\ominus} = \exp(-\Delta_r G_m^{\ominus}/RT)$，

$$K_x = K_p^{\ominus}(p/p^{\ominus})^{-\Sigma\nu} = \exp[-7.657\times10^3/(8.314\times400)]\times(1/0.1)^1 = 1.0$$

设 C_2H_4 的平衡转化率为 α，平衡时各物质的量为：

$$\begin{matrix} C_2H_4(g) & + & H_2O(g) & \rightleftharpoons & C_2H_5OH(g) \\ (1-\alpha) & & (1-\alpha) & & \alpha \end{matrix}$$

混合物总的物质的量＝$2(1-\alpha)+\alpha = (2-\alpha)$ mol

平衡时各物质的摩尔分数：$x(C_2H_4) = x(H_2O) = \dfrac{1-\alpha}{2-\alpha}$，$x(C_2H_5OH) = \dfrac{\alpha}{2-\alpha}$

解方程 $K_x = \dfrac{\alpha/(2-\alpha)}{[(1-\alpha)/(2-\alpha)]^2} = 1.0$

得平衡转化率为 $\alpha = 0.293$。

平衡时各物质的摩尔分数为：$x(C_2H_4) = x(H_2O) = 0.414$，$x(C_2H_5OH) = 0.172$。

3. 计算总压和惰性气体的影响

【例 4.10】 乙苯脱氢制苯乙烯 $C_6H_5C_2H_5(g) \rightleftharpoons C_6H_5C_2H_3(g) + H_2(g)$，在 527℃ 的 K_p = 4.750 kPa，计算乙苯的平衡转化率。(1)反应压力为 $p = 101.325$ kPa；(2) 总压降为 10.132 5 kPa；(3) 在原料中加入水蒸气，使 $C_6H_5C_2H_5$ 和 H_2O 的物质的量之比为 1∶9，总压仍为 101.325 kPa。

解：(1) 以 1 mol $C_6H_5C_2H_5(g)$ 为基准计算，平衡转化率为 α，平衡时 $C_6H_5C_2H_5(g)$、$C_6H_5C_2H_3(g)$、$H_2(g)$ 的物质的量分别为 $(1-\alpha)$ mol，α mol 和 α mol，体系的总物质的量为 $(1+\alpha)$ mol。

$$K_p = \frac{[\alpha p/(1+\alpha)]^2}{(1-\alpha)p/(1+\alpha)} = \frac{\alpha^2 p}{(1+\alpha)(1-\alpha)}$$

其中 $K_p = 4.75$ kPa，以 $p = 101.325$ kPa 代入，得 $\alpha = 0.211$。

(2) $p = 10.132\,5$ kPa 代入，得 $\alpha = 0.565$。

(3) 加水蒸气后，平衡后总物质量为 $(10+\alpha)$ mol，则

$$K_p = \frac{[\alpha p/(10+\alpha)]^2}{(1-\alpha)p/(10+\alpha)} = \frac{\alpha^2 p}{(10+\alpha)(1-\alpha)}$$

以 $p = 101.325$ kPa 代入，得 $\alpha = 0.497$。

此例说明，对于气相分子数增加的反应，减压或在总压不变条件下掺入惰性气体均可提高平衡转化率。实际生产中为避免负压操作常采用后法。

内容提要

一、基本知识点

1. 摩尔反应 Gibbs 自由能，化学反应平衡的热力学判据。

2. 气相化学反应等温方程式，气相反应平衡常数，标准热力学平衡常数，反应方向的判定，气相组成以分压、摩尔分数、体积摩尔浓度等物理量表示时平衡常数的形式、单位和压强对它的影响。

3. 以活度表示的液相平衡常数，液相反应的标准态化学势，溶质浓度用 x_B、c_B 和 b_B 表示时的反应平衡常数。

4. 非均相反应系统的化学平衡常数和标准态化学势。

5. 温度、压强和惰性组分对平衡常数的影响。

6. 同时平衡与反应耦合。

7. 热力学数据计算标准平衡常数，反应平衡条件下各组分含量的计算，平衡常数的计算。

二、基本公式

1. 化学反应等温方程式

气相反应 $$\Delta_r G_m = -RT\ln K_f^{\ominus} + RT\ln Q_f$$

液相反应 $$\Delta_r G_m = -RT\ln K_a^{\ominus} + RT\ln \prod_B a_B^{\nu_B}$$

非均相反应 $$\Delta_r G_m = \sum_1^n \nu_B \mu_B^{\ominus} + RT\ln \prod_{B=1}^n (f_B/p^{\ominus})^{\nu_B} + \sum_{n+1}^N \nu_B \mu_B^*$$

2. 标准平衡常数 $$K^{\ominus} = \prod_B (a_B)_e^{\nu_B} = \exp\left(-\frac{\Delta_r G_m^{\ominus}}{RT}\right)$$

标准平衡常数与温度的关系，微分式 $[\partial \ln K^{\ominus}/\partial T]_p = \Delta_r H_m^{\ominus}/RT^2$

积分式 $$\ln \frac{K_2^{\ominus}}{K_1^{\ominus}} = -\frac{\Delta_r H_m^{\ominus}}{R}\left(\frac{1}{T_2} - \frac{1}{T_1}\right)$$

不定积分式 $$\ln K^{\ominus} = -\Delta_r H_m^{\ominus}/RT + C$$

气相反应各平衡常数间的关系

$$K_p^{\ominus} = K_p \cdot (p^{\ominus})^{-\sum_B \nu_B} = K_c\ (RT/p^{\ominus})^{\sum_B \nu_B} = K_x\ (p/p^{\ominus})^{\sum_B \nu_B}$$

习题

1. 反应 $2SO_2(g) + O_2(g) = 2SO_3(g)$，在 1 000 K 时 $K_p^{\ominus} = 3.45$，计算 SO_2、O_2、SO_3 分压分别为 20.265 kPa、10.133 kPa、101.325 kPa 的混合气中上述反应的 $\Delta_r G_m$，并判断混合气中反应自动进行的方向。若 SO_2、O_2 的分压不变，SO_3 的压强最小应为多少方能使反应按 $2SO_3 = 2SO_2 + O_2$ 的方向进行？

2. 在 929 K 硫酸亚铁热分解：$2FeSO_4(s) = Fe_2O_3(s) + SO_2(g) + SO_3(g)$，当两固相存在并达到平衡时，系统总压强为 0.9×101.325 kPa。

(1) 计算硫酸亚铁在该温度下热分解反应的标准平衡常数；

(2) 当929 K容器内有过量$FeSO_4$，且SO_2初压为$0.6p^{\ominus}$时，系统达到平衡后的总压强是多少？

3. 1 023 K时，反应$\frac{1}{2}SnO_2(s)+H_2(g)=\!=\!=\frac{1}{2}Sn(s)+H_2O(g)$平衡时系统总压强为4.266 kPa，$H_2O(g)$的分压为3.168 kPa，计算这个反应在1 023 K时的标准平衡常数$K^{\ominus}$。如果同温度下反应$H_2(g)+CO_2(g)=\!=\!=CO(g)+H_2O(g)$的$K^{\ominus}=0.771$，求下述反应的$K^{\ominus}$：

$$\frac{1}{2}SnO_2(s)+CO(g)=\!=\!=\frac{1}{2}Sn(s)+CO_2(g)$$

4. 镍和一氧化碳在低温下生成羰基镍$Ni(CO)_4$：$Ni(s)+4CO(g)=\!=\!=Ni(CO)_4(g)$，羰基镍对人体危害很大，长期接触会引起肺癌等疾病。若在423 K含物质的量分数为5×10^{-3}的一氧化碳混合气通过Ni表面，为了使气相中$Ni(CO)_4$的物质的量分数小于10^{-9}，问气体压强最大可为多少？已知423 K时上述反应的标准平衡常数$K^{\ominus}=2.0\times10^{-6}$。

5. 求反应$I^-+I_2=\!=\!=I_3^-$在水溶液中298 K的标准平衡常数$K^{\ominus}$。已知298 K时，I^-和I_3^-的标准摩尔生成吉布斯函数$\Delta_f G_m^{\ominus}$分别为$-51.67\ kJ\cdot mol^{-1}$和$-51.50\ kJ\cdot mol^{-1}$，I_2在水中的饱和质量摩尔浓度为$0.001\,32\ mol\cdot kg^{-1}$。

6. 在催化剂作用下，将乙烯通过水柱生成乙醇水溶液，反应如下：

$$C_2H_4(g)+H_2O(l)\xrightarrow{\text{催化剂}}C_2H_5OH(aq)$$

已知298 K的纯乙醇液体的饱和蒸气压为7.599 kPa，而乙醇的标准态溶液($b_B^{\ominus}=1\ mol\cdot kg^{-1}$)的饱和蒸气压为533.3 Pa，求此反应的标准平衡常数。已知298 K时，$C_2H_5OH(l)$、$H_2O(l)$、$C_2H_4(g)$的标准生成吉布斯函数分别为：-1.748×10^5，-2.372×10^5，6.818×10^4 ($kJ\cdot mol^{-1}$)。

7. 环己烷和甲基环戊烷之间有异构化作用，异构化反应的标准平衡常数与温度有如下关系：

$$\ln K_p^{\ominus}=4.814-17\,120\ J\cdot mol^{-1}/RT$$

试求298 K时异构化反应的$\Delta_r H_m^{\ominus}$和$\Delta_r S_m^{\ominus}$。

8. 潮湿Ag_2CO_3在383 K时用空气流进行干燥，试计算空气中CO_2的分压最小应为多少方能避免Ag_2CO_3分解为Ag_2O和CO_2？已知298 K时有关热力学数据如下：

物质	$Ag_2CO_3(s)$	$Ag_2O(s)$	$CO_2(g)$
$\Delta_f H_m^{\ominus}/(kJ\cdot mol^{-1})$	-501.18	-29.051	-393.09
$S_m^{\ominus}/(J\cdot mol^{-1}\cdot K^{-1})$	167.22	121.64	213.60
$C_{p,m}/(J\cdot mol^{-1}\cdot K^{-1})$	109.52	68.55	40.13

9. 反应$CuSO_4\cdot 3H_2O(s)=\!=\!=CuSO_4(s)+3H_2O(g)$，

已知$K^{\ominus}(298\ K)=10^{-6}$，$K^{\ominus}(323\ K)=10^{-4}$，计算298 K时，有0.01 mol的$CuSO_4(s)$置于容积为2 dm^3的瓶中，为了使其转变为三水合物，需往此瓶中最少通入水蒸气的量是多少？

10. 反应$NiO(s)+CO(g)=\!=\!=Ni(s)+CO_2(g)$，在不同温度下的标准平衡常数$K^{\ominus}$数据如下：

T/K	936	1 027	1 125
$K^{\ominus}/10^3$	4.54	2.55	1.58

计算：(1) 该反应在1 000 K的$\Delta_r G_m^{\ominus}$，$\Delta_r H_m^{\ominus}$，$\Delta_r S_m^{\ominus}$；

(2) 判断该反应的$\Delta_r C_{p,m}>0$还是$\Delta_r C_{p,m}<0$；

(3) 在含CO_2为0.20，CO为0.05，N_2为0.75的气氛中，1 000 K时Ni能否被氧化？

11. 一个可能大规模制 H_2 的方便方法是使 CH_4+H_2O 的混合气通过热的催化床。设用 5：1 的 $n(H_2O):n(CH_4)$ 混合气，温度 873 K，压强 101.325 kPa，只有下列反应发生：

$$CH_4+H_2O=\!=\!=CO+3H_2 \qquad K_1^{\ominus}(873\ \mathrm{K})=0.543$$

$$CO+H_2O=\!=\!=CO_2+H_2 \qquad K_2^{\ominus}(873\ \mathrm{K})=2.494$$

求干的平衡气(即除去水蒸气的气体)的组成。

12. 银可能受到 H_2S 气体的磨蚀而发生下列反应：

$$H_2S(g)+2Ag(s)\longrightarrow Ag_2S(s)+H_2(g)$$

已知在 298 K 和 100 kPa 压强下，$Ag_2S(s)$ 和 $H_2S(g)$ 的标准摩尔生成 Gibbs 自由能 $\Delta_f G_m^{\ominus}$ 分别为 $-40.26\ \mathrm{kJ\cdot mol^{-1}}$ 和 $-33.02\ \mathrm{kJ\cdot mol^{-1}}$。在 298 K 和 100 kPa 压强下，试问：

(1) 在 $H_2S(g)$ 和 $H_2(g)$ 的等体积的混合气体中，Ag 是否会被腐蚀生成 $Ag_2S(s)$？

(2) 在 $H_2S(g)$ 和 $H_2(g)$ 的混合气体中，$H_2S(g)$ 的摩尔分数低于多少时便不至于使 Ag 发生腐蚀？

13. 在 448～688 K 的温度期间内，用分光光度计研究下面的气相反应：

$$I_2(g)+环戊烯(g)=\!=\!=2HI(g)+环戊二烯(g)$$

得到标准平衡常数与温度的关系式为：$\ln K_p^{\ominus}=17.39-51\,034\ \mathrm{K}/4.574T$，试计算：

(1) 在 573 K 时反应的 $\Delta_r G_m^{\ominus}$，$\Delta_r H_m^{\ominus}$ 和 $\Delta_r S_m^{\ominus}$；

(2) 若开始以等物质的量的 $I_2(g)$ 和环戊烯(g)混合，温度为 573 K，起始总压为100 kPa，求达平衡时 $I_2(g)$ 的分压；

(3) 起始总压为 1 000 kPa，求达平衡时 $I_2(g)$ 的分压。

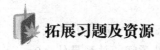

拓展习题及资源

微信扫码

- 拓展习题
- 视频动画
- 互动交流

第 5 章　相平衡与相图

5.1　相　律

体系内部物理化学性质完全相同且均匀的部分称为相(phase)。在指定条件下，相与相之间有明显的宏观界面(boundary interphase)，越过界面时物理或化学性质发生突变。一个体系可含有多个相，相的个数称相数(the number of phase)，用 Φ 表示，该系统称为多相平衡系统。对于气体，分子无限制均匀混合，$\Phi=1$。对于液体，按其互溶程度，可以是 1 相或多相共存，如水与苯在通常条件下是两相系统。对于固体，一般是一种晶型的固体单独为一相，无论其质量大小，因为每个颗粒内部的物理化学性质都是相同的；具有不同晶体结构的固体属于不同的相，即便它们属于同一种单质，如：石墨、金刚石和 C_{60}；如果两种物质以分子尺度均匀混合，它们形成了固体溶液，这时仍是单相系统，简称固溶体(solid solution)，如合金。

对于一个多相封闭体系，热力学平衡态必然是一个相平衡状态。相平衡研究所关心的问题是：相变化达到平衡时，各相的温度 T、压强 p、组成 x 等强度性质间的关系是什么？

每个相都有自身的一套 $p-T-x$ 数值。相数增多，组分(species)数增多，影响相平衡的变量数就增多，影响平衡的因素将变得更复杂。因此，有必要首先确定：描述一个多相平衡体系所需的最少独立变量数是多少。

确定平衡体系的状态所需的独立强度性质变量数(variance)称为自由度数，简称自由度(degrees of freedom)，用 f 表示。平衡体系中相数 Φ(the number of phase at equilibrium)、独立组分数 C(the number of indpendent component)与描述该平衡体系的自由度的关系称为相律(phase rule)。表示相状态随诸变量变化的图形，称为相图(phase diagram)。相图是一种直观的相平衡表示方法，它使各相的关系、物理变量对体系状态的影响一目了然。相平衡存在于自然和人类生活的方方面面，是化学热力学的主要研究对象之一。本章所关注的内容：相平衡体系物理量间的关系及其相图的表示方法。

对于一个相数为 Φ，化学物质的种类数(组分数，species，constituents)为 s 的热力学体系，其平衡状态应满足热平衡、力平衡、相平衡和化学平衡等条件的限制。即

热平衡：　$T^{\alpha}=T^{\beta}=\cdots=T^{\Phi}$

力平衡：　$p^{\alpha}=p^{\beta}=\cdots=p^{\Phi}$

相平衡：　$\mu_i^{\alpha}=\mu_i^{\beta}=\cdots=\mu_i^{\Phi}$

化学平衡：　　　　$\sum_i \nu_i \mu_i = 0$

其中：相平衡的等式数目为 $s(\Phi-1)$个。热力学体系一般情况下仅考虑热和功两种能量交换对体系能量的影响，与之相应的热平衡和力平衡的等式数各为$(\Phi-1)$ 个。

若体系存在 n 个力场的作用能导致系统能量的变化，如磁场、电场、表面张力等，则系统有 $n(\Phi-1)$个平衡等式，在无化学反应条件下，平衡态由 $n(\Phi-1)+s(\Phi-1)$个等式来规定平衡的条件。

描述 n 个力场作用下的单相封闭系统的状态，需要最少独立变量数（强度性质）为 $s-1+n$（其中 1 来自封闭系统的物料守恒限制）。而描述多相平衡系统的状态需要的独立变量数则为 $\Phi(s-1+n)$。由于系统处于平衡状态，需要满足 $n(\Phi-1)+s(\Phi-1)$个平衡条件的限制。所以，描述无化学反应发生的封闭系统的状态所需要的最少独立变量数，即体系的自由度为：系统中强度性质总数－平衡方程式的个数，即

$$f=\Phi(s+n-1)-[n(\Phi-1)+s(\Phi-1)]=s-\Phi+n \tag{5.1.1}$$

热力学系统一般仅考虑热和膨胀功两种能量交换方式，分别用温度和压强表示对应的强度性质，$n=2$，体系的自由度为

$$f=s-\Phi+2 \tag{5.1.2}$$

式(5.1.1)和式(5.1.2)就是我们要寻找的相律。

体系中存在的化学物质数叫作物种数 s。对于化学系统，有许多反应平衡存在，物种数往往并不是独立的。要反映出反应平衡的影响，需要在相律关系式中用体系中所有各相的最少独立物种数目 C(the number of component, a chemically independent constituent)代替物种数 s。C 与平衡反应数、浓度或组成限制条件数有关。C 与 s 的关系有下述几种情况：

(1) 如果系统不存在化学反应，且对体系各组分浓度没有任何限制条件，则：$C=s$。

(2) 如果系统有 R 个独立的化学平衡存在，则：$C=s-R$。

所谓独立化学平衡数是指，并非平衡系统中所发生的一切反应都计入 R，有些化学反应是其他反应的线性组合，就不是独立的反应，就不应包含在 R 之中。例如，对于下述反应体系：

$$CO+H_2O = CO_2+H_2,\quad CO+(1/2)O_2 = CO_2,\quad H_2+(1/2)O_2 = H_2O$$

其独立反应个数 R 为 2。

(3) 除反应平衡外，如果系统还有 R' 个附加的浓度限制条件，则：$C=s-R-R'$。

浓度限制条件主要有两个来源：一是化学反应的计量关系；另一是溶液中离子的电中性条件限制。

例如：指定量的氨发生分解反应：

$$2NH_3(g) = N_2(g)+3H_2(g)$$

有一个反应平衡存在，$R=1$，但其中 N_2 和 H_2 的物质的量还要满足条件：$n(N_2):n(H_2)=1:3$，这是反应的计量关系规定的，$R'=1$，所以独立组分数为 $C=3-1-1=1$。

又如：$NH_4HS(s)$的热分解反应：

$$NH_4HS(s)=\!=\!=NH_3(g)+H_2S(g)$$

除反应平衡外，有浓度限制条件 $n(NH_3)=n(H_2S)$，其 C 为：$C=3-1-1=1$。

但是，对于 $CaCO_3(s)$分解：

$$CaCO_3(s)=\!=\!=CaO(s)+CO_2(g)$$

由于产物 $CaO(s)$和 $CO_2(g)$分属于两相，浓度限制条件不成立，则有 $C=3-1=2$。可见，浓度限制分别属于各个均相系统内。

上述推导中包含一个假定，Φ 个相中都存在 s 种化学物质，而在实际的平衡系统中往往不是这样。有些物质只存在于某个或几个相中。遇此情况，相律仍然适用。这是因为某相少一种化学物质，就少一个系统的强度性质数，在相平衡条件中，也就少一个化学势等式，强度性质间的关系式数就少一个，故系统的自由度依然不变。

对于电解质溶液，电中性条件限制了系统的物种数。如：NaCl 水溶液，可以认为它是由 NaCl 和水构成，$s=2$。但是，NaCl 水解时，实际是以离子形式存在，可以认为是有 3 种物质存在，Na^+、Cl^- 和 H_2O。但是，考虑到电中性限制，$[Na^+]=[Cl^-]$，$R'=1$，所以 $s=3$，$C=2$。更进一步，如果认为 H_2O 也电离，系统可以认为是由 Na^+、Cl^-、H^+、OH^- 和 H_2O 构成，$s=5$。但系统有一个反应平衡存在，$H_2O=\!=\!=H^++OH^-$，两个电中性限制条件，$[Na^+]=[Cl^-]$，$[H^+]=[OH^-]$，$R=1$，$R'=2$，$C=5-1-2=2$。所以 f 值仍不变。

因此，考虑到化学平衡和浓度限制条件后，相律的表达式为：

$$f=\text{总变量数}-\text{总限制条件数}=C-\Phi+n \tag{5.1.3}$$

其中，独立组分数：$C=s-R-R'$。

对于含有热和功两个能量交换方式（T、p 为变量）的热力学系统：

$$f=C-\Phi+2 \tag{5.1.4}$$

恒温条件下：$f^*=C-\Phi+1$

恒温并恒压条件下：$f^{**}=C-\Phi+0$

上式中，f^* 和 f^{**} 称为条件自由度。

相律有助于我们在复杂的热力学系统中寻求最基本的若干个物理量来建立平衡关系。应当注意的是，上述推导中各相的温度、压强相等，就是说，系统内部没有绝热壁、刚性壁以及半透膜等。对于像渗透压平衡的体系，有半透膜存在，压强平衡的条件就不存在了。

【练习 5.1】 指出下列各体系的独立组分数、相数和自由度数。如 $f\neq0$，则指出变量是什么？

(1) $p^\ominus$ 下 $H_2O(l)$与 $H_2O(g)$平衡；

(2) $H_2O(l)$与 $H_2O(g)$平衡；

(3) $p^\ominus$ 下 I_2在水中和在 CCl_4 中分配已达平衡，无 $I_2(s)$存在；

(4) $NH_3(g)$，$N_2(g)$，$H_2(g)$已达平衡；

(5) $p^\ominus$ 下，NaOH 水溶液和 H_3PO_4 水溶液混合后；

(6) $p^{\ominus}$ 下，H_2SO_4 水溶液与 $H_2SO_4 \cdot 2H_2O(s)$ 已达平衡；

(7) NaCl 水溶液与纯水达渗透平衡。

解：

(1) $f^*=0$；(2) $f=1$；(3) $f^*=2$；(4) $f=3$；(5) $f^*=3$；(6) $f^*=1$；(7) $f=3$。

5.2 单组分体系相平衡

5.2.1 单组分体系的相图

对于单组分体系(one component system)，其自由度为 $f=C-\Phi+2=3-\Phi$。由于不可能存在无相的系统，因此系统相数最少为1，与之对应的自由度最大，$f=2$，即体系为双变量系统。在二维相图中用一个面表示，称为单相(single phase)区(面)，即系统的状态需要同时指定两个量(bivariant)。对于两相平衡体系，$f=1$，体系为单变量系统，在相图中用一条线表示两相平衡状态。如果系统有三个相，自由度为最小 $f=0$，相数达最多，这是一个无变量(invariant)状态，在相图中表示为一个点，称为三相点(triple point)。

图5.1为水的 $p-T$ 相图。它反映了温度和压强对水的气、液、固三相状态的影响。

单相区的状态需要同时确定 p 和 T 两个量。在AOB线之下的区域，水以气体的状态存在，该区域为水的气相区，$\Phi=1$，$f=2$。在AOC之上区域，水以液体的状态存在，为水的液相区。而COB之上区域是水的固相存在区域。

两相平衡线：$p-T$ 相图中的线只有一个独立变量，$f=1$，体系有两个状态共存，$\Phi=2$，故称之为两相平衡线。

图5.1中，OA是气-液两相的交界线，即平衡线，表示了气液平衡状态下的压强与温度的关系。这种关系在蒸汽机、动力、热传递技术等领域有很重要的应用。OB线是气-固两相平衡线，表示了气固平衡状态下的压强与温度的关系。冷冻干燥、速溶粉针剂技术是利用气固平衡状态下压强与温度关系的典型例子。OC线表示了液-固两相平衡状态的 $p-T$ 关系。当 $p>2\times10^8$ Pa，或温度进一步降低，有不同结构的冰生成，相图变得更加复杂。感兴趣的读者可参考有关资料。OD线是AO的延长线，是过冷水和水蒸气的介稳平衡线。一旦有凝聚中心出现，介稳状态破裂，它就立即全部变成冰。

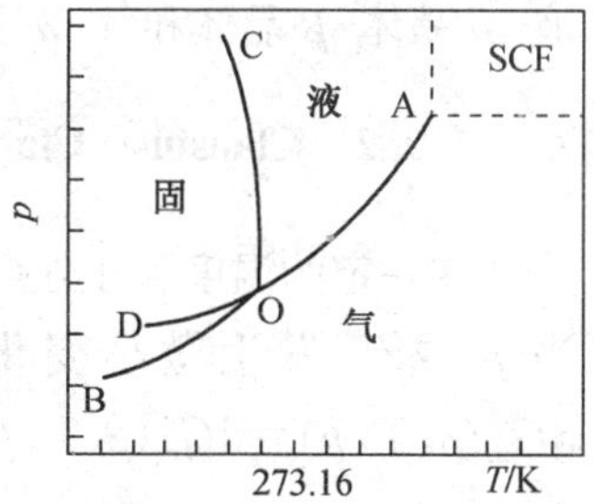

图5.1 水的 $p-T$ 相图

平衡点：相图中的点表示一个指定的状态。水、冰、水蒸气三相平衡共存的状态用O点表示，称为三相点，具有同时确定的两个物理量：$T_t=273.16$ K，$p_t=611.657$ Pa。

冰点指标准大气压下水、冰、空气三相共存的平衡点：$p=10^5$ Pa，$T_f=273.15$ K。沸点指标准大气压下水、水蒸气、空气平衡共存的平衡点：$p=10^5$ Pa，$T=373.15$ K。冰点和沸点不是严格意义上的单组分相平衡状态，因为有非水的气体组分存在。

冰点与三相点不同，冰点温度比三相点温度低 0.01 K。其原因有以下几点：① 冰点压强为标准大气压，三相点压强为水的平衡蒸气压。因外压增加，使凝固点下降 0.007 48 K。② 因水中溶有空气，使凝固点下降 0.002 41 K。

我国物理化学家黄子卿对科学的重要贡献之一是测定了水的三相点温度，θ=(+0.009 81±0.000 05)℃。水的三相点是热力学温标的基准点。现在的国际温标是：1 K=水三相点热力学温度的 1/273.16。

科学家介绍

黄子卿

讨论
- 水的高压、低温相图
- CO_2 相图
- ^4He 相图与超流流体

当温度升高，压强增大，体系沿气液平衡线 OA 移动至 A 点时，体系的气液界面消失，达到一个称之为临界点(critical point)状态(T_c=647.4 K，p_c=2.212×10^7 Pa)。T，p 继续增加，体系进入高于临界点的区域，呈现超临界流体(supercritical fluid，SCF)状态。在超临界区域，流体具有液体的密度和气体的流动性等特点。超临界流体在天然物质的萃取分离等技术领域有重要的应用，是一个很值得关注的流体。

图 5.2 为醋酸的 $p-T$ 相图。其中 α 和 β 相为醋酸的两个不同晶型的固体相。晶型转变的平衡线为图中的 CD 线。这个图中有三个三相点(B、C 和 D)，分别对应于气-液-α 晶体、液-α 晶体-β 晶体和气-α 晶体-β 晶体三个三相平衡。

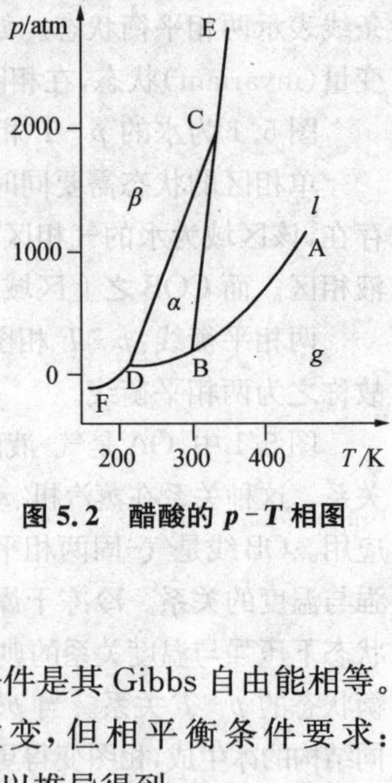

图 5.2 醋酸的 $p-T$ 相图

5.2.2 Clausius-Clapeyron 方程

在一定的温度和压强条件下，纯物质在 α、β 两相间的平衡条件是其 Gibbs 自由能相等。当 p 或 T 发生微小变化时，都会引起 Gibbs 自由能的改变，但相平衡条件要求：$dG_m(\alpha,T,p)=dG_m(\beta,T,p)$。根据封闭体系热力学基本关系可以推导得到：

$$\frac{dp}{dT}=\frac{S_m(\beta)-S_m(\alpha)}{V_m(\beta)-V_m(\alpha)}=\frac{\Delta_\alpha^\beta S_m}{\Delta_\alpha^\beta V_m}=\frac{\Delta_\alpha^\beta H_m}{T\Delta_\alpha^\beta V_m} \tag{5.2.1}$$

其中 $\Delta_\alpha^\beta S_m$，$\Delta_\alpha^\beta H_m$，$\Delta_\alpha^\beta V_m$ 分别为相变($\alpha\rightarrow\beta$)的熵、焓和体积变化。这个方程称为 Clapeyron 方程，表示纯物质两相平衡时压强随温度变化的关系。这个方程未引进任何假设，可用于任意两相间的平衡。

对于气液平衡体系，有

$$\frac{\mathrm{d}p}{\mathrm{d}T}=\frac{\Delta_{\mathrm{vap}}H_{\mathrm{m}}}{T\Delta_{\mathrm{vap}}V_{\mathrm{m}}}=\frac{\Delta_{\mathrm{vap}}H_{\mathrm{m}}}{T[V_{\mathrm{m}}(\mathrm{g})-V_{\mathrm{m}}(\mathrm{l})]}$$

其中 $V_{\mathrm{m}}(\mathrm{g})\gg V_{\mathrm{m}}(\mathrm{l})$，若设气体为理想气体，整理后，得到 Clausius - Clapeyron 方程：

$$\frac{\mathrm{d}\ln p}{\mathrm{d}T}=\frac{\Delta_{\mathrm{vap}}H_{\mathrm{m}}}{RT^2} \tag{5.2.2}$$

若近似认为 $\Delta_{\mathrm{vap}}H_{\mathrm{m}}$ 随温度变化可以忽略，积分得到：

$$\ln\frac{p_2}{p_1}=\frac{\Delta_{\mathrm{vap}}H_{\mathrm{m}}}{R}\left[\frac{1}{T_1}-\frac{1}{T_2}\right] \tag{5.2.3}$$

或不定积分式

$$\ln p=-\frac{\Delta_{\mathrm{vap}}H_{\mathrm{m}}}{RT}+C \tag{5.2.4}$$

式中 C 为不定积分常数。测定不同温度下液体的饱和蒸汽压，所得到的 $\ln p\sim 1/T$ 曲线和直线总是存在一定的偏离，所以常用 Antoine 方程代替式(5.2.4)来关联气液平衡的 $p\sim T$ 数据：

$$\log_{10}p = A-\frac{B}{\theta+C} \tag{5.2.5}$$

式(5.2.5)中，A、B、C 是通过实验气液平衡数据拟合得到的参数，温度用 θ/℃。在使用式(5.2.5)时应注意所提供的数据的适用温度区间(或压强区间)和压强的单位。Antoine 方程具有 Clausius-Clapeyron 方程的主要特征，由于使用了三个拟合参数，关联的数据有较高的精度。

讨论　Antoine 方程和液体饱和蒸汽压

对于同系烃类溶剂，可以用 Trouton 关系近似估算气化焓。

$$\Delta_{\mathrm{vap}}H_{\mathrm{m}}/T_{\mathrm{b}}\approx 88\ \mathrm{J\cdot K^{-1}\cdot mol^{-1}} \tag{5.2.6}$$

再应用 Clausius - Clapeyron 方程，可以对指定温度下的平衡蒸气压做出估算。

同理，对于气-固两相平衡，可以得到：

$$\frac{\mathrm{d}\ln p}{\mathrm{d}T}=\frac{\Delta_{\mathrm{sub}}H_{\mathrm{m}}}{RT^2} \tag{5.2.7}$$

其中 $\Delta_{\mathrm{sub}}H_{\mathrm{m}}$ 为升华焓。

对于液-固两相平衡，Clapeyron 方程为：

$$\frac{\mathrm{d}p}{\mathrm{d}T}=\frac{\Delta_{\mathrm{fus}}H_{\mathrm{m}}}{T\Delta_{\mathrm{fus}}V_{\mathrm{m}}} \tag{5.2.8}$$

式中：$\Delta_{\mathrm{fus}}H_{\mathrm{m}}$ 为熔融焓；$\Delta_{\mathrm{fus}}V_{\mathrm{m}}$ 为熔融过程的体积变化。一般物质的 $\Delta_{\mathrm{fus}}H_{\mathrm{m}}$ 和 $\Delta_{\mathrm{fus}}V_{\mathrm{m}}$ 随 T、p 的变化不大，由此可以导出 $p-T$ 近似线性关系。

$$(p_2-p_1)=\frac{\Delta_{\mathrm{fus}}H_{\mathrm{m}}}{\Delta_{\mathrm{fus}}V_{\mathrm{m}}}\ln\frac{T_2}{T_1}\approx\frac{\Delta_{\mathrm{fus}}H_{\mathrm{m}}}{\Delta_{\mathrm{fus}}V_{\mathrm{m}}}\frac{T_2-T_1}{T_1}$$

若将 Clausius - Clapeyron 方程应用于水的相平衡系统，可以解释图 5.1 中平衡线的变化方向。

OA 线，气液平衡，$\Delta_{vap}H_m>0$，斜率>0；

OB 线，气固平衡，$\Delta_{sub}H_m>0$，斜率>0；

OC 线，液固平衡，$\Delta_{fus}H_m>0$，对于水 $\Delta_{fus}V_m<0$，根据 Clapeyron 方程，斜率<0。但对多数物质来说，熔化过程体积增大，熔点曲线斜率为正值，如图 5.2 醋酸的相图所示。

在三相点，体系要同时满足气-液和气-固平衡的 Clausius - Clapeyron 方程，即

$$\ln p=-\frac{\Delta_{vap}H_m}{RT}+C_1=-\frac{\Delta_{sub}H_m}{RT}+C_2$$

根据平衡关系可以确定三相点的 T 和 p。

【例 5.1】 氢醌的蒸气压实验数据如下：

气固平衡：$T=405.6$ K，$p=0.133\,34$ kPa；$T=436.7$ K，$p=1.333\,4$ kPa。

气液平衡：$T=465.2$ K，$p=5.332\,7$ kPa；$T=489.7$ K，$p=13.334$ kPa。

求：(1) 氢醌的摩尔升华焓、摩尔蒸发焓、摩尔熔化焓；(2) 氢醌气、液、固三相平衡共存的温度和压强。

解 (1) 用克劳修斯-克拉贝龙公式处理实验数据，得

气固平衡： $\ln\left(\frac{p_2}{p_1}\right)=\frac{\Delta_{sub}H_m}{R}\left[\frac{1}{T_1}-\frac{1}{T_2}\right]$，

$$\Delta_{sub}H_m=\frac{R\ln(p_2/p_1)}{(1/T_1)-(1/T_2)}=109.0\ \text{kJ}\cdot\text{mol}^{-1}$$

气液平衡： $\ln\left(\frac{p_2}{p_1}\right)=\frac{\Delta_{vap}H_m}{R}\left[\frac{1}{T_1}-\frac{1}{T_2}\right]$

$$\Delta_{vap}H_m=\frac{\ln(p_2/p_1)}{(1/T_1)-(1/T_2)}=70.85\ \text{kJ}\cdot\text{mol}^{-1}；$$

$$\Delta_{fus}H_m=\Delta_{sub}H_m-\Delta_{vap}H_m=38.15\ \text{kJ}\cdot\text{mol}^{-1}。$$

(2) 气固平衡： $\ln(p/p^{\ominus})=-(\Delta_{sub}H_m/RT)+C_1$，$C_1=\ln\frac{1.333\,4}{100}+\frac{109\times10^3}{8.314\times436.7}=25.70$ ①

气液平衡： $\ln(p/p^{\ominus})=-(\Delta_{vap}H_m/RT)+C_2$，$C_2=\ln\frac{13.334}{100}+\frac{70.85\times10^3}{8.314\times489.7}=15.38$ ②

联立①和②解出：$T=444.9$ K，$p=2.32$ kPa。

5.3 二元系气-液平衡

根据相律，二组分系统的最少独立变量数为 $f=4-\Phi$。自由度最小 $f=0$ 时，平衡共存相数最多，$\Phi=4$，即可有四相共存。相数最少时 $\Phi=1$，自由度为最大 $f=3$，这意味着相图起码要用三维坐标，如 $T-p-x$，才可以表示二元系的性质变化。

如果施加一个限制条件，如等温或等压，当相数最少 $\Phi=1$ 时，条件自由度最大，$f^*=2$，

即可以用一个二维平面图表示相图。如等压时用 $T-x$ 图，等温时用 $p-x$ 图。从制图和观察效果来看，二维图比三维图简单明了，不宜产生视觉误差。所以，通常二元系相图使用等压或等温条件下的二维相图来表示。

按照物相状态进行分类，二元系相图可以简单分成如下几种类型：

气-液平衡相图：其中包含近理想溶液体系和实际溶液体系两类相图。

液-液平衡相图：其中包含部分互溶体系和完全不互溶体系类型的相图。

液-固平衡相图：其中包含具有单个(或多个)低共熔点体系，形成固体化合物的体系、固体溶液体系和部分互溶固体溶液体系等类型的相图。

多相体系的或复杂体系的相图，可以认为是一些上述简单的基本相图的组合，如它可以包含气-液-液、液-固-固、或气-液-固等多种类型相图。

5.3.1　两组分理想溶液的气-液平衡

1. $p-x$ 相图

一些同系物体系，如：苯和甲苯、正己烷与正庚烷等，其二元系的平衡行为，可以近似视为理想溶液。理想溶液的典型特征：在整个浓度区间，气-液平衡关系可以用 Raoult 方程表示，即

$$p_A = p_A^* x_A,\ p_B = p_B^* x_B,\ p = p_B^* + (p_A^* - p_B^*)x_A$$

这是等温条件下的压强与组分浓度的关系。转换成 $p-x$ 相图，有如图 5.3 所示的形式，其中各组分分压和总压与摩尔分数均呈线性关系。

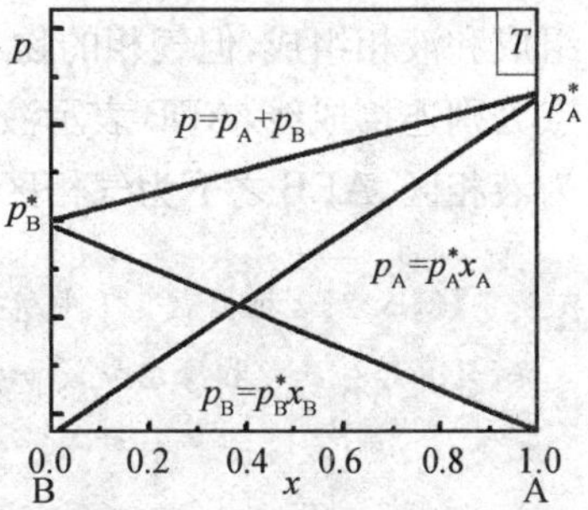

图 5.3　等温二元系 $p-x$ 相图

2. 相对挥发度

在描述二元系气-液平衡时，相对挥发度 α 表示了组分的挥发难易程度，定义为组分在指定温度下饱和蒸气压之比。

$$\alpha = p_A^* / p_B^* \qquad (5.3.1)$$

温度改变，饱和蒸气压改变，α 将改变。根据拉乌尔定律和分压的定义，可以导出组分的气相摩尔分数 y 与液相摩尔分数 x 的关系为：

$$\frac{y_A}{y_B} = \frac{p_A^* x_A}{p_B^* x_B} = \alpha \frac{x_A}{x_B}$$

其中：$y_B = 1 - y_A$。可以看出：

$\alpha > 1$，$p_A^* > p_B^*$，$(y_A/y_B) > (x_A/x_B)$，A 易挥发，B 难挥发；

$\alpha < 1$，$p_A^* < p_B^*$，$(y_A/y_B) < (x_A/x_B)$，B 易挥发，A 难挥发；

$\alpha = 1$，$p_A^* = p_B^*$，$(y_A/y_B) = (x_A/x_B)$，气液无浓度差。

当 $\alpha \neq 1$ 时气相与液相浓度才有差别，所以气-液平衡方法只能将 $\alpha \neq 1$ 的两组分分离。

3. $p-x-y$ 相图

等温条件下，将气相 $p-y$ 与液相 $p-x$ 关系表示在同一张相图上，构成的相图为

$p-x-y$相图，如图5.4所示。它以一种明显的方式表示了液相与气相的关系。图中，A点为指定温度T时，纯组分A的气液平衡点，即A的饱和蒸气压，$p=p_A^*$。B点为纯组分B的气液平衡点，即B的饱和蒸气压，$p=p_B^*$。在二元系相图中，表示体系总状态的点称为物系点(system point)，物系点对应于两个相的总组成。而表示某个相状态(如相态、组成、温度等)的点称为相点(phase point)。图5.4中C点为物系点，表示整个系统的组成和压强状态。物系分裂成两相，各相具有相同的压强，但组成不同。平衡的气相用E点表示，称气相点；平衡的液相用D点表示，称液相点。而D、E两点互呈平衡，其连线称系线(Tie line)。落在系线上的物系均呈气液平衡状态，它们具有相同的气相组成和液相组成，但气相的物料量和液相的物料量不同。将具有不同组成的气相点和液相点分别连接成线，ADB表示液相线，AEB表示气相线。由此将相图分成三个区，ADB之上为液相区，AEB之下为气相区，而两线所围的区域为气-液平衡区。

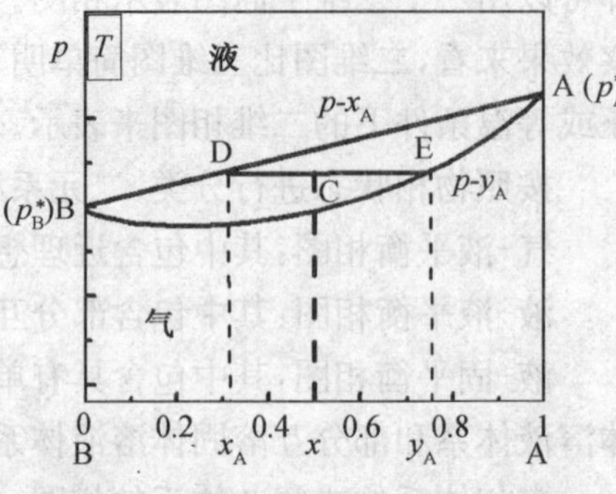

图5.4　等温二元系 $p-x-y$ 相图

【例5.2】 根据表5.1中所列出的丙酮(A)＋乙腈(B)在50℃的x_A和p/mmHg气液平衡实验数据，计算组分的气相摩尔分数y_A，并做$p-x$、$p-x-y$和$x-y$相图。假设体系近似为理想溶液和理想气体。

表5.1　丙酮(A)＋乙腈(B)二元系气液平衡实验数据：50℃的x_A和p/mmHg

x_A	p/mmHg	p_A/mmHg	p_B/mmHg	y_A
0	253.89	0	253.89	0
0.082 4	283.94	50.69	232.97	0.178 5
0.160 0	311.02	98.43	213.27	0.316 5
0.253 1	346.15	155.70	189.63	0.449 8
0.345 1	379.82	212.29	166.27	0.558 9
0.431 4	411.59	265.38	144.36	0.644 8
0.475 4	425.83	292.45	133.19	0.686 8
0.507 7	438.83	312.32	124.99	0.711 7
0.551 7	453.07	339.38	113.82	0.749 1
0.635 0	482.21	390.63	92.67	0.810 1
0.738 6	519.07	454.36	66.37	0.875 3
0.813 8	546.56	500.62	47.27	0.916 0
0.899 6	578.20	553.40	25.49	0.957 1
0.958 1	599.34	589.38	10.64	0.983 4
1	615.16	615.16	0	1

解：根据Raoult定律

$$p_A = p_A^* x_A,\ p_B = p_B^* x_B,\ y_A = p_A/p$$

根据表中$p-x_A$数据，得p_A、p_B、y_A数据同时列于表中。根据计算所得数据做$p-x$，$p-x-y$相图和$x-y$相图如图5.5所示。注意：1. 数据的有效字；2. 作图的规范；3. 实验数据是离散的点，而图中的曲线是需要通过关联方程计算才能得到。

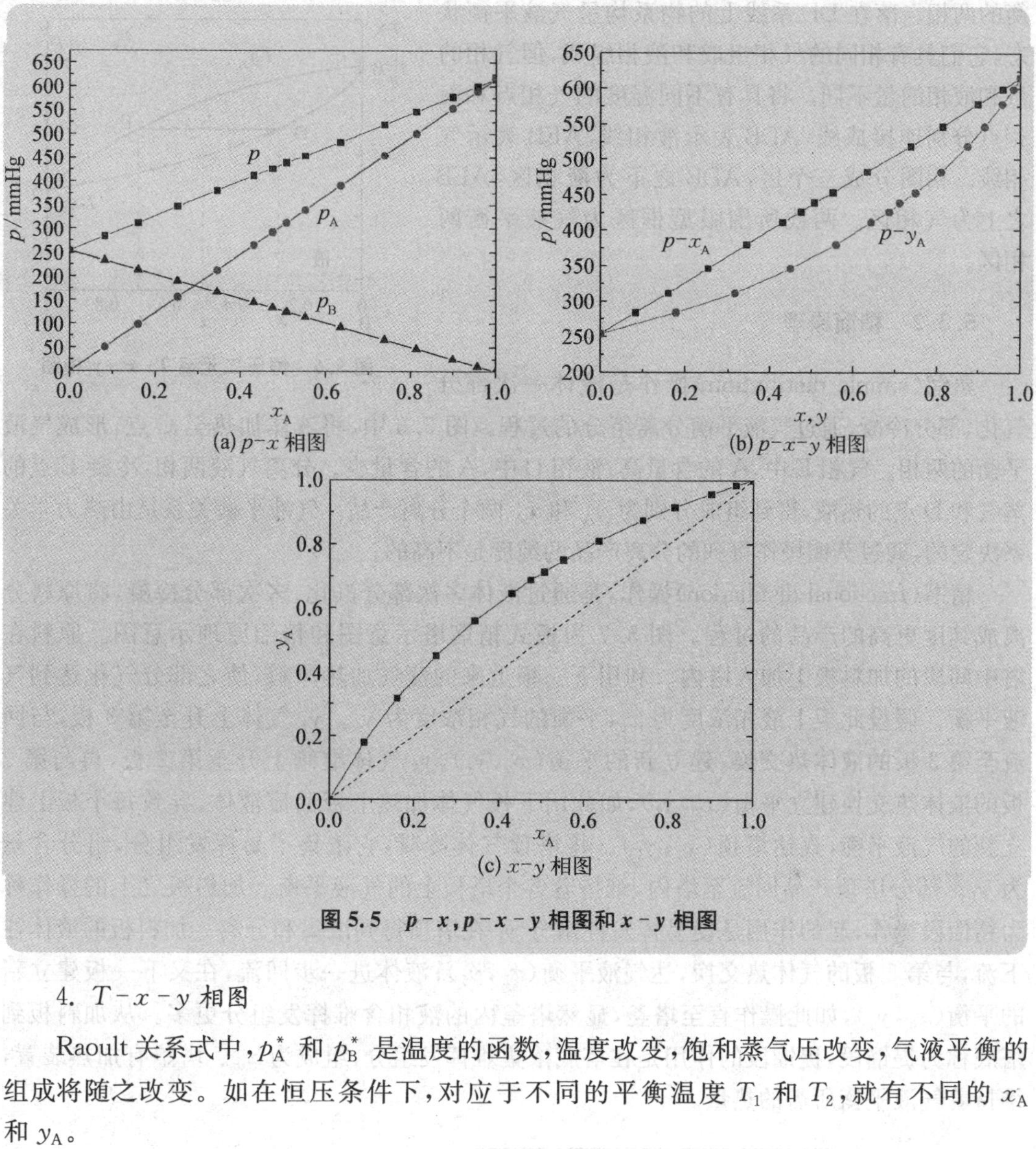

图 5.5　p-x, p-x-y 相图和 x-y 相图

4. $T-x-y$ 相图

Raoult 关系式中，p_A^* 和 p_B^* 是温度的函数，温度改变，饱和蒸气压改变，气液平衡的组成将随之改变。如在恒压条件下，对应于不同的平衡温度 T_1 和 T_2，就有不同的 x_A 和 y_A。

$$T_1, p_A^*(T_1), p_B^*(T_1),\quad x_A(T_1)=\frac{p-p_B^*(T_1)}{p_A^*(T_1)-p_B^*(T_1)},\quad y_A(T_1)=\frac{p_A^*(T_1)x_A}{p}$$

$$T_2, p_A^*(T_2), p_B^*(T_2),\quad x_A(T_2)=\frac{p-p_B^*(T_2)}{p_A^*(T_2)-p_B^*(T_2)}, y_A(T_2)=\frac{p_A^*(T_2)x_A}{p}$$

于是，可以计算获得一系列恒压(p)的 $T-x-y$ 数据，根据这些数据作图可以得到 $T-x-y$ 相图，如图 5.6 所示。

图 5.6 中，A 点为指定压强 p 时，纯组分 A 的气液平衡温度 T_A^*。B 点为纯组分 B 的气液平衡温度 T_B^*。C 为物系点，表示整个系统的组成、温度和状态。当物系气液相分裂，各相具有相同的温度，但组成不同。气相点为 E，液相点为 D。DE 系线连接温度 T 时互呈平

衡的两相。落在 DE 系线上的物系均呈气液平衡状态，它们具有相同的气相组成和液相组成，但气相的量和液相的量不同。将具有不同温度的气相点和液相点分别连接成线，ADB 表示液相线，AEB 表示气相线。相图分成三个区，ADB 之下为液相区，AEB 之上为气相区。两线所围眼型框区为气液平衡两相区。

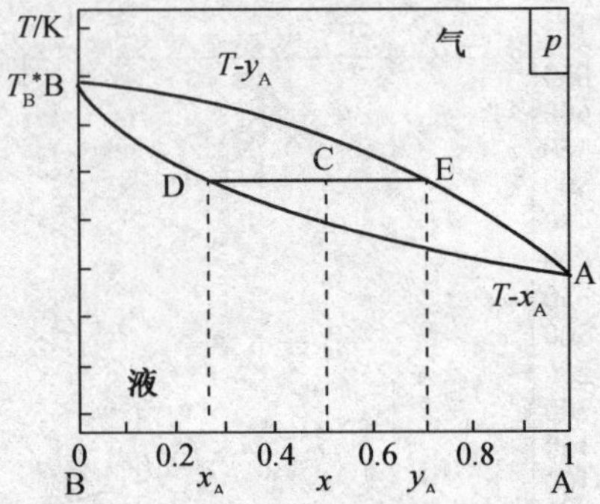

图 5.6 恒压二元系 $T-x-y$ 相图

5.3.2 精馏原理

蒸馏(simple distillation)操作是液体一次部分气化、部分冷凝，通过气液平衡分离组分的过程。图 5.6 中，将液体加热至 C 点，形成气液平衡的两相。气相 E 中，A 的含量高；液相 D 中，A 的含量少。分离气液两相，冷凝 E 点的蒸气和 D 点的热液，得到组成分别为 y_A 和 x_A 两个分离产品。气液平衡关系是由热力学关系决定的，通过蒸馏操作得到的分离产品的纯度是不高的。

精馏(fractional distillation)操作，是通过液体多次部分汽化、多次部分冷凝，将原料分离成纯度更高的产品的过程。图 5.7 为板式精馏塔示意图和精馏原理示意图。原料在塔中间段的加料板上加入塔内。利用下一板上来的蒸气加热原料，使之部分气化达到气液平衡。假设此板上液相浓度为 x_4，平衡的气相浓度为 y_4。y_4 气体上升至第 3 板，与回流至第 3 板的液体热交换，建立新的平衡(x_3，y_3)，y_3 气体继续上升至第 2 板，再与第 2 板的液体热交换建立平衡(x_2，y_2)，如此用下板气体加热上板回流液体，导致每个板上建立新的气液平衡，直达塔顶(x_1，y_1)。将塔顶气体冷凝，它浓集了易挥发组分，组分含量为 y_1。部分塔顶产品回流至塔内，维持着各个塔板上的气液平衡。加料板之上的操作称为精馏段操作，起的作用是使易挥发性组分 y_1 在塔顶得到浓集和分离。加料板的液体往下流，与第 5 板的气体热交换，达气液平衡(x_5，y_5)；液体进一步回流，在又下一板建立新的平衡(x_6，y_6)，如此操作直至塔釜，显然塔釜内的液相含难挥发组分更多。从加料板到塔底称为提馏段，提馏段的作用是在塔底浓集难挥发组分，组成为 x_w。塔釜有加热装置，维持着气液平衡所需的热量。

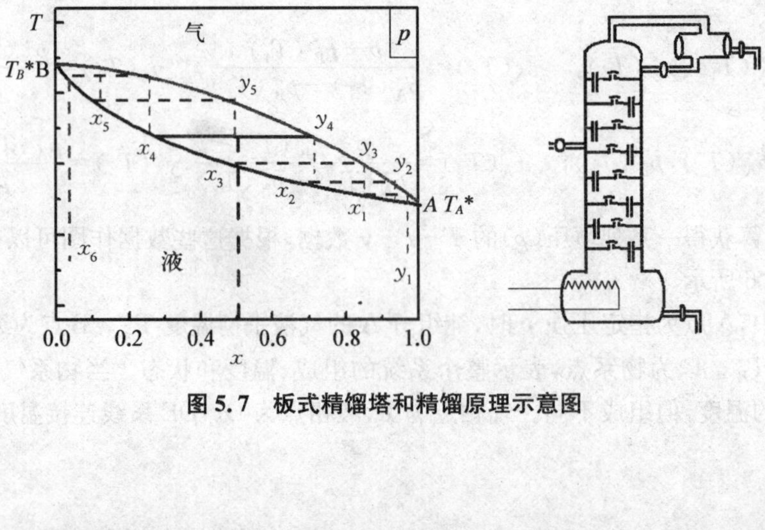

图 5.7 板式精馏塔和精馏原理示意图

5.3.3 杠杆规则——相平衡体系的物料衡算

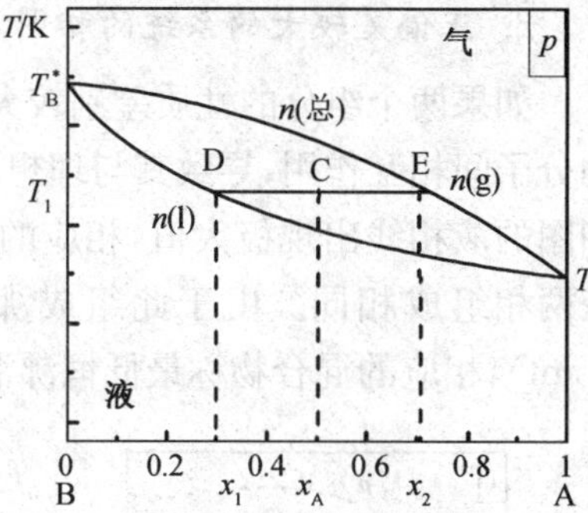

图 5.8 杠杆原理

相图给出的是组分浓度对平衡温度或压强的影响(强度性质的影响),但它不能提供气相物料量与液相物料量的信息(容量性质的关系)。解决这一问题,需要建立相平衡体系的物料衡算关系。

如图 5.8 所示,如果物系点为 $C(x_A, T_1)$,物料总量为 n。液相点为 $D(x_1, T_1)$,液相量为 $n(l)$;气相点为 $E(x_2, T_1)$,气相量为 $n(g)$。

对体系做总物料衡算有:$n = n(l) + n(g)$

对组分 A 做衡算有:$nx_A = n(l)x_1 + n(g)x_2$

联解两个衡算式得:$n(l)(x_A - x_1) = n(g)(x_2 - x_A)$ (5.3.2)

其中$(x_A - x_1) = L_{CD}$为 CD 的长度,$(x_2 - x_A) = L_{CE}$为 CE 长度。故有:$n(l)L_{CD} = n(g)L_{CE}$。该式类似力学中的杠杆原理,给出了液相量和气相量的比例关系,称为相平衡区域的杠杆规则(level rule)。

【例 5.3】 用 5 mol A 和 5 mol B 组成二元液态混合物,在平衡条件下测得液相点组成$x_B(l) = 0.2$,气相点组成 $x_B(g) = 0.7$。求气相和液相的物质的量 $n(g)$和 $n(l)$。

解: 根据杠杆规则:$n(l)\cdot(0.5-0.2) = n(g)\cdot(0.7-0.5)$,则 $n(g)/n(l) = 0.3/0.2$

已知 $n = n(g) + n(l) = 10$ mol,则 $n(l) = 4$ mol,$n(g) = 6$ mol。

5.3.4 两组分非理想溶液的气-液平衡

根据实际溶液对 Raoult 定律的偏差,分三类图形讨论。

1. 与理想溶液偏差不是很大的系统

对于理想溶液有小的偏差的溶液体系,实际相图与理想溶液的形状相似,只是平衡区域的形状和大小随体系的偏差程度而略有差异。这类体系的 $p-x$, $p-x-y$, $T-x-y$ 相图如图 5.9 所示。$p-x$ 图中虚线为实际溶液的平衡线,实线为理想溶液的情况。

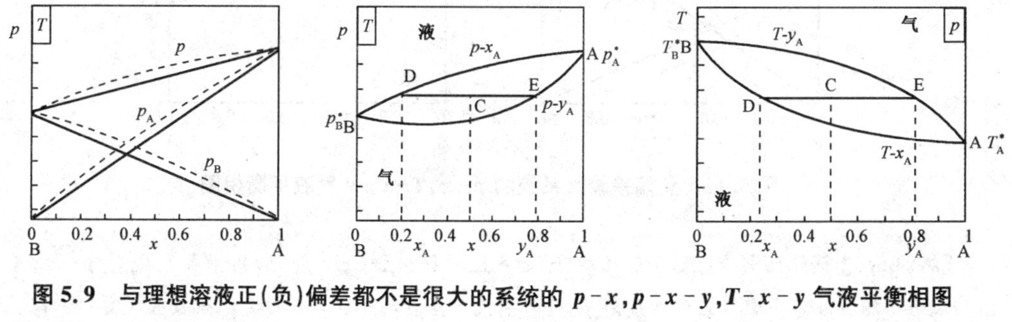

图 5.9 与理想溶液正(负)偏差都不是很大的系统的 $p-x$, $p-x-y$, $T-x-y$ 气液平衡相图

2. 正偏差较大的系统的相图

如果两个组分的性质差别较大，如水-乙醇、甲醇-苯、乙醇-苯等体系，组分间存在较强的分子间相互作用，导致其与理想溶液有较大的正偏差，活度因子 $\gamma>1$。其恒温 $p-x-y$ 相图的液相线出现极大值，相应的恒压 $T-x-y$ 相图的液相线出现极小值，且极值点处气液两相组成相同。由于此组成沸点恒定且最低，故称最低恒沸点（minimum azeotropic point），相应的混合物称最低恒沸混合物（azeotropic composition），见图 5.10。

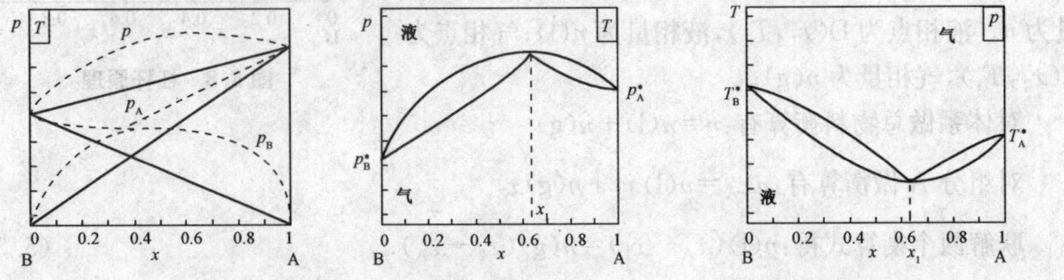

图 5.10 正偏差较大系统的 $p-x$，$p-x-y$，$T-x-y$ 气液平衡相图

简单地应用精馏方法，不能将具有恒沸点的混合物进行完全分离。但是，恒沸物是混合物而不是化合物。恒沸点的组成和温度随压强改变，添加剂也可以破坏恒沸点。酒精水溶液在质量分数 0.955 7 处存在最低恒沸点 351.3 K。若用简单精馏方法不能从稀酒精溶液得到无水乙醇，只能得到恒沸点混合物。在酒精中添加 $CaCl_2$、CaO、分子筛等化合物可以破坏恒沸点，再用精馏方法便能制得无水乙醇。在分析恒沸点的相律时要注意，此时有一个浓度限制条件存在即 $y_A=x_A$，其 $f^*=(2-1)-2+1=0$。

3. 负偏差较大的系统的相图

水-HNO_3、HCl-二甲醚等体系对理想溶液有较大的负偏差，活度因子 $\gamma<1$。其恒温 $p-x-y$ 相图液相线出现极小值，恒压 $T-x-y$ 相图气相线出现极大值，极值点处气、液两相组成相同。由于此组成沸点恒定且为最高，故称最高恒沸混合物，见图 5.11。简单精馏方法不能完全分离具有最高恒沸混合物的体系。

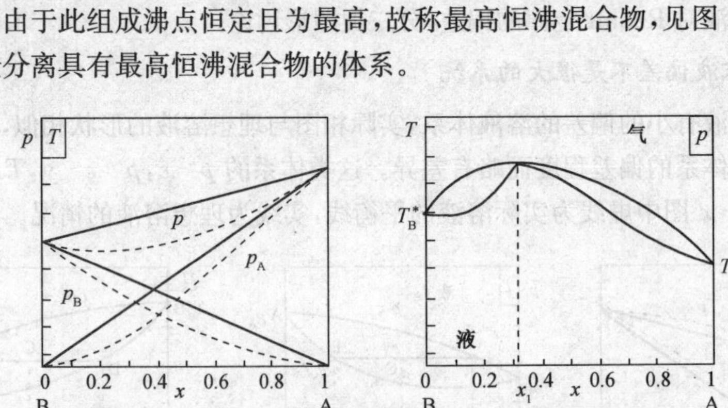

图 5.11 负偏差较大系统的 $p-x$，$T-x-y$ 气液平衡相图

【练习 5.2】298.15 K 苯(A)+环己烷(B)的气液平衡数据(x_A、y_A、p)列于表 5.2，作 $p-x-y$ 相图。求两个组分在各个浓度点的活度因子，并作图表示活度因子、G^E 随组成 x_A 的变化关系。

表 5.2　298.15 K 苯(A)+环己烷(B)的气液平衡数据

x_A	y_A	p/mmHg	p_A/mmHg	p_B/mmHg	γ_A	γ_B
0	0	97.45	0	97.45	—	1
0.103 5	0.137 5	102.05	14.03	88.01	1.426	1.007
0.175 0	0.217 0	104.50	22.68	81.82	1.363	1.018
0.276 0	0.313 0	106.75	33.41	73.34	1.274	1.039
0.377 0	0.401 5	108.10	43.40	64.70	1.211	1.066
0.433 0	0.446 0	108.45	48.37	60.08	1.175	1.087
0.509 0	0.505 0	108.65	54.87	53.78	1.134	1.124
0.583 0	0.562 0	108.30	60.86	47.43	1.098	1.167
0.694 0	0.650 5	106.90	69.54	37.36	1.054	1.253
0.794 5	0.741 0	104.50	77.43	27.07	1.025	1.352
0.900 5	0.856 5	100.60	86.16	14.44	1.007	1.489
0.950 0	0.922 0	98.15	90.49	7.66	1.002	1.571
1	1	95.05	95.05	0	1	—

解：根据实验数据(x_A、y_A、p)可以直接得到 p-x-y 相图，这是一个存在最低共沸点的气液平衡相图。

对于非理想液态混合物，若以 Raoult 定律为参考态，得二组分的活度因子为

$$\gamma_A = p_A/(p_A^* x_A),\ \gamma_B = p_B/(p_B^* x_B)$$

其中：$p_A = py_A$，$p_B = p(1-y_A)$，$p = p_A + p_B$

计算结果例于表中。在整个浓度区间，活度因子大于1，表示系统对 Raoult 定律有正偏差。根据活度因子数据，可以计算过量 Gibbs 自由能。

$$G^E = RT(x_A \ln \gamma_A + x_B \ln \gamma_B)$$

并作出 G^E，$RT\ln \gamma_A$，$RT\ln \gamma_B$ 随 x_A 变化的图。

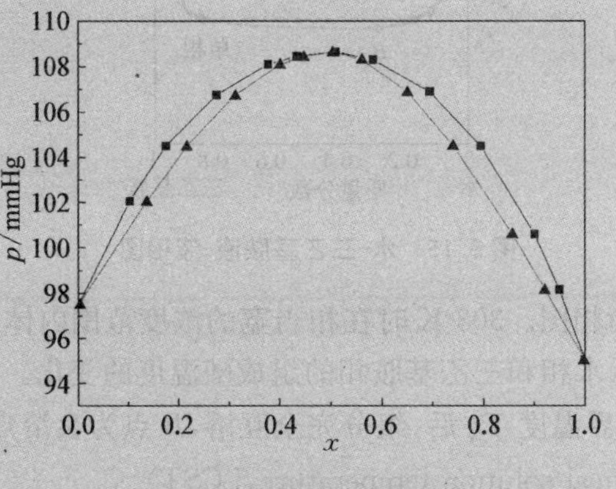

图 5.12　p-x-y 相图

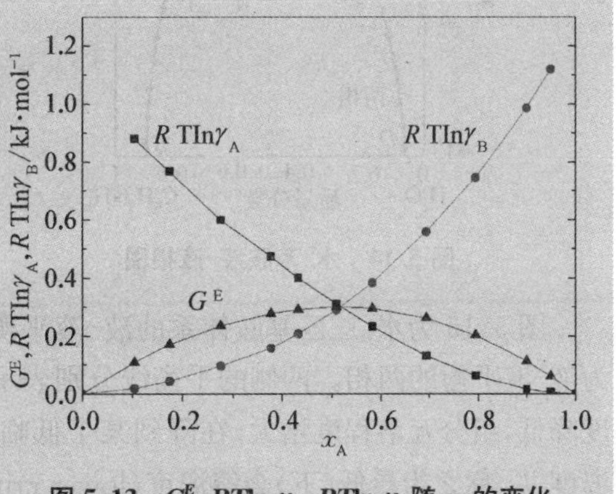

图 5.13　G^E，$RT\ln \gamma_A$，$RT\ln \gamma_B$ 随 x_A 的变化

注意：依据离散的实验数据作图，并不能直接得到光滑的拟合曲线。这需要依据溶液理论的知识建立数学方程，通过实验数据拟合获得理论参数，才能做出光滑的拟合曲线。$x_A \to 0$ 时的 γ_A 和 $x_B \to 0$ 时的 γ_B，即无限稀释活度因子，并不能由 p-x-y 数据直接计算得到，而是需要借助理论模型外推得到。

讨论

- 压强改变对气液平衡 $T-x-y$ 相图的影响
- 添加无机化合物破坏气液平衡的最低恒沸点

5.4 二元系液-液、气-液-液平衡

5.4.1 部分互溶双液系的液-液平衡

如果是两组分极性相差很大的液态混合物，它们仅能在一定组成范围内形成均一的液相，而在另外的组成范围液相分裂，形成部分互溶的液-液平衡体系。图 5.14 为水-苯胺体系液-液平衡相图，两侧的平衡线分别表示水相（*BD* 线）和苯胺相（*BE* 线）的组成随温度的变化。A' 和 A'' 为 373 K 两个互为平衡的液相层（水层和苯胺层）的组成，称为共轭层（conjugate layer）。A' 点为水相苯胺的溶解度，A'' 点为苯胺层苯胺的含量。恒压条件下，组分的互溶程度随着温度的改变沿平衡线而发生变化。水-苯胺体系温度升高互溶程度增大，达到一个临界温度后，形成完全互溶。这个温度称之为最高（上）会溶温度（upper critical solution temperature，UCST）。*B* 点为会溶点，T_B 为会溶温度（consolute temperature）。在 *DBE* 区内两液相平衡，*BD* 线为水相的组成，*BE* 线为苯胺相的组成。

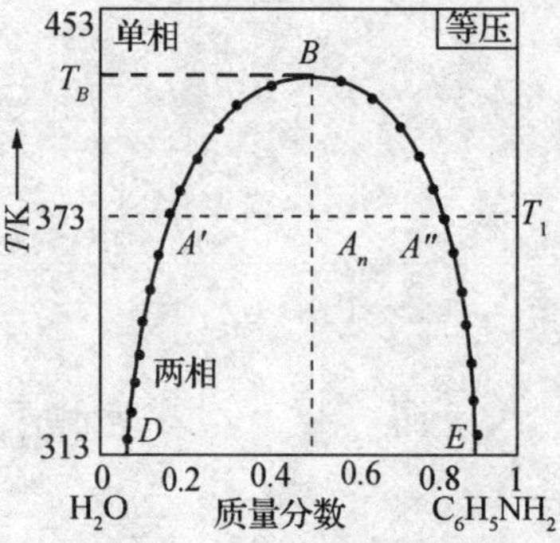

图 5.14 水-苯胺液-液相图

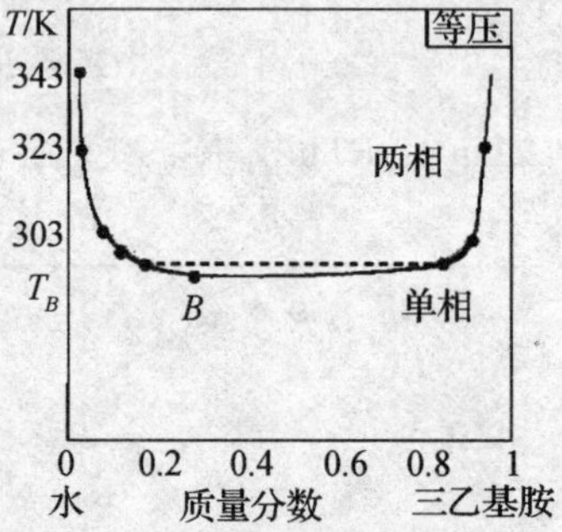

图 5.15 水-三乙基胺液-液相图

图 5.15 为水-三乙基胺体系的液-液平衡相图。303 K 时在相当宽的浓度范围内体系为液-液平衡的两相。两侧的平衡线分别表示水相和三乙基胺相的组成随温度的变化。温度降低，组分互溶程度增大，在降到某个低临界温度 T_B 后，组分完全互溶，*B* 点为会溶点。温度 T_B 称之为最低（下）会溶温度（lower critical solution temperature，LCST）。

图 5.16 是水-烟碱部分互溶相图，其特点在于：在图示的温度范围内，体系同时具有最高和最低会溶温度。但是，对于水-乙醚体系，如图 5.17，液-液平衡存在于一个较窄的温度区间，相图中没有观察到上或下会溶点，这是由于 UCST 高于乙醚的沸点，LCST 低于水的冰点的原因。在温度未达到 UCST 和 LCST 时体系发生了新的相变，乙醚的气化和水的结冰。这是一个不具有会溶温度的部分互溶双液系相图。

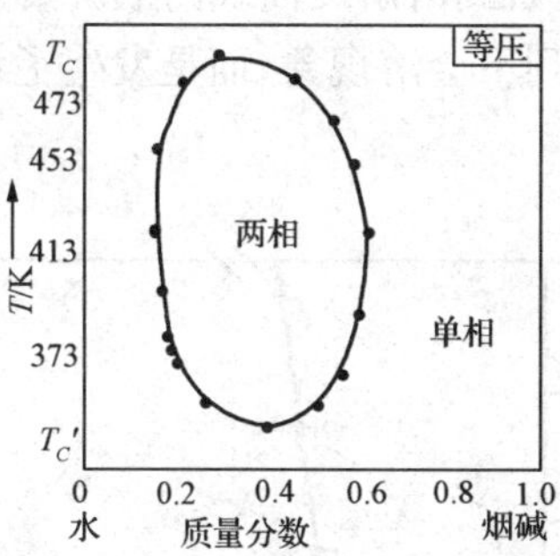

图 5.16　水-烟碱部分互溶相图

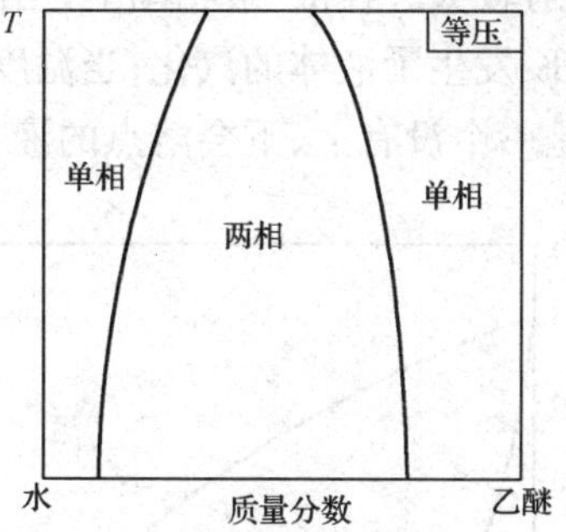

图 5.17　水-乙醚体系部分互溶相图

这些部分互溶的液-液平衡体系在许多分离过程中有应用，如萃取精馏等。

讨论

- **体系同时具有最高和最低会溶温度的相图**
- **部分互溶双液系的 $\Delta_{mix}G \sim x$ 相图**

5.4.2　部分互溶的双液系及其气-液-液平衡

对于部分互溶双液系，当温度低于 UCST 时，有可能形成气-液-液平衡，即两个部分互溶的液相 A 和 B 与一个共有的气相构成平衡。假设苯胺(A)和水(B)在 333 K 构成的气-液-液平衡情况如图 5.19 所示，其中液-液两相为部分互溶平衡，平衡浓度分别为 x_A(苯胺层)＝0.732，x_A(水层)＝0.088。平衡的气相分压分别为 p_A 和 p_B。根据热力学原理，三相平衡条件为组分在气相、液相 A 和液相 B 的化学势相等，即 $\mu_A(g)=\mu_A(A)=\mu_A(B)$ 和 $\mu_B(g)=\mu_B(A)=\mu_B(B)$。气-液-液三相平衡相图可以视为液-液平衡与气-液平衡两类相图在平衡温度下的组合。在较高压强下，气液平衡相图与液液平衡相图是分开的，前者存在于较高的温度区间，后者存在于较低的温度区间。当压强降低时，气液平衡相图向低温方向移动，与液-液平衡相图相交，构成了部分互溶双液系的气-液-液平衡相图，如图 5.20 所示。

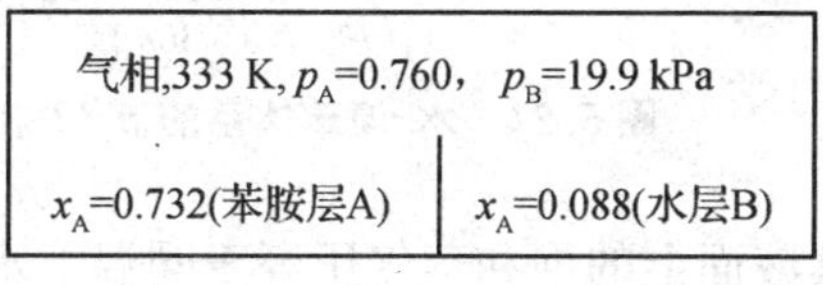

图 5.19　水(B)-苯胺(A)体系的气-液-液平衡

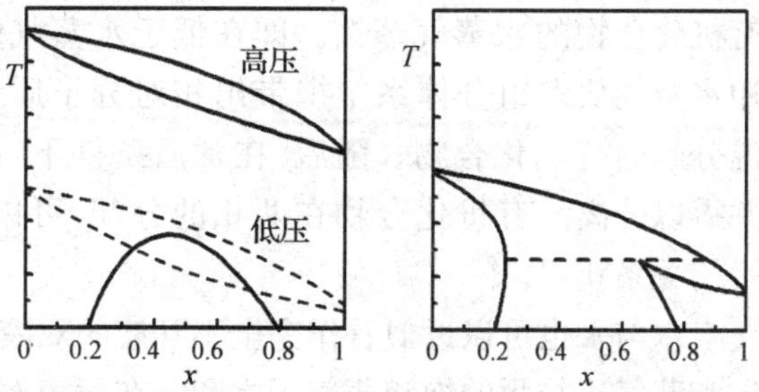

图 5.20　部分互溶双液系的气-液-液平衡相图的演变

图 5.21 是水-正己醇的气-液-液平衡相图。当温度大于 370 K，相图特征为具有一个最低恒沸点的气-液平衡相图。在恒沸点温度，体系呈气-水相-正己醇相三相平衡。当温度小于370 K，相图特征为液-液部分互溶相图，正己醇在水中有很小的溶解度，而水在醇相的

溶解度相对较大。在液-液相图上，当温度升高时，没有看到溶解度曲线的上会溶点状态，而是在 370 K 发生了液体的汽化；当温度下降时，没有看到下会溶现象，而是发生了水结成冰。所以，这是一个没有上、下会溶点的液-液平衡相图。

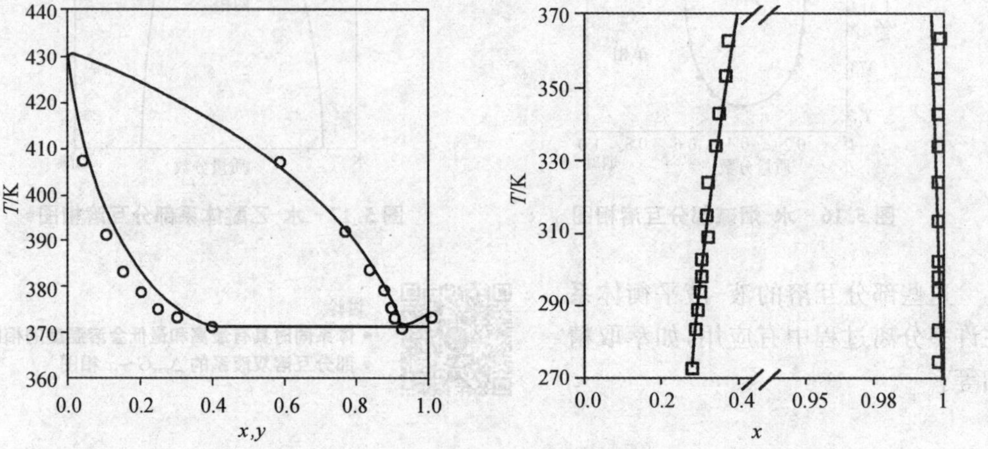

图 5.21 水-正己醇的气-液-液平衡相图（x 和 y 分别为水的液相和气相摩尔分数）

讨论
- 三相平衡体系如何计算各个相的物料量？
- 气-液-液三相平衡等温 $p-x$ 和 $y-x$ 相图
- 不互溶双液系的 $T-w$ 相图

5.4.3 不互溶的双液系及其气-液-液平衡

水-溴苯体系可以视为完全不互溶的双液系，其平衡相图可以视为两个单组分气液平衡相图的加合。其特点是，体系的蒸气压等于各组分饱和蒸气压之和，即 $p=p_A^*+p_B^*$。所以系统的总蒸气压恒大于任一组分的蒸气压，而其沸点则恒低于任一组分的沸点。如图 5.22 所示，溴苯，$T_b=429$ K；水，$T_b=373.15$ K；水+溴苯，$T_b=368.15$ K。由于水、溴苯密度相差大，容易分层，这一平衡特点被用于有机化合物的水蒸气蒸馏。即在低于水蒸气的温度下，用水蒸气从多组分体系中携带出相对分子质量大、易高温分解的有机化合物。随后，在常温条件下，两相分层，并得以分离。有机化合物在两相的分配，可以由热力学平衡关系获得。

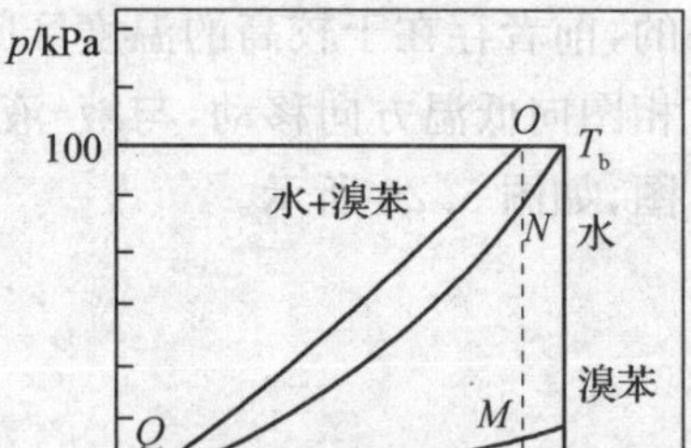

图 5.22 水-溴苯体系的 $p-T$ 相图

水与汞也可以近似看作完全不互溶的双液系。其液面上的饱和蒸气压等于同温下水的饱和蒸气压与汞的饱和蒸气压之和。在汞表面上覆盖水并不能降低汞的蒸气压，所以水不能起到隔离汞蒸气的作用。

【练习 5.3】 在【讨论不互溶双液系的 $T-w$ 相图】中，V_1 和 V_2 为两个气相组成不同的系统，分别将之降温至 L_1 和 L_2，那么降温过程中各系统物相将发生哪些变化？

【练习 5.4】 标准压强下，$H_2O(l)(A)$的沸点为 373 K，氯苯 $C_6H_5Cl(l)(B)$的沸点为 403 K。该双液系统完全不互溶，当 B 的质量分数 $w_B=0.20$ 时，加热系统达到共沸，共沸点为 364 K。求

(1) 做出该系统的 $T-w_B$ 相图；

(2) 指出各相区平衡共存的相态及三相线是由哪些相平衡共存。

5.5　二元系液-固相平衡

对于由液体和固体形成的平衡体系，压强对组分化学势的影响很小，平衡时体系组成与温度的关系可认为不受压强影响，因此，常压下测定的凝聚相体系温度－组成图中均不注明压强。二组分体系的这类相图相律表达式为 $f^* = 2-\Phi+1 = 3-\Phi$，当$\Phi=1$时，$f=2$；$f=0$ 时$\Phi=3$，即体系最多呈三相平衡。

二元系固-液相图有较复杂的形式。常见的几种平衡体系为：① 固相完全不互溶二元系。其中包括：简单低共熔组成的体系和形成化合物的体系。形成化合物的体系又分为形成热稳定化合物的体系和形成热不稳定化合物的体系。② 固相完全互溶二元系，又称固溶体。③ 固相部分互溶二元系。

5.5.1　固相完全不互溶二元系

1. 具有简单低共熔组成的体系

图 5.23 为邻硝基氯苯(A)＋对硝基氯苯(B)二元系的固-液平衡相图。其中 a 点为纯 A 熔点；b 点为纯 B 熔点。A 中加入 B，或 B 中加入 A，均使熔点降低。aE 线为纯 A 和熔液间的固-液平衡线，或 A 的溶解度曲线；bE 线为纯 B 和熔液间的固-液平衡线，或 B 的溶解度曲线。两条线相交于 E 点，该组成被称为最低共熔点(eutectic composition)，它具有最低的熔点温度(eutectic temperature)。

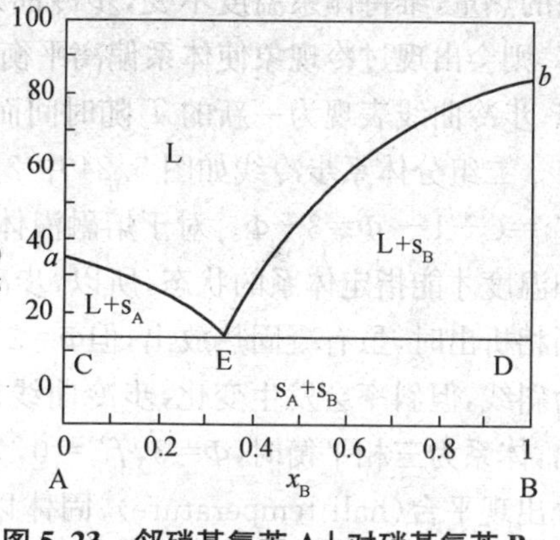

图 5.23　邻硝基氯苯 A＋对硝基氯苯 B 的固-液平衡相图

在最低共熔点温度，A(s)－B(s)－熔液(组成为 E)三相共存。除 C、D 两点外，物系点在 CED 线上的体系均是三相共存，且液相均具有与 E 点相同的组成，CED 线上各物系点的差异在于各相的相对含量不同。线 aEb 之上的区域为液相区(L)，CED 线之下低于最低共熔温度的区域，为两个固体的混合区。而 aCE 和 bED 两个区域为 A(s)－L、B(s)－L 的两个固-液平衡区。该相图的最主要特征是最低共熔点 E 和三相线 CED 的存在。

2. 液-固相图绘制方法

常用两种实验方法测定固液平衡数据：热分析法和溶解度法。热分析法是将固态熔融系统冷却，通过测定冷却过程的温度-时间步冷曲线，观察过程温度与物相变化的关系，从步冷曲线斜率的变化，建立曲线转折点与组成的关系，建立固液平衡 $T-x$ 相图。固体溶解度

法则是测定固体在液相的溶解度随温度的变化，从而建立固液平衡 $T-x$ 相图。

热分析法绘制相图的主要步骤是绘制步冷曲线，其过程如图 5.24 所示。

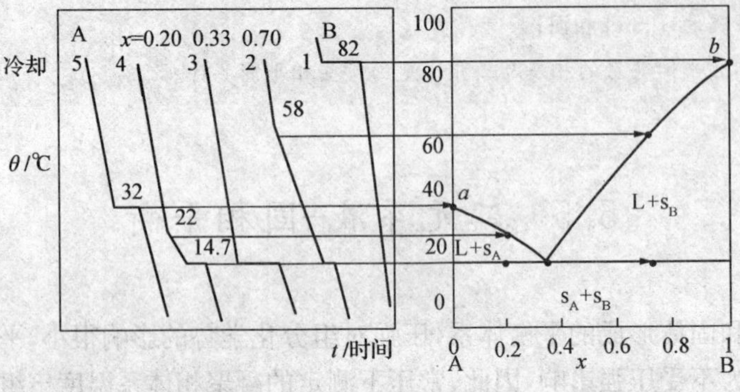

图 5.24 步冷曲线法测定简单低共熔二元系的固-液平衡相图

步冷曲线是记录热熔化的二组分体系在冷却过程的温度-时间曲线。在降温速率恒定的实验条件下，对于纯组分体系，其步冷线如图 5.24 中 1 和 5 所示。随冷却过程的进行，温度降低，步冷曲线是一条 T 随时间降低的斜线。斜线斜率与液态的热容有关。在熔点温度，新相生成，放出相变热，若放热速率与降温速率相同，理想条件下则补偿了降温操作移除的热量，维持体系温度不变，步冷曲线在熔点温度出现一平台。若降温速率大于放热速率，则会出现过冷现象使体系偏离平衡状态。液体完全凝固后，继续冷却体系，温度继续下降，步冷曲线表现为一新的 T 随时间而降低的斜线。新斜线的斜率与固态的热容有关。

二组分体系步冷线如图 5.24 中 2 和 4 所示。对于二组分体系，$C=2$，恒压条件自由度 $f^*=C+1-\Phi=3-\Phi$。对于熔融液体，$\Phi=1$，$f^*=2$，为双变量体系，即需要同时指定组成和温度才能指定体系的状态，所以，步冷曲线表现为温度随冷却时间降低的一条斜线；当有固相析出时，虽有凝固热放出，但$\Phi=2$，$f^*=1$，仍为单变量体系，T 随时间降低，步冷曲线仍为斜线，但斜率会发生变化，步冷曲线出现转折点(break temperature)；当两种晶体同时析出，体系为三相平衡时，$\Phi=3$，$f^*=0$，为无变量体系，凝固热补偿了冷却移除的热量，步冷曲线出现平台(halt temperature)，固体以共熔点的组成析出，直至液体完全固化。之后固体继续降温，直线的斜率取决于固相的相对组成。

在低共熔点组成，如图 5.24 中步冷线 3 所示，冷却液相，温度降低，直到低共熔温度时，两种晶体以共熔点的组成同时析出，此时三相平衡 $\Phi=3$，$f^*=0$，为无变量体系，步冷曲线出现平台。之后是固体的 $T-t$ 步冷曲线，直线的斜率取决于共熔点的组成。

将各步冷曲线的折点和平台温度及其对应的组成这些数据表示在 $T-x$ 坐标系，连接不同组成的熔点温度得到 $T-x$ 平衡线，同时，连接三相平衡的熔点温度得到三相平衡线。于是得到描述固液平衡的 $T-x$ 相图。

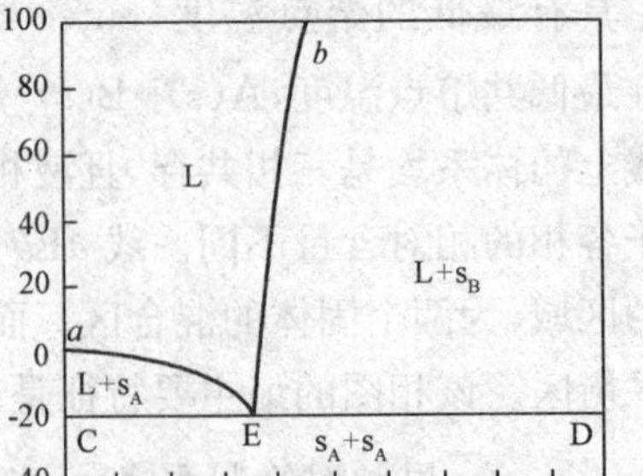

图 5.25 水-硫酸铵体系的固-液平衡相图

溶解度法更多地用于水-盐体系相图绘制。通过溶解度随温度的变化，建立平衡相图。图 5.25 为水-硫酸铵体系的平衡相图。*Eb* 线为盐的溶解度曲线，超出100℃后，水发生汽化。*Ea* 线为水的凝固点降低线。在冬天，为防止路面结冰，撒上盐，实际用的就是冰点下降原理。E 点为最低共熔点。CED 线为三相平衡线。

讨论
- 最低共熔物及其晶型与组成的关系
- *DSC* 方法测液-固平衡相图

3. 固相完全不互溶，但形成固体化合物的体系

有些体系，两个物质可以形成固体化合物。固体化合物的热性质可能有两种情况：热稳定化合物（或稳定的水合物）和热不稳定化合物。

热稳定化合物有自己的熔点，在熔点温度，液相和固相的组成相同，故称之为同成分熔融或相合熔融(congruent melting)，熔点温度也称之为相合熔点(congraent temperature)，该组成也称之为具有相合熔点的化合物。属于这类体系的有：$CuCl-FeCl_3$、$Au-2Fe$、$FeCl_3-H_2O$、$H_2SO_4-H_2O$ 等。

图 5.26 中，CuCl(s)和 $FeCl_3$(s)形成 1∶1 的化合物 C，C 在其熔点温度，性质稳定，发生熔融，熔液和固相的化学组成相同，并能平衡共存，这是热稳定化合物的特征，相合熔融。体系的相图可以视为两个低共熔组成相图 A－C 和 B－C 的组合，存在两个低共熔点 E_1 和 E_2。图 5.26 中，水-硫酸相图中有三个稳定水合物 C_1、C_2 和 C_3，对应于三个结晶水合物，$H_2SO\cdot 4H_2O$、$H_2SO_4\cdot 2H_2O$，$H_2SO_4\cdot H_2O$，构成了 4 个简单低共熔物相图，低共熔点分别为 E_1、E_2、E_3 和 E_4。若要获得某一纯的水合物，必须将原始溶液的组成控制在一定的范围之内。如要获得$H_2SO_4\cdot H_2O$，则组成需要控制在 E_3 和 E_4 之间。

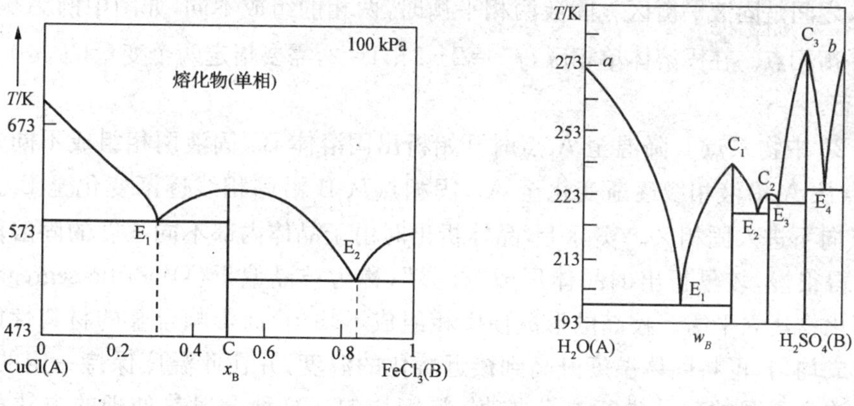

图 5.26 $CuCl-FeCl_3$ 和 $H_2SO_4-H_2O$ 体系的固-液平衡相图

热不稳定化合物没有自己的熔点，尚未熔化就分解为与化合物组成不同的液相和固相。这个分解温度称为不相合熔点(incongruent melting temperature)，或转熔温度。属于这类体系的有：$2KCl-CuCl_2$、$Au-Sb_2$、CaF_2-CaCl_2。

图 5.27 为 CaF_2-CaCl_2 体系的固液平衡相图。C 点组成 $CaF_2\cdot CaCl_2$(s)为热不稳定化合物，它没有自己的熔点。O 点为 C 的转熔温度，发生了$CaF_2\cdot CaCl_2(s)\longrightarrow CaF_2(s)+$ N(熔液)的转变，此时物系由 A(s)、C(s)和熔液N(L)三相组成，所以 FON 为三相平衡线。图 5.27 中有 3 条两相平衡线：MN 为 A(s)-熔液平衡，ND 为 C(s)-熔液平衡，DE

为 B(s)-熔液平衡。D 点为最低共熔点，由 C(s)-B(s)-熔液(D)三相组成。

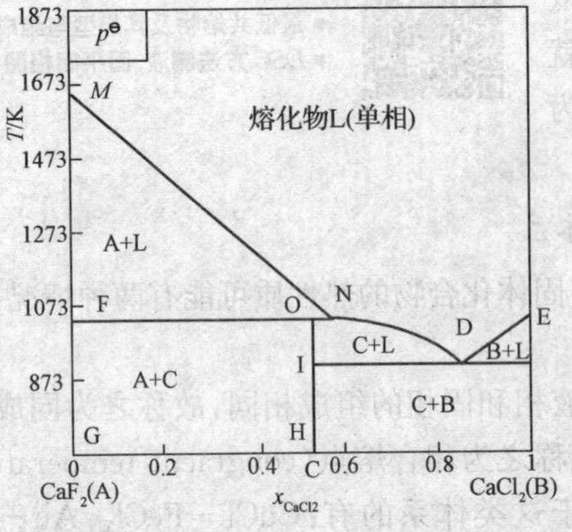

图 5.27　CaF_2-CaCl_2 体系的固-液平衡相图

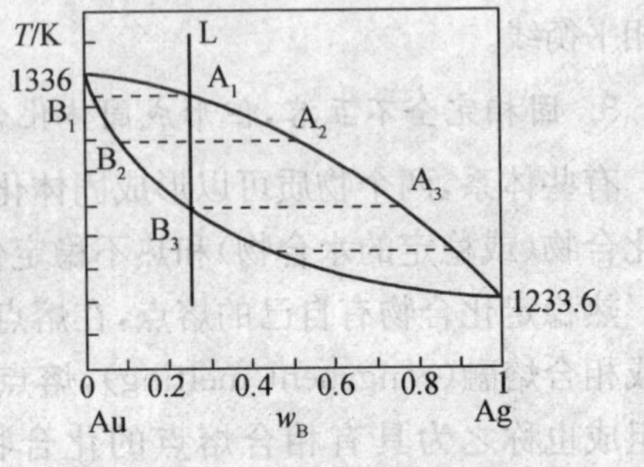

图 5.28　Au-Ag 完全互溶固溶体相图

5.5.2　固相完全互溶或部分互溶的二元体系

1. 完全互溶固溶体

有些二元系，高温熔融时是原子(分子)尺度的混合物。在熔液冷却过程，它既不形成化合物，也没有低共熔点，形成了完全互溶的固体混合物，称为固溶体(solid solution，或固熔体)。如一些粒子大小、晶体结构相似的体系，Au-Ag，Cu-Ni，Co-Ni。其相图如图 5.28 的形式，形状和完全互溶双液系的气液平衡相图相似。高温区是熔液单相区，低温区是固溶体单相区，之间是固液平衡区。固液两相平衡时，两相的组成不同，如图中的 A_1 与 B_1，A_2 与 B_2 等平衡相点。在固溶体单相区，$f^*=2-1+1=2$，需要指定两个变量(T,w)才能确定体系的状态。

图 5.28 中物系点 L 降温至 A_1 点时开始析出固溶体 B_1，固液两相组成不同。继续降温，液相点从 A_1 沿液相线逐渐变化至 A_3，固相点从 B_1 沿固相线逐渐变化至 B_3。之后物系从 B_3 点向下进入固相区。实际上，晶体析出时由于晶体内部不同浓度的固溶体之间的扩散进行得很慢，较早析出的晶体形成“枝晶”，称为枝晶偏析(Dendritic segregation)，而不易与熔化物建立平衡。枝晶的形成使固相组成不均匀，而影响合金的材料性能。为了使固相组成均匀，可将固体温度升高到接近熔化的温度，并在此温度保持一定的时间，使固体内部浓度不同的部分进行充分扩散，趋于均匀。这种金属热处理的方法称为退火(annealing)。退火不好的金属材料处于介稳状态，长期使用可能由于体内的扩散而引起机械强度变化。淬火(quenching)是另一种金属热处理方法，就是使金属快速冷却。目的是使熔化的金属突然凝固，由于相变来不及达到平衡，虽然温度降低，但体系内仍保持高温下的结构状态。

固态完全互溶系统也有偏离理想混合的状态，在固-液相图上出现最低恒熔点，或最高恒熔点。例如：$Na_2CO_3-K_2CO_3$、KCl-KBr、Ag-Sb、Cu-Au 等体系会出现最低点，但出现最高点的体系较少。这与气液平衡的恒沸点相图形状相似。图 5.29 是具有恒熔温度的二组分液-固相图。

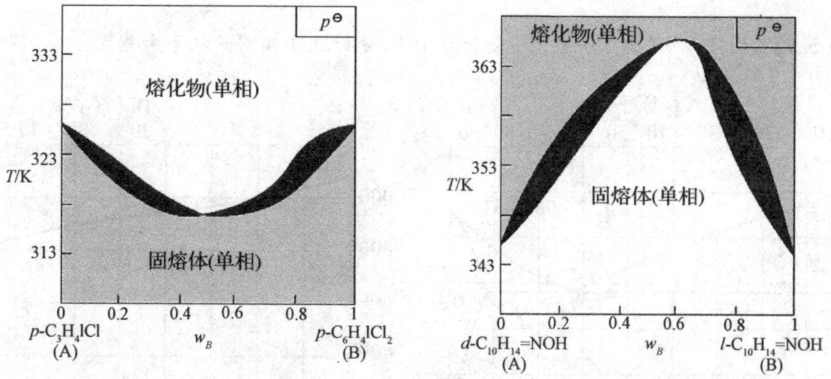

图 5.29　具有恒熔温度的二组分完全互溶固溶体的液-固相图

2. 固态部分互溶的体系——有一低共熔点体系

有些二组分体系，液相可以无限混溶，形成单一液相；低温则形成部分互溶的两种固溶体。其相图形式如图 5.30 所示。线 AEB 以上单相区为熔化物 L；线 AJF 左侧为固溶体 α；线 BCG 右侧为固溶体 β。α 和 β 是两种具有不同结构的固溶体。AEJ 区为两相平衡区 L+α；BEC 区为两相平衡区 L+β；FJECG 区为 $\alpha+\beta$ 两固相平衡区。JEC 为三相线，线上 $\alpha+\beta+$L 三相平衡。

3. 固相部分互溶的体系——有一转熔温度的体系

如果组分 A(Hg)的熔点低于 B(Cd)，而且还低于共熔点 E，则会出现图 5.31 所示 Hg - Cd 固液平衡相图。图中 L 为熔化物单相区，α 和 β 为部分互溶的两个单相的固溶体。BCE 为两相区 L+β；ACD 为两相区 L+α，FDEG 为两相区 $\alpha+\beta$。在转熔温度 T(CDE)=455 K，发生 α 向 L(C)+ β(E)的转换。CDE 为三相线，线上的物系点呈现 L(C)+$\alpha+\beta$ 三相平衡。

以上讨论是一些基本类型的两组分固液平衡相图。实际相图有时是很复杂的，但任何复杂的相图都可看作是由一些简单的基本类型的相图组合而成。弄清基本相图的点、线、面的含义，明白各类相图的特点，对于分析复杂相图是非常有用的。

讨论
- 合金及固溶体晶型
- 固相部分互溶体系的演变
- 物质的状态

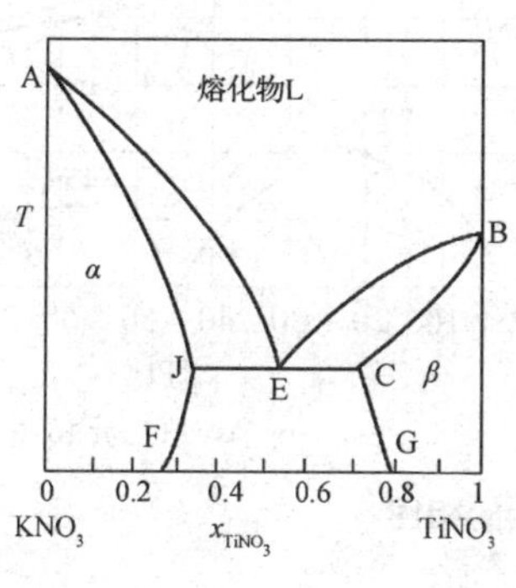

图 5.30　KNO_3 - $TiNO_3$ 相图

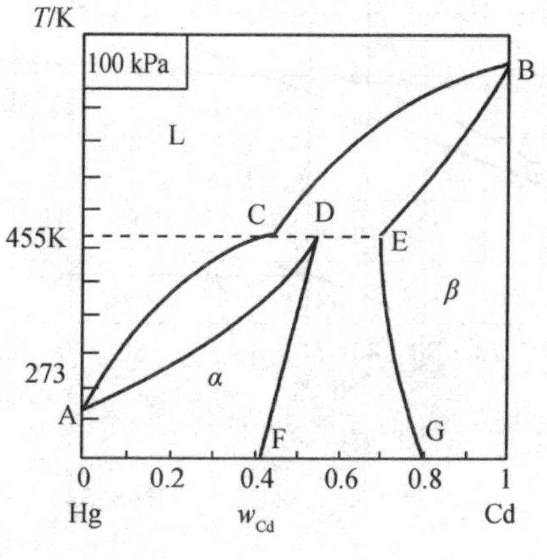

图 5.31　Hg - Cd 相图

【练习 5.5】 图 5.32 列出了一些 Cu 合金的相图，分析这些相图的相平衡关系。

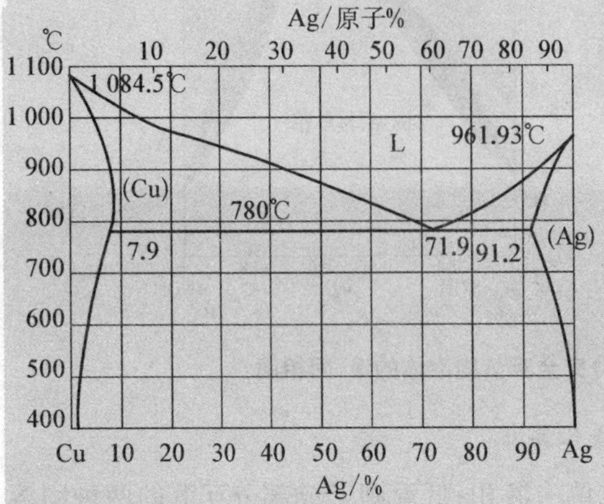

Cu-Ag二元系相图

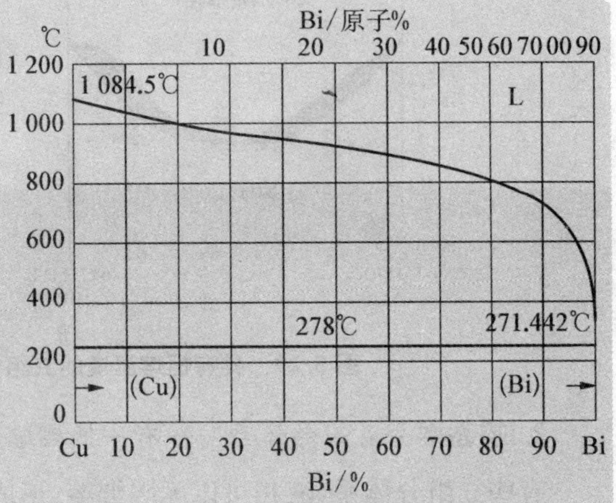

Cu-Bi二元相图

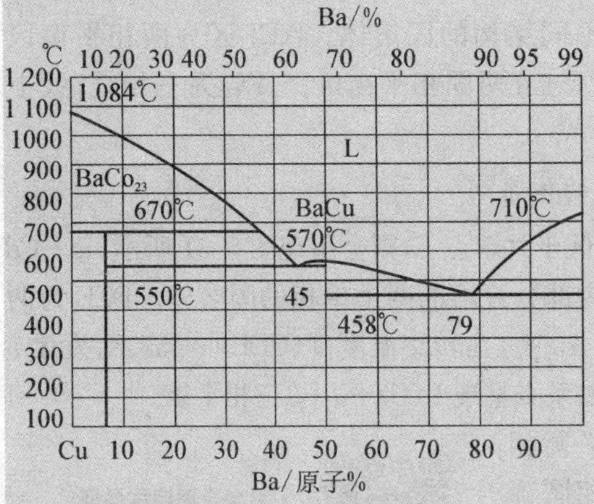

Cu-Ba二元相图

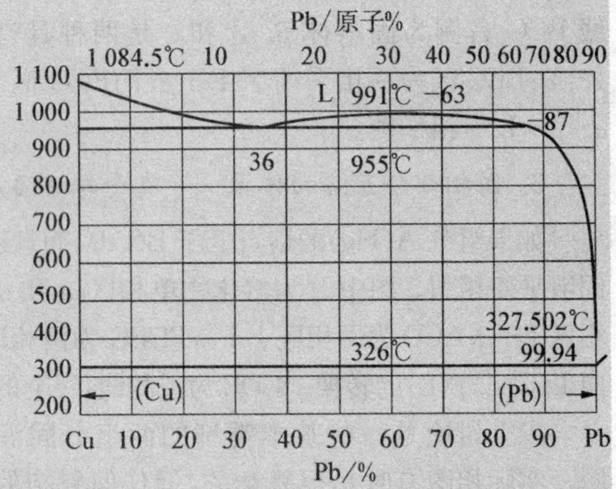

Cu-Pb二元相图

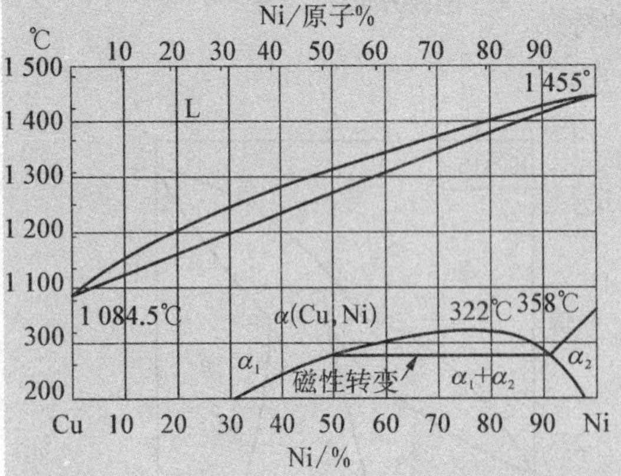

Cu-Ni二元相图

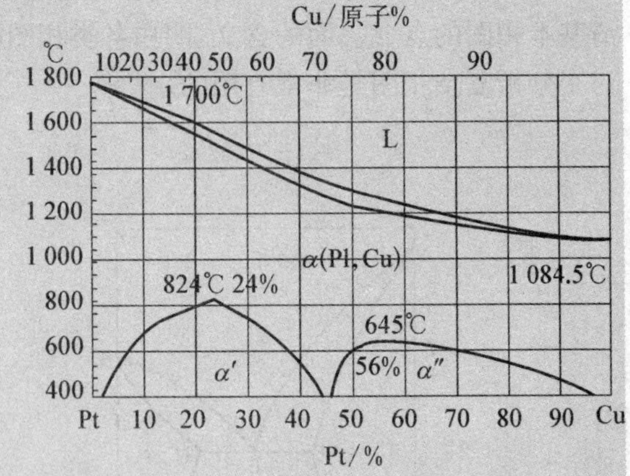

Cu-Pt二元相图

图 5.32 一些 Cu 合金的相图

内容提要

一、基本知识点

1. 相律，体系的自由度数，独立组分数。

2. 单组分体系 $p-T$、$p-V$ 相图，两相平衡线，三相点，临界点，Clausius - Clapeyron 方程，Antoine 方程，Trouton 近似关系。

3. 二元系气液平衡相图：$p-x$、$p-x-y$、$T-x-y$ 相图，物系点，相点，相对挥发度，精馏原理，杠杆规则，恒沸点。

4. 部分互溶双液系的液-液平衡相图，会溶点与会溶温度，气-液-液平衡相图，不互溶的双液系 $p-T$ 相图。

5. 二元系液-固相平衡相图，液-固相图绘制方法，步冷曲线，具有简单低共熔组成的体系的相图，形成固体化合物的体系的相图，完全互溶固溶体相图，液相完全互溶、固相部分互溶的固液系统相图，复杂相图的剖析。

二、基本公式

1. 相律公式　$f=C-\Phi+n \qquad C=s-R-R'$

2. Clapeyron 方程　$$\frac{\mathrm{d}p}{\mathrm{d}T}=\frac{\Delta H_{\mathrm{m}}}{T\Delta V_{\mathrm{m}}}$$

3. Clausius - Clapeyron 方程　$$\frac{\mathrm{d}\ln p}{\mathrm{d}T}=\frac{\Delta_{\mathrm{vap}}H_{\mathrm{m}}}{RT^2}$$

$$\ln\frac{p_2}{p_1}=\frac{\Delta_{\mathrm{vap}}H_{\mathrm{m}}}{R}\left[\frac{1}{T_1}-\frac{1}{T_2}\right]$$

4. 杠杆规则　$n(\mathrm{l})(x_A-x_1)=n(\mathrm{g})(x_2-x_A) \qquad n=n(\mathrm{l})+n(\mathrm{g})$

习题

1. 指出下列平衡系统中的物种数、组分数、相数和自由度数。

(1) NH_4Cl(s)在真空容器中，分解成 NH_3(g)和 HCl(g)达平衡；

(2) NH_4Cl(s)在含有一定量 NH_3(g)的容器中，分解成 NH_3(g)和 HCl(g)达平衡；

(3) $CaCO_3$(s)在真空容器中分解成 CO_2(g)和 CaO(s)达平衡；

(4) NH_4HCO_3(s)在真空容器中，分解成 NH_3(g)，CO_2(g)和 H_2O(g)达平衡；

(5) NaCl 水溶液与纯水分置于某半透膜两边，达渗透平衡；

(6) NaCl(s)与其饱和溶液达平衡；

(7) 过量的 NH_4Cl(s)，NH_4I(s)在真空容器中达如下的分解平衡：$NH_4Cl(s)\!=\!=\!=NH_3(g)+HCl(g)$，$NH_4I(s)\!=\!=\!=NH_3(g)+HI(g)$；

(8) 含有 Na^+，K^+，SO_4^{2-}，NO_3^- 四种离子的均匀水溶液。

2. 回答下列问题。

(1) 在同一温度下，某系统中有两相共存，但它们的压强不等，能否达成平衡？

(2) 为什么把 CO_2(s)叫作干冰？什么时候能见到 CO_2(l)？

(3) 能否用市售的 60°烈性白酒，经多次蒸馏后，得到无水乙醇？

(4) 在相图上，哪些区域能使用杠杆规则，在三相共存的平衡线上能否使用杠杆规则？

(5) 在下列物质共存的平衡系统中，请写出可能发生的化学反应，并指出有几个独立反应？

① C(s)，CO(g)，CO_2(g)，H_2(g)，H_2O(l)，O_2(g)

② C(s)，CO(g)，CO_2(g)，Fe(s,)，FeO(s)，Fe_2O_3(s)，Fe_3O_4(s)

(6) 在二组分固-液平衡系统相图中，稳定化合物与不稳定化合物有何本质区别？

(7) 在室温与大气压强下，用 CCl_4(l)萃取碘的水溶液，I_2 在 CCl_4(l)和 H_2O(l)中达成分配平衡，无固体碘存在，这时的独立组分数和自由度为多少？

(8) 在相图上，请分析如下特殊点的相数和自由度：熔点，低共熔点，沸点，恒沸点和临界点。

3. 通常在大气压强为 101.3 kPa 时，水的沸点为 373 K，而在海拔很高的高原上，当大气压强降为 66.9 kPa 时，这时水的沸点为多少？已知水的标准摩尔汽化焓为 40.67 kJ·mol^{-1}，并设其与温度无关。

4. 已知液态砷 As(l)的蒸气压与温度的关系为：$\ln(p/\text{Pa}) = -5\,665K/T + 20.30$，固态砷 As(s)的蒸气压与温度的关系为：$\ln(p/\text{Pa}) = -15\,999K/T + 29.76$，试求砷的三相点的温度和压强。

5. 根据碳的相图，回答如下问题：

(1) 曲线 OA，OB，OC 分别代表什么意思？其自由度各是多少？

(2) 指出 O 点的含义，其自由度是多少？

(3) 碳在常温、常压下的状态是什么？

(4) 在 2 000 K 时，增加压强，使石墨转变为金刚石是一个放热反应，试从相图判断两者的摩尔体积哪个大？

(5) 试从相图上估计，在 2 000 K 时，将石墨转变为金刚石至少要加多大压强？

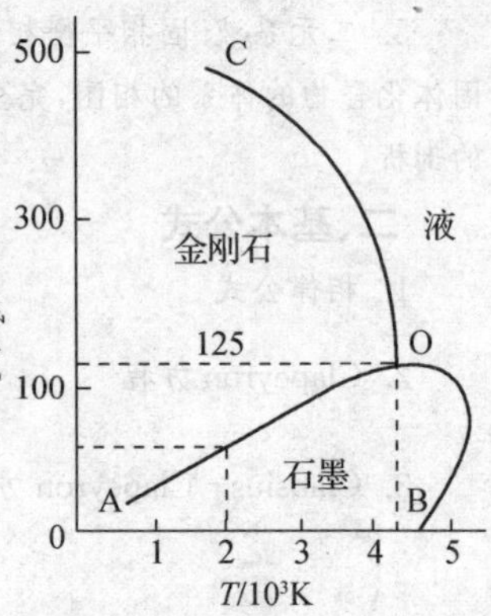

图习题 5

6. 在 273 K 和 293 K 时，固体苯的蒸气压分别为 3.27 kPa 和 12.30 kPa，液态苯在 293 K 时的蒸气压为 10.02 kPa，液态苯的摩尔蒸发焓为 34.17 kJ·mol^{-1}。试求：

(1) 303 K 时液态苯的蒸气压；

(2) 固体苯的摩尔升华焓；

(3) 固体苯的摩尔熔化焓。

7. 在标准压强 100 kPa 下，乙醇(A)和乙酸乙酯(B)二元液相系统的组成与温度的关系如下表所示：

T/K	351.5	349.6	346.0	344.8	345.0	348.2	350.3
x_B	0	0.058	0.290	0.538	0.640	0.900	1.000
y_B	0	0.120	0.400	0.538	0.602	0.836	1.000

乙醇和乙酸乙酯的二元液相系统有一个最低恒沸点。请根据表中数据：

(1) 画出乙醇和乙酸乙酯二元液相系统的 $T-x-y$ 图；

(2) 将纯的乙醇和纯的乙酸乙酯混合后加到精馏塔中，经过足够多的塔板，在精馏塔的顶部和底部分别得到什么产品？

8. 在大气压强下，水(A)与苯酚(B)二元液相系统在 341.7 K 以下都是部分互溶。水层(1)和苯酚层(2)中，含苯酚(B)的质量分数 w_B 与温度的关系如下表所示：

T/K	276	297	306	312	319	323	329	333	334	335	338
w_B(1)	6.9	7.8	8.0	7.8	9.7	11.5	12.0	13.6	14.0	15.1	18.5
w_B(2)	75.5	71.1	69.0	66.5	64.5	62.0	60.0	57.6	55.4	54.0	50.0

(1) 画出水与苯酚二元液相系统的 $T-x$ 图；

(2) 从图中指出最高会溶温度和在该温度下苯酚(B)的含量；

(3) 在 300 K 时，将水与苯酚各 1.0 kg 混合，达平衡后，计算此时水与苯酚共轭层中各含苯酚的质量分数及共轭水层和苯酚层的质量；

(4) 若在(3)中再加入 1.0 kg 水，达平衡后，再计算此时水与苯酚共轭层中各含苯酚的质量分数及共轭水层和苯酚层的质量。

9. 已知活泼的轻金属 Na(A)和 K(B)的熔点分别为 372.7 K 和 336.9 K，两者可以形成一个不稳定化合物 $Na_2K(s)$，该化合物在 280 K 时分解为纯金属 Na(s)和含 K 的摩尔分数为 $x_B=0.42$ 的熔化物。在 258 K 时 Na(s)和 K(s)有一个低共熔化合物，这时含 K 的摩尔分数为 $x_B=0.68$。试画出 Na(s)和 K(s)的二组分低共熔相图，并分析各点、线和面的相态和自由度。

10. $SiO_2-Al_2O_3$ 二组分系统在耐火材料工业上有重要意义，所示的相图是 $SiO_2-Al_2O_3$ 二组分系统在高温区的相图，莫莱石的组成为 $2\,Al_2O_3\cdot3\,SiO_2$，在高温下 SiO_2 有白硅石和磷石英两种变体，AB 线是两种变体的转晶线，在 AB 线之上是白硅石，在 AB 线之下是磷石英。

(1) 指出各相区分别由哪些相组成？

(2) 图中三条水平线分别代表哪些相平衡共存？

(3) 分别画出从 x, y, z 点将熔化物冷却的步冷曲线。

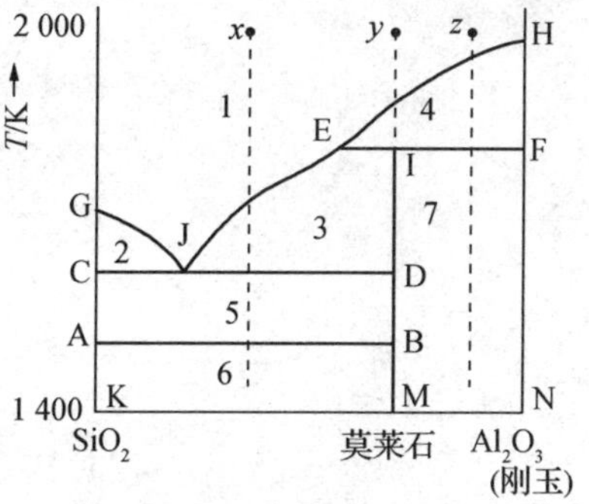

图习题 10

11. $UF_4(s)$，$UF_4(l)$的蒸气压与温度的关系分别由如下两个方程表示，试计算 $UF_4(s)$，$UF_4(l)$，$UF_4(g)$三相共存时的温度和压力。

$$\ln[p(UF_4,s)/Pa]=41.67-10\,017\ K/T \qquad \ln[p(UF_4,l)/Pa]=29.43-5\,899\ K/T$$

12. 分别指出三个二组分系统相图中，各区域的平衡共存的相数、相态和自由度。

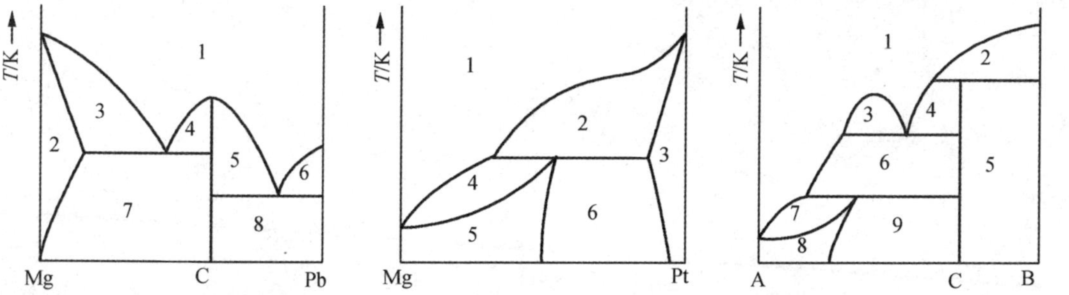

(a) Mg–Pb相图　(b) Mg–Pt相图　(c) A–B二组分系统相图

图习题 12

13. 经实验测得：

① 磷的三种状态：P(s,红磷)，P(l)和 P(g)达三相平衡时的温度和压力分别为 863 K 和 4.4 MPa；

② 磷的另外三种状态：:P(s,黑磷)，P(s,红磷)，和 P(l)达三相平衡时的温度和压力分别为 923 K 和 10.0 MPa；

③ 已知 P(s,黑磷)，P(s,红磷)和 P(l)的密度分别为：$2.70\times10^3\ kg\cdot m^{-3}$，$2.34\times10^3\ kg\cdot m^{-3}$和$1.81\times10^3\ kg\cdot m^{-3}$；

④ P(s,黑磷)转化为 P(s,红磷)是吸热反应。

求：(1) 根据以上数据，画出磷相图的示意图；

(2) P(s,黑磷)与 P(s,红磷)的熔点随压力如何变化？

拓展习题及资源

微信扫码

- 拓展习题
- 视频动画
- 互动交流

第 6 章　统计热力学基础

6.1　引　言

6.1.1　统计热力学的任务和方法

经典热力学的研究方法可以简单概括为:从宏观到宏观。其含义为:从宏观行为的直接观测开始,从大量的实验观测结果总结归纳出宏观行为的基本规则,再把这些规则应用于具体体系。

体系的宏观性质是微观粒子运动的客观反映。微观粒子运动遵循的是量子力学规律。热力学方法并不能反映出这种宏观现象对微观运动的依赖关系。量子力学虽然可以揭示单个粒子或少数粒子系统的运动规律,却无法揭示大量粒子组成的复杂系统的运动规律,用量子力学方法解 10^{23} 个粒子的运动方程也是不可完成的。况且,系统的宏观行为并不等于微观行为的简单加和。

研究复杂系统宏观行为的另一种方法是从系统由大量的粒子组成这一事实出发,把系统的宏观行为看作分子微观行为的统计平均结果。这就是统计力学方法。

统计热力学(statistical thermodynamics)的任务:通过研究单个分子遵循的量子规律,利用统计分析方法,推断大量粒子组成的宏观系统的行为。也就是说:从已知的有关分子结构(如分子的能级、分子中原子间的核间距、键角、化学键的振动频率等)的知识出发,根据系统的微观模型和统计原理计算出分子各种运动的配分函数(partition function),再根据配分函数与热力学量(熵、内能、焓、自由能等)之间的关系计算出热力学量。统计热力学方法可以简单地概括为:从微观到宏观,它的作用是联系微观与宏观的桥梁。

本章简要介绍统计热力学的一些基本概念;从 Maxwell - Boltzmann 统计方法(即采用分子能量量子化的概念)入手,介绍分子配分函数的计算方法和由配分函数计算热力学量的方法。

6.1.2　统计体系分类

在统计热力学中通常将构成体系的微观单位称为粒子(或简称为子,可以是分子、原子、质子、中子、电子等),它们是统计热力学研究的对象。根据体系中粒子间是否存在作用力,可以将体系分为相依子体系(assembly of interacting particles)或独立子体系(assembly of independent particles)。前者粒子间有相互作用力,一般不能忽略,如实际气体。后者粒子间没有相互作用力,如理想气体。

独立子体系的总能量 U 为体系中所有粒子的能量之和，即

$$U = \sum_i n_i \varepsilon_i \tag{6.1.1}$$

式中：ε_i 为 i 能级的能量；n_i 为处于 i 能级的粒子数。

相依子体系的总能量 U 为体系中所有粒子的总能量与粒子间相互作用能 U_l 之和，即

$$U = \sum_i n_i \varepsilon_i + U_l(x_1, y_1, z_1, \cdots, x_i, y_i, z_i, \cdots, x_N, y_N, z_N) \tag{6.1.2}$$

粒子间相互作用能 U_l 是体系中各粒子坐标 (x_i, y_i, z_i) 的函数。本章我们只讨论独立子体系。

根据粒子是否可以分辨，可以将体系分为定域子（可别粒子）体系（localized system）或离域子（等同粒子）体系（non-localized system），前者粒子彼此之间可以区分，后者彼此之间无法区分。气体分子总是处于不停的混乱运动中，因此气体分子是离域子；在晶体中，粒子只能处于固定的位置作振动运动，每个位置上的粒子可以通过编号予以区别，因此晶体中的粒子属于定域子。根据排列和组合原理可知，粒子数相同的定域子体系和离域子体系其排列和组合的花样数有很大不同。如将 n 个颜色完全相同的球全排列，其排列的花样数只有一种；将 n 个颜色完全不同的球全排列，其排列的花样数有 $n!$ 种。

讨论 经典统计和量子统计

6.1.3 Boltzmann 公式

对于一个在宏观约束条件下（如 N, V, U）达到平衡态的系统，系统内的粒子始终没有停止运动。一个粒子的微观状态可用一组物理量来表征，如平动、转动和振动的能级或运动速度。分子的量子态发生改变，微观状态也随之改变。N 个粒子组成的体系可以具有不等于 1 的微观状态数。

统计热力学认为：平衡体系的状态函数是单值的，因而每一宏观态所拥有的可达到的微观状态数 Ω 是确定的，体系的总微观状态数 Ω 是体系的宏观状态量 N, V, U 的函数，即

$$\Omega = \Omega(N, V, U)$$

它是体系的新的状态函数。在统计热力学中将 Ω 称为热力学概率或混乱度。

因为体系的熵 S 也是宏观状态量 N, V, U 的函数，即

$$S = S(N, V, U)$$

因此，体系的总微观状态数 Ω 和熵 S 之间必定存在确定的关系。熵为容量性质量，具有加和性。根据概率定律，复杂事件的概率等于组成复杂事件的各简单事件的概率的乘积。由此推出微观状态数 Ω 和熵 S 之间的关系为：

$$S = k \ln \Omega \tag{6.1.3}$$

上式称为 Boltzmann 公式，式中 $k = 1.380\ 658 \times 10^{-23}\ \mathrm{J \cdot K^{-1}}$ 称为 Boltzmann 常数。Boltzmann 公式是统计热力学基本假定之一，是联系宏观量 S 和微观量 Ω 关系的桥梁，它可以将热力学和统计热力学联系在一起。

体系的微观状态数 Ω 取决于体系粒子全部运动状态形式（平动、转动、振动、电子和原子核的运动以及其他更深层次的运动）。物质的运动形态是无穷无尽的，因此 Ω 的绝对数值也是无法确定的，但我们可以求得过程变化的相对值。

【例 6.1】 将一个容器用隔板隔成体积相等的两部分，在一侧充入 1 mol 理想气体，另一侧抽成真空。等温条件下，抽去隔板后，气体充满全部容器。求过程开始时气体在一侧的热力学概率和过程结束后气体充满全部容器的热力学概率之比。

解： 本题计算这一过程微观状态数 Ω 的比值 $\Omega_{终}/\Omega_{始}$。

先计算等温过程的熵变：对于理想气体，$\mathrm{d}U=0$；

根据热力学关系：$\mathrm{d}S=\dfrac{1}{T}\mathrm{d}U+\dfrac{p}{T}\mathrm{d}V=\dfrac{nR}{V}\mathrm{d}V$，$\Delta S=nLk\ln\left(\dfrac{2V}{V}\right)=k\ln2^L$

因为：$S=k\ln\Omega$，$\Delta S=k\ln\left(\dfrac{\Omega_{终}}{\Omega_{始}}\right)$，故

$$\Omega_{终}/\Omega_{始}=2^L$$

6.1.4　统计热力学的基本假设

统计热力学的基本假定为：对热力学状态一定的体系，每个微观状态出现的概率相等，即对总微观状态数为 Ω 的体系而言，每个微观状态出现概率为：

$$P=1/\Omega \tag{6.1.4}$$

这就是所谓的等概率假定（principal of equal a priori probabilities）。需要指出，在做出这一假定时，我们已经规定了系统的能量，还假定了系统粒子总数保持不变。这样的系统属于孤立系统。因此在目前我们只能说等概率假定适用于孤立系统。要证明等概率假定是困难的。人们之所以接受它，一是基于直观的逻辑推理，二是由于从这个假定得到的推论与目前的实验事实相一致。

统计力学的另一主要假定是：体系的宏观量是相应微观量的统计平均值。如果用 P_i 表示第 i 个微观状态出现的概率，A_i 是相应的物理量在第 i 个状态的取值，则某一宏观量 A 为：

$$A=\langle A\rangle=\sum_i P_i A_i \tag{6.1.5}$$

式中 $\langle A\rangle$ 称为随机变量 A_i 的数学期望，即代表求统计平均值。

讨论　各态遍历假定

科学家介绍

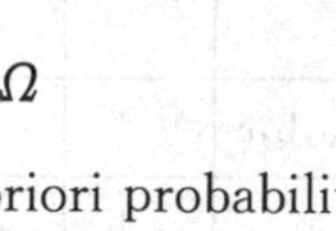

路德维希·玻尔兹曼
(Ludwig Boltzmann)

6.2 Boltzmann 统计

6.2.1 分布及微观状态数

我们以体系的总能量为 $E=(9/2)h\nu$（式中 h 为 Plank 常数，$h=6.626\times10^{-34}\,\mathrm{J\cdot s}$，$\nu$ 为振动频率），含有三个独立的、可别的一维简谐振子 a、b、c 为例来说明体系的分布和微观状态数。

根据量子力学可知，一维简谐振子的振动能公式为：

$$\varepsilon_v=(v+1/2)h\nu$$

式中：ν 为振动频率；v 为振动量子数，$v=0,1,2,3,\cdots$ 当 $v=0$ 时，$\varepsilon_0=h\nu/2$，称为零点振动能。要将三个一维简谐振子排放在各振动能级上，且保持体系总能量为 $E=(9/2)h\nu$，可能的排列形式如表 6.1 所示。

表 6.1 三个一维简谐振子在各振动能级上的分配方式

$\varepsilon/h\nu$	v	Ⅰ	Ⅱ			Ⅲ					
$\varepsilon_3=3+1/2=7/2$	3		c	b	a						
$\varepsilon_2=2+1/2=5/2$	2					c	b	c	a	b	a
$\varepsilon_1=1+1/2=3/2$	1	a,b,c				b	c	a	c	a	b
$\varepsilon_0=0+1/2=1/2$	0		a,b	a,c	b,c	a	a	b	b	c	c

由表 6.1 可见，将三个一维简谐振子放在各振动能级上且保持体系总能量为 $E=(9/2)h\nu$，可有 10 种可能的分配方式。在统计热力学中，我们将每一种可能的分配形式称为一种微观状态。这 10 种微观状态中，粒子分配方式相似的划为一类，上表中 10 种微观状态分为三类，每一类称为一种分布(configuration)，每种分布包含的微观状态的数目(weight)记为 t_j。各分布(Ⅰ，Ⅱ，Ⅲ)的微观状态数分别为 1，3，6。显然，每种分布的微观状态数的多寡与将简谐振子分配至各能级的方式有关。

6.2.2 定域子体系任一分布的微观状态数

定域子体系任一分布的微观状态数 t_j 可以用下式表示：

$$t_j=N!\cdot\prod_i\frac{\omega_i^{\,n_i}}{n_i!}\tag{6.2.1}$$

式中：N 为体系的总粒子数；n_i 为位于 i 能级的粒子数。在统计热力学中，若能量为 ε_i 的 i 能级只有一个，则将该能级称为非简并能级；若能量为 ε_i 的 i 能级数不止一个，则将其统称为简并能级，简并能级的数目称之为简并度(degeneracy)，用符号 ω_i 表示。上式称之为定域子体系的 Boltzmann 统计。表 6.1 中一维简谐振子的能级均为非简并的，因此，各能级的简并度均为 1。

式(6.2.1)可以通过排列组合方法证明：设有 N 个可区分的分子，这些粒子可以在 k 个能级上分布。

分子的能级是 $\varepsilon_1,\varepsilon_2,\varepsilon_3,\cdots,\varepsilon_i,\cdots,\varepsilon_k$

每个能级的简并度为 $\omega_1,\omega_2,\omega_3,\cdots,\omega_i,\cdots,\omega_k$

某分布 j 各能级放入的分子数为 $n_1,n_2,n_3,\cdots,n_i,\cdots,n_k$

粒子分配方式可以用一组数列 $\{n_i\}$ 表示，它描述了一个系统的一种宏观状态，称为一种分布(configuration)。一种分布对应的微观状态数也就是一种宏观状态对应的微观状态数(weight)。微观状态数越多，这种宏观状态出现的概率就越大。一种宏观状态对应的微观状态数通常称为这个宏观状态的热力学概率。系统总的微观状态数等于各个分布的微观状态数的加和。

一种分布的微观状态数的计算。

若从 N 个分子中选出 n_1 个分子放入第一能级，共有 $C_N^{n_1}$ 取法。又因第一能级的简并度为 ω_1，第一个分子在第一能级上有 ω_1 种放法，第二个分子在该能级上也有 ω_1 种放法，所以将 n_1 个分子放在第一能级上共有 $\omega_1^{n_1}$ 种放法。于是，从 N 个分子中取出 n_1 个分子放到第一能级上，共有 $C_N^{n_1}\cdot\omega_1^{n_1}$ 种放法。再从剩余的 $N-n_1$ 个分子中取 n_2 个分子放到第二能级上，共有 $C_{N-n_1}^{n_2}\cdot\omega_2^{n_2}$ 种放法。依此类推，可推导得到一种分布的微观状态数为：

$$t_j=(\omega_1{}^{n_1}\cdot C_N^{n_1})\cdot(\omega_2{}^{n_2}\cdot C_{N-n_1}^{n_2})\cdots(\omega_{k-1}^{n_{k-1}}\cdot C_{N-n_1-,\cdots,-n_{k-2}}^{n_{k-1}})\cdot(\omega_k^{n_k}\cdot C_{N-n_1-n_2-,\cdots,-n_{k-2}-n_{k-1}}^{n_k})$$

$$=\left(\prod_{i=1}^{k}\omega_i{}^{n_i}\right)\cdot\frac{N!}{n_1!(N-n_1)!}\cdot\frac{(N-n_1)!}{n_2!(N-n_1-n_2)!}\cdots\frac{(N-n_1-,\cdots,-n_{k-2})!}{n_{k-1}!(N-n_1-,\cdots,-n_{k-1})!}$$

$$\cdot\frac{(N-n_1-,\cdots,-n_{k-1})!}{n_k!(N-n_1-,\cdots,-n_{k-1}-n_k)!}$$

$$=\left(\prod_{i=1}^{k}\omega_i{}^{n_i}\right)\cdot\frac{N!}{n_1!n_2!\cdots n_k!}=N!\cdot\left(\prod_{i=1}^{k}\frac{\omega_i{}^{n_i}}{n_i!}\right)$$

该式即式(6.2.1)。利用式(6.2.1)可以很容易地计算出表6.1中三种分布的微观状态数：

$$t_{\mathrm{I}}=N!\cdot\prod_i\frac{\omega_i{}^{n_i}}{n_i!}=3!\times\frac{1^0}{0!}\times\frac{1^3}{3!}\times\frac{1^0}{0!}\times\frac{1^0}{0!}=\frac{3!}{3!}=1$$

$$t_{\mathrm{II}}=N!\cdot\prod_i\frac{\omega_i{}^{n_i}}{n_i!}=3!\times\frac{1^2}{2!}\times\frac{1^0}{0!}\times\frac{1^0}{0!}\times\frac{1^1}{1!}=\frac{3!}{2!}=3$$

$$t_{\mathrm{III}}=N!\cdot\prod_i\frac{\omega_i{}^{n_i}}{n_i!}=3!\times\frac{1^1}{1!}\times\frac{1^1}{1!}\times\frac{1^1}{1!}\times\frac{1^0}{0!}=3!=3\times2\times1=6$$

由以上计算我们知道，对于不同的分布，其所包含的微观状态数不同。我们将微观状态数最多的分布称之为最概然分布(the most probable distribution)，其微观状态数记为 t_m。上述三种分布中，第三种分布微观状态数最多，是最概然分布。体系总微观状态数 Ω 应为各分布的微观状态数 t_i 之和，$\Omega=1+3+6=10$，没有粒子的能级对微观状态数没有贡献，记为1。

尽管每种微观状态出现的概率相同，但是最概然分布的微观状态数最多，该分布出现的概率最大。

$$P=t_m/\Omega \tag{6.2.2}$$

当体系粒子数 N 为很大的数时，Ω 和 t_m 均会急剧增大，最概然分布出现的概率会接近于 1。所以可以近似将 t_m 当作 Ω，即

$$\Omega\approx t_m \tag{6.2.3}$$

这是统计热力学的又一基本假定：最概然分布可代表体系的平衡分布即体系中的一切分布。故它又被称为 dominating configuration。

6.2.3 离域子体系任一分布的微观状态数

离域子体系的某种分布 j 的微观状态数可用下式计算：

$$t_j=\prod_i \frac{\omega_i^{n_i}}{n_i!} \tag{6.2.4}$$

上式的证明为：从 N 个不可分辨的粒子中取出 n_1 个放到简并度为 ω_1 的 ε_1 能级上（能级的每个量子状态所能容纳的粒子数不受限制），再从剩下的 $N-n_1$ 个粒子中取出 n_2 个放到简并度为 ω_2 的 ε_2 能级上，直至将 N 个粒子放完的花样数问题。为易于理解起见，我们可以将 n_i 个粒子放到简并度为 ω_i 的 ε_i 能级上的花样数问题转化为将 n_i 个不记姓名的人，分到一排有 ω_i 个房间（共有 ω_i-1 个隔板）的屋子里的分配方法问题。而这个问题又相当于 n_i 个白球和 ω_i-1 个红球排成一列的全排列问题。所以将 n_i 个粒子放入简并度为 ω_i 的 ε_i 能级中的微观状态数为：

$$\frac{(n_i+\omega_i-1)!}{n_i!\cdot(\omega_i-1)!}$$

我们将 n_1 个粒子放入 ε_1 能级，将 n_2 个粒子放入 ε_2 能级，……最后将剩下的 n_k 个粒子放入 ε_k 能级，这样就完成了一种分布，这种分布的微观状态数为：

$$t_j=\frac{(n_1+\omega_1-1)!}{n_1!(\omega_1-1)!}\cdot\frac{(n_2+\omega_2-1)!}{n_2!(\omega_2-1)!}\cdots\frac{(n_k+\omega_k-1)!}{n_k!(\omega_k-1)!}=\prod_{i=1}^{k}\frac{(n_i+\omega_i-1)!}{n_i!(\omega_i-1)!} \tag{6.2.5}$$

像这样的每个量子状态所能容纳粒子数没有限制的等同粒子体系，其微观状态数的计算方法称之为 Bose - Einstein 统计。

当体系温度不太低时，每个量子态上分布的粒子数 n_i 要比 i 能级的简并度 ω_i 小得多。同时 ω_i 和 n_i 均为很大的数，因此

$$\frac{(n_i+\omega_i-1)!}{n_i!\ (\omega_i-1)!}=\frac{(n_i+\omega_i-1)\cdot(n_i+\omega_i-2)\cdots(\omega_i+1)\cdot\omega_i\cdot(\omega_i-1)!}{n_i!\ (\omega_i-1)!}\approx\frac{\omega_i^{n_i}}{n_i!}$$

这时 Bose - Einstein 统计可以简化为：

$$t_j=\prod_i \frac{\omega_i^{n_i}}{n_i!}$$

称之为等同粒子体系的 Boltzmann 统计。

对于每个量子状态只能容纳一个粒子的体系，其第 j 种分布的微观状态数 t_j 可用下式表示：

$$t_j = \prod_{i=1}^{k} \frac{\omega_i!}{n_i!(\omega_i - n_i)!} \tag{6.2.6}$$

称之为 Fermi－Dirac 统计。根据排列组合原理很易证明上式，具体证明可参阅相应参考书。当体系温度不太低，压强不太高时，每个量子态上分布的粒子数 n_i 要比 i 能级的简并度 ω_i 小得多，同时 ω_i 和 n_i 均为很大的数，因此

$$\frac{\omega_i!}{n_i!\ (\omega_i - n_i)!} = \frac{\omega_i(\omega_i-1)(\omega_i-2)\cdots(\omega_i-n_i+1)(\omega_i-n_i)!}{n_i!\ (\omega_i-n_i)!} \approx \frac{\omega_i^{n_i}}{n_i!}$$

所以，Fermi－Dirac 统计同样可以简化为 Boltzmann 统计。

在研究半导体中电子分布和空腔辐射频率分布等特殊问题时采用 Fermi－Dirac 统计和 Bose－Einstein 统计。一般情况下，采用 Boltzmann 统计就足以解决问题，因此，本章只讨论 Boltzmann 统计。

讨论　波色子和费米子

【练习 6.1】 设有一粒子系统包含 10 个可分辨粒子在 4 个能级上分配。假定能级是分立的，这四个能级的能量分别为：$\varepsilon_0=0, \varepsilon_1=q, \varepsilon_2=2q, \varepsilon_3=3q$（此处 q 为能量单位），系统的总能量为 3q。根据下列情况计算系统的宏观状态数，每个宏观状态对应的微观状态数，并用等概率假设计算最概然宏观状态出现的概率。

（1）能级是非简并的；

（2）能级是简并的，其简并度分别为 $\omega_0=1, \omega_1=2, \omega_2=3, \omega_3=4$；

（3）能级是非简并的，但粒子数是 100 个，其他情况不变；

（4）粒子数为 10 000 个，其他情况与（3）相同。

解：（1）非简并的 10 个粒子的分布，宏观状态数＝分布类型数＝3，微观状态数：$t_j = N!\cdot\prod_i \frac{\omega_i^{n_i}}{n_i!}$，总微观状态数 $\Omega = \sum t_j = 220$

分布	n_0	n_1	n_2	n_3	t	$t_i/\sum t_i$
1	9	0	0	1	10	10/220＝0.045
2	8	1	1	0	90	90/220＝0.409
3	7	3	0	0	120	120/220＝0.545

（2）简并的 10 个粒子的分布。宏观状态数＝分布类型数＝3，微观状态数：$t_j = N!\cdot\prod_i \frac{\omega_i^{n_i}}{n_i!}$，$\Omega = 1\ 540$

分布	n_0	n_1	n_2	n_3	t_j	$t_i/\sum t_i$
1	9	0	0	1	40	40/1 540＝0.002 6
2	8	1	1	0	540	540/1 540＝0.350 6
3	7	3	0	0	960	960/1 540＝0.623 4

(3) 非简并的100个粒子的分布。宏观状态数=分布类型数=3,微观状态数：$t_j = N!\cdot\prod_i \frac{\omega_i^{n_i}}{n_i!}$,$\Omega$=171 700

分布	n_0	n_1	n_2	n_3	t	$t_i/\sum t_i$
1	99	0	0	1	100	100/171 700=0.000 58
2	98	1	1	0	9 900	9 900/171 700=0.057
3	97	3	0	0	161 700	161 700/171 700=0.942

(4) 非简并的10 000个粒子的分布。宏观状态数=分布类型数=3,微观状态数：$t_j = N!\cdot\prod_i \frac{\omega_i^{n_i}}{n_i!}$,$\Omega$=16 746 670 000

分布	n_0	n_1	n_2	n_3	t	$t_i/\sum t_i$
1	9 999	0	0	1	10 000	1/1 674 667≈5.9×10^{-7}
2	9 998	1	1	0	99 990 000	9 999/1 674 667≈5.9×10^{-3}
3	9 997	3	0	0	16 646 670 000	1 664 667/1 674 667≈0.994 0

随着粒子数的增加,Ω和最概然分布的微观状态数t_m均会急剧增大,最概然分布出现的概率会越来越趋近于1,式(6.2.3)成立。

6.2.4 微观状态的最概然分布

了解每种分布微观状态数的计算方法后,我们面临一个新问题,即我们该如何将粒子分配至各能级上才能获得最概然分布呢？这个问题可以用Lagrange乘因子法求条件极值的方法来解决。

根据求条件极值法我们可以得出最概然分布的公式为：

$$n_i^* = \frac{N}{Q}\cdot\omega_i\cdot e^{-\frac{\varepsilon_i}{kT}} \tag{6.2.7}$$

式中：n_i为放入能量为ε_i、简并度为ω_i的i能级的粒子数；k和T分别为Boltzmann常数和温度；N和Q分别为体系中的粒子数和配分函数；n_i上星号表示按上式分配粒子至各能级的分布为最概然分布；配分函数Q的定义和物理意义稍后介绍。

现在以定位体系(定域子体系)为例介绍利用Lagrange法求最概然分布的过程：

已知定位体系任一分布的微观状态数t_j可以用下式表示：

$$t_j = N!\prod_i \frac{\omega_i^{n_i}}{n_i!} \tag{6.2.8}$$

且该分布满足条件： $\sum n_i = N$; $\sum n_i\varepsilon_i = U$

将分布公式取对数有： $\ln t_j = \ln N! + \sum n_i \ln\omega_i - \sum \ln n_i!$

在统计热力学中，N 和 n_i 均为很大的数，所以对式中 $N!$ 和 $n!$ 运用 Stirling 公式：

$$\ln N! = N\ln N - N \tag{6.2.9}$$

有：

$$\ln t_j = N\ln N - N + \sum n_i \ln\omega_i - \sum (n_i \ln n_i - n_i)$$
$$= N\ln N - N + \sum n_i \ln\omega_i - \sum n_i \ln n_i + \sum n_i$$

因为 $\sum n_i = N$，所以

$$\ln t_j = N\ln N + \sum n_i \ln\omega_i - \sum n_i \ln n_i$$

对 $\ln t_j$ 微分，有

$$\mathrm{d}\ln t_j = \left(\frac{\partial \ln t_j}{\partial n_1}\right)\mathrm{d}n_1 + \left(\frac{\partial \ln t_j}{\partial n_2}\right)\mathrm{d}n_2 + \cdots \tag{1}$$

对限制条件微分有

$$\mathrm{d}n_1 + \mathrm{d}n_2 + \mathrm{d}n_3 + \cdots = \sum \mathrm{d}n_i = 0 \tag{2}$$

$$\varepsilon_1 \mathrm{d}n_1 + \varepsilon_2 \mathrm{d}n_2 + \varepsilon_3 \mathrm{d}n_3 + \cdots = \sum \varepsilon_i \mathrm{d}n_i = 0 \tag{3}$$

将(2)式乘以常数 α'，(3)式乘以常数 β 与(1)式相加，并令其为零，有

$$\left(\frac{\partial \ln t_j}{\partial n_1} + \alpha' + \beta\varepsilon_1\right)\mathrm{d}n_1 + \left(\frac{\partial \ln t_j}{\partial n_2} + \alpha' + \beta\varepsilon_2\right)\mathrm{d}n_2 + \cdots = 0 \tag{4}$$

因为：$\partial \ln t_j/\partial n_1 = \ln(\omega_1/n_1) - 1$，　$\partial \ln t_j/\partial n_2 = \ln(\omega_2/n_2) - 1$，……

代入(4)式有：$\left(\ln\frac{\omega_1}{n_1} + \alpha' - 1 + \beta\varepsilon_1\right)\mathrm{d}n_1 + \left(\ln\frac{\omega_2}{n_2} + \alpha' - 1 + \beta\varepsilon_2\right)\mathrm{d}n_2 + \cdots = 0$

令

$$\alpha' - 1 = \alpha$$

有

$$\left(\ln\frac{\omega_1}{n_1} + \alpha + \beta\varepsilon_1\right)\mathrm{d}n_1 + \left(\ln\frac{\omega_2}{n_2} + \alpha + \beta\varepsilon_2\right)\mathrm{d}n_2 + \cdots = 0$$

因为 $\mathrm{d}n_1, \mathrm{d}n_2, \cdots, \mathrm{d}n_i, \cdots$ 不等于零，所以上式各项前面的系数必须等于零。因此，有

$$\ln\frac{\omega_1}{n_1^*} + \alpha + \beta\varepsilon_1 = 0, \ln\frac{\omega_2}{n_2^*} + \alpha + \beta\varepsilon_2 = 0, \cdots\cdots \ln\frac{\omega_k}{n_k^*} + \alpha + \beta\varepsilon_k = 0$$

即

$$\ln n_i^* = \ln(\omega_i \cdot \mathrm{e}^{\alpha + \beta\varepsilon_i}), \qquad n_i^* = \omega_i \cdot \mathrm{e}^{\alpha + \beta\varepsilon_i}$$

将上式代入限定条件 $\sum n_i = N$ 中，有

$$\sum_i n_i = \sum_i \omega_i \cdot \mathrm{e}^{\alpha + \beta\varepsilon_i} = \sum_i \omega_i \cdot \mathrm{e}^{\alpha} \cdot \mathrm{e}^{\beta\varepsilon_i} = N, \quad \mathrm{e}^{\alpha}\sum_i \omega_i \mathrm{e}^{\beta\varepsilon_i} = N$$

常数 β 的表示式为：$\beta = -1/kT$，其证明请参阅相关专著。代入上式有

$$e^{\alpha}=N/\sum_i \omega_i e^{-\varepsilon_i/kT}$$

令

$$Q=\sum_i \omega_i e^{-\varepsilon_i/kT} \tag{6.2.10}$$

此处 Q 称为分子配分函数，代入上式有：$e^{\alpha}=N/Q, \alpha=\ln(N/Q)$，因此，定域子体系的最概然分布的公式为：

$$n_i^*=\frac{N}{Q}\cdot\omega_i\cdot e^{-\frac{\varepsilon_i}{kT}} \tag{6.2.11}$$

从以上推导可以看出，上式同样适用于非定域子体系的最概然分布。因此，非定域子体系的最概然分布的公式亦为：

$$n_i^*=\frac{N}{Q}\cdot\omega_i\cdot e^{-\frac{\varepsilon_i}{kT}} \tag{6.2.12}$$

一个热力学平衡体系，从宏观上看体系状态不随时间变化，但它的微观状态却是瞬息万变。体系经过的这些微观状态基本上属于最概然分布的状态，不因时间推移而有所改变，所以，最概然分布就是平衡分布。最概然分布也称最可几分布。

讨论
- Boltzmann 分布的其他形式
- 能级粒子数与系统的温度

6.3 分子配分函数

上面我们已经给出了分子配分函数的定义(6.2.10)，即

$$Q=\sum_i \omega_i e^{-\frac{\varepsilon_i}{kT}}$$

它是一个量纲为一的量。式中的指数项 $e^{-\frac{\varepsilon_i}{kT}}$ 通常称为 Boltzmann 因子，分子配分函数 Q 是对体系中一个分子的所有可能状态的 Boltzmann 因子求和，因而称为状态和。对独立子体系而言，任一分子的存在不受其他分子的影响，所以我们将之称为分子配分函数(molecular partition function)。

6.3.1 分子配分函数析因子性质

独立子体系中，一个分子的运动状态形式可以分为平动、转动、振动、电子和原子核运动等，所以一个分子的总能量可以视为平动能 ε_t、转动能 ε_r、振动能 ε_v、电子运动的能量 ε_e、核运动的能量 ε_n 等所有运动状态的能量之和。它们的大小顺序为：

$$\varepsilon_n > \varepsilon_e > \varepsilon_v > \varepsilon_r > \varepsilon_t$$

各能量可以视为彼此独立，互不相关。

当分子处于 i 能级时，其能量 ε_i 为该能级上分子各种运动的能量之和，即

$$\varepsilon_i=\varepsilon_{i,t}+\varepsilon_{i,r}+\varepsilon_{i,v}+\varepsilon_{i,e}+\varepsilon_{i,n} \tag{6.3.1}$$

根据排列组合原理，我们知道，i 能级的简并度 ω_i 是该能级上分子的各种运动简并度的乘积，即

$$\omega_i=\omega_{i,t}\cdot\omega_{i,r}\cdot\omega_{i,v}\cdot\omega_{i,e}\cdot\omega_{i,n} \tag{6.3.2}$$

所以，分子配分函数可以表示为：

$$\begin{aligned} Q &= \sum_i \omega_i \mathrm{e}^{-\frac{\varepsilon_i}{kT}} = \sum_i \omega_{i,t}\cdot\omega_{i,r}\cdot\omega_{i,v}\cdot\omega_{i,e}\cdot\omega_{i,n}\cdot \mathrm{e}^{-\frac{\varepsilon_{i,t}+\varepsilon_{i,r}+\varepsilon_{i,v}+\varepsilon_{i,e}+\varepsilon_{i,n}}{kT}} \\ &= \sum_i \omega_{i,t}\cdot \mathrm{e}^{-\frac{\varepsilon_{i,t}}{kT}}\cdot\omega_{i,r}\cdot \mathrm{e}^{-\frac{\varepsilon_{i,r}}{kT}}\cdot\omega_{i,v}\cdot \mathrm{e}^{-\frac{\varepsilon_{i,v}}{kT}}\cdot\omega_{i,e}\cdot \mathrm{e}^{-\frac{\varepsilon_{i,e}}{kT}}\cdot\omega_{i,n}\cdot \mathrm{e}^{-\frac{\varepsilon_{i,n}}{kT}} \end{aligned}$$

从数学上可以证明，几个独立变数乘积之和等于各自求和的乘积，即

$$\begin{aligned} Q = &\left(\sum_i \omega_{i,t}\cdot \mathrm{e}^{-\frac{\varepsilon_{i,t}}{kT}}\right)\cdot\left(\sum_i \omega_{i,r}\cdot \mathrm{e}^{-\frac{\varepsilon_{i,r}}{kT}}\right)\cdot\left(\sum_i \omega_{i,v}\cdot \mathrm{e}^{-\frac{\varepsilon_{i,v}}{kT}}\right) \\ &\cdot\left(\sum_i \omega_{i,e}\cdot \mathrm{e}^{-\frac{\varepsilon_{i,e}}{kT}}\right)\cdot\left(\sum_i \omega_{i,n}\cdot \mathrm{e}^{-\frac{\varepsilon_{i,n}}{kT}}\right) \end{aligned} \tag{6.3.3a}$$

令：

$$\begin{aligned} &Q_t = \sum_i \omega_{i,t}\cdot \mathrm{e}^{-\frac{\varepsilon_{i,t}}{kT}},\ Q_r = \sum_i \omega_{i,r}\cdot \mathrm{e}^{-\frac{\varepsilon_{i,r}}{kT}},\ Q_v = \sum_i \omega_{i,v} \mathrm{e}^{-\frac{\varepsilon_{i,v}}{kT}}, \\ &Q_e = \sum_i \omega_{i,e}\cdot \mathrm{e}^{-\frac{\varepsilon_{i,e}}{kT}},\ Q_n = \sum_i \omega_{i,n}\cdot \mathrm{e}^{-\frac{\varepsilon_{i,n}}{kT}} \end{aligned} \tag{6.3.3b}$$

分别称之为平动、转动、振动、电子和核配分函数，它们是分子各种运动的配分函数的定义式。下面我们可以看到，若知道各种运动能级的具体表示式时，就可以得到这些配分函数的具体表示式。而分子配分函数为各种运动的配分函数的乘积，即

$$Q=Q_t\cdot Q_r\cdot Q_v\cdot Q_e\cdot Q_n \tag{6.3.3c}$$

讨论 指数项的乘积的求和

6.3.2　平动配分函数

当质量为 m 的分子在体积为 V 的空间中运动时，可以视其为一个点粒子，称为平动子。平动子配分函数为：

$$Q_t = \sum_i \omega_{i,t}\cdot \mathrm{e}^{-\frac{\varepsilon_{i,t}}{kT}} = \left(\frac{2\pi mkT}{h^2}\right)^{\frac{3}{2}} V \tag{6.3.4}$$

式中 h 和 T 分别为 Plank 常数和热力学温度。

设一个质量为 m 的平动子在边长为 $a\times b\times c$ 的长方体盒中运动，根据 Schrödinger 方程可以求出平动子能级公式为：

$$\varepsilon_{i,t}=\frac{h^2}{8m}\left(\frac{n_x^2}{a^2}+\frac{n_y^2}{b^2}+\frac{n_z^2}{c^2}\right) \tag{6.3.5}$$

式中 n_x、n_y、n_z 分别为平动子在 x、y、z 上的平动量子数。平动量子数可取从 1 到无穷大的正整数。将上式代入平动配分函数定义式有

$$Q_t=\sum_{n_x=1}^{\infty}\sum_{n_y=1}^{\infty}\sum_{n_z=1}^{\infty}\exp\left[-\frac{h^2}{8mkT}\left(\frac{n_x^2}{a^2}+\frac{n_y^2}{b^2}+\frac{n_z^2}{c^2}\right)\right]$$

$$=\sum_{n_x=1}^{\infty}\exp\left(-\frac{h^2}{8mkT}\frac{n_x^2}{a^2}\right)\cdot\sum_{n_y=1}^{\infty}\exp\left(-\frac{h^2}{8mkT}\frac{n_y^2}{b^2}\right)\cdot\sum_{n_z=1}^{\infty}\exp\left(-\frac{h^2}{8mkT}\frac{n_z^2}{c^2}\right)$$

因为上式是对平动各量子态求和，所以原定义式中的能级简并度 $\omega_{i,t}$ 不再出现。上式三个求和项非常相似，解得第一项求和项，余可类推。令 $\alpha^2=h^2/(8mkTa^2)$，得

$$\sum_{n_x=1}^{\infty}\exp\left(-\frac{h^2}{8mkT}\cdot\frac{n_x^2}{a^2}\right)=\sum_{n_x=1}^{\infty}\exp(-\alpha^2 n_x^2)$$

因为 α^2 是一个很小的数，所以上式可视为彼此相差很小的数值求和，在数学上可视为连续函数，可用积分代替求和，即

$$\sum_{n_x=1}^{\infty}\mathrm{e}^{-\alpha^2 n_x^2}=\int_0^{\infty}\mathrm{e}^{-\alpha^2 n_x^2}\mathrm{d}n_x$$

根据积分公式

$$\int_0^{\infty}\mathrm{e}^{-\alpha^2 x^2}\mathrm{d}x=\frac{\sqrt{\pi}}{2\alpha}$$

有：

$$\sum_{n_x=1}^{\infty}\mathrm{e}^{-\alpha^2 n_x^2}=\int_0^{\infty}\mathrm{e}^{-\alpha^2 n_x^2}\mathrm{d}n_x=\frac{\sqrt{\pi}}{2\alpha}=\left(\frac{2\pi mkT}{h^2}\right)^{\frac{1}{2}}\cdot a$$

所以分子平动配分函数 Q_t 为：

$$Q_t=\int_0^{\infty}\exp\left(\frac{-h^2n_x^2}{8mkTa^2}\right)\mathrm{d}n_x\int_0^{\infty}\exp\left(\frac{-h^2n_y^2}{8mkTb^2}\right)\mathrm{d}n_y\int_0^{\infty}\exp\left(\frac{-h^2n_z^2}{8mkTc^2}\right)\mathrm{d}n_z$$

$$=\left(\frac{2\pi mkT}{h^2}\right)^{3/2}abc=\left(\frac{2\pi mkT}{h^2}\right)^{3/2}V$$

【练习 6.2】 求平动能前三个能级的简并度

解： 平动量子数的取值为 1 到无穷大的正整数。平动量子数与简并度的关系可由下表看出。

$(n_x{}^2+n_y{}^2+n_z{}^2)$	n_x	n_y	n_z	ω
3	1	1	1	1
6	1	1	2	3
	1	2	1	
	2	1	1	
9	1	2	2	3
	2	1	2	
	2	2	1	

所以，在求平动配分函数时对各个平动量子数求和，就包含了对能级简并度的考虑，$\omega_{i,t}$ 不再出现于积分式中。

【例 6.2】 计算 298.15 K、101.325 kPa 压强下，1 mol N_2的平动配分函数。

解： 已知 N_2 的摩尔质量为 $14.008\times 2\times 10^{-3}\,\text{kg}\cdot\text{mol}^{-1}$，所以

$$m=\frac{14.008\times 2\times 10^{-3}\,\text{kg}\cdot\text{mol}^{-1}}{6.023\times 10^{23}\,\text{mol}^{-1}}=4.6515\times 10^{-26}\ \text{kg}$$

Planck 常数 $h=6.626\times 10^{-34}\ \text{J}\cdot\text{s}$； Boltzmann 常数 $k=1.38\times 10^{-23}\,\text{J}\cdot\text{K}^{-1}$

在给定条件下 $V_m=\frac{298.15}{273.15}\times 0.0224\ \text{m}^3\cdot\text{mol}^{-1}$

1 mol N_2 的平动配分函数

讨论 平动配分函数

$$Q_t=\frac{(2\pi mkT)^{3/2}}{h^3}V_m$$

$$=\frac{[2\times 3.1416\times(4.6515\times 10^{-26}\,\text{kg})\times(1.38\times 10^{-23}\,\text{J}\cdot\text{K}^{-1})\times 298.15\ \text{K}]^{3/2}}{(6.626\times 10^{-34}\,\text{J}\cdot\text{s})^3}\times 0.02445\ \text{m}^3\cdot\text{mol}^{-1}$$

$$=3.5\times 10^{30}$$

6.3.3 转动配分函数

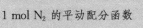

当分子在无外场作用的情况下，绕自身质心轴转动时，可以视其为一刚性转子，称为转动子。双原子分子和线型多原子分子的转动配分函数为：

$$Q_r=\frac{8\pi^2 IkT}{\sigma h^2} \tag{6.3.6}$$

式中 σ 为对称数(symmetry number)，同核双原子分子 $\sigma=2$，异核双原子分子 $\sigma=1$。线型多原子分子若具有过分子质心的二重轴，$\sigma=2$，否则，$\sigma=1$；I 为转动惯量。双原子分子的转动惯量为：

$$I=\left(\frac{m_1\cdot m_2}{m_1+m_2}\right)\cdot r^2 \tag{6.3.7}$$

式中：m_1 和 m_2 分别为两个原子的质量；r 为两原子核间距。

我们以异核双原子分子为例证明转动配分函数。根据量子力学知道，双原子分子转动能级能量 ε_r 和能级简并度 ω_r 分别为：

$$\varepsilon_r=(J+1)J\,\frac{h^2}{8\pi^2 I};\quad \omega_r=2J+1 \tag{6.3.8}$$

式中 J 为转动量子数，$J=0,1,2,\cdots$

$$Q_r=\sum\omega_r\exp\left(-\frac{\varepsilon_r}{kT}\right)=\sum_{J=0}^{\infty}(2J+1)\cdot\exp\left[-J(J+1)\,\frac{h^2}{8\pi^2 IkT}\right]$$

令

$$\Theta_r=\frac{h^2}{8\pi^2 kI} \tag{6.3.9}$$

Θ_r 具有温度的单位，所以称为转动特征温度。H_2 及其同位素分子的 Θ_r 低于 86 K，其他常见双原子分子的 Θ_r 低于 16 K。常温下，$\Theta_r/T\ll 1$，求和可用积分代替。所以

$$Q_r = \sum_{J=0}^{\infty}(2J+1)\exp[-J(J+1)\Theta_r/T] = \int_0^{\infty}(2J+1)\exp[-J(J+1)\Theta_r/T]\mathrm{d}J$$

$$= \int_0^{\infty}\exp[-J(J+1)\Theta_r/T]\mathrm{d}[J(J+1)] = -(T/\Theta_r)\{\exp[-J(J+1)\Theta_r/T]\}_0^{\infty}$$

$$= T/\Theta_r = 8\pi^2 IkT/h^2$$

该式仅适用于异核双原子分子或不对称线型多原子分子，如 CO、N_2O 等。对于同核双原子分子或对称线型多原子分子，因同类原子不可区分，当分子绕其过分子质心的二重轴转动180°时，分子位形复原一次。每转一周，微观状态重复两次。所产生的状态数为异核双原子分子状态数的一半。分子的转动对称数为 $\sigma=2$。所以

$$Q_r = T/\sigma\Theta_r \tag{6.3.10}$$

用经典力学方法处理分子可以得到非线型多原子分子的转动配分函数，即

$$Q_r == \frac{(8\pi^2 kT)^{\frac{3}{2}}\sqrt{\pi}\cdot(I_x I_y I_z)^{\frac{1}{2}}}{\sigma h^3} \tag{6.3.11}$$

讨论 转动配分函数与转动对称数

式中 I_x、I_y、I_z 为分子在 x、y 和 z 三个坐标轴上的转动惯量。式(6.3.11)的证明请参阅专著。

【例 6.3】 已知 CO 的转动惯量 $I=1.45\times10^{-46}\,\mathrm{kg\cdot m^2}$，计算 298.15 K 时的转动配分函数。

解：

$$Q_r = \frac{8\pi^2 IkT}{h^2} = \frac{T}{\Theta_r}$$

$$= \frac{8\times(3.1416)^2\times1.45\times10^{-46}\times1.38\times10^{-23}\times298.15}{(6.626\times10^{-34})^2}$$

$$= \frac{298.15}{2.77} = 107.6$$

$\Theta_r = 2.77(\mathrm{K})$

结果显示 $\Theta \ll T$，符合式(6.3.6)要求的近似条件。

6.3.4 振动配分函数

分子的振动是一种涉及分子中原子之间距离发生改变的运动，双原子分子的振动只有一个振动频率，可以视其为一维简谐振子，其配分函数为：

$$Q_v = \frac{\mathrm{e}^{-h\nu/2kT}}{1-\mathrm{e}^{-h\nu/kT}} \tag{6.3.12}$$

式中希腊字母 ν 为分子振动频率。将一维简谐振子的振动频率公式

$$\varepsilon_v = \left(v+\frac{1}{2}\right)h\nu \tag{6.3.13}$$

代入振动配分函数定义式，注意：振动量子数 $v=0,1,2\cdots$，振动是非简并的 $\omega_{i,v}=1$，所以

$$Q_v = \sum_{v=0}^{\infty} e^{-\varepsilon_v/kT} = \sum_{v=0}^{\infty} e^{-(v+1/2)h\nu/kT} = e^{-(h\nu/2)/kT} + e^{-(3h\nu/2)/kT} + e^{-(5h\nu/2)/kT} + \cdots$$
$$= e^{-(h\nu/2)/kT}(1 + e^{-h\nu/kT} + e^{-2h\nu/kT} + \cdots) \qquad (6.3.14)$$

因为上式中的 $h\nu/k$ 具有温度的量纲，我们将之称为振动特征温度，用符号 Θ_v 表示，其值可以从光谱数据推出。Θ_v 通常是个较大的数，常见的双原子分子的 Θ_v 在数千 K 左右。Θ_v 越大，说明分子处在激发态的概率越小。一般情况下（低温时），$\Theta_v/T \gg 1$，$\exp(-\Theta_v/T) \ll 1$，式(6.3.14)中括号内的 $e^{-h\nu/kT}=x$ 数值很小。根据级数公式，当 $x<1$ 时，有

$$1+x+x^2+x^3+\cdots=\frac{1}{1-x}$$

所以有振动配分函数：

$$Q_v=\frac{e^{-h\nu/2kT}}{1-e^{-h\nu/kT}} \qquad (6.3.15)$$

如果将零点振动能($v=0$)作为振动能级的能量标度零点，$\varepsilon_0=h\nu/2=0$，则上式可以记为：

$$Q_{v,0}=\frac{1}{1-e^{-h\nu/kT}} \qquad (6.3.16)$$

多原子分子的振动不止一个振动自由度，每一个自由度的振动可以近似视为一个一维简谐振子的振动。由 n 个原子组成的线型分子具有 $3n-5$ 个振动自由度，即有 $3n-5$ 个简谐振动模式。由 n 个原子组成的非线型分子具有 $3n-6$ 个振动自由度，即有 $3n-6$ 个简谐振动模式。因此，多原子分子振动配分函数可以分解为若干个一维简谐振子振动配分函数的乘积，即：

$$Q_v = \prod_{i=1}^{3n-5,\,\mathrm{or},\,3n-6} \frac{e^{-h\nu_i/2kT}}{1-e^{-h\nu_i/kT}} \qquad (6.3.17)$$

讨论
- 部分双原子分子的转动特征温度和振动特征温度
- 多原子分子振动

【例 6.4】 CO 和 I_2 的振动特征温度分别为 3 070 K 和 310 K，计算 300 K 下 CO 气体和 I_2 固体中分子的振动配分函数及处于振动基态上的分子数。

解： 以基态能量为 0，两分子的振动配分函数分别为：

CO：$Q_{v,0}=\dfrac{1}{1-e^{-h\nu/kT}}=[1-\exp(-3\,070/300)]^{-1}=1.000\,036$

I_2：$Q_{v,0}=\dfrac{1}{1-e^{-h\nu/kT}}=[1-\exp(-310/300)]^{-1}=1.552\,4$

基态能量为 0 时，Boltzmann 因子 $e^{-0/kT}$ 为 1，基态的分子数与总分子数之比为 $1/Q_{v,0}$，则

CO：$n_0/Q_{v,0}=1.000\,003\,6^{-1}=0.999\,96$；

I_2：$n_0/Q_{v,0}=1.552\,4^{-1}=0.644\,2$。

一维谐振子配分函数等于一个等比级数的各项之和，振动能级间的间距越大，级数收敛越快，配分函数越小，分配在基态的分子数越多。当能级大到一定程度，以至 $\Delta\varepsilon \gg kT$，这时几乎全部分子都处于基态，激发态的分子数接近 0，配分函数近似等于基态的 Boltzmann 因子。如本例中的 CO，此时，振动能级可以认为完全没有开放。

6.3.5 电子配分函数

电子配分函数与分子中的电子在分子轨道上分布有关。从分子的电子光谱可以知道，将电子从基态激发到第一激发态所需的能量大于 2 eV，相当于 200 kJ·mol^{-1}。所以，一般情况下，分子中电子能级的间隔较大，电子总是处于基态。因此，电子配分函数为：

$$Q_e = \sum_i \omega_{i,e} \mathrm{e}^{-\varepsilon_{i,e}/kT} \approx \omega_{0,e} \mathrm{e}^{-\varepsilon_{0,e}/kT} \tag{6.3.18}$$

若将电子基态能级作为电子能级的能量标度零点，即令 $\varepsilon_{e,0}=0$，则电子配分函数等于电子基态能级简并度 $\omega_{e,0}$，即

$$Q_{e,0}=\omega_{e,0} \tag{6.3.19}$$

对于大多数分子和稳定离子，基态电子能级几乎总是非简并的，即分子和稳定离子的 $\omega_{e,0}=1$。但有几个例外：碱金属例外，其简并度为 2；氧气分子例外，$\omega_{e,0}=3$；NO、NO_2 等具有奇数个电子的分子的基态简并度也不等于 1，而是一个不很大的数。因此在一般条件下，电子的配分函数是一个不大的数。

自由原子的基态电子能级一般是简并的，$\omega_{e,0}$ 数值取决于未配对电子的数目。所以，自由原子的基态电子能级简并度可以近似表示为(Russell - Saunders 近似)：

$$\omega_{e,0}=2J+1 \tag{6.3.20}$$

式中 J 为总的电子角动量量子数。某些情况下，电子从基态激发到第一激发态所需的能量不太大，则第一激发态对电子配分函数 Q_e 的贡献就不能忽略。

6.3.6 核配分函数

核配分函数与分子中原子核的自旋运动有关。在目前人类所能达到的温度下均无法将原子核从基态激发至激发态。因此，对核配分函数也只需考虑原子核的基态，即

$$Q_n = \sum_i \omega_{n,i} \cdot \exp\left(-\frac{\varepsilon_{n,i}}{kT}\right) = \omega_{n,0} \cdot \exp\left(-\frac{\varepsilon_{n,0}}{kT}\right) \tag{6.3.21}$$

若将核基态能级作为核能级的能量标度零点，则有

$$Q_{n,0}=\omega_{n,0} \tag{6.3.22}$$

核能级的简并度来源于原子核的自旋作用。它在外磁场中有不同的取向，但核自旋的磁矩很小，自旋方向不同的各态不会有显著的能量差别，只有在超精细结构中才能反映这种微小的差别。若核自旋量子数为 S_n，则核自旋的简并度为 $2S_n+1$。对多原子分子，

$$Q_{n,0} = \omega_{n,0} = \prod_i (2S_n+1)_i \qquad (6.3.22)$$

从化学角度看，化学反应前后 $Q_{n,0}$ 保持不变，采用统计热力学方法计算热力学状态函数差值时，$Q_{n,0}$ 总会被消掉。

讨论 **配分函数数值大小的含义**

6.4　分子配分函数与热力学函数的关系

6.4.1　分子配分函数与热力学函数的关系

了解了分子各种运动的配分函数计算方法之后，分子配分函数与热力学函数间的关系是我们需要解决的另一个问题。解决了这一个问题，我们就可以从分子配分函数计算热力学函数。

从微观量求宏观量的基本方法是求统计平均，其出发点是分布函数。不过，实际上有许多宏观量并不需要通过分布函数计算，而是直接通过配分函数计算。这是因为配分函数本身已经隐含了分布函数的许多特性。

首先给出定域子体系的熵 S 与分子配分函数 Q 的关系式：

$$S=k\ln Q^N+\frac{U}{T} \tag{6.4.1}$$

上式可以根据 Boltzmann 公式得证。当定域子各能级上粒子数遵从 Boltzmann 分布，并以最概然分布代替所有分布，有

$$S=k\ln\Omega\approx k\ln t_m \tag{6.4.2}$$

最概然分布 $t_m = N!\prod_i \frac{\omega_i^{n_i^*}}{n_i^*!}$，以及 $\frac{n_i^*}{N}=\frac{\omega_i\exp(-\varepsilon_i/kT)}{Q}$，所以有

$$\begin{aligned}\ln t_m &= \ln N! + \sum \ln\omega_i^{n_i^*} - \sum_i \ln n_i^*! \\ &= \sum n_i^* \ln\frac{N}{n_i^*} + \sum n_i^* \ln\omega_i \\ &= \sum n_i^* \ln\frac{Q}{\omega_i\exp(-\varepsilon_i/kT)} + \sum n_i^* \ln\omega_i \\ &= N\ln Q - \sum n_i^*\left(-\frac{\varepsilon_i}{kT}\right) \\ &= N\ln Q + \frac{U}{kT}\end{aligned}$$

讨论　关于熵

所以

$$S=k\left[\ln Q^N+\frac{U}{kT}\right]=k\ln Q^N+\frac{U}{T}$$

推导中引用了 stirling 公式（$\ln N! = N\ln N - N$），以及体系粒子总数等于各能级上粒子数之和 $N=\sum_i n_i^*$，内能等于全部粒子能量之和 $U=\sum_i n_i^*\varepsilon_i$。

定域子体系其他热力学量与分子配分函数 Q 的关系式可在熵与分子配分函数关系式的基础上推出。

根据热力学关系 $A=U-TS$，有

$$A=-kT\ln Q^N \tag{6.4.3}$$

根据$(\partial A/\partial T)_V=-S$,有

$$S=k\ln Q^N+NkT\left(\frac{\partial \ln Q}{\partial T}\right)_V \tag{6.4.4}$$

根据$U=A+TS$,有

$$U=NkT^2\left(\frac{\partial \ln Q}{\partial T}\right)_V \tag{6.4.5}$$

根据关系式$(\partial A/\partial V)_T=-p$,有

$$p=NkT\left(\frac{\partial \ln Q}{\partial V}\right)_T \tag{6.4.6}$$

依此,可以得到其他热力学量与分子配分函数关系式:

$$H=NkT^2\left(\frac{\partial \ln Q}{\partial T}\right)_V+NkT\left(\frac{\partial \ln Q}{\partial \ln V}\right)_T \tag{6.4.7}$$

$$G=-kT\ln Q^N+NkT\left(\frac{\partial \ln Q}{\partial \ln V}\right)_T \tag{6.4.8}$$

可分辨粒子与不可分辨粒子体系的最概然分布相同,都可以用 Boltzmann 分布表示。但两者的微观状态数不同,可分辨粒子是不可分辨粒子体系的 $N!$ 倍。如三个可分辨粒子的全排列方式数为 3!,而三个不可识别粒子的排列数只有 1。由此可以推导出非定域子体系各热力学函数与分子配分函数 Q 的关系式。定域子和非定域子体系各热力学函数与分子配分函数 Q 关系式列于表 6.2 中。由表可见,将定域子体系的各热力学函数关系式中的 $\ln Q^N$ 项改为 $\ln(Q^N/N!)$即可获得非定域子体系的热力学函数关系式。

表 6.2　定域子和非定域子体系的热力学函数与分子配分函数 Q 的关系式

定域子体系	非定域子体系
$\Omega=\sum_j t_j=\sum_j N!\prod_i \frac{\omega_i^{n_i}}{n_i!}$	$\Omega=\sum_j t_j=\frac{1}{N!}\sum_j N!\prod_i \frac{\omega_i^{n_i}}{n_i!}$
$U=NkT^2\left(\frac{\partial \ln Q}{\partial T}\right)_V$	$U=NkT^2\left(\frac{\partial \ln Q}{\partial T}\right)_V$
$H=U+NkT\left(\frac{\partial \ln Q}{\partial \ln V}\right)_T$ $=NkT^2\left(\frac{\partial \ln Q}{\partial T}\right)_V+NkT\left(\frac{\partial \ln Q}{\partial \ln V}\right)_T$	$H=U+NkT\left(\frac{\partial \ln Q}{\partial \ln V}\right)_T$ $=NkT^2\left(\frac{\partial \ln Q}{\partial T}\right)_V+NkT\left(\frac{\partial \ln Q}{\partial \ln V}\right)_T$
$S=k\ln Q^N+\frac{U}{T}=k\ln Q^N+NkT\left(\frac{\partial \ln Q}{\partial T}\right)_V$	$S=k\ln\frac{Q^N}{N!}+\frac{U}{T}=k\ln\frac{Q^N}{N!}+NkT\left(\frac{\partial \ln Q}{\partial T}\right)_V$
$A=-kT\ln Q^N$	$A=-kT\ln(Q^N/N!)$
$G=-kT\ln Q^N+NkT\left(\frac{\partial \ln Q}{\partial \ln V}\right)_T$	$G=-kT\ln\frac{Q^N}{N!}+NkT\left(\frac{\partial \ln Q}{\partial \ln V}\right)_T$
$p=NkT\left(\frac{\partial \ln Q}{\partial V}\right)_T$	$p=NkT\left(\frac{\partial \ln Q}{\partial V}\right)_T$

6.4.2　各个分子运动形式的配分函数对热力学函数的贡献

各种分子运动形式的配分函数:

平动:　$$Q_t=\left(\frac{2\pi mkT}{h^2}\right)^{3/2}V$$

转动：
$$Q_r=\frac{8\pi^2 IkT}{\sigma h^2}=\frac{T}{\sigma\Theta_r}$$

振动：
$$Q_{v,0}=\frac{1}{1-e^{-h\nu/kT}}$$

根据表 6.2 所列关系式，求配分函数对热力学函数（A、S、U、C_V）的贡献。

定域子体系：

平动：
$$A_t=-NkT\ln\left[\left(\frac{2\pi mkT}{h^2}\right)^{3/2}V\right] \tag{6.4.9}$$

$$S_t=Nk\ln\left[\frac{(2\pi mkT)^{3/2}}{h^3}V\right)+\frac{3Nk}{2} \tag{6.4.10}$$

$$U_t=\frac{3}{2}NkT \tag{6.4.11}$$

$$C_{V,t}=\frac{3}{2}Nk \tag{6.4.12}$$

转动：
$$A_r=-NkT\ln(T/\sigma\Theta_r) \tag{6.4.13}$$

$$S_r=Nk[\ln(T/\sigma\Theta_r)+1] \tag{6.4.14}$$

$$U_r=NkT \tag{6.4.15}$$

$$C_{V,r}=Nk \tag{6.4.16}$$

振动：
$$A_v=NkT\ln[1-\exp(-\Theta_v/T)] \tag{6.4.17}$$

$$S_v=-Nk\ln[1-\exp(-\Theta_v/T)]+\frac{Nk(\Theta_v/T)}{[\exp(\Theta_v/T)-1]} \tag{6.4.18}$$

$$U_v=\frac{NkT(\Theta_v/T)}{[\exp(\Theta_v/T)-1]} \tag{6.4.19}$$

$$C_{V,v}=Nk\,\frac{(\Theta/T)^2\exp(\Theta_v/T)}{[\exp(\Theta_v/T)-1]^2} \tag{6.4.20}$$

非定域子体系：

平动：
$$A_t=-NkT\ln\left[\left(\frac{2\pi mkT}{h^2}\right)^{3/2}V\right]-NkT+NkT\ln N \tag{6.4.21}$$

$$S_t=R\ln\left[\frac{(2\pi mkT)^{3/2}}{h^3}\frac{V}{N}\right]+\frac{5R}{2} \tag{6.4.22}$$

对于 1 mol 理想气体，$V=LkT/p$，则

$$S_{m,t}=R\left(\frac{3}{2}\ln\left(\frac{M}{g\cdot mol^{-1}}\right)+\frac{5}{2}\ln\frac{T}{K}-\ln\frac{p}{p^{\ominus}}-1.152\right) \tag{6.4.23}$$

其中，$M=mL$ 为分子的摩尔质量，该式称为理想气体的平动熵公式，也称 Sackur-Tetrode 关系式。

非定域子体系与定域子体系热力学函数关系式的主要差别在于：将定域系中的 $\ln Q^N$ 项改为$\ln(Q^N/N!)$。由于 $Q=Q_nQ_eQ_tQ_rQ_v$，将平动用非定域处理后，转动和振动项就不必再用非定域处理了。

$$\ln(Q^N/N!)=N\ln Q-\ln N!\ =(N\ln Q_t-\ln N!)+N\ln(Q_nQ_eQ_rQ_v)$$

所以，转动和振动项的热力学函数，一般仅用定域子体系处理即可满足应用。

6.5 统计热力学在物理化学中的应用

6.5.1 理想气体状态方程

由上节可知，分子配分函数 Q 可以表示为分子各种不同运动的配分函数的乘积形式，即

$$Q=Q_t\cdot Q_r\cdot Q_v\cdot Q_e\cdot Q_n$$

而这些配分函数中只有平动配分函数 Q_t 与体积有关。因此，在将公式

$$p=NkT\left(\frac{\partial\ln Q}{\partial V}\right)_T$$

应用于理想气体时，只需考虑平动配分函数 Q_t，则

$$p=NkT\left(\frac{\partial\ln Q}{\partial V}\right)_T=NkT\left(\frac{\partial\ln Q_t}{\partial V}\right)_T$$

因为 $Q_t=\left(\frac{2\pi mkT}{h^2}\right)^{\frac{3}{2}}V$，当温度不变时，令 $\left(\frac{2\pi mkT}{h^2}\right)^{\frac{3}{2}}=C$ 得：

$$Q_t=\left(\frac{2\pi mkT}{h^2}\right)^{\frac{3}{2}}V=C\cdot V$$

代入前式有

$$p=NkT\left(\frac{\partial\ln Q_t}{\partial V}\right)_T=NkT\left[\left(\frac{\partial\ln C}{\partial V}\right)_T+\left(\frac{\partial\ln V}{\partial V}\right)_T\right]=NkT\left(0+\frac{1}{V}\right)$$

得理想气体状态方程：$pV=NkT=nRT$。

6.5.2 统计熵的计算

分子的各种运动形式对熵都有一定的贡献。其中平动、转动、振动对熵的贡献随温度变化，这三种运动称为分子的热运动。一般的电子运动和原子核运动对熵的贡献不随温度变化。由熵的统计表达式计算得到的熵称为统计熵，主要包括平动、转动、振动的贡献，少数分子的电子基态简并度不等于1，统计熵还包括这些物质的电子熵。由于这种计算往往是以光谱数据为依据，因此有时也称之为光谱熵。在热力学中通过量热数据得到的熵称为量热熵。所以，统计熵（忽略核运动的贡献）为

$$S = S_t + S_r + S_v + S_e$$

对于理想气体，根据其各种运动的配分函数可以得到其平动熵为式(6.4.22)

$$S_t = R\ln\left(\frac{(2\pi mkT)^{3/2}}{h^3}\frac{V}{N}\right)+\frac{5R}{2}$$

对 1 mol 气体而言，上式转化为 Sackur-Tetrode 关系式(6.4.23)

$$S_{m,t} = R\left(\frac{3}{2}\ln\left(\frac{M}{g\cdot mol^{-1}}\right)+\frac{5}{2}\ln\frac{T}{K}-\ln\frac{p}{p^{\ominus}}-1.152\right)$$

对于转动熵，由于大多数分子的转动特征温度很低，远低于通常情况下的体系的温度，其配分函数可以表达为 $Q_r = T/(\sigma\Theta_r)$。于是双原子分子气体在远高于其转动特征温度下的转动熵为式(6.4.14)，即：

$$S_{m,r} = R[\ln(T/\sigma\Theta_r)+1], \Theta_r \ll T$$

振动特征温度一般来讲都是很高的，这和转动特征温度的特点不同。体系的温度一般远低于其振动特征温度，即 $T \ll \Theta_v$。在这种情况下，必须采用从量子化能级得到的振动配分函数式(6.3.14)或式(6.3.15)。由于能量零点对熵的相对值无影响，也可以直接利用式(6.3.16)：$Q_{v,0} = (1-e^{-h\nu/kT})^{-1}$。于是，振动熵就有式(6.4.18)的形式，即：

$$S_{m,v} = R\left\{\frac{(\Theta_v/T)}{[\exp(\Theta_v/T)-1]}-\ln[1-\exp(-\Theta_v/T)]\right\}, T \ll \Theta_v$$

通常情况下 $T \ll \Theta_v$ 是能够满足的，振动熵一般来讲是一个很小的值。

对于电子运动，电子熵为：

$$S_{m,e} = R\ln \omega_{e,0}$$

需要指出的是，气体分子平动熵的计算都是以式(6.4.22)为基础的，该式是以不可分辨粒子系统的熵的统计公式为基础的。显然，如果采用可分辨粒子系统的熵的统计公式(6.4.10)计算，结果会有所不同。于是存在一个问题：究竟该用哪个公式来计算理想气体的平动熵？换句话讲，理想气体究竟是属于可分辨粒子系统还是不可分辨粒子系统？结论是应当属于不可分辨粒子系统。如果认为气体分子自由运动，属于非定域粒子系统，而非定域子系统等同于不可分辨粒子系统，这种理由不是十分充分的。因为按照经典力学的观点，对自由运动的粒子将其运动轨迹加以编号仍然是可分辨的。将气体分子作为不可分辨粒子的根本原因在于量子力学意义上微观粒子的不可分辨性。按照量子力学的观点，全同粒子是不可分辨的，同种理想气体分子属于全同粒子，因而是不可分辨的。可以证明，如果将理想气体作为可分辨粒子系统，将会导致与热力学相矛盾的结果。请参考【讨论理想气体的混合熵与 Gibbs 详谬】。

讨论 理想气体的混合熵与 Gibbs 详谬

【例 6.5】 试计算 298.15 K 和 101.325 kPa 压强下，1 mol 氩(Ar)的统计熵值，设其核和电子的简并度均等于 1。

解:氩原子的质量:

$$m=\frac{39.95\times10^{-3}\ \mathrm{kg\cdot mol^{-1}}}{6.023\times10^{23}\ \mathrm{mol^{-1}}}=6.633\times10^{-26}\ \mathrm{kg}$$

在给定条件下摩尔体积

$$V_{\mathrm{m}}=\frac{298.15}{273.15}\times0.0224\ \mathrm{m^3\cdot mol^{-1}}=0.02445\ \mathrm{m^3\cdot mol^{-1}}$$

$$Q=Q_nQ_eQ_t=\omega_{n,0}\omega_{e,0}\left(\frac{2\pi mkT}{h^2}\right)^{3/2}V,\quad \omega_{n,0}\omega_{e,0}=1$$

氩(Ar)气体按非定域子体系处理,平动熵为:

$$S=k\ln\frac{Q^N}{N!}+NkT\left(\frac{\partial\ln Q}{\partial T}\right)_{V,N}=Nk\ln\left(\frac{Q}{N}\right)+\frac{5}{2}Nk$$

$$=Nk\left[\ln\omega_{n,0}\omega_{e,0}+\ln\left(\frac{2\pi mk}{h^2}\right)^{3/2}+\frac{3}{2}\ln T+\ln\left(\frac{V}{N}\right)+\frac{5}{2}\right]$$

摩尔熵:$S_{\mathrm{m}}^{\ominus}=R\left\{\ln\left[\left(\frac{2\pi mkT}{h^2}\right)^{3/2}\frac{V_{\mathrm{m}}}{L}\right]+\frac{5}{2}\right\}$

$$S_{\mathrm{m}}^{\ominus}=8.314\times\left\{\ln\left[\frac{(2\times3.14\times6.633\times10^{-26}\times1.38\times10^{-23}\times298.15)^{3/2}}{(6.626\times10^{-34})^3}\frac{0.02445}{6.023\times10^{23}}\right]+\frac{5}{2}\right\}\ \mathrm{J\cdot K^{-1}\cdot mol^{-1}}$$

$$=154\ \mathrm{J\cdot K^{-1}\cdot mol^{-1}}$$

【例 6.6】 O_2(g)的摩尔质量为 32 g·mol^{-1},转动特征温度为 2.07 K,振动特征温度为 2 256 K,电子基态能级简并度为 3,计算 O_2(g)在 298.15 K 和标准大气压下的摩尔熵。

解:在标准状态 $p/p^{\ominus}=1$,则

$$S_{\mathrm{m},t}^{\ominus}=R\left(\frac{3}{2}\ln\left(\frac{32}{\mathrm{g\cdot mol^{-1}}}\right)+\frac{5}{2}\ln\frac{298.15}{\mathrm{K}}-1.152\right)=152.07\ \mathrm{J\cdot K^{-1}\cdot mol^{-1}}$$

$$S_{\mathrm{m},r}=R[\ln(298.15/(2\times2.07)+1]=43.87\ \mathrm{J\cdot K^{-1}\cdot mol^{-1}}$$

$$\Theta_v/T=2\,256/298.15=7.567,$$

$$S_{\mathrm{m},v}=R\left\{\frac{7.567}{[\exp(7.567)-1]}-\ln[1-\exp(-7.567)]\right\}=0.04\ \mathrm{J\cdot K^{-1}\cdot mol^{-1}}$$

$$S_{\mathrm{m},e}=R\ln3=9.13\ \mathrm{J\cdot K^{-1}\cdot mol^{-1}}$$

$$S_{\mathrm{m}}^{\ominus}=152.07+43.87+0.04+9.13=205.11\ \mathrm{J\cdot K^{-1}\cdot mol^{-1}}$$

这个结果与同温下氧气的标准摩尔量热熵 205.4 J·K^{-1}·mol^{-1} 非常接近。统计熵与量热熵的差值称为残余熵。残余熵的出现是由于物质在 T→0 K 时未能形成完美晶体的状态。对于 CO 和 NO,其残余熵分别为 4.65 J·K^{-1}·mol^{-1} 和 3.10 J·K^{-1}·mol^{-1}。

6.5.3 单原子与双原子气体的热容

单原子分子中不存在转动和振动,总的配分函数为乘积 $Q_tQ_eQ_n$,即

$$Q = \left(\frac{2\pi mkT}{h^2}\right)^{3/2} VQ_eQ_n$$

通常，Q_eQ_n 与温度无关，根据热力学函数与配分函数的关系可得式(6.4.11)，即

$$U_t = \frac{3}{2}NkT$$

根据热力学关系 $C_V = (\partial U/\partial T)_V$ 得：

$$C_V = \frac{3}{2}Nk,\quad C_{V,\mathrm{m}} = \frac{3}{2}R$$

对于双原子气体分子，受温度影响的配分函数主要是平动、转动和振动的配分函数，对应的可把热容分解为这几种运动模式的贡献，即：

$$C_{V,\mathrm{m}} = C_{V,\mathrm{m},t} + C_{V,\mathrm{m},r} + C_{V,\mathrm{m},v}$$

对应的热容分别为式(6.4.12)、(6.4.16)、(6.4.20)，即：

$$C_{V,\mathrm{m},t} = \frac{3}{2}R$$

$$C_{V,\mathrm{m},r}\begin{cases} = R & T \gg \Theta_r \\ \approx 0 & T \ll \Theta_r \end{cases}$$

$$C_{V,\mathrm{m},v} = R\frac{(\Theta_v/T)^2\exp(\Theta_v/T)}{[\exp(\Theta_v/T)-1]^2};C_{V,\mathrm{m},v}\begin{cases} \approx R, & T \gg \Theta_v \\ \approx 0, & T \ll \Theta_v \end{cases}。$$

对于转动，不同的温度区间，转动配分函数不同，热容的计算公式不同，自然结果不同。

对于振动，常温下，$T \ll \Theta_v$，$\Theta_v/T \to \infty$，$C_{V,\mathrm{m},v} \approx 0$，意味着振动自由度完全没有开放，不对热容产生贡献。有些分子 Θ_v 并不是很高，常温下振动自由度有一定的开放，$C_{V,\mathrm{m},v}$ 的贡献不容忽略。在充分高的温度下，若分子不发生分解，则 $T \gg \Theta_v$，$\Theta_v/T \to 0$，$C_{V,\mathrm{m},v} \approx R$。将上述几个式子结合在一起，可得到：

$$C_{V,\mathrm{m}} = \begin{cases} 7R/2, & (T \gg \Theta_v \gg \Theta_r) \\ 5R/2 & (\Theta_r \leqslant T \ll \Theta_v) \\ 3R/2 & (T \ll \Theta_r \ll \Theta_v) \end{cases}$$

【例 6.7】 Cl_2(g)的振动特征温度 $\Theta_v = 803.1$ K，不计电子和核运动的贡献，计算 323 K 时 Cl_2(g)的 $C_{V,\mathrm{m}}$。在充分高的温度下，假定分子不分解，$C_{V,\mathrm{m}}$ 又为若干？

解：$T=323$ K 时，平动、转动的热容分别为

$C_{V,\mathrm{m},t} = (3/2)R$，$C_{V,\mathrm{m},r} = R$

$\Theta_v/T = 803.1/323 = 2.486$，$C_{V,v} = R\dfrac{(2.486)^2 \times e^{2.486}}{(e^{2.486}-1)^2} = 0.612R$

$C_{V,\mathrm{m}} = (1.5+1+0.612)R = 25.87\ \mathrm{J \cdot K^{-1} \cdot mol^{-1}}$

当温度充分高时，$C_{V,\mathrm{m}} = (7/2)R = 29.10\ \mathrm{J \cdot K^{-1} \cdot mol^{-1}}$

6.5.4 晶体热容

法国物理学家Dulong和Petit在1818年由实验确定:各种固体单质在室温下的摩尔热容都近似为$3R$,称为Dulong-Petit定律。但Dulong和Petit未能进一步从理论上解释该定律。

1907年Einstein对Dulong-Petit定律做出了理论解释。Einstein认为,晶体中的原子围绕着各自的平衡位置不停地振动。晶体温度升高,原子振动的平均幅度增大;温度降低,原子振动平均幅度下降。因此,晶体吸热或放热,微观上对应于晶体中原子振动幅度的增大或减小。每个在三维空间中振动的原子可以视为3个独立的一维简谐振子。固态晶体中的原子没有平动运动,转动、电子和核的运动对热容没有贡献。所以,具有N个原子的晶体体系的热容问题可以转化为$3N$个一维简谐振子的振动问题。

已知一维简谐振子配分函数为: $Q_v=\frac{e^{-h\nu/2kT}}{1-e^{-h\nu/kT}}$

取对数,有 $$\ln Q_v=-\frac{h\nu}{2kT}-\ln(1-e^{-\frac{h\nu}{kT}})$$

将上式两边对温度求导,有$\left(\frac{\partial \ln Q_v}{\partial T}\right)=\frac{h\nu}{2kT^2}+\frac{e^{-h\nu/kT}}{1-e^{-h\nu/kT}}\left(\frac{h\nu}{kT^2}\right)$

两边乘以kT^2得 $$kT^2\left(\frac{\partial \ln Q}{\partial T}\right)=\frac{1}{2}h\nu+\frac{e^{-h\nu/kT}}{1-e^{-h\nu/kT}}h\nu=\frac{1}{2}h\nu+\frac{h\nu}{e^{h\nu/kT}-1}$$

代入能量与配分函数关系式$U=3NkT^2\left(\frac{\partial \ln Q}{\partial T}\right)_V$(原式中的$N$此处改为$3N$是因为$N$个原子晶体的能量问题转化为$3N$个一维简谐振子的能量问题了),有

$$U=3NkT^2\left(\frac{\partial \ln Q}{\partial T}\right)=3N\left(\frac{1}{2}h\nu+\frac{h\nu}{e^{h\nu/kT}-1}\right)$$

根据数学公式: $$e^x=1+x+\frac{x^2}{2!}+\frac{x^3}{3!}+\cdots$$

当$x\ll 1$时,可以忽略高次项,即 $e^x\approx 1+x$

温度不太低时,$kT>h\nu$,所以总能量表示式可以表示为:

$$U=3N\left(\frac{1}{2}h\nu+\frac{h\nu}{1+h\nu/kT-1}\right)=3N\left(\frac{1}{2}h\nu+kT\right)$$

因此恒容摩尔热容为:

$$C_{V,\mathrm{m}}=\left(\frac{\partial U_\mathrm{m}}{\partial T}\right)_V=\left\{\frac{\partial[3N_0(h\nu/2+kT)]}{\partial T}\right\}_V=3N_0k=3R \tag{6.5.1}$$

低温下,$e^x\approx 1+x$近似并不成立,所以不能采用上述关系式。当$T\ll\Theta_v$时有

$$C_{V,\mathrm{m}}\approx 3R\,(\Theta_v/T)^2\exp(-\Theta_v/T) \tag{6.5.2}$$

而当$T\to 0$时,$C_{V,\mathrm{m}}\to 0$。也与实验结果一致。但是,在$T\to 0$时理论值低于实验值。实

验结果显示晶体摩尔热容服从 T^3 定律，即与温度的立方成正比。这是由于推导过程假设所有原子具有同一振动频率所致。

Debye 认为：原子的振动频率互不相等，其中有一最大振动频率 ν_D，称为 Debye 频率，并把晶体当作连续介质，可以传播弹性振动波，利用弹性波理论得到在极低温度下晶体热容计算公式：

$$C_{V,\mathrm{m}} = \frac{12\pi^4 R}{5}\left(\frac{T}{\Theta_D}\right)^3 = 1\,943\left(\frac{T}{\Theta_D}\right)^3 \ \mathrm{J \cdot K^{-1} \cdot mol^{-1}} \tag{6.5.3}$$

式中 $\Theta_D = h\nu_D/k$，称为 Debye 温度。该式的推导请参阅相关专著。该式又称 T^3 定律，这也是低温条件下计算量热熵时用式(6.5.3)的原因。

6.5.5　由配分函数计算反应平衡常数

1. 化学平衡系统的公共能量标度零点和热力学函数

对不同分子来说，它们各自的能级是互不相关的。但对于可发生化学反应的分子来说，需要按照统一的能量标度将这些分子能量衔接在一起。所以，对这类体系必须首先选定一个与各组分能级相关的公共能量标度，称之为公共能量标度零点。

如图 6.1 所示的 A、B 两种分子都具有自己独立的能级，它们各自的能量标度零点定在当振动和转动都处在基态时的分子能级(不言而喻，此时电子和核也均处于基态)。为将这两个分子能量关联起来，可采用一公共的起点(图 6.1 中 00 线)作为统一的能量标度零点。所以，按公共能量标度零点计算的各分子的能量为：

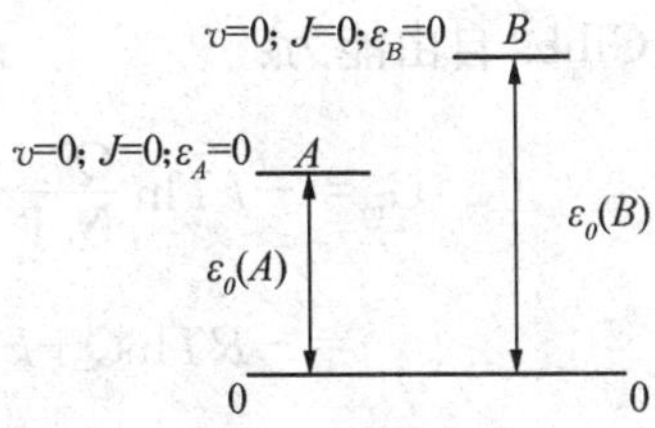

图 6.1　粒子的能量零点和公共能量零点的关系

$$\varepsilon = \varepsilon_i + \varepsilon_0 \tag{6.5.4}$$

式中：ε 为按公共能量标度零点计算的分子能量；ε_i 为按各自零点计算的能量；ε_0 为各自的零点到公共零点的差值。

因此，按公共能量标度计算的配分函数 Q' 应为：

$$Q' = \sum_i \omega_i \mathrm{e}^{-\frac{\varepsilon_i+\varepsilon_0}{kT}} = \mathrm{e}^{-\frac{\varepsilon_0}{kT}} \cdot \sum_i \omega_i \mathrm{e}^{-\frac{\varepsilon_i}{kT}} = \mathrm{e}^{-\frac{\varepsilon_0}{kT}} \cdot Q \tag{6.5.5}$$

式中 Q 是分子按各自零点计算得到的配分函数。因此，按照新的公共能量标度零点，非定域子体系的 Helmholtz 自由能函数为：

$$A = -kT\ln\frac{(Q')^N}{N!} = -kT\ln\frac{Q^N}{N!} + N\varepsilon_0 = -kT\ln\frac{Q^N}{N!} + U_0 \tag{6.5.6}$$

在统计热力学中选择 0 K 下的分子能量为最低能量，所以 U_0 是 N 个分子在 0 K 时的能量。

同理可得 Gibbs 自由能函数为：

$$G = -kT\ln\frac{(Q')^N}{N!} + NkT\left(\frac{\partial \ln Q'}{\partial \ln V}\right)_T = -kT\ln\frac{Q^N}{N!} + NkT\left(\frac{\partial \ln Q}{\partial \ln V}\right)_T + U_0 \tag{6.5.7}$$

内能：
$$U=NkT^2\left(\frac{\partial \ln Q'}{\partial T}\right)_V=NkT^2\left(\frac{\partial \ln Q}{\partial T}\right)_V+U_0 \tag{6.5.8}$$

焓：
$$H=NkT^2\left(\frac{\partial \ln Q'}{\partial T}\right)_V+NkT\left(\frac{\partial \ln Q'}{\partial \ln V}\right)_T=NkT^2\left(\frac{\partial \ln Q}{\partial T}\right)_V+NkT\left(\frac{\partial \ln Q}{\partial \ln V}\right)_T+U_0 \tag{6.5.9}$$

应当注意的是，能量标度零点的选取仅影响以上四个热力学量的计算，对熵、p、C_V 等其他热力学量的计算没有影响。

能量标度零点的选取并没有一定规则，可根据不同情况进行选择，以方便计算为原则。如对反应：

$$H_2 \Longrightarrow 2H$$

我们将反应物(氢分子)的基态定为反应物和生成物的统一的能量标度零点(图 6.2)。按统一能量标度零点，1 mol 理想气体其 Gibbs 自由能为：

$$G_m=-kT\ln\frac{Q^{N_0}}{N_0!}+RT\left(\frac{\partial \ln Q}{\partial \ln V}\right)_T+U_{m,0}$$
$$=-RT\ln Q+kT\ln N_0!+RT\left(\frac{\partial \ln Q}{\partial \ln V}\right)_T+U_{m,0}$$

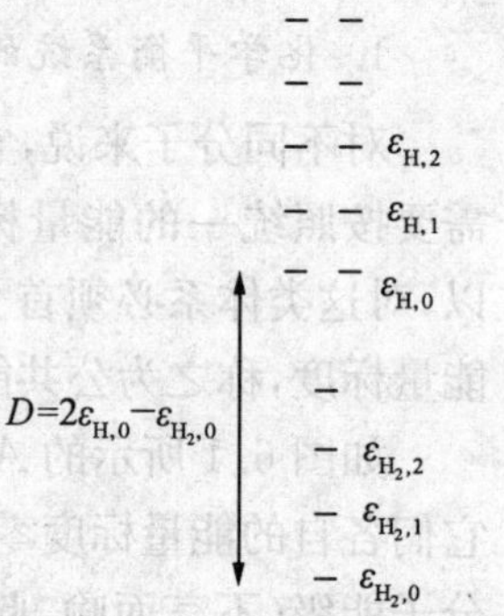

图 6.2 以氢分子基态为能量标度零点的能级关系

因为分子配分函数中只有平动配分函数包含体积 V，$\left(\frac{\partial \ln Q}{\partial \ln V}\right)_T=1$，所以

$$G_m=-RT\ln Q+RT\ln N_0+U_{m,0}=-RT\ln(Q/N_0)+U_{m,0}$$

式中 N_0 为阿伏伽德罗常数。

2. 氢气分子解离反应平衡常数的计算

设在定温、定压下氢分子和氢原子间存在解离反应，平衡时

$$\Delta_r G_m^\ominus=2G_{m,H}^\ominus-G_{m,H_2}^\ominus$$
$$=2\left[-RT\ln\left(\frac{Q_H^\ominus}{N_0}\right)+U_{m,0,H}^\ominus\right]-\left[-RT\ln\left(\frac{Q_{H_2}^\ominus}{N_0}\right)+U_{m,0,H_2}^\ominus\right]$$
$$=-RT\ln\left[\frac{(Q_H^\ominus/N_0)^2}{(Q_{H_2}^\ominus/N_0)}\right]+\Delta_r U_{m,0}^\ominus$$
$$=-RT\ln K_p^\ominus$$

式中 $Q_H^\ominus$ 和 $Q_{H_2}^\ominus$ 为氢原子和氢分子在标准态下的配分函数，$\Delta_r U_{m,0}^\ominus$ 为 0 K 下氢分子的解离能。所以

$$K_p^\ominus=\frac{(Q_H^\ominus/N_0)^2}{Q_{H_2}^\ominus/N_0}\cdot\exp\left(\frac{-\Delta_r U_{m,0}^\ominus}{RT}\right)$$

氢气的 $\Theta_v \approx 6\,000$ K，在 $T \leqslant 3\,000$ K 时，$Q_{v,H_2,0} \approx 1$。由光谱数据可知 0 K 下氢分子的解离能 $\Delta_r U^{\ominus}_{m,0}=432.2\ kJ\cdot mol^{-1}$，氢分子的核间距 $r=7.4\times10^{-11}$ m，氢分子转动惯量为 $I_{H_2}=(1/2)m_H\cdot r^2$，氢分子和氢原子的电子基态简并度分别为 $\omega_{e,H_2,0}=1$，$\omega_{e,H,0}=2$，氢分子和氢原子的核配分函数可以相互抵消，根据以上数据可得，

$$Q^{\ominus}_{t,H_2}=(2\pi m_{H_2}kT/h^2)^{3/2}V_m, Q^{\ominus}_{t,H}=(2\pi m_H kT/h^2)^{3/2}V_m,$$

$$Q_{r,H_2}=8\pi^2 I_{H_2}kT/(2h^2)\ ,\ Q_{v,H_2,0}\approx1\ ,\ Q_{e,H_2,0}=1,\ Q_{e,H,0}=2$$

将之代入平衡常数关系式则有：

$$K^{\ominus}_p=\frac{(Q^{\ominus}_{t,H}/N_0)^2}{Q^{\ominus}_{t,H_2}/N_0}\cdot\frac{1}{Q_{r,H_2}}\cdot\frac{1}{Q_{v,H_2}}\cdot\frac{(Q_{e,H})^2}{Q_{e,H_2}}\exp\left(\frac{-\Delta U^{\ominus}_{m,0}}{RT}\right)$$

$$=\frac{[(2\pi m_H kT/h^2)^{3/2}V_m/N_0]^2}{(2\pi m_{H_2}kT/h^2)^{3/2}V_m/N_0}\cdot\frac{1}{(8\pi^2 I_{H_2}kT/2h^2)}\cdot\frac{(\omega_{e,H,0})^2}{\omega_{e,H_2,0}}\exp(\frac{-\Delta U^{\ominus}_{m,0}}{RT})$$

$$=(2\pi kT/h^2)^{3/2}\ \frac{m_H^3}{(2m_H)^{3/2}}\cdot\frac{V_m}{N_0}\cdot\frac{h^2}{(2\pi^2 m_H r^2 kT)}2^2\times\exp(\frac{-\Delta U^{\ominus}_{m,0}}{RT})$$

$$=2\ \frac{m_H^{1/2}}{\pi^{1/2}}\cdot\frac{(kT)^{3/2}}{p^{\ominus}r^2h}\times\exp(\frac{-\Delta U^{\ominus}_{m,0}}{RT})$$

$$=2\left(\frac{1\times10^{-3}}{3.14\times6.02\times10^{23}}\right)^{1/2}\cdot\frac{(1.38\times10^{-23})^{3/2}}{10^5\times(7.4\times10^{-11})^2\times6.626\times10^{-34}}T^{3/2}\times$$

$$\exp\left(\frac{-\Delta U^{\ominus}_{m,0}}{RT}\right)$$

$$=6.5\times T^{3/2}\times\exp\left(\frac{-\Delta U^{\ominus}_{m,0}}{RT}\right)$$

讨论　**平衡常数的配分函数表达式**

取对数有：$\ln K^{\ominus}_p=\ln 6.5+\frac{3}{2}\ln T-\frac{51.985\times10^3}{T}$

由此，可以计算出不同温度下氢分子解离为氢原子的平衡常数。

【练习 6.3】　已知 H_2、I_2、HI 的分子参数如下，计算反应 $H_2(g)+I_2(g)$══$2HI(g)$ 在 298 K 时的 $K^{\ominus}_p$。

分子	$M/g\cdot mol^{-1}$	Θ_r/K	Θ_v/K	$D/10^{-19}$ J
$H_2(g)$	2.016	85.4	6 100	7.171
$I_2(g)$	253.81	0.053 8	310	2.470
HI(g)	127.91	9.43	3 200	4.896

D 为分子解离能。

解：反应的 $\Delta\nu\sum_B\nu_B=0$，电子的配分函数近似为 1，所以：$K^{\ominus}_p=\prod_B\left(\frac{Q^{\ominus}_B}{N_0}\right)^{\nu_B}\times\exp\left(\frac{-\Delta_r U^{\ominus}_{m,0}}{RT}\right)$

$$K_p^{\ominus}=\left(\frac{M_{HI}^2}{M_{H_2}M_{I_2}}\right)^{3/2}\frac{4\Theta_{r,H_2}\Theta_{r,I_2}}{\Theta_{r,HI}}\frac{Q_{v,0,HI}^2}{Q_{v,0,H_2}Q_{v,0,I_2}}\exp\left(\frac{-\Delta_r U_{m,0}^{\ominus}}{RT}\right)$$

$$\left(\frac{M_{HI}^2}{M_{H_2}M_{I_2}}\right)^{3/2}=180.81,\ \frac{4\Theta_{r,H_2}\Theta_{r,I_2}}{\Theta_{r,HI}}=0.207$$

对于 H_2 和 HI，$\Theta_v \gg T, Q_{v,0}\approx 1$；对于 I_2，$\Theta_v \sim T$ 相近，$Q_{v,0}=[1-\exp(-\Theta_v/T]^{-1}=1.546$。故

$$\frac{Q_{v,0,HI}^2}{Q_{v,0,H_2}Q_{v,0,I_2}}=0.646$$

$\Delta_r U_{m,0}^{\ominus}=N_0(D_{H_2}-D_{I_2}-2D_{HI})=-9.09\times10^3$ J，$\exp(-\Delta_r U_{m,0}^{\ominus}/RT)=39.14$

$K_p^{\ominus}=180.81\times0.207\times0.649\times39.14=946.3$

3. 由自由能函数计算平衡常数

在 0 K 时 $U_0=H_0$，所以 G_m 可以写为：

$$G_m=-RT\ln\frac{Q}{N_0}+H_{m,0} \tag{6.5.10}$$

标准态下，上式重排后有

$$\frac{G_m^{\ominus}-H_{m,0}^{\ominus}}{T}=-R\ln\frac{Q}{N_0} \tag{6.5.11}$$

统计热力学中将$\frac{G_m^{\ominus}-H_{m,0}^{\ominus}}{T}$称为自由能函数，显然自由能函数可以根据配分函数计算出来。各种常见物质在不同温度时的自由能函数已经编制成表册供查询。

将上式与热力学公式 $\Delta_r G_m^{\ominus}=-RT\ln K_p^{\ominus}$相结合有

$$-R\ln K_p^{\ominus}=\frac{\Delta_r G_m^{\ominus}}{T}=\sum_i \nu_i\left[\frac{G_m^{\ominus}(T)-H_{m,0}^{\ominus}}{T}\right]_i+\frac{\Delta_r H_{m,0}^{\ominus}}{T} \tag{6.5.12}$$

式中 $\Delta_r H_{m,0}^{\ominus}$可以根据分子解离能来计算，有关双原子分子的相关数据已有较多积累。所以，根据各物质的自由能函数，很易计算出反应的平衡常数。

【例 6.8】 根据自由能函数和 $H_{m,0}^{\ominus}$ 数据计算 298 K 下反应的平衡常数，$H_2(g)+I_2(g)\rightleftharpoons 2HI(g)$

$\{-(G_m^{\ominus}-H_{m,0}^{\ominus})/T\}/J\cdot K^{-1}\cdot mol^{-1}$： H_2，102.19； I_2，226.69； HI，177.44；

$H_{m,0}^{\ominus}/kJ\cdot mol^{-1}$： H_2， 0； I_2，65.1； HI，28.0。

解：根据 $\Delta_r G_m^{\ominus}=\Delta_r H_{m,0}^{\ominus}+T\sum_i \nu_i\left[\frac{G_m^{\ominus}-H_{m,0}^{\ominus}}{T}\right]_i$，得：

$$\Delta_r G_m^{\ominus}(298) = [(2\times 28.0-0-65.1)\times 1\,000-298\times(2\times 177.44-102.19-226.69)]\,J\cdot mol^{-1}$$
$$=-16.83\ kJ\cdot mol^{-1}$$

$$K_p^{\ominus}=\exp(-\Delta_r G_m^{\ominus}/RT)=\exp[16.83\times 1\,000/(8.314\times 298)]=8.91\times 10^2$$

内容提要

一、统计热力学基本假定

Boltzmann 公式　$S=k\ln\Omega$

等几率假定　$P=1/\Omega$

用最概然分布代表体系的平衡分布　$\Omega\approx t_m$

体系的宏观量是相应微观量的统计平均值　$A=\langle A\rangle=\sum_i P_i A_i$

二、微观状态数和统计分布

定域子体系某种分布的微观状态数，Boltzmann 统计　$t_j=N!\cdot\prod_i \frac{\omega_i^{n_i}}{n_i!}$

总微观状态数　$\Omega=\sum_j t_j=\sum_j N!\prod_i \frac{\omega_i^{n_i}}{n_i!}$

最概然分布，Boltzmann 分布　$\frac{n_i^*}{N}=\frac{\omega_i e^{-\varepsilon_i/kT}}{\sum_i \omega_i e^{-\varepsilon_i/kT}}$

离域子体系某种分布的微观状态数

Bose-Einstein 统计　$t_j=\prod_{i=1}^{k}\frac{(n_i+\omega_i-1)}{n_i!(\omega_i-1)!}\approx\prod_{i=1}^{k}\frac{\omega_i^{n_i}}{n_i!}$

Fermi-Dirac 统计　$t_j=\prod_{i=1}^{k}\frac{\omega_i!}{n_i!(\omega_i-n_i)!}\approx\prod_{i=1}^{k}\frac{\omega_i^{n_i}}{n_i!}$

总微观状态数　$\Omega=\sum_i t_j=\frac{1}{N!}\sum_j N!\prod_i \frac{\omega_i^{n_i}}{n_i!}$

温度不太低时，它们均可简化为 Boltzmann 统计和 Boltzmann 分布

三、分子配分函数

分子配分函数的定义　$Q=\sum_i \omega_i e^{-\frac{\varepsilon_i}{kT}}$

分子各种运动的能量　$\varepsilon_i=\varepsilon_{i,t}+\varepsilon_{i,r}+\varepsilon_{i,v}+\varepsilon_{i,e}+\varepsilon_{i,n}$

分子配分函数析因子性质　$Q=Q_t\cdot Q_r\cdot Q_v\cdot Q_e\cdot Q_n$　$\omega_i=\omega_{i,t}\cdot\omega_{i,r}\cdot\omega_{i,v}\cdot\omega_{i,e}\cdot\omega_{i,n}$

平动子能级公式　$\varepsilon_{i,t}=\frac{h^2}{8m}\left(\frac{n_x^2}{a^2}+\frac{n_y^2}{b^2}+\frac{n_z^2}{c^2}\right)$

配分函数　$Q_t=\left(\frac{2\pi mkT}{h^2}\right)^{3/2}V$

双原子分子转动能级能量 ε_r 和简并度 ω_r：$\varepsilon_r=(J+1)J\dfrac{h^2}{8\pi^2 I}$ $\omega_r=2J+1$

转动配分函数 $Q_r=\dfrac{8\pi^2 IkT}{\sigma h^2}=\dfrac{T}{\sigma\Theta_r}$ 转动特征温度 $\Theta_r=\dfrac{h^2}{8\pi^2 kI}$

非线型多原子分子的转动配分函数 $Q_r==\dfrac{(8\pi^2 kT)^{\frac{3}{2}}\sqrt{\pi}\cdot(I_x I_y I_z)^{\frac{1}{2}}}{\sigma h^3}$

一维简谐振子的振动能级公式 $\varepsilon_v=\left(v+\dfrac{1}{2}\right)h\nu$

一维简谐振子配分函数 $Q_v=\dfrac{e^{-h\nu/2kT}}{1-e^{-h\nu/kT}}$

振动特征温度 $\Theta_v=h\nu/k$

多原子分子振动配分函数 $Q_v=\prod\limits_{i=1}^{3n-5,\text{or},3n-6}\dfrac{e^{-h\nu_i/2kT}}{1-e^{-h\nu_i/kT}}$

电子配分函数 $Q_e=\sum\limits_i \omega_{e,i}e^{-\varepsilon_{i,e}/kT}\approx\omega_{e,0}e^{-\varepsilon_{e,0}/kT}$ $\omega_{e,0}=2J+1$

核配分函数 $Q_n=\omega_{n,0}=\prod\limits_i(2S_n+1)_i$

四、热力学函数与分子配分函数 Q 关系式

定域子体系

$$U=NkT^2\left(\frac{\partial\ln Q}{\partial T}\right)_V$$

$$H=U+NkT\left(\frac{\partial\ln Q}{\partial\ln V}\right)_T=NkT^2\left(\frac{\partial\ln Q}{\partial T}\right)_V+NkT\left(\frac{\partial\ln Q}{\partial\ln V}\right)_T$$

$$S=k\ln Q^N+\frac{U}{T}=k\ln Q^N+NkT\left(\frac{\partial\ln Q}{\partial T}\right)_V$$

$$A=-kT\ln Q^N$$

$$G=-kT\ln Q^N+NkT\left(\frac{\partial\ln Q}{\partial\ln V}\right)_T$$

$$p=NkT\left(\frac{\partial\ln Q}{\partial V}\right)_T$$

离域子体系

$$U=NkT^2\left(\frac{\partial\ln Q}{\partial T}\right)_V$$

$$H=U+NkT\left(\frac{\partial\ln Q}{\partial\ln V}\right)_T=NkT^2\left(\frac{\partial\ln Q}{\partial T}\right)_V+NkT\left(\frac{\partial\ln Q}{\partial\ln V}\right)_T$$

$$S=k\ln\frac{Q^N}{N!}+\frac{U}{T}=k\ln\frac{Q^N}{N!}+NkT\left(\frac{\partial\ln Q}{\partial T}\right)_V$$

$$A=-kT\ln(Q^N/N!)$$

$$G=-kT\ln\frac{Q^N}{N!}+NkT\left(\frac{\partial\ln Q}{\partial\ln V}\right)_T$$

$$p=NkT\left(\frac{\partial\ln Q}{\partial V}\right)_T$$

五、统计热力学在物理化学中的应用

晶体摩尔热容　　$C_{V,\mathrm{m}}=\left(\frac{\partial U_{\mathrm{m}}}{\partial T}\right)_V=3R$

低温条件下 $C_{V,\mathrm{m}}=1\,943\left(\frac{T}{\Theta_D}\right)^3\ \mathrm{J\cdot K^{-1}\cdot mol^{-1}}$，　$\Theta_D=h\nu_D/k$ 称为 Debye 温度

氢气分子解离反应平衡常数 $K_p^{\ominus}=\frac{(Q_{\mathrm{H}}^{\ominus}/N_0)^2}{Q_{\mathrm{H_2}}^{\ominus}/N_0}\exp\left(-\frac{\Delta_r U_{\mathrm{m},0}^{\ominus}}{RT}\right)$

自由能函数　　$\frac{G_{\mathrm{m}}^{\ominus}-H_{\mathrm{m},0}^{\ominus}}{T}=-R\ln\frac{Q}{N_0}$

自由能函数计算平衡常数

$$-R\ln K_p^{\ominus}=\frac{\Delta_r G_{\mathrm{m}}^{\ominus}}{T}=\sum_i \nu_i\left[\frac{G_{\mathrm{m}}^{\ominus}(T)-H_{\mathrm{m},0}^{\ominus}}{T}\right]_i+\frac{\Delta_r H_{\mathrm{m},0}^{\ominus}}{T}$$

六、能量换算关系

$$1\ \mathrm{cm^{-1}}=1.986\,4\times10^{-23}\ \mathrm{J};\ \frac{\varepsilon}{J}=h\nu=\frac{hc}{\lambda}=1.986\,4\times10^{-23}\left(\frac{cm}{\lambda}\right)$$

习题

1. 设有三个穿绿色、二个穿灰色和一个穿蓝色制服的军人一起列队，试求：

(1) 有多少种队形？

(2) 若穿绿色制服者可有三种肩章，穿灰色制服者可有两种肩章，穿蓝色制服者可有四种肩章，均可任取一种佩戴，求有多少种队形？

2. 设有一个由三个定位的单维简谐振子组成的系统，这三个振子分别在各自的位置上振动，系统的总能量为 $(11/2)h\nu$。试求系统的全部可能的微观状态数。

3. 若有一个热力学系统，当其熵值增加 $0.418\ \mathrm{J\cdot K^{-1}}$ 时，试求系统微观状态的增加数占原有微观状态数的比值(用 $\Delta\Omega/\Omega_1$)。

4. 1 mol 理想气体，在 298 K 时，已知其分子配分函数为 1.6，假定 $\varepsilon_0=0$，$\omega_0=1$，求处于基态的分子数。

5. 2 mol N_2 置于一容器中，$T=400$ K，$p=50$ kPa，试求容器中 N_2 分子的平动配分函数。

6. CO 与 N_2 分子的质量 m 及转动特征温度基本相同，振动特征温度均大于 298 K，电子又都处于非简并的基态，但这两种气体的标准摩尔统计熵不同，试求这两种气体标准摩尔统计熵的差值。

7. 试求 25℃时氩气的标准摩尔熵 $S_{\mathrm{m}}^{\ominus}(298.15\ \mathrm{K})$。

8. 在 298 K 和 100 kPa 时，求 1 mol NO(g)(设为理想气体)的标准摩尔熵值。已知 NO(g)的转动特征温度为 2.42 K，振动特征温度为 2 690 K，电子基态与第一激发态的简并度均为 2，两能级间的能量差为 $\Delta\varepsilon=2.473\times10^{-21}$ J。

9. N_2(g)在电弧中加热，从光谱观察到 N_2 分子在振动激发态对在基态的分子数比如下：

v(振动量子数)	0	1	2	3
N_v/N_0	1.00	0.26	0.07	0.018

(1) 证明 N_2(g)处于振动能级分布的平衡态；

(2) 已知 $\nu(N_2)=6.99\times10^{13}\ \mathrm{s^{-1}}$，计算气体的温度。

10. 双原子分子$^{12}C^{16}O$，其中原子摩尔质量为$m(^{16}O)=15.994\ 91\ g\cdot mol^{-1}$，$m(^{12}C)=12.000\ 00\ g\cdot mol^{-1}$。

(1) $T=298$ K，在$a=1.000$ m范围内平动，请计算$n=1$及$n=2$能级的平动能及两能级之间的能极差，各相当于kT多少倍？

(2) 当发生转动能级跃迁$J=0\rightarrow1$，$^{12}C^{16}O$微波吸收光谱为11 5271.20 MHz，请计算核间距r_{CO}及转动能级能量$\varepsilon_{r,1}$。

11. I_2分子$\Theta_v=308$ K，求I_2理想气体中分子处在振动第一激发态的概率为20%的温度。

12. HBr分子的平衡核间距$r_r=1.414\times10^{-8}$ cm，请计算：

(1) 转动特征温度；

(2) 在298.15 K下，HBr分子占据转动量子数$J=1$的能级上的分率；

(3) 298.15 K，HBr理想气体的摩尔转动熵。

13. O_2的摩尔质量$M=0.032\ 00\ kg\cdot mol^{-1}$，$O_2$分子的核间距$r=1.207\ 4\times10^{-10}$ m，振动特征温度$\Theta_v=2\ 273$ K。

(1) 求O_2分子的转动特征温度Θ_r；

(2) 求O_2理想气体在298 K的标准摩尔转动熵；

(3) 求O_2理想气体占据第一振动激发态的概率为最大的温度。

14. 在300 K时，已知F原子的电子的配分函数$Q_e=4.288$，试求：

(1) 标准压力下的总配分函数(忽略核配分函数的贡献)；

(2) 标准压力下的摩尔熵值。已知F原子的摩尔质量为$M=18.988\ g\cdot mol^{-1}$。

15. 一个分子有单线态和三线态两种电子能态，单线态较三线态能量高4.11×10^{-21} J，其简并度分别为$\omega_{e,0}=3$，$\omega_{e,1}=1$，$T=298.15$ K，求该分子的电子配分函数、三线态与单线态的分子数之比。

16. 封闭的单原子理想气体，若原子中的电子只处于最低能级，请根据熵的统计表达式论证该气体的绝热可逆过程方程为$TV^{\frac{2}{3}}=TV^{\gamma-1}=$常数，其中，$\gamma=C_p/C_V$。

17. 对于1 mol单原子分子理想气体，用统计力学方法证明恒压变温过程的熵变是恒容变温过程熵变的5/3倍。

18. 请由下表的标准摩尔热力学量求算理想气体反应$CO(g)+H_2O \xlongequal{} CO_2(g)+H_2(g)$的$\Delta U_m^\ominus(0\ K)$及平衡常数$K_p^\ominus(600\ K)$。

物质	$\Delta_f H_m^\ominus(298\ K)$	$[H_m^\ominus(298\ K)-U_m^\ominus(0\ K)]/298\ K$	$[G_m^\ominus(600\ K)-H_m^\ominus(298\ K)]/600\ K$
CO(g)	$-110.54\ J\cdot mol^{-1}$	$29.09\ J\cdot mol^{-1}\cdot K^{-1}$	$-203.68\ J\cdot mol^{-1}\cdot K^{-1}$
H_2O(g)	$-241.84\ J\cdot mol^{-1}$	$33.20\ J\cdot mol^{-1}\cdot K^{-1}$	$-195.48\ J\cdot mol^{-1}\cdot K^{-1}$
CO_2(g)	$-393.51\ J\cdot mol^{-1}$	$31.41\ J\cdot mol^{-1}\cdot K^{-1}$	$-221.67\ J\cdot mol^{-1}\cdot K^{-1}$
H_2(g)	0	$28.40\ J\cdot mol^{-1}\cdot K^{-1}$	$-136.29\ J\cdot mol^{-1}\cdot K^{-1}$

拓展习题及资源

微信扫码

- 拓展习题
- 视频动画
- 互动交流

第 7 章　非平衡态热力学简介

7.1　非平衡态热力学

7.1.1　引言

热力学第一、二定律是关于平衡态体系的基本规律，热力学第二定律的核心是熵增加原理，表明系统有自发趋于平衡态的倾向。

我们应当清醒地认识到：人们日常接触到的许多问题大多属于非平衡问题，如：雾霾、溶胶、药物制剂等。就化学来讲，化学反应过程本质上属于非平衡过程。那些有寿命和有效期的产品都是非平衡态的，有自发趋于平衡态的倾向。化学反应器和生物细胞一类靠输出输入物质流和能量流来维持稳态的体系，它们也都是偏离平衡态的。非平衡的稳态体系则是更为普遍的现象。弛豫、输运和涨落则是平衡态附近的典型非平衡现象和过程。

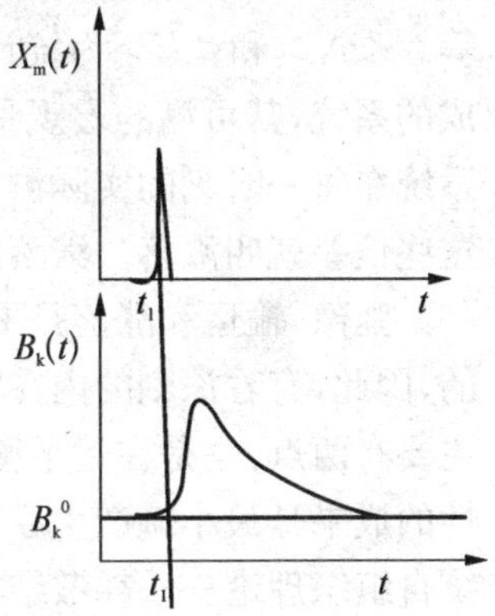

图 7.1　弛豫过程与弛豫时间

关于弛豫过程可用图 7.1 示意图作说明。在时间 t_1，对一个本来处于平衡态 B_k^0 的体系施加某种短暂的扰动 $X_m(t)$，在扰动之后系统仍保持施加扰动前的宏观条件，扰动导致体系从 B_k^0 变化到 $B_k(t)$。扰动结束后，系统经过一段时间 t 后会自动回到平衡态 B_k^0。这类过程通常称为弛豫过程(relaxation)。从施加扰动到恢复平衡所需的时间称为弛豫时间$(t-t_1)$。弛豫过程是一种典型的非平衡现象。简单地讲，弛豫就是反应比诱因在时间上要延缓一段时间。弛豫过程实质上是系统中微观粒子由于相互作用而交换能量，最后达到稳定分布的过程。弛豫过程的宏观规律取决于系统中微观粒子相互作用的性质。分子弛豫和结构弛豫就是弛豫过程的两个例子。

如果不是给系统施加短暂的扰动，而是施加持续的外力，系统将不能回到平衡态。系统对所加外力的影响是产生持续不断的“流”。例如，维持电位差会产生电荷的流动(电流)；维持浓度梯度会导致物质的流动(扩散)；维持温度梯度会引起热流。相应的数学关系为：

讨论　分子弛豫

欧姆定律：$I=U/R$

扩散定律：$\mathrm{d}n_i/\mathrm{d}t=-D_{ij}A(\mathrm{d}c_i/\mathrm{d}x)$

导热方程：$\mathrm{d}q/\mathrm{d}t=-KA(\mathrm{d}T/\mathrm{d}x)$

其中，电位差 U 是引起电流 I 的推动力，浓度梯度$(\mathrm{d}c_i/\mathrm{d}x)$（确切讲是化学势梯度）是引起扩散流的推动力，而温度梯度$(\mathrm{d}T/\mathrm{d}x)$是引起热流的推动力。这些推动力可以广义地称为“力”，而电流、扩散流和热流等速率过程则称为“流”。力产生流的现象一般被称为输运现象。输运现象又是一种典型的非平衡现象。

如果系统偏离平衡的程度比较弱，流和力的大小是成比例的。比例系数通常称为输运系数或唯象系数，如 R、K 和 D。它们是描述输运过程的重要特征参数，也是物质的宏观参数。显然，弛豫过程的快慢与输运系数的大小紧密相关。

在持续力 $X_\mathrm{m}(t)$的作用下，系统对平衡态 B_k^0的偏离使其维持在 $B_\mathrm{k}(t)$。系统本来维持着一种或几种恒定的力，当然也就有恒定的流，系统处于定态。如果在 t_1 时刻突然撤销所有的力，由于耗散作用，系统会逐渐趋于平衡态，即发生弛豫过程。力 $X_\mathrm{m}(t)$与状态函数 B_k及弛豫时间$(t-t_1)$的关系如图 7.2 所示。

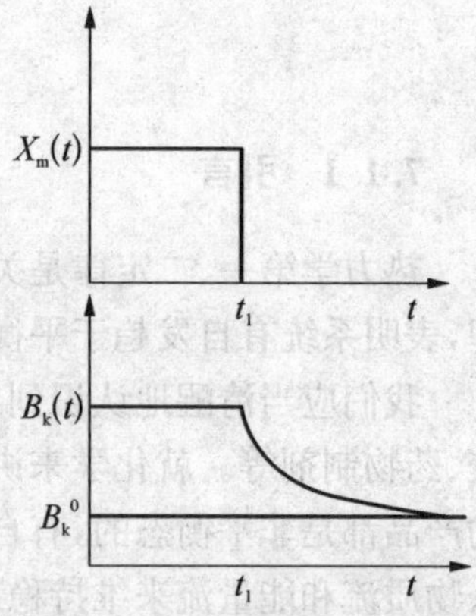

图 7.2 持续恒定的力 $X_\mathrm{m}(t)$与状态函数 B_k及弛豫时间$(t-t_1)$的关系

输运过程和弛豫过程本身是各式各样的微观运动的某种宏观体现，是微观运动的一种平均表现，必然和系统的涨落行为有关。涨落指的是系统的实际状态（或物理量）与其统计平均值的差。如粒子数涨落 $N-\langle N\rangle$，能量涨落 $E-\langle E\rangle$等。$\langle N\rangle$和$\langle E\rangle$为统计平均值。一个由大量粒子系统组成的系统，其可测的宏观量是众多子系统的统计平均值。但系统在每一时刻的实际测量值并不都精确地处于这些平均值上，而是或多或少有些偏差。这些偏差就叫涨落。涨落是偶然的，杂乱无章的，随机的。

弛豫、输运和涨落是平衡态附近的主要非平衡过程，都是由趋向平衡这一总的倾向决定的，因此，有着深刻的内在联系。通过探索这种联系，非平衡态统计力学取得了重要的进展，主要有两点：一是在近平衡态体系，力和流的影响仍是线性的，输运系数具有对称性，有代表性的成果是最小熵产生原理和 Onsager 的倒易关系；另一个是 Prigogine 等提出的非平衡系统自组织理论——耗散结构理论。

本节简要介绍近平衡态体系热力学的一些概念，下一节简要介绍一种非平衡态现象——非平衡相变。

7.1.2 局域平衡假设

如果一个系统偏离平衡态的程度不是很大，在宏观小微观大的局域范围内，系统处于局域平衡态。于是，在平衡态热力学中使用的许多概念以及热力学关系可以应用于处于局域平衡态的局域范围内。这就是局域平衡假设(Assumption of local equilibrium)。

局域平衡假设是将非平衡的系统划分为许多体积很小的子系统。每个子系统在宏观上看是足够的小，以使子系内部的性质是均匀的。但各个子系从微观上看又是足够的大，因为每个子系内部包含有足够多的分子，以满足统计处理的需要，仍然可视为一个宏观热力学系统。这样把一个非平衡态的不可逆过程化解为许多个局部平衡的子系统问题来处理。

局域平衡假设是有条件限制的，即它必须满足：

$$\tau \ll \Delta t \ll t \tag{7.1.1}$$

讨论 管式反应器与局域平衡假设

式中：τ 是子系统的弛豫时间；t 是整个系统的弛豫时间；Δt 是对系统的观察时间。即：在对系统的观察时间内，因整个系统的弛豫时间很长，看不出整个系统有什么变化，而小子系统的弛豫时间很短，在观察时间内已经进行了很多次的变化，对小系统来说，观察到的就是它的平均值。换言之，在 Δt 内，可以近似认为局域是处于平衡态，而整个系统的状态是非平衡的。

非平衡特性起源于整个系统的弛豫时间和局域的弛豫时间的差异。对于人们感兴趣的系统，常常存在快慢相差极大的弛豫过程，相应的存在几种差别极大的特征长度和特征时间。例如与分子碰撞事件相对应的特征长度和特征时间有：与碰撞反应相关的特征长度相当于分子间相互作用的范围（记作 l_c），其特征时间为 $\tau_c \sim l_c/\nu$，其中 ν 是分子平均运动速率；与碰撞频率相关的特征长度相当于粒子间的平均距离，即平均自由程 l_r，对应的特征时间为 $\tau_r \sim l_r/\nu$，而与系统的宏观尺度和宏观不均匀性相关的特征长度为 l_h，对应的特征时间为 $\tau_h \sim l_h/\nu$。对于常压和常温下的氢气，这些特征长度和特征时间大约为：

$l_h \sim 1\ \text{cm}, \tau_h \sim 5\times10^{-6}\ \text{s}$； $l_r \sim 10^{-5}\ \text{cm}, \tau_r \sim 5\times10^{-11}\ \text{s}$； $l_c \sim 10^{-8}\ \text{cm}, \tau_c \sim 5\times10^{-14}\ \text{s}$

粒子的流动过程导致粒子的空间分布均匀化，这种均匀化过程的特征时间为 τ_h，而碰撞过程导致速度分布趋于平衡分布，这一过程的特征时间为 τ_r。由于 $\tau_r \ll \tau_h$，系统从某种初始分布出发，将在远未达到空间均匀化之前，首先在局域范围内达到速度空间的平衡分布，即与局域密度、局域平均速度和局域动力学温度相对应的 Maxwell 速率分布。此时在系统的不同空间位置，还可以存在宏观差异，系统并不处于宏观的平衡态。这就是局域平衡状态。

另有一些系统，非平衡特性并非起源于整个系统的弛豫时间和局域的弛豫时间的差异，而是由于系统中发生的各种过程的速率有很大的差别。最典型的例子是化学反应。

如果系统中某些组分发生反应，但反应速率很慢，在两个连续的化学反应事件之间，系统中的分子可以经历许多弹性碰撞事件。这些弹性事件使得系统在远未达成化学平衡之前就使分子的速度分布达到 Maxwell 平衡分布。在这种情况下，我们可以把化学上处于非平衡的混合物看作是在给定组成下分子速度达成平衡分布的体系，于是平衡态热力学中的许多热力学关系可以应用，即局域平衡假设成立。对于大多数活化能不是很小的化学反应系统，局域平衡假设似乎是成立的，人们通常也是这样假定的。如反应：

$$\text{A}+\text{B}-\text{C} \rightleftharpoons [\text{A}\cdots\text{B}\cdots\text{C}]^{\neq} \longrightarrow \text{A}-\text{B}+\text{C}$$

其中$[\text{A}\cdots\text{B}\cdots\text{C}]^{\neq}$为过渡态活化络合物。显然$[\text{A}\cdots\text{B}\cdots\text{C}]^{\neq}$不是一个平衡态的产物。但是，在过渡态理论处理中，仍将活化络合物按平衡态分布处理。其合理性也就是假定：相对于反应进程，平动、转动和振动已经达到了平衡分布。应当注意：局域平衡假设不适用于活化能很小的快速反应。在这样的系统中，反应事件会破坏 Maxwell 速率分布。

7.1.3 熵流与熵产生

热力学第二定律熵增加原理指出，孤立体系的熵永不减少。但是，自然界本不是孤立体系，而是一个开放体系。那么，开放体系的熵变如何处理？热力学第二定律是否仍然成立？

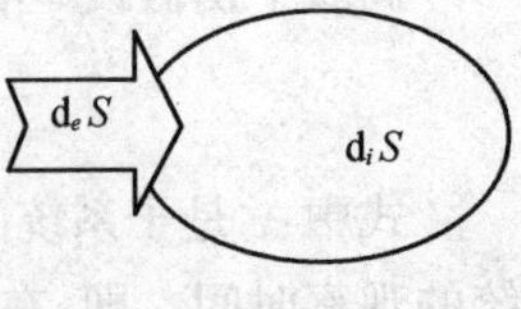

图 7.3 熵流与熵产生

一旦系统达到局域平衡态，体系的局域状态就可以用一组局域的宏观参量（如局域浓度，局域温度）来描述。系统的熵便是这组宏观参量的函数。如图 7.3 所示，形式上系统的熵随时间的变化可以分成两部分的贡献：

$$dS/dt = d_iS/dt + d_eS/dt \tag{7.1.2}$$

式中：d_iS 表示系统内部发生的非平衡过程引起的熵变；d_eS 表示系统与环境间的物质和能量交换过程引起的系统的熵变；(d_iS/dt) 表示系统内引起的不可逆过程的熵产生速率，简称熵产生；(d_eS/dt) 代表总的熵流速率，简称熵流。熵流可以为正，也可以为负。当熵流等于零时，体系就成了孤立体系，只有熵产生存在。所以，熵产生是大于或等于零的值。

1. 熵产生

为求取熵产生的表达式，先考查一个达到局域平衡的孤立体系，如图 7.4 所示。设它分成 1 和 2 两个部分，由一刚性导热壁将其分开。

部分 1 的总能量变化为：　　$\delta q_1 = \delta_i q_1 + \delta_e q_1$

部分 2 的总能量变化为：　　$\delta q_2 = \delta_i q_2 + \delta_e q_2$

式中：$\delta_e q$ 是局域与环境的能量交换，孤立体系表示熵流为零；

$$d_eS = \delta_e q_1/T_1 + \delta_e q_2/T_2 = 0 \tag{7.1.3}$$

$\delta_i q$ 是局域 1 和 2 间的能量交换，刚性导热壁意味着只有体系内部 1 和 2 间的热交换存在，即 $\delta_i q_1 = -\delta_i q_2$。于是 S 是 U 的函数，其微分为：

$$dS_1 = (\partial S/\partial U_1)_{V_1} dU_1 = dU_1/T_1;\quad dS_2 = (\partial S/\partial U_2)_{V_2} dU_2 = dU_2/T_2$$

$$dS = dS_1 + dS_2 = d_iS = dU_1/T_1 + dU_2/T_2 = \delta_i q_1 (T_2 - T_1)/T_1 T_2 \tag{7.1.4}$$

这里 dS 分成两部分，与环境交换的熵 d_eS 和由体系自发过程产生的熵 d_iS。由于熵流为零，与环境交换的熵 d_eS 为零，式(7.1.4)的 dS 是来自于体系自发过程产生的熵 d_iS。

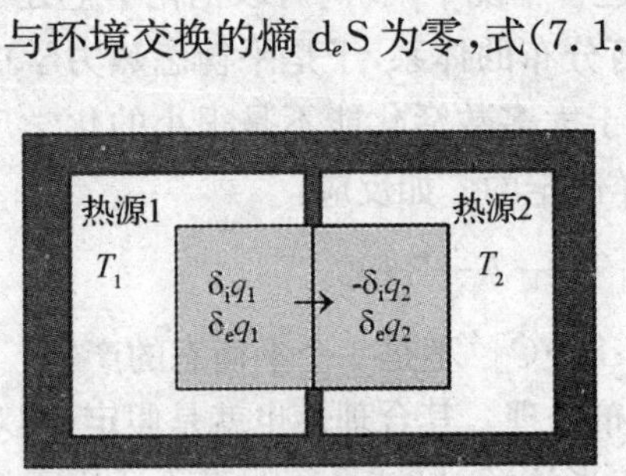

图 7.4 被刚性导热壁隔开的两个体系

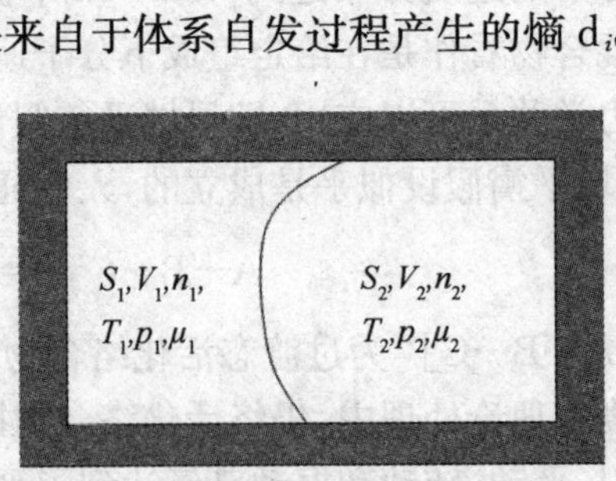

图 7.5 被非刚性导热可渗透壁隔开成两部分的孤立体系

进一步考虑具有能量、体积和物质的量在两部分间交换的体系，如图 7.5 所示。这是一个被非刚性导热可渗透膜隔开成两部分的孤立体系，各部分内部达热力学平衡。

体系的总熵值为：$S=S_1(U_1,V_1,n_1)+S_2(U_2,V_2,n_2)$

部分 1 的熵变为：$\mathrm{d}S_1=\left(\frac{\partial S}{\partial U_1}\right)_{V_1,n_1}\mathrm{d}U_1+\left(\frac{\partial S}{\partial V_1}\right)_{U_1,n_1}\mathrm{d}V_1+\left(\frac{\partial S}{\partial n_1}\right)_{U_1,V_1}\mathrm{d}n_1$

$$=(\mathrm{d}U_1+p_1\mathrm{d}V_1-\mu_1\mathrm{d}n_1)/T_1$$

总熵变：$\mathrm{d}S=\mathrm{d}S_1+\mathrm{d}S_2=\mathrm{d}_iS$

$$=\frac{\mathrm{d}U_1}{T_1}+\frac{\mathrm{d}U_2}{T_2}+\frac{p_1}{T_1}\mathrm{d}V_1+\frac{p_2}{T_2}\mathrm{d}V_2-\left(\frac{\mu_1}{T_1}\mathrm{d}n_1+\frac{\mu_2}{T_2}\mathrm{d}n_2\right)\geqslant 0$$

对于孤立体系有：$\mathrm{d}U_1=-\mathrm{d}U_2,\mathrm{d}V_1=-\mathrm{d}V_2,\mathrm{d}n_1=-\mathrm{d}n_2$

$$\mathrm{d}_iS=\left(\frac{1}{T_1}-\frac{1}{T_2}\right)\mathrm{d}U_1+\left(\frac{p_1}{T_1}-\frac{p_2}{T_2}\right)\mathrm{d}V_1-\left(\frac{\mu_1}{T_1}-\frac{\mu_2}{T_2}\right)\mathrm{d}n_1\geqslant 0 \tag{7.1.5}$$

上式第一项是能量交换引起的熵变，第二项是体积变化引起的熵变，第三项是物质交换引起的熵变。

对于刚性壁，$\mathrm{d}V=0$，熵的变化率$(\mathrm{d}S/\mathrm{d}t)$为熵产生的变化率：

$$\frac{\mathrm{d}_iS}{\mathrm{d}t}=\dot{S}_i=\frac{\mathrm{d}U_1}{\mathrm{d}t}\left(\frac{1}{T_1}-\frac{1}{T_2}\right)+\frac{\mathrm{d}n_1}{\mathrm{d}t}\left(\frac{\mu_2}{T_2}-\frac{\mu_1}{T_1}\right)\geqslant 0 \tag{7.1.6a}$$

将其写成：

$$\dot{S}_i=J_UX_U+J_nX_n\geqslant 0 \tag{7.1.6b}$$

其中：

$$J_U=\frac{\mathrm{d}U_1}{\mathrm{d}t}=-\frac{\mathrm{d}U_2}{\mathrm{d}t}\qquad J_n=\frac{\mathrm{d}n_1}{\mathrm{d}t}=-\frac{\mathrm{d}n_2}{\mathrm{d}t} \tag{7.1.7}$$

$$X_U=\frac{1}{T_1}-\frac{1}{T_2}\qquad X_n=\frac{\mu_2}{T_2}-\frac{\mu_1}{T_1} \tag{7.1.8}$$

式中：J_U 为能量流，J_n 为物质流，它们是热力学广度性质的时间导数；X_U 和 X_n 为温差引起热流的推动力和化学势差引起物质流的推动力，是热力学力，是强度性质的差值。“$=$”适用于热力学平衡体系，“$>$”适用于热力学非平衡体系。式(7.1.6b)表明：熵产生率可以写成各种形式流和力的乘积的和。

2. 熵流

体系与环境间的热交换与物质流对熵流有贡献，可以表示为：

$$\frac{\mathrm{d}_eS}{\mathrm{d}t}=\sum_i\frac{1}{T_i}\frac{\delta Q_i}{\mathrm{d}t}+\sum_{j=1}S_j\frac{\mathrm{d}n_j}{\mathrm{d}t} \tag{7.1.9}$$

其中 $S_j=(\partial S/\partial n_j)_{T,p,n_i(i\neq j)}$，为偏摩尔熵。引入熵流和熵产生的概念后，几种体系的熵随时间的变化率为：

任意体系：

$$\frac{\mathrm{d}S}{\mathrm{d}t}=\sum_i\frac{1}{T_i}\frac{\delta Q_i}{\mathrm{d}t}+\sum_{j=1}S_j\frac{\mathrm{d}n_j}{\mathrm{d}t}+\frac{\mathrm{d}_iS}{\mathrm{d}t} \tag{7.1.10}$$

封闭体系：

$$\frac{\mathrm{d}S}{\mathrm{d}t}=\sum_i\frac{1}{T_i}\frac{\delta Q_i}{\mathrm{d}t}+\frac{\mathrm{d}_iS}{\mathrm{d}t} \tag{7.1.11}$$

绝热开放体系：
$$\frac{\mathrm{d}S}{\mathrm{d}t}=\sum_{j=1}S_j\frac{\mathrm{d}n_j}{\mathrm{d}t}+\frac{\mathrm{d}_iS}{\mathrm{d}t} \tag{7.1.12}$$

孤立体系：
$$\frac{\mathrm{d}S}{\mathrm{d}t}=\frac{\mathrm{d}_iS}{\mathrm{d}t} \tag{7.1.13}$$

定态体系：
$$\frac{\mathrm{d}S}{\mathrm{d}t}=\sum_i\frac{1}{T_i}\frac{\delta Q_i}{\mathrm{d}t}+\sum_{j=1}S_j\frac{\mathrm{d}n_j}{\mathrm{d}t}+\frac{\mathrm{d}_iS}{\mathrm{d}t}=0 \tag{7.1.14}$$

从上述方程可以看到：① 孤立体系熵永不减少。可逆过程熵不变，不可逆过程熵增加。这是平衡态热力学的结论。② 定态体系，体系向外流出熵或引入负熵流，抵消了体系内的熵产生而使体系处于定态。③ 当$-(\mathrm{d}_eS/\mathrm{d}t)>(\mathrm{d}_iS/\mathrm{d}t)$，引入负熵可以使体系的熵减少，即体系向更加有序的方向变化。

7.1.4 Onsager 倒易关系

式(7.1.6)表明，熵产生率可以写成各种形式流和力的乘积的和。那么流和力是否具有联系？在满足热力学基本定律条件下，流和力的关联要受到哪些限制？

许多事例表示，流和力之间的联系往往是线性的。如，傅立叶热传导定律：

$$\mathrm{d}q/\mathrm{d}t=-kA(\mathrm{d}T/\mathrm{d}x)$$
$$J_U\propto T_2-T_1,\ T_2-T_1\propto(T_2-T_1)/(T_1T_2)=1/T_1-1/T_2=X_U$$

费克扩散定律：

$$\mathrm{d}n_i/\mathrm{d}t=-DA(\mathrm{d}c_i/\mathrm{d}x)$$
$$J_n\propto c_2-c_1,\ J_n\propto\mu_2/T_2-\mu_1/T_1=X_n$$

式中：J_U 为能量流；J_n 为物质流；X_U 和 X_n 为温差引起热流的推动力和化学势差引起物质流的推动力。这两个定律分别表示：热流与温差、物质流与浓差或化学势差呈线性关系。

力是产生流的原因，因此可以认为流是力的函数。上述两个例子中，体系只有一个量梯度(ΔT 或 Δc)。更一般的情况是，一种过程的流不仅取决该过程的流相对应的力，而且还受到其他过程的力的影响，即不同过程之间可以存在耦合。例如：温度梯度不仅引起热流，还可以引起物质扩散流，即热扩散现象。反之，浓度梯度不仅引起扩散流，也可以引起热流。有些情况下，温度梯度还可以引起电流，反之，电位差产生的电流也能引起热流，如此等等。因此，一种流是体系各种力的函数。如：

$$J_n=L_{nn}X_n+L_{nU}X_U\quad J_U=L_{Un}X_n+L_{UU}X_U \tag{7.1.15}$$

其中系数 L 为唯象系数，可由实验测定。对角元 L_{nn} 和 L_{UU} 表示将一种流和其自身的力相联系(如扩散系数和导热系数)，它们均为正值。非对角元 L_{nU} 和 L_{Un} 为交叉系数或耦合系数，联系不同的力和流，如扩散与传热的交叉影响。

对于一个任意的孤立体系，可以定义一组热力学力：$X_1,X_2,\cdots,X_N$ 以及相应的流 $J_1,J_2,\cdots,J_N$。其熵产生率为：

$$d_iS/dt=\dot{S}_i=J_1X_1+J_2X_2+\cdots+J_NX_N \tag{7.1.16}$$

在平衡态,各种过程的推动力皆为零,宏观变化过程消失,各种流也等于零。如果体系处于非平衡态,在各种力都比较小的条件下,对各种流在平衡态附近作泰勒展开,取一级近似,流可以表示为各个力的线性组合:

$$\begin{aligned} J_1&=L_{11}X_1+L_{12}X_2+\cdots+L_{1N}X_N \\ J_2&=L_{21}X_1+L_{22}X_2+\cdots+L_{2N}X_N \\ &\vdots \qquad\qquad\qquad\quad \vdots \\ J_N&=L_{N1}X_1+L_{N2}X_2+\cdots+L_{NN}X_N \end{aligned} \tag{7.1.17}$$

原则上,这一关系可以通过实验总结出来。由于流和力的关系限定在线性范围,因此,将之称为热力学力和流的线性唯象关系。流和力满足这种线性关系的非平衡过程通常称为线性非平衡过程。

线性唯象关系的存在并不是热力学的基本假定,它是实验现象的总结。但是,一旦做出这一假设,便可以利用热力学或统计力学方法推导出有关唯象系数的性质。20 世纪 30 年代,Onsager 从统计理论出发,通过分析微观可逆性原理对唯象系数的限制,发现上述定义的线性关系中唯象系数满足倒易关系:

$$L_{ij}=L_{ji} \tag{7.1.18}$$

即线性唯象系数具有对称性,称之为 Onsager 倒易关系。它表示了第 i 种流受第 j 种力的影响时,第 j 种流必定会受第 i 种力的影响,表征这两种相互影响的耦合系数相同。当$N=2$(如由物质流和热流构成的体系),有

$$d_iS/dt=\dot{S}_i=J_1X_1+J_2X_2 \tag{7.1.19}$$

$$J_1=L_{11}X_1+L_{12}X_2,\ J_2=L_{21}X_1+L_{22}X_2 \tag{7.1.20}$$

$$d_iS/dt=L_{11}X_1^2+2L_{12}X_1X_2+L_{22}X_2^2 \tag{7.1.21}$$

若 $X_2=0$,则 $d_iS/dt=L_{11}X_1^2>0$,即

$$L_{11}>0 \tag{7.1.22}$$

同理可证:

$$L_{22}>0,L_{11}L_{22}-L_{12}^2>0 \tag{7.1.23}$$

式(7.1.23)表明,在流和力的关系中,非对角项 L_{ij} 不起主导作用。例如:温差对热流起主要作用;对于物质流,相对于浓度差,温差不起主要作用。这一结论推广到 $N>2$ 的一般情况,得

$$L_{ii}>0,\ L_{ii}L_{jj}-L_{ij}^2>0 \tag{7.1.24}$$

Onsager 倒易关系的确定,不仅减少了实验测定唯象系数的工作量,而且对非平衡过程热力学理论的发展起了极大的作用,成为线性非平衡过程热力学的基础。

7.1.5　三角循环反应

为了对 Onsager 倒易关系有一个具体的体会,下面讨论 Onsager 最早用来说明他的倒

易关系的三角循环反应。

考虑图 7.6 所示反应循环。根据质量作用定律以及反应亲和势的定义,写出循环反应三个反应步骤的反应速率和反应亲和势。

$$r_1=k_1a-k_{-1}b \qquad r_2=k_2b-k_{-2}c \qquad r_3=k_3c-k_{-3}a$$

$$A_1=\mu_A-\mu_B \qquad A_2=\mu_B-\mu_C \qquad A_3=\mu_C-\mu_A$$

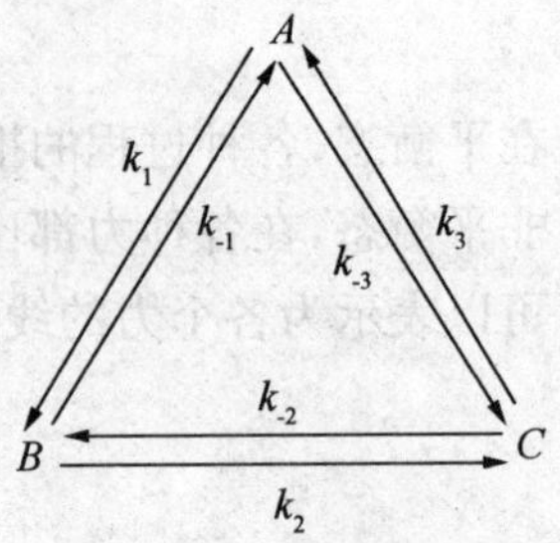

图 7.6 三角循环反应

式中:a,b,c 为组分 A,B,C 的浓度;μ_i 为组分 i 的化学势;r_1、r_2 和 r_3 分别为 A 生成 B、B 生成 C、C 生成 A 三个可逆反应的净反应速率。三个反应中只有两个是独立的,亲和势中也只有 2 个是独立的。

$$A_3=-(A_1+A_2)$$

利用熵产生的一般表达式(7.1.5),整个反应系统的熵产生可表示为单位体积的熵产生率,即

$$\sigma=\frac{\mathrm{d}_iS}{V\mathrm{d}t}=(1/T)\sum_{k=1}^{3}r_kA_k=(1/T)[(r_1-r_3)A_1+(r_2-r_3)A_2]$$

如果把 A_1/T 和 A_2/T 看作两个独立的力 X_1 和 X_2,则相应的流 J_1 和 J_2 为:

$$J_1=r_1-r_3 \quad X_1=A_1/T$$
$$J_2=r_2-r_3 \quad X_2=A_2/T$$

整个系统达平衡时,有

$$A_{1,0}=A_{2,0}=A_{3,0}=0 \quad r_{1,0}=r_{2,0}=r_{3,0}=0 \quad \mu_{A,0}=\mu_{B,0}=\mu_{C,0}$$

下标 0 代表在平衡态取值。平衡态所有三个反应步骤的速率皆为 0 是由细致平衡原理(微观可逆性原理)要求的。

$$k_1a_{0,}=k_{-1}b_0 \qquad k_2b_0=k_{-2}c_0 \qquad k_3c_0=k_{-3}a_0$$

若体系稍偏离平衡态,设各组分的浓度分别为:

$$a=a_0+x \qquad b=b_0+y \qquad c=c_0+z$$

其中 x,y,z 满足

$$|x|/a_0\ll1 \qquad |y|/b_0\ll1 \qquad |z|/c_0\ll1$$

即对平衡态偏离非常小假定。则有

$$r_1=k_1x-k_{-1}y,r_2=k_2y-k_{-2}z,r_3=k_3z-k_{-3}x$$
$$A_1=\mu_A-\mu_B=A_{1,0}+RT\ln(1+x/a_0)-RT\ln(1+y/b_0)$$
$$\approx RT(x/a_0-y/b_0)=RT(k_1x-k_{-1}y)/k_1a_0$$

于是可得:

$$r_1=(k_1a_0/RT)A_1 \quad r_2=(k_2b_0/RT)A_2 \quad r_3=(k_3c_0/RT)A_3=-(k_3c_0/RT)(A_1+A_2)$$

相应的流为:

$$J_1=r_1-r_3=[(k_1a_0+k_3c_0)/R](A_1/T)+(k_3c_0/R)(A_2/T)$$

$$J_2=r_2-r_3=(k_3c_0/R)(A_1/T)+[(k_2b_0+k_3c_0)/R](A_2/T)$$

根据流和力的规定，有

$$J_1=L_{11}X_1+L_{12}X_2 \qquad J_2=L_{21}X_1+L_{22}X_2$$

$$L_{11}=(k_1a_0+k_3c_0)/R \qquad L_{12}=k_3c_0/R=L_{21} \qquad L_{22}=(k_2b_0+k_3c_0)/R$$

上式证实了 Onsager 关系在这个例子中确实成立。细致平衡原理和对平衡态偏离非常小假定是满足 Onsager 倒易关系的起码条件。

讨论　***B-Z*** **化学振荡反应与三角反应**

科学家介绍

昂萨格
(L.Lars Onsager)

7.1.6　连续体系的熵产生

上述讨论的体系（图 7.4 和图 7.5）包含两个部分，在这些体系中热力学性质、温度、浓度等在两部分间有一个突变，这是一个不连续体系。在很多实际体系中，温度或浓度等性质在空间中是连续变化的，这样的体系称作连续体系。非平衡态热力学和局域平衡假定同样可以处理连续体系。

为简化起见，考虑体系的性质在空间一个方向连续变化，如 x 方向。将体系沿 x 方向划分成间隔为 Δx 的小区间，根据局域平衡假定，Δx 内热力学性质恒定不变，并遵循平衡态热力学规律。

局域间的熵产生为：

$$\dot{S}_i=\frac{\mathrm{d}U_1}{\mathrm{d}t}\left(\frac{1}{T_1}-\frac{1}{T_2}\right)+\frac{\mathrm{d}n_1}{\mathrm{d}t}\left(\frac{\mu_2}{T_2}-\frac{\mu_1}{T_1}\right)\geqslant 0$$

对于连续体系中任一子体系内的单位体积（$A\Delta x$）的熵产生为：

$$\sigma=\frac{\mathrm{d}_iS}{V\mathrm{d}t}=\left(-\frac{\mathrm{d}U_1}{A\mathrm{d}t}\right)\frac{\Delta(1/T)}{\Delta x}+\left(\frac{\mathrm{d}n_1}{A\mathrm{d}t}\right)\frac{\Delta(\mu/T)}{\Delta x}\geqslant 0 \tag{7.1.25}$$

由于 Δx 很小，写成微分形式：

$$\sigma=J_U\frac{\partial(1/T)}{\partial x}+J_n\frac{\partial(-\mu/T)}{\partial x}\geqslant 0 \tag{7.1.26}$$

其中 $J_U=-\frac{1}{A}\cdot\frac{\mathrm{d}U_1}{\mathrm{d}t}$ 和 $J_n=-\frac{1}{A}\cdot\frac{\mathrm{d}n_1}{\mathrm{d}t}$ 为单位面积的流。

7.1.7 最小熵产生原理

对于孤立系统，系统总是沿着熵增加的方向进行，直到熵最大，系统达到平衡态。如图 7.7 所示。

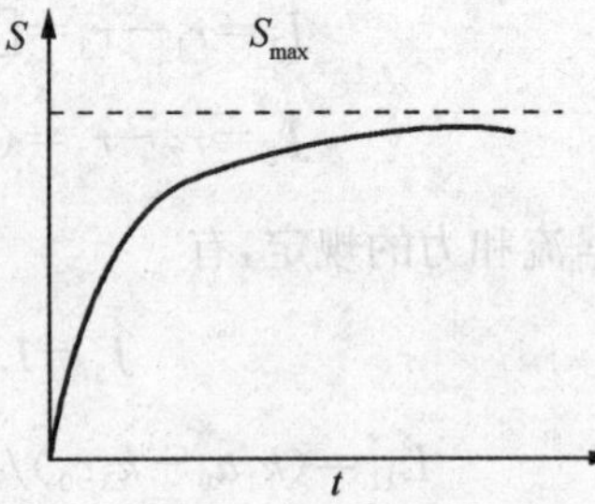

图 7.7 平衡态熵随时间的变化

对于非平衡态敞开系统，系统与环境间可以有能量、物质和熵交换，虽然系统内部的熵产生 $d_iS>0$，但系统可以通过由外界提供负熵而使系统总熵值维持不变，即：$dS=d_iS+d_eS=0$，系统处于定态。也就是说虽然系统内部存在不可逆过程，系统仍可以维持不变的低熵值，维持较为有序的定态。

稳态与平衡态不同。平衡态是熵产生率为 0 的状态，系统没有宏观的输运过程。而非平衡的稳态，系统内部稳定地进行着不可逆过程如传热、扩散等，是熵产生为最小(但不等于 0)的状态。因此，有必要考察熵产生率由于扰动偏离定态的变化。

对于一个不连续的非平衡态体系，利用式(7.1.21)得：

$$d_iS/dt=L_{UU}X_U^2+2L_{Un}X_UX_n+L_{nn}X_n^2$$

当体系达平衡时，所有的力和流为零。体系的各种性质在各处都相等。

当体系达定态时，流和力不随时间变化，但熵产生仍然大于 0。定态时，熵产生率随 X_n 的变化为：

$$[\partial(\dot{S}_i)/\partial X_n]_{X_U}=2L_{nn}X_n+2L_{nU}X_U=2J_n=0 \qquad (7.1.27)$$

即熵产生率达到一个极值。对 X_n 再次微分，则

$$[\partial^2(\dot{S}_i)/\partial X_n^2]_{X_U}=2L_{nn}>0 \qquad (7.1.28)$$

可见，定态的熵产生率是一个极小值。

定态的熵产生率是一个极小值的物理意义在于：线性非平衡区，系统随时间的发展总是朝着熵产生减小的方向进行，直到定态，此时，熵产生率不随时间变化，达到极小值，参见图 7.8。

或者说：体系处于定态时，热力学力变化调整，以使熵产生率为最小。1945 年，Prigogine 将之称为最小熵产生原理(Principle of Minimum Entropy Production)。熵产生速率也就是能量耗散速率，最小熵产生原理实际上也就是最小能量耗散原理(Principle of the Least Dissipation of Energy)。

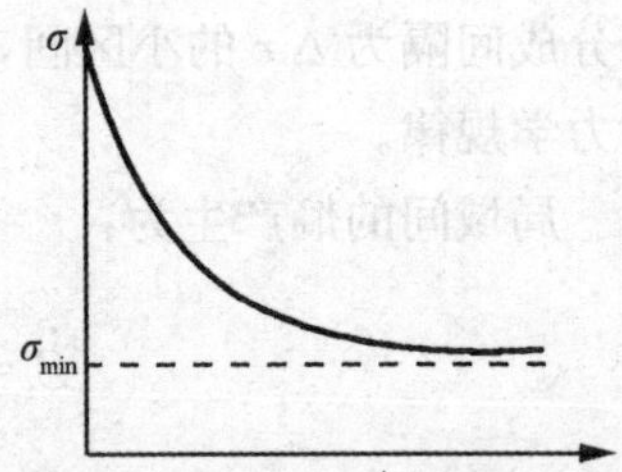

图 7.8 线性非平衡态熵产生率随时间的变化

最小熵产生原理反映了非平衡定态的一种“惰性行为”。当边界条件阻止体系达到平衡态时，体系将选择一种熵产生(速率)最小的、能量耗散(速率)最小的状态。从某种意义上讲，非平衡态热力学的定态相当于平衡态热力学的平衡态。

最小熵产生原理的成立是有条件的，即体系的流和力间的关系处于线性范围，Onsager 倒易关系成立，唯象系数不随时间变化。由于在线性区域非平衡系统总是趋于定态，系统只能以一种状态存在即耗散结构，不可能出现新的时间或空间有序结构。

7.2 平衡相变和非平衡相变

一个大气压下，水从 $T=298$ K 到 $T>273.15$ K 的热力学性质的变化是连续变化。而在 $T=273.15$ K，却从液相突然变成固相，其热力学性质发生了突变。这是大家最熟悉的一种突变现象。这种平衡系统的突变被称之为平衡相变(phase transition)。不仅平衡系统会发生突变现象，处于非平衡条件下的系统也会发生突变现象。当系统偏离平衡的程度超过一定范围，便会从一种宏观状态突然变成另一种宏观状态，例如，从一种本来宏观无序的状态突然转变成一种时间上或空间上宏观有序的状态。非平衡系统发生的突变现象和平衡系统的突变现象有许多相似之处。人们将非平衡系统发生的突变现象称为非平衡相变(nonequilibrium phase transition)。

无论是平衡相变还是非平衡相变，其最主要的特征是突变。突变不仅表现在外表上，而且常常伴随着内在对称性和有序程度的突变。这种对称性或有序程度的变化会大大改变系统的物理化学性能。已被广泛应用的超临界萃取、液晶材料和超导技术等都和相变现象有关。因此，研究相变现象不仅具有理论意义，而且具有应用意义。

7.2.1 平衡相变

1. 一级相变

平衡系统相变可以很容易地从体系的气、液、固三相的外观变化观察到，还可以从其热力学性质在相变温度 T_Φ 的突变观察到，如图 7.9 所示。

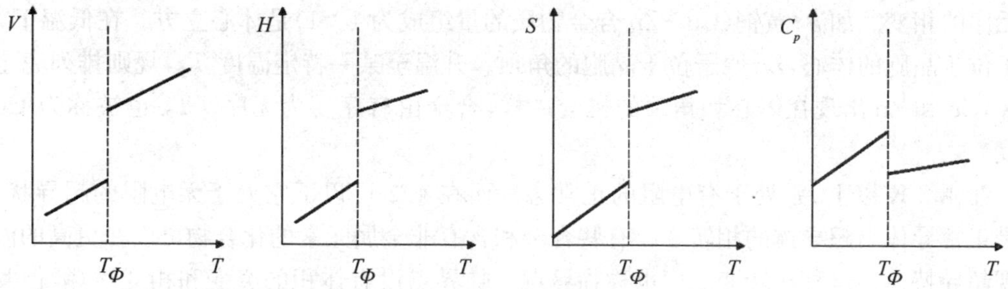

图 7.9 热力学性质在相变温度 T_Φ 的突变

发生相变时两相的化学势相等，但化学势的 1 阶、2 阶偏微分不相等，这种相变称为一级相变(the first order phase transition)。即

$$\mu_1=\mu_2 \tag{7.2.1a}$$

$$V_1\neq V_2 \quad (\partial\mu_1/\partial p)_T\neq(\partial\mu_2/\partial p)_T \tag{7.2.1b}$$

$$S_1\neq S_2 \quad (\partial\mu_1/\partial T)_p\neq(\partial\mu_2/\partial T)_p \tag{7.2.1c}$$

$$H_1\neq H_2 \quad [\partial(\mu_1/T)/\partial T]_p\neq[\partial(\mu_2/T)/\partial T]_p \tag{7.2.1d}$$

2. 二级相变

图 7.10 是水的气-液-固三相的 $p-T$ 相图的示意图和水-烟碱双液系平衡相图。水的

$p-T$ 相图中，OC 线为气液相界线，OB 线为固液相界线，OA 线为气固相界线，它们把相图分成三个区域，分别是气、液和固单独存在的温度和压强范围。在每条相界线上，两相可以共存。穿过相界线则发生相变。

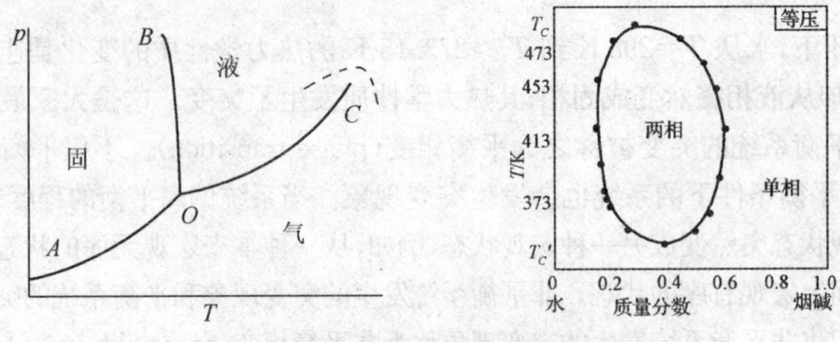

图 7.10　水的相图和水-烟碱双液系平衡相图

对于确定的物质，汽化线有一个确定的终点 C。超过这点以后气相和液相的差别不再存在，也就是说不再可能区分是气体还是液体。这个点被称为临界点，和它对应的温度和压强分别称为临界温度 T_c 和临界压强 p_c。由于临界点的存在，从气相（或液相）可连续过渡到液相（或气相），如图中虚线所示。同样，在水－烟碱双液系平衡相图，有上、下两个会溶点，高于（或低于）两点的温度，两相的界面消失。

还有一些相变现象，突变不是发生在外观上，而是物理化学性能（如热容、压缩系数、磁化率或电阻率等）发生了突变。如：将磁铁加热到一定温度 T_Φ，磁性会突然消失，这是铁磁体-顺磁体相转变。转变的 $\Delta S=0,\Delta V=0,\Delta H=0$，转变温度 T_Φ 被称为 Curie 点温度。

合金的有序-无序相变。合金的结晶点阵金属原子的相互排列位置的改变，可导致有序和无序的相变。如 β-黄铜（Cu－Zn 合金物质的量组成为 1∶1）是体心立方。在低温下，Cu 原子位于晶胞的体心，Zn 原子位于晶胞的角顶。升温至某一特定温度 T_Φ，规则排列完全被破坏，Cu 和 Zn 出现在体心和角顶的机会一样，合金由有序变为无序。T_Φ 也被称为 Curie 温度。

在 4.2 K 以上，汞处于有电阻的正常态。而在 4.2 K 以下它处于无电阻的超导状态。这是正常导体与超导体的相转变。有些合金和含有非金属元素的化合物可以在更高的温度呈现超导特性。这种相转变温度也称临界点。临界点没有体积的突变和相变潜热，但其热容曲线却出现尖峰，趋于发散，如图 7.11 所示。

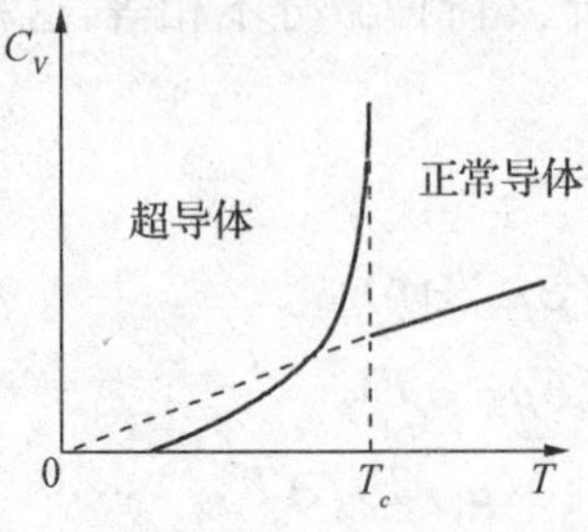

图 7.11　导体-超导体热容曲线

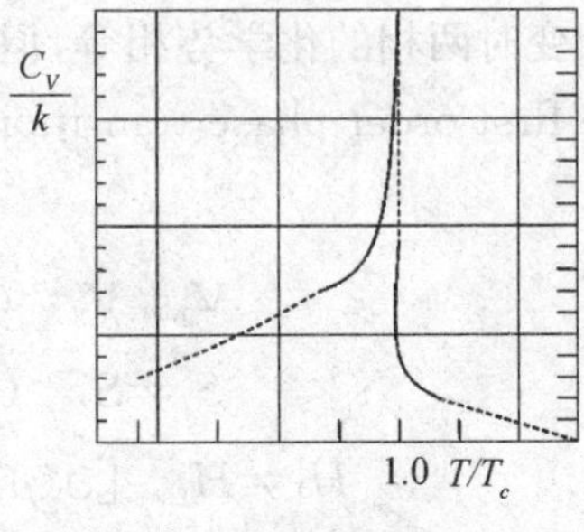

图 7.12　液氦在临界点的热容

和超导现象十分相似的是超流现象。例如，在温度降至 2.17 K（λ 点温度），液氦会突然进入一种“超流”状态，“超流”状态的液氦可以毫无阻尼。一般液体流速与黏度成反比，而黏度与温度成反比。λ 点也是一个临界点，其热容随温度的变化如图 7.12 所示。

超流和超导都是“反常”但很有趣的现象。

上述所列相变是在温度参数变化的过程中发生的。其他参数(例如压强)的变化也可以导致相变。图 7.13 给出了气液相变的 $p-T$ 图和 $p-V$ 图的对应关系。由图 7.13 可见，改变压强也能引起相变。

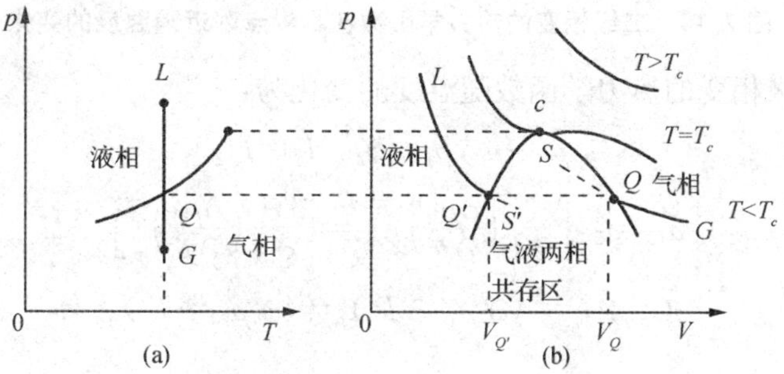

图 7.13　气液两相平衡的 $p-T$ 图(a)和 $p-V$ 图(b)

当 $T>T_c$ 时，$p-V$ 图上等温线是一条连续而平滑的曲线。在这种情况下没有相变发生。

在 $T<T_c$ 的等温变化过程，设系统从 G 点开始等温压缩，压强增大，到达 Q 点，出现液相，再行压缩，气体逐渐变成液体，总体积减小，但压强保持不变，直到 $p-V$ 图中的 Q' 点，气体全部液化。这一过程中，除体积变化外，还有热量释放(冷凝热)。继续压缩，压强增大。于是 $p-T$ 图中的直线 LQG 对应于 $p-V$ 图中的曲线 $GQQ'L$。

在 $T=T_c$ 时，即临界等温线上，当 $p<p_c$ 时，体系处于气态；当 $p=p_c$ 时，气液两相差别消失；而 $p>p_c$ 时，体系处于液态。当沿临界等温线通过临界点时，没有体积的突变，也没有相变潜热。但实验表明，有些物理量在临界点会呈现反常行为。例如压缩系数发散，热容曲线出现尖峰。

上述在相变过程中尤其在临界点发生的物理量的反常行为在数学上称为奇异性。根据发生奇异性的物理量的种类可对相变过程进行分类。厄仑菲斯(P. Ehrenfest)建议：按照热力学势函数(化学势)及其导数的连续性对相变分类。凡是热力学势函数本身连续但其第一阶导数不连续的相变称为第一类相变或一级相变；凡是热力学势函数及其第一阶导数连续但其第二阶导数不连续的相变称为第二类相变或二级相变(the second order phase transition)。如此类推，还可定义第三、第四……类相变。但迄今为止还没有发现真正的第三类以上的相变。第二类的及第二类以上的相变统称为连续相变。

因为热力学势函数的第一阶导数给出压强(或体积)、熵(或温度)和磁化强度等，而第二阶导数给出热容、压缩系数和磁化率等等。因此第一类相变可伴随着明显的体积突变和相变潜热，第二类相变并不伴随体积的突变和相变潜热，但会伴随压缩系数、热容或磁化率等物理量的奇异行为。如图 7.14 所示。按照上述分类，前面提到的在 $T<T_c$ 情况下发生的气-液相变属于第一类相变，而在临界点发生的气-液相变以及铁磁-顺磁相变、没有外磁场下的超导相变都属于第二类相变。

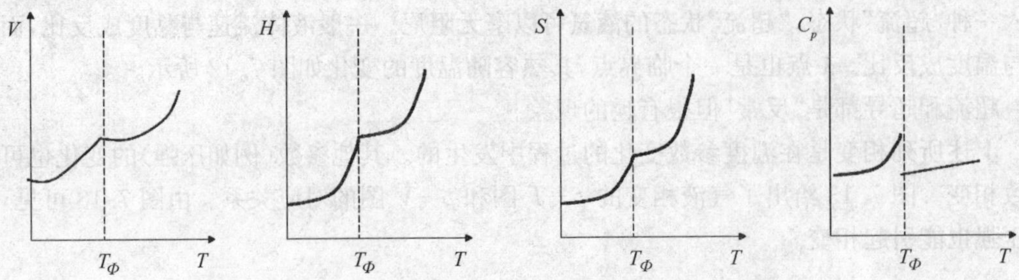

图 7.14 二级相变的热力学函数在临界点附近随温度的变化

在临界点，二级相变的热力学函数随温度的变化为：

$$\mu_1=\mu_2,S_1=S_2,H_1=H_2 \tag{7.2.2a}$$

$$\alpha_1\neq\alpha_2,\left[\frac{\partial}{\partial T}\left(\frac{\partial\mu_1}{\partial p}\right)_T\right]_p\neq\left[\frac{\partial}{\partial T}\left(\frac{\partial\mu_2}{\partial p}\right)_T\right]_p \tag{7.2.2b}$$

$$C_{p_1}\neq C_{p_2},(\partial^2\mu_1/\partial T^2)_p\neq(\partial^2\mu_2/\partial T^2)_p \tag{7.2.2c}$$

7.2.2 非平衡相变

有些体系在平衡条件下不会发生突变现象(平衡相变现象)，但在非平衡条件下有可能发生突变现象。当外场和控制参量连续变化达到某个临界值而引起系统内部对称性的破缺和有序度的突变，系统由一种稳定状态向另一稳定状态的跃迁过程，被称为非平衡相变。它可出现在物理学、化学、生物学、地学、各种工程科学甚至社会科学的各个领域。非平衡相变的典型例子有：贝纳特(Benard)对流、BZ 化学震荡、分岔与化学混沌等。

1. Benard 现象

贝纳特(Benard)现象是非平衡物理系统中发生的突变现象的一个典型例子。当人们从下面加热某种流体薄层时，如果流体薄层上下的温差比较小，流体中发生的主要过程是热传导过程，流体层保持静止不动。但当温差大到超过某个临界值时，流体会发生对流运动。非常有趣的是：在有些条件下(比如维持某个适当的加热速率使流体处于稳态)，这种对流会导致非常规则的对流图案。图 7.15 是这种图案的一个例子，被称为 Benard 格子，如同自然界存在的六方点格，像是克里斯托的蜂窝灯。图中深颜色的地方是水花从上往下流动，浅颜色的地方是从下往上流。如果放大其中的一个小格子，流动的方向如图 7.16 所示。我们事先无法确定一个格子究竟是由下向上还是由上向下。但是，可以确定，有一个顺时针的由下向上的水花，必然伴随一个逆时针的由下向上的水花。这种现象便是所谓的贝纳特现象。这种现象是在流体薄层上下的温差超过某个临界值以后突然发生的。

图 7.15 Benard 现象

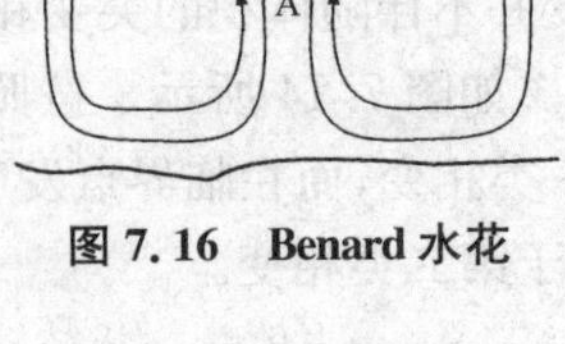

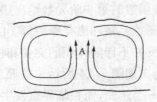

图 7.16 Benard 水花

2. 化学振荡

非平衡化学反应系统中发生的突变现象更为丰富，最简单的是多重定态现象。通常的化学反应过程中，在恒定的外界条件下，反应物和产物的浓度总是随时间单调变化，最终达到不随时间变化的平衡态或定态。但有些反应系统，当控制条件处于某个范围内时，根据初始状态的不同，体系可发展到多种不同的定态。当控制条件发生变化时，体系有可能从一种定态突然跃迁到另一种定态。

现在知道，当控制条件发生变化时，有些化学反应体系不仅能发生从一种既不随时间又不随空间变化的状态（均匀定态）突然跃迁到另一种均匀定态，还可从一种均匀定态突然发展到一种会随时间周期变化的状态，或发展到一种虽不随时间变化但会随空间周期变化的状态。发生前一种状态的现象称为化学振荡现象，发生后一种状态的现象称为空间形态现象。发生此类现象的一个典型的例子是柠檬酸或丙二酸等有机酸在适当的催化剂（如铈离子、铁离子或锰离子）存在的情况下被溴酸氧化的反应。这类反应现在一般称为别洛索夫(Belousov)-扎鲍廷斯基(Zbabotinsky)反应，简称B-Z反应。在适当的条件下，B-Z反应既能呈现多重定态现象，也能发生化学振荡或空间形态现象。图7.17是典型的B-Z化学振荡的一个实验记录。图中横坐标是时间，纵坐标是溴离子浓度的对数以及四价和三价铈离子浓度之比的对数。维持稳定的反应物浓度，随着时间的延续，体系会在两个稳态间振荡。

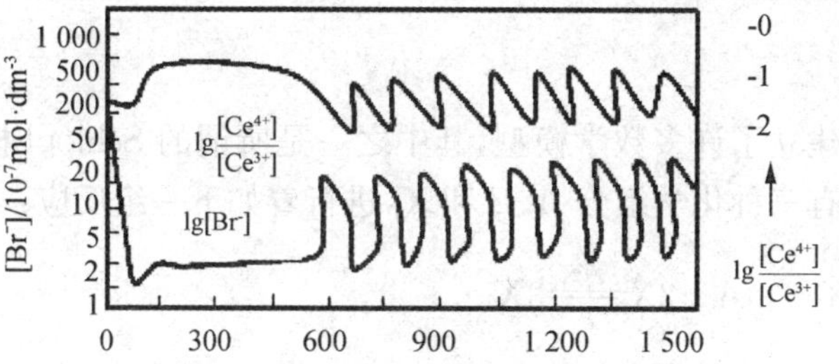

图7.17　B-Z反应的化学振荡行为

科学家介绍

伊利亚·普里高京
(Ilya Prigogine)

3. 耗散结构

化学振荡和空间形态分别属于时间上和空间上的有序结构。贝纳特花纹属于空间有序结构。上述各类时空有序结构均是在非平衡条件下发生的。从热力学知道，在非平衡条件下发生的过程必定是能量耗散过程。这种耗散过程对于上述各种时空有序结构的产生起着关键的作用。为了强调这点，普里高京把这种通过能量耗散过程产生和维持的时空有序结构称为耗散结构(dissipative structures)。用通俗的话来讲，耗散结构就是一个远离平衡的包含有多组分多层次的开放系统，在外界条件变化达到一定阈值或临界值，经“涨落”的触发，量变可能引起质变；系统通过不断与外界进行质和能量交换，在耗散过程中产生负熵流，就可能从原来的无序状态转变为一种时间、空间或功能的有序状态。这种非平衡态下形成的新的有序结构，就是耗散结构。

4. 混沌

当控制条件发生变化时，体系不仅可以从时空无序的状态发展到某种时间上或空间上宏观有序的状态，还可能从这些宏观有序的状态发展到某种宏观上无序（但在较小的尺度上仍然有序)的状态。这便是混沌状态(chaotic state)或简单地说混沌(chaos)。图 7.18 是 B-Z 反应在流动型全混釜式反应器中得到的三个实验记录,它们对应于三种不同的流速条件。图中横坐标为时间,纵坐标为溴离子选择电极的电位,它反映溴离子的浓度。图 7.18(a)显示的是周期 1 的化学振荡,图 7.18(c)显示的是周期 2 的化学振荡,而图 7.18(b)显示的是一种非周期性的振荡现象;溴离子的浓度不断随时间变化,但变化的振幅和周期没有确定的规律。这便是一种化学的混沌现象。需要说明一点,化学混沌中呈现出来的振幅和周期的不确定性并不是由外界环境的不确定性造成的,而是由系统内在的确定性动力学机制引起的。为了强调这一点,人们把上述混沌现象称为确定性的(或决定性的)混沌(deterministic)。还需要指出一点,从非混沌状态向混沌状态的转变也是突变型的,只有当外界条件超过某个临界值,这种转变才能发生。

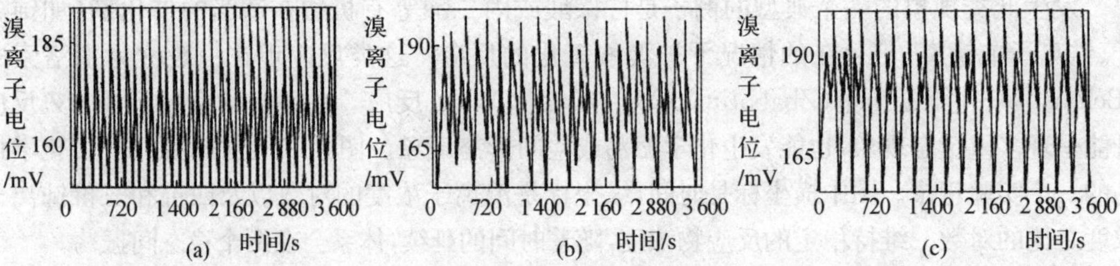

图 7.18 B-Z 反应在三种不同流速的流动型全混釜式反应器中溴离子浓度随时间的变化行为

5. 分岔和树枝结构

为模拟各种非平衡相变现象,人们建立了许多数学模型,其中之一是所谓的 Schlögl 模型。假设一个化学反应系统,内部包含有三种化学组分 A、B 和 X,进行着如下一组反应:

$$B \underset{k_1}{\overset{k_0}{\rightleftharpoons}} X \qquad A+2X \underset{k_3}{\overset{k_2}{\rightleftharpoons}} 3X$$

反应系统的行为可由如下常微分方程描述:

$$\mathrm{d}X/\mathrm{d}t=-k_3X^3+k_2AX^2-k_1X+k_0B \tag{7.2.3}$$

方程的定态解($\mathrm{d}X/\mathrm{d}t=0$)取决于一个参数 δ 的定义域。第一个定态解对参数 δ 的整个定义域($-3,\infty$)都存在,第二组解只对在 $\delta<0$ 的范围内有物理意义。这两组解在 $\delta=0$ 处重合。定态解(记作 x_s)和参数 δ 的依赖关系可以用图 7.19 来表示。因为该图具有树杈状结构,被表示为分岔图,点 $\delta=0$ 称为分岔点(bifurcation point),这种现象称为分叉或分支现象。

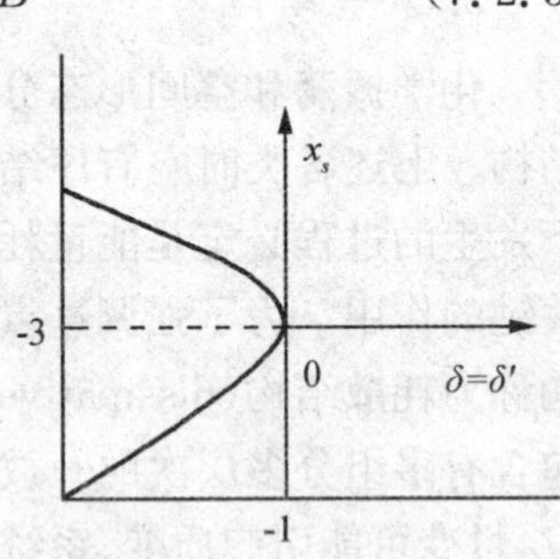

图 7.19 分岔图

当 $\delta>0$ 时,体系只有唯一的稳定定态;当 $\delta<0$ 时,可有两种稳定的定态。从 $\delta>0$ 转变到 $\delta<0$,定态行为的转变恰如气-液临界点或铁磁-顺磁相变的临界点附近的情形。分支点正好相当于气-液临界点或铁磁-顺磁相变的临界点,而分支现象恰好对应于平衡相变现象。从上面的分析可以看出,非平衡系统中发生的分支现象和平衡相变现象确实有许多相似之处。正是因为这个缘故,

Schlögl 把上述非平衡分支现象称为非平衡相变。

平衡相变主要起源于分子之间的相互作用或分子的构型等微观特性，而非平衡相变起源于宏观的非平衡动力学过程。从一定意义上讲，平衡相变是一种静态现象，而非平衡相变是一种动态现象。因为静态的平衡现象通常可以用适当的代数型状态方程描述，而非平衡的动态(dynamic)问题，或者说是演化(evolutionary)问题，需要用适当的演化型方程描述。数学上最简单的演化方程之一是非线性迭代方程。

$$x_{n+1}=f(x_n) \tag{7.2.4}$$

生态学中描述昆虫数量演化时常采用的就是迭代方程。那么图 7.19 分岔图的迭代结果是什么样？图 7.20 给出了这一结果。迭代导致岔枝上出现新的分岔，多次迭代达到一个非周期的解，也就是混沌。

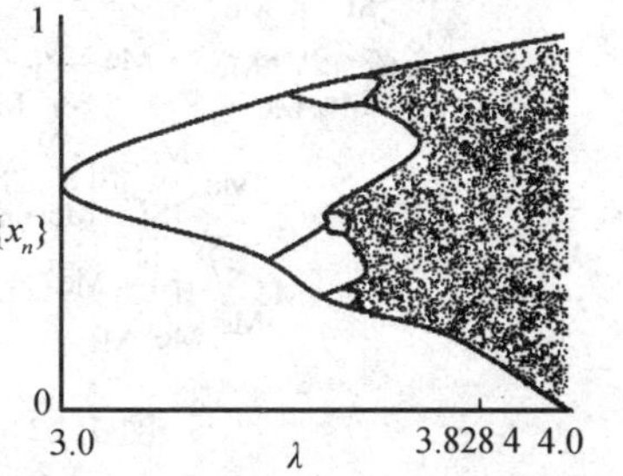

图 7.20　分岔的演化，从分叉到混沌

混沌是一种宏观上无序，但在较小的尺度上仍然有序的状态。混沌具有自相似结构。这种从分叉到混沌的现象在自然界大量存在。如：树枝、花菜、雪花等，见图 7.21。

图 7.21　树枝、花菜和雪花晶

应当注意的是，临界值对系统性质的变化有着根本的意义。在控制参数越过临界值时，原来的热力学分支失去了稳定性，同时产生了新的稳定的耗散结构分支，在这一过程中系统从热力学混沌状态转变为有序的耗散结构状态，其间微小的涨落起到了关键的作用。这种在临界点附近控制参数的微小改变导致系统状态明显的大幅度变化的现象，叫作突变。耗散结构的出现都是以这种临界点附近的突变方式实现的。

1978 年，Vogtle 等人第一次报道了通过迭代方法获得分支分布结构，首次提出重复合成的思想。1979 年 Denkewelter 首次合成了以 1 -赖氨酸为基的树枝形高分子，并对其性能进行了表征。典型的分子有卟啉类树枝状分子、芳醚树枝状分子、PAMAM(聚酰胺-胺)树枝状分子、二茂铁基树枝状分子。图 7.22 为硅烷类树枝状化合物和卟啉类树枝状化合物。树枝分子是具有枝状结构的有机分子。它和混沌的概念还是有区别的，它是一个大分子，结构具有自相似性，但还没有达到宏观无序的尺度和状态。

上面列举了各种突变现象，这些现象的发生和平衡相变有许多相似之处。由于它们都是在非平衡条件下发生的，因此人们常把它们称为非平衡相变。平衡相变和非平衡相变现象的发生通常都会伴随着有序程度的变化。但是，两种相变现象中出现的有序的起源不同。前者起源于分子之间的相互作用等静态因素，后者起源于非平衡的动力学过

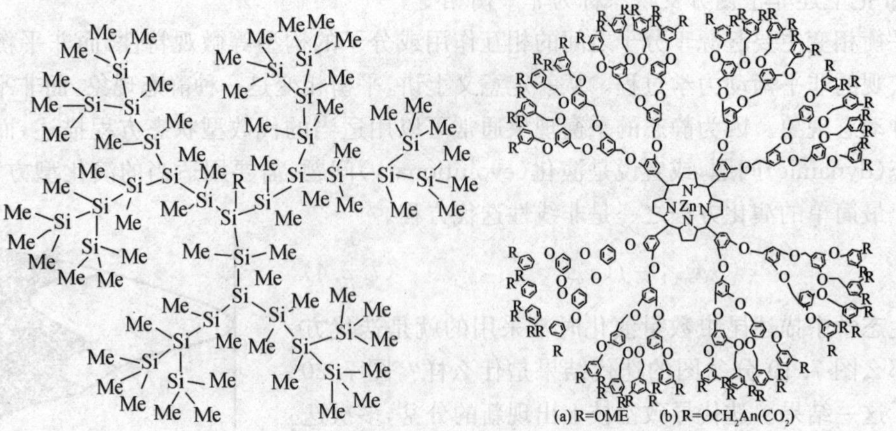

图 7.22 硅烷类树枝状化合物和卟啉类树枝状分子

程。另外，它们涉及的有序的特征尺度也是很不相同的，前者只有微观的量级，后者具有宏观的量级。无论是化学振荡还是空间有序状态的出现，甚至混沌态的出现，都是大量分子自发组织起来集体运动的结果。因此非平衡相变现象通常又称为合作现象（cooperative），或自组织现象（selforganization）。

我们生活在一个复杂的世界，可以在其中找到决定性的、可逆性的现象，这些现象是由热力学原理决定的；也可以发现随机性的、不可逆性的现象。四面体结构的冰晶和雪花是同一系统在不同控制条件下呈现的不同状态，前者是无序的分子热运动由经典热力学决定的必然结果；后者是由有序的晶型生长导致的具有自相似性的聚集体，但其结构又是不可预测的，具有很大的随机性。在一定控制条件下贝纳德水花的出现是确定的，但水花旋转的方向是随机的。它们反映了无序和有序、随机性和决定性的区别和统一。

我们的自然是各种对抗过程间的复杂平衡，它造就了自然整体的和谐。我们的时代是以多种概念和方法的相互冲击与汇合为特征的时代，这些概念和方法在经历了过去完全隔离的道路以后突然间彼此遭遇在一起，产生了蔚为壮观的发展前景。

内容提要

基本知识点

1. 弛豫过程，输运系数，涨落，局域平衡假设。
2. 熵流，熵产生，唯象系数，Onsager 倒易关系，最小熵产生原理。
3. 一级相变，二级相变，Curie 点温度，临界点。
4. 非平衡相变，Benard 现象，化学振荡，混沌，耗散结构。

习题

1. 为什么理想气体不能呈现相变而实际气体可以呈现相变？
2. 为什么人们把化学振荡一类现象的出现称之为非平衡相变？

3. 试述平衡相变和非平衡相变有哪些相同点和不同点。

4. 举例阐述弛豫过程属于一种非平衡态现象。

5. 举例说明局域平衡假设的合理性和局限性。

拓展习题及资源

微信扫码

- 拓展阅读
- 视频动画
- 互动交流

第 8 章　电解质溶液

化学反应的本质是电子在分子间的转移或重排。对于热反应体系，电子转移过程并不产生宏观的电流，化学能以热能的形式耗散了。若将参加反应的氧化物和还原物分离，二者之间通过导体相连，那么化学反应的 Gibbs 自由能降低将导致电子的定向转移，从而产生电流和电能，即化学能转变为电能；反之，若对体系施加电能，则可导致化学反应发生。电化学(electrochemistry)是一门研究电与化学变化之间关系的科学。电化学体系是系统与环境间有电能传递的多相反应体系，电子的得失和电荷的转移过程分别在不同的相界面上进行，从而导致相间电势差和电流的产生。

要完成电能与化学能的转化，必须通过适当的电化学装置。化学能转变为电能的装置称为原电池(galvanic cell)，其功能是系统发生化学反应时产生电流，对外做电功。若改变过程的方向，对系统施加电压而使系统发生化学反应，这样的装置则称为电解池(electrolytic cell)。无论原电池还是电解池，关键是要知道发生反应的电极和相应的导电介质所发生的变化及其机理。

人类对电化学过程的认识有几个重要的事件。早在 1791 年，伽伐尼(Luigi Calvani)发现了金属能使蛙腿肌肉抽缩的“动物电”现象，一般认为这是电化学的起源。1800 年，伏打(Volta)将锌片和铜片叠起来，发明了第一个化学电源“伏打电堆”，为电化学的创立和发展奠定了基础。1800 年，尼克松(Nichoson)和卡利苏(Carlisle)利用伏打电堆对水的电解进行了首次尝试。1833 年，法拉第(Faraday)通过研究电流与化学反应的关系，得到了著名的法拉第定律。1889 年，能斯特(Nernst)提出了电极电位公式，对电化学的平衡理论做出了重大贡献。1905 年塔菲尔(Tafel)提出描述电流密度和氢过电位之间的经验关系——塔菲尔公式，标志着电极反应动力学的重要成就。1923 年，德拜(Debye)和休克尔(Hückel)提出了强电解质溶液的离子互吸理论，标志着电解质溶液理论的里程碑。到了 20 世纪 40 年代，苏联的弗鲁姆金(H. Frumkin)从化学动力学角度做了大量研究工作，从实验技术上开辟新的途径，推动了电化学理论的发展，形成了以研究电极反应速度及其影响因素为主要对象的电极过程动力学。20 世纪 50 年代以后，特别是 60 年代以来，电化学科学有了迅速的发展。在非稳态传质过程动力学、表面转化步骤及复杂电极过程动力学等理论方面，以及在界面交流阻抗法、暂态测试方法、线性电位扫描法、旋转圆盘电极系统等实验技术方面，都有了突破性的进展，使电化学科学日趋成熟。

时至今日，电化学不仅已经涉及无机、有机、分析、化工以及高分子化学等学科，还深入到能源、材料、生物、医学、环境及信息的相关领域。电化学与其他学科及技术的结合，逐步形成了界面电化学、催化电化学、生物电化学、环境电化学、熔盐电化学、有机电化学、半导体电化学、光电化学、催化电化学、腐蚀电化学、电分析化学、量子电化学等方向。

电化学技术在电化学工业中得到巨大的应用。有色金属以及稀有金属的冶炼和精炼都采用电解的方法,如金属铝是采用冰晶石-氧化铝融盐电解法制备而得。电镀行业的发展是电化学在生产实践中的又一重大应用,电镀层起到装饰、防腐蚀等作用。在电子行业中,电镀铜层被广泛应用于电子信息产品,从印制电路板制造到大规模集成线路(芯片)的铜互联技术等,已成为现代微电子制造中必不可少的关键技术之一。此外,电化学在选矿、采矿、医疗等方面都有广泛的应用。还有,化学电源的发展影响到能源、IT技术等众多行业的发展。绿色环保又能连续工作的燃料电池有望形成新型的高能电池,使其在交通运输、宇航、通讯、生化、医学及电子等方面得到越来越广泛的应用。

电化学无论在理论上还是在技术应用方面都有十分丰富的内涵。而其中电极反应的热力学和动力学,导电介质的导电机理及性质是电化学理论和技术的基础知识。本章介绍电解质溶液的离子导电性质和热力学性质。在随后的两章分别介绍可逆电池热力学、电极反应动力学等方面的内容,并对电化学进展做简要介绍。

8.1 电解质溶液的离子导电性质

8.1.1 电解质溶液导电机理

能导电的物质称为导体(conductor)。通常使用的导体可分为两类:第一类是电子导体,这类导体依靠电子传送电流,如金属、石墨、半导体、高分子导电聚合物等。金属导体本身在导电过程中不发生化学变化。在电场作用下因自由电子的定向迁移而导电。温度升高导致物质内部质点热运动加剧,阻碍自由电子定向运动,因而电阻增大,导电能力降低。半导体也属电子导体,起导电作用的是载流子。在外场作用下电子从满带跃迁入空带,使原本不导电的满带和空带都成为导带而导电。起导电作用的是被激发的电子和激发后剩余的空穴,它们成为负的(n型)和正的(p型)载流子。不含杂质的半导体称为本征半导体,由于载流子数目有限,导电性能不好。在半导体中掺入富电子或缺电子的杂质,会明显提高半导体的导电性能。金属导体的电导率的数量级为 $10^6 \sim 10^8\ S\cdot m^{-1}$,绝缘体的电导率为 $10^{-20} \sim 10^{-8}\ S\cdot m^{-1}$,而半导体一般为 $10^{-7} \sim 10^5\ S\cdot m^{-1}$。半导体中载流子的浓度是影响电导的主要因素,随着温度升高,载流子浓度近似按指数规律增大,电导率也显著增加。它与金属导体的温度效应不同。

第二类导体为离子导体,如电解质溶液、熔融电解质、室温离子液体、无机固体电解质、聚合物电解质等,这类导体依靠离子的定向迁移而导电。电解质溶液是最常见的离子导体。正、负离子同时存在,在电场作用下分别沿相反方向移动而导电,在电化学体系应用最广泛,也是本教材讨论的重点。熔盐形成了熔融电解质,阴离子和阳离子在熔体中定向移动而导电。室温离子液体又称室温熔盐,主要是由特定的有机阳离子(如烷基咪唑类、烷基吡啶类、季铵盐类和季磷盐类阳离子)和无机阴离子(如 Cl^-、$AlCl_4^-$ 等)构成,它们在室温或近室温条件下呈导电率高的液体状态。

物理化学基础课程关注的电化学体系是由第一类金属导体与第二类电解质溶液导体共同参与而构成的,即由电极(electrode)和电解质溶液构成的多相体系。导电时,电荷的连续流动是依靠在两类导体界面上电子与离子之间的电荷转移来实现的。而这个电荷转移过程，导致在界面上发生电子得失的化学反应，即氧化还原反应。电化学规定：无论是电解池还是原电池，对单个电极而言，将发生氧化反应的电极称为阳极(anode)，发生还原反应的电极称为阴极(cathode)。而按照物理学规定：电势高的电极称为正极(positive electrode)，电势低的电极称为负极(negative electrode)。电流由高电势正极流向低电势的负极，而电子移动的方向与电流方向相反。

将一个电源的正负极用导线分别与两个电极相连，插入电解质溶液中，形成闭合回路，即构成了电解池(electrolytic cell)，如图 8.1 所示。图中两个电极为惰性 Pt 电极，电解质溶液为 $CuCl_2$ 水溶液。在电场力的作用下，阳离子(cation) Cu^{2+} 向阴极(cathode)移动，在阴极上获得来自电源负极传导来的电子，发生还原反应，还原为单质 Cu，即在 Pt 电极上镀上了一层 Cu。而溶液中的阴离子(anion) Cl^- 则向阳极(anode)移动，在阳极上发生氧化反应，失去电子，生成 Cl_2，电子则由 Pt 电极传导入电源正极。所以，与电源正极相连的电极为阳极，与电源负极相连的为阴极。两电极上分别发生的反应及总反应如下：

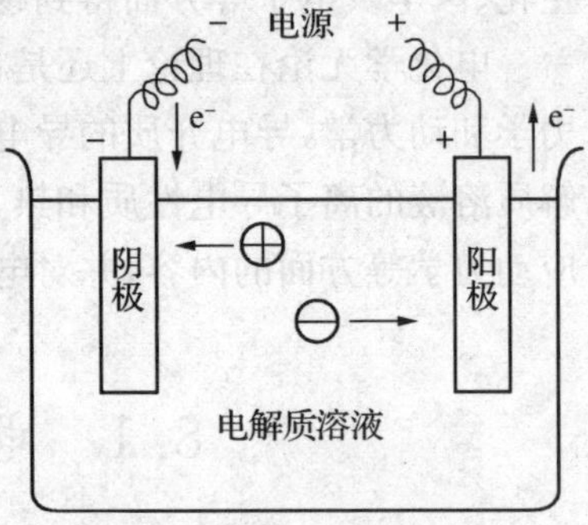

图 8.1 电解池示意图

阴极(−)： $Cu^{2+}(aq) + 2e^- \longrightarrow Cu(s)$

阳极(+)： $2Cl^-(aq) \longrightarrow Cl_2(g) + 2e^-$

总反应： $2Cl^-(aq) + Cu^{2+}(aq) \longrightarrow Cl_2(g) + Cu(s)$

对于电解池而言，阳极是正极，发生氧化作用，电势高；阴极是负极，发生还原作用，电势低。

值得指出的是，体系中还存在 H^+ 和 OH^-，由于极化作用的存在，氢气和氧气在电极上析出的超电势很高，无法在电极上析出(详见第 10 章)。

若将 Zn 棒插入到 $ZnSO_4$ 溶液中，Cu 棒插入到 $CuSO_4$ 溶液中，两溶液之间用一素烧瓷片(或盐桥)隔开，再用一负载电阻连接两电极，则构成了最简单的原电池(galvanic cell)，即丹尼尔(Daniell)电池，如图 8.2 所示。在此电池中，金属 Zn 较为活泼，易失去电子，发生氧化作用而形成 Zn^{2+}，构成了电池的阳极。Zn 失去的电子经导线通过负载电阻后流向 Cu 棒。此时 Cu 棒周围的 Cu^{2+} 得到来自导线上传导来的电子，发生还原作用形成 Cu 单质，附着在 Cu 棒表面，构成了电池的阴极。Cu 棒周围因为消耗了 Cu^{2+}，浓度降低，液体相中的 Cu^{2+} 将向 Cu 棒扩散。在电学回路中，电子是由电源的负极流出，经负载到达电源的正极，因而 Zn 棒为负极，Cu 棒为正极。在电源内部，负电荷 $SO_4{}^{2-}$ 由正极 Cu 棒的区域流向负极 Zn 棒的区域。正电荷 Zn^{2+} 由负极 Zn 棒的区域流向正极 Cu 棒的区域。在两电极上分别发生的反应及总反应如下：

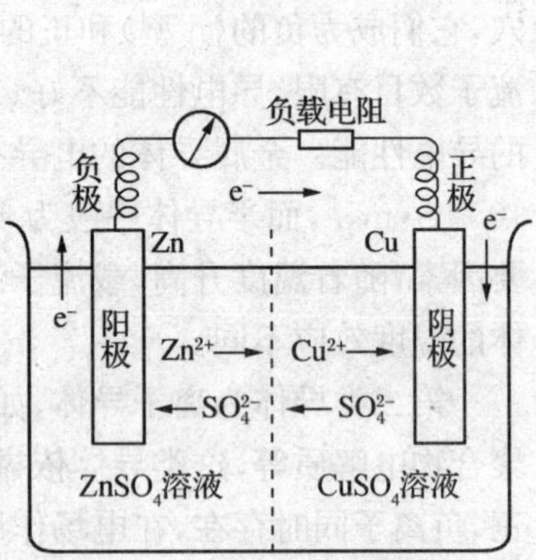

图 8.2 丹尼尔电池示意图

阳极(−)： $Zn(s) \longrightarrow Zn^{2+}(aq) + 2e^-$

阴极(+)：　　$Cu^{2+}(aq)+2e^- \longrightarrow Cu(s)$

总反应：　　$Zn(s)+Cu^{2+}(aq) \longrightarrow Zn^{2+}(aq)+Cu(s)$

因此，对于原电池而言，阳极是负极，发生氧化作用，电势低；阴极是正极，发生还原作用，电势高。

综上分析，无论是原电池还是电解池，其电解质溶液的导电机理可分为两步：① 正、负离子通过定向迁移共同承担运载电荷的任务；② 两电极分别发生氧化和还原反应。电极反应导致电子得失，使电子在两类导体之间传输，从而使体系中形成连续的电流。所以原电池和电解池均称为电池。

8.1.2　法拉第定律

1833 年，法拉第(Faraday)在归纳总结了大量实验结果的基础上，提出了著名的法拉第定律(Faraday's law)。该定律包括两点内容：第一，当电流通过电解质溶液时，在电极上发生电极反应的物质的量与通过电极的电量成正比；第二，在多个电池的串联线路中，每个电极上发生反应的物质的量都相等。

一个电子荷电 $e=1.602\,2\times10^{-19}$ C，e 为元电荷，1 mol 元电荷的电荷量称为法拉第常数，用 F 表示。

$$F=Le=6.02\times10^{23}\times1.602\,2\times10^{-19}=96\,484.6\ \text{C}\cdot\text{mol}^{-1}\approx96\,500\ \text{C}\cdot\text{mol}^{-1}$$

其中 L 为阿伏伽德罗常数。

若在电极上发生反应：　　$B^{Z+}+ze^- \longrightarrow B(s)$

欲从溶液中沉积 1 mol 金属 B，即反应进度为 1 mol 时，需通入的电量为：

$$Q=zF\xi=zF \tag{8.1.1}$$

若已知电流为 I，通电的时间为 t，则在阴极析出的该金属的物质量 n 和质量 m 为：

$$n=\frac{Q}{zF}=\frac{It}{zF} \qquad m=\frac{QM}{zF}=\frac{ItM}{zF} \tag{8.1.2}$$

式中：M 为金属 B 的摩尔质量。式(8.1.1)和式(8.1.2)都可以作为法拉第定律的数学表达式。该定律适用于任何温度和压强，并且不受电解质浓度、电极材料、溶剂性质等因素的影响，没有使用条件的限制，是关于电量和物质的量联系的定量关系式。

式(8.1.2)中，M 是析出物 B 的摩尔质量，它与析出物的粒子单元大小有关。粒子单元荷电量不同，通过 1 mol 元电荷析出的粒子单元的物质的量也就不同。例如电极反应物质 B 带电荷 z，电极反应为：

$$B^{z+}+ze^- \longrightarrow B$$

若以通过元电荷电量析出物为基本单元，将其表示为[(1/z)B]；另一方面，若将通过 $z\times e$ 电荷电量析出物为基本单元，将其表示为[B]，则所析出粒子单元[(1/z)B]的物质的量 n[(1/z)B]与析出粒子单元[B]的物质的量 n[B]的关系为：

$$n[(1/z)\mathrm{B}]=zn[\mathrm{B}]$$

所以在电化学计算时，一定要注意参加电极反应的基本粒子单元的荷电量。

在实际电解应用时，电极上常会发生副反应或次级反应。要析出一定量的某物质时，实际消耗的电量比法拉第定律计算出来的量要多。它们之间的比值(η)，称为电流效率，用百分数表示为：

$$电流效率=\frac{按法拉第定律计算所需的理论电量}{实际消耗的电量}\times 100\% \qquad (8.1.3a)$$

也可通过产物的实际质量和理论计算应得的质量之比来获得，即

$$电流效率=\frac{产物的实际质量}{按法拉第定律计算应得的质量}\times 100\% \qquad (8.1.3b)$$

【例 8.1】 在 298 K，100 kPa 下，用 Pt 电极电解 $CuCl_2$ 水溶液，用 10 A 的电流通电 1 h，问在阴极上析出多少克的 Cu 单质？阳极上析出多少升氯气(设为理想气体)？若实际在阴极得到了 10 g 的 Cu 单质，则电流效率为多少？

解：电极反应：

阴极(－)： $Cu^{2+}(aq)+2e^- \longrightarrow Cu(s)$

阳极(＋)： $2Cl^-(aq) \longrightarrow Cl_2(g)+2e^-$

阴极析出 Cu 的质量理论计算应得值： $m=\dfrac{ItM}{zF}=\dfrac{10\times 1\times 3\,600\times 64}{2\times 96\,500}\ \mathrm{g}=11.94\ \mathrm{g}$

阳极析出氯气理论计算应得值：$V=\dfrac{It}{zF}\times\dfrac{RT}{p}=\dfrac{10\times 1\times 3\,600}{2\times 96\,500}\times\dfrac{8.314\times 298}{100\,000}\ \mathrm{m^3}=0.004\,62\ \mathrm{m^3}=4.62\ \mathrm{dm^3}$

电流效率 $\eta=\dfrac{m(\mathrm{re})t}{m(\mathrm{th})t}\times 100\%=\dfrac{10}{11.94}\times 100\%=83.75\%$

讨论
- 电解质电离与离子水化
- 电化学反应的基本粒子单元

科学家介绍

迈克尔·法拉第 (Michael Faraday)

8.1.3 离子的电迁移和迁移数

1. 离子的电迁移

当电解质通电时，在电场的作用下，溶液中的正、负离子分别向阴极和阳极发生的迁移称为离子的电迁移(electromigration)。通电量、离子迁移的量和参与电极反应的离子的量之间的关系可以通过图 8.3 作分析。假定用惰性电极电解 1－1 价型的电解质溶液，两个假

想的平面 AA、BB(或 CC、DD)把电解池分为三个相等的区，靠近阳极的部分为阳极区，靠近阴极的部分为阴极区，中间部分为中部区。用"+"表示正离子，用"−"表示负离子。通电前，各区电解质浓度相同，均含有 6 mol 的正离子和负离子。假设有 4 mol 的电子电荷量通过，则在阳极上有 4 mol 负离子被氧化，在阴极上有 4 mol 正离子被还原，导致阳极区负离子浓度减少 4 mol，阴极区正离子浓度减少 4 mol。与此同时，正负离子在电解池内发生迁移，共同承担 4 mol 电荷电量的迁移，导致各区的离子浓度发生变化。离子迁移电荷的数量取决于离子的迁移速度。若正、负离子运动速率相同 $r_+ = r_-$，如图 8.3(a)所示，则在 AA 面上有 2 mol 正离子从阳极区移至中部区的同时，也有 2 mol 负离子从中部区移至阳极区。BB 面上的情况相同。通电完毕后，阳极区和阴极区均为 4 mol 的正负离子，而中部区的正负离子与通电前相同，仍为 6 mol。若正、负离子运动速率不同，设为 $r_+ = 3r_-$，如图8.3(b)所示，则在 CC 面上有 3 mol 正离子从阳极区移至中部区的同时，有 1 mol 负离子从中部区移至阳极区，在 DD 面上，有 3 mol 正离子从中部区移至阴极区，而有 1 mol 负离子从阴极区移至中部区。最终，阳极区为 3 mol 的正、负离子，阴极区为 5 mol 的正、负离子，而中部区仍为 6 mol。

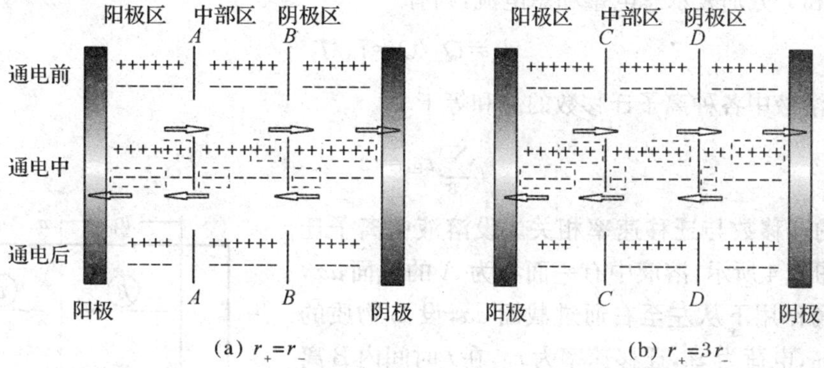

图 8.3　离子的电迁移

通过上面的分析可以得到以下结论：

(1) 向阴、阳两极迁移的正、负离子的物质的量的总和等于通入溶液的总电荷量。或电解质溶液的通电量由正负离子共同承担。

(2) $\dfrac{\text{正离子的迁移速率}(r_+)}{\text{负离子的迁移速率}(r_-)}=\dfrac{\text{正离子所迁移的电荷量}(Q_+)}{\text{负离子所迁移的电荷量}(Q_-)}=\dfrac{\text{阳极部物质的量的减少}}{\text{阴极部物质的量的减少}}$

2. 离子的迁移速率和迁移数

离子 B 的电迁移速率 r_B 与离子的本性(包括离子的半径、电荷、水化程度等)以及溶剂的性质(如黏度等)有关，还与电场的电位梯度(dE/dx)有关，电位梯度越大，推动力就越大。

$$r_B=U_B(dE/dx) \tag{8.1.4}$$

式中，比例系数 U_B 为离子 B 的电迁移率，又称离子淌度(ionic mobility)。其物理意义是电位梯度为单位数值时离子的迁移速率，单位是 $m^2 \cdot s^{-1} \cdot V^{-1}$。它可以用于比较各种离子的迁移能力。离子浓度无限稀释条件时的电迁移率被称为离子的极限电迁移率，记为 U_B^∞。此时，离子间的相互作用可以忽略，可视为离子在溶液中独立运动，电迁移率数据取决于离子的本性、溶剂的性质和温度。表 8.1 列出了 298.15 K 时一些离子在无限稀释水溶液中的电迁移率。在各种常见的离子中，H^+ 和 OH^- 的电迁移率比其他离子大很多，这反映出 H^+ 和 OH^- 具有特殊的导电方式和机理。

表 8.1　298.15 K 时一些离子在无限稀释水溶液中的电迁移率

正离子	$U_+^\infty\times10^8/(m^2\cdot s^{-1}\cdot V^{-1})$	负离子	$U_-^\infty\times10^8/(m^2\cdot s^{-1}\cdot V^{-1})$
H^+	36.30	OH^-	20.52
K^+	7.62	$SO_4{}^{2-}$	8.27
Ba^{2+}	6.59	Cl^-	7.91
Na^+	5.19	NO^{3-}	7.40
Li^+	4.01	$HCO_3{}^-$	4.61

由于正、负离子迁移的速率不同，所带电荷不同，因此每种离子传导电量的能力是不一样的。我们把某种离子传导的电量(或电流)在总电量(或总电流)中所占的分数称为该离子的迁移数(transport number)，用 t_B 表示。若以 Q_B、I_B 分别表示溶液中 B 离子传导的电量和电流，Q 和 I 分别表示总电量和总电流，则有

$$t_B=Q_B/Q=I_B/I \tag{8.1.5}$$

显然，溶液中各种离子迁移数的总和等于 1。

$$\sum_B t_B = 1 \tag{8.1.6}$$

离子的迁移数与迁移速率相关。设溶液中离子迁移状况如图 8.4 所示，溶液中有一面积为 A 的截面 aa，离子在电场作用下从左至右通过截面 aa，设 B 物质的量浓度为 c_B，电荷为 z_B，迁移速率为 r_B，在 t 时间内 B 离子迁移通过 aa 面所携带的电量为：

$$Q_B=c_Bz_BFAr_Bt \tag{8.1.7}$$

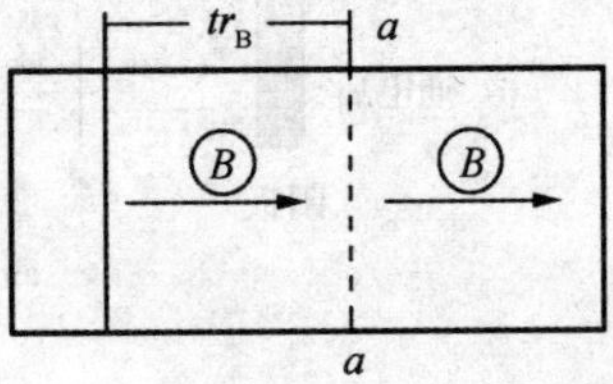

图 8.4　t 时间内离子迁移的电量

在相同时间内各种离子迁移通过 aa 的总电量为：

$$Q=\sum_B c_Bz_BFAr_Bt \tag{8.1.8}$$

所以，B 离子的迁移数为：

$$t_B=\frac{c_Bz_Br_B}{\sum_B c_Bz_Br_B}=\frac{c_Bz_BU_B}{\sum_B c_Bz_BU_B} \tag{8.1.9}$$

若溶液只含有一种阳离子和一种阴离子，考虑到电中性限制，$c_+z_+=c_-z_-$，有

$$t_+=U_+/(U_++U_-)\qquad t_-=U_-/(U_++U_-) \tag{8.1.10}$$

3. 离子迁移数的测定

根据电解质导电引起的阴极区(或阳极区)电解质浓度的变化和电路上由电量计测出的总电量，可以测定离子的迁移数。基于这一原理设计的测定方法称为 Hittorf 法，装置如图

8.5 所示。电解过程中，正离子从阳极管经中间管向阴极管迁移，负离子反向向阳极管迁移，中间管的浓度没有变化。随着反应的进行和溶液中离子的迁移，阴极管和阳极管的浓度在不断变化。电解结束后，测定阴极管或阳极管中溶液离子浓度的变化，通过物料衡算，可以计算出离子的迁移数。

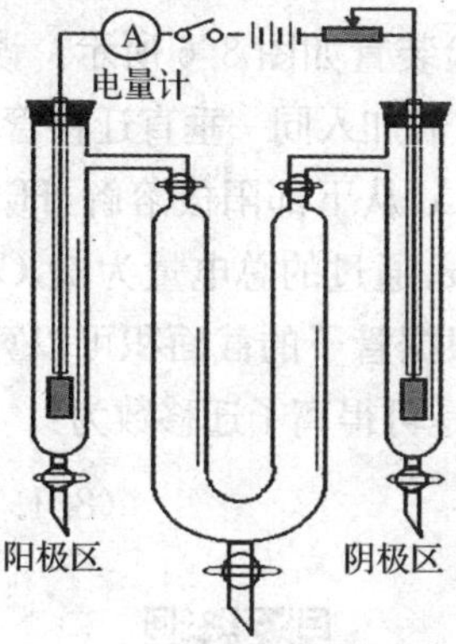

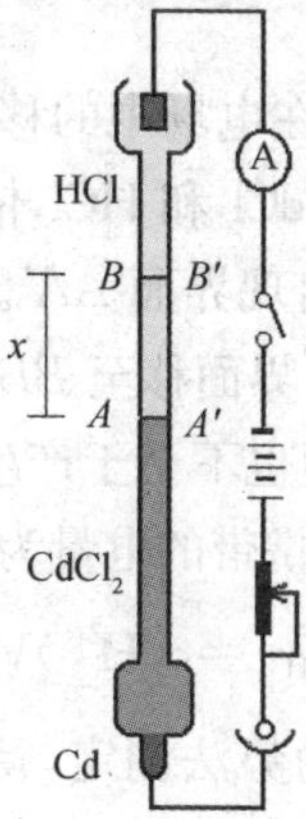

讨论　**阴极区和阳极区的正离子和负离子的浓度变化与物料衡算**

图 8.5　Hittorf 法测定迁移数装置　　**图 8.6　界面移动法测定迁移数装置**

如对正离子在阴极区进行物料衡算，有

$$c_{final}=c_{ini}-c_{chem}+c_{trans} \text{或} n_{final}=n_{ini}-n_{chem}+n_{trans}$$

式中：c_{ini}为电解前阴极区正离子浓度，c_{final}为电解一段时间后阴极区的正离子浓度，c_{chem}为参与电极反应的离子浓度，c_{trans}为电迁移进入阴极区的离子浓度。n_{ini}为通电前离子的物质的量，n_{final}为通电结束后离子的物质的量，n_{chem}为通电导致电极反应的物质的量，n_{trans}为通电导致离子迁移的物质的量。离子的迁移数为：

$$t_B=\frac{c_{trans}}{c_{chem}}=\frac{n_{trans}}{n_{chem}}=\frac{n_{trans}\mid z_B\mid F}{Q} \tag{8.1.11}$$

式中：Q为电量计测出的反应电量，n_{trans}为电迁移进入阴极区的物质的量，可由 $n_{trans}=n_{final}-n_{ini}+n_{chem}$ 计算得到。

【例 8.2】　用 Cu 电极电解 $CuSO_4$ 溶液，电解前 1 000 g 水中含有 $CuSO_4$ 31.93 g，电解后测得阴极区的溶液中含水 35.31 g、含 $CuSO_4$ 1.109 g，串联在电路中的银电量计中有 0.040 5 g Ag 析出。求 Cu^{2+} 和 SO_4^{2-} 的迁移数。

解：阴极反应为：$(1/2)Cu^{2+}+e^-\rightarrow(1/2)Cu$

以$[(1/2)CuSO_4]$为粒子基本单元，在阴极区内对正离子做物料衡算有：$n_{final}=n_{ini}-n_{chem}+n_{trans}$

$M[(1/2)CuSO_4]=79.80\ g\cdot mol^{-1}$，$M[Ag]=107.88\ g\cdot mol^{-1}$，则

$$n_{final}=(1.109/79.80)mol=1.390\times10^{-2}\ mol$$

$$n_{ini}=\frac{31.93/1\,000}{79.80}\times35.31\ mol=1.413\times10^{-2}mol$$

$$n_{chem}=(0.0405\ /107.88)mol=0.037\,5\times10^{-2}\ mol$$

$$n_{\mathrm{trans}} = n_{\mathrm{final}} - n_{\mathrm{ini}} + n_{\mathrm{chem}} = (1.390 - 1.413 + 0.0375) \times 10^{-2}\ \mathrm{mol} = 0.0145 \times 10^{-3}\ \mathrm{mol}$$

$$t_{+} = n_{\mathrm{trans}} / n_{\mathrm{chem}} = 0.0145 / 0.0375 = 0.387$$

$$t_{-} = 1 - t_{+} = 0.613$$

利用界面移动法可直接测定离子在电场中的移动速率，其实验装置如图 8.6 所示。该方法使用两种具有共离子的电解质，如 $CdCl_2$ 和 HCl，依次小心地将它们加入同一垂直迁移管内，由于两种溶液折射率不同，两者之间出现界面 AA'。通电过程中 Cd 从下部阳极溶解，$H_2(g)$ 在上部阴极释放，H^+ 向上移动，使 AA' 界面移至 BB'，移动距离为 x，通过的总电量为 Q，Cd^{2+} 比 H^+ 的离子淌度小，跟在 H^+ 之后，但也不至于产生新的界面。根据管子的截面积可以算出两界面的体积 V，进而计算 H^+ 迁移所携带的电量为 $c(H^+)FV$，于是可得离子迁移数为：

$$t_{H^+} = c(H^+)VF/Q \tag{8.1.12}$$

离子的迁移数还可以用电池电动势法测定，待下一章介绍。

离子的迁移数与自身的电荷、半径大小和溶剂化程度有关，与溶液中共存的离子种类、溶液浓度、温度、溶剂性质等因素有关，是溶液介质条件下离子-离子、离子-溶剂间相互作用的反映。

讨论 影响离子迁移数和迁移速率的因素：离子-溶剂相互作用

【例 8.3】 当 $A=1.05\times10^{-5}\ \mathrm{m^2}$，$c(\mathrm{HCl}) = 10.0\ \mathrm{mol\cdot m^{-3}}$，$I=0.01\ \mathrm{A}$，通电时间 $t=200\ \mathrm{s}$，测得 $x=0.17\ \mathrm{m}$。求：$t(H^+)$

解：
$$\begin{aligned} t_{+} &= xAc_{+}z_{+}F/Q \\ &= 0.17\ \mathrm{m}\times1.05\times10^{-5}\ \mathrm{m^2}\times10.0\ \mathrm{mol\cdot m^{-3}}\times1\times96\,500\ \mathrm{C\cdot mol^{-1}}/(0.01\ \mathrm{A}\times200\ \mathrm{s}) \\ &= 0.82 \end{aligned}$$

8.2 电解质溶液的电导及应用

8.2.1 电导、电导率及摩尔电导率

Hittorf 法和界面移动法研究离子在电场中的运动理论上可行，实际测定上并不方便。更方便简单的方法是测定电解质溶液的电导或电导率。

电导(electric conductance)即电阻的倒数，表示物体导电的能力，用符号 G 表示，单位是西门子 S 或 Ω^{-1}。导体的电阻与导体的几何形状有关。当导体的电阻率为 ρ，长度为 l，截面积为 A 时，电导为：

$$G = \frac{1}{R} = \frac{A}{\rho l} = \kappa\frac{A}{l} = \frac{\kappa}{K_{\mathrm{cell}}} \tag{8.2.1}$$

对电解质溶液，式(8.2.1)中 R 为溶液的电阻，l 为浸入溶液中的两电极间的距离，A 为浸入溶液中的电极面积，(l/A)为电导池常数 K_{cell}，κ 为电导率(electrolytic conductivity)。κ 的物理意义是：当两平行电极面积各为 1 m^2，两电极间距离为 1 m 的单位体积中电解质溶液的电导，其单位为 $S\cdot m^{-1}$ 或 $\Omega^{-1}\cdot m^{-1}$。其数值与电解质种类、溶液浓度和温度等因素有关。电极的电导池常数常用已知电导率的标准浓度的 KCl 水溶液测定得到。图 8.7 给出了电导和电导率的定义的示意图。

将含有 1 mol 电解质的溶液置于相距 1 m 的两平行电极之间时，溶液的电导称为摩尔电导率(molar conductivity)，用 Λ_m 表示。若溶液中电解质 B 的物质的量浓度为 c，则其摩尔电导率定义为：

$$\Lambda_m = \kappa/c \tag{8.2.2}$$

单位是 $S\cdot m^2\cdot mol^{-1}$。摩尔电导率可以用来比较不同浓度或不同类型的电解质的导电能力，它更能代表电解质的本性。图 8.8 给出了电解质溶液摩尔电导率定义的示意图。

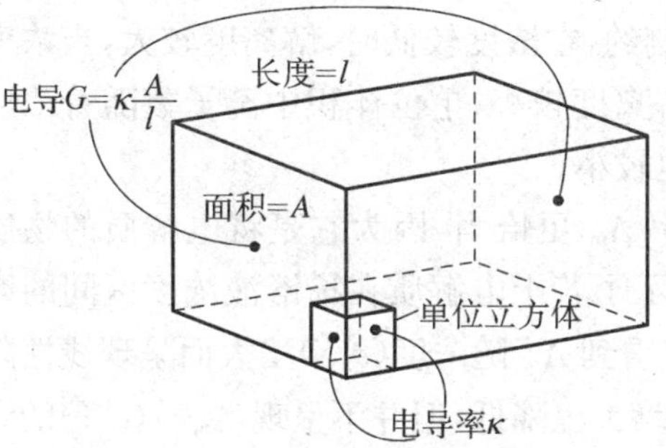

图 8.7 电导和电导率定义示意图

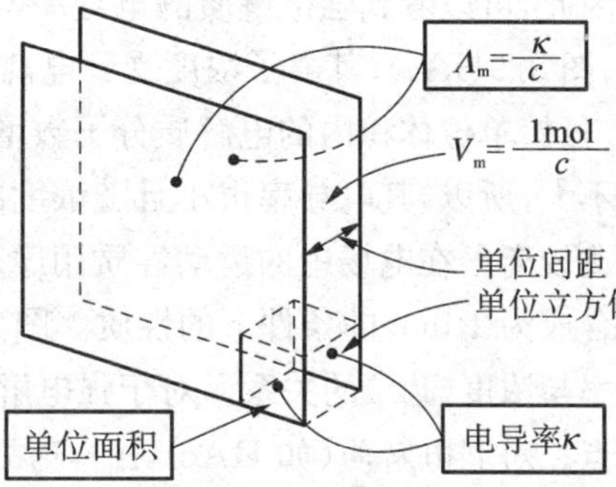

图 8.8 摩尔电导率定义示意图

在使用摩尔电导率时要注意表示浓度为 c 的物质所取的粒子基本单元，特别是对非 1—1价电解质，有必要标明 Λ_m所取的基本单元。如，[$MgCl_2$]和[(1/2)$MgCl_2$]两个粒子基本单元的摩尔电导率是不同的。当基本单元荷一价电，标记为[(1/2)$MgCl_2$]，其浓度标记为c[(1/2)$MgCl_2$]，其摩尔电导率为 Λ_m[(1/2)$MgCl_2$]。当基本单元荷二价电，标记为[$MgCl_2$]，其浓度标记为 c[$MgCl_2$]，其摩尔电导率为 Λ_m[$MgCl_2$]。于是有：Λ_m[$MgCl_2$] = κ/c[$MgCl_2$]，Λ_m[(1/2)$MgCl_2$] = κ/c[(1/2)$MgCl_2$]。Λ_m[$MgCl_2$] 和 Λ_m[(1/2)$MgCl_2$] 都可以称为摩尔电导率，但是，Λ_m[$MgCl_2$] = $2\Lambda_m$[(1/2)$MgCl_2$]，Λ_m[(1/2)$MgCl_2$] = $\kappa/(2c$[$MgCl_2$])。

讨论 **KCl 水溶液的电导率**

还应注意，当浓度 c 的单位以为 $mol\cdot dm^{-3}$ 表示时，要换算成以 $mol\cdot m^{-3}$表示。数字运算的同时，单位也要进行运算。

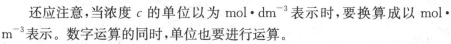

【例 8.4】 298 K，在一电导池中测得 0.01 $mol\cdot dm^{-3}$ 的 KCl 水溶液的电阻为 150.00 Ω，测得 0.01 $mol\cdot dm^{-3}$ 的 HCl 水溶液的电阻为 51.40 Ω，求 HCl 溶液的电导率和摩尔电导率。

解：由文献数据得到：298 K 0.01 $mol\cdot dm^{-3}$ 的 KCl 水溶液的电导率为 0.141 1 $S\cdot m^{-1}$。

$$K_{cell} = \kappa R = 0.141\,1\ S\cdot m^{-1} \times 150.00\ \Omega = 21.17\ m^{-1}$$

0.01 mol·dm^{-3}的 HCl 水溶液的电导率和摩尔电导率分别为：

$$\kappa = K_{cell}/R = 21.17\ m^{-1}/51.40\ \Omega = 0.4119\ S\cdot m^{-1}$$

$$\Lambda_m = \kappa/c = 0.4119\ S\cdot m^{-1}/(0.01\times10^3\ mol\cdot m^{-3}) = 4.119\times10^{-2}\ S\cdot m^2\ mol^{-1}$$

8.2.2 电导率及摩尔电导率与浓度的关系

电导率的大小与电解质的电离程度和离子在电场中的运动速度有关，而电解质浓度、温度和离子-溶剂间的相互作用都将影响电解质的电离和离子的运动速度。图 8.9 给出了若干电解质溶液的电导率与电解质浓度的关系。对于强电解质(如图 8.9 中 HCl、H_2SO_4、KOH、NaOH)，在稀溶液浓度范围，正、负离子间的作用相对较弱，随着浓度升高，单位体积内的离子数增多，导致电导率升高；当浓度增高到一定程度后，正、负离子间的静电作用的影响逐步增强，离子的运动受到异电荷离子的影响而速率降低，导致电导率随浓度增大而下降。因此，可以看到强电解质的电导率与浓度的关系曲线上有最高点。对于弱电解质（如醋酸，图 8.9HAc)，其离子浓度受到电离平衡的制约，在浓度较低时，解离度较大，当浓度较大时，虽然单位体积内的电解质分子数增加，但解离度较小，单位体积中离子数随着浓度变化并不大，所以，其电导率很小且随浓度的变化也较小。

比较离子在电场中的运动性质用摩尔电导率 Λ_m 更恰当，因为它是将电解质的物质的量折合成为 1 mol 的条件下的性质。图 8.10 显示了若干电解质在稀溶液浓度区间的摩尔电导率与浓度($c^{1/2}$)的关系。对于强电解质，可以看到 Λ_m 随浓度($c^{1/2}$)增大而呈现线性降低的特点。对弱电解质(如 HAc)，Λ_m 随浓度($c^{1/2}$)增大也降低，但并不呈现 $\Lambda_m\sim(c^{1/2})$的线性关系。这主要是由于弱电解质的电离平衡因素的影响。所以，强电解质的 $\Lambda_m\sim(c^{1/2})$线性关系被限制在稀浓度区间。强电解质在高浓度溶液区间，正、负离子间的相互作用显著，导致 $\Lambda_m\sim(c^{1/2})$关系的复杂化。

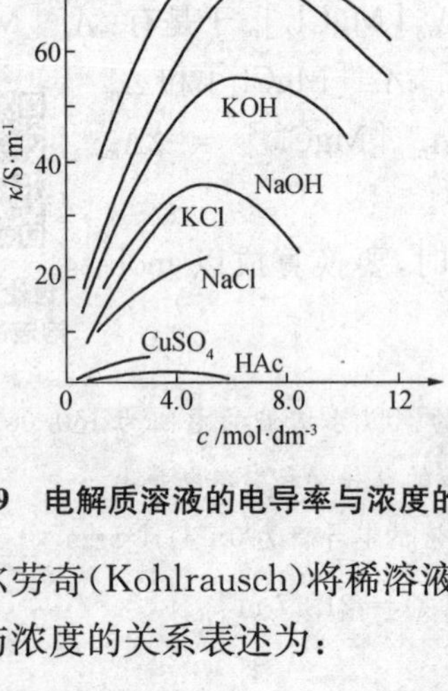

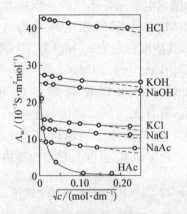

图8.9 电解质溶液的电导率与浓度的关系

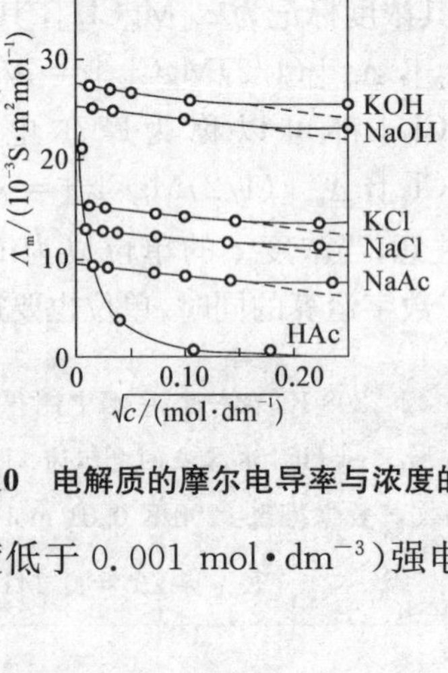

图 8.10 电解质的摩尔电导率与浓度的关系

科尔劳奇(Kohlrausch)将稀溶液区间(通常浓度低于 0.001 mol·dm^{-3})强电解质摩尔电导率与浓度的关系表述为：

$$\Lambda_m = \Lambda_m^\infty - Ac^{1/2} \tag{8.2.3}$$

式中：A 为线性系数，在一定温度下，与电解质的性质有关；Λ_m^∞ 为电解质浓度在无限稀释时的摩尔电导率，称为极限摩尔电导率(limiting molar conductivity)。强电解质的 Λ_m^∞ 可由实验作图外推求得。对于弱电解质，如醋酸、氨水等，不能用作图外推法求 Λ_m^∞，因为在稀浓度区间，$\Lambda_m \sim (c^{1/2})$ 的直线关系不成立，并且测定和计算摩尔电导率容易导致误差放大。

8.2.3 离子独立运动定律

表 8.2 298 K一些强电解质水溶液的极限摩尔电导率

电解质	$\Lambda_m^\infty / S \cdot m^2 \cdot mol^{-1}$	差值	电解质	$\Lambda_m^\infty / S \cdot m^2 \cdot mol^{-1}$	差值
KCl	0.014 986	34.83×10^{-4}	HCl	0.042 616	4.86×10^{-4}
LiCl	0.011 503		HNO_3	0.042 13	
$KClO_4$	0.014 004	34.06×10^{-4}	KCl	0.014 986	4.90×10^{-4}
$LiClO_4$	0.010 598		KNO_3	0.014 496	
KNO_3	0.014 50	34.90×10^{-4}	LiCl	0.011 503	4.93×10^{-4}
$LiNO_3$	0.011 01		$LiNO_3$	0.011 01	

表 8.2 给出了 298 K 一些强电解质水溶液的无限稀释摩尔电导率。从中可见具有相同负离子的盐，如 K 盐和 Li 盐，其无限稀释摩尔电导率之差几乎与负离子无关。这个现象同样存在于具有相同正离子而负离子不同的盐。科尔劳奇认为：在无限稀释溶液中，无论强电解质还是弱电解质都是全部电离的，每种离子独立移动，不受其他离子影响，电解质的 Λ_m^∞ 是离子的极限摩尔电导率之和。即离子独立运动定律(law of the independent migration of ions)。对 $M_{\nu_+}X_{\nu_-}$ 型电解质，离子独立运动定律的数学表达式为：

$$\Lambda_m^\infty = \nu_+ \Lambda_m^\infty(M^{z+}) + \nu_- \Lambda_m^\infty(X^{z-}) \tag{8.2.4}$$

式中 $\Lambda_m^\infty(M^{z+})$ 和 $\Lambda_m^\infty(X^{z-})$ 分别表示正、负离子 M^{z+} 和 X^{z-} 的无限稀释摩尔电导率。一些离子的无限稀释摩尔电导率列于表 8.3。

表 8.3 298 K一些离子的无限稀释摩尔电导率

阳离子	$\Lambda_m^\infty(+) \times 10^4 / S \cdot m^2 \cdot mol^{-1}$	阴离子	$\Lambda_m^\infty(-) \times 10^4 / S \cdot m^2 \cdot mol^{-1}$
H^+	349.82	OH^-	198
Li^+	38.69	Cl^-	76.34
Na^+	50.11	Br^-	78.4
K^+	73.52	I^-	76.8
NH_4^+	73.4	NO_3^-	71.44
Ag^+	61.92	CH_3COO^-	40.9
$(1/2)Ca^{2+}$	59.5	ClO_4^-	68.0
$(1/2)Ba^{2+}$	63.64	$(1/2)SO_4^{2-}$	79.8
$(1/2)Sr^{2+}$	59.46		
$(1/2)Mg^{2+}$	53.06		
$(1/3)La^{3+}$	69.6		

表中结果表示：(1) 同价正离子，半径增大，摩尔电导率增大。这主要与离子水化有关。离子半径小，水化作用增强，水化离子具有较大半径，导致移动阻力增大，摩尔电导率减小。(2) 对于离子半径较大的负离子(如I^-、NO_3^-等)，离子水化较弱，表现出裸离子的特征。即离子半径增大，迁移阻力增大，摩尔电导率减小。对于离子半径较小的负离子(如Cl^-、Br^-)，离子水化作用较强，导致移动阻力增大。(3) H^+和OH^-具有非常大的极限摩尔电导率数值。其导电机理不同于其他的正离子和负离子。

强电解质的Λ_m^∞可由实验数据作图外推至$c^{1/2}\to 0$而求得。弱电解质的$\Lambda_m^\infty \sim c^{1/2}$关系不具有线性关系，不能外推至$c^{1/2}\to 0$求得。但是根据离子独立运动定律，它们可以借助其他强电解质的文献数据而求得。

【例 8.5】 求醋酸的无限稀释摩尔电导率。

解：文献查阅若干强电解质的数据：

$\Lambda_m^\infty(\mathrm{HCl})=0.042\ 616\ \mathrm{S\cdot m^2\cdot mol^{-1}}$；$\Lambda_m^\infty(\mathrm{CH_3COONa})=0.009\ 1\ \mathrm{S\cdot m^2\cdot mol^{-1}}$；$\Lambda_m^\infty(\mathrm{NaCl})=0.012\ 65\ \mathrm{S\cdot m^2\cdot mol^{-1}}$

$$\begin{aligned}\Lambda_m^\infty(\mathrm{CH_3COOH})&=\Lambda_m^\infty(\mathrm{H^+})+\Lambda_m^\infty(\mathrm{CH_3COO^-})\\&=[\Lambda_m^\infty(\mathrm{H^+})+\Lambda_m^\infty(\mathrm{Cl^-})]+[\Lambda_m^\infty(\mathrm{Na^+})+\Lambda_m^\infty(\mathrm{CH_3COO^-})]-[\Lambda_m^\infty(\mathrm{Na^+})+\Lambda_m^\infty(\mathrm{Cl^-})]\\&=\Lambda_m^\infty(\mathrm{HCl})+\Lambda_m^\infty(\mathrm{CH_3COONa})-\Lambda_m^\infty(\mathrm{NaCl})\\&=(0.042\ 616+0.009\ 1-0.012\ 65)\mathrm{S\cdot m^2\cdot mol^{-1}}=0.039\ 066\ \mathrm{S\cdot m^2\cdot mol^{-1}}\end{aligned}$$

即：弱电解质的Λ_m^∞可以通过强电解质正、负离子的无限稀释摩尔电导率的加合得到。

【例 8.6】 以$Al_2(SO_4)_3$为例，求电导率、摩尔电导率与离子电迁移率和迁移数的联系。

解：由于$Q_B=c_Bz_BFAr_Bt$，$U_B=r_B/(E/l)$，则

$$\kappa_B=G\cdot\frac{l}{A}=\frac{I_B}{E}\cdot\frac{l}{A}=\frac{Q_B}{tE}\cdot\frac{l}{A}=c_Bz_BFU_B$$

可得：
$$\Lambda_m(B)=\kappa_B/c_B=z_BFU_B$$

对于$M_{\nu_+}X_{\nu_-}$型电解质，按照离子独立运动定律有

$$\Lambda_m^\infty(M_{\nu+}X_{\nu-})=\nu_+\Lambda_m^\infty(M^{z+})+\nu_-\Lambda_m^\infty(X^{z-})$$

离子的迁移数为：

$$t_+^\infty=\frac{\nu_+\Lambda_m^\infty(M^{z+})}{\Lambda_m^\infty(M_{\nu+}X_{\nu-})}=\frac{\nu_+z_+U_+}{\nu_+z_+U_++\nu_-z_-U_-}$$

$$t_-^\infty=\frac{\nu_-\Lambda_m^\infty(X^{z-})}{\Lambda_m^\infty(M_{\nu+}X_{\nu-})}=\frac{\nu_-z_-U_-}{\nu_+z_+U_++\nu_-z_-U_-}$$

$Al_2(SO_4)_3$完全电离时有： $Al_2(SO_4)_3\longrightarrow 2Al^{3+}+3\,SO_4^{2-}$

$$c(\mathrm{Al^{3+}})=2c[\mathrm{Al_2(SO_4)_3}],\quad c(\mathrm{SO_4^{2-}})=3c[\mathrm{Al_2(SO_4)_3}]$$

$$t^\infty(\mathrm{Al^{3+}})=\frac{2\Lambda_m^\infty(\mathrm{Al^{3+}})}{\Lambda_m^\infty[\mathrm{Al_2(SO_4)_3}]}=\frac{2\times3\times U(\mathrm{Al^{3+}})}{2\times3\times U(\mathrm{Al^{3+}})+3\times2\times U(\mathrm{SO_4^{2-}})}$$

$$t^{\infty}(SO_4^{2-})=\frac{3\Lambda_m^{\infty}(SO_4^{2-})}{\Lambda_m^{\infty}[Al_2(SO_4)_3]}=\frac{3\times2\times U(SO_4^{2-})}{2\times3\times U(Al^{3+})+3\times2\times U(SO_4^{2-})}$$

在具体计算时应注意离子的价数和粒子基本单元的选择。

8.2.4　电导测定的应用

1. 水的纯度

通常水中都含有一定的杂质，因此具有一定的导电能力。蒸馏水的电导率 κ 约为 $1\times10^{-3}\,S\cdot m^{-1}$。蒸馏水用 $KMnO_4$ 和 KOH 溶液处理以除去水中的 CO_2 和有机杂质后，用石英器皿重新蒸馏所得的水为重蒸水。玻璃器皿含有溶解的硅酸钠等，不能符合电导测定的要求。去离子水为用阴、阳离子树脂处理以除去各种离子所得的水。重蒸水和去离子水的电导率 κ 可小于 $1\times10^{-4}\,S\cdot m^{-1}$。由于水本身有微弱电离，$H_2O \rightleftharpoons H^+ + OH^-$，虽经反复多次蒸馏仍有一定的电导，理论计算纯水的电导率应为 $5.5\times10^{-6}\,S\cdot m^{-1}$。半导体工业中常需高纯度的水即所谓"电导水"是指其电导率 κ 小于 $1\times10^{-4}\,S\cdot m^{-1}$ 的水。通过测定水的电导率可以实现对水的纯度的检测和控制。

【例 8.7】 在 298.15 K 纯水的 $K_W=10^{-14}$，$[H^+]=[OH^-]=10^{-7}$，求纯水电导率。

解：查找离子摩尔电导率文献数据：$\Lambda_m^{\infty}(H^+)=3.498\,2\times10^{-2}\,S\cdot m^2\cdot mol^{-1}$，$\Lambda_m^{\infty}(OH^-)=1.984\,8\times10^{-2}\,S\cdot m^2\cdot mol^{-1}$

离子独立运动对体系的贡献：$\Lambda_m^{\infty}=\Lambda_m^{\infty}(H^+)+\Lambda_m^{\infty}(OH^-)=(3.498\,2+1.984\,8)\times10^{-2}\,S\cdot m^2\cdot mol^{-1}=5.478\,2\times10^{-2}\,S\cdot m^2\cdot mol^{-1}$

由于 $c=[H^+]=[OH^-]=10^{-7}\,mol\cdot dm^{-3}=10^{-4}\,mol\cdot m^{-3}$

$\kappa=c\Lambda_m^{\infty}=5.478\,2\times10^{-2}\,S\cdot m^2\cdot mol^{-1}\times10^{-4}\,mol\cdot m^{-3}=5.478\,2\times10^{-6}\,S\cdot m^{-1}$，即纯水电导率。

2. 弱电解质的电离平衡

电解质在一定浓度下的摩尔电导率 Λ_m 比其极限摩尔电导率 Λ_m^{∞} 小有两个原因：一是电解质在指定浓度下并未达到完全电离，担负导电的离子数目减少；二是在较高浓度下，离子间的相互作用导致离子运动速率比其在浓度无限稀释时慢。对于弱电解质，电离平衡的存在导致导电的离子数减少是其摩尔电导率小于其极限摩尔电导率的主要原因。电离度 α 用于衡量离子电离的程度，定义为：

$$\alpha=\Lambda_m/\Lambda_m^{\infty} \tag{8.2.5}$$

以弱电解质醋酸(HAc)为例求电离平衡常数与摩尔电导率的关系。设 HAc 的浓度为 c，摩尔电导率 Λ_m 取决于 1 mol 的 HAc 在溶液中电离的离子数。当 $c\to0$ 时，可认为 HAc 完全电离，$\alpha=1$。Λ_m^{∞} 可由离子独立移动定律求得。若由实验测出弱电解质在指定浓度 c 的摩尔电导率 Λ_m，即可求出 α 和电离平衡常数 $K_c^{\ominus}$。

对于反应 $HAc \rightleftharpoons H^+ + Ac^-$

各组分起始浓度 $c \quad 0 \quad 0$

电离平衡浓度 $c(1-\alpha) \quad c\alpha \quad c\alpha$

电离平衡常数
$$K_c^{\ominus}=\frac{\frac{c\alpha}{c^{\ominus}}\cdot\frac{c\alpha}{c^{\ominus}}}{\frac{c(1-\alpha)}{c^{\ominus}}}=\frac{\frac{c}{c^{\ominus}}\alpha^2}{(1-\alpha)} \qquad (8.2.6)$$

将式(8.2.5)代入得：
$$K_c^{\ominus}=\frac{\frac{c}{c^{\ominus}}\Lambda_m^2}{\Lambda_m^{\infty}(\Lambda_m^{\infty}-\Lambda_m)} \qquad (8.2.7)$$

此式称为奥斯特瓦尔德稀释定律(Ostwald's dilution law)，适用于 α 很小的弱电解质。为方便处理实验数据，将式(8.2.7)化为线性方程，即

$$\frac{1}{\Lambda_m}=\frac{1}{\Lambda_m^{\infty}}+\frac{\frac{c}{c^{\ominus}}\Lambda_m}{K_c^{\ominus}\ (\Lambda_m^{\infty})^2} \qquad (8.2.8)$$

以 $1/\Lambda_m$ 对 $c\Lambda_m$ 作图，可从截距和斜率求得 Λ_m^{∞} 和 $K_c^{\ominus}$ 值。

科学家介绍

弗里德里希·威廉·奥斯特瓦尔德
(Friedrich Wilhelm Ostwald)

【例 8.8】 KCl 溶液的 $\kappa=0.141\ S\cdot m^{-1}$，测得盛有该 KCl 溶液的电导池的电阻为 525 Ω，用该电导池测 $0.1\ mol\cdot dm^{-3}$ 的 $NH_3\cdot H_2O$ 溶液的电阻为 2 030 Ω。求：$NH_3\cdot H_2O$ 的电离度和电离平衡常数。

解： 根据文献数据，
$$\Lambda_m^{\infty}(NH_3\cdot H_2O)=\Lambda_m^{\infty}(NH_4^+)+\Lambda_m^{\infty}(OH^-)=(73.4+198.0)\times10^{-4}\ S\cdot m^2\cdot mol^{-1}$$
$$=2.714\times10^{-2}\ S\cdot m^2\cdot mol^{-1}$$

用 KCl 溶液标定电导池常数 $(l/A)=K_{cell}$

$$K_{cell}=\kappa R=0.141\times525\ m^{-1}=74.03\ m^{-1}$$

对于浓度为 $0.1\ mol\cdot dm^{-3}$ 的 $NH_3\cdot H_2O$ 溶液，

$$\kappa=K_{cell}/R=(74.03/2\,030)S\cdot m^{-1}=0.036\,47\ S\cdot m^{-1}$$

$$\Lambda_m(NH_3\cdot H_2O)=\kappa/c(NH_3\cdot H_2O)=[0.036\,47/(0.1\times10^3)]S\cdot m^2\cdot mol^{-1}$$
$$=3.647\times10^{-4}\ S\cdot m^2\cdot mol^{-1}$$

$$\alpha=\Lambda_m/\Lambda_m^{\infty}=3.647\times10^{-4}/2.714\times10^{-2}=0.013\,44$$

$$K_c^{\ominus}=\frac{(c/c^{\ominus})\alpha^2}{(1-\alpha)}=0.1\times(0.013\,44)^2/(1-0.013\,44)=1.83\times10^{-5}$$

通常 $c^{\ominus}=1\ mol\cdot dm^{-3}$，则 $K_c^{\ominus}=1.83\times10^{-5}$。但是若 $c^{\ominus}=1\ mol\cdot m^{-3}$，则 $K_c^{\ominus}=1.83\times10^{-2}$。

3. 难溶盐的溶解度

难溶盐的溶解度很低，如 $BaSO_4$、AgCl 等。它们的溶解度很难用化学分析的方法测定，

但可用电导法测定。难溶盐溶液中离子浓度很低，可用其极限摩尔电导率 Λ_m^∞ 代替其摩尔电导率 Λ_m。

$$\Lambda_m^\infty \approx \Lambda_m = \kappa / c \tag{8.2.9}$$

可见，测定了难溶盐的电导率 κ，同时由离子独立移动定律求出其极限摩尔电导率 Λ_m^∞，即可求得难溶盐饱和浓度 c。值得指出的是，通常难溶盐的电导率较小，此时水的电导率不能忽略，计算难溶盐 B 的溶解度时要校正水电离的影响，即 $\kappa(\text{B})=\kappa(\text{溶液})-\kappa(\text{水})$。还要注意所取粒子的基本单元在 Λ_m 和 c 中应一致。

【例 8.9】 298.15 K 时测得 AgCl 饱和溶液的电导率 $\kappa(\text{溶液})=3.41\times10^{-4}\ \text{S·m}^{-1}$，同温度下水的电导率 $\kappa(\text{水})=1.60\times10^{-4}\ \text{S·m}^{-1}$，求 AgCl 的溶解度及活度积常数 K_{sp}。已知 $\Lambda_m^\infty(Ag^+)=61.92\times10^{-4}\ \text{S·m}^2\text{·mol}^{-1}$，$\Lambda_m^\infty(Cl^-)=76.34\times10^{-4}\ \text{S·m}^2\text{·mol}^{-1}$。

解　$\kappa(\text{AgCl})=\kappa(\text{溶液})-\kappa(\text{水})=(3.41\times10^{-4}-1.60\times10^{-4})\ \text{S·m}^{-1}=1.81\times10^{-4}\ \text{S·m}^{-1}$

$$\begin{aligned}\Lambda_m^\infty(\text{AgCl}) &= \Lambda_m^\infty(Ag^+)+\Lambda_m^\infty(Cl^-)\\ &=(61.92\times10^{-4}+76.34\times10^{-4})\ \text{S·m}^2\text{·mol}^{-1}\\ &=138.26\times10^{-4}\ \text{S·m}^2\text{·mol}^{-1}\end{aligned}$$

$$\begin{aligned}c(\text{AgCl}) &= \kappa(\text{AgCl})/\Lambda_m^\infty(\text{AgCl})\\ &=(1.81\times10^{-4}/138.26\times10^{-4})\ \text{mol·m}^{-3}=0.0131\ \text{mol·m}^{-3}\\ &=1.31\times10^{-5}\ \text{mol·dm}^{-3}\end{aligned}$$

离子的活度因子近似等于 1，活度积近似认为等于浓度积：

$$\begin{aligned}K_{sp} &= c(Ag^+)c(Cl^-)=(1.31\times10^{-5})^2(\text{mol·dm}^{-3})^2=1.72\times10^{-10}(\text{mol·dm}^{-3})^2\\ &=1.72\times10^{-4}(\text{mol·m}^{-3})^2\end{aligned}$$

4. 电导滴定

由于电解质溶液的滴定过程伴随着溶液电导的变化，电导测定可以作为一种跟踪反应过程的有效方法。利用电导率变化的转折点，可以确定滴定终点。当溶液混浊或有颜色而不能用指示剂确定滴定终点时，电导滴定方法优势明显。

(1) 强碱滴定强酸

如用 NaOH 溶液滴定 HCl 溶液。加入 NaOH 溶液以前，溶液 H^+ 含量高、电导率大。滴加 NaOH 溶液，溶液发生中和反应，滴定过程实质上是用电导率较小的 Na^+ 取代了电导率较大的 H^+。因此，随着 NaOH 的逐渐加入，溶液的电导率逐渐减小。当 NaOH 过量时，多余的 OH^- 具有较大的电导率，溶液的电导率又会增加，滴定过程的电导率变化如图 8.11 中曲线Ⅰ所示，曲线转折处的电导率最小，即为滴定终点。

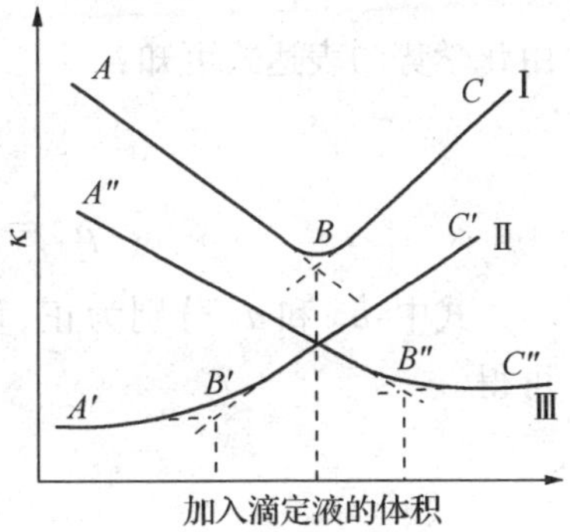

图 8.11　电导滴定曲线

(2) 强碱滴定弱酸

如用 NaOH 滴定 HAc 溶液。滴定前为 HAc 溶液，溶液电导率很小。随着 NaOH 的加入，溶液中 Na^+ 浓度逐渐增大，溶液电导率也随之增大。当 NaOH 过量后，由于 OH^- 的电导率也很大，随着 NaOH 的继续加入溶液的电导率迅速上升，如图 8.11 曲线Ⅱ所示，曲线的转折点即为滴定终点。曲线Ⅲ为弱碱滴定强酸的情况。

电导滴定还可以用于跟踪沉淀反应、配位反应等。如 KCl 与 $AgNO_3$ 反应，在滴定初期，溶液电导率变化较小。超过滴定终点后，溶液有过量盐存在，导致电导率很快增大。

8.3 电解质溶液理论

与电化学体系相关的电解质溶液的理论主要关注两个方面的性质：一是溶液的热力学性质，特别是离子的热力学性质；另一个是离子的迁移性质。离子的微观性质和溶液的宏观性质的数学联系构建了电解质溶液理论的框架。所谓离子的微观性质，包含了离子的结构，离子间的相互作用，离子和溶剂的作用，以及离子的运动状态。溶液的热力学性质集中表现在离子的活度因子上，因为活度因子决定了化学势。离子的迁移性质集中表现在离子的摩尔电导率上。所以，电解质溶液理论讨论的是：通过溶液中离子的微观性质和相互作用，来预测电解质溶液的宏观性质——溶液热力学性质、离子的活度因子、溶液的电导率和离子的摩尔电导率。理论是否完善，取决于理论预测与实验数据的吻合程度。

8.3.1 离子的活度及平均活度因子

化学势、活度和活度因子是溶液热力学研究的核心问题。对于非理想溶液，用活度代替浓度以表示其化学势与浓度的关系，用活度因子表示它对理想溶液的偏差。对于电解质溶液，也可以引用活度和活度因子的概念，表示化学势与离子浓度的关系。由于电解质溶液涉及电解质的电离，而且正、负离子是共轭存在，所以有必要首先理清楚电解质的活度(活度因子)与离子的活度(活度因子)的关系。

首先假设强电解质 $M_{\nu_+}A_{\nu_-}$ 在溶液中是完全电离的：

$$M_{\nu_+}A_{\nu_-} \longrightarrow \nu_+ M^{z+} + \nu_- A^{z-}$$

电解质B的化学势(μ_B)等于离子的化学势(正离子的化学势 μ_+、负离子的化学势 μ_-)之和。

$$\mu_B = \nu_+\mu_+ + \nu_-\mu_- \tag{8.3.1}$$

由化学势的表达式可知：

$$\mu_B = \mu_B^\ominus + RT\ln a_B \tag{8.3.2}$$

$$\mu_+ = \mu_+^\ominus + RT\ln a_+ \quad \mu_- = \mu_-^\ominus + RT\ln a_- \tag{8.3.3}$$

式中：a_+ 和 a_- 分别为正、负离子的活度。将式(8.3.2)和式(8.3.3)代入式(8.3.1)可得

$$\mu_B = \nu_+\mu_+^\ominus + \nu_-\mu_-^\ominus + RT\ln(a_+^{\nu_+}a_-^{\nu_-}) \tag{8.3.4}$$

与式(8.3.2)相比，可得

$$\mu_B^{\ominus}=\nu_+\mu_+^{\ominus}+\nu_-\mu_-^{\ominus} \tag{8.3.5}$$

$$a_B=a_+^{\nu_+}a_-^{\nu_-} \tag{8.3.6}$$

上式中，a_B 是可测的。由于正、负离子同时存在，单种离子的活度 a_+（或 a_-）是不可测的。为了衡量电解质溶液离子活度的大小，定义电解质溶液的离子平均活度为：

$$a_{\pm}=(a_+^{\nu_+}a_-^{\nu_-})^{1/(\nu_++\nu_-)}=(a_+^{\nu_+}a_-^{\nu_-})^{1/\nu} \tag{8.3.7}$$

于是有：

$$a_B=a_{\pm}^{\nu},\qquad \nu=\nu_++\nu_- \tag{8.3.8}$$

若将电解质溶液离子的活度和浓度之间的关系表示为：

$$a_+=\gamma_+(b_+/b^{\ominus})\qquad a_-=\gamma_-(b_-/b^{\ominus}) \tag{8.3.9}$$

将之代入式(8.3.6)可得

$$a_B=(\gamma_+b_+/b^{\ominus})^{\nu_+}(\gamma_-b_-/b^{\ominus})^{\nu_-}=\gamma_+^{\nu_+}\gamma_-^{\nu_-}[b_+^{\nu_+}b_-^{\nu_-}/(b^{\ominus})^{\nu}]=a_{\pm}^{\nu} \tag{8.3.10}$$

定义离子的平均活度因子为：

$$\gamma_{\pm}=(\gamma_+^{\nu_+}\gamma_-^{\nu_-})^{1/\nu} \tag{8.3.11}$$

定义离子平均质量摩尔浓度为：

$$b_{\pm}=(b_+^{\nu_+}b_-^{\nu_-})^{1/\nu}=(v_+^{\nu_+}\cdot v_-^{\nu_-})^{1/\nu}\cdot b \tag{8.3.12}$$

即：

$$a_B=a_{\pm}^{\nu},\qquad a_{\pm}=\gamma_{\pm}(b_{\pm}/b^{\ominus}) \tag{8.3.13}$$

$b_{\pm}$ 可由 b 计算获得，例如对于 1－1 型电解质，$b_+=b_-=b_{\pm}=b$。因此，离子的平均活度因子 $\gamma_{\pm}$ 是可测的。电解质浓度无限稀释时，溶液近似为理想的稀溶液，所以当 $b\to0$ 时，$\gamma_{\pm}\to1$。此状态也即电解质溶液的标准态。

【例 8.10】 写出下述电解质溶液的离子平均活度和活度因子：KCl，$ZnSO_4$，$AlCl_3$，Na_2SO_4，设各电解质的浓度均为 b。

答： KCl 为 1∶1 型电解质，$\nu_+=\nu_-=1\quad \nu=\nu_++\nu_-=2$

$\gamma_{\pm}=(\gamma_+^{\nu_+}\gamma_-^{\nu_-})^{1/\nu}=(\gamma_+^1\gamma_-^1)^{1/2}$

$b_{\pm}=[(\nu_+b)^{\nu_+}(\nu_-b)^{\nu_-}]^{1/\nu}=(1^1\cdot1^1)^{1/2}b=b$

$a=a_{\pm}^{\nu}=(\gamma_{\pm}b_{\pm}/b^{\ominus})^{\nu}=(\gamma_+\gamma_-)(b/b^{\ominus})^2$

$ZnSO_4$ 为 2∶2 型电解质，$\nu_+=\nu_-=1,\nu=\nu_++\nu_-=2$

$\gamma_{\pm}=(\gamma_+^{\nu_+}\gamma_-^{\nu_-})^{1/\nu}=(\gamma_+^1\gamma_-^1)^{1/2}$

$b_{\pm}=[(\nu_+b)^{\nu_+}(\nu_-b)^{\nu_-}]^{1/\nu}=(1^1\cdot1^1)^{1/2}b=b$

$a=a_{\pm}^{\nu}=(\gamma_{\pm}b_{\pm}/b^{\ominus})^{\nu}=(\gamma_+\gamma_-)(b/b^{\ominus})^2$

$AlCl_3$ 为 1∶3 型电解质，$\nu_+=1,\nu_-=3,\nu=\nu_++\nu_-=4$

$\gamma_{\pm}=(\gamma_+^{\nu_+}\gamma_-^{\nu_-})^{1/\nu}=(\gamma_+^1\gamma_-^3)^{1/4}$

$b_{\pm}=[(\nu_+b)^{\nu_+}(\nu_-b)^{\nu_-}]^{1/\nu}=(1^1\cdot3^3)^{1/4}b=27^{1/4}b$

$a=a_{\pm}^{\nu}=(\gamma_{\pm}b_{\pm}/b^{\ominus})^{\nu}=(\gamma_{+}^{1}\gamma_{-}^{3})\cdot 27\cdot(b/b^{\ominus})^{4}$

Na_2SO_4 为 2∶1 型电解质：$\nu_{+}=2,\nu_{-}=1,\nu=\nu_{+}+\nu_{-}=3$

$\gamma_{\pm}=(\gamma_{+}^{\nu_+}\gamma_{-}^{\nu_-})^{1/\nu}=(\gamma_{+}^{2}\gamma_{-}^{1})^{1/3}$

$b_{\pm}=[(\nu_{+}b)^{\nu_+}(\nu_{-}b)^{\nu_-}]^{1/\nu}=(2^{2}\cdot 1^{1})^{1/3}b=4^{1/3}b$

$a=a_{\pm}^{\nu}=(\gamma_{\pm}b_{\pm}/b^{\ominus})^{\nu}=(\gamma_{+}^{2}\gamma_{-}^{1})4(b/b^{\ominus})^{3}$

8.3.2 离子强度

实验数据表明：稀溶液中，强电解质的 $\gamma_{\pm}$ 主要受浓度和离子电荷数两种因素的影响，且离子电荷数的影响更大。浓度的影响表现为：$\gamma_{\pm}$ 随着浓度的增大而减小，溶液无限稀释时，$\gamma_{\pm}$ 趋近于 1。离子电荷的影响表现为：$\gamma_{\pm}$ 与电解质的价型相关，价型相同，$\gamma_{\pm}$ 大体相同；价型不同，$\gamma_{\pm}$ 相差较大，高价型电解质的 $\gamma_{\pm}$ 比低价型电解质的 $\gamma_{\pm}$ 小。为综合考虑两个因素，刘易斯 (Lewis)提出了离子强度(ionic strength)的概念，其定义为：

$$I=\frac{1}{2}\sum_{i}b_{i}z_{i}^{2} \qquad (8.3.14)$$

式中：i 遍及溶液中所有离子；z_i 为离子电荷数。计算离子强度，必须用与该电解质对应的正、负离子的真实浓度。离子强度是溶液中离子电荷形成的静电场强度的度量。根据实验数据，刘易斯总结出 $\gamma_{\pm}$ 与 I 的经验关系式为：

$$\ln\gamma_{\pm}=-A\sqrt{I} \qquad (8.3.15)$$

式中：A 是与温度及电解质价型有关的经验常数，该式适用于离子强度很低的电解质稀溶液。若能够从理论上预测出 A 参数，则电解质的活度系数及热力学问题，便迎刃而解。

【例 8.11】 计算 0.1 $mol\cdot kg^{-1}$ NaCl 溶液和 0.02 $mol\cdot kg^{-1}$ $MgCl_2$ 溶液的离子强度。

解：0.1 $mol\cdot kg^{-1}$ NaCl 溶液：$I=(1/2)[0.1\times 1^{2}+0.1\times(-1)^{2}]mol\cdot kg^{-1}=0.1\ mol\cdot kg^{-1}$

0.02 $mol\cdot kg^{-1}$ $MgCl_2$ 溶液：$I=(1/2)[0.02\times 2^{2}+2\times 0.02\times(-1)^{2}]mol\cdot kg^{-1}=0.06\ mol\cdot kg^{-1}$

8.3.3 电解质溶液理论

式(8.2.3)和式(8.3.15)是由实验数据归纳出的电解质溶液的两个基本性质，即离子的迁移性质和热力学性质随离子浓度变化的关系。电解质溶液理论关注的问题是：如何从理论上获得这两个关系式。

最早的电解质溶液理论是阿累尼乌斯的部分电离学说。该学说认为：电解质在溶液中是部分电离的，未电离的电解质分子与已电离的正、负离子处于动态平衡。阿累尼乌斯理论能解释弱电解质溶液的依数性较同浓度的非电解质溶液大得多的现象。但它还无法得出强电解质溶液的摩尔电导率和活度系数与浓度的定量关系。

1. 德拜-休克尔离子互吸理论

1923年，德拜(P. Debye)和休克尔(E. Hückel)提出了强电解质的离子互吸理论(ion-attraction theory)。该理论的要点可概括为：

(1) 强电解质在稀溶液中是完全电离的。离子可视为均匀带电的球体，在浓度无限稀释条件下，离子可视为一个点电荷。溶剂可视为无结构的连续介质。

(2) 电解质溶液与理想溶液的偏差主要是由于离子间的静电作用所引起的。这种作用简称为离子互吸。

(3) 离子间的作用可用中心离子与离子氛的作用来描述。

(4) 将离子和离子氛同时充电，环境对体系所做的电功 $W(\mathrm{ele})$ 与离子的活度系数具有定量关系：

$$RT\ln\gamma_i=-W(\mathrm{ele}) \tag{8.3.16}$$

在德拜-休克尔理论中引入了一个重要的概念——离子氛(ionic atmosphere)。关于离子氛，德拜-休克尔理论认为：

(1) 强电解质溶液中正、负离子同时受静电作用和热运动的影响。静电作用使离子有规则地排列，而热运动使离子在溶液中均匀地分布。可将溶液中任意一个离子视为中心粒子，溶液中离子在中心粒子周围的分布是统计平均的结果。静电作用和热运动的平衡形成了围绕中心粒子的离子氛。

(2) 离子氛可视为是一个中心离子周围被异电荷离子包围，形成一个对称的球型异电荷层。异电荷的总电荷量在数值上等于中心离子的电荷。溶液是电中性的。

(3) 离子氛内离子的运动是一个动态平衡。不仅有异电荷，还有同种电荷。异电荷在总数上多于同种电荷。

(4) 离子氛有一定的厚度，越靠近中心，离子氛与中心离子的作用越强，粒子密度越高。离子氛的半径在 $10^{-7}\sim 10^{-9}$ m 范围。

(5) 任何一个离子都可以成为中心离子，同时它又是另一个中心离子的离子氛的一员。

图8.12给出了离子氛的示意图。以离子氛模型为基础，可以把溶液中复杂的离子间作用归结为中心离子与离子氛之间的静电作用，从而简化了强电解质溶液的理论处理。

根据离子氛模型，德拜－休克尔理论给出了计算强电解质活度因子的公式。

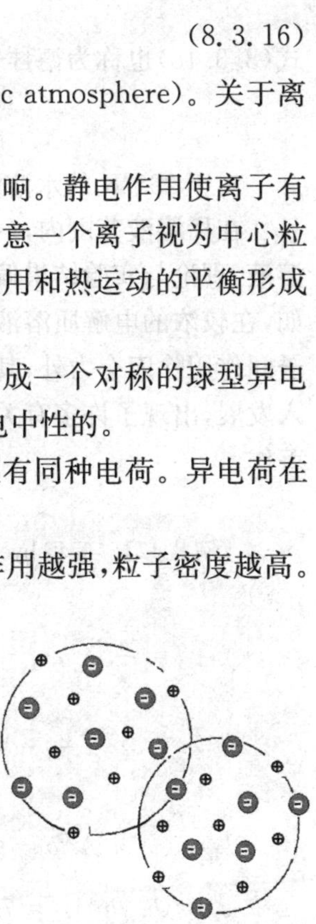

图8.12 离子氛的示意图

根据理想稀溶液溶质质点不带电，而强电解质溶液中正、负离子带电的基本事实，他们认为造成强电解质溶液与理想稀溶液之间发生偏差的主要原因是正、负离子间的静电作用，或者说是中心离子与离子氛之间的静电作用。电解质溶液中离子B的化学势 $\mu_{e,\mathrm{B}}$ 与理想稀溶液化学势 $\mu_{i,\mathrm{B}}$ 的差值 $\Delta\mu$ 等于离子间的静电作用引起的吉布斯自由能的变化，即中心离子和离子氛同时充电过程环境对体系所做的电功，$\Delta\mu=-W(\mathrm{ele})$。而电解质溶液与理想溶液的偏差可以用离子的活度因子来表示：

$$\Delta\mu=\mu_{e,\mathrm{B}}-\mu_{i,\mathrm{B}}=RT\ln\gamma_{\mathrm{B}}=-W(\mathrm{ele})$$

因此只要求得产生中心离子和离子氛的电功，就可以计算出强电解质溶液中离子 B 的活度因子 γ_B。

根据静电理论和统计力学原理，德拜-休克尔理论给出了单个离子在水溶液中活度因子的计算公式，即德拜-休克尔极限公式 (Debye-Hückel limiting equation)：

$$\ln\gamma_B = -Az_B^2\sqrt{I} \tag{8.3.17}$$

式中：I 为离子强度；A 为常数，298 K 的水溶液中 $A = 1.170\,9\ \mathrm{mol^{-1/2}\cdot kg^{1/2}}$。由于任何电解质溶液中正、负离子总是相伴存在的，所以单个离子的活度因子无法测得，而只能测得离子的平均活度因子 $\gamma_\pm$。根据电解质溶液离子平均活度的定义，再结合电中性条件，$\nu_+ z_+ = \nu_- |z_-|$，可得：

$$\ln\gamma_\pm = -A|z_+ z_-|\sqrt{I} \tag{8.3.18}$$

式(8.3.18)也称为德拜-休克尔极限公式。文献中也有用常用对数表达活度因子的公式，即

$$\lg\gamma_\pm = -A' \mid z_+ z_- \mid \sqrt{I} \tag{8.3.19}$$

对于 298 K 的水溶液，$A' = 0.509\ \mathrm{mol^{-1/2}\cdot kg^{1/2}}$。

在稀溶液范围内，$I < 0.01\ \mathrm{mol\cdot kg^{-1}}$，德拜-休克尔公式与实验结果吻合较好，但对于浓溶液，理论与实验结果偏差增大，原因在于溶液中的实际情况与理论的假设有较大偏差。例如，在较浓的电解质溶液中，离子氛半径减小，离子占有一定的体积，不能用点电荷处理，离子间作用除库仑力外，其他作用不能忽视等。为纠正这些偏差，促进了电解质溶液理论的深入发展，出现了许多有关离子活度因子与电解质浓度的关系式，有兴趣的读者可以参考相关著作。

【例 8.12】 用 Debye-Hückel 公式计算 298 K 时 $0.005\ \mathrm{mol\cdot kg^{-1}}$ 的 $BaCl_2$ 水溶液中 $BaCl_2$ 的平均活度。

解：$I = \frac{1}{2}\sum_i b_i z_i^2 = [(0.005\times 2^2 + 0.005\times 2\times 1^2)/2]\mathrm{mol\cdot kg^{-1}} = 0.015\ \mathrm{mol\cdot kg^{-1}}$

$\lg\gamma_\pm = -A' \mid z_+ z_- \mid \sqrt{I} = -0.509\times 2\times 0.015^{1/2} = -0.124\,6$，

$$\gamma_\pm = 0.75$$

$b_\pm = (v_+^{v_+} v_-^{v_-})^{1/v} b = (1^1\times 2^2)^{1/3}\times 0.005\ \mathrm{mol\cdot kg^{-1}} = 7.937\times 10^{-3}\ \mathrm{mol\cdot kg^{-1}}$

$a_\pm = (b_\pm / b^\ominus)\gamma_\pm = 7.937\times 10^{-3}\times 0.75 = 5.953\times 10^{-3}$

【例 8.13】 298 K，Ag_2CrO_4 在水中的饱和浓度为 $1.30\times 10^{-4}\ \mathrm{mol\cdot dm^{-3}}$，求 Ag_2CrO_4 的溶度积，并用 Debye-Hückel 公式计算其活度积。

解：Ag_2CrO_4 的饱和浓度 $c = 1.30\times 10^{-4}\ \mathrm{mol\cdot dm^{-3}}$，$Ag^+$ 和 ${CrO_4}^{2-}$ 的浓度分别为 $2c$ 和 c，

$$K_{sp} = (2c)^2\times c = 4c^3 = 8.79\times 10^{-12}\ \mathrm{mol^3\cdot dm^{-9}}$$

对电解质的水的稀溶液，当溶质浓度用 b 和 c 表示时，其数值几乎相同，因此离子强度也可以用 c 作浓度进行计算，即：$c^\ominus = 1\ \mathrm{mol\cdot dm^{-3}}$

$$I/b^{\ominus} \approx \frac{1}{2}(2c \times 1^2 + c \times 2^2)/c^{\ominus} = (3c/c^{\ominus}) = 3.90 \times 10^{-4}$$

$$\lg \gamma_{\pm} = -0.509 \times |1 \times 2| \sqrt{3.90 \times 10^{-4}} = -0.0201,$$

$$\gamma_{\pm} = 0.9548$$

$$K_a = [K_{sp}/(c^{\ominus})^3]\gamma_{\pm}^3 = 7.65 \times 10^{-12}$$

科学家介绍

讨论　Pitzer 的电解质溶液理论

彼得·约瑟夫·威廉·德拜
(Peter Joseph William Debye)

埃里希·阿尔曼·阿瑟·约瑟夫·休克尔
(Erich Armand Arthur Joseph Hückel)

2. Debye-Hückel-Onsager 的离子电导理论

1927 年,Onsager 将德拜-休克尔理论应用到有外加电场作用的电解质溶液,对式(8.2.3)做出了理论解释,形成了 Debye-Hückel-Onsager 的电导理论,其摩尔电导率关系式为:

$$\Lambda_m = \Lambda_m^{\infty} - (p + q\Lambda_m^{\infty})\sqrt{c} \tag{8.3.20}$$

由于离子氛的存在,影响了中心离子的运动,使其在电场中的运动速率降低,摩尔电导率降低。离子氛的影响来源于两个效应:弛豫效应和电泳效应。q 反映了弛豫效应的影响,p 反映了电泳效应的影响。

(1) 弛豫效应

中心离子在外加电场作用下做定向运动时,其离子氛的对称性被破坏。但由于库仑力的存在,离子要重建新的离子氛,同时拆散原有离子氛。离子氛破旧立新的过程有一时间差,称为弛豫时间,形成了不对称的离子氛,它对中心离子运动产生一种阻力,因而影响摩尔电导率。

(2) 电泳效应

电解质溶液中离子是溶剂化的,即离子与溶剂的作用导致离子外围有一层溶剂化分子。外电场作用下,中心离子与其溶剂化分子同时向相同方向运动,而异电荷离子携同其溶剂化分子向相反方向运动,从而增加了黏滞力,阻滞了离子在溶液中的运动。

在非稀溶液浓度区间,离子间的相互作用和运动状态变得更加复杂,用式(8.3.20)描述电解质摩尔电导率的行为则出现较大的偏差,出现了许多关联摩尔电导率和浓度的关系的方程和方法。感兴趣的读者请参考相关文献。

8.3.4　电解质溶液的热力学性质

离子在电解质溶液中独立运动并可以直接参与电化学反应。但是离子不可能单独存在，而是正负离子相伴共存于溶液，始终保持溶液的电中性。在电化学体系，当我们关注单个离子的行为时，如何定义离子的热力学性质，如生成焓、生成 Gibbs 自由能、标准摩尔熵和单个离子的活度因子，这是一个需要解决的问题。

1. 离子的标准热力学生成函数

离子的标准生成焓 $\Delta_f H^{\ominus}$ 和标准生成 Gibbs 自由能 $\Delta_f G^{\ominus}$ 定义：在指定温度和标准态下，由稳定单质变化至 1 mol 处于标准态的离子的过程的焓变和 Gibbs 自由能的变化。离子的标准态定义为水溶液中离子浓度趋于无限稀释且等于 1 $b^{\ominus}$ 的状态。离子生成过程可以表示为

$$1\ \text{mol 稳定态单质} \rightarrow 1\ \text{mol 离子(g)} \rightarrow 1\ \text{mol} \cdot \text{kg}^{-1}\ \text{离子}(\text{aq},\infty)$$

实际过程中，离子是由电解质在水溶液中电离而生成的。对于一个电解质溶液，它不可能只生成正离子而无负离子，也不可能只生成负离子而无正离子。离子生成过程的始态是构成离子的稳定单质，而终态是包含正离子、负离子和溶剂（水）的混合物，并且要求离子处于理想稀溶液的状态。因此在实验上，离子的生成过程只能通过电解质溶液的生成过程来测定。

例如，对于反应：$Ag(s)+(1/2)Cl_2(g) \rightarrow Ag^+(aq)+Cl^-(aq)$，虽然其反应焓变：

$$\Delta_r H_m^{\ominus} = \Delta_f H_m^{\ominus}(Ag^+,aq) + \Delta_f H_m^{\ominus}(Cl^-,aq)$$

是可以测定的 ($\Delta_r H_m^{\ominus} = -61.58\ \text{kJ} \cdot \text{mol}^{-1}$)，但是单个离子的生成焓是无法直接测定的。

欲测定一个离子的生成焓，必须对伴随其生成的相反电荷离子的生成焓做出规定。为解决这个问题，规定氢离子的标准生成焓和生成 Gibbs 自由能为 0，即：

$$\Delta_f H_m^{\ominus}(H^+,aq) = 0, \quad \Delta_f G_m^{\ominus}(H^+,aq) = 0 \tag{8.3.21}$$

本质上，这一定义是用一个规定的量调整所有的离子的实际生成焓和生成 Gibbs 自由能的数值，也就是选定所有离子的数值是以 $H^+(aq)$ 为零点的相对值。于是对于反应：

$$(1/2)H_2(g)+(1/2)Cl_2(g) \rightarrow H^+(aq)+Cl^-(aq),\ \Delta_r G_m^{\ominus} = -131.23\ \text{kJ} \cdot \text{mol}^{-1}$$

我们可以将之写成：

$$\Delta_r G_m^{\ominus} = \Delta_f G_m^{\ominus}(H^+,aq) + \Delta_f G_m^{\ominus}(Cl^-,aq) = \Delta_f G_m^{\ominus}(Cl^-,aq)$$

由此定义：$\Delta_f G_m^{\ominus}(Cl^-,aq) = -131.23\ \text{kJ} \cdot \text{mol}^{-1}$。以同样的方法可以定义并测得所有离子的 $\Delta_f G_m^{\ominus}$ 和 $\Delta_f H_m^{\ominus}$。表 8.4 为 298 K 若干离子的标准生成热力学函数值。

表 8.4 298 K 若干离子的标准摩尔生成焓、标准摩尔生成 Gibbs 自由能和标准偏摩尔熵

离子	$\Delta_f H_m^{\ominus}/\text{kJ} \cdot \text{mol}^{-1}$	$\Delta_f G_m^{\ominus}/\text{kJ} \cdot \text{mol}^{-1}$	$S_m^{\ominus}/\text{J} \cdot \text{K}^{-1} \cdot \text{mol}^{-1}$
Cl^-	−167.2	−131.2	56.5
Cu^{2+}	64.8	65.5	−99.6
H^+	0	0	0
K^+	−252.4	−283.3	−102.5
Na^+	−240.1	−261.9	−59.0
PO_4^{3-}	−1277.0	−1019.0	−221.8

【例 8.14】 (1) 已知反应：$Ag(s)+(1/2)Cl_2(g)\rightarrow Ag^+(aq)+Cl^-(aq)$，$\Delta_r G_m^\ominus=-54.12\ \mathrm{kJ\cdot mol^{-1}}$，且知 $\Delta_f G_m^\ominus(Cl^-,aq)=-131.23\ \mathrm{kJ\cdot mol^{-1}}$。求 $\Delta_f G_m^\ominus(Ag^+,aq)=?$。

(2) 已知 $\Delta_f H_m^\ominus(AgNO_3,aq)=-99.4\ \mathrm{kJ\cdot mol^{-1}}$，$\Delta_f H_m^\ominus(Ag^+,aq)=105.58\ \mathrm{kJ\cdot mol^{-1}}$。求 $\Delta_f H_m^\ominus(NO_3^-,aq)=?$

解：(1) $\Delta_f G_m^\ominus(Ag^+,aq)=\Delta_r G_m^\ominus-\Delta_f G_m^\ominus(Cl^-,aq)=(-54.12+131.23)\mathrm{kJ\cdot mol^{-1}}=77.11\ \mathrm{kJ\cdot mol^{-1}}$

(2) $\Delta_f H_m^\ominus(NO_3^-,aq)=\Delta_f H_m^\ominus(AgNO_3,aq)-\Delta_f H_m^\ominus(Ag^+,aq)=(-99.4-105.58)\mathrm{kJ\cdot mol^{-1}}$
$=-205.0\ \mathrm{kJ\cdot mol^{-1}}$

2. 离子的溶剂化能

对于反应：　$(1/2)H_2(g)+(1/2)Cl_2(g)\rightarrow H^+(aq)+Cl^-(aq)$，

将反应过程分解为若干个具体的步骤，则有：

$$
\begin{aligned}
(1/2)H_2(g)+(1/2)Cl_2(g) &\xrightarrow{+203\ \mathrm{kJ}} H(g)+(1/2)Cl_2(g)\\
&\xrightarrow{+1\,312\ \mathrm{kJ}} H^+(g)+(1/2)Cl_2(g)+e^-\\
&\xrightarrow{+106\ \mathrm{kJ}} H^+(g)+Cl(g)+e^-\\
&\xrightarrow{-349\mathrm{kJ}} H^+(g)+Cl^-(g)\\
&\xrightarrow{+\Delta_{solv}G(Cl^-)} H^+(g)+Cl^-(aq)\\
&\xrightarrow{+\Delta_{solv}G(H^+)} H^+(aq)+Cl^-(aq)
\end{aligned}
$$

故：$\Delta_r G_m^\ominus=\Delta_f G_m^\ominus(Cl^-,aq)=1\,272\ \mathrm{kJ\cdot mol^{-1}}+\Delta_{solv}G_m^\ominus(H^+)+\Delta_{solv}G_m^\ominus(Cl^-)$

因此，离子的生成涉及分子分解，原子电离以及离子的水化。其中还需要解决如何计算离子溶剂化 Gibbs 自由能 $\Delta_{solv}G_m^\ominus(\mathrm{ion})$ 的问题。

单个离子的溶剂化 Gibbs 自由能可以由 Max Born 方程得到，它定义 $\Delta_{solv}G_m^\ominus(\mathrm{ion})$ 为将离子从真空迁移至相对介电常数为 ε_r 的溶液介质中体系对环境所做的电功。即：

$$\Delta_{solv}G_m^\ominus(\mathrm{ion})=-\frac{z_i^2 e^2 L}{8\pi\varepsilon_0 r_i}\left(1-\frac{1}{\varepsilon_r}\right) \tag{8.3.22}$$

式中：z_i 为离子的电荷数，r_i 为离子半径，L 为 Avogadro 常数。Born 方程指出：$\Delta_{solv}G_m^\ominus(\mathrm{ion})<0$，且离子越小，电荷价数越高，介质介电常数越高，$\Delta_{solv}G_m^\ominus(\mathrm{ion})$ 将更负，溶剂化作用将更强。在 298 K 水溶液中有：

$$\Delta_{solv}G_m^\ominus(\mathrm{ion})=-\frac{z_i^2}{(r_i/\mathrm{pm})}(6.86\times10^4\ \mathrm{kJ\cdot mol^{-1}}) \tag{8.3.23}$$

【例 8.15】 根据 Born 方程计算 Cl^- 和 Br^- 的 $\Delta_{solv}G_m^\ominus(\mathrm{ion})$ 差值，并和实验结果($-61\ \mathrm{kJ\cdot mol^{-1}}$)比较。已知 298 K 时 $\varepsilon_r=78.54$，半径分别为 181 pm 和 220 pm。

解: $\Delta_{\text{solv}}G_{\text{m}}^{\ominus}(\text{Cl}^-)-\Delta_{\text{solv}}G_{\text{m}}^{\ominus}(\text{Br}^-)=-\left(\frac{1}{181}-\frac{1}{220}\right)\times(6.86\times10^4\ \text{kJ}\cdot\text{mol}^{-1})=-67\ \text{kJ}\cdot\text{mol}^{-1}$

与实验结果的相对偏差 $=[-67-(-61)]/61=-9.8\%$

3. 离子的标准熵

虽然我们可以从实验测定一个电解质溶质在溶液中的偏摩尔熵，但我们并没有方法来区分哪一部分熵是正离子的贡献，哪一部分是负离子的贡献。同样，我们面临着需要定义一个特定的对象，使其偏摩尔熵为0，由此定义各个离子的相对偏摩尔熵。H^+ 就是人们选择的特定对象，假定在各个温度下，H^+ 水溶液标准态的熵为0。

$$S_{\text{m}}^{\ominus}(\text{H}^+,\text{aq})=0 \tag{8.3.24}$$

据此定义而得到的若干个离子的标准熵数据列入表8.4。由于各个离子的熵是相对于 $H^+(\text{aq},\infty)$ 而言的，故有正负之分。离子熵值的大小，表征了离子水化层内的有序程度高低。相对于大半径单电荷离子，小半径高电荷离子具有对水更强的相互作用，诱导水分子更紧密围绕在离子周围，故熵值降低。例如 $Cl^-(\text{aq})$ 其熵值为 $56.5\ \text{J}\cdot\text{K}^{-1}\cdot\text{mol}^{-1}$，而 $Mg^{2+}(\text{aq})$ 离子，其熵值为 $-128\ \text{J}\cdot\text{K}^{-1}\cdot\text{mol}^{-1}$。

内容提要

一、基本知识点

1. 原电池和电解池的工作原理，法拉第定律，电流效率。

2. 离子迁移数，离子电迁移率，电导率、摩尔电导率，离子独立移动定律，电解质溶液电导测定的应用

3. 电解质的活度(活度因子)与离子的活度(活度因子)的关系，离子的平均活度因子，离子强度，离子氛的概念，强电解质溶液理论，Debye-Hückel 极限公式，Debye-Hückel-Onsager 的电导理论。

4. 离子的标准摩尔生成焓，离子的标准摩尔生成 Gibbs 自由能，离子的溶剂化能，离子的标准偏摩尔熵。

二、基本公式

法拉第定律 $n=\dfrac{Q}{zF}$

离子迁移数 $t_{\text{B}}=\dfrac{Q_{\text{B}}}{Q}=\dfrac{I_{\text{B}}}{I}\quad \sum_{\text{B}}t_{\text{B}}=1$

电导、电阻、电导率和电导池常数的关系 $G=\dfrac{1}{R}=\kappa\dfrac{A}{l}=\dfrac{\kappa}{K_{\text{cell}}}$

摩尔电导率 $\Lambda_{\text{m}}=\dfrac{\kappa}{c}$

弱电解质的电离度和电离常数 $\alpha=\dfrac{\Lambda_{\text{m}}}{\Lambda_{\text{m}}^{\infty}}\qquad K_c^{\ominus}=\dfrac{\frac{c\alpha}{c^{\ominus}}\cdot\frac{c\alpha}{c^{\ominus}}}{\frac{c(1-\alpha)}{c^{\ominus}}}=\dfrac{\frac{c}{c^{\ominus}}\alpha^2}{(1-\alpha)}$(以醋酸电离为例)

强电解质摩尔电导率与浓度的关系 $\Lambda_{\text{m}}=\Lambda_{\text{m}}^{\infty}-Ac^{1/2}$

电解质的活度、平均活度、平均活度因子的关系　$a=(a_{\pm})^{\nu}$　$a_{\pm}=\gamma_{\pm}b_{\pm}/b^{\ominus}$　$\nu=\nu_{+}+\nu_{-}$

$$\gamma_{\pm}=(\gamma_{+}^{\nu_{+}}\cdot\gamma_{-}^{\nu_{-}})^{\frac{1}{\nu}}\qquad b_{\pm}=(b_{+}^{\nu_{+}}\cdot b_{-}^{\nu_{-}})^{\frac{1}{\nu}}$$

离子强度
$$I=\frac{1}{2}\sum_{i}b_{i}z_{i}^{2}$$

德拜-休克尔极限公式　$\ln\gamma_{B}=-Az_{B}^{2}\sqrt{I}$　$\ln\gamma_{\pm}=-A|z_{+}z_{-}|\sqrt{I}$

习题

1. 以 0.1 A 的电流电解硫酸铜溶液，10 min 后，在阴极上可析出多少质量的铜？在铂阳极上又可获得多少体积的 O_2(298 K、100 kPa)？

2. 以 1 930 C 的电量通过 $CuSO_4$ 溶液，在阴极有 0.009 mol 的 Cu 沉积出来，问阴极产生的 H_2 的物质的量为多少？

3. 如果在 $10\times10\ cm^2$ 的薄铜片两面镀上 0.005 cm 厚的 Ni 层[镀液用 $Ni(NO_3)_2$]，假定镀层能均匀分布，用 2.0 A 的电流强度得到上述厚度的镍层时需通电多长时间？设电流效率为 96.0 %，已知金属的密度为 $8.9\ g\cdot cm^3$，Ni(s)的摩尔质量为 $58.69\ g\cdot mol^{-1}$。

4. 电解食盐水溶液制取 NaOH，通电一段时间后，得到含 NaOH $1\ mol\cdot dm^{-3}$ 的溶液 $0.6\ dm^3$，同时在与之串联的铜库仑计上析出 30.4 g 铜，试问制备 NaOH 的电流效率是多少？

5. 在 Hittorf 迁移管中，用 Cu 电极电解已知浓度的 $CuSO_4$ 溶液。通电一定时间后，串联在电路中的银库仑计阴极上有 0.040 5 g Ag(s)析出，阴极部溶液质量为 36.434 g，据分析知，在通电前其中含 $CuSO_4$ 1.127 6 g，通电后含 $CuSO_4$ 1.109 g。试求 Cu^{2+} 和 SO_4^{2-} 的离子迁移数。

6. 用 Cu(s)电极电解 $CuSO_4$ 溶液，电解前溶液浓度为 1 g 水中含有 0.112 g $CuSO_4$，电解后阳极区溶液中 27.283 g，其中含 $CuSO_4$ 2.863 g，测得银库仑计中有 0.250 4 g 银沉积，计算 Cu^{2+} 和 SO_4^{2-} 的迁移数。

7. 在迁移数测定装置中，电解在 100 g 水里含有 0.650 g NaCl 的溶液。利用银作阳极，把放电的 Cl^- 去掉而变为 AgCl 固体。电解后，在阳极部的 80.09 g 溶液中含有 NaCl 0.372 g，并且在串联连接的银量计上析出的银为 0.692 g，求在 NaCl 溶液中 Na^+ 及 Cl^- 的迁移数。

8. 用银作电极来电解 $AgNO_3$ 水溶液，通电一定时间后阴极上有 0.078 g 的 Ag(s)析出。经分析知道阳极部含有 $AgNO_3$ 0.236 g，水 21.14 g。已知原来所用的溶液的浓度为每克水中溶有 $AgNO_3$ 0.007 39 g，试求 Ag^+ 和 NO_3^- 的迁移数。

9. 有一电导池，电极的有效面积 A 为 $2\times10^{-4}\ m^2$，两极片间的距离为 0.10 m，电极间充以 1－1 价型的强电解质 MN 的水溶液，浓度为 $30\ mol\cdot m^{-3}$。两电极间的电势差 $E=3$ V，电流强度 I 为 0.003 A，已知正离子 M^+ 的迁移数 $t_{+}=0.4$。试求：

(1) MN 的摩尔电导率；

(2) 正离子的离子摩尔电导率；

(3) M^+ 离子在上述电场中的移动速率。

10. 25℃时在一电导池盛以 $c=0.02\ mol\cdot dm^{-3}$ 的 KCl 溶液，测得其电阻为 82.4 Ω，若在同一电导池中盛以 $c=0.05\ mol\cdot dm^{-3}$ 的 K_2SO_4 溶液，测得其电阻为 326.0 Ω。已知 25℃ $0.02\ mol\cdot dm^{-3}$ 的 KCl 溶液的电导率为 $0.276\ 8\ S\cdot m^{-1}$，试求：

(1) 电导池常数；

(2) $0.05\ mol\cdot dm^{-3}$ 的 K_2SO_4 溶液的电导率；

(3) 0.05 mol·dm^{-3}的K_2SO_4溶液摩尔电导率。

11. 298 K 时，一电导池中装有 0.01 mol·dm^{-3} 的 KCl 溶液，测得电阻为 161.9 Ω；若装以 0.050 mol·dm^{-3} 的(1/2)K_2SO_4溶液，则所测电阻为 326 Ω，求该电导池常数及 0.050 mol·dm^{-3} 的(1/2)K_2SO_4溶液的电导率和摩尔电导率。

12. 已知 25℃时 0.05 mol·dm^{-3} CH_3COOH 溶液的电导率为 3.68×10^{-2} S·m^{-1}，试计算 CH_3COOH 解离度 α 及解离常数 $K^{\ominus}$。已知 H^+ 和 Ac^- 离子的无限稀释下的极限摩尔电导率分别为 349.82×10^{-4} S·m^2·mol^{-1}、40.9×10^{-4} S·m^2·mol^{-1}。

13. 根据电导的测定得出 25℃时饱和氯化银水溶液的电导率为 3.41×10^{-4} S·m^{-1}。已知同温度下配置溶液所用水的电导率为 1.60×10^{-4} S·m^{-1}，试计算 25℃氯化银的饱和溶液的浓度。已知 Ag^+ 和 Cl^- 的无限稀释极限摩尔电导率分别为 61.92×10^{-4} S·m^2·mol^{-1}、76.34×10^{-4} S·m^2·mol^{-1}。

14. 在 25 ℃时，纯水和 $SrSO_4$ 饱和溶液的电导率分别为 1.5×10^{-4} S·m^{-1} 和 1.482×10^{-2} S·m^{-1}，试求 $SrSO_4$ 的饱和水溶液的浓度，已知 $\Lambda_m^{\infty}(Sr^{2+})=1.189\times10^{-2}$ S·m^2·mol^{-1}，$\Lambda_m^{\infty}(SO_4^{2-})=1.596\times10^{-2}$ S·m^2·mol^{-1}。

15. 已知 NaCl，KNO_3，$NaNO_3$在稀溶液中的摩尔电导率依次为：1.26×10^{-2} S·m^2·mol^{-1}，1.45×10^{-2} S·m^2·mol^{-1}，1.21×10^{-2} S·m^2·mol^{-1}。已知 KCl 中 $t_+=t_-$，设在此浓度范围以内，摩尔电导率不随浓度而变化，试计算以上各种离子的摩尔电导率。

16. 25℃时，浓度为 0.01 mol·dm^{-3} 的 $BaCl_2$ 水溶液的电导率为 0.238 2 S·m^{-1}，而该电解质中的钡离子的迁移数 $t(Ba^{2+})$是 0.437 5，计算钡离子和氯离子的电迁移率 $U(Ba^{2+})$和 $U(Cl^-)$。

17. 298 K 时，某一电导池中充以 0.1 mol·dm^{-3} 的 KCl 溶液（其 $\kappa=0.141\,14$ S·m^{-1}），其电阻为 525 Ω，若在电导池内充以 0.10 mol·dm^{-3} 的 $NH_3\cdot H_2O$ 溶液时，电阻为 2 030 Ω。

(1) 求该 $NH_3\cdot H_2O$ 溶液的解离度；

(2) 若该电导池充以纯水，电阻应为若干？已知这时纯水的电导率为 2×10^{-4} S·m^{-1}，$\Lambda_m^{\infty}(OH^-)=1.98\times10^{-2}$ S·m^2·mol^{-1}，$\Lambda_m^{\infty}(NH_4^+)=73.4\times10^{-4}$ S·m^2·mol^{-1}。

18. 电导池用 0.01 mol·dm^{-3}标准 KCl 溶液标定时，其电阻为 189 Ω，用 0.01 mol·dm^{-3} 的氨水溶液测其电阻值为 2 460 Ω。用下列该浓度下的离子摩尔电导率数据计算氨水的解离常数。

(1) $\Lambda_m(K^+)=73.5\times10^{-4}$ S·m^2·mol^{-1}，$\Lambda_m(Cl^-)=76.4\times10^{-4}$ S·m^2·mol^{-1}；

(2) $\Lambda_m(NH_4^+)=73.4\times10^{-4}$ S·m^2·mol^{-1}，$\Lambda_m(OH^-)=196.6\times10^{-4}$ S·m^2·mol^{-1}。

19. 在 298 K 时，一电导池中充以 0.01 mol·dm^{-3} KCl，测出的电阻值为 484.0 Ω；在同一电导池中充以不同浓度的 NaCl，测得下表所列数据。

c/mol·dm^{-3}	0.000 5	0.001 0	0.002 0	0.005 0
R/Ω	10 910	5 494	2 772	1 128.9

(1) 求算各浓度时 NaCl 的摩尔电导率；

(2) 以 Λ_m 对 $c^{1/2}$ 作图，用外推法求出 Λ_m^{∞}。

20. 298 K 时将电导率为 0.141 S·m^{-1} 的 KCl 溶液装入电导池，测得电阻为 525 Ω。在该电导池中装入 0.1 mol·dm^{-3} 的 $NH_3\cdot H_2O$ 溶液，测出电阻为 2 030 Ω，已知此时水的电导率为 2×10^{-4} S·m^{-1}，试求：

(1) 该 $NH_3\cdot H_2O$ 的电离度和电离平衡常数；

(2) 若该电导池内充以水，电阻为多少？

21. 同时含有 0.02 mol·kg^{-1} KCl 和 0.02 mol·kg^{-1} K_2SO_4 的水溶液，其离子强度是多少？

22. 分别求算 $b=1$ mol·kg^{-1}时的 KNO_3、K_2SO_4 和 $K_4Fe(CN)_6$ 溶液的离子强度。

23. 计算由 NaCl、$CuSO_4$、$LaCl_3$各 0.025 mol 溶于 1 kg 水时所形成溶液的离子强度。

24. 试计算下列溶液的平均离子活度和电解质活度。

(1) 0.01 $mol \cdot kg^{-1}$的 KCl($\gamma_{\pm}=0.902$)；

(2) 0.1 $mol \cdot kg^{-1}$的 $MgCl_2$($\gamma_{\pm}=0.528$)；

(3) 0.001 $mol \cdot kg^{-1}$的 $K_3Fe(CN)_6$($\gamma_{\pm}=0.808$)。

25. 已知在 0.01 $mol \cdot dm^{-3}$的 KNO_3 溶液(1)中，平均离子活度系数 $\gamma_{\pm}(1)=0.916$，在 0.01 $mol \cdot dm^{-3}$的 KCl 溶液(2)中，平均离子活度系数 $\gamma_{\pm}(2)=0.922$，假设 $\gamma(K^+)=\gamma(Cl^-)$，求在 0.01 $mol \cdot dm^{-3}$的 KNO_3 溶液中的 $\gamma(NO_3^-)$。

26. 应用德拜-休克尔极限公式，计算：

(1) 298 K 时 0.002 $mol \cdot kg^{-1}$ $CaCl_2$ 和 0.002 $mol \cdot kg^{-1}$ $ZnSO_4$ 混合溶液中 Zn^{2+} 的活度系数；

(2) 298 K 时 0.001 $mol \cdot kg^{-1}$ $K_3Fe(CN)_6$ 的离子平均活度系数。

拓展习题及资源

微信扫码

- 拓展习题
- 视频动画
- 互动交流

第 9 章　可逆电池电动势

电化学所涉及的另一重要内容是关于化学能与电能的相互转化，关于电化学系统氧化还原反应方向性判断。本章通过引入可逆电池的概念，将电化学系统的平衡态与热力学平衡态相关联，将热力学应用于电化学反应系统。

9.1　可逆电池和可逆电极

9.1.1　可逆电池

电池具有两个电极，它们同时参与电化学反应，反应发生在电极与电解质溶液的界面。发生在单个电极上的反应称为电极反应或半反应(half-reaction)。两个电极因反应状态不同而具有不同的电极电势(electrode potential)，两个电极电势的差称为电池的电动势(electromotive force，简写 EMF)。

对于一个发生在热力学系统的可逆的氧化还原反应，反应的化学能转变为热能，使体系的温度升高或降低。等温、等压、无非体积功条件下，反应朝 Gibbs 自由能减小方向进行。若将该反应置于电化学系统，反应的方向取决于外加电压与电池电动势的相对大小。

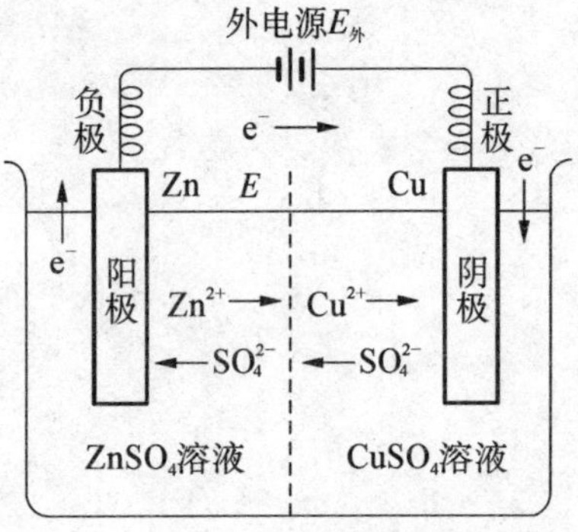

图 9.1　铜锌电池

例如，将电动势为 E 的铜锌电池与一个电动势为 $E_外$ 的外电源相连，与外电源负极相连的电极为电池的负极，与外电源正极相连的电极为电池的正极。所谓铜锌电池是指 Zn 棒插入 $ZnSO_4$ 溶液，Cu 棒插入 $CuSO_4$ 溶液经盐桥(或素瓷烧杯、多孔膜)连接所组成的电池，如图 9.1 所示。当 $E>E_外$，铜锌电池对外放电，其电极反应和电池反应分别为：

负极(阳极)：　$Zn(s) \longrightarrow Zn^{2+}(a_{Zn^{2+}}) + 2e^-$

正极(阴极)：　$Cu^{2+}(a_{Cu^{2+}}) + 2e^- \longrightarrow Cu(s)$

电池反应：　$Zn(s) + Cu^{2+}(a_{Cu^{2+}}) \longrightarrow Zn^{2+}(a_{Zn^{2+}}) + Cu(s)$

这时电池的作用是一个原电池。

若 $E<E_外$ 时，外加电动势对铜锌电池充电，此时电极反应和电池反应分别为：

负极(阴极)：　　$Zn^{2+}(a_{Zn^{2+}}) + 2e^- \longrightarrow Zn(s)$

正极(阳极)：　　$Cu(s) \longrightarrow Cu^{2+}(a_{Cu^{2+}}) + 2e^-$

电池反应：　　$Zn^{2+}(a_{Zn^{2+}}) + Cu(s) \longrightarrow Zn(s) + Cu^{2+}(a_{Cu^{2+}})$

这时电池的作用是一个电解池。

当 $E=E_{外}$ 时，电化学系统处于平衡状态，它既是一个原电池也是一个电解池，此时的电池称为可逆电池(reversible cell)。可逆电池和系统的热力学平衡状态相联系。从上述分析可知，可逆电池是一个特定的状态，有一定的条件限制。

(1) 电池反应必须可逆，即电池的充电和放电反应互为逆反应。

(2) 电池工作时通过的电流无限微小，才能保证电池内的反应是在无限接近平衡条件下进行，避免电能以热的形式耗散掉，才能保证能量的转换可逆。

(3) 电池中发生的其他过程(如离子迁移等)必须也是可逆的。

若电池工作时不符合上述可逆条件，即为不可逆电池(irreversible cell)。

铜锌电池液体接界处($ZnSO_4/CuSO_4$)的扩散过程是不可逆的，因此该电池并不是可逆电池。若采用盐桥连接两个液体，液体接界处的扩散近似为可逆，则该电池可作可逆电池处理。

若将铜和锌插入硫酸溶液中所构成的电池反应为：

放电时电池反应：$Zn(s) + 2H^+(a_{H^+}) \longrightarrow Zn^{2+}(a_{zn^{2+}}) + H_2(g)$

充电时电池反应：$Cu(s) + 2H^+(a_{H^+}) \longrightarrow Cu^{2+}(a_{cu^{2+}}) + H_2(g)$

充放电的电池反应不一样，因此它也是不可逆电池。

有电流通过的电池也不是可逆电池，因为电路中的电阻使得一部分电能变为热能。

所以要做到可逆电池是十分困难的。之所以要研究可逆电池，是因为它揭示了化学能转变为电能的一个典型状态，一个对外做功最大的状态。

在等温等压条件下，只有可逆电池的电动势或可逆过程中做的电功才与 Gibbs 自由能的变化值相联系。系统发生可逆变化时，Gibbs 自由能的减少等于对外所做的最大非膨胀功。若非膨胀功只有电功，则有：

$$(d_rG)_{T,p} = \delta W_{f,\max} = -zEFd\xi \tag{9.1.1}$$

式中：z 为电池反应中的电子计量系数；E 为可逆电池的电动势；$d\xi$ 为反应进度；F 为法拉第常数，当反应进度等于 1 mol 时，Gibbs 自由能的变化值与 E 的关系为：

$$(\Delta_rG_m)_{T,p} = -zEF \tag{9.1.2}$$

这是联系热力学和电化学的重要公式。它表明：可以利用可逆电池电动势的实验数据计算化学反应热力学函数的变化，或利用热力学方法研究电化学问题。

9.1.2　可逆电极

组成可逆电池的电极称为可逆电极。主要有如下四种类型：

1. 第一类电极：包括金属电极、汞齐电极和气体电极。

(1) 金属电极：是将金属浸在含有该种金属离子的溶液中所构成的电极。例如铜插入 $CuSO_4$溶液中，可表示为 $CuSO_4(aq) \mid Cu(s)$，其电极反应为：

$$Cu^{2+}(a_{cu^{2+}}) + 2e^- \longrightarrow Cu(s)$$

电极上的氧化反应和还原反应互为逆反应。

(2) 汞齐电极：活泼金属如钠、钾等与水作用强烈，不能用其纯金属作电极，而是将它们分别溶于汞中形成金属汞齐，汞不参与电极反应，仅起传递电子作用。如钠汞齐电极表示式为 $Na^+(a_{Na^+}) \mid Na(Hg)(a_{Na})$，其电极反应为：

$$Na^+(a_{Na^+}) + Hg(l) + e^- \longrightarrow Na(Hg)(a_{Na})$$

Na(Hg)中 Na 的活度 a_{Na}不一定等于 1，a_{Na}值随 Na 在 Hg 中的溶解量而变化。

(3) 气体电极：常见的有卤素电极、氢电极、氧电极等。氢电极的结构是：把镀有铂黑的铂片插入含有 H^+ 的溶液中，并将干燥氢气不断冲打到铂片上，使吸附达到平衡，电极表示式为：$H^+(a_{H^+}) \mid H_2(g) \mid Pt$，电极反应为：

$$2H^+(a_{H^+}) + 2e^- \longrightarrow H_2(g)$$

此外，还有碱性的氢电极、酸性氧电极、碱性氧电极，见表 9.1。

表 9.1 酸性和碱性的氢电极和氧电极

	电极	电极反应
酸性氢电极	$H^+(a_{H^+}) \mid H_2(g) \mid Pt(s)$	$2H^+(a_{H^+}) + 2e^- \longrightarrow H_2(g)$
碱性氢电极	$OH^-(a_{OH^-}) \mid H_2(g) \mid Pt(s)$	$2H_2O + 2e^- \longrightarrow H_2(g) + 2OH^-(a_{OH^-})$
酸性氧电极	$H^+(a_{H^+}) \mid O_2(g) \mid Pt(s)$	$O_2(g) + 4H^+(a_{H^+}) + 4e^- \longrightarrow 2H_2O$
碱性氧电极	$OH^-(a_{OH^-}) \mid O_2(g) \mid Pt(s)$	$O_2(g) + 2H_2O + 4e^- \longrightarrow 4OH^-(a_{OH^-})$

2. 第二类电极：包括金属-难溶盐电极和金属-难溶氧化物电极。

(1) 金属-难溶盐电极：在金属上覆盖一薄层该金属的一种难溶盐，然后将其浸入含有该难溶盐负离子的溶液中所构成。最常用的有甘汞电极和银-氯化银电极。

甘汞电极中，金属为汞，难溶盐为 $Hg_2Cl_2(s)$，与之匹配的溶液为 KC1 溶液。

甘汞电极表示为： $Cl^-(a_{Cl^-}) \mid Hg_2Cl_2(s) \mid Hg(l) \mid Pt(s)$

电极反应为： $Hg_2Cl_2(s) + 2e^- \longrightarrow 2Hg(l) + 2Cl^-(a_{Cl^-})$

银-氯化银电极表示为： $Cl^-(a_{Cl^-}) \mid AgCl(s) \mid Ag(s)$

电极反应为： $AgCl(s) + e^- \longrightarrow Ag(s) + Cl^-(a_{Cl^-})$

(2) 金属-难溶氧化物电极：在金属表面覆盖一薄层该金属的氧化物，然后浸在含有 H^+ 或 OH^- 的溶液中而构成的电极。如银-氧化银电极、汞-氧化汞电极、锑-氧化锑电极等。

以银-氧化银电极为例：

碱性溶液中，电极表示为：$H_2O, OH^-(a_{OH^-}) \mid Ag_2O(s) \mid Ag(s)$

电极反应为：$Ag_2O(s) + 2H_2O + 2e^- \longrightarrow 2Ag(s) + 2OH^-(a_{OH^-})$

酸性溶液中，电极表示为：$H_2O, H^+(a_{H^+}) \mid Ag_2O(s) \mid Ag(s)$

电极反应为：$Ag_2O(s) + 2H^+(a_{H^+}) + 2e^- \longrightarrow 2Ag(s) + H_2O$

采用第二类电极的意义在于：有许多负离子，如 SO_4^{2-} 没有对应的第一类电极，但可形成第二类电极；还有一些负离子如 Cl^-，虽有对应的第一类电极，亦常制成第二类电极，因为它比较容易制备、性能稳定，而且使用方便。

3. 第三类电极：氧化还原电极。

氧化还原电极是由惰性金属如铂片(Pt)插入含有某种离子的两种不同氧化态的溶液中而构成的电极。惰性金属只起导电作用，而不同氧化态的高低价离子间的氧化还原反应在金属与溶液的界面上进行。所以该类电极称为氧化-还原电极。如：

电极：$Fe^{3+}(a_{Fe^{3+}}), Fe^{2+}(a_{Fe^{2+}}) \mid Pt$；　电极反应为：$Fe^{3+}(a_{Fe^{3+}}) + e^- \longrightarrow Fe^{2+}(a_{Fe^{2+}})$。

电极：$Sn^{4+}(a_1), Sn^{2+}(a_2) \mid Pt$；　电极反应为：$Sn^{4+}(a_1) + 2e^- \longrightarrow Sn^{2+}(a_2)$。

醌-氢醌电极：$H^+ \mid C_6H_4O_2 \cdot C_6H_4(OH)_2 \mid Pt$；　电极反应为：$C_6H_4O_2 + 2H^+ + 2e^- \longrightarrow C_6H_4(OH)_2$。

4. 第四类电极：选择性电极或膜电极。

如果两个液体接界处有一层只允许某离子 M^+（或 X^-）透过的半透膜，膜两侧离子活度不同，离子将从活度高的一侧向活度低的一侧迁移，稳态时两侧呈现液接电势，称为膜电势。利用膜电势制成离子选择性电极，离子选择电极可表示为：M^+（膜外溶液）¦ M^+（膜内溶液）| 内参比电极。如：

$$\text{电解质溶液} \mid \text{玻璃膜} \mid Cl^- \mid AgCl(s) \mid Ag(s)$$

9.1.3　电池的表达方式

电池的装置可用化学式和符号来描述，如 Cu - Zn 原电池也称丹尼尔电池（Daniell cell），可表示为

$$Zn(s) \mid ZnSO_4(1\ mol \cdot kg^{-1}) \parallel CuSO_4(1\ mol \cdot kg^{-1}) \mid Cu(s)$$

电池的书写一般遵守以下规定：将发生氧化反应的负极写在左边，发生还原反应的正极写在右边；用单垂线“|”表示不同物相的界面之间有接界电势存在，界面包括电极与溶液的界面，两种溶液间的界面或两种不同浓度的同一溶液间的界面。用双垂线“‖”表示盐桥，它使接界电势降至忽略不计；“¦”表示半透膜；要注明温度和压强（如不写明，常指 298.15 K和 $p=100$ kPa）；要标明电极的物态，若是气体要注明压强和依附的相关金属，所用的电解质要注明活度。这些因素对电池电动势有影响。

例如，电池：$Pt(s) \mid Fe^{2+}(a_{Fe^{2+}}), Fe^{3+}(a_{Fe^{3+}}) \parallel Cl^-(a_{Cl^-}), Cl_2(p^\ominus) \mid Pt(s)$，它表示

负极反应：$Fe^{2+}(a_{Fe^{2+}}) \longrightarrow Fe^{3+}(a_{Fe^{3+}}) + e^-$

正极反应：$(1/2)Cl_2(p^\ominus) + e^- \longrightarrow Cl^-(a_{Cl^-})$

电池反应为两电极反应之和，故电池放电时的化学反应为：

$$Fe^{2+}(a_{Fe^{2+}}) + (1/2)Cl_2(p^\ominus) \longrightarrow Fe^{3+}(a_{Fe^{3+}}) + Cl^-(a_{Cl^-})$$

在书写电极和电池反应时还必须注意遵守质量和电量平衡。

上面所述是双液电池的书写方法，是把两种电解质溶液放在不同的容器中，并用盐桥相连。也可用膜或素瓷烧杯置于两种电解质溶液之间。如果两个电极插在同一电解质溶液中，则为单液电池。严格地讲，由两个不同电解质溶液构成的具有液体接界的电池，都是热力学不可逆的。因为在液体接界处存在不可逆的扩散过程，如丹尼尔电池实际上也不是严格的可逆电池。若溶液间离子扩散所产生的影响可以忽略，对电池的性能影响不大，则可将它近似地当作可逆电池。

9.1.4 电池电动势的测定

化学电池的电动势是指在外电路断开时两电极间的电势差。由此定义知，电池电动势的测量应在相当于(或接近于)电池开路的情况下进行。一般采用电位差计或高阻抗的伏特计，而不能用普通的电压表。因为用电压表测量，或多或少有电流流过电池，势必有一部分电动势消耗在极化和克服内阻上，所以，测出的电压总小于电池的电动势。而且电流通过电池时会发生化学反应使溶液的浓度不断变化，导致电动势不断改变，从而破坏电池的可逆性。为解决这一问题，实验上提出了对消法测电池电动势的方法。

设 E 为可逆电池电动势，U 为外电路两极间的电势差，R_0 为导线电阻(外电阻)，R_i 为电池内阻，I 为电流。由欧姆定律得：

$$E=(R_0+R_i)I \tag{9.1.3}$$

若仅考虑外电路时，则
$$U=R_0 I \tag{9.1.4}$$

两式中 I 值相同，因此
$$U/E=R_0/(R_0+R_i) \tag{9.1.5}$$

若 R_0 很大，R_i 值与之相比可忽略不计，则 $U\approx E$。

对消法就是根据上述原理设计电池电动势的测定方法，如图 9.2 所示。工作电池经 AB 构成工作电路，在均匀电阻 AB 上产生均匀电势降。待测电池的正极连接电键，经过检流计和工作电池的正极相连，负极连接到一个滑动接触点 C 上。这样，就在待测电池的外电路中加上了一个方向相反的电势差，它的大小由滑动接触点 C 的位置决定。若电键闭合时，检流计中无电流通过，则 C 点位置被确定，待测电池的电动势 E_X 等于 AC 段的电势差。为求 AC 段的电势差，可换用标准电池与电键相连。标准电池的电动势 E_N 是已知的，而且保持恒定。用同样方法可

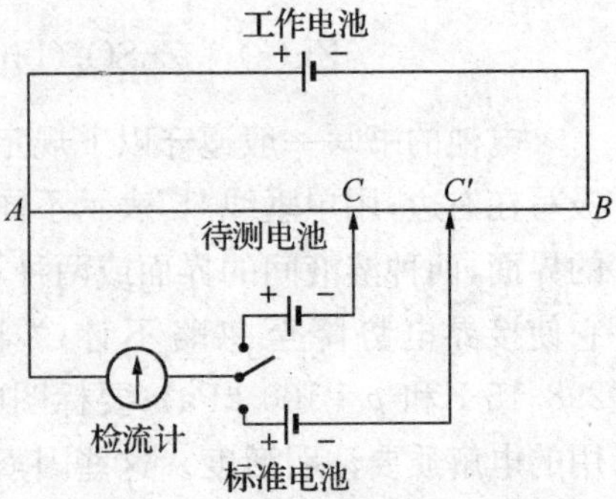

图 9.2 对消法测电动势原理图

以找出检流计中无电流通过的另一点 C'。AC' 段的电势差等于 E_N。因 AC 和 AC' 的电流 I 相同，电势差与电阻线的长度成正比，故待测电池的电动势 E_X 为：

$$E_X = E_N(AC/AC') \tag{9.1.6}$$

9.1.5 韦斯顿标准电池

韦斯顿(Weston)电池是电动势测量中所用的标准电池，其构造如图 9.3 所示。电池的正极是 Hg(l) 与 Hg_2SO_4(s) 的糊状物，为引入导线并和糊状物接触紧密，在糊状物的下面放入少许 Hg(l)。负极是 Cd 质量分数为 w(Cd)=0.125 的镉汞齐。电池内部的电解质溶液是 $CdSO_4$ 饱和溶液，为了让溶液在一定温度范围仍能保持饱和状态，在正极糊状物及负极镉汞齐的上面均放置 $CdSO_4 \cdot \frac{8}{3}H_2O$ 晶体。韦斯顿标准电池的电极和电池反应如下：

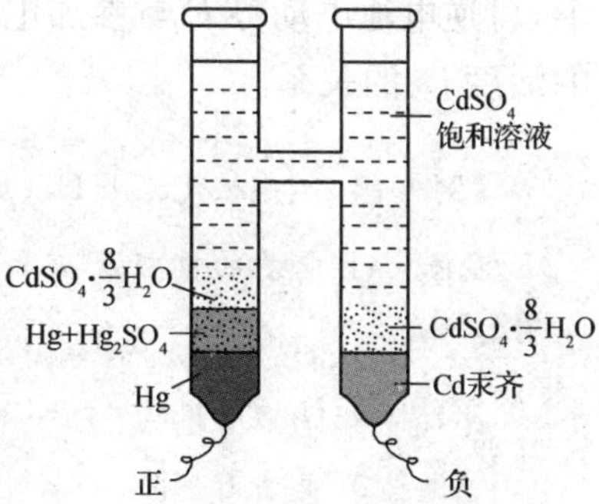

图 9.3 韦斯顿电池构造示意图

正极(阴极)：$Hg_2SO_4(s) + 2e^- \longrightarrow 2Hg(l) + SO_4^{2-}$

负极(阳极)：$Cd(汞齐) + SO_4^{2-} + \frac{8}{3}H_2O\ (l) \longrightarrow CdSO_4 \cdot \frac{8}{3}H_2O(s) + 2e^-$

电池反应：$Cd(汞齐) + Hg_2SO_4(s) + \frac{8}{3}H_2O\ (l) \longrightarrow 2Hg(l) + CdSO_4 \cdot \frac{8}{3}H_2O(s)$

韦斯顿电池是一种高度可逆的电池，其电动势稳定，温度系数小。其电动势与温度的关系为：

$$E/V = 1.018\,45 - 4.05\times10^{-5}(T/K - 293.15) - 9.5\times10^{-7}(T/K - 293.15)^2 + 1\times10^{-8}(T/K - 293.15)^3 \tag{9.1.7}$$

9.2 可逆电池热力学

9.2.1 能斯特方程

对于一个已达物料平衡的化学反应计量式，$0 = \sum_B \nu_B B$，其化学反应等温式为：

$$\Delta_r G_m = \Delta_r G_m^\ominus + RT\ln\prod_B a_B^{\nu_B}$$

该式适用于各类反应，当然也适用于电池反应。根据式(9.1.2)可得

$$E = E^\ominus - \frac{RT}{zF}\ln\prod_B a_B^{\nu_B} \tag{9.2.1}$$

$$\Delta_r G_m^{\ominus} = -zE^{\ominus}F \qquad (9.2.2)$$

其中 $E^{\ominus}$ 是组成电池的各种物质都处于标准态时的电动势，称为标准电池电动势（standard electromotive force）。式(9.2.1)称为电池反应的能斯特(Nernst)方程式。它表示了在指定温度 T 下，可逆电池电动势 E 与参加电池反应的各组分的活度 a_B 的关系。

科学家介绍

瓦尔特·赫尔曼·能斯特
(Walther Hermann Nernst)

【例 9.1】 对电池 $Pt(s)|H_2(p_{H_2})|H^+(a_{H^+})\|OH^-(a_{OH^-})|O_2(p_{O_2})|Pt(s)$ 分别写出通过 $2F$ 电量和 $4F$ 电量的电极反应和电池反应，写出电池电动势 E 与各物质活度的关系及反应的 $\Delta_r G_m$。

解：$Pt(s)|H_2(p_{H_2})|H^+(a_{H^+})\|OH^-(a_{OH^-})|O_2(p_{O_2})|Pt(s)$

当通过 $2F$ 电量时，则

负极反应： $H_2(p_{H_2}) \longrightarrow 2H^+(a_{H^+}) + 2e^-$

正极反应： $\frac{1}{2}O_2(p_{O_2}) + H_2O + 2e^- \longrightarrow 2OH^-(a_{OH^-})$

电池反应(1)： $H_2(p_{H_2}) + \frac{1}{2}O_2(p_{O_2}) + H_2O \longrightarrow 2H^+(a_{H^+}) + 2OH^-(a_{OH^-})$

由于 H^+ 和 OH^- 分别处于两个电解质溶液中，电池反应式中的 H^+ 和 OH^- 不能合并写成 H_2O。

$$E_1 = E_1^{\ominus} - \frac{RT}{2F}\ln \frac{a_{H^+}^2 a_{OH^-}^2}{\frac{p_{H_2}}{p^{\ominus}} \cdot \left(\frac{p_{O_2}}{p^{\ominus}}\right)^{1/2}}$$

$$\Delta_r G_m(1) = -2E_1 F$$

当通过 $4F$ 电量时，则

负极反应： $2H_2(p_{H_2}) \longrightarrow 4H^+(a_{H^+}) + 4e^-$

正极反应： $O_2(p_{O_2}) + 2H_2O + 4e^- \longrightarrow 4OH^-(a_{OH^-})$

电池反应(2)： $2H_2(p_{H_2}) + O_2(p_{O_2}) + 2H_2O \longrightarrow 4H^+(a_{H^+}) + 4OH^-(a_{OH^-})$

$$\Delta_r G_m(2) = -4E_2 F$$

$$E_2 = E_2^{\ominus} - \frac{RT}{4F}\ln \frac{a_{H^+}^4 a_{OH^-}^4}{\left(\frac{p_{H_2}}{p^{\ominus}}\right)^2 \cdot \frac{p_{O_2}}{p^{\ominus}}} = E_2^{\ominus} - \frac{RT}{2F}\ln \frac{a_{H^+}^2 a_{OH^-}^2}{\frac{p_{H_2}}{p^{\ominus}} \cdot \left(\frac{p_{O_2}}{p^{\ominus}}\right)^{1/2}}$$

由上面计算可见 $E_2 = E_1$，$\Delta_r G_m(2) = 2\Delta_r G_m(1)$，即电池电动势 E 与反应式的写法无关，而 $\Delta_r G_m$ 与反应式写法有关。

9.2.2　可逆电池电动势与热力学函数之间的关系

可逆电池的电动势是原电池热力学的一个重要的物理量，它是一个可以精确测定的量。通过测得不同温度下的可逆电动势，便可求得电池反应的热力学函数的变化值、非体积功以及过程热效应。

1. 电池反应的 Gibbs 自由能变化

等温等压可逆过程，体系 Gibbs 自由能的变化等于体系与环境间交换的可逆非体积功。对于电池反应，非体积功就是可逆电功。实验测定电池的电动势 E 或标准电池电动势 $E^{\ominus}$，根据电池反应，按照式(9.1.2)和式(9.2.2)可以计算其 $\Delta_r G_m$ 或 $\Delta_r G_m^{\ominus}$。

【例 9.2】 25℃时，丹尼尔电池

$$Zn(s)\,|\,ZnSO_4(1\ mol\cdot kg^{-1})\,\|\,CuSO_4(1\ mol\cdot kg^{-1})\,|\,Cu(s)$$

的电动势 $E=1.100$ V，试计算该电池反应的 $\Delta_r G_m$。

解：该电池反应为：

$$Zn(s) + CuSO_4(1\ mol\cdot kg^{-1}) \longrightarrow Cu(s) + ZnSO_4(1\ mol\cdot kg^{-1})$$

Cu^{2+} 和 Zn^{2+} 都是二价带电离子，进行 1 摩尔反应进度的反应将有 $2F$ 的电量通过电池。因此

$$\Delta_r G_m = -zEF = -2\times 1.100\times 96\,500\ J\cdot mol^{-1} = -212.3\ kJ\cdot mol^{-1}$$

在等温等压不做非体积功的条件下，$\Delta_r G_m<0$，即 $E>0$ 时，电池反应可自发进行。

2. 电池反应的 $\Delta_r S_m$ 和 $\Delta_r H_m$

根据热力学关系知 $(\partial\Delta_r G_m/\partial T)_p=-\Delta_r S_m$。对于电池反应有

$$\Delta_r S_m=-(\partial\Delta_r G_m/\partial T)_p=zF\,(\partial E/\partial T)_p \tag{9.2.3}$$

等温条件下，$\Delta G=\Delta H-T\Delta S$，有

$$\Delta_r H_m=-zEF+zFT\,(\partial E/\partial T)_p \tag{9.2.4}$$

若从实验测得 E 和电动势的温度系数 $(\partial E/\partial T)_p$，便可计算反应的 $\Delta_r S_m$ 和 $\Delta_r H_m$。而可逆反应的热效应为

$$Q_R=T\Delta_r S_m=zFT\,(\partial E/\partial T)_p \tag{9.2.5}$$

所以，由温度系数的正负可判断可逆电池在工作时是吸热还是放热。

3. 电池反应的平衡常数

由式(9.2.1)和式(9.2.2)知，$E=0$ 时反应达平衡。反应的平衡常数与标准 Gibbs 自由能变化 $\Delta_r G_m^{\ominus}$ 相关，因而和 $E^{\ominus}$ 相关联。

$$E^{\ominus}=\frac{RT}{zF}\ln K^{\ominus} \tag{9.2.6}$$

在书写电池反应时，电子得失数 z 不同，平衡常数的值就不同，所以 $K^{\ominus}$ 要与电池反应保持

一致。由于 E 和$(\partial E/\partial T)_p$容易测定且精度较高，许多热力学性质是用电化学方法而不是用热学方法测得的。

【例 9.3】 25℃时，韦斯顿标准电池的电动势 E=1.018 32 V，其电动势的温度系数为$(\partial E/\partial T)_p = -5.00\times10^{-5}\ \mathrm{V\cdot K^{-1}}$。计算该电池反应的 $\Delta_r G_m$，$\Delta_r S_m$，$\Delta_r H_m$，Q_R 与平衡常数。

解： 电池反应

$$\mathrm{Cd(汞齐)} + \mathrm{Hg_2SO_4(s)} + \frac{8}{3}\ \mathrm{H_2O(l)} = 2\mathrm{Hg(l)} + \mathrm{CdSO_4}\cdot\frac{8}{3}\ \mathrm{H_2O(s)}$$

$z=2$，有：

$$\Delta_r G_m = -(2\times96\,485\times1.018\,32)\ \mathrm{J\cdot mol^{-1}} = -196.5\ \mathrm{kJ\cdot mol^{-1}}$$

$$\Delta_r S_m = 2\times96\,485\times(-5.00\times10^{-5})\ \mathrm{J\cdot K^{-1}\cdot mol^{-1}} = -9.65\ \mathrm{J\cdot K^{-1}\cdot mol^{-1}}$$

$$\begin{aligned}\Delta_r H_m &= \Delta_r G_m + T\Delta_r S_m = [-196.5 + 298.15\times(-9.65\times10^{-3})]\ \mathrm{kJ\cdot mol^{-1}}\\ &= -199.4\ \mathrm{kJ\cdot mol^{-1}}\end{aligned}$$

$$Q_R = T\Delta_r S_m = 298.15\times(-9.65)\ \mathrm{J\cdot mol^{-1}} = -2.88\ \mathrm{kJ\cdot mol^{-1}}\quad 放热反应$$

反应方程中各组分活度为 1，$E=E^\ominus$，平衡常数 $K^\ominus$ 为：

$$K^\ominus = \exp\left(\frac{zE^\ominus F}{RT}\right) = \exp\left(\frac{2\times1.018\,32\times96\,500}{8.314\times298.15}\right) = 2.71\times10^{34}$$

9.3 电极电势和电池电动势

9.3.1 相间电势差与电池电动势

1. 相间电势差

电池的电动势来源于两个电极间的电势差。由于电荷迁移过程要经历多个不同的相，电荷的迁移速度在相界面存在差异，造成了相界面的电势差。整个电荷迁移途径的电势差之和导致了电池电动势的产生。分析电池内不同相界面的电势差，有助于更深刻地认识电能与化学能的转换过程的本质要素，进而掌握、开发、提高电化学应用技术。

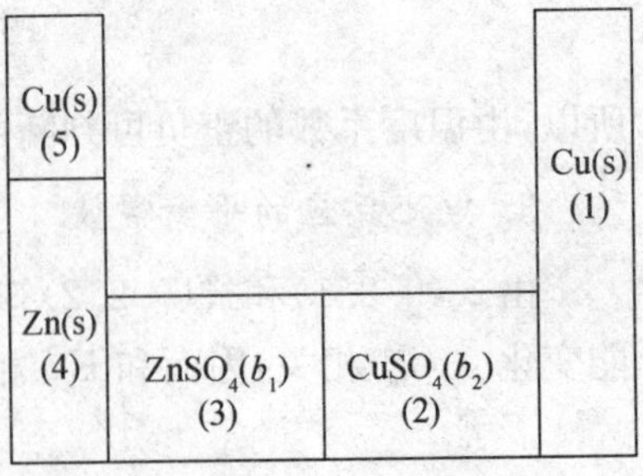

图 9.4 Daniell 电池的相界面

以 Daniell 电池为例（图 9.4），分析相间电势差产生的原因。Daniell 电池两个电极间存在多个相界面，其中包括金属/金属界面：Cu(5) | Zn(4)，金属 | 溶液界面：Zn(4) | $ZnSO_4$(3)、Cu(1) | $CuSO_4$(2)，溶液 | 溶液界面：$ZnSO_4$(3) | $CuSO_4$(2)。由于两相接触时会有电荷相互穿越界面，致使界面的一侧电荷过剩，而另一侧则带异号电

荷。于是，在界面两侧形成电势差。这种电势差将阻碍电荷的进一步穿越，当达到平衡时，所形成的电势差即为稳定的相间电势差。如：Cu(5)|Zn(4)界面电势差 $\Delta\varphi_{45}=\varphi_4-\varphi_5$，Zn(4)|$ZnSO_4$(3)界面电势差$\Delta\varphi_{34}=\varphi_3-\varphi_4$，$ZnSO_4$(3)|$CuSO_4$(2)界面电势差 $\Delta\varphi_{23}=\varphi_2-\varphi_3$，$CuSO_4$(2)|Cu(1)界面电势差 $\Delta\varphi_{12}=\varphi_1-\varphi_2$，这些相间电势差的总和就构成了原电池的电动势 E。

$$E=\Delta\varphi_{12}+\Delta\varphi_{23}+\Delta\varphi_{34}+\Delta\varphi_{45} \tag{9.3.1}$$

2. 金属间的接触电势

不同的金属向真空逸出电子的能力是不同的，这种能力可由金属的电子逸出功来度量。逸出功大的金属，电子逸出较难，反之则易。因此，当两种不同金属相接触时，相互逸出的电子数不等，使得界面两侧带有不同的电荷。如图 9.5 所示 Cu|Zn 界面，相比之下 Zn 具有较小的电子逸出功，逸出电子较易。电子逸出功大的金属带负电（Cu 侧），小的带正电（Zn 侧）。这种电势差增大了前者(Cu)的电子逸出能力，减小了后者(Zn)的电子逸出能力。当两者的电子逸出能力相同时，便在界面形成了稳定的双电荷层和电势差，称之为接触电势。Daniell 原电池中的 $\Delta\varphi_{45}$ 就是如此。

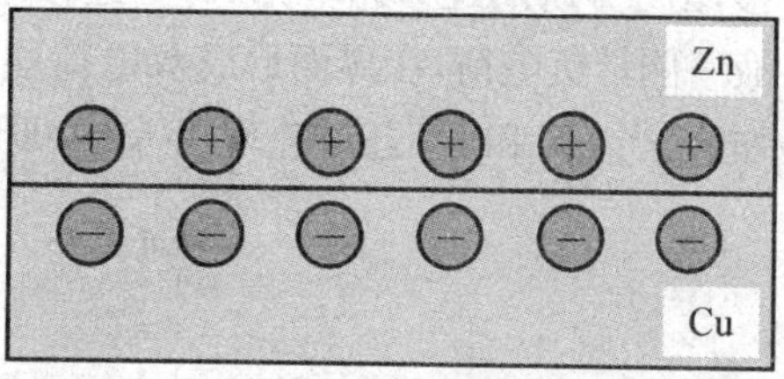

图 9.5　Cu|Zn 界面电子逸出示意图

3. 金属与溶液的接触电势

将金属 M 浸入含有该金属离子 M^{z+} 的溶液中，由于金属离子在固液两相化学势不等，离子将在两相间迁移。若金属离子在固相的化学势大于其在液相的化学势，离子将从金属表面迁移进入溶液，同时将电子留在金属，使金属表面带负电。由于静电引力作用，进入溶液的金属离子聚集在金属表面附近，形成双电荷层。双电荷层形成的电场阻止金属离子进一步进入溶液，平衡时金属表面与溶液本体间呈现稳定的电势差，如同分子电容，如图 9.6 所示。由于离子的热运动，金属离子不可能整齐排列在金属表面，而是逐渐扩散形成紧密层（厚度约 $10^{-10}\sim10^{-9}$ m）和扩散层（厚度约 $10^{-9}\sim10^{-6}$ m）两部分。与此相反，若金属离子在液相的化学势大于其在固相的化学势，金属离子则从溶液迁移至金属表面，使金属表面带正电并吸引溶液中的负离子在其表面聚集，形成方向相反的双电荷层。双电荷层在界面形成稳定的电势差，就是金属与溶液间的接触电势，Daniell 原电池中的 $\Delta\varphi_{12}$ 和 $\Delta\varphi_{34}$ 就是如此。界面电子交换速率的差异、电解质的电离、离子在电极表面的吸附与脱附、偶极矩的定向、介质介电常数的差异等都是影响金属与溶液的接触电势的因素。

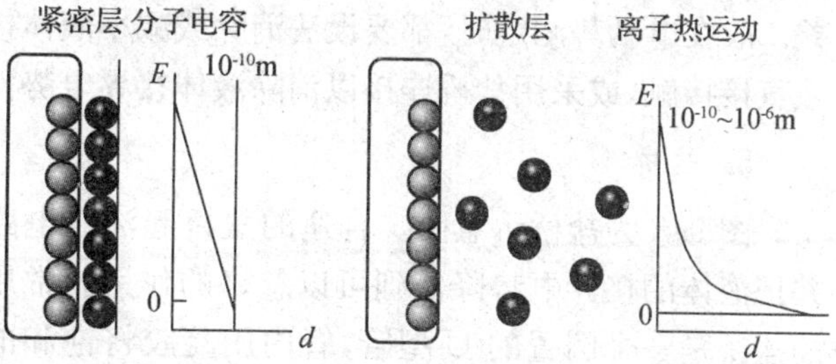

图 9.6　金属-溶液界面双电荷层模型

4. 液体接界电势

含有两种不同电解质的溶液或电解质相同但浓度不同的溶液相接触时，由于离子迁移速率不相同而在两相界面上产生的电位差称为液体接界电势，或称扩散电势，其大小一般不超过 0.03 V，在较精确的测量中不容忽视。

图 9.7(a)为两浓度相同而电解质不同的溶液的接界电势示意图。HCl 和 KCl 溶液浓度相同，Cl^- 的扩散可以不考虑。在液体界面，K^+ 向 HCl 溶液一侧迁移，H^+ 向 KCl 溶液一侧迁移，由于 H^+ 的迁移速率比 K^+ 的迁移速率快得多，使液体界面 KCl 溶液一侧带正电荷，HCl 溶液一侧带负电荷，在界面形成双电荷层。双电荷层的形成使 H^+ 迁移速率减慢，K^+ 迁移速率加快，当 H^+ 和 K^+ 迁移速率相等时，即形成稳定的双电荷层结构，这就是液体接界电势。

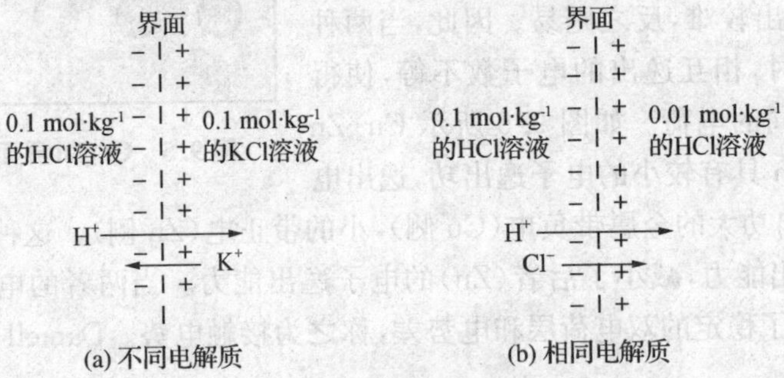

图 9.7 液体接界电势示意图

图 9.7(b)为电解质相同但浓度不同的两电解质溶液的液接电势示意图。由于 HCl 浓度不同，扩散总是从高浓度一侧向低浓度一侧进行。但是，H^+ 和 Cl^- 的迁移速率不相同，前者比后者快得多，结果在两液体接界处形成双电荷层，低浓度一侧正电荷过剩，高浓度一侧负电荷过剩，产生液体接界电势。电势差的形成使 H^+ 的迁移速率减慢，Cl^- 的迁移速率加快。当两种迁移速率相等时，电势差达到稳定，这就是液体界面的接界电势。离子的扩散过程是一个不可逆过程，因此，电池含有液体界面时，电池的可逆性变差，电动势测定重现性差。故在电动势测定时，都要设法消除或减小液体接界电势，通常的办法是不让两电解质溶液直接接触，或采用盐桥连接以消除液体接界电势。

5. 盐桥

图 9.8 为盐桥示意图。合适的盐桥起沟通电路并把液体的接界电势降低到可以忽略的作用。常用的盐桥是一个倒置的 U 型管，管内用凝胶将饱和的 KCl 溶液（或 NH_4NO_3、KNO_3 等浓溶液）固定其中。充当盐桥的电解质要满足几点要求：① 惰性。即不与电池溶液内物质发生沉淀和化学反应；② 其阴、阳离子的电迁移率要比较接近。例如饱和 KCl 溶液，$t(K^+)=0.496$，$t(Cl^-)=0.504$。③ 盐桥电解质的浓度要高。当用盐桥连接两种不同浓度的稀溶液（例如 HCl）时，由于盐桥内 KCl 浓度很高，离子扩散

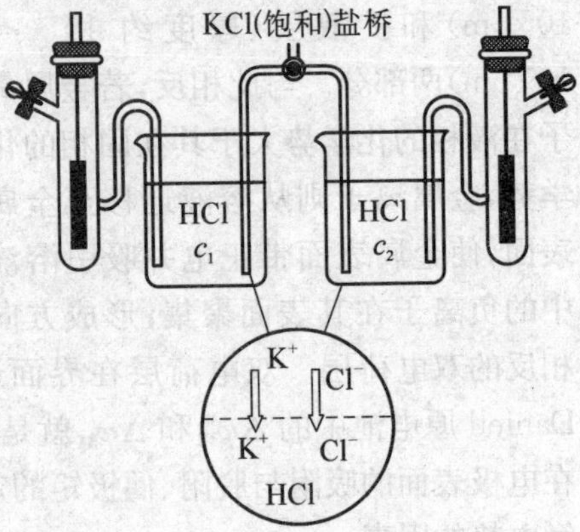

图 9.8 盐桥示意图

几乎是单方向的,即盐桥内的 KCl 向 HCl 溶液扩散。又因 K^+ 和 Cl^- 的迁移速率接近,故盐桥与溶液接触的两个界面上几乎不产生电势差,使得液体的接界电势降到可以忽略的程度。我们可以通过测定下述电池的电动势来加以证实 KCl 浓度的影响。

$$Hg|Hg_2Cl_2(s),KCl(0.1\ mol\cdot dm^{-3})|KCl(c_s)|HCl(0.1\ mol\cdot dm^{-3}),Hg_2Cl_2(s)|Hg$$

当不用盐桥时,液体的液接电势是 28.2 mV,使用不同浓度的 KCl 溶液,测得数据如下:

$c_s/(mol\cdot dm^{-3})$	电动势/mV	$c_s/(mol\cdot dm^{-3})$	电动势/mV	$c_s/(mol\cdot dm^{-3})$	电动势/mV
0.2	19.95	1.0	8.4	2.5	3.4
0.5	12.55	1.75	5.15	3.5	1.1

可以看出,当 KCl 浓度为 $3.5\ mol\cdot dm^{-3}$ 时,液体的接界电势可以降到 1.1 mV。

9.3.2　标准氢电极及标准电极电势

由式(9.3.1)知,原电池的电动势 E 等于各相间电势差的和。若忽略导线与金属的相间电势差,设法消除液液界面电势(如盐桥),并定义金属电极与溶液的界面电势差为电极电势,则整个电池的电动势就等于正、负两个电极电势的差。

$$E=\varphi_+-\varphi_- \tag{9.3.2}$$

由于目前还无法从实验上测出单个电极与溶液界面的电势差(即电极电位的绝对值),用求各个相界面上电势差的代数和的方法来确定电池电动势在实验上是行不通的。若选定一个电极作为基准,求出各种电极与这个基准电极之间的电势差,同时设法消除液体接界电势和金属间接触电势,这些电势差就作为各种电极的相对电势差。于是,任意电池的电动势便可由这种相对电势差方便地求出。

为确定不同电极的相对电极电势,1953 年国际纯粹和应用化学联合会(IUPAC)规定标准氢电极(standard hydrogen electrode,SHE)为测定电极电势的标准电极,规定其电极电势为零。标准氢电极的结构是:把镀黑的铂片插入含有氢离子 $a_{H^+}=1$ 的溶液中,并用标准压强 $p^\ominus=100$ kPa 的干燥氢气不断冲打到铂片上,使吸附达到平衡。其电极表示式为:

标准氢电极作负极(氧化反应):$Pt(s)|H_2(g,p^\ominus)|H^+(aq,a_{H^+}=1)$

标准氢电极作正极(还原反应):$H^+(aq,a_{H^+}=1)|H_2(g,p^\ominus)|Pt(s)$

对于任意给定的待测电极,使其与标准氢电极组合为如下电池:

标准氢电极 ‖ 待测电极

此电池的电动势即为该待测电极的氢标还原电极电势,简称电极电势(electrode potential),并用 φ 来表示。若给定电极中各物质皆处于标准状态,其电极电势称为标准电极电势,用符号 $\varphi^\ominus$ 表示。

该规定把待测电极放在右方正极,实际上是规定 φ 为还原电势,电极反应为还原反应。

$$M^{z+}+ze^-=M$$

还原电位可以表示为 $\varphi(M^{z+}|M)$,也有将其表示为 $\varphi_{M^{z+}|M}$ 或 $\varphi_{M^{z+},M}$ 等。该电池电动势

的正、负号即为电极电势的正、负号。若该待测电极实际上进行的反应是还原反应，则 φ 为正值；若该待测电极实际上进行的是氧化反应，则 φ 为负值。以 Cu 电极和 Zn 电极为例，分别设计电池：

$$\mathrm{Pt(s)} \mid \mathrm{H_2}(p^{\ominus}) \mid \mathrm{H^+}(a_{\mathrm{H^+}}=1) \parallel a_{\mathrm{Cu}^{2+}}(a_{\mathrm{Cu}^{2+}}=1) \mid \mathrm{Cu(s)} \quad \text{(a)}$$

$$\mathrm{Pt(s)} \mid \mathrm{H_2}(p^{\ominus}) \mid \mathrm{H^+}(a_{\mathrm{H^+}}=1) \parallel a_{\mathrm{Zn}^{2+}}(a_{\mathrm{Zn}^{2+}}=1) \mid \mathrm{Zn(s)} \quad \text{(b)}$$

298 K 实验测定电池(a) $E=0.337$ V，电池(b) $E=-0.763$ V。所以，$\varphi(\mathrm{Cu^{2+}}|\mathrm{Cu})=0.337$ V，$\varphi(\mathrm{Zn^{2+}}|\mathrm{Zn})=-0.763$ V。锌电极的电极电势之所以为负值，是因为它与氢电极排成的电池是非自发电池。实际上锌比氢活泼，锌电极发生的是氧化反应。

按照规定，标准氢电极的电极电势等于 0，即 $\varphi^{\ominus}(\mathrm{H^+}|\mathrm{H_2})=0$ V。

按照还原反应书写电极反应：

$$\mathrm{Ox}(\text{氧化态}) + ze^- = \mathrm{Re}(\text{还原态})$$

还原电极的 Nernst 方程为：

$$\varphi=\varphi^{\ominus}-\frac{RT}{zF}\ln\frac{a(\mathrm{Re})}{a(\mathrm{Ox})} \quad (9.3.3)$$

一些电极在 298.15 K 的 $\varphi^{\ominus}$ 和温度系数($\mathrm{d}\varphi^{\ominus}/\mathrm{d}T$)的数据可通过相关手册查到。

讨论 电极电势的表示符号

【例 9.4】 计算电池 $\mathrm{Sn}|\mathrm{Sn^{2+}}(a_1)||\mathrm{Pb^{2+}}(a_2)|\mathrm{Pb}$ 在 298 K 的电动势。已知 $a_1=0.1$，$a_2=0.01$。

解：电动势的计算有两种方法：(1) 首先根据 $\varphi^{\ominus}$ 计算 $E^{\ominus}$，然后根据电池反应的 Nernst 方程计算 E；(2) 根据电极反应 Nernst 方程计算 φ_+ 和 φ_-，然后计算 $E=\varphi_+-\varphi_-$。计算 φ_- 应当注意，尽管负极发生氧化反应，但仍应按还原电势的定义计算。

(1) 查阅文献数据知：$\varphi^{\ominus}(\mathrm{Sn^{2+}}|\mathrm{Sn})=-0.1366$ V，$\varphi^{\ominus}(\mathrm{Pb^{2+}}|\mathrm{Pb})=-0.1265$ V，

电极反应，负极：$\mathrm{Sn(s)}\rightarrow\mathrm{Sn^{2+}}(a_1)+2e^-$

正极：$\mathrm{Pb^{2+}}(a_2)+2e^-\rightarrow\mathrm{Pb(s)}$

电池反应：$\mathrm{Sn(s)}+\mathrm{Pb^{2+}}(a_2)\rightleftharpoons\mathrm{Sn^{2+}}(a_1)+\mathrm{Pb(s)}$

$$E^{\ominus}=\varphi^{\ominus}(\mathrm{Pb^{2+}}|\mathrm{Pb})-\varphi^{\ominus}(\mathrm{Sn^{2+}}|\mathrm{Sn})=[-0.1265-(-0.1366)]\mathrm{V}=0.0101\ \mathrm{V}$$

电池的电动势为：

$$E=E^{\ominus}-\frac{RT}{2F}\ln\left(\frac{a_1}{a_2}\right)=\left[0.0101-\frac{0.05916}{2}\lg\left(\frac{0.1}{0.01}\right)\right]\mathrm{V}=-0.0195\ \mathrm{V}$$

注：298 K 时，$(RT/F)\ln x=(0.05916\ \mathrm{V})\lg x$。

(2) $$\varphi_+=\varphi^{\ominus}(\mathrm{Pb^{2+}}|\mathrm{Pb})-\frac{RT}{2F}\ln\left(\frac{1}{a_2}\right)=\left[-0.1265-\frac{0.05916}{2}\lg\left(\frac{1}{0.01}\right)\right]\mathrm{V}=-0.1857\mathrm{V}$$

$$\varphi_-=\varphi^{\ominus}(\mathrm{Sn^{2+}}|\mathrm{Sn})-\frac{RT}{2F}\ln\left(\frac{1}{a_1}\right)=\left[-0.1366-\frac{0.05916}{2}\lg\left(\frac{1}{0.1}\right)\right]\mathrm{V}=-0.1662\ \mathrm{V}$$

$$E=\varphi_+-\varphi_-=[-0.1857-(-0.1662)]\mathrm{V}=-0.0195\ \mathrm{V}$$

由于标准氢电极的制备和使用条件复杂且要求苛刻，在实际应用中往往采用二级标准电极（也称参比电极，reference electrode）。将二级标准电极与标准氢电极组成电池，精确测定该电池的电动势，得到其电极电势。然后将待测电极（工作电极，working electrode）与该二级标准电极组成电池，从所测电池电动势计算待测电极的相对电极电势。甘汞电极：KCl（饱和）$|Hg_2Cl_2(s)|Hg(l)$是常用的二级标准电极之一。甘汞电极制备简单，定温下具有稳定的电极电势。

讨论 标准电极电势

9.3.3 浓差电池

一般所说的原电池在电池工作时都有某种化学变化发生，因而被称为化学电池。还有一类原电池，它虽然也经历了氧化还原过程，但电池的总反应中并没有反映出这种变化，其净的作用仅仅是一种物质从高浓度状态向低浓度状态的转移，这一类电池被称为浓差电池（concentration cell）。浓差电池的标准电池电动势等于0。浓差电池通常分为两种类型：电极浓差电池和溶液浓差电池。

1. 电极浓差电池

电极浓差电池是由两个化学性质相同而活度（或压强）不同的电极浸在同一溶液中组成的电池。例如：

电池(1)： $Cd(Hg)(a_1)\ |\ CdSO_4(b)\ |\ Cd(Hg)(a_2)$

电池(2)： $Pt(s)\ |\ H_2(p_1)\ |\ HCl(b)\ |\ H_2(p_2)\ |\ Pt(s)$

镉汞齐是一种合金，其性质与其组成或活度有关，与纯金属镉不同。电池(1)的反应和电动势为：

负极反应： $Cd(Hg)(a_1) \longrightarrow Cd^{2+}(b) + Hg(l) + 2e^-$

正极反应： $Cd^{2+}(b) + Hg(l) + 2e^- \longrightarrow Cd(Hg)(a_2)$

电池反应： $Cd(Hg)(a_1) \longrightarrow Cd(Hg)(a_2)$

电池电动势： $E_c = E^\ominus - \dfrac{RT}{2F}\ln\dfrac{a_2}{a_1} = -\dfrac{RT}{2F}\ln\dfrac{a_2}{a_1}, (E^\ominus = 0)$

当 $a_1 > a_2$，$E_c > 0$，即Cd从高浓度 a_1 区域迁移至低活度 a_2 区域为自发过程。

电池(2)是由于气体 H_2 的压强不同而构成的浓差电池，其电极反应为：

负极反应： $H_2(p_1) \longrightarrow 2H^+(b) + 2e^-$

正极反应： $2H^+(b) + 2e^- \longrightarrow H_2(p_2)$

电池反应： $H_2(p_1) \longrightarrow H_2(p_2)$

电池电动势： $E_c = E^\ominus - \dfrac{RT}{2F}\ln\left(\dfrac{p_2}{p_1}\right) = -\dfrac{RT}{2F}\ln\left(\dfrac{p_2}{p_1}\right), (E^\ominus = 0)$

若 $p_1 > p_2$，$E_c > 0$，即 H_2 从高压区域流入低压区域为自发过程。

这类电池的电能来自组成电极的物质从一个电极转移到另一个电极时引起的吉布斯自由能变化，也称为单液浓差电池。

2. *溶液浓差电池*

溶液浓差电池是由两个性质完全相同的电极分别浸在两个电解质相同而活度不同的溶液所构成的电池，也称双液浓差电池。例如：

电池(3)： $Ag(s) \mid AgNO_3(a_1) \parallel AgNO_3(a_2) \mid Ag(s)$

负极反应： $Ag(s) \longrightarrow Ag^+(a_1) + e$

正极反应： $Ag^+(a_2) + e \longrightarrow Ag(s)$

电池反应： $Ag^+(a_2) \longrightarrow Ag^+(a_1)$

电池电动势： $E_c = E^{\ominus} - \frac{RT}{F}\ln\left(\frac{a_1}{a_2}\right) = -\frac{RT}{F}\ln\left(\frac{a_1}{a_2}\right)$

若 $a_2 > a_1$，$E_c > 0$，过程自发进行，即 Ag^+ 的由高浓度 a_2 溶液转移入低浓度 a_1 溶液。

3. *液体接界电势*

浓差电池(3)的两个溶液界面上存在液接电势，采用盐桥后可基本消除。如果不用盐桥而是用一个离子膜，即离子可以通过而保持界面不变，则液接电势对电池电动势的影响就要考虑了。液体接界电势来源于离子扩散速度的差异，这一电势有时可达 30 mV，这对于 EMF 的测定是不能忽视的。如：

电池(4)： $Ag(s) \mid AgNO_3(a_1) \mid AgNO_3(a_2) \mid Ag(s)$

当 1 mol 元电荷可逆输出，将有 t_+ mol Ag^+ 和 t_- mol NO_3^- 分别向右、向左迁移过界面，即

$$t_+ Ag^+(a_1) \longrightarrow t_+ Ag^+(a_2), \quad t_- NO_3^-(a_2) \longrightarrow t_- NO_3^-(a_1)$$

迁移过程的 Gibbs 自由能变化为：

$$\Delta G_j = -zFE_j = t_+ RT\ln\left(\frac{a_2}{a_1}\right) + t_- RT\ln\left(\frac{a_1}{a_2}\right) \tag{9.3.4}$$

E_j 为液接电势，对于电池(4)，$z=1$。若迁移数不随浓度变化，$t_+ + t_- = 1$，有

$$E_j = (t_+ - t_-)\frac{RT}{zF}\ln\left(\frac{a_1}{a_2}\right) = (2t_+ - 1)\frac{RT}{zF}\ln\left(\frac{a_1}{a_2}\right) \tag{9.3.5}$$

可见液接电势是由于正、负离子迁移数的差别而引起的，t_+ 与 t_- 相差越大，E_j 就越大。

对于高价型电解质如： $M^{z+}A^{z-}(b_1) \mid M^{z+}A^{z-}(b_2)$

当电池产生 1 mol 元电荷电量时，离子的迁移状况为：

$$(t_+/z_+)M^{z+}(b_1) \longrightarrow (t_+/z_+)M^{z+}(b_2), \quad (t_-/z_-)A^{z-}(b_2) \longrightarrow (t_-/z_-)A^{z-}(b_1)$$

液接电势为：

$$-E_j = \frac{t_+}{z_+}\frac{RT}{F}\ln\frac{a_{M^{z+}}(2)}{a_{M^{z+}}(1)} + \frac{t_-}{z_-}\frac{RT}{F}\ln\frac{a_{A^{z-}}(1)}{a_{A^{z-}}(2)} \tag{9.3.6}$$

忽略活度因子的差异，用浓度代替活度，有

$$E_j=\left(\frac{t_+}{z_+}-\frac{t_-}{z_-}\right)\frac{RT}{F}\ln\frac{b_1}{b_2} \tag{9.3.7}$$

t_+与t_-可以由Λ_m^+和Λ_m^-求得。离子的扩散是不可逆的，只要界面存在，电池就是不可逆的。在实际工作中，如果所用电池不能避免两个溶液接触，就要设法消除液体接界电势。

【例 9.5】 计算 298 K 如下电池的电动势。

$$Pt(s)|H_2(p^{\ominus})|HCl(b_1=0.01\ mol\cdot kg^{-1},\gamma_{\pm}=0.904)|HCl(b_2=0.1\ mol\cdot kg^{-1},\gamma_{\pm}=0.796)|H_2(p^{\ominus})|Pt(s)$$

已知：$t(H^+)=0.829$。

解：该电池为存在液接电势的溶液浓差电池。先计算消除液接电势条件下的浓差电池的电动势。电池反应为：$H^+(a_2)\rightarrow H^+(a_1)$

以离子平均活度代替单个离子活度，则：

$$E_c=-\frac{RT}{F}\ln\left(\frac{a_{\pm,1}}{a_{\pm,2}}\right)=\left(-0.059\ 16\ \lg\frac{0.01\times 0.904}{0.1\times 0.796}\right)V=0.055\ 9\ V$$

该电池的液接电势为：

$$E_j=(2t_+-1)\frac{RT}{F}\ln\left(\frac{a_{\pm,1}}{a_{\pm,2}}\right)=(2\times 0.829-1)\times 0.059\ 16\lg\left(\frac{0.01\times 0.904}{0.1\times 0.796}\right)V=-0.036\ 8\ V$$

含有液接电势的浓差电池电动势为：

$$E=E_c+E_j=(0.055\ 9-0.036\ 8)V=0.019\ 1\ V$$

9.4 电池电动势测定的应用

将化学反应设计成可逆电池，根据电池电动势和热力学函数的关系，通过实验测定电动势及其温度系数，可以求得反应体系的各种热力学性质，如平衡常数，溶解度，热力学函数，电解质平均活度因子，判断反应的方向等。

9.4.1 判断氧化还原反应方向

将给定的化学反应设计成电池，使电池反应与之完全相同，由于电池电动势E与反应的$\Delta_r G_m$相联系，通过测定该电池的电动势，可以从E的正负来判断反应的方向。如果E为正值，则该反应沿设计方向反应是自发的；若E为负值，则沿设计方向反应不能自发进行。

Nernst 方程是计算E的理论依据，其中包含标准电极电势和反应物质的活度两个因素。电极电势的大小反映了组成电极的物质(氧化态和还原态物质)在得失电子方面的能力。如果氧化态和还原态两物质的标准电极电势差别显著，而它们的离子活度相近，则它们的标准电极电势是判断反应方向的主要参数。如果两物质的标准电极电势相近，而离子活度的差别足以影响标准电极电势的差，则离子活度的因素可能对反应方向起很大的作用，仅凭

讨论 歧化反应的方向

标准电极电势是不够的，需要进行完整的 Nernst 方程计算来判断反应的方向。当然目前阶段的计算针对的还是处于平衡态的可逆电池，非平衡的因素如电极的极化还没有考虑。

【例 9.6】 298 K 将 Pb 放入含有 Pb^{2+} ($a_{Pb^{2+}}=0.1$)和 Sn^{2+} ($a_{Sn^{2+}}=1.0$)的混合液中，判断 Pb 能否从溶液中置换出 Sn。

解：Pb 置换 Sn 的反应为：$Pb(s)+Sn^{2+}(a_{Sn^{2+}}=1.0) \rightleftharpoons Sn(s)+Pb^{2+}(a_{Pb^{2+}}=0.1)$

按此反应设计电池：$Pb(s)|Pb^{2+}(a_{Pb^{2+}}=0.1)||Sn^{2+}(a_{Sn^{2+}}=1.0)|Sn(s)$

电池的电动势为：$E=E^{\ominus}-\dfrac{0.05916}{2}\lg\left(\dfrac{a_{Pb^{2+}}}{a_{Sn^{2+}}}\right)$

$$=\varphi^{\ominus}(Sn^{2+}\mid Sn)-\varphi^{\ominus}(Pb^{2+}\mid Pb)-\frac{0.05916}{2}\lg\left(\frac{a_{Pb^{2+}}}{a_{Sn^{2+}}}\right)$$

已知 $\varphi^{\ominus}(Sn^{2+}\mid Sn)=-0.1366\ V$，$\varphi^{\ominus}(Pb^{2+}\mid Pb)=-0.1265\ V$，将已知数据代入计算得：

$E=[-0.1366-(-0.1265)-(0.05916/2)\lg(0.1/1.0)]V=0.0195\ V$

$E^{\ominus}=-0.0101\ V$，仅凭标准电极电位判断反应不能自发进行，但是活度的影响导致实际电动势 $E>0$，$\Delta_r G_m=-zFE<0$，说明等温等压且无非体积功的条件下，该置换反应能自发进行，即 Pb 能从溶液中置换出 Sn。

9.4.2 求化学反应平衡常数

在恒温恒压条件下，对一个可逆电池反应，有 $\Delta_r G_m=-zEF$，当反应物和产物都处于标准态时，其标准态 Gibbs 自由能变化为 $\Delta_r G_m^{\ominus}=-zE^{\ominus}F=-RT\ln K^{\ominus}$，其化学平衡常数可由 $E^{\ominus}$ 求得。

$$E^{\ominus}=\frac{RT}{zF}\ln K^{\ominus} \tag{9.4.1}$$

该方法还可用于测难溶盐的活度积，或溶度积 K_{sp}，它表示了电解质的溶解平衡，如 AgI 的 K_{sp} 计算。

溶解平衡反应：$AgI(s)=Ag^{+}(a_{Ag^{+}})+I^{-}(a_{I^{-}})$

设计成原电池：$Ag(s)\mid Ag^{+}(a_{Ag^{+}})\parallel I^{-}(a_{I^{-}})\mid AgI(s)\mid Ag(s)$

负极反应：$Ag(s)\longrightarrow Ag^{+}(a_{Ag^{+}})+e^{-}$

正极反应：$AgI(s)+e^{-}\longrightarrow Ag(s)+I^{-}(a_{I^{-}})$

电池反应：$AgI(s)\rightleftharpoons Ag^{+}(a_{Ag^{+}})+I^{-}(a_{I^{-}})$

标准电极电势：$E^{\ominus}=\varphi_{+}^{\ominus}(AgI|Ag,I^{-})-\varphi_{-}^{\ominus}(Ag^{+}|Ag)=(-0.152-0.7991)V=-0.9511\ V$

在 298.15 K 时，则 $\ln K^{\ominus}=\dfrac{zFE^{\ominus}}{RT}=\dfrac{1\times 96500\times(-0.9511)}{8.314\times 298.15}=-37.02$

$$K_{sp}=K^{\ominus}=\exp(zFE^{\ominus}/RT)=\exp(-37.02)=8.364\times 10^{-17}$$

所设计电池的 $E^{\ominus}$ 为负值,即在标准状态反应是非自发反应。若要测定电池电动势,需要将正、负极对调形成自发电池。

采用类似方法可测弱酸和水的解离平衡常数、络合物的不稳定平衡常数等。如水的 $K_W^{\ominus}$。

水的离解反应: $H_2O(l) \rightleftharpoons H^+(a_{H^+}) + OH^-(a_{OH^-})$

设计电池: $Pt(s) \mid H_2(p_{H_2}) \mid H^+(a_{H^+}) \parallel OH^-(a_{OH^-}) \mid H_2(p_{H_2}) \mid Pt(s)$

负极,氧化反应: $(1/2)H_2(p_{H_2}) \longrightarrow H^+(a_{H^+}) + e^-$

正极,还原反应: $H_2O(l) + e^- \longrightarrow (1/2)\ H_2(p_{H_2}) + OH^-(a_{OH^-})$

电池反应: $H_2O(l) \longrightarrow H^+(a_{H^+}) + OH^-(a_{OH^-})$

$$\varphi^{\ominus}(H^+|H_2) = 0, \varphi^{\ominus}(H_2O,OH^-|H_2) = -0.828\,V$$

标准电极电势: $E^{\ominus} = \varphi_+^{\ominus}(H_2O,OH^-|H_2) - \varphi_-^{\ominus}(H^+|H_2) = -0.802 - 0 = -0.828\,(V)$

在 298.15 K 时, $\ln K_W^{\ominus} = \dfrac{zFE^{\ominus}}{RT} = \dfrac{1\times 96\,487\times(-0.828)}{8.314\times 298.15} = -32.23$

$$K_W^{\ominus} = \exp(zFE^{\ominus}/RT) = \exp(-32.23) = 1.006\times 10^{-14}$$

能用于计算 $K_W^{\ominus}$ 的电池不是唯一的,例如,下述电池的净反应也是水的解离反应,查阅对应的标准电极电势,同样可以计算 $K_W^{\ominus}$。读者可以练习验证。

$$Pt(s) \mid O_2(p_{O_2}) \mid H^+(a_{H^+}) \parallel OH^-(a_{OH^-}) \mid O_2(p_{O_2}) \mid Pt(s)$$

9.4.3 求电解质的平均活度因子

根据能斯特方程,电池电动势与参加反应的各物质的活度有关,通过测定电池电动势可以用来测定电解质的活度因子和离子的平均活度因子。

【例 9.7】 298.15 K 测得下述电池的电动势 $E = 1.2270$ V。

$$Zn(s) \mid ZnCl_2(b = 0.0050\ mol\cdot kg^{-1}) \mid Hg_2Cl_2(s) \mid Hg(l)$$

$$\varphi^{\ominus}(Zn^{2+}|Zn) = -0.7620\,V, \varphi^{\ominus}(HgCl(s)|Hg,Cl^-) = 0.26791\,V$$

求 0.005 $mol\cdot kg^{-1}$ $ZnCl_2$ 溶液的离子平均活度、离子平均活度因子和 $ZnCl_2$ 的活度。

解: 电池反应:

$$Zn(s) + Hg_2Cl_2(s) \longrightarrow 2Hg(l) + Zn^{2+}(0.0050\ mol\cdot kg^{-1}) + 2Cl^-(0.0100\ mol\cdot kg^{-1})$$

标准电池电动势: $E^{\ominus} = \varphi^{\ominus}(HgCl(s)|Hg,Cl^-) - \varphi^{\ominus}(Zn^{2+}|Zn)$
$= [0.2679 - (-0.7620)]V = 1.0299\ V$

$$E = E^{\ominus} - \frac{RT}{zF}\ln(a_{Zn^{2+}}\cdot a_{Cl^-}^2) = E^{\ominus} - \frac{RT}{zF}\ln a_{\pm}^3$$

离子平均活度和活度因子:

$$\ln a_{\pm}=\frac{2F(E^{\ominus}-E)}{3RT}=\frac{2\times 96\,487\times(1.029\,9-1.227\,0)}{3\times 8.314\times 298.15}=-5.115$$

$$a_{\pm}=0.006\,01$$

$$b_{\pm}=(v_{+}^{v_{+}}\ v_{-}^{v_{-}})^{1/(v_{+}+v_{-})}b=(1^{1}\times 2^{2})^{1/3}\times 0.005\,0\ \mathrm{mol\cdot kg^{-1}}$$

$$\gamma_{\pm}=\frac{a_{\pm}}{b_{\pm}/b^{\ominus}}=\frac{0.006\,01}{0.005\,0\times 4^{1/3}}=0.757$$

$ZnCl_2$ 活度：$a_{ZnCl_2}=a_{\pm}^{3}=2.17\times 10^{-7}$。

上例是在已知 $E^{\ominus}$ 和 b 条件下求平均活度和活度因子。如果 $E^{\ominus}$ 未知，则需要测定不同浓度 b 时的 E，进而外推求出 $E^{\ominus}$ 和各个离子浓度 b 时的活度因子。对于 1-1 价型的电解质，当电解质浓度很稀时，可以利用德拜-休克尔极限公式近似式，$\ln\gamma_{\pm}=-A\cdot(b/b^{\ominus})^{1/2}$，求活度系数。式中近似用 b 代替离子强度 I。系数 A 也可由实验数据拟合得到。电池电动势与浓度 b 的关系式为：

$$\begin{aligned}E&=E^{\ominus}-\frac{RT}{F}\ln a_{\pm}^{2}\\&=E^{\ominus}-\frac{2RT}{F}\ln\left(\frac{b}{b^{\ominus}}\right)-\frac{2RT}{F}\ln\gamma_{\pm}\\&=E^{\ominus}-\frac{2RT}{F}\ln\left(\frac{b}{b^{\ominus}}\right)+\frac{2RT}{F}A\left(\frac{b}{b^{\ominus}}\right)^{\frac{1}{2}}\end{aligned}\tag{9.4.2}$$

将其变化为：

$$E+\frac{2RT}{F}\ln\left(\frac{b}{b^{\ominus}}\right)=E^{\ominus}+\frac{2RT}{F}A\left(\frac{b}{b^{\ominus}}\right)^{1/2}\tag{9.4.3}$$

若以上式左侧为纵坐标，以 $b^{1/2}$ 为横坐标，将不同浓度 b 时的 E 代入式(9.4.3)计算并作图，外推至 $b\to 0$，可在纵坐标上求得 $E^{\ominus}$，如图 9.9 所示，然后可求得平均活度系数。

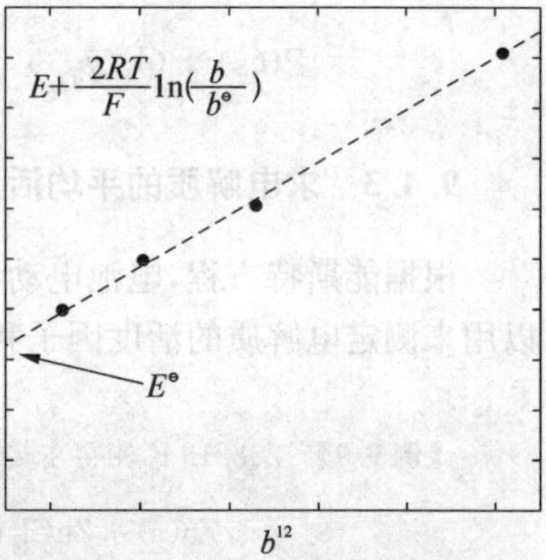

图 9.9 求 $E^{\ominus}$ 和活度系数

【例 9.8】 298.15 K，电池 $Pt(s)|H_2(p^{\ominus})|HBr(b)|AgBr(s)|Ag(s)$ 的实验测定数据如下：

$b\times 10^{4}/\mathrm{mol\cdot kg^{-1}}$	1.262	4.172	10.994	37.19
E/V	0.533 0	0.472 2	0.422 8	0.361 7

求：(1) 标准电池电动势 $E^{\ominus}$；(2) 当 $b=0.010\ \mathrm{mol\cdot kg^{-1}}$ 时，$E=0.312\,6$，求此浓度下的 $\gamma_{\pm}$。

解：(1) 阳极(－)反应：$(1/2)H_2(g)-e^{-}\to H^{+}(b)$

阴极(＋)反应：$AgBr(s)+e^{-}\to Ag(s)+Br^{-}(b)$

电池反应：$(1/2)H_2(g)+AgBr(s)\rightleftharpoons H^{+}(b)+Br^{-}(b)+Ag(s)$

$$E = E^{\ominus} - \frac{RT}{F}\ln\frac{a_{Ag}a_{H^+}a_{Br^-}}{a_{AgBr}a_{H_2}^{1/2}}$$

$$a_{Ag} = a_{AgBr} = a_{H_2} = 1$$

$$E = E^{\ominus} - \frac{RT}{F}\ln a_{H^+}a_{Br^-} = E^{\ominus} - \frac{2RT}{F}\ln a_{\pm}$$

$$= E^{\ominus} - \frac{2RT}{F}\ln(b/b^{\ominus}) - \frac{2RT}{F}\ln\gamma_{\pm}$$

电解质稀溶液，近似符合 Debye-Huckel 极限方程，设：$\ln\gamma_{\pm} = -A\sqrt{b/b^{\ominus}}$

方程重排，则：$E + \frac{2RT}{F}\ln(b/b^{\ominus}) = E^{\ominus} + \frac{2RTA}{F}\sqrt{b/b^{\ominus}}$

取 $E+(2RT/F)\ln(b/b^{\ominus})$ 为纵坐标，$b^{1/2}$ 为横坐标作图，并利用最小二乘法线性拟合实验数据，结果如图 9.10 所示：

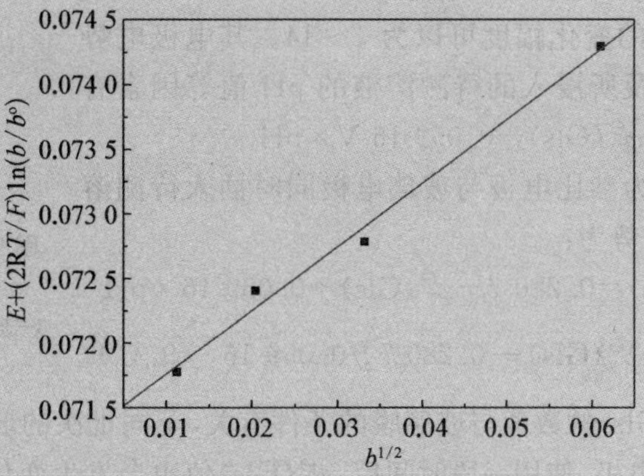

图 9.10　$E+(2RT/F)\ln(b/b^{\ominus})$ 与 $b^{1/2}$ 线性拟合

拟合结果显示，线性斜率为 0.049 2，截距为 $E^{\ominus}=0.071\ 2$ V，相关系数$=0.995\ 15$，平均偏差$=0.000\ 18$。

与文献值对比：$\varphi^{\ominus}(H^+|H_2)=0$，$\varphi^{\ominus}(AgBr|Ag,Br)=0.071\ 03$ V，$E^{\ominus}=0.071\ 03$ V。

偏差$=0.071\ 2-0.071\ 03=0.000\ 17$。

(2) 当 $b=0.010$，$E=0.312\ 6$，求此浓度下的 $\gamma_{\pm}$

$$E = E^{\ominus} - \frac{2RT}{F}\ln(b/b^{\ominus}) - \frac{2RT}{F}\ln\gamma_{\pm}$$

$$\begin{aligned}\ln\gamma_{\pm} &= (E^{\ominus}-E)F/(2RT) - \ln(b/b^{\ominus})\\ &= (0.071\ 2-0.312\ 6)\times 96\ 485/(2\times 8.314\times 298.15) - \ln(0.010)\\ &= -0.092\ 93\end{aligned}$$

$$\gamma_{\pm} = 0.911\ 3$$

9.4.4　测定溶液的 pH

用电动势法测定溶液的 pH，既不像滴定方法那样会破坏电离平衡，也不像比色法那样受到有色溶液的干扰，是一种比较准确的方法。

原则上，用电动势法测定 pH 需设计如下电池：

$$Pt|H_2(p^\ominus)|\text{待测溶液}(pH=x)|\text{甘汞电极}$$

在一定温度下，甘汞电极的电动势是已知和稳定的，只要测得该电池的电动势，就能计算出待测溶液的 pH。$pH=[E-E(\text{甘汞})]/0.059\ 16$。氢电极对 pH 值在 0～14 范围内的溶液均可使用，但是该电池的实际操作是困难的。因为氢电极中要求纯净的氢气且维持恒定的压强，溶液中不能有任何发生氧化或还原的杂质等。氢电极通常只用于 pH 值的标定工作。

实际上，溶液的 pH 多数采用玻璃电极来测量。

玻璃电极的构造如图 9.11 所示。电极的主要部分是一个由特殊原料制作的玻璃球，球下端是极薄的玻璃膜，球内装有 $0.1\ mol\cdot kg^{-1}$ 的 HCl 溶液（或已知 pH 值的其他缓冲溶液），溶液中插入一支 Ag - AgCl 电极。玻璃电极是一种对 H^+ 特别敏感的选择性电极，pH 的变化幅度可以为 1～14。其电极电势 $\varphi(Gls)$ 与玻璃膜厚度及所浸入的待测溶液的 pH 值等因素有关。298 K，$\varphi(Gls)=\varphi^\ominus(Gls)-0.059\ 16\ V\times pH$。

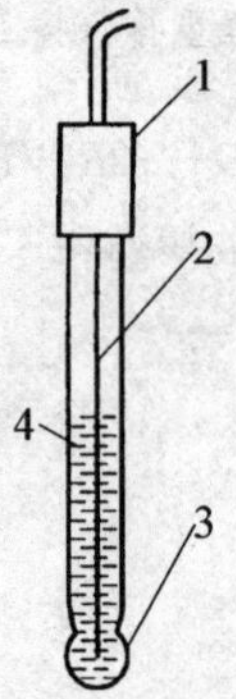

图 9.11　玻璃电极的构造

1—绝缘套；2—Ag - AgCl 电极；3—玻璃膜；4—$0.1\ mol\cdot kg^{-1}$ HCl

若以甘汞电极作为参比电极与玻璃电极同时插入待测溶液中组成电池，其电动势为：

$$E=\varphi(\text{甘汞})-\varphi(Gls)=0.280\ 7-\varphi^\ominus(Gls)+0.059\ 16\times pH$$

因此 $pH=[E+\varphi^\ominus(Gls)-0.280\ 7]/0.059\ 16$　(9.4.4)

玻璃电极的 $\varphi^\ominus(Gls)$ 的数值与玻璃膜的条件有关，不同批次的玻璃电极其值也是不同的。即便对同一玻璃电极，使用一段时间后，$\varphi^\ominus(Gls)$ 值也会发生变化。而且玻璃膜内阻很大，实际上需要使用带有放大器的专门仪器，即 pH 计来测 pH。

在实际使用中，先将玻璃电极插入已知 pH 的缓冲溶液中（其值为 pH_s），测得的电动势值为 E_s；再将玻璃电极浸入未知 pH 的溶液中（其值为 pH_x），测得的电动势为 E_x，根据两次测定结果，得：

$$pH_x=pH_s+(E_x-E_s)/0.059\ 16\ V \tag{9.4.5}$$

醌氢醌电极是氧化还原电极，可用于溶液 pH 的测定。醌氢醌（$Q\cdot H_2Q$）是等分子的醌（$C_6H_4O_2$，Q）和氢醌[$C_6H_4(OH)_2$，H_2Q]的复合物，它在水中溶解度很小，且易达到如下解离平衡：

$$C_6H_4O_2\cdot C_6H_4(OH)_2 \rightleftharpoons C_6H_4O_2+C_6H_4(OH)_2 \quad \text{或} \quad Q\cdot H_2Q \rightleftharpoons Q+H_2Q$$

在含有 H^+ 的溶液中加入少许 $Q\cdot H_2Q$，形成过饱和溶液，再插入惰性金属 Pt 即构成了醌氢醌电极，其电极反应为：$Q+2H^++2e^-\rightarrow H_2Q$。

由于醌氢醌的溶解度很小，其解离产物 Q 和 H_2Q 的活度因子均可视为 1，又两者浓度相等，因此 $a(H_2Q)/a(Q)=1$。在 298 K，电极电势为：

$$\varphi(Q \mid H_2Q) = \varphi^{\ominus}(Q \mid H_2Q) - \frac{RT}{2F}\ln\frac{a(H_2Q)}{a(Q)a^2(H^+)} = 0.6993 - 0.05916\text{pH} \tag{9.4.6}$$

通常将醌氢醌电极、甘汞电极和待测溶液组成如下电池：

甘汞电极||Q·H_2Q 饱和的待测溶液(pH<7.1)|Pt

298 K 该电池的电动势为：$E=(0.6993-0.05916\text{pH}-0.2807)\text{V}$，故有：

$$\text{pH} = \frac{0.4186 - E/\text{V}}{0.05916} \tag{9.4.7}$$

若待测溶液 pH>7.1 时，醌氢醌电极应变为负极，甘汞电极为正极，此时待测溶液的 pH 值为：

$$\text{pH} = \frac{0.4186 + E/\text{V}}{0.05916} \tag{9.4.8}$$

由于 pH>8.5 时，氢醌将发生解离，醌氢醌电极不能在碱溶液中使用。

9.4.5　φ - pH 图

电势(φ)- pH 图是在等温条件下，以电极电势为纵坐标，pH 为横坐标所画的电势随 pH 变化曲线。对于有 H^+ 和 OH^- 参加的电极反应，其电极电势与溶液的 pH 有关。从各种物系的 φ - pH 图上可以判断：在一定 pH 范围哪个电极反应将优先进行，反应中各组分生成的条件和稳定存在的浓度范围。

先以氢氧燃料电池为例，描述 φ - pH 曲线的含义和组分稳定存在的范围。电池：

$$\text{Pt}|H_2(p^{\ominus})|H^+(\text{aq}, \text{pH}=1\sim14)|O_2(p^{\ominus})|\text{Pt}$$

其中：氧电极为阴极，电极反应和电极电势为：

$$O_2(p_{O_2}) + 4H^+(a_{H^+}) + 4e^- \rightarrow 2H_2O(\text{l}),$$

$$\varphi(O_2 \mid H^+, H_2O) = \varphi^{\ominus}(O_2 \mid H^+, H_2O) - \frac{RT}{4F}\ln\frac{1}{a_{O_2}a_{H^+}^4}$$

$$= 1.229V + \frac{RT}{4F}\ln\frac{p_{O_2}}{p^{\ominus}} - \frac{2.303RT}{F}\text{pH}$$

在 298 K：

$$\varphi(O_2 \mid H^+, H_2O) = \left[1.229\ \text{V} + \frac{RT}{4F}\ln\frac{p_{O_2}}{p^{\ominus}}\right] - 0.0592\ \text{V}\cdot\text{pH} \tag{9.4.9}$$

这是一个线性方程，括号内为截距，其大小取决于氧气的压强。当 $p_{O_2}=p^{\ominus}$ 时，截距为 1.220 V，斜率为−0.059 2。φ - pH 直线表示于图 9.12(直线 b)。当 $p_{O_2}>p^{\ominus}$，(设 $p_{O_2}=100p^{\ominus}$)，斜率不变，截距会增大(+1.259，+b 线)。$p_{O_2}<p^{\ominus}$ 时，(设 $p_{O_2}=0.01p^{\ominus}$)，截距会

减小(+1.199,$-b$ 线)。故 b 线之上区域,为水分解维持平衡所需之高氧分压,为氧稳定区。而 b 线之下区域,多余氧气生成水以维持低氧分压,故称之为水稳定区。

对于平衡的氢气电极,虽然实际是阳极,但电极电势仍用阴极反应来表示:

$$2H^+(a_{H^+}) + 2e^- \rightarrow H_2(p_{H_2}),$$

$$\varphi(H^+ \mid H_2) = \varphi^\ominus(H^+ \mid H_2) - \frac{RT}{2F}\ln\frac{a_{H_2}}{a_{H^+}^2} = 0 - \frac{RT}{2F}\ln\frac{p_{H_2}}{p^\ominus} - \frac{2.303RT}{F}\text{pH}$$

在 298 K:

$$\varphi(H^+ \mid H_2) = -\frac{RT}{2F}\ln\frac{p_{H_2}}{p^\ominus} - 0.0592\text{V}\cdot\text{pH} \tag{9.4.10}$$

这也是一个线性方程,截距大小取决于氢气的压强,斜率仍为 -0.0592。当 $p_{H_2} = p^\ominus$ 时,截距为 0,φ-pH 直线表示于图 9.12(直线 a)。当 $p_{H_2} > p^\ominus$,(设 $p_{H_2} = 100p^\ominus$),斜率不变,截距会减小(-0.05916,$-a$ 线)。$p_{H_2} < p^\ominus$ 时,(设 $p_{H_2} = 0.01p^\ominus$),截距会增大($+0.05916$,$+a$ 线)。故 a 线之上区域,多余氢气生成水以维持低氢分压,即水稳定区。而 a 线之下区域为水分解维持平衡所需之高氢气分压,为氢稳定区。氢电极和氧电极的 φ-pH 线是平行的,即氢氧电池的电动势与溶液的 pH 无关,无论溶液是酸性还是碱性,标准气体压强下,$E^\ominus$ 总是等于 1.229 V。

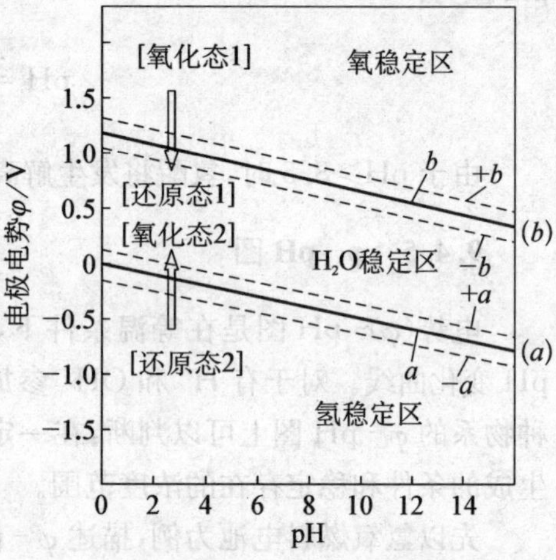

图 9.12 水的 φ-pH 图

图 9.12 中 b 线对应于式(9.4.9),为氧电极的 φ-pH 线,其反应可以写为:

$$[\text{氧化态 1}] + ze^- \rightleftharpoons [\text{还原态 1}]$$

图 9.12 中 a 线对应于式(9.4.10),为氢电极的 φ-pH 线,其反应可以写为:

$$[\text{氧化态 2}] + ze^- \rightleftharpoons [\text{还原态 2}]$$

由于 b 线电势高于 a 线电势,所以当[氧化态 1]作氧化剂,[还原态 2]作还原剂,组成电池反应:

$$[\text{氧化态 1}] + [\text{还原态 2}] \rightleftharpoons [\text{还原态 1}] + [\text{氧化态 2}]$$

相应的电池电动势为正值,即反应是自发进行。可见,由 φ-pH 图可以判断反应的方向,当系统中存在几种还原剂时,一种氧化态总是优先氧化最强的那种还原剂,即高氧化态与低还原态将优先反应,因为它们的电势差最大。这也就是利用 φ-pH 图分析多个反应物构成的体系的反应方向所具有的优势和方便之处。

讨论 Fe-H_2O 系统的电势-pH 图

9.4.6　离子选择性电极

离子选择性电极又叫膜电极，是一类重要的化学传感器，它的活性膜具有对特定离子选择性响应的功能，用它做指示电极，可以测定溶液中某种特定离子的活度。其中活性膜可由固体膜、液体膜、高分子膜及生物膜等构成。

如图 9.13 所示，一个一定厚度的敏感膜 M 将待测溶液 1 和已知浓度的溶液 2(内参比溶液)隔开。设离子 i 为唯一敏感离子，且是膜内唯一的电荷传递者。当离子 i 转移达平衡时，它在膜相产生一定浓度梯度，因此有扩散电势 φ_j 产生。平衡时整个膜上的电势差即膜电势 E_M：

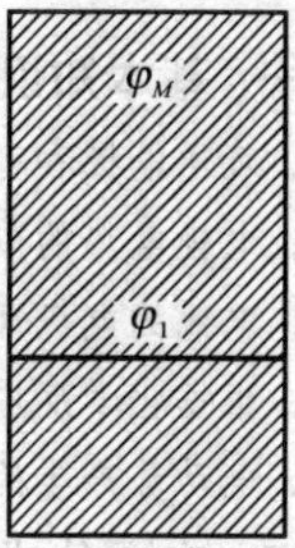

图 9.13　膜电势示意图

$$E_M = (\varphi_2 - \varphi_M) + (\varphi_M - \varphi_1) + \varphi_j$$

平衡时离子在膜、溶液 1 和溶液 2 的化学势均相等，则

$$\mu_{i,1} + z_i F\varphi_1 = \mu_{i,2} + z_i F\varphi_2$$

即　$\mu_{i,1}^{\ominus} + RT\ln a_{i,1} + z_i F\varphi_1 = \mu_{i,2}^{\ominus} + RT\ln a_{i,2} + \mu_{i,2} + z_i F\varphi_2$

于是　$\varphi_2 - \varphi_1 = (\mu_{i,1}^{\ominus} - \mu_{i,2}^{\ominus})/z_i F + (RT/z_i F)\ln(a_{i,1}/a_{i,2})$

因为溶液 1 和 2 均是水溶液，$\mu_{i,1}^{\ominus} = \mu_{i,2}^{\ominus}$，则

$$E_M = \varphi_j + (RT/z_i F)\ln(a_{i,1}/a_{i,2}) \tag{9.4.11}$$

若溶液 2 组成恒定，$a_{i,2}$ 为常数，对于给定电极，φ_j 也是常数，上式简化为：

$$E_M = C + (RT/z_i F)\ln(a_{i,1}) \tag{9.4.12}$$

式中 C 为一常数。即膜电势只与溶液 1 中离子 i 的活度有关，与 $\ln(a_{i,1})$ 呈线性关系。制作离子选择性电极时，要在膜内溶液 2 中放置内参比电极。测量时借助另一外参比电极(如甘汞电极)放入待测溶液，组成如下电池：

外参比电极|待测溶液 1|活性膜|内参比溶液 2|内参比电极

电池电动势为：$E = \varphi_{in} - \varphi_{out} + E_M = C + (RT/z_i F)\ln(a_{i,1})$　(9.4.13)

将标准溶液代替待测溶液，测电池电动势得到常数 C，这样测量待测溶液的电池电动势便可得到离子 i 的活度。

最常用的离子选择性电极就是用于测定 pH 的玻璃电极。

其他类型的离子选择性电极有：

(1) 对 Na^+、K^+、NH^{4+}、Ag^+、Tl^+、Li^+、Rb^+、Cs^+ 等离子具有特殊选择性的玻璃电极。

(2) 固体膜电极。Ag_2S、CuS、CdS、PbS、LaF_3、AgCl、AgBr、AgI、AgSCN 等不溶性物质可以作为离子交换膜，用于检测相应的阴离子和阳离子，如检测 Ag^+、Cu^{2+}、Cd^{2+}、Pb^{2+}、S^{2-}、F^-、Cl^-、Br^-、I^-、SCN^-、CN^-。这些材料是离子导体，通过点缺陷在晶格中的迁移实现离子导电。尽管室温下电导率很低，但可以通过向晶格内掺入变价的离子而提高导电性和响应速度。

(3) 液体膜电极。利用含有离子交换特性的疏水液体膜为敏感元件，其载体物质是可以流动的。

此外还有气敏电极，酶电极等。

内容提要

一、基本知识点

1. 可逆电极和可逆电池，电池电动势与 $\Delta_r G_m$、$\Delta_r H_m$ 和 $\Delta_r S_m$ 的关系。
2. 电极电势的应用(氧化能力的估计、平衡常数的计算等)。
3. 电池的电极反应和电池反应，能斯特方程计算原电池的电动势。
4. 根据化学反应设计电池。
5. 电动势产生的机理及电动势测定的一些应用。

二、主要公式

1. 原电池电动势

$$E=E^{\ominus}-\frac{RT}{zF}\ln\prod_B a_B^{\nu_B}$$

$$E=\varphi_+-\varphi_-$$

$$\varphi=\varphi^{\ominus}-\frac{RT}{zF}\ln\frac{a(\mathrm{Re})}{a(\mathrm{Ox})}$$

2. 可逆电池的热力学

$$\Delta_r G_m=-zEF$$

$$\Delta_r S_m=zF\left(\frac{\partial E}{\partial T}\right)_p$$

$$Q_R=T\Delta_r S_m=zFT\left(\frac{\partial E}{\partial T}\right)_p$$

$$\Delta_r H_m=\Delta_r G_m+T\Delta_r S_m=-zEF+zFT\left(\frac{\partial E}{\partial T}\right)_p$$

3. 液接电势

$$E_j=\left(\frac{t_+}{z_+}-\frac{t_-}{z_-}\right)\frac{RT}{F}\ln\frac{a_1}{a_2}$$

4. 化学反应平衡常数

$$E^{\ominus}=\frac{RT}{zF}\ln K^{\ominus}$$

习题

1. 将下列反应设计成电池：

(1) $Zn(s)+H_2SO_4(aq)\longrightarrow H_2(p)+ZnSO_4(aq)$

(2) $Ag^+(a_{Ag^+})+Cl^-(a_{Cl^-})\longrightarrow AgCl(s)$

2. 写出下列电池所对应的化学反应：

(1) $Pt(s)|H_2(g)|HCl(b)|Cl_2(g)|Pt(s)$

(2) $Ag(s)|AgCl(s)|CuCl_2(b)|Cu(s)$

(3) $Cd(s)|Cd^{2+}(b_1)\parallel HCl(b_2)|H_2(g)|Pt(s)$

(4) $Cd(s)|CdI_2(b_1)|AgI(s)|Ag(s)$

(5) $Pb(s)|PbSO_4(s)|K_2SO_4(b_1)\parallel KCl(b_2)|PbCl_2(s)|Pb(s)$

(6) $Ag(s)|AgCl(s)|KCl(b)|Hg_2Cl_2(s)|Hg(l)$

(7) $Pt(s)|Fe^{3+}(b_1),Fe^{2+}(b_2)\parallel Hg_2^{2+}(b_3)|Hg(l)$

(8) $Hg(l)|Hg_2Cl_2(s)|KCl(b_1)\parallel HCl(b_2)|Cl_2(g)|Pt(s)$

(9) $Sn(s)|SnSO_4(b_1)\parallel H_2SO_4(b_2)|H_2(g)|Pt(s)$

(10) $Pt(s)|H_2(g)|NaOH(b)|HgO(s)|Hg(l)$

3. 在 298 K 时，电池 $Zn(s)|Zn^{2+}(a=0.0004)\parallel Cd^{2+}(a=0.2)|Cd(s)$的标准电动势 $E^\ominus=0.360$ V，试写出该电池的电极反应和电池反应，并计算其电动势 E 值。

4. 计算下列浓差电池在 18℃时的电池电动势：

(1) $Zn(s)|Zn^{2+}(a_1=0.1)|Zn^{2+}(a_2=0.5)|Zn(s)$

(2) $Pt(s)|H_2(p_1=0.1\ MPa)|HCl(0.1\ mol\cdot kg^{-1})|H_2(p_2=0.01\ MPa)|Pt(s)$

5. 已知电池反应：$2Fe^{3+}+Sn^{2+}=\!=\!=2Fe^{2+}+Sn^{4+}$。

(1) 写出电池表达式和电极反应；

(2) 已知 $\varphi^\ominus(Sn^{4+}|Sn^{2+})=0.15$ V，$\varphi^\ominus(Fe^{3+}|Fe^{2+})=0.771$ V，计算该电池在 298 K 时的标准电动势；

(3) 计算反应的标准平衡常数。

6. 25℃，电池 $Ag(s)|AgCl(s)|HCl(b)|Cl_2(g,100\ kPa)|Pt(s)$的电动势 $E=1.136$ V，电动势的温度系数为 -5.95×10^{-4} V/K。电池反应为：$Ag+(1/2)Cl_2(g,100\ kPa)=\!=\!=AgCl(s)$。试计算该反应的 $\Delta_r G_m$、$\Delta_r S_m$、$\Delta_r H_m$ 及电池恒温可逆反应放电时过程的可逆热效应 Q_R。

7. 电池 $Pt(s)|H_2(p^\ominus)|NaOH(稀\ aq)|HgO(s)|Hg(l)|Pt(s)$，298 K 时电池电动势 $E=0.9261$ V。

(1) 写出电极反应及电池反应；

(2) 求 298 K 时电池反应的平衡常数；

(3) 已知 $\Delta_f H_m^\ominus(HgO)=-90.71\ kJ\cdot mol^{-1}$，$\Delta_f H_m^\ominus(H_2O,l)=-285.8\ kJ\cdot mol^{-1}$，求 308 K 时电池的电动势 E。

8. 电池 $Zn(s)|ZnCl_2(0.555\ mol\cdot kg^{-1})|AgCl(s)|Ag(s)$，在 298 K 时 $E=1.015$ V，已知$(\partial E/\partial T)=-4.02\times10^{-4}\ V\cdot K^{-1}$，$\varphi^\ominus(Zn^{2+}|Zn)=-0.763$ V，$\varphi^\ominus(AgCl|Ag,Cl^-)=0.222$ V。

(1) 写出电池反应(两个电子得失)；

(2) 求反应的平衡常数；

(3) 求$ZnCl_2$ 的 $\gamma_\pm$；

(4) 若该反应在恒压反应釜中进行，不做其他功，求热效应是多少？

(5) 若反应在可逆电池中进行，热效应是多少？

9. 已知 298 K 时下述电池的电动势 $E=0.372$ V，$Cu(s)|Cu(Ac)_2(0.1\ mol\cdot kg^{-1})|AgAc(s)|Ag(s)$，温度升至 308 K 时，$E=0.374$ V；又已知 298 K 时 $\varphi^\ominus(Ag^+|Ag)=0.799$ V，$\varphi^\ominus(Cu^{2+}|Cu)=0.337$ V。

(1) 写出电极反应和电池反应；

(2) 298 K 时，当电池可逆地输出 2 mol 电子的电量时，求电池反应的 $\Delta_r G_m$、$\Delta_r H_m$ 和 $\Delta_r S_m$。设电动势 E 随 T 的变化率有定值。

(3) 求醋酸银 AgAc(s)的溶度积 K_{sp}(设活度系数均为 1)。

10. 已知一电池表达式为：$Cd(s) \mid Cd^{2+}(aq) \parallel Cu^{2+}(aq) \mid Cu(s)$，且 $\varphi^{\ominus}(Cu^{2+}|Cu) = 0.337\ V$，$\varphi^{\ominus}(Cd^{2+}|Cd) = -0.403\ V$。

(1) 写出电池反应(2 个电子得失)；

(2) 计算该电池在 298 K 时的标准电动势 $E^{\ominus}$；

(3) 计算反应的标准平衡常数 $K^{\ominus}$。

11. 计算 25 ℃时下列化学电池的电动势：

(1) $Pt(s)|H_2(g,p^{\ominus})|HCl(b=0.1\ mol\cdot kg^{-1},\gamma_{\pm}=0.80)|AgCl(s)|Ag(s)$

(2) $Ag(s)|AgBr(s)|Br^-(a=0.34) \parallel Fe^{3+}(a=0.1),Fe^{2+}(a=0.02)|Pt(s)$

12. 298.15 K 时测得下面电池的电动势 $E=1.227\ 0$ V，其他数据查表。

$$Zn(s)|ZnCl_2(b=0.005\ 0\ mol\cdot kg^{-1})|Hg_2Cl_2(s)|Hg(l)$$

求 $0.005\ mol\cdot kg^{-1}$ $ZnCl_2$ 溶液的平均离子活度、平均离子活度因子和 $ZnCl_2$ 活度。

13. 试设计一个电池能进行反应：$Fe^{2+}(a_{Fe^{2+}})+Ag^+(a_{Ag^+})\longrightarrow Fe^{3+}(a_{Fe^{3+}})+Ag(s)$

(1) 写出电池表达式；

(2) 计算上述电池在 25℃时的平衡常数 $K^{\ominus}$；

(3) 若将过量磨细的银粉加到质量摩尔浓度为 $0.05\ mol\cdot kg^{-1}$ $Fe(NO_3)_3$ 溶液中，求当反应平衡后 Ag^+ 的浓度(设活度因子均等于 1)。

14. 已知电池 $Pt(s)|\ H_2(101.325\ kPa)\ |\ HCl\ (0.1\ mol\cdot kg^{-1})\ |\ Hg_2Cl_2(s)\ |\ Hg(l)$的电动势与温度 T 的关系为：

$$E/V = 0.069\ 4+1.881\times10^{-3}(T/K)-2.9\times10^{-6}(T/K)^2$$

(1) 写出电池反应；

(2) 计算 25℃时该反应的 $\Delta_r G_m$，$\Delta_r H_m$ 以及电池恒温可逆放电时该反应过程的热 Q_R。

15. 已知电池 $Pt(s)|H_2(p^{\ominus})|NaOH(aq)|HgO(s)|Hg(l)$，在 25℃时的电动势为 0.926 1 V；电池 $Pt(s)|H_2(p^{\ominus})|H_2SO_4(aq)|O_2(p^{\ominus})|Pt(s)$，在 25℃时的电动势为 1.229 V。HgO 的分解温度为 838.15 K，设 $\Delta_r H_m^{\ominus}$ 与温度无关。求 HgO 在 25℃时的分解压。

16. 电池 $Zn(s)|ZnCl_2(0.05\ mol\cdot kg^{-1})|AgCl(s)|Ag(s)$的电动势 $E=\{1.015-4.92\times10^{-4}(T/K-298)\}$ V。试计算在 298 K 时，当电池有 2 mol 电子的电量输出时，电池反应 $\Delta_r G_m$，$\Delta_r S_m$，$\Delta_r H_m$ 及可逆放电时的热效应 Q_R。

17. 298 K 时，电池 $Pt(s)|\ H_2(p^{\ominus})|H_2SO_4(0.01\ mol\cdot kg^{-1})|O_2(p^{\ominus})|Pt(s)$的 E 为 1.228 V，且 $H_2O(l)$的生成热 $\Delta_f H_m$ 为 $-286.1\ kJ\cdot mol^{-1}$。试求：

(1) 该电池的温度系数；

(2) 该电池在 273 K 时的电动势(在 273～298 K 之间，$H_2O(l)$的生成焓不随温度而改变，电动势随温度的变化率为均匀的)。

18. 在 298 K 时，已知 AgCl 的标准摩尔生成焓是 $-127.04\ kJ\cdot mol^{-1}$，Ag、AgCl 和 $Cl_2(g)$的标准摩尔熵分别是 $42.702\ J\cdot K^{-1}\cdot mol^{-1}$、$96.11\ J\cdot K^{-1}\cdot mol^{-1}$ 和 $222.95\ J\cdot K^{-1}\cdot mol^{-1}$。298 K 时对于电池 $Pt(s)|Cl_2(p^{\ominus})|HCl(0.1\ mol\cdot dm^{-3})|AgCl(s)|Ag(s)$，试计算：

(1) 电池的电动势；

(2) 电池可逆放电时的热效应；

(3) 电池电动势的温度系数。

19. 在 298 K 附近，电池 $Hg(l)|Hg_2Br_2(s)|Br^-(aq)|AgBr(s)|Ag(s)$的电动势与温度的关系为：$E=[-68.04-0.312\times(T-298)]$ mV，试写出通电量 $2F$，电池反应的 $\Delta_r G_m$，$\Delta_r H_m$ 和 $\Delta_r S_m$。

20. 已知 298.2 K 时反应：$H_2(p^{\ominus})+AgCl(s)=\!=\!=2Ag(s)+2HCl(0.1\ mol\cdot dm^{-3})$

(1) 将此反应设计成电池（298.2 K 时电池电动势为 0.352 2 V）；

(2) 计算 $0.1\ mol\cdot dm^{-3}$ HCl 水溶液的 $\gamma_{\pm}$ 为多少？

(3) 计算电池反应的平衡常数为多大？

(4) 金属 Ag 在 $\gamma_{\pm}=0.809$ 的 $1\ mol\cdot dm^{-3}$ HCl 溶液中所产生 H_2 的平衡分压为多大？

21. (1) 将反应 $H_2(p^{\ominus})+I_2(s)\longrightarrow 2HI(a_{\pm}=1)$ 设计成电池；

(2) 求此电池的 $E^{\ominus}$ 及电池反应在 298 K 时的 $K^{\ominus}$；

(3) 若反应写成 $\frac{1}{2}H_2(p^{\ominus})+\frac{1}{2}I_2(s)\longrightarrow HI(a_{\pm}=1)$，电池的 $E^{\ominus}$ 及反应的 $K^{\ominus}$ 之值与(2)是否相同，为什么？

22. 在 298 K 时，电池 $Zn(s)\,|\,ZnSO_4(b=0.01\ mol\cdot kg^{-1},\gamma_{\pm}=0.38)\,|\,PbSO_4\,|\,Pb(s)$ 的电动势 $E=0.547\,7$ V。

(1) 已知 $\varphi^{\ominus}(Zn^{2+}\,|\,Zn)=-0.763$ V，求 $\varphi^{\ominus}(PbSO_4\,|\,Pb)$；

(2) 已知 298 K 时 $PbSO_4$ 的 $K_{sp}=1.58\times10^{-8}$，求 $\varphi(Pb^{2+}\,|\,Pb)$；

(3) 当 $ZnSO_4$ 的 $b=0.050\ mol\cdot kg^{-1}$ 时，$E=0.523$ V，求此浓度下 $ZnSO_4$ 的 $\gamma_{\pm}$。

23. 298 K 时，电池 $Pt(s)\,|\,H_2(p^{\ominus})\,|\,NaOH(b)\,|\,HgO(s)\,|\,Hg(l)$ 的 $E=0.925\,5$ V，已知 $\varphi^{\ominus}(HgO\,|\,Hg,OH^{-})=0.097\,6$ V，试求水的离子积 K_w。

24. 电池 $Ag(s)\,|\,AgBr(s)\,|\,HBr(0.1\ mol\cdot kg^{-1})\,|\,H_2(0.01p^{\ominus})\,|\,Pt(s)$，298 K 时，$E=0.165$ V，当电子得失为 1 mol 时，$\Delta_r H_m=-50.0\ kJ\cdot mol^{-1}$，电池反应平衡常数 $K^{\ominus}=0.030\,1$，$\varphi^{\ominus}(Ag^{+}\,|\,Ag)=0.800$ V，设活度系数均为 1。

(1) 写出电极与电池反应；

(2) 计算 298 K 时 AgBr(s) 的 K_{sp}；

(3) 求电池反应的可逆反应热 Q_R；

(4) 计算电池的温度系数。

25. 298 K 时，$Pt(s)\,|\,H_2(p^{\ominus})\,|\,H_2SO_4(0.01\ mol\cdot kg^{-1})\,|\,O_2(p^{\ominus})\,|\,Pt(s)$ 电池的 E 为 1.228 V，已知 298 K 时，$H_2O(l)$ 的生成热 $\Delta_f H_m^{\ominus}=-286.1\ kJ\cdot mol^{-1}$，试求：

(1) 写出摩尔电池反应方程（取 $z=2$）；

(2) 该电池的温度系数；

(3) 在 298 K 下，摩尔电池反应的可逆热；

(4) 在 298 K 下，摩尔电池反应所做的可逆非体积功。

拓展习题及资源

微信扫码

- 拓展习题
- 视频动画
- 互动交流

第 10 章　电极极化与界面电化学

10.1　不可逆电极过程

可逆电池中通过电池的电流等于 0,电极反应处于平衡态,电极电势为平衡电极电势。在实际工作中,无论是原电池电解池,电池反应以一定的速率进行,电路中有电流流过,此时的电极过程为不可逆的电极过程。处于不可逆条件下工作的电极将偏离热力学的平衡态,其电极电势 φ_{ir} 与平衡电势 φ_{rev} 发生偏离,这种现象称为电极的极化(polarization)。不可逆电极过程与实际电化学应用相关联,因此,研究电极极化对电池电动势的影响具有重要的应用意义。

10.1.1　电极极化与超电势

将电极电势 φ_{ir} 偏离平衡电势 φ_{rev} 的绝对值定义为超电势或过电势(overpotential)。

$$\eta = |\varphi_{ir} - \varphi_{rev}| \tag{10.1.1}$$

实验结果表示:电极的工作状态对平衡态的偏离程度与通过电极的电流密度大小有关,因此,超电势是一个随电流密度大小而发生变化的量。图 10.1 是三电极法测定超电势的装置示意图。电极 1 为待测电极也称工作电极,电极 2 为辅助电极,将电极 1、2 组成一个电解池。通过调节可变电阻 R 可调节通过电解池的电流大小,其数值可由安培计 A 读出。若待测电极面积为已知,将浸入溶液的电极面积去除电流,得到电流密度 i。为测量待测电极在不同电流密度下的极化电势,在待测电极附近安放一个参比电极组成一个原电池,通常用电势比较稳定的甘汞电极,电极一端拉成毛细管,称为 Luggin(鲁金)毛细管,使其能靠近电极 1 的表面,由电位计测出不同电流密度下的电池电动势。由于已知参比电极的电极电势,故可得到不同电流密度下待测电极的电极电势。所得的电极电势随电流密度变化的曲线称为极化曲线。如果取消图 10.1 中电极 1、2 间的外电源,1、2 电极构成原电池并对外放电。调节负载电阻的大小可调节放电电流的大小。采用同样装置可测定原电池中待测电极的极化曲线。图 10.2 是电解池与原电池的电极极化曲线示意图。

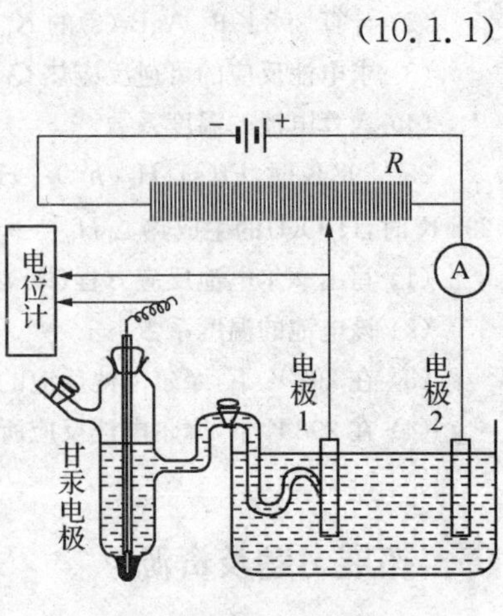

图 10.1　超电势的测定

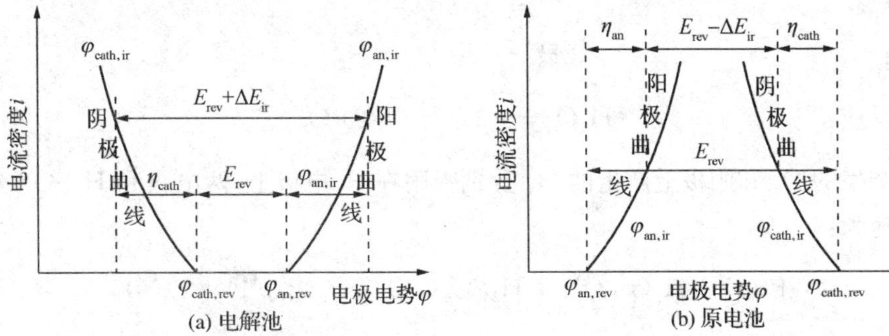

图 10.2　电解池与原电池的电极极化曲线

图 10.2 表示：电流密度不同时，电极电势也不同，因而超电势随电流密度变化。极化曲线与横轴的交点为平衡电势。无论是原电池还是电解池，阳极的电势总是变得更正，阴极的电极电势总是变得更负。在不可逆电极过程，电极反应的产物不断从电极析出，其电极电势 φ_{ir} 也称电极的析出电势。根据式(10.1.1)，超电势总是正值，因此阴极(cathode)和阳极(anode)的电势分别为：

$$\varphi_{cath,ir}=\varphi_{cath,rev}-\eta_{cath}\qquad \varphi_{an,ir}=\varphi_{an,rev}+\eta_{an} \tag{10.1.2}$$

其中 η_{cath} 为阴极超电势，η_{an} 为阳极超电势。由于超电势的存在，对于电解池，正负电极电势差 $E_{ir}>$ 平衡电极电势差 E_{rev}；对于原电池，正负电极电势差 $E_{ir}<$ 平衡电极电势差 E_{rev}。

10.1.2　分解电压与极化作用

理论上只要外加电压 E 稍大于可逆电池电动势 E_{rev}，电池反应就会逆向进行，电解反应就可以进行。若要能观察到电解反应进行，外加电压必须超过可逆电池电动势一定的数值。

图 10.3 所示为电解 H_2SO_4 的水溶液示意图。调动可变电阻 R 值可改变外加电压 E，测定流经电解池的电流强度得到电流密度 i（单位电极表面上的电流强度，$A\cdot cm^{-2}$）与外加电压 E 的关系曲线，如图 10.4 所示。在开始阶段(图 10.4 线段 1)，外加电压很小，电池中几乎无电流通过。此时电解产生微量 H_2 和 O_2，但气体的蒸汽压小于大气压，气体并没有逸出，而是吸附在电极上构成原电池，原电池的电动势与外电压方向相反。微量气体不能逸出，但可能在溶液中扩散。增大电压，补充扩散消失的气体，维持电池电动势，所以，这一阶段并没有明显的电解反应和气体逸出，电流密度变化不大。图 10.4 中线段 2 表示：继续增加外加电压，起初电流密度 i 增加很小，但当外加电压增大到约为 1.67 V 时，电流密度 i 才随外加电压增大有明显上升。即电流随电压增大从不显著变化到发生显著变化的过渡区。在此阶段，更多电流通过电极导致更多的 H_2 和 O_2 气体产生，使电池电动势增大，当 H_2 和 O_2 的气压大于大气压时，构成了稳定的电池电动势。图 10.4 线段 3 表示：当外电压大于电池电动势时，观察到两电极上有大量气泡产生，并且电流随电压增大而直线上升。$I\sim E$ 线性增加，即增加了溶液的电位降 $E-E_d=IR$。

系统的电解池反应为：

阳极：　　　　$H_2O \longrightarrow 2H^+ + (1/2)\ O_2 + 2e^-$

阴极：　　　　$2H^+ + 2e^- \longrightarrow H_2$

电解反应：　　$H_2O \longrightarrow H_2 + (1/2)\ O_2$

而阳极上产生的 O_2 和阴极上产生的 H_2 分别吸附在 Pt 电极上，两电极和 H_2SO_4 水溶液构成的原电池为：

$$Pt(s) \mid H_2(g, p^{\ominus}) \mid H_2SO_4(aq) \mid O_2(g, p^{\ominus}) \mid Pt(s)$$

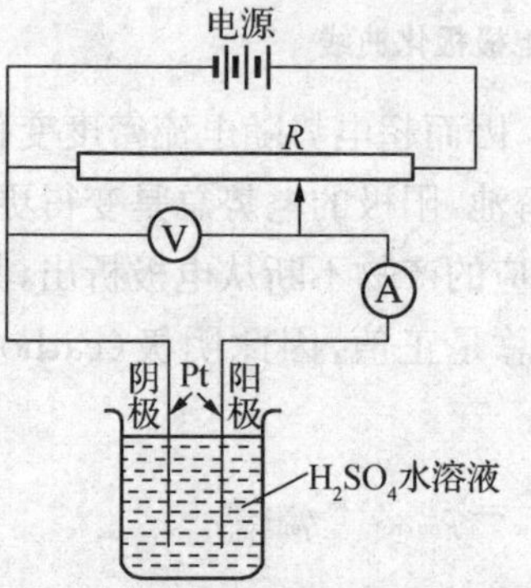

图 10.3　电解水示意图

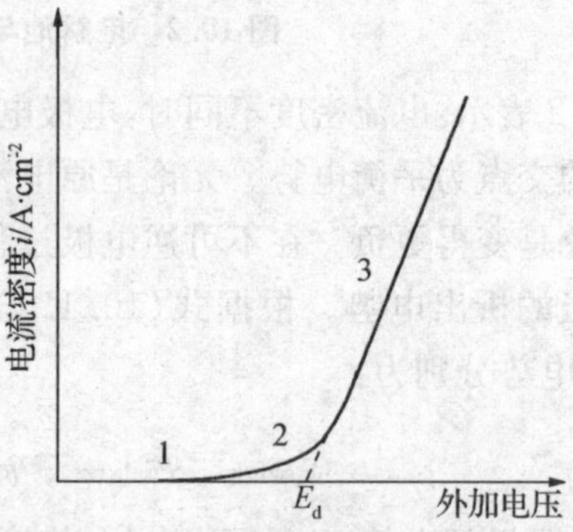

图 10.4　电流-电压曲线

25℃时该原电池的可逆电池电动势 $E_{rev}=1.23$ V。使电解质溶液连续不断地发生电解反应所必需的最小外加电压称为该电解质溶液的分解电压 E_d(decomposition voltage)。理论上，分解电压应当等于原电池的电动势。但实验表明，在电解 H_2SO_4 水溶液时，外加电压要比原电池电动势至少要大 0.44 V 电解反应才能进行。将图 10.4 中线段 3 延长至电流密度 i 为零处的电压，即水的分解电压，约为 1.67 V。这个偏差来自电极的极化和溶液电阻引起的欧姆电位降 IR。表 10.1 列出了光亮铂电极在一些酸和碱水溶液中的电解水的分解电压。

表 10.1　298 K 时在光亮铂电极上电解水的分解电压

酸溶液	E_d/ V	碱溶液	E_d/ V
H_2SO_4	1.67	NaOH	1.69
HNO_3	1.69	KOH	1.67
H_3PO_4	1.70	NH_4OH	1.74
$HClO_4$	1.65	$NH_2(C_2H_5)_2OH$	1.62

从表 10.1 可见，酸或碱的水溶液的分解电压大多在 1.67 V 附近，这是因为电解酸或碱的水溶液时阳极上都是放出氧气，阴极上都是放出氢气，本质上都是电解水。所以，它们的分解电压都约为 1.67 V。

当电流流过电解池时，正、负两电极上的析出物质组成了一个原电池，外加电压须克服可逆电池电动势、电极极化的超电势以及溶液电阻引起的欧姆电位降 IR。加在电解池两极间的外电压(也称端电压)为：

$$E_{d}=E_{rev}+\Delta E_{ir}+IR \tag{10.1.3}$$

式中：E_{rev} 为可逆电池的电动势；IR 为电池的欧姆电位降。电池内部及导线等都存在电阻，当电池处于可逆状态，电池内无电流通过，电池不产生欧姆电位降。但当电池处于不可逆条件，电池内有电流通过，产生欧姆电位降，消耗额外电能。ΔE_{ir} 是由电极极化即阴极和阳极的极化电势所引起的。

$$\Delta E_{ir}=\eta_{an}+\eta_{cath} \tag{10.1.4}$$

在电解过程中，η 随 i 的增大而增大，阳极电势向正方向移动，阴极电势向负方向移动，结果使外加电压大于热力学平衡值 E_{rev}。

同理。对于原电池，阴极是正极，阳极是负极，考虑到电池内部的欧姆电位降使电池输出的电压减小，原电池两极间的端电压为：

$$\begin{aligned}E_{d}&=\varphi_{cath,ir}-\varphi_{an,ir}-IR=(\varphi_{cath,rev}-\eta_{cath})-(\varphi_{an,rev}+\eta_{an})-IR\\&=(\varphi_{cath,rev}-\varphi_{an,rev})-(\eta_{cath}+\eta_{an})-IR=E_{rev}-\Delta E_{ir}-IR\end{aligned}$$

电极极化可分为浓差极化(concentration polarization)和电化学极化(electro chemical polarization)，相应的超电势称为浓差超电势和电化学超电势。除此之外，当电流通过电极，在电极表面形成一层高电阻氧化膜，或其他物质膜而引起电位降，这种极化称为电阻极化(resistance polarization)，相应的超电势称为电阻超电势。

10.1.3 浓差极化与电化学极化

1. *浓差极化*

对于一个电化学平衡体系，电解质的浓度在溶液中是均匀的。当有电流通过电极时，情况就不同了。电解反应是在两个电极表面进行的，当电极反应以一定速率进行时，若离子扩散速率小于电极表面上离子的反应速率，此时电极表面附近的离子浓度与本体溶液中的离子浓度就会有差异，导致电极电势就会偏离原来的热力学平衡值。以电极($CuSO_4|Cu$)为例，当它做阴极时，Cu^{2+} 在阴极表面能很快发生还原反应 $Cu^{2+}+2e^{-}\longrightarrow Cu$，但本体溶液内部的 Cu^{2+} 却难以很快扩散到阴极表面附近，使阴极附近 Cu^{2+} 浓度 c 低于本体溶液浓度 c_0，其结果好比将 Cu 电极插入一个低浓度溶液之中。于是有

$$\varphi_{cath,ir}=\varphi^{\ominus}_{cath}-\frac{RT}{2F}\ln\left(\frac{1}{c}\right),\qquad \varphi_{cath,rev}=\varphi^{\ominus}_{cath}-\frac{RT}{2F}\ln\left(\frac{1}{c_0}\right)$$

$$\eta_{cath}=\varphi_{cath,ir}-\varphi_{cath,rev}=\frac{RT}{2F}\ln\left(\frac{c}{c_0}\right)<0$$

从而导致阴极的析出电势更负。若 Cu 电极为阳极，发生氧化反应 $Cu\longrightarrow Cu^{2+}+2e^{-}$，$Cu^{2+}$ 溶入溶液，但阳极表面附近的 Cu^{2+} 不能很快扩散到本体溶液内部，造成电极附近离子浓度 c 大于本体溶液浓度 c_0。结果好似 Cu 电极插入一个较大的 Cu^{2+} 浓度的溶液，导致阳极的析出电势更正。

$$\eta_{an}=\varphi_{an,ir}-\varphi_{an,rev}=\frac{RT}{2F}\ln\left(\frac{c}{c_0}\right)>0$$

这种由于离子在电极附近的浓度和其在本体溶液中的浓度的差异而引起的极化称为浓差极化，相应的超电势称为浓差超电势。可见浓差极化是由于离子在溶液中扩散遇到阻力所引起的。搅拌可以使浓差极化减小。

讨论 浓差超电势

2. 电化学极化

电化学极化是由于电极反应的迟缓性引起的。电极反应与复相催化反应相似，有扩散至表面、吸附、表面反应、放电、脱附、扩散至溶液本体等多个步骤，是一个连续过程，每一步都有相应的活化能，整个过程受活化能最高的一步控制。为使电极反应能以一定速率进行，必须给反应体系一定的能量以克服反应的活化能，操作上就必须增加外加电压，结果使电极电势偏离平衡值。这种由于电极反应的迟缓性以及电极过程遇到的阻力而产生的极化称为电化学极化或活化极化，相应的超电势为电化学超电势或活化超电势。所以电化学极化属于反应动力学过程发生的现象。

在电极反应过程中，当离子扩散速率快而电极反应慢，电极反应就是速率的控制步骤。电化学极化是电化学反应速率比电子流动速率慢而引起的。如电极反应：$Ag^+ + e^- \rightarrow Ag$。平衡状态时：电化学反应速率＝电子流动速率，$i_{ec}=i$，$\varphi=\varphi_{rev}$。非平衡状态时：阴极反应，$Ag^+ + e^- \rightarrow Ag$，电化学反应速率＜电子流动速率，$i_{ec}<i$；反应速率慢，表面积累过多负电荷，使电极电势更低，$\varphi<\varphi_{rev}$。阳极反应，$Ag \rightarrow Ag^+ + e^-$，电化学反应速率＜电子流动速率，$i_{ec}<i$；电子流速快，表面积累过多正电荷，使电极电势增高，$\varphi>\varphi_{rev}$。

10.1.4 氢超电势与塔菲尔公式

电化学极化过程是一个多相反应动力学过程，超电势与电流密度的关系格外引起研究者的兴趣，其中以塔菲尔(Tafel)关于氢在阴极上的析出超电势的研究最为典型。

1905 年塔菲尔(Tafel)从实验中总结出一个表示氢析出的超电势 η 与电流密度 i 的关系式，被称为塔菲尔公式：

$$\eta = a + b\ln(i/[i]) \tag{10.1.5}$$

式中：i 为电流密度($A \cdot cm^{-2}$)，$[i]$为单位电流密度($1\ A \cdot cm^{-2}$)，这样使对数项中为纯数；a 和 b 是经验常数，对于大多数金属电极来说 b 相差不大，常温下接近于 0.050 V；a 是单位电流密度$1\ A \cdot cm^{-2}$时的超电势，其数值大小与电极材料、电极表面状态、溶液组成及实验温度有关，a 的数值越大，超电势 η 越大。所以氢在不同电极上的超电势的差别主要取决于电极的 a 值。

氢在不同金属上析出时的 a 值是不同的。易吸附 H_2 的金属如 Pt、Pd 等(尤其是镀有铂黑的铂)a 值小，超电势也小；不易吸附 H_2的金属如 Hg、Pb、Zn 等 a 值较大，超电势也大。

塔菲尔公式指出：超电势 η 与 $\ln i$ 呈线性关系。实验指出，塔菲尔公式只有在电流密度 i 不是太小时才能成立。根据塔菲尔公式，当 $i\rightarrow 0$ 时，$\eta\rightarrow\infty$，这与实验事实不符。因为当 $i\rightarrow 0$时，电极趋于平衡态，$\eta\rightarrow 0$。实验指出，在电流密度较小时，η 与 i 之间满足下面关系：

$$\eta=\omega i \tag{10.1.6}$$

其中，ω 的值与金属电极的性质有关，以表示指定条件下氢电极的不可逆程度。

Tafel 公式开始是根据氢的超电势数据总结而得的。后来的实验证明，对许多阴极过程（如金属离子的电沉积）和阳极过程（如 Cl_2、O_2 的阳极析出和金属的阳极溶解）也能适用。因此，它是不可逆电极过程的一个重要公式。

氢的超电势在实际生产中起着两种不同的作用：一是使生产过程消耗过多的电能，这是不利的因素，因此生产需要降低超电势；另一方面它也可以成为有利于生产的一种技术，如在金属电沉积中，利用氢有较大的超电势，使标准电极电势比氢低的金属（如锌、铬、镍等）先得到沉积而不析出氢气。又如在铅酸蓄电池充电时，因为 H_2 和 O_2 分别在两个电极上有较大的超电势，才没有使充电过程变成电解水的过程。

表 10.2 给出了一些金属的 a 值与电极的极化程度。

表 10.2　一些金属的 a 值与电极的极化程度

分类	a	金属
高氢超电位的金属	1.0～1.5	Hg(1.41)，Pb(1.56)，Zn(1.24)，Sn(1.20)
中等氢超电位的金属	0.5～0.7	Fe(0.7)，Ni(0.63)，Cu(0.87)
低氢超电位的金属	0.1～0.3	光亮 Pt(0.05)，Pd(0.24)

讨论
- **绝对电流密度和净电流密度**
- **电极过程动力学**
- **电流密度与过电势的关系**

【例 10.1】 298 K 面积为 2 cm^2 的 Fe(s) 作阴极，电解液为 1 $mol\cdot kg^{-1}$ KOH 溶液，每小时析出 H_2 100 mg。求氢在铁阴极上的析出电势？已知 $\eta=a+b\ln[i/(A\cdot cm^{-2})]$，$a=0.76$ V，$b=0.05$ V。

解： Fe 电极上的电流密度

$$i=\frac{Q}{tA}=\frac{100\times10^{-3}\ g}{2.0\ g\cdot mol^{-1}}\times\frac{2\times96\ 500\ C\cdot mol^{-1}}{3\ 600\ s\times2\ cm^2}=1.34\ A\cdot cm^{-2}$$

$$\eta=a+b\ln(i/[i])=(0.76+0.05\ln1.34)V=0.77\ V$$

$$\varphi=\varphi^{\ominus}+\frac{RT}{zF}\ln a_{H^+}-\eta=\left[0+\frac{8.314\times298}{1\times96\ 500}\ln10^{-14}-0.77\right]V=-1.598\ V$$

【练习 10.1】 298 K，Ag 电极上的电流密度为 0.1 $A\cdot cm^{-2}$ 和 0.01 $A\cdot cm^{-2}$ 时的氢超电势分别为 0.875 V 和 0.761 V，假定 Tafel 公式适用，求(1) 电流密度为 0.05 $A\cdot cm^{-2}$ 时的氢超电势；(2) 电极过程的迁移系数和交换电流密度。

解： (1) Tafel 公式，$\eta=a+b\ln(i/A\cdot cm^{-2})$，则：

$$\begin{cases}0.875=a+b\ln(0.1)\\0.761=a+b\ln(0.01)\end{cases}$$

联解得：$b=0.049\ 5$ V，$a=0.989$ V；

当 $i=0.05\ A\cdot cm^{-2}$，则有：$\eta=(0.989+0.049\ 5\ln0.05)V=0.841\ V$

(2) $b=(RT/\alpha zF)$，

阴极过程迁移系数　$\alpha=(RT/bzF)=8.314\times298.15/(0.049\ 5\times96\ 485\times1)=0.519$

阳极过程迁移系数　$\beta=1-\alpha=1-0.519=0.481$

$\ln(i_0/A\cdot cm^{-2})=-a/b=-0.989/0.0495=-19.98$

$i_0=2.1\times10^{-9}\ A\cdot cm^{-2}$

10.2 电解时电极上的竞争反应

10.2.1 金属的析出

1. 金属析出顺序

电解时，阴极上发生还原反应，$M^{z+}+ze^- \rightarrow M$，发生还原的物质通常有金属离子和氢离子，阴极上何种物质首先析出？要看反应的 Gibbs 自由能变化的相对大小，或电极电势的相对大小。根据式(10.1.3)得，$E_d=\varphi_{an}-\varphi_{cath}+IR$，在固定阳极条件下，$\varphi_{cath}$越大，$E_d$越小，金属越易析出。即：电极电势大的离子优先在阴极析出，同时考虑其超电势。

$$\varphi(M^{z+}\mid M)=\varphi^{\ominus}(M^{z+}\mid M)-\frac{RT}{zF}\ln\left[\frac{1}{a(M^{z+})}\right]-\eta_M$$

$$\varphi(H^+\mid H_2)=\varphi^{\ominus}(H^+\mid H_2)-\frac{RT}{zF}\ln\left[\frac{1}{a(H^+)}\right]-\eta_{H_2}$$

所以，电解过程中，随着电压的逐渐增大，金属离子将以电势由高到低的顺序析出。

在水溶液，金属离子与氢离子共存，阴极上存在金属离子和 H^+ 还原反应的竞争。如，在电镀过程中，可以看到镀件上有时有气泡析出，试验证明这些气体是氢气。也就是说电流并没有百分之百地用在金属的析出上。金属离子的超电势均很小，所以它们的析出电势与按能斯特方程计算得到的平衡电极电势相差不大，而氢气的析出有较大的超电势，其影响不能忽略。

【例 10.2】 电解质溶液含有 Ag^+，Cu^{2+}，Pb^{2+}，H^+ 各 1 mol·kg^{-1}，估算离子阴极析出顺序。

答：金属析出的阴极反应与标准电极电势分别为：

$Ag+e^- \rightarrow Ag$，　$\varphi^{\ominus}(Ag^+\mid Ag)=0.799$ V；

$Cu^{2+}+2e^- \rightarrow Cu$，　$\varphi^{\ominus}(Cu^{2+}\mid Cu)=0.337$ V；

$2H^++2e^- \rightarrow H_2$，　$\varphi^{\ominus}(H^+\mid H_2)=0.000$ V；

$Pb^{2+}+2e^- \rightarrow Pb$，　$\varphi^{\ominus}(Pb^{2+}\mid Pb)=-0.126$ V。

各离子浓度均为 1 mol·kg^{-1}，按标准电极电势评估即可。

金属析出超电势较小，可忽略，气体超电势较大，应考虑。

H_2 的超电势：在 Cu 电极，$\eta=-0.6$ V；　Pb 电极，$\eta=-1.56$ V。

电势从高到低的顺序即为金属阴极析出顺序，即：Ag(0.799 V)，Cu(0.337 V)，Pb(−0.126 V)，H_2(−1.56 V，Pb 电极)。

电解时还要考虑阳极发生的氧化反应，$A^{z-} \rightarrow A+ze^-$，如阴离子 Cl^-、OH^- 的反应，阳极本身的溶解，如 $Fe \rightarrow Fe^{2+}+2e^-$。阳极上哪个反应首先发生？需要依据热力学或电极电势来判断。$\Delta G=-zF\varphi_{an}$，当 $\Delta G<0$ 时，用还原电势表示，$\varphi_{an}=-\varphi_{cath}>0$，即电极电势最

小的首先在阳极氧化，同时考虑其超电势。

$$\varphi(A \mid A^{z-}) = \varphi^{\ominus}(A \mid A^{z-}) - \frac{RT}{zF}\ln a(A^{z-}) + \eta_A$$

电解水溶液时，因 H_2 或 O_2 的析出，会改变 H^+ 或 OH^- 的浓度，计算电极电势时应把这个因素考虑进去。

2. 氢的超电势对金属离子电沉积的影响

氢的超电势对金属离子的电沉积的影响有几种情况：

第一种情况：金属离子的可逆电极电势比氢的可逆电势要正的多，阴极只发生金属离子的析出而无氢析出。如 $AgNO_3$ 溶液($a=1$)，$\varphi^{\ominus}(Ag^+ \mid Ag)=0.799$ V，$\varphi(H^+ \mid H_2)=-0.414$ V (pH=7)，即使不考虑氢的超电势，Ag 析出也是容易的。类似的情况还有铜的析出。

第二种情况：金属的析出电势很负，氢的可逆电势比其大很多，而且氢在金属上的超电势不大，此时只发生氢析出而无金属离子析出。如，钨的电极电位较负，$\varphi(WO_4^{2-} \mid W)=-1.05$ V，不能从其盐溶液中沉积出来。即使能镀上一层几个原子厚的镀层，金属离子就终止了放电，仅剩氢离子放电了。欲使金属析出，可在有络合剂存在的条件下，将金属离子转变成络离子，改变金属的析出电位而实现金属沉积。

第三种情况：金属的电势虽然比氢正很多，但由于其极化很大，如金属的络合物，在一定电流密度下，其阴极电势比氢的析出电势为负，因此，氢也同时析出。电镀中常见这种情况：在低电流密度时电流效率高，随着电流密度升高，电流效率下降，这表明析出的氢气量在增加。络合物中镀铜属于这种情况。(电流效率的定义见第 8.1.2 节法拉第定律，电镀工艺中指：用在镀出金属的电流与通过镀槽的总电流的比，它反映出在电镀中有一部分电流是消耗在氢的析出反应)。

第四种情况：金属的电势很负，金属离子放电的超电势也不大，但氢的超电势很高。在较大电流密度时，金属析出比氢析出的比例大。例如，在氯化铵一氨三乙酸中镀锌，锌在此溶液中的可逆电势为-0.8 V，氢的可逆电势约为-0.36 V，但氢有约 0.8 V 的超电势，因此，锌析出的比例大，锌的电流效率可达 80%～90%。酸性溶液中镀锌也属于这种情况。

【例 10.3】 298 K 时，用铜作阴极电解 $ZnSO_4$ 溶液 $a(Zn^{2+})=0.1$，电流密度 $i=0.01\ A\cdot cm^{-2}$。已知在该电流密度下氢在铜上的超电势 η 为 0.584 V。设溶液 pH=5.00，H_2 析出时 $p(H_2)=p^{\ominus}$，试问电解时在阴极上首先析出的是哪种物质？已知：$\varphi^{\ominus}(Zn^{2+} \mid Zn)=-0.763$ V。

解：锌在铜电极上析出的超电势很小，其析出电势可用平衡电势代替

$$\varphi_{rev}(Zn^{2+} \mid Zn) = \varphi^{\ominus}(Zn^{2+} \mid Zn) + \frac{RT}{zF}\ln a(Zn^{2+})$$

$$= \left(-0.763 + \frac{0.059\ 16}{2}\lg 0.1\right)\text{V} = -0.793\ \text{V}$$

氢的平衡电极电势为：

$$\varphi_{rev}(H^+ \mid H_2) = \varphi^{\ominus}(H^+ \mid H_2) - \frac{RT}{2F}\ln\frac{(p_{H_2}/p^{\ominus})}{a_{H^+}^2}$$

$$= (0.059\ 16\ \lg a_{H^+})\text{V} = (-0.059\ 16 \times \text{pH})\text{V} = (-0.059\ 16 \times 5)\text{V} = -0.296\ \text{V}$$

若不考虑 H_2 析出时的超电势，由于 $\varphi(H^+|H_2)>\varphi(Zn^{2+}|Zn)$，电解时 H_2 优先从水溶液中析出。然而实际情况并非如此，因为 H_2 在铜上的超电势较大，其析出电势应为：

$$\varphi(H^+|H_2)=\varphi_{rev}(H^+|H_2)-\eta=(-0.296-0.584)V=-0.880\ V$$

由于 $\varphi(H^+|H_2)<\varphi(Zn^{2+}|Zn)$，所以 Zn 将优先于 H_2 在铜电极上析出。

10.2.2 金属离子的共同析出及分离

1. 金属离子的共同析出

若电解质溶液中共存有几种离子，究竟哪种离子优先析出，将取决于极化以后的不可逆电极电势，即析出电势的大小。电势高的金属离子优先在阴极上析出。但在一定条件下，共存离子也可以同时析出。合金电镀就是如此。

工业电镀常采用二元合金电镀，以获得具有特殊性能的镀层，如黄铜(Cu-Zn 合金)、青铜(Cu-Sn 合金)、Pb-Sn 合金和 Zn-Ni 合金等。这都涉及两种金属一起沉积的问题。设溶液中有 $M_1^{z_1+}$ 和 $M_2^{z_2+}$ 两种离子，活度分别为 a_1 和 a_2，能斯特方程为：

$$\varphi_{1,rev}=\varphi_1^{\ominus}+\frac{RT}{z_1F}\ln a_1,\quad \varphi_{2,rev}=\varphi_2^{\ominus}+\frac{RT}{z_2F}\ln a_2$$

在可逆还原过程中，两种离子同时在电极上沉积的可能性是 $\varphi_{1,rev}=\varphi_{2,rev}$。若 $\varphi_{1,rev}$ 比 $\varphi_{2,rev}$ 更正，则 M_1 应当在 M_2 之前析出，且 $\varphi_{1,rev}$ 和 $\varphi_{2,rev}$ 差距越大，M_2 的析出电势就离 M_1 越远。若考虑到 M_1 和 M_2 的超电势分别为 η_1 和 η_2，实际电解时两种离子同时析出的条件为：

$$\varphi_{1,rev}-\eta_1=\varphi_{2,rev}-\eta_2$$

或者

$$\varphi_1^{\ominus}+\frac{RT}{z_1F}\ln a_1-\eta_1=\varphi_2^{\ominus}+\frac{RT}{z_2F}\ln a_2-\eta_2$$

适当选择 a、η 和 $\varphi^{\ominus}$ 值，就能使两种离子共同析出。

一般金属沉积时的超电势都不大，共沉积或先后析出的次序可参考标准电极电势做粗略估计。例如，铅和锡的标准电极电势为 $\varphi^{\ominus}(Pb^{2+}|Pb)=-0.126$ V 和 $\varphi^{\ominus}(Sn^{2+}|Sn)=-0.136$ V，两者比较接近，且 η 值又都很小。只要适当调节组分的浓度比，便可以使它们一起沉积出来。但对于锌和铜，有 $\varphi^{\ominus}(Zn^{2+}|Zn)=-0.763$ V 和 $\varphi^{\ominus}(Cu^{2+}|Cu)=0.337$ V，则因 $\varphi^{\ominus}$ 值相差太远，在它们的简单盐溶液中，即使 Cu 沉积完全也不会有 Zn 开始析出。然而，若用它们的配合氰化物配成混合溶液，即在溶液中加入 CN^-，由于生成了配合离子 $Cu(CN)_3^-$ 和 $Zn(CN)_4^{2-}$，使得 $\varphi^{\ominus}(Cu(CN)_3^-|Cu)=-0.763$ V，$\varphi^{\ominus}(Zn(CN)_4^{2-}|Zn)=-1.108$ V，两者差 0.345 V，考虑到两者的超电势不同，如当阴极电流密度 $i=0.005\ A\cdot cm^{-2}$ 时，$\eta_{Cu}=0.685$ V 和 $\eta_{Zn}=0.316$ V，可计算出：

$$\varphi_{rev}^{\ominus}(Cu(CN)_3^-|Cu)-\eta_{Cu}=-1.448\ V,\qquad \varphi_{rev}^{\ominus}(Zn(CN)_4^{2-}|Zn)-\eta_{Zn}=-1.424\ V$$

两者只差 0.024 V，如果进一步调节温度、电流密度、CN^- 浓度，则可沉积得到黄铜合金。这就是电镀工艺中合金电镀的基本原理。

2. 金属离子的分离

对于含有多种金属离子的水溶液体系，可利用金属析出电势的差异将它们分离。φ_{cath}越正的离子，越易获得电子而还原成金属。电解时，阴极电势在由高变低的过程中，各种离子按其对应的 φ_{cath} 由高到低的次序而先后析出。

如有一含 0.01 $mol\cdot dm^{-3}$ 的 Ag^+ 和 1 $mol\cdot dm^{-3}$ 的 Cu^{2+} 的硝酸盐溶液，其中 $c(H^+)=1\ mol\cdot dm^{-3}$，如忽略金属析出的超电势，则两种离子开始析出时的电势分别为：

$$\begin{aligned}\varphi(Ag^+|Ag)&=\varphi^\ominus(Ag^+|Ag)+0.05916\lg(c_{Ag^+}/c^\ominus)\\&=(0.7991+0.05916\lg0.01)V=0.681\ V\end{aligned}$$

$$\begin{aligned}\varphi(Cu^{2+}|Cu)&=\varphi^\ominus(Cu^{2+}|Cu)+(0.05916/2)\lg(c_{Cu^{2+}}/c^\ominus)\\&=[0.337+(0.05916/2)\lg1]V=0.337\ V\end{aligned}$$

因为 $\varphi(Ag^+|Ag)>\varphi(Cu^{2+}|Cu)$，所以当阴极电势达 0.681 V 时，Ag 优先在阴极开始析出。当溶液中的 $c(Ag^+)=10^{-7}\ mol\cdot dm^{-3}$ 时，认为 Ag^+ 已全部沉积，此时

$$\varphi(Ag^+|Ag)=(0.7991+0.05916\lg10^{-7})V=0.385\ V$$

而 Cu^{2+} 开始析出的电势是 0.337 V，因此，只要控制阴极电势在 0.337 V 以上，则只会是 Ag 析出，从而实现将此溶液中的 Ag^+ 与 Cu^{2+} 的分离。此时，可将阴极取出，称量其电解前后的净增值，即为析出 Ag 的量。然后，再插入另一新的电极，继续增加外电压，可使 Cu^{2+} 沉积。

【例 10.4】 分析例 10.2 中金属离子剩余活度与析出电势的关系。

答：例 10.2 中金属阴极析出顺序与电势分别为：Ag(0.799 V)，Cu(0.337 V)，Pb(−0.126V)，H_2(−1.56V)。

Cu 析出时 Ag^+ 的剩余活度：

$$\varphi^\ominus(Cu^{2+}|Cu)=\varphi^\ominus(Ag^+|Ag)+(RT/F)\ln a_{Ag^+},\quad a(Ag^+)=1.5\times10^{-8}$$

Pb 析出时 Cu^{2+} 的剩余活度：

$$\varphi^\ominus(Pb^{2+}|Pb)=\varphi^\ominus(Cu^{2+}|Cu)+(RT/F)\ln a_{Cu^{2+}},\quad a(Cu^{2+})=2.2\times10^{-16}$$

H_2 析出时 Pb^{2+} 的剩余活度：

$$\varphi^\ominus(H^+|H_2)=\varphi^\ominus(Pb^{2+}|Pb)+(RT/F)\ln a_{Pb^{2+}},\quad a(Pb^{2+})=3.3\times10^{-49}$$

随着电流密度增加，电极电势与离子活度变化的关系如图 10.5 所示。

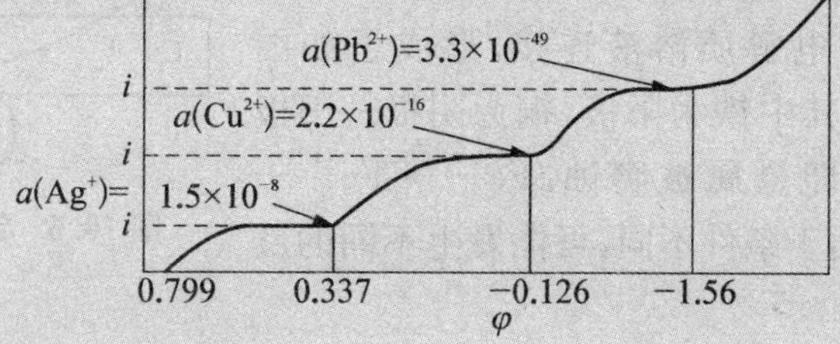

图 10.5　电极电势 φ 与电流密度 i 的变化对离子活度 a 的影响

通常，在电流密度较小时，金属离子的析出超电势可以忽略，此时可用能斯特方程对金属离子的分离进行估算。例如，298. 15 K 时，离子浓度变化 $a(M^{z+})_0 \rightarrow a(M^{z+})$，引起的电极电势(分解电压)差 ΔE 为：

$$\varphi(M^{z+}|M) = \varphi^{\ominus} - \frac{RT}{zF}\ln\left[\frac{1}{a(M^{z+})}\right], \quad \Delta E = \frac{RT}{zF}\ln\left[\frac{a(M^{z+})}{a(M^{z+})_0}\right]$$

对于一价金属离子，其浓度从 1 mol·dm^{-3} 降至 10^{-7} mol·dm^{-3} 时，$a(M^{z+})/a(M^{z+})_0 = 10^{-7}$，$\Delta E = (RT/F) \times \ln 10^{-7} = 0.41$ V。即：要使两种一价金属离子电解分离，两者的电极电势要相差 0. 41 V 以上。同理，要使两种二价金属离子电解分离(浓度降至 10^{-7} mol·dm^{-3} 时)，两者的电极电势要相差 0. 21 V 以上。对于三价金属离子的分离，两者电极电势差要达 0. 14 V 以上。

10. 3 金属的电化学腐蚀

10. 3. 1 金属的电化学腐蚀

按照腐蚀形成的机理，金属腐蚀可以分成化学腐蚀(chemical corrosion)和电化学腐蚀(electrochemical corrosion)。金属表面与周围介质发生化学作用而引起的腐蚀叫作化学腐蚀。化学腐蚀作用进行时没有电流产生。金属表面与介质如潮湿空气、电解质溶液等接触时，因形成微电池发生电化学作用而引起的腐蚀叫作电化学腐蚀。金属的腐蚀中以电化学腐蚀情况最为严重。在自然界中，只有少数的元素以纯元素的状态在自然条件下存在，如金、银等。而更多的金属元素的稳定存在状态是化合物，如 CuO，Fe_2O_3，方解石($CaCO_3$)，黄铜矿($CuFeS_2$)(Cu 34. 56%、Fe 30. 52%、S34. 92%)，钼铅矿($PbMoO_4$)，菱锰矿($MnCO_3$)。所以，有些金属的腐蚀过程是将金属元素转换为更稳定的化合物状态的过程，是一个热力学的自发过程。

当两种金属或两种不同金属制品相接触，同时又与水、电解质溶液或潮湿气体相接触时，就构成了一个原电池。若电池的电极呈短路状态，就会自发进行原电池的电化学作用。如一个铜板上钉有一个铁铆钉并长期暴露在潮湿空气中，铆钉部位就容易生锈。这是因为湿空气在金属表面凝结成水膜，空气中的 CO_2、SO_2 等溶解在水膜中形成电解质溶液，铁、铜经电解质溶液连接，形成了如图 10. 6 所示的微电池。其中铁为阳极，铜为阴极。阳极发生金属溶解过程，即金属被腐蚀，$Fe \longrightarrow Fe^{2+} + 2e^-$。在阴极 Cu 上，由于条件不同，可能发生不同的反应，主要有两类：

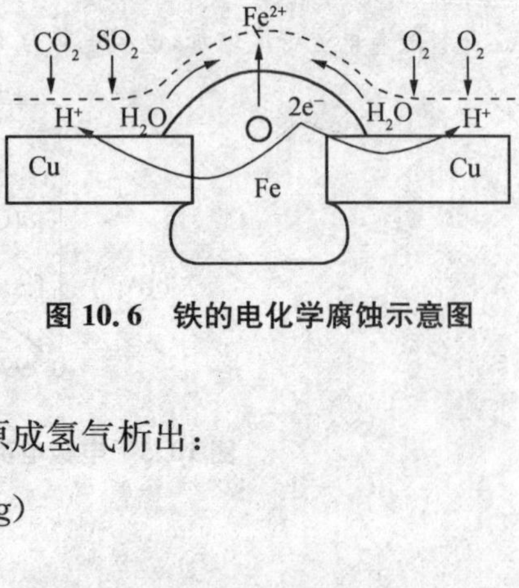

图 10. 6 铁的电化学腐蚀示意图

(1) 析氢腐蚀。它是指酸性介质中 H^+ 在阴极上还原成氢气析出：

$$2H^+(aq) + 2e^- \longrightarrow H_2(g)$$

$$\varphi(H^+/H_2)=-\frac{RT}{2F}\ln\frac{a_{H_2}}{a_{H^+}^2}$$

设 $a_{H_2}=1$，$a_{H^+}=10^{-7}$，则有 $\varphi(H^+|H_2)=-0.413\ V$。

假设铁作为阳极氧化，当 $a_{Fe^{2+}}=10^{-6}$ 时，认为已经发生了腐蚀，其电势为：

$$\varphi(Fe^{2+}|Fe)=\varphi^{\ominus}(Fe^{2+}|Fe)-\frac{RT}{2F}\ln\frac{1}{10^{-6}}=-0.617$$

这时 Fe - Cu 组成的原电池的电动势为 0.204 V，是自发电池。

(2) 耗氧腐蚀。如果具有酸性介质，又有氧气存在，在阴极上发生耗氧的还原反应：

$$O_2(g)+4H^+(aq)+4e^-\longrightarrow 2H_2O(l)$$

$$\varphi(O_2|H_2O,H^+)=\varphi^{\ominus}(O_2|H_2O,H^+)-\frac{RT}{4F}\ln\frac{a_{H_2O}^2}{a_{O_2}\cdot a_{H^+}^4}$$

设 $a_{O_2}=1$，$a_{H_2O}=1$，$a_{H^+}=10^{-7}$，则有 $\varphi(O_2|H_2O,H^+)=0.816\ V$

这时 Cu 与 Fe 阳极(−0.617 V)组成原电池的电动势为 1.433 V，也是一个自发电池，显然，耗氧腐蚀要比析氢腐蚀严重得多。

图 10.6 中，两金属紧密连接，电池反应不断进行。Fe 溶解成 Fe^{2+} 而进入溶液，多余电子移向铜极，在铜极被 H^+ 和 O_2 消耗掉生成水，从而完成了电池反应。Fe^{2+} 与 OH^- 作用生成 $Fe(OH)_2$，然后进一步和氧气作用生成铁锈。

$$4Fe(OH)_2+2H_2O+O_2 = 4Fe(OH)_3$$

单一金属在电解质溶液中也会发生腐蚀，这是由于金属含有杂质或金属不同部位结晶结构存在差别，从而导致微电池形成，加速金属腐蚀。如含有铁杂质的粗锌在酸性溶液中，比纯锌的腐蚀更快。其中既有化学腐蚀，又有电化学腐蚀。又如，工业铝中的铁和铜等，这些杂质的电势都比基体金属的电势正，从而形成微电池的阴极，基体金属成为阳极而遭到腐蚀。

根据氧化还原反应的一般原则，在基体金属(作阳极)发生氧化反应(腐蚀)的同时，必然有一个与之共轭的还原反应(金属或杂质作阴极，吸氧或析氢)存在，两者互为共轭反应(congugated reaction)。因此，在微电池反应中，阳极反应和阴极反应也是共轭反应，它们的反应速率是互相制约的。改变阴极的反应速率，同样可以抑制阳极的金属腐蚀。金属中其他金属和杂质的存在，是导致电化学腐蚀的关键因素。发生电化学腐蚀要具备三个条件：① 金属表面的不同区域或不同金属在腐蚀介质中存在电极电势差；② 具有电极电势差的两个电极处于短路状态；③ 金属两极都处于电解质溶液中。

10.3.2　腐蚀电流

电化学腐蚀的热力学条件是金属的电势低于阴极析氢或吸氧时的电势。腐蚀的速度受电极极化的影响，这属于腐蚀过程的动力学问题。图 10.7 是微电池放电过程的极化曲线示意图。微电池短路的结果使得图中的阴极极化曲线和阳极极化曲线相交于一点(忽略溶液的电阻)，该点的电势称为金属的腐蚀电势 φ_{corr}。对应的电流称为金属的腐蚀电流 I_{corr}。I_{corr} 的大小代表金属腐蚀的速度。图 10.8 表示在阴极极化曲线保持不变的条件下，金属的腐蚀电流随金属的电势增高而减小，说明金属电势越高，抗腐蚀的能力越强。图 10.9 中的虚线(1)为阴极极化作用增强后的极化曲线，虚线(2)为阳极极化作用增强后的极化曲线。阴极极化作用增强后，使得 $I_1 < I_{corr}$，阳极极化作用增强后，使得 $I_2 < I_{corr}$，即极化作用增强均会导致金属腐蚀电流减小，腐蚀速率减慢，抗腐蚀能力增强。

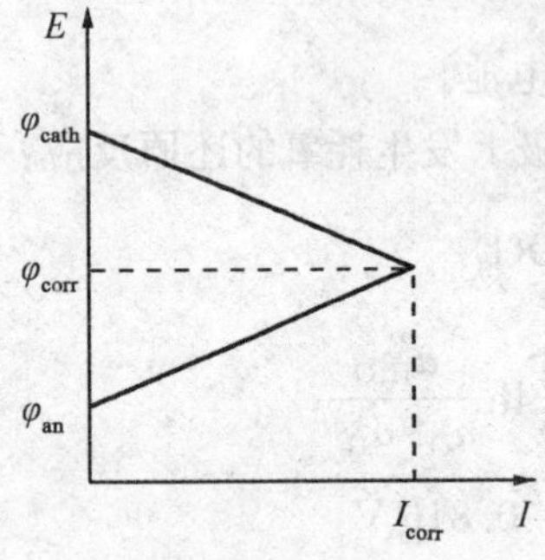

图 10.7 微电池放电极化曲线

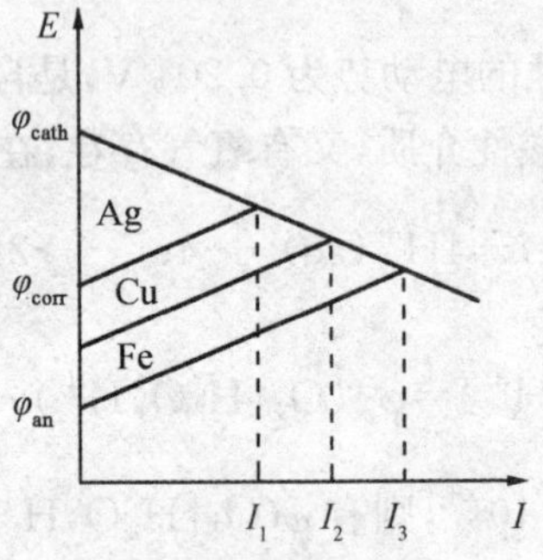

图 10.8 腐蚀电流随金属电势增高而减小

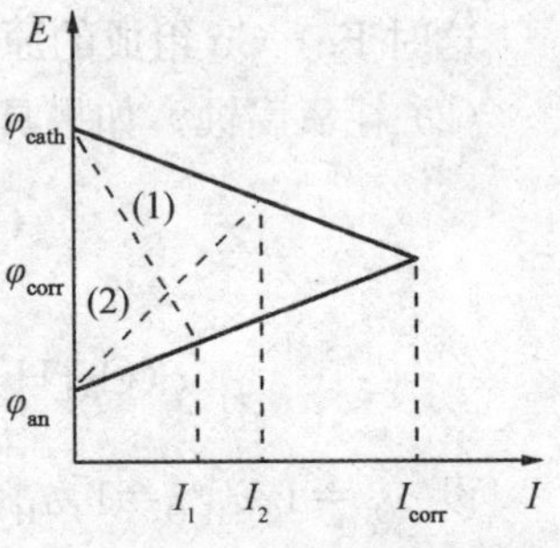

图 10.9 腐蚀电流随极化作用增强而减小

10.3.3 电化学腐蚀的防护

1. 金属涂层保护

涂层保护是指：在金属表面涂覆油漆、搪瓷、高分子膜，或用电镀方法在金属表面再镀一层其他金属。它们作为涂层的防护机理是相同的，即将金属与环境中的腐蚀介质隔开。当金属电镀层比被保护的金属有更负的电势时为阳极保护层，如铁上镀锌；反之为阴极保护层，如铁上镀锡。从隔膜的作用讲，两种保护层的作用是相同的。但当镀层被破坏后，效果就不同了。对于阳极保护层如铁上镀 Zn，Zn 电位低为阳极，铁为阴极，形成电池使 Zn 层继续被破坏而保护铁；对于阴极保护层如铁上镀 Sn，Sn 电位高为阴极，铁为阳极，形成电池反而加速了铁腐蚀。

2. 阴极保护

阴极保护是使被保护的金属表面通过足够大的阴极电流，以增加阴极的极化作用，使金属的腐蚀电位降低，参考图 10.9 线(1)。根据阴极电流的来源分为牺牲阳极法和外加电源法。

牺牲阳极法：将电势更负的金属与被保护金属连接，电势更负的金属为阳极，被保护的金属为阴极，当电池放电时，被保护的金属表面有阴极电流通过，同时阳极逐渐溶解被牺牲掉。如海船底部焊接锌块，形成锌为负极(阳极)，铁为正极(阴极)，海水为电解质的局部电池。这样的局部电池首先受到腐蚀的是锌而不是铁，电化学过程中锌是作为阳极被牺牲了，但却保护了为船身的钢板。

外加电源法：将被保护的金属与直流电源负极相连接，电源正极与辅助阳极连接，通过电源放电使阴极电流通过被保护金属表面。通过的电流使微电池的阴极极化作用增强，腐蚀电位降低。

3. 阳极保护

阳极保护是指用阳极极化的方法使金属钝化并用微弱的电流维持钝化状态，从而使金属得到保护。图 10.10 是钢在硫酸中的阳极极化曲线。这一曲线由三个特征线段组成（AB、CD 和 DF），分别代表三个不同的阳极过程。在 AB 段出现正常的阳极溶解，极化曲线达到 B 点时，金属表面出现钝化膜，导致金属溶解速率迅速减小（BC 段），这就是阳极钝化。B 点对应的电势 φ_B 称为钝化电势，对应的电流 I_B 称为临界钝化电流。在 CD 段电极处于比较稳定的钝化状态，相应的电流称为钝化电流 $I_{钝}$。由于电流很小，金属得到有效保护。CD 的长度表明稳定钝化区间的大小（一般在 1 V 左右）。在 DF 段，电流再度随电极电势的升高而增大，表示电极上又发生了新的氧化过程，称为超钝化现象。

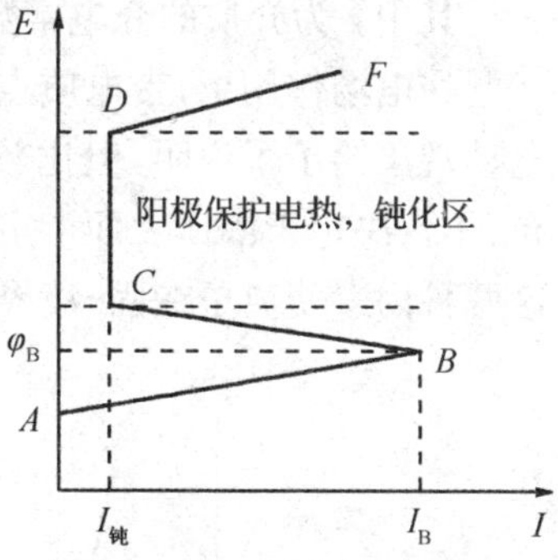

图 10.10 阳极保护原理图

实施阳极保护时，可以把被保护的金属器件作阳极，以石墨为阴极，通入一定的电流密度，使阳极电势维持在钝化区间，在钝化区间，金属的溶解速率在 $10^{-6} \sim 10^{-8}$ A·cm^{-2}，是活化状态的百万分之一，可以认为金属得到了保护。

10.4 界面电化学

各类电极反应的发生，均在电极/溶液的界面上，因此研究界面的结构和性质与电化学的联系具有十分重要的意义。另一方面，双电层结构、电化学界面的吸附现象、电极过程动力学，以及利用光谱等手段研究单晶表面等方向的研究进展，又推动着界面电化学向前发展。本节仅对界面电化学的几个基础问题做简单介绍。

10.4.1 双电层模型简介

当固体与液体接触时，固体从溶液中选择性吸附某种离子或由于固体分子本身的电离作用使离子进入溶液，以致固液两相分别带有不同符号的电荷，在界面上形成双电层的结构。由于界面上存在双电层，在外加电场的作用下会发生两相的相对运动；反之，若外力迫使两相做相对运动，则沿液体运动方向会出现液相中的电势差，并引起离子的电迁移。这类现象称为电动现象。双电层理论是探讨电动现象产生原因的理论模型。

Helmholtz 于 1879 年提出平板型模型，认为带电质点的表面电荷（即固体的表面电荷）与带相反电荷的离子（也称为反离子）构成平行的两层，称为双电层 (electric double layer)，其距离约等于离子半径，很像一个平板电容器。固体表面与液体内部的电势差称为质点的表面电势 φ_0（即热力学电势），在双电层内 φ_0 呈直线下降，如图 10.11(a)所示，图中 δ 是双电层的厚度。

固体表面电荷密度 q 与电势 φ_0 的关系为

$$q = \varepsilon\varphi_0/\delta \tag{10.4.1}$$

其中 ε 为介质的介电常数。

在电场作用下，带电质点和溶液中的反离子分别向相反的方向运动。这种模型虽然对电动现象给予了说明，但比较简单，其关键问题是忽略离子的热运动。离子在溶液中的分布，不仅决定于固体表面上定位离子的静电吸引，同时也与试图使离子扩散的热运动有关，这两种因素使离子在固-液界面附近构成一种平衡分布，而不是一个简单的平板式电容器。

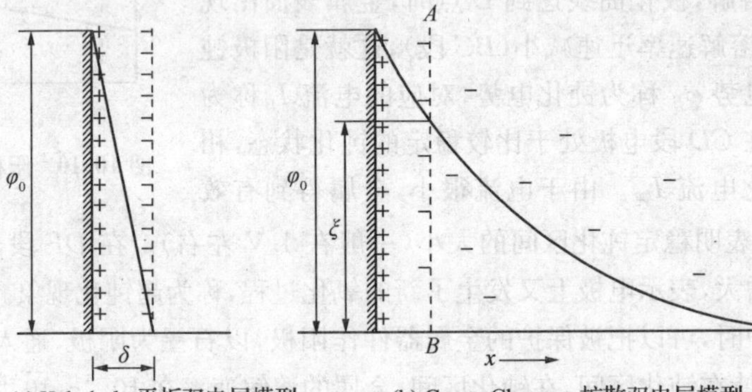

(a) Helmholtz平板双电层模型　　(b) Gouy-Chapman扩散双电层模型

图 10.11　双电层模型

针对平板双电层模型存在的问题，Gouy 和 Chapman 提出了扩散双电层模型，即双电层是由紧密层和扩散层两部分组成。他们认为由于静电吸引作用和热运动两种效应的影响，在溶液中与固体表面离子电荷相反的离子只有一部分紧密地排列在固体表面上，距离约为 1～2 个离子的厚度，构成了双电层的紧密层。另一部分离子与固体表面的距离则可以从紧密层一直分散到溶液本体之中，构成了扩散层。在扩散层中离子的分布遵守 Boltzmann 分布公式。当在电场作用下，固液之间发生电动现象时，移动的切动面(或称为滑动面)为 AB 面，如图 10.11(b)所示。相对运动边界处于溶液本体之间的电势差则称为电动电势或 ζ 电势。显然，表面电势 φ_0 与 ζ 电势是不同的。随着电解质浓度的增高，或电解质价型增加，双电层厚度减小，ζ 电势也减小。在 φ_0 较小的情况下，ζ 电势随间距 x 的衰减可表示为

$$\zeta = \varphi_0 \exp(-\kappa x) \tag{10.4.2}$$

其中 $\kappa = (2z^2e^2Lc/\varepsilon kT)^{1/2}$，$\kappa^{-1}$ 具有长度的量纲，相当于德拜－休克尔理论中的离子氛的厚度，κ 随电解质浓度 c 和电荷数 z 的增大而增大，相关内容请参阅电解质溶液理论专著。由电中性条件，可得固体表面电荷密度与扩散层中电荷密度之间的关系为

$$q = -\int_0^\infty \rho \mathrm{d}x = \varepsilon\varphi_0\kappa \tag{10.4.3}$$

可见 κ^{-1} 相当于将扩散双电层等效于平板电容的间距 δ，故称其为扩散双电层的厚度，它随电解质浓度 c 和电荷数 z 的增大而减小。

Gouy 和 Chapman 的模型虽然克服了 Helmholtz 模型的缺陷，但也有许多不能解释的实验事实。例如，虽然他们提出了扩散层的概念，提出 φ_0 与 ζ 电势的不同，但对 ζ 电势并未赋予更明确的物理意义。

讨论　式(10.4.2)的说明

根据 Gouy-Chapman 模型，ζ 电势随离子浓度的增加而减少，但永远与表面电势同号，其极限值为零。然而，在实验中，人们却发现有时 ζ 电势会随离子浓度的增加而增加，甚至有时可与 φ_0 反号等，Gouy-Chapman 模型对此都无法给出合理的解释。

斯特恩(Stern)认为：Gouy-Chapman 模型中的扩散层应分为两个部分：第一部分包括吸附在表面的一层离子，形成一个内部紧密的双电层，称为紧密层(Stern 层)；第二部分才是 Gouy-Chapman 扩散层；如图 10.12 所示。Stern 层约有 1～2 个分子层厚，吸附在固体表面的这层离子称为特性离子，这种吸附称为特性吸附(specific adsorption)，相当于 Langmuir 的单分子吸附层。在紧密层中，反离子的电性中心构成了所谓的 Stern 平面。在 Stern 层内电势的变化情形与 Helmholtz 的平板模型一样，φ_0 直线下降到 Stern 平面的 φ_δ，称为 Stern 电势。在扩散层内电势由 φ_δ 下降至 0。其变化规律服从 Gouy-Chapman 公式。由于离子的溶剂化作用，紧密层结合了一定数量的溶剂分子，在电场作用下，它和固体质点作为一个整体一起移动。因此，切动面的位置略比 Stern 层靠右，见图 10.12(a)。ζ 电势也相应略低于 φ_δ，见图 10.12(b)，如果离子浓度不太高，则可以认为两者是相等的，一般不会引起很大的误差。

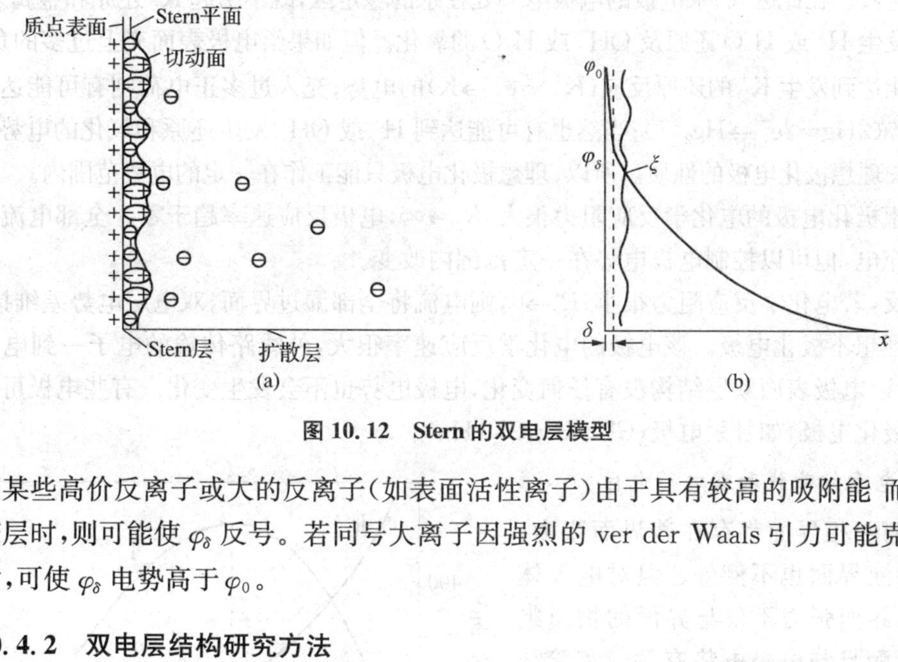

图 10.12　Stern 的双电层模型

当某些高价反离子或大的反离子(如表面活性离子)由于具有较高的吸附能 而大量进入紧密层时，则可能使 φ_δ 反号。若同号大离子因强烈的 ver der Waals 引力可能克服静电排斥时，可使 φ_δ 电势高于 φ_0。

10.4.2　双电层结构研究方法

双电层结构是描述电极与溶液接触界面结构的物理模型。界面结构将影响电极反应速率，是电极过程动力学研究的基础。研究界面结构的基本实验方法是测量一些可测的界面参数(如界面张力、界面剩余电荷密度、各种粒子的界面吸附量、界面电容等)，然后根据理论模型推算这些参数。由于界面参数大多与界面上的电势分布有关，故在实验测量时必须研究这些参数随电极电势的变化。本章所讨论的界面都假定界面的曲率半径远远大于界面区的厚度，因而可以认为界面区与界面平行。

1. 理想极化电极与理想不极化电极

给电流充电时，电流会参与电极上的两个过程。一是电子转移引起的氧化还原反应，由于反应遵守法拉第定律，所以称为法拉第过程。另一种是电极/溶液界面上双电层荷电状态的改变，此过程称为非法拉第过程。虽然研究一个电极反应通常主要关心的是法拉第过程，但在应用电化学数据获得有关电荷转移及相关反应信息时，必须考虑非法拉第过程的影响。

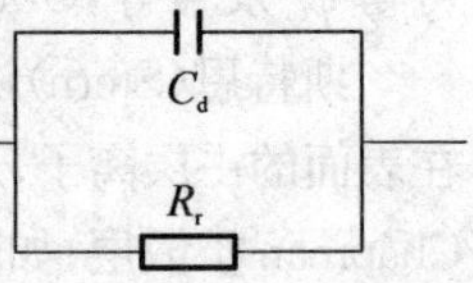

图 10.13 电极的等效电路

可将一般电极的等效电路表示成并联的反应电阻与双层电容，如图 10.13 所示。电极有电流通过时，一部分用来为双电层充电（其电容为 C_d），另一部分则用来进行电化学反应，使电流得以在电路通过（相应的电阻为 R_r）。因此电极与溶液界面被近似看成一个漏电的电容。

在一定的电极电势范围内，可以借助外电源任意改变双电层的带电状况（因而改变界面区的电势差），而不引起任何电化学反应的电极，称为理想极化电极。这种电极的特性和普通的平行板电容器类似，它对研究双电层结构有很重要的意义。

例如，汞电极与除氧的 KCl 溶液界面在 −1.6～0.1 V 的电势范围（相对于 SHE）接近于理想极化电极。在此区间，汞电极的电极电势处在水的稳定区，既不引起 K^+ 还原和金属汞氧化，又不会发生 H^+ 或 H_2O 还原及 OH^- 或 H_2O 的氧化。但如果给电极表面充上过多的负电荷，则有可能达到发生 K^+ 的还原反应（$K^+ + e^- \rightarrow K$）的电势；充入过多正电荷则有可能达到汞氧化的电势（$2Hg - 2e^- \rightarrow Hg_2^{2+}$）；当然也有可能达到 H^+ 或 OH^- 发生还原和氧化的电势。则电极将丧失理想极化电极的性质。所以，理想极化电极只能工作在一定的电势范围内。

理想极化电极的电化学反应阻力很大，$R_r \rightarrow \infty$，电极反应速率趋于零。全部电流用于为双电层充电，但可以控制电极电势在一定范围内改变。

相反，若电化学反应阻力很小，$R_r \rightarrow 0$，则电流将全部漏过界面，双电层电势差维持不变。这就是理想不极化电极。该电极的电化学反应速率很大，外线路传输的电子一到电极就反应了，所以电极表面双层结构没有任何变化，电极电势也不会发生变化。有些电极可近似认为是不极化电极，如甘汞电极（$Cl^- | Hg_2Cl_2 | Hg$）。

2. 电毛细曲线和零电荷电位

任何两相界面都存在着界面张力，电极/溶液界面也不例外。但对电极体系来说，界面张力不仅与界面的物质组成有关，而且与电极电势有关。实验结果表明，电极电势的变化也会改变界面张力的大小。这种界面张力随电极电势变化的现象叫作电毛细现象。界面张力与电极电势的关系曲线叫作电毛细曲线。

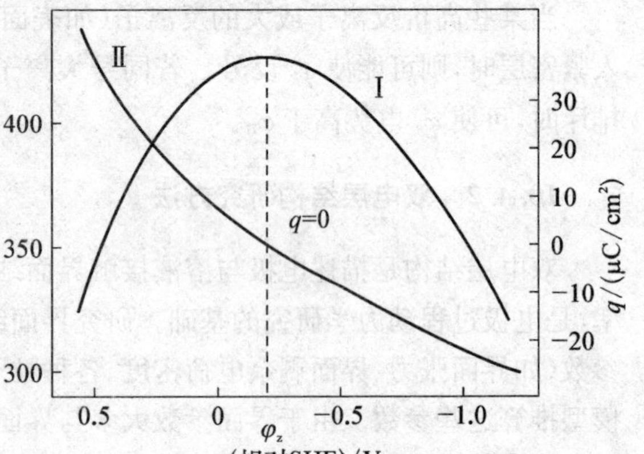

图 10.14 汞电极的电毛细曲线，（Ⅰ）界面张力 γ 与（Ⅱ）表面剩余电荷密度 q 随电极电位 φ（相对于 SHE）的变化

电毛细曲线可用毛细管静电计测定。在无特性吸附的情况下，典型的电毛细曲线如图 10.14 所示，其物理意义

可做如下解释：开始时溶液一侧由阴离子构成双电层，随着电位向负方向移动，电极表面的正电荷减少，引起界面张力增加。当表面电荷变为零，界面张力达到最大值，相应的电位为零电荷电位(φ_z)。当电位继续向负方向移动，电极表面荷负电，由阳离子代替阴离子组成双电层。随着电位不断负移，界面张力不断下降。因此，电毛细曲线呈抛物线状。

当溶液组成一定时，界面张力 γ 与电极电位 φ 和电极剩余电荷密度 q 有如下关系：

$$q=-(\partial\gamma/\partial\varphi)_{\mu} \tag{10.4.4}$$

这就是李普曼(Lippman)公式。界面张力 $\gamma(\mathrm{N\cdot m^{-1}})$ 对电位 $\varphi(\mathrm{V})$ 微商得到了电荷密度 $q(\mathrm{C\cdot m^{-2}})$，如图 10.14 线 Ⅱ(q)所示。从图 10.14 可见，电位 φ 正于 φ_z 时，γ 随 φ 负移而增加，q 为正值；$\varphi=\varphi_z$ 时，$\gamma=\gamma_{max}$；φ 负于 φ_z 时，γ 随 φ 负移而下降，q 为负值。这些结果与(10.4.4)式完全一致。由于微分电容 C_d 定义为

$$C_d=\left(\frac{\partial q}{\partial\varphi}\right)_{\mu,T,p} \tag{10.4.5}$$

故由李普曼公式可把 γ、q、C_d 联系起来，可得

$$C_d=(\partial^2\gamma/\partial\varphi^2)_{\mu,T,p} \tag{10.4.6}$$

在零电荷电位 φ_z 时，界面张力最大，微分电容最小。

前面已经提及，电极表面剩余电荷为零时的电极电位称为零电荷电位。其数值大小是相对于某一参比电极所测量出来的。由于电极表面不存在剩余电荷时，电极/溶液界面就不存在离子双电层，所以也可以将零电荷电位定义为电极/溶液界面不存在离子双电层时的电极电位。

需要指出的是，剩余电荷的存在是形成相间电位的重要原因，但不是唯一的原因。因而，当电极表面剩余电荷为零时，尽管没有离子双电层存在，但任何一相表面层中带电粒子或偶极子的非均匀分布仍会引起相间电位。例如，溶液中某些离子的特性吸附、偶极分子的定向排列、金属表面原子的极化等都可能引起同一相中的表面电位，从而形成一定的相间电位。所以，零电荷电位仅仅表示电极表面剩余电荷为零时的电极电位，而不表示电极/溶液相间电位或绝对电极电位的零点。

3. 双电层电容

一个电极体系中，界面剩余电荷的变化将引起界面双电层电位差的改变，因而电极/溶液界面具有贮存电荷的能力，即具有电容的特性。因此，可将双电层看作一个电容器来处理。若将理想极化电极的离子双层比拟成一个平行板电容器，那么，该电容器的电容值为：

$$C=\frac{q}{\Delta\varphi}=\frac{\varepsilon_0\varepsilon_r}{l} \tag{10.4.7}$$

式中：ε_0 为真空介电常数；ε_r 为介质的相对介电常数；l 为电容器两平行板之间的距离。C 为电容，常用单位为 $\mathrm{F\cdot m^{-2}}$ 或 $\mathrm{\mu F\cdot cm^{-2}}$。

实验表明，界面双电层的电容与平行板电容器不同，其电容值不是恒定的，而是随着电

极电势而变化的。因为电容是电势的函数，在定义双电层电容时应该用微分的形式来定义，即式(10.4.5)，称之为微分电容，它表示引起电极电位微小变化时所需引入电极表面的电量，从而也表征了界面上电极电位发生微小变化时所具备的贮存电荷的能力。

在不同浓度 KCl 溶液中测得汞电极的微分电容曲线，见图 10.15。可以看到：微分电容随电极电势和溶液浓度而变化。在同一电势下，随着 KCl 浓度的增加，微分电容值也增大。若把双电层看成平板电容器，则电容增大，意味着双电层有效厚度减小，即两个剩余电荷层之间的有效距离减小。

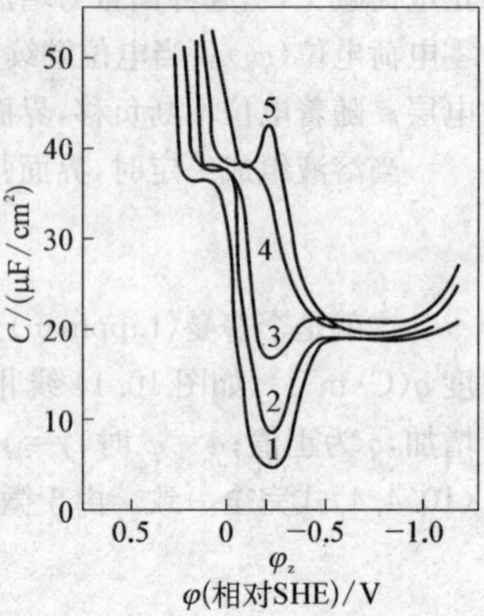

KCl 浓度(mol·L^{-1})：1—0.000，2—0.001，3—0.01，4—0.1，5—1.0

图 10.15 Hg 电极在 KCl 溶液中的微分电容曲线

在稀溶液中，微分电容曲线出现最小值(图 10.15 中曲线 1～3)。溶液越稀，最小值越明显。随着浓度增大，最小值逐渐消失(图 10.15 中曲线 4～5)。实验表明，出现微分电容最小值的电势，就是同一电极体系的电毛细曲线最高点所对应的电势，即零电荷电势 φ_z，这样，φ_z就把微分电容曲线分成两部分。左半部($\varphi > \varphi_z$)，q 为正；右半部，($\varphi < \varphi_z$)，q 为负(如图 10.14 所示)。

根据电毛细曲线确定零电荷电位后，可以对式(10.4.5)积分，求在某一电势下的电极表面剩余电荷密度 q，即：

$$q = \int_0^q \mathrm{d}q = \int_{\varphi_z}^{\varphi} C_\mathrm{d}\,\mathrm{d}\varphi \tag{10.4.8}$$

从零电荷电位到某一电位 φ 之间的平均电容值称之为积分电容 C_i，即：

$$C_\mathrm{i} = \frac{q}{\varphi - \varphi_z} = \frac{1}{\varphi - \varphi_z}\int_{\varphi_z}^{\varphi} C_\mathrm{d}\mathrm{d}\varphi \tag{10.4.9}$$

该式也表示了微分电容与积分电容之间的联系。

10.4.3 液相传质与电子转移

1. *液相传质*

液相传质步骤是整个电极过程中的一个重要环节，因为液相中的反应粒子需要通过液相传质向电极表面不断地输送，而电极反应产物又需通过液相传质过程离开电极表面，由此才能保证电极过程连续地进行下去。在许多情况下，液相传质步骤不但是电极过程中的重要环节，而且可能成为电极过程的控制步骤，由它来决定整个电极过程动力学的特征。例如，当一个电极体系所通过的电流密度很大、电化学反应速度很快时，电极过程往往由液相传质步骤所控制，或者这时电极过程由液相传质步骤和电化学反应步骤共同控制，但其中液相传质步骤控制占有主要地位。由此可见，研究液相传质步骤动力学的规律具有非常重要的意义。

事实上，电极过程的各个单元步骤是连续进行的，并且存在着相互影响。因此，要想单独研究液相传质步骤，首先要假定电极过程的其他各单元步骤的速度非常快，处于准平衡态，以便使问题的处理得以简化，从而得到单纯由液相传质步骤控制的动力学规律，然后再综合考虑其他单元步骤对它的影响。

液相传质动力学，实际上是讨论电极过程中电极表面附近液层中物质浓度变化的速度。这种物质浓度的变化速度，固然与电极反应的速度有关，但如果我们假定电极反应速度很快，即把它当作一个确定的因素来对待，那么这种物质浓度的变化速度就主要取决于液相传质的方式及其速度。因此，我们要首先研究液相传质的几种方式。在液相传质过程中有三种传质方式，即电迁移、对流和扩散。

第一，电迁移。电解质溶液中的带电粒子（离子）在电场作用下沿着一定的方向移动，这种现象就叫作电迁移。电化学体系是由阴极、阳极和电解质溶液组成的。当电化学体系中有电流通过时，阴极和阳极之间就会形成电场。在这个电场的作用下，电解质溶液中的阴离子就会定向地向阳极移动，而阳离子定向地向阴极移动。由于这种带电粒子的定向运动，使得电解质溶液具有导电性能。显然，电迁移作用也使溶液中的物质进行了传输，因此，电迁移是液相传质的一种重要方式。

第二，对流。所谓对流是一部分溶液与另一部分溶液之间的相对流动。通过溶液各部分之间的这种相对流动，也可进行溶液中的物质传输过程。因此，对流也是一种重要的液相传质方式。根据产生对流的原因的不同，可将对流分为自然对流和强制对流两大类。

由于溶液中各部分之间存在着密度差或温度差而引起的对流，叫作自然对流。这种对流在自然界中是大量存在的，自然发生的。例如，在原电池或电解池中，由于电极反应消耗了反应粒子而生成了反应产物，所以可能使电极表面附近液层的溶液密度与其他地方不同，从而由于重力作用而引起自然对流。此外，由于电极反应可能引起溶液温度的变化，电极反应也可能有气体析出，这些都能够引起自然对流。强制对流是用外力搅拌溶液引起的。搅拌溶液的方式有多种，例如，在溶液中通入压缩空气引起的搅拌叫作压缩空气搅拌；在溶液中采用棒式、桨式搅拌器或采用旋转电极，这时引起的搅拌叫作机械搅拌。这些搅拌方法均可引起溶液的强制对流。此外，采用超声波振荡器等振动的方法，也可引起溶液的强制对流。

第三，扩散。当溶液中存在着某一组分的浓度差，即在不同区域内某组分的浓度不同时，该组分将自发地从浓度高的区域向浓度低的区域移动，这种液相传质运动叫作扩散。在电极体系中，当有电流通过电极时，由于电极反应消耗了某种反应粒子并生成了相应的反应产物，因此就使得某一组分在电极表面附近液层中的浓度发生了变化。在该液层中，反应粒子的浓度由于电极反应的消耗而有所降低；而反应产物的浓度却比溶液本体中的浓度高。于是，反应粒子将向电极表面方向扩散，而反应产物粒子将向远离电极表面的方向扩散。电极体系中的扩散传质过程是一个比较复杂的过程，整个扩散过程可分为非稳态扩散和稳态扩散两个阶段。

2. 电子转移

电子转移步骤（电化学反应步骤）系指反应物质在电极/溶液界面得到电子或失去电子，从而还原或氧化成新物质的过程。这一单元步骤包含了化学反应和电荷传递两个内容，是整个电极过程的核心步骤。因此，研究电子转移步骤的动力学规律有重要的意义。尤其当该步骤成为电极过程的控制步骤，产生所谓电化学极化时，整个电极过程的极化规律就取决于电子转移步骤的动力学规律。对该步骤的深入了解，有助于人们控制这一类电极过程的反应速度和反应进行的方向。

由于一个粒子(离子、原子或分子)同时得到或失去两个或两个以上电子的可能性很小，因而大多数情况下，一个电化学反应步骤中只转移一个电子，而不能一次转移几个电子。多个电子参与的电极反应，则往往是通过几个电子转移步骤连续进行而完成的。

10.4.4 电极/电解液界面研究中的谱学方法

常规的电化学方法基本上是电学方法，通过测量电化学体系的宏观电参数(电流、电位、电量等)以及它们与时间的关系，研究体系的内部过程。为了获得电极/溶液界面分子水平的信息，以便研究电极过程机理、识别反应中间体和产物物种以及测定电极过程热力学和动力学参数，必须进一步把光谱技术与电化学方法结合起来。

光谱电化学方法分为非现场型和现场型。非现场方法是在电解池外考察电极的方法，大多数涉及高真空表面技术如低能电子衍射、Auger 电子能谱、X 射线衍射、光电子能谱等。但是这些方法远不能满足电化学机理研究的需要，因为有些电化学产物和中间产物很不稳定，电极表面在从电解池转入高真空腔过程中难免发生某些变化；此外用高真空技术不可能研究界面的溶液一侧。现场方法则不必把电极从电解池中取出，而直接可以用光谱技术观测其在电解池中的状态。以下是几种较常用的光谱电化学方法。

1. 紫外可见光谱电化学方法

这是最早建立起来的现场光谱测量方法，其理论基础、实验技术的发展已经非常完善，所需仪器设备简单、操作简便，目前被广泛使用。透射式紫外可见光谱采用光透薄层电极。利用此法可以求出标准电位、电子转移数、扩散系数等电化学参数，测定某些热力学参数如 $\Delta S^{\ominus}$ 和 $\Delta H^{\ominus}$，指认反应中间产物、研究反应机理和表面特性。

2. 红外反射光谱电化学方法

反射法主要用于研究界面特性。反射式红外现场光谱电化学测量，必须克服两个困难：① 溶液对光的强吸收，必须保证有足够强度的光被反射；② 在溶液强的吸收背景下测量微弱的光谱响应信号，一般吸光度变化范围在 $10^{-2}\sim10^{-6}$之间。解决前一个问题的方法是采用超薄层电解池，解决灵敏度问题需通过电化学和光谱方法密切结合，由此发展了电化学调制红外光谱法等。此外，还有线性电位扫描红外反射光谱法、红外反射吸收光谱法。

3. 拉曼光谱电化学法

由于电化学体系常用的介质水对红外光有强的吸收，电解池常用的窗体材料在低能区($<200\ cm^{-1}$)也使红外光失去透射能力。因此，红外光谱电化学的应用受到了一定的限制。20 世纪 70 年代中，激光拉曼光谱技术开始应用于电化学领域。现场拉曼光谱技术可以在分子水平上提供有关电极/电解质溶液界面的结构和性质的许多重要信息，并且由于水分子的拉曼散射信号特别弱，在水溶液体系的测试中比较容易避免溶剂水的严重干扰。但是拉曼光谱的散射强度很小，因而需要采用适当的技术以增强散射光的强度。通常采用表面增强拉曼散射和共振拉曼散射两种方法以增强拉曼散射。对电化学体系，能明显产生表

面增强拉曼散射效应的电极材料有铜、金、银。共振拉曼光谱法对于监测电化学反应产物是一种非常有用的方法,这是由于振动光谱本身具有极好的分子识别能力。

荧光光谱、偏振光谱、顺磁共振谱、光热和光声光谱、圆二色光谱等也能用于电化学测量,也属于光谱学电化学的内容。此外,各类具有高空间分辨率的技术,如电化学扫描微探针显微镜技术,可在原子分辨尺度上研究各类表面活性中心。采用各类显微镜系统和微区扫描法将光谱研究的空间分辨率提高至微米级。

谱学电化学发展趋势将是进一步完善已建立的现场谱学电化学技术,并开展联用技术研究,即谱学技术和多种电化学技术、多种谱学技术、表面物种和表面结构、表面检测和表面加工、非实时和实时的联用等。

10.4.5 现代电化学简介

电化学虽然是一门历史悠久的学科,但是由于现代科学技术的迅速发展,检测仪器和手段的发展,检测分子水平信息的现场谱学电化学技术的建立及非现场表面物理技术的应用,有关电化学界面结构和界面行为的原子、分子水平信息的大量涌现,促使电化学进入由宏观到微观,由经验及唯象到非唯象理论的突破时期。

现代电化学发展有几个特点:① 研究的具体体系大为扩展;② 处理方法和理论模型开始深入分子水平;③ 实验技术迅速提高、创新,建立和发展了在分子水平上检测电化学界面的现场谱学电化学技术。目前,电化学向以下几个方面发展:

1. 界面电化学

电化学界面的微观结构、界面吸附、界面动力学及理论处理,构成了现代电化学的基础。双电层模型是近代双电层理论的基础,它认为双电层由紧密层和分散层组成。但迄今为止提出的双电层模型主要是建立在金属-溶液、半导体-溶液界面的实验数据上,电化学参数主要来自传统的电化学试验技术,缺乏分子水平的信息。

随着人们在原子、分子标度上研究的迅速发展,在理论上广泛利用固体物理和表面物理理论(主要是能带理论)处理界面固相侧的结构和电子性质,让人们能明确界面层中原子、离子、分子、电子等的排布,粒子间的相互作用,界面电位的分布及电极表面的微结构及表面重建等。此外,20 世纪 80 年代以来,金属表面电化学过程的研究得到了迅速发展,主要还得益于原位光谱和显微方法,如红外光谱、二次谐波发射光谱、外延 X 射线吸收精细结构谱、扫描探针显微镜和扫描隧道显微镜等先进设备和现代先进技术。这些设备可获得传统电化学方法无法得到的大量原子层次的表面结构和分子水平上的电化学反应规律,对吸附物种的识别、吸附键本质的认识,吸附引起的电极表面重建,吸附分子的空间取向,吸附自由能,吸附态在电极反应中的作用,吸附分子的结构效应等具有重要意义。

2. 电催化

电催化是电化学与催化的边缘领域,是在 20 世纪 50 年代末燃料电池技术研究的刺激和要求下发展起来的,但当代电催化的研究范围已远远超出燃料电池中的催化反应,具有催化活性的电极表面可以引入一个新的化学合成领域。已有的电合成产品中,有很多都涉及电催化反应。

已进行的电催化研究，初步揭示了电催化剂活性和选择性的决定因素，提出了一些带普遍性的规律，但迄今已总结的电催化的规律多数是依据常规催化原理提出的，电催化和常规催化有许多相似性，两者间的关联在多数情况下是合理的，然而电催化剂既能传输电子，又能对反应物起活化作用或促进电子的传递反应速度；电极电位可以方便地改变电化学反应的方向、速度和选择性。因此应当研究电催化反应的特殊规律。

3. 光电化学

20 世纪 70 年代以来，人们对光电化学进行了广泛研究，促进了电化学理论和电化学与固体物理、光化学、光物理多门科学交叉领域理论的迅速发展。而且光电化学在太阳能转换为化学能，即光电合成和光催化合成方面，在传感器、光电显色材料和信息存贮材料方面，在医学上用以灭菌、杀死癌细胞等方面，展示出广阔的应用前景。光电化学领域正在着重开展光电化学过程的电荷转移和能量转换的研究，主要包括：半导体表面性质与电荷转移的关系、电解质溶液（包括高浓度无机电解质溶液、有机电解质溶液、含各种不同氧化还原对溶液等）对半导体界面电荷转移的影响；半导体、修饰物、电解质溶液界面电荷转移的理论模型及界面效应；半导体光电化学腐蚀动力学、半导体表面的光电化学刻蚀等。

4. 生物电化学

生物电化学是分子水平上研究生物体系荷电粒子（也有非荷电粒子）运动过程所产生的电化学现象的科学。它是由电生物学、生物物理学、生物化学及电化学等多门学科交叉形成的一门独立的科学。

正在开展的研究包括生物体系和生物界面的电位、生物分子电化学、生物电催化、光合作用、活组织电化学、生物技术中的电化学技术即电化学生物传感器等。生物现象的许多过程都伴随着电子传递反应，应用电化学方法研究生物体系的电子传递及相关过程，是显示生命本质的较好途径，电化学将在生命科学研究中发挥更大作用。

5. 有机电化学

有机电化学是有机化学与电化学之间的一门边缘科学，应用范围不断扩大，大致有如下几方面：① 有机化合物的电合成；② 电合成高分子材料；③ 能量转换，由于有机电池、高能有机电池、全塑料电池的研究和发展形成了新的能源工业；④ 制作显示元件和敏感元件；⑤ 天然物质的电化学变换；⑥ 处理环境污染；⑦ 仿生合成等。

化工生产是主要环境污染源之一，因此目前提出的“绿色化学”“清洁生产”“绿色合成”，要求不产生废物，而有机化合物的电合成是把电子作为试剂来合成有机化合物的方法，是“绿色化学”和“绿色合成”的一种，在很大程度上从工艺本身消除污染，保护了环境，因此有机电化学和有机电合成将成为 21 世纪的热门学科。

内容提要

一、基本知识点

1. 电极极化，超电势，分解电压，浓差极化，电化学极化，电阻极化。

2. 电解过程金属的析出与气体超电势的影响，电镀过程金属离子的共同析出。

3. 金属的电化学腐蚀，腐蚀电流，电化学腐蚀的防护，阴极保护，阳极保护，阳极钝化。

4. 双电层理论，电动电势（ζ 电势），零电荷电位，双电层电容，液相传质方式，界面电化学的几种谱学方法。

二、主要公式

1. 阴极（cathode）、阳极（Anode）电势与超电势

$$\varphi_{\text{cath,ir}}=\varphi_{\text{cath,rev}}-\eta_{\text{cath}},\ \varphi_{\text{an,ir}}=\varphi_{\text{an,rev}}+\eta_{\text{an}},\ \eta=|\varphi_{\text{ir}}-\varphi_{\text{rev}}|$$

2. 分解电压　$E_{\text{d}}=E_{\text{rev}}+\Delta E_{\text{ir}}+IR,\ \Delta E_{\text{ir}}=\eta_{\text{an}}+\eta_{\text{cath}}$

3. 塔菲尔公式　$\eta=a+b\ln(i/[i])$

习题

1. 25℃时，在下列条件下，可否在铜上镀锌？电镀液：$b(Zn^{2+})=0.1\ \text{mol}\cdot\text{kg}^{-1}$，pH=5，(1) 可逆时 ($i\to 0$)；(2) $i=100\ \text{A}\cdot\text{m}^{-2}$，此时氢在铜上的超电势为 0.584 V。

2. 在 298 K 时，标准压强 $p^{\ominus}$ 下，某混合溶液中，$CuSO_4$ 浓度为 $0.50\ \text{mol}\cdot\text{kg}^{-1}$，$H_2SO_4$ 浓度为 $0.01\ \text{mol}\cdot\text{kg}^{-1}$，用铂电极进行电解，首先铜沉积到 Pt 上，若 H_2(g) 在 Cu(s) 上的超电势为 0.23 V，问当外加电压增加到有 H_2(g) 在电极上析出时，溶液中所余 Cu^{2+} 的浓度为多少？（设活度系数均为 1，H_2SO_4 作一级电离处理；$\varphi^{\ominus}(Cu^{2+}|Cu)=0.337$ V。

3. 在 298 K 时使下述电解池发生电解作用：

$$\text{Pt(s)}\ |\ CdCl_2(1.0\ \text{mol}\cdot\text{kg}^{-1})\ \|\ NiSO_4(1.0\ \text{mol}\cdot\text{kg}^{-1})\,|\,\text{Pt(s)}$$

问当外加电压逐渐增加时，两电极上首先分别发生什么反应？这时外加电压至少为多少？（设活度系数均为 1，并不考虑超电势）。

4. 在 298 K 时，当电流密度为 $0.1\ \text{A}\cdot\text{cm}^{-2}$ 时，H_2(g) 和 O_2(g) 在 Ag(s) 电极上的超电势分别为 0.87 V 和 0.98 V。今用 Ag(s) 电极插入 $0.01\ \text{mol}\cdot\text{kg}^{-1}$ 的 NaOH 溶液中进行电解，问在该条件下两个银电极上首先发生什么反应？此时外加电压为多少？（设活度系数为 1）

5. 在 298 K、$p^{\ominus}$ 压强时，以 Pt 为阴极，C（石墨）为阳极，电解含 $CdCl_2$ $(0.01\ \text{mol}\cdot\text{kg}^{-1})$ 和 $CuCl_2$ $(0.02\ \text{mol}\cdot\text{kg}^{-1})$ 的水溶液。若电解过程中超电势可忽略不计，试问（设活度系数为 1）：

(1) 何种金属先在阴极析出？

(2) 第二种金属析出时，至少需加多少电压？

(3) 当第二种金属析出时，第一种金属离子在溶液中的浓度为多少？

(4) 事实上 O_2(g) 在石墨上是有超电势的。若设超电势为 0.85 V，则阳极上首先发生什么反应？

6. 在 298 K、$p^{\ominus}$ 压强时，电解含有 Ag^{+} ($\alpha=0.05$)，Fe^{2+} ($\alpha=0.01$)，Cd^{2+} ($\alpha=0.001$)，Ni^{2+} ($\alpha=0.1$) 和 H^{+} ($\alpha=0.001$，不随电解的进行而变化）的混合溶液，又已知 H_2(g) 在 Ag，Ni，Fe 和 Cd 上的超电势分别为 0.20 V，0.24 V，0.18 V 和 0.30 V。当外加电压从零开始逐渐增加时，试用计算说明在阴极上析出物质的顺序。

7. 在 298 K 时，原始浓度 Ag^{+} 为 $0.1\ \text{mol}\cdot\text{kg}^{-1}$ 和 CN^{-} 为 $0.25\ \text{mol}\cdot\text{kg}^{-1}$ 的溶液中形成了配离子 $Ag(CN)_2^{-}$，其离解常数 $K_a=3.8\times10^{-19}$。试计算在该溶液中 Ag^{+} 的浓度和 Ag(s) 的析出电势（设活度系数均为 1）。

8. 298 K 时，某钢铁容器内盛 pH=4.0 的溶液，试通过计算说明此时钢铁容器是否被腐蚀？假定容器内 Fe^{2+} 浓度超过 $10^{-6}\ \text{mol}\cdot\text{dm}^{-3}$ 时，则认为容器已被腐蚀。已知 H_2 在铁上析出时的超电势为 0.40 V，已

知：$\varphi^{\ominus}(Fe^{2+}|Fe)=-0.4402\ V$。

9. 在 298 K 和标准压强时，用电解沉积法分离 Cd^{2+}、Zn^{2+} 混合溶液。已知 Cd^{2+}、Zn^{2+} 的质量摩尔浓度均为 $0.10\ mol\cdot kg^{-1}$（设活度因子均为 1），$H_2(g)$ 在 Cd、Zn 上超电势分别为 0.48 V 和 0.70 V，设电解液的 pH 保持为 7.0，试问：

(1) 阴极上首先析出何种金属？

(2) 第二种金属析出时第一种析出的离子的残留质量摩尔浓度为多少？

(3) $H_2(g)$ 是否有可能析出而影响分离效果？

10. 计算 Pt(s) | HBr($0.05\ mol\cdot kg^{-1}$) | Pt(s) 的可逆分解电压。

拓展习题及资源

微信扫码

- 拓展习题
- 视频动画
- 互动交流

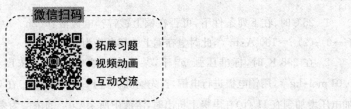

第 11 章　经典化学反应动力学

化学反应具有三个特征：化学（当量）计算特征，即化学反应遵守物质守恒原理，反应方程物料平衡；热力学特征，即反应体系遵守热力学基本原理，反应的方向和限度受控于熵增加原理和 Gibbs 自由能减小原理；动力学特征，即在反应过程中，反应速度、机理和控制条件遵守化学反应的动力学原理。

化学热力学局限在预言一个反应在给定的条件下能够发生的可能性，能够发生到什么程度，解决了反应进行的可能性问题。至于如何把可能性变为现实，以及反应进行的速率如何？反应路径如何？化学热力学不能给出明确答案。

化学反应动力学（chemical kinetics）研究的内容是实际反应过程和速率问题。概括来讲，化学反应动力学的主要内容可以归纳为三点：① 确定化学反应的速率，了解影响化学反应速率的各种因素（如分子结构、温度、压强、浓度、介质、催化剂等），从而提供合适的反应条件，使化学反应按人们所希望的速率进行。对于复杂的化学反应，人们希望反应能够朝向获得主产物的方向进行，降低副反应的速率，提高反应的选择性。② 研究化学反应机理，即反应物变为产物的途径和其中的具体步骤。明确了化学反应的机理，就可以找出决定反应速率的关键因素所在，实现对反应的控制。③ 研究反应能力（活性）对分子结构的依赖关系。

反应速率的快慢主要取决于其反应的途径，即反应的机理。而反应过程的每一具体步骤，则涉及化学反应的本质：旧键的断裂和新键的形成。因此，反应速率、反应机理、分子的结构是相互关联的。

反应机理是一个十分复杂的问题。迄今为止，完全真正弄清楚反应机理的化学反应为数很少，这主要是由于研究反应机理的实验技术满足不了要求，不能直接对反应进程实现全程跟踪。随着分子束和激光技术等新兴实验手段的应用，对微观反应动力学的研究越来越深入，随着量子力学、统计力学和计算机模拟计算水平的提高，人们有可能从分子水平上观察化学反应过程的动力学行为，使化学反应动力学的研究达到一个新的高度。

本章介绍的内容属于宏观反应动力学，即由大量分子组成的体系所表现的反应动力学规律。其研究方法的特点是：根据反应过程中组分浓度的变化与时间的关系确定反应速率；根据中间产物的检测结果确定反应机理；根据来自实验观测总结的经验规律确定总反应速率与机理的关系。

11.1　化学反应速率

11.1.1　化学反应速率

对于一个任意反应，其反应计量方程为：

$$aA + bB \longrightarrow cC + dD$$

反应速率 r(rate of chemical reaction)定义为单位体积反应进度 ξ 随时间的变化率：

$$r=\frac{1}{V}\cdot\frac{d\xi}{dt} \tag{11.1.1}$$

其中 V 是反应体系的体积。根据反应进度的表达方式，则

$$d\xi=-\frac{dn_A}{a}=-\frac{dn_B}{b}=\frac{dn_C}{c}=\frac{dn_D}{d} \tag{1.1.2}$$

对于均相反应，用$[J]=n_J/V$ 定义物质 J 的瞬间摩尔浓度（$mol\cdot dm^{-3}$ 或 $mol\cdot m^{-3}$），于是，反应速率为：

$$r=-\frac{1}{a}\cdot\frac{d[A]}{dt}=-\frac{1}{b}\cdot\frac{d[B]}{dt}=\frac{1}{c}\cdot\frac{d[C]}{dt}=\frac{1}{d}\cdot\frac{d[D]}{dt}=\frac{1}{\nu_J}\cdot\frac{d[J]}{dt} \tag{11.1.3}$$

式中 ν_J 是化学计量系数，对反应物 ν_J 取负值，对产物 ν_J 取正值；r 的量纲为浓度·时间$^{-1}$。

该式意味着，对于反应物 R 而言，$-d[R]/dt$ 是正值，表示反应物的消耗。对产物 P，生成的速率表示为 $d[P]/dt$，其值同样也是正值。即用单位时间内反应物浓度的减少或者产物浓度的增加来表示反应速率，如图 11.1 所示。例如，工业上合成氨反应：

$$N_2+3H_2 \rightleftharpoons 2NH_3$$

反应速率既可以用 N_2 的浓度随时间的变化率表示，也可用 H_2 或 NH_3 的浓度随时间的变化率表示，即

$$r=-\frac{d[N_2]}{dt}=-\frac{1}{3}\cdot\frac{d[H_2]}{dt}=\frac{1}{2}\cdot\frac{d[NH_3]}{dt}$$

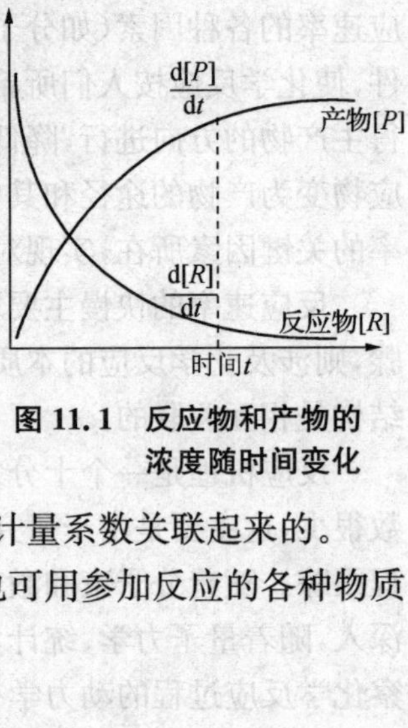

图 11.1 反应物和产物的浓度随时间变化

由上式看出，各组分的反应速率是通过化学反应方程式中的化学计量系数关联起来的。

对于恒温、恒容的气相反应，压强比浓度更容易测定，因此，也可用参加反应的各种物质的分压来代替浓度，如对合成氨反应有

$$r=-\frac{dp_{N_2}}{dt}=-\frac{1}{3}\cdot\frac{dp_{H_2}}{dt}=\frac{1}{2}\cdot\frac{dp_{NH_3}}{dt}$$

这时反应速率 r 的单位为(压强·时间$^{-1}$)。用分压表示的反应速率与用体积摩尔浓度表示的反应速率是可以通过气体的状态方程进行互算的。

对于多相催化反应，反应速率的定义为：

$$r=\frac{1}{Q}\cdot\frac{d\xi}{dt} \tag{11.1.4}$$

其中 Q 表示催化剂用量，它可以是催化剂的质量、堆体积（包括催化剂颗粒自身的体积和颗粒间隙）或表面积。

11.1.2　反应速率方程与反应级数

反应速率方程(rate equation,或动力学方程,kinetic equation)是表示反应速率与物质的浓度、反应温度、催化剂条件等因素之间关系的函数式。尽管我们知道了一个反应的计量方程式,但是反应速率方程的具体函数关系要依据动力学实验确定,而不能简单地从计量方程做推测。实验和经验发现,对于许多化学反应,如:

$$aA + bB \rightleftharpoons cC + dD$$

其反应速率方程可以表示成如下的形式:

$$r = k[A]^{\alpha}[B]^{\beta}[C]^{\gamma}[D]^{\delta}\cdots \tag{11.1.5}$$

式中:[A]、[B]代表反应物的浓度;[C]、[D]代表产物的浓度;幂次 α、β、γ、δ…分别称为反应组分的级数或分级数(partial order of reaction rate),而分级数的加和 n 则称为反应的总级数(order of reaction),$n=\alpha+\beta+\gamma+\delta\cdots$这类方程被称为具有简单级数的速率方程。反应级数 n 的大小表示浓度对反应速率影响的程度,级数越大,则反应速率受浓度的影响越大。如果 $n=1$,称为一级反应;$n=2$,称为二级反应;依此类推。反应级数是实验测定的结果,一般不等于计量系数,其值可以是正、负整数或分数,也可以是零。在远离平衡状态条件下,许多反应对产物的级数为 0,即反应速率只与反应物的浓度有关。但对于一些复杂的反应,产物浓度也可能出现在速率方程中。

式(11.1.5)中 k 是一个与浓度无关的比例系数,称为反应速率常数(rate constant)或速率系数(rate coefficient)。但是,k 并不是一个绝对常数,而是一个和反应温度、反应介质、催化条件甚至和反应器形状有关的参数。当这些因素固定时,k 才是一个常数。k 的单位和反应的总级数有关,量纲为$[\text{浓度}]^{1-n}[\text{时间}]^{-1}$。

实验结果还表明,并非任何反应都具有幂函数型的速率方程。反应是复杂多样的,速率方程的形式也是复杂多样的。例如,对于三个卤素气体与氢气的反应,$H_2(g)+X_2(g)\longrightarrow 2HX(g)$,实验测得它们的速率方程分别为:

$$r = k[H_2][I_2]$$

$$r = \frac{k[H_2][Br_2]^{3/2}}{[Br_2]+k'[HBr]}$$

$$r = k[H_2][Cl_2]^{1/2}$$

对于 I_2 和 Cl_2,它们的反应总级数分别为 2 和 1.5,但对于 Br_2,速率方程不是幂函数形式,也就没有简单的总级数。

上述反应速率的表达式中,反应速率是以反应物和产物的浓度来表达的方程,是整个反应的综合结果。它不是反应过程中具体某一步反应的速率,也不涉及反应中间产物的浓度,因而称为总反应速率方程。它是表示反应速率的第一个层次。

11.1.3　基元反应与质量作用定律

大多数化学反应并不是通过反应物分子发生一步反应使原子重排转化成产物的,而是一个经过了一系列反应步骤的过程。如果反应物分子在碰撞过程中直接发生作用，并即刻转化为产物，这种反应称为基元反应(elementary reaction)，或称基元过程。否则就是非基元反应。往往，一个化学反应是一系列基元反应组合的总结果。而这一系列基元反应就构成了反应的机理(reaction mechanism)。例如，反应

$$H_2(g) + Cl_2(g) \longrightarrow 2HCl(g)$$

实验表明，该反应不是一步完成的，而是要经历如下几个主要步骤：

(1) $Cl_2 + M \longrightarrow 2Cl + M$

(2) $Cl + H_2 \longrightarrow HCl + H$

(3) $H + Cl_2 \longrightarrow HCl + Cl$

……

(4) $Cl + Cl + M \longrightarrow Cl_2 + M$

其中 Cl 和 H 为反应的中间产物。(1)～(4)这些反应都是一步完成的基元反应。而这些反应的组合构成了 H_2 和 Cl_2 的反应机理。

实验证明，对基元反应，若其反应计量方程为：

$$aA + bB \longrightarrow cC + dD$$

则其反应速率方程为：

$$r = k[A]^a[B]^b \tag{11.1.6}$$

式中：a、b 为基元反应的计量系数，这个关系称为质量作用定律(law of mass action)，也称化学反应速率定律(rate law)。其表述为“化学反应速率与反应物的有效质量成正比”，这里的有效质量其原意是指浓度。

质量作用定律只适用于基元反应。对于基元反应，有了反应的计量方程，就可以根据质量作用定律写出对应的速率方程。在基元反应中，反应物的分子数之和称为反应分子数，其数值一般为 1 和 2，三分子反应比较少见。所以基元反应的级数为正整数。基元反应是表述反应速率的第二个层次。而表示反应速率的第三个层次是态-态反应动力学，它属于微观反应动力学的范畴，即直接观察一个处于量子态 i 的分子与另一个处于量子态 j 的分子发生反应的过程，研究一个量子态的反应物转变为另一个量子态的产物的速率及其微观过程。

对于非基元反应，反应速率方程只能通过实验测定，或根据反应机理推测。

【练习 11.1】 基元反应是属于宏观体系还是微观体系的反应？是属于平衡态还是非平衡态？统计热力学方法是否可以用来解决基元反应的速率问题？

11.1.4 反应速率的测定

依据反应速率的定义，反应速率的实验测定主要是测定反应过程中各组分的浓度随时间的变化，如图 11.1 所示。浓度-时间曲线，也称动力学曲线。在不同时刻求得曲线的斜率，也就得到相应时刻的反应速率。如在 $t=0$ 的速率为初始反应速率。

依据各组分的浓度测定方法不同,反应速率的测定方法可以分为化学方法和物理方法。

化学方法:从反应系统中取出少量样品,经过降温、移去催化剂等方法使反应终止,或将反应速率减至最小,然后利用滴定、色谱等方法确定反应混合物的组成及各组分的浓度。这种方法一般用于液相反应,它的优点就是所需设备简单、操作方便。操作的关键是取样后如何尽快终止反应,在分析过程使反应冻结。

物理方法:在反应过程中,对某一种与物质浓度有关的物理量进行连续监测,获得一些原位(in situ)反应的数据,以达到关联组分浓度与时间关系的目的。例如,在恒温的密闭容器中发生的气相反应,若反应过程中发生了分子数的变化,可以通过测量系统的压强随时间的变化计算出反应速率;如果某一反应的系统体积在反应进程中发生了变化,可以通过测量体积的变化计算出反应速率。应当注意的是:物理量用于动力学研究时,物理量与物质的浓度要有明确的线性关系。由于该方法是通过间接的关系测得反应物质的浓度变化,当反应中有副反应发生或者其他因素的改变,则容易引起较大的误差。通常被测量的物理性质有:压强、体积、旋光度、折射率、电导和电动势等。

11.2　具有简单级数的反应速率方程

实验观察到:具有相同级数的反应,其动力学特征是相同的,无论它是基元反应还是总反应。所以要了解浓度对反应速率的影响,首先要了解反应级数对反应速率的影响。本节讨论具有简单级数的反应,一是由于这些反应的速率方程比较简单,二是由于组成复杂反应的各个基元反应都是简单级数的反应。

11.2.1　零级反应

对于反应　　$A \longrightarrow$ 产物

若反应的速率与反应物的浓度无关,则该反应称为零级反应(zero-order reaction),其速率方程为

$$r = -\frac{d[A]}{dt} = k_0 [A]^0 = k_0 \tag{11.2.1}$$

式中 k_0 为零级反应的速率常数,其量纲为(浓度·时间$^{-1}$)。将上式进行积分,则

$$\int_{[A]_0}^{[A]} d[A] = -k_0 \int_0^t dt$$

得到浓度与时间的关系:

$$[A]_0 - [A] = k_0 t \tag{11.2.2}$$

式中$[A]_0$为初始浓度。将浓度[A]对时间 t 作图,得到一条直线,直线的斜率就是反应速率常数($-k_0$)。将反应物反应掉一半,$[A]=[A]_0/2$,所需的时间定义为反应的半衰期(half life),用 $t_{1/2}$表示。则有

$$t_{1/2}=\frac{[A]_0-[A]_0/2}{k_0}=\frac{[A]_0}{2k_0} \tag{11.2.3}$$

即零级反应的半衰期与反应物的初始浓度成正比。

11.2.2 一级反应

对于反应 $A \longrightarrow$ 产物

若反应速率与反应物 A 的浓度的一次方成正比，则该反应称为一级反应（first-order reaction），其速率方程为

$$r=-\frac{d[A]}{dt}=k_1[A] \tag{11.2.4}$$

式中 k_1 为一级反应的速率常数，量纲为(时间$^{-1}$)。将上式积分，则

$$\int_{[A]_0}^{[A]}\frac{d[A]}{[A]}=-k_1\int_0^t dt$$

可得到浓度与时间的数学关系 $$\ln\frac{[A]_0}{[A]}=k_1 t \tag{11.2.5}$$

式(11.2.5)还可写作： $$\ln[A_0]-\ln[A]=k_1 t$$

将 $\ln[A]$对时间 t 作图，得到一直线，直线的斜率等于一级反应速率常数($-k_1$)。上式还可以写成：

$$[A]=[A]_0 e^{-k_1 t}$$

由(11.2.5)式得到一级反应的半衰期为：

$$t_{1/2}=\frac{\ln 2}{k_1}=\frac{0.693\,2}{k_1} \tag{11.2.6}$$

即在一定的温度下，一级反应的半衰期与反应速率常数成反比，而与反应物的初始浓度无关，这是一级反应半衰期的特点。由于一定温度下 k_1 有定值，所以 $t_{1/2}$ 也有定值。

如果一级反应的计量方程为： $aA \longrightarrow$ 产物

则其反应速率方程为： $$r=-\frac{1}{a}\cdot\frac{d[A]}{dt}=k_1[A] \tag{11.2.7}$$

它也可以改写成： $$-\frac{d[A]}{dt}=ak_1[A]=k_1'[A] \tag{11.2.6}$$

同样具有式(11.2.4)的形式。

【例 11.1】 某一级反应 $2A \xrightarrow{k_1} P$，初始速率 $r_0=1.0\times10^{-3}\ \text{mol}\cdot\text{dm}^{-3}\cdot\text{min}^{-1}$，1 h 后的速率为 $r=0.25\times10^{-3}\ \text{mol}\cdot\text{dm}^{-3}\cdot\text{min}^{-1}$，求 k_1、$t_{1/2}$ 和初始浓度$[A]_0$。

解： 定义一级反应速率方程 $r=-\frac{1}{2}\frac{d[A]}{dt}=k_1[A]$

则其积分式为　$t=\frac{1}{2k_1}\ln\frac{[A]_0}{[A]}$

已知 $r_0=k_1[A]_0$，$r_t=k_1[A]$

则：$\frac{[A]_0}{[A]}=\frac{r_0}{r_t}=\frac{1.0\times10^{-3}}{0.25\times10^{-3}}=4$，$k_1=\frac{1}{2t}\ln\frac{[A]_0}{[A]}=\frac{1}{2\times60\ \text{min}}\ln4=0.011\,55\ \text{min}^{-1}$

$t_{\frac{1}{2}}=\frac{0.693}{2k_1}=\frac{0.693}{2\times0.011\,55\ \text{min}^{-1}}=30\ \text{min}$，$[A]_0=\frac{r_0}{k_1}=\frac{1.0\times10^{-3}}{0.011\,55}\ \text{mol}\cdot\text{dm}^{-3}=0.086\,6\ \text{mol}\cdot\text{dm}^{-3}$

【例 11.2】　在人体中注入 0.5 g 抗生素，经 4 h 和 12 h，分别测得血液中抗生素浓度为 $4.8\times10^{-3}\ \text{g}\cdot\text{dm}^{-3}$、$2.22\times10^{-3}\ \text{g}\cdot\text{dm}^{-3}$。已知抗生素在血液中每小时分解百分数相同，试确定抗生素分解反应的级数，求分解反应的速率常数及半衰期。

解：(1) 首先求反应级数。

对于一级反应，设 t_1 时 A 的浓度为 $[A]_1$，t_2 时为 $[A]_2$，从 t_1 到 t_2，A 的转化率为：

$$x_A=\frac{[A]_1-[A]_2}{[A]_1}=1-\frac{[A]_2}{[A]_1}$$

速率方程的积分为：

$$\int_{[A]_1}^{[A]_2}\frac{d[A]}{[A]}=-k_1\int_{t_1}^{t_2}dt$$

即

$$\ln\frac{[A]_2}{[A]_1}=\ln(1-x_A)=-k_1(t_2-t_1)$$

$$x_A=1-e^{-k_1(t_2-t_1)}$$

如果 t_2 和 t_1 的时间差为单位时间，$x_A=1-e^{-k_1}$，k_1 为常数，x_A 也为常数，与 $[A]_1$ 无关。

因此，“抗生素在血液中每小时分解百分数相同”这一现象表明，该反应为一级反应。

(2) 根据一级反应求 k_1 和 $t_{1/2}$。

$$k_1=\frac{1}{t_2-t_1}\ln\frac{[A]_1}{[A]_2}=\frac{1}{(12-4)\text{h}}\ln\frac{4.8\times10^{-3}}{2.22\times10^{-3}}=0.096\,4\ \text{h}^{-1}$$

$$t_{\frac{1}{2}}=\frac{0.693}{k_1}=\frac{0.693}{0.096\,4\ \text{h}^{-1}}=7.189\ \text{h}$$

11.2.3　二级反应

对于反应

$$aA\longrightarrow\text{产物}$$

若反应速率与反应物的浓度的二次方成正比，则该反应称为二级反应（second-order reaction），其速率方程为

$$r=-\frac{1}{a}\cdot\frac{d[A]}{dt}=k_2[A]^2 \tag{11.2.8}$$

式中 k_2 为二级反应的速率常数，其量纲为(浓度$^{-1}$ · 时间$^{-1}$)。将上式进行积分，则

$$\int_{[A]_0}^{[A]}-\frac{d[A]}{[A]^2}=a\int_0^t k_2dt$$

得
$$\frac{1}{a}\left(\frac{1}{[A]}-\frac{1}{[A]_0}\right)=k_2t \tag{11.2.9}$$

将 $1/[A]$ 对时间 t 作图得一直线，根据直线的斜率可以求得二级反应的速率常数 k_2。由(11.2.9)式可得二级反应的半衰期为

$$t_{1/2}=\frac{1}{ak_2}\left[\frac{2}{[A]_0}-\frac{1}{[A]_0}\right]=\frac{1}{ak_2[A]_0} \tag{11.2.10}$$

上式表明：二级反应的半衰期与反应物的初始浓度成反比。

对于反应：
$$A+B\longrightarrow 产物$$

若反应为二级反应，则其速率方程为：

$$r=-\frac{d[A]}{dt}=-\frac{d[B]}{dt}=k_2[A][B] \tag{11.2.11}$$

若反应物起始的浓度相等，即 $[A]_0=[B]_0$，则式(11.2.8)适用于解决此类二级反应的反应速率($a=1$)。若 $[A]_0\neq[B]_0$，设时间 t 时A和B的浓度变化分别为 $[A]_0-x$ 和 $[B]_0-x$，得

$$-\frac{d[A]}{dt}=-\frac{d([A]_0-x)}{dt}=\frac{dx}{dt}=k_2([A]_0-x)([B]_0-x)$$

将方程重排后积分得
$$\int_0^x\frac{dx}{([A]_0-x)([B]_0-x)}=\int_0^t k_2dt$$

积分结果为：

$$\frac{1}{[A]_0-[B]_0}\ln\left(\frac{[B]_0[A]}{[A]_0[B]}\right)=k_2t \tag{11.2.12}$$

根据式(11.2.12)，将 $\ln([A]/[B])$ 对 t 作图可得一直线，从直线的斜率可求得 k_2。对于初始浓度 $[A]_0\neq[B]_0$ 的二级反应，反应物A和B的半衰期是不一样的，没有统一的表示式。

【例11.3】 乙酸乙酯皂化反应：

$$C_2H_3COOC_2H_5+NaOH=\!=\!=CH_3COONa+C_2H_5OH$$

在298 K下，测得如下动力学数据：

t/s	0	178	273	531	866	1 510	1 918	2 401
$[NaOH]\times10^3/mol\cdot dm^{-3}$	9.80	8.92	8.64	7.92	7.24	6.45	6.03	5.74
$[CH_3COOC_2H_5]\times10^3/mol\cdot dm^{-3}$	4.86	3.98	3.70	2.97	2.30	1.51	1.09	0.80

(1) 判断乙酸乙酯皂化反应是否为二级反应；

(2) 计算该反应的速率常数。

解：(1) 以 $\ln\{[A]/[B]\}$ 对 t 作图得一直线关系。按式(11.2.12)判断，该反应为二级反应。

t/s	0	178	273	531	866	1 510	1 918	2 401
$\ln\{[A]/[B]\}$	0.701	0.807	0.848	0.981	1.147	1.452	1.711	1.971

$[A]$为 NaOH 的浓度；$[B]$为 $CH_3COOC_2H_5$ 的浓度。

(2)图中直线的斜率为：

$$b=\frac{1.971-0.807}{(2\,401-178)\mathrm{s}}=5.29\times10^{-4}\,\mathrm{s}^{-1}$$

代入式(11.2.12)，速率常数为：

$$k_2=\frac{b}{[A]_0-[B]_0}=\frac{5.29\times10^{-4}}{(9.80-4.86)\times10^{-3}}\,\mathrm{mol^{-1}\cdot dm^3\cdot s^{-1}}$$
$$=0.107\,\mathrm{mol^{-1}\cdot dm^3\cdot s^{-1}}$$

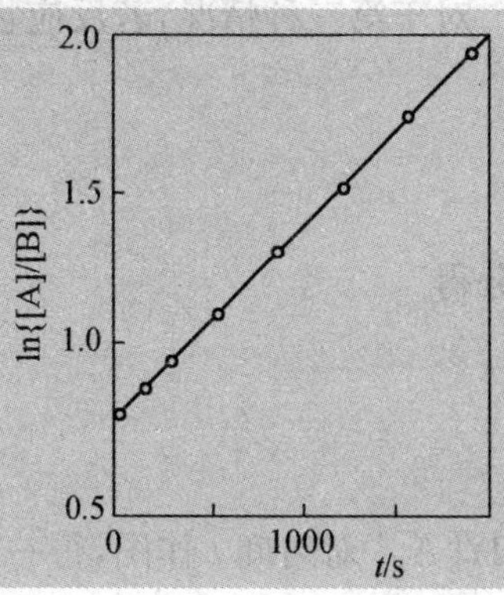

11.2.4　三级反应

若反应速率与反应物的浓度的三次方成正比，则该反应称为三级反应(third-order reaction)。三级反应可有三种类型：① 3A ⟶产物；② 2A+B ⟶产物；③ A+B+C ⟶产物。因此可以分下列几种情况来讨论：

对于第一种情况，反应速率与反应物浓度的三次方成正比，其速率方程为：

$$r=-\frac{1}{3}\cdot\frac{\mathrm{d}[A]}{\mathrm{d}t}=k_3\,[A]^3 \tag{11.2.13}$$

积分得

$$\frac{1}{6}\left(\frac{1}{[A]^2}-\frac{1}{[A]_0^2}\right)=k_3t \tag{11.2.14}$$

因此，以 $1/[A]^2$ 对时间 t 作图，从斜率可以得到 k_3，其量纲为(浓度$^{-2}$•时间$^{-1}$)。

对于第二种情况，是化学反应中常见的反应。如 NO 和 O_2 的反应：$2NO + O_2 \longrightarrow 2NO_2$，反应的速率方程为：

$$r=-\frac{1}{2}\cdot\frac{\mathrm{d}[A]}{\mathrm{d}t}=k_3\,[A]^2[B] \tag{11.2.15a}$$

该反应对 A 为二级，对 B 为一级，总反应级数为 3。若$[B]_0\gg[A]_0$，反应过程中可以忽略 B 的浓度变化，式(11.2.15a)可另写作

$$r=-\frac{1}{2}\cdot\frac{\mathrm{d}[A]}{\mathrm{d}t}=k_3'[A]^2 \tag{11.2.15b}$$

上式中 k_3' 的量纲为(浓度$^{-1}$• 时间$^{-1}$)，反应变成“准二级反应”，其中 $k_3'=k_3[B]_0$，积分后得

$$\frac{1}{2}\left(\frac{1}{[A]}-\frac{1}{[A]_0}\right)=k_3't \tag{11.2.16}$$

因此，在$[B]_0\gg[A]_0$ 时，将 $1/[A]$对时间 t 作图也得一直线，从直线的斜率可以求得准二级反应的速率常数 k_3'。如果改变$[B]_0$，则直线斜率要按新的实验数据重新求取。

对于第三种情况，若反应物的起始浓度相等，$[A]_0=[B]_0=[C]_0$，则速率方程可以写作

$$-\frac{d[A]}{dt}=k_3[A]^3 \qquad (11.2.17)$$

积分得

$$\frac{1}{2}\left(\frac{1}{[A]^2}-\frac{1}{[A]_0^2}\right)=k_3t \qquad (11.2.18)$$

将 $1/[A]^2$ 对时间 t 作图，得一直线，从直线的斜率可以得到 k_3。该反应的半衰期为：

$$t_{1/2}=\frac{3}{2k_3[A]_0^2} \qquad (11.2.19)$$

三级反应并不常见，有几个例子：

$$2NO + X_2 \longrightarrow N_2O + X_2O \qquad X = H, D$$
$$2NO + O_2 \longrightarrow 2NO_2$$
$$2NO + X_2 \longrightarrow 2NOX \qquad X = Br, Cl$$

蔗糖水解也是三级反应，但由于水含量很大而且酸催化剂被认为浓度不变，反应变成准一级反应。

上述分析表明：三级反应速率方程形式多样，要依据具体的实验条件进行数学解析。

为便于记忆，将上述几种简单级数反应的速率公式和特征列于表 11.1 中。

表 11.1 具有简单级数反应的速率公式和特征

级数	反应类型	速率公式定积分	浓度与时间的线性关系	半衰期	速率常数的单位
一级	$A\longrightarrow$产物	$\ln\{[A]_0/[A]\}=k_1t$	$\ln\{1/[A]\}\sim t$	$\ln 2/k_1$	(时间)$^{-1}$
二级	$A+B\longrightarrow$产物 ($[A]_0=[B]_0$) $A+B\longrightarrow$产物 ($[A]_0\neq[B]_0$)	$1/[A]-1/[A_0]=k_2t$ $\frac{1}{[A]_0-[B]_0}\ln\frac{[B]_0[A]}{[A]_0[B]}=k_2t$	$1/[A]\sim t$ $\ln\frac{[A]}{[B]}\sim t$	$\frac{1}{[A]_0k_2}$ $t_{1/2}(A)\neq t_{1/2}(B)$	(浓度)$^{-1}$(时间)$^{-1}$
三级	$A+B+C\longrightarrow$产物 ($[A]_0=[B]_0=[C]_0$)	$\frac{1}{2}\left[\frac{1}{[A]^2}-\frac{1}{[A]_0^2}\right]=k_3t$	$1/[A]^2\sim t$	$\frac{3}{2[A]_0^2k_3}$	(浓度)$^{-2}$(时间)$^{-1}$
零级	表面催化反应	$[A]_0-[A]=k_0t$	$-[A]\sim t$	$\frac{[A]_0}{2k_0}$	(浓度)(时间)$^{-1}$
n 级 ($n\neq1$)	反应物$\longrightarrow$产物 $r=k_n[A]^n$	$\frac{1}{n-1}\left[\frac{1}{[A]^{n-1}}-\frac{1}{[A]_0^{n-1}}\right]=k_nt$	$\frac{1}{[A]^{n-1}}\sim t$	$\frac{C}{[A]_0^{n-1}}$(C为常数)	(浓度)$^{1-n}$(时间)$^{-1}$

11.2.5　速率方程的确立

化学反应的速率方程是根据实验数据经数据拟合来确定的。对于简单级数反应，数据处理的目标是获得反应级数和反应速率常数。依据实验数据获取的方法和类型的不同，确定速率方程的方法有如下几种。

1. *积分法*

如果动力学实验测定的数据是反应物(A)或产物(P)的浓度随时间的变化，如[A]～t 数据，将实验数据代入前面讨论的各级反应的速率方程的积分式，利用数值计算方法(如最小二乘法或非线性拟合方法)，拟合得到反应的动力学参数(n 和 k)。或根据各级反应的线性特征，将实验数据转化成线性方程的形式，做线性拟合，获得速率常数 k 的数值，进而确定反应级数和速率方程。对于线性方程和一些简单的非线性方程的数据处理，一些常用的作图软件和计算软件(如 Origin)都含有相应的程序，使用很方便。

2. *微分法*

如果实验获得的是微分数据，即$\lim\limits_{\Delta t\to 0}(\Delta[\mathrm{A}]/\Delta t)$～[A]数据，或将[A]～$t$ 数据转化为微分数据，利用速率方程的微分式，可求取动力学参数。如动力学方程为$-\mathrm{d}[\mathrm{A}]/\mathrm{d}t=k_n[\mathrm{A}]^n$ 的反应，将之取对数得到

$$\lg\left(-\frac{\mathrm{d}[\mathrm{A}]}{\mathrm{d}t}\right)=\lg k_n+n\lg[\mathrm{A}] \tag{11.2.20}$$

如果实验数据为[A]～t 数据，首先通过求斜率的方法将之转化为$-\mathrm{d}[\mathrm{A}]/\mathrm{d}t$～[A]数据，再将数据转换为$\lg(-\mathrm{d}[\mathrm{A}]/\mathrm{d}t)$～$\lg[\mathrm{A}]$数据并作图，所得到的直线斜率即为反应级数 n，从截距求出反应速率常数 k_n。有些反应体系，实验可以直接在微分反应器上进行，直接获得微分数据。如气相催化反应，催化剂床层并不是很长，得到的浓度变化 $\Delta[\mathrm{A}]$是很小的，可以视为是微分数据。

3. *半衰期法*

有些反应体系并不能获得较多的浓度～时间数据，而只能获得少量数据并预测出半衰期，可以利用半衰期的特征获得动力学参数。设某一反应的速率方程为$-\mathrm{d}[\mathrm{A}]/\mathrm{d}t=k_n[\mathrm{A}]^n$，$n\neq 1$，当反应开始时($t=0$)，反应物的浓度为$[\mathrm{A}]_0$，反应进行到时间 t 时，反应物的浓度为[A]，速率方程积分得

$$t=\frac{([\mathrm{A}]_0/[\mathrm{A}])^{n-1}-1}{(n-1)k_n[\mathrm{A}]_0^{n-1}} \tag{11.2.21}$$

当 $t=t_{1/2}$时，$[\mathrm{A}]=[\mathrm{A}]_0/2$，则

$$t_{1/2}=\frac{2^{n-1}-1}{(n-1)k_n[\mathrm{A}]_0^{n-1}}=K\frac{1}{[\mathrm{A}]_0^{n-1}}$$

将上式取对数，得

$$\ln t_{1/2}=\ln K+(1-n)\ln[\mathrm{A}]_0 \tag{11.2.22}$$

即反应半衰期的对数与反应的初始浓度的对数呈线性关系，直线的斜率就是$(1-n)$。

设反应在两不同的初始浓度$[A]_{0,1}$和$[A]_{0,2}$时所对应的半衰期分别为$t'_{1/2}$和$t''_{1/2}$，将它们分别代入式(11.2.22)并相减，得到反应级数n：

$$n=1-\frac{\ln(t''_{1/2}/t'_{1/2})}{\ln([A]_{0,2}/[A]_{0,1})} \tag{11.2.23}$$

当然，还可以取反应进行到2/3、1/4等的时间$t_{2/3}$、$t_{1/4}$等来求n。

4. 孤立法

有些反应体系涉及多个反应组分，需要分别确定各组分的反应级数。这时，就要通过改变组分的浓度比的方法，使其中的一些组分的浓度足够大，以致可以认为在反应过程其浓度的变化可以忽略，进而可以确定另外某组分的反应级数。如某反应的速率方程为

$$r=k_n[B]^{n_B}[C]^{n_C}[A]^{n_A}$$

当初始浓度满足$[B]_0\gg[A]_0$，$[C]_0\gg[A]_0$，在反应过程中近似认为B、C的浓度变化可以忽略，则有

$$r=(k_n[B]_0^{n_B}[C]_0^{n_C})[A]^{n_A}=k'_n[A]^{n_A} \tag{11.2.24}$$

这样首先确定A的反应级数，再用类似方法确定B、C的级数。蔗糖的酸催化水解是一个应用孤立法的例子。这个反应实际上是三级反应，反应速度与酸、蔗糖和水的浓度有关。但由于水含量很大，水的浓度变化完全可以忽略；H^+参与反应但它是一个催化剂，不同的酸浓度条件下，反应的快慢是不同的，在给定酸浓度条件下，H^+浓度近似认为不变。于是，蔗糖的水解就是一个准一级反应。

【例 11.4】 400℃时恒容气相反应 $2A=\!=\!=2B+3C$，其速率方程式为：

$$r=\left(-\frac{1}{2}\right)\frac{dp_A}{dt}=k_p\cdot p_A^n$$

若以纯A开始反应，当$p_{A,0}=200$ kPa时测得如下数据：

时间/min	18.2	55.6	129.8
p_A/kPa	100	50	25

(1) 求反应级数n和速率常数k_c、k_p。

(2) 经多长时间反应体系压强达到450 kPa?

解：(1) 用半衰期求反应级数。具有不同初始压强的半衰期：

当$p_{A,0}=200$ kPa时，$t_{1/2}=18.2$ min，

当$p'_{A,0}=100$ kPa时，$t'_{1/2}=(55.6-18.2)\text{min}=37.4$ min

根据式(11.2.23) $n=1-\ln\frac{(t_{1/2}/t'_{1/2})}{(p_{A,0}/p'_{A,0})}=1-\frac{\ln(18.2/37.4)}{\ln(200/100)}=2$

对于二级反应 $k_p=\frac{1}{2t_{1/2}p_{A,0}}=\frac{1}{2\times18.2\times200}\ \text{kPa}^{-1}\cdot\text{min}^{-1}=1.374\times10^{-4}\ \text{kPa}^{-1}\cdot\text{min}^{-1}$

$k_c=k_p\ (RT)^{n-1}=1.374\times10^{-4}\times8.314\times673.15\ \text{dm}^{-3}\cdot\text{mol}\cdot\text{min}^{-1}=0.769\ \text{dm}^{-3}\cdot\text{mol}\cdot\text{min}^{-1}$

(2) 反应中各组分分压与总压的关系：

	2A ═══	2B	+ 3C
开始	$p_{A,0}$	0	0
t 时刻	p_A	$p_B=p_{A,0}-p_A$	$p_C=1.5(p_{A,0}-p_A)$

$$p=p_A+(p_{A,0}-p_A)+1.5(p_{A,0}-p_A)=2.5p_{A,0}-1.5p_A$$

$p_{A,0}=200\ \text{kPa}, p=450\ \text{kPa}$ 时，$p_A=\frac{2.5\times200-450}{1.5}\ \text{kPa}=\frac{100}{3}\ \text{kPa}$

对于二级反应，积分式：

$$t=\frac{1}{2k_p}\left(\frac{1}{p_A}-\frac{1}{p_{A,0}}\right)=\frac{1}{2\times1.374\times10^{-4}}\left(\frac{3}{100}-\frac{1}{200}\right)\text{min}=91\ \text{min}$$

【例 11.5】 298.15 K 溶液中的反应 A+2B⟶P+…，速率方程表示为：

$$r=k_n[A]^{\alpha}[B]^{\beta}$$

当 A、B 初始浓度分别为 0.010 $\text{mol}\cdot\text{dm}^{-3}$ 和 0.020 $\text{mol}\cdot\text{dm}^{-3}$ 时测得反应物 B 在不同时刻浓度如下：

t/min	0	90	271
$[B]/\text{mol}\cdot\text{dm}^{-3}$	0.020	0.010	0.005 0

当 A、B 初始浓度 皆为 0.020 $\text{mol}\cdot\text{dm}^{-3}$ 时测得初始反应速率为第一次实验的 2 倍。

(1) 确定反应对 A、B 的级数 α、β 及总级数；

(2) 求 298.15 K 时反应速率常数 k_n。

解：(1) 初始浓度比与反应方程式计量系数之比相同，故有：$[A]=(1/2)[B]$，

$$r=k_n[A]^{\alpha}[B]^{\beta}=k_n(1/2)^{\alpha}[B]^{\alpha+\beta}=k'[B]^{\alpha+\beta}$$

半衰期法求反应级数，不同初始浓度的半衰期：

当 $[B]_{0,1}=0.020\ \text{mol}\cdot\text{dm}^{-3}$ 时，$t'_{1/2}=90\ \text{min}$，

当 $[B]_{0,2}=0.010\ \text{mol}\cdot\text{dm}^{-3}$ 时，$t''_{1/2}=(271-90)\text{min}=181\ \text{min}$

$$n=\alpha+\beta=1-\frac{\ln(t''_{1/2}/t'_{1/2})}{\ln([B]_{0,2}/[B]_{0,1})}=1-\frac{\ln(181/90)}{\ln(0.01/0.02)}=2$$

根据初始浓度的不同求组分的分级数：

当 $[A]_{0,1}=0.010\ \text{mol}\cdot\text{dm}^{-3}$，$[B]_{0,1}=0.020\ \text{mol}\cdot\text{dm}^{-3}$，$r_{0,1}=k_2(0.010)^{\alpha}(0.020)^{\beta}$

当 $[A]_{0,2}=0.020\ \text{mol}\cdot\text{dm}^{-3}$，$[B]_{0,2}=0.020\ \text{mol}\cdot\text{dm}^{-3}$，$r_{0,2}=k_2(0.020)^{\alpha}(0.020)^{\beta}$

根据已知条件：$\frac{r_{0,2}}{r_{0,1}}=\frac{(0.020)^{\alpha}}{(0.010)^{\alpha}}=2$，故 $\alpha=1,\beta=1,n=2$。

(2)
$$r=-\frac{1}{2}\frac{d[B]}{dt}=k_2\left(\frac{1}{2}\right)[B]^2,\ -\frac{d[B]}{dt}=k_2[B]^2$$

积分上式得：当 $t=90$ min 时，$k_2=\frac{1}{t}\left[\frac{1}{[B]}-\frac{1}{[B]_0}\right]=\frac{1}{90}\left[\frac{1}{0.010}-\frac{1}{0.020}\right]\text{mol}^{-1}\cdot\text{dm}^3\cdot\text{min}^{-1}=$ $0.556\ \text{mol}^{-1}\cdot\text{dm}^3\cdot\text{min}^{-1}$

$t=271$ min 时，$k_2=\frac{1}{271}\left[\frac{1}{0.005\,0}-\frac{1}{0.020}\right]\text{mol}^{-1}\cdot\text{dm}^3\cdot\text{min}^{-1}=0.554\ \text{mol}^{-1}\cdot\text{dm}^3\cdot\text{min}^{-1}$

取平均值：$k_2=0.555\ \text{mol}^{-1}\cdot\text{dm}^3\cdot\text{min}^{-1}$。

11.3 温度对反应速率的影响

温度是影响化学反应速率的一个重要因素。van't Hoff 根据实验数据提出一条近似规则：在室温附近，温度每上升 10 K，反应速率大约增大至 2～4 倍，即

$$k_{T+10\mathrm{K}}/k_T = 2\sim4 \tag{11.3.1}$$

这个规律称为 van't Hoff 规则。根据这个规则可粗略估算温度对反应速率的影响。

1889 年，阿累尼乌斯(Arrhenius)根据大量的实验数据提出反应速率常数 k 随温度 T 的变化关系为：

$$\frac{\mathrm{d}\ln k}{\mathrm{d}T} = \frac{E_a}{RT^2} \quad 即 \quad E_a = RT^2\frac{\mathrm{d}\ln k}{\mathrm{d}T} \tag{11.3.2}$$

式中，E_a 与 RT 有相同的量纲，称为阿累尼乌斯活化能(activation energy)。该式被认为是 Arrhenius 活化能的定义式。如果在研究的温度范围内 E_a 与 T 无关，式(11.3.2)的积分形式为：

$$\ln k = \ln A - \frac{E_a}{RT} \tag{11.3.3a}$$

或

$$k = A\mathrm{e}^{-E_a/(RT)} \tag{11.3.3b}$$

式(11.3.3)称为阿累尼乌斯方程式，A 为指前因子(pre-exponential factor)，与速率常数 k 有相同的量纲。A 和 E_a 是两个重要的动力学参数。根据速率常数随温度变化的实验数据，若以 $\ln k$ 对 $1/T$ 作图，可得一直线，直线的斜率等于 $-E_a/R$，截距为 $\ln A$，从而可以分别得到 E_a 和 A。阿累尼乌斯方程式表明：活化能越高，随着温度的升高，反应速率增加得越快。即活化能越高，反应速率受温度的影响就越大。阿累尼乌斯公式在化学动力学的发展过程中起着重要的作用，特别是它所提出的活化分子(activated molecule)和活化能的概念。

若温度变化范围不大，E_a 可视为常数，两个不同温度的速率常数的关系为：

$$\ln\frac{k_2}{k_1} = \frac{E_a}{R}\left(\frac{T_2-T_1}{T_1T_2}\right) \tag{11.3.4}$$

利用此式可由两个不同温度下的 k 值来求得反应的活化能 E_a，或不同 T 的 k。

阿累尼乌斯方程中假定 E_a 和 A 都不随温度变化。但更精密的实验表明，若温度变化范围过大，$\ln k\sim1/T$ 图就会出现弯曲，说明 E_a 和 A 也与温度有关。比阿累尼乌斯方程更精确的是一个具有三参数的方程：

$$k = aT^m\mathrm{e}^{-E_b/(RT)} \tag{11.3.5}$$

式中 m 可由实验数据拟合得到，通常在 0～4 之间。式(11.3.2)是阿累尼乌斯方程关于活化能

科学家介绍

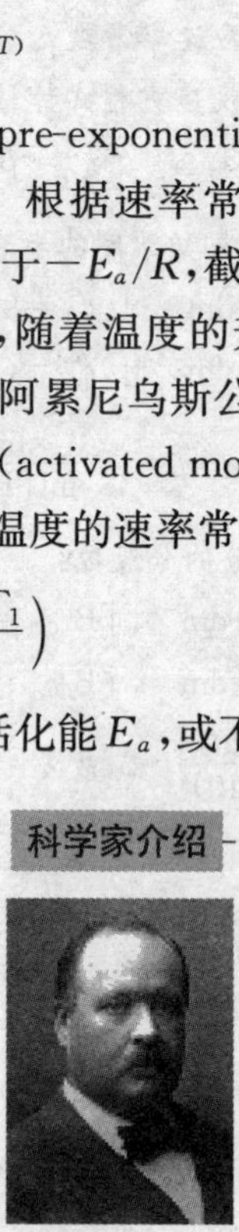

斯凡特·奥古斯特·阿累尼乌斯
(Svante August Arrhenius)

的定义式，无论反应是否符合阿累尼乌斯方程，将实验数据代入式(11.3.2)，所得到的活化能 E_a 称为实验活化能(experimental activation energy)。将式(11.3.5)代入式(11.3.2)，可得：

$$\frac{\mathrm{d}\ln k}{\mathrm{d}T}=\frac{m}{T}+\frac{E_b}{RT^2}=\frac{E_a}{RT^2} \tag{11.3.6}$$

即

$$E_a=E_b+mRT \tag{11.3.7}$$

这一结果表明：实验活化能 E_a 也是温度的函数，E_a 和 E_b 差别较小，只有 mRT。在常温及精度要求不是很高情况下，可以将活化能近似视为不随温度变化的常数。

实际上温度对反应速率的影响有多种更为复杂的形式，图 11.2 给出了温度对反应速率常数影响的几种类型。

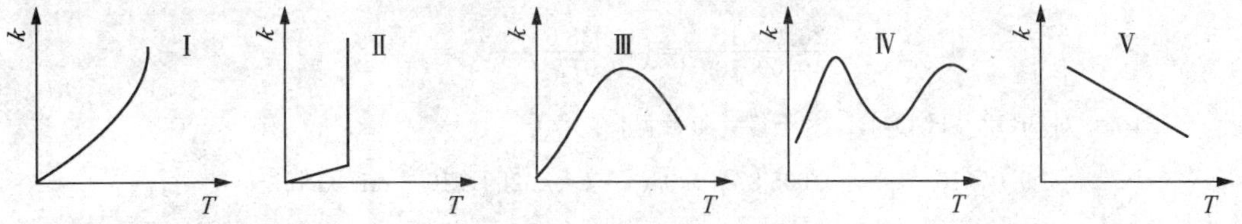

图 11.2　反应速率与温度关系的几种情况

第Ⅰ种类型显示反应速率随温度的升高呈指数关系，这类比较常见，属阿累尼乌斯类型。

第Ⅱ种类型属于含有爆炸型的化学反应。在低温时，反应速率较慢，温度对反应速率的影响很小，基本上符合阿累尼乌斯公式。但达到一定的温度临界值时，反应速率迅速增大，反应以爆炸的速率进行。

第Ⅲ种类型在可逆放热反应和多相催化反应中出现。在温度不高的情况下，反应速率随温度升高而加快，但达到某一温度后如果再升高温度，反应速率反而下降。这与温度对逆向反应同样有加速作用有关。

第Ⅳ种类型，曲线前半段与第Ⅲ类相似，继续升高温度，速率又开始增加，这与高温下发生的副反应相关。在碳和烃的氧化反应中可见到这类现象。

第Ⅴ种类型，当反应体系温度升高，反应速率反而下降，这是反常的情况。一氧化氮氧化成二氧化氮的反应($2NO + O_2 \longrightarrow 2NO_2$)就属于这一类型。

反应类型Ⅱ、Ⅲ、Ⅳ都属于复杂反应，经复杂反应机理和动力学处理后才能阐明速率常数随温度的变化关系。

【例 11.6】 反应 $3H_2O_2(aq)+BrO_3^- \xrightarrow{H^+} Br^- +3O_2(g)+3H_2O$ 在 290 K 时测得如下数据：

实验编号	1	2	3	4
$[BrO_3^-]$/mol·dm^{-3}	0.005 87	0.011 74	0.009 78	0.009 78
$[H_2O_2]$/mol·dm^{-3}	0.036	0.036	0.038 5	0.077
$-\frac{\mathrm{d}[BrO_3^-]}{\mathrm{d}t}\times 10^7$/mol·dm^{-3}·s^{-1}	9.0	18.0	20.0	40.0

已知反应速率方程式可表示为 $r=-\frac{d[BrO_3^-]}{dt}=k[BrO_3^-]^x[H_2O_2]^y$，求：(1) x,y；(2) 实验条件 1 下速率常数 k；(3) 反应温度升高到 300 K 时速率常数增加 4 倍，求反应的活化能。

解：(1) 第一、二次实验 H_2O_2 浓度相同，则

$$\frac{r_1}{r_2}=\frac{k[BrO_3^-]_1^x[H_2O_2]_1^y}{k[BrO_3^-]_2^x[H_2O_2]_2^y}=\frac{[BrO_3^-]_1^x}{[BrO_3^-]_2^x}$$

$$\frac{9.0\times10^{-7}}{18.0\times10^{-7}}=\left(\frac{0.005\,87}{0.011\,74}\right)^x,\quad x=1$$

第三、四次实验 BrO_3^- 浓度相同，则

$$\frac{r_3}{r_4}=\frac{k[BrO_3^-]_3^x[H_2O_2]_3^y}{k[BrO_3^-]_4^x[H_2O_2]_4^y}=\frac{[H_2O_2]_3^y}{[H_2O_2]_4^y}$$

$$\frac{20.0\times10^{-7}}{40.0\times10^{-7}}=\left(\frac{0.038\,5}{0.077}\right)^y,\quad y=1$$

(2) $r=k[BrO_3^-][H_2O_2]$， 对于第一组数据，有

$$9.0\times10^{-7}=k\times0.005\,87\times0.036,\quad k=4.259\times10^{-3}\ \mathrm{dm^3\cdot mol^{-1}\cdot s^{-1}}$$

(3) $E_a=\frac{RT_1T_2}{(T_2-T_1)}\times\ln\left(\frac{k_2}{k_1}\right)=\frac{8.314\times290\times300}{300-290}\times\ln4=100.27\ \mathrm{kJ\cdot mol^{-1}}$

11.4 典型复杂反应

两个或者两个以上的基元反应以不同的方式组合起来进行的反应被称为复杂反应。在众多的复杂反应中可以抽象出几个典型的复杂反应模型，如对峙反应、平行反应和连续反应。我们所遇到的形形色色的复杂反应，可以解析为由这几个典型复杂反应以一定方式的组合。分析这几个典型复杂反应的特点和速率方程，构成了分析复杂反应动力学方法的基础。本节就讨论对峙反应、平行反应和连续反应的动力学的特点和速率方程，以及它们给复杂反应动力学研究带来的提示。

复杂反应中任何一个基元反应都可用质量作用定律进行讨论，这是处理复杂反应的一个基础方法。

11.4.1 对峙反应

一个化学反应在正、逆两个方向都能同时进行的反应叫作对峙反应(opposing reaction)，或者称为可逆反应(reversible reaction)。它是由两个基元反应组成。若假设 A 和 B 的初始浓度相等且为 a，同时 C 和 D 的初始浓度为 0，反应至 t 时刻，产物 C 和 D 的浓度为 x。有

$$\begin{array}{lcccc} & A & + \ B & \underset{k_2}{\overset{k_1}{\rightleftharpoons}} \ C & + \ D \\ t=0 & a & a & 0 & 0 \\ t=t & a-x & a-x & x & x \end{array}$$

若以反应方程所示方向为反应方向，则上式中 k_1 和 k_2 分别表示正向反应和逆向反应的速率常数。基元反应速率分别为：

正向反应速率　$r_1=k_1(a-x)^2$

逆向反应速率　$r_2=k_2x^2$

正向反应的净速率取决于正向及逆向反应速率的总结果，即

$$r=r_1-r_2=\frac{\mathrm{d}x}{\mathrm{d}t}=k_1(a-x)^2-k_2x^2 \tag{11.4.1}$$

当反应达到平衡时，正向反应速率等于逆向反应速率，净速率为 0，$r=0$。有

$$0=k_1(a-x_e)^2-k_2x_e^2$$

其中，x_e 为平衡时生成物的浓度。整理上式得：

$$\frac{x_e^2}{(a-x_e)^2}=\frac{k_1}{k_2}=K \tag{11.4.2}$$

式中 K 为化学平衡常数。将(11.4.2)式代入(11.4.1)式并设 $\beta^2=1/K$ 进行积分，得

$$\int_0^x \frac{\mathrm{d}x}{(a-x)^2-\frac{x^2}{K}}=\int_0^t k_1\mathrm{d}t$$

$$k_1t=\frac{K^{1/2}}{2a}\ln\left[\frac{a+(\beta-1)x}{a-(\beta+1)x}\right] \tag{11.4.3}$$

利用上式可以求得 k_1，然后进一步可以求得 k_2。

【例 11.7】 对峙反应 $A \underset{k_2}{\overset{k_1}{\rightleftharpoons}} B$，300 K 时 $k_1=0.20\ \mathrm{s^{-1}}$，A 初始浓度 0.4 $\mathrm{mol\cdot dm^{-3}}$，A、B 的 $\Delta_f G_m^{\ominus}$ 分别为 1 800 $\mathrm{J\cdot mol^{-1}}$ 和 −5 672 $\mathrm{J\cdot mol^{-1}}$。求：(1) 300 K 时 k_2；(2) 反应的半衰期及 100 s 后反应物 A 的转化率 x。

解：(1) 对于反应，有

$$\Delta_r G_m^{\ominus}=\Delta_f G_m^{\ominus}(\mathrm{B})-\Delta_f G_m^{\ominus}(\mathrm{A})=(-5\,672-1\,800)\ \mathrm{J\cdot mol^{-1}}=-7\,472\ \mathrm{J\cdot mol^{-1}}$$

$$K^{\ominus}=\exp\left[-\frac{\Delta_r G_m^{\ominus}}{RT}\right]=\exp\left[-\frac{-7\,472}{8.314\times 300}\right]=20.0$$

$$k_2=\frac{k_1}{K^{\ominus}}=\frac{0.20}{20.0}\ \mathrm{s^{-1}}=0.01\ \mathrm{s^{-1}}$$

		A $\underset{k_2}{\overset{k_1}{\rightleftharpoons}}$	B
(2)	$t=0$	$[\mathrm{A}]_0$	0
	$t=t$	$[\mathrm{A}]=[\mathrm{A}]_0(1-x)$	$[\mathrm{A}]_0-[\mathrm{A}]=[\mathrm{A}]_0x$
	$t=t_e$	$[\mathrm{A}]_e=[\mathrm{A}]_0(1-x_e)$	$[\mathrm{A}]_0-[\mathrm{A}]_e=[\mathrm{A}]_0x_e$

$$-\frac{\mathrm{d}[\mathrm{A}]}{\mathrm{d}t}=k_1[\mathrm{A}]-k_2([\mathrm{A}]_0-[\mathrm{A}]) \qquad \frac{\mathrm{d}x}{\mathrm{d}t}=k_1(1-x)-k_2x$$

分离变量，积分得到：

$$\ln\frac{k_1-(k_1+k_2)x}{k_1}=-(k_1+k_2)t$$

当 $t=100\ \mathrm{s}$ 时，$\ln\left(1-\dfrac{0.21x}{0.20}\right)=-0.21\times100=-21$　　解得 $x=0.952\,4$

当 $x=0.5$ 时，得到半衰期 $t=3.5\ \mathrm{s}$。

结论：反应的半衰期为 3.5 s，当反应从 $x=0.5$ 再进行到 0.952 4 时，需要的时间为(100－3.5)s，远大于其半衰期。也就是说反应后期需要的时间更长。

11.4.2　平行反应

由同一个反应物同时平行地进行两个或者更多个基元反应，此类反应称为平行反应(parallel reaction)。这种情况在有机反应中较多，如一个反应有目的产物和副产物。组成平行反应的所有基元反应的级数可以相同，也可以不同。

设一平行反应由两个基元反应组成：

$$\mathrm{A+B}\xrightarrow{k_1}\mathrm{C}\ ,\mathrm{A+B}\xrightarrow{k_2}\mathrm{D}$$

式中 k_1 和 k_2 分别表示生成 C 和 D 的速率常数。设 A 和 B 的起始浓度分别为 a 和 b，经过时间 t 后生成 C 和 D 的浓度分别为 x_1 和 x_2，则

	A	B	C	D
$t=0$	a	b	0	0
$t=t$	$a-x_1-x_2$	$b-x_1-x_2$	x_1	x_2

生成 C 的反应速率　$$\frac{\mathrm{d}x_1}{\mathrm{d}t}=k_1(a-x_1-x_2)(b-x_1-x_2)\qquad(11.4.4a)$$

生成 D 的反应速率　$$\frac{\mathrm{d}x_2}{\mathrm{d}t}=k_2(a-x_1-x_2)(b-x_1-x_2)\qquad(11.4.4b)$$

由于两个平行反应是同时进行的，所以反应的总反应速率等于两个平行反应速率之和：

$$\frac{\mathrm{d}x}{\mathrm{d}t}=\frac{\mathrm{d}x_1}{\mathrm{d}t}+\frac{\mathrm{d}x_2}{\mathrm{d}t}=(k_1+k_2)(a-x)(b-x)\qquad(11.4.5)$$

式中 $x=x_1+x_2$，积分得：$\displaystyle\int_0^x\frac{\mathrm{d}x}{(a-x)(b-x)}=\int_0^t(k_1+k_2)\mathrm{d}t$

$$\frac{1}{a-b}\ln\left[\frac{b(a-x)}{a(b-x)}\right]=(k_1+k_2)t\qquad(11.4.6)$$

式(11.4.6)含有两个未知量 k_1 和 k_2，不能同时求出，还需要一个关联 k_1 和 k_2 的方程。将(11.4.4a)与式(11.4.4b)相除，得

$$\frac{\mathrm{d}x_1}{\mathrm{d}x_2}=\frac{k_1}{k_2}$$

由于是平行反应，且开始时没有产物 C 和 D 的存在，经过时间 t 后，C 和 D 的量分别为 x_1 和 x_2，因此两个平行反应的速率之比应等于生成物的数量之比，即

$$\frac{x_1}{x_2}=\frac{k_1}{k_2} \tag{11.4.7}$$

式(11.4.7)表明，平行反应中生成物的数量之比等于其反应速率常数之比，而且不随反应时间而变，这也是平行反应的特点。联解式(11.4.6)和式(11.4.7)，就能求得 k_1 和 k_2。

式(11.4.7)中的 x_1/x_2 比值也代表了反应的选择性，在本例中它等于 k_1/k_2。若 C 为目的产物，比值越大，表示反应的选择性越好。如果我们希望多获得某一种产品，就要设法改变 k_1/k_2 的比值。一种方法是采用选择性强的催化剂，提高催化剂对某一反应的选择性以改变 k_1/k_2 的比值；另一种方法是通过改变温度来改变 k_1/k_2 的值。考虑活化能的因素，如果 $E_{a,1}>E_{a,2}$，则提高温度有利于增大 k_1/k_2 的值，即有利于产物 C 的生成。反之，$E_{a,1}<E_{a,2}$ 则需要降低反应温度才有利于 C 的生成。

对于平行反应，所有反应都是同时进行的，因此对原料的消耗也是同时发生的。反应的选择性是其动力学分析关注的主要问题。应当注意：上述分析是基于假定生成 C 和 D 的两个反应具有相同的反应级数，更多的情况并不是这样。如：

$$a_1\mathrm{A}+b_1\mathrm{B}\xrightarrow{k_1}C,\quad a_2\mathrm{A}+b_2\mathrm{B}\xrightarrow{k_2}\mathrm{D}$$

$$\frac{\mathrm{d}[\mathrm{C}]}{\mathrm{d}t}=k_1\,[\mathrm{A}]^{a_1}[\mathrm{B}]^{b_1},\ \frac{\mathrm{d}[\mathrm{D}]}{\mathrm{d}t}=k_1\,[\mathrm{A}]^{a_2}[\mathrm{B}]^{b_2}$$

【例 11.8】 I_2 作催化剂时，氯苯在 CS_2 溶液中发生如下二级平行反应：

$$C_6H_5Cl+Cl_2\xrightarrow{k_1}HCl+o\text{-}C_6H_5Cl_2$$

$$C_6H_5Cl+Cl_2\xrightarrow{k_2}HCl+p\text{-}C_6H_5Cl_2$$

在 298.15 K 和 I_2 的浓度一定时，C_6H_5Cl 和 Cl_2 在 CS_2 溶液中的初始浓度均为 $0.5\ \mathrm{mol\cdot dm^{-3}}$，30 min 后有 15% 的 C_6H_5Cl 转化为 $o-C_6H_5Cl_2$，有 25% 的转化为 $p-C_6H_5Cl_2$，求反应的速率常数 k_1 和 k_2 以及两个反应的活化能之差。

解：设 C_6H_5Cl 和 Cl_2 在的初始浓度为 a，在 t 时刻，$o-C_6H_5Cl_2$ 和 $p-C_6H_5Cl_2$ 浓度分别为 x 和 y，反应物浓度为 $a-x-y$，则

$$\frac{k_1}{k_2}=\frac{x}{y}=\frac{0.15a}{0.25a}=0.60 \tag{1}$$

$$-\frac{\mathrm{d}(a-x-y)}{\mathrm{d}t}=(k_1+k_2)(a-x-y)^2$$

$$\frac{\mathrm{d}[a-(x+y)]}{[a-(x+y)]^2}=(k_1+k_2)\mathrm{d}t$$

积分上式得：

$$k_1+k_2=\frac{x+y}{at(a-x-y)}=\frac{(0.15+0.25)\times0.5}{0.5\times30\times(1-0.15-0.25)\times0.5}\ \mathrm{dm^3\cdot mol^{-1}\cdot min^{-1}}=0.044\ 4\ \mathrm{dm^3\cdot mol^{-1}\cdot min^{-1}} \tag{2}$$

联立(1)和(2)得，$k_1=0.0167\ \mathrm{dm^3\cdot mol^{-1}\cdot min^{-1}}$，$k_2=0.0278\ \mathrm{dm^3\cdot mol^{-1}\cdot min^{-1}}$

近似认为两反应指前因子 A 相等，则

$$\frac{k_1}{k_2}=\exp\left(-\frac{E_{a,1}-E_{a,2}}{RT}\right)=0.60$$

$$\Delta E=E_{a,1}-E_{a,2}=1\ 266\ \mathrm{J\cdot mol^{-1}}$$

11.4.3 连续反应

有很多反应是经过几步连续反应才完成的，上一步的生成物就是下一步的反应物，如此连续进行，这种反应就称为连续反应(consecutive reaction)，或称为连串反应。例如丙烯氧化制丙酮的反应：

$$\text{丙烯}\xrightarrow{O_2}\text{丙酮}\xrightarrow{O_2}\text{乙酸}\xrightarrow{O_2}CO_2$$

丙酮是目标产物，也是连续反应的中间产物，乙酸和 CO_2 为副产物。副反应的产生，必然降低产品的产率，因此必须采取措施抑制它的发生。

最简单的连续反应是由两个单向连续的一级反应组成的：

	A	$\xrightarrow{k_1}$	B	$\xrightarrow{k_2}$	C
$t=0$	$[A]_0$		0		0
$t=t$	$[A]$		$[B]$		$[C]$

其中，A 是反应物，若 B 是产物，则 C 就是副产物；若 C 为产物，则 B 就是中间产物或副产物。k_1 和 k_2 分别表示一级反应生成 B 和 C 的速率常数。对于连续反应，动力学分析的主要关注点是反应条件对中间产物 B 的影响。

设 A 的起始浓度为$[A]_0$，经过时间 t 后生成 B 和 C 的浓度分别为$[B]$和$[C]$，则

$$-d[A]/dt=k_1[A] \tag{11.4.8}$$

$$d[B]/dt=k_1[A]-k_2[B] \tag{11.4.9}$$

$$d[C]/dt=k_2[B] \tag{11.4.10}$$

对三个速率方程求积分分别得到

$$[A]=[A]_0e^{-k_1t} \tag{11.4.11}$$

$$[B]=\frac{k_1}{k_2-k_1}[A]_0[e^{-k_1t}-e^{-k_2t}] \tag{11.4.12}$$

$$[C]=[A]_0\left(1-\frac{k_2}{k_2-k_1}e^{-k_1t}+\frac{k_1}{k_2-k_1}e^{-k_2t}\right) \tag{11.4.13}$$

如果把不同的反应时间得到的浓度值$[A]$、$[B]$和$[C]$代入式(11.4.11)、式(11.4.12)和式(11.4.13)，可以求得 k_1 和 k_2。将各物质的浓度随时间的变化绘图，得如图 11.3 所示的情

况，其中图 11.3(a)是 k_1 和 k_2 相差不大时的情况，图 11.3(b)是 $k_1 \gg k_2$ 时的情况，图 11.3(c)是 $k_1 \ll k_2$ 时的情况。

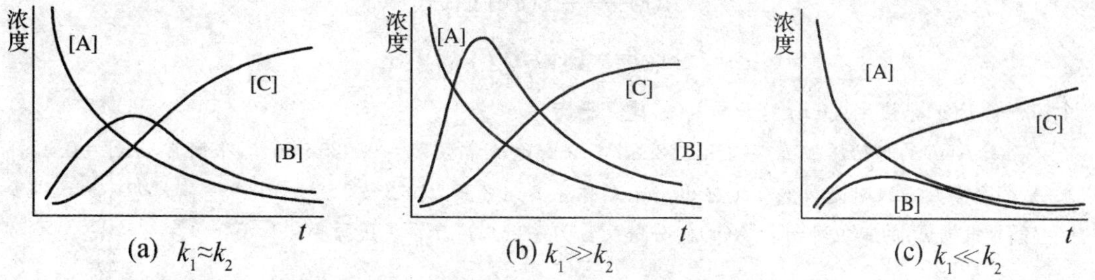

图 11.3 连续反应各物质的浓度随时间的变化

由图 11.3 可见，随着反应的进行，反应物 A 的浓度随时间不断降低，直至消耗到最低；C 为最终产物，其浓度随时间不断升高；B 为中间产物，在反应初期 B 的浓度随时间进行呈增加状态；在某一时刻 t_{max}，B 的浓度出现最大值；随后，B 浓度随反应进行而下降。所以，连续反应的重要特征是中间产物 B 的浓度有一极值存在。

为求 B 的最大浓度，可将(11.4.12)式中的[B]对 t 求导，使其导数为零，即

$$\frac{d[B]}{dt}=0$$

将式(11.4.12)代入上式得：

$$\frac{k_1}{k_2-k_1}[A]_0[k_2 e^{-k_2 t}-k_1 e^{-k_1 t}]=0 \tag{11.4.14}$$

解得

$$t_{max}=\frac{1}{k_1-k_2}\ln\left(\frac{k_1}{k_2}\right) \tag{11.4.14}$$

将 t_{max} 代入式(11.4.12)，可得：

$$[B]_{max}=[A]_0\left(\frac{k_1}{k_2}\right)^{k_2/(k_2-k_1)} \tag{11.4.15}$$

式中$[B]_{max}$就是 B 最大值时的浓度。

如果 $k_1 \ll k_2$，会出现 $t_{max} \rightarrow 0$，$[B]_{max}$趋于很小的变化，这种情况可见于自由基反应。对于自由基反应，自由基引发是比较困难的，但自由基参与的反应其速度是很快的。自由基浓度的极值出现于反应的初期。

连续反应的特点在工业生产中十分重要，如果我们需要目的产物是中间产物，如何控制反应使中间产物 B 的量最大是关键性的问题。由于它有一个浓度最大的反应时间 t_{max}，超过这个时间，导致所需产物的浓度降低和副产物的增加。

温度对连续反应的选择性的影响是通过 k_1/k_2 的比值和两个基元反应的活化能的相对大小反映出来的。若 B 是所需产物，如果 $E_{a,1} > E_{a,2}$，则高温有利于增大 k_1/k_2 值；如果 $E_{a,1} < E_{a,2}$，则需要降低反应温度。

【例 11.9】 298.15 K 时一恒容容器内反应物 A(g)发生如下反应：

$$A(g) \longrightarrow \frac{1}{2}B(g) + C(g), \quad k_1$$

$$B(g) \rightleftharpoons D(g), \quad K_p$$

中间产物 B(g)很快生成 D(g)，并与 D(g)建立平衡。

已知 A(g)的起始压强 $p_{A,0}=101.325\ \text{kPa}$，分解速率常数 $k_1=0.025\ \text{min}^{-1}$，平衡常数 $K_p=0.42$，求 A(g)分解反应级数是多少？反应 60 min 后体系各组分压力为多少？

解：根据 k_1 的单位可判断 A(g)的分解反应为一级反应。系统压强变化如下：

	A(g) ⟶	$\frac{1}{2}$B(g) +	C(g)
$t=0$	$p_{A,0}$		
$t=60\ \text{min}$	p_A	$\frac{1}{2}(p_{A,0}-p_A)$	$p_{A,0}-p_A$

由 A 的一级反应积分式得： $\ln\dfrac{p_{A,0}}{p_A}=k_1t=0.025\times60=1.50$

$$p_A=22.61\ \text{kPa}$$

$$p_C=p_{A,0}-p_A=(101.325-22.61)\text{kPa}=78.715\ \text{kPa}$$

A 分解产生了(1/2)B(g)，而 D 来自 B 的转化，则：$p_B+p_D=\frac{1}{2}(p_{A,0}-p_A)=39.358\ \text{kPa}$

且 B 与 D 的平衡有： $\dfrac{p_D}{p_B}=K_p=0.42$

联解以上两式得：$p_B=27.72\ \text{kPa}$；$p_D=11.64\ \text{kPa}$。

11.5 复杂反应机理与反应速率近似处理方法

11.5.1 反应机理

前面讨论的复杂反应是由若干个基元反应组成的典型反应模型。实际所涉及的大多数反应则是由更多个甚至无法列举个数的基元反应组合而成的。所谓反应机理（reaction mechanism），就是把一个复杂反应分解成若干个基元反应，然后按照一定规律组合起来，从而达到阐述复杂反应的内在联系，以及总反应与基元反应的内在联系之目的。

根据机理所包含的基元反应的个数，反应机理分为：有限个或无限个基元反应构成的机理两类。

前面介绍的对峙反应、平行反应和连续反应都是由有限个基元反应组成的，也是比较常见的反应机理。它们是构成更复杂反应机理的基础模型。如氧化亚氮在碘蒸气存在时的热分解反应：$2N_2O \longrightarrow 2N_2+O_2$，其反应机理包含以下步骤：

(1) $I_2 \underset{k_-}{\overset{k_+}{\rightleftharpoons}} 2I$

(2) $I + N_2O \xrightarrow{k_1} N_2 + IO$

(3) $IO + N_2O \xrightarrow{k_2} N_2 + O_2 + I$

其中,反应(1)是对峙反应,分别用 k_+ 和 k_- 表示正向及逆向的反应速率常数;反应(1)、(2)和(3)组成连续反应。因此,这个反应同时具有对峙反应和连续反应的特征。

链反应属于由无限个基元反应组合而成,像链一样一个接一个传递下去的反应。例如,氢气和氯气生成氯化氢的反应,其反应机理见 11.1.3 节。这个反应的特点是:① 不能确定基元反应的个数;② 具有连续反应的特征,又具有平行反应的特征,不好严格区分反应的先后顺序。关于链反应,下一节中将详细讨论。

理论上讲,明确了反应机理,就可以通过反应速率理论写出相应的反应速率方程,然后求得反应速率以及计算出各物质浓度与时间变化的关系。但在实际上,对许多复杂反应,我们还不能列出所有可能的基元反应的个数和顺序,还不能准确求取和测定中间产物的浓度,反应机理仅仅是一种根据实验现象和基础理论做出的一种假设。所以,由基元反应和反应机理求取总反应速率还是有很大的困难。为了解决这些问题,需要根据反应的实际情况,采用恰当的近似方法处理速率方程。常用的近似方法有:速率决定步骤近似法(rate-determining step approximation)、平衡近似法(equilibrium approximation)和稳态近似法(steady-state approximation)。

11.5.2　反应速率的近似处理方法

1. 速率决定步骤近似法

对于连续反应,其总反应速率是由反应机理中反应速率最慢的那一步基元反应决定的。一般将连续反应中速率最慢的步骤,称之为速率决定步骤(rate-determining step)或速率控制步骤。

例如,前面讨论的连续反应:

$$A \xrightarrow{k_1} B \xrightarrow{k_2} C$$

要得到[C]的精确解是比较麻烦的,式(11.4.13)给出了[C]的精确解:

$$[C]=[A]_0\left(1-\frac{k_2}{k_2-k_1}e^{-k_1 t}+\frac{k_1}{k_2-k_1}e^{-k_2 t}\right)$$

若 $k_2 \gg k_1$,即第一步很慢而第二步很快,则可简化为:

$$[C]=[A]_0(1-e^{-k_1 t})$$

反应速率方程可以写作

$$\frac{d[C]}{dt}=k_1[A]_0 e^{-k_1 t}=k_1[A]=-\frac{d[A]}{dt}$$

即:可以用速率控制步骤的反应速率代替总反应速率。

2. 稳态近似法

在链反应或其他连续反应中,若某中间产物 M 的生成速率很慢,一旦生成则极其活泼,寿命短，浓度低，可以近似地认为在反应达到稳定状态后，M 的浓度基本上不随时间而变化，即 $d[M]/dt \approx 0$，这样的处理方法叫作稳态近似法(steady-state approximation)。

以下述连续反应为例：

$$A \xrightarrow{k_1} B \xrightarrow{k_2} C$$

当 $k_2 \gg k_1$ 时，表示中间产物 B 难以生成，一旦生成，会立刻被消耗掉；反应稳定，B 的浓度也稳定；可以近似认为 $d[B]/dt \approx 0$。于是有

$$d[B]/dt = k_1[A] - k_2[B] \approx 0$$

$$[B]_{ss} = \frac{k_1[A]}{k_2}$$

式中 $[B]_{ss}$ 表示稳态近似求得的 B 浓度。而 $[B]$ 的精确解为式(11.4.12)，即

$$[B] = \frac{k_1[A]_0}{k_2 - k_1}[e^{-k_1 t} - e^{-k_2 t}] = \frac{k_1[A]}{k_2 - k_1}e^{k_1 t}[e^{-k_1 t} - e^{-k_2 t}] = \frac{k_1[A]}{k_2 - k_1}[1 - e^{-(k_2 - k_1)t}]$$

如果将 $k_2 \gg k_1$ 条件代入 $[B]$ 中，得

$$[B] \approx \left(\frac{k_1}{k_2}\right)[A](1 - e^{-k_2 t})$$

$[B]_{ss}$ 和 $[B]$ 的相对偏差为：

$$\frac{[B]_{ss} - [B]}{[B]_{ss}} = e^{-k_2 t}$$

可见，当 $k_2 t \gg 1$，则 $[B]_{ss}$ 和 $[B]$ 的偏差越小。所以稳态近似成立的条件为：$k_2 \gg k_1$，$t \gg 1/k_2$。稳态近似法不需要先求得 $[B]$ 的精确解，就可以得到想要的结果，大大地降低了计算量。稳态近似法是一种求取处于稳态的中间体浓度的近似方法，常用于处理链反应或自由基参与的体系的动力学。

3. 平衡近似法

一个由连续反应和对峙反应组成的复杂反应中，如果对峙反应能快速达到平衡，可以利用这种平衡关系求出中间物的浓度，进而求解总反应速率。这种近似方法称为平衡近似法(equilibrium approximation)。

例如，对反应 $$A + C \longrightarrow D$$

假定反应机理为：

(1) $A \underset{k_{-1}}{\overset{k_1}{\rightleftharpoons}} B$ 快速反应平衡

(2) $B + C \xrightarrow{k_2} D$ 速率控制步骤

根据平衡态近似法，反应(1)处于近似平衡状态。因此，有

$$[B]=\frac{k_1}{k_{-1}}[A]=K[A]$$

由于步骤(2)是速率控制步骤，总反应速率等于步骤(2)的速率，即

$$r=\frac{d[D]}{dt}=k_2[B][C]=Kk_2[A][C]=k[A][C]$$

由此可见，利用平衡态近似法可以很简便地求出中间体浓度，进而利用反应机理求得反应速率。

平衡态近似和稳态近似是有联系的，但其使用的条件有差异。对于上述机理用稳态近似处理，则：在 $t\to0$ 时，$[A]\to[A]_0$，$[B]\to0$，反应中间产物 B 的浓度随时间的变化为：

$$\frac{d[B]}{dt}=k_1[A]-(k_{-1}+k_2[C])[B]$$

若 $d[B]/dt\approx0$，则

$$[B]_{ss}=\frac{k_1}{k_{-1}+k_2[C]}[A]$$

要使$[B]_{ss}$很小，则 $k_1\ll k_{-1}+k_2[C]$，这就是使用稳态近似的条件。而平衡态近似的要求为：要维持[A]和[B]的平衡近似，则$[B]/[A]=k_1/k_{-1}$。若系统同时满足平衡态和稳态近似要求，则$[B]_{ss}/[A]=k_1/(k_{-1}+k_2[C])\approx k_1/k_{-1}$，即 $k_2[C]\ll k_{-1}$。即在稳态近似 $k_1\ll k_{-1}+k_2[C]$条件的基础上，还要加上 $k_2[C]\ll k_{-1}$，才能满足平衡近似的要求。可见，平衡近似实际上是稳态近似的进一步近似，即平衡态近似的要求更高。一般来说，引用平衡近似处理的体系都可以用稳态近似法处理，但反之则不可。

【例 11.10】 分解反应 $N_2O_5 \longrightarrow 2NO_2+(1/2)O_2$ 的一种可能机理如下：

$$N_2O_5\xrightarrow{k_1}NO_2+NO_3 \qquad (1)$$

$$NO_2+NO_3\xrightarrow{k_{-1}}N_2O_5 \qquad (-1)$$

$$NO_2+NO_3\xrightarrow{k_2}NO+O_2+NO_2 \qquad (2)$$

$$NO+NO_3\xrightarrow{k_3}2NO_2 \qquad (3)$$

求：(1) 试用稳态近似法推导反应速率方程；(2) 若第(2)步为速率控制步骤，第(1)和(−1)步近似达到平衡，用平衡浓度法推导速率方程式；(3) 对比两个近似处理结果。

解：(1) 稳态近似法

$$\frac{d[O_2]}{dt}=k_2[NO_2][NO_3] \quad \text{(产物生成速率)}$$

$$\frac{d[NO_3]}{dt}=k_1[N_2O_5]-k_{-1}[NO_2][NO_3]-k_2[NO_2][NO_3]-k_3[NO][NO_3]=0 \quad \text{(稳态近似)}$$

$$\frac{d[NO]}{dt}=k_2[NO_2][NO_3]-k_3[NO][NO_3]=0 \quad \text{(稳态近似)}$$

得：

$$[NO_2]_{SS}[NO_3]_{SS}=\frac{k_1[N_2O_5]}{2k_2+k_{-1}}$$

整理得反应速率：$r=2\dfrac{d(O_2)}{dt}=\dfrac{2k_1k_2}{(2k_2+k_{-1})}[N_2O_5]$

(2) 平衡浓度法

第(2)步为速率控制步骤：$\dfrac{d[O_2]}{dt}=k_2[NO_2][NO_3]$

(1)和(−1)近似达到平衡：$\dfrac{[NO_2][NO_3]}{[N_2O_5]}=\dfrac{k_1}{k_{-1}}$

则：$\dfrac{d[O_2]}{dt}=\dfrac{k_1k_2}{k_{-1}}[N_2O_5]$

$$r=2\frac{d[O_2]}{dt}=\frac{2k_1k_2}{k_{-1}}[N_2O_5]$$

(3) 两个近似方法对比，有：当 $2k_2 \ll k_{-1}$ 时，稳态近似才可以满足平衡近似的要求。即(2)和(−1)相比速率更慢时，两个近似结果一致。

11.5.3 基元反应活化能与非基元反应活化能

1. 基元反应活化能

对于基元反应，阿累尼乌斯活化能 E_a 具有明确的含义。反应物分子发生反应的必要条件是进行接触和碰撞，但不是每次碰撞都能引起反应，只有能量足够高的分子的碰撞才能引起反应，这些分子称为活化分子(activated molecule)，它们的碰撞称为有效碰撞(effective collision)。E_a 代表了反应物分子发生有效碰撞的能量要求。统计力学证明，对基元反应，活化能为活化分子的平均能量$\langle E^* \rangle$与基态分子的平均能量$\langle E \rangle$之差，即：

$$E_a=\langle E^* \rangle-\langle E \rangle \tag{11.5.1}$$

以基元反应 $A+BC \rightleftharpoons AB+C$ 为例，反应过程是B-C键断裂和A-B键形成的过程。只有那些能量达到活化能 $E_{a,+}$ 的分子才能克服B、C原子间的引力和A、B间的斥力形成活化状态$[A\cdots B\cdots C]^*$，再由活化状态转变为产物，同时释放能量 $E_{a,-}$。$E_{a,-}$ 为活化状态与产物分子的能量差，为逆向反应的活化能(如图11.4所示)。若$\langle E_P \rangle$代表产物的平均能量，$\langle E_R \rangle$代表反应物的平均能量，从反应物到产物的能量变化为：

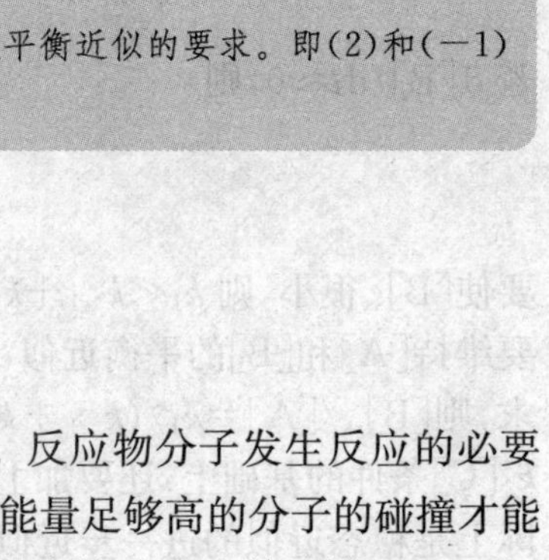

图 11.4 活化能示意图

$$\langle E_P \rangle-\langle E_R \rangle=E_{a,+}-E_{a,-}=\Delta_r U_m \tag{11.5.2}$$

$\Delta_r U_m$ 为反应的摩尔热力学能变化。根据基元反应的可逆性，即正、逆两个方向进行的基元反应必定通过同一活化状态，有

$$\langle E_R \rangle+E_{a,+}=\langle E_P \rangle+E_{a,-}=\langle E^* \rangle \tag{11.5.3}$$

$\langle E^* \rangle$是活化分子的平均能量。基元反应活化能的概念通过式(11.5.3)清楚地表达出来。

无论正、逆反应，化学反应过程总要经过同一个活化状态，跨越活化状态的过程是分子吸收活化能克服反应能垒的过程。

活化能的数值应该通过实验测定获得。但是，对于许多基元反应，实验测定活化能还有相当的困难。实验能够测定的是总反应的活化能。对于基元反应活化能，可以从反应涉及的化学键能变化进行近似估算。尽管结果比较粗糙，但有助于对反应速率问题的分析和讨论。估算方法如下：

(1) 对于分子裂解为自由基反应，活化能等于破裂键的键能，如：

$$\mathrm{Cl{-}Cl} + \mathrm{M} \longrightarrow \mathrm{Cl} + \mathrm{Cl} + \mathrm{M}, \qquad E_a = E(\mathrm{Cl{-}Cl})$$

$E(\mathrm{Cl{-}Cl})$为 Cl—Cl 键的摩尔键能，可由光谱数据获得。

(2) 对于自由基复合为分子的反应，复合时不需要额外吸收能量，即 $E_a=0$。

(3) 对于自由基与分子反应，当反应为放热反应时，活化能约为破裂键能的 5%。如：

$$\mathrm{A+B{-}C} \longrightarrow \mathrm{A{-}B+C}, \qquad E_a=E(\mathrm{B{-}C})\times 5\%$$

对于吸热反应，其逆反应为放热反应，上述规则对逆反应适用。

(4) 分子间反应，当反应为放热反应时，活化能约为破裂键键能的 30%。如：

$$\mathrm{A{-}A} + \mathrm{B{-}B} \longrightarrow \mathrm{2A{-}B}, \quad E_a = [E(\mathrm{A{-}A}) + E(\mathrm{B{-}B})]\times 30\%$$

【例 11.11】 反应：$\mathrm{Cl} + \mathrm{H_2} \longrightarrow \mathrm{HCl} + \mathrm{H}$，$E(\mathrm{H{-}H})=435\ \mathrm{kJ\cdot mol^{-1}}$，$E(\mathrm{H{-}Cl})=431\ \mathrm{kJ\cdot mol^{-1}}$，求活化能。

解　反应热：$Q_V=E(\mathrm{H{-}H})-E(\mathrm{H{-}Cl})=4\ \mathrm{kJ\cdot mol^{-1}}$，$Q_V>0$ 为吸热反应，

逆反应为放热反应，活化能为：$E_{a,-}=E(\mathrm{H{-}Cl})\times 5\%=21.5\ \mathrm{kJ\cdot mol^{-1}}$

正反应活化能为：$E_{a,+}=Q_V+E_{a,-}=25.5\ \mathrm{kJ\cdot mol^{-1}}$

2. 非基元反应活化能

对于非基元反应，阿累尼乌斯公式只是一个表观的速率方程，是各个基元反应表现出的综合结果。活化能 E_a 仅仅是一个表观数据，可由实验测定，但没有明确的物理意义，它与基元反应活化能的关系，应该根据反应机理进行推导。例如反应：

$$\mathrm{A} + \mathrm{B} \xrightarrow{k} \mathrm{D}$$

表观速率常数为：　$k=A\mathrm{e}^{-E_a/(RT)}$

若假定反应机理为：(1) $\mathrm{A+B} \underset{k_-}{\overset{k_+}{\rightleftharpoons}} \mathrm{C}$　　(2) $\mathrm{C} \xrightarrow{k_1} \mathrm{D}$

相应的基元反应阿累尼乌斯公式分别为：$k_+=A_+\mathrm{e}^{-E_{a,+}/(RT)}$、$k_-=A_-\mathrm{e}^{-E_{a,-}/(RT)}$ 和 $k_1=A_1\mathrm{e}^{-E_{a,1}/(RT)}$。各基元反应活化能分别为：$E_{a,+}$，$E_{a,-}$ 和 $E_{a,1}$。

根据平衡近似法导出的总反应速率常数 k 和三个基元反应的速率常数 k_+、k_- 和 k_1 之间的关系为：

$$k=k_+k_1/k_-$$

将阿累尼乌斯公式代入总反应速率方程和各基元反应速率方程，得

$$Ae^{-E_a/(RT)}=\frac{A_+e^{-E_{a,+}/(RT)}A_1e^{-E_{a,1}/(RT)}}{A_-e^{-E_{a,-}/(RT)}}=\frac{A_+A_1}{A_-}e^{-(E_{a,+}-E_{a,-}+E_{a,1})/(RT)}$$

$$A=A_+A_1/A_-$$

$$E_a=E_{a,+}-E_{a,-}+E_{a,1}$$

结果给出总反应的表观活化能 E_a 和表观指前因子 A 与各基元反应活化能和指前因子的关系。

利用表观活化能与基元反应活化能的关系，可以检验反应机理的合理性。

在经典反应动力学的研究中，反应机理是依据对反应物和最终产物的实验测定结果而确定的。但遗憾的是，有些中间产物的存在和含量还不能实验测定。因此，反应机理的确定一方面要依据实验结果的支撑，另一方面则需依据现阶段的理论研究成果的支持，即反应机理的提出有很大的假设成分。机理的假设是否正确，取决于理论是否能够很好的解释实验结果。一旦有新的实验结果与理论冲突，反应机理就需要做出相应的纠正。

【练习 11.2】 已知气相反应：$2NO+O_2\longrightarrow 2NO_2$，是一个三级反应，实验测得其反应速率方程为

$$-d[NO]/dt=k[NO]^2[O_2]$$

该反应速率常数 k 随温度升高而减小，即具有负的活化能。据此有人提出如下反应机理：

$$NO+O_2\rightleftharpoons NO_3,\quad k_1,k_{-1}$$

$$NO_3+NO\longrightarrow 2NO_2,\quad k_2,\text{慢}$$

试用平衡近似处理方法导出速率方程，并对负的活化能做出解释。

11.6 若干复杂体系的反应动力学

11.6.1 链反应

链反应(chain reaction)通常指光、热、辐射或催化剂引发作用下，反应中交替产生活性原子或自由基，使反应像链条一样自动发展下去，直到反应物消耗殆尽。工业中常见的热解反应、聚合反应、燃烧反应和爆炸反应都与链反应有关。按照链的发展和传播的方式不同，链反应又可以分为直链反应（straight chain reaction）和支链反应（branched chain reaction）。

1. 直链反应机理

以 $H_2+Cl_2\longrightarrow 2HCl$ 反应为例。其反应机理为：

(1) $Cl_2+M\xrightarrow{k_1}2Cl+M$

(2) $Cl + H_2 \xrightarrow{k_2} HCl + H$

(3) $H + Cl_2 \xrightarrow{k_3} HCl + Cl$

……

(4) $M + Cl + Cl \xrightarrow{k_4} Cl_2 + M$

链反应的机理包括以下三个步骤：

(1) 链的引发(chain initiation)：依靠光、热、辐射或催化剂作用，在反应系统中产生自由原子或自由基等活性传递物。活化能相当于所断键的键能，这是一个由稳定分子裂解出活性原子和自由基的反应，如反应(1)，其中 M 为能量载体或催化剂。

(2) 链的传递(chain propagation)：自由基和活性原子作为链的传递物与反应物分子反应生成产物分子和新的自由基或链传递物，这样不断交替，使反应如链条一样不断发展下去，直至反应物被耗尽为止，如反应(2)和(3)。

(3) 链的终止(chain termination)：自由基被消除，链传递物或载体被销毁，链反应终止，如反应(4)。两个活性传递物相碰形成稳定分子或发生歧化，失去传递活性；或与器壁相碰，形成稳定分子，放出的能量被器壁吸收，造成反应停止。反应(4)中 M 接受链终止所释放出的能量。

在链传递阶段，若一个旧的链载体消失只导致一个新的链载体产生的反应，称为直链反应；若一个旧的链载体消失而导致两个或两个以上的新的链载体产生的反应，则称为支链反应。

2. 直链反应的速率方程

链反应机理一般都涉及多种中间物质，常用平衡近似和稳态近似处理这类问题。以 $Cl_2 + H_2 \longrightarrow 2HCl$ 反应为例，机理涉及的中间物质有 Cl 和 H，机理同时具有连续反应和平行反应的特征。其总反应速率等于各基元反应的贡献之和，如 HCl 的生成速率为反应(2)、(3)两步的贡献之和：

$$\frac{d[HCl]}{dt}=k_2[Cl][H_2]+k_3[H][Cl_2] \tag{11.6.1}$$

反应中产生的活性自由基 Cl 和 H 属于中间产物。根据键能与活化能的关系推断，自由基的生成速率较慢，但极其活泼，反应能力很强，产生后瞬间就发生其他反应，在整个反应过程中它们的浓度极小。中间体自由基具有稳态特征，即它的浓度不随时间而改变。此时

$$d[Cl]/dt=0 \qquad d[H]/dt=0$$

在反应(1)、(3)中生成 Cl，在反应(2)、(4)中消耗 Cl，按稳态条件有：

$$d[Cl]/dt=2k_1[Cl_2][M]+k_3[H][Cl_2]-k_2[Cl][H_2]-2k_4[Cl]^2[M]=0 \tag{11.6.2}$$

反应(2)中生成 H，反应(3)中消耗 H，按稳态条件有：

$$d[H]/dt=k_2[Cl][H_2]-k_3[H][Cl_2]=0$$

即

$$k_2[Cl]_{ss}[H_2]=k_3[H]_{ss}[Cl_2] \tag{11.6.3}$$

式中$[C]_{ss}$和$[H]_{ss}$为稳态近似条件下的浓度。将式(11.6.3)代入式(11.6.2)得：

$$2k_1[Cl_2][M]-2k_4[Cl]^2[M]=0$$

$$[Cl]_{ss}=(k_1/k_4)^{1/2}[Cl_2]^{1/2} \tag{11.6.4}$$

将式(11.6.3)和式(11.6.4)代入式(11.6.1)得：

$$d[HCl]/dt=2k_2(k_1/k_4)^{1/2}[Cl_2]^{1/2}[H_2] \tag{11.6.5}$$

在反应计量方程中，$Cl_2+H_2 = 2HCl$，若以生成物 HCl 表示反应速率 r，有

$$r=\frac{1}{2}\frac{d[HCl]}{dt}=k[Cl_2]^{1/2}[H_2] \tag{11.6.6}$$

式中表观速率常数 k 为：

$$k=k_2(k_1/k_4)^{1/2}$$

因此，Cl_2 和 H_2 的反应的总级数为 1.5 级，对 H_2 为 1 级，对 Cl_2 则为 0.5 级，导出的速率方程和实验结果相符。还可以计算出反应的表观活化能 E_a：

$$k=A_2e^{-E_{a,2}/(RT)}\left(\frac{A_1e^{-E_{a,1}/(RT)}}{A_4e^{-E_{a,4}/(RT)}}\right)^{1/2}=A_2\left(\frac{A_1}{A_4}\right)^{1/2}\exp\left[\frac{-E_{a,2}-\frac{1}{2}(E_{a,1}-E_{a,4})}{RT}\right]=Ae^{-E_a/(RT)}$$

$$E_a=E_{a,2}+\frac{1}{2}(E_{a,1}-E_{a,4})$$

在表观活化能 E_a 中，引发反应的活化能 $E_{a,1}$ 最大，它是最难发生的一步反应。表观活化能 E_a 是基元反应活化能的组合，比 $E_{a,1}$ 小。

【例 11.12】 假若 $H_2+Br_2 = 2HBr$ 链反应的机理是：

$$Br_2 \xrightarrow{k_1} 2Br,\quad 2Br \xrightarrow{k_{-1}} Br_2 \quad \text{链的引发}$$

$$Br + H_2 \xrightarrow{k_2} HBr + H \quad \text{链的传递}$$

$$H + Br_2 \xrightarrow{k_3} HBr + Br$$

$$H + HBr \xrightarrow{k_4} H_2 + Br$$

$$Br + Br + M \xrightarrow{k_5} Br_2 + M \quad \text{链的终止}$$

试用稳态处理方法，证明此反应的速率方程式为：

$$\frac{d[HBr]}{dt}=\frac{k[H_2][Br_2]^{1/2}}{1+k'[HBr]/[Br_2]}$$

解：

$$\frac{d[HBr]}{dt}=k_2[H_2][Br]+k_3[H][Br_2]-k_4[H][HBr] \tag{1}$$

采用稳态近似求中间体浓度

$$d[Br]/dt=2k_1[Br_2]-2k_{-1}[Br]^2-k_2[Br][H_2]+k_3[H][Br_2]+k_4[H][HBr]-2k_5[Br]^2=0 \quad (2)$$

$$d[H]/dt=k_2[Br][H_2]-k_3[H][Br_2]-k_4[H][HBr]=0 \quad (3)$$

(2)+(3)得　$2k_1[Br_2]-2k_{-1}[Br]^2-2k_5[Br]^2=0$

$$[Br]_{ss}=\left(\frac{k_1}{k_{-1}+k_5}\right)^{1/2}[Br_2]^{1/2} \quad (4)$$

将之代入式(3)得：$[H]_{ss}=\dfrac{k_2}{k_3[Br_2]+k_4[HBr]}\left(\dfrac{k_1}{k_{-1}+k_5}\right)^{1/2}[H_2][Br_2]^{1/2}$　(5)

将式(4)、(5)代入式(1)得：

$$\frac{d[HBr]}{dt}=k_2\left(\frac{k_1}{k_{-1}+k_5}\right)^{1/2}[H_2][Br_2]^{1/2}+\frac{k_2(k_3[Br_2]-k_4[HBr])}{k_3[Br_2]+k_4[HBr]}\left(\frac{k_1}{k_{-1}+k_5}\right)^{1/2}[H_2][Br_2]^{1/2}$$

$$=\left(\frac{k_1}{k_{-1}+k_5}\right)^{1/2}\frac{2k_2}{1+\dfrac{k_4[HBr]}{k_3[Br_2]}}[H_2][Br_2]^{1/2}=\frac{k}{1+k'\dfrac{[HBr]}{[Br_2]}}[H_2][Br_2]^{1/2}$$

$$k=2k_2\left(\frac{k_1}{k_{-1}+k_5}\right)^{1/2},\quad k'=\frac{k_4}{k_3}$$

3. 支链反应机理

链反应的另一重要分支是支链反应，它与燃烧和爆炸密切相关。支链反应是由一个自由基再生出多于两个自由基的反应，自由基呈几何级数增长，如不及时销毁，将导致反应速率急剧增加从而引起爆炸，这种爆炸称为支链反应爆炸(branched chain explosion)。另一种爆炸是热爆炸(thermal explosion)，起因于反应被限制在一个有限的空间，体系内发生了剧烈的放热反应，反应热一时无法发散，促使温度急剧上升，从而发生爆炸。

控制支链反应的关键在于自由基的产生与终止速率。假定自由基的产生和终止都是线性的，即它们的速率与自由基浓度成正比，则反应中产生自由基的净速率为：

$$\frac{d[n]}{dt}=i+k_g[n]-k_f[n] \quad (11.6.7)$$

式中：$[n]$为自由基浓度，i 为自由基引发速率，$k_g[n]$和 $k_f[n]$分别为自由基的支化速率和终止速率。上式积分得：

$$[n]=\frac{i[\exp(\phi t)-1]}{\phi} \quad (11.6.8)$$

式中，$\phi=k_g-k_f$，这是一个衡量自由基产生与终止速率相对大小的参数。$\phi>0$，意味着支链反应中自由基数目不断积累($k_g>k_f$)；$\phi<0$，则表示支化产生的自由基得到了及时的终止($k_g<k_f$)。

图 11.5 是式(11.6.8)的$[n]$-t 关系图。可见，当 $\phi<0$，自由基浓度达到一个稳定值，支链反应得到控制。但当$\phi>0$ 时，反应便失控了，自由基浓度在短时间内急剧增大，爆炸便不可避免。

支链反应中 H_2 与 O_2 的反应是研究得最多的。实验表明，它有三个爆炸极限，如图11.6所示。下述反应机理得到了普遍的认同。

链的引发： $H_2+O_2 \longrightarrow 2OH$ (1)

$H_2+M \longrightarrow 2H+M$ （M 为惰性物质分子） (2)

链的传播： $OH+H_2 \longrightarrow H+H_2O$ (3)

链的支化： $H+O_2 \longrightarrow O+OH$ (4)

$O+H_2 \longrightarrow H+OH$ (5)

链的终止： H ⟶ 器壁　　H＋器壁 ⟶ 销毁 (6)

$H+O_2+M \longrightarrow HO_2+M$ （HO_2 为不活泼自由基） (7)

链的慢传播： $HO_2+H_2 \longrightarrow H+H_2O_2$ (8)

$HO_2+H_2O \longrightarrow OH+H_2O_2$ (9)

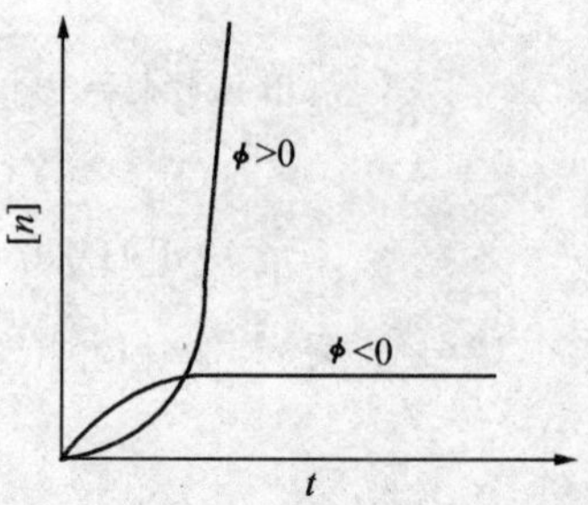

图 11.5　支链反应中自由基的浓度 [n] 随时间 t 的变化

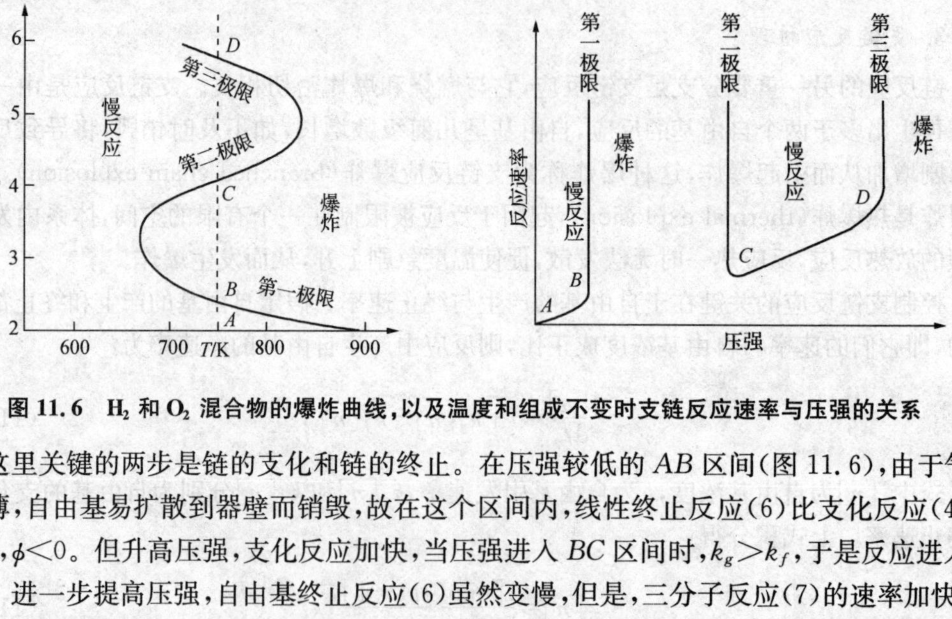

图 11.6　H_2 和 O_2 混合物的爆炸曲线，以及温度和组成不变时支链反应速率与压强的关系

这里关键的两步是链的支化和链的终止。在压强较低的 AB 区间（图 11.6），由于气体的稀薄，自由基易扩散到器壁而销毁，故在这个区间内，线性终止反应(6)比支化反应(4)和(5)快，$\phi<0$。但升高压强，支化反应加快，当压强进入 BC 区间时，$k_g>k_f$，于是反应进入爆炸区。进一步提高压强，自由基终止反应(6)虽然变慢，但是，三分子反应(7)的速率加快，这是链的二次终止，当二次终止速率超过支化速率时，反应又进入了慢反应区，这就是 CD 区间。由于二次终止生成的 HO_2 是个不太活泼的自由基，即使在 CD 压强区间，其寿命也很长，足以扩散至器壁而销毁，故反应(7)可视为链的终止步骤。然而，继续升高压强，反应(8)和(9)开始与 HO_2 的扩散竞争，而这两个都是放热反应，当放热速率快于器壁的散热速率时，反应便会因温度升高而迅速加剧，以致当达到 D 点时，终因热量快速聚积而爆炸，显然这时的爆炸已不同于前面 BC 区间，属于热爆炸。

除了温度、压强以外，爆炸还和气体的组成有关。例如当 H_2 按体积百分数 4～94%与氧混合，就成为“可爆气体”。而当混合气中 H_2 的含量在 4%以下或 94%以上时，就不会发生爆炸，它们分别称为 H_2 在 O_2 中的“爆炸低限”和“爆炸高限”。

H_2 在空气中也有两个爆炸极限，低限为 4.1%，而高限为 74%。除氢以外的其他可燃气体，在空气中也都有一个这样的爆炸高低限，表 11.2 给出了若干种可燃气体在空气中的爆炸极限。这些数据在化学和化工实践中很有参考价值。

表 11.2　若干可燃气体在空气中的爆炸极限(体积百分数 ϕ_B)

可燃气体	爆炸界限 ϕ_B(%)	可燃气体	爆炸界限 ϕ_B(%)	可燃气体	爆炸界限 ϕ_B(%)
H_2	4～74	C_4H_{10}	1.9～8.4	CH_3OH	7.3～36
NH_3	16～27	C_5H_{12}	1.6～7.8	C_2H_5OH	4.3～19
CS_2	1.25～44	CO	12.5～74	$(C_2H_5)_2O$	1.9～48
C_2H_4	3.0～29	CH_4	5.3～14	$CH_3COOC_2H_5$	2.1～8.5
C_2H_2	2.5～80	C_2H_6	3.2～12.5		
C_3H_8	2.4～9.5	C_6H_6	1.4～6.7		

11.6.2　光化学反应

1. 光子的能量

光是一种电磁波，可见光和紫外光的波长范围为 150～800 nm(紫外光波长 150～400 nm，可见光波长 400～800 nm)。光具有波粒二重性，光束也可视为光子流。1 个光子的能量为

$$\varepsilon = h\nu = hc/\lambda \tag{11.6.9}$$

式中：h 为普朗克常数；c =2.997 9×10^8 m·s^{-1}，为光在真空中的传播速度；ν、λ 为光的频率和波长。光的波长越短，能量越高。1 mol 光子的能量为 1 Einstein，即：

$$u = Lh\nu = \frac{Lhc}{\lambda} = \frac{0.119\,6\ \mathrm{m}}{\lambda}\ \mathrm{J\cdot mol^{-1}} \tag{11.6.10}$$

对于紫外和可见光，1 mol 光子的能量在 150～600 kJ·mol^{-1}区间。而化学键断裂所需的能量一般在 200～500 kJ·mol^{-1}的范围，故紫外和可见光作用于分子能引发化学反应。红外光能量较低，不足以引发化学反应，但红外激光是可以引发化学反应的。

光的强度(Intensity)即单位时间内辐射光子的数目。在光化学中，将单位时间单位体积中反应物分子吸收光子的数目称为吸收光强度(Absorption intensity)，以 I_a 表示，单位 mol·dm^{-3}·s^{-1}。

2. 光化学反应

在光辐射作用下，物质分子吸收光能量，便能引发键的断裂，从而发生化学变化。由于吸收光量子而引起的化学反应，或由于产生的激发态粒子在跃迁到基态时放出辐射的反应称为光化学反应(photochemical reaction)。如：光照下氧转变成臭氧，叶绿素参与下的光合作用，光解水制氢，药物在光照下分解变质等。

光化学反应与热化学反应从总体上说都应该服从热力学和化学动力学的基本规律。但

是，光化学反应是由反应物分子吸收一定能量的光子而引发的反应，因此，具有不同于热反应的特点，表现如下：

（1）光化学反应的方向：在一定温度和压强、不做非体积功条件下，热反应的方向遵循ΔG减小的原理，只有当体系的ΔG为负时才能自发发生。光化学反应体系，存在非体积功——光能，ΔG的计算应包含非体积功的贡献。如光合作用：

$$CO_2 + H_2O \xrightarrow{h\nu} \text{碳水化合物} + O_2$$

反应在光照下仍然是自发的。但在切断光源后，反应为热化学反应，耗氧反应才是ΔG降低的自发反应。

$$\text{碳水化合物} + O_2 \longrightarrow CO_2 + H_2O$$

（2）活化能：热反应的活化能来源于分子热运动，反应速率对温度较敏感；而光化学反应所需的活化能来源于吸收的光量子，反应速率与温度往往无关，主要取决于反应物对特定波长光子的吸收效率。

（3）反应速率和选择性：热反应主要通过对处于电子基态的反应物分子热激发而引起，服从统计热力学分布规律，很少具有选择性。光化学反应的反应速率取决于光照强度，温度仅影响其后继热反应。光化学反应中，反应物通过吸收特定波长的光激发到电子激发态，因此具有良好的选择性，而激发态和反应物及产物间通常未能达到热平衡。

3. 光化学过程

光化学反应是由于反应物分子吸收光子后所引发的反应。分子吸收光子后，内部的电子发生能级跃迁，形成不稳定的激发态，然后进一步发生离解或其他反应。一般的光化学过程可以通过图11.7所示模式来说明：

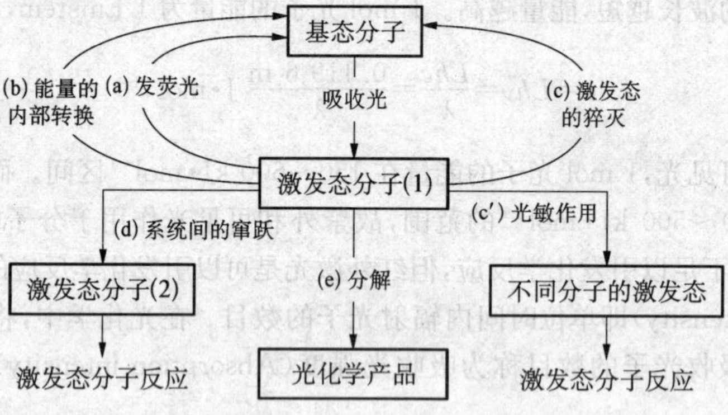

图11.7　光化学反应过程

处在电子基态能级的分子A在吸收了光子的能量$h\nu$后，变成了具有不同于基态电子结构的激发态分子(1)，记为A^*，表示为：$A + h\nu \longrightarrow A^*$，如：

$$Cl_2 + h\nu \longrightarrow 2Cl^*, \quad Hg(g) + h\nu \longrightarrow Hg^*(g)$$

反应物分子吸收光子的过程称为光化学初级过程（primary process）。这种激发态分子可以发生一系列变化过程称为光化学次级过程（secondary process）。如：

(a) 被光激发的分子寿命很短，约为 10^{-8} s，这期间如果未能引起反应，常以光物理过程失去活性。它可以自我衰变，发出荧光(fluorescence)或磷光(phosphorescence)，即发射光子，重新回到基态。表示为：$A^* \longrightarrow A + h\nu$。荧光是指激发态分子直接跃迁回到基态发出的光，切断光源荧光停止。磷光是指被光照射的物质，在切断光源后仍继续发光延续若干时间。磷光与辐射过程经历有若干个介稳状态有关。

(b) 也可以通过无辐射跃迁回到基态。这时电子能在分子内部转换成振动能，成为具有过量振动能的基态分子，然后再与其他分子(如介质分子)碰撞而失去能量，基态分子没有发生变化。这一过程称为能量内部转换(internal conversion)。

(c) 它也可能直接与别的分子碰撞而使电子能变成动能，这种过程称为激发态的猝灭(quenching)。但也有可能使别的分子激发而发生光敏作用(photosensitization)。所谓光敏作用是指一种分子吸收了光，并将能量传递给另一种分子，从而引起另一种分子的反应。

(d) 激发态分子(1)还可能发生系统间的窜跃(intersystem crossing)，即电子进一步重排，形成分子的另一种电子激发态(2)，它与激发态分子(1)一样，可以发生化学反应。

(e) 激发态分子发生分解或通过原子和键的重排，变成光化学反应产物。

由此可见，研究光化学反应实际上就是研究激发态分子的反应。

4. 光化学基本定律

19 世纪，Grotthus(格罗杜斯)和 Draper(德拉波)提出：只有被物质吸收的光才能有效地引发光化学反应。此即光化学第一定律。

1908～1912 年，Stark 和 Einstein 提出：在光化学初级过程中，一个反应物分子吸收一个光子而被活化。此即光化学第二定律，或称光化当量定律，可表示为：

$$A + h\nu \longrightarrow A^*$$

式中：A^* 为激发态分子。根据光化学第二定律，活化 1 mol 分子需要吸收 1 mol 光子，其能量为 1 Einstein，即式(11.6.10)。需要注意：光化学第二定律仅适用于光化学的初级过程，而且光源的强度不超过 10^{13}～10^{15} 光量子$\cdot s^{-1}\cdot cm^{-3}$，分子的激发态寿命要短于 10^{-8} s。因为在此条件下同一个分子吸收两个或多个光子的概率很小。而在高光强度光源照射下，如采用高功率脉冲激光作光源时，已发现不少分子能连续吸收两个或更多个光子而使分子活化。这样光化学当量定律就不适用了。

实验上，物质对光的吸收是通过测定吸收光强度或透射光强度来完成的，即测定光辐射透过反应体系后被吸收的光强度的量。平行的单色光通过一均匀介质时，吸收光强度 I_a 和未被吸收的透射光强度 I_t 与入射光强度 I_0 的关系为：

$$I_t = I_0 - I_a = I_0 \exp(-\kappa\delta c) \qquad (11.6.11)$$

式中：δ 为介质厚度，c 是吸收物质的浓度($mol\cdot dm^{-3}$)，κ 为摩尔吸收系数或消光系数，其值与入射光的波长、温度、溶剂的性质有关。该式即 Lamber-Beer(朗伯-比尔)定律。它是实验关联透射光强度与物质的浓度的重要定量关系。

5. 量子产率

由于吸收光子而被活化的分子并不一定都发生化学反应，因此在光化学中常以量子产率(ϕ,quantum yield)来表示每个被吸收的光量子所能引起化学反应的效率。量子产率的大小以及外加条件对它的影响,将对光化学反应的机理提供重要的信息。但要注意,它有初级过程量子产率和产物的量子产率之分,它们分别定义为:

初级过程量子产率(primary quantum yield):

$$\phi=\frac{\text{初级过程反应物消失的分子数(摩尔数)}}{\text{反应物分子吸收的光子数(摩尔数)}}=\frac{\text{辐射诱导的初级过程的速率}}{\text{吸收光的强度}}=\frac{r}{I_a} \tag{11.6.12a}$$

产物的总量子产率(overall quantum yield):

$$\phi=\frac{\text{整个反应过程生成的产物的分子数(摩尔数)}}{\text{反应物分子吸收的光子数(摩尔数)}}=\frac{r_P}{I_a} \tag{11.6.12b}$$

光化学中的初级过程包括各种光物理和光化学的基本过程。若每个基本过程的量子产率为 ϕ_i,则 ϕ 与 ϕ_i 的关系为:

$$\phi=\sum_i \phi_i \tag{11.6.12c}$$

对基本过程量子产率的测定是相当困难的。主要是因为初级过程中反应物消失的速率很快,而且要区分各种不同光物理过程也不容易。因此,在光化学反应中常用产物的总量子产率。

一般而言,当 $\phi>1$,是由于初级过程活化了一个分子,而次级过程中又使若干反应物发生反应。如自由基反应:$H_2+Cl_2 \longrightarrow 2HCl$,1 个光子引发了一个链反应,量子产率可达 10^6。

当 $\phi<1$,表示在反应的初级过程中发生了一些去活化的光物理过程,被光子活化的分子尚未来得及反应,便发生了分子内或分子间的传能过程而失去活性。

如果反应方程式中反应物和产物的化学计量系数不同,则由反应物或产物计算所得的量子产率在数值上是不等的。在光化学反应动力学中,用下式定义量子产率更合适:

$$\phi=r/I_a \tag{11.6.13}$$

式中:r 为反应速率,I_a为吸收光的强度或光量子吸收速率,可用露光计测量。

【例 11.13】 反应 $2HI+h\nu \longrightarrow H_2+I_2$,$\lambda=253.7$ nm,吸收 307 J 光能可分解 1.30×10^{-3} mol 的 HI 气体,求光分解反应的量子产率,并给出相符的机理。

解:被吸收光的能量:$u=Lhc/\lambda=0.1196/(253.7\times10^{-9})=4.714\times10^5\ \text{J}\cdot\text{mol}^{-1}$

被吸收光子的物质的量:$n(\text{光子})=[307/(4.714\times10^5)]\text{mol}=6.51\times10^{-4}$ mol

每分解 2 个 HI 分子生成 1 个 I_2分子,生成的 I_2分子的物质的量:$n(I_2)=1.30\times10^{-3}/2=0.65\times10^{-3}$ mol

量子产率:$\phi=n(I_2)/n(\text{光子})=1$

反应历程为两步:(1) $HI+h\nu \longrightarrow HI^*$, (2) $HI^*+HI \longrightarrow H_2+I_2$

6. 光化学反应动力学

1904 年，vant Hoff 认为光化学反应中，反应物质的数量与吸收的光能成正比。如果反应系统是一个厚度为 δ 的液体，在某一波长光照下，在 dt 时间内，反应物浓度的减少为 $-\mathrm{d}c$，则：

$$-\mathrm{d}c=\beta I_a \mathrm{d}t$$

式中：β 为比例系数（β 具有量子产率的物理定义）。根据 Lamber-Beer 定律，则：

$$-\mathrm{d}c/\mathrm{d}t=\beta I_0[1-\exp(-\kappa\delta c)]$$

当液层很薄，δ 很小，则：

$$-\mathrm{d}c/\mathrm{d}t=\beta I_0\kappa\delta c=kc$$

反应速率与反应物浓度成正比，此时为一级反应。但当 δc 或消光系数 κ 很大时，则：

$$-\mathrm{d}c/\mathrm{d}t=\beta I_0$$

反应速率与反应物浓度无关，但仍与入射光强度成正比，这是光化学反应的特征之一。对于涉及复杂反应机理的光化学反应，其反应动力学需根据反应机理进行分析。

以光解反应 $A_2 \xrightarrow{h\nu} 2A$ 为例，设其历程为：

初级过程：(1)　$A_2+h\nu \xrightarrow{I_a} A_2^*$，活化步骤，反应速率：$-\mathrm{d}[A_2]/\mathrm{d}t=I_a$

次级过程：(2) $A_2^* \xrightarrow{k_2} 2A$，解离步骤，反应速率：$-\mathrm{d}[A_2^*]/\mathrm{d}t=k_2[A_2^*]$

(3) $A_2^*+A_2 \xrightarrow{k_3} 2A_2$，失活步骤，反应速率：$-\mathrm{d}[A_2^*]/\mathrm{d}t=k_3[A_2^*][A_2]$

初级过程的反应速率等于吸收光强度 I_a，与反应物浓度无关，具有零级反应的特征。

根据稳态近似：$\mathrm{d}[A_2^*]/\mathrm{d}t=I_a-k_2[A_2^*]-k_3[A_2^*][A_2]=0$

得：

$$[A_2^*]_{ss}=I_a/\{k_2+k_3[A_2]\}$$

产物 A 的生成速率：$\dfrac{\mathrm{d}[A]}{\mathrm{d}t}=2k_2\,[A_2^*]_{ss}=\dfrac{2k_2 I_a}{k_2+k_3[A_2]}$

反应的量子产率：　$\phi=\dfrac{r_P}{I_a}=\dfrac{(1/2)\mathrm{d}[A]/\mathrm{d}t}{I_a}=\dfrac{k_2}{k_2+k_3[A_2]}$

讨论 Cl_2 和 H_2 的爆炸反应机理

量子产率与反应物浓度有关，$[A_2]$ 越大，活化分子越容易失活，ϕ 越小。

7. 光稳定态

当反应达平衡时，如果正向反应或逆向反应中有一个是光化学反应，由于光化学反应的速率与吸收光强度有关，平衡状态也就与吸收光强度有关。这时反应物与产物的浓度虽然不再改变，但这样的平衡不是热力学意义上的平衡，而是一种光稳定态（photo stationary state）。

$$2A \underset{k}{\overset{h\nu}{\rightleftharpoons}} A_2$$

【例 11.14】 在苯溶液中，蒽在波长 313～365 nm 的紫外线照射下发生二聚反应（以 A 表示蒽，A_2 表示其二聚状态）：$2A \xrightarrow{h\nu} A_2$。实验测得该反应的量子产率小于 1，且在蒽浓度较稀时，溶液发荧光，量子产率很小；随浓度升高，荧光减弱而量子产率不断增大，直至一个极限值。求反应机理。

解：设反应机理为：

(1) 光吸收初级过程：$A+h\nu \xrightarrow{I_a} A^*$，$r_1=I_a$

(2) 次级过程，二聚：$A^*+A \xrightarrow{k_2} A_2$，$r_2=k_2[A^*][A]$

由于实验测得反应量子产率小于 1，主要是部分激发态分子发荧光回到基态所致，即：

(3) 荧光失活：$A^* \xrightarrow{k_3} A+h\nu$，$r_3=k_3[A^*]$

同时也有可能是一部分二聚体分解所致，即：

(4) 逆向解聚：$A_2 \xrightarrow{k_4} 2A$，$r_4=k_4[A_2]$

A_2 的生成速率为：$d[A_2]/dt=k_2[A^*][A]-k_4[A_2]$

对 A^* 做稳态近似：$d[A^*]/dt=I_a-k_2[A^*][A]-k_3[A^*]=0$

得：$[A^*]_{ss}=I_a/\{k_2[A]+k_3\}$

光稳定态时，$d[A_2]/dt=0$，则

$$d[A_2]/dt=k_2 I_a[A]/\{k_2[A]+k_3\}-k_4[A_2]=0$$

解这一方程得光化学反应平衡方程：

$$\frac{1}{[A_2]}=\frac{k_4}{I_a}\left(1+\frac{k_3}{k_2[A]}\right)$$

反应速率：$\dfrac{d[A_2]}{dt}=\dfrac{k_2[A]I_a}{k_2[A]+k_3}-k_4[A_2]$

量子产率的：$\phi=\dfrac{r}{I_a}=\dfrac{k_2[A]}{k_2[A]+k_3}-\dfrac{k_4[A_2]}{I_a}$

该式表示：在光稳定态，$[A_2]$ 随 $[A]$ 的增加而有所增加。$[A]$ 很小时，被光活化的 $[A^*]$ 几乎完全被溶剂包围，很难发生二聚反应，大部分 A^* 以荧光形式失活，故 ϕ 很小。随 $[A]$ 增加，荧光减弱。当 $k_2[A]\gg k_3$，荧光几乎消失，此时，$[A_2]=I_a/k_4$，达光稳平衡，二蒽浓度即与吸收光强度有关，也与温度有关，因为 k_4 与温度有关。而量子产率与 $[A]$ 无关，升至一极限值。

8. 光敏反应

有些反应物不能直接吸收某种波长的光，但体系中另一些物质可以吸收这种波长的光，并将光能传递给反应物，使之发生光化学反应，且自身在反应前后不发生变化，这样的物质称光敏剂（photosensitizer），这种反应称为光敏反应（photosensitized reaction）。

例如：用波长 253.7 nm 的紫外光照射氢气。辐射光的爱因斯坦值为 472 kJ·mol^{-1}，H_2 的解离能为 436 kJ·mol^{-1}，但 H_2 并不发生解离。若将少量汞蒸气混入氢气，H_2 分子立即分解，这里汞蒸气就是光敏剂。光敏反应为：

$$Hg+h\nu \longrightarrow Hg^*；\quad Hg^*+H_2 \longrightarrow Hg+H_2^*；\quad H_2^* \longrightarrow 2H$$

也有文献认为发生了如下反应：

$$Hg + h\nu \longrightarrow Hg^*;\quad Hg^* + H_2 \longrightarrow Hg + 2H;\quad Hg^* + H_2 \longrightarrow HgH + H$$

这一反应是其他光敏反应的初始步骤，如由 CO 和 H_2合成甲醛：

$$H + CO \longrightarrow HCO;\quad HCO + H_2 \longrightarrow HCHO + H;\quad HCO + HCO \longrightarrow HCHO + CO$$

注意：最后一步是因歧化反应而终止，并不是因组合反应而终止。

又如：叶绿素是植物光合反应的光敏剂。CO_2 和 H_2O 并不能在光照下合成碳水化合物，但叶绿素可吸收可见光并通过释放光能使光合作用得以进行。

$$6n\,CO_2 + 6nH_2O \xrightarrow{h\nu,\text{叶绿素}} (C_6H_{12}O_6)_n + 6nO_2$$

又如：在紫外光照下，二氧化铀离子 UO_2^{2+} 是草酸分解的光敏剂。在一定浓度的草酸溶液中加入 UO_2SO_4，$UO_2{}^{2+}$ 离子可吸收紫外光并将光能传递给草酸，使之分解。从草酸分解的数量即可测得通过溶液的紫外线强度，这就是化学露光计的制作原理。采用不同波长敏感的光敏剂，可制得测定不同波长辐射光强度的化学露光计(chemical actinometer)。

9. 大气光化学反应

大气中的 N_2、O_2和 O_3能选择性吸收太阳辐射中的高能量光子(短波辐射)而引起分子离解：

$$N_2 + h\nu \longrightarrow N + N,\quad \lambda < 120\ \text{nm};$$
$$O_2 + h\nu \longrightarrow O + O,\quad \lambda < 240\ \text{nm};$$
$$O_3 + h\nu \longrightarrow O_2 + O,\quad \lambda = 220 \sim 290\ \text{nm}。$$

显然，太阳辐射中波长小于 290 nm 的光子因被 O_2、O_3、N_2的吸收而不能到达地面。大于 800 nm 长波辐射(红外线部分)几乎完全被大气中的水蒸气和 CO_2所吸收。因此只有波长 300～800 nm 的可见光波不被吸收，透过大气到达地面。

大气的低层污染物 NO_2、SO_2、烷基亚硝酸(RONO)、醛、酮和烷基过氧化物(ROOR′)等也可发生光化学反应：

$$NO_2 + h\nu \longrightarrow NO + O$$
$$HNO_2(HONO) + h\nu \longrightarrow NO + HO$$
$$RONO + h\nu \longrightarrow NO + RO$$
$$CH_2O + h\nu \longrightarrow H + HCO$$
$$ROOR' + h\nu \longrightarrow RO + R'O$$

上述光化学反应发生吸收的光一般在 300～400 nm。影响这些反应的因素有：反应物的光吸收特性、吸收光的波长等。应该指出，光化学反应大多比较复杂，往往包含着一系列过程。

环境中发生的大气污染光化学反应主要是指：受阳光的照射，污染物吸收光子使该物质分子处于某个电子激发态，从而引起污染物与其他物质发生的化学反应。如光化学烟雾形成的起始反应是二氧化氮(NO_2)在阳光照射下，吸收紫外线(波长 290～430 nm)而分解为一氧化氮(NO)和原子态氧(O，三重态)的光化学反应，由此开始了链反应，导致了臭氧及与其他有机烃化合物的一系列反应，最终生成了光化学烟雾的有毒产物，如过氧乙酰硝酸酯(PAN)等。

大气污染的化学原理比较复杂，它遵循一般的化学反应规律，更重要的特点是：大气中的物质吸收了来自太阳的辐射能量(光子)发生了光化学反应，使污染物变成为毒性更大的物质(称为二次污染物)。

11.6.3 均相催化与振荡反应

1. 催化反应活化能

能显著加快反应速度，但在反应前后自身的数量和化学性质均不发生变化的物质称为催化剂(catalyst)。在催化剂参与作用下的反应称为催化反应(catalytic reaction)。如合成氨、CO_2光合作用、酯的水解、蔗糖的转化等都是有催化剂参与的催化反应。催化反应的类型可以分为均相催化(homogeneous catalysis)，如酯的水解、蔗糖的转化；和非均相催化(heterogenous catalysis)，如合成氨、CO_2光合作用。本节重点讨论均相催化反应动力学。在后续章节，我们将讨论非均相催化，重点是气固催化反应。

在催化反应中，催化剂与反应物作用生成不稳定中间体，从而改变了反应历程，降低了反应的活化能，使反应得以加快进行。设反应在催化剂 K 作用下进行，即

$$A + B \xrightarrow{K} AB$$

反应的历程为：

$$A + K \underset{k_2}{\overset{k_1}{\rightleftharpoons}} AK \tag{1}$$

$$AK + B \xrightarrow{k_3} AB + K \tag{2}$$

设反应(1)可快速达平衡，反应(2)为慢步骤，采用平衡近似，可得总反应速率方程为：

$$r = \frac{k_1 k_3}{k_2}[K][A][B] = k[A][B] \tag{11.6.14}$$

因为[K]在反应中不变，可并入速率常数 k，所以 k 为催化反应的表观速率常数。若各基元反应的活化能分别为 $E_{a,1}$、$E_{a,2}$、$E_{a,3}$，得

$$k = \frac{A_1 A_3}{A_2}[K]\exp\left(-\frac{E_{a,1}+E_{a,3}-E_{a,2}}{RT}\right) = A\exp\left(\frac{-E_a}{RT}\right) \tag{11.6.15}$$

其中：

$$E_a = E_{a,1} + E_{a,3} - E_{a,2} \tag{11.6.16}$$

为催化反应的表观活化能。

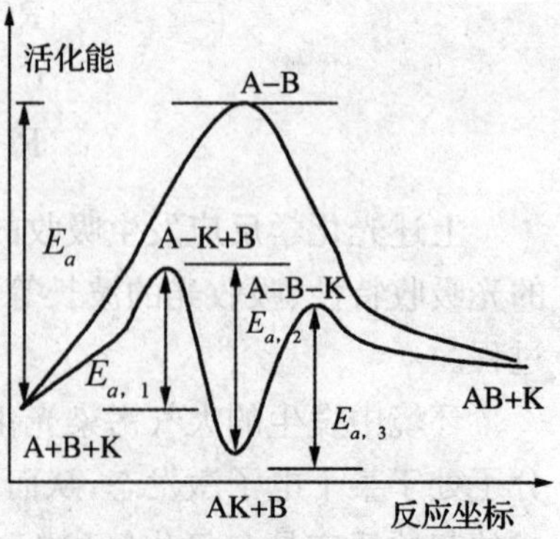

图 11.8 催化反应和非催化反应的活化能

催化反应和非催化反应过程的活化能对比如图 11.8 所示。非催化反应要克服较高的能垒，而催化反应改变了反应历程，需要克服两个较低的能峰，且克服第二个能峰所需能量可从翻越第一个能峰后释放的能量中得到补偿。致使总反应的表观活化能小于非催化反应的活

化能。

2. 酸碱催化反应

溶液中的许多反应，如酯的水解、醇醛缩合、蔗糖转化，常在酸碱催化作用下进行，称为均相酸碱催化反应。催化作用通过质子转移完成。反应物接受质子形成质子化物称为酸催化(acid catalyzed reaction)，失去质子形成去质子化物称为碱催化(base catalysis reaction)。

以酸催化反应 $R \longrightarrow P$ 为例，讨论其动力学方程。一般机理为：

$$R + HA \underset{k_{-1}}{\overset{k_1}{\rightleftharpoons}} RH^+ + A^- \tag{1}$$

$$RH^+ + H_2O \xrightarrow{k_2} P + H_3O^+ \tag{2}$$

RH^+ 为中间产物，HA 为广义酸，采用稳态近似

$$\frac{d[RH^+]}{dt} = k_1[R][HA] - k_{-1}[RH^+][A^-] - k_2[RH^+] = 0$$

得：

$$[RH^+]_{ss} = \frac{k_1[R][HA]}{k_{-1}[A^-] + k_2}$$

反应在大量水中进行，$[H_2O]$变化很小，可以忽略，故反应(2)按一级反应处理。反应速率为：

$$r = \frac{d[P]}{dt} = k_2[RH^+]_{ss} = \frac{k_1 k_2 [HA]}{k_{-1}[A^-] + k_2}[R] = k[R] \tag{11.6.17}$$

若 $k_2 \gg k_{-1}[A^-]$，$[A^-]$较小时出现这种情况，$k = k_1[HA]$，反应由(1)控制，表观速率常数正比于广义酸浓度，反应受广义酸催化，系数 k_1 称为广义酸催化常数。

若 $k_2 \ll k_{-1}[A^-]$，$[A^-]$较大时出现这种情况，反应步骤(k_{-1})很快，得

$$k = \frac{k_1 k_2 [HA]}{k_{-1}[A^-]}$$

由于存在酸碱平衡：　$HA + H_2O = H_3O^+ + A^-$

$$K_a = \frac{[H_3O^+][A^-]}{[HA]}$$

联解上两式得：

$$k = \frac{k_1 k_2 [H_3O^+]}{k_{-1} K_a}$$

表观速率常数正比于氢离子浓度，反应受氢离子催化，系数 $k_1 k_2/(k_{-1} K_a)$ 为氢离子催化常数。

若反应同时被酸碱催化，且无催化作用下也发生反应，其反应速率用 $r = k[R]$ 表示时，其表观速率常数可表示为：

$$k = k_0 + k_a[H^+] + k_a'[HA] + k_b[OH^-] + k_b'[A^-] \tag{11.6.18}$$

式中：k_0 为非催化反应速率常数；k_a，k'_a，k_b，k'_b分别为氢离子、广义酸、氢氧根离子和广义碱的催化速率常数。

【练习 11.3】 碱对很多有机反应具有催化作用，这里的碱是广义的，也称 Brönsted 碱。例如，双酮醇(DOH)在碱(B)存在下，在水溶液会加速转变成丙酮(AH)：

$$DOH \longrightarrow 2AH$$

实验测得其反应速率方程为 $r=k[DOH][OH^-]$

据此有人提出如下反应机理：

(1) $DOH+B \rightleftharpoons DO^- + HB^+$，　k_1，k_{-1}，对峙反应，其中

DOH：$CH_3—(CO)—CH_2—C(CH_3)_2—OH$；　DO^-：$CH_3—(CO)—CH_2—C(CH_3)_2—O^-$

(2) $DO^- \longrightarrow A^- + AH$，　k_2，慢，其中 AH：CH_3COCH_3；A^-：$CH_3COCH_2^-$

(3) $A^- + HB^+ \longrightarrow AH + B$，　k_3，快

式中，B 为 Brönsted 碱，其浓度反应前后没有改变，求证该机理可导出上述反应速率方程。

解：该反应的中间产物为 DO^-，由于第 2 步反应速率为慢步骤，故第 1 步反应有足够时间达到化学平衡。平衡关系为：

$$[DO^-][HB^+]/[DOH][B]=k_1/k_{-1}=K_1$$

考虑到 B 在水中的解离平衡：$B+H_2O \rightleftharpoons HB^+ + OH^-$，解离平衡常数为 K_B，

与步骤(1)相减得：

$DOH+OH^- \rightleftharpoons DO^- + H_2O$，$K_2=[DO^-][H_2O]/[DOH][OH^-]$，　$K_2=K_1/K_B$

故：$[DO^-]=[DOH][OH^-]K_2/[H_2O]=[DOH][OH^-]K_2$

步骤(2)为速率控制步骤

$r=-d[DO^-]/dt=k_2[DO^-]$

$\quad=k_2K_2[DOH][OH^-]=k[DOH][OH^-]$，式中：$k=k_2K_2=k_2K_1/K_B$

3. 酶催化反应

酶是摩尔质量在 $10^4 \sim 10^6$ g·mol^{-1}范围内的大分子，尺寸在 10～100 nm。酶由两部分组成，一部分是蛋白质，称为酶朊，另一部分是非蛋白质，称为非酶朊基或辅酶。酶催化反应(enzyme catalysis)的概念来自生物体中大量的复杂反应，如蛋白质、脂肪、碳水化合物的合成和分解，这些反应是由酶进行催化的。酶催化反应介于均相与多相催化之间。酶催化反应历程复杂，受 pH、温度及离子强度的影响较大，这些因素增加了研究酶催化反应的困难。酶催化之所以引人注目，是由于它具有一些重要的特征：

(1) 反应条件温和，能在常温常压下进行。例如植物根瘤菌或其他固氮酶在室温和常压下，能固定空气中的氮，并将它还原成氨，而工业合成氨的铁催化剂的催化条件则是高温(700 K)高压(30 MPa)。(2) 具有高度的选择性和单一性。一种酶通常只能催化一种反应，而对其他反应不具有活性，例如脲酶只能将尿素转化为氨及 CO_2。(3) 催化效率非常高。酶催化反应的效率要比一般的无机或有机催化反应高出 $10^6 \sim 10^{14}$ 倍，且几乎没有副反应。例如，一个过氧化氢酶分子能在一秒内分解一千多万个过氧化氢分子。如此高的效率是基于酶催化剂能有效降低反应的活化能。

最初的酶催化反应的机理是 1913 年由 Michaelis-Menten 提出的，主要步骤是底物(S)与酶(E)的活性中心形成了中间络合物(ES)，或底物在酶表面吸附，然后再发生 ES 分解反应，释放出酶。其历程为：

$$\mathrm{S} + \mathrm{E} \underset{k_{-1}}{\overset{k_1}{\rightleftharpoons}} \mathrm{ES} \tag{1}$$

$$\mathrm{ES} \xrightarrow{k_2} \mathrm{E} + \mathrm{P} \tag{2}$$

其中 P 为产物。反应(1)为可逆反应，反应(2)为速率控制步骤。用稳态近似处理：

$$\frac{\mathrm{d}[\mathrm{ES}]}{\mathrm{d}t}=k_1[\mathrm{S}][\mathrm{E}]-k_{-1}[\mathrm{ES}]-k_2[\mathrm{ES}]=0$$

得中间络合物浓度为：

$$[\mathrm{ES}]_{\mathrm{ss}}=\frac{k_1[\mathrm{E}][\mathrm{S}]}{k_{-1}+k_2}=\frac{[\mathrm{E}][\mathrm{S}]}{K_{\mathrm{M}}} \tag{11.6.19}$$

其中

$$K_{\mathrm{M}}=\frac{k_{-1}+k_2}{k_1} \tag{11.6.20}$$

K_{M} 称为米氏常数，表示 ES 的不稳定常数，该式称为米氏公式。使用这一结果的困难在于[E]和[S]难以测定。

设酶的原始浓度为$[\mathrm{E}]_0$，反应达稳态后，一部分变为中间络合物[ES]，剩余浓度为[E]，$[\mathrm{E}]_0=[\mathrm{ES}]+[\mathrm{E}]$，则：

$$[\mathrm{ES}]_{\mathrm{ss}}=\frac{[\mathrm{E}]_0[\mathrm{S}]}{K_{\mathrm{M}}+[\mathrm{S}]} \tag{11.6.21}$$

反应速率为：

$$r=\frac{\mathrm{d}[\mathrm{P}]}{\mathrm{d}t}=k_2[\mathrm{ES}]_{\mathrm{ss}}=\frac{k_2[\mathrm{E}]_0[\mathrm{S}]}{K_{\mathrm{M}}+[\mathrm{S}]} \tag{11.6.22}$$

该式表示：$[\mathrm{E}]_0$ 一定时，r 随[S]增加而增大。图 11.9 给出 r 随[S]变化情况。当$[\mathrm{S}]\ll K_{\mathrm{M}}$，即底物浓度很低时，有：

$$r=\frac{k_2[\mathrm{E}]_0[\mathrm{S}]}{K_{\mathrm{M}}} \tag{11.6.23}$$

反应对[S]呈一级反应。当$[\mathrm{S}]\gg K_{\mathrm{M}}$，即底物浓度很高时，有：

$$r=r_{\mathrm{m}}=k_2[\mathrm{E}]_0 \tag{11.6.24}$$

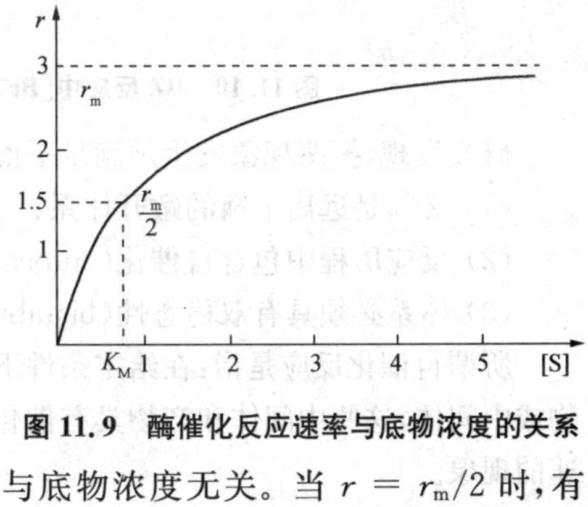

图 11.9　酶催化反应速率与底物浓度的关系

即反应速率达最大 r_{m}，与酶原始浓度成正比，且与底物浓度无关。当 $r=r_{\mathrm{m}}/2$ 时，有$[\mathrm{S}]_{1/2}=K_{\mathrm{M}}$。

若将式(11.6.22)重排，得线性方程

$$\frac{1}{r}=\frac{K_{\mathrm{M}}}{r_{\mathrm{m}}}\frac{1}{[\mathrm{S}]}+\frac{1}{r_{\mathrm{m}}} \tag{11.6.25}$$

以 $1/r$ 对 $1/[S]$ 作图，从斜率和截距可求出 K_M 和 r_m。因此，可根据实验数据求出 K_M。

许多酶催化反应符合方程(11.6.22)。虽然这还不能作为中间络合物存在的证据，但许多实际酶催化反应中，通过实验光谱方法确实检测到这种络合物。酶催化反应相当复杂，也有不少反应并不遵循 Michaelis-Menten 历程。现在的酶催化反应已经远远超出了传统的生物体系范围，并应用于工业原料生产。如丙烯酰胺生产，以水合酶为催化剂，省去了大量的 H_2SO_4 和 NH_3 等原料，同时减少了三废污染。

讨论 酶催化的抑制

4. *振荡反应*

在化学反应过程中，反应物和产物的浓度通常随时间的变化呈单调变化，最终随反应的进行达到反应平衡状态。然而，在一些反应中会出现非线性现象。即某些反应的组分随时间呈现周期性的变化，这种现象称为化学振荡(chemical oscillation)，其进行的反应则称为振荡反应。其中，最著名的振荡反应为 Belousov-Zhabotinskii 反应，又称为 BZ 反应，它是丙二酸在铈离子催化下被溴酸盐氧化的反应，

$$2BrO_3^- + 3CH_2(COOH)_2 + 2H^+ \xrightarrow{Ce^{3+}, Br^-} 2BrCH(COOH)_2 + 3CO_2 + 4H_2O$$

当反应被 Ce^{3+} 催化时，中间物 Br^- 的浓度和 $[Ce^{4+}]/[Ce^{3+}]$ 比值发生如图 11.10 所示的振荡现象。

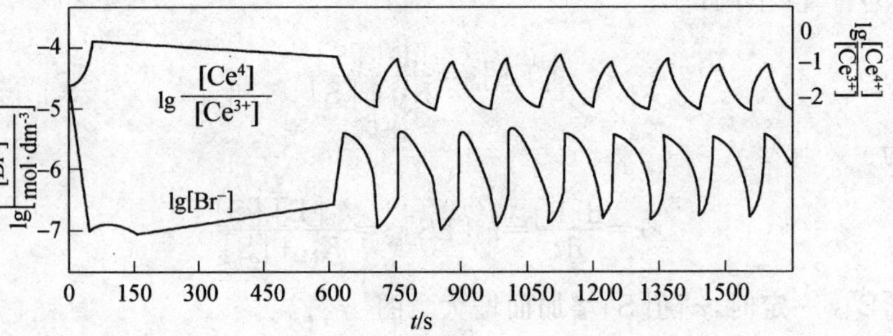

图 11.10 BZ 反应中$[Br^-]$和$[Ce^{4+}]/[Ce^{3+}]$随时间的振荡现象

研究发现，振荡现象发生须满足下面三个条件：

(1) 必须是远离平衡的敞开体系；

(2) 反应历程中包含自催化(autocatalysis)步骤；

(3) 体系必须具有双稳态性(bistability)，可以在两个稳态之间来回振荡。

所谓自催化反应是指：在给定条件下的反应系统，反应开始后逐渐形成并积累了某种产物或中间体，这些中间体和产物具有催化功能，使反应经过一段诱导期后，出现反应大大加速的现象。

BZ 反应的机理十分复杂，目前最被人们接受的是 FKN 机理，它是由 Field-Körös-Noyes 三位学者提出的，此历程至少涉及九步反应。

BrO_3^- 被还原成 Br_2 是通过下述三步反应：

(1) $Br^- + BrO_3^- + 2H^+ \xrightarrow{k_1} HBrO_2 + HOBr$

(2) $Br^- + HBrO_2 + H^+ \xrightarrow{k_2} 2HOBr$

(3) $Br^- + HOBr + H^+ \xrightarrow{k_3} Br_2 + H_2O$

生成的 Br_2 又使丙二酸溴化。

(4) $Br_2 + CH_2(COOH)_2 \xrightarrow{k_4} BrCH(COOH)_2 + H^+ + Br^-$（丙二酸溴化）

把上面的四个反应加和，得

(Ⅰ) $2Br^- + BrO_3^- + 3CH_2(COOH)_2 + 3H^+ \longrightarrow 3BrCH(COOH)_2 + 3H_2O$

(Ⅰ)式即为丙二酸溴化的总反应方程式。

导致 Ce^{3+} 离子氧化的反应是：

(5) $H^+ + BrO_3^- + HBrO_2 \xrightarrow{k_5} 2BrO_2 + H_2O$

(6) $H^+ + BrO_2 + Ce^{3+} \xrightarrow{k_6} HBrO_2 + Ce^{4+}$（铈离子氧化）

(7) $2HBrO_2 \xrightarrow{k_7} HOBr + BrO_3^- + H^+$

反应加和 2×(5)+4×(6)+(7)得：

(Ⅱ) $5H^+ + BrO_3^- + 4Ce^{3+} \longrightarrow HOBr + 4Ce^{4+} + 2H_2O$

反应(Ⅱ)包含了振荡条件需要的自催化反应(5)+2×(6)，

$$2Ce^{3+} BrO_3^- + 3H^+ \longrightarrow 2Ce^{4+} + H_2O + HBrO_2$$

其中 $HBrO_2$ 既是产物又是催化剂。但反应不因 $HBrO_2$ 的催化而无法控制，因为 $HBrO_2$ 因歧化而不断消耗(反应7)。

最后溴丙酸被 Ce^{4+} 氧化的反应是：

(8) $4Ce^{4+} + BrCH(COOH)_2 + 2H_2O \xrightarrow{k_8} Br^- + HCOOH + 2CO_2 + 4Ce^{3+} + 5H^+$

(9) $HOBr + HCOOH \xrightarrow{k_9} Br^- + CO_2 + H^+ + H_2O$（快速反应步骤）

偶合(8)和(9)得出再生催化剂 Ce^{3+} 和 Br^- 的反应为：

(Ⅲ) $4Ce^{4+} + BrCH(COOH)_2 + HOBr + H_2O \longrightarrow 2Br^- + 3CO_2 + 4Ce^{3+} + 6H^+$

该反应再生了催化剂 Ce^{3+} 和 Br^-。

BZ 反应的总反应式为(Ⅰ)+(Ⅱ)+(Ⅲ)，即

$$2BrO_3^- + 3CH_2(COOH)_2 + 2H^+ \longrightarrow 2BrCH(COOH)_2 + 3CO_2 + 4H_2O$$

为分析 FKN 机理的反应动力学，可以选择 $HBrO_2$ 和 BrO_2 为中间体，采用稳态近似处理。

$$d[BrO_2]/dt = 2r_5 - r_6 = 0$$

得：$k_6[H^+][BrO_2]_{ss}[Ce^{3+}] = 2k_5[H^+][BrO_3^-][HBrO_2]$

$$d[HBrO_2]/dt = r_1 - r_2 - r_5 + r_6 - 2r_7 = 0$$

得：$k_1[H^+]^2[BrO_3^-][Br^-] - k_2[H^+][HBrO_2]_{ss}[Br^-] + k_5[H^+][BrO_3^-][HBrO_2]_{ss} - 2k_7[HBrO_2]_{ss}^2 = 0$

$[HBrO_2]_{ss}$ 可以有两个可能的稳定解：

① 若 $[Br^-] \gg [HBrO_2]_{ss}$，略去 $[HBrO_2]_{ss}^2$ 项，得：

$$[HBrO_2]_{ss}=k_1[H^+][BrO_3^-][Br^-]/\{k_2[Br^-]-k_5[BrO_3^-]\}$$

$[Br^-]$大，意味着反应启动(Ⅰ)，抑制反应(Ⅱ)。启动(Ⅰ)将消耗 Br^-，不产生 Ce^{4+}，抑制反应(Ⅲ)。

② 若$[Br^-]\ll[HBrO_2]_{ss}$，略去两个$[Br^-]$项，得

$$[HBrO_2]_{ss}=k_5[H^+][BrO_3^-]/2k_7$$

$[Br^-]$很小，意味着(Ⅰ)无法进行，需要启动(Ⅱ)。

体系存在两个解，意味着体系在两个不同的条件下($[Br^-]$大或小)，可以在两个稳态间往返，即发生振荡反应。维持振荡的条件：环境连续向体系提供反应物；反应历程中含有自催化步骤；体系具有双稳态性，可以在两个稳态间来回振荡。

BZ 反应机理中各基元反应的关系见图 11.11。如果开始时溴离子浓度很小，那么反应(Ⅰ)无法进行，这时启动反应(Ⅱ)；(Ⅱ)反应使 Ce^{3+} 被氧化成 Ce^{4+}，从而使反应(Ⅲ)启动；(Ⅲ)反应产生 Br^- 并再生 Ce^{3+}，Br^- 逐渐增多启动(Ⅰ)，Ce^{3+} 逐渐增多抑制(Ⅱ)。

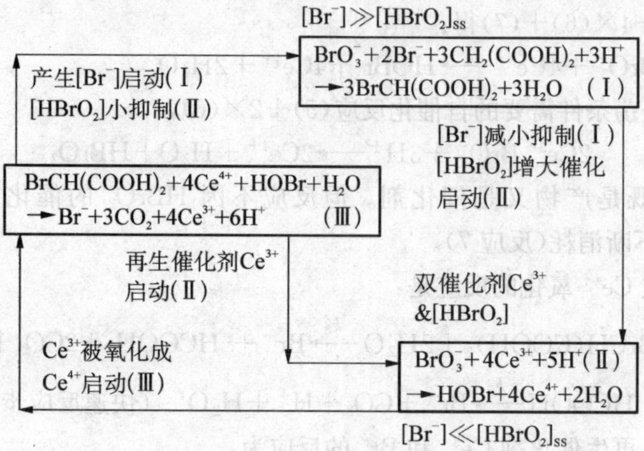

图 11.11 BZ 反应机理示意图

BZ 反应现象观察：在一个装有搅拌装置的烧杯中首先将 4.292 g 丙二酸和 0.175 g 硝酸铈铵溶于 0.150 dm^3浓度为 1.0 $mol\cdot dm^{-3}$的硝酸中。开始溶液呈现黄色(四价铈离子为黄色)，几分钟后变清(三价铈离子无色)。在溶液变清后加入 1.415 g NaBr，溶液的颜色会在黄色和无色间振荡，振荡周期约 1 分钟。如果另外加入几毫升浓度为 0.025 $mol\cdot dm^{-3}$ 的亚铁灵试剂(ferroin，硫酸亚铁二氮杂菲，它是邻二氮菲与亚铁离子的配合物，在还原态为红色，氧化态为蓝色)作指示剂，则溶液的颜色会在红色和蓝色之间振荡，可持续 1 小时左右。

化学振荡现象在均相和非均相体系中都能够被观测到，尤其在生物体系中更具有重要意义。

讨论 自催化反应

内容提要

一、基本知识点

1. 基元反应，反应机理，总反应，反应速率，质量作用定律，反应级数，简单级数反应动力学方程和特

征，半衰期。

2. 速率方程的表示方法，反应级数的确定方法(积分法、微分法和半衰期法)，活化能，温度对反应速率的影响。

3. 对峙反应，平行反应，连续反应，反应的选择性，平衡近似方法，速率决定步骤近似方法，稳态近似方法。

4. 直链反应，支链反应，爆炸机理，自由基反应动力学。

5. 光子的能量，光化学初级过程和次级过程，光化学基本定律，量子产率，光稳定态，光敏反应，光化学反应动力学。

6. 酸碱催化反应，酶催化反应，米氏常数。

7. 振荡反应，自催化作用，双稳态，BZ反应。

二、基本公式

1. 反应速率，$r=\frac{1}{V}\cdot\frac{\mathrm{d}\xi}{\mathrm{d}t}$

$$r=-\frac{1}{a}\cdot\frac{\mathrm{d}[\mathrm{A}]}{\mathrm{d}t}=-\frac{1}{b}\cdot\frac{\mathrm{d}[\mathrm{B}]}{\mathrm{d}t}=\frac{1}{c}\cdot\frac{\mathrm{d}[\mathrm{C}]}{\mathrm{d}t}=\frac{1}{d}\cdot\frac{d[\mathrm{D}]}{\mathrm{d}t}=\frac{1}{\nu_{\mathrm{J}}}\cdot\frac{\mathrm{d}[\mathrm{J}]}{\mathrm{d}t}$$

2. 具有简单级数反应的速率公式和特征

级数	反应类型	速率公式定积分	半衰期	速率常数的单位
一级	A⟶产物	$\ln\frac{[\mathrm{A}]_0}{[\mathrm{A}]}=k_1t$	$\frac{\ln 2}{k_1}$	(时间)$^{-1}$
二级	A+B⟶产物 ($[\mathrm{A}]_0=[\mathrm{B}]_0$)	$\frac{1}{[\mathrm{A}]}-\frac{1}{[\mathrm{A}_0]}=k_2t$	$\frac{1}{[\mathrm{A}]_0k_2}$	(浓度)$^{-1}$(时间)$^{-1}$
	A+B⟶产物 ($[\mathrm{A}]_0\neq[\mathrm{B}]_0$)	$\frac{1}{[\mathrm{A}]_0-[\mathrm{B}]_0}\ln\frac{[\mathrm{B}]_0[\mathrm{A}]}{[\mathrm{A}]_0[\mathrm{B}]}=k_2t$	$t_{1/2}(\mathrm{A})\neq t_{1/2}(\mathrm{B})$	
三级	A+B+C⟶产物 ($[\mathrm{A}]_0=[\mathrm{B}]_0=[\mathrm{C}]_0$)	$\frac{1}{2}\left[\frac{1}{[\mathrm{A}]^2}-\frac{1}{[\mathrm{A}]_0^2}\right]=k_3t$	$\frac{3}{2[\mathrm{A}]_0^2k_3}$	(浓度)$^{-2}$(时间)$^{-1}$
零级	表面催化反应	$[\mathrm{A}]_0-[\mathrm{A}]=k_0t$	$\frac{[\mathrm{A}]_0}{2k_0}$	(浓度)(时间)$^{-1}$
n级 $n\neq1$	反应物⟶产物，	$\frac{1}{n-1}\left[\frac{1}{[\mathrm{A}]^{n-1}}-\frac{1}{[\mathrm{A}]_0^{n-1}}\right]=k_nt$	$\frac{C}{[\mathrm{A}]_0^{n-1}}$($C$为常数)	(浓度)$^{1-n}$(时间)$^{-1}$

3. $k=A\mathrm{e}^{-E_a/(RT)}$，$E_a=RT^2\frac{\mathrm{d}\ln k}{\mathrm{d}T}$

4. 连续反应最佳反应时间和最高浓度

$$t_{\max}=\frac{1}{k_1-k_2}\ln\left(\frac{k_1}{k_2}\right),\ [\mathrm{B}]_{\max}=[\mathrm{A}]_0\left(\frac{k_1}{k_2}\right)^{k_2/(k_2-k_1)}$$

5. 光子能量：$u=Lh\nu=Lhc/\lambda$

6. 量子产率：$\phi=r/I_a$

习题

1. N_2O_5 在25℃时分解反应的半衰期为5.7 h，且与 N_2O_5 的初始压强无关。试求此反应在25℃条件下完成90%所需时间。

2. 异丙烯醚气相异构化成丙烯酮的反应是一级反应，其反应速率系(常)数与温度的关系为：$k/s^{-1}=5.4\times10^{11}\exp[-122\ 474\ \mathrm{J\cdot mol^{-1}}/(RT)]$，150℃下，反应开始时只有异丙烯醚，其压强为101 325 Pa，问多长时间后，丙烯酮的分压可达 54 kPa？

3. 双分子反应 $2A(g) \xrightarrow{k} B(g) + D(g)$，在 623 K、初始浓度为 0.400 mol·dm^{-3}时，半衰期为 105 s，请求出：

(1) 反应速率系数 k？

(2) A(g)反应掉 90%所需时间为多少？

(3) 若反应的活化能为 140 kJ·mol^{-1}，573 K 时的最大反应速率为多少？

4. 某反应物 A 的分解反应为二级反应，在 300 K 时，分解 20%需要 12.6 min，340 K 时，在相同初始浓度下分解完成 20%需 3.2 min，求此反应的活化能。

5. 恒容气相反应 $A(g) \longrightarrow D(g)$ 的速率常数 k 与温度 T 具有如下关系式：

$$\ln(k / s^{-1}) = 24.00 - 9\,622/(T/\mathrm{K})$$

(1) 确定此反应的级数；

(2) 计算此反应的活化能；

(3) 欲使 A(g)在 10 min 内转化率达 90%，则反应温度应控制在多少？

6. 将纯 $BHF_2(g)$引入 298.15 K 恒容容器内发生如下反应：

$$6BH_2F_2(g) \xrightarrow{k} B_2H_6(g) + 4BF_2(g)$$

实验发现无论 $BHF_2(g)$的起始压强为多大，反应经 1 h 后反应物皆分解 15%。

(1) 确定反应级数。

(2) 求反应在 298.15 K 速率常数 k 及半衰期。

(3) 若起始压强为 $p_0=101.325$ kPa，求反应经 2 h 后容器的压力。

7. 水溶液中 2-硝基丙烷与碱作用，测得速率常数 k 与温度 T 关系为：

$$\ln[k/(\mathrm{mol\cdot dm^{-3}})^{-1}\cdot \mathrm{min}^{-1}] = 27.14 - 7\,284/(T/\mathrm{K}),$$

已知2-硝基丙烷与碱初始浓度 a 皆为 0.008 dm^3·mol^{-1}。

(1) 求 298.15 K 反应速率常数及半衰期；

(2) 求反应活化能及指前因子；

(3) 欲使反应在 15 min 内使 2-硝基丙烷转化率达到 90%，反应温度应控制在多少？

8. 在 298 K，用旋光仪测定蔗糖的转化率，在不同时间所测得的旋光度 α 如下：

t/min	0	10	20	40	80	180	300	∞
α_t/(°)	6.60	6.17	5.79	5.00	3.71	1.40	−0.24	−1.98

求反应的速率常数。

9. 某对峙反应 $A \xrightarrow{k_1} B$；$B \xrightarrow{k_{-1}} A$；已知 $k_1=0.006\ \mathrm{min}^{-1}$，$k_{-1}=0.002\ \mathrm{min}^{-1}$，如果反应开始时只有A，问当 A 和 B 的浓度相等时，需要多少时间？

10. 某一气相反应 $A(g) \rightleftharpoons B(g) + C(g)$

已知在 298 K 时 $k_1=0.21\ \mathrm{s}^{-1}$，$k_{-1}=5.0\times10^{-9}\ \mathrm{s}^{-1}\cdot\mathrm{Pa}^{-1}$。若温度升高为 310 K，则速率常数 k 值增加一倍。试计算：

(1) 在 298 K 时的平衡常数；

(2) 正向和逆向的活化能；

(3) 在 298 K 时，从 1 个标准压强的 A 开始进行反应，若使总压达到 1.5 个标准压强，问需要多少时间？

11. 对于平行反应 $A \xrightarrow{k_1} B$, $A \xrightarrow{k_2} C$，设 E_a、E_1、E_2 分别为总反应的表观活化能和两个平行反应的活化能，证明存在以下关系式：$E_a = (k_1E_1 + k_2E_2)/(k_1 + k_2)$。

12. 醋酸高温裂解制乙烯酮，副反应生成甲烷。

$$CH_3COOH \xrightarrow{k_1} CH_2{=}CO + H_2O$$

$$CH_3COOH \xrightarrow{k_2} CH_4 + CO_2$$

已知在 1 189 K 时 $k_1 = 4.65\ s^{-1}$，$k_2 = 3.74\ s^{-1}$。试计算：

(1) 99%醋酸反应需要的时间；

(2) 在 1 189 K 时，乙烯酮的产率？如何提高选择性？

13. 300 K 时，研究 A 在缓冲介质的水溶液的分解反应：$A \xrightarrow{k} B(g) + H_2O(l)$

B 不溶于水。在不同时刻 t 测定 B 的分压 p_B，且满足关系式：$\ln[p_B^{\infty}/(p_B^{\infty} - p_B)] = k't$，$p_B^{\infty}$ 为足够长时间后 B 的分压，k' 为常数。改变缓冲介质浓度，在不同 pH 下实验，作图 $\lg t_{1/2} \sim pH$，得到一直线，斜率为 -1，截距为 $\lg(0.693/k)$，k 为实验速率常数。

(1) 设速率方程可表示为：$r = k[A]^{\alpha}[H^+]^{\beta}$，试确定 α，β 值。

(2) 有人提出反应机理如下：$A + OH^- \underset{k_{-1}}{\overset{k_1}{\rightleftharpoons}} I + H_2O$　（快速平衡）

$$I \xrightarrow{k_2} B(g) + OH^- \quad （速率控制）$$

其中 I 为中间产物，试说明上述机理是否与实验事实相符合？

14. 通过测定系统的电导率可以跟踪如下反应：

$$CH_3CONH_2 + HCl + H_2O \rightleftharpoons CH_3COOH + NH_4Cl$$

在 63℃，混合等体积的浓度为 $2.0\ mol \cdot dm^{-3}$ 的 CH_3CONH_2 和 HCl 的溶液后，在不同时间观测到下列电导率数据：

t/min	0	13	34	50
$\kappa/(S \cdot m^{-1})$	40.9	37.4	33.3	31.0

已知该温度时，各离子的摩尔电导率分别为：$\Lambda_m(H^+) = 0.051\ 5\ S \cdot m^2 \cdot mol^{-1}$，$\Lambda_m(Cl^-) = 0.013\ 3\ S \cdot m^2 \cdot mol^{-1}$，$\Lambda_m(NH_4^+) = 0.013\ 7\ S \cdot m^2 \cdot mol^{-1}$，不考虑非理想性的影响，确定反应级数并计算反应速率常数的值。

15. 试用稳态近似法导出下面气相反应历程的速率方程：

$$A \xrightarrow{k_1} B, B \xrightarrow{k_{-1}} A, B + C \xrightarrow{k_3} D$$

并证明该反应在高压下呈一级反应，在低压下呈二级反应。

16. 设乙醛热分解 $CH_3CHO \longrightarrow CH_4 + CO$ 是按下列历程进行的：

$$CH_3CHO \xrightarrow{k_1} CH_3 + CHO$$

$$CH_3 + CH_3CHO \xrightarrow{k_2} CH_4 + CH_3CO \quad （放热反应）$$

$$CH_3CO \xrightarrow{k_3} CH_3 + CO; \quad CH_3 + CH_3 \xrightarrow{k_4} C_2H_6$$

(1) 用稳态近似法求出该反应的速率方程：$d[CH_4]/dt = ?$

(2) 已知键焓 $E_{C-C}=355.64\ kJ\cdot mol^{-1}$，$E_{C-H}=422.58\ kJ\cdot mol^{-1}$，求该反应的表观活化能。

17. $H_2+C_2H_6 \longrightarrow 2CH_4$ 的反应机理可能是

$$C_2H_6 \xrightarrow{k_1} 2CH_3 \qquad 2CH_3 \xrightarrow{k_{-1}} C_2H_6$$

$$2CH_3+H_2 \xrightarrow{k_2} CH_4+H \qquad C_2H_6+H \xrightarrow{k_3} CH_4+CH_3$$

(1) 此反应是否为链反应？

(2) 估算各步的活化能；

(3) 推导出反应速率方程；

(4) 计算出该反应的表观活化能。

18. 气体丙酮可被波长 313.0 nm 的单色光所激发，并按如下反应分解：$(CH_3)_2CO+h\nu \longrightarrow C_2H_6+CO$。反应室的体积为 59 cm^3，丙酮蒸气吸收 91.5% 的入射能，在实验过程中测得如下数据：反应温度为 56.7℃，初压 102.2 kPa，照射时间 7 h，入射能 $4.81\times10^{-3}\ J\cdot s^{-1}$。求量子产率。

19. 在 $\lambda=400$ nm 光的照射下发生反应：$Br_2+H_2 \longrightarrow 2HBr$。实验发现，此反应的量子产率在通常温度下很小，只有 0.01 左右。Bodenstein 测得该反应速率方程为：

$$\frac{d[HBr]}{dt}=\frac{a'I_a^{1/2}[H_2]}{[M]^{1/2}(1+b[HBr]/[Br_2])}$$

这个方程与热反应的方程相似，b 值为 0.12，且随温度的改变不明显。式中[M]为器壁或其他惰性介质的浓度。求反应机理。

20. 在 298 K，pH=7.0 时，测得肌球蛋白- ATP 催化水解的反应速率数据，取其中两组数据：

$[ATP]/(mol\cdot dm^{-3})$	$r/(mol\cdot dm^{-3}\cdot s^{-1})$
7.5×10^{-6}	0.067×10^{-6}
320.0×10^{-6}	0.195×10^{-6}

求 Michaelis 常数 K_M 及最大反应速率 r_m。

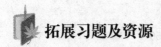

拓展习题及资源

微信扫码

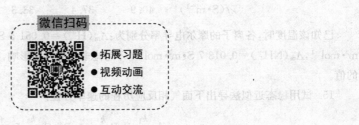

- 拓展习题
- 视频动画
- 互动交流

第 12 章　化学反应动力学理论

一个化学反应可以视为是由许多基元反应按照一定的反应机理进行的。如果基元反应的速率能够从理论上进行计算，那么原则上就可以理论预测整个反应的速率，就可以掌握化学反应的动力学规律和控制条件。基元反应的速率理论主要是从分子的性质出发，通过计算指前因子 A 和活化能 E_a，进而预测反应速率常数 k。随着对基元反应过程认识的不断深入，科学工作者相继建立了碰撞理论、过渡态理论和态态反应动力学等理论，这是三个不同层次的理论。碰撞理论是建立在经典力学的气体分子运动论的基础上的。过渡态理论是建立在统计力学和量子力学的基础上的。随着近代统计力学和量子力学理论的发展，以及超快光谱、交叉分子束、超高真空等技术的应用，随着理论与技术的密切结合，促进了态态反应动力学理论的建立和发展。本章简要介绍分子碰撞理论和过渡态理论的基本观点和动力学处理方法，简要介绍溶剂对反应速率的影响，简要介绍态-态反应动力学和其实验方法。

12.1　碰撞理论

在 1916 年和 1918 年，Trautz 和 Lewis 分别提出了一个基元反应速率理论，其模型十分简单，他们将气体分子视为没有结构的硬球，将气体分子反应看成是硬球间有效碰撞产生的事件，据此运用气体分子运动论建立了一个双分子气相反应的简单碰撞理论（Simple Collision Theory，SCT）。

12.1.1　气体分子的碰撞频率

碰撞理论认为：

(1) 假设分子是一个无内部结构的具有完全弹性的硬球（hard sphere）。表征分子结构的参数为分子直径。尽管大多数分子并不是球形，其硬球直径是将分子体积视为球形体积进而换算得到的。

(2) 气体分子经过碰撞才能发生反应，所以反应速率和单位体积内分子的碰撞频率 Z_{AB}（collision frequency）成正比。但是，并不是每一次碰撞都会引起反应。分子碰撞可分为弹性碰撞（elastic collision）和反应碰撞（reactive collision，或有效碰撞，effective collision）。只有反应碰撞才会引起反应。所以，化学反应速率与 $q\times Z_{AB}$ 成正比，其中 q 为反应碰撞在总碰撞中所占的分数（the portion of reactive collision）。

(3) 在反应进行过程中，气体分子运动的速率与能量仍然保持 Boltzmann 平衡分布。

对于简单的气相双分子的基元反应 $A+B\longrightarrow P$，欲求其反应速率，首先要求出分子碰撞的频率 Z_{AB}，即单位时间和单位体积内分子间的碰撞次数。

设A和B的分子直径分别为d_A和d_B，摩尔质量分别为M_A和M_B，两分子接触时分子中心间的距离为$d_{AB}=(d_A+d_B)/2$。定义πd_{AB}^2为分子碰撞截面积(collision cross－section)，其含义为：当一个A分子以平均速度$\langle v_A\rangle$向前运动时，凡质心落在以πd_{AB}^2为垂直截面积，以$\langle v_A\rangle t$为长度的圆筒内的B分子，都将与A分子发生碰撞，如图12.1所示。

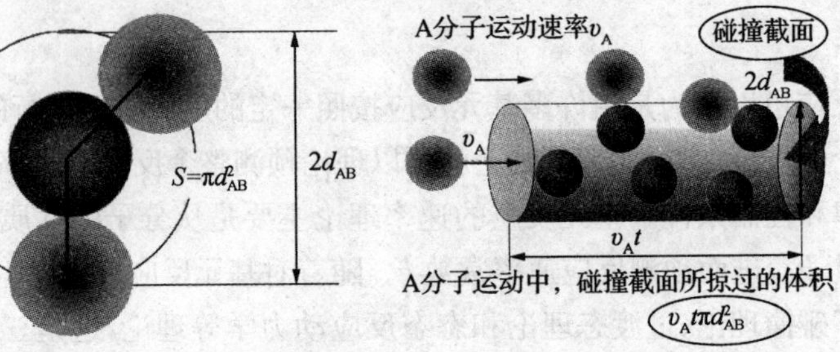

图12.1 分子碰撞截面与分子碰撞示意图

假定B分子静止不动，则单位时间内一个A分子扫过的体积为$\pi d_{AB}^2\langle v_A\rangle$，若$N_B/V$为单位体积内含有的B分子数，则此A分子在单位时间内与静止B分子的碰撞次数为$\pi d_{AB}^2\langle v_A\rangle(N_B/V)$，即碰撞频率(collision frequency)为：

$$Z_{AB}=\pi d_{AB}^2\langle v_A\rangle\left(\frac{N_B}{V}\right) \tag{12.1.1}$$

实际上B分子也都在运动，上式中分子的平均速度要由A、B分子的平均相对速度v_r(relative velocity)来代替。

$$v_r=\sqrt{\langle v_A\rangle^2+\langle v_B\rangle^2} \tag{12.1.2}$$

如果单位体积内A分子数为N_A/V，则在单位时间、单位体积内所有运动着的A与B分子的碰撞频率为：

$$Z_{AB}=\pi d_{AB}^2 v_r\left(\frac{N_B}{V}\right)\left(\frac{N_A}{V}\right) \tag{12.1.3}$$

由气体分子运动论知，分子的平均速度为$\langle v\rangle=\sqrt{8RT/(\pi M)}$，代入式(12.1.2)后，得

$$v_r=\sqrt{\frac{8RT}{\pi}\cdot\frac{M_A+M_B}{M_AM_B}}=\sqrt{\frac{8RT}{\pi\mu}} \tag{12.1.4}$$

式中$\mu=\dfrac{M_AM_B}{M_A+M_B}$为A、B两分子的折合摩尔质量(reduced molar mass)，将(12.1.4)式代入(12.1.3)，得

$$Z_{AB}=\pi d_{AB}^2\sqrt{\frac{8RT}{\pi\mu}}\left(\frac{N_B}{V}\right)\left(\frac{N_A}{V}\right) \tag{12.1.5}$$

已知$\dfrac{N_A}{V}=\dfrac{Ln_A}{V}=L[A]$，$\dfrac{N_B}{V}=\dfrac{Ln_B}{V}=L[B]$，式中$n_A$和$n_B$分别是体积$V$内所含A和B的物质的量。于是，(12.1.5)式可写成

$$Z_{AB}=\pi d_{AB}^2L^2\sqrt{\frac{8RT}{\pi\mu}}[A][B] \tag{12.1.6}$$

若反应物只含有一种分子，即 A=B，$d_{AB}=d_A=d_B$，$M_A=M_B$，$N_A=N_B$，$\mu=M_A/2$，则相同分子的碰撞频率为：

$$Z_{AA}=\frac{\sqrt{2}}{2}\pi d_A^2L^2\sqrt{\frac{8RT}{\pi M_A}}[A]^2 \tag{12.1.7}$$

其中(1/2)是对同种类分子的碰撞次数多算了一倍的校正。

如果认为气相中的每一次 A、B 双分子碰撞都能引起化学反应，则单位时间单位体积内消耗的 A 分子数，即反应速率为：

$$-\frac{d(N_A/V)}{dt}=-\frac{d[A]}{dt}L=Z_{AB} \tag{12.1.8}$$

将(12.1.6)代入得

$$-\frac{d[A]}{dt}=\frac{Z_{AB}}{L}=\pi d_{AB}^2L\sqrt{\frac{8RT}{\pi\mu}}[A][B] \tag{12.1.9}$$

根据质量作用定律，双分子反应 A+B→P 的速率表达式为：

$$-\frac{d[A]}{dt}=k[A][B] \tag{12.1.10}$$

与式(12.1.9)比较，得反应的速率常数为：

$$k=\pi d_{AB}^2L\sqrt{\frac{8RT}{\pi\mu}} \tag{12.1.11}$$

根据式(12.1.9)，当[A]=[B]=1 mol·dm^{-3}时，Z_{AB}/L 的值约为 1.7×10^8 mol·dm^{-3}·s^{-1}。当[A]=[B]=10^{-3}mol·dm^{-3}时，可估算出双分子反应的速率常数为：

$$\begin{aligned}k_2&=-\frac{d[A]}{dt}/([A][B])=1.7\times10^8\,\text{mol}\cdot\text{dm}^{-3}\cdot\text{s}^{-1}/(10^{-6}\,\text{mol}^2\cdot\text{dm}^{-6})\\&=1.7\times10^{14}\,\text{mol}^{-1}\cdot\text{dm}^3\cdot\text{s}^{-1}\end{aligned}$$

实验结果表明，气相双分子反应的速率常数要比此计算值小得多。因此，不是每一次碰撞都能引起化学反应的。若令 q 代表发生反应的碰撞数(有效碰撞数)在总碰撞数 Z_{AB} 中所占的分数，则双分子反应的速率应当为：

$$r=-\frac{d[A]}{dt}=\frac{Z_{AB}}{L}q \tag{12.1.12}$$

讨论 SCT 理论预测与实验数据的对比

因此，还需要求出 q 才能给出反应速率的表达式。

【例 12.1】 计算 N_2(A)在 25℃、101 325 Pa 时的碰撞频率与平均自由路程。已知分子直径为 0.374 nm，$M_A=0.028$ kg·mol^{-1}。

解：分子密度：$\frac{N_A}{V}=\frac{pL}{RT}=\frac{101\,325\times6.022\times10^{23}}{8.314\times298.15}\ \text{m}^{-3}=24.61\times10^{24}\ \text{m}^{-3}$

$$Z_{AA}=2\pi d_A^2(N_A/V)^2\sqrt{RT/(\pi M_A)}$$

$$=2\pi\times(0.374\times10^{-9})^2\times(24.61\times10^{24})^2\times\sqrt{8.341\times298.15/(0.0282\pi)}\ \mathrm{m^{-3}\cdot s^{-1}}$$

$$=0.894\times10^{35}\ \mathrm{m^{-3}\cdot s^{-1}}$$

$$l_A=\langle v_A\rangle(N/V)/Z_{AA}=[(\sqrt{2}/2)\pi d_A^2(N_A/V)]^{-1}$$

$$=[(\sqrt{2}/2)\times\pi\times(0.374\times10^{-9})^2\times24.61\times10^{24}]^{-1}\ \mathrm{m}=6.54\times10^{-8}\ \mathrm{m}$$

【例 12.2】 将 0.1 g O_2(A)和 0.1 g H_2(B) 于 300 K 时在 1 dm^3 的容器内混合，试计算 O_2 与 H_2 分子的碰撞数。设 O_2 和 H_2 为硬球分子，其直径分别为 0.339 nm 和 0.247 nm。

解: $d_{AB}=(d_A+d_B)/2=(0.339+0.247)\times10^{-9}\cdot\mathrm{m}/2=0.293\times10^{-9}\ \mathrm{m}$

$$N_A=Lm_A/M_A=6.022\times10^{23}\times0.1/32=1.882\times10^{21}$$

$$N_B=Lm_B/M_B=6.022\times10^{23}\times0.1/2.016=29.87\times10^{21}$$

$$\mu_M=M_AM_B/(M_A+M_B)=(32.00\times2.016)\times10^{-3}/(32.00+2.016)\mathrm{kg\cdot mol^{-1}}$$

$$=1.897\times10^{-3}\ \mathrm{kg\cdot mol^{-1}}$$

$$Z_{AB}=\pi d_{AB}^2N_AN_B\sqrt{8RT/(\pi\mu_M)}/V^2$$

$$=\pi\times(0.293\times10^{-9})^2\times1.822\times10^{21}\times29.87\times10^{21}\times\sqrt{8\times8.341\times300/(\pi\times1.897\times10^{-3})}/(10^{-3})^2\cdot\mathrm{m^{-3}\cdot s^{-1}}$$

$$=2.77\times10^{35}\ \mathrm{m^{-3}\cdot s^{-1}}$$

由上述例题计算可见，一般来讲在室温、常压条件下，Z_{AB} 的大小约为 $10^{35}\ \mathrm{m^{-3}\cdot s^{-1}}$ 数量级。

12.1.2 硬球碰撞模型

初期的碰撞理论对碰撞过程的描述较为简单，反映在两个方面：(1) 从(12.1.11)可以看出：k 与 $\sqrt{T}$ 成正比，而不是像阿累尼乌斯公式所描述的与 $e^{-E_a/(RT)}$ 成正比；(2) 理论的速率常数比实际情况要大很多。因此需要对碰撞做更精确地描述，需要求出反应碰撞所占的分数(q)，以及含有 q 的反应速率表达式。于是，出现了硬球碰撞模型和碰撞截面的概念。

设 A 和 B 为两个没有结构的硬球分子，质量分别为 m_A 和 m_B，分子折合质量为 μ，A 和 B 的运动速度分别为 v_A 和 v_B，如图 12.2 所示，运动着的 A 和 B 分子的总能量 ε 为：

$$\varepsilon=\frac{1}{2}m_Av_A^2+\frac{1}{2}m_Bv_B^2$$

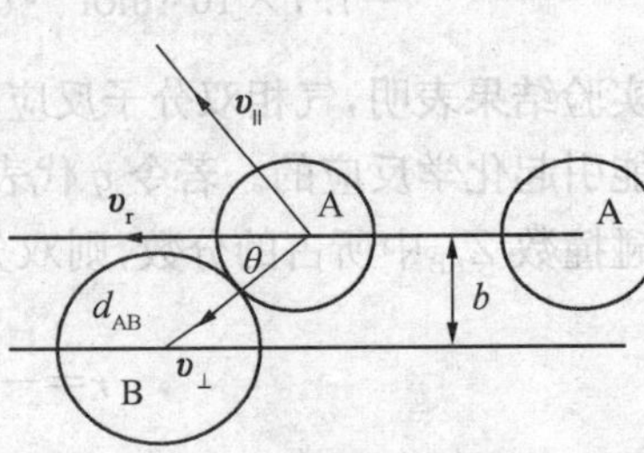

图 12.2 硬球碰撞模型示意图

进一步假定 A 和 B 的相对速度为 $\boldsymbol{v}_r$，$\boldsymbol{v}_r$ 可以分解为沿 A 和 B 质心连心线的分量 $\boldsymbol{v}_\perp$ 和垂直于 $\boldsymbol{v}_\perp$ 的分量 $\boldsymbol{v}_\parallel$。总能量 ε 是标量，可以表示为：

$$\varepsilon=\frac{1}{2}\mu(\boldsymbol{v}_\parallel^2+\boldsymbol{v}_\perp^2)=\frac{1}{2}\mu\boldsymbol{v}_\parallel^2+\frac{1}{2}\mu\boldsymbol{v}_\perp^2$$

上式中第一项是正切于相互作用球表面的能量，对应于擦边碰撞，它与化学反应所需的能量无关。第二项用 ε_r' 代表，它是沿着连心线的能量，称为相对平动能 ε_r 在连心线上的分量，对应于连心碰撞，与化学反应所需的能量有关。$\boldsymbol{v}_r$ 与连心线的夹角为 θ，沿 $\boldsymbol{v}_r$ 方向分别过球 A 和 B 的质心做两条平衡线，两线间垂直距离为 b，于是，ε_r'可表示为：

$$\varepsilon_r' = \frac{1}{2}\mu(\boldsymbol{v}_r\cos\theta)^2 = \frac{1}{2}\mu\boldsymbol{v}_r^2\cos^2\theta = \frac{1}{2}\mu\boldsymbol{v}_r^2(1-\sin^2\theta) = \varepsilon_r\left(1-\frac{b^2}{d_{AB}^2}\right) \tag{12.1.13}$$

碰撞理论认为：只有当 ε_r'的值超过某一规定值 ε_c 时，碰撞才是有效的，才是导致反应的碰撞，故称之为硬球碰撞模型。ε_c 称为能发生化学反应的临界能或阈能(shreshold energy)。对于不同的反应，显然 ε_c 的值也是不同的。故发生反应的必要条件是 $\varepsilon_r' \geqslant \varepsilon_c$，即

$$\varepsilon_r\left(1-\frac{b^2}{d_{AB}^2}\right) \geqslant \varepsilon_c \tag{12.1.14}$$

从式(12.1.14)可知，导致反应的碰撞有一定的概率。设反应概率为 P_r，则有

$$P_r(\varepsilon_r') = 0 \qquad 当\ \varepsilon_r' < \varepsilon_c$$

$$P_r(\varepsilon_r') = 1 \qquad 当\ \varepsilon_r' \geqslant \varepsilon_c$$

这样，当碰撞参数 b 等于某一值 b_r 时，使得分子碰撞时的相对平动能在连心线上的分量 ε_r'等于 ε_c，则

$$\varepsilon_r\left(1-\frac{b_r^2}{d_{AB}^2}\right) = \varepsilon_c$$

或

$$b_r^2 = d_{AB}^2\left(1-\frac{\varepsilon_c}{\varepsilon_r}\right) \tag{12.1.15}$$

当 ε_c 值一定时，凡是碰撞参数 $b \leqslant b_r$ 的所有碰撞都是有效的，能引起化学反应的有效碰撞截面为：

$$\sigma_r(\varepsilon_r) = \pi b_r^2 = \pi d_{AB}^2\left(1-\frac{\varepsilon_c}{\varepsilon_r}\right) \tag{12.1.16}$$

可见：当 $\varepsilon_r \leqslant \varepsilon_c$ 时，$\sigma_r = 0$；当 $\varepsilon_r > \varepsilon_c$ 时，$\sigma_r(\varepsilon_r)$的值随 ε_r 的增加而增加，如图 12.3 所示。

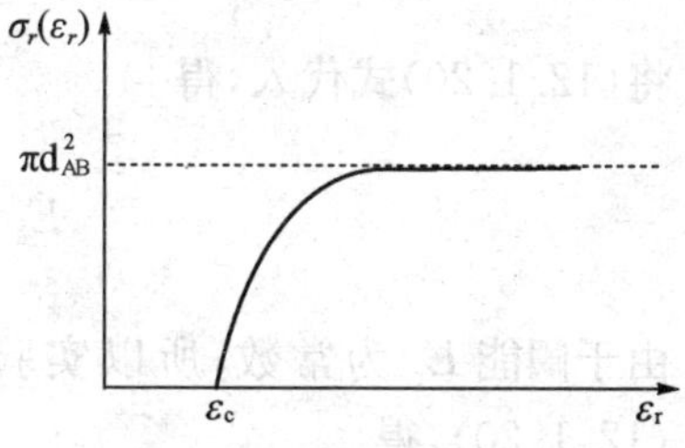

图 12.3　硬球碰撞模型中反应截面与阈能的关系

根据麦克斯韦-玻尔兹曼分布，相对平均动能位于 ε_r' 与 $\varepsilon_r' + d\varepsilon_r'$之间的碰撞分数 $q(\varepsilon_r')d\varepsilon_r'$为：

$$q(\varepsilon_r')d\varepsilon_r' = \frac{1}{k_BT}e^{-\varepsilon_r'/(k_BT)}d\varepsilon_r'$$

式中，k_B 为玻尔兹曼常数。若反应的最小能量为阈能 ε_c，则 $\varepsilon_r \geqslant \varepsilon_c$ 的碰撞都导致反应，有效碰撞的分数为：

$$q = \int_{\varepsilon_c}^{\infty} q(\varepsilon'_r)d\varepsilon'_r = \int_{\varepsilon_c}^{\infty}\frac{e^{-\varepsilon_r'/(k_BT)}}{k_BT}d\varepsilon'_r = e^{-\varepsilon_c/(k_BT)}$$

即

$$q = \exp\left[-\frac{E_c}{RT}\right] \tag{12.1.17}$$

其中：$E_c = L\varepsilon_c$。如果 $E_c = 186.2\ kJ\cdot mol^{-1}$，$T = 300\ K$，则

$$q=\exp\left(-\frac{E_c}{RT}\right)=\exp\left(-\frac{186\ 200}{8.314\times300}\right)=3.7\times10^{-33}$$

即 $2.7\times10^{32}\left(=\frac{1}{3.7\times10^{-33}}\right)$次碰撞中只有一次有效碰撞。若温度提高到 400 K，每 2×10^{24} 次$\left(=\frac{1}{4.8\times10^{-25}}\right)$碰撞中只有一次有效碰撞。所以，引入阈能的概念，反映出了温度对反应速率的显著影响。

12.1.3 碰撞理论与阿累尼乌斯方程的关系

根据式(12.1.6)、式(12.1.9)和式(12.1.12)，可以推出双分子的反应速率为：

$$r=-\frac{d[A]}{dt}=\frac{Z_{AB}}{L}\cdot q=\frac{Z_{AB}e^{-E_c/(RT)}}{L}=L\pi d_{AB}^2\sqrt{\frac{8RT}{\pi\mu}}\cdot e^{-E_c/(RT)}\cdot[A][B] \tag{12.1.18}$$

与(12.1.10)式进行比较，得

$$k=L\pi d_{AB}^2\sqrt{\frac{8RT}{\pi\mu}}e^{-E_c/(RT)} \tag{12.1.19}$$

令与温度无关的项为 $B=L\pi d_{AB}^2\sqrt{8R/(\pi\mu)}$，把(12.1.19)式进一步简化为

$$k=BT^{1/2}e^{-E_c/(RT)} \tag{12.1.20}$$

根据阿累尼乌斯方程 $E_a=RT^2\frac{d\ln k}{dT}$

将(12.1.20)式代入，得

$$E_a=RT^2\left(\frac{1}{2T}+\frac{E_c}{RT^2}\right)=E_c+\frac{1}{2}RT \tag{12.1.21}$$

由于阈能 E_c 为常数，所以实验活化能 E_a 应该与温度 T 有关。把式(12.1.21)代入式(12.1.20)，得

$$k=BT^{1/2}\exp\left[-\frac{E_a-\frac{1}{2}RT}{RT}\right] \tag{12.1.22}$$

与阿累尼乌斯公式 $k=Ae^{-E_a/(RT)}$ 进行比较，则指前因子 A 为：

$$A=BT^{1/2}e^{1/2}=L\pi d_{AB}^2\sqrt{\frac{8RTe}{\pi\mu}} \tag{12.1.23}$$

上式表示：按硬球碰撞模型，指前因子 A 与温度有关。

从定性上看，简单碰撞理论是相当成功的，它抓住了化学反应的主要特征，且具有阿累尼乌斯方程的形式特征。定量上看，对于一些结构简单的原子之间的反应，或某些自由基与分子之间的反应，用上述理论计算所得的 k 和 A 值与实验结果符合的比较好。对于更多的复杂分子间的反应，理论计算所得的速率常数值要比实验值大，有时甚至大很多。硬球模型

的另一个缺点是阈能 E_c 不能从理论上直接计算。通常是通过实验数据得到 E_a 和 k，再计算得到 E_c。为了直接利用碰撞理论的结果进行计算，通常引用了一个空间因子（steric factor）或概率因子（probability factor）P 来校正理论与实验数据的偏差，即

$$P=\frac{A_{exp}}{A_{SCT}} \tag{12.1.24}$$

式中：A_{exp} 为实验数据得到的指前因子；A_{SCT} 为按碰撞模型计算得到的指前因子。于是

$$k=PA_{SCT}e^{-E_a/(RT)} \tag{12.1.25}$$

P 值一般小于 1。P 因子综合反映了分子有效碰撞的各种因素，例如分子结构的影响、碰撞方位的影响等。对于复杂分子，参与反应的基团在整个球表面仅占有很少的比例，活化分子仅限于在某一定的方位上相碰才是有效的碰撞，因而降低了反应的速率。也就是说，双分子碰撞时，即使能量达到要求，如果碰撞时取向不合适，反应也不会发生。

方位效应是一个牵强的解释。因为 P 因子既不能理论计算预测，也不能从反应物的分子结构自圆其说地解释为什么要引入反常小的 P 值。P 的作用仅仅是一个校正理论与实验偏差的经验参数。这种偏差的根源在于理论模型太简单了，它既没有考虑反应物分子的结构，也没有涉及分子间的作用势能。

讨论　某些双分子反应的活化能、指前因子和概率因子

科学家介绍

詹姆斯·克拉克·麦克斯韦
(James Clerk Maxwell)

【例 12.3】　628 K 时反应 $H_2+C_2H_4 \longrightarrow C_2H_6$ 的指前因子实验值为 $1.24\times10^6\ dm^3\cdot mol^{-1}\cdot s^{-1}$，$H_2$ 与 C_2H_4 分子直径分别为 1.41×10^{-10} m 和 4.51×10^{-10} m，H_2 与 C_2H_4 的摩尔质量分别为 $2.016\times10^{-3}\ kg\cdot mol^{-1}$ 和 $28.05\times10^{-3}\ kg\cdot mol^{-1}$，试计算反应的空间因子 P。

解：

$$P=\frac{A_{exp}}{A_{SCT}},\quad A_{SCT}=L\pi d_{AB}^2\sqrt{\frac{8RTe}{\pi\mu}}$$

其中：

$$\mu=\frac{2.016\times10^{-3}\times28.05\times10^{-3}}{2.016\times10^{-3}+28.05\times10^{-3}}\ kg\cdot mol^{-1}=1.881\times10^{-3}\ kg\cdot mol^{-1}$$

$$\left(\frac{8RTe}{\pi\mu}\right)^{1/2}=\left(\frac{8\times8.314\times628\times2.718}{3.14\times1.881\times10^{-3}}\right)^{1/2}\ m\cdot s^{-1}=4\ 384\ m\cdot s^{-1}$$

$$d_{AB}^2=\left[\frac{1}{2}(1.41+4.51)\times10^{-10}\ m\right]^2=8.76\times10^{-20}\ m^2$$

代入 A_{SCT} 得：$A_{SCT}=7.26\times10^{11}\ dm^3\cdot mol^{-1}\cdot s^{-1}$，则

$$P=\frac{A_{exp}}{A_{SCT}}=\frac{1.24\times10^6}{7.26\times10^{11}}=1.7\times10^{-6}$$

碰撞理论把分子看成是没有结构的刚性硬球，模型简单，用有效碰撞描述反应，概念清晰。碰撞理论定性给出了阿累尼乌斯公式中的指数项、指前因子的物理意义：分子要发生反应必须发生碰撞，而且必须具有足够高的能量，指前因子与分子的碰撞频率相关。碰撞理论从理论上给出了温度对反应速率的影响关系，同时指出了指前因子也受温度的影响。但碰撞理论毕竟是一个简单的模型，它对分子结构的表达是简单的，采用的方法还是经典力学的方法，对速率常数的预测是粗糙的，还不能指出阈能的计算方法，等等。随着近代实验技术的进步，这个理论已经得到了全新的改造，并已经发展成为分子反应动态学这一新分支学科的基石。

12.2 过渡态理论

如果说 1918 年提出碰撞理论时人们对分子结构的认识知之甚少，那么到 20 世纪 30 年代情况就不同了，量子力学渗透到化学领域，一个令人兴奋的基元反应速率理论面世了，它被称为过渡态理论（Transition-State Theory，TST），或称活化络合物理论（Activated complex theory）。过渡态理论是由 Evans、Polanyi 和 Eyring 于 1935 年分别提出的。这个理论建立在量子力学和统计力学基础上，比简单碰撞理论有更加鲜明的物理图像。

过渡状态理论认为：反应物分子并不只是通过简单碰撞直接形成产物的，而是必须经过一个势能较高的并被称之为活化络合物（Activated complex）的状态，即过渡态（Transition state），达到这个过渡状态需要一定的活化能（Activation energy）。活化络合物与反应物分子之间处于热力学平衡状态，而反应的速率由活化络合物转化成产物的速率来决定。这个理论还认为：反应物分子之间相互作用的势能是分子间相对位置的函数，在反应物转变为产物的过程中，系统的势能不断变化。依据量子力学方法可以画出反应过程中势能变化的势能面图，从中找出过渡态和最佳的反应途径。

过渡态理论原则上提供了一种计算反应速率的方法。依据分子的一些基本物性，如振动频率、质量、核间距离等，用统计热力学方法，可以计算出反应的速率常数。有关过渡态理论本书介绍两个方面的内容：本节介绍关于反应速率常数的计算方法；在 12.3 节简要介绍反应系统的势能面，它刻画了反应过程所引起的能量变化，指出了反应可能的途径，以及过渡态概念的形成。

12.2.1 艾林方程

对于基元反应：$A+BC \longrightarrow AB+C$，假设反应过程中 A 在与 B－C 呈直线的方向逐渐接近 B 原子，过程中体系能量逐步升高达到最高点，形成中间态的活化络合物$[A\cdots B\cdots C]^{\neq}$，这个状态称为过渡态。之后，随着 C 原子的离去，体系能量下降形成稳定的产物 A－B 和 C。此过程中，与反应有关的原子的相对坐标变化称为反应坐标（reaction cordination）。沿反应坐标系统势能的变化如图 12.4 所示，被称之为反应历程势能图。

过渡态理论认为：

(1) 反应物分子是沿反应坐标转变成产物分子的。这就是说，反应物分子必须先获得过渡态的构型，然后再由活化络合物分解成产物分子。

(2) 在反应过程中，反应物与活化络合物间始终呈热力学平衡关系。反应物分子和活化络合物分子的能量都遵守 Boltzmann 分布。

(3) 在整个反应过程中，活化络合物向产物的转化是反应的速率决定步骤。

(4) 对于线型活化络合物分子，沿反应坐标的不对称伸缩振动，将使活化络合物分解，因为过渡态处于势能面的顶点，没有回复力，所以一次不对称伸缩振动就会使活化络合物分解成产物，即分解速率等于其不对称伸缩振动频率 $\nu^{\neq}$。

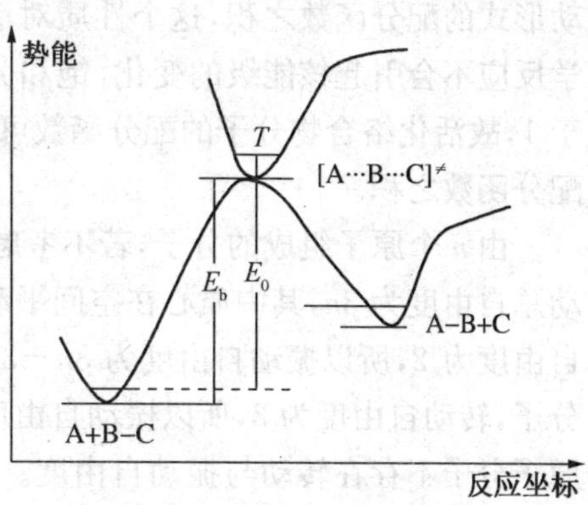

图 12.4　反应历程势能图

过渡态理论模型可将反应过程用如下基元反应的组合表示：

$$\mathrm{A}+\mathrm{BC} \xrightleftharpoons{K_c^{\neq}} [\mathrm{A}\cdots\mathrm{B}\cdots\mathrm{C}]^{\neq} \xrightarrow{\nu^{\neq}} \mathrm{AB}+\mathrm{C}$$

反应速率为：

$$r=\nu^{\neq}c^{\neq} \tag{12.2.1}$$

式中：$c^{\neq}$ 为活化络合物的浓度，$\nu^{\neq}$ 为活化络合物的不对称伸缩振动频率。根据热力学平衡假设，反应物与活化络合物的平衡常数为：

$$K_c^{\neq}=\frac{c^{\neq}}{c_{\mathrm{A}}c_{\mathrm{BC}}} \tag{12.2.2}$$

故 $c^{\neq}=K_c^{\neq}c_{\mathrm{A}}c_{\mathrm{BC}}$，将之代入式(12.2.1)，得

$$r=\nu^{\neq}K_c^{\neq}c_{\mathrm{A}}c_{\mathrm{BC}} \tag{12.2.3}$$

根据质量作用定律，基元反应 $\mathrm{A}+\mathrm{BC}\longrightarrow\mathrm{AB}+\mathrm{C}$ 的反应速率方程为

$$r=kc_{\mathrm{A}}c_{\mathrm{BC}} \tag{12.2.4}$$

其中 k 为双分子反应速率常数，比较式(12.2.3)和式(12.2.4)，于是有

$$k=\nu^{\neq}K_c^{\neq} \tag{12.2.5}$$

根据统计热力学原理，平衡常数可以用配分函数来表示：

$$K_c^{\neq}=\frac{(Q_{\mathrm{ABC}}^{\neq}/V)}{(Q_{\mathrm{A}}/V)(Q_{\mathrm{BC}}/V)}L\mathrm{e}^{-E_0/(RT)} \tag{12.2.6}$$

式中：$Q_{\mathrm{ABC}}^{\neq}$、Q_{A}，Q_{BC} 分别为活化络合物、分子 A 和 BC 的全配分函数，它们的能量标度零点都设在各自的基态能级上；V 为反应系统的体积；E_0 为活化络合物与反应物的零点能之差(参考图 12.4)，也就是 0 K 时的活化能；L 为阿伏伽德罗常数。

按照统计热力学有关分子配分函数的析因子性质，分子的配分函数可以表示为各种运

动形式的配分函数之积，这个性质对活化络合物也适用。一般化学反应不会引起核能级的变化，饱和分子电子基态能级简并度等于 1，故活化络合物分子的配分函数可表示成其平动、转动和振动配分函数之积。

由 n 个原子组成的分子，若不考虑电子与原子核的运动，其运动总自由度为 $3n$，其中质心在空间平动自由度为 3，线型分子转动自由度为 2，所以振动自由度为 $3n-3-2=3n-5$；非线型多原子分子，转动自由度为 3，所以振动自由度为 $3n-3-3=3n-6$。单原子分子不存在转动与振动自由度。因此，对于线型三原子活化络合物 $[A\cdots B\cdots C]^{\neq}$，其运动总自由度为 9，其中平动为 3，转动为 2，振动为 $3n-5=4$。分子的振动有如图 12.5 所示的四种方式：其中两种弯曲振动(c,d)和一种对称伸缩振动(a)不会引起势能降低。而不对称伸缩振动(b)将导致络合物分解生成产物分子，体系势能降低，它相当于沿反应坐标方向的振动。由于活化络合物向产物转化的运动，即不对称伸缩振动，可以与其他的运动形式分离，故可以把相应于不对称伸缩振动自由度的配分函数 Q_{ABC} 从 $Q^{\neq}_{ABC}$ 中分离出来，即

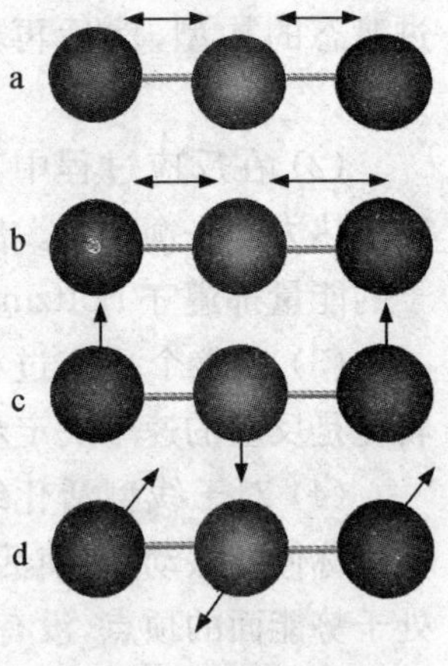

图 12.5 线形三原子分子振动

$$Q^{\neq}_{ABC}=Q^{*}_{ABC}Q_{ABC} \tag{12.2.7}$$

式中：Q_{ABC} 是活化络合物分子内沿反应坐标方向振动的配分函数；Q^{*}_{ABC} 是其余 $3n-1$ 个自由度的配分函数。已知一维谐振子配分函数为：$Q_v=[1-e^{-h\nu/(k_BT)}]^{-1}$，活化络合物的不对称伸缩振动也可以用此式计算。由于活化络合物的分解振动模式是一非常弱的振动，即 $h\nu^{\neq}\ll k_BT$，故有 $e^{-h\nu^{\neq}/(k_BT)}\approx 1-h\nu^{\neq}/(k_BT)$，所以：

$$Q_{ABC}=\frac{1}{1-e^{-h\nu^{\neq}/(k_BT)}}\approx\frac{k_BT}{h\nu^{\neq}} \tag{12.2.8}$$

将之代入式(12.2.7)，得

$$Q^{\neq}_{ABC}=Q^{*}_{ABC}\cdot\frac{k_BT}{h\nu^{\neq}} \tag{12.2.9}$$

再将之代入式(12.2.6)，联系式(12.2.6)和式(12.2.5)，得

$$k=\nu^{\neq}\frac{(Q^{*}_{ABC}/V)}{(Q_A/V)(Q_{BC}/V)}\frac{k_BT}{h\nu^{\neq}}Le^{-E_0/(RT)}=\frac{k_BT}{h}\frac{(Q^{*}_{ABC}/V)}{(Q_A/V)(Q_{BC}/V)}Le^{-E_0/(RT)} \tag{12.2.10}$$

这就是过渡态理论的双分子反应速率常数的基本方程，也称为艾林(Eyring)方程。理论上，如果知道了有关分子的结构数据，就可以计算相应的配分函数，进而计算速率常数 k，而不必做动力学测定。所以，过渡态理论也被称为绝对反应速率理论(absolute rate theory)。

12.2.2 过渡态理论的热力学处理

过渡态理论将基元反应的速率常数用反应物和活化络合物之间的平衡常数以及有关的配分函数来表示，如式(12.2.5)和式(12.2.10)。对于凝聚相反应，由于分子间存在

讨论 • 反应速率常数与配分函数
• $F+H_2$ 反应的速率常数

不可忽略的分子间相互作用，单个分子的配分函数的计算并不是容易的，这时可以将式(12.2.10)Eyring 方程转化成热力学函数的形式来表示。

1. *反应速率常数与活化反应热力学函数*

若定义反应物 A 和 BC 与络合物$[A\cdots B\cdots C]^{\neq}$的平衡常数为

$$K_c^{\neq}=\frac{(Q_{ABC}^{*}/V)}{(Q_A/V)(Q_{BC}/V)}Le^{-E_0/(RT)} \tag{12.2.11}$$

则式(12.2.10)可近似表示为：

$$k=\frac{k_BT}{h}K_c^{\neq} \tag{12.2.12}$$

式(12.2.11)中的 $K_c^{\neq}$ 不包括活化络合物分子内沿反应坐标方向振动的配分函数，显然它与式(12.2.6)关于 $K_c^{\neq}$ 的定义是不同的。尽管 $Q_{ABC}^{*}\neq Q_{ABC}^{\neq}$，它们之间的关系由式(12.2.7)规定，只有在 $Q_{ABC}=1$ 条件下，它们才相等。$Q_{ABC}=1$ 则意味着所有振子都应处在基态能级上，此时，$\nu^{\neq}\approx k_BT/h$，是活化络合物的基态振动频率。本节处理方法是仿照热力学方法处理基本公式(12.2.10)，最终的速率常数计算是依靠热力学函数的变化而不是配分函数的绝对值，故近似关系 $Q_{ABC}^{*}\approx Q_{ABC}^{\neq}$也是可取的。

根据热力学关系：

$$\sum_B \nu_B\mu_B^{\ominus}(T) = \Delta_r^{\neq}G_m^{\ominus}=-RT\ln\prod_B\left(\frac{c_B}{c^{\ominus}}\right)^{\nu_B}=-RT\ln K_c^{\neq,\ominus}$$

平衡常数 $K_c^{\neq}$ 与标准平衡常数 $K_c^{\neq,\ominus}$ 的关系为：$K_c^{\neq,\ominus}=K_c^{\neq}\cdot(c^{\ominus})^{n-1}$，其中 n 为反应物的分子数。对于反应 $A+BC\rightleftharpoons[A\cdots B\cdots C]^{\neq}$，则有：

$$K_c^{\neq,\ominus}=\frac{c^{\neq}/c^{\ominus}}{(c_A/c^{\ominus})(c_{BC}/c^{\ominus})}=K_c^{\neq}\ (c^{\ominus})^{2-1}$$

所以平衡常数 $K_c^{\neq}$ 与标准摩尔吉布斯自由能 $\Delta_r^{\neq}G_m^{\ominus}$的关系为：

$$\Delta_r^{\neq}G_m^{\ominus}=-RT\ln[K_c^{\neq}\cdot(c^{\ominus})^{n-1}] \tag{12.2.13}$$

将式(12.2.13)代入式(12.2.12)得：

$$k=\frac{k_BT}{h}(c^{\ominus})^{1-n}\exp\left(\frac{-\Delta_r^{\neq}G_m^{\ominus}}{RT}\right) \tag{12.2.14}$$

根据 $\Delta_r^{\neq}G_m^{\ominus}=\Delta_r^{\neq}H_m^{\ominus}-T\Delta_r^{\neq}S_m^{\ominus}$，代入上式后，得

$$k=\frac{k_BT}{h}(c^{\ominus})^{1-n}\exp\left[\frac{\Delta_r^{\neq}S_m^{\ominus}(c^{\ominus})}{R}\right]\exp\left(\frac{-\Delta_r^{\neq}H_m^{\ominus}}{RT}\right) \tag{12.2.15}$$

式中 $\Delta_r^{\neq}S_m^{\ominus}(c^{\ominus})$和 $\Delta_r^{\neq}H_m^{\ominus}$分别称为反应物变成活化络合物的标准摩尔活化熵和标准摩尔活化焓。

2. *关于标准态的选取*

应当注意：式(12.2.15)所指标准态为 $c^{\ominus}=1\ mol\cdot dm^{-3}$或 $c^{\ominus}=1\ mol\cdot m^{-3}$的状态，速率

常数 k 的单位用 $dm^3 \cdot mol^{-1} \cdot s^{-1}$ 或 $m^3 \cdot mol^{-1} \cdot s^{-1}$ 表示。计算时应当注意区分。还应当注意：该式用于液相反应时，$\Delta_r^{\neq} H_m^{\ominus}$ 等于极稀溶液中的活化焓，用于气相反应时，$\Delta_r^{\neq} H_m^{\ominus}$ 则为理想气体的标准态活化焓。活化焓与 $c^{\ominus}$ 的取值无关，但活化熵与 $c^{\ominus}$ 的取值有关，故用 $\Delta_r^{\neq} S_m^{\ominus}(c^{\ominus})$ 以醒示区分。

对于气相反应，若标准态为 $c^{\ominus}=1\ mol \cdot dm^{-3}$，则状态的压强为 $p=c^{\ominus}RT=1\ mol \cdot dm^{-3}RT$。但是，我们通常定义的理想气体的标准态为 $p^{\ominus}=100\ kPa$，对应这一标准态 $p^{\ominus}$ 的活化熵用 $\Delta_r^{\neq} S_m^{\ominus}$ 表示，它并不等于式(12.2.15)中的 $\Delta_r^{\neq} S_m^{\ominus}(c^{\ominus})$。尽管如此，由于速率常数与标准态的选取无关，当用 $\Delta_r^{\neq} S_m^{\ominus}$ 代替 $\Delta_r^{\neq} S_m^{\ominus}(c^{\ominus})$，式(12.2.15)仍然成立。即对于 n 分子气相反应，有

$$k=\frac{k_B T}{h}\left(\frac{p^{\ominus}}{RT}\right)^{1-n}\exp\left[\frac{\Delta_r^{\neq} S_m^{\ominus}}{R}\right]\exp\left(\frac{-\Delta_r^{\neq} H_m^{\ominus}}{RT}\right) \qquad (12.2.16)$$

于是，气相反应的不同标准态的活化熵的关系为：

$$(c^{\ominus})^{1-n}\exp\left[\frac{\Delta_r^{\neq} S_m^{\ominus}(c^{\ominus})}{R}\right]=\left(\frac{p^{\ominus}}{RT}\right)^{1-n}\exp\left(\frac{\Delta_r^{\neq} S_m^{\ominus}}{R}\right)$$

即：

$$\Delta_r^{\neq} S_m^{\ominus}(c^{\ominus})=\Delta_r^{\neq} S_m^{\ominus}+(1-n)\ln\left(\frac{p^{\ominus}}{c^{\ominus}RT}\right) \qquad (12.2.17)$$

计算时关键要注意 k、$c^{\ominus}$ 和 $\Delta_r^{\neq} S_m^{\ominus}(c^{\ominus})$ 的单位一致。

3. 活化能、指前因子与热力学函数的关系

为了与实验结果比较，要找出 $\Delta_r^{\neq} H_m^{\ominus}$ 与实验活化能 E_a 的关系。根据阿累尼乌斯活化能的定义，$E_a=RT^2(d\ln k/dT)$，对式(12.2.12)取对数并对温度求导，得

$$\left(\frac{\partial \ln k}{\partial T}\right)_V=\frac{1}{T}+\left(\frac{\partial \ln K_c^{\neq}}{\partial T}\right)_V$$

由于 $K_c^{\neq}$ 是以浓度 c 表示的平衡常数，它与温度的关系为：

$$\left(\frac{\partial \ln K_c^{\neq}}{\partial T}\right)_V=\frac{\Delta_r^{\neq} U_m^{\ominus}}{RT^2}$$

$\Delta_r^{\neq} U_m^{\ominus}$ 为标准摩尔活化内能。于是有：

$$\left(\frac{\partial \ln k}{\partial T}\right)_V=\frac{RT+\Delta_r^{\neq} U_m^{\ominus}}{RT^2}=\frac{E_a}{RT^2}$$

由于 $H=U+pV$，对于气体反应

$$\Delta_r^{\neq} H_m^{\ominus}=\Delta_r^{\neq} U_m^{\ominus}+\Delta(pV)=\Delta_r^{\neq} U_m^{\ominus}+\Delta n^{\neq}RT=\Delta_r^{\neq} U_m^{\ominus}+(1-n)RT \qquad (12.2.17)$$

$\Delta n^{\neq}$ 为由反应物生成活化络合物时分子数的变化。对于活化络合反应，活化络合物的分子数为 1，反应物分子数为 n，于是，阿累尼乌斯活化能为

$$E_a=RT+\Delta_r^{\neq} U_m^{\ominus}=RT+\Delta_r^{\neq} H_m^{\ominus}-(1-n)RT=\Delta_r^{\neq} H_m^{\ominus}+nRT \quad (n\text{ 分子气相反应}) \qquad (12.2.18)$$

式中 E_a 为恒容反应过程的活化能。将式(12.2.18)代入式(12.2.15)，得速率常数为

$$k = e^n \cdot \frac{k_B T}{h}(c^\ominus)^{1-n} \cdot \exp\left[\frac{\Delta_r^{\neq} S_m^\ominus(c^\ominus)}{R}\right]\exp\left(\frac{-E_a}{RT}\right) \quad (n\text{ 分子气相反应}) \quad (12.2.19)$$

指前因子 A 为：

$$A = e^n \cdot \frac{k_B T}{h}(c^\ominus)^{1-n} \cdot \exp\left[\frac{\Delta_r^{\neq} S_m^\ominus(c^\ominus)}{R}\right] \quad (n\text{ 分子气相反应}) \quad (12.2.20)$$

这样，实验得到的活化能和指前因子就分别与标准摩尔活化焓和标准摩尔活化熵相联系。由标准活化熵可推测活化络合物的结构。如果活化络合物分子比反应物分子松散，或者说对分子的内转动和振动有更弱的限制力时，都会使活化熵大于零；反之，则小于零。

需要注意，对于凝聚相反应 $\Delta_r^{\neq} H_m^\ominus \approx \Delta_r^{\neq} U_m^\ominus$，无论对于恒压还是恒容条件，均有

$$\frac{d\ln K_c^{\neq}}{dT} = \frac{\Delta_r^{\neq} H_m^\ominus}{RT^2}$$

所以

$$E_a = \Delta_r^{\neq} H_m^\ominus + RT \quad (n\text{ 分子凝聚相反应}) \quad (12.2.21)$$

$$A = e \cdot \frac{k_B T}{h}(c^\ominus)^{1-n} \cdot \exp\left(\frac{\Delta_r^{\neq} S_m^\ominus(c^\ominus)}{R}\right) \quad (n\text{ 分子凝聚相反应}) \quad (12.2.22)$$

12.2.3　TST 与 SCT 比较

将双分子碰撞理论中的指前因子

$$A = PL\pi d_{AB}^2\left(\frac{8RT}{\pi\mu}\right)^{1/2}$$

与式(12.2.20)比较得出：活化熵与碰撞理论中的空间因子 P 有某种联系。

$$P \propto \exp\left(\frac{\Delta_r^{\neq} S_m^\ominus(c^\ominus)}{R}\right) \quad (12.2.23)$$

因此，空间因子的大小决定于反应的活化熵。如果活化络合物的分子结构同产物的分子结构很相似，则反应的活化熵就近似地等于反应的熵变 $\Delta_r S_m^\ominus(c^\ominus)$。表 12.1 给出了一些反应的空间因子和反应熵变的数据。

表 12.1　一些反应的空间因子和反应熵变的数据

反应	P	$\exp(\Delta_r S_m^\ominus/R)$
二甲基苯胺＋碘甲烷	0.5×10^{-7}	0.9×10^{-8}
乙酸乙酯皂化	2.0×10^{-5}	5.0×10^{-4}
碘化氢的解离	0.5	0.15
氧化亚氮的解离	1	1

从表 12.1 可以看出，P 和 $\exp(\Delta_r S_m^\ominus/R)$ 的数据很接近。所以从活化熵的概念可以解

释为什么不同的反应空间因子会相差很悬殊，这主要是活化熵相差很大造成的。活化熵可以通过实验方法测定，也可以根据推测的过渡态构型用统计热力学方法计算，因此通过活化熵可以计算空间因子。

【例 12.4】 实验测得气相反应 $A(g) \longrightarrow 2B(g)$ 的速率常数

$$k_A = 2\times10^{17}\exp\left(\frac{-349\ 000}{RT}\right)s^{-1}$$

温度为 1 000 K 时，$\frac{k_B T}{h} = 2\times10^{13}\ s^{-1}$，试求 1 000 K 时，该反应的活化熵 $\Delta_r^{\neq} S_m^{\ominus}$。

解： 对气相反应有 $$k_A = \frac{k_B T}{h}\left(\frac{p^{\ominus}}{RT}\right)^{1-n}\cdot e^n \cdot \exp\left(\frac{\Delta_r^{\neq} S_m^{\ominus}}{R}\right)\exp\left(\frac{-E_a}{RT}\right)$$

由于 $n=1$，所以得 $$k_A = \frac{k_B T}{h}\cdot e\cdot \exp\left(\frac{\Delta_r^{\neq} S_m^{\ominus}}{R}\right)\exp\left(\frac{-E_a}{RT}\right)$$

由题得 $$k_A = 2\times10^{17}\exp\left(\frac{-349\ 000}{RT}\right)s^{-1}$$

比较上述两式得 $$\frac{k_B T}{h}\cdot e\cdot \exp\left(\frac{\Delta_r^{\neq} S_m^{\ominus}}{R}\right) = 2\times10^{17}\cdot s^{-1}$$

$$\Delta_r^{\neq} S_m^{\ominus} = 68.26\ J\cdot mol^{-1}\cdot K^{-1}$$

【例 12.5】 某有机物的异构化反应是单分子反应，其中

$$\ln k/s^{-1} = 32.73 - \frac{-1.352\times10^4}{T/K}$$

求 323 K 时，该反应的表观活化能 E_a 和活化熵 $\Delta_r^{\neq} S_m^{\ominus}$。

解： 对反应有 $\ln k/s^{-1} = 32.73 - \frac{-1.352\times10^4}{T/K}$，所以得

$$E_a = 1.352\times10^4\times8.314\ J\cdot mol^{-1} = 112.4\ kJ\cdot mol^{-1}$$

根据过渡态理论，单分子反应 $n=1$，$E_a = \Delta_r^{\neq} H_m^{\ominus} + nRT = \Delta_r^{\neq} H_m^{\ominus} + RT$

所以得 $$\Delta_r^{\neq} H_m^{\ominus} = E_a - RT = (112.4\times10^3 - 8.314\times323)\ J\cdot mol^{-1} = 109.7\ kJ\cdot mol^{-1}$$

在 323 K $$k(323\ K) = 1.086\times10^{-4}\ s^{-1}$$

同时 $$k = \frac{k_B T}{h}(c^{\ominus})^{1-n}\exp\left(\frac{\Delta_r^{\neq} S_m^{\ominus}}{R}\right)\exp\left(\frac{-\Delta_r^{\neq} H_m^{\ominus}}{RT}\right) = 1.086\times10^{-4}\ s^{-1}$$

得 $$\Delta_r^{\neq} S_m^{\ominus} = 18.16\ J\cdot mol^{-1}\cdot K^{-1}$$

12.3 势能面

化学反应的实质是反应物间的相互作用而导致的原子重新组合。因此，研究化学反应首先是研究反应体系中原子或分子间的相互作用，分析沿着化学反应途径系统能量的变化。分

子间相互作用能以及体系总能量与原子在空间的排布有关，是原子坐标的函数，可以用一条曲线或一个多维曲面表示，这一曲面就称为“势能面”(potential energy surface)。构筑势能面，原则上可以通过量子力学计算得到，也可以通过经验或半经验的方法得到。例如：Morse 势能函数和简谐势阱是量子化学和量子物理中常用的一维能量表面(能量曲线)，这些简单的势能面只能用于描述比较简单的化学系统。对于真实的化学反应，构筑势能面必须考虑反应物和产物分子的所有可能取向，及各取向对应的电子能。

12.3.1　双原子分子的势能面

对于简单的双原子分子反应：AB ⟶ A＋B，在反应过程中，AB 原子间的键逐渐减弱并断裂，原子间相互作用势能 V 与核间距 r 的关系如图 12.6 所示。该图表示了势能值 V 随着 r 变化，当 AB 的核间距 r 很大时，势能大约为零；当 r 减小时，原子间相互作用以吸引为主，吸引力增加使体系能量下降。当 r 很小时，原子间斥力增加很快，成为主导形式，导致势能升高。在此之间，当$r=r_0$ 时，体系的势能最低，此时分子结构最稳定。r_0被称为平衡核间距或者键长。分子的转动能比其振动能和电子能小得多，故可忽略不计。分子振动的最低量子态是 $v=0$ 的基态振动，E_0为分子振动零点能。D_0表示分子由基态离解为两个孤立原子的能量变化，称为解离能。

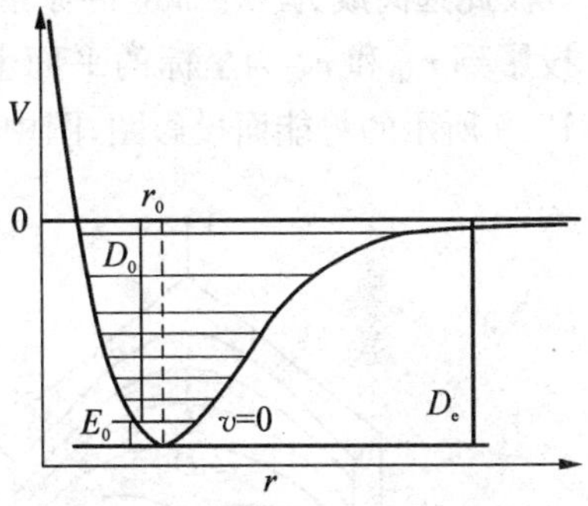

图 12.6　双原子分子的势能曲线

现代量子化学计算能力已经能够计算出大部分常见双原子分子的电子基态和部分电子激发态势能面的数值解。双原子分子势能曲线的解析解也一直是理论化学的重要研究内容，Morse 势能函数便是其中之一。

$$V(r)=D_e\left[1-e^{-\beta(r-r_0)}\right]^2 \tag{12.3.1}$$

式中 $D_e=D_0+E_0$。

12.3.2　三原子体系的势能面

对于 A＋BC ⟶ AB＋C 三原子反应体系，A、C 为单原子，BC 和 AB 代表双原子分子。当 A 原子接近 BC 分子时，就开始使 BC 分子间的键减弱，同时，开始生成新的 AB 键。设 AB、BC 和 CA 间的距离分别为 r_{AB}、r_{BC}和 r_{CA}，反应体系的势能是 r_{AB}、r_{BC}和 r_{CA}的函数，$V=V(r_{AB},\ r_{BC},\ r_{CA})$。设 AB 和 BC 的夹角为 φ，如图 12.7 所示，势能也可以表示为 $V=V(r_{AB},\ r_{BC},\varphi)$。上面两种表示方法得到的势能函数含有一个因变量和三个自变量，整个势能图是四维的。如果固定 $\varphi=180°$，即所有的原子在一条直线上，则反应体系的势能就简化为 $V=V(r_{AB},\ r_{BC})$，此时势能图演变为三维图，如图 12.8 所示。同样，若将 r_{AB}和 r_{BC}设为平面上互相垂直的两个坐标，也能得到相似的势能能量图，这些图统称为势能面(potential energy sueface)。

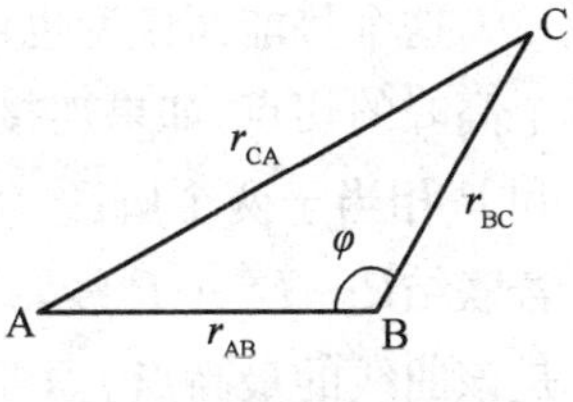

图 12.7　三原子体系的核间距

图 12.8 中的曲线为等高线，即等势能线。这个势能面与两个垂直于 r_{BC} 和 r_{AB} 的平面的交线就是 AB 和 BC 双原子分子的势能线。随着 r_{AB} 和 r_{BC} 的不同，势能值也不同，这些不同的点在空间构成了高低不平的曲面，犹如起伏的山峰。这个势能面有两个山谷，山谷的两个低谷口分别相应于反应的初态和终态（相应于图中的 R 点和 P 点）。其中 R 点对应的 r_{AB} 很大，而 r_{BC} 很小，且处于势能最低点，代表反应的始态（即 A＋BC）；P 点对应的 r_{BC} 很大，而 r_{AB} 很小，且处于势能最低点，是反应的终点（即 AB＋C）。连接这两个山谷间的山脊顶点是势能面上的鞍点。反应物从左山谷的谷底 R 点起，沿着山谷爬上鞍点，这时形成活化络合物，用 $T^{\neq}$ 表示，然后再沿右边山谷下降到谷底 P 点，形成生成物，其所经路线如图中虚线所示。这是一条最低能量的反应途径，称为反应坐标。D 点的 r_{AB} 和 r_{BC} 都很大，相应于 A、B、C 彼此远离成为三个孤立的原子。在 O 点 r_{AB} 和 r_{BC} 都等于零。如果把三原子反应的势能面投影到 r_{AB} 和 r_{BC} 为坐标的平面上，把势能相等的各点连接起来，构成了等势能线，得到图 12.9 所示的势能面投影图，图中的数值表示了势能的高低。

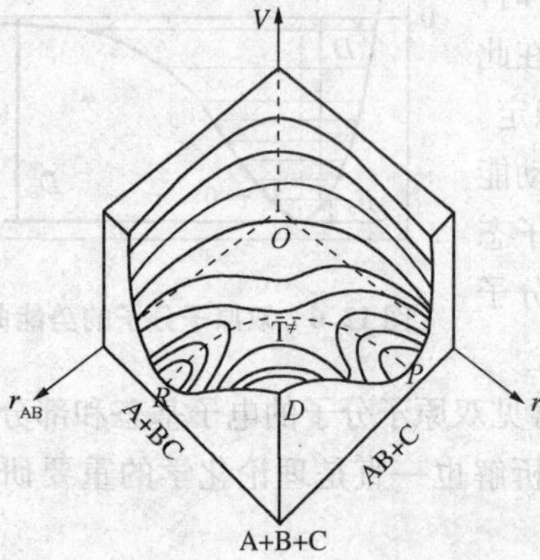

图 12.8　A＋BC ⟶ AB＋C 反应势能面示意图

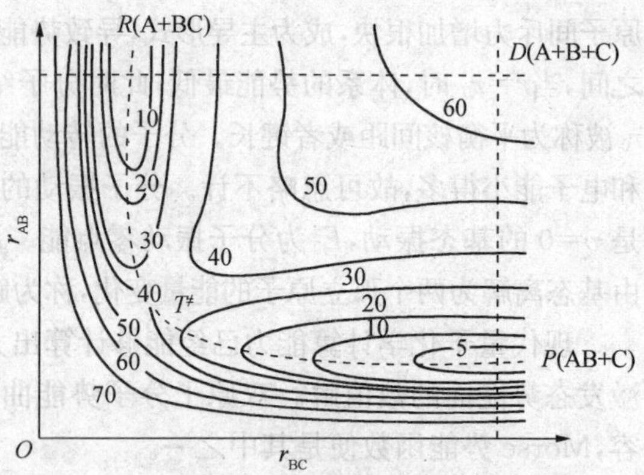

图 12.9　势能面投影图

图 12.9 表示：发生反应前系统（A＋BC）的能量处于图中的最低点 R 点，反应产物（AB＋C）的能量处于另一最低点 P 点，$T^{\neq}$ 点相当于活化络合物所在位置，D 点（在图中右上方）或更远处代表 A＋B＋C 三个孤立原子态。O 点与 D 点的能量均比 $T^{\neq}$ 点高。也可以看出，从 R 到 P，体系沿山谷爬坡至坡顶再下坡，而 D 和 O 两点则相当于山谷两旁的山峰。

这个势能面模型也可以用一个马鞍图表示（图 12.10），O 和 D 点相当于马鞍前后的两个高峰的切点，如果连接 $O\cdots T^{\neq}\cdots D$ 三点，则是一条凹形曲线，$T^{\neq}$ 点是曲线的最低点。R 和 P 相当于两个脚蹬，$T^{\neq}$ 点相当于马鞍中心，倘若联结 $R\cdots T^{\neq}\cdots P$ 线，则是一条凸形曲线，$T^{\neq}$ 点是该曲线的最高点。$T^{\neq}$ 点相当于马鞍的中心，所以用“马鞍点”来表示活化络合物 $T^{\neq}$ 是一个十分形象化的比喻。反应物 R 和产物 P 被马鞍点隔开，也被 $O\cdots T^{\neq}\cdots D$ 线隔开。因此，最可能的反应途径是

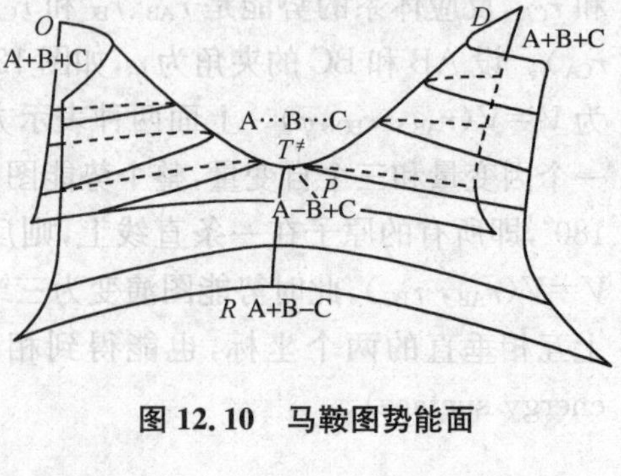

图 12.10　马鞍图势能面

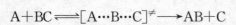

$$\text{A}+\text{BC} \rightleftharpoons [\text{A}\cdots\text{B}\cdots\text{C}]^{\neq} \longrightarrow \text{AB}+\text{C}$$

即 $R\rightarrow T^{\neq}\rightarrow P$ 途径是克服势能最小的途径。换言之，对于 A＋BC ⟶ AB＋C 的反应，能量最低途径不是首先破坏 BC 键（$R\rightarrow D$），然后再组合成 AB 键（$D\rightarrow P$）。$[\mathrm{A\cdots B\cdots C}]^{\neq}$ 为活化络合物，其所处的状态为反应过渡态，即是图中的 $T^{\neq}$ 点状态。

如果以 $R\rightarrow T^{\neq}\rightarrow P$ 途径为横坐标称为反应坐标，势能为纵坐标，作平行于反应坐标的势能面的剖面图，得图 12.4。由该图可以看出，从反应物 A＋BC 到生成物 AB＋C，沿反应坐标的变化途径是一条能量最低的通道，但也必须越过势能垒 E_b，E_b 是活化络合物与反应物两者最低势能之差值，而 E_0 是两者零点能之间的差值。势能垒的存在从理论上表明了实验活化能 E_a 的实质。

讨论　势能图与分子碰撞轨迹

12.4　溶剂对反应速率的影响

化学反应速率不仅是反应物浓度和温度的函数，而且还与反应介质、催化剂和外场的作用有关。溶液反应与气相反应的最大差异在于液相介质的存在。溶剂的极性、介电常数、离子强度、溶质溶剂相互作用、分子扩散等都会影响反应速率。更进一步，反应物和过渡态活化络合物还会与溶剂发生溶剂化作用，从而改变反应的活化能，使反应速率发生显著的改变。本节讨论液相反应的特征以及溶剂对反应速率的影响。

12.4.1　笼效应

液相反应和气相反应一样，反应物分子必须碰撞才能发生反应。然而，液体的密度远大于气体的密度，虽然溶剂分子不参与反应，但反应物分子的运动严重地受到溶剂分子的阻碍，使之处于溶剂分子的包围之中，如同处于溶剂分子构成的笼（cage）中。

如果 A 分子要与 B 分子发生反应，A 分子必须从笼中挤出并与另一笼中的 B 分子相遇。途中，A 分子要与溶剂分子发生多次碰撞。一旦 A 和 B 分子相遇，也称“偶遇”（encounter），它们又陷入一个新的溶剂分子笼中，形成一个 AB 分子对，称为“遭遇对”。分子碰撞过程中溶剂的这种效应称为溶剂“笼效应”（cage effect）。如图 12.11 所示。

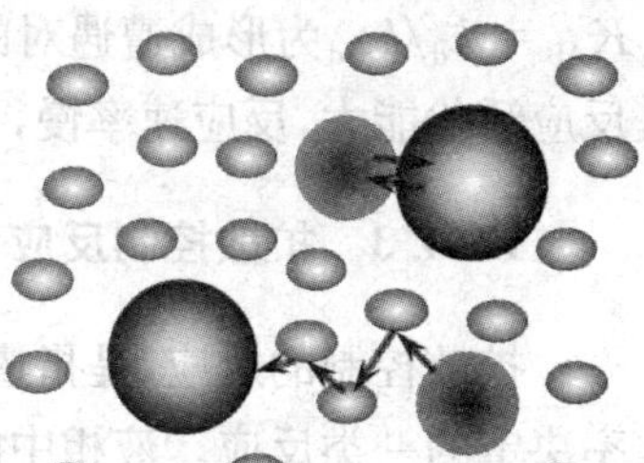

图 12.11　溶液分子相对扩散模型

对于黏度约为 $10^{-3}\ \mathrm{kg\cdot m^{-1}\cdot s^{-1}}$ 的溶剂，一个分子要在笼中逗留约 10^{-10} s，其间它会与周围的溶剂分子发生约 100～1 000 次碰撞。然后才有机会向外扩散，同时又陷入另一笼中。仅当反应物 A 和 B 同处于一个笼中形成 AB 遭遇对，相互间又发生着频繁的碰撞，才有可能生成产物。液相的遭遇数比气相分子的碰撞数要少得多。但是，一旦液相“遭遇对”形成，其碰撞频率又比气相的碰撞频率高很多。综合两种因素就总的碰撞频率而言，液相与气相大体相同。

12.4.2　液相反应机理

按照分子的液相运动特征，液相反应机理是由两个步骤串联而成的：① 反应物分子由各自的笼中扩散到同一笼中发生偶遇形成遭遇对,形成遭遇对的过程是可逆的;② 遭遇对发生液相化学反应生成产物,这一步是不可逆的。机理可表示为:

$$A + B \underset{k_{-d}}{\overset{k_d}{\rightleftharpoons}} [AB] \xrightarrow{k_2} P$$

式中:k_d为遭遇发生过程的速率常数;k_{-d}为遭遇对分离过程的速率常数;k_2 为遭遇后发生反应的速率常数。对遭遇反应做稳态近似,得

$$\frac{d[AB]}{dt} = k_d[A][B] - k_{-d}[AB] - k_2[AB] = 0$$

遭遇对[AB]的浓度为:

$$[AB] = \frac{k_d[A][B]}{k_{-d} + k_2}$$

反应速率方程为:

$$r = \frac{d[P]}{dt} = k_2[AB] = \frac{k_d k_2}{k_{-d} + k_2}[A][B] \tag{12.4.1}$$

若 $k_2 \gg k_{-d}$,则反应速率为:

$$r = k_d[A][B] \tag{12.4.2}$$

它表示:反应的活化能很小,而扩散过程相对较慢,一旦偶遇即发生反应,反应表现为扩散控制(diffusion controled reaction)。

若 $k_2 \ll k_{-d}$,则反应速率为:

$$r = k_2 \frac{k_d}{k_{-d}}[A][B] = k_2 K_{AB}[A][B] \tag{12.4.3}$$

$K_{AB} = k_d/k_{-d}$为形成遭遇对的平衡常数。表现为:分子扩散速率快,迅速达到遭遇对平衡,反应活化能大,反应速率慢,反应为活化控制(acitvation controled reaction)。

12.4.3 扩散控制反应

扩散控制的反应,是指遭遇对发生反应的速率极快,活化能很小,总反应速率由扩散速率决定的一类反应。液相中的反应多数受扩散控制。

如图 12.12 所示,考虑半径分别为 R_A 和 R_B 的两个球形分子,当它们扩散到相距 $R_A + R_B$ 时,发生碰撞和反应。若假定 A 分子静止不动(以 A 为中心),由于遭遇时发生的反应速率极快,在半径为 $R_{AB} = R_A + R_B$ 的球面上 B 的浓度为零;在远离 A 分子处,B 的浓度等于体相浓度 N_B^0。以 R 表示 AB 间的距离,则边界条件为:

$$R \leqslant R_{AB}, N_B = 0; \quad R = R_{AB} \sim \infty, N_B = N_B^0$$

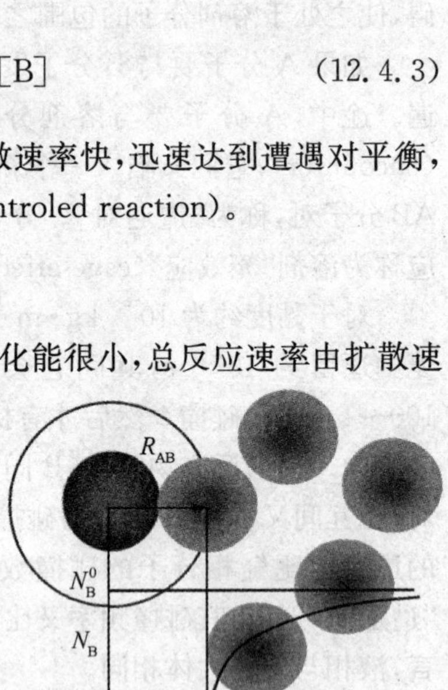

图 12.12 扩散过程示意图

B 和 A 分子的反应速率：以 R_{AB} 为半径做球面，B 通过该球面的总流量。根据费克(Fick)第一定律，单位时间通过单位表面的物质 B 的流量 J 与 B 的浓度梯度($\mathrm{d}N_B/\mathrm{d}R$)成正比，即

$$J=-D_B\frac{\mathrm{d}N_B}{\mathrm{d}R} \tag{12.4.4}$$

式中：D_B 为 B 分子的扩散系数，它代表单位浓度梯度时的流量；N_B 为单位体积内以 B 分子数表示的 B 浓度，式中“－”号表示扩散方向与 R 的增加方向相反。

分子 B 通过半径为 R_{AB} 的球面流入量为：

$$I_B=-4\pi R^2 J=4\pi R^2 D_B\frac{\mathrm{d}N_B}{\mathrm{d}R}$$

即对一个 A 分子而言，单位时间的反应速率为 $r_A=I_B$。在上述边界条件下积分，得

$$\int_{R_{AB}}^{\infty}\frac{r_A}{R^2}\mathrm{d}R=\int_0^{N_B^0}4\pi D_B\mathrm{d}N_B$$

体系处于稳态，r_A 为常数，上式积分，得

$$r_A=I_B=4\pi D_B R_{AB}N_B^0$$

实际上，A 分子不止一个，设单位体积的 A 分子数为 N_A^0，得

$$r_A=4\pi D_B R_{AB}N_B^0 N_A^0 \tag{12.4.5}$$

同理，若 B 分子不动，A 分子扩散进来反应，反应速率为：

$$r_B=4\pi D_A R_{AB}N_A^0 N_B^0 \tag{12.4.6}$$

但实际上，A 和 B 遭遇时都在扩散运动，故单位体积发生反应的总速率为：

$$r=r_A+r_B=4\pi(D_A+D_B)R_{AB}N_A^0 N_B^0 \tag{12.4.7}$$

与速率方程式(12.4.2)比较，得

$$k_d=4\pi(D_A+D_B)R_{AB} \tag{12.4.8}$$

若浓度以单位体积的物质的量浓度($\mathrm{mol\cdot m^{-3}}$)表示时$[\mathrm{A}]=N_A^0/L$，$[\mathrm{B}]=N_B^0/L$，r 单位为 $\mathrm{mol\cdot m^{-3}\cdot s^{-1}}$，则上式为：

$$k_d=4\pi L(D_A+D_B)R_{AB} \tag{12.4.9}$$

根据 Stokes-Einstein 扩散系数公式，即

$$D_A=\frac{k_B T}{6\pi\eta R_A} \tag{12.4.10}$$

式中：k_B 为 Boltzmann 常数；η 为介质黏度，将式(12.4.10)代入式(12.4.9)得

$$k_d=4\pi L\frac{k_B T}{6\pi\eta}\left(\frac{1}{R_A}+\frac{1}{R_B}\right)R_{AB}=\frac{2RT}{3\eta}\frac{R_{AB}^2}{R_A R_B} \tag{12.4.11}$$

可见，扩散控制时，溶液反应速率系数不仅与温度有关，而且还是反应物分子大小和介质黏度的函数。若取近似 $R_A = R_B$，再考虑到黏度随温度的变化可以写成类似阿累尼乌斯方程的形式：

$$\eta = A\exp\left(\frac{E_{a,d}}{RT}\right) \tag{12.4.12}$$

其中 $E_{a,d}$ 为扩散活化能，对于多数有机溶剂，$E_{a,d}$ 约为 10 kJ·mol^{-1}。于是，扩散控制的反应速率常数为：

$$k_d = \frac{8RT}{3A}\exp\left(\frac{-E_{a,d}}{RT}\right) \tag{12.4.13}$$

12.4.4 活化控制反应

如果遭遇对可视为反应物分子 A 和 B 的活化络合物 $[A\cdots B]^{\neq}$，则由过渡态理论可得

$$A + B \xrightleftharpoons{K_a^{\neq}} [A\cdots B]^{\neq} \xrightarrow{k_r} P$$

$$r = d[P]/dt = k_r c^{\neq} \tag{12.4.14}$$

由于活化控制，反应物与活化络合物迅速建立化学平衡，反应速率取决于反应步骤。严格地讲，平衡常数应以活度表示，即

$$K_a^{\neq} = \frac{a^{\neq}}{a_A a_B} = \frac{c^{\neq}/c^{\ominus}}{c_A c_B/(c^{\ominus})^2} \cdot \frac{\gamma^{\neq}}{\gamma_A \gamma_B} \tag{12.4.15}$$

式中：γ_A、γ_B、$\gamma^{\neq}$ 分别为 A、B、$[A\cdots B]^{\neq}$ 的活度因子；$c^{\ominus} = 1$ mol·dm^{-3}。故有

$$c^{\neq} = K_a^{\neq} \frac{c_A c_B}{c^{\ominus}} \frac{\gamma_A \gamma_B}{\gamma^{\neq}} \tag{12.4.16}$$

$$r = k_r K_a^{\neq} \frac{c_A c_B}{c^{\ominus}} \frac{\gamma_A \gamma_B}{\gamma^{\neq}} \tag{12.4.17}$$

反应速率常数为：

$$k = k_0 \frac{\gamma_A \gamma_B}{\gamma^{\neq}} \tag{12.4.18}$$

式中，$k_0 = k_r K_a^{\neq}/c^{\ominus}$，该式也称为 Brönsted-Bjerrum 方程，是考察溶剂对反应速率影响的基础。如果反应物和过渡态络合物是非电解质化合物，可采用非电解质溶液的理论计算各组分的活度因子，如 Hildebrand 的正规溶液理论。对于电解质溶液，可利用电解质溶液的理论计算各组分的活度因子，如 Debye-Hückel 离子互吸理论。这样通过分析各种因素对活度因子的影响，分析它们对速率常数的影响。

1. 溶剂的极性对反应速率的影响

如果反应物和活化络合物都是非电解质化合物，一个比较简单的理论是 Hildebrand 的正规溶液理论。对于二元系溶液，该理论提供了如下活度因子方程：

$$RT\ln\gamma_2 = V_{m,2}^*\left(\frac{x_1V_{m,1}^*}{x_1V_{m,1}^*+x_2V_{m,2}^*}\right)^2(\delta_1-\delta_2)^2 \tag{12.4.19}$$

式中：下标 1 代表溶剂，2 代表溶质；V_m^* 为纯液体的摩尔体积；x 为摩尔分数；δ 为溶解度参数，定义为：

$$\delta_i = \left(\frac{\Delta_{vap}U_{m,i}}{V_{m,i}^*}\right)^{1/2} \tag{12.4.20}$$

其值等于液体的内聚能量密度的平方根；$\Delta_{vap}U_m$ 为液体蒸发的摩尔内能变化。对于稀溶液，$x_2V_{m,2}^*$ 相比于 $x_1V_{m,1}^*$ 可以忽略不计，式(12.4.19)可以简化为：

$$RT\ln\gamma_2 = V_{m,2}^*(\delta_1-\delta_2)^2 = V_{m,2}^*\Delta_2 \tag{12.4.21}$$

式中 $\Delta_2=(\delta_1-\delta_2)^2$，其数值总是正值。式(12.4.21)给出了稀溶液中溶质组分的活度因子计算方法。若反应系统中反应物组分和活化络合物组分都视为稀溶液中的溶质，则对于活化控制的液相反应，有

$$RT\ln\gamma_A = V_{m,A}^*\Delta_A,\ RT\ln\gamma_B = V_{m,A}^*\Delta_B,\ RT\ln\gamma_{\neq} = V_{m,\neq}^*\Delta_{\neq}$$

将式(12.4.18)取对数，并代入上述关系式，得

$$RT\ln k = RT\ln k_0 + V_{m,A}^*\Delta_A + V_{m,B}^*\Delta_B - V_{m,\neq}^*\Delta_{\neq} \tag{12.4.22}$$

即反应物 A、B 和活化络合物≠与溶剂的溶解度参数的差的平方决定了 Δ 的大小，而 $V_{m,A}^*\Delta_A$、$V_{m,B}^*\Delta_B$ 和 $V_{m,\neq}^*\Delta_{\neq}$ 的相对大小决定了溶液的反应速率的液相介质效应。由于活化络合物的结构是未知的，通常 $\Delta_{\neq}$ 可由产物的 Δ_P 代替作近似处理。于是可以有以下三种情况：

(1) 溶剂的溶解度参数与反应物和产物的都相近，这时各组分的 Δ 都很小，相似相溶，溶剂对反应速率的影响很小。如非极性分子在非极性溶剂中的反应。

(2) 溶剂的溶解度参数接近反应物(相似)，而与产物相差较大(不相似)，此溶剂会使反应速率减慢。如极性溶剂中两个极性反应物生成非极性产物的反应。

(3) 溶剂的溶解度参数与产物的相近(相似)，而与反应物相差较大(不相似)，此溶剂会加快反应速率。如极性溶剂中发生的两个弱极性反应物生成极性产物的反应。

即溶剂极性与过渡态相似，有利于增大 k。

2. 离子强度对反应速率的影响——原盐效应

如果反应涉及离子间的反应，就要用电解质溶液理论做分析。对于稀溶液，Debye-Hückel 理论给出的离子活度因子方程为：

$$\ln\gamma_i = -Az_i^2\sqrt{I}$$

于是可建立如下方程：

$$\begin{aligned}\ln k &= \ln k_0 - A\sqrt{I}[z_A^2+z_B^2-(z_A+z_B)^2]\\ &= \ln k_0 + 2Az_Az_B\sqrt{I}\end{aligned} \tag{12.4.23}$$

这表明，若以 $\ln(k/k_0)$ 对 $\sqrt{I}$ 作图，可得通过原点的直线，直线的斜率与反应物离子的电荷的乘积 $z_A z_B$ 有关。当反应物中有一个是中性分子时，$z_A z_B=0$，则 k 与离子强度无关。当 z_A 与 z_B 同号 $z_A z_B>0$，则 k 随 I 增大而增大。当 z_A 与 z_B 异号，$z_A z_B<0$，则 k 随 I 增大而减小。图 12.13 是若干离子反应的 $\lg(k/k_0)$ 对 $\sqrt{I}$ 图。图中点为实验值，线为理论计算结果。可见实验与理论还是相吻合的。图中数字代表的反应如下：

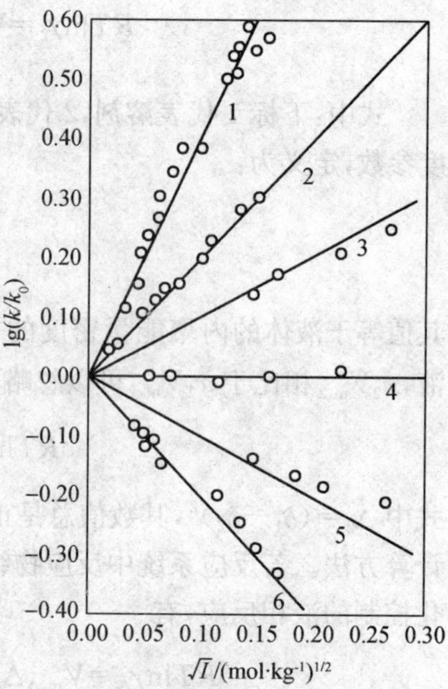

图 12.13 速率常数与离子强度的关系

(1) $2[Co(NH_3)_5Br]^{2+} + Hg^{2+} + 2H_2O \longrightarrow 2[Co(NH_3)_5(H_2O)]^{3+} + HgBr_2$

(2) $S_2O_8^{2-} + 2I^- \longrightarrow 2SO_4^{2-} + I_2$

(3) $[NO_2NCOOC_2H_5]^- + OH^- \longrightarrow N_2O + CO_3^{2-} + C_2H_5OH$

(4) $C_{12}H_{22}O_{11}$（蔗糖）$+ H_2O \xrightarrow{H^+} C_6H_{12}O_6$（葡萄糖）$+ C_6H_{12}O_6$（果糖）

(5) $H_2O_2 + 2H^+ + 2Br^- \longrightarrow 2H_2O + Br_2$

(6) $[Co(NH_3)_5Br]^{2+} + OH^- \longrightarrow [Co(NH_3)_5(OH)]^{2+} + Br^-$

加入电解质改变离子强度，因而改变离子反应速率的效应，叫作原盐效应（primary salt effect）。

12.5 态-态反应动力学

态-态反应是具有指定能量状态的反应物分子的单次碰撞反应，以及分子从一个指定能量状态向另外一个指定能量状态的传能过程。对于一个 A+BC 体系，某一内量子态的反应物分子经过确定能量的碰撞，生成某一内量子态产物的反应过程可以表示成：

$$A(i)+BC(j)\longrightarrow AB(m)+C(n) \tag{12.5.1}$$

以态-态反应为研究对象的化学动力学就是分子反应动态学（molecular dynamics）。和以剖析反应机理并测定基元反应速率的宏观反应动力学不同，分子反应动态学以特定状态的分子的单次碰撞为研究对象，重点在考察反应概率、产物分子的能量状态、空间分布和取向等，这是二十世纪中叶后发展起来的动力学新领域。近代统计力学和量子力学理论的发展，给这个领域的研究奠定了牢固的理论基础，理论与实验的结合，加深了人们对于化学反应最基本规律的认识。在这个发展过程中，李远哲、波拉尼（Polanyi）、赫希巴赫（Herschbach）和泽维尔（Zewail）等做出了杰出的贡献。

在宏观反应动力学中，用反应速率常数表征反应的快慢，由单分子碰撞理论知道，反应速率常数和分子有效碰撞频率成正比，具有统计的含义。而在分子反应动态学中，研究的对象是一个单次碰撞过程，不能直接用具有统计意义的速率常数 k 来描述反应的快慢。因此，需要寻找一个单次碰撞的物理量，它和宏观动力学中的 k 具有相同的物理地位。

12.5.1　碰撞截面

设想将浓度为[A]的反应物分子 A 组成一分子束流，该束流中所有分子具有相同的速度 v。将 A 分子束射入浓度为[B]的气体 B 中。束流 A 的强度 I_A是单位时间内、穿过垂直于束流方向单位面积内的 A 分子数，则

$$I_A=[A]\cdot v \tag{12.5.2}$$

在厚度为 dl 的区域中，A 和 B 两束流交叉碰撞，一部分 A 粒子散射而偏离原来前进的方向，导致束流 A 的强度下降了 dI_A。按照比尔定律，束流强度的损失 dI_A正比于该处的浓度 $I_A(l)$，交叉区的厚度 dl 以及 B 的浓度[B]。即

$$-dI_A=s(v)I_A(l)[B]dl \tag{12.5.3}$$

式中：比例系数 $s(v)$叫碰撞截面，具有面积/分子的量纲，所以可作为碰撞分子尺度大小的度量。若束流 A 的原始浓度为 I_{A0}，经过总厚度为 L 的交叉区后，强度减少为 I_{Af}，则：

$$-\int_{I_{A0}}^{I_{Af}}\frac{dI_A}{I_A}=\int_0^L s(v)[B]dl \tag{12.5.4}$$

$$\ln\frac{I_{A0}}{I_{Af}}=s(v)[B]L \tag{12.5.5}$$

碰撞截面 $s(v)$越大，分子间就越容易碰撞，被散射的概率就越大，束强度的降低就越大。显然，$s(v)$是分子 A 的固有属性，它和 A 气体的速度有关，而和 B 的性质和浓度无关。

分子间的碰撞引起散射。但是并不是所有碰撞都是反应碰撞，有弹性碰撞和非弹性碰撞。所以束强度的降低中只有一部分是反应碰撞引起的。设反应碰撞引起的束强度降低是 $dI_{A,r}$，仿照碰撞截面有：

$$-dI_{A,r}=s_r(v)I_A(l)[B]dl \tag{12.5.6}$$

式中：$s_r(v)$叫反应截面，是发生反应碰撞的分子有效尺度大小的度量。由于速度 $v=dl/dt$，束强 $I_A=v[A]$，于是：

$$(d[A]/dt)_r=-vs_r(v)[A][B] \tag{12.5.7}$$

对照质量作用定律，

$$(d[A]/dt)_r=-k[A][B] \tag{12.5.8}$$

则单次碰撞反应截面与反应速率常数之间的关系为：

$$k=vs_r(v) \tag{12.5.9}$$

即 $s_r(v)$是在单次碰撞中与反应速率常数 k 对应的物理量。一般情况下，离子反应中由于静

电长程力的存在，反应截面比较大，而在其他如自由基等反应中，反应截面和分子的大小相当。

12.5.2 微观反应速率常数与宏观反应速率常数

对于态-态反应：

$$A+BC(i)\longrightarrow AB(j)+C \tag{12.5.10}$$

为简单起见，设 A 和 C 是处于电子基态的原子，它们除平动之外，没有振动、转动等其他内量子态。A 原子相对于 BC 的速度为 v(假设 BC 为相对静止)。i 和 j 分别表示 BC 和 AB 的内量子态。按照质量作用定律，反应速率为：

$$d[AB(j)]/dt=-d[BC(i)]/dt=-k_{ij}[A][BC(i)] \tag{12.5.11}$$

微观速率常数 k_{ij} 与反应截面 $\sigma_{ij}(v)$ 的关系为：

$$k_{ij}=v\sigma_{ij}(v) \tag{12.5.12}$$

$\sigma_{ij}(v)$是在碰撞速率 v 下，从反应物初态 i 到产物终态 j 的反应截面。如果 A 和 BC 反应，产生了多个不同内量子态的产物分子：即

$$A+BC(i)\longrightarrow AB(1,2,\cdots,j-1,j,j+1,\cdots)+C \tag{12.5.13}$$

则反应速率为

$$-\frac{d[BC(i)]}{dt}=\sum_j\frac{d[AB(j)]}{dt}=\frac{d[AB]}{dt}=\sum_j k_{ij}[A][BC(i)] \tag{12.5.14}$$

式中：[AB]各种内量子态的产物的浓度之和。

再考虑反应物 BC 可能具有各种不同的内量子态 i，

$$A+BC(1,2,\cdots i-1,\ i,\ i+1,\cdots)\longrightarrow AB(1,2,\cdots j-1,\ j,\ j+1,\cdots)+C \tag{12.5.15}$$

反应物分子按照分布函数 $P(i)$在各个内量子态上分布，则$[BC(i)]=P(i)[BC]$，[BC]为反应物总浓度。则反应速度为：

$$-\frac{d[BC]}{dt}=-\sum_i\frac{d[BC(i)]}{dt}=\frac{d[AB]}{dt}=\sum_i\sum_j k_{ij}[A][BC(i)]=\sum_i\sum_j k_{ij}[A]P(i)[BC] \tag{12.5.16}$$

这是各种内量子态的反应物分子 BC 生成各种可能的量子态产物 AB 的反应速率。进一步假设 A 的碰撞速度满足分布函数 $P(v)$，则各种碰撞速度下的总反应

$$A+BC\longrightarrow AB+C \tag{12.5.17}$$

速率为：

$$-\frac{d[BC]}{dt}=\frac{d[AB]}{dt}=\int_0^{\infty}\sum_i\sum_j k_{ij}P(i)P(v)[A][BC]dv \tag{12.5.18}$$

对照质量作用定律，总反应速率 k_t 为：

$$k_t = \int_0^\infty \sum_i \sum_j k_{ij} P(i) P(v) \mathrm{d}v \tag{12.5.19}$$

$$k_t = \int_0^\infty \sum_i \sum_j v\sigma_{ij}(v) P(i) P(v) \mathrm{d}v \tag{12.5.20}$$

该式对平衡体系和非平衡体系都适用。更进一步对处于热平衡的反应体系(12.5.17)，则 k_t就是宏观的反应速率常数 $k(T)$。定义总反应截面 σ_t为：

$$\sigma_t = \sum_i \sum_j \sigma_{ij}(v) P(i) \tag{12.5.21}$$

则在温度为 T 时，有：

$$k(T) = \int_0^\infty v\sigma_t(v) P(v) \mathrm{d}v \tag{12.5.22}$$

按照气体分子运动论，热平衡条件下，气体分子的相对运动速度分布函数用玻耳兹曼分布描述：

$$P(v) = \left(\frac{\mu}{2\pi k_B T}\right)^{3/2} v^2 \exp\left(\frac{-\mu v^2}{2k_B T}\right) \tag{12.5.23}$$

其中 μ 为折合质量，则：

$$k(T) = \left(\frac{\mu}{2\pi k_B T}\right)^{3/2} \int_0^\infty \sigma_t(v) v^3 \exp\left(\frac{-\mu v^2}{2k_B T}\right) \mathrm{d}v \tag{12.5.24}$$

如果用相对碰撞能量 $E_T=(1/2)\mu v^2$表示，则：

$$k(T) = \left(\frac{1}{\mu\pi}\right)^{1/2} \left(\frac{2}{k_B T}\right)^{3/2} \int_0^\infty \sigma_t(E_T) E_T \exp\left(\frac{-E_T}{k_B T}\right) \mathrm{d}E_T \tag{12.5.25}$$

从中可以导出宏观阿累尼乌斯活化能与反应物分子相对碰撞能量之间的关系为：

$$E_a = \frac{\int_0^\infty E_T \sigma_t(E_T) E_T \exp\left(\frac{-E_T}{k_B T}\right) \mathrm{d}E_T}{\int_0^\infty \sigma_t(E_T) E_T \exp\left(\frac{-E_T}{k_B T}\right) \mathrm{d}E_T} - \frac{3}{2} k_B T = \langle E_T^* \rangle - \langle E_T \rangle \tag{12.5.26}$$

式中：$\langle E_T^* \rangle$表示发生化学反应那部分反应物分子所具有的平均碰撞能量，$\langle E_T \rangle$则是所有反应物分子的平均碰撞能。可以证明，对于反应物的总能量(包括平动和内量子态)，最后的结论仍然成立。

12.6　分子反应动力学实验

12.6.1　交叉分子束实验

交叉分子束是在单次碰撞条件下研究从选态反应物到定态生成物动态过程的理想装

置，是最适宜于详细研究分子反应动力学的手段。它与化学激光技术相结合，不仅可以从反应生成物的能态分布求得它们的能量配置，而且还可测定生成产物散射的角度分布，从角度分布进而求出微分反应截面、总反应截面、反应速率常数，以及活化能和指前因子等动力学性能。同时，根据生成物散射的对称性，还可以进一步区分化学反应为直接反应和非直接反应两类。

在典型的交叉分子束实验中，反应物分子被排列成准直的束流，然后使它们在一个很小的散射区内相交(通常直角相交)，利用高效真空泵使环境保持低气压。探测器(电子轰击质谱仪)以不同的角度相对于束流系统转动，从而测出各种散射物(反应物和产物)在实验室坐标系中的角分布，同时也能测得它们的速度分布。从角分布和速度分布，推导出质心坐标系中的细致微分反应截面。

图 12.14 为李远哲所建立的交叉分子束装置示意图。仪器核心部分是一台被隔开(一个单独的真空系统)的探测器，由电子轰击电离室和一台四极滤质器组成。探测器可以相对于固定的分子束系统转动。分子束之一 A 用开槽圆盘速度选择器(VS)选择速度，另一个分子束 B 通过带有勺型孔的喷嘴(NS)。当两束反应物以 90°的角度相交于中央时，在交叉区内反应发生了。产物分子以某种角度从反应区飞出，通过一个斩束器 X 进入检测小孔，再通过两个分极抽真空区域而达到检测器。由于使用了斩束器，产物分子从斩束器到检测器的飞行时间就能测定，这样也就知道了产物在这个角度的速率分布。把检测器移动到各个不同的角度，而测得实验通量——角向分布。从通量—速度—角向分布图做进一步分析，能够得到产物分子的内能分布，尤其是产物的振动能态。

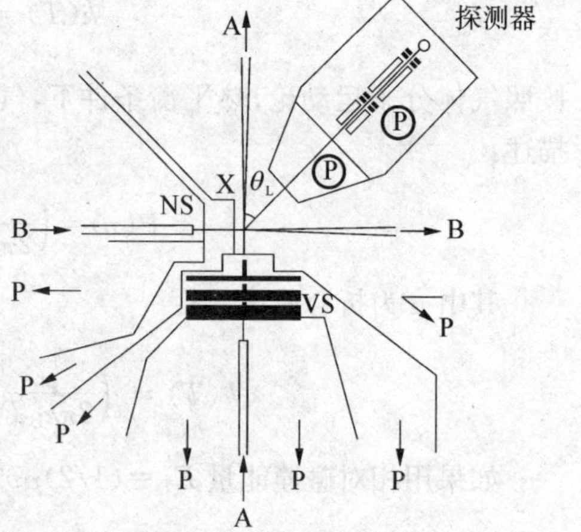

图 12.14 交叉分子束装置示意图

12.6.2 飞秒过渡态探测

化学反应的过渡态的寿命是非常短暂的，要对它进行实时探测很困难。但是过渡态是反应过程的关键位置，要想真正了解反应机理，必须对过渡态的结构和性质有详细的了解。设想：从反应物转变成产物时核间距的变化约为1 nm，若原子的运动速度为 $10^4 \sim 10^5$ cm·s^{-1}，则经过 1 nm 的距离需要的时间为 $10^{-12} \sim 10^{-11}$ s，故过渡态的寿命约为 1～10 ps，要探测过渡态结构随时间的变化，需要有上述时间区域的 1%的时间分辨技术，即飞秒级(10～100 fs)的测量技术。

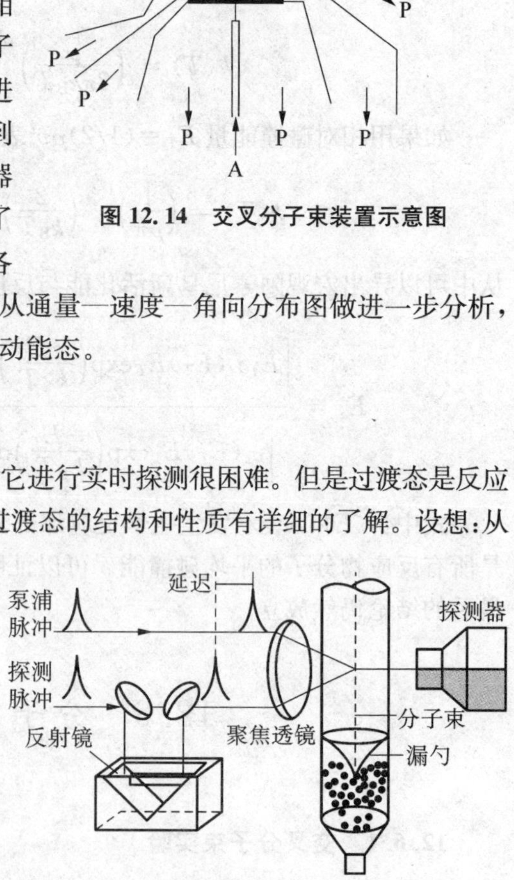

图 12.15 飞秒过渡态光谱学研究实验示意图

飞秒过渡态光谱学研究的方法如图 12.15 所示。两束飞秒激光，利用一组反射镜使它们之间产生光程差，而产生延迟。用第一束光

(泵浦光)去激发分子使它发生化学反应,另一束光(探测光)取探测产物和过渡态。检测方法有很多,可以激发产物或过渡态使之产生荧光,也可以用探测光穿过样品,检测光强度的衰减或产物的吸收,或用质谱仪直接检测反应物、产物、和中间产物。改变两束飞秒激光之间的延迟时间,可以得到反应在不同时刻的信号强度。整个测量过程用计算机控制,每改变一次延迟时间,记录一次信号强度,每个样品做很多个点。用信号强度对延迟时间作图,即可获得反应动力学信息。飞秒过渡态实验,使得反应中原子的运动不再是想象、推理或猜测,过渡态和分子活化也不再是假设和模糊的概念。

如对于反应:环丁烷→2 乙烯,对其反应机理的疑问在于:两个化学键是同时断开,还是一先一后?即其沿反应途径的势能图究竟是图 12.16 左侧图所示的情况,有一个峰?还是右侧图所示,有两个峰,峰间有凹,表示有反应中间体形成,即断了一根键的开环结构。Zewail 等飞秒光谱实验表明:确有中间体形成,其寿命为 700 fs。

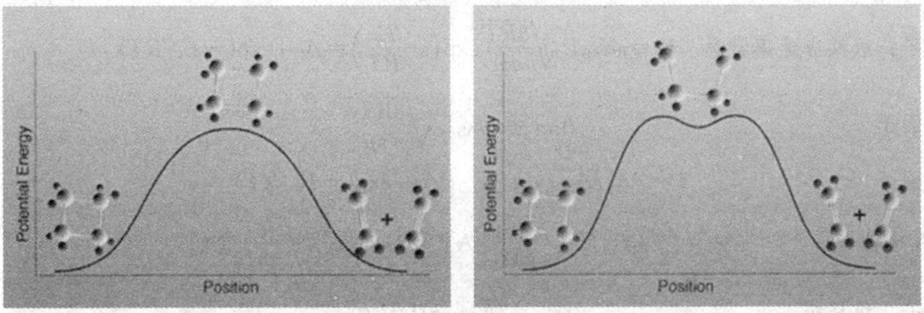

图 12.16　环丁烷→2 乙烯飞秒过渡态实验示意图

科学家介绍

达德利·罗伯特·赫希巴赫
(Dudley Robert Herschbach)

李远哲
(Yuan Tseh Lee)

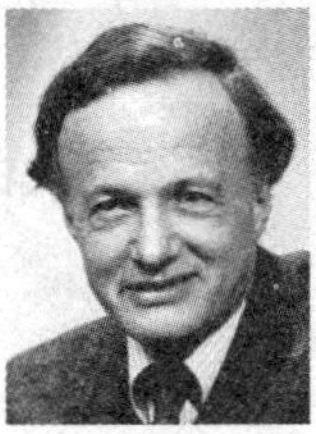

约翰·查尔斯·波拉尼
(John Charles Polanyi)

艾哈迈德·泽维尔
(Ahmed H. Zewail)

内容提要

一、基本知识点

1. 碰撞理论基本点,碰撞截面,碰撞频率,反应的阈能,空间因子。
2. 过渡态理论基本点,过渡态活化熵,势能面。
3. 液相反应的特点,笼效应,扩散控制反应,活化控制反应,Stokes-Einstein 扩散系数。

二、基本公式

1. 碰撞理论

碰撞半径　　$d_{AB}=(d_A+d_B)/2$

碰撞截面 $\sigma=\pi d_{AB}^2$

折合质量 $\mu=\dfrac{m_A m_B}{m_A+m_B}$ 折合摩尔质量 $\mu=\dfrac{M_A M_B}{M_A+M_B}$

相对速率 $v_r=\sqrt{(v_A^2+v_B^2)}=\sqrt{\dfrac{8RT}{\pi\mu}}$

有效碰撞的分数 $q=\dfrac{n^*}{n}=\exp\left(-\dfrac{E_c}{RT}\right)$

实验活化能与反应的阈能 $E_a=\dfrac{1}{2}RT+E_c$

有效碰撞截面 $\sigma_r(\varepsilon_r)=\pi b_r^2=\pi d_{AB}^2(1-\varepsilon_c/\varepsilon_r)$

A－B碰撞频率 $Z_{AB}=\pi d_{AB}^2 L^2\sqrt{\dfrac{8RT}{\pi\mu}}[A][B]$

双分子二级反应速率常数 $k_2=\pi d_{AB}^2 L\sqrt{\dfrac{8RT}{\pi\mu}}\exp\left(-\dfrac{E_c}{RT}\right)=A_{SCT}\exp(-E_a/RT)$

指前因子 $A_{SCT}=\pi d_{AB}^2 L\sqrt{\dfrac{8RTe}{\pi\mu}}$

方位因子 $P=A_{exp}/A_{SCT}$，$k_{SCT}=PA_{SCT}\exp(-E_a/RT)$

A－A碰撞频率 $Z_{AA}=\dfrac{\sqrt{2}}{2}\pi d_{AA}^2 L^2\sqrt{\dfrac{8RT}{\pi M_A}}[A]^2=2\pi d_{AA}^2 L^2\sqrt{\dfrac{RT}{\pi M_A}}[A]^2$

单分子二级反应 $2A \longrightarrow P$

$$-\frac{d[A]}{dt}=2\frac{Z_{AA}}{L}q=2k_2[A]^2$$

$$k_2=2\pi d_A^2 L\sqrt{\frac{RT}{\pi M_A}}\exp\left[\frac{-E_c}{RT}\right]$$

指前因子 $A_{SCT}=2\pi d_A^2 L\sqrt{\dfrac{RTe}{\pi M_A}}$

2. 过渡态理论

统计力学处理，艾林(Eyring)方程 $k=\dfrac{k_B T}{h}\dfrac{(Q_{ABC}^*/V)}{(Q_A/V)(Q_{BC}/V)}Le^{-E_0/(RT)}$

热力学处理 $k=\dfrac{k_B T}{h}(c^\ominus)^{1-n}\exp\left(-\dfrac{\Delta_r^{\neq}H_m^\ominus}{RT}\right)\exp\left(\dfrac{\Delta_r^{\neq}S_m^\ominus}{R}\right)$

活化能与活化焓 $E_a=\Delta_r^{\neq}H_m^\ominus+nRT$

3. 溶液反应

溶剂对反应速率的影响 $k=k_0\dfrac{\gamma_A\gamma_B}{\gamma^{\neq}}$

溶剂的极性对反应速率的影响 $RT\ln k=RT\ln k_0+V_{m,A}^*\Delta_A+V_{m,B}^*\Delta_B-V_{m,\neq}^*\Delta_{\neq}$

原盐效应 $\ln k=\ln k_0+2Az_A z_B\sqrt{I}$

扩散反应速率常数 $k_d=\dfrac{2RT}{3\eta}\dfrac{R_{AB}^2}{R_A R_B}$ $k_d=\dfrac{8RT}{3A}\exp\left(\dfrac{-E_{a,d}}{RT}\right)$

习题

1. 在恒容条件下，某基元反应的温度自 298 K 增加到 308 K，试计算：

(1) 碰撞频率增加的百分数；

(2) 在 298 K 时 $E_c=80\ \text{kJ}\cdot\text{mol}^{-1}$，计算在 308 K 时的有效碰撞的分数增加了多少？

(3) 由上述计算结果可以得出什么结论？

2. 乙醛气相热分解为二级反应。活化能为 $190.4\ \text{kJ}\cdot\text{mol}^{-1}$，乙醛的分子直径为 5×10^{-10} m。计算：

(1) 101.325 kPa，800 K 下的分子碰撞总数；

(2) 800 K 时以乙醛浓度变化表示的速率常数。

3. 某双原子分子分解反应的阈能为 $83.68\ \text{kJ}\cdot\text{mol}^{-1}$，试分别计算出 300 K 及 500 K 时，具有足够能量可能分解的分子占分子总数的分数为多少？

4. 某气相双分子反应 $2\text{A}\longrightarrow$产物，其活化能为 $100\ \text{kJ}\cdot\text{mol}^{-1}$，A 的摩尔质量为 $60\ \text{g}\cdot\text{mol}^{-1}$，分子直径为 0.35 nm。试用碰撞理论计算在 27℃时的反应速率常数 k。

5. 丁二烯的二聚反应 $2C_4H_6\longrightarrow C_8H_{12}$ 是一个双分子反应。已知该反应在 440～660 K 温度范围内的活化能 $E_a=99.12\ \text{kJ}\cdot\text{mol}^{-1}$，指前因子 $A=9.2\times10^6\ \text{dm}^3\cdot\text{mol}^{-1}\cdot\text{s}^{-1}$，试计算 600 K 时反应的标准摩尔活化焓 $\Delta_r^{\neq}H_m^{\ominus}$ 和标准摩尔活化熵 $\Delta_r^{\neq}S_m^{\ominus}$。

6. 实验测得丁二烯的气相二聚反应的速率常数是

$$k=9.2\times10^9\exp\left(\frac{-12\ 058\ \text{J}\cdot\text{mol}^{-1}}{RT}\right)\text{dm}^3\cdot\text{mol}^{-1}\cdot\text{s}^{-1}$$

(1) 已知此反应 $\Delta_r^{\neq}S_m^{\ominus}=-60.79\ \text{J}\cdot\text{K}^{-1}\cdot\text{mol}^{-1}$，试用过渡态理论计算此反应在 600 K 时的指前因子 A，并与实验值比较；

(2) 已知丁二烯的碰撞直径 $d=0.5$ nm，试用碰撞理论计算此反应在 600 K 时的 A 值。解释两者计算的结果。

7. 在不同温度下测得 N_2O_5(g)分解的速率常数，得到如下数据：

T/K	273	298	318	338
k/s^{-1}	7.83×10^{-7}	3.33×10^{-5}	5.0×10^{-4}	5.0×10^{-3}

利用这些实验数据，尽可能多地求出动力学中的有用的物理量。

8. 300 K 时，A 和 B 反应时速率常数为 $1.18\times10^5\ \text{cm}^3\cdot\text{mol}^{-1}\cdot\text{s}^{-1}$，反应活化能 $E_a=40\ \text{kJ}\cdot\text{mol}^{-1}$。

(1) 用简单碰撞理论估算，具有足够能量引起反应的碰撞占总碰撞数的比例？

(2) 估算反应的概率因子的值？已知 A 和 B 的直径分别为 0.3 nm 和 0.4 nm，假定 A 和 B 的相对分子质量都为 50。

9. 液体松节油的消旋作用是一级反应，在 458 K 和 510 K 的速率常数分别为 $k(458\ \text{K})=2.2\times10^{-5}\ \text{min}^{-1}$ 和 $k(510\ \text{K})=3.07\times10^{-3}\ \text{min}^{-1}$。试求反应实验活化能，以及在平均温度时的活化焓、活化熵和活化 Gibbs 自由能。

10. 在 1 000 K 时，实验测得气相反应 $C_2H_6(g)\longrightarrow 2CH_3$ 的速率常数的表示式为：

$$k/\text{s}^{-1}=2.0\times10^{17}\exp\left(-\frac{363\ 800\ \text{J}\cdot\text{mol}^{-1}}{RT}\right)$$

设这时 $\dfrac{k_BT}{h}=2.0\times10^{13}\ \text{s}^{-1}$，计算：

(1) 反应的半衰期；

(2) 分解反应的活化熵；

(3) 已知 1 000 K 时该反应的标准熵变 $\Delta_r S_m^\ominus = 74.1\ \mathrm{J\cdot K^{-1}\cdot mol^{-1}}$，将此值与(2)中计算所得活化熵值比较，定性讨论该反应的活化络合物的性质。

11. 基元反应 $O_3(g)+NO(g) \longrightarrow NO_2(g)+O_2(g)$，在 220～320 K 实验测得 $E_a=20.8\ \mathrm{kJ\cdot mol^{-1}}$，$A=6.0\times10^8\ \mathrm{dm^3\cdot mol^{-1}\cdot s^{-1}}$。

(1) 以 $c=1\ \mathrm{mol\cdot dm^{-3}}$ 为标准态，求反应在 270 K 时的活化焓、活化熵和活化 Gibbs 自由能；

(2) 以 $p=100$ kPa 为标准态，则活化熵又为何值，活化焓和活化 Gibbs 自由能又将如何？

12. 基元反应 $A+B \longrightarrow P$，已知 298 K 时，$k_p=2.777\times10^{-5}\ \mathrm{Pa^{-1}\cdot s^{-1}}$；308 K 时，$k_p=5.55\times10^{-5}\ \mathrm{Pa^{-1}\cdot s^{-1}}$。

(1) 若 $r_A=0.36$ nm，$r_B=0.41$ nm，$M_A=28\times10^{-3}\ \mathrm{kg\cdot mol^{-1}}$，$M_B=71\times10^{-3}\ \mathrm{kg\cdot mol^{-1}}$，求该反应之概率因子 P；

(2) 计算 298 K 时的 $\Delta_r^{\neq} S_m^\ominus$，$\Delta_r^{\neq} H_m^\ominus$，$\Delta_r^{\neq} G_m^\ominus$。

13. 实验测得，在恒压下某气相双分子异构化反应的速率常数符合下面关系

$$k=2.28\times10^8\exp\left(\frac{-116\ 650\ \mathrm{J\cdot mol^{-1}}}{RT}\right)\mathrm{dm^3\cdot mol^{-1}\cdot s^{-1}}$$

(1) 计算 600 K，$c^\ominus(1)=1\ \mathrm{mol\cdot dm^{-3}}$ 时反应的标准摩尔活化焓 $\Delta_r^{\neq} H_m^\ominus(1)$ 和标准摩尔活化熵 $\Delta_r^{\neq} S_m^\ominus(1)$；

(2) 计算 600 K，$c^\ominus(2)=1\ \mathrm{mol\cdot cm^{-3}}$ 时反应的标准摩尔活化焓 $\Delta_r^{\neq} H_m^\ominus(2)$ 和标准摩尔活化熵 $\Delta_r^{\neq} S_m^\ominus(2)$；

(3) 计算 600 K，$p^\ominus=101.325$ kPa 时反应的标准摩尔活化焓 $\Delta_r^{\neq} H_m^\ominus(3)$ 和标准摩尔活化熵 $\Delta_r^{\neq} S_m^\ominus(3)$；

(4) 通过下列循环由 $\Delta_r^{\neq} S_m^\ominus(1)$ 计算 $\Delta_r^{\neq} S_m^\ominus(2)$ 和 $\Delta_r^{\neq} S_m^\ominus(3)$，并和(2)、(3)结果进行比较。

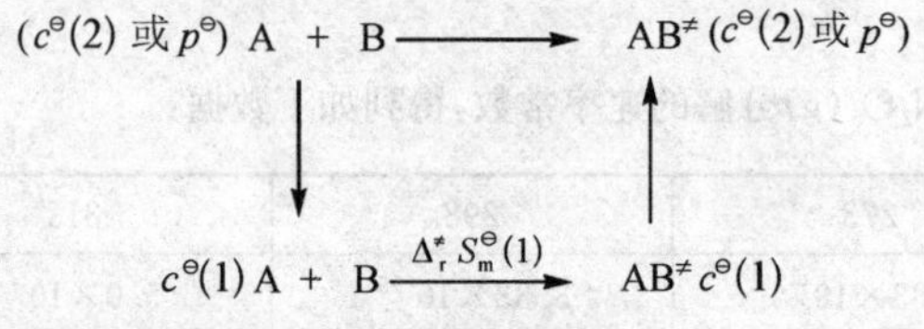

14. H_2N_5 的分解反应在 298.15 K 时测得反应速率常数 $k_1=1.7\times10^{-5}\ \mathrm{s^{-1}}$，323.15 K 时 $k_2=4.3\times10^{-4}\ \mathrm{s^{-1}}$，

(1) 求反应活化能 E_a；

(2) 求 323.15 K 反应活化熵、活化焓及指前因子 A。

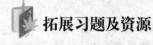

拓展习题及资源

微信扫码

● 拓展习题
● 视频动画
● 互动交流

第13章　界面物理化学

两相之间必有一界面，界面厚度约有几个分子的大小。由于界面分子所处环境不同于相本体，分子在界面上的性质也不同于相本体，因而发生一些特殊的物理和化学现象。若两相中有一相为气体，该界面通常称为表面(surface)，其余的相界面称为界面(interface)。在原子和分子水平研究两相界面上发生的化学、物理过程与界面现象的关系，就是界面物理化学的研究内容。胶体体系、多相催化体系以及电化学体系都有很大的相界面和界面效应。本章是从热力学的角度阐明一些界面特殊现象，建立含界面系统的热力学基本方程，并讨论界面热力学以及界面特性的应用。

13.1　界面现象与界面热力学

13.1.1　表面能、表面张力

1. 比表面积

对于一个界面体系，表征其几何大小的物理量是表面积(surface area)。但是具有相同体积或质量的块状物质和颗粒物质的表面积是不同的，因为颗粒物质存在间隙。通常用比表面积(specific surface area)，即单位质量或单位体积物质所具有的表面积 $A_{0,\mathrm{m}}$ 或 $A_{0,V}$ 表示物质表面的几何性质或其分散度。

$$A_{0,\mathrm{m}}=A_\mathrm{s}/m,\quad A_{0,V}=A_\mathrm{s}/V \tag{13.1.1}$$

式中：A_s 为物质的表面积，m 为物质的质量，V 为物质的体积。

对于一个边长为 l 的立方体，其体积和表面积之比为比表面积，$A_{0,V}=6\times l^2/l^3=6/l$。对于同一体系，若将边长 L 分割，分割后的立方体个数越多，小颗粒边长 l 越小，体系的比表面积越大。用分散度(dispersity)来表征把物质分散成细小微粒的程度。则上述分割现象可以表述为：物体粒径越小，分散度越大，比表面积越大。这是界面体系最显著的特性之一。

讨论　比表面与分割程度

2. 表面分子的受力状态

分子在体相内部和界面上所处的环境是不同的，受力状态不一样。例如在图13.1所示的气-液界面图中，液相或气相本体内部的分子受其周围分子的吸引力是对称的，合力为零；但处于表面的分子受到的作用力是不对称的。由于液相的密度比气相的密度大得多，所以液相分子对表面分子的吸引力比气相分子对表面分子的吸引力大得多，表面分子受到一个垂直于液体表面、指向液体内部的合力，通常称之为"净吸力"。由于净吸力的存在，致使液体表面的分子有被拉入液体内部的趋势，所以液体表面有自发缩小的倾向。对于同体积的物体，球形面积最小，因此液滴总是呈球形。这是液体表面表现出净吸力——表面张力的原因。

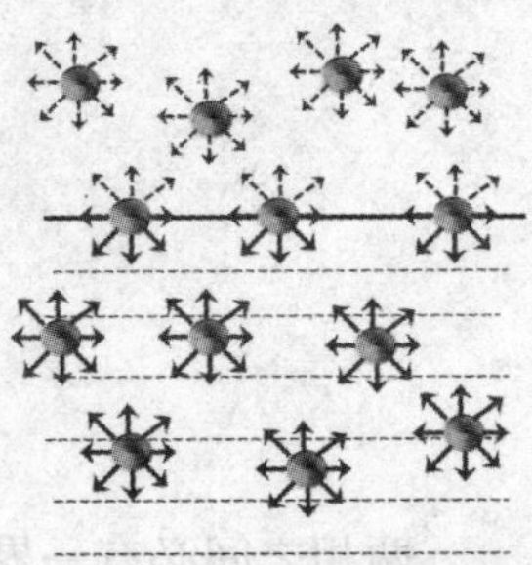

图 13.1　体相与界面分子受力示意图

3. 比表面自由能与表面张力

由于表面分子受到净吸力作用，所以当把体相分子拉到表面时必须克服净吸力而消耗功。外界所消耗的功将储存于表面，成为表面分子所具有的一种额外势能。在温度、压强和组成恒定条件下，体系由于可逆地增加表面积 $\mathrm{d}A_\mathrm{s}$ 而做的功 $\delta W_{\mathrm{f,rev}}$ 称为表面功。

$$\delta W_{\mathrm{f,rev}}=\gamma \mathrm{d}A_\mathrm{s} \tag{13.1.2}$$

式中：γ 为比例系数，其含义是使体相增加单位表面积时环境对体系所做的可逆功，它是一种非膨胀功。

因为在恒温、恒压、存在非体积功的条件下，系统 Gibbs 自由能减少等于它对环境做的最大功，即

$$(\mathrm{d}G)_{T,p,n}=\delta W_{\mathrm{f,rev}} \tag{13.1.3}$$

所以，γ 又可表示为：

$$\gamma=(\partial G/\partial A_\mathrm{s})_{T,p,n} \tag{13.1.4}$$

即 γ 是系统可逆增加单位表面积所引起的 Gibbs 自由能的改变量，因而又被称为表面 Gibbs 自由能(surface Gibbs free energy)，也称为比表面能，其单位为 $\mathrm{J\cdot m^{-2}}$。

从力学的角度讲，表面 Gibbs 自由能也可看作是引起体相(如液体)表面自动收缩的力，称为表面张力(surface tension)，它是作用于单位长度上的力。这可借助于图 13.2 来理解。图中，有一个金属丝做成的金属丝框，其中一边可以滑动，将之从肥皂水中取出时，框内形成一层肥皂水膜，它有前后两个表面。这时，若滑动的金属丝上没有外力，且忽略自身重力产生的摩擦阻力，就会看到液膜收缩使滑动边不断向左(即有液膜的一侧)移动，直至液膜消失。若要维持液膜表面不变，必须施加一个外力 F，若 F 使滑动边移动了 $\mathrm{d}x$ 距离，增加的液膜面积为 $2l\mathrm{d}x$，(因液膜有两个表面，所以乘以 2)，外力做功为：

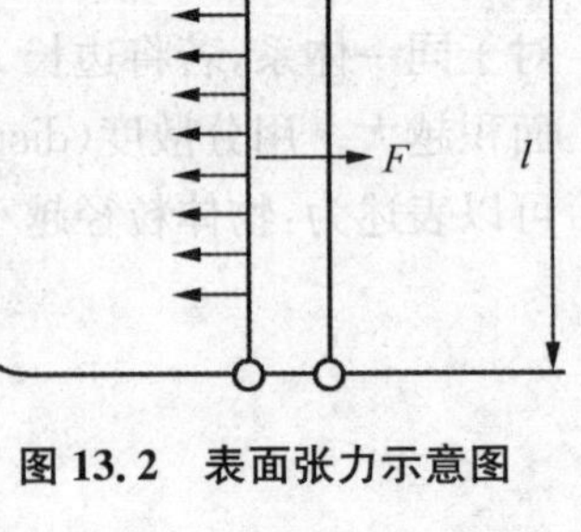

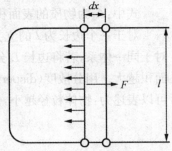

图 13.2　表面张力示意图

$$\delta W_{\mathrm{f,rev}}=F\mathrm{d}x \tag{13.1.5}$$

与式(13.1.2)比较，得：

$$\delta W_{f,rev}=\gamma dA_s=2\gamma l dx=F dx$$

即
$$\gamma=F/2l \tag{13.1.6}$$

所以，γ 是引起液体表面收缩的单位长度上的力，称为表面张力(surface tension)，单位以 $N\cdot m^{-1}$ 表示。表面张力的方向与 F 相反，即垂直于表面的边界，指向液体方向并与表面相切。

液体表面在有外力 F 作用下的表面张力方向如图 13.3 所示。外力的作用恰好被相应的表面张力所对抗。通常外力趋向于使表面增大，而相应的表面张力则趋向于使表面缩小。

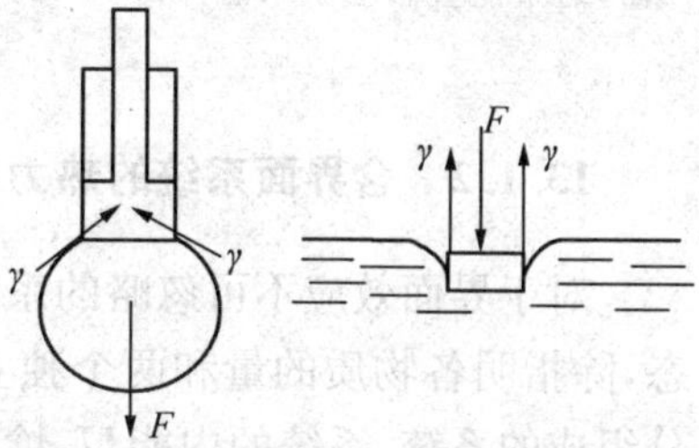

图 13.3.　外力作用下的表面张力方向

表面张力和表面 Gibbs 自由能起源于同一原因(由分子间力而引起的表面净吸力)，它们是从两个不同的角度(力学和能量)得出的两个具有不同物理意义(或概念)，不同单位，但数值一样的参数。

表面张力是物质的特性，纯物质的表面张力与其分子的性质有很大关系，液体或固体中原子或分子间相互作用强，表面张力就大。通常具有金属键的物质表面张力最大，其次是具有离子键、极性共价键的物质，具有非极性共价键的物质表面张力最小。表 13.1 列出了部分物质在指定温度下的表面张力和两种物质的界面张力。

表 13.1　部分物质的表(界)面张力

物质	$\gamma/(N\cdot m^{-1})$	T/K	物质	$\gamma/(N\cdot m^{-1})$	T/K
H_2O	0.072 88	293	$N_2(l)$	0.009 41	75
苯	0.028 88	293	$O_2(l)$	0.016 48	77
四氯化碳	0.026 43	298	Hg(l)	0.485 5	298
乙醇	0.022 39	293	Ag(l)	0.848 5	1 373
辛烷	0.021 62	293	$KClO_3(s)$	0.081	641
乙醚	0.020 14	298	$NaNO_3(s)$	0.116 6	581
H_2O-正丁醇	0.001 8	293	Hg-H_2O	0.415	293
H_2O-乙酸乙酯	0.006 8	293	Hg-苯	0.357	293
H_2O-苯	0.035	293	Hg-乙醇	0.389	293

【例 13.1】　298 K 时 1 g 水若形成小球，其 Gibbs 自由能变化为多少？若将它分成半径为10^{-7} cm 的微粒，Gibbs 自由能变化又为多少？已知 298 K 水的表面 Gibbs 自由能为 $\gamma=0.071\ 97\ J\cdot m^{-2}$。

解：若取水的密度为 $1\ g\cdot cm^{-3}$，1 g 水形成小球水滴的体积为 $(4/3)\pi r^3=1\ cm^3$，

其半径为 $r=[(4/3)\pi]^{-1/3}=0.62$ cm，球面积为 $=4\pi r^2$

形成 1 滴水的表面 Gibbs 自由能增加为：

$$\Delta G=\gamma 4\pi r^2=0.071\ 97\times 4\times 3.141\ 6\times(0.62\times 10^{-2})^2\ J=3.476\times 10^{-5}\ J$$

若将 1 g 水分散成半径为 10^{-7} cm 的微粒，微粒个数为：

$$N=\frac{1\ cm^3}{(4/3)\pi r^3\ cm^3}=\frac{3\times 1}{4\times 3.141\ 6\times(10^{-7})^3}=2.387\times 10^{20}$$

分散作用引起表面积增加,并伴随 Gibbs 自由能变化为:

$$\Delta G=\gamma\cdot 4\pi r^2\cdot N=0.071\ 97\ \mathrm{J\cdot m^{-2}}\times(4\times 3.141\ 6\times 10^{-18}\ \mathrm{m^2})\times 2.387\times 10^{20}=216\ \mathrm{J}$$

结果表明,将 1 g 水分散成半径为 10^{-7} cm 细小水滴时,环境对体系做功转化为表面能而积累于表面,这个能量相当于水温升高 52 K,显然这是一个不能忽略的数值。这是界面效应的一个表现。

13.1.2 含界面系统的热力学基本方程

对于界面效应不可忽略的系统,若系统已经处于热平衡、力平衡和相平衡,为确定其状态,除指明各物质的量和两个独立变量外,还要指明系统中界面的面积 A_s。对于由 k 个组分组成的系统,系统的内能 U、焓 H、Helmholtz 自由能 A、Gibbs 自由能 G 及其全微分为:

$$U=U(S,V,A_s,n_1,n_2,\cdots n_k),\mathrm{d}U=T\mathrm{d}S-p\mathrm{d}V+\gamma\mathrm{d}A_s+\sum_{i=1}^{k}\mu_i\mathrm{d}n_i \tag{13.1.7}$$

$$H=H(S,p,A_s,n_1,n_2,\cdots n_k),\mathrm{d}H=T\mathrm{d}S+V\mathrm{d}p+\gamma\mathrm{d}A_s+\sum_{i=1}^{k}\mu_i\mathrm{d}n_i \tag{13.1.8}$$

$$A=A(T,V,A_s,n_1,n_2,\cdots n_k),\mathrm{d}A=-S\mathrm{d}T-p\mathrm{d}V+\gamma\mathrm{d}A_s+\sum_{i=1}^{k}\mu_i\mathrm{d}n_i \tag{13.1.9}$$

$$G=G(T,p,A_s,n_1,n_2,\cdots n_k),\mathrm{d}G=-S\mathrm{d}T+V\mathrm{d}p+\gamma\mathrm{d}A_s+\sum_{i=1}^{k}\mu_i\mathrm{d}n_i \tag{13.1.10}$$

在这些函数中,γ 的定义分别是:

$$\gamma=\left(\frac{\partial U}{\partial A_s}\right)_{S,V,n_j}=\left(\frac{\partial H}{\partial A_s}\right)_{S,p,n_j}=\left(\frac{\partial A}{\partial A_s}\right)_{T,V,n_j}=\left(\frac{\partial G}{\partial A_s}\right)_{T,p,n_j} \tag{13.1.11}$$

γ 是在指定变量不变情况下,每增加单位表面积时,系统热力学能或 Gibbs 自由能等热力学函数的增量,称为广义的表面自由能。狭义地说,γ 是当以可逆方式形成新表面时,环境对系统所做的表面功变成了表面层分子的 Gibbs 自由能。所以 γ 又称表面 Gibbs 自由能。虽然它们形式不同,但定义是等价的。

根据上述定义和关系式,系统的 Maxwell 关系为:

$$\left(\frac{\partial S}{\partial A_s}\right)_{T,V,n_j}=-\left(\frac{\partial \gamma}{\partial T}\right)_{A_s,V,n_j}\qquad \left(\frac{\partial S}{\partial A_s}\right)_{T,p,n_j}=-\left(\frac{\partial \gamma}{\partial T}\right)_{A_s,p,n_j} \tag{13.1.12}$$

在强度性质 T、p、γ、μ 不变的条件下,若对式(13.1.7)~(13.1.10)积分,均可得到如下结果:

$$G=\gamma A_s+\sum_{i=1}^{k}\mu_i n_i \tag{13.1.13}$$

显然这个结果与积分的条件无关,即与 T、S、V、p 谁是积分变量无关,因为 G 是状态函数,与如何演变的途径无关。若将式(13.1.13)的 G 做全微分展开,并再与式(13.1.10)相减,则得

$$S\mathrm{d}T - V\mathrm{d}p + A_s\mathrm{d}\gamma + \sum_{i=1}^{k} n_i \mathrm{d}\mu_i = 0 \tag{13.1.14}$$

这就是含界面系统的 Gibbs-Duhelm 方程，是含界面系统的热力学基本方程之一。

按照全微分对易性质，由式(13.1.10)还可以得到

$$\left(\frac{\partial \gamma}{\partial p}\right)_{T,A_s,n_j} = \left(\frac{\partial V}{\partial A_s}\right)_{T,p,n_j} \tag{13.1.15}$$

由于恒温、恒压下，增大液体的表面积几乎不引起体积的改变，故压强对液体表面张力的影响很小，一般可以忽略。根据热力学关系，可以推导出：

$$\left(\frac{\partial U}{\partial A_s}\right)_{T,p,n_j} = \left(\frac{\partial G}{\partial A_s}\right)_{T,p,n_j} - p\left(\frac{\partial V}{\partial A_s}\right)_{T,p,n_j} + T\left(\frac{\partial S}{\partial A_s}\right)_{T,p,n_j} = \gamma - p\left(\frac{\partial \gamma}{\partial p}\right)_{T,A_s,n_j} - T\left(\frac{\partial \gamma}{\partial T}\right)_{A_s,p,n_j} \tag{13.1.16}$$

该式表明，T、p 恒定时，液体表面积增加，热力学内能的增加，一部分来自可逆表面功和体积功(第1、2项)，另一部分是体系为保持恒温自环境吸收的可逆热。由于表面张力的温度系数为负值，表明过程为吸热。这也意味着在绝热过程，如果表面积增大，体系温度将要下降，这与实验结果是一致的。

【例 13.2】 293 K 乙醇的表面张力 $\gamma=22.27\times10^{-3}\ \mathrm{N\cdot m^{-1}}$，表面张力的温度系数为 $-0.87\times10^{-4}\ \mathrm{N\cdot m^{-1}\cdot K^{-1}}$，假定表面张力不随压强变化，在常压及 293 K 时，将乙醇表面积可逆扩大 10 m²，求 $W,Q,\Delta U,\Delta H,\Delta S,\Delta A$ 和 ΔG。

解： 因为 $\Delta V=\left(\frac{\partial V}{\partial A_s}\right)_{T,p}\Delta A_s=\left(\frac{\partial \gamma}{\partial p}\right)_{T,A_s}\Delta A_s=0$，则

等温等压条件下：$\Delta G=\Delta A=\gamma\Delta A_s=22.27\times10^{-3}\times10\ \mathrm{J}=0.223\ \mathrm{J}$

$\Delta S=\left(\frac{\partial S}{\partial A_s}\right)_{T,p}\Delta A_s=-\left(\frac{\partial \gamma}{\partial T}\right)_{p,A_s}\Delta A_s=0.87\times10^{-4}\times10\ \mathrm{J\cdot K^{-1}}=0.87\times10^{-3}\ \mathrm{J\cdot K^{-1}}$

$\Delta U=\Delta H=\Delta G+T\Delta S=(0.223+293\times0.87\times10^{-3})\mathrm{J}=0.478\ \mathrm{J}$

该过程无体积功。体系对环境所做表面功 $W=\Delta G=0.223\ \mathrm{J}$，即表面积扩大，体系获得表面功，使 ΔG 增加。

$Q=T\Delta S=293\times0.87\times10^{-3}\ \mathrm{J}=0.255\ \mathrm{J}$，即体系从环境吸收的可逆热。

13.1.3 弯曲液体表面的界面现象

1. 弯曲液面的附加压强

当液面是水平面时，在指定的微小面积 A 的边界两侧，由于表面张力处于同一水平面上，大小相等，方向相反，互相抵消。所以水平液面上下压强相等，没有附加压强。当液体形成弯曲液面时，液面受到的压强不同于平面下的压强。在指定液面边界，形成垂直于边界、与液面相切、使表面收缩的张力。这些力不在同一平面上，不能互相抵消，会形成一种指向曲面圆心的合力，使弯曲液面内外两侧的压强不等，即形成了弯曲液面的附加压强。附加压

强的大小和方向与液体的性质和曲面弯曲的程度等因素有关。

图 13.4(a)所示为平面液体的表面分子受力情况，尽管在平面上的表面分子受力不对称，产生有表面张力，但是在某个指定面积 A 的边界，表面张力与水平面相切，沿 A 边界大小相等，方向相反，互相抵消，在 A 面上下没有附加压强产生。所以在平衡态，水平面上任意一点的压强都相等，等于其饱和蒸汽压 p_0。

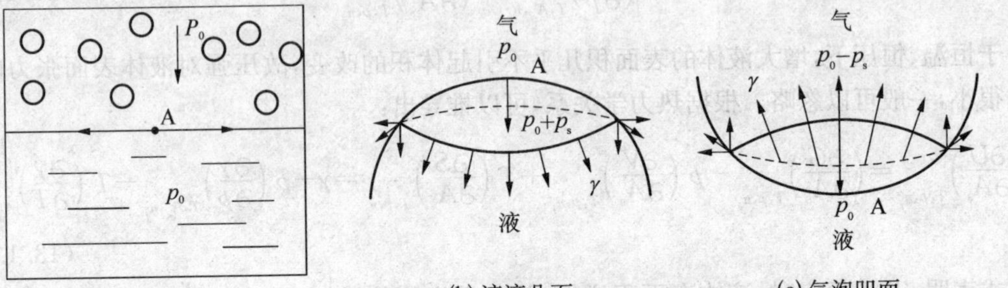

(a) 平面　(b) 液滴凸面　(c) 气泡凹面

图 13.4　弯曲液面下的附加压力示意图

图 13.4(b)所示为一液滴悬浮在饱和蒸汽中，呈球形，液面为凸面(convex surface)。对于小面积 A 所在凸面，表面张力 γ 的方向是切于表面但不在同一平面。γ 可以分解成两个分量:水平方向和垂直向下两个方向的分量。沿 A 边界环形一周，则各个点的水平分量都对应的存在一个大小相等方向相反的水平分量，它们相互抵消，合力为零。但是对于环 A 边界各个点的垂直向下的分量，则无与其抵消的相反方向的分量，故无法相互抵消，其合力指向曲面圆心，即向着缩小表面的方向。这样使得液体表面产生指向液体内部的附加压强 p_s。平衡时，凸面下指向液体的压强 p_{in}，也有表示为 $p_{凸}$，是气相压强 p_0 和 p_s 之和。

$$p_{in}=p_0+p_s \tag{13.1.17}$$

图 13.4(c)所示为液体内的气泡，泡内表面为凹形液面(concave surface)，作用于小面积 A 的环形边界存在表面张力 γ，它们与液面相切，但并不在同一平面。将其分解成水平方向和垂直方向的两个分量，则环 A 边界的水平方向的分量都能找到一个大小相等方向相反的分量，其合力为零。但是，对于垂直方向的分量，不存在方向相反的分量，故其合力指向曲面圆心(气泡圆心)，产生一个附加压强 p_s。作用在气泡内壁上的静压强为液膜外侧的表面压 p_{out}，也有表示为 $p_{凹}$，平衡时有：

$$p_{out}=p_0-p_s \tag{13.1.18}$$

所以凹形液面的液相压强 p_{out} 小于气相压强 p_0。

总之，由于表面张力的作用，使得弯曲液面与平面不同，总是产生一个指向球心的附加压强。

弯曲液面的附加压强与其曲率半径有关。对于半径为 r 的球形液面，p_s 与 r 的关系为

$$p_s=2\gamma/r \tag{13.1.19}$$

式中：γ 为液体的表面张力。该式表明：p_s 与 γ 成正比，与 r 成反比，半径越小，附加压强越大。对于平液面($r=\infty$)，p_s 为零。该式被称为 Young-Laplace 公式。

讨论　球型液滴附加压强

【例 13.3】 在298 K用玻璃管吹一个半径为0.5 cm的肥皂泡，试计算肥皂泡表面的附加压强。若是一个纯水中的气泡，附加压强又是多少？若假设肥皂泡的半径为100 nm，附加压强又是多少？由此能得到什么结论？已知298 K肥皂水的表面张力为0.04 $N\cdot m^{-1}$，水的表面张力为0.072 14 $N\cdot m^{-1}$。

解：肥皂泡有内外两个表面，附加压强指向曲面圆心，忽略肥皂泡的厚度，根据Laplace公式，肥皂泡表面的附加压强为：

$$p_s = 2\frac{2\gamma}{r} = 2\times\frac{2\times 0.040\ N\cdot m^{-1}}{0.5\times 10^{-2}\ m} = 32\ Pa$$

若是具有相同半径在纯水中的气泡，则附加压强为：

$$p_s = 2\frac{2\gamma}{r} = 2\times\frac{2\times 0.072\ 14\ N\cdot m^{-1}}{0.5\times 10^{-2}\ m} = 57.71\ Pa$$

结果表示，肥皂液减小了水溶液的表面张力，导致气泡的附加压强减小，使气泡的生成更加容易。

若肥皂泡的半径为100 nm，则：

$$p_s = 2\frac{2\gamma}{r} = 2\times\frac{2\times 0.040\ N\cdot m^{-1}}{100\times 10^{-9}\ m} = 1\ 600\ kPa$$

结果表示：纳米级尺度的微小气泡所受的附加压强是非常大的。也就是说，气泡的初始生成阶段，承受着很大的附加压强。

当液面是任意曲面时，Young-Laplace公式为：

$$p_s = \gamma\left(\frac{1}{r_1}+\frac{1}{r_2}\right) \tag{13.1.20}$$

式中：r_1和r_2是曲面的两个主半径。数学规定凸面的r取正值，附加压强指向液体；凹面的r取负值，附加压强指向气体；即附加压强总是指向球面的球心。任意弯曲液面上曲率半径r_1和r_2的定义如图13.5所示。

对于不规则形状液滴，附加压强的大小和方向因位置不同而不同，如图13.6所示。这种不平衡力迫使液滴呈球形，达到球面各点压强相同。

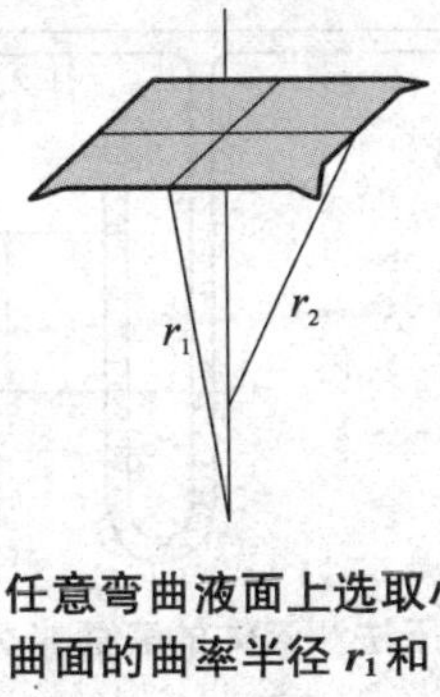

图 13.5 任意弯曲液面上选取小块长方形曲面的曲率半径r_1和r_2。

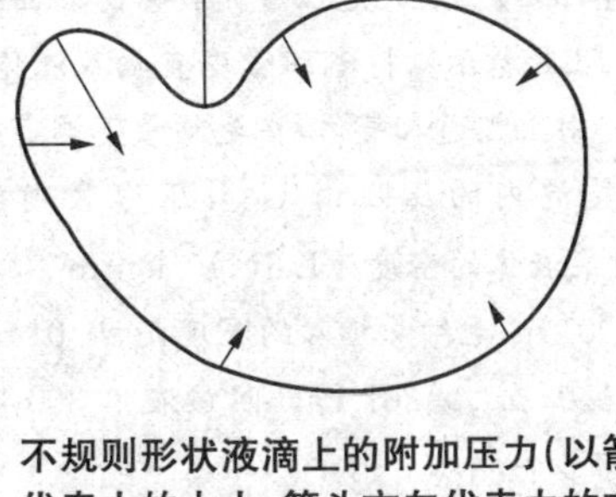

图 13.6 不规则形状液滴上的附加压力(以箭头长短代表力的大小，箭头方向代表力的方向)

弯曲液面的附加压强可解释毛细管上升和下降现象。若液体在毛细管中呈凹面，凹液面下液体的压强比同样高度的具有平面液体的压强低，因此，液体将被压入毛细管内使液柱上升，直到液柱的静压$\Delta\rho gh$与p_s相等，达到平衡，如图13.7所示。这时

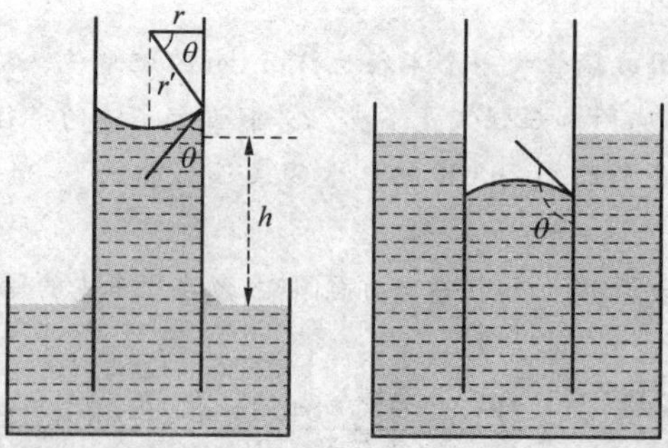

图 13.7　毛细管现象

$$p_s = 2\gamma/r' = \Delta\rho g h \tag{13.1.21}$$

式中：$\Delta\rho$ 是管内液相和管外气相的密度差，$\Delta\rho=\rho_l-\rho_g$，通常 $\rho_l \gg \rho_g$，$\Delta\rho \approx \rho_l$；$r'$ 为曲面的曲率半径。若液面与管壁的接触角为 θ，毛细管半径为 r 时，$r=r'\cos\theta$，可推出下式：

$$h = 2\gamma\cos\theta/(\Delta\rho g r) \tag{13.1.22}$$

当 $\theta<90°$ 时，液面为凹面，h 为正值，液柱上升；当液面在毛细管中形成凸液面时，$\theta>90°$，液面下的压强比同高度具有平面的液体压强高，所以管内液柱反而下降，下降高度 h 与 p_s 的关系仍服从式(13.1.22)，h 为负值。当 $\theta=90°$ 时，液面为水平面，h 为零。

【例 13.4】 在 298 K 时，将半径为 500 nm 的洁净玻璃毛细管插入水中，求管中液面上升的高度。已知 298 K 水的表面张力为 0.072 14 $N\cdot m^{-1}$，密度 1 000 $kg\cdot m^{-3}$，重力加速度为 9.8 $m\cdot s^{-2}$。设接触角 $\theta=0°$。

解：$\cos\theta=\cos 0°=1$，曲面的曲率半径 $r'=r/\cos\theta=r$。

$$h=2\gamma/(\rho_l g r)=\frac{2\times 0.072\ 14\ N\cdot m^{-1}}{1\ 000\ kg\cdot m^{-3}\times 9.8\ m\cdot s^{-2}\times 500\times 10^{-9}\ m}=29\ m$$

注意：$1\ N=kg\cdot m\cdot s^{-2}$。结果显示：由于毛细管半径在 500 nm＝0.5 μm 数量级，产生的附加压力还是很大的。

$$p_s=2\gamma/r'=\frac{2\times 0.072\ 14\ N\cdot m^{-1}}{500\times 10^{-9}\ m}=289\ kPa$$

【例 13.5】 最大泡压法测液体的表面张力的装置如图 13.8 所示。将毛细管垂直插入液体中，其深度为 h。由上端通入气体，在毛细管下端有小气泡放出。小气泡内的压强由 U 型压力管测出。已知 300 K时某液体的密度为 $1.6\times 10^3\ kg\cdot m^{-3}$，毛细管半径为 0.001 m，毛细管插入的深度 $h=0.01$ m，小气泡的最大表压 $p_{max}=207$ Pa。问该液体 300 K 的表面张力为多少？

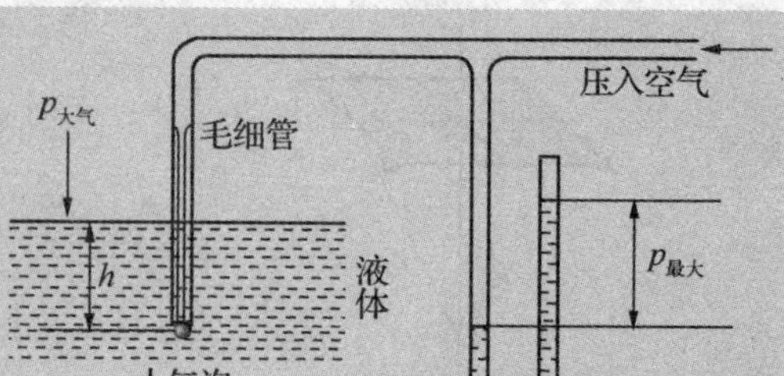

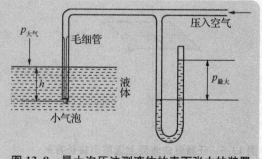

图 13.8　最大泡压法测液体的表面张力的装置

解：当向毛细管缓慢压入气体时，毛细管口将出现小气泡且不断长大。若毛细管足够细，毛细管下端气泡将呈现球缺型，液面可视为球面的一部分。在气泡由小变大的过程中，当气泡半径等于毛细管半径时，气泡呈半球形，这时气泡的曲率半径最小，附加压强最大。此后，随气泡不断长大，半径随之增大，附加压强却逐渐减小，最后气泡从毛细管口逸出。

在气泡半径等于毛细管半径、附加压强最大时，气泡内的压强为 $p_{内}=p_{atm}+p_{max}$，气泡外的压强为 $p_{外}=p_{atm}+\rho gh$，根据附加压强的定义和 Young-Laplace 公式，半径为 r 的小气泡的附加压强为：

$$p_s=p_{内}-p_{外}=p_{atm}+p_{max}-(p_{atm}+\rho gh)=p_{max}-\rho gh=2\gamma/r$$

于是求得表面张力为：

$$\gamma=p_s r/2=(p_{max}-\rho gh)r/2=(207-1.6\times10^3\times9.8\times0.01)\times0.001/2\text{N}\cdot\text{m}^{-1}$$
$$=25.1\times10^{-3}\ \text{N}\cdot\text{m}^{-1}$$

2. 弯曲液面上的饱和蒸气压

当液体形成弯曲液面时，其饱和蒸气压与液体为平面时的不同。根据气液平衡的热力学关系，推导得到饱和蒸气压与球形液面半径的关系为：

$$\ln\frac{p_r}{p_0}=\frac{2\gamma_{l,g}M}{RT\rho r} \tag{13.1.23}$$

这是著名的 Kelvin 公式。式中，p_r 和 p_0 分别是液滴半径为 r 的曲面和平面液体的饱和蒸气压；$\gamma_{l,g}$ 是液体的表面张力；M 和 ρ 分别是液体的相对分子质量和密度；R 是气体常数；T 是热力学温度。

Kelvin 公式表明：对于凸液面，$r>0$，$p_r>p_0$，且液滴半径 r 越小，p_r 越大；对于平液面，$r=\infty$，$p_r=p_0$；对于凹液面，$r<0$，$p_r<p_0$。在一个密闭容器内放置大块液体和许多小水滴，在一定温度和压强下，经过一段时间后，小液滴消失而大块液体变大，这是由于小液滴的饱和蒸气压比平面液体的饱和蒸气压大造成的。小液滴蒸气压大，化学势高，因而向化学势低的平面液体迁移。

同样，对于固体小颗粒，半径越小，蒸气压越高，根据亨利定律，溶解度增大。可以导出颗粒的溶解度与曲率半径的关系也有类似于 Kelvin 方程的形式：

$$\ln\frac{c_r}{c_0}=\frac{2\gamma_{l,s}M}{RT\rho r} \tag{13.1.24}$$

式中：c_0 表示大块固体的溶解度；M 和 ρ 分别表示固体的摩尔质量与密度；$\gamma_{l,s}$ 为液固界面张力。

【例 13.6】 293 K 水的饱和蒸气压为 2 306 Pa，计算如下不同大小液滴的蒸气压。液滴半径分别为：(1) 1.0×10^{-6} m；(2) 1.0×10^{-8} m；(3) 1.0×10^{-9} m。已知 293 K 水的表面张力为 0.072 9 $\text{N}\cdot\text{m}^{-1}$，密度为 1 000 $\text{kg}\cdot\text{m}^{-3}$，$M(H_2O)=0.018\ \text{kg}\cdot\text{mol}^{-1}$；(4) 与之相比，液体乙烷蒸气 270 K 的饱和蒸气压为 22.1×10^5 Pa，若液体内形成半径 3.6 nm 蒸气泡，且泡内全部是乙烷蒸气，计算气泡内乙烷的蒸气压。已知乙烷表面张力为 0.003 5 $\text{N}\cdot\text{m}^{-1}$，密度为 406.5 $\text{kg}\cdot\text{m}^{-3}$，$M(C_2H_6)=0.030\ \text{kg}\cdot\text{mol}^{-1}$。

解：(1) 液滴半径为 1.0×10^{-6} m，凸型球面，则：

$$\ln\frac{p_r}{p_0}=\frac{2\gamma_{g,l}M}{RT\rho r}$$
$$=\frac{2\times0.072\,9\ \text{N}\cdot\text{m}^{-1}\times0.018\ \text{kg}\cdot\text{mol}^{-1}}{8.314\ \text{J}\cdot\text{mol}^{-1}\cdot\text{K}^{-1}\times293\ \text{K}\times1\,000\ \text{kg}\cdot\text{m}^{-3}\times1.0\times10^{-6}\ \text{m}}=1.08\times10^{-3}$$

$p_r/p_0=1.001$，$p_r=2\ 308$ Pa

(2) 液滴半径为 1.0×10^{-8} m，$p_r/p_0=1.114$，$p_r=2\ 569$ Pa

(3) 液滴半径为 1.0×10^{-9} m，$p_r/p_0=2.937$，$p_r=6\ 773$ Pa

液体半径越小，蒸气压越高，当半径进入 nm 区间，蒸气压出现突然（陡峭的）增高。说明在纳米区间，粒子的性质发生了突变。但是对于纳米系统 Kelvin 公式是否仍然适用，还有待进一步研究。

(4) 乙烷形成气泡，半径 3.6 nm，凹型球面，则：

$$\ln\frac{p_r}{p_0}=-\frac{2\gamma_{g,l}M}{RT\rho r}=\frac{-2\times0.003\ 5\times0.030}{8.314\times270\times406.5\times3.6\times10^{-9}}=-0.063\ 9$$

$$p_r/p_0=0.938,\ p_r=20.7\times10^5\ \text{Pa}$$

结果显示：凹型气泡，蒸气压小于平面液体饱和蒸气压；对于乙烷，即便在 nm 尺度，与平面的差别并不巨大。可见表面张力对尺度效应的影响也是一个重要因素。

3. 亚稳状态

处于亚稳状态的过饱和现象，如过饱和蒸汽、过热液体、过冷液体、过饱和溶液等，都与弯曲界面引起的界面现象相关。

(1) 过饱和蒸汽：蒸汽过饱和的原因是因为新生的液相总是先以小液滴的状态出现，小液滴的蒸汽压大于平面液体的蒸汽压。蒸汽对于平面液体虽已饱和，但对小液滴并未达到饱和。所以，出现蒸汽压强超过饱和蒸汽压而仍未凝结的现象。如果将半径不等的液滴置于同一真空玻璃钟罩内，若干时间后，小液滴消失，大液滴变大。大液滴的饱和蒸气压比小液滴小，对大液滴饱和的蒸气对小液滴并未达到饱和，故小液滴不断蒸发，蒸气凝聚在大液滴上，直至小液滴完全消失。又如，当云层有充沛的水蒸气，水的饱和蒸气压是平面液体蒸气压的 4 倍以上时，云层仍未落雨。这是因为初生小液滴半径很小，蒸气压很高，以致对平面饱和的蒸气压对小液滴仍未饱和，新的液相难以形成。而空气中的灰尘常会作为凝聚中心促使雨滴形成。人工降雨是将干冰、AgI(s)或硅藻土等小颗粒物质洒在空中，提供凝聚中心而促使雨滴形成。

(2) 过热液体：液体过热的原因是因为新生的气相总是先以小气泡的状态出现，气泡内的蒸气压不仅要克服环境压强，而且还要克服弯曲液面的附加压强。液体温度超过沸点，其蒸气压虽可克服环境压强，但若克服不了弯曲液面附加压强，就不能沸腾。过热严重容易导致暴沸，造成事故。加入沸石可以防止暴沸。多孔沸石有许多气泡存在，液体可先向气泡汽化，已有的气泡的曲率半径较大，蒸汽容易借助这些气泡迅速沸腾而不至于过热。

(3) 过冷液体：液体中新生固相总是先以小晶粒状态出现，小晶粒有更高的蒸气压。液体在凝固点时虽与大块固体蒸气压相同，但仍低于小晶粒的蒸气压，因而不能凝固。随着温度降低，固体蒸气压比液体蒸气压降低更快，直至过冷到小晶粒与液体的蒸气压相等时凝固才能发生。液体凝固点测定实验中，为避免液体过冷，要采用剧烈搅拌的方法，目的在于向体系植入空气或其他微小粒子，使其成为凝固核心，以减轻过冷程度。

(4) 过饱和溶液：溶液中析出溶质总是先以小颗粒状态出现。小颗粒比大块固体有更高的溶解度。只有溶质浓度达到小晶粒的溶解度时溶质才能析出。在制备晶体实验中，常将溶质析出后的溶液放置一段时间进行陈化。由于析出的溶质颗粒大小不一,颗粒越大,溶解度越小;颗粒越小,溶解度越大。在陈化中,小颗粒不断溶解,大颗粒不断长大,这样可以得到颗粒较大的晶体。

(5) 毛细管凝聚:固体吸附剂和催化剂具有很大的表面积和大量的孔腔和孔道,如果被吸附的物质能润湿固体,则这种液体在固体孔道内形成凹面。凹面上有附加压强,凹面的饱和蒸气压小于平面蒸气压。在相同温度下,蒸气在平面上尚未到达饱和,但在凹面上却已经达到饱和,蒸气就变成液体凝聚下来,这就是毛细管凝聚现象。孔腔和孔道半径越小,毛细管凝聚现象越严重。毛细管凝聚现象会造成测定的气体铺满单分子层的饱和吸附量偏高,使比表面计算不准确。所以通常用 BET 方法测定催化剂比表面时,要控制比压(实际蒸气压与同温度下饱和蒸气压之比)在 0.3 以下,以避免发生毛细凝聚。

各种亚稳态的出现都是由于新相难以产生引起的。新相产生需要提供较大的表面能。在适当条件下,亚稳态可以暂存一定时间,一旦亚稳态被破坏,积蓄的能量将被释放,体系立即回复到稳定的平衡态。

13.2　溶液的表面吸附

溶液中溶质浓度的变化将影响溶液的表面张力。图 13.9 表示一定温度下,水的表面张力 γ 随溶质浓度 c 变化的关系。其中曲线Ⅰ表示 γ 表面张力随 c 增加而减小,一些非离子型有机物溶质如脂肪酸、醇、醛、醚、酮等属此类。曲线Ⅱ表示 γ 随 c 增大而增大,无机盐类溶质多属于此类物质。曲线Ⅲ表示,γ 随 c 增大而急剧减小,γ 减小到一定程度后趋于稳定值,不再随 c 增加而有明显变化;洗衣粉、肥皂类溶质属此类。能使水表面张力明显降低的溶质称为表面活性物质(surface active material, surfactant)。研究结果指出,表面活性物质在溶液表面层的浓度大于溶液本体的浓度。这类物质一般具有亲水极性基团与憎水非极性链,它们在界面定向排列,使增加单位表面积所需的功小于纯水。能使水的表面张力明显升高的溶质称为非表面活性物质(surface non-active material, nonsurfactant)。如无机盐和不挥发的酸、碱等。这些物质的离子有水合作用,趋向于把水分子拖入水中。非表面活性物质在表面的浓度低于其在本体的浓度。

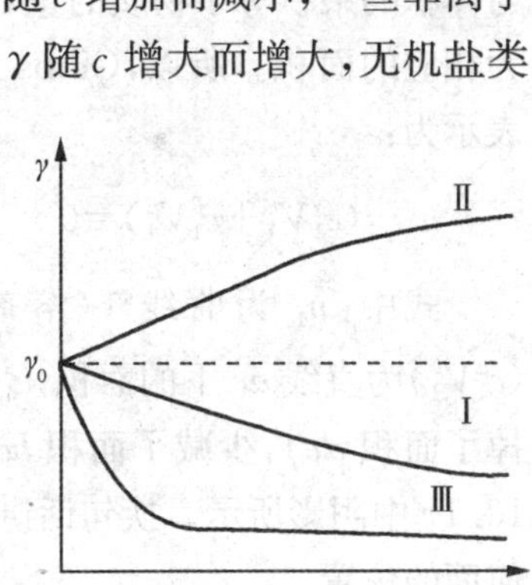

图 13.9　溶质浓度 c 对表面张力 γ 的影响

平衡时,溶质在表面层的浓度与本体溶液不同,这种现象称为表面吸附(surface adsorption)。若溶质能降低表面张力,则溶质力图浓集在表面层以降低表面能,即发生正吸附;当溶质使表面张力升高时,它在表面层的浓度比内部低,即发生负吸附。Gibbs 用热力学方法求得了在一定温度下,溶质的浓度、表面张力与表面吸附量之间的关系。

13.2.1　界面相和界面过剩量

界面是一个区域,通常只有几个分子的厚度。对于一个含有界面的系统,可视为由三个部分组成：两个体相 α 和 β 加上两相之间的界面层（boundary phase）S，也称界面相，如图 13.10 所示。系统的所有性质是三个部分广延性质的和。由于界面层并不是一个化学组成和物理性质均匀的区域，而是一个两相过渡区，故严格讲它不能称为相，而是一个界面过渡层。1878 年，Gibbs 提出了一个处理界面层的方法，称为界面相模型，其要点为：

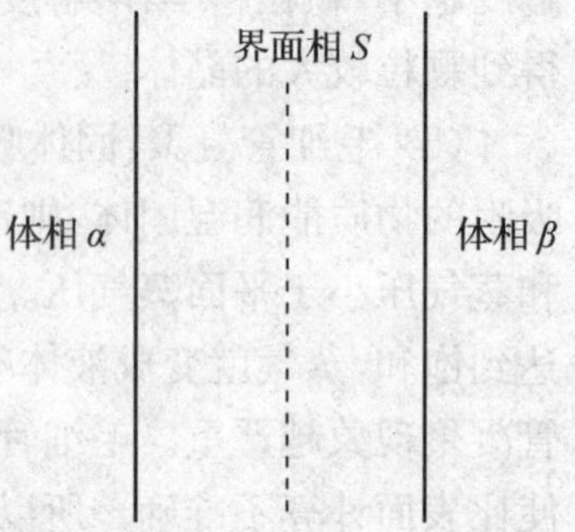

图 13.10　含界面系统

(1) $V=V^{\alpha}+V^{\beta}$，即界面层是一个没有体积的几何面 S，如图 13.10 中虚线所示。界面层中虚线的左侧归为 α 相，右侧归为 β 相，它们分别与 α 和 β 相具有相同的强度性质。这样几何面虚线便成了界面相 S，因为在这个几何面上物理性质和化学组成都是相同的。

(2) 令 $n_1=n_1^{\alpha}+n_1^{\beta}$，即令一个组分（通常是溶剂，标记为 1）在界面相中的物质的量为零，$n_1^S=0$，用这种方法确定界面相几何面的位置。

图 13.11 是确定 Gibbs 几何面位置的示意图。为简单起见设有两个组分，组分 1 为溶剂，组分 2 为溶质。横坐标为系统的体积，纵坐标代表组分的浓度，两条曲线分别为溶质和溶剂在各相中的浓度变化，而浓度与体积的乘积等于物质的量，在图中则表示为相应的面积。所以，Gibbs 模型要点可以表示为：

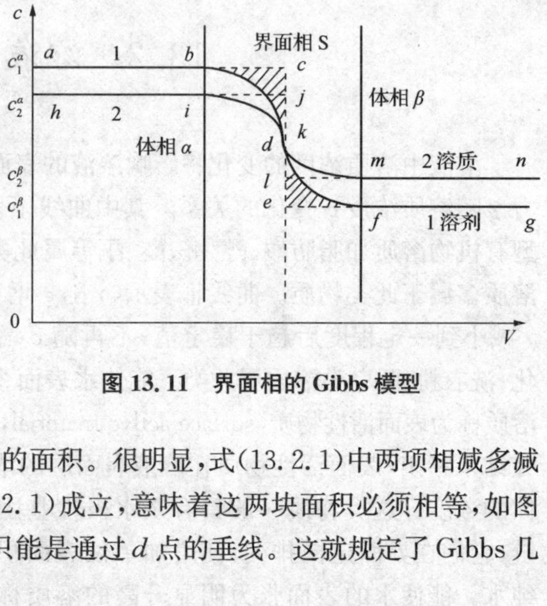

图 13.11　界面相的 Gibbs 模型

$$n_1-(c_1^{\alpha}V_1^{\alpha}+c_1^{\beta}V_1^{\beta})=0 \qquad (13.2.1)$$

式中：n_1 为曲线 1（溶剂）下的面积；$(c_1^{\alpha}V_1^{\alpha})$ 为直线 ac 下的面积；$c_1^{\beta}V_1^{\beta}$ 为直线 eg 下的面积。很明显，式(13.2.1)中两项相减多减掉了面积 def，少减了面积 bcd。欲使式(13.2.1)成立，意味着这两块面积必须相等，如图 13.11 中阴影所示。换句话讲，Gibbs 几何面只能是通过 d 点的垂线。这就规定了 Gibbs 几何面的位置。

然而，这并不是说，溶质在界面相的物质的量也等于零。因为

$$n_2^S=n_2-(n_2^{\alpha}+n_2^{\beta})=n_2-(c_2^{\alpha}V_2^{\alpha}+c_2^{\beta}V_2^{\beta}) \qquad (13.2.2)$$

式中：n_2 为曲线 2（$hikmn$，溶质）下的面积；$(c_2^{\alpha}V_2^{\alpha})$ 为直线 hj 下的面积；$(c_2^{\beta}V_2^{\beta})$ 为直线 ln 下的面积。式(13.2.2)两项相减，多出了面积 klm，少了面积 ijk。显然，这两个面积是不一定相等的，以致式(13.2.2)中有可能导致 $n_2^S>0$。这个值称为溶质的界面过剩（surface excess，boundary excess）的物质的量。它是个相对值，即相对于溶剂，溶质在界面是过量的。显然这是由于界面对溶质的吸附造成的，故称为正吸附。但是，也有可能 $n_2^S<0$，即相对于溶剂，溶质在界面是欠量的，此种情况称为负吸附。

类似的还有：$U^S=U-(U^{\alpha}+U^{\beta})$，$S^S=S-(S^{\alpha}+S^{\beta})$ 等，分别称为界面过剩热力学内能、

界面过剩熵，它们的值也不一定等于零。

含有界面的系统由体相和界面相组成，它们的热力学基本方程也是各相应相的贡献之和。在含有 k 个组分的界面相引入 Gibbs 模型后，热力学基本方程(如内能 U)可以表示为：

$$dU^S = T^S dS^S - p^S dV^S + \gamma dA_s + \sum_{i=2}^{k} \mu_i^S dn_i^S \tag{13.2.3}$$

根据 Gibbs 假定，$n_1^S=0$，所以对 k 个组分求和不包括溶剂 1。由于界面相没有厚度，$V^S=0$，则有

$$dU^S = T^S dS^S + \gamma dA_s + \sum_{i=2}^{k} \mu_i^S dn_i^S \tag{13.2.4}$$

恒温且组成不变条件下，T、γ、μ 为定值，积分后得

$$U^S = T^S S^S + \gamma A_s + \sum_{i=2}^{k} \mu_i^S n_i^S \tag{13.2.5}$$

这是 Gibbs 界面相模型下的界面热力学内能的表达式。

13.2.2　Gibbs 等温吸附方程式

根据 Gibbs 界面相模型，$V^S=0$，热力学函数表达式(13.2.5)可以表示为：

$$A^S = G^S = U^S - T^S S^S = \gamma A_s + \sum_{i=2}^{k} \mu_i^S n_i^S \tag{13.2.6}$$

式中：A^S 和 G^S 为界面过剩 Helmholtz 和 Gibbs 自由能；μ_i^S 和 n_i^S 为溶质 i 的界面化学势和界面过剩物质的量。在界面吸附中，它们和界面张力一起担负着重要的作用。

在恒温恒容条件下，若使界面发生一个微小变化，根据 Helmholtz 自由能减少原理，当界面吸附达到平衡时，A^S 的微分等于零，即

$$dA^S = \gamma dA_s + A_s d\gamma + \sum_{i=2}^{k} \mu_i^S dn_i^S + \sum_{i=2}^{k} n_i^S d\mu_i^S = 0 \tag{13.2.7}$$

考虑到界面吸附时，界面面积 A_s 保持不变，吸附平衡时 n_i^S 也不变，式(13.2.7)可进一步表示为：

$$A_s d\gamma + \sum_{i=2}^{k} n_i^S d\mu_i^S = 0 \tag{13.2.8}$$

若定义：

$$\Gamma_i^{(1)} = n_i^S / A_s \tag{13.2.9}$$

称为溶质 i 相对于溶剂 1 的单位界面过剩量(也称界面超额 surface excess，boundary excess)，以表示溶质 i 在界面的吸附量，单位 $mol \cdot m^{-2}$，上标(1)表示以 $n_1^s=0$ 为条件，则式(13.2.8)变为：

$$-d\gamma = \sum_{i=2}^{k} \Gamma_i^{(1)} d\mu_i \tag{13.2.10}$$

式中删除了化学势的上标，是因为平衡时体相与界面相的化学势相等。这个关系式称为

Gibbs 吸附公式,它是表面化学中的一个基本公式。

由于恒温时体相的化学势的微变可以表示为

$$-\mathrm{d}\mu_i = RT\mathrm{d}\ln a_i$$

其中 a_i 为组分 i 的活度。由此可得 Gibbs 吸附公式的另一种表达形式为:

$$-\mathrm{d}\gamma = RT\sum_{i=2}^{k}\Gamma_i^{(1)}\mathrm{d}\ln a_i \tag{13.2.11}$$

对二组分系统,则

$$-\mathrm{d}\gamma = RT\Gamma_2^{(1)}\mathrm{d}\ln a_2 \tag{13.2.12}$$

$$\Gamma_2^{(1)} = -\frac{a_2}{RT}\left(\frac{\partial\gamma}{\partial a_2}\right)_T \tag{13.2.13}$$

这是常用的二元系 Gibbs 吸附公式。Gibbs 吸附等温式的推导过程中没有指定界面的类型,也就是说,该式适用于任何界面,它是界面吸附的热力学基础。

如果吸附质是稀溶液中的溶质,活度可以表示为 $c_2/c^{\ominus}$,有

$$\Gamma_2^{(1)} \approx -\frac{c_2}{RT}\left(\frac{\partial\gamma}{\partial c_2}\right)_T \tag{13.2.14}$$

若吸附质为低压气体,活度为 $p_2/p^{\ominus}$,有

$$\Gamma_2^{(1)} \approx -\frac{p_2}{RT}\left(\frac{\partial\gamma}{\partial p_2}\right)_T \tag{13.2.15}$$

式(13.2.14)可用于气液和液液界面对表面活性物质的吸附,式(13.2.15)可用于气固界面对气体的吸附。

13.2.3 溶质在气液和液液界面上的吸附

如前所述,溶质的表面张力是可以实验测定的,其随浓度的变化如图 13.9 所示。其中可以分为三种类型。

若 $\partial\gamma/\partial c_2<0$,增加溶质 2 的浓度使表面张力下降,则 $\Gamma_2{}^{(1)}$ 为正值,发生正吸附。表面层中溶质浓度大于本体浓度。表面活性物质属于这种情况。

若 $\partial\gamma/\partial c_2>0$,增加溶质 2 的浓度使表面张力升高,则 $\Gamma_2{}^{(1)}$ 为负值,发生负吸附。表面层中溶质浓度低于本体浓度。非表面活性物质属于这种情况。

由实验测定的 $\gamma\sim c_2$ 曲线可计算 $\Gamma_2{}^{(1)}$。希什科夫斯基(Szyszkowski)提出,有机酸同系物水溶液的表面张力等温式为:

$$\gamma = \gamma_0 - b\ln(1+Kc_2) \tag{13.2.16}$$

式中:b、K 为常数;γ_0 为纯水的表面张力。应用式(13.2.14)可得

$$\Gamma_2 = \Gamma_\infty\frac{Kc_2}{1+Kc_2} \tag{13.2.17}$$

其中将 $\Gamma_2^{(1)}$ 简写为 Γ_2,$\Gamma_\infty = b(RT)^{-1}$ 称为饱和吸附量。该式常被称为 Langmuir 单分子

层吸附等温式，表示了表面吸附量随溶质浓度的变化关系，如图 13.12 所示。其中有两个极限情况。当浓度 c_2 很小时，$1+Kc_2 \approx 1$，$\Gamma_2=\Gamma_\infty Kc_2$，$\Gamma_2 \sim c_2$ 为线性关系；当浓度足够大时，$1+Kc_2 \approx Kc_2$，Γ_2 呈极限值 Γ_∞。

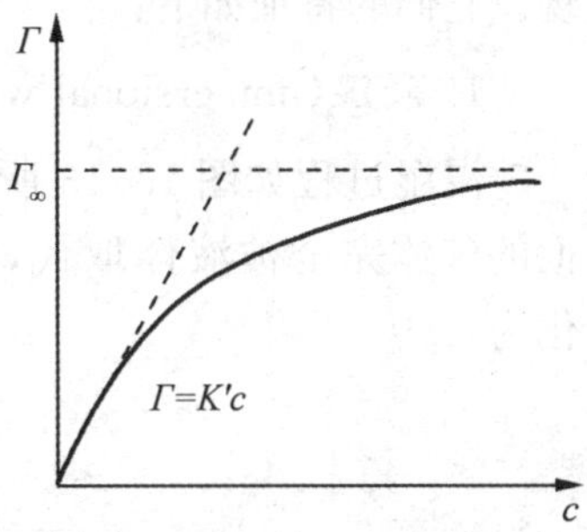

图 13.12　溶质浓度对表面吸附量的影响

实验发现，对于同一系列的有机同系物，如直链脂肪酸、醇胺等，不管碳链长度如何，经验常数 b 基本相同，即它们有相同的饱和吸附量。表面活性物质的表面浓度比其本体溶液浓度大得多，若将本体浓度忽略不计，表面过剩可近似看作表面浓度。Γ_∞ 相同，说明饱和吸附时每个分子占据的表面积是相同的，由 Γ_∞ 可计算出每个分子所占的截面积 a_s。

$$a_s=1/L\Gamma_\infty \tag{13.2.18}$$

实验结果表明，饱和吸附时，许多直链表面活性剂在表面是定向排列的。直链型两亲分子的极性端是亲水基团，非极性基团是疏水链。表面吸附时亲水端插入水中，疏水链指向空气直立排列在液体表面，使得水溶液的表面表现出如同碳氢化合物一样，这就是表面活性物质能有效降低表面张力的原因。

讨论　表面膜

【例 13.7】　已知某溶液 $\gamma=\gamma_0-ba_2$，$\gamma_0=0.072\ \mathrm{N\cdot m^{-1}}$（纯水），$b$ 为常数，a_2 为溶质的活度，298 K 实验值 $\Gamma_2=4.33\times10^{-6}\ \mathrm{mol\cdot m^{-2}}$，求该溶液的表面张力为多少？若分子呈紧密排列，分子的横截面积为多少？

解：已知 $\gamma=\gamma_0-ba_2$，　$\mathrm{d}\gamma/\mathrm{d}a_2=-b$，则

二元系 Gibbs 吸附公式：$\Gamma_2=-\dfrac{a_2}{RT}\left(\dfrac{\partial\gamma}{\partial a_2}\right)_T=\dfrac{a_2 b}{RT}$，所以 $b=\dfrac{RT\Gamma_2}{a_2}$

该溶液的表面张力为：

$$\gamma=\gamma_0-RT\Gamma_2=(0.072-8.314\times298\times4.33\times10^{-6})\mathrm{N\cdot m^{-1}}=0.061\ \mathrm{N\cdot m^{-1}}$$

分子呈紧密排列时每个分子的横截面积为：

$$a_s=1/L\Gamma_2=1/(6.02\times10^{23}\times4.33\times10^{-6})\mathrm{m^2}=3.8\times10^{-19}\ \mathrm{m^2}=0.38\ \mathrm{nm^2}$$

13.3　液固界面现象

润湿(wetting)是指固体表面上一种流体被另一种流体取代的现象，通常指固体表面被液体取代。这种现象在自然界和生产实践中十分普遍，如土壤和植物对水的吸附，织物的洗涤等。通过对润湿现象的研究可以了解液固界面现象。

13.3.1　润湿现象的分类

按照固体表面上气体被液体取代的不同特征，润湿作用可分为浸湿、沾湿和铺展三种表

现。它们的特征如下：

1. 浸湿(immersional wetting)

浸湿过程如图 13.13 所示。衣服浸在水中是一种简单的浸湿。它的特征是固体表面上的气体完全被液体取代，而气液界面没有变化。该过程单位表面 Gibbs 自由能的变化为：

$$\Delta G/A_s = (\gamma_{l,s} - \gamma_{g,s}) = W_i \tag{13.3.1}$$

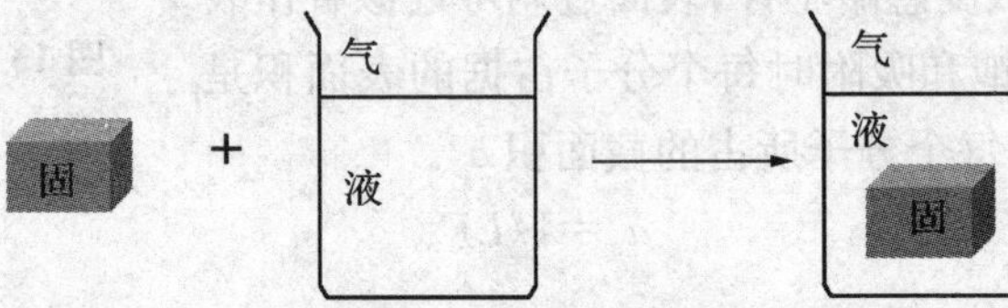

图 13.13 浸湿润湿过程图

W_i 称为浸湿功，表示等温、等压条件下，将具有单位表面积的固体可逆地浸入液体中所做的最大功。浸湿过程中，消失了单位面积的气-固表面，产生了单位面积的液-固界面。它是液固界面取代气固界面能力的一种量度。

2. 沾湿(adhesional wetting)

黏稠的油滴落在地面，农药在叶面的黏附，雨滴在雨衣上的黏附等就是沾湿过程。过程特征是，消失了单位液体表面和固体表面，产生了单位液-固界面，如图 13.14 所示。过程自由能变化为：

图 13.14 沾湿润湿过程

$$\Delta G/A_s = \gamma_{l,s} - \gamma_{g,l} - \gamma_{g,s} = W_a \tag{13.3.2}$$

W_a 称为沾湿功，表示等温等压条件下，单位面积的液面与固体表面粘附时系统对外所做的最大功。反映了固液两相在界面的结合能力。

3. 铺展(spreading wetting)

铺展过程如图 13.15 所示。水滴洒在水泥地面是一种常见的铺展过程。过程的单位界面 Gibbs 自由能变化为：

$$\Delta G/A_s = \gamma_{l,s} + \gamma_{g,l} - \gamma_{g,s} = -S \tag{13.3.3}$$

S 称为铺展系数，表示等温、等压条件下，单位面积的液固界面取代了单位面积的气固界面，并产生了单位面积的气液界面，这个过程表面自由能的变化。

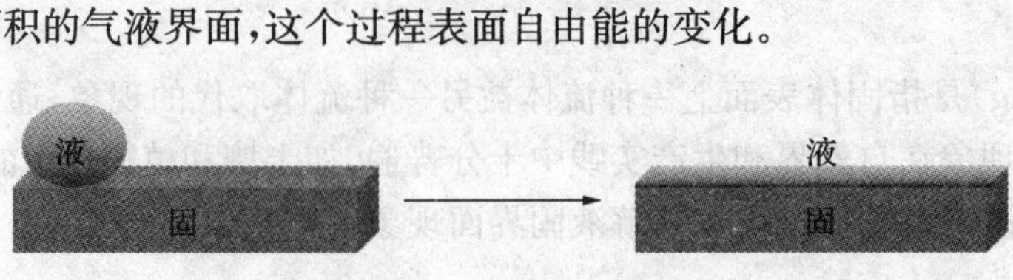

图 13.15 铺展过程

若定义液体的内聚功为：

$$W_c = -2\gamma_{g,l} \tag{13.3.4}$$

表示克服液体分子内聚力而生成两个单位面积的液体表面需做的功。那么铺展系数的物理意义为：

$$S = W_a - W_c \tag{13.3.5}$$

S 是两种非体积功之差。显然只有当 W_a 大于 W_c 的情况下，液体才有可能铺展在固体表面。

遗憾的是，目前还没有直接测定固-气、固-液界面张力的方法。因此，靠测定界面张力来判断是否润湿还难以实现。但是 T. Young 提出了接触角的概念，使解决这一问题成为可能。

13.3.2 接触角

图 13.16 为液滴在固体表面接触时各种界面张力的作用情况。当液滴在固体表面处于稳定状态时，气液固三相交点的位置 O 保持不变。在接触点 O 点有三种作用力：气固表面张力 $\gamma_{g,s}$、液固界面张力 $\gamma_{l,s}$ 和气液界面张力 $\gamma_{g,l}$。如果三种力的合力使 O 点上的水分子拉向左方，则水珠铺展，固体被润湿；若合力使 O 点移向右方，则水珠变圆，不能润湿。力平衡时，三种界面张力在三相交界任意点上的力的矢量和为零。由此得出界面张力与接触角的关系为

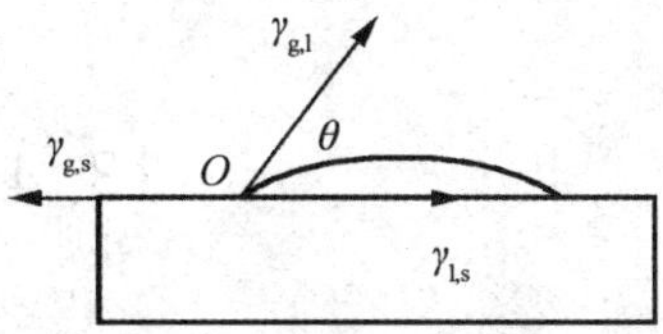

图 13.16 接触角与界面张力

$$\cos\theta = (\gamma_{g,s} - \gamma_{l,s})/\gamma_{g,l} \tag{13.3.6}$$

该式即 Thomas-Young 方程，也称润湿方程。式中 θ 为接触角(contact angle)，它是气液界面张力 $\gamma_{g,l}$ 与液固界面张力 $\gamma_{l,s}$ 两个矢量间的夹角，在方程中起着至关重要的作用。如果 $\gamma_{g,s} - \gamma_{l,s} = \gamma_{g,l}$，$\cos\theta = 1$，$\theta = 0°$，这是完全润湿的情况；如果 $\gamma_{g,s} - \gamma_{l,s} < \gamma_{g,l}$，$1 > \cos\theta > 0$，$\theta < 90°$，固体能被液体润湿；如果 $\gamma_{g,s} < \gamma_{l,s}$，$\cos\theta < 0$，$\theta > 90°$，固体不为液体所润湿。

13.3.3 润湿的判据

综上所述，浸湿、沾湿、铺展的热力学判据为：

浸湿： $W_i = -\gamma_{g,l}\cos\theta \leqslant 0$

沾湿： $W_a = -\gamma_{g,l}(\cos\theta + 1) \leqslant 0$

铺展： $S = \gamma_{g,l}(\cos\theta - 1) \geqslant 0$

式中不再包括气固和液固界面张力，只要设法测定接触角和气液表面张力，就能做出判断。上述判据也相当于用接触角进行如下判断：

浸湿：$\theta \leqslant 90°$；沾湿：$\theta \leqslant 180°$；铺展：$\theta = 0°$ 或不存在。

由于 $S = \gamma_{g,l}(\cos\theta - 1)$ 不可能大于 0，故不存在接触角，而 $\theta = 0°$ 则是指铺展的平衡接触角。上述三种类型润湿的接触角是不相同的。其中沾湿在任何接触角时都发生，浸湿只在 $\theta \leqslant 90°$ 时发生，铺展除了 $\theta = 0°$ 外都不发生。要在理论上为润湿给出一个统一的接触角判据

是不可能的。

习惯上，人们做了这样的规定，以接触角 90°为界，$\theta>90°$为不润湿，如汞在玻璃表面；$\theta\leqslant 90°$为润湿，如水在洁净的玻璃表面。对于沾湿，虽然 $\theta>90°$也能发生，但因沾湿程度很小，将它视为不润湿也无妨。

讨论 液-液界面的铺展

科学家介绍

托马斯·杨
(Thomas Young)

13.4 表面活性剂的分类及应用

能够使溶液表面张力显著降低的物质称为表面活性剂（surfactant，surface active agent)。表面活性剂分子的结构特征是含有亲水性的极性基团(hydrophilic group)和憎水性的非极性基团 (hydrophobic group)，也称亲油基。表面活性剂是两亲分子(amphipathic molecule)，吸附在水表面时，亲水基团插在水溶液中，疏水基团露在空气中成定向排列，这种排列方式使得表面的不饱和力场得到某种程度的平衡，从而降低了表面张力，使其表面超额为正，即表面活性剂的表面浓度大于本体浓度。但并不是所有的两亲分子都是表面活性剂，因为只有亲油基具有足够长度时，两亲分子才会表现出显著的表面活性。在工业生产和日常生活中，表面活性剂是不可缺少的助剂。其优点是用量少，收效大。

13.4.1 表面活性剂的分类

表面活性剂有很多分类方法。常用的一种方法是按其分子结构来分，即按其在水中能否发生电离而分为离子型和非离子型两大类。对于离子型表面活性剂，按其表面活性离子是阴离子或阳离子而分为阴离子型、阳离子型和两性表面活性剂。两性表面活性剂溶于水后既可显示阴离子型的特征，也可显示阳离子型的特征，依溶液的 pH 而定。例如：

(1) 离子型表面活性剂

阴离子型：如羧酸盐 R—COONa，硫酸酯盐 $R—OSO_3Na$，磺酸盐 $R—SO_3Na$。

阳离子型：常用的是胺盐，如叔胺盐 $R—N(CH_3)_2HCl$，季铵盐 $R—N(CH_3)_3Cl$。

两性型：如氨基酸型 $C_{12}H_{25}N^+H_2—CH_2COO^-$，甜菜碱型 $RN^+(CH_3)_2—CH_2COO^-$。

(2) 非离子型表面活性剂

如聚氧乙烯醚型 $R—O(CH_2CH_2O)_nH$，多元醇型 $R—COOCH_2C(CH_2OH)_3$。

使用时应注意，如果表面活性物质是阴离子型，它就不能和阳离子型混合使用，否则就会发生沉淀而不能达到应有的效果。多数表面活性剂的疏水基呈长链状，故形象地把疏水基称为“尾”，把亲水基称为“头”。

13.4.2　胶束和临界胶束浓度

表面活性剂具有双亲性的结构特点，少量表面活性剂加入水中后，其多数分子定向排列在界面上，少数散落在溶液中，因而浓度增加，表面层逐渐趋于饱和，表面张力下降。当表面形成紧密单分子层时，多余的散落在溶液中的分子开始聚集成小型胶束(micelle)，这是一种和胶体大小相当的分子聚集体粒子。开始出现胶束的表面活性剂浓度称为临界胶束浓度(critical micelle concentration，CMC)。达到 CMC 后若再继续加入表面活性剂，表面层聚集的分子数目基本不变，只是溶液中胶束的数量和大小发生变化，形成更多、结构更完整、体积更大的胶束。胶束的形成和变化过程如图 13.17 所示。

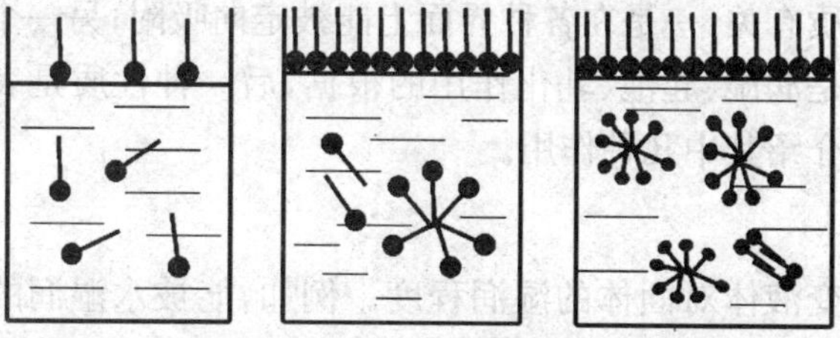

(a) 低于临界胶束浓度　(b) 临界胶束浓度　(c) 高于临界胶束浓度

讨论　胶束的形成和结构，临界胶束浓度

图 13.17　胶束的形成与临界胶束浓度的关系

胶束的结构是疏水基团聚集在一起，亲水基团朝向溶液，结构完整时其疏水部分几乎与水隔离。胶束大小处于纳米级，与聚集的分子数量有关，但胶束的大小并不统一和恒定。胶束的形状与表面活性剂的分子结构有关，有球状、柱状、层状等各种形态。

溶液的表面张力随表面活性剂的浓度的变化有如图 13.9 曲线Ⅲ所示。在低于临界胶束浓度区间，表面张力随表面活性剂浓度增加明显降低，在达到临界胶束浓度后，继续增加浓度，表面张力基本不变。从图中还可以看出，临界胶束浓度并不是一个确定的值，而是一个浓度区间。

13.4.3　亲水-亲油平衡(HLB 值)

表面活性剂的亲水性和疏水性(亲油性)是两种截然相反的性能，与其含有的亲水基团和疏水基团的结构和数量有关。但是，表面活性剂种类繁多，在选用时，如何评价一个表面活性剂的亲水和亲油的相对性能，还缺乏确切的理论指标。实际应用中，更多的还是依靠经验来进行评价。通常公认的比较合理的方法是：根据表面活性剂的亲水亲油平衡(即 HLB，hydrophile-lipophil balance)进行评价。非离子型表面活性剂的 HLB 值的计算公式为：

$$\text{HLB}=\frac{\text{亲水基部分的摩尔质量}}{\text{表面活性剂的摩尔质量}}\times 20=\frac{\text{亲水基质量}}{\text{憎水基质量}+\text{亲水基质量}}\times 20$$

例如，石蜡没有亲水基，HLB=0；聚乙二醇$\left[CH_2CH_2O\right]_n$完全是亲水基，HLB=20。其他非离子型表面活性剂的 HLB 值介于 0～20 之间。HLB 值越小，表面活性剂的亲油性越强；

HLB 值越大，亲水性越强。根据 HLB 值，就可大致估计该表面活性剂适用何种用途。表 13.2 给出 HLB 值与各种性能的关系。

表 13.2　不同用途表面活性剂的 HLB 值

主要用途	HLB	主要用途	HLB
消泡剂	1～3	润湿剂	12～15
乳化剂(W/O 型)	3～6	洗涤剂	13～15
乳化剂(O/W 型)	8～18	增溶剂	15～18

13.4.4　表面活性剂的应用

表面活性剂的用途十分广泛，如润湿、起泡、消泡、增溶、乳化、破乳、稳定、絮凝、分散等。这些作用与表面活性剂的两个重要性质有关：一是在各种界面上能被定向吸附；另一个是在溶液内部能够形成胶束。前一种性质是润湿、起泡、乳化作用的根据，后一种性质是表面活性剂具有增溶作用的原因。下面简要介绍其中几种作用。

1. 润湿作用

表面活性剂能吸附在固体表面改变液体对固体的湿润程度。例如，能被水湿润的棉布经表面活性剂处理后可变成不被水湿润的防雨布。农药添加表面活性剂则是为了增加液体对固体的润湿程度。

工业采用浮游选矿富集有用的矿砂。在泡沫浮选过程中，先将矿石磨碎，倾入选矿水池，加入捕集剂和起泡剂等表面活性剂，搅拌并在池底鼓起。捕集剂是一种表面活性剂，其亲水基团选择性吸附在所需的矿砂表面。当矿砂有 5% 以上表面被捕集剂覆盖后，矿砂就从亲水性变为憎水性，一旦遇上由表面活性剂组成的气泡，吸附在矿砂上的憎水基立刻会黏附在气泡表面，随气泡上升到液面。在选矿池表面收集气泡，灭泡，将矿砂浓缩后送冶炼厂，无用岩石砂粒仍沉在池底，定期清池。泡沫浮选过程的关键是选好捕集剂，达到富集有用矿砂的目的。

2. 起泡作用

借助于表面活性剂(起泡剂)使液体中形成稳定的泡沫，这种作用称为起泡作用。在浮游选矿、泡沫灭火、衣物洗涤等过程中需要泡沫。泡沫是气体分散在液体中的分散体系，气体是分散相，液体是分散介质。由于表面张力的缘故，泡沫有较高的表面能，因而是热力学不稳定体系。泡沫的结构如图 13.18 所示。良好的起泡剂应有两方面的性能：一是降低表面张力；二是在气泡的界面上形成坚固的液膜。例如洗衣粉和肥皂都具有良好的起泡性能，一方面水的表面张力被降到 25 $mN \cdot m^{-1}$ 左右，同时这类分子在液膜上下两侧的气液界面定向排列，伸向气相的亲油基互相吸引、拉紧，增加液膜的强度。亲水基在膜内形成水化层，使液膜黏度增加，更趋稳定。有些起泡剂，如固体粉体和明胶等蛋白质，虽表面活性不大，但能在气泡的界面上形成坚固的保护膜，从而使泡沫稳定。

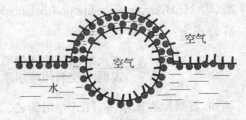

图 13.18　表面活性剂的发泡作用

3. 乳化作用

两种互不相溶的液体，其中一种液体以小液滴(一般为 0.1～10 μm)的形式分散到另一种液体中的过程称为乳化，所形成的多相分散体系称为乳状液。乳状液的分散相称为内相，分散介质称为外相。通常的乳状液总有一相是水，另一相是与水不相溶的有机物，称为"油"。

外相为水，内相为油的乳状液，称为水包油性乳状液，如牛奶、豆浆、农药乳剂等，用"O/W"表示；外相为油，内相为水的乳状液，如原油、人造黄油等，称为油包水型乳剂液，用"W/O"表示。

乳状液有很大的相界面和界面能，热力学上很不稳定，容易分层。加入表面活性剂(乳化剂)后，可使乳状液稳定，称为乳化作用。乳化因素包括：降低界面张力；分子在相界面定向排列，增强界面膜强度；离子型表面活性剂可使液滴带电，特别是对于 O/W 型乳状液，使液滴间产生静电斥力，不易聚结。

在乳化剂的作用下，两种液体形成何种类型的乳状液，不仅取决于两液体的相对数量，而且与乳化剂的性质有关。例如一些固体粉末因能在界面上构筑一层保护膜，使膜具有一定强度，也能起到乳化作用。如图 13.19 所示，亲水性固体在水中可被浸湿，容易形成 O/W 型乳状液；亲油性固体在油中可被浸湿，容易形成 W/O 型乳状液。

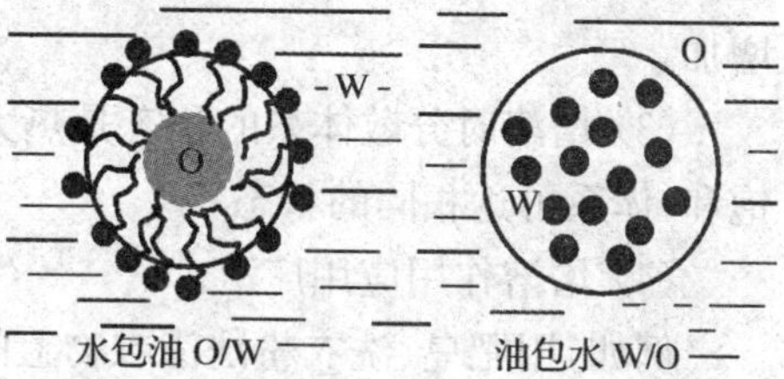

图 13.19 O/W 型和 W/O 型乳状液

乳化作用有广泛应用。例如在节能、环保等方面有重要意义的燃油渗水技术需将柴油制成含水 20%～30%的 W/O 型乳化液，有机农药杀虫剂需制成 O/W 型乳状液等。另一方面，使乳状液遭到破坏，在实际中也有重要应用。例如原油是 W/O 型乳状液，如何将其中的水分离出去？洗羊毛废液是 O/W 型乳状液。如何回收其中少量的羊毛腊？这些都涉及破乳问题。因为使乳状液稳定的原因很复杂，破乳的方法也就多种多样。用表面活性剂破乳是一种主要的破乳方法，这种方法的原则是选择一种表面活性高但不能形成牢固保护膜的表面活性剂(例如异戊醇)，该表面活性剂因有较高的表面活性，极易吸附在油-水界面以顶替原来的乳化剂，但新的界面膜强度很低，而利于破乳。此外，采用加热、搅拌、离心、过滤、外加高压电场、加入电解质或破坏乳化剂的方法也可收到破乳效果。

4. 增溶作用

一些不溶或微溶于水的有机物，例如苯、甲苯酚等，在水中加入表面活性剂的情况下，溶解度显著增加的现象称为增溶。表面活性剂分子在液体表面吸附达到饱和以后，再增加浓度，分布在体相中的表面活性剂分子便将憎水基靠在一起，埋在内部，亲水基向外，自动形成规则排列的胶束。实验证明，增溶作用只有在浓度大于 CMC 时才明显表现出来，这说明增溶与表面活性剂在水中形成胶束有关。如图 13.20 所示，增溶的机理主要有以下几种：图 13.20(a)为非极性增溶物(如苯)溶于胶束内部；图 13.20(b)为极性长链增溶物(如醇类、胺类等)穿插到原胶束中形成混合胶束；图 13.20(c)为一些既不溶于水也不溶于油的增溶物(如某些染料)被吸附在胶束表面。

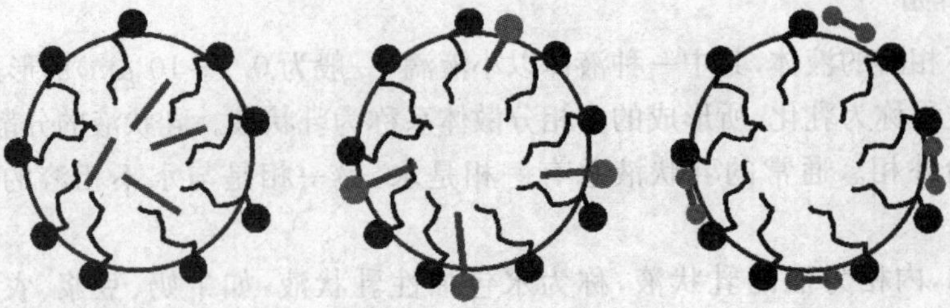

图 13.20 增溶作用

增溶作用具有以下特点：

(1) 增溶与乳化不同，溶质在增溶过程中化学势降低，使体系更加稳定。

(2) 增溶与真正的溶解也不同，增溶对溶液的依数性影响很小，说明增溶时溶质并不是以分子形态分散在水中，而是“整团”溶解在胶束中，溶液中溶质“质点”的数目并未增加。

(3) 增溶时分散体系的状态是热力学平衡态，溶质从过饱和溶液或从逐渐溶解而达到饱和，体系可达相同的状态。

(4) 增溶作用应用广泛。

例如，用肥皂、洗衣粉洗涤衣物上的油污时，增溶起了重要作用。在医药方面，一些非水溶性药品加入适当增溶剂后在水中可达到治疗所需浓度。一些生理现象也与增溶有关，如小肠不能直接吸收脂肪，经胆汁增溶后可将其吸收。合成橡胶、树脂时采用的乳液聚合法就是利用增溶作用将原料(高分子单体)溶于胶束，使聚合反应在胶束中进行，从而避免了单体直接聚合时因反应放热和黏度大大增加使操作不易控制的缺点。

5. 洗涤作用

洗涤作用是用表面活性剂去除固体(衣物)表面上油性污垢的过程。它是机械搓洗作用和润湿、乳化、分散、增溶、起泡等多种复杂作用的综合。洗涤作用除与表面活性剂本身的性质有关之外，还与污垢的性质有关。一些优良的洗涤剂需具备下列性质：

(1) 有良好的润湿能力，能使洗涤剂与被洗固体表面密切接触。

(2) 能有效地降低固-水、油-水的界面张力，使污垢容易脱落。

(3) 有使污垢乳化、增溶、分散的能力。

(4) 能在清洁的固体表面形成保护膜使污垢难以再度沉积。

表面活性剂一般都能降低水的表面张力，有利于形成泡沫。习惯上，人们常以产生泡沫的多少判断表面活性剂的去污能力，其实是一种误解。泡沫的产生使搓洗显得省劲，但并不是唯一标准。例如，非离子型表面活性剂一般有良好的洗涤效果，但并不是好的起泡剂。常用的合成洗涤剂中除了表面活性剂外，还添加一些无表面活性剂的助剂，如三聚磷酸钠、焦磷酸钠、甲基纤维素等，对洗下的污垢起到分散作用并可防止污垢再度沉积。

13.5　固体表面上的气体吸附

13.5.1　吸附现象与吸附量

1. 吸附现象

和液体表面一样,处于固体表面的原子(或分子)受其周围原子(或分子)的作用力也是不对称的,或所受力是不饱和的,有剩余力场。当气体分子碰撞固体表面时,受剩余力场的作用,有些气体分子会停留在固体表面上一段时间,这样,总结果是使气体分子在固体表面上的密度增加,相应地它在气相中的密度减少了,这种现象称为气体在固体表面的吸附。通常固体物质称为吸附剂(adsorbent),被吸附的物质称为吸附质(adsorbate)。

吸附作用是一个界面现象,吸附分子只停留在界面上,它不同于固体对气体的吸收,也不同于固体与气体的化学反应。吸收是整体现象,实际上是气体分子在固体中的溶解(例如 H_2 溶于钯),气体分子在整个固相中的分布是均匀的。有时吸附与吸收同时发生,常称之为"吸着"。化学反应可以是整体现象,有时也只限于表面,后者称为化学吸附。

吸附是固体表面分子或原子与气体分子相互作用的结果,按作用力的形式可分为物理吸附与化学吸附两种类型。前者的作用是 van der Waals 引力,后者是化学键。两类吸附的一些性质和规律有很大差异(见表 13.3)。

表 13.3　物理吸附与化学吸附的区别

性　质	物理吸附	化学吸附
吸附力	Van der Waals 力	化学键力
选择性	无	有
吸附热	近于液化热(0～20 $kJ\cdot mol^{-1}$)	近于反应热(80～400 $kJ\cdot mol^{-1}$)
吸附速率	快,易平衡,不需要活化能	较慢,难平衡,需要活化能
吸附层	单分子层或多分子层	单分子层
可逆性	可逆	不可逆(解吸物性质常不同于吸附质)

物理吸附和化学吸附并不是绝对分开的,有时相伴发生。另外,物理吸附是化学吸附的前奏,如果没有物理吸附,许多化学吸附将变得极慢,甚至不能发生。

讨论　物理吸附与化学吸附

2. 吸附量

吸附量(q)通常是以每克吸附剂所吸附的吸附质(气体)的体积(标准温度与标准压强,standard temperature and pressure,STP)或物质的量来表示,即

$$q = V(\mathrm{STP})/m \quad 或 \quad q = n/m \tag{13.5.1}$$

式中:V(STP)和 n 分别是吸附质在标准状况下的体积(m^3)和物质的量(mol); m 是吸附质的质量(kg)。

13.5.2 吸附等温线

对一定体系来讲，气体吸附量 q 与温度和压强有关，即 $q=f(T,p)$。实验时通常固定一个变量，测定另外两个量的函数关系，例如：

T 为定值，$q=f(p)$，称为吸附等温线；

p 为定值，$q=f(T)$，称为吸附等压线；

q 为定值，$p=f(T)$，称为吸附等量线。

其中以吸附等温线使用较多。由于吸附剂与吸附质之间的作用力的不同，以及吸附剂表面状态的差异性，吸附等温线的形状是多种多样的。根据实验结果，Brunauer 把它们大体分为五类，见图 13.21(图中，气体的吸附量用体积表示)。

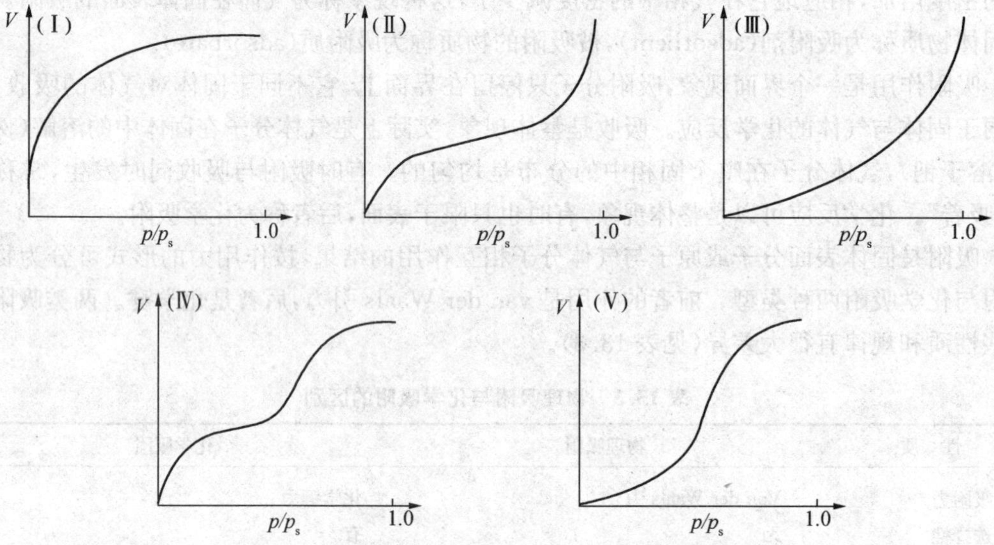

图 13.21 Brunauer 的五种类型吸附等温线

第Ⅰ类吸附等温线一般属单分子层吸附，因而称为单分子层吸附型等温线或 Langmuir 型吸附等温线。在远低于饱和蒸气压 p_s 时，固体就吸满了单分子层，此时的吸附量称为饱和吸附量 V_{mon}。

第Ⅱ类吸附等温线称为 S 型等温线，是常见的物理吸附等温线。其特点是在低压时先形成单分子层吸附，拐点处可认为达到单分子层的饱和吸附，吸附量为 V_{mon}。随着压强再增加逐渐发生多分子层吸附。当压强接近饱和蒸气压 p_s 时，吸附量又急剧上升，表面被吸附的气体已开始凝结为液相。

第Ⅲ类吸附等温线比较少见。在低压下等温线是凹的，表面吸附质与吸附剂之间的相互作用很弱。但压强稍增加，吸附量即急剧增大，当压强接近 p_s 时曲线与第Ⅱ类的相似，说明吸附剂表面上由多层吸附逐渐转变为吸附质的凝聚。

第Ⅳ类吸附等温线在低压下是凸的，表面吸附质和吸附剂有相当强的亲和力。同时，低压下形成单分子层，压强增大时由多分子层吸附逐渐产生毛细管凝结，所以吸附急剧增大，直到吸附剂的毛细孔装满吸附质，吸附量不再增加而达到饱和。

第Ⅴ类吸附等温线低压时是凹的，与第Ⅲ类相似，随压强增大，也发生多分子层吸附和毛细管凝聚，与第Ⅳ类等温线的高压部分相似。第Ⅳ类和第Ⅴ类等温线反映了多孔性吸附剂的孔结构特性。

为了描述各种类型的吸附等温线，人们提出了多种吸附模型和吸附等温式，虽然还不尽如人意，但对加深吸附机理和规律性的认识是非常有益的。这里简单介绍常用的三种。

1. Freundlich 吸附等温式

这是一个应用很广的经验方程式，形式为：

$$V = Kp^{1/n} \tag{13.5.2}$$

式中：V 为吸附量；K 为常数，与温度、吸附剂种类有关；n 为常数，与吸附体系的性质有关，n 值决定了等温线的形状。式(13.5.2)可改写为：

$$\lg V = \lg K + (1/n)\lg p \tag{13.5.3}$$

以 $\lg V$ 对 $\lg p$ 作图应得直线，由截距和斜率可求得 K 和 n 的值。

Freundlich 等温式没有说明吸附机理，其特点是没有饱和吸附量。

2. Langmuir 吸附等温式

1916 年，Langmuir 提出了单分子吸附模型，并从动力学观点推导了单分子吸附方程式。推导时引入三点假设：① 吸附是单分子层的，气体分子只有碰撞到固体表面时才有可能被吸附；② 固体表面均匀，对所有分子的吸附机会是相等的，被吸附分子间无相互作用，吸附热、吸附和脱附活化能与覆盖度无关；③ 气体吸附与解吸呈动态平衡。

设固体表面被吸附分子覆盖的分数 $\theta = V/V_{mon}$ 称为覆盖度，空白表面分数为$(1-\theta)$，其中 V 是实际吸附量(体积)，V_{mon} 是单分子层饱和吸附时的吸附量(体积)，吸附速率 r_a 和脱附速率 r_d 分别为：

$$r_a = k_a p(1-\theta), \quad r_d = k_d \theta$$

达到平衡时，吸附与脱附速率相等，若设 $a = k_a / k_d$，则有

$$\theta = \frac{V}{V_{mon}} = \frac{ap}{1+ap} \tag{13.5.4}$$

该式被称为 Langmuir 吸附等温式，它指出了表面覆盖度与吸附分子压强之间的关系。式中，V 为平衡吸附量；V_{mon} 为单分子层饱和吸附量；p 为平衡压强；a 为吸附系数或吸附平衡常数，与温度和吸附热有关。式(13.5.4)可改写为直线式，即

$$\frac{p}{V} = \frac{1}{aV_{mon}} + \frac{p}{V_{mon}} \tag{13.5.5}$$

以 p/V 对 p 作图可得直线，由其截距和斜率可获得 V_{mon} 和 a 值。Langmuir 吸附等温式可很好地描述第Ⅰ类等温线。

式(13.5.4)有两种极限情况：

(1) 当 p 很小或吸附很弱时，$ap \ll 1$，则 $\theta = ap$，θ 与 p 呈线性关系。

(2) 当 p 很大或吸附很强时，$ap \gg 1, \theta \approx 1$，即 θ 与 p 无关，达到饱和吸附。

对于多组分混合气体，设组分 B 的覆盖度为 θ_B，吸附系数为 a_B，则 Langmuir 吸附等温式可表示为：

$$\theta_B = \frac{a_B p_B}{1 + \sum_B a_B p_B} \tag{13.5.6}$$

Langmuir 吸附等温式存在如下缺点：① 假设吸附是单分子层的，与事实不符；② 假设表面是均匀的，其实大部分表面是不均匀的；③ 在覆盖度 θ 较大时，Langmuir 吸附等温式不适用。

科学家介绍

欧文·朗缪尔
(Irving Langmuir)

【例 13.8】 273 K 时 CO 在炭黑上的吸附数据如下：

p/kPa	13.3	26.7	40.0	53.3	66.7	80.0	93.3
V/cm^3	10.2	18.6	25.5	31.5	36.9	41.6	46.1

证明：数据符合 Langmuir 等温吸附关系式并求参数 V_{mon} 和 a 的数值(V 数据已校正至 101.325 kPa)。

解：Langmuir 等温式化为线性方程

$$\frac{p}{V} = \frac{1}{aV_{mon}} + \frac{p}{V_{mon}}$$

利用数据作 $p/V \sim p$ 图，斜率 $1/V_{mon} = 0.009\,00$，$V_{mon} = 111\ cm^3$，截距 $1/aV_{mon} = 1.20$，$a = 7.51 \times 10^{-3}\ kPa^{-1}$。

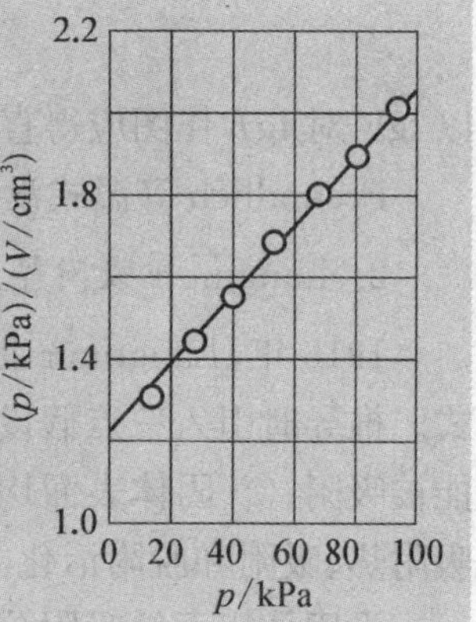

3. BET 吸附等温式

1938 年，Brunauer、Emmett 和 Teller 三人在 Langmuir 单分子层吸附理论的基础上，接受了 Langmuir 理论中关于固体表面是均匀的观点，但认为吸附层可以是多分子层的，还认为：第一层吸附与第二层吸附不同，因为相互作用的对象不同，因而吸附热也不同；第二层及以后各层的吸附热接近于凝聚热。在此基础上提出了多分子层吸附理论，简称 BET 吸附理论。推出的 BET 二常数等温式为：

$$\frac{V}{V_{mon}} = \frac{Cp}{(p_s - p)[1 + (C-1)p/p_s]} \tag{13.5.7}$$

式中：V_{mon} 是常数，是吸附了一个单分子层时的饱和吸附量；p_s 为饱和蒸气压；V 和 p 分别为平衡吸附量和平衡压力(p/p_s 被称为吸附比压)；C 为常数，与温度，吸附质的液化热和吸附热有关。

$$C = \exp\left(\frac{\Delta_{con} H_m - \Delta_{ads} H_m}{RT}\right) \tag{13.5.8}$$

式中：$\Delta_{con} H_m$ 和 $\Delta_{ads} H_m$ 分别为凝聚焓和吸附焓。BET 吸附等温式可较好地表达第Ⅰ、Ⅱ、Ⅲ三类吸附线的中间段部分的特征。式(13.5.7)可改写成：

$$\frac{p}{V(p_s-p)}=\frac{1}{V_{mon}C}+\frac{(C-1)}{V_{mon}C}\left(\frac{p}{p_s}\right) \tag{13.5.9}$$

利用这一线性方程，通过测定出的斜率和截距可求得单层吸附量 V_{mon}。

BET 方法的重要性在于它被广泛用于测量固体催化剂的比表面积。通过测定液氮温度（−195.8 ℃）下固体催化剂吸附的惰性气体（Ar、Kr）或氮量，作出 $p/[V(p_s-p)]$ 对 p/p_s 图，通常在 $p/p_s=0.05\sim0.35$ 范围内可得一条直线，其斜率为 $(C-1)/(V_{mon}C)$，截距为 $1/(V_{mon}C)$，这样可得单层吸附量 $V_{mon}=1/(斜率+截距)$。若已知气体的凝聚焓，还可以利用式(13.5.8)从 C 算得吸附焓。如果要从 V_{mon} 求固体的比表面积 $A_{0,m}$，则要对表面吸附分子的排布及每一个分子所占的面积 a_s 作出假定。通常假定分子是密堆积，且每个氮分子所占面积为 16.2 Å^2，Kr 原子所占面积 19.5 Å^2。则固体的比表面积为：

$$A_{0,m}=\frac{V_{mon}}{22\,400\ \mathrm{cm^3\cdot mol^{-1}}}\cdot\frac{La_s}{m} \tag{13.5.10}$$

式中：m 为固体吸附剂质量，V_{mon} 以 $\mathrm{cm^3}$ 为单位，L 为 Avogadro 常数，22 400 $\mathrm{cm^3\cdot mol^{-1}}$ 为理想气体在 273 K 标准压强时的体积（STP）。

【例 13.9】 75 K 时 N_2 在 TiO_2 上的吸附数据如下：

p/kPa	0.160	1.87	6.11	11.67	17.02	21.92	27.29
$V/\mathrm{cm^3}$	601	720	822	935	1 046	1 146	1 254

试用 BET 等温吸附式处理数据并求参数 V_{mon} 和 C 的数值。（V 数据已校正至 101.325 kPa）。

解：BET 等温式，取 $z=p/p_s$

$$\frac{z}{V(1-z)}=\frac{1}{V_{mon}C}+\frac{(C-1)}{V_{mon}C}z$$

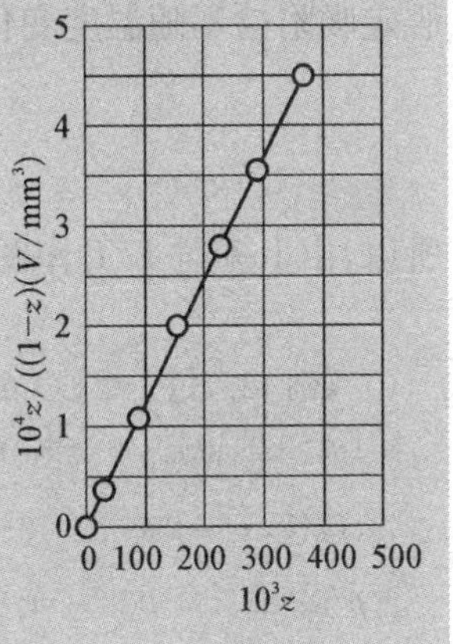

利用数据作 $10^4z/[V(1-z)/\mathrm{mm^3}]$ 对 10^3z 图，截距=0.039 8=$1/(V_{mon}C)$，

$$1/(V_{mon}C)=3.98\times10^{-6}\ \mathrm{mm^{-3}}$$

斜率=1.23×10^{-2}，

$(C-1)/(V_{mon}C)=(1.23\times10^{-2})\times10^3\times10^{-4}\ \mathrm{mm^{-3}}=1.23\times10^{-3}\ \mathrm{mm^{-3}}$，

$C=310$，$V_{mon}=811\ \mathrm{mm^3}$

在标准状态，1 atm，273 K，811 $\mathrm{mm^3}$ 对应于 3.6×10^{-5} mol，或 2.2×10^{19} 分子，每个分子占据面积约 0.16 $\mathrm{nm^2}$，样品的表面积约为 3.5 $\mathrm{m^2}$。

【例 13.10】 在 −195.8 ℃，用 N_2 测活性炭的吸附量和平衡压力，然后用作图法测得单分子层饱和吸附量为 118 $\mathrm{cm^3}$，计算活性炭的比表面积。已知 $m=1.538\,9$ g。

解：

$$A_{0,m}=\frac{V_{mon}L}{22\,400\ \mathrm{cm^3\cdot mol^{-1}}}\cdot\frac{a_s}{m}$$

$$=\frac{(118\ \mathrm{cm^3})(6.02\times10^{23}\ \mathrm{mol^{-1}})(16.2\times10^{-16}\ \mathrm{cm^2})}{(22\,400\ \mathrm{cm^3\cdot mol^{-1}})(1.538\,9\ \mathrm{g})}$$

$$=334\times10^4\ \mathrm{cm^2\cdot g^{-1}}=334\ \mathrm{m^2\cdot g^{-1}}$$

采用氮吸附的优点是温度低，可避免化学吸附的干扰。

13.5.3 气固吸附热效应

吸附过程是一个自发过程，是 Gibbs 函数下降的过程。过程中气体由三维空间被吸附降为二维表面，自由度减少，分子平动受到限制，所以，吸附是熵减小过程。根据热力学关系，$\Delta G=\Delta H-T\Delta S$，吸附过程是焓变减小的过程，所以吸附通常是放热过程。

吸附热可以直接用量热计测定。也可以通过吸附等量线，用热力学方法计算。因为物理吸附过程中，气体分子变到吸附态的过程和气体的液化很相似，所以，可以用描述气固平衡的克劳修斯—克拉佩龙方程来表示气固吸附的压力与温度的关系。

$$\left(\frac{\partial p}{\partial T}\right)_q=\frac{S_{ad}-S_g}{V_{ad}-V_g} \tag{13.5.11}$$

下标 q 表示吸附量恒定不变，ad 表示吸附状态。平衡状态下的吸附过程为可逆过程，故

$$S_{ad}-S_g=\frac{H_{ad}-H_g}{T}=\frac{\Delta_{ads}H}{T} \tag{13.5.12}$$

$\Delta_{ads}H$ 为吸附焓，在量值上等于吸附热。若吸附质在气相的体积远大于在吸附相的体积，且假定气体为理想气体，$V_{ad}-V_g\approx -nRT/p$，则有

$$\left(\frac{\partial \ln p}{\partial T}\right)_q=-\frac{\Delta_{ads}H}{nRT^2} \tag{13.5.13}$$

假定吸附焓不随温度变化，上式的不定积分为：

$$\ln p=\frac{\Delta_{ads}H_m}{RT}+C \tag{13.5.14}$$

所以，由 $\ln p$ 对 $1/T$ 作图，根据直线的斜率可以得到吸附热效应。

【例 13.11】 当 CO 在炭黑上的吸附体积为 10.0 cm^3 时(已校正至 101.325 kPa)，平衡压强和温度数据如下：

T/K	200	210	220	230	240	250
p/kPa	4.00	4.95	6.03	7.20	8.47	9.85

计算在此覆盖率下的吸附焓。

解：假定吸附焓不随温度变化

$$\ln p=\frac{\Delta_{ads}H_m}{RT}+C$$

作 $\ln p$ 对 $1/T$ 图，直线的斜率 $=-9.04$，

$$\Delta_{ads}H_m=-(0.904\times10^3)RK=-7.52\ \mathrm{kJ\cdot mol^{-1}}$$

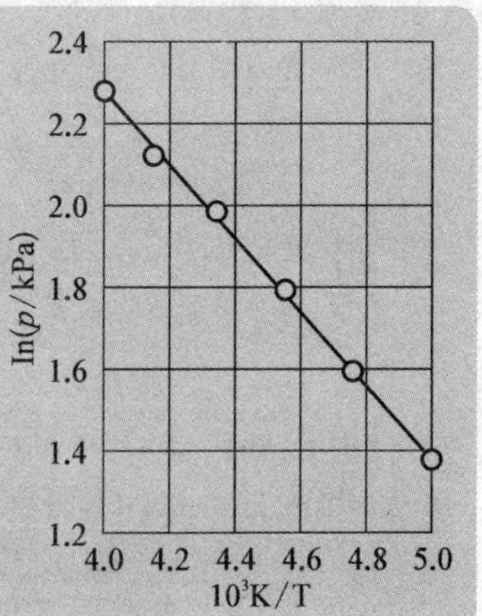

13.5.4 固体在溶液中的吸附

固体在溶液中的吸附是常见现象，当固体与溶液接触时，溶液中的溶质和溶剂皆可以被

固体吸附。目前常用的处理方法是经验方程法，即借用一些气-固吸附等温方程用于处理固体在液体中的吸附。此时，将气体压强改为溶质浓度 c，相对压强改为相对浓度 c/c_0，c_0 为饱和浓度，气体的吸附量改为溶质的吸附量。

$$\Gamma=\frac{n}{m}=\frac{V(c_1-c)}{m} \tag{13.5.15}$$

式中：V 为溶液的体积，c_1 和 c 分别为吸附前后溶质的浓度。所得吸附量并未考虑溶剂的吸附，称为表观吸附量。当溶剂也被吸附时，式中 c 有所偏高，表观吸附量低于溶质的实际吸附量，但对稀溶液影响不大。若借用 Freundlich 吸附等温式形式，则有：

$$\Gamma=Kc^a,\quad 0<a<1 \tag{13.5.16}$$

该式被广泛用于固体对溶液的吸附。由于是凭经验借用，参数含义并不明确。Langmuir 吸附等温式也是常被借用的方程之一。

若溶剂也被吸附，式(13.5.16)中的 c 可能大于 c_1，此时 Γ 为负，即溶质发生负吸附，这也意味着固体表面溶质的浓度减小，溶剂的浓度增加。溶质发生负吸附时溶剂则发生正吸附。图 13.22 表示在不同吸附剂(硅胶和活性炭)上乙醇－苯溶液的吸附量随溶液浓度的变化。在硅胶(极性吸附剂)上，主要是乙醇发生正吸附，当乙醇浓度很浓时，苯被正吸附；在活性炭(非极性吸附剂)上，主要是苯发生正吸附，当苯浓度很大时，乙醇被正吸附。

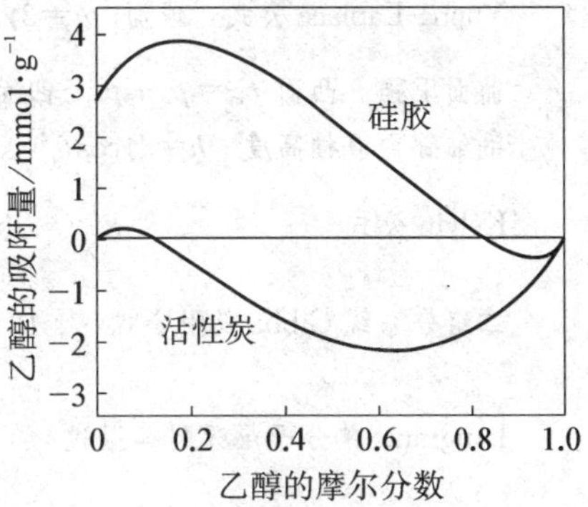

图 13.22　硅胶和活性炭在乙醇-苯溶液的吸附曲线

影响固体在溶液中吸附的因素很多，有一些经验规律：(1) 若溶质使固体表面张力降低越多，越容易被吸附。(2) 极性吸附剂易自非极性溶剂中吸附极性溶质，非极性吸附剂易自极性溶剂中吸附非极性溶质。(3) 溶解度小的溶质容易被吸附。(4) 固体自电解质溶液中吸附离子时，能与晶格上的离子形成难溶物的离子优先被吸附，即 Fajans 规则。例如，AgI 晶体容易吸附水中的 Ag^+、I^-、Br^-、Cl^- 等。(5) 固体从溶液中的吸附过程是放热过程，吸附量随温度升高而减小。

科学家介绍

傅鹰

内容提要

一、基本知识点

1. 比表面积，表面张力，比表面 Gibbs 自由能，含界面系统的热力学基本方程。
2. 弯曲液面的附加压强，毛细管现象，液滴饱和蒸气压，固体颗粒的溶解度，亚稳状态。
3. Gibbs 界面相模型，单位界面过剩量，饱和吸附与分子横截面积。
4. 润湿，浸湿，沾湿，铺展，接触角。

5. 表面活性剂，临界胶束浓度，表面活性剂的亲水亲油平衡 HLB，润湿作用，起泡作用，乳化作用，增溶作用。

6. 固体表面上的气体吸附，物理吸附，化学吸附，吸附量，Freundlich 吸附模型，Langmuir 单分子吸附模型，BET 吸附模型，气固吸附热效应。

二、基本公式

比表面积 $A_{0,V}=A_s/V \quad A_{0,m}=A_s/m$

比表面 Gibbs 自由能 $\gamma=(\partial G/\partial A_s)_{T,p,n}$

Gibbs 自由能和其全微分 $\mathrm{d}G=-S\mathrm{d}T+V\mathrm{d}p+\gamma\mathrm{d}A_s+\sum_{i=1}^{k}\mu_i\mathrm{d}n_i$

Maxwell 关系 $\left(\dfrac{\partial S}{\partial A_s}\right)_{T,V,n_j}=-\left(\dfrac{\partial\gamma}{\partial T}\right)_{A_s,V,n_j}$，$\left(\dfrac{\partial S}{\partial A_s}\right)_{T,p,n_j}=-\left(\dfrac{\partial\gamma}{\partial T}\right)_{A_s,p,n_j}$

表面张力 $\gamma=F/2l$

Young-Laplace 公式 球面，$p_s=2\gamma/r$；任意曲面：$p_s=\gamma\left(\dfrac{1}{r_1}+\dfrac{1}{r_2}\right)$

曲面压强 凸面 $p_{in}=p_o+p_s$ 凹面 $p_{out}=p_o-p_s$

毛细管内液柱高度 $h=2\gamma\cos\theta/(\Delta\rho gr)$ 附加压强：$p_s=2\gamma\cos\theta/r$

Kelvin 公式 $\ln\dfrac{p_r}{p_0}=\dfrac{2\gamma_{g,l}M}{RT\rho r}$，$\ln\dfrac{c_r}{c_0}=\dfrac{2\gamma_{l,s}M}{RT\rho r}$

二组分系统 Gibbs 吸附公式 $\Gamma_2^{(1)}=-\dfrac{a_2}{RT}\left(\dfrac{\partial\gamma}{\partial a_2}\right)_T$

Langmuir 单分子层吸附等温式 $\Gamma_2=\Gamma_\infty\dfrac{Ka_2}{1+Ka_2}$

饱和吸附时单个分子所占截面积 a_m $a_m=1/L\Gamma_\infty$

浸湿功 $\Delta G/A_s=(\gamma_{l,s}-\gamma_{g,s})=W_i$

沾湿功 $\Delta G/A_s=\gamma_{l,s}-\gamma_{g,l}-\gamma_{g,s}=W_a$

铺展系数 $\Delta G/A_s=\gamma_{l,s}+\gamma_{g,l}-\gamma_{g,s}=-S$

接触角 $\cos\theta=(\gamma_{g,s}-\gamma_{l,s})/\gamma_{g,l}$

Freundlich 吸附等温式 $V=Kp^{1/n}$

Langmuir 吸附等温式 $\theta=V/V_{mon}=ap/(1+ap)$，$\theta_B=\dfrac{a_Bp_B}{1+\sum_B a_Bp_B}$

BET 吸附等温式 $\dfrac{p}{V(p_s-p)}=\dfrac{1}{V_{mon}C}+\dfrac{(C-1)}{V_{mon}C}\left(\dfrac{p}{p_s}\right)$

吸附热效应 $\left(\dfrac{\partial\ln p}{\partial T}\right)_q=-\dfrac{\Delta_{ads}H}{nRT^2}$

习题

1. 证明：

(1) $\left(\dfrac{\partial S}{\partial A_s}\right)_{T,V,n_j}=-\left(\dfrac{\partial\gamma}{\partial T}\right)_{V,A_s,n_j}$；

(2) $\left(\frac{\partial p}{\partial A_s}\right)_{T,V,n_j}=-\left(\frac{\partial \gamma}{\partial V}\right)_{T,A_s,n_j}$；

(3) $\left(\frac{\partial U}{\partial A_s}\right)_{T,V,n_j}=\gamma-T\left(\frac{\partial \gamma}{\partial T}\right)_{V,A_s,n_j}$。

2. 常压下，298 K 时将 1 cm^3 液体水分散成直径为 0.1 μm 的小水滴，已知水的表面张力与温度的关系为 $\gamma/J\cdot m^{-2}=71.97\times10^{-3}-1.57\times10^{-4}(T/K-298)$，$\gamma$ 随压力的变化可忽略不计，水的密度、比热容分别取 $1\times10^3\ kg\cdot m^{-3}$ 和 $4.18\ J\cdot K^{-1}\cdot g^{-1}$。计算：

(1) 体系表面积增加多少？

(2) $\Delta U,\Delta H,\Delta S,\Delta A,\Delta G$ 等于多少？环境至少做多少功？体系至多吸多少热？

(3) 若分散以绝热可逆方式进行，体系温度如何变化？

3. 293 K，云层中水蒸气的饱和度(p_r/p_0)等于 4 时开始下雨，此时水的表面张力等于 $0.072\,9\ N\cdot m^{-1}$，密度为 $997\ kg\cdot m^{-3}$，计算最初生成的小雨滴的半径和每个雨滴中的水分子数。

4. 某固体吸附剂表面上的细孔直径为 10 nm，293 K 时苯的表面张力等于 $0.028\,9\ N\cdot m^{-1}$，密度为 $0.879\ g\cdot cm^{-3}$，接触角为 0°，求该温度下苯在吸附剂表面发生毛细管凝聚时的相对蒸气压(p_r/p_0)是多少？

5. 101.3 kPa 下，将水加热至沸腾时，假设水中最初生成的气泡半径 10 μm，气泡内水蒸气的压强是多少？水过热了多少度？沸腾时水的表面张力为 $0.058\,9\ J\cdot m^{-2}$，汽化焓为 $40.6\ kJ\cdot mol^{-1}$。

6. 298 K 时，将半径为 0.1 mm 和 0.2 mm 的两支毛细管插入 H_2O_2(l)中，管中液面上升高度相差 5.5 cm，已知 H_2O_2(l)的密度 $1.41\ g\cdot cm^{-3}$，重力加速度为 $9.8\ m\cdot s^{-2}$，接触角为 0°，求 H_2O_2(l)的表面张力。

7. (1) 小颗粒固体溶解平衡条件是 $\mu^s(T,p+\Delta p)=\mu^l(T,p,c)$，$\mu^s$，$\mu^l$ 分别是溶质在固液两相的化学势，Δp 是小固体的附加压强，c 是其液相浓度，在 T,p 不变时将平衡条件全微分，导出小颗粒固体溶解度与曲率半径的关系，$\ln\frac{c_r}{c_0}=\frac{2\gamma_{l,s}M}{RT\rho r}$。

(2) 298 K 时，半径为 0.3 μm 的 $CaSO_4$ 微粒在水中的饱和度(c_r/c_0)等于 1.187，固体 $CaSO_4$ 的密度为 $2.96\times10^3\ kg\cdot m^{-3}$，计算 $CaSO_4$ 与水的界面张力。

8. 小颗粒固体熔化时，固体平衡条件是 $\mu^s(T,p+\Delta p)=\mu^l(T,p)$。$\Delta p$ 是小颗粒固体的附加压强，当环境压强 p 一定时，将平衡条件全微分，导出熔化温度 T 与固体小颗粒半径 r 间的关系式：

$$\ln\frac{T}{T_0}=-\frac{2\gamma_{l,s}V_m}{r\Delta_{fus}H_m}$$

V_m，$\Delta_{fus}H_m$ 分别是固体的摩尔体积和摩尔熔化焓，$\gamma_{l,s}$是固液界面张力，T_0 是大块固体的熔点。

9. 298 K 时，乙醇水溶液的表面张力与乙醇浓度关系为

$$\gamma/N\cdot m^{-1}=0.072-0.5\times10^{-3}\left(\frac{b}{b^\ominus}\right)+0.2\times10^{-3}\left(\frac{b}{b^\ominus}\right)^2\quad(b^\ominus=1\ mol\cdot kg^{-1})$$

求乙醇浓度等于 $0.5\ mol\cdot kg^{-1}$ 时的表面吸附量。

10. 293 K 时，乙醚-水、汞-乙醚、汞-水的界面张力分别为 $0.010\,7\ N\cdot m^{-1}$、$0.379\ N\cdot m^{-1}$、$0.375\ N\cdot m^{-1}$，如果在乙醚与汞的界面上滴一滴水，求水与汞的接触角。

11. 293 K 时，在水面上滴一滴苯，根据下列表面张力数据，分别计算苯刚滴上时和饱和后的铺展系数，说明将会看到什么现象？"饱和"表示水和苯相互饱和后的表面张力。

界面	水-气	水(饱和)-气	苯-气	苯(饱和)-气	水-苯
$\gamma/10^{-3}N\cdot m^{-1}$	72.8	62.2	28.9	28.8	35.0

12. 293 K时，丁酸水溶液表面张力与浓度的关系为 $\gamma=\gamma_0-b\ln(1+Kc)$，$\gamma_0$ 为纯水的表面张力，b、K 为经验常数。已知 $b=0.013\,1\ \text{N·m}^{-1}$，$K=19.62\ \text{dm}^3\text{·mol}^{-1}$。

(1) 求丁酸浓度为 $0.2\ \text{mol·dm}^{-3}$ 时的表面吸附量；

(2) 假定饱和吸附时丁酸在表面呈单分子层紧密排列，求丁酸分子的截面积。

13. 有一浓度很稀的表面活性剂的水溶液，298 K时表面张力等于 $0.062\,2\ \text{N·m}^{-1}$，用快速移动的刀片刮取溶液表面，测得其中表面活性剂的含量为 $0.496\times10^{-6}\ \text{kg·m}^{-2}$，已知该温度下纯水的表面张力为 $0.072\,1\ \text{N·m}^{-1}$，求该表面活性剂的摩尔质量。

14. $CHCl_3$ 在活性炭上的吸附符合朗格缪尔吸附等温式，273 K时饱和吸附量 $93.8\ \text{dm}^3(\text{STP})\text{·kg}^{-1}$，$CHCl_3$ 分压为 13.4 kPa时的吸附量是 $82.5\ \text{dm}^3(\text{STP})\text{·kg}^{-1}$，求：

(1) 朗格缪尔吸附等温式中吸附系数；

(2) 吸附量达饱和吸附量一半时 $CHCl_3$ 的平衡压强。

15. $N_2(g)$ 在炭上吸附量为 $0.145\ \text{mL(STP)g}^{-1}$，吸附温度与压强的对应关系如下，计算吸附热。

T/K	195	244	273
$p/10^{-5}$Pa	0.152	0.379	0.567

16. 当混合气体中有多个组分在固体表面发生朗格缪尔吸附时，设 a_B 为组分B的吸附平衡常数，证明其覆盖度为 $\theta_B=\dfrac{a_Bp_B}{1+\sum\limits_B a_Bp_B}$。

17. 77.2 K时，N_2 在某催化剂上的吸附符合BET公式，测得每克吸附剂上的吸附量与 N_2 的平衡压强有以下数据，计算催化剂的比表面积。该温度下 N_2 的饱和蒸气压为 99.10 kPa，N_2 分子截面积为 $0.162\ \text{nm}^2$。

p/kPa	8.7	13.64	22.11	29.93	38.91
$\Gamma/\text{cm}^3(\text{STP})\text{·g}^{-1}$	115.6	126.3	150.7	166.4	184.4

18. 用MgO微粒作为吸附剂可吸附水中的硅酸盐，以减少锅炉结垢。已知每1 kg锅炉用水中硅酸盐含量为26.2 mg，用MgO吸附后每1 kg水中剩余硅酸盐的量与MgO微粒的用量有以下数据：

MgO/mg	0	75	100	126	160	200
剩余硅酸盐/mg	26.2	9.2	6.2	3.6	2	1

(1) 以单位质量MgO吸附硅酸盐的质量为吸附量 Γ，求 Γ 与硅酸盐浓度 c(以 mg·kg^{-1} 表示)的函数关系；

(2) 欲使每1 kg锅炉用水中的硅酸盐减少为2.9 mg，需加入多少吸附剂？

19. 证明：当相对压强 $p/p_0\to0$ 时，BET公式退化为朗格缪尔等温吸附方程式。

20. 室温时，将半径为 1×10^{-4} m的毛细管插入水-苯两层液体的中间，毛细管的上端没有露出苯的液面，这时水在毛细管内呈凹形液面，水柱在管中上升的高度为 4×10^{-2} m，玻璃-水-苯之间的接触角是 $40°(\cos\theta=0.76)$，已知水和苯的密度分别为 $1.0\times10^3\ \text{kg·m}^{-3}$ 和 $0.8\times10^3\ \text{kg·m}^{-3}$。试计算水与苯之间的界面张力。

21. 在298 K时，某表面活性剂B的稀水溶液在浓度 $c_B<0.05\ \text{mol·dm}^{-3}$ 的范围内，其表面张力随浓度的变化用公式表示：$\gamma/(\text{N·m}^{-1})=0.072\,14-0.350(c_B/c_B^{\ominus})$，求：

(1) 导出表面超额 Γ_B 与浓度的关系式；

(2) 计算 $c_B=0.010\ \text{mol·dm}^{-3}$ 时的表面超额 Γ_B。

22. 293 K，水-空气的表面张力为 0.072 88 $N\cdot m^{-1}$，汞-水界面张力为 0.375 $N\cdot m^{-1}$，汞-空气的表面张力 0.486 5 $N\cdot m^{-1}$，判断水能否在汞的表面铺展开。

23. 计算 293 K，半径 $r=1.0$ nm 的小水滴上水的饱和蒸气压。已知水在 293 K 时的表面张力 $\gamma=0.072\,88\ N\cdot m^{-1}$，密度 $\rho=0.998\times10^{3}\ kg\cdot m^{-3}$，摩尔质量 $M(H_2O)=0.018\ kg\cdot mol^{-1}$。在 273 K 水的饱和蒸气压为 610.5 Pa，在温度区间 273～293 K，水的摩尔汽化焓 $\Delta_{vap}H_m(H_2O)=40.67\ kJ\cdot mol^{-1}$，并设摩尔汽化焓与温度无关。

拓展习题及资源

微信扫码

- 拓展习题
- 视频动画
- 互动交流

第 14 章　催化作用基础

若将一个热力学上可以自发进行的反应应用到实际工业生产上，要求在单位时间内能够获得足够数量的有用产品，那么，对该反应的速率就要有一定的要求。很多有用的化学反应速率很慢，要使其成为具有工业应用价值的反应，需要加快其化学反应速率。如化学反应动力学一章所述，加快一个化学反应的速率有很多方法，但以采用催化剂(catalyst)加快化学反应速率最为经济、有效。

任一化学反应的速率主要由其反应活化能所决定，活化能越高，反应速率越低；反之，反应速率越高。对于确定的化学反应，其活化能为一定值。在反应体系中加入催化剂，可以降低反应活化能，加快化学反应速率。催化剂能够加快催化反应的作用称之为催化作用(catalysis)。催化剂进入反应体系后，普通的化学反应就变成了催化反应。一般将有催化剂参与的化学反应称之为催化反应。催化剂可以改变化学反应的途径，降低反应的活化能，大幅度提高反应速率。IUPAC(国际纯粹与应用化学联合会)定义催化剂为一种能够加快反应速率，但不改变反应 Gibbs 自由能变化的物质。据统计，80%以上的化工产品生产都需要用到催化剂。本章对催化剂的基本特征、催化剂的活性和选择性、多相催化反应动力学特征等基础知识作简单介绍。

14.1　催化剂的基本特征和组成

14.1.1　催化剂的基本特征

催化剂具有以下四个基本特征：

(1) 催化剂只能加速热力学上可以自发进行的化学反应速率，而不能加速热力学上不能自发进行的化学反应。因此，在研发一种新的化学反应催化剂时，应首先计算该反应的 Gibbs 自由能变化，以确认其是否属于热力学可自发进行反应。

(2) 催化剂只能加快化学反应速率，或缩短化学反应到达化学平衡的时间。但催化剂不能改变化学平衡的位置，即不能改变化学平衡常数 $K^{\ominus}$。这是因为在给定化学反应条件下，催化反应和非催化反应的 $\Delta_r G_m^{\ominus}$ 均相等，催化剂存在与否不改变反应的 $\Delta_r G_m^{\ominus}$，根据公式 $\Delta_r G_m^{\ominus} = -RT\ln K^{\ominus}$ 知，化学反应平衡常数 $K^{\ominus}$ 也不会因为催化剂存在与否而改变。一般将催化剂对反应速率加快程度的大小称之为催化活性，对反应速率加快的程度大，称为催化活性高；反之，称为催化活性低。

(3) 对平行反应而言，催化剂对其中某种反应速率具有的选择性加速作用，称之为催化剂的选择性。由于催化剂在反应时主要参与了平行反应的某个反应的反应过程，降低了该反应活化能，因而该反应的速率大大增加。一种催化剂一般只对某些特定的反应具有催化作用，因此，选择合适的催化剂可以使得反应朝着需要的方向进行。

(4) 具有工业应用价值的催化剂应该具较长的使用寿命。催化剂在一次催化作用完成后，又回复到起始状态，所以催化剂能够循环不断地起催化作用。少量的催化剂会将大量的反应物转化成产物，所以相对于反应物或产物来说，催化剂的用量很少。但是，在长期的催化反应过程中，催化剂会发生诸如晶相、粒度变化，活性组分流失或烧结及积炭或中毒等不可逆物理、化学过程。因而，催化剂具有一定寿命，不可能无限期使用下去。

14.1.2 催化剂的组成

工业上使用的固体催化剂仅有极少数催化剂是单一组分催化剂(如氨氧化制 NO 的 Pt 催化剂)，绝大多数实用催化剂是多组分催化剂。对多组分催化剂而言，根据各组分的作用不同可以分为主催化剂和助催化剂。如传统的铁系水煤气变换反应催化剂中的 Fe_3O_4 是主催化剂，而存在于催化剂中的 Cr_2O_3 和 K_2O 组分则为助催化剂(co-catalyst)。

主催化剂是催化剂主要活性组分，它单独存在时即具有催化活性，但一般情况下，其催化性能较差，不具有工业使用价值。助催化剂单独存在时没有催化活性或活性很低，但同主催化剂结合后能显著改善整个催化剂的活性、选择性和稳定性能。根据助催化剂在催化剂中的功能不同，助催化剂可分为结构性助催化剂和电子性助催化剂。结构性助催化剂主要是通过改变主催化剂的宏观结构，增加催化剂的比表面，改变催化剂孔径分布和提高催化剂的结构稳定性来提高催化剂性能。铁系水煤气变换反应催化剂中的 Cr_2O_3 为结构性助催化剂。研究表明，在制备催化剂过程中加入 Cr_2O_3 可以提高催化剂比表面，同时提高了催化剂的抗烧结能力。电子性助催化剂主要是通过改变整个催化剂电子结构性能来提高催化剂性能。K_2O 为铁系水煤气变换反应催化剂中的电子性助催化剂。因为钾是碱金属元素，容易给出电子，当 K_2O 将电子传递给 Fe_3O_4 后增加了其电子密度，使得催化剂对反应物分子的吸附能力和反应能力均向有利于反应的方向改变，从而提高了催化性能。

研制固体催化剂时，往往为了减少活性组分用量(特别是贵金属)、提高催化剂热稳定性、改善催化剂传质性能和机械强度以及为了改善催化剂的比表面和孔径分布，通常将催化剂活性组分负载到惰性的高比表面的固体上，这种固体物质称之为载体。一般说来，载体是固体催化剂中含量最高的组分。常见载体有氧化铝、氧化硅、活性炭等。

14.2 催化剂活性和选择性

有多种多样的方法制备催化剂，催化剂性能与催化剂制备方法密切相关，要了解一个催化剂的品质优劣，就需要对催化剂性能予以评价，决定一个催化剂的最主要的性能是催化剂的活性、选择性和寿命。

14.2.1 催化剂活性的表示方法

催化剂活性是指催化剂在一定反应条件下影响反应进程的程度。在通常反应条件下，非催化反应的速率可以忽略不计，所以对催化反应而言，催化剂活性可用催化反应的速率来表示。催化反应速率越大，催化剂活性越高。

多相催化反应是在固体催化剂表面上进行的，催化反应速率往往与催化剂表面积成正比。我们将每单位催化剂表面产生的反应速率常数称为比活性，用符号 σ 表示。

$$\sigma=\frac{k_{\text{catal}}}{A_{\text{s}}} \tag{14.2.1}$$

式中：k_{catal} 为催化反应速率常数；A_{s} 为催化剂表面积或活性表面积。所以，一个催化剂的比活性越高，其催化活性也就越高。

在实际工作中，我们更常用催化反应中某一反应物 A 在一定时间内的转化率 X_{A} 或某种产物 B 的收率 Y_{B} 来表示催化剂活性。转化率或收率高表示催化剂活性好，反之，催化活性差。

转化率 X_{A} 定义为：在一定条件下，进入反应器中的某一反应物在某一反应时刻转化的量占进入反应器的该反应物总量的百分数。用公式表示为：

$$X_{\text{A}}=\frac{n_{\text{A},0}-n_{\text{A},t}}{n_{\text{A},0}}\times 100\% \tag{14.2.2}$$

式中：$n_{\text{A},0}$ 是加入反应器中反应物 A 总的物质的量；$n_{\text{A},t}$ 是反应至 t 时刻反应物 A 剩余的物质的量。显然，转化率 X_{A} 与反应时间有关。反应时间越长，转化率越高，最终达到平衡转化率后不再变化。

收率 Y_{B} 定义为：在一定条件下，进入反应器中的某一反应物在某一反应时刻转化成指定产物的量占进入反应器的该反应物总量的百分数。对于反应：

$$a\text{A}\longrightarrow b\text{B}+c\text{C}$$

产物 B 的收率 Y_{B} 可用公式表示为：

$$Y_{\text{B}}=\frac{a\cdot n_{\text{B},t}}{b\cdot n_{\text{A},0}}\times 100\% \tag{14.2.3}$$

工业催化剂还常用时空产率（space time yield，缩写为 STY）来表示催化剂活性。时空产率定义为一定条件下（温度、压强、进料组成和进料空速等均一定），单位时间、单位体积（或单位质量）催化剂上所获得的产物的量。可用公式表示为：

$$\text{STY}=\frac{n_{\text{product}}(m_{\text{product}})}{t\times V_{\text{catal}}(m_{\text{catal}})}\times 100\% \tag{14.2.4}$$

时空产率乘以催化剂体积或质量即得出单位时间生成的产物的量，使用起来很方便。

14.2.2 催化剂选择性的表示方法

催化剂选择性 S 通常用所消耗的原料转化成目标产物的百分比来表示。对于反应：

$$a\text{A}\rightarrow b\text{B}+c\text{C}$$

产物 B 的选择性 S_{B} 可用公式表示为：

$$S_B=\frac{a \cdot n_{B,t}}{b \cdot (n_{A,0}-n_{A,t})} \tag{14.2.5}$$

显然，产物 B 的收率 Y_B 等于反应物 A 的转化率 X_A 乘以产物 B 选择性 S_B，即

$$Y_B=X_A \cdot S_B \tag{14.2.6}$$

14.3　多相催化反应动力学

多相催化反应最典型情况为气-固催化反应，即反应物为气体，催化剂为固体的反应。研究多相催化反应动力学可以获得催化反应速率方程，从而获得反应速率与反应物浓度（或压强）及反应温度之间的定量关系。在此基础上，配合反应中间体的确定，可以进一步了解催化反应机理，认识催化反应的本质，从而可以进一步改进或开发新催化剂。根据动力学方程还可以计算出不同条件下的反应产率，从而确定最佳反应条件。同时，催化反应动力学方程也是设计工业反应器的重要依据。

14.3.1　气-固催化反应历程

气-固催化反应一般包含如下几个步骤：

(1) 气体分子向催化剂外表面扩散（外扩散）；

(2) 扩散到催化剂表面的气体分子向催化剂内孔扩散（内扩散）；

(3) 反应物分子在催化剂内表面吸附（表面吸附）；

(4) 吸附分子在催化剂表面反应（表面反应）；

(5) 反应物分子从催化剂内表面脱附（表面脱附）；

(6) 脱附分子向催化剂外表面扩散（内扩散）；

(7) 产物分子向气体本体扩散（外扩散）。

这七个步骤可以分为两类：第一类包括(1)、(2)和(6)、(7)四个步骤，它们属于物质传递的物理过程，称之为扩散过程；第二类包括(3)、(4)、(5)这三个步骤，它们属于反应物（或产物）分子在催化剂表面起化学作用的过程，称之为表面反应过程。这七个步骤中，最慢的一步决定整个反应的速率，称为反应速率控制步骤。反应速率控制步骤的速率即为该多相催化反应的速率。若(1)、(2)或(6)、(7)中任一步骤为速率控制步骤，则称为扩散控制反应；若(3)、(4)、(5)中任一步骤为速率控制步骤，则称为表面反应控制或动力学控制。表面反应过程动力学是我们讨论的重点。

14.3.2　表面反应为控制步骤的动力学方程

表面反应过程包括吸附、表面反应和脱附三个步骤，每一步骤可作为一个基元反应来处理。当表面反应为控制步骤时，吸附和脱附一定是相对较快的过程，在反应的任意时刻吸附和脱附都处于平衡态，所以催化剂上反应物浓度为吸附平衡浓度，而平衡浓度可借助化学吸附等温方程计算。这种处理问题的方法称为平衡浓度法。

以双分子催化反应为例来说明表面反应为控制步骤的动力学方程的推导。双分子催化反应通常有两种不同的反应机理，一种是 Langmuir-Hinshelwood 机理，另一种是 Rideal-Eley 机理。

1. Langmuir-Hinshelwood 机理

Langmuir-Hinshelwood 机理是针对两种反应分子同时在催化剂上发生化学吸附，然后进行化学反应这一过程提出的催化反应机理。设多相催化反应：

$$A + B \xrightarrow{\text{catal}} R$$

按 Langmuir-Hinshelwood 机理进行，即

$$A + \sigma \underset{k_{dA}}{\overset{k_{aA}}{\rightleftharpoons}} A\sigma$$

$$B + \sigma \underset{k_{dB}}{\overset{k_{aB}}{\rightleftharpoons}} B\sigma$$

$$A\sigma + B\sigma \underset{k_{-s}}{\overset{k_s}{\rightleftharpoons}} R\sigma + \sigma$$

$$R\sigma \underset{k_{aR}}{\overset{k_{dR}}{\rightleftharpoons}} R + \sigma$$

式中：σ 代表催化剂吸附中心；$A\sigma$、$B\sigma$ 和 $R\sigma$ 分别表示吸附态的反应物和产物。表面反应为速率控制步骤时，总的反应速率为

$$r = r_+ - r_- = k_s\theta_A\theta_B - k_{-s}\theta_R\theta_V \tag{14.3.1}$$

式中：θ_A、θ_B 和 θ_R 分别为反应物分子 A、B 和产物分子 R 在催化剂上的覆盖度；θ_V 为催化剂空位分数。显然

$$\theta_V = 1 - \theta_A - \theta_B - \theta_R \tag{14.3.2}$$

当表面反应为速率控制步骤时，表面反应速率相对较慢，而吸附、脱附速率相对较快，可认为是处于平衡态，所以有

$$k_{aA} \cdot p_A \cdot \theta_V = k_{dA} \cdot \theta_A \quad \text{or} \quad \theta_A = \frac{k_{aA}}{k_{dA}} \cdot p_A \cdot \theta_V = K_A \cdot p_A \cdot \theta_V \tag{14.3.3}$$

$$k_{aB} \cdot p_B \cdot \theta_V = k_{dB} \cdot \theta_B \quad \text{or} \quad \theta_B = \frac{k_{aB}}{k_{dB}} \cdot p_B \cdot \theta_V = K_B \cdot p_B \cdot \theta_V \tag{14.3.4}$$

$$k_{aR} \cdot p_R \cdot \theta_V = k_{dR} \cdot \theta_R \quad \text{or} \quad \theta_R = \frac{k_{aR}}{k_{dR}} \cdot p_R \cdot \theta_V = K_R \cdot p_R \cdot \theta_V \tag{14.3.5}$$

将以上三式代入式(14.3.2)有

$$K_A \cdot p_A \cdot \theta_V + K_B \cdot p_B \cdot \theta_V + K_R \cdot p_R \cdot \theta_V + \theta_V = 1 \tag{14.3.6}$$

$$\theta_V = \frac{1}{1 + K_A p_A + K_B p_B + K_R p_R} \tag{14.3.7}$$

所以

$$\theta_A=\frac{K_Ap_A}{1+K_Ap_A+K_B\,p_B+K_Rp_R}$$

$$\theta_B=\frac{K_Bp_B}{1+K_Ap_A+K_Bp_B+K_Rp_R} \tag{14.3.8}$$

$$\theta_R=\frac{K_Rp_R}{1+K_Ap_A+K_Bp_B+K_Rp_R}$$

将 θ_A、θ_B、θ_R 和 θ_V 代入总反应速率公式，有

$$r=\frac{k_sK_AK_Bp_Ap_B-k_{-s}K_Rp_R}{(1+K_Ap_A+K_Bp_B+K_Rp_R)^2} \tag{14.3.9}$$

上式为按 Langmuir-Hinshelwood 机理，获得的双分子反应速率方程。

当产物在催化剂上不吸附或吸附较弱时，$K_Rp_R \ll 1+K_Ap_A+K_Bp_B$，$k_{-s}K_Rp_R \ll k_sK_Ap_AK_Bp_B$，上式简化为：

$$r=\frac{k_sK_AK_Bp_Ap_B}{(1+K_Ap_A+K_Bp_B)^2} \tag{14.3.10}$$

若两反应物分子在催化剂上的吸附也很弱时，$K_Ap_A+K_Bp_B<1$，上式简化为：

$$r=k_sK_AK_Bp_Ap_B=kp_Ap_B \tag{14.3.11}$$

此时，催化反应表现为二级反应。

式中速率常数 k 是多个基元步骤的速率常数的组合，一般称为表观速率常数。根据 Arrhenius 方程，由速率常数 k 求出的活化能 E 也是几个基元步骤活化能的组合，称为表观活化能。

2. Rideal-Eley 机理

Rideal-Eley 机理是针对两种反应分子中只有一种分子在催化剂上发生化学吸附，另一种分子在气相中与吸附分子进行化学反应而提出的机理。设多相催化反应：

$$\mathrm{A}+\mathrm{B}\xrightarrow{\text{catal}}\mathrm{C}+\mathrm{D}$$

按 Rideal-Eley 机理进行，即 A 分子在催化剂上发生化学吸附，B 分子在气相中与吸附的 A 分子进行化学反应生成产物 C 和 D：

$$\mathrm{A}+\sigma \underset{k_{dA}}{\overset{k_{aA}}{\rightleftharpoons}} \mathrm{A}\sigma$$

$$\mathrm{A}\sigma+B \underset{k_{-2}}{\overset{k_2}{\rightleftharpoons}} \mathrm{D}\sigma+\mathrm{C}$$

$$\mathrm{D}\sigma \underset{k_{aD}}{\overset{k_{dD}}{\rightleftharpoons}} \mathrm{D}+\sigma$$

表面反应为速率控制步骤时，总的反应速率为：

$$r=r_+-r_-=k_2\cdot\theta_A\cdot p_B-k_{-2}\theta_D\cdot p_C \tag{14.3.12}$$

相对于速率较慢的表面反应而言，吸附、脱附速率很快，可以认为处于平衡态，所以

$$k_{aA}\cdot p_A\cdot\theta_V=k_{dA}\cdot\theta_A \quad \text{or} \quad \theta_A=\frac{k_{aA}}{k_{dA}}\cdot\theta_V\cdot p_A=K_A\cdot p_A\cdot\theta_V \tag{14.3.13}$$

$$k_{dD}\cdot\theta_D=k_{aD}\cdot p_D\cdot\theta_V \quad \text{or} \quad \theta_D=\frac{k_{aD}}{k_{dD}}\cdot\theta_V\cdot p_D=K_D\cdot p_D\cdot\theta_V \tag{14.3.14}$$

又因为 $\theta_A+\theta_D+\theta_V=1$，将上两式代入，得

$$K_A\cdot p_A\cdot\theta_V+K_D\cdot p_D\cdot\theta_V+\theta_V=1 \tag{14.3.15}$$

$$\theta_V=\frac{1}{1+K_Ap_A+K_Dp_D} \tag{14.3.16}$$

$$\theta_A=\frac{K_A\cdot p_A}{1+K_Ap_A+K_Dp_D} \tag{14.3.17}$$

$$\theta_D=\frac{K_D\cdot p_D}{1+K_Ap_A+K_Dp_D} \tag{14.3.18}$$

将 θ_A、θ_D 和 θ_V 代入总反应速率公式，有

$$r=\frac{k_2\cdot K_A\cdot p_A\cdot p_B-k_{-2}\cdot K_D\cdot p_C\cdot p_D}{1+K_Ap_A+K_Dp_D}=\frac{k\left[p_A\cdot p_B-\frac{1}{K}p_C\cdot p_D\right]}{1+K_Ap_A+K_Dp_D} \tag{14.3.19}$$

式中

$$k=k_2\cdot K_A \qquad K=\frac{k_2K_A}{k_{-2}K_D} \tag{14.3.20}$$

若反应物 A 在催化剂上的吸附很强，或 A 的压强很高时，$K_Ap_A\gg 1+K_Dp_D$，$k_2K_Ap_Ap_B\gg k_{-2}K_Dp_Cp_D$，所以上式简化为：

$$r=\frac{k_2\cdot K_A\cdot p_A\cdot p_B}{K_Ap_A}=k_2\cdot p_B \tag{14.3.21}$$

催化反应对反应物 A 是零级反应，对 B 是一级反应。

当某一物质的吸附（或脱附）为反应控速步骤时，催化反应的动力学方程依然可以在该吸附（或脱附）速率相对较慢，而其他步骤速率相对较快，处于平衡假设的基础上推导出来。

3. 没有控速步骤的动力学方程

没有控速步骤的催化反应是指反应过程中的吸附、表面反应、脱附等各个步骤速率基本相近，没有一个步骤是反应速率的控制步骤。在这种情况下，可以采用稳态法假设，即假定反应达到稳定态时，反应中间物种在催化剂上的覆盖度（或浓度）不随时间变化。设多相催化反应：

$$A\xrightarrow{\text{catal}}B$$

反应步骤如下：

$$A + \sigma \xrightarrow{k_1} A\cdot\sigma$$

$$A\cdot\sigma \xrightarrow{k_2} B + \sigma$$

中间物 $A\cdot\sigma$ 的生成速率为

$$\frac{d[A\cdot\sigma]}{dt}=k_1\cdot\theta_V\cdot p_A-k_2\cdot\theta_A \tag{14.3.22}$$

根据稳态法假设，稳态时令其为零，即

$$k_1\cdot\theta_V\cdot p_A-k_2\cdot\theta_A=0$$

所以

$$\theta_A=\frac{k_1}{k_2}\cdot\theta_V\cdot p_A \tag{14.3.23}$$

又

$$\theta_A+\theta_V=1$$

所以

$$\frac{k_1}{k_2}\cdot\theta_V\cdot p_A+\theta_V=1 \tag{14.3.24}$$

$$\theta_V=\frac{1}{1+\frac{k_1}{k_2}\cdot p_A},\quad \theta_A=\frac{\frac{k_1}{k_2}\cdot p_A}{1+\frac{k_1}{k_2}\cdot p_A} \tag{14.3.25}$$

总反应速率等于任一步速率，即

$$r=k_1\cdot\theta_V\cdot p_A=k_2\cdot\theta_A=\frac{k_1\cdot p_A}{1+\frac{k_1}{k_2}\cdot p_A}=\frac{k_1\cdot k_2\cdot p_A}{k_2+k_1\cdot p_A} \tag{14.3.26}$$

14.3.3　扩散作用的影响及排除

固体催化剂一般由具有一定的外表面积和很大的内表面积的多孔性小颗粒物质组成，催化反应中发挥主要作用的是催化剂的表面积很大的内表面。由气-固催化反应历程知，催化反应时，反应物首先要扩散到催化剂颗粒的外表面，然后再扩散进入到催化剂的内孔中进行反应。当反应物分子向催化剂表面的扩散速率远大于其在催化剂表面的反应速率时，扩散效应可以忽略不计，我们称催化反应在动力学区进行。此时，实验测得的速率方程反映了真实的表面催化反应过程，是我们需要的催化反应动力学方程。

当反应物分子向催化剂表面的扩散速率远低于其在催化剂表面的反应速率时，扩散步骤成为催化反应的速率控制步骤，此时，实验测得的速率方程为扩散过程的规律，我们称催化反应在扩散区进行。反应物向催化剂外表面扩散和向孔内扩散的行为和机理不尽相同，我们将反应物向催化剂外表面的扩散称之为外扩散，将向催化剂孔内的扩散行为称之为内扩散。

工业生产上，为了提高催化剂的效率，需要尽可能消除扩散效应；同时，为了获得真实的表面化学过程的动力学方程也需要消除扩散效应。

1. 外扩散效应

根据 Fick 扩散定律，有公式：

$$r_D=\frac{DA_s}{L}\cdot(c_0-c_L) \tag{14.3.27}$$

式中：r_D 为扩散速率；A_s 为扩散系数(m^2/h)；A_s 为外比表面积(m^2/g)；L 为气-固界面层厚度(m)；c_0 和 c_L 分别为反应物气相浓度和在催化剂外表面浓度($mol\cdot m^{3-}$)。

另外，表面反应速率 r 与表面吸附物浓度 c_L 有关，若假设表面反应为一级反应，则表面反应速率 r 为：

$$r=k\cdot A_s\cdot c_L \tag{14.3.28}$$

式中 k 为单位表面上的反应速率常数。

体系达到稳态时 $r_D=r$，由此可以推出扩散因素 η，即

$$\eta=\left(1+\frac{kL}{D}\right)^{-1} \tag{14.3.29}$$

扩散因素 η 小时，扩散效应占优势；反之，表面反应占优势。上式给出了消除外扩散影响的途径，即要使表面反应占优势，需要扩散系数 D 值大，而单位表面上的反应速率常数 k 和气-固界面层厚度 L 要小。通常采用以下两种方法消除外扩散效应的影响。

方法一：因为气-固界面层厚度 L 与反应气体的线速度(或搅拌速度)成反比，而扩散系数 D 与反应气体的线速度(或搅拌速度)成正比，所以可以通过提高反应气体的线速度(或搅拌速度)来减小或消除外扩散效应的影响。在实验过程中，可以在其他反应条件(温度、压强、原料气组成等)相同的情况下，测定不同线速度(或搅拌速度)下的反应速率。若反应速率随反应气体的线速度(或搅拌速度)增加而增加，说明反应处在外扩散控制区，此时可以继续提高线速度(或搅拌速度)，直至反应速率基本不随线速度(或搅拌速度)增加而改变。在大于或等于该线速度(或搅拌速度)条件下测出的动力学方程为真实的表面化学过程的动力学方程。

方法二：因为扩散系数 $D(D\propto T^{3/2})$ 受温度影响较小，而反应速率常数 $k(k\propto e^{-E/RT})$ 受温度影响显著，所以降低温度会使反应速率常数比扩散系数下降得更快，相对来说等于提高了扩散速率。

2. 内扩散效应

内扩散是反应物分子向催化剂孔内的扩散行为。当分子平均运动自由程小于孔道孔径时，会产生主要源于分子间的碰撞所产生的阻力；当分子平均自由程大于孔道孔径时，则会产生源于分子与孔壁间的碰撞而产生的阻力。为了充分利用催化剂的内表面，需要尽最大可能降低内扩散效应。通常采用两种方法消除内扩散效应。

方法一：在实验过程中，可以在其他反应条件(温度、压强、线速度、原料气组成、催化剂组成和制备方法等)相同的情况下，测定不同颗粒度(或晶粒度)催化剂的反应速率。若反应速率随催化剂颗粒度降低(或晶粒度)而增加，说明反应处在内扩散控制区，此时可以继续降低催化剂颗粒度(或晶粒度)，直至反应速率基本不随催化剂颗粒度(或晶粒度)降低而改变。

在等于或低于该颗粒度(或晶粒度)条件下,测出的动力学方程为真实的表面化学过程的动力学方程。

方法二:降低反应温度使表面反应速率下降,相对来说提高了内扩散速率。

内容提要

一、基本知识点

1. 催化作用,催化剂的基本特征,主催化剂,助催化剂,催化剂活性的表示方法,催化剂比活性,转化率,收率,空产率,选择性。

2. 气-固催化反应历程,表面反应控制步骤,Langmuir-Hinshelwood 机理,Rideal-Eley 机理,没有控速步骤的动力学方程,扩散作用的影响,外扩散效应,内扩散效应。

二、基本公式

催化剂比活性
$$\sigma=\frac{k_{\text{catal}}}{A_{\text{s}}}$$

转化率
$$X_{\text{A}}=\frac{n_{\text{A},0}-n_{\text{A},t}}{n_{\text{A},0}}\times 100\%$$

收率
$$Y_{\text{B}}=\frac{a\cdot n_{\text{B},t}}{b\cdot n_{\text{A},0}}\times 100\%$$

空产率
$$\text{STY}=\frac{n_{\text{product}}\,(m_{\text{product}})}{t\times V_{\text{catal}}\,(m_{\text{catal}})}\times 100\%$$

选择性
$$S_{\text{B}}=\frac{a\cdot n_{\text{B},t}}{b\cdot(n_{\text{A},0}-n_{\text{A},t})}$$

Langmuir-Hinshelwood 机理,双分子反应速率方程

$$r=\frac{k_{\text{s}}\cdot K_{\text{A}}\cdot K_{\text{B}}\cdot p_{\text{A}}\cdot p_{\text{B}}-k_{-\text{s}}\cdot K_{\text{R}}\cdot p_{\text{R}}}{(1+K_{\text{A}}\cdot p_{\text{A}}+K_{\text{B}}\cdot p_{\text{B}}+K_{\text{R}}\cdot p_{\text{R}})^2}$$

$$\theta_{\text{A}}=\frac{K_{\text{A}}p_{\text{A}}}{1+K_{\text{A}}p_{\text{A}}+K_{\text{B}}p_{\text{B}}+K_{\text{R}}p_{\text{R}}}$$

$$\theta_{\text{V}}=\frac{1}{1+K_{\text{A}}p_{\text{A}}+K_{\text{B}}p_{\text{B}}+K_{\text{R}}p_{\text{R}}}$$

Rideal-Eley 机理双分子反应速率方程

$$r=\frac{k_2\cdot K_{\text{A}}\cdot p_{\text{A}}\cdot p_{\text{B}}-k_{-2}\cdot K_{\text{D}}\cdot p_{\text{C}}\cdot p_{\text{D}}}{1+K_{\text{A}}p_{\text{A}}+K_{\text{D}}p_{\text{D}}}=\frac{k\left[p_{\text{A}}\cdot p_{\text{B}}-\frac{1}{K}p_{\text{C}}\cdot p_{\text{D}}\right]}{1+K_{\text{A}}p_{\text{A}}+K_{\text{D}}p_{\text{D}}}$$

$$\theta_{\text{A}}=\frac{K_{\text{A}}\cdot p_{\text{A}}}{1+K_{\text{A}}p_{\text{A}}+K_{\text{D}}p_{\text{D}}}\qquad \theta_{\text{V}}=\frac{1}{1+K_{\text{A}}p_{\text{A}}+K_{\text{D}}p_{\text{D}}}$$

习题

1. 试叙述吸附与催化作用。

2. 氮气和氢气化合成氨,在 400℃ 条件下,动力学实验测定结果表明没有催化剂时,其活化能为

334.9 $kJ\cdot mol^{-1}$，用铁作催化剂时，活化能降低至 167.4 $kJ\cdot mol^{-1}$。假设催化和非催化反应的指前因子 Z 相等，试求出两种情况下反应速率相差的倍数。

3. 合成氨的总反应式为：$N_2+3H_2 \xrightarrow{\text{Fe催化剂}} 2NH_3$，实际分三步进行：① N_2 和 H_2 在催化剂表面被两个 Fe 原子吸附并活化成 N－Fe 和 H－Fe；② 中间活化物分三步连续进行反应形成 NH_3－Fe；③ 产物 NH_3－Fe 的解吸。根据上述步骤写出此催化反应的机理。

4. 某工厂以乙苯脱氢制苯乙烯，用铁作催化剂，反应温度 580℃时，已知乙苯的转化率为 40%，选择性 90%，若每小时需要生产 10 吨苯乙烯，问 24 h 需要原料乙苯多少？

5. 以浮石银为催化剂，甲醇脱氢制甲醛时，原料甲醇每小时进料 5 m^3，每小时生成含甲醛 36.7%，甲醇 7.85%的水溶液 6 800 L，该溶液的相对密度为 1.095，试计算浮石银催化剂对生成甲醛的选择性。（甲醇相对密度为 0.793 2，其浓度为 99.5%。）

6. 利用 BET 装置，在－192.4℃下用 N_2 测定硅胶的比表面，根据实验数据计算，在不同压力下的吸附量，其结果如下：

p(mm)	66.65	104.5	154.7	208.0	253.3	279.8
V(mL)	33.55	36.56	39.80	42.61	44.66	45.92

已知－192.4℃时 N_2 的饱和蒸气压为 1 103 mmHg，横截面积是 16.22。试用作图法求出饱和吸附量 V_{mon}，从而计算出比表面。

7. 生产聚氯乙烯的原料氯乙烯是在 $HgCl_2$ 为催化剂，由乙炔和氯化氢进行加成反应而合成，其总反应式：

$$C_2H_2+HCl \longrightarrow C_2H_3Cl$$

反应机理为：

$$HCl+HgCl_2 \rightleftharpoons HgCl_2\cdot HCl \tag{1}$$

$$C_2H_2+HgCl_2\cdot HCl \longrightarrow HgCl_2\cdot C_2H_3Cl \tag{2}$$

$$HgCl_2\cdot C_2H_3Cl \longrightarrow HgCl_2+C_2H_3Cl \tag{3}$$

假若(2)步为控制步骤，同时 C_2H_2 在气相中与被吸附的 HCl 反应，求催化反应动力学方程。

8. 乙烯在 H_3PO_4/硅藻土催化剂上直接水合制乙醇，其总反应式如下：

$$C_2H_4(A)+H_2O(B) \xrightarrow{H_3PO_4/\text{硅藻土}} C_2H_5OH(C)$$

写出下列各控速步骤的动力学方程：

(1) C_2H_4(A)的吸附为控速步骤；

(2) H_2O(B)的吸附为控速步骤；

(3) 表面反应为控速步骤；

(4) C_2H_5OH(C)的脱附为控速步骤。

9. 乙醛光解反应历程如下：

$$CH_3CHO \xrightarrow{h\nu} CH_3+CHO \qquad I_a(\text{吸收光强})$$

$$CH_3CHO+CH_3 \longrightarrow CH_4+CH_3CO \qquad k_2$$

$$CH_3CO \longrightarrow CH_3+CO \qquad k_3$$

$$CH_3+CH_3 \longrightarrow C_2H_6 \qquad k_4$$

请推导 CO 生成反应速率方程及量子产率，表观活化能与各基元反应活化能之关系。

10. 设想的丙酮分解反应历程及各基元反应的活化能数据如下：

反应历程	$E_i/(\mathrm{kJ\cdot mol^{-1}})$
$CH_3COCH_3 \xrightarrow{k_1} CH_3 + CH_3CO$	290
$CH_3COCH_3 + CH_3 \xrightarrow{k_2} CH_4 + CH_3COCH_2$	63
$CH_3COCH_2 \xrightarrow{k_3} CH_3 + CH_2CO$	200
$CH_3 + CH_3COCH_2 \xrightarrow{k_4} CH_3COC_2H_5$	33

(1) 此反应历程预示的主要产物是什么？

(2) 试证明甲烷的生成速率对丙酮而言是一级反应，而且反应速率常数为：

$$k=(k_1k_2k_3/2k_4)^{1/2}$$

(3) 求出表观活化能 E_a。

拓展习题及资源

微信扫码

● 拓展资料

● 视频动画

● 互动交流

第 15 章　胶体分散体系与高分子溶液

15.1　胶体分散体系

15.1.1　胶体分散体系

把一种或几种物质分散在另一种物质中所构成的体系称为分散体系(disperse system)。被分散的物质称为分散相(disperse phase),分散物质称为分散介质或连续相(disperse medium)。胶体是一种分散体系。除胶体之外,溶液、悬浮液、烟雾等也都是分散体系。它们与胶体的区别,主要在分散相粒子的大小不同。分散系统通常有三种分类方法。

1. 按分散相粒子的大小分类

分子分散系统:分散相和分散介质以分子或离子的形式均匀混合形成均匀的单相系统,如:分子溶液和气体。这类体系中分散相颗粒尺度 $r<1$ nm,可透过滤纸,扩散快,超显微镜下分散相不可见。

胶体分散系统:分散相的粒子尺度为:1 nm $<r<$ 100 nm,这样的系统目测是均匀的,但实际上是一个多相不均匀系统。如溶胶、大分子溶液等。这类系统分散相可透过滤纸,但扩散慢,超显微镜下可见。

粗分散系统:分散相粒径大小 $r>$ 100 nm,透不过滤纸,不扩散,普通显微镜下可见。粗分散系统不稳定,静置一段时间,分散相会很快沉淀。如:乳浊液、悬浊液。

所谓的胶体是指:物质以一定的分散度(1 nm $<r<$ 100 nm)存在的一种状态。对于分散相的粒径通常是这样规定的:对球形或类球形颗粒是指直径,俗称纳米粒子或超细微粒;对片状物质是指厚度,俗称纳米膜;对线状物质是指线径或管径,俗称纳米线或纳米管。当粒径为 1～100 nm 时,这些物质就会显示胶体分散系统的某些特征。胶体物理化学研究的内容即为超微不均匀系统的物理化学。

2. 按分散相和分散介质的聚集状态分类

这种分类法将分散系统依据分散介质的相态分为液溶胶(sol)、气溶胶(serosol)和固溶胶(solidsol)。因为多种气体混合时一般都形成单一的均相系统,所以,没有气气溶胶。各种溶胶的名称和实例如表 15.1 所示。

表 15.1　按分散介质物态分类的溶胶

分散相	分散介质	溶胶名称	实　例
气 液 固	液	液溶胶	泡沫 乳状液,牛奶,石油 悬浮液,油漆,泥浆

续表

分散相	分散介质	溶胶名称	实例
气	固	固溶胶	沸石,泡沫塑料
液			珍珠,宝石
固			合金,有色玻璃
气	气	气溶胶	
液			雾
固			烟,尘

3. 按胶体分散系统的性质分类

这种分类法将分散系统分为憎液溶胶、亲液溶胶和缔合胶体等。

憎液溶胶(lyophobic sol):难溶物分散在液体介质(通常是水)形成的溶胶,如:金溶胶、硫化砷溶胶。特点:粒径为 1～100 nm,粒子数目很多,但大小并不相同,相界面很大,表面 Gibbs 自由能高,不稳定,热力学不可逆体系,聚沉后不能恢复。

亲液溶胶(lyophilic sol):由大分子溶液如蛋白质、明胶等溶解在合适的溶液中形成的均匀溶液。形态上,它们均匀地与介质混合,应属于分子分散系统,但分子大小已达胶体范围,且具有胶体的一些特性,如扩散速率小,不能透过半透膜等,所以也称为溶胶。它们与憎液溶胶不同的地方在于:一旦将介质溶剂蒸发,大分子沉淀,若再加介质,又会溶解形成原溶液。它没有相界面,是真溶液,是热力学稳定的可逆系统。

缔合胶体(associated colloid):由表面活性物质缔合形成的胶束分散在介质中得到外观均匀的溶液,或由缔合表面活性物质保护的一种微小液滴均匀分散在液体介质中形成的微乳状液都称为缔合胶体。胶束或液滴尺度大小为 1～100 nm,这种微乳液在热力学上属于稳定系统。

15.1.2　胶团的结构

以硝酸银和碘化钾为反应物制备碘化银水溶胶,其化学反应式为

$$AgNO_3(aq) + KI(aq) \longrightarrow KNO_3(aq) + AgI\ (溶胶)$$

若用略过量的碘化钾为稳定剂,所得 AgI 胶团结构如图 15.1 所示。

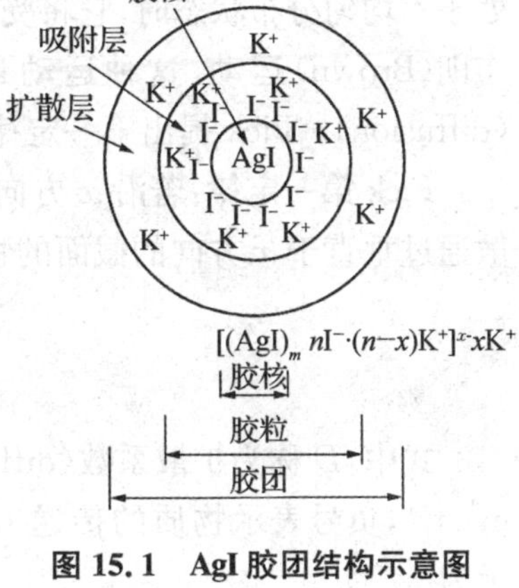

图 15.1　AgI 胶团结构示意图

胶核是由 m 个 AgI 分子聚集一起形成的,m 在一定范围内波动。过量 KI 为稳定剂,利用同离子效应防止胶核溶解,胶核优先吸附稳定剂中的 I^-,于是胶核带负电。由于异电荷相吸,被吸附的 n 个 I^- 周围有较多的 K^+[设有$(n-x)$个]围绕,还有少量 K^+ 由于扩散而离得偏远。胶核与被吸附的 I^- 携带着$(n-x)$个 K^+一起移动,这样构成了胶粒,所以胶粒带 x 个负电荷。溶胶中胶粒是独立运动单元,也是关注的重点。胶粒与位于扩散层的 x 个 K^+ 共同构成胶团,所以胶团是中性的,它没有固定的质量。

如果保持其他条件不变，而用过量硝酸银为稳定剂，则胶核优先吸附的是 Ag^+，胶粒就带正电荷。构成的胶团结构为$[(AgI)_m\ Ag^+(n-x)NO_3^-]^{x+}\ xNO_3^-$。胶粒所带电荷的正负及大小，与稳定剂的类型和制备条件有关。

制得的胶粒大小未必都相同，它是一个不均匀系统。胶粒保持了 AgI 原有的一些性质，与介质间有很大的相界面，有很高的表面 Gibbs 自由能。溶胶是一个热力学不稳定系统，胶粒有自发聚集以降低表面 Gibbs 自由能的倾向。稳定剂的作用是使每个胶粒都带相同电荷，当两个胶粒靠近时，由于同性电荷相斥，两个胶粒分开，使憎液溶胶具有一定的稳定性。胶粒能够相对稳定存在的另外原因是溶剂化作用和布朗运动。

讨论　$Fe(OH)_3$ 溶胶的制备和结构

【例 15.1】 (1) 用 NH_4VO_3 和浓 HCl 作用，可制得稳定的 V_2O_5 溶胶，其胶团结构是：________。

(2) 在稀的砷酸溶液中通入 $H_2S(g)$ 制备 As_2S_3 溶胶，以过量 $H_2S(g)$ 为稳定剂，所形成的胶团的结构是：________。

A　$[(As_2S_3)_m\cdot nH^+\cdot(n-x)HS^-]^{x-}\cdot xHS^-$；

B　$[(As_2S_3)_m\cdot nHS^-\cdot(n-x)H^+]^{x-}\cdot xH^+$；

C　$[(As_2S_3)_m\cdot nH^+\cdot(n-x)HS^-]^{x+}\cdot xHS^-$；

D　$[(As_2S_3)_m\cdot nH^+\cdot(n-x)HS^-]^{x-}\cdot xHS^-$。

请选择最佳答案。

解：(1) $[(V_2O_5)_m\cdot nVO_3^-\cdot(n-x)NH_4^+]^{x-}\cdot xNH_4^+$；(2) B。

15.2　溶胶的动力性质

15.2.1　胶体粒子在液体中的扩散

1. 扩散基本定律

从分子水平观察，粒子在溶液中呈无序分布并占有全部空间时，体系的熵最大。当粒子处于不均匀分布状态时，它将受到一个促使其均匀分布的力。这种力的一个宏观表现就是布朗(Brown)运动，这种运动最终会使粒子从高浓度区向低浓度区运动，这就是扩散(diffusion)。Fick 提出第一定律和第二定律对平动扩散做了描述。

Fick 第一定律：若沿 x 方向物质 B 存在恒定的浓度梯度 dc_B/dx，那么在 dt 时间内，扩散通过垂直于 x 方向的截面的物质的量 dn_B 与浓度梯度成正比。

$$dn_B=-DA_s\frac{dc_B}{dx}dt \tag{15.2.1}$$

式中：D 称为扩散系数(diffusion coefficient)，是一个表征物质扩散能力的物理量，单位 $m^2\cdot s^{-1}$，负号表示物质的传递方向与浓度梯度方向相反，A_s 为截面的面积。该式也可表示为

$$J_B = -D\frac{dc_B}{dx} \tag{15.2.2}$$

式中 J_B 为单位时间通过单位面积的物质 B 的量，称为通量(flux)。

Fick 第二定律：在扩散方向上某一位置的浓度随时间的变化率，存在以下微分关系：

$$\frac{\partial c_B}{\partial t} = D\frac{\partial^2 c_B}{\partial x^2} \tag{15.2.3}$$

Fick 第一定律指出 x 方向上物质 B 的通量与其浓度梯度成正比。而 Fick 第二定律则指出 B 的浓度随时间的改变是与 x 方向浓度梯度的改变率成正比的。

2. 胶体粒子的扩散

除了浓差推动力外，胶体粒子在分散介质中的扩散还受摩擦阻力的作用。前者(浓差扩散)所做功可由化学势的变化表示，后者(摩擦阻力)所做功则与粒子的移动速率成正比。若粒子浓度很稀，在分散介质中移动了 dx 距离，则浓差推动力做的功为：$d\mu = k_B T d\ln c_B$，k_B 为 Boltzmann 常数。摩擦力做的功为：$-f(dx/dt)dx$，其中 f 为阻力系数，dx/dt 为粒子移动速率，$-f(dx/dt)$为摩擦力，负号表示力的方向与移动方向相反。对恒速移动的胶束粒子，得

$$f(dx/dt)dx = k_B T d\ln c_B$$

$$\frac{dx}{dt} = \frac{k_B T}{f c_B}\frac{dc_B}{dx} \tag{15.2.4}$$

由于 $c_B(dx/dt)$为单位时间通过单位面积的胶体粒子的物质的量，即通量，故有

$$J_B = -c_B\frac{dx}{dt} = -\frac{k_B T dc_B}{f dx} \tag{15.2.5}$$

负号表示传递方向与浓度梯度方向相反。将之与式(15.2.2)比较，得

$$D = k_B T/f \tag{15.2.7}$$

该式称为 Einstein 扩散定律。它定量表示了扩散与热运动的关系，并将扩散系数与胶体粒子的阻力系数 f 相联系，而 f 与粒子的大小和形状有关。

对于球形粒子，根据 Stokes 定律，$f = 6\pi\eta r$，得

$$D = \frac{RT}{6\pi\eta r L} \tag{15.2.7}$$

该式称 Stokes-Einstein 方程。式中 r 为粒子半径，η 为分散介质的黏度，L 为 Avogadro 常量。

【例 15.2】 利用离子的迁移率，求 SO_4^{2-} 离子的扩散系数，极限摩尔电导率，水化离子半径。

数据：$U(SO_4^{2-}) = 8.29\times10^{-8}\ m^2 s^{-1} V^{-1}$，$\eta(\text{water}) = 0.891\ cP = 8.91\times10^{-4} kg\cdot m^{-1} s^{-1}$

解：离子的迁移率 U_i 与 D 的关系：$D = \frac{U_i RT}{z_i F} = 1.1\times10^{-9}\ m^2\cdot s^{-1}$，

离子摩尔电导率与迁移率关系：$\Lambda_{m,i} = z_i U_i F = 16\ mS\cdot m^2\cdot mol^{-1}$

Einstein 公式：$D = \frac{RT}{6\pi\eta r L}$，$r = \frac{k_B T}{6\pi\eta D} = 220\ pm$

15.2.2 Brown 运动

如果说扩散是胶体粒子热运动的宏观结果，那么 Brown 运动便是从粒子的水平来认识它的热运动。1827 年英国植物学家 Brown 在显微镜下观察悬浮于水中的花粉，发现花粉粒子总是在做不停的无规则的运动，粒子越小，温度越高，运动越强烈。后来发现其他物质的粉末也有类似的现象。1877 年 Delsaulx 指出，这是由于粒子受周围液体分子的碰撞不平衡所致。由于粒子很小，这种碰撞所产生的力足以使粒子发生运动。鉴于液体分子的热运动变化剧烈，产生的力大小和方向变化不定，故每个粒子的 Brown 运动都是无规则的。

若用显微镜注视其中一个粒子的 Brown 运动，可以发现它的运动轨迹在平面上的投影有如图 15.2 所示的形状。在两次观察的时间间隔内，将粒子的位置用直线连接，得到的轨迹是无规则折线。用超显微镜能够观察到胶粒也像花粉那样在不停地做 Brown 运动。这些轨迹看似杂乱无章，实际上是一个很有规律的力学问题。

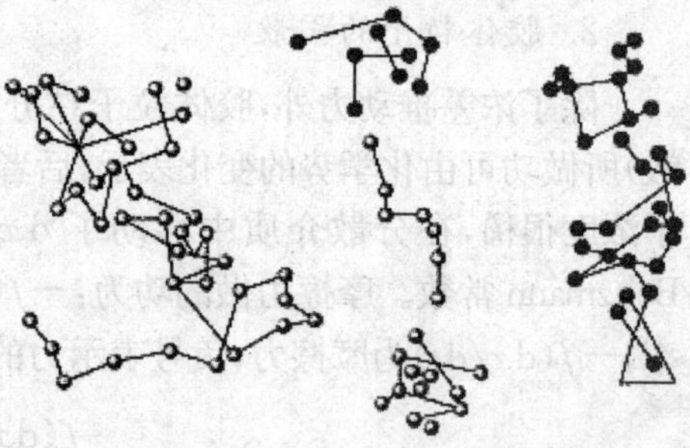

图 15.2 藤黄粒子的 Brown 运动轨迹

1905 年后，Einstein 等阐明了 Brown 运动的本质，认为：一个质量为 m 的粒子悬浮在液体中，它所受的力除重力和浮力外，便是液体分子对它的撞击力以及它在无规则运动时的摩擦力和阻力。如果考察的是投影平面上沿 x 方向粒子的 Brown 运动，那么重力和浮力都可以不计。按照经典力学原理，通过粒子的运动方程，结合 Stokes-Einstein 方程式(15.2.7)，可以得到在观察时间 t 内，粒子的平均位移 $\langle x\rangle$ 的计算公式：

$$\langle x\rangle=(\langle x^2\rangle)^{1/2}=(2Dt)^{1/2}=\left(\frac{RTt}{3\pi\eta rL}\right)^{1/2} \quad (15.2.8)$$

这就是 Brown 运动的 Einstein 方程。

讨论 Einstein 方程的意义

【例 15.3】 半径为 0.212 μm 的乳胶球不同时间间隔在水中移动的距离有如下实验数据：

Δt/s	30	60	90	120
$10^{12}\langle x^2\rangle/\mathrm{m}^2$	88.2	113.5	128	144

求 298 K 水的有效黏度。

解： $\langle x^2\rangle=2D\Delta t$，

将数据代入计算得：$D=10^{-12}\times 88.2\ \mathrm{m^2}/(2\times 30\ \mathrm{s})=1.47\times 10^{-12}\ \mathrm{m^2\cdot s^{-1}}$

对于球形颗粒，$D=RT/(6\pi\eta rL)$

$\eta=RT/(6\pi rLD)$

$$=\frac{8.314\ \mathrm{J\cdot K^{-1}\cdot mol^{-1}}\times 298\ \mathrm{K}}{6\times 3.14\times 0.212\times 10^{-6}\ \mathrm{m}\times 6.02\times 10^{23}\ \mathrm{mol^{-1}}\times 10^{-12}\times 1.47\ \mathrm{m^2\cdot s^{-1}}}$$

$=0.7\times 10^{-3}\ \mathrm{kg\cdot m^{-1}\cdot s^{-1}}$

对实验数据逐个计算得：$\eta=(0.7,\ 1.08,\ 1.45,\ 1.71)\times 10^{-3}\ \mathrm{kg\cdot m^{-1}\cdot s^{-1}}$；取均值：$1.23\times 10^{-3}\ \mathrm{kg\cdot m^{-1}\cdot s^{-1}}$。

注意：理论上，以 $\langle x^2\rangle\sim\Delta t$ 作图，线性拟合数据，斜率 $=2D$，再由 D 可求得 η。但是，线性方程拟合实验数据得：$\langle x^2\rangle=a+b\Delta t=72.95+0.606\Delta t$。如此求得的 D 与文献差异较大且截距 a 并不等于 0。

15.2.3　分散相在重力场中的沉降

1. 重力场下的匀速沉降

沉降(sedimentation)是胶体粒子在重力作用下的下沉现象。下沉过程粒子受到重力和介质阻力两种力的作用。假定一个体积为 V,密度为 ρ 的颗粒,浸在密度为 ρ_0 的介质中,在重力场中颗粒所受的下沉力 F 应为重力 F_g 与浮力 F_b 之差,即

$$F = F_g - F_b = V(\rho - \rho_0)g \tag{15.2.9}$$

式中:g 为重力加速度。当 $\rho > \rho_0$ 时,$F_g > F_b$ 则颗粒下沉,反之则上浮。相对运动发生后,颗粒即产生一个加速度,同时由于摩擦而产生一个运动阻力 F_v,它与运动速度 v 成正比,即

$$F_v = fv \tag{15.2.10}$$

式中:f 为阻力系数。当 F_v 等于 F 时,颗粒呈匀速运动,由式(15.2.9)和式(15.2.10)得到

$$V(\rho - \rho_0)g = fv \quad 或 \quad m(1 - \rho_0/\rho)g = fv \tag{15.2.11}$$

式中:m 为粒子的质量。式(15.2.11)中 f 与粒子形状有关。如果粒子是球形的,Stokes 导出 $f = 6\pi\eta r$,r 是粒子的半径,η 是介质的黏度。将球体积 $V = 4\pi r^3/3$ 代入式(15.2.11)中,即可得到下面的基本公式:

$$v = \frac{2r^2(\rho - \rho_0)}{9\eta}g \tag{15.2.12}$$

$$r = \sqrt{\frac{9\eta v}{2(\rho - \rho_0)g}} \tag{15.2.13}$$

$$m = \frac{4\pi\rho}{3}\left[\frac{9\eta v}{2(\rho - \rho_0)g}\right]^{3/2} \tag{15.2.14}$$

$$f = 6\pi\eta\sqrt{\frac{9\eta v}{2g(\rho - \rho_0)}} \tag{15.2.15}$$

式(15.2.12)指出,在适用范围内颗粒沉降速度 v 与颗粒半径的平方、颗粒与介质的密度差成正比,与介质黏度成反比。这些公式的使用条件是:粒子运动速度很慢,介质保持层流状态;粒子是钢性球,没有溶剂化作用;粒子之间无相互作用;与粒子相比,液体看作是连续介质。由于这些假设限制,式(15.2.12)一般只适用于不超过 100 μm 的颗粒分散体系。对于接近 0.1 μm 的小颗粒,还必须考虑扩散的影响。

如果颗粒是多孔的絮块或有溶剂化作用存在,前面公式中的 ρ 就不再是纯颗粒的密度,而应介于颗粒同分散介质两个纯组分密度之间,因此,沉降速度变慢。这种变慢的现象可归因于式(15.2.11)中阻力因子 f 增大。如果用 f_0 表示未溶剂化的阻力因子,f 为溶剂化后的阻力因子,它们的比值 f/f_0 称为阻力因子比,显然在有溶剂化情况下,$f/f_0 > 1$。另一方

面，在实际体系中完全的球形质点是不多的，Stokes 定律的应用受到了限制。实际上，我们可以把溶剂化和不规则颗粒的效应都归于使 f 增大。Stokes 定律算出的颗粒半径 r 为等效球半径，则

$$r=f/(6\pi\eta) \tag{15.2.16}$$

对于任何形式的溶剂化的颗粒，采用颗粒的溶剂化密度数值，用沉降与扩散实验进行粒度分析，得到的则是等效球体的平均半径 r。

【例 15.4】 某胶团颗粒密度为 $1.334\ g\cdot cm^{-3}$，半径 $r=0.212\ \mu m$，求沉降速度，扩散系数 D。已知介质密度为 $1\ g\cdot cm^{-3}$，黏度 $1.1\times10^{-3}\ Pa\cdot s$。

解：

$$v=2(\rho-\rho_0)gr^2/9\eta$$

$$=\frac{2\times(1.334-1.0)\times10^3\ kg\cdot m^{-3}\times9.8\ m\cdot s^{-2}\times(0.212\times10^{-6})^2\ m^2}{9\times1.1\times10^{-3}\,Pa\cdot s}$$

$$=0.0297\ \mu m\cdot s^{-1}$$

$$D=RT/(6\pi\eta rL)$$

$$=\frac{8.314\ J\cdot K^{-1}\cdot mol^{-1}\times298\ K}{6\times3.14\times1.1\times10^{-3}\ Pa\cdot s\times0.212\times10^{-6}\ m\times6.02\times10^{23}\,mol^{-1}}$$

$$=0.937\times10^{-12}\ m^2\cdot s^{-1}$$

2. 沉降平衡

溶胶的沉降一方面受重力作用的影响，另一方面，由于沉降过程溶胶出现由下向上的浓度梯度，溶胶的沉降还受到 Brown 运动引起的扩散作用的影响。当两种方向的作用达到平衡，同一高度的粒子浓度保持不变，这种现象称为沉降平衡（sedimentation equilibrium）。

溶胶的扩散作用可用渗透压计算，计算公式为 $\Pi=cRT$。溶胶的渗透压起源于溶胶在 Brown 运动中施加于器壁的压强。在有半透膜的情况下，这部分压强不能用于平衡膜另一侧纯溶剂的压强，因而平衡时出现渗透压。如图 15.3 所示，一个具有单位截面积的圆筒中盛有溶胶，考虑某高度元 dh 内溶胶的受力情况：

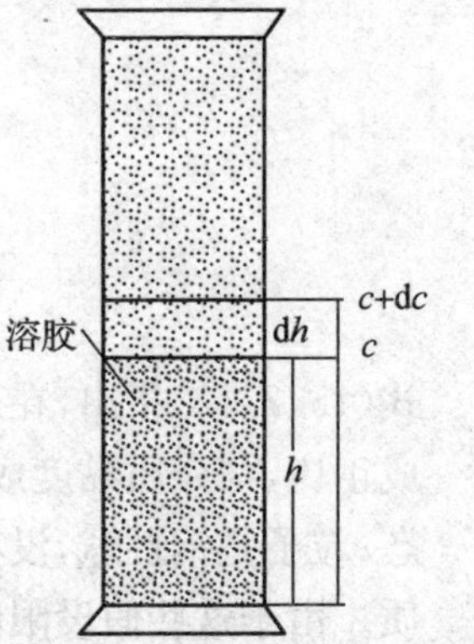

图 15.3　沉降平衡

(1) 下沉力 F_1，即重力与浮力之差，$F_1=F_g-F_b=(4/3)\pi r^3(\rho-\rho_0)gcL\mathrm{d}h$

(2) 扩散力 F_2，等于下部溶胶与上部溶胶的渗透压之差。二者间浓度差等于$(-\mathrm{d}c)$，$F_2=\mathrm{d}\Pi=-RT\mathrm{d}c$。沉降平衡时，$F_1=F_2$，故有

$$\frac{\mathrm{d}c}{c}=\frac{(4/3)\pi r^3(\rho-\rho_0)gL}{RT}\mathrm{d}h$$

从高度 h_1 到 h_2，对应的物质的量浓度为 c_1 和 c_2，积分上式可得：

$$\frac{c_2}{c_1}=\exp\left[-\frac{4}{3}\pi r^3(\rho-\rho_0)g(h_2-h_1)L\frac{1}{RT}\right] \tag{15.2.17}$$

粒子的摩尔质量 $M=(4/3)\pi r^3\rho L$，还可得：

$$\frac{c_2}{c_1}=\exp\left[-Mg\left(1-\frac{\rho_0}{\rho}\right)(h_2-h_1)\frac{1}{RT}\right] \tag{15.2.18}$$

上述两个公式为粒子的物质的量浓度(或数密度)随高度的分布公式。可见，粒子半径越大，摩尔质量越大，密度比越小，浓度随高度变化越敏感。

【例 15.5】 沉降平衡粒子浓度分布

已知胶团颗粒等效半径 $r=0.212\ \mu\text{m}$，颗粒密度为 $1.334\ \text{g}\cdot\text{cm}^{-3}$，介质密度为 $1\ \text{g}\cdot\text{cm}^{-3}$，求浓度相差一半的高度。

解：

根据：$\frac{c_2}{c_1}=\exp\left[-\frac{4}{3}\pi r^3(\rho-\rho_0)g(h_2-h_1)L\frac{1}{RT}\right]$

$$\Delta h=\frac{-RT}{(4/3)\pi r^3(\rho-\rho_0)gL}\ln\frac{c_2}{c_1}$$

$$=\frac{-8.314\times 298}{(4/3)\times 3.14\times(0.212\times 10^{-6})^3(1.334-1)\times 10^3\times 9.81\times 6.02\times 10^{23}}\ln(0.5)\text{m}$$

$$=-2.18\times 10^{-5}\ \text{m}$$

15.2.4　分散相在超离心力场中的沉降

胶体颗粒在重力场中的沉降是很缓慢的，能测定的颗粒半径最小极限值约为 85 nm。粒径小于 0.1 μm 的胶粒，因受扩散、对流等的干扰，在重力场中基本不能沉降，只能借助于超离心力场来加速沉降。目前，超离心机的转速高达 10 万～16 万转$\cdot\text{min}^{-1}$，其离心力约为重力的 100 万倍。在如此强的离心力场中，蛋白质分子也能分离。

离心场作用下，粒子运动也存在匀速运动状态和沉降平衡状态。与之对应，通过离心实验，也有两种测定粒子半径的方法。如果胶体颗粒是均分散体系，在超离心力场作用下形成明确的沉降界面，由界面移动速度可算出颗粒大小，该法称沉降速度法。当胶体粒径太小时，因扩散作用在超离心力场中可形成沉降平衡，根据粒径分布可求出颗粒大小，该法称为沉降平衡法。用沉降平衡法甚至可测出蔗糖的分子量。

1. 沉降速度法

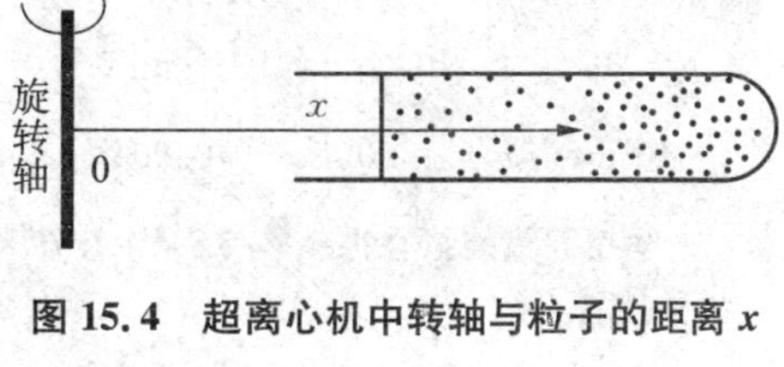

图 15.4　超离心机中转轴与粒子的距离 x

沉降速度法的原理是离心力等于 Stokes 阻力。参考图 15.4，设处于离心场中的粒子的质量为 m，体积为 V，离开旋转轴的距离为 x。粒子同时受三种力的作用：离心力 $F_c=m\omega^2 x$；浮力 $F_b=-m_c\omega^2 x$，m_c为介质粒子的质量；粒子移动时的摩擦力 $F_v=-fv$，v 为粒子的运动速度，f 为摩擦阻力系数。如果粒子匀速运动，则

$$F_c+F_b+F_v=0$$

即
$$\omega^2 x(m-m_c)=fv$$

而粒子在离心场中的运动速率 v 为：

$$v=\frac{\mathrm{d}x}{\mathrm{d}t}=\frac{(m-m_c)\omega^2 x}{f}=S\omega^2 x \tag{15.2.19}$$

其中 S 称为沉降参数：
$$S=\frac{(m-m_c)}{f}=\frac{M(1-m_c/m)}{fL} \tag{15.2.20}$$

式中：$M=mL$，M 为粒子的摩尔质量，L 为 Avogadro 常数。对式(15.2.19)积分，可得离心时间分别为 t_1 和 t_2 时粒子的位移位置 x_1 和 x_2：

$$\ln\frac{x_2}{x_1}=S\omega^2(t_2-t_1) \tag{15.2.21}$$

对于球形粒子，粒子摩尔质量 $M=(4/3)\pi r^3\rho L$，扩散系数 $D=RT/(6\pi\eta rL)$，r 为粒子半径，η 为介质黏度，ρ 为粒子密度，ρ_0 为介质密度，得：

$$S=\frac{(4/3)\pi r^3(\rho-\rho_0)}{6\pi\eta r}=\frac{MD(1-\rho_0/\rho)}{RT} \tag{15.2.22}$$

由式(15.2.21)，通过测定不同沉降时间沉降界面的移动，求得沉降参数 S，由 S 可以计算出粒子半径 r。

$$r=\sqrt{\frac{9\eta S}{2(\rho-\rho_0)}} \tag{15.2.23}$$

和粒子的摩尔质量 M

$$M=\frac{RTS}{D(1-\rho_0/\rho)} \tag{15.2.24}$$

【例 15.6】 298 K 测定牛血清白蛋白的离心沉降速度。溶质界面的初始位置距转轴 5.50 cm，在转速为 56 850 rpm 的离心过程，得到界面变化如下数据：

t/s	0	500	1 000	2 000	3 000	4 000	5 000
x/cm	5.50	5.55	5.60	5.70	5.80	5.91	6.01

计算蛋白的沉降参数 S。

解：根据式(15.2.19)和(15.2.21)：$\ln(x/x_0)=S\omega^2 t$，以 $\ln(x/x_0)$ 为纵坐标，以 t 为横坐标作图，直线斜率为 $S\omega^2$，$\omega=2\pi\nu$，ν为每秒旋转周数，得如下数据：

t/s	0	500	1 000	2 000	3 000	4 000	5 000
$10^2\ln(x/x_0)$	0	0.905	1.80	3.57	5.31	7.19	8.87

作图并线性拟合得斜率$=S\omega^2=1.79\times10^{-5}\ \mathrm{s^{-1}}$，由于 $\omega=2\pi\times(56\ 856/60)\mathrm{s^{-1}}=5.95\times10^3\ \mathrm{s^{-1}}$，得 $S=5.02\times10^{-13}$ s。

注：单位 10^{-13} s 被称为一个沉降系数单位 svedberg，表示为 S_v。故本题答案也可写成 $S=5.02S_v$。精确的实验结果还要考虑浓度的影响，取外推至浓度趋于零时的数值。

2. 沉降平衡法

沉降平衡法的原理是离心力等于渗透压力。在离心加速度较低(约为重力加速度的 $10^4 \sim 10^5$ 倍)时，粒子向池底方向移动，形成浓度梯度后有扩散发生，扩散与沉降方向相反，两者达到平衡时，沉降池中各处的浓度不再随时间而变化，称为沉降平衡。沉降平衡时，扩散力与超离心力相等，方向相反，扩散力等于渗透压力 $RT\mathrm{d}c$，长度元 $\mathrm{d}x$ 内的粒子数为 $c\mathrm{d}x$，离心加速度为 $\omega^2 x$。故有

$$RT\mathrm{d}c = M(1-\rho_0/\rho)\omega^2 xc\mathrm{d}x \tag{15.2.25}$$

积分后得粒子的分布式为：

$$\ln\frac{c_2}{c_1} = \frac{M(1-\rho_0/\rho)\omega^2}{RT}\cdot\frac{1}{2}(x_2^2 - x_1^2) \tag{15.2.26}$$

此式即为粒子浓度沿离心力场的分布公式。式(15.2.26)可以改写为：

$$M = \frac{2RT\ln(c_2/c_1)}{(1-\rho_0/\rho)\omega^2(x_2^2 - x_1^2)} \tag{15.2.27}$$

式中：c_1 和 c_2 分别是离开旋转轴 x_1 和 x_2 处粒子的摩尔浓度。此式即为超离心场沉降平衡法测粒子的摩尔质量的关系式。

15.3 溶胶的光学性质

胶体的光学性质是其高度分散性和不均匀性的反映。对光学性质的研究，可以解读胶体的一些光学现象，确定胶粒的大小和形状等。

当一束光线通过胶体溶液时，在入射光的垂直方向可以看到一条发亮的光柱，这种现象早在 1869 年被 Tyndall 发现，称为 Tyndall 效应，它是胶粒对光的散射结果。其他分散系统也会产生类似的现象，但远不如溶胶显著。

当一束光束射向分散系统时，只有一部分光能从体系透过，其余部分则被吸收、散射或反射。对光的吸收主要取决于体系的化学组分，而散射和反射的强弱则与分散相粒子的大小有关。当粒子直径大于入射光的波长时，主要发生反射，如粗分散体系因分散作用而呈现浑浊。当粒子直径小于入射光波长时，粒子中的电子在光波作用下发生受迫振动，使粒子成为发射同频电子波的波源，这就发生光的散射。可见光波长约在 400～800 nm 之间，胶体粒子的尺寸在 1～100 nm，溶胶粒子尺寸比可见光波长小，因而散射明显，产生 Tyndall 效应。小分子真溶液或纯溶剂因粒子太小，光散射非常微弱，用肉眼分辨不出来。所以 Tyndall 效应是溶胶的一个重要特征，是区分溶胶和小分子真溶液最简便的方法。

入射光强度、检测器离散射源的距离以及检测角度都会影响散射光强度。图 15.5 表示自然光产生的散射光强度沿角度的分布。在光散射测量中通常采用 Rayleigh 比(R_θ)描述体系的散射能力，其定义为：

$$R_\theta=\frac{I_\theta r^2}{I_0(1+\cos^2\theta)} \tag{15.3.1}$$

式中：I_0 是入射光强；I_θ 是单位体积溶胶的散射光强；r 是观察者（检测仪）与溶胶间的距离；θ 是散射角，即观察（检测）方向与入射光传播方向之间的夹角。Rayleigh 比值 R_θ 的单位是 m^{-1}。

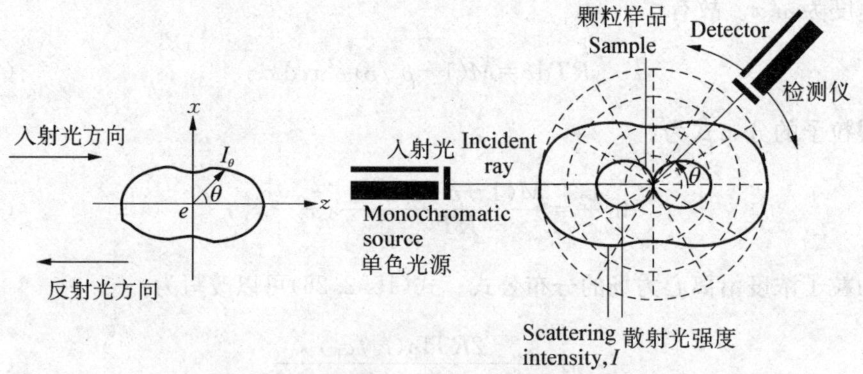

图 15.5 自然光产生的散射光强度沿角度的分布

Rayleigh 是最早从理论上研究光散射的，他的基本出发点是讨论单个粒子的散射。他假设：① 散射粒子比光的波长小得多（粒子大小$<\lambda/20$），可看作点散射源；② 溶胶浓度很稀，即粒子间距离较大，无相互作用，单位体积的散射光强度是各粒子的简单加和；③ 粒子为各向同性、非导体、不吸收光。由此导出的 Rayleigh 散射定律为：

$$R_\theta=\frac{9\pi^2}{2\lambda^4}\left(\frac{n_2^2-n_1^2}{n_2^2+2n_1^2}\right)^2 c^* V^2 \tag{15.3.2}$$

式中：n_1 和 n_2 分别是分散介质和分散相的折光率；λ 是入射光在介质中的波长；c^* 是单位体积中散射粒子数密度；V 是每个粒子的体积。

$I_\theta=R_\theta I_0(1+\cos^2\theta)/r^2$，散射光强度与 R_θ 成正比。由式(15.3.2)可知：

(1) 散射光强度与 λ^4 成反比，即入射光的波长越短，散射光强越大。可见光散射时，蓝光（$\lambda=450$ nm）波长最短，被散射的最多，透过的最少；红光（$\lambda=650$ nm）波长较长，被散射的少，透过的最多。当一束白光照射分散体系时，在入射光的垂直方向（侧面观察 $\theta=\pi/2$）看到的主要是散射光，溶胶呈蓝色；而对着入射光的方向（正面观察 $\theta=\pi$），看到的主要是透射光，溶胶呈浅红色。这可解释天空是蓝色，旭日和夕阳呈红色的原因。

(2) 分散相与分散介质的折光率相差（$n_2^2-n_1^2$）越大，散射强度就越强。这是光散射起因于体系光学不均匀性的自然结果。高分子溶液中分散相与分散介质的折光率相差很小，尽管溶质分子与胶粒大小相近，但高分子溶液的 Tyndall 效应比溶胶要弱得多。若分散相与分散介质折光率相同，如纯组分气体或纯组分液体，实际上也有微弱的散射，这是由于分子热运动引起的密度涨落造成的。局部区域的密度涨落，会引起折射率的差异，从而发生光的散射。因此，光散射是一种普遍现象，只是溶胶的光散射现象特别显著而已。

(3)光散射强度与粒子体积的平方成正比。小分子溶液中溶质的体积较小，故散射光较弱。因此，Tyndall 效应可以鉴别溶胶和真溶液。

(4) 散射光强度与粒子的数密度成正比。当测定两个分散度相同而浓度不同的溶胶的散射光强度时，若已知一种溶胶的浓度 c_1^*，由测定结果(I_1/I_2)的值，即可算出另一溶胶的浓度 c_2^*。测定污水中悬浮杂质使用的浊度计，就是根据这个原理设计的。

从式(15.3.1)可看出，散射光的强度与散射角有关。在 $\theta=0°$ 和 180°时，I_θ 最大，$\theta=90°$ 时，I_θ 最小。I_{90} 只是 I_0 或 I_{180} 时的一半。前向散射等于后向散射，即 $I_\theta=I_{\pi-\theta}$。

讨论　瑞利散射公式

15.4　溶胶的电学性质

15.4.1　电动现象

在外电场作用下使固-液两相发生相对运动，或外力作用使固-液两相发生相对运动时而产生电场的现象统称为电动现象(electrokinetic phenomena)。电动现象包括以下四种形式：

(1) 电泳(electrophoresis)：在外电场作用下，胶体粒子相对于静止介质做定向移动的电动现象。

(2) 电渗(electroosmosis)：在外电场作用下，分散介质相对于静止的带电固体表面做定向移动的电动现象。固体可以是毛细管或多孔性滤板。

(3) 流动电势(streaming potential)：在外力作用下，液体流过毛细管或多孔塞时，两端产生的电势差。

(4) 沉降电势(sedimentation potential)：在外力作用下，带电胶粒作相对于液相的运动时，两端产生的电势差。

电动现象表明胶体颗粒在液体中是带电的。胶粒表面电荷的来源大致有以下几个方面：

(1) 电离作用。有些胶粒本身带有可电离的基团，在介质中电离而带电荷。例如硅溶胶在弱酸性或碱性介质中因表面硅酸的电离而带负电荷：

$$SiO_2 + H_2O \rightleftharpoons H_2SiO_3 \longrightarrow HSiO_3^- + H^+ \longrightarrow SiO_3^{2-} + 2H^+$$

又如蛋白质分子含有许多羧基(—COOH)和氨基(—NH_2)，其荷电符号与介质 pH 相关。当介质 pH 较高时，—COOH 电离成—COO^- 使蛋白质荷负电；而 pH 较低时，—NH_2 转变为—NH_3^+ 而使蛋白质荷正电；蛋白质分子的净电荷为零时的 pH 称为等电点(isoelectric point，IEP)。

(2) 离子吸附作用。胶体颗粒可以通过对介质中阴、阳离子的不等量吸附而带电荷。例如金属氧化物通过吸附 H^+ 或 OH^- 而带正电荷或负电荷。有两个经验规律可用来判断哪种离子优先被吸附：一是水化能力弱的离子易被优先吸附。通常阳离子的水化能力比阴离子强得多，因此，胶体颗粒易吸附阴离子而带负电。另一个是 Fajans 规则，即能与胶粒的组成离子形成不溶物的离子将优先被吸附。例如用 $AgNO_3$ 与 KI 溶液反应制备 AgI 溶胶，当 $AgNO_3$ 过量时，胶粒将优先吸附 Ag^+ 而带正电荷；当 KI 过量时，胶粒将优先吸附 I^- 而带负电荷。被吸附离子是胶粒表面电荷的来源，其溶液中的浓度直接影响胶粒的表面电势，故称电势决定离子。当表面净电荷为零时，电势决定离子的浓度称为零电荷点(point of zero charge，PZC)。

(3) 离子的溶解作用。由离子晶体物质形成的胶粒，当阴离子、阳离子在介质中发生不等量溶解时可使胶粒表面带有电荷。例如 AgI 的溶度积为 10^{-16}，但 AgI 胶粒表面零电荷点不是在 pAg＝pI＝8，而是 pAg ＝5.5，pI＝10.5。这是因为水化能力较大的 Ag^+ 易溶解，而 I^- 易滞留于胶粒表面的缘故。所以，若直接把 AgI 分散在蒸馏水中时，粒子表面将带负电。

(4) 晶格取代。这是一种比较特殊的情况。例如，黏土是由铝氧八面体和硅氧四面体的晶格组成。晶格中的 Al^{3+} 或 Si^{4+} 有一部分被 Mg^{2+} 或 Ca^{2+} 取代而使黏土晶格带负电荷。为维护电中性，黏土表面吸附一些正离子，这些正离子在水介质中因水化而离开表面，于是黏土颗粒带上负电荷。

15.4.2 胶团的双电层结构与双电层理论

胶粒表面带电时，因整个体系应是电中性的，所以在液相中必有与表面电荷数量相等而符号相反的离子存在，这些离子称为反离子(counter ion)。反离子一方面受静电吸引作用有向胶粒表面靠近的趋势，另一方面受热扩散作用有在整个液体中均匀分布的趋势。两种作用的结果使反离子在胶粒表面区域的液相中形成一种平衡分布，越靠近界面浓度越高，越远离界面浓度越低，直到某一距离时与液相本体浓度相等。胶粒表面的电荷与周围介质中的反离子电荷构成双电层(electrical double layer)，即紧密层和扩散层。胶粒表面与液体内部的电势差称为胶粒的表面电势。

Stern 双电层模型(如图 15.6)认为：紧密层约有 1～2 个分子层厚，从固体表面到反离子的电性中心构成了 Stern 平面，其厚度为 δ。在 Stern 紧密层内，有反离子紧密吸附在固体表面，胶粒电势由 φ_0 下降至 φ_δ，其中 φ_0 为热力学电势，指固体表面相对于液相本体的电势差。由于离子的溶剂化作用，紧密层结合了一定数量的溶剂分子，在电场作用下，切动面的位置大于紧密层的厚度 δ。切动面的电势也相应地低于 φ_δ，形成电动电势即 ζ 电势。在扩散层，电势由 ζ 下降至零。关于双电层电势的分布有多种模型描述，在界面电化学一节对这些模型有较详细的介绍。对于胶体粒子运动，主要依据 Stern 双电层模型进行讨论。图 15.7 所示为胶粒表面双电层结构及 ζ 电势示意图。

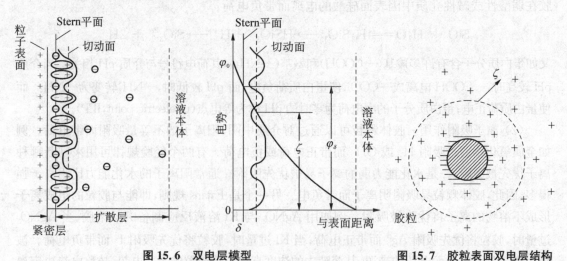

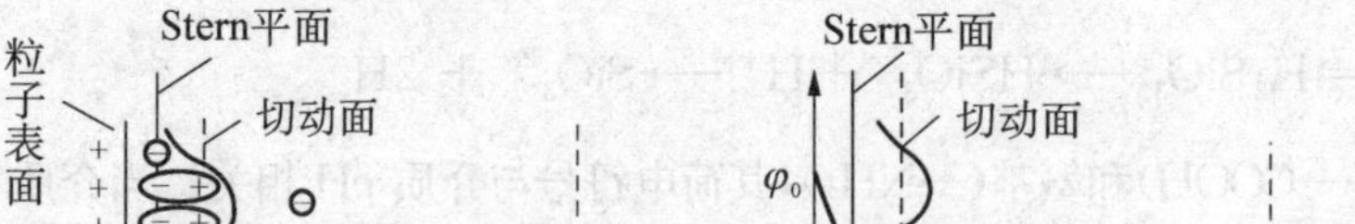

图 15.6 双电层模型

图 15.7 胶粒表面双电层结构

15.4.3　电动电势及其测定

电动电势 ζ(electrokinetic potential，zeta potential)是直接与电动现象有关的可测定的物理参数。根据 Stern 模型，ζ 电势是胶粒的切动面与介质本体部分之间的电势差。显然，ζ 电势总是小于热力学电势 φ_0，φ_0 是固体表面到介质本体部分总的电势差。φ_0 的数值主要取决于溶液中与固体成平衡的离子浓度，而 ζ 会随溶剂化层中离子浓度的改变而改变。只有在足够稀的电解质溶液中，由于扩散层厚度增大，电势变化缓慢，ζ 和 φ_0 才非常接近。当高电势和高电解质浓度时，扩散层厚度被压缩，电势变化迅速，则 ζ 与 φ_0 的差别就更显著。胶粒的 ζ 电势越大，表明胶粒带电越多，电泳速率也越大，溶胶的稳定性也就越好。

电动电势的测定常采用电泳、电渗和流动电势法。

1. 电泳法

电泳法是在一定电场强度 E 下，测定胶粒的移动速度 v。$E=V/d$，V 是电压，d 是两电极的间距。单位电场强度下的电泳速度称为电泳淌度 u，则

$$u=v/E \tag{15.4.1}$$

由于影响胶粒电泳速率的因素很多，难以有一个统一的公式进行计算 u。

对于半径为 r 的球形胶粒，带有电量 q，在电场强度为 E 的外电场中迁移，其所受静电作用力为 qE。当粒子在分散介质中运动时，它还要受摩擦力的作用。摩擦力与粒子运动速率成正比，其方向与粒子运动方向相反，按照 Stokes 定律，摩擦力 $=-fv$，f 为阻力系数，对球型粒子，$f=6\pi\eta r$。当粒子在介质中匀速运动时，有

$$qE=6\pi\eta rv \tag{15.4.2}$$

根据静电学，对于球形粒子可以近似认为切动面上的电量 q 与扩散层中的电量 $-q$ 构成一个同心圆球电容，ζ 就是这个电容器的电势，因此

$$\zeta=\frac{q}{4\pi\varepsilon r}-\frac{q}{4\pi\varepsilon(r+\kappa^{-1})}=\frac{q}{4\pi\varepsilon r(1+\kappa r)} \tag{15.4.3}$$

式中：ε 为介质的介电常数；κ^{-1} 为扩散层厚度(相当于离子氛的厚度)。当 r 与扩散层厚度之比 $\kappa r \ll 1$ 时，有

$$\zeta=\frac{q}{4\pi\varepsilon r} \tag{15.4.4}$$

将之代入式(15.4.2)，得

$$u=\frac{\varepsilon\zeta}{1.5\eta}, \quad \zeta=\frac{1.5\eta u}{\varepsilon}=\frac{1.5\eta v}{\varepsilon E} \tag{15.4.5}$$

该式称为 Hückel 公式，可用于测定和计算球形粒子的电泳淌度 u 和 ζ 电势。

但是，随着 κr 增大，式(15.4.5)不再适用。Henry 将外电场与粒子的双电层电场作简单的叠加，导出一个复杂的公式，相当于乘上一个校正系数 $f(\kappa r)$，使式(15.4.5)变为：

$$u=\frac{\varepsilon\zeta}{1.5\eta}f(\kappa r) \tag{15.4.6}$$

式中 $f(\kappa r)$ 是 κr 的函数。当 κr 很小时，比如球状胶粒的情况，$f(\kappa r)\to 1$，式(15.4.6)还原为式(15.4.5)；当 κr 很大时，比如棒状胶粒的情况，$f(\kappa r)\to 1.5$，式(15.4.6)变为：

$$u=\frac{\varepsilon\zeta}{\eta},\qquad \zeta=\frac{\eta u}{\varepsilon}=\frac{\eta v}{\varepsilon E} \tag{15.4.7}$$

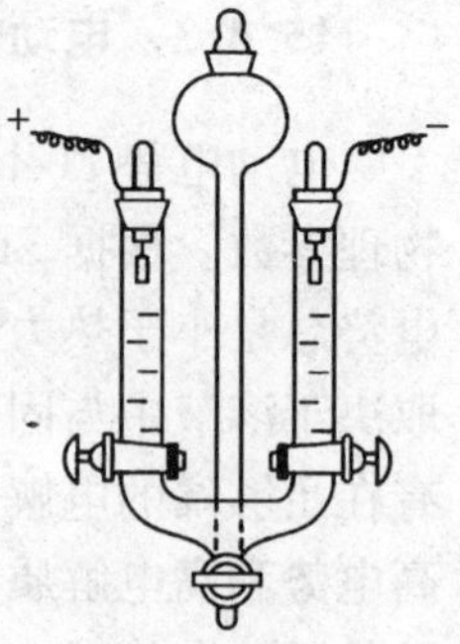

图 15.8 U型管电泳仪

该式称为 Smoluchowski 公式，可用于计算棒形胶粒的电泳淌度 u 和 ζ 电势。

图 15.8 为 U 型管电泳仪，用于测定溶胶的电泳速度，如 $Fe(OH)_3$ 溶胶。将溶胶经漏斗放入 U 型管内，直至达到活塞的高度，然后关闭活塞。活塞之上放入适当的辅助溶液，不影响电泳的速度。将两电极分别置于两支管中的溶液之内。小心打开活塞，使溶胶与辅助溶液之间的界面清晰可见。用稳压直流电源通电一段时间，发现 U 型管中两界面高度不等。若负极管内界面上升，说明胶粒向负极定向移动，胶粒带正电；反之，胶粒带负电。根据胶粒移动的速度、电势梯度、溶液黏度、介电常数，可求得电动电势。

讨论 电泳在生物胶体方面的应用

对于生物胶体，常采用纸上电泳、平板电泳和凝胶电泳等方法进行研究。

【例 15.7】 298 K 时，$Fe(OH)_3$ 溶胶（棒形）的电泳实验，电极间距 30 cm，电压 150 V，通电 20 min，溶胶界面在阴极管上升 2.4 cm。已知溶液相对介电常数为 81，黏度 0.001 Pa·s，计算 ζ 电势。

解：电泳速度：$v=0.024\ \text{m}/(20\times60\ \text{s})=2.0\times10^{-5}\ \text{m}\cdot\text{s}^{-1}$

电场强度：$E=150\ \text{V}/0.30\ \text{m}=500\ \text{V}\cdot\text{m}^{-1}$

真空介电常数：$\varepsilon_0=8.854\times10^{-12}\ \text{F}\cdot\text{m}^{-1}$，

溶液介电常数：$\varepsilon=81\times\varepsilon_0=7.17\times10^{-10}\ \text{F}\cdot\text{m}^{-1}$

ζ 电势：$\zeta=\dfrac{\eta v}{\varepsilon E}=\dfrac{0.001\times2.0\times10^{-5}}{7.17\times10^{-10}\times500}\ \text{V}=0.056\ \text{V}$

2. 电渗法

电渗法是通过测定在一定电场强度 E 下，介质相对于固定不动的毛细管(或多孔塞)的体积流速 Q 来求算 ζ。根据式(15.4.1)和式(15.4.7)，Q 与 ζ 电势的关系为：

$$Q=v_\infty A_s=\frac{\varepsilon E\zeta}{\eta}A_s \tag{15.4.8}$$

式中：v_∞ 是介质的线流速；A_s 是多孔塞的有效面积。由于 A_s 不易测定，应用 Ohm 定律：

$$V=IR=I\,\frac{1}{\kappa}\frac{d}{A_s},\qquad \frac{V}{d}A_s=EA_s=\frac{I}{\kappa} \tag{15.4.9}$$

式中：I 为流过介质的电流强度；κ 为液体的电导率。把式(15.4.9)代入式(15.4.8)消除 A_s，则

$$Q=\varepsilon I\zeta/\eta\kappa, \qquad \zeta=\eta\kappa Q/I\varepsilon \tag{15.4.10}$$

可见，只要测出体积流速 Q、电导率 κ 和电流强度 I，结合介质的黏度 η 和介电常数 ε 数据，即可求出 ζ 电势。

图 15.9 为电渗管示意图。当电极上施加适当的直流电压，从刻度毛细管中弯月面的移动可以观察到管中介质的移动。在外电场作用下，带电的介质向异性电极做定向移动。介质移动的方向与多孔膜的性质有关。例如，当用滤纸、玻璃、棉花构成多孔膜时，液体向阴极移动，表示多孔膜材料吸附了介质的阴离子，使介质带正电；当用氧化铝、碳酸钡等构成膜时，介质向阳极移动，说明介质带负电。外加电解质对电渗速率的影响也很显著，外加电解质浓度增加，电渗速率降低，甚至会改变介质的流动方向。图 15.10 所示为毛细管中的电渗现象。

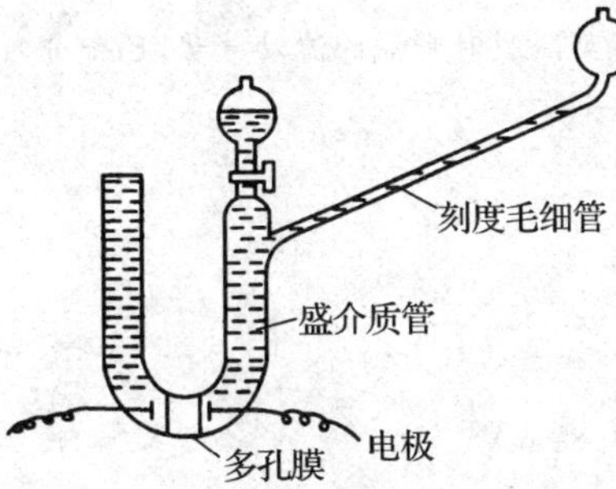

图 15.9　电渗管示意图

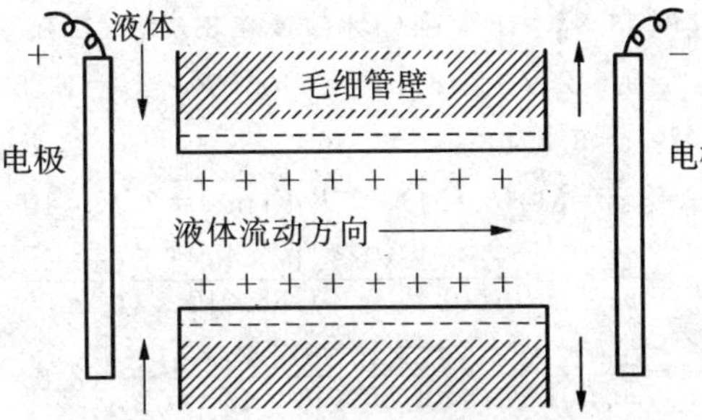

图 15.10　毛细管中的电渗现象

【例 15.8】 在电渗实验中，NaCl 水溶液通过石英隔膜时的体积流量为 1.60 $cm^3 \cdot min^{-1}$，电渗电流为 18 mA，计算 ζ 电势。已知溶液 $\eta=1\times10^{-3}$ Pa·s，$\varepsilon_r=81$，$\kappa=0.022\ \Omega^{-1}\cdot m^{-1}$。

解： $\varepsilon_0=8.854\times10^{-12}\ F\cdot m^{-1}$

$\varepsilon=\varepsilon_r\varepsilon_0=81\times8.854\times10^{-12}\ F\cdot m^{-1}=7.17\times10^{-10}\ F\cdot m^{-1}$

$$\zeta=\eta\kappa Q/I\varepsilon=\frac{0.001\ Pa\cdot s\times0.022\ \Omega^{-1}\ m^{-1}}{18\times10^{-3}\ A\times7.17\times10^{-10}\ F\cdot m^{-1}}\times\frac{1.6\times10^{-6}\ m^3}{60\ s}=45.5\ mV$$

3. *流动电势法*

流动电势法是在一定压强差 Δp 下，使介质通过多孔塞(可由胶体颗粒制成)或毛细管，检测多孔塞或毛细管两端产生的电势差即为流动电势 φ。通过下式可由 φ 求出 ζ 电势。

$$\varphi=\Delta p\varepsilon\zeta/(\eta\cdot\kappa) \tag{15.4.11}$$

式(15.4.10)和式(15.4.11)是在毛细管半径 r 大于双电层厚度的情况下导出的。当 r 小于双电层厚度时，需对此式进行校正。另外，若考虑表面电导等因素的影响，也需对此式进行校正。

流动电势可视为电渗的逆过程。图 15.11 为流动电势示意图，图 15.12 为流动电势测量装置示意图。图中 V_1、V_2 为液槽，M 为多孔塞，E_1、E_2 为两个电极，P 为电势差计，Δp 为 V_1 和 V_2 液槽液面的压强差。

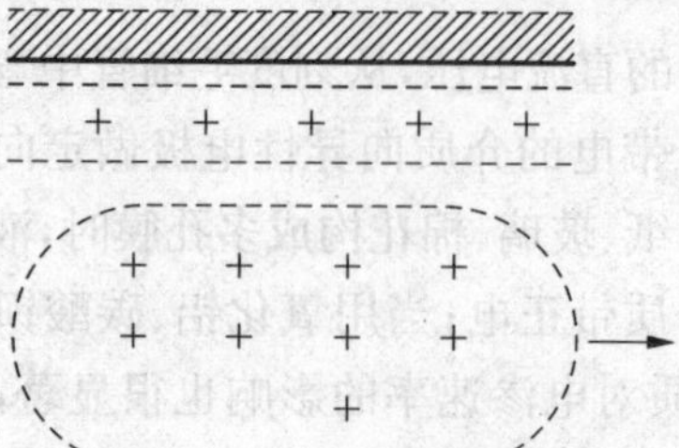

图 15.11 流动电势示意图

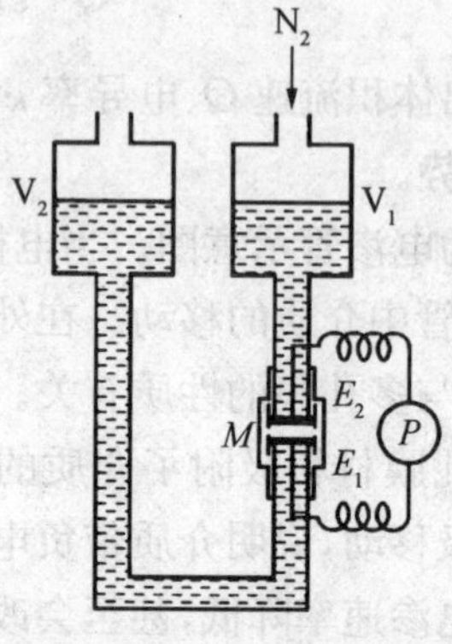

图 15.12 流动电势测量装置

【例 15.9】 计算 NaCl 水溶液在 3.0 kPa 压强差下通过石英隔膜时形成的流动电势，已知分散介质的 $\zeta=0.042\ \mathrm{V}$，$\varepsilon_r=81$，$\eta=1\times10^{-3}\ \mathrm{Pa\cdot s}$，$\kappa=1.85\times10^{-2}\ \Omega^{-1}\cdot\mathrm{m}^{-1}$。

解：$\varepsilon_0=8.854\times10^{-12}\ \mathrm{F\cdot m^{-1}}$

$\varepsilon=\varepsilon_r\varepsilon_0=81\times8.854\times10^{-12}\ \mathrm{F\cdot m^{-1}}=7.17\times10^{-10}\ \mathrm{F\cdot m^{-1}}$

$$\varphi=\frac{\zeta\varepsilon}{\eta\kappa}\Delta p=\frac{0.042\ \mathrm{V}\times7.17\times10^{-10}\ \mathrm{F\cdot m^{-1}}}{0.001\ \mathrm{Pa\cdot s}\times1.85\times10^{-2}\ \Omega^{-1}\mathrm{m}^{-1}}\times3.0\ \mathrm{kPa}$$

$$=\frac{0.042\ \mathrm{V}\times7.17\times10^{-10}\ \mathrm{C\cdot(V\cdot m)^{-1}}}{0.001\ \mathrm{Pa\cdot s}\times1.85\times10^{-2}\ \Omega^{-1}\mathrm{m}^{-1}}\times3.0\times10^{3}\ \mathrm{Pa}=4.88\ \mathrm{mV}$$

其中单位换算：$F=C/V$，$V=IR$，V 单位：$\mathrm{C\cdot s^{-1}\cdot\Omega}$，$I$ 单位：$\mathrm{C\cdot s^{-1}}$。

15.5 溶胶的稳定性与聚沉

15.5.1 溶胶的稳定性

溶胶是高分散的多相体系，有很大的界面能，属热力学不稳定体系。当胶粒因热运动而相互接触时，会相互吸引并合并成较大颗粒以减少界面能，这种过程称为聚结(aggregation)。当颗粒聚结到一定大小，会因重力作用而沉降，聚结和沉降合称聚沉。聚沉作用使稳定的溶胶遭到破坏。为了加速聚沉，可以外加其他物质作为聚沉剂(coagulant)，如电解质等。此外，某些物理因素也有可能促使溶剂聚沉，如光、电、热效应等。

虽然溶胶本质上属于热力学不稳定体系，但实际上制备好的溶胶常常可以稳定存在相当长时间而不聚沉，说明溶胶具有稳定存在的因素。这些因素包括：① 布朗运动引起的扩散作用可阻止胶粒在重力场中的沉降，布朗运动是溶胶稳定的动力学因素。分散度越高，布朗运动越剧烈，溶胶的动力学稳定性越好。② 由于胶粒表面紧密层中的离子被溶剂化，胶粒表面形成一层溶剂化的保护膜(水化膜)，它不仅降低了界面张力，且具有一定的机械强度，增大了胶粒碰撞时的机械阻力，被称为水化膜斥力。③ 胶粒带电是溶胶稳定的主要因素。由于胶粒与溶液界面存在扩散双电层，当胶粒相互接近时，首先是反离子的扩散层发生重叠，这时同种电荷间的静电斥力将阻止胶粒的进一步靠近和聚结。

关于溶胶稳定性的研究，最初人们只注意到离子间的静电作用，后来发现溶胶粒子间也有范德华引力，这就使人们对溶胶稳定性的概念有了更深入的认识。20 世纪 40 年代，苏联学者捷亚金(Deijiaguin)、兰道(Landau)与荷兰学者维韦(Verwey)、欧弗比克(Overbeek)提出的关于溶胶稳定性的理论，简称 DLVO 理论，是目前能对溶胶稳定性和电解质的影响给出最好解释的理论。该理论的要点如下：

(1) 胶粒间既有静电排斥力势能 E_R(>0)，也有范德华引力势能 E_A(<0)。E_R 随着粒子间距离增加呈指数递减，E_A 与粒子间距离的 2～3 次方成反比。胶粒间的总势能 E_T 是引力势能和斥力势能的代数和，即 $E_T = E_A + E_R$。溶胶的稳定或聚沉取决于总势能 E_T 的大小。

(2) 总势能 E_T 随胶粒间距离的变化曲线如图 15.13 所示，图中有一能峰 E_0 存在。两胶粒靠近时必须越过能峰，体系能量才能迅速下降，发生聚结作用。否则，若不能越过能峰，胶粒将重新分离开，不会发生聚结。能峰 E_0 的存在是溶胶具有聚结稳定性的原因。

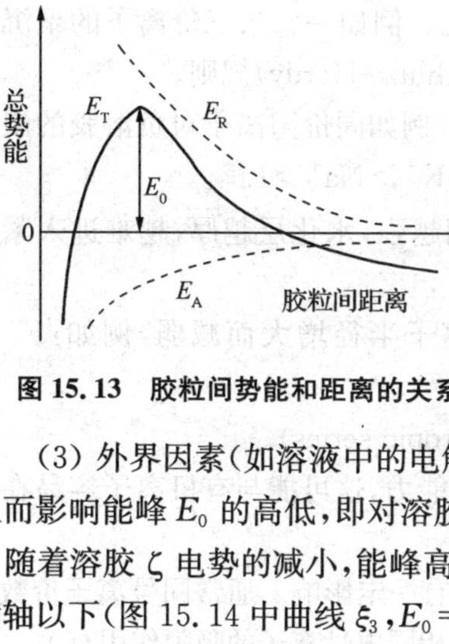

图 15.13　胶粒间势能和距离的关系

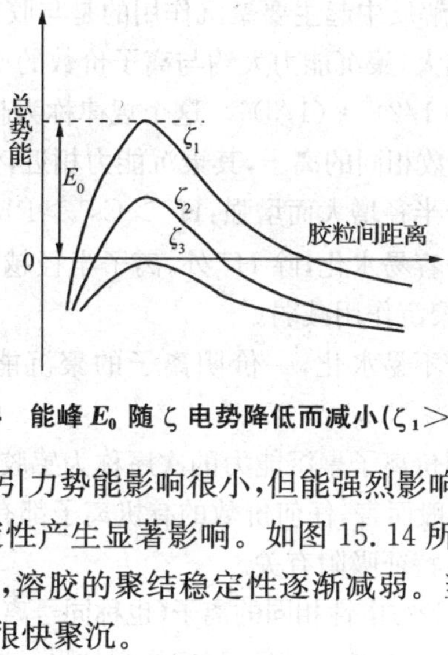

图 15.14　能峰 E_0 随 ζ 电势降低而减小($\zeta_1 > \zeta_2 > \zeta_3$)

(3) 外界因素(如溶液中的电解质浓度)对引力势能影响很小，但能强烈影响斥力势能，从而影响能峰 E_0 的高低，即对溶胶的聚结稳定性产生显著影响。如图 15.14 所示，从 ξ_1～ξ_3 随着溶胶 ζ 电势的减小，能峰高度逐渐降低，溶胶的聚结稳定性逐渐减弱。当能峰降到横轴以下(图 15.14 中曲线 ξ_3，$E_0 = 0$)，溶胶将很快聚沉。

15.5.2　溶胶的聚沉

影响溶胶聚沉的因素很多，如加入电解质、加热、微波辐射等均能引起溶胶聚沉，其中加入电解质对溶胶聚沉的影响被研究得最多，实验发现有如下规律。

溶胶中加入电解质时，电解质中与扩散层内反离子同号的离子将把反离子排挤到紧密层内，从而减小胶粒的带电量，使 ζ 电势降低，E_0 减小，故溶胶容易聚沉。通常用聚沉值表示溶胶的聚沉能力。聚沉值(coagulation value)是在一定时间内使一定量溶胶明显聚沉所需外加电解质的最小浓度(以 $mol \cdot dm^{-3}$ 为单位)。电解质的聚沉值越小，聚沉能力越大。电解质的聚沉能力被定义为聚沉值的倒数。部分溶胶的不同外加电解质的聚沉值列于表 15.2。

表 15.2 部分溶胶的不同外加电解质的聚沉值

As_2S_3(负溶胶)		AgI(负溶胶)		Al_2O_3(正溶胶)	
电解质	聚沉值/$mmol\cdot dm^{-3}$	电解质	聚沉值/$mmol\cdot dm^{-3}$	电解质	聚沉值/$mmol\cdot dm^{-3}$
LiCl	58	$LiNO_3$	165	NaCl	43.5
NaCl	51	$NaNO_3$	140	KCl	46
KCl	49.5	KNO_3	136	KNO_3	60
KNO_3	50	$RbNO_3$	126		
KAc	110	$AgNO_3$	0.01		
$CaCl_2$	0.65	$Ca(NO_3)_2$	2.40	K_2SO_4	0.30
$MgCl_2$	0.72	$Mg(NO_3)_2$	2.60	$K_2Cr_2O_7$	0.63
$MgSO_4$	0.81	$Pb(NO_3)_2$	2.43	$K_2C_2O_4$	0.69
$AlCl_3$	0.093	$Al(NO_3)_3$	0.067	$K_3[Fe(CN)_6]$	0.08
$(1/2)Al_2(SO_4)_3$	0.096	$La(NO_3)_3$	0.069		
$Al(NO_3)_3$	0.095	$Ce(NO_3)_3$	0.069		

分析表 15.2 中数据可以得到如下一些结论：

(1) 电解质中起主要聚沉作用的是与胶粒电性相反的离子，而且这种离子的价数越高，聚沉能力越大，聚沉能力大约与离子价数的 6 次方成正比。例如一、二、三价离子的聚沉值之比为 $1:(1/2)^6:(1/3)^6$。这个规律称为叔采-哈迪(Schulze-Hardy)规则。

(2) 价数相同的离子，其聚沉能力相近，但也有差别。例如同价阳离子对负溶胶的聚沉能力随离子半径增大而增强：$H^+>Cs^+>Rb^+>NH_4^+>K^+>Na^+>Li^+$。

阳离子容易水化，除 H^+ 外，离子半径越小，水化作用越强，水化层越厚，越难进入紧密层，从而使聚沉作用减弱。

阴离子不易水化，一价阴离子的聚沉能力一般随离子半径增大而减弱，例如：$F^->Cl^->Br^->NO_3^->I^-$。

上述同价离子聚沉能力的次序称为感胶离子序(lyotropic series)。

(3) 一般而言，任何价数的有机离子都有很强的聚沉能力，这可能与有机离子容易在胶粒表面发生特征吸附有关。

(4) 与胶粒电性相同的离子(也称同号离子)对聚沉也有一定影响。通常同号离子价数越高，电解质的聚沉能力越低，稳定作用越强。这可能与这些相同电性离子的吸附作用有关。

(5) 电性相反的溶胶可以发生相互聚沉作用。例如，明矾的净水作用就是利用明矾 $[KAl(SO_4)_2\cdot 12H_2O]$ 在水中水解生成的 $Al(OH)_3$ 正溶胶使江河水中 SiO_2 负溶胶聚沉，从而使水得到净化的。

(6) 使溶胶聚沉所加入电解质的量并非越多越好，过多的电解质会使胶粒超过等电状态而重新带电，溶胶反而不易聚沉。

讨论 凝胶

【例 15.10】 将 12.0 dm^3 浓度为 0.02 $mol\cdot dm^{-3}$ 的 KCl 溶液与 100 dm^3 浓度为 0.005 $mol\cdot dm^{-3}$ 的 $AgNO_3$ 溶液混合，制备得到 AgCl 溶胶。分别加入以下四种电解质：$K_3[Fe(CN)_6]$，$NaNO_3$，$MgSO_4$，$FeCl_3$，哪一种电解质的聚沉能力最强？

解：首先确定反应物中哪一种电解质过量作稳定剂，确定胶核优先吸附哪种离子，而带什么电荷，从而判断电解质的聚沉能力强弱。

KCl 的物质的量为：$n(KCl)=12.0\ dm^3\times0.02\ mol\cdot dm^{-3}=0.24\ mol$

$AgNO_3$ 的物质的量为：$n(AgNO_3)=100\ dm^3\times0.005\ mol\cdot dm^{-3}=0.5\ mol$

显然，$AgNO_3$ 过量，胶核优先吸附 Ag^+ 而带正电荷。

根据 Schulze-Hardy 规则，异性离子（这里是负离子）价数最高的电解质，聚沉能力最强，所以，应该是 $K_3[Fe(CN)_6]$ 聚沉能力最强，$MgSO_4$ 次之。

15.6　高分子溶液

高分子溶液是分子分散体系，其中溶质分子的大小已进入胶体分散体系的范围，因而高分子溶液表现出一些胶体的性质。高分子溶液、（憎液）溶胶、小分子溶液性质的异同点见表 15.3。

表 15.3　憎液溶胶、大分子溶液、小分子溶液性质比较

性质	憎液溶胶	大分子溶液	小分子溶液
胶粒大小	1～100 nm	1～100 nm	<1 nm
分散相存在单元	多分子组成的胶粒	单分子	单分子
能否透过半透膜	不能	不能	能
是否热力学稳定体系	不是	是	是
Tyndall 效应强弱	强	微弱	微弱
黏度大小	小，与介质相似	大	小，与溶剂相似
对外加电解质的敏感程度	敏感，加少量电解质发生聚沉	不太敏感，加大量电解质发生盐析	不敏感
聚沉后再加分散介质是否可逆复原	不可逆	可逆	可逆

高分子溶液是均相体系，而溶胶是多相体系。凡属由粒子大小决定的性质，高分子溶液与溶胶相同；凡属热力学性质或与相平衡有关的性质，高分子溶液与溶胶有明显差别，而与小分子溶液基本相同。但小分子溶液有可能是理想溶液，高分子溶液中溶质和溶剂的大小相差悬殊，混合时混合熵 $\Delta_{mix}S>\Delta_{mix}S^{id}$，混合焓 $\Delta_{mix}H$ 虽不等于 0，但其值不大，混合吉布斯函数 $\Delta_{mix}G=\Delta_{mix}H-T\Delta_{mix}S$，主要由混合熵决定，因而 $\Delta_{mix}G<\Delta_{mix}G^{id}$。所以高分子溶液对理想溶液呈现负偏差。

15.6.1　高分子物质的相对分子质量

通常把相对分子质量大于 10^4 的分子称为高分子。天然高分子物质有蛋白质、淀粉、核酸、天然橡胶等，人工合成高分子物质有塑料、合成橡胶、合成纤维等。高分子皆由单体聚合而成，往往是由相对分子质量不等的同系列聚合物组成。因此，通常所测得的高分子物质的相对分子质量皆具有统计平均的意义。由于统计平均的方法不同，所得的高分子物质的相对分子质量也不一样，表 15.4 给出了几种平均摩尔质量的数学表达式及测定方法。

表 15.4 高分子物质的平均摩尔质量及测定方法

平均摩尔质量种类	数学表达式	测定方法
数均摩尔质量$<M_n>$	$<M_n>=\frac{\sum n_iM_i}{\sum n_i}=\sum x_iM_i$	依数性测定法 端基滴定法
质均摩尔质量$<M_m>$	$<M_m>=\frac{\sum n_iM_i^2}{\sum n_iM_i}=\frac{\sum m_iM_i}{\sum m_i}=\sum w_iM_i$	光散射法
z 均摩尔质量$<M_z>$	$<M_z>=\frac{\sum n_iM_i^3}{\sum n_iM_i^2}=\frac{\sum m_iM_i^2}{\sum m_iM_i}=\frac{\sum z_iM_i}{\sum z_i},\quad z_i=m_iM_i$	超离心法
黏均摩尔质量$<M_\eta>$	$\langle M_\eta\rangle=\left[\frac{\sum n_iM_i^{(\alpha+1)}}{\sum n_iM_i}\right]^{1/\alpha}=\left[\frac{\sum m_iM_i^\alpha}{\sum m_i}\right]^{1/\alpha}=\left[\sum w_iM_i^\alpha\right]^{1/\alpha}$	黏度法

表中 $i=1\sim\infty$，表示高分子的聚合度；n_i、m_i、M_i、x_i、w_i 依次表示聚合度为 i 的高分子化合物的物质的量、质量、摩尔质量、摩尔分数和质量分数，$z_i=m_iM_i$。a 是与聚合物和溶剂有关的常数，一般介于 0.5～1.0 之间。如果 $a=1$，则$\langle M_\eta\rangle=\langle M_m\rangle$。一般来说，$\langle M_n\rangle<\langle M_\eta\rangle<\langle M_m\rangle$。

若样品是均匀的单聚物，显然$\langle M_n\rangle=\langle M_m\rangle=\langle M_z\rangle$。若是多聚体的同系物，则$\langle M_n\rangle<\langle M_m\rangle<\langle M_z\rangle$，而且相对分子质量大小越不均匀，这几种平均相对分子质量的差别就越大。通常采用高分子的多分散系数 d 表示相对分子质量的多分散性，即

$$d=\frac{\langle M_m\rangle}{\langle M_n\rangle} \tag{15.6.1}$$

d 值越大、多分散性越大，相对分子质量分布越宽。一般 d 值范围介于 1.5～20 之间。

【例 15.11】 根据表中数据求聚氯乙烯 poly(vinyl chloride)的数均、质均和 z 均分子量

摩尔质量间隔/kg·mol^{-1}	间隔内平均摩尔质量 M_i/kg·mol^{-1}	间隔内样品的质量 m_i/g
5～10	7.5	9.6
10—～15	12.5	8.7
15～20	17.5	8.9
20～25	22.5	5.6
25～30	27.5	3.1
30～35	32.5	1.7

解：$n_i=m_i/M_i$，$w_i=m_i/\sum_i m_i$

将计算相关数据列入下表中

摩尔质量间隔	M_i/kg·mol^{-1}	m_i/g	n_i	w_i	w_iM_i	m_iM_i	$m_iM_i{}^2$
5～10	7.5	9.6	1.280 0	0.255 3	1.915	72.00	540
10～15	12.5	8.7	0.696 0	0.231 3	2.892	108.75	1 359
15～20	17.5	8.9	0.508 6	0.236 7	4.142	155.75	2 725
20～25	22.5	5.6	0.248 9	0.148 9	3.351	126	2 835
25～30	27.5	3.1	0.112 7	0.082 4	2.267	85.25	2 344
30～35	32.5	1.7	0.052 3	0.045 2	1.469	55.25	1 796
求和		37.6	2.90		16.04	603	11 600

数均分子量：$M_n = \sum_i n_i M_i / \sum_i n_i = 37.6/2.90 = 13\ \mathrm{kg \cdot mol^{-1}}$

质均分子量：$M_m = \sum_i m_i M_i / \sum_i m_i = 16.04\ \mathrm{kg \cdot mol^{-1}}$

z 均分子量：$M_z = \sum_i m_i M_i^2 / \sum_i m_i M_i = 11\,600/603 = 19.24\ \mathrm{kg \cdot mol^{-1}}$

分散系数：$d = M_m / M_n = 1.23$

15.6.2　高分子溶液的黏度

高分子溶液与溶胶相比，具有特别高的黏度。这是由于高分子长链间的相互作用、无规线团占有较大体积以及溶剂化作用等原因，使高分子链在流动过程中受到较大的内摩擦力而引起的。高分子溶液的黏度是一个非常有实际意义的参数，通过黏度的测定不仅可知高聚物的摩尔质量，还可以了解分子链在溶液中的形状和支化程度等。溶液黏度的测定具有实验设备简单、操作方便、精确度高等优点，因此，高分子溶液黏度的测定是科研和生产中不可缺少的手段。实验测定的黏度和相关定义见表 15.5。高分子稀溶液的黏度常用 Ostwald 黏度计来测定，简称乌氏黏度计法。通过测定一定量体积的液体在毛细管中的流动时间，通过与参比溶液的流动时间作校正，从而求得溶液的黏度。大多数物理化学实验教科书对此方法有详细的描述。

表 15.5　黏度和其定义

名称	定义	量纲
相对黏度(η_r)	$\eta_r = \eta/\eta_0$	1
增比黏度(η_{sp})	$\eta_{sp} = \eta_r - 1$	1
比浓黏度(η_{red})	$\eta_{red} = \eta_{sp}/c'$	[体积][质量]$^{-1}$
比浓对数黏度(η_{int})	$\eta_{int} = \ln\eta_r/c'$	[体积][质量]$^{-1}$
特性黏度[η]	$[\eta] = \lim_{c'\to 0}\eta_{red} = \lim_{c'\to 0}\eta_{int}$	[体积][质量]$^{-1}$

表中 c' 代表高分子溶液的质量浓度，单位是 $\mathrm{kg \cdot m^{-3}}$；η_0 为溶剂的黏度；用于摩尔质量计算的是特性黏度[η](intrinsic viscosity)。聚合物溶液黏度对浓度有一定依赖关系，应用较多的是比浓黏度 η_{red}、比浓对数黏度 η_{int} 与质量浓度 c' 之间的经验关系式：

Huggins 公式：
$$\eta_{red} = \frac{\eta_{sp}}{c'} = [\eta] + K'[\eta]^2 c' \tag{15.6.2}$$

Kraemer 公式：
$$\eta_{int} = \frac{\ln\eta_r}{c'} = [\eta] - \beta[\eta]^2 c' \tag{15.6.3}$$

对于给定的聚合物在给定温度和溶剂时，K' 和 β 皆为常数。K' 表示溶液中聚合物分子链线团间、聚合物分子链线团与溶剂分子间的相互作用，一般情况下，K' 值对摩尔质量并不敏感。对于线形柔性链聚合物与良溶剂构成的体系，$K' = 0.3 \sim 0.4$，$K' + \beta = 0.5$。若以 η_{sp}/c' 对 c' 作图，或以 $\ln\eta_r/c'$ 对 c' 作图皆可得到直线，两直线斜率不同，但截距皆为特性黏度[η]。

高分子溶液的特性黏度和摩尔质量间的关系常用两参数的 Mark-Houwink 经验公式表示，即

$$[\eta] = K(M/\mathrm{g \cdot mol^{-1}})^{\alpha} \tag{15.6.4}$$

式中的经验参数 K 和 a 的值可由实验测定。方法是先将摩尔质量较均一的聚合物按一定质量范围分级，用其他独立方法（如渗透压，光散射法等）测出各分级的摩尔质量，并测出各分级在同一溶剂中的$[\eta]$。根据式(15.6.4)以 $\ln([\eta]/\mathrm{cm^3\cdot g^{-1}})$ 对 $\ln(M/\mathrm{g\cdot mol^{-1}})$ 作图，拟合成一直线，由截距 $\ln(K/\mathrm{cm^3\cdot g^{-1}})$ 和斜率 a 可求得两个参数。表 15.6 给出一些典型体系的 K、a 值，利用这些 K、a 值时，要注意两个参数的测定条件（如溶剂、温度等）。测定出相应条件下高分子溶液的$[\eta]$，即可由式(15.6.4)算出平均摩尔质量$\langle M_\eta\rangle$。由此而得到的是高分子溶液的黏均摩尔质量$\langle M_\eta\rangle$。

表 15.6 一些典型体系的 K、a 值

聚合物	溶剂	温度/℃	$K/10^{-3}\mathrm{cm^3\cdot g^{-1}}$	a
聚乙烯醇	水	25	20	0.76
聚甲基丙烯酸甲酯	丙酮	30	7.7	0.7
聚苯乙烯	甲苯	34	9.7	0.73
天然橡胶	苯	30	18.5	0.74
聚丙烯腈	二甲基甲酰胺	20	17.7	0.78
聚氯乙烯	四氢呋喃	20	3.63	0.92

【例 15.12】 298 K 乌氏黏度计测得聚苯乙烯在甲苯溶液中的黏度有如下数据：

$c'/(\mathrm{g\cdot L^{-1}})$	0	2.0	4.0	6.0	8.0	10.0
$\eta/(10^{-4}\ \mathrm{kg\cdot m^{-1}\cdot s^{-1}})$	5.58	6.15	6.74	7.35	7.98	8.64

计算特性黏度$[\eta]$，估算高分子的摩尔质量。设：$K=3.80\times10^{-5}\ \mathrm{L\cdot g^{-1}}$，$a=0.63$。

解： $[\eta]=\lim\limits_{c'\to0}(\eta_{sp}/c')=\lim\limits_{c'\to0}[(\eta_r-1)/c']$

整理数据如下：

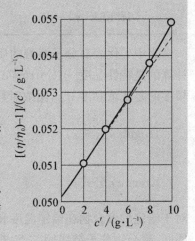

$c'/(\mathrm{g\cdot L^{-1}})$	0	2.0	4.0	6.0	8.0	10.0
η/η_0	1	1.102	1.208	1.317	1.430	1.549
$100[(\eta/\eta_0)-1]/(c'/\mathrm{g\cdot L^{-1}})$		5.11	5.20	5.28	5.38	5.49

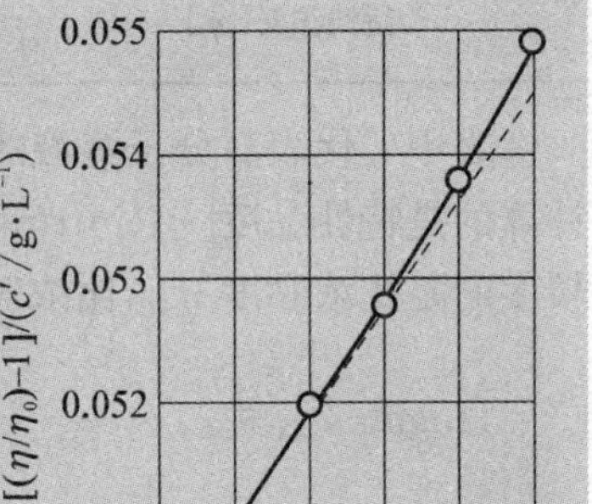

以 $[(\eta/\eta_0)-1]/(c'/\mathrm{g\cdot L^{-1}})$ 为纵坐标，$(c'/\mathrm{g\cdot L^{-1}})$为横坐标作图，利用直线关系外推出截距＝0.050 4，

$[\eta]=0.050\,4\ \mathrm{L\cdot g^{-1}}$，$M_\eta=([\eta]/K)^{1/a}=9.0\times10^4\ \mathrm{g\cdot mol^{-1}}$。

图中结果显示，随着 c 的增大，实验数据与线性关系偏离增大。若将式(15.6.2)扩展至浓度的二阶方程，并用之拟合实验数据，结果又是如何？请读者练习计算之。

讨论
Newton 流体
非 Newton 流体
触变性流体
黏弹性流体

15.6.3 高分子溶液的渗透压

利用稀溶液的依数性可测量溶质的摩尔质量。对高分子溶液而言，溶质的摩尔质量很大，溶质的物质的量浓度很低，依数性的效应很弱。以 1 $\mathrm{dm^3}$ 苯中溶解 10 g 摩尔质量为5×10^4 的高聚物为例，常温下其沸点升高、凝固点降低和渗透压值分别是 0.000 6℃、0.001 2℃和 500 Pa。相比而言，只有渗透压可用于高分子溶液相对分子质量的实际测量。

对于理想稀溶液，渗透压公式可表示为：

非电解质稀溶液：　$\Pi = cRT$

强电解质稀溶液：　$\Pi = \nu cRT$

其中 c 代表物质的量浓度；$\nu = \nu_+ + \nu_-$，为一个电解质分子解离出的正、负离子个数之和。以非电解质溶液为例：

$$\Pi = cRT = \frac{nRT}{V} = \frac{m}{M}\frac{RT}{V} = c'\frac{RT}{M} \quad \text{或} \quad M = c'RT/\Pi \tag{15.6.4}$$

式中：M 为溶质的摩尔质量；c' 为溶液的质量浓度（质量・体积$^{-1}$）。测定质量浓度为 c' 的高分子溶液的渗透压 Π，可计算其摩尔质量。

理想稀溶液要求溶质浓度极稀，此时测量误差较大。要提高测量精度，就要增加溶质浓度，因此，式(15.6.4)须进行修正。常用的方法是将渗透压表示为浓度的幂级数展开式，即

$$\Pi = RT(A_1c' + A_2c'^2 + A_3c'^3 + \cdots)$$

式中：A_1、A_2、A_3…依次称为第一、第二、第三…维里系数。与式(15.6.4)相比知，$A_1 = M^{-1}$，A_2、A_3 代表溶液的非理想程度，一般情况下，只需保留二次项，即

$$\frac{\Pi}{c'} = RT\left(\frac{1}{M} + A_2c'\right) \tag{15.6.5}$$

将实验测得的 Π/c' 对 c' 作图，得一直线，外推至 $c' \to 0$，所得截距等于 RT/M，由此可计算高聚物的摩尔质量。渗透压法测定的是数均摩尔质量，由直线斜率 RTA_2 可求得第二维里系数 A_2，它是高分子链段间、高分子与溶剂间相互作用的度量。$A_2 < 0$，说明高分子链段间引力占主导地位，一定条件下溶质会沉淀出来；$A_2 = 0$，说明高分子链段间的相互作用接近于溶剂间的相互作用；$A_2 > 0$，一般发生在良性溶剂中，此时高分子链段与溶剂间作用强烈，链段间斥力占主导地位。

15.6.4　唐南平衡

下面讨论高分子电解质溶液的渗透平衡。以蛋白质钠盐为例，它在水中解离：

$$Na_zP \longrightarrow zNa^+ + P^{z-}$$

其中 P^{z-} 代表蛋白质（高分子）大离子，z 是大离子的电荷数。大离子不能透过半透膜，但 Na^+、Cl^- 等小离子可透过半透膜。设膜内(α)是高分子电解质溶液，其物质的量浓度为 c_1，膜外(β)是 NaCl 溶液，NaCl 的物质的量浓度为 c_2。发生渗透时膜两边均要维持电中性，因此若膜外有浓度 x 的 Na^+ 进入膜内，必然伴随同样浓度的 Cl^- 也进入膜内。渗透平衡前后膜内外各种离子的物质的量浓度如图 15.15 所示。

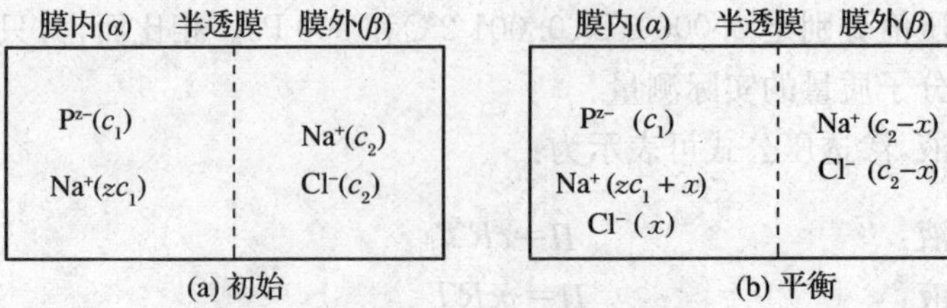

图 15.15 唐南平衡示意图

平衡时能透过膜的小分子电解质 NaCl 在膜两边的化学势相等，因而活度相等。根据电解质活度与离子活度的关系，忽略活度因子的影响，有以下平衡关系：

$$[Na^+]_\alpha[Cl^-]_\alpha=[Na^+]_\beta[Cl^-]_\beta$$

即 $$(zc_1+x)x=(c_2-x)(c_2-x)$$

解得 $$x=\frac{c_2^2}{zc_1+2c_2} \tag{15.6.6}$$

平衡时膜外电解质浓度$[NaCl]_\beta$与渗入膜内的电解质浓度$[NaCl]_\alpha$的比为：

$$\frac{[NaCl]_\beta}{[NaCl]_\alpha}=\frac{c_2-x}{x}=1+\frac{zc_1}{c_2} \tag{15.6.7}$$

该式表明，除非 $z=0$，小分子电解质在膜两侧的浓度之比不等于 1。这就是说，由于大分子离子的存在且不能透过半透膜，致使平衡时能透过膜的小分子电解质(NaCl)在膜两边的浓度不等，由此产生附加渗透压，这种现象被称为唐南(Donnan)平衡或唐南效应。

聚电解质溶液的渗透压，不仅要考虑聚电解质的作用，也要考虑小离子的作用，它应是膜两侧渗透压之差，即唐南平衡时膜内外浓度差引起的渗透压。

$$\Pi=RT\{c_1+[Na^+]_\alpha+[Cl^-]_\alpha-[Na^+]_\beta-[Cl^-]_\beta\} \tag{15.6.8}$$

将图 15.15(b)所示平衡条件下各物质浓度代入后，可得

$$\Pi/RT=c_1+zc_1+2x-2(c_2-x)=c_1+zc_1+4x-2c_2$$

将式(15.6.6)代入上式，得

$$\frac{\Pi}{RT}=\frac{zc_1^2+2c_1c_2+z^2c_1^2}{zc_1+2c_2} \tag{15.6.9}$$

由式(15.6.9)可得几种极限情况：

若 $z=0$，即聚合物不带电，或调节 pH 使高分子电解质处于等电点附近，$zc_1=0$，$\Pi=c_1RT$。

若 $c_2\gg c_1$，即膜外 NaCl 浓度远高于高分子电解质浓度 c_1，zc_1 相比 $2c_2$ 可以忽略，$\Pi\approx c_1RT$。

若 $c_2\ll zc_1$，或 $c_2\to 0$，即膜外几乎不存在 NaCl 小电解质，$\Pi=(z+1)c_1RT$。聚电解质的渗透压除与蛋白质离子 P^{z-} 有关外，还与 z 个 Na^+ 有关，显示了渗透压具有依数性。

由此可见，要利用渗透压测定高分子电解质的数均分子量，必须保证膜外电解质

(NaCl)浓度很高，而高分子电解质浓度较低，或适当调节蛋白质处于等电点附近。由于这两种情况下

$$\Pi=c_1RT=RTc_1'/M_1 \tag{15.6.10}$$

式中：$c_1'=c_1M_1$ 是高分子电解质的质量浓度；M_1 是其摩尔质量。

唐南平衡是带电大分子离子电荷效应的一种表现，其实质是当有大分子离子存在时，扩散性强的小离子的分布规律问题。自然界中的大分子离子种类很多，天然的生物聚合物大多是聚电解质；因而唐南平衡的应用相当广泛。例如，在医学和生物学中，动植物细胞内有许多大分子离子，细胞膜内外小离子的分布情况就是由唐南平衡原理支配的。

【例 15.13】 在 298 K 时，半透膜两边体积相等，一边为浓度为 c_1 的大分子有机物 RCl，设 RCl 全部解离，但 R^+ 不能穿透半透膜；另一边是浓度为 c_2 的 NaCl 溶液，若 $c_1=0.1\ mol\cdot dm^{-3}$，$c_2=0.5\ mol\cdot dm^{-3}$。试计算平衡后各种离子在膜两侧的浓度和渗透压(设溶液为理想溶液)。

解： 设平衡时膜两侧的浓度分别为：

左(L)侧：　$[R^+]_L=c_1,[Cl^-]_L=c_1+x,[Na^+]_L=x$

右(R)侧：　$[Na^+]_R=c_2-x,[Cl^-]_R=c_2-x$

平衡时：　$[Na^+]_L[Cl^-]_L=[Na^+]_R[Cl^-]_R$

即：　$(c_1+x)x=(c_2-x)^2$

将 c_1 和 c_2 数据代入得：$x=0.227\ mol\cdot dm^{-3}$

平衡浓度为：$[Na^+]_L=0.227\ mol\cdot dm^{-3}$；$[Cl^-]_L=0.327\ mol\cdot dm^{-3}$；$[Na^+]_R=[Cl^-]_R=0.273\ mol\cdot dm^{-3}$

$$\Pi=\Delta cRT=(0.1+0.327+0.227-2\times0.273)\times10^3\times8.314\times298\ Pa=2.68\times10^5\ Pa$$

15.6.5　高分子溶液的热力学性质

高分子溶液的形成可用图 15.16 所示紧密堆积的晶格模型来表示。

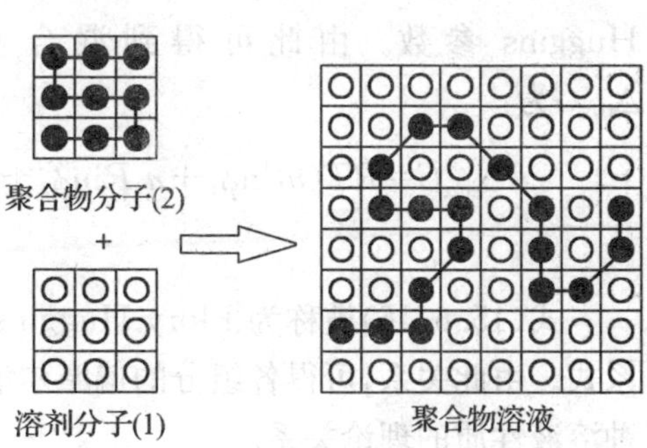

图 15.16　紧密堆积晶格模型

设有 N_1 个溶剂分子(1)与 N_2 个聚合物分子(2)混合，每个溶剂分子或聚合物分子的链节占据晶格中一个晶胞，聚合物分子的平均链节数为 r，聚合物溶液占据的晶胞总数为 $N=N_1+N_2r$。假定溶剂和聚合物都可视为 van der Waals 流体，即它们服从状态方程

$$p=\frac{RT}{V_m-b}-\frac{a}{V_m^2}$$

其中 b 为分子的已占体积，其值为分子体积的 4 倍；V_m-b 为摩尔自由体积，即分子的质心能够自由活动的空间。若溶剂分子和聚合物分子的链节有相同的大小，均为直径为 σ 的小球，每个晶胞的体积为 v，则溶剂(1)的自由体积为：

$$V_{f_1}=N_1v-\frac{2}{3}\pi\sigma^3N_1=\left(1-\frac{2\pi\sigma^3}{3v}\right)V_1,\quad V_1=N_1v \tag{15.6.11}$$

聚合物(2)的自由体积为：

$$V_{f_2}=N_2rv-\frac{2}{3}\pi\sigma^3N_2r=\left(1-\frac{2\pi\sigma^3}{3v}\right)V_2,\quad V_2=N_2rv \tag{15.6.12}$$

同理聚合物溶液的自由体积为：

$$V_f=Nv-\frac{2}{3}\pi\sigma^3N=\left(1-\frac{2\pi\sigma^3}{3v}\right)V,\quad V=Nv=V_1+V_2 \tag{15.6.13}$$

溶剂(1)和聚合物(2)的混合熵应归因于混合时自由体积的改变，即

$$\Delta_{\text{mix}}S=\Delta S_1+\Delta S_2$$

$$\Delta S_1=n_1R\ln\frac{V_f}{V_{f_1}}=n_1R\ln\frac{V}{V_1}=-n_1R\ln\phi_1$$

$$\Delta S_2=n_2R\ln\frac{V_f}{V_{f_2}}=n_2R\ln\frac{V}{V_2}=-n_2R\ln\phi_2$$

其中 n_1 和 n_2 分别为溶剂和聚合物的物质的量，$\phi_1=V_1/V$，$\phi_2=V_2/V$ 分别为溶液中溶剂和聚合物的体积分数。于是，混合熵为：

$$\Delta_{\text{mix}}S=-n_1R\ln\phi_1-n_2R\ln\phi_2 \tag{15.6.14}$$

这就是 Flory-Huggins 混合熵公式。

体系的混合热 $\Delta_{\text{mix}}H$ 等于形成一个链节与溶剂接触点所需的能量 $\Delta\varepsilon$ 乘以接触点的数目，即

$$\Delta_{\text{mix}}H=n_1L\phi_2Z\Delta\varepsilon=xRTn_1\phi_2 \tag{15.6.15}$$

式中：Z 为晶格配位数；T 为绝对温度；$\chi=Z\Delta\varepsilon/(k_BT)$，称作相互作用参数，又称 Flory-Huggins 参数。由此可得到混合 Gibbs 自由能 $\Delta_{\text{mix}}G$ 为：

$$\Delta_{\text{mix}}G=RT(n_1\ln\phi_1+n_2R\ln\phi_2+\chi n_1\phi_2) \tag{15.6.16}$$

式(15.6.16)被称为 Flory-Huggins 的溶液理论关系式。由此关系，可得各组分的偏摩尔混合自由能与各种溶液性质的理论关系。

科学家介绍

保罗·约翰·弗洛里
(Paul John Flory)

15.7 微纳米体系热力学性质的尺度效应

纳米是一个尺度单位，即 1 nm = 10^{-9} m。纳米世界是如此之小，远超出了我们肉眼能

够观察的范畴，必须借助电子显微镜才能够观察得到，但是它却构成了我们肉眼所能看得见的宏观世界。纳米世界由一些纳米尺度的物质或粒子构成，这些纳米物质或纳米粒子展现了一系列特殊的、不同于称之为宏观物质的物理和化学特性。纳米科学指的是研究 1～100 nm 尺度范围内的物质和它所具有的性质的规律性。纳米技术则是指利用纳米科学原理研发一些具备新功能的器件和一些具有特殊功能的化合物的技术活动。

当物体的尺度变小时哪些性质发生了变化？我们熟知的块状金显示的是金黄色，而大量的纳米金粒子沉淀却显黑色。如果制备成不同尺度的纳米金粒子溶液，我们却发现，随着粒子大小的变化，纳米金粒子呈现不同的颜色。小粒径的纳米金(2～5 nm)呈现黄色，中等粒径的纳米金(10～20 nm) 呈现酒红色，较大粒径的纳米金(30～80 nm)呈现紫红色。这里，金并没有发生化学性质变化，它只是不同数量的金原子构成的一个个聚集体。这就是所谓的纳米效应，一种大量粒子构成的宏观物质(金块)所不具有的性质。这种由于尺度变化而产生的性质变化，称之为尺度效应。除此以外，纳米粒子的特性还包括表面效应、量子尺寸效应、量子隧道效应等。

当物质是由纳米尺度的粒子构成时，除了颜色变化外还有什么性质发生变化呢？更进一步的问题是：是什么原因导致纳米粒子的尺度效应？控制纳米效应的基本物理化学原理是什么？本节将从热力学的角度探讨这一问题。

15.7.1　纳米尺度

为什么要关注 1～100 nm 区间？我们分析一些所熟知的物体的相对尺度。

1 m 这个尺度通常用以表示人的高度。1 cm 即 10^{-2} m 相当于人的手指的宽度。一滴血液可以用 mm 的尺度度量，或者表示一个圆珠笔笔头的大小。如果尺度小到 1 μm，具有这一尺度的物体有病毒和红白血球细胞，其大小约为 2～5 μm。而 HIV 病毒的大小约为 0.1 μm。nm 尺度有多大？DNA 双螺旋两条链的间距为 2 nm。nm 以下就进入了原子的尺度，如 Ag 原子的半径为 0.144 nm。值得注意的是在 nm～μm 区间出现了一个重要的现象：若干个基本生物分子组合，构成了具有生命特征的细胞。这一现象发生在人们所定义的纳米区间：1～100 nm。根据这一现象，人们设想：是否可以利用 nm 尺度的粒子构建具有一定功能的器件？由此可以想象出为什么将 1～100 nm 区间定义为纳米世界的含义。

15.7.2　比表面积

许多人将纳米体系的尺度效应之一归结为比表面的特殊变化。我们可以通过计算观察这一变化。设一个立方体，其边长为 L。其表面积 A_s 与体积 V 的比为

$$A_s/V = 6L^2/L^3 = 6/L \tag{15.7.1}$$

当 $L\to\infty$，$A_s/V\to 0$。将立方体分割，当 $L\to 0$，$A_s/V\to\infty$；$L<1$ nm，A_s/V 无物理意义，因为进入了原子的尺度，一些现象由亚原子和原子所控制决定。在 1～100 nm 区间，A_s/V 随 L 的变化如图 15.17 所示。当边长 L 进入 nm 尺度范围，导致了比表面 A_s/V 发生非常显著的增大。这也就导致了物质的一些其他性质和行为发生巨变。在纳米尺度，处于表面

的原子占主流地位。由于原子与周边原子相互作用的变化，导致表面原子的活性要比本体内原子的活性高很多。它从另一个角度表现了定义 1～100 nm 为纳米区间的初衷。这是一个由宏观向微观的过渡区间，是一个由无生命和无功能体向有生命和有功能体的过渡区间。

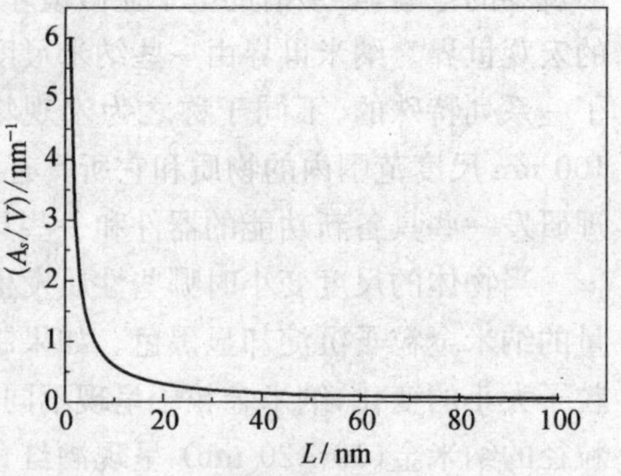

图 15.17 纳米尺度内立方体的比表面积 A_s/V 随边长 L 的变化

15.7.3 熔点降低

为讨论尺度变小而引起的热力学性质的变化，我们通过简单计算考虑熔点的变化情况。

首先计算生成一个半径为 r 的球形粒子所需要做的功。将一个零体积的球膨胀至给定体积 V，粒子的摩尔体积 V_m 为：

$$V_m = V/n$$

上式中 n 为粒子的摩尔数。球体积与面积随粒子半径的变化，以及单位体积变化引起的面积变化分别为：

$$dV = 4\pi r^2 dr \quad dA_s = 8\pi r dr \quad dA_s/dV = 2/r$$

根据封闭体系热力学基本关系：

$$dG = -SdT + Vdp + \gamma dA_s \tag{15.7.2}$$

等温、等压条件下生成 1 mol 球形粒子的表面功为：

$$(\Delta G/n) = (2/r)\gamma V_m = \Delta\mu_r \tag{15.7.3}$$

其中 γ 为表面张力。这一能量变化等价于生成 1 mol 球形粒子的 Gibbs 自由能的变化。也就是说，我们计算了一个半径为 r 的球形粒子的化学势 $\Delta\mu_r$。但是，这里还没有表示出与温度变化相关的信息。

物质的摩尔熔融熵变可以和相应的 Gibbs 自由能随温度的变化率相联系。

$$(\partial \Delta_{fus} G_m / \partial T) = -\Delta_{fus} S_m \tag{15.7.4}$$

如果假定 $\Delta_{fus} S_m$ 不随温度变化，于是，粒子熔融过程的化学势变化 $\Delta_{fus}\mu$ 可以近似写成

$$\Delta_{fus}\mu \approx -\Delta T \Delta_{fus} S_m = \Delta\mu_r \tag{15.7.5}$$

它等于生成球形粒子的化学势变化 $\Delta\mu_\gamma$。结合式(15.7.5)和式(15.7.3)得，粒子熔点温度变化与粒子半径的关系为：

$$\Delta T = \frac{-2\gamma V_m}{\Delta_{fus} S_m}\frac{1}{r} = \frac{-2\gamma V_m T_f(\infty)}{\Delta_{fus} H_m}\frac{1}{r} \tag{15.7.6}$$

这就是著名的 Gibbs-Thomson 公式。其中，$T_f(\infty)$ 为块状物质的熔点温度，$\Delta_{fus} H_m$ 为块状物质的熔融焓变。V_m 为粒子的摩尔体积。以金粒子为例，可以计算出熔点降低随粒子半径的变化

情况。相关参数为：$\gamma = 0.132\ \mathrm{J \cdot m^{-2}}$，$V_m = 10.2 \times 10^{-6}\ \mathrm{m^3 \cdot mol^{-1}}$，$T_f(\infty) = 336\ \mathrm{K}$，$\Delta_{fus}H_m = 12\ 600\ \mathrm{J \cdot mol^{-1}}$。按此数据计算得到金纳米粒子的熔点降低（$\Delta T$）随粒子半径（$r$）的变化情况，如图15.18所示。当$r \to \infty$，$\Delta T \to 0$，即趋于块状物质的熔点。在 1～100 nm 区间，金纳米粒子的熔点随半径 r 的减小急剧下降。

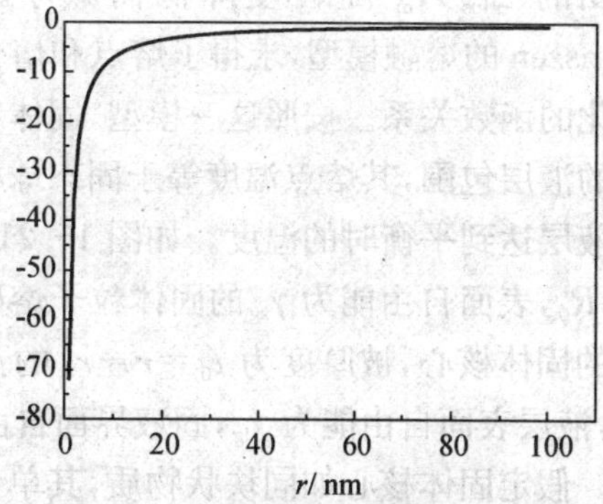

图 15.18　纳米区间内金纳米粒子的熔点降低(ΔT)随纳米粒子半径(r)的变化情况

理论计算预测是如此，那么实验研究情况又是如何？1954 年 Takagi 最先从实验上用热台式透射电子显微镜（hot stage transmission electron microscopy）观察了一系列纯 Bi、Pd 和 Sn 小晶体的熔融温度，以射图的消失表示晶体的熔化。还有一些研究者用暗场电子显微镜（dark-field electron microscopy）测定一些纳米粒子的熔点，如 In，Sn，Bi，Pb，Al，Ge，Ag，Au，Cu 和 CdS 等。这些研究工作肯定了熔点降低对 $1/r$ 的依赖关系，但精确的关系仍不能确定。图 15.19 是 Buffath-Borel 关于纳米金的测定结果。它清楚地表明，在粒度小于 50 nm 后，随着粒度的减小，熔点降低很快，约 300 K 以上。图 15.20 是 Lai 等关于纳米 Sn 的熔点降低测定结果，变化趋势与金的相同。

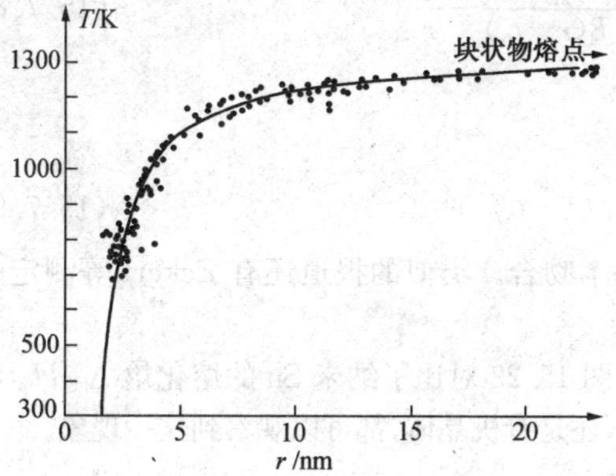

图 15.19　纳米金的熔点随粒子半径的变化

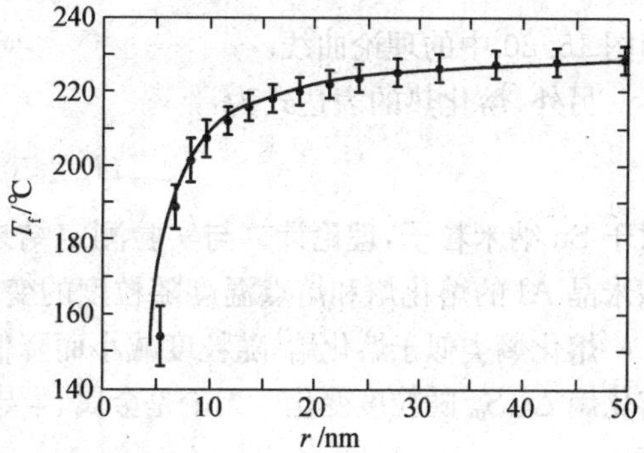

图 15.20　纳米 Sn 的熔点随粒子半径的变化

为什么粒度减小后熔点会降低？特别是在纳米级范围这一现象表现得尤其突出？大多数人将这一现象与粒子界面的增大相联系。粒度减小，比表面积大大增加，在纳米尺度表现出突出的效应。表面原子所占的比例在此区间大幅增加。表面原子之间的结合不如体相内的原子间的结合那样紧密，因而导致纳米晶容易被融化。

15.7.4　熔化焓和熔化熵

Lai 等在测定了 Sn 纳米粒子熔点的同时也测定了它的熔化焓 $\Delta_{fus}H_m$ 随粒度的变化。发现当粒度减小到一定程度后，$\Delta_{fus}H_m$ 比其粗晶值（$58.9\ \mathrm{J \cdot g^{-1}}$）降低 70%。按照经典热力学处理方法，熔化焓常被视为一个常数。直到 20 世纪 90 年代，计算机 MD 模拟发现，Au 原

子团的 $\Delta_{fus}H_m$ 随粒度降低而减小。Lai 等利用 Hanszen 的熔融模型,求得了熔点和熔化焓随颗粒度变化的函数关系。按照这一模型,固体粒子被一层薄薄的液层包围,其熔点温度等于固态球核与一定厚度的液层达到平衡时的温度。如图 15.21 所示,半径为 $r=R_0$,表面自由能为 γ_{sg}的固体粒子熔融变为半径为 r_s 的固体核心,被厚度为 $t_0=r-r_s$ 的薄液层完全润湿,液层表面自由能为 γ_{lg},固液界面自由能为 γ_{sl}。

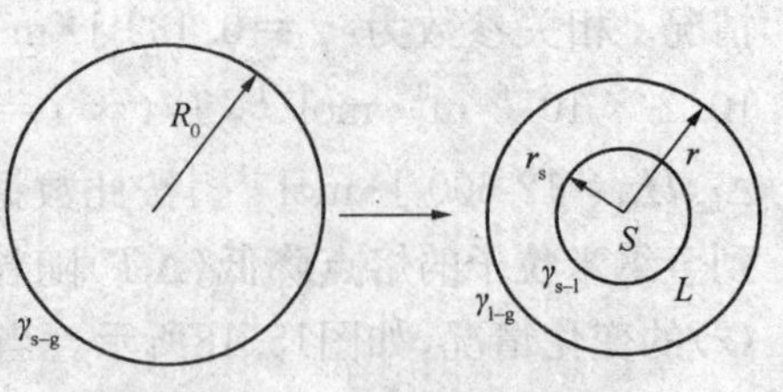

图 15.21 Hanszen 的熔融模型

假定固体核心如同块状物质,其单位体积熔化潜热与温度无关,按照经典热力学方法,熔点温度 T_f 可以表示为:

$$T_0-T_f=\frac{2T_0}{\Delta_{fus}H_0}\left[\frac{\gamma_{sl}}{\rho(r-t_0)}+\left(\frac{\gamma_{lg}}{r}+\frac{\Delta p}{2}\right)\left(\frac{1}{\rho_s}-\frac{1}{\rho_l}\right)\right] \tag{15.7.7}$$

式中:T_0 和 $\Delta_{fus}H_0$ 为块状本体物质的熔点和熔融焓;r 是粒子的半径;t_0 是熔化温度下内部固体心与包裹的液态薄层达平衡时液态薄层的临界厚度,是一个可以通过拟合实验数据而得到的调节参数;γ 为表面自由能;ρ 为密度;Δp 为蒸气压差,即半径为 r 的液滴的表面蒸气压与 $r=\infty$的平面液体蒸汽压的压差。由于两者相差很小,Δp 的贡献可以忽略。对于 232℃下的 Sn 纳米粒子,$t_0=0.18$ nm,得到

$$T_f=232-782\left[\frac{\gamma_{sl}}{15.8(r-t_0)}-\frac{1}{r}\right] \tag{15.7.8}$$

即图 15.20 中的理论曲线。

另外,熔化热的表达式为:

$$\Delta_{fus}H_m=\Delta_{fus}H_0\ (1-t_0/r)^3 \tag{15.7.9}$$

对于 Sn 纳米粒子,理论计算与实验测定结果基本吻合。类似的报道还有 Eckert 等测定的纳米晶 Al 的熔化焓和熔点温度随粒度的变化。

熔化熵类似于熔化焓,随粒度减小而降低。图 15.22 对比了纳米 Sn 的熔化焓 $\Delta_{fus}H_m$ 和熔化熵 $\Delta_{fus}S_m$ 随粒度变化。无论是金属、半导体,还是有机晶体,都可以观察到这一现象。

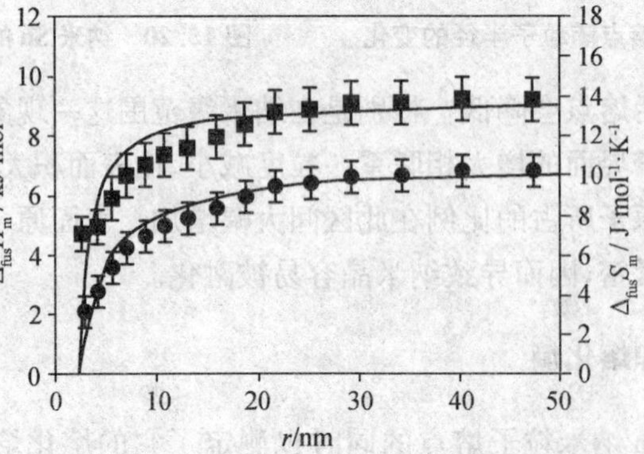

图 15.22 纳米 Sn 的摩尔熔化焓 $\Delta_{fus}H_m$(●)和摩尔熔化熵 $\Delta_{fus}S_m$(■)随粒度 r 变化的实验值与理论计算值的比较

内容提要

一、基本知识点

1. 分散体系，分散相，分散介质，溶胶，憎液溶胶，亲液溶胶，缔合胶体，胶团的结构，稳定剂，胶粒带电，等电点，零电荷点。

2. 溶胶的动力性质，胶粒的扩散，Fick 第一定律，Fick 第二定律，扩散系数，Brown 运动，胶粒的重力沉降，离心力场中的沉降。

3. 溶胶的光学性质，Tyndall 效应，Rayleigh 散射定律。

4. 溶胶的电学性质，电动现象，电动电势，电泳，电渗，流动电势，沉降电势，双电层理论，Stern 双电层模型，电动电势测定。

5. DLVO 理论，聚沉值，叔采-哈迪(Schulze-Hardy)规则。

6. 高分子物质的相对分子质量，高分子溶液的黏度，渗透压，黏均相对分子质量，唐南平衡，高分子溶液的晶格模型。

二、基本公式

Fick 第一定律　$$\mathrm{d}n_{\mathrm{B}}=-DA_{\mathrm{s}}\frac{\mathrm{d}c_{\mathrm{B}}}{\mathrm{d}x}\mathrm{d}t$$

Fick 第二定律　$$\frac{\partial c_{\mathrm{B}}}{\partial t}=D\frac{\partial^2 c_{\mathrm{B}}}{\partial x^2}$$

通量　$$J_B=-D\frac{\mathrm{d}c_B}{\mathrm{d}x}$$

扩散摩擦功与化学势降低　$$f(\mathrm{d}x/\mathrm{d}t)\mathrm{d}x=\mathrm{d}u=kT\mathrm{dln}c_{\mathrm{B}}$$

Brown 运动

Stokes-Einstein 方程　$$D=RT/(6\pi\eta rL)$$

粒子的平均位移　$$\langle x\rangle=(2Dt)^{1/2}=(RTt/3\pi\eta rL)^{1/2}$$

重力场匀速沉降　$$v=\frac{2r^2(\rho-\rho_0)}{9\eta}g$$

沉降平衡　$$\frac{c_2}{c_1}=\exp\left[-\frac{4}{3}\pi r^3(\rho-\rho_0)g(h_2-h_1)\frac{L}{RT}\right]$$

离心场运动速率　$$\frac{\mathrm{d}x}{\mathrm{d}t}=\frac{(m-m_c)\omega^2x}{f}=S\omega^2x$$

沉降平衡　$$\ln\frac{c_2}{c_1}=\frac{M(1-\rho_0/\rho)\omega^2}{RT}\cdot\frac{1}{2}(x_2^2-x_1^2)$$

Rayleigh 公式　$$R_\theta=\frac{9\pi^2}{2\lambda^4}\left(\frac{n_2^2-n_1^2}{n_2^2+2n_1^2}\right)^2c^*V^2,\ I_\theta=R_\theta I_0(1+\cos^2\theta)/r^2$$

电泳淌度和 ζ 电势　球形胶粒，$u=\frac{\varepsilon\zeta}{1.5\eta}$；棒状胶粒，$u=\frac{\varepsilon\zeta}{\eta}$

电渗体积流速与电动电势　$$Q=\varepsilon I\zeta/\eta\kappa$$

流动电势与电动电势　$$\varphi=\Delta p\varepsilon\zeta/\eta\kappa$$

特性黏度 $$[\eta]=\lim_{c'\to 0}(\eta_{sp}/c')=\lim_{c'\to 0}\left(\frac{\ln\eta_r}{c'}\right)$$

Mark-Houwink 经验公式 $$[\eta]=K\,(M/\mathrm{g\cdot mol^{-1}})^a$$

唐南平衡 $[Na^+]_\alpha[Cl^-]_\alpha=[Na^+]_\beta[Cl^-]_\beta$，$(zc_1+x)x=(c_2-x)(c_2-x)$

渗透压 $$\frac{\Pi}{RT}=\frac{zc_1^2+2c_1c_2+z^2c_1^2}{zc_1+2c_2}$$

Flory-Huggins 混合熵 $$\Delta_{mix}S=-n_1R\ln\phi_1-n_2R\ln\phi_2$$

混合 Gibbs 自由能 $$\Delta_{mix}G=RT(n_1\ln\phi_1+n_2R\ln\phi_2+\chi n_1\phi_2)$$

习题

1. 某溶胶中胶粒平均直径为 4.2 nm，25℃时分散介质黏度为 1.0×10^{-3} Pa·s，求该温度下溶胶的扩散系数以及布朗运动中粒子每间隔 1 s 在 x 方向上的平均位移。

2. 20℃时肌红朊在水中的扩散系数为 1.24×10^{-10} $m^2\cdot s^{-1}$，水的黏度为 1.005×10^{-3} Pa·s，肌红朊的密度为 1.335×10^3 $kg\cdot m^{-3}$，求肌红朊颗粒的平均半径及其摩尔质量。

3. 某固体微粒半径等于 0.01 mm，固体密度为 10 $g\cdot cm^{-3}$，水的密度为 1 $g\cdot cm^{-3}$，黏度为 1.15×10^{-3} Pa·s，求微粒在水中的沉降速度。（重力加速度取 9.8 $m\cdot s^{-2}$）

4. 柏林(Perrin)在研究中使用半径为 2.15×10^{-5} cm 的粒子，17℃时测得在 30 s 时间内粒子沿 x 方向的平均位移 $\langle x\rangle^2=50.2\times10^{-8}$ cm^2，该温度下分散介质黏度 $\eta=1.10\times10^{-3}$ Pa·s，计算阿伏伽德罗常数。

5. 超离心机的向心加速度 $a=1.20\times10^5$ g（g 为重力加速度），将某蛋白质溶液放入离心机液槽中旋转，测得液面向外移动速度为 5.10×10^{-5} $cm\cdot s^{-1}$，实验温度为 25℃，蛋白质密度为 1.334 $g\cdot cm^{-3}$，蛋白质溶液的扩散系数为 7×10^{-11} $m^2\cdot s^{-1}$，分散介质密度为 1 $g\cdot cm^{-3}$，求蛋白质的摩尔质量。

6. 离心机转速为 1 000 $r\cdot min^{-1}$，溶胶在离心机中沉降 10 min，溶胶界面与转轴的距离从 $x_1=0.09$ m 移动到 $x_2=0.14$ m 的位置。已知分散相和分散介质密度分别为 5.6×10^3 $kg\cdot m^{-3}$ 和 1.0×10^3 $kg\cdot m^{-3}$，介质黏度是 0.001 Pa·s，计算粒子半径及其摩尔质量。

7. 293 K 时，血红蛋白溶液在超离心机中达沉淀平衡时离心机转速为 8 700 $r\cdot min^{-1}$，血红蛋白的比容是 0.749×10^{-3} $m^3\cdot kg^{-1}$，溶剂密度为 1.008×10^3 $kg\cdot m^{-3}$，在距转轴 x_1 和 x_2 处，测得血红蛋白的浓度 c_1 和 c_2（以质量分数计）列于下表，计算血红蛋白的摩尔质量。

x_1/cm	x_2/cm	c_1/%	c_2/%
4.46	4.51	0.832	0.93
4.16	4.21	0.398	0.437
4.31	4.36	0.564	0.639

8. 如图所示，在横截面积为 S 的水平管道中熔胶浓度从左向右均匀减少，$ABDC$ 和 $CDFE$ 中的平均浓度分别为 c_1 和 c_2，$\langle x\rangle$ 是胶粒 t 时间内在水平方向上的平均位移，证明：

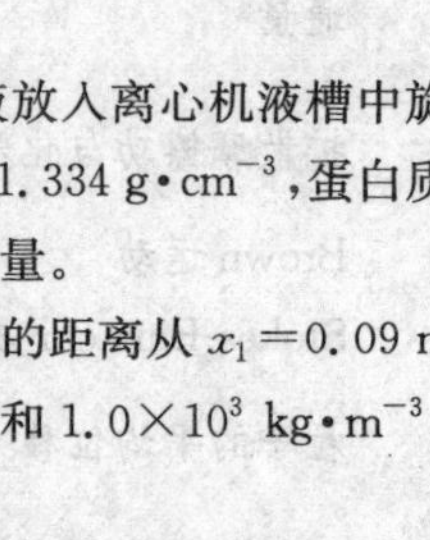

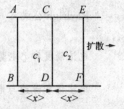

(1) 胶粒单位时间内从左向右通过截面 CD 净的扩散量等于 $(c_1-c_2)\langle x\rangle S/2t$；

(2) 胶粒 t 时间内的平均位移与扩散系数的关系：$\langle x\rangle^2=2Dt$。

9. 扩散时粒子受到介质的阻力可由斯托克斯定律计算，即 $f_{阻}=6\pi\eta r(\mathrm{d}x/\mathrm{d}t)$，推动力可用化学势的负梯度，即 $f_{推}=-L^{-1}(\mathrm{d}\mu/\mathrm{d}x)$ 表示，由此导出爱因斯坦扩散公式，$\langle x\rangle=(2Dt)^{1/2}=(RTt/3\pi\eta rL)^{1/2}$。

10. 293 K 时粒子直径为 10 nm 的 Al_2O_3 溶胶中，高度每增加多少粒子密度减少一半？已知 Al_2O_3 的密度为 4×10^3 kg·m^{-3}，分散介质密度为 1.0×10^3 kg·m^{-3}。重力加速度取 9.8 m·s^{-2}。

11. $Fe(OH)_3$ 溶胶的质量浓度为 1.5 kg·m^{-3}，先将溶液稀释 10^4 倍，再在超显微镜下观察，在直径和深度各为 0.04 mm 的视野内测得胶粒数目平均值为 4.1，设粒子为球形，密度为 5.2×10^3 kg·m^{-3}。求粒子平均直径。

12. 电泳实验中 Sb_2S_3 溶胶(球形胶粒)在 210 V 电压下，溶胶界面向正极移动 3.2 cm，通电时间为 36.2 min，两电极间距离为 38.5 cm，介质黏度 $\eta=1.03\times10^{-3}$ Pa·s，相对介电常数 $\varepsilon_r=81.1$，真空介电常数 $\varepsilon_0=8.854\times10^{-12}$ F·m^{-1}，求 ζ 电势。

13. 电泳时球形胶粒受到的介质阻力可由斯托克斯定律计算，球体电容 $C=4\pi\varepsilon r$，r 为球体半径，ε 为介质介电常数，由此导出球形胶粒电泳时 ζ 电势的计算公式，$\zeta=3\eta v/2\varepsilon E$，$\varepsilon=\varepsilon_r\varepsilon_0$，$v$ 为液体在毛细管中的流速，E 为电场强度。

14. 在电渗实验中，KCl 溶胶通过石英隔膜的体积流量是 1.63 cm^3·min^{-1}，电渗电流为 20 mA，溶液黏度 $\eta=1.0\times10^{-3}$ Pa·s，电导率 $\kappa=0.02\ \Omega^{-1}$·m^{-1}，介电常数 $\varepsilon=7.17\times10^{-10}$ F·m^{-1}，计算 ζ 电势。

15. 在流动电势中机械能转变成电能。设施于多孔膜两边的压强差为 Δp，体积流量为 Q，引起的电流强度为 I，流动电势 V，由 $Q\Delta p=I\varphi$ 导出：

(1) $\varphi=\dfrac{\zeta\varepsilon}{\eta\kappa}\Delta p$；

(2) 计算 NaCl 水溶液在 3.5 kPa 压力差下通过石英隔膜时形成的流动电势。已知 $\zeta=0.04$ V，分散介质的 $\varepsilon_r=81$，$\eta=1\times10^{-3}$ Pa·s，$\kappa=1.8\times10^{-2}\Omega^{-1}$·m^{-1}。

16. 在沉降电势中，作用于分散介质与分散相间的压力差等于单位面积的液柱中分散相所受到的重力，即 $\Delta p=c'(1-\rho_0/\rho)gh$，$c'$ 为溶胶的质量浓度，h 为液柱高度。利用上题导出公式，计算 $h=20$ cm 的 $BaCO_3$ 溶胶开始沉降时的沉降电势。已知 $BaCO_3$ 粒子在 NaCl 溶液中的质量浓度 $c'=620$ kg·m^{-3}，密度 $\rho=3.1\times10^3$ kg·m^{-3}，介质密度 $\rho_0=1.0\times10^3$ kg·m^{-3}，黏度 $\eta=1\times10^{-3}$ Pa·s，电导率 $\kappa=1\times10^{-2}\Omega^{-1}$·m^{-1}，相对介电常数 $\varepsilon_r=81$，$\zeta=40$ mV，重力加速度取 9.8 m·s^{-2}。

17. 25℃时测得聚丁烯的苯溶液有如下渗透压数据，表中各溶液密度皆为 0.88×10^3 kg·m^{-3}，求聚丁烯的摩尔质量。

$c'/10^{-2}$kg·dm^{-3}	0.5	1.0	1.5	2.0
π/cm 液柱	1.03	2.1	3.22	4.39

18. 在半透膜的一侧装入浓度为 10 mol·m^{-3} 的高分子电解质($Na_{15}P$)水溶液，膜的另一侧装入等体积的浓度为 50 mol·m^{-3} 的 NaCl 水溶液，25℃时，计算唐南平衡时膜两侧 NaCl 的浓度和渗透压。

19. 25℃时，半透膜内是浓度为 0.1 mol·m^{-3} 的高分子电解质($Na_{10}P$)溶液，膜外是同体积的纯水，计算唐南平衡时膜内溶液的 pH。(水的电离常数取 $K_a=10^{-14}$)

20. 一定温度下，黏度实验中测得聚苯乙烯的苯溶液有以下数据，已知该温度下溶液的特性常数 $K=1.03\times10^{-5}$ dm^3·g^{-1}，$\alpha=0.74$，计算聚苯乙烯的摩尔质量。

c/g·dm^{-3}	0.78	1.12	1.50	2.00
η_r	1.206	1.307	1.423	1.592

21. 金溶胶的粒子半径为 30 nm，298 K 于重力场中达到平衡后，在高度相距 0.1 mm 的某指定体积内，粒子数分别为 277 和 166 个。已知金与分散介质的密度分别为 $19.3\times10^{3}\ kg\cdot m^{-3}$ 和 $1.00\times10^{3}\ kg\cdot m^{-3}$。试计算阿伏伽德罗常数。

拓展习题及资源

微信扫码

- 拓展习题
- 视频动画
- 互动交流

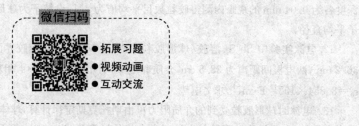

第 16 章　分子动力学模拟简介

分子模拟是指利用理论方法与计算机技术，模拟或仿真分子运动的微观行为，小至单个化学分子，大至复杂生物体系或材料体系都可以是它用来研究的对象，是目前物理化学研究的重要部分。它广泛地应用于计算化学、计算生物学、药学和材料科学等领域。当统计力学受到微观模型和庞大的数学计算量的瓶颈约束时，当实验研究遇到物质的多样性和复杂性超出实验手段所能涉及的有限范围时，分子模拟技术展现出了独特的优势。1998 年和 2013 年度诺贝尔化学奖分别授予了量子化学以及分子模拟领域的杰出贡献者，预示着分子模拟技术对科学研究带来了前所未有的冲击。全球有影响的物理化学杂志和期刊中，有关分子模拟的论文所占的比例日益增高。

分子模拟技术大体分为两个层次：量子力学和分子力学。前者是以量子力学为基础，在电子微观层次上对物质结构、性能的规律性予以本质的解释，主要包括从头算分子轨道方法、密度泛函理论(DFT)及各种半经验分子轨道方法等。后者以分子中原子拓扑结构为基础，通过原子尺度上的由一套势函数和力常数构成的分子力场来对体系的广义结构和性质进行研究，主要包括分子力学、分子动力学、Monte Carlo 及布朗动力学等方法。分子模拟技术借助先进的模拟软件及计算机图形处理技术，能有效地模拟分子体系的结构、物理和化学性质以及化学过程的微观细节。量子力学计算虽然精度高，但是计算复杂，通常不过几百上千个原子，难以实现复杂大体系的模拟。而基于优秀力场的分子模拟则能在保证足够精度的同时，实现几万甚至更多原子体系的运算。

分子动力学(Molecular dynamics，MD)隶属于分子模拟中的分子力学方法，基于分子中原子的拓扑结构、体系系综和分子力场，从计算粒子间相互作用力入手，通过求解牛顿运动方程或拉格朗日运动方程，获得体系中各粒子运动的位置和速度随时间的演化过程(即在相空间的运动轨迹)，再运用统计计算方法对相空间轨迹求平均值来获得体系的各种宏观物理量，包括体系的热力学和动力学性质。随着分子力学的迅速发展，已系统地建立了多种适用于生化分子体系、聚合物、金属与非金属材料的分子力场，使得 MD 模拟在各类新材料的研究与开发方面发挥着日益重要的角色。MD 模拟可以处理几万个原子的体系、几百 ns 级甚至更长时间的微观过程，是时下最广为采用的计算庞大复杂系统的优选方法。

本章简要介绍分子动力学模拟的基本原理及其简单应用。

16.1　基本原理——牛顿方程

在分子动力学模拟中，体系被抽象为 N 个相互作用的粒子，每个粒子具有坐标、电荷、质量以及成键方式等。由分子力场确定的系统总势能是各粒子位置的函数 $U(\boldsymbol{r}_1, \boldsymbol{r}_2, \cdots,$

r_N)。依照经典力学，系统中任一粒子 i 所受的力为势能对其坐标一阶导数的负值，即

$$\boldsymbol{F}_i=-\nabla_i U=-\left(\boldsymbol{i}\frac{\partial}{\partial x_i}+\boldsymbol{j}\frac{\partial}{\partial y_i}+\boldsymbol{k}\frac{\partial}{\partial z_i}\right)U \tag{16.1.1}$$

由牛顿运动方程，可获得粒子的运动加速度为：

$$\boldsymbol{a}_i=\frac{\boldsymbol{F}_i}{m_i} \tag{16.1.2}$$

再由加速度、速度与位移的关系式：

$$\frac{\mathrm{d}^2}{\mathrm{d}t^2}\boldsymbol{r}_i=\frac{\mathrm{d}}{\mathrm{d}t}\boldsymbol{v}_i=\boldsymbol{a}_i \tag{16.1.3}$$

将牛顿方程(16.1.2)对时间积分，则可获得粒子经过 t 时刻后的速度与位置，即

$$\boldsymbol{v}_i=\boldsymbol{v}_{io}+\boldsymbol{a}_i t \tag{16.1.4}$$

$$\boldsymbol{r}_i=\boldsymbol{r}_{io}+\boldsymbol{v}_{i0}t+\frac{1}{2}\boldsymbol{a}_i t^2 \tag{16.1.5}$$

式中各粒子的初始速度按目标温度由波尔兹曼分布随机指定。(目标温度是指模拟过程中体系的最终期望温度。凡是选用的系综中要求 T 恒定的(如 NPT 或 NVT 系综)情况，在模拟中要具体设定体系最终的期望温度)。由此可以得到经指定时间步长后各粒子的新坐标与新速度。时间步长是指牛顿方程对时间积分时所用的时间段。可以每一步都记录相应的轨迹，也可以每隔几步记录体系的轨迹。图 16.1 给出 MD 模拟过程中粒子位置、速度随时间演化的示意图，为简洁起见，图中相关物理量省去了矢量标记，Δt 为时间步长。由 t_1 时刻的坐标($\boldsymbol{r}_1$)计算体系的势能(E_{p1})，由势能对坐标一阶导数的负值计算粒子所受的力($\boldsymbol{F}_1$)及相应的加速度($\boldsymbol{a}_1$)，由此获得粒子经过一个时间步长 Δt 后的新位置($\boldsymbol{r}_2$)，不断重复这个过程，就可以得到体系中各粒子的位置和速度(或动量)随时间的演化(就是所谓的粒子运动的相空间)，最后运用统计力学方法，计算获得体系的结构、能量、热力学及动力学性质。

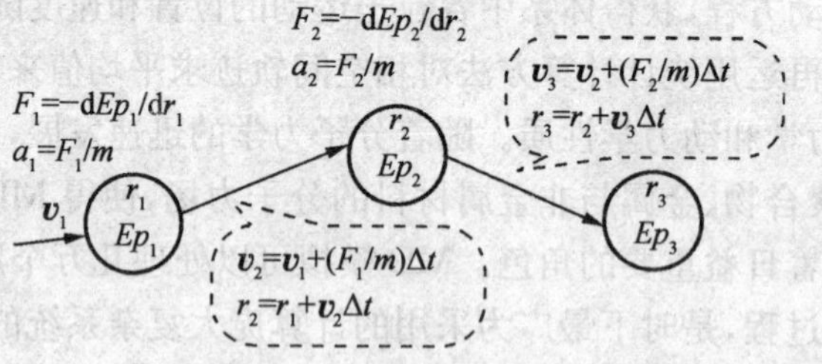

图 16.1 MD 模拟过程中粒子位置、速度随时间演化的示意图

在计算机上对分子系统进行 MD 模拟的一般步骤如图 16.2 所示。首先读入模拟体系的结构参数及模拟控制参数，根据所选用的力场(经验势函数)计算体系中各粒子的受力，然后解运动方程获得各粒子向前推进的加速度，演化一个时间步长移动各粒子到新的位置，并具有当前速度，不断重复这一循环，通过一些参数的分析来判断体系是否已达平衡，体系达到平衡后，继续重复上述循环，同时输出体系中各粒子的坐标及速度(相空间)随时间的演

化，存入轨迹文件。物理量的提取及分析主要是在体系达到模拟平衡之后的一段时间进行。物理量的计算有些在配套的程序内直接进行，有些则需另外编程才能完成。

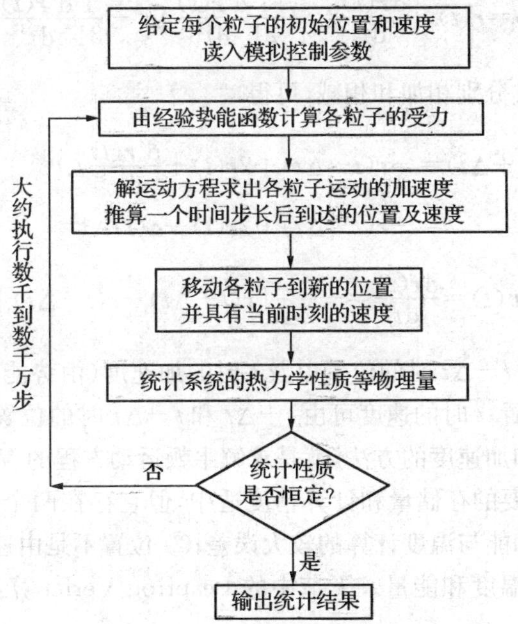

图 16.2　MD 模拟的一般步骤

16.2　Verlet 算法及其改进

分子动力学模拟中，描述微观粒子运动轨迹的牛顿方程是一个二阶微分方程，可利用有限差分方法得到求解。常用的求解方法有：Verlet、Euler、Leapfrog Verlet、Velocity-Verlet、Beeman、Runge-Kutta 和 Predictor-corrector 等算法。Verlet 算法基于对扩散分子质心运动的积分，简单易行，是最稳定的也是最常用的数值方法，但是有精度损失。Hockney 提出的“蛙跳”(Leapfrog Verlet)算法是 Verlet 算法的演化，与 Verlet 算法相比，收敛速度快，计算量小，且包括显速度项，其明显的缺陷是位置和速度不同步。Swope 提出的 Velocity-Verlet 算法应用比较广泛，可以同时给出位置、速度与加速度，计算量适中，并且不牺牲精度。Beeman 提出的 Beeman 算法运用了更精确的速度表达式，速度计算精度更高，但是计算量较大。Gear 的 Predictor-corrector 算法占有计算机的内存大。在实际模拟中，算法的选择基于精度和运算量的折中。作为入门教程，本章简单介绍 Verlet 及 Leapfrog Verlet 算法。

16.2.1 Verlet 算法

Verlet 算法是 MD 模拟中最基本的时间积分法，其基本思想是将粒子的位置 $\boldsymbol{r}_1(t)$ 以 Taylor 级数(向前或向后)展开，得到以下两个方程：

$$\boldsymbol{r}(t+\Delta t)=\boldsymbol{r}(t)+\frac{\mathrm{d}\boldsymbol{r}(t)}{\mathrm{d}t}\Delta t+\frac{1}{2!}\frac{\mathrm{d}^2\boldsymbol{r}(t)}{\mathrm{d}t^2}\Delta t^2+\frac{1}{3!}\frac{\mathrm{d}^3\boldsymbol{r}(t)}{\mathrm{d}t^3}\Delta t^3+\cdots \tag{16.2.1}$$

$$\boldsymbol{r}(t-\Delta t)=\boldsymbol{r}(t)-\frac{\mathrm{d}\boldsymbol{r}(t)}{\mathrm{d}t}\Delta t+\frac{1}{2!}\frac{\mathrm{d}^2\boldsymbol{r}(t)}{\mathrm{d}t^2}\Delta t^2-\frac{1}{3!}\frac{\mathrm{d}^3\boldsymbol{r}(t)}{\mathrm{d}t^3}\Delta t^3+\cdots \tag{16.2.2}$$

假定忽略高阶项，将两式分别相加和相减，可得

$$\begin{aligned}\boldsymbol{r}(t+\Delta t)&=-\boldsymbol{r}(t-\Delta t)+2\boldsymbol{r}(t)+\frac{\mathrm{d}^2\boldsymbol{r}(t)}{\mathrm{d}t^2}\Delta t^2\\&=-\boldsymbol{r}(t-\Delta t)+2\boldsymbol{r}(t)+\boldsymbol{a}(t)\Delta t^2\end{aligned} \tag{16.2.3}$$

$$\boldsymbol{v}(t)=\frac{\mathrm{d}\boldsymbol{r}(t)}{\mathrm{d}t}=-\frac{1}{2\Delta t}[\boldsymbol{r}(t+\Delta t)-\boldsymbol{r}(t-\Delta t)] \tag{16.2.4}$$

上述两式表明，可由 t 及 $t-\Delta t$ 时的位置以及 t 时的加速度（由势能函数的负梯度——力计算），预测 $t+\Delta t$ 时的位置；t 时的速度可由 $t+\Delta t$ 和 $t-\Delta t$ 时的位置获得，如此迭代求解各时刻的粒子位置、速度和加速度的方法，就是求解牛顿运动方程的 Verlet 积分方法。

Verlet 积分方法需要的存储量和计算精度适中，但它存在两个缺点：① 速度由两个大的数相减得到，会导致动能与温度计算的较大误差；② 位置不是由速度计算的，不能通过重新标度速度来控制体系温度和能量。下节中的 Leapfrog Verlet 算法就是为了克服上述缺点而发展起来的。

16.2.2 Leapfrog Verlet 算法

Leapfrog Verlet 法是 Verlet 法的变种，它假设 i 粒子在时间间隔 $t-\Delta t/2 \sim t+\Delta t/2$ 内的平均速度为粒子在 t 时刻的速度，即

$$\boldsymbol{v}_i(t)=\left[\boldsymbol{v}_i\left(t-\frac{1}{2}\Delta t\right)+\boldsymbol{v}_i\left(t+\frac{1}{2}\Delta t\right)\right]/2 \tag{16.2.5}$$

则

$$\boldsymbol{v}_i\left(t+\frac{1}{2}\Delta t\right)=\boldsymbol{v}_i\left(t-\frac{1}{2}\Delta t\right)+\boldsymbol{a}_i(t)\Delta t \tag{16.2.6}$$

$$\boldsymbol{r}_i(t+\Delta t)=\boldsymbol{r}_i(t)+\boldsymbol{v}_i\left(t+\frac{1}{2}\Delta t\right)\Delta t \tag{16.2.7}$$

这就是 MD 中使用最广的求解牛顿运动方程的 Verlet 蛙跳法，这种方法的名称由速度和位置以 $\Delta t/2$ 交替变化得来，如图 16.3 所示，以 $(t+\Delta t/2)$ 时刻的速度跳过 (t) 时刻的位置，然后 $(t+\Delta t)$ 的位置跳过 $(t+\Delta t/2)$ 时刻的速度。蛙跳法中，速度是精确计算的，因此可以通过速度重新标度来控制体系的温度和能量。蛙跳法中等存储量，中等精度。

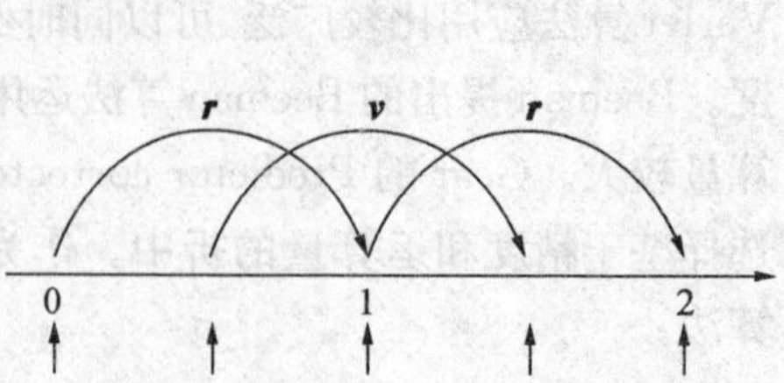

图 16.3 Leapfrog Verlet 算法示意图

16.3　力场概述

分子力场是分子模拟的核心和灵魂，是影响模拟结果的关键因素。分子力场是在原子尺度上的分子势能场，用于描述分子中的原子拓扑结构及其运动行为。到目前为止，分子力场发展已出现几十种，如 Allinger 等人发展的 MM 力场、美国 MSI 公司开发的 COMPASS 力场、在生物分子和液相体系动态性质模拟中应用普遍的 GROMOS 力场、在蛋白质与核酸分子模拟中取得非常好结果的 AMBER 力场以及哈佛大学开发的 CHARMM 力场等。这些力场可以统分成三大类：全原子力场、联合力场以及粗粒化力场。选择力场的原则就是适合所研究的体系以及要研究的性质与现象。

通常所言的分子力场涉及两类作用能：一是化学键的相互作用能，主要有键伸缩能 E_b、键角弯曲能 E_θ、键扭转能 E_φ、键角面外弯曲能 E_ξ 以及它们之间的相互偶合能 E_{cross}；二是非键的相互作用能，主要有范德华相互作用能 E_{vdW} 及静电相互作用能 E_{elec} 等。仅有为数不多的力场考虑了氢键作用，如 CHARMM 和 Dreiding 力场等。在大多数的力场（如 PCFF 和 COMPASS 力场）中，氢键作用能通常被分解成静电作用项和范德华非键作用项。

一个分子力场通常包括三个部分：原子类型、经验势函数和力场参数。不同的力场中，各相互作用能采用不同的函数形式以及不同的参数值，在预测不同性质时各有优势。以典型的生物分子力场为例，体系中各项相互作用能之总和的形式为

$$\begin{aligned}E &= E_{\text{bonded}} + E_{\text{non-bonded}} \\ &= E_b + E_\theta + E_\varphi + E_\xi + E_{vdW} + E_{elec} + E_{other} \\ &= \sum_{\text{bonds}} \frac{1}{2}k_b(b-b_0)^2 + \sum_{\text{angles}} \frac{1}{2}k_\theta(\theta-\theta_0)^2 + \sum_{\text{dihedrals}} \frac{1}{2}k_\varphi[1+\cos(n\varphi-\delta)]^2 \\ &\quad + \sum_{\text{torsions}} \frac{1}{2}k_\xi(\xi-\xi_0)^2 + \sum_{i<j}\{4\varepsilon_{ij}[(\sigma_{ij}/r_{ij})^{12}-(\sigma_{ij}/r_{ij})^6]\} \\ &\quad + \sum_{i<j}[q_iq_j/4\pi\varepsilon_0 r_{ij}] + E_{other}\end{aligned} \tag{16.3.1}$$

式中第一项是键伸缩能 E_b，它用简单的弹簧模型来模拟，其中 k_b 是键力常数，b_0 是成键原子间的平衡键长，这一项的求和遍及所有共价键；第二项是键角弯曲能（也称键角畸变能）E_θ，它采用了与第一项类似的形式，其中 k_θ 是键角畸变的强度常数，θ_0 是平衡键角，此项求和遍及所有键角；第三项代表沿着一个给定的键旋转时引起的二面角畸变的能量——键扭转能 E_φ，它在本质上是周期性的，k_φ 是力常数，n 是周期，δ 为参考角；第四项代表共平面原子偏离平面引起的畸变能量——键角面外弯曲能 E_ξ，k_ξ 是力常数，ξ_0 是平衡位置；第五项反映了体系中原子间的范德华作用能 E_{vdW}，它采用 Lennard-Jones 位能形式，r_{ij} 为 i 和 j 原子对的间距，ε 和 σ 为 Lennard-Jones 势能参数，σ 的大小反映了原子间的平衡距离，ε 反映出势能曲线的深度；第六项是体系中原子间的库仑作用能 E_{elec}，q 为原子所带电荷，ε_0 为真空介电常数。对于范德华作用和静电作用，一般只计算相隔三键以上的原子间的作用。通常，非键作用能计算的工作量极大，为此常采用领域列表法、链格法以及截断半径法等，具体可参阅 16.6 节。

16.4 初始条件的设定

启动分子动力学模拟时，须对体系中全部粒子的初始位置和速度进行赋值。

一个能量较低的初始构型是进行分子模拟的基础。粒子的初始位置设置要合理，粒子间不应出现明显的重叠，否则随后的模拟进程随时可能中断。通常，体系的初始构型来自实验数据或各种理论模型的计算。假如体系中粒子的初始空间坐标并非处于最稳定的位置，则在不施加载荷的条件下，让体系完全“放松”达到平衡态，合理的初始结构可加快系统趋于平衡。此外，分子动力学模拟经常分成不同的物理阶段，上一个模拟过程结束时各粒子的位置和速度也可以作为下一次模拟的初始结构。

系统粒子初速度的产生，可于[−1～1]间选取一满足高斯分布的随机数，将此随机数乘以粒子的平均速度 $\boldsymbol{v}=k_{\mathrm{B}}T/m$，得到符合给定温度($T$)下的 Maxwell-Boltzmann 分布的粒子速度，即

$$p(\boldsymbol{v}_a)=\left(\frac{m}{2\pi k_{\mathrm{B}}T}\right)^{\frac{1}{2}}\exp\left(-\frac{m\boldsymbol{v}^2}{2k_{\mathrm{B}}T}\right) \qquad a=x,y,z \tag{16.4.1}$$

式中：k_{B} 为波尔兹曼常数；$p(\boldsymbol{v}_a)$为速度为 $\boldsymbol{v}_a$ 的概率。通常，在随机生成各个原子的运动速度之后须进行调整，使得体系总体在各个方向上的动量之和为零，以确保体系没有平动位移。

16.5 积分步长的选取

分子动力学计算的基本思想是赋予分子体系初始运动状态之后，利用分子的自然运动在相空间中抽取样本进行统计计算。MD 模拟一次循环的时间称为步长(Δt)。模拟的时间尺度由步长和步数决定。时间步长决定了计算粒子轨迹的精度及模拟的进度。太长的时间步长会造成粒子间的激烈碰撞，体系数据溢出；太短的时间步长会降低模拟过程搜索相空间的能力。通常，选取的时间步长为体系各个自由度中最短运动周期的十分之一。基于原子振动周期在 0.1 ps 的数量级，故而，时间步长一般选择在 fs 级。实际应用中，对全原子模拟一般取 1 fs，对联合原子模拟可取 10 fs。一个完整的分子动力学模拟一般需要 10^4～10^7 步，当然，高速计算机可大幅增大计算步数。

对于大分子或者精确考虑许多溶剂分子的体系，MD 即使对最强大的超级计算机也是艰巨的工作，因此经常需作近似，如采用约束动力学，冻结不太重要的分子内部高频振动或其他无关运动。约束动力学可以有效地增长 MD 模拟的时间步长，提高搜索相空间的能力。最常用的办法就是限制距离。目前，常用的限制算法包括 SHAKE、LINCS、速度 SHAKE 以及联合原子方法等。SHAKE 方法的优点主要是消除了高频振动，可使积分的时间步长提高 2～3 倍；LINCS 与 SHAKE 一样，在计算非限制值后重置键长到它们的正确值，它比 SHAKE 更稳定、更快，但只能用于键长限制和孤立的键角限制；联合原子方法的

使用可以极大地减少体系的自由度，由此可增大时间步长。

此外，模拟中也可应用复合步长，即对不同性质的作用力采取不同的时间步长。最常见的方法是 r－RESPA 法，与速度 Verlet 法相比，对于复杂分子体系（高分子及生物分子等），r－RESPA 法可以大大加快运算速度，步长可以达到 1～2 fs。

16.6　非键相互作用与截断半径

分子动力学模拟时间主要耗费在对粒子间作用力的计算。粒子间的短程与长程作用力，计算量分别与粒子数 N 与 N^2 成正比。对极为耗时的长程作用力计算，常用的处理方法有：领域列表法、链格法以及截断半径法等，其中截断半径法应用广泛。假设 r_c 为球形截断半径，当两个粒子之间的距离大于 r_c 时，则不考虑该粒子对之间的作用力，这就避免了模型中所有的粒子间作用力逐个遍历的计算。常用的截断方法有直接法、spline 法和 Eward 加和法等。此外，为了避免在截断处非键作用突然为零，通常在截断前 r_s 处启用开关函数，由此将 $r_s \to r_c$ 区间的非键作用逐渐调整为 0，形成连续且符合计算要求的势能。通常 r_s 不宜过小，一般取 $r_s = 0.9r_c$。

即使引入了截断半径，粒子间相互作用的计算依然耗费大量的计算时间，为此有 Verlet 近邻表及网格近邻表解决方法。前者是建立链表，记录各个粒子周围截断半径内所有的粒子，只计算链表内各粒子对之间的相互作用。网格近邻表法则将模拟盒子分成若干个边长大于势函数截断半径的单元，对各个粒子只需计算其与所在网格及近邻网格中粒子间的相互作用。与近邻列表法相比，本方法不占用多余内存，计算量相对小。通常，并不是每个时间步长更新近邻表，而是根据截断距离不定时更新，以提高计算速度。

一般说来，与范德华非键相互作用相比，静电相互作用更是长程，如两个单位电荷相距 10 Å 的库仑作用有 138 $kJ \cdot mol^{-1}$，即使相隔 100 Å 仍有 12.5 $kJ \cdot mol^{-1}$，常采用复杂的长程校正方法，如 Ewald 及 Particle Mesh Ewald 方法（PME）来处理。

16.7　周期性边界条件与最近影像约定

16.7.1　周期性边界条件

分子动力学模拟通常在元胞（也称体积元、模拟箱）中进行。对气体和液体，如果体积元足够大，并且系统处于热平衡状态，那么这个体积元的形状是无关紧要的，为了计算简便，通常取立方体为元胞。对于晶体，通常根据其空间群来决定元胞形状，可取立方体、六棱柱和截角八面体等。将一定数目的粒子置于元胞内，MD 模拟时，通常首先要使模拟体系的密度等于实验所测密度，并由此确定元胞的几何尺寸。

尽管分子动力学能够处理元胞内多达 10^4～10^9 个原子，然而，与真实样品的尺寸仍然相差甚远。MD 模拟借助于边界条件的设定，可实现用小数目粒子的行为去模拟宏观体系的性质。

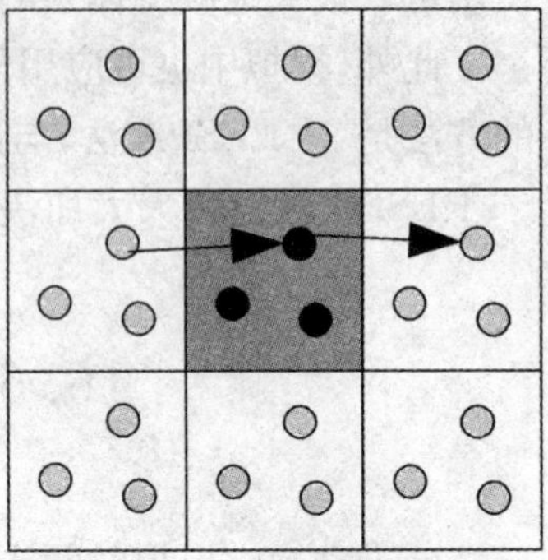

图 16.4 二维周期性边界条件示意图

对边界条件的正确处理和设定，是 MD 计算和模拟成功的决定因素之一。常用的边界条件有两大类：周期性边界条件(period boundary condition，PBC) 和非周期边界条件。前者是指元胞的左右、上下、前后存在元胞的影像。图 16.4 是二维周期性边界条件示意图，在元胞的周围存在 8 个完全等同的影像。如果是三维，则在元胞的周围存在 26 个影像盒子。MD 模拟中约定：如果一个粒子穿过了基本元胞的一个表面，然后离开这一元胞，则这一粒子穿越其对面的墙(表面)，从影像的元胞进入基本元胞，并且其速度保持不变，由此确保元胞中体系粒子数目恒定。

某些情况下分子模拟不适宜采用周期边界条件，如液滴体系、溶液中沉淀的分子簇等，则可采取非周期边界条件。常用的策略是给分子罩上一层足够厚的“溶剂壳”，相当于一个溶质分子进入到溶剂中，这样边界效应就从溶质分子—真空作用界面转移到溶剂分子—真空作用界面，从而能较真实地处理溶质分子—溶剂的作用。

16.7.2 最近影像约定

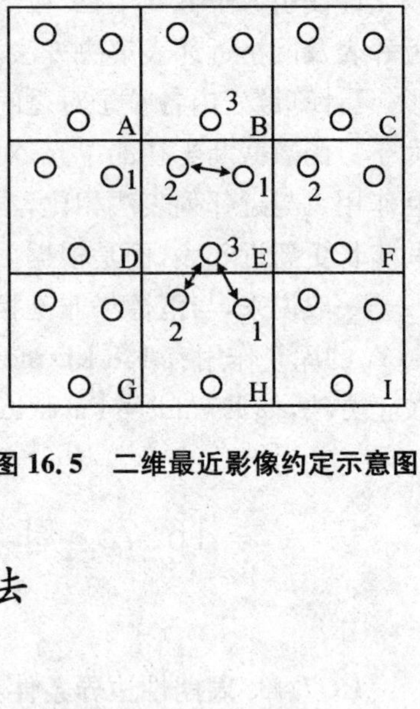

图 16.5 二维最近影像约定示意图

应用周期性边界条件后，为了正确考虑粒子间的相互作用，保证能量守恒，要采用最近影像约定：若元胞中有 N 个粒子，每个粒子只与 $N-1$ 个其他粒子或它们所有镜像中距离最近的发生相互作用。图 16.5 为二维最近影像约定示意图，图中元胞 E 中有三个粒子，两两之间存在三对相互作用：1 - 2、1 - 3 及 2 - 3，这些相互作用以粒子或其镜像间最近距离进行计算，如图中 2 - 3 相互作用，以元胞中的 3 及影像 H 中的 2 之间计算。

16.8 系综及其控制方法

16.8.1 系综

系综是指在一定的宏观约束条件下，大量性质和结构完全相同的、处于各种运动状态的、各自独立系统的集合。可以通过以下简单的譬喻来理解吉布斯的“系综原理”。假设一个骰子有六个面，分别刻着点数 1、2、3、4、5 和 6，这样六个面上点数的平均值为 $(1+2+3+4+5+6)/6=3.5$。吉布斯想出了一个绝妙的方法：一手抓 1 000 个骰子一次掷下去，将所有朝上一面的点数统统加起来，除以骰子总数 1 000，就能求得向上一面点数的平均值。随着骰子总数的增加，结果一样可以趋近于 3.5。吉布斯就把这 1 000 颗骰子总称为一个“系综”。

根据统计力学,典型体系中粒子的位置和它们的动量坐标形成了多维的相空间。相空间内的一个点,描述系统的一个状态。分子动力学模拟理论认为,体系的初始相空间坐标及其在随后时刻的坐标之间存在一一对应关系,如果允许一个系统不确定地自由变化,系统将遍历所有可能的状态,那么所有初始相空间坐标的平均值就等同于对随时间演化的相空间坐标的平均值,即系综平均等于时间平均($\langle A\rangle_{\mathrm{ens}}=\langle A\rangle_{\mathrm{time}}$)。MD 模拟的目的就是产生大量的系统状态以确保上述等式成立。分子动力学模拟正是基于计算多粒子体系在数值上随时间的演化,并在足够长的时间内对某些变量求平均值来模拟体系的平均行为。

分子动力学是一种研究在体积 V 中 N 个粒子的经典体系的自然的时间演绎的方法。MD 模拟中常用的系综有:微正则系综、正则系综、巨正则系综、等温等压系综、等焓等压系综等。

1. NVE 微正则系综

它是孤立的、保守系统的统计系综。系统中的粒子数 N、体积 V 和能量 E 保持不变,且总线动量恒为零,系统沿着相空间中的恒定能量轨道演化。在模拟过程中能量始终会在动能 E_{k} 和势能 E_{p} 之间重新分配。总能量是否保持不变可以用来检验算法是否准确、时间步长是否合适等。

2. NVT 正则系综

它是统计物理中针对粒子数 N、体积 V、温度 T 和总动量守恒的正则系综。保持系统的温度不变,通常运用的方法是让系统与外界的热浴处于热平衡状态,此时系统的总能量不是一个守恒量,系统会与外界发生能量交换。基于温度与系统动能间的直接关系,还可以通过标度原子的速度来实现系统动能的固定,从而实现温度的恒定。

3. μTN 巨正则系综

它是正则系综的推广。该系综中温度 T、粒子数 N 和化学势 μ 是恒定的。系综内的体系数目及各体系的体积也是固定不变的,系综内的各体系间可以交换能量以及粒子,但能量总和以及粒子数总和是固定的。

4. NPT 等温等压系综

它是体系粒子总数 N、温度 T 和压强 p 保持恒定的封闭系统,体系与外界大热浴保持热平衡。这类系综比较接近于实验条件,在分子动力学模拟中被广为采用。温度的恒定可以通过调节系统的速度或加一约束力来实现。鉴于系统的压强与其体积密切相关,压强值的调节可以通过标度系统的体积来实现。

5. NPH 等压等焓系综

它是保持系统的粒子数 N、压强 p 和焓值 H 不变的系综。由于 $H=E+pV$,故在该系综下进行模拟时要保持压强与焓值为固定值,其调节技术有一定的难度。事实上,这种系综在实际的分子动力学模拟中很少用到。

综上所述,NVE 微正则系综是经典 MD 模拟系综,NVT 正则系综和 NPT 等温等压系综是目前 MD 模拟应用最广泛的系综。系综的选择通常需要多种因素的权衡,包括研究问题、体系种类与大小等。通常,采用 NPT 系综平衡体系,之后,用 NVT 或者 NVE 系综获得相空间中体系的轨迹文件。

16.8.2 体系温度的控制方法

在恒温的系综中，经常要把温度调整到期望值。而体系的有效温度是由动能决定的，即

$$E_k = \sum_i^N m_i \boldsymbol{v}_i^2/2 = (3N - N_C)k_B T/2 \tag{16.8.1}$$

式中：N 为粒子数；N_C 为约束数；k_B 为波尔兹曼常数；$\boldsymbol{v}_i$ 为粒子 i 的速度。

常用的控温方法有直接速度标定、Berendsen 外部热浴法、Andersen 热浴、Gaussian 温控及 Nose-Hoover 热浴等。

直接速度标定法通过引入速度标度因子 $\lambda = (N_{df} K_B T_C / 2K)^{\frac{1}{2}}$（式中 N_{df} 为系统的总自由度数，T_C 为目标温度，K 为标度前体系的总动能），每隔一定的积分步，以 $\lambda \boldsymbol{v}(t)$ 代替 $\boldsymbol{v}(t)$ 对速度进行周期性的标定，从而使系统温度在目标值附近小幅波动。该方法原理简单，易于编程，但是突然的速度标定可能引起体系能量的突然改变，致使模拟系统和真实结构的平衡态存在偏差。

在 Andersen 提出的恒温方法中，体系与一指定温度的热浴相耦合。与热浴的耦合由偶尔作用于随机选取的粒子上的随机脉冲力表示，与热浴耦合的强度由随机碰撞频率 ν 决定。如粒子 i 被选中经历一次碰撞，其新速度将从对应于目标温度 T_C 的麦克斯韦尔-玻尔兹曼分布获得，所有其他粒子不受本次碰撞影响。研究表明，Andersen 热浴对不依赖于时间的性质可得到较好的结果。然而，随机碰撞以一种不真实的方式扰乱了体系动力学，直接导致了粒子速度的随机相关性减弱。

Berendsen 热浴法也称恒温槽方法，假设模拟的体系与一个恒温槽连在一起，两者之间通过热交换而使模拟的体系达到恒温目的。计算粒子的速度校准系数 $\lambda = \sqrt{1 + \Delta t(T - T_C)/\Gamma}$（式中参数 Γ 表征系统与恒温槽之间的热交换速率），通过 $\lambda \boldsymbol{v}(t)$ 代替 $\boldsymbol{v}(t)$ 对粒子速度进行调整，即可保持体系的温度在目标温度 T_C 附近振动。

Nose-Hoover 热浴法是通过在体系哈密顿量里加入一个假想的项（代表一个恒温源），来改变模拟体系的哈密顿量来实现控温的，较之粒子突然得到新的随机速度的 Andersen 方法提供了一种保持温度不变的更缓和的方法。

16.8.3 体系压强的控制方法

分子动力学模拟有时要求模拟体系的压强保持不变，即进行等压模拟。通常，通过改变模拟元胞三个方向或一个方向的尺寸，调整模拟体系的体积来实现压强的恒定。常用的方法有：直接体积标定法、Berendsen 法、Andersen 方法，以及 Parrinello-Rahman 扩展系综法等。

直接体积标定法是在一定时间步内计算系统应力 S，利用体积模量 B，由 $\mathrm{d}L_i/L_i = nB/3S_i$，计算元胞在 i 方向上尺寸的调整（式中 n 为控制参数），由此将系统体积重新分配，以达到目标压强值。

Berendsen 控压方法是假想体系与一“压浴”相耦合，计算坐标的标度因子 $\mu = [1 + \Delta t(p - p_0)\gamma/\tau_p]^{1/3}$（式中 γ 是一个可调参数，p_0 为压力控制的目标值，τ_p 为耦合参数）。每次迭代时，粒子坐标均用 μ 相乘，由此调节体系的体积，实现对压力 p 的控制。

Andersen 控压方法假定系统与外界“活塞”耦合，当外部压强不能补偿系统内部压强

时,“活塞”运动引起系统均匀地膨胀或收缩,最终使得系统压强等于外部压强。这种方法的优点是模拟元胞的大小及形状均可变。

16.9　分子动力学模拟应用

分子动力学模拟借助于计算机硬件能清晰地呈现原子的运动轨迹,许多与原子有关的微观细节,在实际实验中很难获得,而在计算机模拟中可以方便地得到。

在统计力学中,相应于实验观测的是系综平均。根据统计力学中各态历经假设,如果系统遍历所有可能的状态,那么对所有相空间的平均值等同于对随时间演化的相空间求平均值,即系综平均等同于时间平均,即

$$\langle A \rangle_{\mathrm{ens}} = \langle A \rangle_{\mathrm{time}} = \lim_{\tau \to \infty} \frac{1}{\tau} \int_{t=0}^{\tau} A(p(t), r(t))\mathrm{d}t \approx \frac{1}{M} \sum_{t=1}^{M} A(p, r) \qquad (16.9.1)$$

式中:τ 是模拟时间;M 是时间步数;$A(p,r)$ 是物理量 A 的瞬时值,为动量 p 和坐标 r 的函数。MD 模拟的一个目的就是产生足够的有代表性的构型以满足这一等价性条件,这样关于结构、动力学和热力学等的相关实验信息就可以通过对计算机模拟得到相空间中点的统计平均而得到。对于平衡系统,在一个分子动力学观察时间内(目前的计算机水平,已经可以达到数十甚至上百 ns)作时间平均,由此计算一个物理量的统计平均值。对于非平衡系统过程,只要物理现象发生在一个分子动力学观察时间内,也可以用分子动力学进行直接计算模拟,获得非平衡性质。在计算机上对分子系统进行 MD 模拟的一般步骤如图16.2所示。

16.9.1　初始构型的优化及体系的平衡

获得体系的初始构型是开展 MD 模拟的第一步。通常,模拟体系的初始构型要特别避免两个原子挨得太近,以及严重不合理的键长、键角和扭矩等情况。初始构型可以来自实验数据或各种理论模型的计算。无论哪种方式所获得的体系中粒子的初始空间坐标都可能并非处于最稳定的位置,为此对初始结构要进行一个不施加载荷的弛豫过程,使得系统达到稳定的平衡态,这个过程称为构型优化或者能量最小化。比较常用的能量最小化方法有最速下降法和共轭梯度法。前者是快速移除体内内应力的好方法,但是接近能量极小点时收敛比较慢,而后者在能量极小点附近收敛相对快一些,所以,通常在最速下降法优化完后再用共轭梯度法优化,两种方法的联合使用能有效地确保获得最优初始构型。

平衡段的模拟是为了使体系构型尽可能接近分子动力学模拟要求的目标温度及压强下的构象。只有确保体系已达平衡之后存储的,轨迹文件中的数据才是可靠的。在进行轨迹存储之前的过程称为预平衡。通常跟踪的性质有体系能量(包括动能、势能及总能量)、温度、压强、密度及结构性质等。关于平衡可能较多地通过经验去判断,一般而言,对于温度和能量的波动在 5%～10%之间,即认为体系已达到平衡,通常温度达到平衡所需的时间相对较长,因此,模拟过程中体系温度的波动程度常被作为判定体系平衡与否的指标。用于判断平衡的常用结构性质有次序参数 Λ、均方位移 MSD(Mean Square Displacement)和径向分布函数 RDF(Radial Distribution Function)等。

16.9.2 势能、动能及总能量

势能瞬时值通常在计算力(势能对坐标一阶导数的负值)时可以直接得到,通过对瞬时值求平均即可得到势能平均值,即

$$< E_{\mathrm{p}} >= \frac{1}{M}\sum_{i=1}^{M} E_{\mathrm{p},i}(t) \tag{16.9.2}$$

式中:M 是 MD 轨迹中的构象数,即取样步数;$E_{\mathrm{p},i}$ 是每个构象的瞬时势能。势能可以用来证实能量守恒,是 MD 模拟中的一项重要的检验。

动能平均值可以通过下式计算,即

$$< E_{\mathrm{k}} >= \frac{1}{M}\sum_{j=1}^{M}\sum_{i=1}^{N}[m_i \boldsymbol{v}_i^2(t)/2] \tag{16.9.3}$$

式中:N 是体系中的粒子总数;m_i 和 $\boldsymbol{v}_i(t)$ 为 i 粒子的质量及其在 t 时刻的速度。

总能量在牛顿力学中是守恒的,即 $E=E_{\mathrm{k}}+E_{\mathrm{p}}=\mathrm{constant}$,通常每个时间步都要计算以检验它确实是常数。在模拟过程中,能量在动能和势能之间转换,引起动能和势能起伏变化,但它们的总和恒定。实际模拟中,总能量会有大约万分之一($10^{-4}E$)的起伏,这是由数值积分误差引起的,减小时间步长(Δt)可减小偏差。

16.9.3 温度和热容

体系温度 T 和平均动能 $<E_{\mathrm{k}}>$ 相关,对于三维体系,则

$$\langle E_{\mathrm{k}}\rangle = \frac{3}{2}Nk_{\mathrm{B}}T \tag{16.9.4}$$

式中:k_{B} 为波尔兹曼常数;N 为体系中的粒子数。基于此,体系温度可直接由平均动能 $<E_{\mathrm{k}}>$ 得到。

体系的热容 C_V 可以由平均动能或温度的涨落求出,即

$$C_V = \frac{3k_{\mathrm{B}}}{2}\left[1-\frac{2N(\Delta E_{\mathrm{k}})^2}{3k_{\mathrm{B}}^2T^2}\right]^{-1} \tag{16.9.5}$$

式中 $(\Delta E_{\mathrm{k}})^2 = <E_{\mathrm{k}}^2> - <E_{\mathrm{k}}>^2$ 称为动能涨落。

16.9.4 压强

压强的定义为单位面积所受的力。MD 中压强的测量依据克劳修斯维里函数,即

$$W(\boldsymbol{r}_1\cdots \boldsymbol{r}_N) = \sum_{i=1}^{N}\boldsymbol{r}_i\cdot \boldsymbol{F}_i^{\mathrm{tot}} \tag{16.9.6}$$

式中:$\boldsymbol{F}_i^{\mathrm{tot}}$ 是作用在原子 i 上总的力;W 的统计平均通过对轨迹的平均得到,即

$$< W >= \lim_{t\to\infty}\frac{1}{t}\int_0^t \mathrm{d}\tau \sum_{i=1}^{N}\boldsymbol{r}_i(\tau) m_i \boldsymbol{a}_i(\tau) = -\lim_{t\to\infty}\frac{1}{t}\int_0^t \mathrm{d}\tau \sum_{i=1}^{N} m_i[\boldsymbol{v}_i(\tau)]^2 \tag{16.9.7}$$

这与 2 倍平均动能相关。根据统计力学的均分原理,由式(16.9.4)可知,对于三维体系,有

$$<W>=-3Nk_{\mathrm{B}}T \tag{16.9.8}$$

作用在粒子上总的力可看成由两部分组成：由粒子间相互作用引起的内部力和由容器壁引起的外部力；这样功也有相应的两部分组成：W^{int} 和 W^{ext}，其中由体积为 V 的容器壁引起的 $<W^{\mathrm{ext}}>$ 为 $-3pV$，由粒子间相互作用力引起的，即

$$<W^{\mathrm{int}}>=<\sum_{i=1}^{N}\boldsymbol{r}_i\cdot\boldsymbol{F}_i^{\mathrm{int}}> \tag{16.9.9}$$

则有：

$$-3Nk_{\mathrm{B}}T=<\sum_{i=1}^{N}\boldsymbol{r}_i\cdot\boldsymbol{F}_i^{\mathrm{int}}>-3pV \tag{16.9.10}$$

于是，

$$p=\frac{1}{3V}\left(-3Nk_{\mathrm{B}}T+<\sum_{i=1}^{N}\boldsymbol{r}_i\cdot\boldsymbol{F}_i^{\mathrm{int}}>\right)=\frac{1}{3V}\left(2<E_K>+<\sum_{i=1}^{N}\boldsymbol{r}_i\cdot\boldsymbol{F}_i^{\mathrm{int}}>\right) \tag{16.9.11}$$

这就是维里方程，式中除压强 p 以外的所有量都可由模拟得到，由此可以计算 p。

16.9.5　热量曲线和熔点

通过模拟可以得到不同热力学状态下体系的总能量(E)和温度(T)，由此可以构建热量曲线。E 和 T 的突变，与一级相变相关，对应于熔化潜热；若是 E 和 T 的导数突变，则意味着二级或更高级相变。

根据粒子的均方位移(MSD)随时间变化的行为可以区分固体和液体。通常，通过提高模拟体系的温度至出现扩散来确定模拟体系的熔化温度(T_{m})，此时在热量曲线上由于吸收潜热出现跳跃。但实际 MD 模拟中出现相变的温度却总比真实熔点高 20%～30%。这是由于熔点是固体和液体两相共存的温度，然而，由于在模拟过程的初期体系缺乏液体生长的种子，故而经常会发生过热现象。精确的方法就是构建一个由 50%固体和 50%液体组成的包含液固界面区域大样品，设法建立液固平衡共存的状态，再进行模拟计算。

16.9.6　均方位移和扩散系数

分子动力学模拟中，体系中粒子的位置在不停地移动，以 $\boldsymbol{r}_i(t)$ 表示 t 时刻 i 粒子的位置，体系中粒子位移平方的平均值称为均方位移，即

$$\mathrm{MSD}=<\sum_{i=1}^{N}|\boldsymbol{r}_i(t)-\boldsymbol{r}_i(0)|^2> \tag{16.9.12}$$

$<\ >$ 表示对所有粒子取平均。根据统计原理，只要粒子数目 N 足够多，计算时间足够长，系统的任一瞬间均可当作时间零点。

MSD 包含了原子扩散信息，可以监测模拟体系的平衡情况。对固体体系，MSD 有有限的极限值；对液体体系，MSD 随时间线性增大，其直线斜率与扩散系数 D 相关，即

$$D=\lim_{t\to\infty}\frac{1}{6Nt}\frac{\mathrm{d}}{\mathrm{d}t}<\sum_{i=1}^{N}|\boldsymbol{r}_i(t)-\boldsymbol{r}_i(0)|^2> \tag{16.9.13}$$

扩散系数 D 是表征体系动力学行为常用的重要参数。

16.9.7 径向分布函数

径向分布函数(RDF)是一类对关联函数,定义为:

$$g(r)=\frac{\mathrm{d}N}{4\pi r^2\rho\mathrm{d}r} \tag{16.9.14}$$

式中:$\mathrm{d}N$ 为距离目标粒子 $r\to r+\mathrm{d}r$ 范围的其他粒子数;ρ 为体系的密度。径向分布函数描述了目标粒子周围其他粒子的分布,可以解释为系统的区域密度与平均密度之比。

MD 实际模拟中,$g(r)$可由下式计算:

$$g(r)=\frac{1}{4\pi r^2\rho\mathrm{d}r}\frac{\sum_{t=1}^{M}\sum_{j=1}^{N}\Delta N(r\to r+\Delta r)}{N\times M} \tag{16.9.15}$$

式中:N 为粒子数;M 为时间步数;Δr 为设定的距离差;ΔN 为距离目标粒子 $r\to r+\mathrm{d}r$ 间的粒子数目。

径向分布函数反映了体系中粒子的聚集特性,$g(r)$图上最大峰的位置 $r_{\max}$,表示在距离目标粒子 $r_{\max}$ 附近出现其他粒子的机会最多(此距离为成键或配位距离),由 $g(r)$图上各峰的积分面积可以推算目标粒子周围不同分子结构层中其他粒子的数目,如水溶液中分子或离子的水合数目。

16.9.8 相关函数

相关函数是统计力学中一种重要的函数,表示物理量与物理量之间与时间的相关性,如速度相关函数、定向相关函数和偶极相关函数等。有自相关(auto-correlation)和交叉相关(cross-correlation)之分。物理量 A(如位置和速度等)的自相关函数为:

$$C(t)=\langle A(t)\cdot B(0)\rangle=\langle A(T+t)\cdot A(T)\rangle \tag{16.9.16}$$

因为物理量的平均值不随选择时间的起点而变,故上式中的 T 为任意的初始时间。物理量 A 与 B 的互相关函数为:

$$C_{AB}(t)=\langle A(t)\cdot B(0)\rangle=\langle A(T+t)\cdot B(T)\rangle \tag{16.9.17}$$

MD 中重要的是自相关,通常定义物理量 A 的归一化的自相关函数为:

$$\bar{C}_{AB}(t)=\frac{C_A(t)}{C_A(0)}=\frac{\langle A(t)\cdot A(0)\rangle}{\langle A(0)\cdot A(0)\rangle} \tag{16.9.18}$$

如速度自相关函数为:

$$C_v(t)=\frac{1}{N}\sum_{i=1}^{N}\boldsymbol{v}_i(t)\cdot\boldsymbol{v}_i(0) \tag{16.9.19}$$

用以检测体系中粒子的速度何时与初始速度无关,即失去记忆。

相关函数为统计力学中的重要函数,可借由不同形式的相关函数计算各种与时间有关物理量的平均值,如可利用速度相关函数的傅立叶转换计算振动频率,模拟功率谱(power spectrum)为:

$$I(\omega)=R_e\left[\frac{1}{2\pi}\int_0^{\infty}<\boldsymbol{v}_i(t)\cdot\boldsymbol{v}_i(0)>e^{i\omega t}\mathrm{d}t\right]\propto\lim_{N_T\to\infty}\sum_{n=0}^{N_T}C_v(n\Delta t)\cos(\omega\cdot n\Delta t)\Delta t \quad (16.9.20)$$

式中：ω 为频率；R_e 表示取括号中的实数部分；N_T 为计算的总步数；$I(\omega)$为该频率的图谱密度。对比计算得到的功率谱与实验红外光谱可以检验分子动力学模拟的准确性。此外，利用分子偶极矩的相关函数、转动相关函数可分别计算红外光谱和散射光谱。

相关函数的应用范围很广，系统许多的动态特性可选择适当的相关函数来计算，如表征迁移特性的扩散系数可以根据极限情况下的速度自相关函数计算，即

$$D=\frac{1}{3}\int_0^{\infty}<\boldsymbol{v}_i(\tau)\cdot\boldsymbol{v}_i(\tau)>\mathrm{d}\tau \quad (16.9.21)$$

此外，利用各种相关函数还可以计算热导、电导系数及溶液黏度等。

16.9.9 自由能

自由能((Helmholtz 或 Gibbs 自由能)是影响系统变化最重要的因素，因为从自由能数据可以判断体系不同状态的稳定性。体系自由能计算是一个非常有价值的技术，常用的方法有微扰法及热力学循环法等。

1. 自由能微扰法

a 和 b 两个态之间的自由能差 ΔA 与位能差的系综平均存在如下关系：

$$\Delta A=-k_B T\ln\langle\exp\left[-\frac{E_{p,b}-E_{p,a}}{k_B T}\right]\rangle \quad (16.9.22)$$

式中：$E_{p,a}$ 和 $E_{p,b}$ 是两个紧密相关态的位能；<>表示对系综求平均。基于此，由分子动力学模拟获得两个态之间的位能差的系综平均(用时间平均代替)，就可获得两个态之间的自由能差值，这种应用统计微扰理论计算自由能的方法称为自由能微扰方法。

式(16.9.22)成立的最重要条件就是 a 和 b 态非常相近。很多真实体系，两态之间的差别需要通过一系列连续渐变的中间态来耦联。通常把两个态看作是由一耦联参数 λ 相关联的互变体，如 a 态对应于 $\lambda=0$，b 态对应于 $\lambda=1$，两个态的过渡是通过不断在 0 与 1 之间 λ 的微小改变来实现的。此时，两者之间的自由能差可以通过计算热力学积分来求取：

$$\Delta A=A_{\lambda=1}-A_{\lambda=0}=\int_0^1\frac{\partial A(\lambda)}{\partial\lambda}\mathrm{d}\lambda \quad (16.9.23)$$

上式可用微扰方式将连续的 λ 近似为若干个 λ_i 点，再进行数值求解。设 ΔA_i 为第 i 个 λ 点与其邻域的 $\lambda_i+\delta\lambda$ 点间的自由能差，从式(16.9.22)有

$$\Delta A_i=A_{\lambda_i\pm\delta\lambda}-A_{\lambda_i}=-k_B T\ln\langle\exp\left[-\frac{E_{p,\lambda_i\pm\delta\lambda}-E_{p,\lambda_i}}{k_B T}\right]\rangle \quad (16.9.24)$$

此时 a,b 两态间的自由能差为：

$$\Delta A=-k_B T\sum_{i=1}^{l}\ln\langle\exp\left[-\frac{E_{p,\lambda_i\pm\delta\lambda}-E_{p,\lambda_i}}{k_B T}\right]\rangle\frac{\Delta\lambda_i}{\delta\lambda} \quad (16.9.25)$$

这里 l 是 λ 值被分割的点数，式中的正、负号表示微扰可以正向或逆向进行。

2. 热力学循环法

由于自由能是热力学的态函数，因此两态间的自由能差仅与这两态有关，而与达到这两态的途径无关。若体系从一个态出发，经过一个封闭的途径又回到这个态，则体系自由能变化为零。利用这一性质，可以通过人为设计非化学途径，构造热力学循环，由此来确定真实过程的自由能变化。

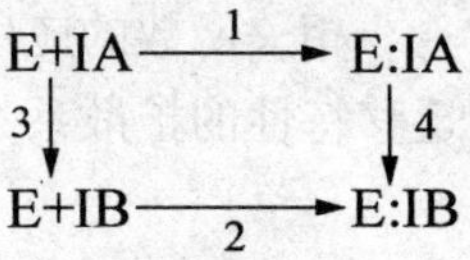

例如，为了得到两个抑制剂(IA 和 IB)与酶 E 的相对结合常数，可以构造一个热力学循环。这里"："代表复合物，过程 1 和 2 是真实的酶与抑制剂结合的途径，ΔF_1 和 ΔF_2 是相应的自由能变化，过程 3 和 4 是人为构造的途径，其相应自由能差为 ΔF_3 和 ΔF_4。根据化学热力学理论，相对结合常数可表示为：

$$\frac{K_2}{K_1}=\exp\left(-\frac{\Delta F_2-\Delta F_1}{RT}\right) \tag{16.9.26}$$

这里 R 为气体常数。由于酶与抑制剂反应时有大量溶剂分子存在，所以从理论上计算 ΔF_1 和 ΔF_2 非常困难。但从上述构建的热力学循环可以看出：

$$\Delta F_2-\Delta F_1=\Delta F_4-\Delta F_3 \tag{16.9.27}$$

而 ΔF_3 和 ΔF_4 可以用自由能微扰方法计算，这样使用式(16.9.26)和式(16.9.27)就可以得到 IA、IB 与 E 的相对结合常数了。

16.9.10 分子动力学的局限与展望

受方法以及计算机条件所限，目前分子动力学只能研究系统短时间范围内的运动，并且存在诸多局限，主要表现在：① 模拟是经典的；② 电子是处于基态的；③ 力场是近似的；④ 力场采用的是成对势；⑤ 对长程作用使用了截断处理；⑥ 边界条件并不真实；⑦ 模拟时间和体系尺度有限；⑧ 难以产生大的拓扑重排，等等。

即使存在诸多缺陷，分子动力学依然是非常强大的模拟工具，是目前计算庞大复杂系统的优选方法。随着新的方法和理论的充实与巩固，未来计算机硬件的不断提升，有望不断拓展到微观、介观尺度的研究。与别的方法的相互渗透，也是未来分子动力学的一个发展方向。可以预计，分子动力学模拟将在各类材料科学的研究中发挥不可估量的重要作用。

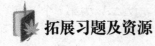

拓展习题及资源

习题参考答案

第 1 章　气体的 p-V-T 性质与热力学第一定律

1. $\rho=1.294\ \mathrm{kg\cdot m^{-3}}$　2. (1) 31.30 mol　(2) 24.65 $\mathrm{m^3}$　3. 31.30 mol　24.65 $\mathrm{m^3}$　4. 11.0 kg　5. $W=-2.42$ kJ, $\Delta U=-154.42$ kJ　6. (1) $V_1=0.0897\ \mathrm{m^3}$　(2) $T=1093$ K　7. (1) $W=4.42\times10^3$ J　(2) $W=4435$ J　8. (1) $W=-3020.1$ J　(2) 0.063%　(3) $W=-3101.3$ J　(4) $Q=40.66\ \mathrm{kJ\cdot mol^{-1}}$, $\Delta_{vap}U_m^{\ominus}=37.67\ \mathrm{kJ\cdot mol^{-1}}$　(5) 略　9. 0.163 J　10. (1) -101.325 J　(2) -2.24×10^4 J　(3) -5.74×10^4 J　11. (1)

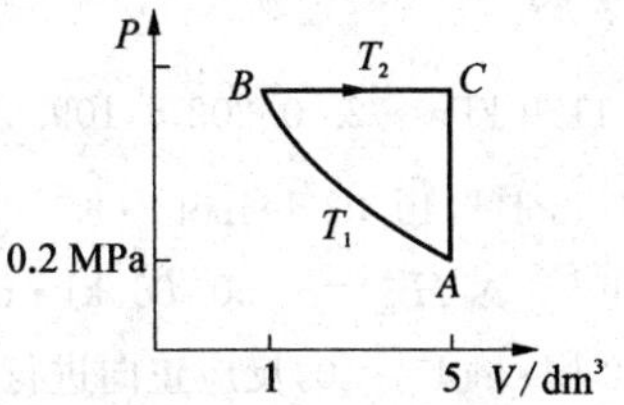

(2) $T_1=120.3$ K, $T_2=601.4$ K　(3) A→B, $Q=-1.61$ kJ, $W=1.61$ kJ, $\Delta U=0$, $\Delta H=0$　B→C, $Q=10.0$ kJ, $W=-4.0$ kJ, $\Delta U=6.0$ kJ, $\Delta H=10.0$ kJ　C→A, $Q=-6.0$ kJ, $W=0$, $\Delta U=-6.0$ kJ, $\Delta H=-10.0$ kJ　12. $\Delta H=Q=17.16$ kJ, $W=-1.23$ kJ, $\Delta U=15.93$ kJ　13. $W=-172.3$ J, $\Delta U=2086.7$ J, $\Delta H=2259$ J, $Q=2259$ J　$W=-52.9$ J, $\Delta U=2086.7$ J, $\Delta H=2259$ J, $Q=2139.6$ J　$W=0$, $\Delta U=2086.7$ J, $\Delta H=2259$ J, $Q=2086.7$ J　14. (1) $T_2=134.7$ K, $V_2=2.8\ \mathrm{dm^3}$　(2) $\Delta U=-1680$ J, $\Delta H=-2800$ J　(3) $W=2240$ J　15. $W=-61.4$ J, $\Delta U=147.7$ J, $\Delta H=209.1$ J, $Q=209.1$ J　16. (1) $\Delta H=Q_p=0$　(2) 6.31×10^{-3} kg　17. (1) 562.8 K　(2) 935.8 kPa　(3) -5500 J　18. (1) 16.1%　(2) 41.8%　19. 30.68 kJ　20. (1) $-5635\ \mathrm{kJ\cdot mol^{-1}}$　(2) $-2231\ \mathrm{kJ\cdot mol^{-1}}$　(3) $1195\ \mathrm{J\cdot K^{-1}}$　21. (1) $53.08\ \mathrm{kJ\cdot mol^{-1}}$　(2) $-32.58\ \mathrm{kJ\cdot mol^{-1}}$　22. 915 m　23. 略

第 2 章　热力学第二定律

1. (1) 50 kPa　(2) $Q=-W=1717.32$ J, $\Delta U=0$, $\Delta S=5.76\ \mathrm{J\cdot K^{-1}}$, $\Delta G=-1717.32$ J　(3) $Q=-W=-1717.32$ J　2. (1) $Q=-W=4570.82$ J, $\Delta U=\Delta H=0$, $\Delta S=15.24\ \mathrm{J\cdot K^{-1}}$　(2) $Q=W=0$, $\Delta U=\Delta H=0$, $\Delta S=15.24\ \mathrm{J\cdot K^{-1}}$　(3) $Q=-W=3000$ J, $\Delta U=\Delta H=0$, $\Delta S=15.24\ \mathrm{J\cdot K^{-1}}$　3. $\Delta S=12.57\ \mathrm{J\cdot K^{-1}}$　4. (1) $W=0$, $Q=\Delta U=27835.16$ J　(2) $\Delta_{vap}S_m=87.17\ \mathrm{J\cdot mol^{-1}\cdot K^{-1}}$, $\Delta_{vap}G_m=0$　(3) $\Delta S_{sur}=-78.15\ \mathrm{J\cdot K^{-1}}$　(4) $\Delta S_{iso}=8.32\ \mathrm{J\cdot K^{-1}}>0$　5. (1) $\Delta_r S_m=13.42\ \mathrm{J\cdot K^{-1}\cdot mol^{-1}}$　(2) $\Delta S_{sur}=134.23\ \mathrm{J\cdot K^{-1}}$, $\Delta S_{iso}=147.65\ \mathrm{J\cdot K^{-1}}$,不可逆　(3) $W_{max}=\Delta G=44$ kJ　6. (1) $Q=-W=-1573.25$ J, $\Delta U=\Delta H=0$, $\Delta S=-5.76\ \mathrm{J\cdot K^{-1}}$, $\Delta A=\Delta G=1573.25$ J　(2) $W=-2269.72$ J, $\Delta U=3404.58$ J, $\Delta H=Q=5674.3$ J, $\Delta S=14.41\ \mathrm{J\cdot K^{-1}}$, $\Delta A=-31.8$ kJ, $\Delta G=-29.5$ kJ　(3) $W=0$, $\Delta U=Q=3404.58$ J, $\Delta H=5674.3$ J, $\Delta S=8.65\ \mathrm{J\cdot K^{-1}}$, $\Delta A=-28.6$ kJ, $\Delta G=-26.3$ kJ　(4) $Q=\Delta S=0$, $\Delta U=W=-824.33$ J, $\Delta H=-1373.89$ J, $\Delta A=5.786$ kJ, $\Delta G=5.236$ kJ　(5) $Q=0$, $\Delta U=W=-680.9$ J, $\Delta H=-1.134$ kJ, $\Delta S=1.12\ \mathrm{J\cdot K^{-1}}$, $\Delta A=4534$ J, $\Delta G=4080$ J　7. $\Delta H=-46.02$ kJ, $\Delta G=-2.147$ kJ, $\Delta S=-117.62\ \mathrm{J\cdot K^{-1}}$　8. (1) $\Delta_{trs}G_m^{\ominus}=2.86\ \mathrm{kJ\cdot mol^{-1}}$　(2) $\Delta G>0$, 石墨稳定　(3) $p>$

1.5×10^9 kPa　9. 略　10. 略　11. $S_m^\ominus$(1 000 K)=434.83 J·K^{-1}·mol^{-1}　12. 略

第3章　多组分系统热力学

1. 16.18 cm^3·mol^{-1}　2. (1) 5.75 m^3　(2) 15.27 m^3　3. (1) 略　(2) V_B=18.62 cm^3·mol^{-1}　V_A=18.02 cm^3·mol^{-1}　(3) V_B^∞=16.625 cm^3·mol^{-1}　V_A^*=18.024 8 (cm^3·mol^{-1})　4. y_A=0.763 5，y_B=0.236 5　5. p_A=89.499 kPa，p_B=18.492 kPa　6. p_A^*=4.81×10^4 Pa，p_B^*=2.59×10^4 Pa　7. (1) 1 728 J　(2) 2 152.6 J　8. M=228 g·mol^{-1}，化学式 $C_{12}H_{20}O_4$　9. Δp=0.057 Pa　ΔT_f=0.001 86 K　ΔT_b=0.000 5 K　Π=2.478 kPa　10. a_A=0.814，γ_A=2.44，a_B=0.894，γ_B=1.34，标准态是服从 Raoult 定律的纯组分状态　11. $\gamma_{x,B}$=1.03，$a_{x,B}$=2.41×10^{-3}，$\gamma_{b,B}$=1.02，$a_{b,B}$=0.134　12. (1) 0.35　(2) −2.515 kJ·mol^{-1}　13. (1) a_A=0.803 4，a_B=0.988 4　(2) γ_A=1.607，γ_B=1.977　(3) $\Delta_{mix}G$=−1 150 J　(4) G^E=5 766 J　14. (1) K=2.003　(2) 83.89 g　15. 略

第4章　化学平衡

1. $\Delta_r G_m$=35.6 kJ·mol^{-1}，反应逆向自发进行　p_{SO_3}>11.9 kPa　2. 0.202 5，109.4 kPa　3. 2.89，3.75　4. 9 408 kPa　5. 707.2　6. 146.18　7. 17.1 kJ·mol^{-1}，40.03 J·mol^{-1}·K^{-1}　8. 1 002.16 Pa　9. 8.12×10^{-4} mol　10. (1) $\Delta_r G_m^\ominus$=−66.55 kJ·mol^{-1}　$\Delta_r H_m^\ominus$=−50.66 kJ·mol^{-1}　$\Delta_r S_m^\ominus$=15.89 J·mol^{-1}·K^{-1}　(2) $\Delta_r C_{p,m}$>0　(3) $\Delta_r G_m$=−55.02 kJ·mol^{-1}<0，反应正向进行，Ni 不会被氧化　11. $x(CH_4)$=0.02，$x(CO)$=0.059，$x(CO_2)$=0.149，$x(H_2)$=0.772　12. (1) $\Delta_r G_m$=−7.24 kJ·mol^{-1}<0，反应自发进行　(2) $x(H_2S)$<0.051，Ag 不被腐蚀　13. (1) $\Delta_r G_m^\ominus$=9 897.95 J·mol^{-1}，$\Delta_r H_m^\ominus$=92 748.02 J·mol^{-1}，$\Delta_r S_m^\ominus$=144.59 J·K^{-1}·mol^{-1}　(2) 3.44×10^4 Pa　(3) 4.18×10^5 Pa

第5章　相平衡与相图

1. 略　2. 略　3. 361.6 K　4. 1 092.4 K，3 664.4 kPa　5. (1) 1　(2) 0　(3) 石墨　(4) 石墨　(5) 5×10^9 Pa　6. (1) 15.92 kPa　(2) 44.05 kJ·mol^{-1}　(3) 9.88 kJ·mol^{-1}　7. 当 x_B<0.538，精馏塔顶得到恒沸物，塔底纯乙醇　当 x_B>0.538，塔顶恒沸物，塔底纯乙酸乙酯　x_B=0.538 不能精馏得到纯组分　8. (1) 略　(2) 340 K，32%(苯酚)　(3) 9%，70%，$m_{(水)}$=0.66 kg，$m_{(苯酚)}$=1.34 kg　(4) 两相组成不变，$m_{(水)}$=1.80 kg，$m_{(苯酚)}$=1.20 kg　9. 略　10. 略　11. 336.4 K，146.23 kPa　12. 略　13. 略

第6章　统计热力学基础

1. (1) 60　(2) 25 920　2. 15 种　3. exp(3.03×10^{22})　4. 3.76×10^{23}　5. 2.965 6×10^{31}　6. 5.76 J·K^{-1}·mol^{-1}　7. 154.8 J·K^{-1}·mol^{-1}　8. 210.65 J·K^{-1}·mol^{-1}　9. (1) 略　(2) 2 490 K　10. (1) $\varepsilon_{t,1}$=1.193 6×10^{-38} J，$\varepsilon_{t,2}$=4.774 4×10^{-38} J　(2) r_{CO}=1.130 9×10^{-10} m，$\varepsilon_{r,1}$=7.637×10^{-23} J　11. 240 K 或 952 K　12. (1) 12.2 K　(2) 11.3%　(3) 33.48 J·K^{-1}·mol^{-1}　13. (1) 2.079 K　(2) 43.83 J·K^{-1}·mol^{-1}　(3) 3 279 K　14. (1) 略　(2) 157.69 J·K^{-1}·mol^{-1}　15. 3.368，1.159　16. 略　17. 略　18. $\Delta U_m^\ominus$(0 K)=−4 039 J·mol^{-1}，$K_p^\ominus$(600 K)=26.8

第7章　非平衡态热力学简介

略

第 8 章　电解质溶液

1. 0.019 8 g, 3.84×10^{-6} m^3　2. 0.001 mol　3. 1.5×10^4 s　4. 0.627　5. 0.38, 0.62　6. 0.31, 0.69　7. 0.39, 0.61　8. 0.35, 0.65　9. (1) 1.67×10^{-2} S·m^2·mol^{-1}　(2) 6.67×10^{-3} S·m^2·mol^{-1} (3) 2.07×10^{-6} m·s^{-1}　10. (1) 22.81 m^{-1}　(2) 0.069 S·m^{-1}　(3) 1.4×10^{-3} S·m^2·mol^{-1} 11. (1) 15.85 m^{-1}　(2) 0.007 38 S·m^{-1}　(3) 7.38×10^{-4} S·m^2·mol^{-1}　12. 0.018 8, 1.8×10^{-5} 13. 0.013 1 mol·m^{-3}, 1.72×10^{-10} mol^2·dm^{-6}　14. 0.527 mol·m^{-3}　15. $\Lambda_{m,K^+}=\Lambda_{m,Cl^-}=7.5\times10^{-3}$ S·m^2·mol^{-1}, $\Lambda_{m,Na^+}=5.1\times10^{-3}$ S·m^2·mol^{-1}, $\Lambda_{m,NO_3^-}=7\times10^{-3}$ S·m^2·mol^{-1}　16. 5.400×10^{-8} m^2·s^{-1}·V^{-1}, 6.942×10^{-8} m^2·s^{-1}·V^{-1}　17. 0.013 45, 3.705×10^5 Ω　18. 1.9×10^{-5}　19. $\Lambda_m^\infty=$ 0.012 7 s·m^2·mol^{-1}　20. 1.8×10^{-5}, 3.705×10^5 Ω　21. 0.08 mol·kg^{-1}　22. 1, 3, 10 mol·kg 23. 0.275 mol·kg^{-1}　24. (1) 9.02×10^{-3}, 8.14×10^{-5}　(2) 0.083 95, 5.92×10^{-4}　(3) 1.842×10^{-3}, 1.151×10^{-11}　25. 0.91　26. 0.574, 0.762

第 9 章　可逆电池电动势

1. 略　2. 略　3. 0.44 V　4. (1) 0.020 2 V　(2) 0.089 V　5. (1) 略　(2) 略　(3) 1.02×10^{21} 6. −109.6 kJ·mol^{-1}, −57.4 J·K^{-1}·mol^{-1}, −126.7 kJ·mol^{-1}, −17.11 kJ·mol^{-1}　7. (1) 略 (2) 2.14×10^{31}　(3) 0.923 3 V　8. (1) 略　(2) 2.10×10^{33}　(3) 0.520 8　(4) 219.02 kJ·mol^{-1} (5) −23.12 kJ·mol^{-1}　9. (1) 略　(2) −71.8 kJ·mol^{-1}, −60.29 kJ·mol^{-1}, 38.6kJ·K^{-1}·mol^{-1} (3) 1.89×10^{-3}　10. (1) 略　(2) 0.74 V　(3) 1.08×10^{25}　11. (1) 0.353 V　(2) 0.714 V 12. 0.006 098, 0.768, 2.27×10^{-7}　13. (1) 略 (2) 略　(3) 0.044 2 mol·kg^{-1}　14. (1) 略 (2) −35.898 kJ·mol^{-1}, −31.509 kJ·mol^{-1}, 4.388 kJ·mol^{-1}　15. (1) 3.24×10^{-16} Pa (2) 90.78 kJ·mol^{-1}　16. −195.9 kJ·mol^{-1}, −94.96 J·K^{-1}·mol^{-1}, −224.2 kJ·mol^{-1}, −28.3 kJ·mol^{-1} 17. (1) -8.54×10^{-4} V·K^{-1}　(2) 1.207 V　18. (1) −1.137 V　(2) 17.30 kJ·mol^{-1}　(3) 6.02×10^{-4} V·K^{-1}　19. 13.124 kJ·mol^{-1}, −4.82 kJ·mol^{-1}, −60.213 J·K^{-1}·mol^{-1}　20. (1) 略　(2) 0.797 (3) 3.32×10^7　(4) 1.3×10^{-3} Pa　21. (1) 略　(2) 0.535 5 V, 1.31×10^{18}　(3) 0.535 5 V, 1.14×10^9 22. (1) −0.358 4 V　(2) −0.127 8 V　(3) 0.198 7　23. 9.9×10^{-15}　24. (1) 略　(2) 4.74×10^{-16} (3) −58 679 J·mol^{-1}　(4) -2.04×10^{-3} V·K^{-1}　25. (1) -4.54×10^{-3} V·K^{-1}　(2) −261.2 kJ·mol^{-1} (3) −248.6 kJ·mol^{-1}

第 10 章　电极极化与界面电化学

1. H_2先析出，Zn 先析出　2. 1.75×10^{-20} mol·kg^{-1}　3. 析出 Ni 和 O_2, $E_d=1.064$ V　4. 析出氢气 $\varphi=-1.58$ V，和银电极氧化 $\varphi=0.505\ 3$ V, $E_d=2.085$ V　5. (1) Cu 先析出　(2) $E_d=1.608$ V (3) $b(Cu^{2+})=9.31\times10^{-28}$ mol·kg^{-1}　(4) $\varphi(O_2, H^+|H_2O)=1.665$ V　6. Ag^+、Ni^{2+}、H^+、Cd^{2+}、Fe^{2+} 7. −0.195 V　8. $E=-0.014$ V　9. 略　10. 1.065 2 V

第 11 章　经典化学反应动力学

1. 6.82×10^4 s　2. 1 880 s　3. (1) $k=0.011\ 9$(mol·dm^{-3})$^{-1}$s^{-1}　(2) $t_{0.9}=945.4$ s　(3) $r_m=1.8\times10^{-4}$ mol·dm^{-3}·s^{-1}　4. 2.91×10^4 J·mol^{-1}　5. (1) 一级　(2) 8×10^4 J·mol^{-1}　(3) 325.5 K 6. (1) $n=1$　(2) $k=0.162\ 5$ h^{-1}, $t_{1/2}=4.27$ h　(3) $p=96.65$ kPa　7. (1) $n=2$, $k=15.02$(mol·dm^{-3})$^{-1}$·min^{-1}, $t_{0.5}=8.32$ min　(2) $A=6.12\times10^{11}$, $E_a=60.56$ kJ·mol^{-1}　(3) $T=270.6$ K　8. 略

9\. 137 min　10. (1) $K=4.2\times10^{7}$ Pa　(2) $E_{a+}=E_{a-}=123.1$ kJ·mol^{-1}，$x=0.5$　(3) $t=3.3$ s　11. 略　12. (1) $t=0.55$ s　(2) $y=0.55x$　13. (1) $\alpha=1,\beta=-1$　(2) 相符　14. 略　15. 略　16. (1) $d[CH_4]/dt=k_2(k_1/k_4)^{1/2}[CH_3CHO]^{3/2}$　(2) $E_a=E_2+0.5(E_1-E_4)=198.95$ kJ·mol^{-1}　17. (1) 链反应快速平衡反应　(2) $E_1=355.64$ kJ·mol^{-1}，$E_{-1}=0$，$E_2=21.75$ kJ·mol^{-1}，$E_3=17.78$ kJ·mol^{-1}　(3) $d[CH_4]/dt=2k_2(k_1/k_{-1})^{1/2}[C_2H_6]^{1/2}[H_2]$　(4) $E_a=E_2+0.5(E_1-E_{-1})=199.57$ kJ·mol^{-1}　18. 0.16　19. 略　20. 略

第12章　化学反应动力学理论

1\. (1) 1.66%　(2) 185%　(3) 略　2. (1) 2.9×10^{34} m^3·s^{-1}　(2) 2.13×10^{-5} m^3·mol^{-1}·s^{-1}　3. 2.69×10^{-15}，1.81×10^{-9}　4. 1.076×10^{-10} m^3·mol^{-1}·s^{-1}　5. 89.14 kJ·mol^{-1}，−134.04 J·K^{-1}·mol^{-1}　6. (1) 6.16×10^{10} dm^3·mol^{-1}·s^{-1}　(2) 1.621×10^{11} dm^3·mol^{-1}·s^{-1}　7. $E_a=104.9$ kJ·mol^{-1}，$\Delta^{\neq}H_m=102.4$ kJ·mol^{-1}，$\Delta^{\neq}S_m=13$ J·K^{-1}·mol^{-1}，$\Delta^{\neq}G_m=98.53$ kJ·mol^{-1}　8. (1) $q=1.79\times10^{-7}$　(2) $P=5.67\times10^{-3}$　9. $\Delta_r^{\neq}H_m^{\ominus}=180.41$ kJ·mol^{-1}，$\Delta_r^{\neq}S_m^{\ominus}=22.25$ J·mol^{-1}·K^{-1}，$\Delta_r^{\neq}G_m^{\ominus}=169.64$ kJ·mol^{-1}　10. (1) $t_{1/2}=35$ s　(2) $\Delta_r^{\neq}S_m^{\ominus}=68.3$ J·mol^{-1}·K^{-1}　(3) 略　11. (1) $\Delta_r^{\neq}S_m=-92.66$ J·mol^{-1}·K^{-1}，$\Delta_r^{\neq}G_m=41.3$ kJ·mol^{-1}　(2) $\Delta_r^{\neq}S_m^{\ominus}(p^{\ominus})=-61.1$ J·mol^{-1}·K^{-1}，$\Delta_r^{\neq}G_m=32.8$ kJ·mol^{-1}　12. (1) 0.329　(2) $\Delta_r^{\neq}H_m=50.3$ kJ/mol，$\Delta_r^{\neq}G_m=62.5$ kJ/mol，$\Delta_r^{\neq}S_m=-40.9$ J/(mol·K)　13. 略　14. (1) $E_a=1.035\times10^5$ J·mol^{-1}　(2) $A=2.3\times10^{13}$ s^{-1}，$\Delta_rH_m=1.008\times10^5$ J·mol^{-1}，1.91 J·mol^{-1}·K^{-1}

第13章　界面物理化学

1\. 略　2. (1) 60 m^2　(2) $\Delta U=\Delta H=7.13$ J，$\Delta S=9.42\times10^{-3}$ J·K^{-1}，$\Delta A=\Delta G=6.32$ J，$Q=2.81$ J　(3) $\Delta T=-0.67$ K　3. 66　4. 0.66　5. $\Delta T=3.1$ K　6. 0.076 N·m^{-1}　7. (1) 略　(2) 1.39 N·m^{-1}　8. 略　9. 6.05×10^{-8} mol·m^{-2}　10. 68°　11. 刚滴上时 $S=8.9$ mN·m^{-1}，饱和后 $S=-1.6$ mN·m^{-1}　12. (1) 4.3×10^{-6} mol·m^{-2}　(2) 0.308 nm^2　13. 0.124 kg·mol^{-1}　14. (1) $b=0.545$ kPa^{-1}　(2) $p=1.835$ kPa　15. 7 513 J·mol^{-1}　16. 略　17. 497 m^2·g^{-1}　18. (1) $\Gamma=K[c/(\text{mg}\cdot\text{kg}^{-1})]^{\alpha}$　(2) 140 mg　19. 略　20. 5.16×10^{-3} N·m^{-1}　21. (1) $\Gamma_B=(0.350\ \text{N}\cdot\text{m}^{-1})/RT\times(c_B/c^{\theta})$　(2) 1.412×10^{-6} mol·m^{-2}　22. 能铺展　23. $p(293\ \text{K})=2\,074$ Pa，$p_r=6\,101$ Pa

第14章　催化作用基础

略

第15章　胶体分散体系与高分子溶液

1\. 1.44×10^{-5} m　2. 17.1 kg·mol^{-1}　3～9. 略　10. 18.2 m　11. 8.8×10^{-8} m　12. 0.058 V　13. 略　14. 0.038 V　15. 5.6 mV　16. 2.4 mV　17. 142.8 kg·mol^{-1}　18. 247.8 kPa　19. pH=4.67　20. 820 kg·mol^{-1}　21. 略

第16章　分子动力学模拟简介

略

参考文献

傅献彩，沈文霞，姚天扬，侯文华. 物理化学. 第 5 版. 高等教育出版社，2005.

范康年. 物理化学. 第 2 版. 高等教育出版社，2005.

天津大学物理化学教研室. 物理化学. 第 5 版. 高等教育出版社，2009.

Peter Atkins，Julio de Paula. Atkins' Physical Chemistry. 第 7 版. 高等教育出版社，2006.

沈文霞. 物理化学核心教程. 科学出版社，2010.

印永嘉，奚正楷，张树永. 物理化学简明教程. 高等教育出版社，2007.

韩德刚，高执棣. 化学热力学. 高等教育出版社，1997.

刘国杰，黑恩成. 物理化学导读. 科学出版社，2008.

唐有祺. 统计力学及其在物理化学中的应用. 科学出版社，1964.

李如生. 平衡和非平衡统计力学. 清华大学出版社，1995.

高执棣，郭国霖. 统计热力学导论. 北京大学出版社，2004.

孙仁义，孙茜. 物理化学. 化学工业出版社，2014.

朱文涛. 物理化学. 清华大学出版社，1995.

王军民，薛芳渝，刘 芸. 物理化学. 清华大学出版社，1993.

董元彦，李宝华，路福绥. 物理化学. 第 3 版. 科学出版社，2004.

陈正隆，徐为人，汤立达. 分子模拟的理论与实践. 化学工业出版社，2007.

高鹏，朱永明. 电化学基础教程. 化学工业出版社，2013.